화재감식평가
기사 · 산업기사

 기출문제집

끝까지 책임진다! 시대에듀!
QR코드를 통해 도서 출간 이후 발견된 오류나 개정법령, 변경된 시험 정보, 최신기출문제, 도서 업데이트 자료 등이 있는지 확인해 보세요!
시대에듀 합격 스마트 앱을 통해서도 알려 드리고 있으니 구글 플레이나 앱 스토어에서 다운받아 사용하세요.
또한, 파본 도서인 경우에는 구입하신 곳에서 교환해 드립니다.

편집진행 윤승일 · 유형곤 | **표지디자인** 조혜령 | **본문디자인** 장성복 · 김기화

2026 시대에듀 화재감식평가기사 · 산업기사 필기 기출문제집

Always **with you**

사람의 인연은 길에서 우연하게 만나거나 함께 살아가는 것만을 의미하지는 않습니다.
책을 펴내는 출판사와 그 책을 읽는 독자의 만남도 소중한 인연입니다.
시대에듀는 항상 독자의 마음을 헤아리기 위해 노력하고 있습니다. 늘 독자와 함께하겠습니다.

PROFILE

문옥섭 편저

- ▶ 인천공단소방서 예방안전과 근무
- ▶ 인천서부소방서 방호과 근무
- ▶ 인천부평소방서 예방안전과 근무
- ▶ 인천소방안전본부 화재조사팀 근무
- ▶ 인천공단소방서 대응구조구급과 근무
- ▶ 인천소방본부 화재조사팀장 근무
- ▶ 인천강화소방서 예방안전과장 근무
- ▶ 영종소방서 119재난대응과장 근무

박정주 편저

- ▶ 인천대학교 대학원 안전환경시스템 석사졸업
- ▶ 가천대학교 대학원 설비 · 소방공학과 박사졸업
- ▶ 인천서부소방서 화재조사팀 근무
- ▶ 인천계양소방서 화재조사팀 근무
- ▶ 인천부평소방서 지휘조사팀 근무
- ▶ 인천소방안전학교 교수연구단 근무
- ▶ 현)인천서부소방서 근무
- ▶ 화재조사관, 미국화재폭발조사관(CFE), 소방설비기사(전기) 등 보유

도움주신 분 : 이영병 화재조사관(서울소방재난본부) 자료 제공

화재감식평가기사 · 산업기사, 소방승진(위험물안전관리법, 소방전술, 소방기본법, 소방공무원법)시험과 관련된 도서문의, 자료 및 최신 개정법령, 추록, 정오표는 저자가 운영하는 진격의 소방카페를 통해 확인하실 수 있습니다.

진격의 소방(cafe.naver.com/sogonghak)

머리말 PREFACE

2019년도에 전국에서 40,103건의 화재가 발생하여 인명피해 2,515명(사망 285명, 부상 2,230명), 재산피해 8,585억 원의 막대한 피해가 발생하였다. 매년 화재는 건축물의 고층화·지하연계화 및 사회구조의 급속한 변화 등을 수반하여 이천냉동창고 화재와 같은 대형화재가 급증하고 있으며 화재원인도 복잡·다양화되어 화재 전문가에 의한 감식·감정 등 과학적인 화재조사기법과 지식·경험이 더욱 요구되고 있다. 그럼에도 불구하고 화재조사는 본래 특성상 3D업종으로 치부되어 오랫동안 소수의 현업 종사자들에 의해서만 연구되었던 것이 현실이었다. 그러나 2002년 제조물책임법의 제정으로 제조물의 결함에 의한 화재피해 소송이 증가되고 다중이용업소의 안전관리에 관한 특별법에 따른 화재배상책임보험 의무가입과 보험요율 적용이 시행되면서 조금씩 관심을 갖게 되었다. 더불어 실화책임에 관한 법률의 개정으로 경과실에 의한 화재피해도 배상받을 수 있게 되었다.

한편 한미 FTA가 2년간의 유예기간 종료 후 고객정보에 대한 공유 및 처리가 자유로워지는 시점부터 미국 보험사들의 본격적인 국내시장 진출이 예상되고, 국민들의 안전에 대한 의식수준이 높아짐에 따라 화재사고 발생 시 전문지식을 갖춘 화재조사관의 수요가 많아질 것으로 분석되어 관련 시험으로 2013년 9월 화재감식평가기사·산업기사 국가기술자격시험이 첫 시행되었다. 첫 시험에 소방공무원, 경찰공무원, 보험회사 등 각종 화재조사 또는 감식업무에 종사하는 많은 분들이 전문성을 갖추기 위해 시험에 응시하였으나 최종 합격률은 그리 높지 않았다.

첫 시험 이후 현재까지 2019년 최종 합격률 81.4%를 제외하고 2021년부터는 40%대의 합격률을 보이고 있으며 응시인원이 해마다 늘어나는 만큼 화재감식평가기사·산업기사에 대한 관심은 앞으로도 더 커질 것으로 예측해본다.

본 교재가 수험생들에게 도움이 될 수 있길 바라며 다음과 같이 준비해 보았다.

---

❶ 빨리보는 간단한 키워드(빨간키)를 통해 수험생이 자투리 시간 또는 시험장에서 간단히 필답할 수 있게 하였다.

❷ 기출문제를 완벽하게 분석하여 출제유형에 가장 적합한 실전모의고사를 총 5회 수록하였다.

❸ 꼼꼼한 해설을 포함한 최근 5개년 기사 기출문제와 최근 6개년 산업기사 기출문제를 수록하였다.

❹ 과년도 기사·산업기사 기출변형문제를 수록하여 수험생들이 출제경향을 파악할 수 있도록 구성하였다.

이 책이 완성되기까지 도움을 주신 전국의 화재조사관과 인천소방본부 화재조사팀께 깊은 감사를 드린다. 본 저자는 여러 전문가들의 고견과 지속적인 연구를 통해 계속 수정·보완하여 좋은 수험서가 되도록 꾸준히 노력할 것을 약속드리며, 수험생 여러분의 합격을 진심으로 기원하는 바이다.

문옥섭, 박정주 씀

개 요

화재감식평가기사·산업기사는 화재현장에서 화재원인조사, 피해조사, 화재분석 및 평가를 통해 과학적인 방법으로 원인 및 발생 메커니즘을 규명하는 기술자격입니다.

수행직무

화재원인의 판정을 위하여 전문적인 지식, 기술 및 경험을 활용하여 주로 시각에 의한 종합적인 판단으로 구체적인 사실관계를 명확하게 규명하는 업무를 수행합니다.

시험요강

❶ **시행처** : 한국산업인력공단

❷ **관련부처** : 소방청

❸ **시험과목**

필 기	• 기사 : 화재조사론, 화재감식론, 증거물관리 및 법과학, 화재조사 보고 및 피해평가, 화재조사 관계법규 • 산업기사 : 화재조사론, 화재감식론, 증거물관리 및 법과학, 화재조사 관계법규 및 피해평가
실 기	화재감식 실무

❹ **검정방법**

필 기	객관식 4지선다 택일형, 과목당 20문항 (기사 : 100문항, 2시간 30분/산업기사 : 80문항, 2시간)
실 기	필답형(기사 : 2시간 30분/산업기사 : 2시간)

❺ **합격기준**

필 기	100점을 만점으로 하여 과목당 40점 이상, 전과목 평균 60점 이상
실 기	100점을 만점으로 하여 60점 이상

※ 다음 사항은 시행처인 한국산업인력공단에 게시된 국가자격 종목별 상세정보를 바탕으로 작성되었습니다. 시험 전 최신 공고사항을 반드시 확인하시기 바랍니다.

🍃 시험일정(2025년 기준)

구 분	필기시험접수	필기시험	합격(예정)자 발표	실기시험접수	실기시험	최종 합격자 발표
제1회	01.13~01.16	02.07~03.04	03.12	03.24~03.27	04.19~05.09	06.13
제2회	04.14~04.17	05.10~05.30	06.11	06.23~06.26	07.19~08.06	09.12
제3회	07.21~07.24	08.09~09.01	09.10	09.22~09.25	11.01~11.21	12.24

🍃 검정현황

화재감식평가기사

연 도	필기시험			실기시험		
	응시(명)	합격(명)	합격률(%)	응시(명)	합격(명)	합격률(%)
2024	4,147	2,841	68.5	4,859	1,958	40.3
2023	4,711	3,821	81.1	5,162	2,309	44.7
2022	4,142	3,539	85.4	4,960	2,114	42.6
2021	4,083	3,441	84.3	4,111	1,879	45.7
2020	1,750	1,555	88.9	2,131	450	21.1

화재감식평가산업기사

연 도	필기시험			실기시험		
	응시(명)	합격(명)	합격률(%)	응시(명)	합격(명)	합격률(%)
2024	2,613	1,851	70.8	2,483	886	35.7
2023	2,718	2,222	81.8	2,706	1,751	64.7
2022	2,964	2,511	84.7	2,626	1,323	50.4
2021	1,919	1,652	86.1	1,411	860	60.9
2020	971	796	82	993	331	33.3

이 책의 구성과 특징 STRUCTURES

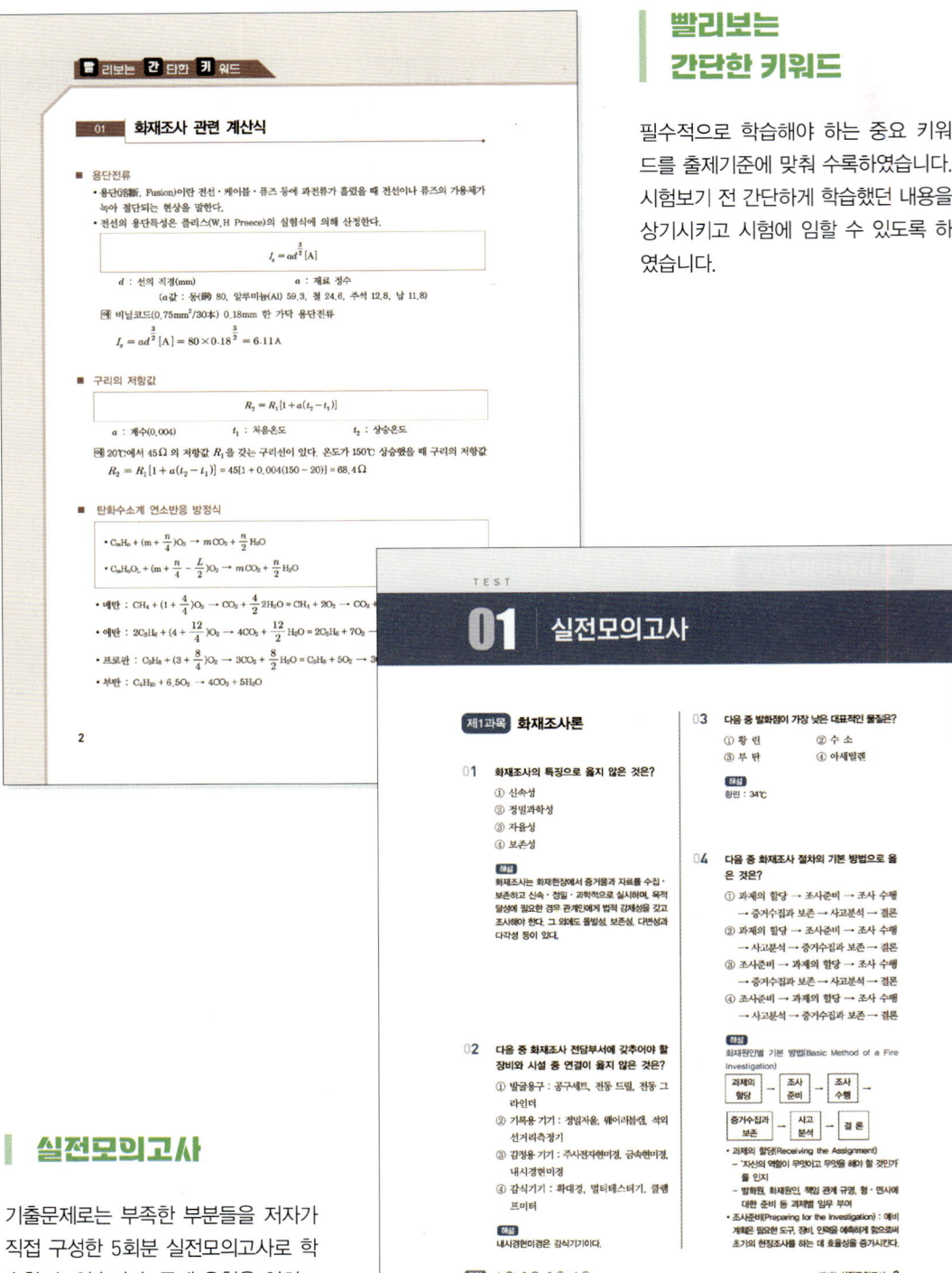

필수적으로 학습해야 하는 중요 키워드를 출제기준에 맞춰 수록하였습니다. 시험보기 전 간단하게 학습했던 내용을 상기시키고 시험에 임할 수 있도록 하였습니다.

실전모의고사

기출문제로는 부족한 부분들을 저자가 직접 구성한 5회분 실전모의고사로 학습할 수 있습니다. 문제 유형을 익히고 실전 시험에 대비할 수 있습니다.

기출문제 및 과년도 기출변형문제

2019~2023년 기사 기출문제와 2015~2020년 산업기사 기출문제, 과년도 기출변형문제를 수록하였습니다. 문제를 풀어보며 부족했던 내용을 보충학습하고, 출제경향을 파악할 수 있습니다.

시험과 관련된 정보를 파악할 수 있는 카페

화재감식평가기사 · 산업기사 저자가 운영하는 **진격의 소방(cafe.naver.com/sogonghak)** 카페에서 시험과 관련된 도서문의, 자료 및 추록, 개정법령, 정오표를 확인하실 수 있습니다.

이 책의 차례 CONTENTS

※ 도서의 내용 및 오류 관련 문의는 진격의 소방(cafe.naver.com/sogonghak) 카페에서 하실 수 있습니다.

핵심이론정리　　빨리보는 간단한 키워드

빨간키

빨리보는 간단한 키워드

합격의 공식 시대에듀 www.sdedu.co.kr

시험장에서 보라

시험 전에 보는 핵심요약 키워드

시험공부 시 교과서나 노트필기, 참고서 등에 흩어져 있는 정보를 하나로 압축해 공부하는 것이 효과적이
므로, 열 권의 참고서가 부럽지 않은 나만의 핵심키워드 노트를 만드는 것은 합격으로 가는 지름길입니다.
빨·간·키만은 꼭 점검하고 시험에 응하세요!

01 화재조사 관련 계산식

■ 용단전류

- 용단(溶斷, Fusion)이란 전선・케이블・퓨즈 등에 과전류가 흘렀을 때 전선이나 퓨즈의 가용체가 녹아 절단되는 현상을 말한다.
- 전선의 용단특성은 플리스(W.H Preece)의 실험식에 의해 산정한다.

$$I_s = ad^{\frac{3}{2}} [\text{A}]$$

　　d : 선의 직경(mm)　　　　　　　　a : 재료 정수

　　　　(a값 : 동(銅) 80, 알루미늄(Al) 59.3, 철 24.6, 주석 12.8, 납 11.8)

예 비닐코드(0.75mm^2/30本) 0.18mm 한 가닥 용단전류

$$I_s = ad^{\frac{3}{2}} [\text{A}] = 80 \times 0.18^{\frac{3}{2}} = 6.11\,\text{A}$$

■ 구리의 저항값

$$R_2 = R_1[1 + a(t_2 - t_1)]$$

　　a : 계수(0.004)　　　　t_1 : 처음온도　　　　t_2 : 상승온도

예 20℃에서 45Ω 의 저항값 R_1 을 갖는 구리선이 있다. 온도가 150℃ 상승했을 때 구리의 저항값

$$R_2 = R_1[1 + a(t_2 - t_1)] = 45[1 + 0.004(150 - 20)] = 68.4\,\Omega$$

■ 탄화수소계 연소반응 방정식

- $C_mH_n + (m + \dfrac{n}{4})O_2 \rightarrow m\,CO_2 + \dfrac{n}{2}H_2O$

- $C_mH_nO_L + (m + \dfrac{n}{4} - \dfrac{L}{2})O_2 \rightarrow m\,CO_2 + \dfrac{n}{2}H_2O$

- 메탄 : $CH_4 + (1 + \dfrac{4}{4})O_2 \rightarrow CO_2 + \dfrac{4}{2}2H_2O = CH_4 + 2O_2 \rightarrow CO_2 + 2H_2O$

- 에탄 : $2C_2H_6 + (4 + \dfrac{12}{4})O_2 \rightarrow 4CO_2 + \dfrac{12}{2}H_2O = 2C_2H_6 + 7O_2 \rightarrow 4CO_2 + 6H_2O$

- 프로판 : $C_3H_8 + (3 + \dfrac{8}{4})O_2 \rightarrow 3CO_2 + \dfrac{8}{2}H_2O = C_3H_8 + 5O_2 \rightarrow 3CO_2 + 4H_2O$

- 부탄 : $C_4H_{10} + 6.5O_2 \rightarrow 4CO_2 + 5H_2O$

- **밀도(Density)와 비중(Specific Gravity)**
  - 밀도 : 단위부피당 질량

$$\text{밀도} = \frac{\text{질량}}{\text{부피}} \quad \text{또는} \quad D = \frac{M}{V}$$

  - 비중 : 한 물질의 밀도와 기준 물질의 밀도 사이의 비

$$\text{비중} = \frac{\text{어떤 물질의 밀도}}{\text{기준 물질의 밀도}} = \frac{\text{어떤 물질의 중량}}{\text{기준 물질의 중량}}$$

  - 고체와 액체의 기준이 되는 물질은 4℃의 물(밀도 = 0.997g/cm³)이고, 기체의 기준이 되는 물질은 공기(밀도 = 1.29g/L)이다.

    예 부탄가스(C_4H_{10}) 비중 $= \dfrac{\text{부탄가스의 밀도}}{\text{공기의 밀도}} = \dfrac{\text{부탄가스의 중량}}{\text{공기의 중량}}$

    따라서 부탄가스 비중 $= \dfrac{2.59(58g/22.4L/몰)}{1.29g/L} = \dfrac{58}{29} = 2$

    이산화탄소(CO_2)의 기체 비중 $= \dfrac{1.96(44g/22.4L/몰)}{1.29g/L} = \dfrac{44}{29} = 1.51$

- **전기불꽃에너지**

$$E = \frac{1}{2}CV^2 = \frac{1}{2}QV$$

  E : 전기불꽃에너지 $\qquad\qquad$ C : 전기용량
  Q : 전하량 $\qquad\qquad\qquad\quad$ V : 전압

- **전열기구에서 소비하는 전력(kW)**

$$R = \frac{V^2}{P} = \frac{V}{I}$$
$$P = I^2 R = VI \quad \text{또는} \quad R = \frac{P}{I^2}$$

  P : 전력(W) $\qquad\qquad\qquad$ I : 전류(A)
  E : 전압(V) $\qquad\qquad\qquad$ R : 저항(Ω)

  예 전자레인지 950W, 전기밥솥 1,200W, 다리미 1,500W, 커피포트 750W를 4구형 멀티탭(220V, 15A)에 꽂아 사용하였을 때 초과전류

  위 식에서 유도하면 $I = \dfrac{P}{V} = \dfrac{(950 + 1,200 + 1,500 + 750)}{220} = 20A$ 이므로 5A 초과

■ 공진주파수

$$F = \frac{1}{2\pi\sqrt{LC}}$$

F : 공진주파수　　　　　$L(\mathrm{H})$: 인덕턴스　　　　　$C(\mathrm{F})$: 정전용량

예 220V RLC 직렬회로가 있다. 저항은 $500\,\Omega$, 인덕턴스는 0.6H, 커패시턴스는 $0.08\mu\mathrm{F}$
일 때 공진주파수

$$F = \frac{1}{2\pi\sqrt{LC}} = \frac{1}{2\pi\sqrt{0.6\times0.08\times10^{-6}}} = 726.44\,\mathrm{Hz}$$

■ 옴의 법칙(Ohm's Law)
- 정의 : 도체 내의 2점 간을 흐르는 전류의 세기는 2점 간의 전위차(電位差)에 비례하고, 그 사이의
전기저항에 반비례한다. 즉, 저항이 일정하면 전류는 전압에 비례하고, 또한 전압이 일정하면
전류는 저항에 반비례한다는 법칙이다.

$$I = \frac{V}{R}[\mathrm{A}], \quad V = I \cdot R[\mathrm{V}], \quad R = \frac{V}{I}[\Omega]$$

V : 전압(V)　　　　　I : 전류(A)　　　　　R : 저항(Ω)

- 전기저항 : 균일한 크기의 물질에서 R은 길이 l에 비례하고 단면적 S에 반비례한다.

$$R = \rho\frac{l}{S}[\Omega]$$

ρ는 물질고유의 상수이며 고유저항이다.

■ 줄의 법칙(Joule's Heat)
전류가 흐르면 도선에 열이 발생하는데, 이것은 전기에너지가 열로 바뀌는 현상이다. 전류 1A,
전압 1V인 전기에너지가 저항 1Ω에 1초 동안 발생하는 열을 줄열이라 하며, 도선에 전류가 흐를
때 단위시간 동안 도선에 발생한 열량 Q는 전류의 세기 $I[\mathrm{A}]$의 제곱과 도체의 저항 R과 전류를
통한 시간 t에 비례한다.

$Q = I^2 \times R \times t[\mathrm{J}]$ 즉, $1\mathrm{J} = 1/4.2\,\mathrm{cal} = 0.24\,\mathrm{cal}$의 관계가 있으므로

$Q = 0.24I^2 \times R \times t[\mathrm{cal}]$ 여기에 $R = \dfrac{V}{I}$ 관계식을 대입하면 $Q = 0.24V \times I \times t[\mathrm{cal}]$

Q : 열량(cal), V : 전압(V), I : 전류(A), R : 저항(Ω), t : 전류를 통한 시간

전력을 줄의 법칙에 적용하면 $P = E \cdot I = \dfrac{E^2}{R} = I^2 \cdot R[\mathrm{W} = \mathrm{J/s}]$

예 저항 R에 220V의 전압을 인가하였더니 5A의 전류가 흘렀다. 이때 전류가 2분간 저항 R에 흘렀을 때 발생한 열량

$$R = \frac{V}{I} = \frac{220\,[\mathrm{V}]}{5\,[\mathrm{A}]} = 44\,[\Omega]$$

$$H = 0.24 I^2 R t = 0.24 \times 5^2 \times 44 \times (2 \times 60) = 31{,}680\,[\mathrm{cal}]$$

■ 소비전력

$$소비전력 \ P(\mathrm{W}) = I^2 R$$

I : 전류 R : 저항

■ 연소범위

- 연료가스와 공기의 혼합비율이 가연 범위일 때 혼합가스는 연소한다.
- 이 범위보다 공기가 많거나 또는 연료가스가 많아도 연소하지 않는다.
- 이 범위를 연소범위(Flammable Range) 또는 폭발범위라 하며, 그 한계를 연소한계(Limits of Inflammability) 또는 폭발한계라 한다.
- 이 한계는 일반적으로 공기와 혼합되어 있는 가스량 %로 표시하며 가스의 최고농도를 상한, 최저농도를 하한이라 한다.

기체 또는 증기	연소범위(vol%)	기체 또는 증기	연소범위(vol%)
수소(H_2)	4~75	에틸렌(C_2H_4)	3.0~33.5
일산화탄소(CO)	12.5~75	시안화수소(HCN)	12.8~27
프로판(C_3H_8)	2.1~9.5	암모니아(NH_3)	15.7~27.4
아세틸렌(C_2H_2)	2.5~82	메틸알코올(CH_3OH)	7~37
메탄(CH_4)	5.0~15	에틸알코올(C_2H_5OH)	3.5~20
에탄(C_2H_6)	3.0~12.5	아세톤(CH_3COCH_3)	2~13

예 메탄, 수소, 일산화탄소 중 연소의 위험성이 큰 순서 : 수소 → 일산화탄소 → 메탄

■ 연소범위에 미치는 인자

영향인자	연소한계 또는 폭발범위
온 도	• 연소범위는 온도상승에 의해 넓어진다. • 공기 중 온도가 100℃ 증가하면 연소하한계는 약 8% 감소하고 상한계는 8% 증가한다.
압 력	압력이 상승되면 연소하한계는 약간 낮아지나 연소상한계는 크게 증가한다.
산 소	연소하한계는 공기 중이나 산소 중에서 같고, 연소상한계는 산소량이 증가할수록 크게 증가한다.

■ 르-샤틀리에 법칙

• 연소하한계

$$\frac{100}{L} = \frac{V_1}{L_1} + \frac{V_2}{L_2} \text{ 에서 } L = \frac{100}{\dfrac{V_1}{L_1} + \dfrac{V_2}{L_2}}$$

L : 혼합가스 연소하한계

V_1, V_2, V_3 : 혼합가스 중에서 각 가연성 가스의 부피 %($V_1 + V_2 + \cdots + V_n = 100\%$)

L_1, L_2, L_n : 혼합가스 중에서 각 가연성 가스의 연소하한계

• 연소상한계

$$\frac{100}{U} = \frac{V_1}{U_1} + \frac{V_2}{U_2} \text{ 에서 } U = \frac{100}{\dfrac{V_1}{U_1} + \dfrac{V_2}{U_2}}$$

U : 혼합가스 연소상한계

V_1, V_2, V_n : 혼합가스 중에서 각 가연성 가스의 부피 %($V_1 + V_2 + \cdots + V_n = 100\%$)

U_1, U_2, U_n : 혼합가스 중에서 각 가연성 가스의 연소상한계

• 혼합가스 연소한계, 즉 2개 이상의 가연성 가스의 혼합물의 연소한계는 르-샤틀리에의 공식으로 구해진다.

⟮예⟯ 르-샤틀리에 법칙으로부터 C_3H_8 20%, CH_4 80%의 혼합가스의 연소한계(여기서, 프로판의 연소범위는 2.2~9.5%, 메탄은 5~14%)

$$\text{하한} = \frac{100}{\dfrac{\text{프로판의 혼합률}}{\text{프로판의 하한}} + \dfrac{\text{메탄의 혼합률}}{\text{메탄의 하한}}} = \frac{100}{\dfrac{20}{2.2} + \dfrac{80}{5}} = 4.0\%$$

$$\text{상한} = \frac{100}{\dfrac{\text{프로판의 혼합률}}{\text{프로판의 상한}} + \dfrac{\text{메탄의 혼합률}}{\text{메탄의 상한}}} = \frac{100}{\dfrac{20}{9.5} + \dfrac{80}{14}} = 12.8\%$$

■ 물 1g 20℃가 끓어서 증발할 때 뺏을 수 있는 열량

$1g \times (100℃ - 20℃) \times 1cal/g(비열) + 1g \times 539cal/g(잠열) = 619cal/g$

■ 폭발위험도

위험도가 클수록 위험하며, 하한계가 낮고 상한과 하한의 차이(연소범위)가 클수록 커진다.

$$H(위험도) = \frac{U(연소상한계) - L(연소하한계)}{L(연소하한계)}$$

H : 위험도 U : 폭발한계 상한 L : 폭발한계 하한

예 수소의 위험도(수소 연소범위 : 4~75%)

$$H(위험도) = \frac{U(연소상한계) - L(연소하한계)}{L(연소하한계)}$$

위험도 $= \dfrac{75 - 4}{4} = 17.75$

■ 화재가혹도 = 최고온도 × 지속시간

■ 푸리에의 법칙에 의해 전도되는 열전달량

$$\dot{q} = kA\frac{T_1 - T_2}{L}$$

$\dot{q}$: 열전달량 k : 열전달계수 A : 면적
L : 두께 T_1 : 내부온도 T_2 : 나중온도

■ 복사열유속 계산에 대한 Modak의 단순식

$$\dot{q}''_R = \frac{\chi_r \dot{Q}}{4\pi R_o^2}$$

$\dot{q}''_R$: 복사열유속 $\dot{Q}$: 화재의 발열량(kW)
R_o : 화염의 중심으로부터 표면까지의 거리(m)
χ_r : 복사분율(화원에서 방출되는 전체 에너지 가운데 복사열의 형태로 방출되는 분율을 의미)

예 휘발유를 연료로 사용하는 자동차에서 화재가 발생하여 발열량이 5MW까지 상승한 경우 화원에
서 10m 떨어진 위치에서 화재진압 중인 소방관이 받는 복사열유속
Modak의 단순식을 적용하면

$$\dot{q}''_R = \frac{\chi_r \dot{Q}}{4\pi R_o^2} = \frac{0.4 \times 5,000}{4\pi \times 10^2} = 1.6\,\text{kW/m}^2$$

■ 스테판-볼츠만법칙(Stefan-boltzmann's Law)

물질의 표면에서 방사되는 복사에너지는 다음과 같이 계산된다.

$$\dot{q}''_R = \varepsilon\sigma(T_w^4 - T_\infty^4)$$

σ : 스테판-볼츠만 상수($\sigma = 5.67 \times 10^{-8}[\text{W/m}^2\text{K}^4]$)

ε : 방사율(표면특성에 따라 0에서 1 사이의 방사율을 가지며 흑체 복사에서는 방사율이 1)

T : 화염의 온도[반드시 절대온도(Absolute Temperature)를 사용해야 함]

■ 금속의 발열량

$$Q = hA(T_w - T_\infty)$$

Q : 열전달률(kcal/hr) h : 열전달계수(kcal/m$^2 \cdot$ hr $\cdot$ ℃)

A : 고체표면적(m^2) T_w : 고체의 표면온도(℃) T_∞ : 유체의 온도(℃)

■ 연소와 공기

가연물질을 연소시키기 위해서 사용되는 공기의 양에는 실제공기량, 이론공기량, 과잉공기량, 이론산소량, 공기비 등이 있다.

• 실제공기량 : 가연물질을 실제로 연소시키기 위해서 사용되는 공기량으로서 이론공기량보다 크다.

• 이론공기량 : 가연물질을 연소시키기 위해서 이론적으로 계산하여 산출한 공기량이다.

$$이론공기량 = \frac{이론산소량}{0.21}$$

• 과잉공기량 : 실제공기량에서 이론공기량을 차감하여 얻은 공기량이다.

$$과잉공기량 = 실제공기량 - 이론공기량$$

• 이론산소량 : 가연물질을 연소시키기 위해서 필요한 최소의 산소량이다.

$$이론산소량 = 이론공기량 \times 0.21$$

• 공기비(m) : 실제공기량에서 이론공기량을 나눈 값이다.

$$공기비 = \frac{실제공기량}{이론공기량} = \frac{실제공기량}{실제공기량 - 과잉공기량}$$

※ 일반적으로 공기비는 기체가연물질은 1.1~1.3, 액체가연물질은 1.2~1.4, 고체가연물질은 1.4~2.0이 된다.

■ 화재하중(Fuel Load)

화재실의 예상 최대가연물질의 양으로서 단위바닥면적(m^2)에 대한 등가가연물의 중량(kg)

$$\text{화재하중 } Q(\text{kg}/\text{m}^2) = \frac{\sum GH_1}{HA} = \frac{\sum Q_1}{4{,}500A}$$

Q : 화재하중(kg/m^2)　　　A : 바닥면적(m^2)　　　G : 모든 가연물의 양(kg)
H : 목재의 단위발열량(4,500kcal/kg)
H_1 : 가연물의 단위발열량(kcal/kg)
Q_1 : 모든 가연물의 발열량(kcal)

■ 섭씨온도와 화씨온도의 교환식

$$\text{℃} = \frac{5\,\text{℃}}{9\,\text{℉}}(T\,\text{℉} - 32\,\text{℉}), \ \text{℉} = \left(\frac{9\,\text{℉}}{5\,\text{℃}}\right)T\,\text{℃} + 32\,\text{℉}$$

■ 가스 용기 저장량

• 액화가스 용기의 저장량 : 최대저장능력(충전량)은 용기 내의 가스온도가 48℃가 되었을 때에도 용기 내부가 액체가스로 가득 차지 않도록 안전공간을 고려해야 한다. 즉, 온도가 올라가면 액화가스의 부피가 늘어나 용기가 파열되는 것을 방지하기 위한 것이다.

$$W = \frac{V_2}{C}$$

W : 저장능력(kg)　　　V_2 : 용기의 내용적(L)
C : 가스의 충전정수(액화프로판 2.35, 액화부탄 2.05, 액화암모니아 1.86)

• 압축가스 용기의 저장량

$$Q = (P+1)V_1$$

Q : 저장능력(m^3)　　　V_1 : 내용적(m^3)
P : 35℃(아세틸렌의 경우에는 15℃)에서의 최고충전압력(kg/cm^2)

■ pH 농도 계산

pH = 3인 수용액의 [H^+]와 pH = 5인 수용액의 [H^+]의 비
pH = $-\log[H^+]$
$3 = -\log[H^+]$에서 [H^+] = 10^{-3}
$5 = -\log[H^+]$에서 [H^+] = 10^{-5}
∴ $10^{-3-(-5)} = 10^2 = 100$배

- **이상기체 상태방정식**

  이상기체란 계를 구성하는 입자의 부피가 거의 0이고 입자 간 상호작용이 거의 없어 분자 간 위치에너지가 중요하지 않으며, 분자 간 충돌이 완전탄성충돌인 가상의 기체를 의미한다. 이상기체 상태방정식이란 이러한 기체의 상태량들 간의 상관관계를 기술하는 방정식이다.

  $$PV = nRT$$

P : 압 력	V : 부 피	T : 온 도
n : 몰수(m/M)	R : 기체 상수(0.082L · atm/mol · K)	

- **유도성 리액턴스**

  $$X_L = 2\pi f L$$

f : 주파수	L : 코일의 인덕턴스

  예 60Hz, 20H 코일의 유도성 리액턴스

  유도성 리액턴스 $X_L = 2\pi f L = 2\pi \times 60 \times 20 = 7,539.82\,\Omega$

02 화재상황

- **화재조사의 과학적 방법**

  필요성 인식 → 문제의 정의 → 자료 수집 → 자료 분석 → 가설 수립 → 가설 검증 → 최종가설 선택

- **화재조사 순서**

  현장관찰 → 관계자 질문 → 발굴 → 감정 → 발화원인 판정

- **연소의 4요소** : 가연물, 점화원, 산소공급원, 연쇄반응

■ 열전달 : 열은 뜨거운 곳에서 차가운 곳으로 이동

대 류	유체의 실질적인 흐름에 의해 열에너지가 전달되는 현상이다. 유체의 특정부분에 온도가 높을 경우 이 부분의 유체는 열에 의해 팽창되어 밀도가 낮아지므로 가벼워져서 상승하게 되고 주위의 낮은 온도의 유체가 그 구역으로 흘러 들어오는 순환과정이 연속된다.
전 도	물체 내의 온도차로 인해 온도차가 높은 분자와 인접한 온도가 낮은 분자 간에 직접적인 충돌로 열에너지가 전달되는 것이다.
복 사	전자파의 형태로 열이 옮겨지는 것이다.

■ 기체연소의 종류

확산연소	가연물이 고체든 액체든 증발이나 분해를 통해 가연성 가스를 발생하고, 결국 기체상태의 가연물이 연소하는 것
예혼합연소	가연물이 산소와 혼합된 상태에서 연소되는 것으로 화염의 길이가 매우 짧으며 강력함(예 내연기관의 기화기, 가스레인지, 가스용접기)
폭발연소	혼합가스가 밀폐용기 내에서 점화(예 아세틸렌용기 내의 연소)

■ 고체연소의 형태와 대표적인 물질

표면연소	목탄, 코크스, 금속분
분해연소	종이, 목재, 석탄, 섬유, 플라스틱, 합성수지, 고무류
증발연소	황, 나프탈렌, 피리딘, **아이오딘**, 왁스, 고형알코올
자기연소	**나이트로셀룰로오스, 트리나이트로톨루엔**

■ 액체연소의 형태와 종류

증발(액면)연소	인화성 액체
분해연소	중 유
액적연소	분무연소
등심연소	석유스토브

■ 연소의 확산속도

수평 1m, 아래 0.3m, 위 20m(위로는 수평방향의 20배의 연소속도)

■ 열기둥(Plume)
- 어떠한 가연물에 화염이 발생하면 열기에 의해 화염주변의 뜨거워진 공기는 분자활동이 활발해져 체적이 팽창하게 되므로 밀도는 낮아지게 되고, 따라서 주변 공기에 비하여 부력이 발생
- 부력에 의해 화염과 고온가스는 상승하게 되므로 상부에는 고온가스, 하단에는 화염이 있는 기둥 형태를 나타냄
- 모래시계 모양의 형태/화염부(Flame Zone)와 고온가스부(Hot Gas Zone)
- 화염의 각도는 약 12~15°

■ 화염(불꽃)의 온도

불꽃색상	휘백색	백적색	황적색	휘적색	적 색	암적색	담암적색
온도(°C)	1,500	1,300	1,100	950	850	700	522

■ 완전연소와 불완전연소
- 완전연소 : 산소를 충분히 공급하고 적정한 온도를 유지시켜 반응물질이 더 이상 산화되지 않는 물질로 변화하도록 하는 연소
- 불완전연소 : 물질이 연소할 때 산소의 공급이 불충분하거나 온도가 낮으면 그을음이나 일산화탄소가 생성되면서 연료가 완전히 연소되지 못하는 현상

■ 불완전연소의 원인
- 가스의 조성이 균일하지 못할 때
- 공기 공급량이 부족할 때
- 주위의 온도가 너무 낮을 때
- 환기 또는 배기가 잘 되지 않을 때

■ 구획실 화재의 성장단계
자유연소 단계 → 플래시오버 단계 → 최성기 → 감쇄기

■ 플래시오버(Flash Over) 발생시기에 미치는 인자
- 구획실 크기
- 층고의 높이
- 가연물의 높이
- 환기조건
- 내장재의 불연성 및 난연 정도에 따라 차이가 있음

■ 백드래프트(Back Draft)
- 외부로부터 신선한 공기가 유입되면 내부의 가연성 증기와 혼합되면서 급격한 화염이 발생하고 계속해서 공기의 유입방향으로 화염이 솟구쳐 나가는 현상
- 소방진압대원들에게 매우 위험한 현상으로 '소방관살인 현상'으로 불림

■ 롤오버(Roll over)
화재로 인한 뜨거운 가연성 가스가 천장 부근에 축척되어 실내공기압의 차이로 화재가 발생되지 않은 곳으로 천장을 굴러가듯 빠르게 연소하는 현상으로 플래시오버 전초단계에 나타남

■ 중질유탱크 화재의 연소현상

구 분	내 용
보일오버 (Boil Over)	• 저장탱크 하부에 고인물이 격심한 증발을 일으키면서 불붙은 석유를 분출시키는 현상 • 중질유에서 비휘발분이 유면에 남아서 열류층을 형성, 특히 고온층(Hot Zone)이 형성되면 발생할 수 있다.
슬롭오버 (Slop Over)	• 소화를 목적으로 투입된 물이 고온의 석유에 닿자마자 격한 증발을 하면서 불붙은 석유와 함께 분출되는 현상 • 중질유에서 잘 발생하고, 고온층(Hot Zone)이 형성되면 발생할 수 있다.
프로스오버 (Froth Over)	• 비점이 높아 액체 상태에서도 100℃가 넘는 고온으로 존재할 수 있는 석유류와 접촉한 물이 격한 증발을 일으키면서 석유류와 함께 거품 상태로 넘쳐나는 현상 • 화염과 관계없이 발생한다는 점에서 보일 오버, 슬롭 오버와 다르다.

■ 훈소(Smoldering)
• 유염착화에 이르기에는 온도가 낮거나 산소가 부족한 상황에서 연소가 소극적으로 지속되는 현상으로 화염이 없이 주로 백열과 연기를 내며, 화재심부에서 가연물의 표면을 따라 서서히 화학반응이 지속되는 연소
• 연소가 가연물의 안쪽에서 천천히 전파되고 오랜시간 동안 발견되지 않을 수 있다.
• 갑자기 충분한 산소가 공급되거나, 온도가 상승하게 되면 유염연소로 진행될 수 있다.

■ 목재의 연소특성
• 수분이 15% 이상이면 고온에 장시간 접촉해도 착화하기 어렵다.
• 목재의 저온착화가 가능한 온도는 120℃ 전후이다.
• 목재가 불꽃 없이 연소하는 무염연소는 국부적으로 탄화심도가 깊다.

■ 환기지배형 화재
• 구획실 화재에서는 가연물이 충분하다고 하더라도 화재가 진행됨에 따라 내부의 산소가 소진되어 원활한 연소가 이루어지지 못하게 될 수 있다.
• 유입되는 산소의 양에 따라 연소속도 및 열방출속도가 결정되는데, 이와 같이 공기의 유입량에 의해 제어되는 화재를 환기지배형 화재라 한다.

■ 중성대
• 중성대란 실의 안과 밖의 압력차가 0인 면으로, 실의 안과 밖의 압력차가 없기 때문에 공기의 유동이 없는 지대를 말한다.
• 실내에서 화재가 발생하면 연소열에 의해 온도가 높아지면 공기의 밀도가 작아져 부력이 발생하며, 실의 천장쪽으로 상승하는 공기의 흐름이 발생한다.
• 중성대의 위쪽은 실내정압이 실외정압보다 높아 실내에서 실외로 공기가 유출되고 중성대 아래쪽에는 실외에서 실내로 공기가 유입된다.
• 중성대는 넓게는 건물전체에서의 중성대 높이를 의미하며, 좁게는 구획된 실 안에서의 중성대 높이를 의미한다.

■ **가연물(연료)지배형 화재**

성장기 화재와 같이 주위 공기 중에 산소량이 충분한 상태에서 가연물의 열분해속도가 연소속도보다 낮은 상태의 화재

■ **코안다 효과(Coanda Effect)**

화재로 화염이 외부로 누출되면 벽면을 따라 상층으로 확대된다. 유출된 화염은 초기에는 벽에 부착되지 않고 떨어져서 상승하지만, 시간이 지나면서 벽과 외기의 압력차에 의해 화염은 벽쪽으로 기울어지면서 재부착이 일어나는 현상이다.

■ **폭 열**

콘크리트는 압축에는 매우 강하나 팽창에는 약하기 때문에 화재열에 의해 다공성 구조에 갇힌 수분이 팽창하게 되면 콘크리트가 부서지거나 갈라지면서 파괴되는 현상

■ **독립된 화재로써 다중발화 할 수 있는 화재의 특징**
- 전도, 대류, 복사에 의한 연소 확산
- 직접적인 화염충돌에 의한 확산
- 개구부를 통한 화재확산
- 드롭다운 등 가연물의 낙하에 의한 확산
- 불티에 의한 확산
- 공기조화덕트 등 샤프트를 통한 확산

■ **연소상황 파악을 위한 사진 촬영 요령**
- 높은 곳에서 화재현장 전체를 촬영
- 건물을 4방향에서 촬영
- 연소확산경로를 묘사하기 위해 외부에서 내부로 촬영
- 한 장의 사진으로 표현이 어려울 경우 현장을 중첩하여 파노라마식으로 촬영
- 의심나거나 중요한 증거물에 대하여는 여러 방향에서 촬영
- 화재패턴이 나타날 수 있도록 촬영

■ 화재등급의 분류

화재분류	국 내		미국방화협회 (NFPA 10)	국제표준화기구 (ISO 7165)	표시색상
	검정기준	KS B 6259			
일반화재	A급	A급	A급	A급	백 색
유류화재	B급	B급	B급	B급	황 색
전기화재	C급	C급	C급	E급	청 색
금속화재	–	D급	D급	D급	무 색
가스화재	–	–	E급	C급	황 색
식용유화재	K급	–	K급	F급	–

■ 특수가연물
- 정의 : 화재예방 및 안전관리에 관한 법률 시행령 제19조에 따른 [별표 3]의 가연물로 화재가 발생하는 경우 불길이 빠르게 번지는 고무류·면화류·석탄 및 목탄 등으로 소화가 곤란한 특징을 가진 것들을 말한다.
- 공통성질(고체 또는 반고체)
  - 인화점이 낮은 것
  - 인화성 증기를 발생하는 것
  - 연소 시 용융하여 위험물 연소와 다를 바 없는 것
  - 연소 시 화세가 너무 강해 소화가 곤란한 것
- 종류 : 면화류, 나무껍질 및 대팻밥, 넝마 및 종이부스러기, 사류, 볏짚류, 가연성 고체류, 석탄 및 목탄류, 가연성 액체류, 목재가공품 및 나무부스러기, 합성수지류

■ 금속가연물 화재(D급 화재)의 공통적 성질
- 자연발화성 또는 금수성 물질
- 공기 또는 물기와 접촉하면 발열, 발화
- 황린(자연발화온도 : 30℃)을 제외한 모든 물질이 물에 대해 위험한 반응
- 소화방법은 건조사, 팽창진주암 및 질석, 금속화재소화분말로 질식소화
  ※ 물, CO_2, 할론소화 일체금지

■ 위험물안전관리법에 따른 자연발화성 및 금수성 물질의 종류
칼륨(K), 나트륨(Na), 알킬알루미늄(RAl 또는 RAlX : C1~C4), 알킬리튬(RLi), 황린(P4, 보호액은 물), 알칼리금속(K 및 Na 제외) 및 알칼리토금속류, 유기금속화합물류(알킬알루미늄 및 알킬리튬 제외), 금속의 수소화물, 금속의 인화물, 칼슘 또는 알루미늄의 탄화물류, 그 밖에 행정안전부령이 정하는 것
※ 칼나가 3알(알킬알루미늄, 알킬리튬, 알칼리금속)의 타율을 유지하여 황금금칼을 받았다(지정수량은 순차적으로).

■ **전기화재의 특성**
- 전기에너지를 사용하는 기계·기구에서 발생한 화재
- 주로 사용상 부주의로 발생
- 전체 화재발생비율이 가장 높은 화재
- 소화방법은 전기적인 절연성을 가진 탄산가스소화기, 분말소화기로 소화

※ 기기, 부주의, 가장 높다, 소화

■ **화재출동 중 조사해야 하는 이상현상**
- 화재현장으로 출동 중 멀리서 보이는 연기의 색깔과 양
- 화염의 높이 및 크기
- 이상한 소리와 냄새
- 가스, 위험물 등 폭발현상 등 관찰조사

■ **화재현장 도착 시 연소상황 관찰사항**
- 발화건물과 주변 건물의 화염의 발생상황, 출화상황
- 지붕의 파괴 등 연소의 진행방향 및 확대속도 등 화재진행상황
- 화재건물과 인접한 주변건물 연소상황 및 연소확대경로상황
- 화재 사상자 유무 및 대피상황
- 폭발음, 이상한 냄새 또는 소리 등 이상현상 유무 및 관찰 시 위치
- 출입구·창문 등 개구부의 개폐상황
- 전기의 통전상태, 가스밸브 개폐 여부, 위험물 취급사항

※ 키워드 : 출화, 진행, 확대, 사상자, 이상현상, 개구부, 통전, 가스밸브, 위험물

■ **화재현장에 도착하여 피해 상황조사를 위한 효과적인 화재 관계자 확보 요령**
- 의류가 물에 젖었거나 불에 탄 흔적 등 더럽혀져 있는 사람
- 불에 탄 흔적이나 물 또는 이물질에 젖어 있는 사람
- 잠옷·속옷·벌거벗은 차림 또는 맨발로 있는 사람
- 당황하거나 울고 있는 사람
- 가재도구를 껴안고 있거나 물건을 반출하고 있는 사람
- 화상을 입거나 머리카락이 그을리거나 코에 검게 그을음이 묻은 사람

※ 키워드 : 자다가, 불끄려고(화상, 옷젖음), 놀람, 귀중품 반출

■ 화재현장에 도착하여 관계자에 대한 질문 시 유의사항
  • 자극적인 언행 삼가
  • 허위진술배제
  • 일문일답 형식의 계통적 질문
  • 대체관계인 질문
  • 제한되고 안정된 질문장소 선택
  • 신속한 질문 및 기록
  ※ 허신자가 대장일 대

■ 화재현장 관찰요령
  • 높은 곳에서 현장 전체를 객관적으로 관찰
  • 화재외곽에서 중심부로 관찰
  • 전체적인 연소상황을 상하, 전후, 좌우측으로 입체적 관찰
  • 소손 정도가 약한 부분에서 강한 쪽으로 관찰
  • 국부적인 소실이 강한 장소는 도괴방향, 연소방향 관찰
  • 탄화물의 변색, 박리, 용융 및 특이한 냄새
  • 건물 구조재 수용품 등의 소실상황을 통하여 연소의 방향을 고찰
  • 발화원인이 될 수 있는 가연물을 관찰
  • 소실 붕괴된 부분에서는 복원적인 관점에서 관찰

03 예비조사

■ 인명피해 상황 파악 시 조사범위
  • 소방활동 중 발생한 사망자 및 부상자
  • 그 밖에 화재로 인한 사망자 및 부상자
  • 사상자 정보 및 사상 발생원인

■ 화재가 직접적 원인인 사망자 유형
  소사, 화상사, 질식사, 쇼크사, 일산화탄소 중독사

■ **화재현장 보존을 위한 유의사항**

• 진화작업 시 불필요한 방수, 물건의 파괴 및 이동을 가능한 피해야 한다.

• 불가피하게 현장에 있는 물건을 파괴 또는 이동을 필요로 하는 경우에는 파괴·이동 전의 위치를 기록하거나 사진 촬영하여 원상태를 명확하게 하여 둔다.

• 인명검색 또는 잔화정리 시에도 증거물의 비산·파손·유실 등 휘젓기로 파괴되면 사실상 조사가 불가능해지므로 발화범위와 그 부근의 파괴를 최소한도로 하여야 한다.

• 초기조사단계에서 발화부위 부근과 추정되는 장소가 판명될 때까지 발화부위 부근에 대한 과잉주수, 파괴, 밟음, 휘젓거림의 행동 등을 하지 않도록 화재현장 지휘관에게 조치를 강구한다.

• 눈이나 비로 인하여 현장이 훼손될 우려가 있으므로 중요 증거물은 천막 등으로 가려놓는다.

■ **금속 단락흔 조직검사를 위하여 단락흔 채취, 마운팅, 연마, 관찰을 위하여 화재조사 전담부서에 갖추어야 할 장비**

• 시편절단기
• 시편성형기
• 시편연마기
• 금속현미경

■ **금속 단락흔 조직검사 체계도**

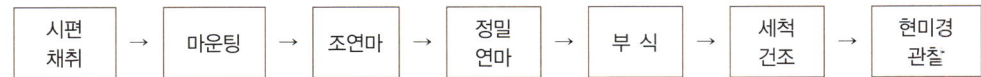

시편 채취 → 마운팅 → 조연마 → 정밀 연마 → 부 식 → 세척 건조 → 현미경 관찰

■ **가스크로마토그래피(Gas Chromatography)**

• 용도 : 두 가지 이상의 성분으로 된 물질을 단일 성분으로 분리시켜 무기물질과 유기물질의 정성, 정량분석에 사용하는 분석기기

• 장치의 구성 : 압력조정기(Pressure Control)와 운반기체(Carrier Gas)의 고압실린더, 시료주입장치(Injector), 분석칼럼(Column), 검출기(Detector), 전위계와 기록기(Data System), 항온장치

• 운반기체의 종류 : H_2, He, N_2, Ar 등

■ **가스(유증)검지기**

• 용도 : 화재현장의 잔류가스 및 유증기 등의 시료를 채취하여 액체 촉진제 사용 및 유종확인
 ※ 가스검지기, 가스검지관, 유류검지기, 유류검지관 등으로도 불림

• 장치의 구성 : 연결구(팁), 팁커터, 손잡이, 흡입표기기, 흡입본체, 피스톤, 실린더

• 분석원리 : 가는 유리관 속에 가스검지제를 충전한 것으로 관의 한쪽으로부터 관의 내부로 가스가 빨아 들여지면 가스제의 성분이 검지제와 반응하여 색이 변하는데, 이러한 현상을 이용하여 가스 중의 유해성분을 검출한다. 유해성분의 농도는 변색된 길이로 인지하는 경우와 변색의 정도에 따라 인지하는 경우가 있다. 정량 정도는 높지 않으나 간편하므로 현장에서 많이 사용한다.

- 사용법

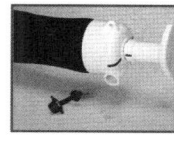
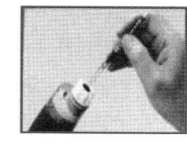

① 글래스 양단을 자른다.　② 자른 글래스를 저장한다.　③ 접속고무관에 결합한다.

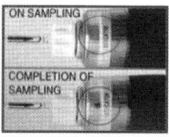
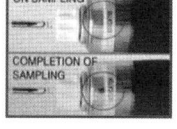
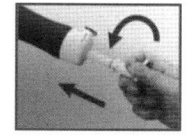

④ 피스톤 손잡이를 당긴다.　⑤ 흡입표시기가 들어간다.　⑥ 손잡이를 원위치시킨다.

■ **가스(유증)검지기의 특징**
- 석유류에 의한 방화 여부를 현장에서 쉽고 빠르게 감식
- 유증 자료 확보에 용이하며 간단하고 신속한 측정 방법
- 가솔린은 가스 입구로부터 황색, 갈색 및 옅은 갈색으로 변색
- 등유는 가스 입구로부터 옅은 갈색, 갈색으로 변색

■ **X선 촬영장치**
과전류 차단기와 같이 내부의 동작 여부를 볼 수 없거나 플라스틱 케이스가 용융되어 내부 스위치의 동작 여부를 볼 때 사용하는 장비

■ **열화상 비파괴검사**
피사체의 실물이 아닌 피사체 표면의 복사에너지를 적외선 형태로 검출하여 그 온도 차이 분포를 영상으로 재현하는 비파괴검사 방법

■ **적외선(Infrared ; IR) 분광분석법의 특징**
- 화학분자의 작용기에 대한 특성적인 스펙트럼을 쉽게 얻을 수 있다.
- 광학이성질체를 제외한 모든 물질의 스펙트럼이 달라 분자의 구조를 확인하는 데 많은 정보를 제공한다.
- 어떤 분자에 적외선을 주사하면 X–선이나 자외선–가시광선보다 에너지가 낮기 때문에 원자 내 전이현상을 일으키지 못하고, 분자의 진동, 회전 및 병진 등과 같은 여러 가지 분자운동을 일으킨다.

■ **발화범위가 명확하지 않은 경우 현장보존 범위 확대설정 사유**
- 발화지점 부근의 목격상황에 대한 진술이 제각기 달라 발화부위가 불명확한 때
- 화재를 일찍 발견한 사람의 상황과 건물 등의 소손상황으로부터 판단한 발화위치가 상당한 차이가 있어 상호연관성이 불명확한 때
- 건물전체가 같은 정도로 소손된 상황으로 특이한 연소방향의 정도가 확인(관찰)되지 않을 때
- 건물의 지붕 및 지지 구조물 등이 광범위하게 연소하여 바닥에 연소낙하물이나 도괴물이 많이 퇴적되어 있는 때
- 진화 후에도 행방불명자의 존재나 거취가 확인되지 않을 때
- 발화원으로 추정되는 물건이 기계설비로서 전기적·물리적으로 함께 시스템화 되어 있는 기구인 경우에는 추정되는 발화물과 계통적으로 하나가 되어 연결된 설비 전체를 포함한 범위를 출입금지 구역으로 설정

■ **화재 등 위기상황에서 인간의 피난특성**
- 귀소본능 : 원래 왔던 길을 되돌아가서 대피하려는 특성
- 좌회본능 : 오른손이나 오른발을 이용하여 왼쪽으로 회전하려는 특성
- 지광본능(향광성) : 밝고 열린 공간처럼 보이는 방향으로 대피하려는 특성
- 추종본능(부화뇌동성) : 대부분의 사람이 도망가는 방향을 쫓아가는 특성
  ※ 여러 개의 출구가 있어도 한 개의 출구로 수많은 사람이 몰리는 현상이 증명한다.
- 퇴피본능(본능적 위험회피성) : 화재지역 등 자신이 발견한 위험상황을 회피하려는 특성
  ※ 귀좌지 추퇴

---

04 발화지역 판정

■ **발화부 판단의 간섭요소**
일반적으로 최초 발화지점은 화재가 발생한 곳으로 다른 곳에 비하여 상대적으로 열을 가장 많이 받았고, 가장 많이 탔다는 가정하에서 출발한다.
- 환기 지배형 화재
- 가연물 지배형 화재
- 액자나 벽걸이형 시계, 벽과 천장의 마감재 등이 소락되어 2차적으로 발화하는 경우
- 덕트나 배관용 파이프 홀을 통해 다른 층이나 다른 방실로 화재가 확산되는 경우
- 화재 중 발생되는 단락에 의해 전기배선이나, 접속부의 과전류에 의해 발화하는 경우
- 기류를 따라 이동하는 비화에 의해 2차 발화하는 경우

■ 스팬드럴

건물 외벽 등 외주부를 통한 화염의 상층으로의 수직확산을 방지하기 위해 창문 등의 개구부와 개구부 사이의 내화구조 등으로 된 벽체 등의 구조

■ 콘크리트 등 박리(Spalling)의 원인

박리란 고온 또는 가열속도에 의하여 물질 내부의 기계적인 힘이 작용하여 콘크리트, 석재 등의 표면이 부서지는 현상이다.
- 열을 직접적으로 받은 표면과 그렇지 않은 주변 또는 내부와의 서로 다른 열팽창률
- 철근 등 보강재와 콘크리트의 서로 다른 열팽창률
- 콘크리트 등의 내부에 생성되었던 공기방울 또는 수분의 부피팽창
- 콘크리트 혼합물과 골재 간의 서로 다른 열팽창률
- 화재에 노출된 표면과 슬래브 내장재 간의 불균일한 팽창

■ 물질의 용융흔(Melting of Materials)

- 외열에 의한 용융(알루미늄 660℃, 구리선 1,083℃, 유리 593~1,417℃)
- 전기적 발열에 의한 금속의 용융(1차흔, 2차흔, 3차흔)
- 저융점금속의 합금화에 의한 용융
  예 구리, 아연, 알루미늄, 철, 납(특정 금속이 저융점금속과 합금화되면서 금속의 고유한 융점보다 낮은 온도에서 용융된다)

주석(231℃), 납(327℃), 마그네슘(650℃), 알루미늄(660℃), 동(1,083℃), 스테인리스(1,520℃), 철(1,530℃), 텅스텐(3,400℃)

■ 철골조의 만곡 및 구조물의 도괴

원칙적으로 단일 철기둥의 경우 열을 받는 반대방향으로 기울어진다. 하지만, 구조물의 종류와 화염의 종류에 따라서 도괴되는 것이 상이하다(중력을 고려).

■ **금속의 부식 및 변색흔**

수열온도(℃)	변 색	수열온도(℃)	변 색
230	황 색	760	아주 진한 홍색
290	홍갈색	870	분홍색
320	청 색	980	연한 황색
480	연한 홍색	1,200	백 색
590	진한 홍색	1,320	아주 밝은 백색

■ **백화연소흔(Clean Burn)**
- 부착된 그을음은 탄소 등 가연성 물질로, 직접적으로 화염과 접하거나 강력한 복사열에 노출되게 되면 대부분 연소되어 비가연성 표면(벽면이나 금속 등)이 그대로 노출되는데, 이때 이러한 흔적을 백화연소흔적이라고 한다.
- 백화연소흔적은 그을음이 부착되어 있는 부위에 비하여 더 오래, 더 강한 열기에 연소되었다는 것을 상대적으로 구분할 수 있는 패턴이다.
  ※ 백화연소흔적이 발화부를 지목하는 것은 아니다.

■ **화재현장 발굴 전 조사의 주요순서와 방법**
- 소실건물과 주변건물의 대략적 조사
- 소실건물과 주변건물의 전체적 조사
- 연소확대경로 조사
- 도괴방향에 따른 연소경로 조사
- 탄화현상에 따른 연소경로 조사
- 연소강약 조사
  ※ 대전연 도탄연

■ **화재현장 발굴 방법**
- 출화부와 발화부 결정(관계자 진술, 소방관 진술 연소특성으로 판단)
- 발굴범위 선택
- 각 단계별 사진 촬영하면서 퇴적물 위에서부터 아래로 차례로 진행
- 기둥, 가구 등 고정물로 확인 용이한 곳은 옮기지 않음
- 초기연소와 관련한 낙하된 물증은 고정물에 준한 방법으로 발굴
- 발화부에 근접할수록 섬세한 기자재를 사용하여 발굴

■ **화재현장 발굴, 복원 시 유의사항**
- 발굴 시 중요한 부분, 의문이 가는 부분을 중점 실시한다.
- 발굴은 발화장소를 중심으로 외곽부에서 중심으로 서서히 진행한다.
- 복원의 필요성이 있는 물건은 번호 또는 표시를 하여 존재 위치를 명확히 해둔다.
- 발화점에서 발굴한 탄화물은 세심한 식별을 한다.
- 대용재료를 쓰는 경우에는 잔존물과 유사한 물건을 쓰지 않는다.
- 발굴과정에서 불명확한 물건의 위치나 복원 시 물건의 위치 등은 관계자에게 확인시킨다.

■ **화재패턴의 정의(NFPA921)**
- 화재 이후 남아 있는 눈으로 보고 측정할 수 있는 물리적인 효과(NFPA921)
- 화재로 인한 화염, 열기, 가스, 그을음 등에 의해 탄화, 소실, 변색, 용융 등의 형태로 물질이 손상된 형상
- 화재가 진행되면서 현장에 기록한 것으로 즉, '화재가 지나간 길'

■ **화재패턴의 발생원인**
- 복사열의 차등원리 : 열원으로부터 가까울수록 강해지고 멀어질수록 약해지는 원리
- 탄화·변색·침착 : 연기의 응축물 또는 탄화물의 침착
- 화염 및 고온가스의 상승원리
- 연기나 화염이 물체에 의해 차단되는 원리
- 가연물의 연소

■ **Fire Plume(= 화재플럼 = 화염기둥) 지배패턴의 종류**
- 수직표면에서의 V 패턴(V Patterns on Vertical Surfaces)
- 역원뿔 패턴(Inverted Cone Patterns, 역 V 패턴)
- 모래시계 패턴(Hourglass Patterns)
- U자형 패턴(U-shaped Patterns)
- 지시계 및 화살형 패턴(Pointer and Arrow Patterns)
- 원형 패턴(Circular-shaped Pattern)

■ 화재패턴의 종류

화재패턴	연소특성
V 패턴	• 발화지점에서 화염이 위로 올라가면서 밑면은 뾰족하고 위로 갈수록 수평면으로 넓어지는 연소 형태 • 외부의 특이한 영향이 없을 경우 상측에 20, 좌우 1, 하방 0.3의 속도비율로 연소가 확대 • V자의 뾰족한 부분이 국부적 출화점이 될 수 있음 → V 패턴으로 발화지점 판단
모래시계 패턴	• 화염의 하단은 삼각형태가 나타나고 고온의 가스 영역이 수직표면의 중간에 있을 때 전형적인 V 패턴이 상단부에 생성됨 • 화재가 수직면에 매우 가깝거나 접해있을 때 이로 인해 거꾸로 된 V 패턴과 고온구역에 V 패턴이 나타나 모래시계 연소형태가 됨 • V 패턴으로의 진행 이전이나, 연소물이 넓게 퍼져있는 경우에 발생
전소화재 패턴	층으로 연결된 모든 통로를 포함한 구획실 전역의 모든 연소물 표면에 나타남
U 패턴	• V 패턴과 유사하지만 밑면이 완만한 곡선을 유지하는 형태 • V 패턴은 밑면 꼭짓점이 열원과 가깝다면 U형태는 V 패턴의 꼭짓점보다 높은 위치에 식별됨 • V형태가 나타나는 표면보다 열원에서 더 먼 위치의 수직면에 복사열의 영향으로 형성됨
열그림자 패턴	• 장애물에 의해 가연물까지 열이동이 차단될 때 발생하는 그림자 형태 • 보호구역이 형성되어 물건의 크기, 위치 또는 이동을 알 수 있어 화재현장 복원에 도움이 됨
폴다운 패턴	• 연소잔해가 상부(층)에서 하부(층)로 떨어져 그 지점에서 위로 타 올라간 형태 • 복사열 등에 의해 벽에 걸린 옷, 커튼, 수건걸이 등 발화지점과 먼 곳의 가연물에 착화되어 연소물이 바닥에 떨어져 그 지점에서 위로 타 올라간 형태 • 발화지점과 혼돈의 우려가 있음에 주의
고온 가스층에 의해 생성된 패턴	• 고온 가스층이 유동하는 공간에 조성되며 고온 가스층의 열에너지에 의해 생김 • 플래시오버 바로 직전에 복사열에 의해 가연물의 표면이 손상을 받았을 때 나타나는 패턴 • 완전히 화재로 뒤덮이면 바닥도 복사열로 인해 손상받지만 소파, 책상 등 물체에 가려진 하단부는 보호구역으로 남음 • 이 패턴은 가스층의 높이와 이동방향을 나타내며 복사열의 영향을 받지 않는 지역을 제외하면 손상 정도는 일반적으로 균일하게 나타남
수평면의 화재확산 패턴	• 목재마루 또는 테이블 상부에 구멍이 있어 나타나는 탄화형태 • 수평면 탄화형태로 연소의 방향성을 판단할 수 있음
환기에 의해 생성된 패턴	• 문이 닫힌 구획실에서 고온의 이동의 결과로 출입문 안쪽 상단에 집중적으로 나타나는 탄화형태 • 바깥문 상단은 적은 탄화 또는 그을음이 나타나 화염의 이동이 내부에서 외부로 확산됨
대각선연소 패턴	뜨거운 열기는 부력과 팽창에 천장을 통해 연소 확산되면서 벽면에 나타나는 형태
화살표 또는 포인터 패턴	• 목재나 알루미늄 등 타거나 녹았을 때 화살표처럼 뾰족하게 남겨진 연소형태 • 화살표 모양이 더 짧고 더 심하게 탄화된 곳일수록 발화지점에 더 가깝게 표현되는 형태
완전연소 패턴	불연성 물품과 직접적인 화염의 접촉에 의해 검댕과 연기 응축물이 완전연소 되면서 백화 연소의 형태
끝이 잘린 원추형태 패턴	• 다른 형태와는 달리 수직면과 수평면에 의해 화염이 잘릴 때 나타나는 3차원의 화재형태 • 천장 등 수평면의 원 형태와 벽 등 수직면에 나타나는 V 패턴과 같은 2차원 형태가 합쳐진 결과로 3차원 연소패턴이 생성됨

※ VHF, UHF로 고수환과 대화(포)는 씨크(C끝)함

■ V 패턴의 각도 결정에 영향을 미치는 인자(변수)
- 연료의 열 방출률
- 가연물의 구조
- 환기효과
- 수직표면의 발화성과 연소성
- 천장, 선반, 테이블 윗면 등과 같이 수평표면의 존재

■ U 패턴 하단부가 V 패턴 하단부보다 높은 원인
발화지점에서 발생한 복사열이 수직벽면에 열원으로 작용하기 때문

■ 화재패턴의 형성

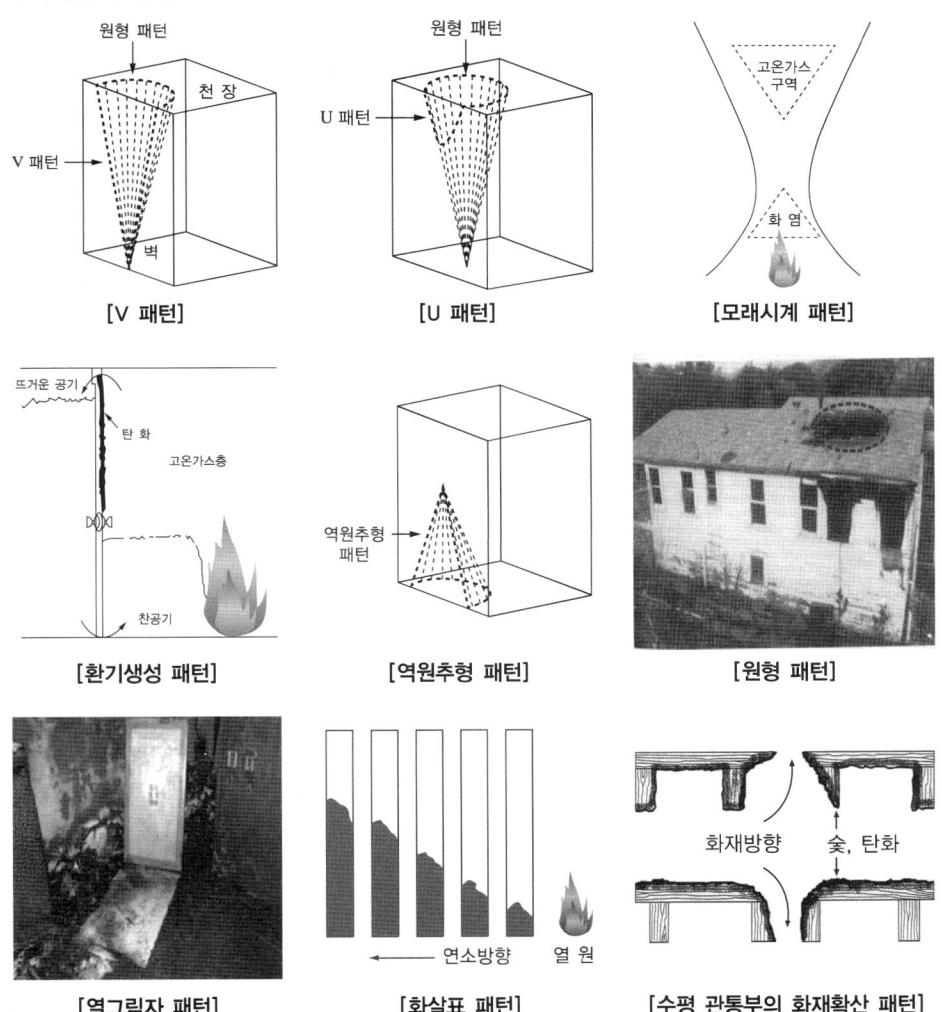

[V 패턴] [U 패턴] [모래시계 패턴]

[환기생성 패턴] [역원추형 패턴] [원형 패턴]

[열그림자 패턴] [화살표 패턴] [수평 관통부의 화재확산 패턴]

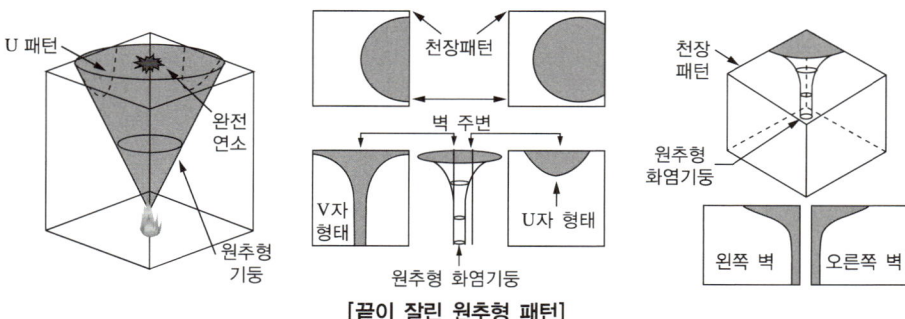

[끝이 잘린 원추형 패턴]

■ 가연성 액체 화재에 나타나는 연소패턴

화재패턴	연소특성
고스트 마크(Ghost Mark)	뿌려진 인화성 액체가 바닥재에 스며들어 바닥면과 타일 사이의 연소로 인한 흔적
스플래시 패턴 (Splash Patterns)	쏟아진 가연성 액체가 연소하면서 열에 의해 스스로 가열되어 액면이 끓으면서 주변으로 튄 액체가 국부적으로 점처럼 연소된 흔적
틈새연소 패턴 (Leakage Fire Patterns)	고스트 마크와 유사하나 벽과 바닥의 틈새 또는 목재마루 바닥면 사이의 틈새 등에 가연성 액체가 뿌려진 경우 틈새를 따라 액체가 고임으로써 다른 곳보다 강하게 오래 연소하여 나타나는 연소패턴
낮은연소 패턴 (Low Burn Patterns)	• 건물의 상부보다 하부가 전체적으로 연소된 형태 • 화염은 부양성으로 일반적으로 상부가 손상이 크게 나타내는데, 하단이 연소가 심하고 상단이 미약할 경우 인화성 촉진제를 사용한 방화로 추정할 수 있음
포어 패턴 (Pour Patterns)	인화성 액체가연물이 바닥에 뿌려졌을 때 쏟아진 부분과 쏟아지지 않은 부분의 탄화경계 흔적
도넛 패턴 (Doughnut Patterns)	• 고리모양으로 연소된 부분이 덜 연소된 부분을 둘러싸고 있는 도넛모양 형태로 가연성 액체가 웅덩이처럼 고여 있을 경우 발생 • 주변부나 얕은 곳에서는 화염이 바닥이나 바닥재를 탄화시키는 반면에 깊은 중심부는 액체가 증발하면서 증발잠열에 의해 웅덩이 중심부를 냉각시키는 현상 때문임
트레일러 패턴 (Trailer Patterns)	• 의도적으로 불을 지르기 위해 수평면에 길고 직선적이 형태로 좁은 연소패턴 • 두루마리 화장지 등에 인화성 액체를 뿌려 놓고 한 지점에서 다른 지점으로 연소확대시키기 위한 수단으로 쓰임
역원추형 패턴 (Inverted Cone Pattern)	역원추형태(삼각형)는 인화성 액체의 증거로 해석됨

■ 방화와 관련된 화재패턴
• 트레일러 패턴
• 낮은연소 패턴
• 독립연소 패턴

■ 무지개효과(Rainbow Effect)

- 소화수 위로 뜨는 기름띠가 광택을 나타내며 무지개처럼 보이는 현상이다.
- 화재현장에 가연성 액체를 사용하였음을 유추할 수 있는 근거가 된다.
- 일상생활용품 중에 플라스틱, 아스팔트 등 석유화학제품이 연소되면서 발생할 수 있기 때문에 유증 샘플의 감정 없이 인화성 액체가 사용되었다고 단정해서는 안 된다.

■ 가연성 액체의 화재패턴 간섭요소

- 플래시오버(Flash Over) 발생단계에서 복사열에 의해 바닥의 광범위한 연소 → 포어 패턴으로 오인
- 벽지 등 낙하물에 의한 부분적 연소 → 트레일러 패턴으로 오인
- 물체에 의해 보호된 부위의 미연소형태 → 틈새연소 패턴으로 오인
- 지속적으로 연소가 진행될 수 있는 바닥재의 가연성 → 고스트 마크로 오인
- 융점이 낮은 가연성 물질(스티로폼, 플라스틱 등)이 용융되어 흐르며 연소한 경우 위 요소들은 가연성 액체가 사용되지 않은 화재현장에서 다양하게 나타나므로 화재조사관은 발화원인 결정에 오류를 범할 수 있으므로 주의한다.

■ 열 및 화염 확산 벡터도면에서 벡터로 표시할 수 있는 사항

- 열 또는 화염크기와 진행방향
- 화재패턴
- 발화지점
- 온도나 가열시간, 열 유속(Heat Flux) 또는 화재강도 등

■ 탄화심도 측정방법

- 동일 포인트를 동일한 압력으로 여러 번 측정하여 평균치를 구함
- 계침은 기둥 중심선을 직각으로 찔러 측정 (그림 A + B)
- 평판 계침으로 측정할 때는 수직재에 평판면을 수평, 수평재는 평판면을 수직으로 찔러 측정
- 계침을 삽입할 때는 탄화 균열 부분의 철(凸)각을 택함
- 중심부까지 탄화된 것은 원형이 남아 있더라도 완전연소된 것으로 간주
- 가늘어서 측정이 불가능한 것은 절단 후 목질부 잔존경 측정에 준하여 비교
- 측정범위나 측정점은 발화부로 추정되는 범위 내에서 중심부를 선택
- 중심부를 향한 부분과 이면부를 면별로 동일 방향에서 측정하고 칸마다 비교
- 수직재와 수평재를 구별하고 재질이나 굵기에 따라 차별 측정

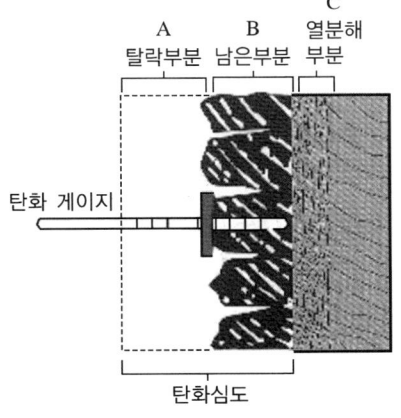

- 동일소재, 동일 높이, 동일 위치마다 측정
- 수직재의 경우 50cm, 100cm, 150cm 등으로 구분하여 각 지점을 측정

■ **탄화(하소)심도 측정에 사용할 수 있는 장비 :** 다이얼캘리퍼스, 탐촉자

■ **탄화심도 분석 및 판정**
- 목재표면의 균열흔은 발화부에 가까울수록 가늘어지는 경향
- 고온의 화염을 받아 연소 시 : 비교적 굵은 균열흔이 나타남
- 저온에서 장시간 연소 시 : 목재 내부 수분이나 가연성 가스가 표면으로 서서히 분출되어 가는 균열흔이 나타남
- 완소흔 : 700~800℃의 수열흔, 균열흔은 홈이 얕고 삼각 꼬는 사각형태
- 강소흔 : 약 900℃의 수열흔, 홈이 깊은 요철이 형성됨
- 열소흔 : 1,100℃의 수열흔, 홈이 아주 깊고 대형 목조건물 화재 시 나타남
- 훈소흔 : 발열체가 목재면에 밀착되어 무염연소 시 발생, 발열체 표면의 목재면에 남는 것

■ **목재의 탄화심도에 영향을 주는 인자**
- 화열의 진행속도와 진행경로
- 공기조절 효과나 대류여건
- 목재의 표면적이나 부피
- 나무종류와 함습 상태
- 표면처리 형태
※ 대류, 화열, 함습, 표면, 부피

■ **전기적 아크조사의 목적과 절차**
- 전기적 아크로 손상된 곳을 추적하여 발화부위 판단
- 전기적 아크가 발생한 지점을 순차적으로 확인함으로써 연소진행과정을 추론할 수 있음
- 절차 : 조사지역 결정 → 지역도면작성 → 조사영역 구분 → 전기장치 확인 → 아크 위치표시

■ **위험물의 정의**
인화성 또는 발화성 등의 성질을 가지는 것으로서 대통령령으로 정하는 물품

■ 위험물의 유별 성질
- 제1류 위험물 : 산화성 고체
- 제2류 위험물 : 가연성 고체
- 제3류 위험물 : 자연발화성 및 금수성 물질
- 제4류 위험물 : 인화성 액체
- 제5류 위험물 : 자기반응성 물질
- 제6류 위험물 : 산화성 액체

■ 물과 반응에 따른 생성가스
- 탄화칼슘 : $CaC_2 + 2H_2O \longrightarrow Ca(OH)_2 + C_2H_2$(아세틸렌)
- 칼륨 : $2K + 2H_2O \longrightarrow 2KOH + H_2$(보호액 : 석유)
- 인화알루미늄 : $AlP + 3H_2O \longrightarrow Al(OH)_3 + PH_3$(포스핀 = 수소화인)
- 인화칼슘 : $Ca_3P_2 + 6H_2O \longrightarrow 3Ca(OH)_2 + 2PH_3$(포스핀 = 수소화인)
- 나트륨 : $2Na + 2H_2O \longrightarrow 2NaOH + H_2 \uparrow$ (보호액 : 석유)
- 리튬 : $2Li + 2H_2O \longrightarrow 2LiOH + H_2$
- 알루미늄분
  - $2Al + 3H_2O \longrightarrow Al_2O_3 + 3H_2$
  - $2Al + 6H_2O \longrightarrow 2Al(OH)_3 + 3H_2$
- 탄화나트륨 : $Na_2C_2 + 2H_2O \longrightarrow Na(OH)_2 + C_2H_2$(아세틸렌가스)
- 탄화알루미늄 : $Al_4C_3 + 12H_2O \longrightarrow 4Al(OH)_3 + 3CH_4$

■ 물질 자신이 발열하고 접촉가연물을 발화시키는 물질
- 생석회 : $CaO + H_2O \longrightarrow Ca(OH)_2 + 15.2kcal/mol$
- 표백분 : $Ca(ClO)_2 \longrightarrow CaCl_2 + O_2$
- 과산화나트륨 : $2Na_2O_2 + 2H_2O \longrightarrow 4NaOH + O_2$
- 수산화나트륨 : $NaOH + H_2O \longrightarrow Na^+ + OH^-$
- 클로술폰산 : $HClSO_3 + H_2O \longrightarrow HCl + H_2SO_4$로 분해되며, 다량의 흰연기와 발열한다.
- 마그네슘
  - $Mg + 2H_2O \longrightarrow Mg(OH)_2 + H_2$
  - $2Mg + O_2 \longrightarrow 2MgO$
  - $Mg + 2HCl \longrightarrow MgCl_2 + H_2$
- 철분과 산 접촉 시 : $2Fe + 6HCl \longrightarrow 2FeCl_3 + 3H_2$
- 황린 : $P_4 + 5O_2 \longrightarrow 2P_2O_5$
- 트리에틸알루미늄(TEA) : $2(C_2H_5)_3Al + 21O_2 \longrightarrow 12CO_2 + Al_2O_3 + 15H_2O$

05 발화개소 판정

■ 열 영향에 의한 유리의 파손 형태 감식

유리의 수열영향 형태	감식내용
낙하방향	유리는 수열측이 보다 많이 낙하한다.
표면의 조개껍질모양 박리	조개껍질모양 박리는 고온일수록 많고 깊다.
금이 가는 상태	유리는 수열 정도가 클수록 작게 금이 간다.
용융상태	수열 정도가 클수록 용융범위가 많아진다.
깨진 모양	약간 둥글고 매끄럽다(폭발은 날카롭다).

■ 충격에 의한 깨진 유리 파손형태 및 감식(鑑識)

구 분	내 용
원 인	유리가 물리적 충격에 의해 깨질 경우 발생하는 형태
특 징	• 방사상(放射狀, Radial)과 동심원(同心圓, Concentric) 형태 • 파손면에 리플마크, 윌러라인, 헥클라인 생성
화재감식	• 리플마크는 충격방향을 나타내므로 창문의 파괴형태 관찰로 탈출을 위한 내부에서의 충격에 의한 파손인지, 소방관에 의한 외부에서의 파손인지 혹은 오염상태로 보아 화재 전·후인지를 파악할 수 있음 • 유리 균열흔은 외부압력의 방향을 감식하여 화재진행 경로의 지표로 활용할 수 있음

• 방사상으로 깨지는 원인 : 충격 시 앞면은 압축응력이 뒷면은 인장응력이 작용하기 때문이다(압축강도 > 인장강도).

• 동심원 형태로 깨지는 원인 : 유리로 전달되는 운동에너지가 방사상 균열로 충족될 수 없을 때 동심원 균열이 일어나기 때문이다.

• 리플마크(Ripple Mark) : 유리의 동심원 파단면 및 방사형 파단면에는 물결 같은 일련의 곡선이 연속해서 만들어지는 것을 말하며, 패각상 파손흔이라고도 한다.

• Wallner Line : 화재 시 유리표면에 나타나는 미세한 선형 패턴으로 유리가 열에 노출되었을 때 팽창과 수축을 반복하면서 표면에 미세한 선형 패턴이 형성된다.

• 핵클라인(Hackle Line) : 윌러라인의 가장자리에 형성되는 또 다른 거친 균열흔이다.

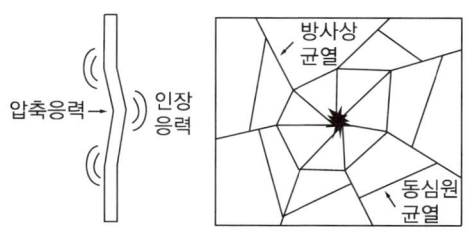
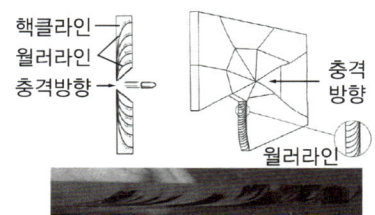

• 유리의 파편은 열을 받는 쪽으로 낙하하기 쉽다.

• 화재로 파괴된 유리의 각은 약간 둥글고 매끄러운 반면 폭발로 파괴된 조각은 날카롭다.

- 충격으로 파손될 경우에는 표면에 월러라인(Wallner Lines)이 생성된다.
- 강화유리는 화재나 폭발로 깨지면 작은 입방체 모양으로 부서지며 유리의 잔금보다 통일된 모양이다.
- 유리와 바닥면의 사이에 천장재 등이 낙하되어 있으면 이는 천장이 탄 후에 유리가 깨진 것을 의미하고 있으며, 전혀 아무것도 없으면 내벽이나 천장 등의 소실보다도 유리가 빨리 깨진 것을 의미하고 있다. 후자인 경우 유리는 발화개소에 아주 가까운 위치에 있었음을 알 수 있다.

■ 열에 의해 유리가 깨지는 메커니즘
- 창틀에 고정되어 있을 경우 유리와 창틀의 서로 다른 열팽창률
- 직접적으로 열을 받은 내측과 그렇지 않은 외측의 서로 다른 열팽창률
- 화염이 미친 부분과 미치지 않은 주변의 서로 다른 열팽창률

■ 크래이즈 글라스(Crazed Glass)
- 급격한 냉각에 의해 만들어지는 것으로 확인
- 화재현장에서는 소화수 등에 의해 한쪽 면이 급격히 냉각되면서 대부분 발생

■ 유리파편의 그을음 부착
- 유리파편에 의해 보호된 구역을 살펴 화재 이후 유리가 깨진 것인지, 유리가 깨지고 나서 화재가 발생한 것인지의 지표가 된다.
- 화재 전 외부인의 침입 여부나 물리적인 손괴 여부를 판단하는 데 있어서도 유용하게 사용될 수 있다.

■ 압력(폭발)에 의한 유리의 파손형태 및 감식

구 분	내 용
원 인	백 드래프트, 가스폭발, 분진폭발 등 같은 급격한 충격파로 파손된 형태
파손형태	평행선 모양의 파편형태(4각 창문 모서리 부분을 중심으로 4개의 기점이 존재)
화재감식	• 두꺼운 그을음이 있는 경우 : 폭발 전에 화재가 활발했음을 나타냄 • 그을음이 매우 희미한 경우 : 화재 초기에 폭발이 있었음을 나타냄 • 그을음이 전혀 없는 경우 : 폭발 후에 화재가 발생했음을 나타냄

■ 자파현상(自破現想)
- 강화유리의 생성과정에서 포함된 불순물에 의해 외부 충격이나 열이 없는 상태에서 스스로 파괴되는 현상
- 자파현상은 불순물(황화니켈)에 의한 파괴가 가장 많은 경우이며, 그외 유리 내부가 불균등하게 강화되거나, 판유리를 자르는 과정에서 미세한 흠집이 생긴 경우에도 자연파괴가 일어날 수 있으며, 시공할 때 강화유리 설치가 불안정하면 저절로 파괴될 수도 있다.
- 특징으로는 파괴가 시작된 중심부에 나비모양이 관찰된다.

- **전구의 변형**
  - 25W 이상의 백열전구는 점등 시 필라멘트의 산화를 막기 위해 질소나 아르곤 등의 비활성가스로 충전되어 있다. 이 때문에 전구의 일부분이 연화되기 시작하면 내부의 압력에 의해 해당 부위가 부풀어 오르거나 외부로 터져 나가는 형태를 갖게 된다.
  - 25W 이하의 전구는 진공상태로 일부가 연화되기 시작하면 외부의 압력 때문에 쭈그러들어 내부로 함몰되는 형태를 갖게 된다.
  - 부풀어 오르거나 함몰된 형태보다는 해당 방향에서 전구의 변형이 시작되었다는 점이 중요하며, 이것을 통하여 화염의 진행방향을 알 수 있다.
  - 고정된 소켓에 견고하게 삽입된 전구에 대해서는 신뢰할 수 있으나, 단지 전선줄에 매달려 있는 경우에는 화재 당시의 방향에 대하여 신뢰할 수 없으므로 화재진행방향 판단의 지표로 사용하는 것을 피해야 한다.

- **가구 스프링의 변형**
  - 침대 스프링 복원력의 상실 정도를 비교해서 어느 곳이 더 많은 화재열기에 노출되었는지를 알 수 있으며, 이를 통해 화재의 확산방향을 추정할 수 있다.
  - 침대 스프링의 내려앉은 정도는 최초 발화지점이나 초기의 연소방향을 나타내는 것이 아니며, 단지 그렇지 않은 주변에 비하여 열을 많이 받았다는 사실을 증명하는 것이다.

- **전기적 특이점을 통한 발화부의 추적(통전입증이 가장 우선)**
  - 일반적으로 전기적 특이점을 통한 발화부의 추적은 배선에서 합선이 발생하게 되면 합선부위가 녹아 끊어지게 되어 합선부위의 부하측으로는 전류가 흐르지 않는 상태가 된다는 전제하에 이루어진다.
  - 전류가 흐르지 않는 배선에서는 피복이 손상된다 하더라도 합선의 여지가 없고, 여타 전기적인 특이점이 발생할 수 없다.
  - 차단기가 없거나 혹은 차단기가 작동하지 않았다면 화염의 진행에 따라서 최초 발생한 합선흔적은 부하측에서 전원측으로 순차적으로 발생한다.
  - 합선흔적에 의한 발화부의 추적은 직렬회로 상에서 전원측과 부하측의 구분을 통해 가능하며, 병렬회로 상호간 전원측 혹은 부하측에 대한 구분이 없으므로 합선흔적의 위치를 통한 선후 관계를 증명할 수는 없다.

- **전기적인 발화원인**
  - 절연이 파괴 : 트래킹, 누전, 합선
  - 저항증가 : 접촉불량, 반단선, 불완전접촉

■ 트래킹의 3단계 과정
- 1단계 : 유기절연재료 표면으로 먼지, 습기 등에 의한 오염으로 도전로가 형성될 것
- 2단계 : 도전로의 분단과 미소한 불꽃방전이 발생할 것
- 3단계 : 방전에 의해 표면의 탄화가 진행될 것

■ 보이드 현상(Void Phenomenon)
전압이 인가되는 도체의 절연물 내부에 생기는 미세한 구멍이나 틈새가 생기는 절연파괴의 현상

■ 트래킹과 보이드 현상과의 차이점
트래킹은 유기절연물에서 발화하고 보이드 현상은 절연물의 내부에서 발화하는 차이가 있다.

■ 권선의 과부하 원인
- 구속운전 : 전동기가 과중한 부하로 인해 회전하지 못하고 정지된 상태
- 기계적 과부하 : 전동기와 연결된 기계에 과중한 부하가 가해지는 경우

■ 접촉불량(불완전 접촉)
접속단자나 콘센트가 삽입되는 플러그 등 접속부위에서 접촉면적이 감소되거나 접촉압력이 저하되어 저항증가에 따른 줄열이나 아크가 발생하는 현상
- 접속기구에서의 접촉불량 : 콘센트와 같은 접속기구는 반복적으로 오랜 시간 사용하다보면 탄성을 상실하고 복원력이 약해져 플러그를 삽입하였을 때 헐거워지게 되어 불완전 접촉에 의해 화재가 발생
- 회로기판에서의 접촉불량 : 기판에 부착된 소자의 납땜부위가 불완전하게 되었을 때는 이곳에서 접촉불량에 의해 발화

■ 배터리에 의한 화재
대부분의 배터리는 소형인 경우에도 새 것일 때는 1A까지 전류를 흐르게 할 수 있다. 이러한 배터리는 셀룰로오스가 함유된 가연물(종이, 목재, 식물섬유로 제작된 의류 등)이 바로 접해 있을 때 충분히 착화시킬 수 있을 만한 전류를 흐르게 할 수 있다.

■ PTC 서미스터
PTC Thermistor에 일정 이상의 전류가 흐르면 줄열에 상당하는 자기 발열에 의하여 소정의 시간이 경과한 후 Switching 온도에 도달하여 저항이 급격히 증가하고 전류를 제한하는 작용이 일어남
예 모기약 훈증기, PTC 서미스터 화재

■ **바이메탈식 자동온도조절장치**

열팽창계수가 다른 두 개의 금속을 서로 붙여 놓은 것으로 열을 받게 되면 상대적으로 열팽창계수가 높은 금속의 반대방향으로 휘어지게 되는 원리를 이용한 장치로 일정온도 이상이 되면 휘어진 바이메탈이 가동접점을 밀어내는 역할을 해 전류를 제어하는 장치

■ **마찰열에 의한 화재**

마찰열은 접촉한 물체 상호 간의 마찰속도, 접촉압력에 점화 가능한 가연물이 존재한다면 그 가연물에 착화되어 확산될 수 있다(예 자동차, 열차 브레이크).

■ **미소화원**

미소화원이란 작은 불씨를 말하는 것으로 담배꽁초, 향불, 용접 및 절단작업에서 발생하는 스파크, 기계적 충격에 의한 스파크, 그라인더 등 절삭기에 의한 스파크 등을 말한다.

■ **태양의 복사선에 의한 화재(수렴화재)**
• 비닐하우스에 물이 고여 볼록하게 처진 부분
• 곡면을 갖는 PET 또는 유리병
• 스테인리스 재질의 움푹한 냉면그릇이나 냄비뚜껑
• 히터의 방열판
• 스프레이 캔의 움푹한 바닥

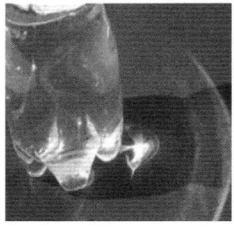  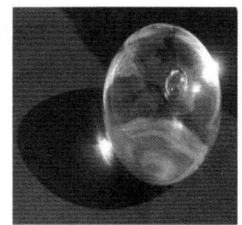

■ **고온물체에 의한 발화**
• 접촉발화 : 핫플레이트 위 종이상자
• 축열발화 : 백열전구의 가연물 접촉
• 저온발화 : 목재와 라텍스 폼
• 복사열에 의한 발화 : 히터를 이용한 방화

■ 물리적 폭발

공간 내부의 압력이 상승하여 공간을 유지하고 있는 탱크와 같은 구조의 내압한계를 초과하면서 파열되는 것

- 압력밥솥이 폭발하는 것
- 보일러의 온수탱크 및 열교환기가 폭발하는 것
- 가스용기가 가열되어 폭발하는 것

■ 로카도의 교환법칙

그 누구라도 어떠한 사물을 변형시키지 않거나 외부에서 다른 물질을 묻혀 들이지 않고 현장에 진입할 수 없다.

■ 타임라인

사건들을 각 순서에 맞게 배열하고, 시간의 흐름에 맞게 배열하는 작업을 말하며, 대부분 증거의 시간적 역할을 통해 구분되고 이루어진다.

- 절대적 시간 : 어떠한 사건들이 일어난 시점이 확인되었을 경우
- 상대적 시간 : A 이후에 B까지의 시간은 약 10분 정도 걸린다.

■ PERT 차트

PERT(The Program Evaluation and Review Technique) 차트는 원래 사업계획을 일정기간 내에 완성하기 위해 진행 상태를 평가해서 기간을 단축시키고자 개발한 것으로 사건의 재구성에 있어서도 매우 유용하게 이해할 수 있으며, 재구성에 있어서도 증거들의 조합으로 이루어진 이벤트들을 타임라인 위에 나열한 것을 말한다.

※ 모든 재구성의 기본은 증거의 수집에서부터 시작되며, 보다 많은 증거는 보다 정확한 가설을 도출해내는 밑거름

■ 산화열 축적으로 발화하는 물질

- 불포화유지가 포함된 천, 휴지, 탈지면찌꺼기
- 불포화유지(동식물 유지류)

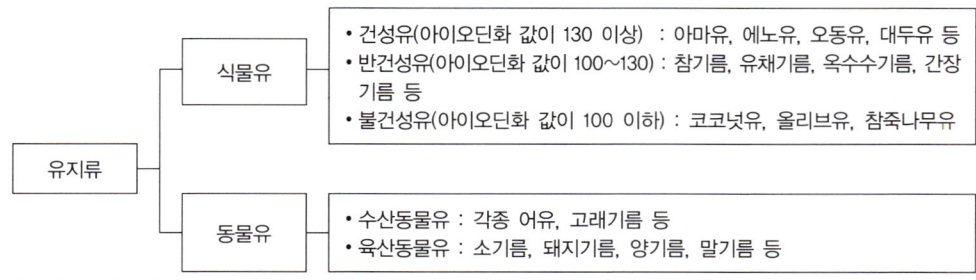

유지류
- 식물유
  - 건성유(아이오딘화 값이 130 이상) : 아마유, 에노유, 오동유, 대두유 등
  - 반건성유(아이오딘화 값이 100~130) : 참기름, 유채기름, 옥수수기름, 간장기름 등
  - 불건성유(아이오딘화 값이 100 이하) : 코코넛유, 올리브유, 참죽나무유
- 동물유
  - 수산동물유 : 각종 어유, 고래기름 등
  - 육산동물유 : 소기름, 돼지기름, 양기름, 말기름 등

- 금속분류 : 철, 알루미늄, 아연, 마그네슘 등
- 탄소분류 : 활성탄, 소탄, 목탄, 유연탄 등
- 기타 : 고무, 에보나이트, 석탄

■ **훈소될 수 있는 물질** : 황마섬유, 휴지, 톱밥, 가정용 먼지 등

■ **열의 반응속도에 영향을 미치는 인자** : 온도, 발열량, 수준 표면적 및 촉매

■ **자동차 화재 중 역화와 후연을 비교**
- 역화 : 자동차 연료계통이 타들어 가는 것
- 후연 : 자동차 배기계통(배기매니홀더-촉매장치-머플러-머플러커터)을 통해 타들어 가는 것

■ **화재실의 온도에 영향을 주는 요소**
- 건축물의 단열성 또는 밀폐성
- 가연성 증기와 산소의 분압차
- 가연물의 종류

■ **허용농도**
- 정의 : 건강한 성인 남자가 그 환경에서 하루 8시간 작업을 하여도 건강상 지장이 없는 독성가스의 농도
- 독성가스 농도

생성물질	화학식	허용농도(ppm)	생성물질	화학식	허용농도(ppm)
아크롤레인	CH_3CHCHO	0.1	염화수소	HCl	5
삼염화인	PCl_3	0.1	시안화수소	HCN	10
포스겐	$COCl_4$	0.1	황화수소	H_2S	10
염소	Cl	1	암모니아	NH_3	25
플루오린화수소	HF	3	일산화탄소	CO	50
아황산가스	SO_2	5	이산화탄소	CO_2	5,000

■ 공업 및 산업용으로 가장 많이 사용되는 3대 방향족 탄화수소
  • 벤젠(Benzene)
  • 톨루엔(Toluene)
  • 크실렌(Xylene)

■ 가연물의 구비조건(5가지만)
  • 활성화에너지가 작을 것
  • 열전도도가 작을 것
  • 산화되기 쉽고 발열량이 클 것
  • 산소와 친화력이 좋고 표면적이 클 것
  • 연쇄반응이 일어나는 물질일 것

■ 인화점 : 가연성 기체나 고체를 가열하면서 작은 불꽃을 대었을 때 연소될 수 있는 최저온도

■ 전기 감전사고의 형태
  • 전격에 의한 감전
  • 절연파괴로 인한 아크 감전
  • 정전기에 의한 감전
  • 낙뢰에 의한 감전
  • 단락 아크에 의한 화상

■ 고층 건물에서의 연기유동
  고층 건물에서 연기를 이동시키는 주요 추진력은 굴뚝효과이며, 부력, 팽창, 바람, 그리고 공기조화 시스템의 영향을 받는다.

■ 과부하를 발화원인으로 판단하기 위한 요건
  • 구체적 연소형태 확인
  • 선간 또는 층간단락흔 식별
  • 착화, 발화, 연소확대에 이른 상황을 증거를 들어 입증
  • 여타 화재원인 배제 과정을 거쳐야 함

■ 층간단락의 정의 및 발생과정
  • 정의 : 전동기의 회전이 방해되거나(기계적 과부하) 권선에 정격을 넘는 전류가 흘러 전기적으로 과부하 상태가 되어 권선의 일부가 단락되는 현상
  • 발생과정 : 핀홀 또는 경년열화 → 선간접촉 → 링회로 → 국부발열 → 층간단락

- **금속의 만곡 용융흔 식별**
  - 철(Fe) : 보통의 경우 용융 전에 수열을 받은 부분의 철 분자 간 활동의 증가로 부피가 증가하는 특성으로 600℃ 주변에서 인성 변화가 있고, 1,200℃ 부분에서 용융되기 시작한다.
    - 수직으로 서있는 철기둥의 경우 수열을 받는 반대방향으로 휜다.
    - 수평으로 잇는 철파이프 등의 경우 수열을 받는 부분이 중력방향(아래로)으로 휜다.
  - 알루미늄(Al) : 알루미늄은 용융점이 약 500~600℃ 사이로 다른 금속에 비하여 용융점이 낮기 때문에 화재 초기에 수열을 받는 방향으로 경사각을 이루며 용융된다.
  - 금속(도색재)의 열변화
    도료의 색 → 흑색 → 발포 → 백색 → 가지색(금속의 바탕금속)

- **파노라마 촬영기법**
  - 화재현장에서 연소상태의 흐름을 좁은 화각에 표현하지 못하여 답답함을 느낄 때 여러 컷의 사진을 촬영하여 하나에 병합하는 촬영기법
  - 촬영 시 유의사항
    - 동일한 화각 및 포커스를 고정한다.
    - 삼각대를 사용한다.
    - 노출을 고정한다.

- **미소화원에 대한 화재입증 기본조건 3가지**
  - 화재현장에 있어서 발화장소의 소손 확인
  - 관계자의 진술확보
  - 발화 전의 환경조건 파악

- **화재조사 현장 감식에서 발화부를 추정하는 방법**
  - 탄화심도
  - 도괴방향
  - 수직면에서 연소의 상승성
  - 목재의 표면에서 나타나는 균열흔
  - 벽면 마감재에 나타나는 박리흔
  - 불연성 집기류 가전제품 등의 변색흔
  - 화재 시 발생하는 주연흔
  - 일반화재에서 나타나는 주염흔
  - ※ 박변균 주연(염) '탄도수'를 보면 발화부 추정 가능

- **Convergence Cluster**

  화재 시 피난 도중 다른 집단이나 사람을 만나면 탈출을 멈추고 한군데 모여서 죽음을 맞이하는 현상

- **비파괴촬영기**

  배선용 차단기가 탄화된 채 발견된 경우 물리적 손상 없이 내부구조를 확인할 수 있는 장비

- **백열전구의 유리관 속에 소량의 질소, 아르곤을 주입하는 이유**

  텅스텐 필라멘트와 화학반응하지 않는 불활성 가스를 넣어 고온에서 발광하는 필라멘트의 증발·비산을 제어하여 수명을 길게 하기 위해서이다.

- **복원 시의 유의사항 3가지**
  - 구조재는 확실한 것만 복원한다.
  - 대용재료를 사용한 경우 타고 남은 잔존물과 유사한 것을 사용하지 않는다.
  - 불명확한 것은 복원하지 않는다.

- **분진폭발의 조건**
  - 가연물질의 미세한 분말 존재(0.5mm 이하)
  - 미세한 분진이 일정한 농도 이상 분산(입도 0.1mm 이하 공기 중 부유 에어졸 상태)
  - 밀폐된 공간(압력 존재)
  - 점화원 및 공기 존재

- **분진폭발의 특징**
  - 파괴력이 크고 그을음이 많다.
  - 심한 탄화흔적이 발생한다.
  - 피해범위가 확산된다.
  - 가스중독의 우려가 있다.

- **폭발상태에 따른 분류**
  - 기상폭발 : 가스폭발, 분해폭발, 분진폭발, 분무폭발
  - 응상폭발 : 수증기폭발, 증기폭발, 폭발성 화합물의 폭발, 혼합위험성 물질의 폭발

■ 폭연과 폭굉

구 분	폭연(Deflagration)	폭굉(Detonation)
전파속도	음속 미만(0.1~10m/s)	음속 이상(1,000~3,500m/s)
전파에 필요한 에너지	전도, 대류, 복사	충격에너지
폭발압력	초기 압력의 10배 이하	초기 압력의 10배 이상
화재파급효과	크 다	작 다
충격파 발생여부	미발생	발 생
전파 메커니즘	반응면이 열의 분자확산 이동과 반응물 및 연소생성물의 난류혼합에 의해 전파	반응면이 혼합물을 자연발화온도 이상으로 압축시키는 강한 충격파에 의해 전파

■ 유류의 공통적인 성질
- 인화하기 쉽다.
- 증기는 대부분 공기보다 무겁다.
- 증기는 공기와 혼합되어 연소 폭발한다.
- 착화온도가 낮은 것은 위험하다.
- 물보다 가볍고 물에 녹지 않는다.

■ 아세틸렌이 구리와 접촉하여 폭발성 금속인 아세틸라이드가 만들어지는 화학반응식

$C_2H_2 + 2Cu \longrightarrow Cu_2C_2 + H_2$

■ **연소점** : 점화원을 제거하여도 연소가 지속되는 온도로 인화점에 비하여 5~10℃ 정도 높은 것

■ **발화점** : 점화원을 부여하지 않고 가열된 열만으로 연소가 시작되는 최저온도

■ 액체탄화수소의 가연물이 정전기에 의하여 화재로 발전할 수 있는 조건
- 정전기의 발생이 용이할 것
- 정전기의 축적이 용이할 것
- 축적된 정전기가 일시에 방출될 수 있도록 전극과 같은 것이 존재할 것
- 방전 시 에너지가 충분히 클 것

- **액체탄화수소의 정전기 대전이 용이한 조건**
  - 유속이 높을 때
  - 필터 등을 통과할 때
  - 비전도성 부유물질이 많을 때
  - 와류가 생길 때
  - 낙차가 클 때
  - ※ 정전기의 발생은 유속의 제곱에 비례 → 휘발유, 제트연료 등(1m/sec 이하로 수송)

- **정전기 화재가 발생할 수 있는 3가지 조건**
  - 정전기 대전이 발생할 것
  - 가연성 물질이 연소농도 범위 안에 있을 것
  - 최소 점화에너지를 갖는 불꽃방전이 발생할 것

- **정전기 대전의 종류**

구 분	특 징
마찰대전	고체, 액체, 분체류에서 접촉과 분리과정에 발생
박리대전	밀착된 물체가 떨어질 때 발생
분출대전	작은 분출구와 분출하는 물질의 마찰로 발생

- **정전기를 방지할 수 있는 예방법**
  - 접지를 한다.
  - 실내공기를 이온화한다.
  - 공기 중의 상대습도를 70% 이상 유지한다.
  - 대전물체에 차폐조치를 한다.
  - 배관에 흐르는 유체의 유속을 제한한다.
  - 비전도성 물질에 대전방지제를 첨가한다.

- **화재조사 장비 중 검전기의 용도**
  - 물체의 대전 유무
  - 대전체의 전하량 측정
  - 대전된 전하의 종류 식별

■ 줄열에 기인한 국부적 저항증가로 발화하는 현상
- 아산화동 증식
- 접촉저항 증가
- 반단선

■ 통전입증 방법(부하측에서 전원측으로)
- 퓨즈의 용단형태
- 커버나이프 스위치 용단형태
- 배선용 차단기 작동상태(트립)
- 누전차단기 작동상태

■ 통전입증, 도전화, 접촉저항, 부품정수 측정, 절연재료의 그래파이트 현상을 측정하는 감식장비
멀티테스터기, 클램프미터

■ 통전 중인 플러그와 콘센트가 접속된 상태로 출화하였을 때 나타날 수 있는 소손흔적
- 플러그핀이 용융되어 패여 나가거나 잘려나간 흔적이 남는다.
- 불꽃방전현상에 따라 플러그핀에 푸른색의 변색흔이 착상되는 경우가 많고 닦아내더라도 지워지지 않는다.
- 플러그핀 및 콘센트 금속받이가 괴상형태로 용융되거나 플라스틱 외함이 함몰된 형태로 남는다.
- 콘센트의 금속받이가 열린상태로 남아있고 복구되지 않으며, 부분적으로 용융되는 경우가 많다.

■ 전기화재 감식요령에서 퓨즈류의 형태에 따른 원인
- 단락 : 퓨즈 부분이 넓게 용융 또는 전체가 비산되어 커버 등에 부착한다.
- 과부하에 의한 퓨즈 용단상태 : 퓨즈 중앙부분 용융
- 접촉 불량으로 용융되었을 경우 : 퓨즈 양단 또는 접합부에서 용융 또는 끝부분에 검게 탄화된 흔적이 나타난다.
- 외부 화염에 의한 퓨즈의 용융상태 : 대부분이 용융되어 흘러내린 형태로 나타난다.

■ 트립(Trip)현상
누전, 지락, 단락, 과부하 등 회로 고장에 의한 순간적인 전기차단으로 누전차단기 회로의 경우 스위치가 완전히 내려가지 않고 중간에서 멈추는 것

■ 폭발의 형태
- 기계적 폭발 : 진공용기의 파손에 의한 폭발
- 화학적 폭발 : 주로 가연성 가스, 증기, 분진, 미스트 등이 공기와의 혼합물, 산화성, 환원성 고체 및 액체혼합물 혹은 화합물의 반응에 의하여 발생
- 분해폭발 : 산화에틸렌, 아세틸렌, 히드라진 같은 분해성 가스와 디아조화합물 같은 자기분해성 고체류는 단독으로 가스가 분해하여 발생
- 중합폭발 : 중합에서 발생하는 반응열을 이용해서 폭발하는 것
- 촉매폭발 : 수소와 산소가 반응 시 빛을 쪼일 때 발생

■ 플래시오버에 영향을 주는 인자
- 개구율
- 내장재료
- 화원의 크기

■ 열화상 비파괴검사
피사체의 실물이 아닌 피사체 표면의 복사에너지를 적외선 형태로 검출하여 그 온도 차이 분포를 영상으로 재현하는 비파괴검사 방법

■ 하소의 정의 및 연소과정
- 하소란 석고벽면 등이 열에 의해 탈수됨으로써 수축 및 균열이 발생하고 부서지기 쉬운 상태에 이르러 회화되는 현상이다.
- 연소과정 : 석고표면연소 → 탈경화제 열분해 → 변색 → 탈수 및 균열
- 특 징
  - 조밀성이 떨어져 결정성을 잃는다.
  - 열이 강할수록 백색으로 변한다.
  - 밀도가 감소되어 하소된 부분에 경계선이 형성된다.

■ 화재조사 순서
- 현장보존 및 사전조사
- 화재현장의 주변 건축물 등 전체상황 관찰
- 화재관계자 질문
- 발화장소 및 발화부위 한정(추정)
- 발 굴
- 복원 및 증거수집
- 발화지점 결정
- 증거물 감정
- 화재원인 판정

▌ 전기화재 조사기법

■ 전기화재의 용어
- **과부하** : 허용전류 및 정격전압, 전류, 시간 등의 값을 초과해서 사용한 경우
- **반단선** : 전선이 절연피복 내에서 단선되어 그 부분에서 단선과 이어짐을 되풀이하는 상태로, 완전히 단선되지 않을 정도로 심선의 일부가 남아 있는 상태
- **트래킹** : 전압이 인가된 이극 도체 간의 절연물 표면에 수분, 먼지, 금속분 등이 부착되면 오염된 곳의 표면을 따라 전류가 흘러 소규모 불꽃방전이 일어나고 이것이 지속적으로 반복되면 절연물 표면 일부가 탄화되어 도전성 통로가 형성되는 현상
- **흑연화 현상** : 유기절연물이 전기불꽃에 장시간 노출되면 절연체 표면에 탄화도전로가 생성되어 그 부분을 통해서 전류가 흘러 줄열이 발생하여 고온이 되고 인접 부분을 열로 새롭게 흑연화시켜 전류를 통과, 이것이 서서히 확대되어 전류가 증가하여 발열 발화하는 현상
- **접촉불량** : 도체의 접속부의 접촉상태가 불량하면 전류가 흐를 때에 발열하여 접촉부 근처 전선의 절연피복이 발화하는 것
- **누전** : 절연이 불량하여 전기의 일부가 전선 밖으로 누설되어 주변의 도체에 접촉하여 흐르는 현상

■ 반단선
- **정 의**
  - 여러 개의 소선으로 구성된 전선이나 코드의 심선이 10% 이상 끊어지거나 전체가 완전히 단선된 후에 일부가 접촉과 단선이 반복되면서 열과 빛을 발생하는 상태이다.
  - 반단선은 통전 중인 단면적의 감소를 의미하며, 이는 곧 과부하 상태를 의미한다.
- 반단선과 단락의 차이점
  - 단락단선에는 단선 개소의 각 선단에 심선이 융착하여 한 덩어리의 큰 용융흔이 발생한다.
  - 반단선 코드에는 단선측선의 부하측 선단에 반드시 단락흔이 생긴다고 할 수 없으며, 생기더라도 용융흔은 작다.

■ 도체의 저항
- 도체의 길이가 길수록 증가한다.
- 단면적이 작을수록 증가한다.
- 온도가 올라가면 커진다.

■ 전기의 3가지 작용
- **발열작용** : 전기에너지가 열에너지로 변환하는 것(백열등, 다리미, 전기장판, 전기난로 등)
- **자기작용** : 도선을 감아서 만든 코일에 전류가 흐르면 그 속에 자계가 발생하는 것
- **화학작용** : 전기에너지를 이용하여 물의 전기분해, 전기도금 등에 사용되는 원리

■ 전기화재 감식요령에서 퓨즈류의 용융형태에 따른 원인
- 단락 : 퓨즈 부분이 넓게 용융 또는 전체가 비산되어 커버 등에 부착한다.
- 과부하에 의한 퓨즈 용단상태 : 퓨즈 중앙부분이 용융된다.
- 접촉 불량으로 용융되었을 경우 : 퓨즈 양단 또는 접합부에서 용융 또는 끝부분에 검게 탄화된 흔적이 나타난다.
- 외부 화염에 의한 퓨즈의 용융상태 : 대부분이 용융되어 흘러내린 형태로 나타난다.

■ 전기화재의 통전입증 조사요령
- 전기계통의 배선도 및 기기의 결선도에 따라 부하측에서 전원측으로 조사
- 플러그의 칼날 : 광택상태, 그을음의 부착, 패임, 푸른 변색흔, 꽂혀 있었는가 등
- 콘센트의 칼날받이 : 칼날의 열림과 닫힘, 금속받이의 부분적 용융흔
- 중간스위치, 기기스위치
  - 타서 없어진 경우 : 손잡이 등의 정지위치, "ON", "OFF" 표시로 판단
  - 용융된 수지 등으로 덮인 경우 : 건조 → 도통시험 또는 X선 촬영 → 분해하여 접점면 확인
- 배 선
  코드나 전선 등에 못 또는 스테이플로 지지하거나, 직각으로 심하게 굽은 부분 등 압력에 눌려 있는 부분 등 면밀히 조사(지속적인 스파크나 아크에 의한 화재 발생 가능성 조사)

■ 전기화재의 발화원인
- 줄 열

전기적 조건의 변화	국부적인 저항치 증가	• 아산화동 증식 반응 • 접촉저항의 증가 • 반단선
	부하의 증가	• 모터, 코드류의 과부하 • 고조파에 의한 과전류
	임피던스의 감소	• 코일의 층간단락 • 콘덴서의 절연열화 • 반도체 등의 전기적 파괴
	배선의 1선단선	• 3상3선식 배선의 1선단선 • 단상3선식 배선의 중성선단선
회로 외로의 누설 (충전부에 도체접촉)	지락, 누전	비접지측 충전부에 도체접촉
	단 락	양극 충전부에서의 도체접촉

- 절연파괴

절연물의 도체로의 변질, 절연물 표면에 도체 부착	트래킹현상	각종 스위치류 양극 간
	보이드에 의한 절연파괴	고압전기설비 단자판, 고압부품
	은 마이그레이션	직류기기의 단자 간
전기기기의 고압부로부터의 누설방전, 정전기 방전, 낙뢰(雷)	–	–

- 고장 : 스위치류, 서모스탯, 릴레이 등
- 사용방법 부적절 : 개악(改惡), 기구의 사용방법 부적절, 가연물과의 위치관리 부적절, 이물혼입

■ 전기화재 단락흔의 정의 및 구분

- 정의 : 두 개의 이극 도체가 접촉하여 순간적으로 대전류가 흘러 발화하는 것으로 단선된 각 선단은 용융되어 큰 용융흔이 발생하는 것
- 단락흔의 종류
  - 1차흔 : 화재의 원인이 된 단락흔
  - 2차흔 : 화재의 열로 전기기기 코드 등이 타서 2차적으로 생긴 단락흔
  - 열흔 : 화재열로 용융된 것으로 눈물 모양으로 쳐져 있고 광택이 없음

■ 전기화재 용융흔의 비교

구 분	1차 용융흔(발화의 원인)	2차 용융흔(화재로 피복손실로 합선)
표면 형태 (육안)	형상이 구형이고 광택이 있으며 매끄러움	형상이 구형이 아니거나 광택이 없고 매끄럽지 않은 경우가 많음
탄화물 (XMA분석)	일반적으로 탄소는 검출되지 않음	탄소가 검출되는 경우가 많음
금속조직 (금속현미경)	용융흔 전체가 구리와 산화제1구리의 공유결합조직으로 점유하고 있고 구리의 초기결정 성상은 없음	구리의 초기결정 성장이 보이지만 구리의 초기결정 이외의 매트릭스가 금속결정으로 변형됨
보이드 분포 (금속현미경)	일반적으로 미세한 보이드가 많이 생김	커다랗고 둥근 보이드가 용융흔의 중앙에 생기는 경우가 많음
EDX분석	OK. CuL 라인이 용융된 부분에서 거의 검출되지 않으나 정상 부분에서는 검출	CuL 라인이 용융된 부분에서 검출되지만 정상 부분에서는 소량검출

■ 전기단락흔의 의미

- 전기가 통전상태에서 전선이 연소하였다는 의미
- 단락흔 발견지점은 적어도 전기가 차단되기 이전에 화염이 존재
- 단락흔 주변에 발화원이 존재하거나 합선 자체가 발화로 이어짐
- 초기화재 발화지점과 연소(延燒)의 진행방향 판단에 단서를 제공

■ 전기단락흔의 감식요점

- 전기의 사용상황과 배선경로를 확인한다.
- 단락흔 주변에 착화물의 연소성을 확인한다.
- 단락흔의 형태확인 및 다른 화재원인을 배제한다.

■ 전선피복 손상에 의한 단락출화 요인

- 무거운 물건을 배선 위에 올려놓아 하중에 의한 짓눌림
- 배선상에 스테이플이나 못을 이용하여 고정
- 배선 자체의 열화촉진으로 선 간 접촉
- 꺾어지거나 굽어진 굴곡부에 배선 설치
- 자동차의 진동이나 헐겁게 조여진 배선 방치
- 금속관의 가장자리나 금속케이스 등에 도체 접촉
- 쥐나 고양이 등 설치류에 의한 배선의 접촉 등

■ 전기 용융흔에 대한 연구결과에 관심을 가져야 하는 이유

- 전기 용융흔은 출화 원인 규명의 단서가 될 수 있다.
- 증가 경향에 있는 화재, 전기화재의 비율이 턱없이 높다.
- 제조물 책임법 시행에 따른 용융흔의 정량적인 판별법이 필요하다.
- 증가 일로에 있는 차량 화재

■ 아산화동 증식 발열현상

동(銅)으로 된 도체가 스파크 등 고온을 받았을 때 동의 일부가 산화되어 아산화동(Cu_2O)이 되며, 그 부분이 이상 발열하면서 서서히 발화하는 현상

■ 접속부 과열로 인한 화재의 경우

- 소손개소에 접속부가 포함되고, 그 부분을 기점으로 하여 확대된 소손상황을 나타내고 있다.
- 부하회로는 ON상태로 통전되고 있다.
- 부하회로는 대전류가 흐르는 큰 부하를 갖고 있는 기기 등에 연결되어 있는 경우가 있다.
- 접속부의 용융개소는 한 쪽이 강하고, 다른 쪽은 명백히 약한 경우가 많다. 또한 용융개소는 충전부 측이며, 1차 측인 경우가 많다.

■ 과부하 조사의 요점(과부하 요인의 유무 조사)

- 전선의 허용전류와 부하의 크기
- 배선의 상황
- 회로 중의 트러블의 유무
- 코드류의 사용상황

■ 코일의 층간 단락, 모터의 과부하운전으로 인한 출화 시 화재조사 포인트

- 코일전체 또는 일부가 강하게 소손됨과 동시에 절연도료나 절연지가 탄화된 흔적이 나타나는 경우
- 거의 소손되지 않는 것처럼 보이는 경우도 있음
- 테스터로 권선의 저항치를 측정하여 정상치와 비교
- 층간단락을 발생시키는 요인 등에 대해서 조사

■ **콘덴서의 절연열화 시 화재조사 포인트**
- 밀폐용기가 내부 발열에 의해 팽창하거나 소손되어 있으므로 이를 관찰
- 소자가 표면에서부터가 아니고 내부로부터 강하게 소손
- 테스터로 그래파이트화 여부 확인
- 콘덴서 스스로의 원인 외에 낙뢰 등의 영향을 조사

■ **누전화재의 3요소**
누전이란 절연이 불량하여 전류의 일부가 전류의 통로로 설계된 이외의 곳으로 흐르는 현상
- **누전점** : 전류가 흘러들어오는 곳(빗물받이)
- **출화점(발화점)** : 과열개소(함석판)
- **접지점** : 접지물로 전기가 흘러들어 오는 점

■ **영상변류기**
누전차단기에서 누설전류를 감지하는 장치

■ **누전차단기**
누전차단기는 정상적인 경우 영상변류기를 통과하는 배선의 입력과 출력의 합이 0이 된다. 그러나 회로에 투입된 전류 일부가 외부로 누설되고 되돌아오는 전류에서 차이가 발생하면 누설전류를 감지하고 전자석을 통해 트립시키는 장치이다.

■ **누전차단기 종류 및 정격감도 전류**

구 분		정격감도전류[mA]	동작시간
고감도형	고속형	5, 10, 15, 30	• 정격감도전류에서 0.1초 이내 • 인체감전보호형은 0.03초 이내
	시연형		정격감도전류에서 0.1초를 초과하고 2초 이내
	반한시형		• 정격감도전류에서 0.2초를 초과하고 1초 이내 • 정격감도전류 1.4배의 전류에서 0.1초를 초과하고 0.5초 이내 • 정격감도전류 4.4배의 전류에서 0.05초 이내
중감도형	고속형	50, 100, 200, 500, 1,000	정격감도전류에서 0.1초 이내
	시연형		정격감도전류에서 0.1초를 초과하고 2초 이내
저감도형	고속형	3,000, 5,000, 10,000, 20,000	정격감도전류에서 0.1초 이내
	시연형		정격감도전류에서 0.1초를 초과하고 2초 이내

■ 누전차단기의 사용목적
  - 접지전류차단
  - 과부하차단
  - 단락차단

■ 누전화재의 조사요점
  - 보통의 전로에서 전류가 누설되어 건물 및 부대설비 또는 공작물에 유입된 누전점
  - 누설전류의 전로에 있어서 발열 발화한 발화점
  - 누설전류가 대지로 흘러든 접지점
  - 상기 세 가지 요소를 확인, 누전의 사실과 출화의 인과관계 규명

■ 은 이동(마이그레이션)
  직류전압이 인가되어있는 은으로 된 이극도체 간에 절연물이 있을 때 그 절연표면에 수분이 부착하면 은의 양이온이 절연물 표면을 음극측으로 이동(마이그레이션)하여 발열하는 현상

■ 전기의 3가지 특징
  - 발열작용
  - 자기작용
  - 화학작용

■ 전기가열의 종류
  저항가열, 아크가열, 유도가열, 유전가열, 전자빔가열, 적외선가열, 초음파가열

■ 냉장고화재의 원인
  - 기동기의 트래킹으로 인한 발화
  - 서미스터(Thermistor : PTC) 기동릴레이의 스파크
  - 전원코드와 배선커넥터의 접속부 과열
  - 안전장치 제거에 의한 모터 과열
  - 컴프레서 코일의 층간단락
  - 콘덴서의 절연파괴
  - 진동에 의한 내부 배선의 절연손상

■ 세탁기화재의 원인
  - 배수밸브의 이상
  - 배수 마그네트로부터의 출화
  - 콘덴서의 절연열화
  - 회로기판의 트래킹

■ 국가화재 분류체계 매뉴얼에 따른 전기화재의 발생원인
- 누전 / 지락
- 절연열화에 의한 단락
- 압착 / 손상에 의한 단락
- 트래킹에 의한 단락
- 미확인단락
- 접촉불량에 의한 단락
- 과부하 / 과전류
- 층간단락
- 반단선
- 기 타

※ 과압층으로 인하여 반절(접)은 기절했다고 하자 누가 미투(트)요라고 했다.

▌ 가스화재 조사기법

■ 고압가스 분류 및 종류

고압가스 분류		종 류
연소성	가연성 가스	수소, 암모니아, 액화석유가스, 아세틸렌
	조연성 가스	산소, 공기, 염소 등
	불연성 가스	질소, 이산화탄소, 아르곤, 헬륨 등
상 태	압축가스	산소, 수소, 질소, 아르곤, 메탄 등
	액화가스	액화석유가스(LPG), 암모니아, 이산화탄소, 액화산소, 액화질소 등
	용해가스	아세틸렌
독 성	독성가스	염소, 일산화탄소, 아황산가스, 암모니아, 산화에틸렌, 포스겐 등 규정값 : 허용농도가 200ppm 이하인 가스

■ 가연성가스를 분류하는 법적인 규정
- 폭발한계(연소범위)의 하한이 10% 이하인 것
- 폭발한계의 상한과 하한의 차가 20% 이상의 것

■ 독성가스의 허용한계농도(Threshold Limit Values)
- 화학물질의 허용농도로 작업자들이 평상 시 작업할 때에 공기 중의 농도가 작업자에게 큰 영향을 미치지 않는 정도를 나타낸다.
- 작업자가 하루에 8시간, 일주일에 5일 근무하는 것을 기준으로 하여 만든 값이다.

■ 독성가스의 허용한계농도(Threshold Limit Values) 3가지 종류

TLV의 종류		내 용
TLV-TWA (Time Weighted Average)	시간 가중 허용농도	유독가스 등이 공기 중에 존재하는 작업장에서 1일 8시간의 작업을 매일 계속하여도 건강에 이상이 없는 정도의 농도
TLV-STEL (Short Term Exposure Limit)	단시간 노출 허용농도	짧은 시간에 노출될 수 있는 최고 허용농도로 근로자가 15분 노 출되어도 증상이 나타나지 않는 허용농도
TLV-C (Ceiling Value)	최고 허용농도	단 한순간이라도 초과하지 않아야 하는 농도

■ 가스화재 용어

구 분		내 용
압 력		• 용기나 관등의 벽에 수직으로 작용하고 있는 힘 = $\dfrac{\text{힘(무게)}}{\text{면적}}$ • 단위 : 1kg/㎠ = 98.0665kPa = 0.0980665MPa ≒ 100kPa ≒ 0.1MPa
온 도		• 섭씨온도(℃) : 물의 끓는 점과 어는 점을 100등분하여 끓는 점을 100℃ 어는 점을 0℃로 정해 사용하는 온도 • 화씨온도(℉) : 물의 끓는 점과 어는 점을 180등분하여 끓는 점을 212℉ 어는 점을 32℉로 정해 사용하는 온도 • 온도의 관계 $℃=\dfrac{5}{9}(℉-32)$ $℉=\dfrac{9}{5}(℃+32)$
비 중	가스 비중	• 가스의 무게와 공기의 무게(29g)를 비교한 값 • 비중 = $\dfrac{\text{물질의 무게}}{\text{공기의 무게}}$ • 1 미만인 경우 공기보다 가볍고 1 초과한 경우 공기보다 무겁다.
	액비중	액체의 비중으로 4℃의 물 1㎠ 는 질량이 1g으로 밀도의 단위를 g/㎠ 또는 kg/ℓ 로 할 경우 밀도의 값과 비중의 값이 같게 된다.
	고체 비중	비중 = $\dfrac{\text{물질의 밀도(g/㎠)}}{\text{물의 밀도(g/㎠)}}$
증기압		일정한 온도에서 액체 또는 고체와 평형한 증기상의 압력을 말하며, 일반적으로 포화 증기압을 말하는 경우가 많다.
증발잠열		액체에서 기체로 변화하는 데 필요한 열
보일·샤를의 법칙		• 일정량의 기체의 부피는 압력에 반비례하고 절대온도에 비례한다. • 수식 : $\dfrac{PV}{T} = K$(일정)

■ LNG와 LPG의 성질

LNG(주성분 메탄 : 연소범위 5~15%)	LPG(프로판, 부탄이 주성분)
• 기상의 가스로서 연료 외 냉동시설에 사용한다. • 비점이 약 −162℃이고 무색투명한 액체이다. • 비점 이하 저온에서는 단열 용기에 저장한다. • 액화천연가스로부터 기화한 가스는 무색무취이다. • 메탄이 주성분으로 공기보다 가볍다(분자량 16). • 누출 시 냄새를 위해 부취제를 첨가한다. • 액화하면 부피가 작아진다(1/600).	• 기화 및 액화가 쉽다. • 공기보다 무겁고 물보다 가볍다. • 액화하면 부피가 작아진다. → 1/250 • 연소 시 다량의 공기가 필요하다. • 발열량 및 청정성이 우수하다. • 고무, 페인트, 테이프, 천연고무를 녹인다. • 무색무취하므로 부취제를 첨가한다. • 액화하면 부피가 작아진다(1/250).

■ 가스공급시설

정압기실 및 정압기, 밸브박스, 가스계량기

■ 정압기

정압기(靜壓幾)란 도시가스의 공급압력이 제한된 영역에서 고압에서 중압으로, 중압에서 저압으로 적당한 압력으로 감압하여 소비처에 필요한 압력으로 공급하기 위하여 사용되는 것

■ 정압기의 구조

다이아프램, 스프링, 메인밸브

■ 정압기의 종류

구 분	내 용
직동식 정압기	• 작동에 필요한 3요소(감지부, 부하부, 제어부)가 정압기 본체 내에 들어가 있음 • 구조가 간단하고 경제적이며, 유지관리가 용이하여 많이 사용 • 일반적으로 가스 사용량이 적은 단독주택 등에 주로 사용
파리롯트식 정압기	• 직동식정압기와는 달리 2차측의 미소한 압력을 감지하여 다이어프램에 구동압력을 증폭시켜 보내주는 파이롯트를 감압장치에 설치한 것 • 출구압력이 비교적 안정된 형태로 공급이 됨 • 대량수요처 및 도시가스사업자용 정압기에 주로 사용된다.

■ 가연성 가스의 발화점에 영향을 주는 요소

• 공기(산소)의 혼합비율
• 반응속도, 반응열
• 용기재질(정전기 발생이 쉬운 재질 등), 형상, 크기

■ 리프팅(Lifting)

• 정의 : 염공에서의 가스유출 속도가 연소속도보다 빠르게 되어, 가스가 염공에 붙어서 연소하지 않고 염공을 이탈하여 연소하는 현상

• 원 인
  − 버너의 염공에 먼지 등이 부착하여 염공이 작아졌을 때
  − 가스의 공급압력이 지나치게 높은 경우
  − 노즐구경이 지나치게 클 경우
  − 가스의 공급량이 버너에 비해 과대할 경우
  − 연소폐가스의 배출이 불충분하거나 환기가 불충분함에 따라 2차 공기 중의 산소가 부족한 경우
  − 공기조절기를 지나치게 열었을 경우

■ 역화(Flash Back)

• 정의 : 가스의 연소속도가 염공에서의 가스유출 속도보다 빠르게 되거나 연소속도는 일정하여도 가스의 유출 속도가 느리게 되었을 때 불꽃이 버너 내부로 들어가 노즐의 선단에서 연소하는 현상

• 원 인
  − 부식으로 염공이 커진 경우
  − 가스 압력이 낮을 때
  − 노즐구경이 너무 적을 때
  − 노즐구경이나 연소기 코크의 구멍에 먼지가 묻었을 때
  − 코크가 충분히 열리지 않았을 때
  − 가스레인지 위에 큰 냄비 등을 올려놓고 장시간 사용하는 경우

■ 리프팅(Lifting)과 역화(Flash Back)의 비교

구 분	리프팅(Lifting)	역화(Flash Back)
염 공	작아졌다(먼지)	커졌다(부식)
가스유출 속도	빠르다	느리다
가스 압력	높 다	낮 다
노즐구경	크 다	작 다
가스공급량	과대(버너에 비해)	−

■ 가스시설에 있는 퓨즈콕(Fuse Cock)

• 역할 : 가스사용 중 호스가 빠지거나 절단되었을 때 또는 화재 시 등 규정량 이상의 가스가 흐르면, 코크에 내장된 볼이 떠올라 가스통로를 자동으로 차단하는 기능을 한다.

• 종류 : 콘센트형, 박스형, 호스엔드형

- **압력조정기의 역할**
  1차측 가스를 적당한 압력으로 감압시켜 2차측으로 안정하게 공급해주는 기능

- **황염(Yellow Tip)**
  연소기기에서 LP가스 연소 시 버너에서 공기량이 부족하면 황적색의 불꽃이 발생하는 현상

- **연소기기에서 LP가스의 불완전연소 원인**
  - 공기와의 접촉, 혼합 불충분
  - 과대한 가스량, 필요한 공기 부족
  - 불꽃이 저온물체에 접촉 온도가 내려갈 때 등

- **블로 오프(Blow Off)**
  불꽃의 주위(특히 기저부)에 대한 공기의 움직임이 세게 되어 불꽃이 꺼지는 현상

- **안전장치**
  - LPG 용기 : 스프링식 안전밸브
  - 염소, 아세틸렌, 산화에틸렌 용기 : 가용전(가용합금식) 안전밸브
  - 산소, 수소, 질소, 아르곤 등 압축가스 용기 : 파열판식 안전밸브
  - 초저온 용기 : 스프링식과 파열판식의 2중 안전밸브
  - CNG 용기 : 가용전(액체튜브) 안전밸브

- **가스 누출사고 시 중화제**
  - 암모니아 → 물
  - 염소 → 가성소다수 용액, 분말
  - 포스겐가스 → 가성소다수 용액, 분말
  - 이산화황 → 탄산소다

- **휴대용 가스레인지 접합용기 파열사고 조사**
  - 점화 불량
  - 장착 불량
  - 과대조리기구

- **자동절체식 일체형 저압조정기 레버 원인조사**
  - 절체기 레버 위치
  - 가스 잔량
  - 측도관 연결 상태

■ 고압가스 용기 파열 원인
- 내부압력
- 재질 불량
- 용접 불량 등 결함

■ 고압가스 용기의 색깔

LPG	수 소	아세틸렌	액화암모니아	액화염소	의료용 산소	기 타
밝은 회색	주황색	황 색	백 색	갈 색	백 색	회 색

■ 기화장치 폭발 시 원인조사
- 물 수위(수위조절 센서)
- 전원공급 상태
- 온도센서(온도제어장치, 과열방지장치)
- 스프링식 안전밸브
- 액 유출 방지장치(체크밸브형태 : 기화장치 고장 시 조정기로 액상의 가스공급사고를 방지)

미소화원화재 조사기법

■ 미소화원의 종류

담배 불씨, 용접의 불티, 굴뚝의 불티, 절단기·그라인더의 기계적인 불티, 오목렌즈 초점부근의 열, 모기향, 향불

■ 미소화원(무염화원)에 의한 연소현상의 특징
- 담뱃불, 스파크, 불티 등 극히 작은 불씨가 화재원인이 되는 것을 뜻한다.
- 미소화원은 고온이지만 가연성 고체를 유염연소시킬 수 있을 만큼 에너지가 적어 무염연소의 발화형태를 취한다.
- 열량이 적고 연소시간이 길며 국부적으로 연소확대된다.
- 소훼물이 깊게 탄화된 연소현상이 식별된다.
- 장시간 걸쳐 훈소하여 타는 냄새를 내는 특징이 있다.
- 발화원이 소실되거나 진압과정에서 남는 일이 없어 물증 추적이 곤란하다.

■ 유염화원의 특징
- 무염화원에 비하여 훨씬 에너지량이 많고, 가연물이 닿을 경우 바로 착화우려
- 짧은 시간에 연소확대
- 연소흔적으로는 깊게 탄 것은 보이지 않으나 표면으로 연소가 확대되는 경우가 많음

■ **훈소될 수 있는 물질**
- 황마섬유, 면, 휴지 등 식물성 물질과 열경화성 물질
- 열가소성은 훈소하기 힘듦

■ **훈소연소(무염연소)의 특징**
- 통상 연기가 발생하고 발광하는 불꽃이 없는 연소
- 고체가연물과 산소 사이에 반응이 상대적으로 느린 표면연소 현상
- 불완전연소 반응으로 일산화탄소 수치가 높음
- 열량이 적고 연소시간이 길고 국부적 심부화재로 연소

■ **무염화원의 일반적인 연소현상**
- 발화부에 소훼물이 깊게 탄화흔적이 남는다.
- 훈소 과정 사이에 타는 냄새가 난다.
- 심부화재로 나무판자에 구멍이 발견된 경우가 있다.
- 물증 추적이 곤란하다(어렵다).

■ **훈소를 불꽃연소로 만들 조건**
- 온도를 높인다.
- 산소를 공급하면 유염화염으로 바뀔 수 있다.

■ **구획 부분에서 유염화재 과정**
- 시작 단계(점화와 자유연소)
- 성장 단계
- 플래시오버 단계
- 훈소 단계

■ **담뱃불 화재 발화 메커니즘 및 특성**
- 메커니즘 : 무염연소 → 열축척 → 발화온도 도달 → 유염발화
- 점화원으로서 특징
  - 대표적 무염화원으로 이동이 가능하다.
  - 필터(합성섬유, 펄프)와 몸체(종이, 연초)로 구성된 가연물이다.
  - 흡연자는 화인을 제공할 수 있는 개연성이 존재한다.
  - 자기자신은 유염발화하지 않는다.

■ 미소화원 화재감식 중 전기용접 가스절단의 불꽃에 의한 화재감식요령
- 용접부위의 금속재료에 가연물이 접촉되어 있는가 관찰한다.
- 용접부위와 소손부위의 위치관계를 확인한다.
- 발화지점 주위에 용융입자가 있으므로 자석 등으로 채취한다.
- 용접불꽃으로 착화된 가연물이 낙화위치에 존재했는가 관찰한다.
- 점화 시의 행위자로부터 밸브의 개폐순서, 압력조정 등에 관한 진술을 청취한다.
- 화구와 본체의 연결부 느슨함 등을 확인한다.
- 호스가 소손되어 불에 타서 끊어져 있는지 관찰한다.
- 용접지점 부근에 가연물이 존재하는가 관찰한다.

■ 양초불에 의한 화재의 발생과정 3가지 및 중심부 온도
- 화원의 전도
- 접 염
- 화원의 낙하
- 중심부 온도 : 1,400℃

▌화학물질화재 조사기법

■ 화학화재의 분류

화학화재란 가연성 액체의 온도가 상승하여 유증기가 발생, 확산되어 공기와 혼합된 상태에서 스파크나 불꽃 등의 발화열원에 의해 연소가 일어나는 현상이다.
- 자연발화 : 물과 습기 혹은 공기 중에서 물질이 발화온도보다 낮은 온도에서 화학변화에 의해 자연발열하고, 그 물질 자신 또는 발생한 가연성 가스가 연소하는 현상
- 화합발화 : 두 종 혹은 그 이상의 물질이 서로 혼합 또는 접촉해서 연소하는 현상
- 인화 : 물질 자신으로부터 발화하는 것이 아니라 전기적 스파크, 불꽃 등의 화원에 의해 착화하여서 연소하는 현상
- 폭발 : 정지상태인 물질이 급격히 팽창하는 현상으로 빛과 소리 혹은 충격적 압력을 수반하고, 순간적으로 연소를 완료하는 현상

■ 증기비중
- 해당 물질의 분자량을 공기의 분자량으로 나눈 값
- 단위는 없음
- 보통 1 이상이면 공기보다 무겁고 1 미만이면 공기보다 가볍다.

■ 유기용매

용해력과 탈지 세정력이 높아 화학제품 제조업, 도장관련산업, 전자산업 등 여러 업종에서 광범위하게 사용되는 용제류로서 일반적으로 비점이 낮고 휘발성이며 가연성의 특성을 갖는다.

■ 비 점

액체의 포화증기압이 대기압과 같아지는 온도를 말한다.

■ 자연발화 물질의 반응을 일으키는 원인 및 분류
- 분해열 : 나이트로셀룰로스, 셀룰로이드, 나이트로글리세린 등의 질산에스터제품
- 산화열 : 불포화유가 포함된 천·휴지, 원면, 석탄, 건성유 등
- 흡착열 : 목탄, 활성탄, 탄소분말
- 중합열 : 액화시안화수소, 산화에틸렌 등
- 발효열 : 퇴비, 먼지, 건초더미류, 볏단
- 발열을 일으키는 물질 자신이 발화하는 물질(자연발화성 물질)
  금속나트륨(Na), 금속칼륨(K), 리튬(Li), 금속분, 황린(P_4), 적린, 알킬알루미늄, 실란, 수소화인
  ※ 위험물안전관리법의 제2류 산화성 고체 및 제3류 자연발화성 및 금수성 물질
- 물질 자신이 발열하고 접촉가연물을 발화시키는 물질
  생석회(CaO), 표백분(Ca(ClO)$_2$·CaCl$_2$·H$_2$O), 황산(H$_2$SO$_4$), 초산(CH$_3$COOH), 클로로술폰산
- 반응결과 가연성 가스가 발생하여 발화하는 물질
  인화알루미늄(AlP), 카바이드류(CaC$_2$)

■ 가연물 자연발화의 4가지 조건(촉진요소)
- 열 축적이 용이할 것(퇴적방법 적당, 공기유통 적당)
- 열 발생 속도가 클 것
- 열전도가 작을 것
- 주변 온도가 높을 것

■ 빗물이 침투되어 일어난 생석회(산화칼슘) 저장 비닐하우스 화재의 반응식과 감식요령
- 생석회(산화칼슘)와 빗물과의 화학반응식

  $CaO + H_2O \rightarrow Ca(OH)_2 + 15.2kcal/mol$, 즉 물과 반응해서 수산화칼슘이 되며 발열한다.
- 감식요령

  생석회는 물과 반응한 후에 백색의 분말이고 물을 포함하면 고체상태 수산화칼슘(소석회)이 남으며 강알칼리성이기 때문에 리트머스시험지 등으로 pH를 측정하여 확인한다.

■ 침수로 인한 탄화칼슘(CaC_2) 제조공장화재의 화학반응식과 화재의 위험성
- 화학반응식

  $CaC_2 + 2H_2O \rightarrow Ca(OH)_2 + C_2H_2 \uparrow + 27.8kcal/mol$
- 위험성
  - 물과 반응해서 발열하고 아세틸렌가스가 발생하고, 반응열에 의해 아세틸렌가스가 폭발을 일으킬 수 있다.
  - 탄화칼슘에 불순물로서 인을 포함하는 경우가 있고 아세틸렌이 발생하여 착화 폭발하는 수가 있다.
  - 탄화칼슘이 물과 반응하는 경우 최고 644℃까지 온도가 상승될 수 있고 아세틸렌가스가 320℃ 이상이면 발화할 수 있다.

■ 화학공장 폭발화재의 원인조사 단계별 방법

  자료의 수집 → 가치부여 → 체계부여 → 타당성을 밝힘 → 화재원인의 결정

■ 아이오딘화 값 및 분류
- 아이오딘화 값 : 유지 100g당 첨가되는 아이오딘의 g수
- 아이오딘화 값에 따른 분류
  - 건성유 : 아이오딘화 값이 130 이상(오동나무기름, 대부분의 어유)
  - 반건성유 : 아이오딘화 값이 100 이상 130 미만(대두유, 옥수수유 등)
  - 불건성유 : 아이오딘화 값이 100 미만(피마자유, 우지 등)

■ 유류화재 특징
- 석유유도체 중 탄소수가 같다고 해도 화재양상은 같지 않다(화학구조영향).
- 유류화재현장 수집시료 습득물 기기분석법으로 GC, IR(적외선 분광 분석법)가 있다.
- C/H비가 크면 그을음이 많다.
- C/H비가 작으면 그을음이 적다.
- 산소가 적을 때는 C/H비를 이용한 그을음의 영향 판단이 어렵다.

- **5대 범용 플라스틱의 종류**
  - PE(폴리에틸렌)
  - PP(폴리프로필렌)
  - PS(폴리스티렌)
  - PVC(폴리염화비닐)
  - ABS수지

- **합성수지(플라스틱)의 종류**

구 분	열가소성 플라스틱	열경화성 플라스틱
정 의	가열하면 액상으로 변해 원형이 변형되고 다시 굳어지는 성질이 있어 재사용이 가능하다.	연소 후 재차 열을 가하더라도 원형이 변형되지 않으며, 재사용이 불가능하다.
종 류	폴리에틸렌, 폴리염화비닐, 폴리스티렌, 폴리프로필렌, ABS수지	페놀수지, 에폭시수지, 멜라민 수지, 요소수지, 폴리에스터

- **플라스틱 발화메커니즘**

  흡열과정 → 분해과정 → 혼합과정 → 발화·연소과정 → 배출과정

- **물리적 폭발과 화학적 폭발의 종류**
  - 물리적 폭발 : 진공용기에 의한 폭발, 과열액체의 급격한 비등에 의한 증기폭발, 고압용기의 과압 또는 과충진에 의한 파열 등의 급격한 압력개방에 의한 폭발
  - 화학적 폭발 : 산화폭발(LPG-공기), 분해폭발(아세틸렌), 중합폭발(시안화수소)

- **백드래프트와 가스폭발의 감식법**
  - 유리창 등에 그을음 생성 여부로 판단
    - 백드래프트는 화재가 발생한 후 생성된 것으로 그을음이 있다.
    - 가스폭발은 화재초기로 그을음이 없다.
  - 유리창의 파손형태로 판단
    - 폭발 후 화재 : 파손된 단면에 월러라인(Wallner Lines)이 생기나 그을음은 나타나지 않는다.
    - 화재 후 폭발 : 유리창 파손형태가 일정한 방향성이 없이 심한 곡선 형태이며 그을음이 나타난다.

구 분	백드래프트	가스폭발
유리창 파손형태	일정한 방향성이 없이 심한 곡선형태	월러라인(Wallner Lines)
그을음 존부	있 음	없 음
폭발시기	화재 후 폭발	폭발 후 화재

▌방화화재 조사기법

■ 섬광화재(Flash Fire)

압력파에 의한 손상(폭발)이 없이 분진, 가스, 가연성 액체의 유증과 같이 퍼져있는 가연물을 통해 신속히 확산되는 화재(가스, 분진 등은 항상 폭발을 동반하는 것은 아니다)

■ 방화판정을 할 수 있는 10대 전제 요건
- 여러 곳에서 발화(Multiple Fires)
- 화재현장에 타 범죄 발생증거(Evidence of Other Crimes)
- 화재발생 위치(Location of The Fire)
- 연소촉진물질의 존재(Presence of Flammable Accelerant)
- 화재 이전에 건물의 손상(Structural Damage Prior to Fire)
- 사고 화재원인 부존재(Absence of All Accidental Fire Causes)
- 귀중품 반출 등(Contents Out of Place or Contents Not Assemble)
- 수선 중의 화재(Fires During Renovations)
- 동일 건물에서의 재차화재(Second Fire in Structure)
- 휴일 또는 주말화재(Fire Occuring on Holidays or Weekend)

■ 방화판정 3대 조건
- 연소경로가 자연스럽지 않고 여러 곳인 경우
- 이상연소 잔해 또는 가연성 물질을 사용한 흔적이 발견된 경우
- 다른 발화원이 배제된 경우

■ 방화의 상황판단의 증거
- 휘발유, 시너 등 연소촉진제를 사용한 흔적이 발견된 경우
- 2개소 이상 독립된 발화지점이 발견된 경우
- 인위적인 발화 또는 점화장치가 발견된 경우
- 유리파편 등 외부인의 침입흔적이 있는 경우
- 유류용기가 화재현장 또는 그 주변에서 발견된 경우
- 발화지점에서 발화원을 특정하기 어렵고 발견되지 않는 경우
- 연쇄적으로 화재가 발생한 경우
- 가연물을 모아놓거나 트레일러 흔적 등 인위적인 조작이 발견된 경우
- 다른 범죄의 증거가 발견된 경우
- 연소시간에 비해 넓게 연소되었고, 관계자의 진술이 번복되거나 횡설수설하는 경우

- **방화화재 간섭요소**
  - 덕트나 전선용 배관의 파이프 홀을 통한 화재의 확산
  - 과전류에 의한 배선 및 접속기구 등에서 발화하는 경우
  - 섬광화재에 의한 독립된 연소
  - 소락물에 의한 경우
  - 압력에 의해 불씨가 이동되는 경우

- **지연착화의 발화장치**
  - 양 초
  - 전구의 필라멘트를 이용한 발화장치
  - 담배와 성냥을 이용한 발화장치
  - 히터를 이용한 발화장치
  - 가전기기를 이용한 발화장치
  - 조리기구를 이용한 방화
  - 전기, 전자회로를 이용한 발화장치
  - 천장 배선을 이용한 발화장치

- **방화 형태**
  - 단일방화 : 부부간 또는 친자 간의 다툼, 방화자살 등 인간관계에서 발생한다.
  - 연속방화 : 범행횟수는 단 한 번이지만 3곳 이상 다발성으로 방화한 것으로 냉각기가 없다.
    ※ 연쇄방화 : 동일인이 범행횟수와 장소가 각각 다르게 3회 이상 방화하는 것으로 냉각기가 있다.
  - 계획적인 방화 : 이익목적에 의한 경우, 정치적 목적에 의한 경우, 원한에 의한 경우
  - 우발적인 방화

- **방화범의 유형**
  - 손괴형 : 타인의 재물을 손상시키기 위해 불을 지르는 유형
  - 분노, 보복형 : 과거에 일어났던 불쾌한 일에 대한 분노감 표출 유형
  - 범죄은닉 목적형 : 범죄의 증거를 감추거나 수사의 방향 전환을 위한 유형
  - 금전적 이득형 : 방화로 인하여 보험 등 금전적 이익을 얻기 위한 유형
  - 정신병(망상, 환각) : 정신분열적 증상 등 망상이나 환각에 의하여 불을 지르는 유형
  - 방화광 : 방화 이전에 긴장이나 정서적인 흥분을 느끼는 유형

■ 방화원인의 동기유형
- 경제적 이익
- 범죄은폐
- 선동적 목적
- 갈 등
- 보험사기
- 범죄수단 목적
- 보 복
- 정신이상 등

■ 연쇄방화 조사항목
- 연고감 조사 : 행위자가 피해자나 피해건물에 대해 잘 알고 있는지 확인
- 지리감 조사 : 행위자의 이동경로, 교통수단 등 탐문
- 행적 조사 : 발생시간, 목격자 발견, 음향조사, 행동 수상자
- 방화행위자 조사 : 행위자 동태파악과 확인
- 알리바이 : 범행시간, 이동시간 측정, 계획범행의 함정
  ※ 알리바이 행방 지연

■ 자살방화 특징
- 유류(휘발유, 시너, 등유 등)와 사용한 용기가 존재한다.
- 일회용 라이터, 성냥 등이 주변에 존재한다.
- 흐트러진 옷가지 및 이불 등이 존재한다.
- 소주병 등 음주한 흔적이 존재한다.
- 급격한 연소확대로 연소의 방향성 식별이 곤란하다.
- 연소면적이 넓고 탄화심도가 깊지 않다.
- 사상자가 발견되고 피난흔적이 없는 편이며, 유서가 발견되는 경우도 있다.
- 방화 실행 전 자신의 신세한탄 등 주변인과의 전화통화 사례가 많다.
- 자살에 실패하였을 경우 실행동기 및 방법에 대하여 구체적으로 진술한다.
- 우발적이기보다는 계획적으로 실행한다.

▌ 차량화재 조사기법

■ 차량화재의 특수성
- 차량 보유대수 급증, 기구의 복잡성(배기계통 등), 구조적 특수성
- 화재하중이 높고, 외기에 개방된 상태인 연료지배형 화재
- 운행 중 상시 진동이 발생하며, 대전력 기기의 사용이 빈번
- 발화지점 및 발화원인의 검사가 불가능한 경우가 많음

■ **차대번호(VIN ; Vehicle Identification Number)**
- 목적 : 차량도난방지 및 차량결함추적(차량화재 시 전소되거나 기타의 사유로 차량번호판, 자동차
  등록증을 통해 정보를 파악할 수 없을 경우 제작사, 모델, 생산연도, 기타 특징을 파악 가능)
- 구성 : 차대번호는 총 17자리로 구분(전 세계 모든 차량이 동일)

> 1. WMI(World Manufacturer Identifier, 국제제작사군, 1~3자리) : ① 제조국, ② 제조사, ③ 용도구분
> 2. VDS(Vehicle Descriptor Section, 자동차특성군, 4~11자리) : ④ 차종, ⑤ 사양, ⑥ 차량형태, ⑦ 안전
>   장치, ⑧ 배기량, ⑨ 보안코드, ⑩ 연식, ⑪ 생산공장
> 3. VIS(Vehicle Indicator Section, 제작일련번호군, 12~17자리) : 제작일련번호
> ※ 자릿수 중 3~9번째까지는 제작사 자체적으로 설정된 부호

■ **차량용 축전지의 종류**
- 납축전지 : 양극에는 과산화납(PbO_2)을, 음극에는 납(Pb)을 사용하고 황산(H_2SO_4)을 넣은 축전지
- 알칼리축전지 : 전해액은 수산화나트륨을 사용하고 주로 선박용으로 사용되는 축전지로 수명이
  긴 축전지
- MF축전지 : 극판이 납 칼슘으로 되어 있고 가스발생이 적으며 전해액이 불필요해 자기방전이
  적은 축전지

■ **차량화재 주요 발화원**
- 전기적 계통 : 배터리 전원, 배선 절연피복 손상, 부품결함 및 고장, 추가 설치된 액세서리(카오디
  오 등)
- 엔진계통 : 엔진과열로 인접가연물 발화, 이상연소, 조기점화 등으로 미연소가스 배기계통 재연소
- 연료, 오일계통 : 교통사고로 연료 및 오일 누유로 착화
- 배기계통 : 지속적 엔진과열 머플러 주변의 축열로 인접 가연물 발화
- 기타 담배꽁초, 라이터 방치, 구동 축 또는 베어링 등 기계적 스파크

■ **차량엔진과열의 원인**
- 수온조절기 고장
- 냉각수 부족
- 라디에이터 등 냉각장치 작동 불량
- 엔진오일 부족
- 팬벨트 헐거움

■ **가솔린차량의 연료장치** : 연료탱크 - 연료필터 - 연료펌프 - 기화기

- **자동차의 주요 부품**
  - 엔진의 본체 : 실린더블록, 실린더헤드, 피스톤, 커넥팅로드, 플라이휠, 크랭크축
  - 연료장치 : 파이프(Pipe), 고압 필터, 딜리버리(Delivery) 파이프, 압력조절기
  - 윤활, 냉각, 흡·배기장치
  - 전기장치 : 축전지, 시동모터, 발전기, 점화장치(점화스위치, 점화코일, 점화플러그, 배전기, 고압케이블), 조명장치
  - 현가장치
  - 자동차 섀시(차체)

- **차량의 내부 방화 시 화재조사 고려사항**
  - 도어 또는 창문의 잠금 상태 확인
  - 지붕이 안쪽으로 움푹 들어갔는지 여부
  - 전기배선 담뱃불 등 미소화원을 제외한 발화원이 없는 개소에서의 발화 여부
  - 미소화원의 경우도 무염연소를 계속시킬 착화물이나 아래쪽으로 타들어가는 특징 조사

- **차량의 외부 방화 고려사항**
  - 쾌락이나 충동적 차량방화는 외부에 발화원이 존재함
  - 범퍼나 흙받이 등 수지제품은 라이터와 조연재(종이, 휴지 등)를 이용하여 착화가능
  - 연소방향이 아래쪽에서 상부쪽으로 인지 확인

- **자동차에서 가장 큰 전류가 사용되는 스타트 모터에서의 발화 시 발견될 수 있는 증거물**
  - 마그네틱스위치에 접촉 불량으로 인한 아산화동 증식이 발견될 수 있다.
  - 모터의 층간단락이 발견될 수 있다.
  - 항상 전원이 인가되어 있는 B단자에서 너트가 이완되어 아산화동 증식이 발견될 수 있다.
  - 모터의 베어링 파손으로 인하여 전류가 증가하여 배선에 과전류가 발생할 수 있다.

- **자동차 점화장치의 전류의 흐름 순서**
  점화스위치 → 배터리 → 시동모터 → 점화코일 → 배전기 → 고압케이블 → 스파크플러그

- **자동차 전기장치의 화재원인**
  - 배터리 플러그가 보닛 금속부와 접촉
  - 정격용량 이상의 퓨즈를 사용
  - 사고 시 배선 합선으로 발화하는 경우
  - 앰프, 원격시동장치 등 추가 전기장치 장착
  - 시동모터 리턴 불량

■ **LPG차량 충전용기의 구성장치**
- 충전밸브 : 액상의 LPG를 충전할 때 사용하는 밸브로 용기 내의 가스압력을 일정하게 유지시켜 주고 내압력이 24kg/cm^2 이상 되면 안전밸브가 작동하여 위험을 방지하는 기능을 한다.
- 송출밸브 : 용기에 충전된 가스를 연소실로 공급하는 밸브로 과류방지밸브가 설치되어 유출로 인한 사고를 방지한다.
- 액면표시장치 : LPG의 과충전을 방지하기 위하여 용기 안에 충전된 가스의 양을 확인하기 위한 장치이다.

■ **LPG 연료탱크의 밸브 구성**

LPG용기	충전밸브	기체송출밸브	액체송출밸브
회 색	녹 색	황 색	적 색

■ **LPG차량의 기화기(베이퍼라이저) 역할**
액상의 LPG를 기상의 LPG로 상변화시키는 장치

■ **LPG차량 기화기의 기능**
감압기능, 증발기능, 조합기능

■ **LPG차량 엔진의 작동기본원리**
흡입 → 압축 → 폭발 → 배기

■ **차량의 연료 및 배기계통에서 발화하는 유형**
- 역화 : 연소기에서 혼합가스가 폭발하여 생긴 화염이 다시 기화기쪽으로 전파되는 현상(Back Fire)
- 후화 : 실린더 안에서 불완전연소된 혼합가스가 배기파이프나 소음기 내에 들어가서 고온의 배기가스와 혼합, 착화하는 현상(After Fire)
- 과레이싱 : 차량이 정지된 상태로 가속페달을 계속 밟아 회전력을 높이면 고속공회전이 일어나고 엔진의 회전수가 높아져 엔진오일이나 라디에이터의 온도가 급격히 상승하여 과열, 발열하는 현상
- 미스파이어 : 차량 엔진 점화플러그 불량으로 유효한 불꽃을 발생시키지 못해 실린더에서 연소되지 않은 생가스가 고온의 촉매장치에 모여서 연소하는 현상(Mis Fire)
- 런온현상 : 아이들링 조정의 불량 등에 의하여 엔진의 스위치를 꺼도 엔진이 계속 회전하는 현상

■ 역화(Back Fire)의 원인
- 엔진의 온도가 낮은 경우
- 혼합가스의 혼합비가 희박할 경우
- 흡기밸브의 폐쇄가 불량한 경우
- 연료 중 수분이 혼합된 경우
- 실린더 개스킷이 파손된 경우
- 점화시기가 적절하지 않은 경우 등

임야화재 조사기법

■ 연소상태 및 연소부위(위치)에 따른 임야화재 종류
- 지표화 : 지표에 쌓여 있는 낙엽과 지피류, 지상 관목층, 건초 등이 연소
- 수관화 : 나무의 윗부분에 불이 붙어서 연속해서 수관에서 수관으로 태워나가는 화재
- 수간화 : 나무의 줄기가 연소하는 화재
- 지중화 : 낙엽층 밑의 유기질층 또는 이탄(泥炭, Peat)층이 연소하는 화재
※ 임야에서 관(강)간 중(증)표

■ 임야화재 조사요령
- 산불화재조사관은 산불현장 도착 시 주변 사람들의 의견을 듣는 즉시 기록한다.
- 산불의 크기를 추정한다.
- 개략적 발화지점 표시 및 보호를 실시한다.
- 증거확보와 물증을 보존한다.
- 목격자 및 참고인 조사를 실시한다.

■ 임야화재 연소진행방향에 따른 특징

구 분	전진 산불	후진 산불	횡진 산불
확산속도	빠르다	느리다	전·후진 형태의 중간 정도
연소방향	바람방향으로 진행, 경사면 아래에서 위로	바람 반대방향, 경사면 반대로	수평으로 진행
이명(異名)	화두(Head) 불머리	화미(Heel) 불꼬리	횡면(Flank) 불허리
피해 정도	크 다	적 다	중간 정도
지표구분	거시지표	미시지표	–

■ **임야화재 감식지표**

- 수평면 V자 연소형태("V"-Shaped Patterns)
- 화재 피해 정도
- 잔디 및 풀줄기 : 초본류 줄기지표
- 커핑(Cupping) : 흡인지표(Cupping Indicator)
- 불에 탄 나무의 각도 지표 : 불탄 흔적의 각도 지표
   ※ 래핑(Wrapping) : 화재 시 와류현상으로 화재 진행방향의 반대방향 줄기에서 탄화현상이 나타남
- 수관(樹冠)의 화재피해 지표
- 노출된 가연물과 보호된 가연물 지표 : 보호된 연료지표
- 얼룩과 그을음
- 지상에 쓰러진 나무
- 낙 뢰
- 잎의 수축지표(Freezing) : 줄기의 굳어짐 지표
- 얼리게이터링(Alligatoring)
   ※ 보각줄을 초흡수 했더니 V형 얼굴에 쓰얼(벌) 피낙(나)

■ **임야화재 3가지 지표의 구분**

구 분	거시지표	미시지표	집단군락(여러 지표)
특 징	• 표시가 크다. • 쉽게 관찰된다. • 불의 강도가 크다. • 산불진행지역을 나타낸다. • 수관, 줄기 등	• 표시가 작다. • 쉽게 관찰되지 않는다. • 발화지점 부근에서 중요성이 증대된다. • 암석, 깡통 등	• 여러 형태의 지표군이다. • 산불 진행방향과 일치한다. • 여러 지표의 수는 일치한다.

※ 단일지표에 의존하기보다는 여러 지표들을 종합할 때 신뢰성이 높음

■ **화재거동에 영향을 주는 바람의 종류**

- 기상풍 : 대기의 압력차에 의해 발생
- 일주풍 : 야간의 냉각에 의해 형성
- 화재풍 : 화재자체에 의해 만들어지는 바람으로 세기에 따라 화재확산 양상이 달라진다.

■ **임야화재 발화장소 조사기법**

- 지역 분할 기법 : 지역이 넓다면 지역을 분할해서 체계적으로 조사
- 올가미 기법(Loop Technique) : 작은 지역조사에 유용한 나선형 방법(Spiral Method)
- 격자 기법(Grid Technique) : 넓은 지역을 한 명 이상의 화재조사관이 조사할 때 가장 유용한 방법
- 통로 기법(Lane Technique) : 조사해야 할 지역이 넓고 개방적일 때에 유용한 일명 활주로 기법(Strip Method)
   ※ 격 올 통 지

■ **임야화재 증거 표시**
- 임야화재조사를 진행하는 과정에 화재원인과 관련된 물적 증거가 될 만한 것들은 쇠말뚝이나 라벨 등을 붙인 깃발 등을 사용하여 표시를 해 놓아야 한다.
- 깃발은 산불의 진행방향을 표시하여 정확한 산불 발화지점을 조사하는 데 활용한다.

구 분	전진 산불	후진 산불	횡진 산불	발화지점, 증거물
깃발색깔	적 색	청 색	황 색	흰 색

■ **자연적 원인에 의한 임야화재가 시작되는 2가지 원인**
- 번 개
- 자연발화

■ **낙뢰 감식 포인트**
- 뇌격시간과 위치를 알 수 있는 기상청 낙뢰 정보를 활용
- 낙뢰가 피격된 지점에는 높은 열로 인해 유리질의 반짝거리는 섬전암(閃電岩) 또는 이와 유사하게 흙이나 바위가 용융된 흔적을 발견

■ **섬전암(閃電岩)**
낙뢰가 나무, 전선, 바위에 떨어져 뇌전으로 생긴 유리 덩어리 형태의 암석

■ **임야화재조사 장비**
항공기, 방한대책 장비, 나침반과 GPS, 깃발, 카메라, 줄자, 채, 자석, 금속탐지기

■ **임야화재의 가연물의 종류(NFPA 921)**
- 지중가연물
- 지표가연물
- 공중가연물

■ **수관(樹冠)**
많은 가지와 잎들로 이루어져 있는 줄기(수간)의 윗부분을 뜻하며, 수관의 크기를 재는 단위는 넓이를 뜻하는 '수관폭'을 사용

▎항공기화재 조사기법

■ 항공기화재의 특성
- 화재의 급격한 확대성
- 화재의 광범위성
- 인적 위험성
※ 항공기 광폭돌 확인

- 폭발의 위험성
- 재난의 돌발성

■ 항공기 주요구성부
- 동체(Fuselge)
- 꼬리날개
- 이·착륙장치(Under Carriage)

- 주날개(Mainplanes)
- 엔진실(Engine Nacelle)
- 방향타(Tail Fin)

■ 항공기 조사활동 시 현장 안전
- 유도로와 사용 활주로를 횡단할 때 절차 준수
- 프로펠러, 로터, 제트분사 가스에 주의
- 연료 누출과 증기운을 주의 및 잠재적 폭발에 대비
- 항공기화재 접근 시 머리 부분, 풍상, 측면순으로 접근
- 항공기 엔진화재 시 고온의 배기가스가 분출되므로 주의하여 접근
- 항공기 머리 부분에서 대략 7~8m 거리를 유지

▎선박화재 조사기법

■ 선박화재의 특성
- 수상에 떠 있는 특수 시설 화재
- 석유, 경유, LNG 등 가연물질 및 출화원 존재(기관실)
- 화재 발생 시 신속한 진압활동 곤란
- 피난이 어려워 대량 인명피해 발생 우려
- 항해 중 화재가 다수 발생
- 모든 부류의 육상화재가 가지고 있는 취약점의 종합적 집합체
  - 기관실화재의 경우 : 지하실화재
  - 위험물 운반선의 경우 : 위험물화재
  - 갑판이 높은 선박의 경우 : 고층건축물화재

■ 금속의 용융점의 높은 순서

금속명칭	용융점(℃)	금속명칭	용융점(℃)
수 은	38.8	금	1,063
주 석	231.9	구 리	1,083
납	327.4	니 켈	1,455
아 연	419.5	스테인리스	1,520
마그네슘	650	철	1,530
알루미늄	659.8	티 탄	1,800
은	960.5	몰리브덴	2,620
황 동	900~1,000	텅스텐	3,400

■ 화재현장에서 목재증거물의 탄화흔 식별
- 목재는 화염에 근접한 부분에서부터 연소되고, 발화부와 가까운 부분의 탄화형태가 균열이 크고, 균열 사이의 골이 깊어지는 특징이 있다.
- 탄화면이 거친 상태로 될수록 연소가 강하다.
- 탄화된 홈의 폭이 넓게 될수록 연소가 강하다.
- 탄화된 홈의 깊이가 깊을수록 연소가 강하다.

■ 탄화된 목재표면의 균열흔 분류
- 완소흔 : 700~800℃ 정도의 삼각 또는 사각형태의 수열흔
- 강소흔 : 900℃ 정도의 홈이 깊은 요철이 형성된 수열흔
- 열소흔 : 홈이 아주 깊은 1,000℃ 정도의 대형 목조건물 화재 시 나타나는 현상
- 훈소흔 : 발열체가 목재면에 밀착되어 무염연소 시 발생, 그 부분이 발화부로 추정 가능

■ 금속의 만곡
- 화재열을 받은 금속은 용융하기 전에 자중 등으로 인해 좌굴한다.
- 화재현장에서는 만곡이라는 형상으로 남아 있다.
- 일반적으로 금속의 만곡 정도가 수열 정도와 비례하여 연소의 강약을 알 수 있다.

■ 합성수지류의 화재열 영향에 따른 외관의 변화

연 화	→	변 형	→	용 융	→	소 실

■ 9의 법칙(Rule of Nines)

- 신체의 표면적을 100% 기준으로 그림과 같이 9% 단위로 나누고 외음부를 1%로 하여 계산하는 방법
- 두부 9%, 전흉복부 9%×2, 배부 9%×2, 양팔 9%×2, 대퇴부 9%×2, 하퇴부 9%×2, 외음부 1%를 합하면 100%

손상부위	성 인	어린이	영 아
머 리	9%	18%	18%
흉 부	9%×2	18%	18%
하복부			
배(상)부	9%×2	18%	18%
배(하)부			
양 팔	9%×2	9%×2	18%
대퇴부 (전, 후)	9%×2	13.5%	13.5%
하퇴부 (전, 후)	9%×2	13.5%	13.5%
외음부	1%	1%	1%
관련사진			 Front 18% Back 18%

■ 화상의 깊이

구 분	1도 화상 (홍반성)	2도 화상 (수포성)	3도 화상 (괴사성, 가피성)	4도 화상 (탄화성, 회화성)
증 상	• 붉은색 피부 • 통증 호소	• 수 포 • 심한 통증 • 붉으며 흰 피부 • 축축하고 얼룩덜룩한 피부	• 검은색 또는 흰색 • 딱딱한 피부 감촉 • 거의 없는 통증 • 화상주위의 통증	• 심부조직, 뼈까지 손상 • 피부가 탄화된 경우가 많음

■ 화상사의 사망기전

- 원발성 쇼크 : 고열이 광범위하게 작용하여 일어나는 격렬한 자극에 의하여 반사적으로 심정지가 초래되는 것
- 속발성 쇼크 : 화상성 쇼크라고도 하며 화상을 입고 나서 상당시간이 경과한 후에 증상이 발현되어 2~3일 후에 사망한 것
- 합병증 : 쇼크 시기를 넘긴 후에는 독성물질에 의한 응혈, 성인호흡장애증후군, 급성신부전, 소화관위궤양의 출혈, 폐렴 및 폐혈증 등 합병증으로 사망할 수 있음

■ 화재사의 사망기전

- 화상 : 화염, 고온의 공기, 고온의 물체에 의한 화상
- 유독가스 중독 : 일산화탄소, 화학섬유·도료류 등에서 발생하는 각종 유독가스 중독
- 산소결핍에 의한 질식 : 공기의 유통이 좋지 않은 밀폐공간에서 산소의 소진으로 질식
- 기도화상 : 화염이 호흡기에 직접 작용하여 기도에 부종이 발생하여 곧바로 사망
- 원발성 쇼크 : 반사적 심정지로 사망한 경우로 분신자살 시 흔히 보임
- 급·만성호흡부전 : 기도화상으로 급성호흡부전 또는 감염으로 만성호흡부전으로 사망

■ 화재사체의 법의학적 특징

- 화재 당시 생존해 있을 경우 화염을 보면 눈을 감기 때문에 눈가 주변 또는 호흡기 주변으로 짧은 주름이 생기고 주름 사이에는 그을음이 없다.
- 일산화탄소에 중독된 경우 시반은 선홍빛을 띤다.
- 기도 안에서 그을음이 발견된다.
- 전신에 1~3도 화상 흔적이 식별된다.
- 권투선수 자세이다.

■ 화재사체의 사후변화

- 탄 화
- 장갑상 탈락
- 동시체
- 피부균열(기포)
- 투사형자세
- 두개골 골절

■ 사람의 눈과 카메라의 기능 비교

기 능	눈	카메라
빛의 굴절/초점 조절	수정체	렌 즈
빛의 양 조절	홍 채	조리개
상이 맺힘	망 막	필름(이미지센서)
암실 기능	맥락막	어둠상자
빛의 차단	눈꺼풀	셔 터

■ 화재증거물수집관리규칙에 따른 용어의 정의

용 어	정 의
증거물	화재와 관련 있는 물건 및 개연성이 있는 모든 개체
증거물 수집	화재증거물을 획득하고 해당 물건을 분석하여 사건과 관련된 화재증거를 추출하는 과정
현장기록	화재조사현장과 관련된 사람, 물건, 기타 주변상황, 증거물 등을 촬영한 사진, 영상물 및 녹음자료, 현장에서 작성된 정보
현장사진	화재조사현장과 관련된 사람, 물건, 기타 상황, 증거물 등을 촬영한 사진
현장비디오	화재현장에서 화재조사현장과 관련된 사람, 물건, 그 밖의 주변 상황, 증거물을 촬영하거나 조사의 과정을 촬영한 것

■ 화재증거물 수집원칙
- 원본 영치를 원칙
- 화재물증의 증거능력 유지·보존 원칙
- 전용 증거물 수집장비(도구 및 용기) 이용 원칙

■ 증거물 수집방법
- 현장 수거(채취)물은 그 목록을 작성한다.
- 증거물의 종류 및 형태에 따라, 적절한 수집장비를 사용하여 수집한다.
- 휘발성이 높은 것에서 낮은 순서로 진행해야 한다.
- 증거물의 일부분 또는 전체가 유실될 우려가 있는 경우는 증거물을 밀봉하여야 한다.
- 증거물이 파손될 우려가 있는 경우에 주의사항을 포장 외측에 적절하게 표기하여야 한다.
- 인화성 액체 성분 분석인 경우에는 인화성 액체 성분의 증발을 막기 위한 조치를 해야 한다.
- 기록을 남겨야 하며, 기록은 법과학자용 표지 또는 태그를 사용하는 것을 원칙으로 한다.
- 관계장소를 통제구역으로 설정하고 화재현장 보존에 필요한 조치를 할 수 있다.

■ 휘발성 화재증거물 보관방법
- 냉암소에 보관할 것
- 휘발성 물질은 냉장보관할 것
- 열과 습도가 없는 장소에 보관할 것

■ 화재증거물수집관리규칙에 규정되어 있는 증거물에 대한 유의사항
  • 관련법규 및 지침에 규정된 일반적인 원칙과 절차를 준수한다.
  • 화재피해자의 피해를 최소화하도록 하여야 한다.
  • 기술적, 절차적인 수단을 통해 진정성, 무결성이 보존되어야 한다.
  • 증거물이 오염, 훼손, 변형되지 않도록 적절한 도구를 사용하여야 한다.
  • 최종적으로 법정에 제출되는 화재증거물의 원본성이 보장되어야 한다.

■ 화재증거물수집관리규칙의 촬영 시 유의사항
  현장사진 및 비디오 촬영 및 현장기록물 확보 시 다음에 유의하여야 한다.
  • 최초 도착하였을 때의 원상태를 그대로 촬영하고, 화재조사의 진행순서에 따라 촬영
  • 증거물을 촬영할 때는 그 소재와 상태가 명백히 나타나도록 하며, 필요에 따라 구분이 용이하게 번호표 등을 넣어 촬영
  • 화재현장의 특정한 증거물 등을 촬영함에 있어서는 그 길이, 폭 등을 명백히 하기 위하여 측정용 자 또는 대조도구를 사용하여 촬영
  • 화재상황을 추정할 수 있는 다음의 대상물의 형상은 면밀히 관찰 후 자세히 촬영
    – 사람, 물건, 장소에 부착되어 있는 연소흔적 및 혈흔
    – 화재와 연관성이 크다고 판단되는 증거물, 피해물품, 유류
  • 현장사진 및 비디오 촬영과 현장기록물 확보 시에는 연소확대 경로 및 증거물 기록에 대한 번호표와 화살표 등을 활용하여 작성

■ 액체 또는 고체 촉진제 수집용기 3가지
  금속캔, 유리병, 특수증거물 수집가방

■ 증거물 시료용기의 오염원인
  • 용기의 세척불량 또는 재사용
  • 시료채취 후 밀봉조치 미흡
  • 취급부주의로 인한 용기의 파손, 변형

■ 화재증거물수집관리규칙에서 규정한 증거물 시료용기
  유리병, 주석도금캔, 양철캔

■ 화재조사전담부서의 증거수집장비
  증거물수집기구 세트, 증거물 보관 세트, 증거물 표지, 증거물 태그, 접자, 라텍스장갑

■ 증거물 시료용기 기준

구 분	용기 내용
공통사항	• 장비와 용기를 포함한 모든 장치는 원래의 목적과 채취할 시료에 적합하여야 한다. • 시료용기는 시료의 저장과 이동에 사용되는 용기로 적당한 마개를 가지고 있어야 한다. • 시료용기는 취급할 제품에 의한 용매의 작용에 투과성이 없고 내성을 갖는 재질로 되어 있어야 하며, 정상적인 내부압력에 견딜 수 있고 시료채취에 필요한 충분한 강도를 가져야 한다.
유리병	• 유리병은 유리 또는 폴리테트라플루오로에틸렌(PTFE)으로 된 마개나 내유성의 내부판이 부착된 플라스틱이나 금속의 스크루마개를 가지고 있어야 한다. • 코르크마개는 휘발성 액체에 사용하여서는 안 된다. 만일 제품이 빛에 민감하다면 짙은 색깔의 시료병을 사용한다. • 세척방법은 병의 상태나 이전의 내용물, 시료의 특성 및 시험하고자 하는 방법에 따라 달라진다.
주석도금 캔(CAN)	• 캔은 사용 직전에 검사하여야 하고 새거나 녹슨 경우 폐기한다. • 주석도금캔(CAN)은 1회 사용 후 반드시 폐기한다.
양철캔 (CAN)	• 양철캔은 적합한 양철판으로 만들어야 하며, 프레스를 한 이음매 또는 외부표면에 용매로 송진 용제를 사용하여 납땜을 한 이음매가 있어야 한다. • 양철캔은 기름에 견딜 수 있는 디스크를 가진 스크루마개 또는 누르는 금속마개로 밀폐될 수 있으며, 이러한 마개는 한번 사용한 후에는 폐기되어야 한다. • 양철캔과 그 마개는 청결하고 건조해야 한다. • 사용하기 전에 캔의 상태를 조사해야 하며 누설이나 녹이 발견될 때에는 사용할 수 없다.
시료 용기의 마개	• 코르크마개, 고무(클로로프렌 고무는 제외), 마분지, 합성 코르크마개 또는 플라스틱 물질(PTFE는 제외)은 시료와 직접 접촉되어서는 안 된다. • 만일 이런 물질들을 시료용기의 밀폐에 사용할 때에는 알루미늄이나 주석 호일로 감싸야 한다. • 양철용기는 돌려 막는 스크루마개만 아니라 밀어 막는 금속마개를 갖추어야 한다. • 유리마개는 병의 목 부분에 공기가 새지 않도록 단단히 막아야 한다.

■ 증거물 인식표지에 기재하여야 할 사항
  • 화재조사자(수집자)의 이름
  • 증거물 수집일자, 시간
  • 증거물의 이름 또는 번호
  • 증거물에 대한 설명 및 발견된 위치
  • 봉인자, 봉인일시

■ 화재증거물 발송 관련 우편금지물품
  • 인화성 물질
  • 폭발성 물질
  • 발화성 물질

- **증거물 정밀조사 및 분석장비**
  - 가스크로마토그래프(Gas Chromatography) : 유기·무기화합물에 대한 정성(定注) 및 정량(定量)분석에 사용하는 기기
  - 질량분석기 : GC와 함께 사용하여 개별성분을 정성·정량적으로 분석하는 기기
  - 적외선 분광광도계 : 특정 파장영역에서 적외선을 흡수하는 성질을 이용하여 화학종을 확인하는 기기
  - 원광흡광분석기 : 여러 방법으로 시료를 원자화 한 후 흡광분석법을 통해 금속원소, 반금속원소 및 일부 비금속원소를 정량적으로 분석하는 기기
  - X-레이 형광분석기 : 시료를 분해하거나 파괴하지 않고 원상태 그대로 X-레이를 이용하여 분리하는 기기
  - 금속현미경 : 전기배선의 시료를 채취하여 성형하여 연마한 후 금속에 나타나는 결정립을 렌즈를 통해서 분석하는 감식기기

07 | 발화원인 판정 및 피해평가

- **화재피해조사 및 피해액 산정순서**

화재현장 조사	→	기본현황 조사	→	피해 정도 조사	→	재구입비 산정	→	피해액 산정

- **화재피해액 산정하는 방법**

산정방법	산정요령
복성식평가법	• 사고로 인한 피해액을 산정하는 원칙적 방법 • 재건축 또는 재취득하는 데 소요되는 비용에서 사용기간의 감가수정액을 공제하는 방법으로 대부분의 물적피해액 산정에 널리 사용
매매사례비교법	당해 피해물의 시중매매사례가 충분하여 유사매매사례를 비교하여 산정하는 방법으로서 차량, 예술품, 귀중품, 귀금속 등의 피해액 산정에 사용
수익환원법	• 피해물로 인해 장래에 얻을 수익액에서 당해 수익을 얻기 위해 지출되는 제반비용을 공제하는 방법에 의하는 방법 • 유실수 등에 있어 수확기간에 있는 경우에 사용 : 육성기간에는 복성식평가법을 사용

■ 화재피해액 산정 관련 용어의 정의

용 어	정 의
현재가 (시가)	• 피해물과 같거나 비슷한 물품을 재구입하는 데 소요되는 금액에서 사용기간 손모 및 경과기간으로 인한 감가공제를 한 금액(현재가(시가) = 재구입비 − 감가수정액) • 동일하거나 유사한 물품의 시중거래 가격의 현재 가액을 말한다.
재구입비	화재 당시의 피해물과 같거나 비슷한 것을 재건축(설계 감리비를 포함한다) 또는 재취득하는 데 필요한 금액
잔가율	화재 당시에 피해물의 재구입비에 대한 현재가의 비율 • 현재가(시가) = 재구입비 × 잔가율 • 잔가율 = $\dfrac{\text{재구입비} - \text{감가수정액}}{\text{재구입비}}$ • 잔가율 = 100% − 감가수정율 • 잔가율 = $1 - (1 - \text{최종잔가율}) \times \dfrac{\text{경과연수}}{\text{내용연수}}$
내용연수	고정자산을 경제적으로 사용할 수 있는 연수
경과연수	피해물의 사고일 현재까지 경과기간
최종잔가율	피해물의 경제적 내용연수가 다한 경우 잔존하는 가치의 재구입비에 대한 비율 • 건물, 부대설비, 구축물, 가재도구의 경우 : 20% • 기타의 경우 : 10%
손해율	피해물의 종류, 손상상태 및 정도에 따라 피해액을 적정화시키는 일정한 비율
신축단가	화재피해건물과 같거나 비슷한 규모, 구조, 용도, 재료, 시공방법 및 시공상태 등에 의해 새로운 건물을 신축했을 경우의 m²당 단가
소실면적	건물의 소실면적 산정은 소실 바닥면적으로 산정한다.

■ 화재피해액 산정대상별 현재시가를 정하는 방법

구입 시 가격	재고자산, 즉 원재료, 부재료, 제품, 반제품, 저장품, 부산물 등
구입 시 가격 − 감가액	항공기 및 선박 등
재구입 가격	상품 등
재구입 가격 − 감가액	건물, 구축물, 영업시설, 기계장치, 공구·기구, 차량 및 운반구, 집기비품, 가재도구 등

현재시가 산정은 재구입(재건축 및 재취득) 가액에서 사용기간의 감가액을 공제하는 방식을 원칙으로 하되, 이 방법이 불합리하거나 다른 방법이 오히려 합리적이고 타당한 경우에는 예외적으로 구입 시 가격 또는 재구입 가격을 현재시가로 인정하기로 한다.

■ 화재피해액 산정기준(화재조사 및 보고규정 별표2)

산정대상	산정기준
건 물	「신축단가(㎡당)×소실면적×[1−(0.8×경과연수/내용연수)]×손해율」의 공식에 의한다. 다만, 신축단가는 한국감정원이 최근 발표한 '건물신축단가표'에 의한다.
부대설비	「건물신축단가×소실면적×설비종류별 재설비 비율×[1−(0.8×경과연수/내용연수)]×손해율」의 공식에 의한다. 다만, 부대설비 피해액을 실질적·구체적 방식에 의할 경우「단위(면적·개소 등)당 표준단가×피해단위×[1−(0.8×경과연수/내용연수)]×손해율」의 공식에 의하되, 건물표준단가 및 부대설비 단위당 표준단가는 한국감정원이 최근 발표한 '건물신축단가표'에 의한다.
구축물	「소실단위의 회계장부상 구축물가액×손해율」의 공식에 의하거나「소실단위의 원시건축비×물가상승률×[1−(0.8×경과연수/내용연수)]×손해율」의 공식에 의한다. 다만, 회계장부상 구축물가액 또는 원시건축비의 가액이 확인되지 않는 경우에는「단위(m, ㎡, ㎥)당 표준 단가×소실단위×[1−(0.8×경과연수/내용연수)]×손해율」의 공식에 의하되, 구축물의 단위당 표준단가는 매뉴얼이 정하는 바에 의한다.
영업 시설	「㎡당 표준단가×소실면적×[1−(0.9×경과연수/내용연수)]×손해율」의 공식에 의하되, 업종별 ㎡당 표준단가는 매뉴얼이 정하는 바에 의한다.
기계장치 및 선박·항공기	「감정평가서 또는 회계장부상 현재가액×손해율」의 공식에 의한다. 다만 감정평가서 또는 회계장부상 현재가액이 확인되지 않아 실질적·구체적 방법에 의해 피해액을 산정하는 경우에는「재구입비×[1−(0.9×경과연수/내용연수)]×손해율」의 공식에 의하되, 실질적·구체적 방법에 의한 재구입비는 조사자가 확인·조사한 가격에 의한다.
공구 및 기구	「회계장부상 현재가액×손해율」의 공식에 의한다. 다만, 회계장부상 현재가액이 확인되지 않아 실질적·구체적 방법에 의해 피해액을 산정하는 경우에는「재구입비×[1−(0.9×경과연수/내용연수)]×손해율」의 공식에 의하되, 실질적·구체적 방법에 의한 재구입비는 물가정보지의 가격에 의한다.
집기비품	「회계장부상 현재가액×손해율」의 공식에 의한다. 다만, 회계장부상 현재가액이 확인되지 않는 경우에는「㎡당 표준단가×소실면적×[1−(0.9×경과연수/내용연수)]×손해율」의 공식에 의하거나 실질적·구체적 방법에 의해 피해액을 산정하는 경우에는「재구입비×[1−(0.9×경과연수/내용연수)]×손해율」의 공식에 의하되, 집기비품의 ㎡당 표준단가는 매뉴얼이 정하는 바에 의하며, 실질적·구체적 방법에 의한 재구입비는 물가정보지의 가격에 의한다.
가재도구	「(주택종류별·상태별 기준액×가중치)+(주택면적별 기준액×가중치)+(거주인원별 기준액×가중치)+(주택가격(㎡당)별 기준액×가중치)」의 공식에 의한다. 다만, 실질적·구체적 방법에 의해 피해액을 가재도구 개별품목별로 산정하는 경우에는「재구입비×[1−(0.8×경과연수/내용연수)]×손해율」의 공식에 의하되, 가재도구의 항목별 기준액 및 가중치는 매뉴얼이 정하는 바에 의하며, 실질적·구체적 방법에 의한 재구입비는 물가정보지의 가격에 의한다.
차량, 동물, 식물	전부손해의 경우 시중매매가격으로 하며, 전부손해가 아닌 경우 수리비 및 치료비로 한다.
재고자산	「회계장부상 현재가액×손해율」의 공식에 의한다. 다만, 회계장부상 현재가액이 확인되지 않는 경우에는「연간매출액÷재고자산회전율×손해율」의 공식에 의하되, 재고자산회전율은 한국은행이 최근 발표한 '기업경영분석' 내용에 의한다.
회화(그림), 골동품, 미술공예품, 귀금속 및 보석류	전부손해의 경우 감정가격으로 하며, 전부손해가 아닌 경우 원상복구에 소요되는 비용으로 한다.
임야의 입목	소실 전의 입목가격에서 소실한 입목의 잔존가격을 뺀 가격으로 한다. 다만, 피해산정이 곤란할 경우 소실면적 등 피해 규모만 산정할 수 있다.
기 타	피해 당시의 현재가를 재구입비로 하여 피해액을 산정한다.

철거건물	철거건물의 피해액=재건축비×[0.2+(0.8×잔여내용연수/내용연수)]
모델하우스	신축단가×소실면적×[1−(0.8×경과연수/내용연수)]×손해율
잔존물제거	「화재피해액×10%」의 공식에 의한다.

■ 화재피해 대상별 손해율 총정리

피해 정도 및 손해율 / 피해 대상	화재로 인한 피해 정도				
	손해율				
건물/구축물	주요 구조부 재사용 불가능(기초불가)	주요 구조부 재사용 가능하나 기타부분 불가능	내부 마감재	외부 마감재	수손 또는 그을음
	90(100)	60	40	20	10
부대설비	주요 구조체의 재사용이 거의 불가능하게 된 경우	손해 정도가 상당히 심한 경우	손해 정도가 다소 심한 경우	손해 정도가 보통	손해 정도가 경미
	100	60	40	20	10
영업시설	그을음과 수침 정도가 심한 경우	상당부분 교체 수리	일부 교체 수리, 도장 도배	부분적인 소손 및 오염	세척·청스
	100	60	40	20	10
공구 및 기구, 집기비품, 가재도구	50% 이상 소손 또는 심한 수침오염	손해 정도가 다소 심한 경우	손해 정도가 보통	오염·수침손	
	100	50	30	10	
기계장치	수리불가	수리하여 재사용 가능, 소손 정도가 심한 경우	전반적인 Overhaul	일부 부품 교체, 분해조립	피해 정도가 경미한 경우
	100	50~60	30~40	10~20	5
예술품·귀중품, 동·식물	손해율을 정하지 않는다.				
재고자산	다소 경미한 오염(연기 또는 냄새 등이 포장지 안으로 스며든 경우 등)이나 소손 등에 대해서도 100%의 손해율을 적용해야 하는 경우가 있다.				

■ 화재피해액 산정 시 잔존물제거비 피해액 산입

- 잔존물제거비를 산입하는 이유

  화재로 인하여 소손되거나 훼손되어 그 잔존물(잔해 등) 또는 유해물이나 폐기물이 발생된 경우, 이를 제거하는 비용은 재건축비 내지 재취득비용에 포함되지 않았기 때문에 별도로 피해액을 산정한다.

- 산정공식 : 화재피해액 × 10% 범위 내

▌ 화재조사서류 구성 및 양식

■ **화재조사서류 작성상의 유의사항**
- 간결·명료한 문장으로 작성할 것
- 오자·탈자 등이 없을 것
- 누구나 알 수 있는 문장을 사용할 것
- 필요한 서류를 첨부할 것
- 각 서류양식 작성목적을 이해하고 작성할 것

■ **화재발생종합보고서 중 모든 화재 시 공통으로 작성하는 서식**
화재현황조사서, 화재현장조사서

■ **종합상황실장이 상급 종합상황실에 지체 없이 보고해야 할 화재 및 일반화재 보고서류**
- 화재·구조·구급상황보고서
- 화재현장출동보고서
- 화재발생종합보고서
- 화재현황조사서 : 모든 화재에 공통적으로 작성
- 화재현장조사서 : 임야화재, 기타화재 이외의 모든 화재에 공통적으로 작성
- 화재현장조사서 : 임야화재, 기타화재
- 화재유형별조사서 : 화재유형에 따라 해당 화재 선택
  - 건물·구조물화재
  - 자동차·철도차량화재
  - 위험물·가스제조소등 화재
  - 선박·항공기화재
  - 임야화재
- 화재피해(인명·재산)조사서 : 화재피해(인명, 재산) 발생 시
- 방화·방화의심조사서 : 방화(의심)에 해당되는 경우
- **소방시설등 활용조사서 : 소방·방화시설이 설치된 건축물화재**
- 질문기록서

※ 화재 현황 파악 및 유형별 조사와 방화, 소방시설 작동, 피해조사 등 화재현장조사는 질문과 출동보고서 등으로 종합하여 보고하면 된다.

■ **화재현장조사서에 작성되는 도면**
- 현장의 위치도
- 발화건물을 중심으로 한 건물배치도
- 실 배치를 중심으로 소손건물의 각층 평면도
- 수용물의 개요를 중심으로 발화실의 평면도

- 증거물건의 위치 등, 실측거리 기재한 발화지점의 평면도
- 발화지점의 입면도
- 사진 촬영 위치도

■ 화재현장조사서의 도면 작성 시 유의사항

- 도면을 쉽게 이해하기 위하여 「북」을 위쪽으로 작성한다.
- 현장조사에 기초하여 정확한 축척으로 작성하고 기억에 의한 작도는 금지한다.
- 표준화된 기호를 사용하여 누가 보아도 이해가 되도록 작성한다.
- 치수, 간격 등은 아라비아 숫자를 사용하며 도면마다 방위, 축척, 범례를 표기한다.
- 거리측정은 기둥의 중심에서 다른 기둥의 중심까지로 기준점을 통일한다.
- 방 배치가 복잡한 건물은 한 점을 기준점으로 정하고 사방으로 넓히면서 측정한다.
- 사용금지용어는 표제로 사용하지 않는다.

■ 화재현장조사서 작성상의 유의사항

- 내용이 누락되지 않도록 작성할 것
- 관찰·확인된 객관적 사실을 있는 그대로 기재할 것
- 확정적 단어 및 문장창조를 위하여 불필요한 형용사를 사용하지 않을 것
- 반드시 관계자의 입회와 입회인 진술내용을 구분하여 기재할 것
- 발굴·복원단계에서 조사내용을 기재할 것
- 간단명료하고 계통적으로 기재할 것
- 원인판정에 이르는 논리구성과 각 조사서에 기재한 사실 등을 취급할 것
- 각 조사서에 기재한 사실 등의 인용방법과 인용개소를 언급할 것

■ 화재현장조사서에 첨부할 사진 촬영 포인트

- 소손현장의 전경
- 소손건물 내부
- 복원 후 상황
- 연소경로
- 기타 화재원인에 필요한 사항
- 소손건물의 전경
- 발굴 전의 발화지점 부근
- 발굴범위 화원
- 화재에 의한 사망자

■ 화재현장출동보고서의 3가지 주요 기재사항

- 출동 도중의 관찰·확인사항
- 현장도착 시의 관찰·확인사항
- 소화활동 중의 관찰·확인사항

■ 화재현장출동보고서 작성 시 유의사항
- 문장형태는 현재형으로 할 것
- 관찰·확인한 위치를 명시할 것
- 도면·사진을 활용할 것
- 기재대상을 기호화·간략화하여 작성할 것

■ 질문기록서 작성 시 질문청취대상자
- 발화행위자
- 발화관계자
- 발견·신고·초기소화자
- 기타 관계자

■ 질문기록서 작성상 유의사항
- 작성절차
  - 관계자의 진술이 임의로 행하는 것이어야 한다.
  - 녹취 후 녹취내용을 확인시키고 오류가 없음을 인정한다면 서명을 하게 한다.
  - 18세 미만의 청소년, 정신장애자 등에 대한 질문을 하는 경우는 친권자 등의 입회인을 입회시켜야 하며, 진술자는 물론 입회자에게도 서명시켜야 한다.
- 질문방법 : 진술자의 기본적인 인권을 존중하고 유도하는 질문을 피하고 진술의 임의성을 확보한다.
- 질문장소
  - 화재현장 : 가능하면 제3자를 의식하지 않는 장소에서 질문을 청취한다.
  - 소방서관서 : 이목을 의식하지 않고 긴장감도 줄일 수 있는 공간에서 청취한다.
- 질문의 실시 시기
  시간이 경과함에 따라 법률지식이나 주변의 사람들에게서 들은 정보로 사실의 의도적인 조작 가능성이 높아지게 된다. 관계자에게 질문은 이러한 사실의 왜곡이 생기기 전에 기억이 선명한 화재발생 직후에 가능한 조기에 행하는 것이 좋다.
- 질문의 기록
  - 무의미한 말은 생략하고 요점이 진술자의 말로서 기록되면 좋다.
  - 사투리나 어린아이 특유의 표현, 노인의 말 등은 본 조사서를 작성하는 직원이 표준어나 상식적으로 바꾸어 있는 그대로 기록할 필요가 있다.
  - 관계자밖에 알지 못하는 사실을 관계자의 인간성이나 생활환경을 나타내는 본인의 말로 기록하는 편이 보다 증거가치를 높이는 자료가 된다.

■ 소방시설등 활용조사서 기재사항
- 소화시설 : 소화기구, 옥내소화전, 스프링클러, 간이스프링클러설비, 물분부등소화설비, 옥외소화전 사용여부 및 효과성

- 경보설비 : 비상경보설비, 비상방송설비, 누전경보기, 자동화재탐지설비, 단독경보형감지기, 가스누설경보기 경보 및 미경보의 경우 사유를 체크
- 피난설비 : 피난기구 사용 및 미사용 사유, 유도등 및 비상조명등 작동 및 미작동 사유
- 소화용수설비 : 소화전, 소화수조/저수조, 급수탑 사용여부
- 소화활동설비 : 제연설비 작동여부 및 효과, 연결송수관설비, 연결살수설비, 연소방지설비, 비상콘센트무선통신보조설비 사용 및 미사용 시 사유
- 초기소화활동 : 소화기, 옥내/옥외소화전, 양동이/모래, 피난방송 및 대피유도 활동 유무
- 방화설비 : 방화셔터 작동여부, 방화문 닫힘 여부, 방화구획 여부

■ 국가화재분류체계메뉴얼에서 정하는 발화요인 7가지
- 전기적 요인
- 가스 누출(폭발)
- 교통사고
- 자연적 요인
- 기계적 요인
- 화학적 요인
- 부주의

08 화재조사 관계법규

소방의 화재조사에 관한 법률

■ 목 적

화재예방 및 소방정책에 활용하기 위하여 화재원인, 화재성장 및 확산, 피해현황 등에 관한 과학적·전문적인 조사에 필요한 사항을 규정함을 목적으로 한다.

■ 용어의 정의(법 제2조)

화 재	사람의 의도에 반하거나 고의 또는 과실에 의하여 발생하는 연소 현상으로서 소화할 필요가 있는 현상 또는 사람의 의도에 반하여 발생하거나 확대된 화학적 폭발현상
화재조사	소방청장, 소방본부장 또는 소방서장이 화재원인, 피해상황, 대응활동 등을 파악하기 위하여 자료의 수집, 관계인 등에 대한 질문, 현장 확인, 감식, 감정 및 실험 등을 하는 일련의 행위
화재조사관	화재조사에 전문성을 인정받아 화재조사를 수행하는 소방공무원
관계인등	화재가 발생한 소방대상물의 소유자·관리자 또는 점유자(이하 "관계인"이라 한다) 및 다음의 사람 • 화재현장을 발견하고 신고한 사람 • 화재현장을 목격한 사람 • 소화활동을 행하거나 인명구조활동(유도대피 포함)에 관계된 사람 • 화재를 발생시키거나 화재발생과 관계된 사람

■ 화재조사실시 시기(법 제5조)
- 화재발생 사실을 알게 된 때에는 지체 없이 화재조사를 하여야 한다.
- 이 경우 수사기관의 범죄수사에 지장을 주어서는 아니 된다.

■ 소방관서장이 실시해야 할 화재조사의 사항(법 제5조 제2항)
- 화재원인에 관한 사항
- 화재로 인한 인명·재산피해상황
- 대응활동에 관한 사항
- 소방시설 등의 설치·관리 및 작동 여부에 관한 사항
- 화재발생건축물과 구조물, 화재유형별 화재위험성 등에 관한 사항
- 화재안전조사의 실시 결과에 관한 사항

■ 화재조사 대상(영 제2조)
- 소방대상물 : 건축물, 차량, 선박으로서 항구에 매어둔 선박에 한함, 선박 건조 구조물, 산림, 그 밖의 인공 구조물 또는 물건을 말함
- 그 밖에 소방관서장이 화재조사가 필요하다고 인정하는 화재

■ 화재조사의 내용·절차(영 제3조)
- 현장출동 중 조사 : 화재발생 접수, 출동 중 화재상황 파악 등
- 화재현장 조사 : 화재의 발화(發火)원인, 연소상황 및 피해상황 조사 등
- 정밀조사 : 감식·감정, 화재원인 판정 등
- 화재조사 결과 보고

■ 화재조사 전담부서의 설치·운영 등(법 제6조 및 영 제4조, 제5조)

구 분	규정 내용
운영권자	소방청장, 소방본부장 또는 소방서장
전담부서의 업무	• 화재조사의 실시 및 조사결과 분석·관리 • 화재조사 관련 기술개발과 화재조사관의 역량증진 • 화재조사에 필요한 시설·장비의 관리·운영 • 그 밖의 화재조사에 관하여 필요한 업무
조사자	화재조사관으로 하여금 화재조사 업무를 수행하게 하여야 한다.
화재조사관	소방청장이 실시하는 화재조사에 관한 시험에 합격한 소방공무원 등 화재조사에 관한 전문적인 자격을 가진 소방공무원으로 한다.
화재조사관의 자격	• 소방청장이 실시하는 화재조사에 관한 시험에 합격한 소방공무원 • 「국가기술자격법」에 따른 국가기술자격의 직무분야 중 화재감식평가 분야의 기사 또는 산업기사 자격을 취득한 소방공무원

배치기준	인 력	화재조사관을 2명 이상 배치해야 한다.
	장 비	행정안전부령으로 정하는 장비와 시설을 갖추어 두어야 한다.
화재조사 결과보고		• 화재조사를 완료한 경우에는 화재조사 결과를 소방관서장에게 보고해야 한다. • 보고는 소방청장이 정하는 화재발생종합보고서에 따른다.

■ **화재조사관에 대한 교육 훈련 구분(영 제6조)**
- 화재조사관 양성을 위한 전문교육
- 화재조사관의 전문능력 향상을 위한 전문교육
- 전담부서에 배치된 화재조사관을 위한 의무 보수교육

■ **화재조사관 양성을 위한 전문교육의 내용(시행규칙 제5조)**
- 화재조사 이론과 실습
- 화재조사 시설 및 장비의 사용에 관한 사항
- 주요·특이 화재조사, 감식·감정에 관한 사항
- 화재조사 관련 정책 및 법령에 관한 사항
- 그 밖에 소방청장이 화재조사 관련 전문능력의 배양을 위해 필요하다고 인정하는 사항

■ **전담부서에서 갖추어야 할 장비와 시설(시행규칙 제3조)**

구 분	기자재명 및 시설규모
발굴용구 (8종)	공구세트, 전동 드릴, 전동 그라인더(절삭·연마기), 전동 드라이버, 이동용 진공청소기, 휴대용 열풍기, 에어컴프레서(공기압축기), 전동 절단기
기록용 기기 (13종)	디지털카메라(DSLR)세트, 비디오카메라세트, TV, 적외선거리측정기, 디지털온도·습도측정시스템, 디지털풍향풍속기록계, 정밀저울, 버니어캘리퍼스(아들자가 달려 두께나 지름을 재는 기구), 웨어러블캠, 3D스캐너, 3D카메라(AR), 3D캐드시스템, 드론
감식기기 (16종)	절연저항계, 멀티테스터기, 클램프미터, 정전기측정장치, 누설전류계, 검전기, 복합가스측정기, 가스(유증)검지기, 확대경, 산업용실체현미경, 적외선열상카메라, 접지저항계, 휴대용디지털현미경, 디지털탄화심도계, 슈미트해머(콘크리트 반발 경도 측정기구), 내시경현미경
감정용 기기 (21종)	가스크로마토그래피, 고속카메라세트, 화재시뮬레이션시스템, X선 촬영기, 금속현미경, 시편(試片)절단기, 시편성형기, 시편연마기, 접점저항계, 직류전압전류계, 교류전압전류계, 오실로스코프(변화가 심한 전기 현상의 파형을 눈으로 관찰하는 장치), 주사전자현미경, 인화점측정기, 발화점측정기, 미량융점측정기, 온도기록계, 폭발압력측정기세트, 전압조정기(직류, 교류), 적외선 분광광도계, 전기단락흔실험장치(1차 용융흔, 2차 용융흔, 3차 용융흔 측정 가능)
조명기기 (5종)	이동용 발전기, 이동용 조명기, 휴대용 랜턴, 헤드랜턴, 전원공급장치(500A 이상)
안전장비 (8종)	보호용 작업복, 보호용 장갑, 안전화, 안전모(무전송수신기 내장), 마스크(방진마스크, 방독마스크), 보안경, 안전고리, 화재조사 조끼
증거 수집 장비 (6종)	증거물수집기구세트(핀셋류, 가위류 등), 증거물보관세트(상자, 봉투, 밀폐용기, 증거수집용 캔 등), 증거물 표지세트(번호, 스티커, 삼각형 표지 등), 증거물 태그 세트(대, 중, 소), 증거물보관장치, 디지털증거물저장장치

화재조사 차량 (2종)	화재조사 전용차량, 화재조사 첨단 분석차량(비파괴 검사기, 산업용 실체현미경 등 탑재)
보조장비 (6종)	노트북컴퓨터, 전선 릴, 이동용 에어컴프레서, 접이식 사다리, 화재조사 전용 의복(활동복, 방한복), 화재조사용 가방
화재조사 분석실	화재조사 분석실의 구성장비를 유효하게 보존·사용할 수 있고, 환기 시설 및 수도·배관시설이 있는 30제곱미터(m^2) 이상의 실
화재조사 분석실 구성장비 (10종)	증거물보관함, 시료보관함, 실험작업대, 바이스(가공물 고정을 위한 기구), 개수대, 초음파세척기, 실험용 기구류(비커, 피펫, 유리병 등), 건조기, 항온항습기, 오토 데시케이터(물질 건조, 흡습성 시료 보존을 위한 유리 보존기)

■ 화재합동조사단의 구성 · 운영(영 제7조)

구 분		규정 내용
운영대상		• 사망자가 5명 이상 발생한 화재 • 화재로 인한 사회적·경제적 영향이 광범위하다고 소방관서장이 인정하는 화재
구성·운영권자		소방관서장(소방청장, 소방본부장, 소방서장)
임명 또는 위촉	단 장	단원 중에서 소방관서장이 지명하거나 위촉
	단 원	소방청장, 소방본부장 또는 소방서장 임명 또는 위촉
단원의 자격		• 화재조사관 • 화재조사 업무에 관한 경력이 3년 이상인 소방공무원 • 「고등교육법」 제2조에 따른 학교 또는 이에 준하는 교육기관에서 화재조사, 소방 또는 안전관 리 등 관련 분야 조교수 이상의 직에 3년 이상 재직한 사람 • 국가기술자격의 직무분야 중 안전관리 분야에서 산업기사 이상의 자격을 취득한 사람 • 그 밖에 건축·안전 분야 또는 화재조사에 관한 학식과 경험이 풍부한 사람
의 무	결과 보고	화재조사를 완료하면 소방관서장에게 다음 각 호의 사항이 포함된 화재조사 결과를 보고해야 함
	보고 포함 사항	• 화재합동조사단 운영 개요 • 화재조사 개요 • 화재조사에 관한 법 제5조 제2항 각 호의 사항 • 다수의 인명피해가 발생한 경우 그 원인 • 현행 제도의 문제점 및 개선 방안 • 그 밖에 소방관서장이 필요하다고 인정하는 사항
수당, 여비		화재합동조사단의 단장 또는 단원에게 예산의 범위에서 수당·여비와 그 밖에 필요한 경비를 지급할 수 있다. 다만, 공무원이 소관 업무와 직접적으로 관련되어 참여하는 경우에는 지급하지 않는다.

■ 화재현장통제구역 설치 시 표시 내용(영 제8조)

• 화재현장 보존조치나 통제구역 설정의 이유 및 주체
• 화재현장 보존조치나 통제구역 설정의 범위
• 화재현장 보존조치나 통제구역 설정의 기간

■ **화재현장 보존조치의 해제**
- 화재조사가 완료된 경우
- 화재현장 보존조치나 통제구역의 설정이 해당 화재조사와 관련이 없다고 인정되는 경우

■ **출입·조사 시 화재조사관의 의무(법 제9조)**
- 권한을 표시하는 증표의 제시
- 관계인의 정당한 업무 방해금지
- 화재조사를 수행하면서 알게 된 비밀을 다른 용도 및 누설금지

■ **소방공무원과 경찰공무원의 협력사항(법 제12조)**
- 화재현장의 출입·보존 및 통제에 관한 사항
- 화재조사에 필요한 증거물의 수집 및 보존에 관한 사항
- 관계인 등에 대한 진술 확보에 관한 사항
- 그 밖에 화재조사에 필요한 사항

■ **화재조사 결과를 공표할 수 있는 경우(시행규칙 제8조)**
- 국민이 유사한 화재로부터 피해를 입지 않도록 하기 위해 필요한 경우
- 사회적 관심이 집중되어 국민의 알 권리 충족 등 공공의 이익을 위해 필요한 경우

■ **화재조사 결과를 공표할 때 포함할 사항(시행규칙 제8조)**
- 화재원인에 관한 사항
- 화재로 인한 인명·재산피해에 관한 사항
- 화재발생 건축물과 구조물에 관한 사항
- 그 밖에 화재예방을 위해 공표할 필요가 있다고 소방관서장이 인정하는 사항

■ **화재감정기관 지정기준(영 제12조)**

시 설	화재조사를 수행할 수 있는 다음의 시설을 모두 갖출 것 • 증거물, 화재조사 장비 등을 안전하게 보호할 수 있는 설비를 갖춘 시설 • 증거물 등을 장기간 보존·보관할 수 있는 시설 • 증거물의 감식·감정을 수행하는 과정 등을 촬영하고 이를 디지털파일의 형태로 처리·보관할 수 있는 시설
전문인력	화재조사에 필요한 다음의 구분에 따른 전문인력을 각각 보유할 것 • 주된 기술인력 : 다음의 어느 하나에 해당하는 사람을 2명 이상 보유할 것 　－「국가기술자격법」에 따른 국가기술자격의 직무분야 중 화재감식평가 분야의 기사 자격 취득 후 화재조사 관련 분야에서 5년 이상 근무한 사람 　－ 화재조사관 자격 취득 후 화재조사 관련 분야에서 5년 이상 근무한 사람 　－ 이공계 분야의 박사학위 취득 후 화재조사 관련 분야에서 2년 이상 근무한 사람

전문인력	• 보조 기술인력 : 다음의 어느 하나에 해당하는 사람을 3명 이상 보유할 것 – 국가기술자격법」에 따른 국가기술자격의 직무분야 중 화재감식평가 분야의 기사 또는 산업기사 자격을 취득한 사람 – 화재조사관 자격을 취득한 사람 – 소방청장이 인정하는 화재조사 관련 국제자격증 소지자 – 이공계 분야의 석사 이상 학위 취득 후 화재조사 관련 분야에서 1년 이상 근무한 사람
장 비	화재조사를 수행할 수 있는 감식·감정 장비, 증거물 수집 장비 등을 갖출 것

■ 화재조사 관련 소방범죄

행정처분	위반법규
300만원 이하의 벌금	• 화재현장 보존조치를 하거나 통제구역을 설정한 경우 소방관서장 또는 경찰서장의 허가 없이 화재현장에 있는 물건 등을 이동시키거나 변경·훼손한 사람 • 정당한 사유 없이 화재조사관의 출입 또는 조사를 거부·방해 또는 기피한 사람 • 정당한 사유 없이 소방관서장의 화재조사를 위하여 필요한 증거물 수집을 거부·방해 또는 기피한 사람 • 화재조사를 하는 화재조사관이 관계인의 정당한 업무를 방해하거나 화재조사를 수행하면서 알게 된 비밀을 다른 용도로 사용하거나 다른 사람에게 누설한 사람
200만원 이하의 과태료	• 소방관서장 또는 경찰서장이 화재조사를 위하여 설정한 통제구역을 허가 없이 출입한 사람 • 소방관서장이 화재조사를 위해 필요하여 관계인에게 보고 또는 자료 제출을 명하였으나 명령을 위반하여 보고 또는 자료 제출을 하지 아니하거나 거짓으로 보고 또는 자료를 제출한 사람 • 정당한 사유 없이 화재조사를 위하여 소방관서장의 출석요구를 거부하거나 질문에 대하여 거짓으로 진술한 사람 ※ 위 차수별 위반 시 : 1회 100만원, 2회 150만원, 3회 200만원

▌소방기본법

■ 소방활동구역 설정(소방기본법 제23조)

구 분	관련 조문 내용
소방활동 구역 설정권자	• 소방대장은 화재, 재난·재해, 그 밖의 위급한 상황이 발생한 현장에 소방활동구역을 정하여 소방활동에 필요한 사람으로서 대통령령으로 정하는 사람 외에는 그 구역에 출입하는 것을 제한할 수 있다. • 경찰공무원은 소방대가 소방활동구역에 있지 아니하거나 소방대장의 요청이 있을 때에는 소방활동구역을 설치할 수 있다.
소방활동 구역출입 가능한 사람 (시행령 8조)	• 소방활동구역 안에 있는 소방대상물의 소유자·관리자 또는 점유자 • 전기·가스·수도·통신·교통의 업무에 종사하는 사람으로서 원활한 소방활동을 위하여 필요한 사람 • 의사·간호사 그 밖의 구조·구급업무에 종사하는 사람 • 취재인력 등 보도업무에 종사하는 사람 • 수사업무에 종사하는 사람 • 그 밖에 소방대장이 소방활동을 위하여 출입을 허가한 사람

■ 「소방기본법」위반

위반행위	벌 칙

• 다음의 어느 하나에 해당하는 행위를 한 사람
  – 위력을 사용하여 출동한 소방대의 화재진압·인명구조 또는 구급활동을 방해하는 행위
  – 소방대가 화재진압·인명구조 또는 구급활동을 위하여 현장에 출동하거나 현장에 출입하는 것을 고의로 방해하는 행위
  – 출동한 소방대원에게 폭행 또는 협박을 행사하여 화재진압·인명구조 또는 구급활동을 방해하는 행위
  – 출동한 소방대의 소방장비를 파손하거나 그 효용을 해하여 화재진압·인명구조 또는 구급활동을 방해하는 행위
• 소방자동차의 출동을 방해한 사람
• 사람을 구출하는 일 또는 불을 끄거나 불이 번지지 아니하도록 하는 일을 방해한 사람
• 정당한 사유 없이 소방용수시설 또는 비상소화장치를 사용하거나 소방용수시설 또는 비상소화장치의 효용을 해치거나 그 정당한 사용을 방해한 사람
	5년 이하의 징역 또는 5천만원 이하의 벌금

화재가 발생하거나 불이 번질 우려가 있는 소방대상물 및 토지를 일시적으로 사용하거나, 그 사용의 제한 또는 소방활동에 필요한 처분을 방해한 자 또는 정당한 사유 없이 그 처분에 따르지 아니한 자	3년 이하의 징역 또는 3천만원 이하의 벌금
사람을 구출하거나 불이 번지는 것을 막기 위하여 긴급하다고 인정하는 때에는 소방대상물 또는 토지 외의 소방대상물과 토지에 대해 일시적으로 사용하거나, 그 사용의 제한 또는 소방활동에 필요한 처분을 방해한 자 또는 정당한 사유 없이 그 처분에 따르지 아니한 자	300만원 이하의 벌금

화재조사 및 보고규정

■ 용어의 정의(제2조)

용 어	정 의
감 식	화재원인의 판정을 위하여 전문적인 지식, 기술 및 경험을 활용하여 주로 시각에 의한 종합적인 판단으로 구체적 사실관계를 명확하게 규명하는 것
감 정	화재와 관계되는 물건의 형상, 구조, 재질, 성분, 성질 등 이와 관련된 모든 현상에 대하여 과학적 방법에 의한 필요한 실험을 행하고 그 결과를 근거로 화재원인을 밝히는 자료를 얻는 것
발 화	열원에 의하여 가연물질에 지속적으로 불이 붙는 현상
발화열원	발화의 최초원인이 된 불꽃 또는 열
발화지점	열원과 가연물이 상호작용하여 화재가 시작된 지점
발화장소	화재가 발생한 장소
최초착화물	발화열원에 의해 불이 붙고 이 물질을 통해 제어하기 힘든 화세로 발전한 가연물
발화요인	발화열원에 의하여 발화로 이어진 연소현상에 영향을 준 인적·물적·자연적 요인
발화 관련 기기	발화에 관련된 불꽃 또는 열을 발생시킨 기기 또는 장치나 제품
동력원	발화 관련 기기나 제품을 작동 또는 연소시킬 때 사용된 연료 또는 에너지
연소확대물	연소가 확대되는 데 있어 결정적 영향을 미친 가연물
재구입비	화재 당시의 피해물과 같거나 비슷한 것을 재건축(설계 감리비를 포함한다) 또는 재취득하는데 필요한 금액

내용연수	고정자산을 경제적으로 사용할 수 있는 연수
손해율	피해물의 종류, 손상 상태 및 정도에 따라 피해금액을 적정화시키는 일정한 비율
잔가율	화재 당시에 피해물의 재구입비에 대한 현재가의 비율
최종잔가율	피해물의 내용연수가 다한 경우 잔존하는 가치의 재구입비에 대한 비율
화재현장	화재가 발생하여 소방대 및 관계인등에 의해 소화활동이 행하여지고 있거나 행하여진 장소
접 수	유·무선 전화 또는 다매체를 통하여 화재 등의 신고를 받는 것
출 동	화재를 접수하고 119상황실로부터 출동지령을 받아 소방대가 소방서 차고 등에서 출발하는 것
도 착	출동지령을 받고 출동한 소방대가 현장에 도착하는 것
선착대	화재현장에 가장 먼저 도착한 소방대
초 진	소방대의 소화활동으로 화재확대의 위험이 현저하게 줄어들거나 없어진 상태
잔불정리	화재를 초진 후 잔불을 점검하고 처리하는 것. 이 단계에서는 열에 의한 수증기나 화염 없이 연기만 발생하는 연소현상이 포함될 수 있음
완 진	소방대에 의한 소화활동의 필요성이 사라진 것
철 수	진화가 끝난 후 소방대가 현장에서 복귀하는 것
재발화 감시	화재를 진화한 후 화재가 재발되지 않도록 감시조를 편성하여 일정 시간 동안 감시하는 것

■ 화재조사의 개시 및 원칙(제3조)

- 화재조사관은 화재발생 사실을 인지하는 즉시 화재조사를 시작해야 한다.
- 소방관서장은 화재조사관을 근무 교대조별로 2인 이상 배치하고, 화재조사 장비·시설을 기준 이상으로 확보하여 조사업무를 수행하도록 하여야 한다.
- 조사는 물적 증거를 바탕으로 과학적인 방법을 통해 합리적인 사실의 규명을 원칙으로 한다.

■ 화재조사관의 책무 및 협조

화재조사관의 책무 (제4조)	• 조사관은 조사에 필요한 전문적 지식과 기술의 습득에 노력하여 조사업무를 능률적이고 효율적으로 수행해야 한다. • 조사관은 그 직무를 이용하여 관계인등의 민사분쟁에 개입해서는 아니 된다.
화재출동대원 협조 (제5조)	• 화재현장에 출동하는 소방대원은 조사에 도움이 되는 사항을 확인하고, 화재현장에서도 소방활동 중에 파악한 정보를 조사관에게 알려주어야 한다. • 화재현장의 선착대 선임자는 철수 후 지체 없이 국가화재정보시스템에 화재현장출동보고서를 작성·입력해야 한다.
관계인등 협조 (제6조)	• 화재현장과 기타 관계있는 장소에 출입할 때에는 관계인등의 입회 하에 실시하는 것을 원칙으로 한다. • 조사관은 조사에 필요한 자료 등을 관계인등에게 요구할 수 있으며, 관계인등이 반환을 요구할 때는 조사의 목적을 달성한 후 관계인등에게 반환해야 한다.

■ **관계인등 진술(제7조)**
- 관계인등에게 질문을 할 때에는 시기, 장소 등을 고려하여 진술하는 사람으로부터 임의진술을 얻도록 해야 하며 진술의 자유 또는 신체의 자유를 침해하여 임의성을 의심할 만한 방법을 취해서는 아니 된다.
- 관계인등에게 질문을 할 때에는 희망하는 진술내용을 얻기 위하여 상대방에게 암시하는 등의 방법으로 유도해서는 아니 된다.
- 획득한 진술이 소문 등에 의한 사항인 경우 그 사실을 직접 경험한 관계인등의 진술을 얻도록 해야 한다.
- 관계인등에 대한 질문 사항은 질문기록서에 작성하여 그 증거를 확보한다.

■ **감식 및 감정(제8조)**
- 소방관서장은 조사 시 전문지식과 기술이 필요하다고 인정되는 경우 국립소방연구원 또는 화재감정기관 등에 감정을 의뢰할 수 있다.
- 소방관서장은 과학적이고 합리적인 화재원인 규명을 위하여 화재현장에서 수거한 물품에 대하여 감정을 실시하고 화재원인 입증을 위한 재현실험 등을 할 수 있다.

■ **화재의 유형(제9조 제1항)**

화재유형	소손내용
건축·구조물 화재	건축물, 구조물 또는 그 수용물이 소손된 것
자동차·철도차량 화재	자동차, 철도차량 및 피견인 차량 또는 그 적재물이 소손된 것
위험물·가스제조소 등 화재	위험물제조소 등, 가스제조·저장·취급시설 등이 소손된 것
선박·항공기 화재	선박, 항공기 또는 그 적재물이 소손된 것
임야 화재	산림, 야산, 들판의 수목, 잡초, 경작물 등이 소손된 것
기타 화재	위의 각 호에 해당하지 않는 화재

■ **화재유형이 복합되어 발생한 경우 화재유형 구분(제9조 제2항)**
- 화재가 복합되어 발생한 경우에는 화재의 구분을 화재피해금액이 큰 것으로 한다.
- 다만, 화재피해금액으로 구분하는 것이 사회관념상 적당하지 않을 경우에는 발화장소로 화재를 구분한다.

■ **화재건수 결정(제10조)** `13` `15` `17` `18` `19`
- 1건의 화재란 1개의 발화지점에서 확대된 것으로 발화부터 진화까지를 말한다.
- 다만 다음의 경우 다음과 같이 화재건수를 결정한다.
  - 동일범이 아닌 각기 다른 사람에 의한 방화, 불장난의 경우 동일 대상물에서 발화했더라도 각각 **별건**의 화재로 한다.
  - 동일 소방대상물의 발화점이 2개소 이상 있는 다음의 화재는 1건의 화재로 한다.
    a. 누전점이 동일한 누전에 의한 화재
    b. 지진, 낙뢰 등 자연현상에 의한 다발화재
- 화재건수 관할
  - 발화지점이 한 곳인 화재현장이 둘 이상의 관할구역에 걸친 화재는 **발화지점이 속한 소방서**에서 1건의 화재로 산정한다.
  - 다만, 발화지점 확인이 어려운 경우에는 **화재피해금액이 큰** 관할구역 소방서의 화재 건수로 산정한다.

■ **발화일시 결정(제11조)**
- 발화일시의 결정은 관계인등의 화재발견 상황통보(인지)시간 및 화재발생 건물의 구조, 재질 상태와 화기취급 등의 상황을 종합적으로 검토하여 결정한다.
- 다만, 자체진화 등 사후인지 화재로 그 결정이 곤란한 경우에는 발화시간을 추정할 수 있다.

■ **화재의 분류(제12조)**
화재원인 및 장소 등 화재의 분류는 소방청장이 정하는 국가화재분류체계에 의한 분류표에 의하여 분류한다.

■ **사상자(제13조)**
- 사상자는 화재현장에서 **사망**한 사람과 **부상**당한 사람을 말한다.
- 다만, 화재현장에서 부상을 당한 후 **72시간 이내**에 사망한 경우에는 당해 화재로 인한 사망으로 본다.

■ **부상자 분류(제14조)**
부상의 정도는 의사의 진단을 기초로 하여 다음 각 호와 같이 분류한다.
- 중상 : **3주 이상의 입원치료**를 필요로 하는 부상을 말한다.
- 경상 : 중상 이외의 부상(입원치료를 필요로 하지 않는 것도 포함한다)을 말한다. 다만, 병원 치료를 필요로 하지 않고 단순하게 연기를 흡입한 사람은 제외한다.

■ 건물동수 산정방법(제15조)

같은 동	다른 동
• 주요구조부가 하나로 연결되어 있는 것은 같은 동으로 한다. • 건물의 외벽을 이용하여 실을 만들어 헛간, 목욕탕, 작업실, 사무실 및 기타 건물 용도로 사용하고 있는 것은 주건물과 같은 동으로 본다. • 구조에 관계 없이 지붕 및 실이 하나로 연결되어 있는 것 • 목조 또는 내화조 건물의 경우 격벽으로 방화구획이 되어 있는 경우	• 건널복도 등으로 2 이상의 동에 연결되어 있는 것은 그 부분을 절반으로 분리하여 다른 동으로 본다. • 독립된 건물과 건물 사이에 차광막, 비막이 등의 덮개를 설치하고 그 밑을 통로 등으로 사용하는 경우 • 내화조 건물의 외벽을 이용하여 목조 또는 방화구조 건물이 별도 설치되어 있고 건물 내부와 구획되어 있는 경우 • 내화조 건물의 옥상에 목조 또는 방화구조 건물이 별도 설치되어 있는 경우

■ 소실 정도(제16조)
   • 건축·구조물 화재의 소실 정도는 다음 각 호에 따른다.

구 분	소실률
전 소	• 건물의 70% 이상(입체면적에 대한 비율)이 소실된 화재 • 그 미만이라도 잔존부분이 보수를 하여도 재사용 불가능한 것
반 소	건물의 30% 이상 70% 미만이 소실된 화재
부분소	전소·반소 이외의 화재

   • 자동차·철도차량, 선박·항공기 등의 소실정도 → 위 규정을 준용한다.

■ 소실면적 산정(제17조)
   • 건물의 소실면적 산정은 소실 바닥면적으로 산정한다.
   • 수손 및 기타 파손의 경우에도 위의 규정을 준용한다.

■ 화재피해금액 산정(제18조)
   • 화재피해금액은 화재 당시의 피해물과 동일한 구조, 용도, 질, 규모를 재건축 또는 재구입하는데 소요되는 가액에서 경과연수 등에 따른 감가공제를 하고 현재가액을 산정하는 실질적·구체적 방식에 따른다. 다만, 회계장부상 현재가액이 입증된 경우에는 그에 따른다.
   • 위의 규정에도 불구하고 정확한 피해물품을 확인하기 곤란한 경우에는 소방청장이 정하는 「화재피해금액 산정매뉴얼」 (이하 "매뉴얼"이라 한다)의 간이평가방식으로 산정할 수 있다.
   • 건물 등 자산에 대한 최종잔가율은 건물·부대설비·구축물·가재도구는 20%로 하며, 그 이외의 자산은 10%로 정한다.
   • 건물 등 자산에 대한 내용연수는 매뉴얼에서 정한 바에 따른다.
   • 대상별 화재피해금액 산정기준은 별표 2의 화재피해금액 산정기준에 따른다.
   • 관계인은 화재피해금액 산정에 이의가 있는 경우 재산피해신고서에 따라 관할 소방관서장에게 재산피해신고를 할 수 있다.
   • 재산피해신고서를 접수한 관할 소방관서장은 화재피해금액을 재산정해야 한다.

■ 세대수 산정(제19조)

세대수는 거주와 생계를 함께 하고 있는 사람들의 집단 또는 하나의 가구를 구성하여 살고 있는 독신자로서 자신의 주거에 사용되는 건물에 대하여 재산권을 행사할 수 있는 사람을 1세대로 산정한다.

■ 화재합동조사단 운영(제20조 제1항)

소방관서장은 화재가 발생한 경우 다음 각 호에 따라 화재합동조사단을 구성하여 운영하는 것을 원칙으로 한다.

운영 관서장	운영기준
소방청장	사상자가 30명 이상이거나 2개 시·도 이상에 걸쳐 발생한 화재(임야화재는 제외한다. 이하 같다)
소방본부장	사상자가 20명 이상이거나 2개 시·군·구 이상에 발생한 화재
소방서장	사망자가 5명 이상이거나 사상자가 10명 이상 또는 재산피해액이 100억원 이상 발생한 화재

■ 위 원칙에도 불구하고 화재합동조사단을 구성 및 운영할 수 있는 경우(제20조 제2항)

① 화재로 인한 사회적·경제적 영향이 광범위하다고 소방관서장이 인정하는 화재
② 「소방기본법 시행규칙」 제3조 제2항 제1호에 해당하는 화재
   ㉠ 사망자가 5인 이상 발생하거나 사상자가 10인 이상 발생한 화재
   ㉡ 이재민이 100인 이상 발생한 화재
   ㉢ 재산피해액이 50억원 이상 발생한 화재
   ㉣ 관공서·학교·정부미도정공장·문화재·지하철 또는 지하구의 화재
   ㉤ 관광호텔, 층수가 11층 이상인 건축물, 지하상가, 시장, 백화점, 지정수량의 3천배 이상의 위험물의 제조소·저장소·취급소, 층수가 5층 이상이거나 객실이 30실 이상인 숙박시설, 층수가 5층 이상이거나 병상이 30개 이상인 종합병원·정신병원·한방병원·요양소, 연면적 1만5천 제곱미터 이상인 공장 또는 화재예방강화지구에서 발생한 화재
   ㉥ 철도차량, 항구에 매어둔 총 톤수가 1천톤 이상인 선박, 항공기, 발전소 또는 변전소에서 발생한 화재
   ㉦ 가스 및 화약류의 폭발에 의한 화재
   ㉧ 다중이용업소의 화재
   ㉨ 긴급구조통제단장의 현장지휘가 필요한 재난상황
   ㉩ 언론에 보도된 재난상황
   ㉪ 그 밖에 소방청장이 정하는 재난상황

■ 화재조사 보고(제22조)

화재규모	보고기한
• 사망자가 5인 이상 발생하거나 사상자가 10인 이상 발생한 화재 • 이재민이 100인 이상 발생한 화재 • 재산피해액이 50억원 이상 발생한 화재 • 관공서・학교・정부미도정공장・문화재・지하철 또는 지하구의 화재 • 관광호텔, 층수가 11층 이상인 건축물, 지하상가, 시장, 백화점, 지정수량의 3천배 이상의 위험물의 제조소・저장소・취급소, 층수가 5층 이상이거나 객실이 30실 이상인 숙박시설, 층수가 5층 이상이거나 병상이 30개 이상인 종합병원・정신병원・한방병원・요양소, 연면적 1만5천 제곱미터 이상인 공장 또는 화재예방강화지구에서 발생한 화재 • 철도차량, 항구에 매어둔 총 톤수가 1천톤 이상인 선박, 항공기, 발전소 또는 변전소에서 발생한 화재 • 가스 및 화약류의 폭발에 의한 화재 • 다중이용업소의 화재 • 긴급구조통제단장의 현장지휘가 필요한 재난상황 • 언론에 보도된 재난상황 • 그 밖에 소방청장이 정하는 재난상황	30일 이내
위 이외의 화재	15일 이내

■ 화재조사 결과보고 기간을 연장할 수 있는 사유(제22조 제3항)
다음 각 호의 정당한 사유가 있는 경우에는 소방관서장에게 사전 보고를 한 후 필요한 기간만큼 조사 보고일을 연장할 수 있다.
• 수사기관의 범죄수사가 진행 중인 경우
• 화재감정기관 등에 감정을 의뢰한 경우
• 추가 화재현장조사 등이 필요한 경우

■ 화재조사 보고 기간을 연장한 경우 보고기일(제22조 제4항)
조사 보고일을 연장한 경우 그 사유가 해소된 날부터 **10일 이내**에 소방관서장에게 조사결과를 보고해야 한다.

■ 치외법권지역의 화재조사 방법(제22조 제5항)
치외법권지역 등 조사권을 행사할 수 없는 경우는 **조사 가능한 내용**만 조사하여 화재조사 서식 중 해당 서류를 작성・보고한다.

■ 화재조사 결과보고 서류의 보존(제22조 제6항)
소방본부장 및 소방서장은 제2항에 따른 조사결과 서류를 영 제14조에 따라 국가화재정보시스템에 입력・관리해야 하며 **영구보존방법**에 따라 보존해야 한다.

형 법

형법에 따른 방화죄

조문제목	구체적 범죄내용		형 량
현주건조물 등 방화 (제164조)	불을 놓아 사람이 주거로 사용하거나 사람이 현존하는 건조물, 기차, 전차, 자동차, 선박, 항공기 또는 지하채굴시설을 불태운 자		무기 또는 3년 이상의 징역
	불을 놓아 사람이 주거로 사용하거나 사람이 현존하는 건조물, 기차, 전차, 자동차, 선박, 항공기 또는 지하채굴시설을 불태워	상해에 이르게 한 자	무기 또는 5년 이상의 징역
		사망에 이르게 한 자	사형, 무기 또는 7년 이상의 징역
공용건조물 등 방화 (제165조)	불을 놓아 공용 또는 공익에 공하는 건조물, 기차, 전차, 자동차, 선박, 항공기 또는 지하채굴시설을 불태운 자		무기 또는 3년 이상의 징역
일반건조물 등 방화 (제166조)	불을 놓아 현주건조물 등·공용건조물 등에 기재한 이외의 건조물, 기차, 전차, 자동차, 선박, 항공기 또는 지하채굴시설을 불태운 자		2년 이상의 유기징역
	자기소유의 건조물에 속한 물건을 불태워 공공의 위험을 발생하게 한 자		7년 이하의 징역 또는 1천만원 이하의 벌금
일반물건 방화 (제167조)	불을 놓아 현주건조물 등, 공용건조물 등, 일반건조물 등에 기재한 이외의 물건을 불태워 공공의 위험을 발생하게 한 자		1년 이상 10년 이하의 징역
	위의 물건이 자기소유인 경우		3년 이하의 징역 또는 700만원 이하의 벌금
방화예비, 음모죄 (제175조)	제164조 제1항, 제165조, 제166조 제1항의 죄를 범할 목적으로 예비 또는 음모한 자(단 그 목적한 죄의 실행에 이르기 전에 자수한 때에는 형을 감경 또는 면제한다)		5년 이하의 징역

형법에 따른 실화죄

조문제목	구체적 범죄내용	형 량
실화 (제170조)	과실로 현주건조물 등 또는 공용건조물 등에 기재한 물건 또는 타인의 소유인 일반건조물 등에 기재한 물건을 불태운 자	1천 500만원 이하의 벌금
	과실로 자기의 소유인 일반건조물 등 또는 일반물건에 기재한 물건을 불태워 공공의 위험을 발생하게 한 자	
업무상실화, 중실화 (제171조)	업무상과실 또는 중대한 과실로 인하여 위 실화죄를 범한 자	3년 이하의 금고 또는 2천만원 이하의 벌금

■ 기타 방화와 실화 관련 형법규정

조문제목	구체적 범죄내용		형 량
연소 (제168조)	자기소유 일반건조물 등 방화 또는 자기소유 일반물건방화의 죄를 범하여 현주·공용건조물 또는 현주·공용건조물 이외의 건조물, 기차, 전차, 자동차, 선박, 항공기 또는 지하채굴시설에 기재한 물건에 연소한 때		1년 이상 10년 이하의 징역
	자기소유 일반물건방화의 죄를 범하여 전조 제1항에 기재한 물건에 연소한 때		5년 이하의 징역
진화방해죄 (제169조)	진화용의 시설 또는 물건을 은닉 또는 손괴한 자, 기타 방법으로 진화를 방해한 자		10년 이하의 징역
폭발성 물건파열 (제172조)	보일러, 고압가스 기타 폭발성 있는 물건을 파열시켜 사람의 생명, 신체 또는 재산에	위험을 발생시킨 자	1년 이상의 유기징역
		상해에 이르게 한 때	무기 또는 3년 이상의 징역
		사망에 이르게 한 때	무기 또는 5년 이상의 징역
가스·전기 등 방류 (제172조의2)	가스, 전기, 증기 또는 방사선이나 방사성 물질을 방출, 유출 또는 살포시켜 사람의 생명, 신체 또는 재산에 대하여	위험을 발생시킨 자	1년 이상 10년 이하의 징역
		상해에 이르게 한 때	무기 또는 3년 이상의 징역
		사망에 이르게 한 때	무기 또는 5년 이상의 징역
가스·전기 등 공급방해 (제173조)	가스, 전기 또는 증기의 공작물을 손괴 또는 제거하거나 기타 방법으로 가스, 전기 또는 증기의 공급이나 사용을 방해하여	공공위험을 발생하게 한 자 또는 방해한 자	1년 이상 10년 이하의 징역
		상해에 이르게 한 때	2년 이상의 유기징역
		사망에 이르게 한 때	무기 또는 3년 이상의 징역
과실폭발성 물건파열 등 (제173조의2)	과실로 제172조 제1항(폭발성 물건을 파열하여 위험을 발생시킨 자), 제172조의2 제1항(가스·전기 등 방류로 위험을 발생시킨 자), 제173조 제1항과 제2항(가스·전기 등 공급방해하여 공공위험을 발생시킨 자 또는 방해한 자)의 죄를 범한 자		5년 이하의 금고 또는 1천 500만원 이하의 벌금
	업무상 과실 또는 중대한 과실로 위의 죄를 범한 자		7년 이하의 금고 또는 2천만원 이하의 벌금
방화예비, 음모죄 (제175조)	제172조 제1항, 제172조의2 제1항, 제173조 제1항과 제2항의 죄를 범할 목적으로 예비 또는 음모한 자(단 그 목적한 죄의 실행에 이르기 전에 자수한 때에는 형을 감경 또는 면제한다)		5년 이하의 징역

민 법

■ 민법상 불법행위

조문제목	조문내용
불법행위의 내용 (제750조)	고의 또는 과실로 인한 위법행위로 타인에게 손해를 가한 자는 그 손해를 배상할 책임이 있다.

■ 민법에 따른 불법행위의 성립요건
- 가해자에게 고의 또는 과실이 있을 것
- 행위자에게 책임 능력이 있을 것
- 위법성이 있을 것
- 손해가 발생할 것
- 가해행위와 손해 발생 사이에 상당한 인과관계가 있을 것

■ 민법에 따른 특수불법행위 배상책임

조문제목	조문내용
재산 이외의 손해의 배상 (제751조)	① 타인의 신체, 자유 또는 명예를 해하거나 기타 정신상 고통을 가한 자는 재산 이외의 손해에 대하여도 배상할 책임이 있다. ② 법원은 ①의 손해배상을 정기금채무로 지급할 것을 명할 수 있고 그 이행을 확보하기 위하여 상당한 담보의 제공을 명할 수 있다.
감독자의 책임 (제755조)	① 다른 자에게 손해를 가한 사람이 제753조 또는 제754조에 따라 책임이 없는 경우에는 그를 감독할 법정의무가 있는 자가 그 손해를 배상할 책임이 있다. 다만, 감독 의무를 게을리 하지 아니한 경우에는 그러하지 아니하다. ② 감독의무자를 갈음하여 제753조 또는 제754조에 따라 책임이 없는 사람을 감독하는 자도 ①의 책임이 있다.
사용자의 배상책임 (제756조)	① 타인을 사용하여 어느 사무에 종사하게 한 자는 피용자가 그 사무집행에 관하여 제삼자에게 가한 손해를 배상할 책임이 있다. 그러나 사용자가 피용자의 선임 및 그 사무감독에 상당한 주의를 한 때 또는 상당한 주의를 하여도 손해가 있을 경우에는 그러하지 아니하다. ② 사용자에 가름하여 그 사무를 감독하는 자도 ①의 책임이 있다. ③ ①, ②의 경우에 사용자 또는 감독자는 피용자에 대하여 구상권을 행사할 수 있다.
공작물 등의 점유자, 소유자의 책임 (제758조)	① 공작물의 설치 또는 보존의 하자로 인하여 타인에게 손해를 가한 때에는 공작물점유자가 손해를 배상할 책임이 있다. 그러나 점유자가 손해의 방지에 필요한 주의를 해태하지 아니한 때에는 그 소유자가 손해를 배상할 책임이 있다. ② ①의 규정은 수목의 재식 또는 보존에 하자가 있는 경우에 준용한다. ③ ①, ②의 경우에 점유자 또는 소유자는 그 손해의 원인에 대한 책임 있는 자에 대하여 구상권을 행사할 수 있다.
공동불법행위자의 책임 (제760조)	① 수인이 공동의 불법행위로 타인에게 손해를 가한 때에는 연대하여 그 손해를 배상할 책임이 있다. ② 공동 아닌 수인의 행위 중 어느 자의 행위가 그 손해를 가한 것인지를 알 수 없는 때에도 ①과 같다. ③ 교사자나 방조자는 공동행위자로 본다.

■ 민법상 배상액의 감경청구 및 소멸시효

조문제목	조문내용
배상액의 경감청구 (제765조)	• 배상의무자는 그 손해가 고의 또는 중대한 과실에 의한 것이 아니고 그 배상으로 인하여 배상자의 생계에 중대한 영향을 미치게 될 경우에는 법원에 그 배상액의 경감을 청구할 수 있다. • 법원은 전항의 청구가 있는 때에는 채권자 및 채무자의 경제상태와 손해의 원인 등을 참작하여 배상액을 경감할 수 있다.
손해배상청구권의 소멸시효 (제766조)	• 불법행위로 인한 손해배상의 청구권은 피해자나 그 법정대리인이 그 손해 및 가해자를 안 날로부터 3년간 이를 행사하지 아니하면 시효로 인하여 소멸한다. • 불법행위를 한 날로부터 10년을 경과한 때에도 시효로 인하여 소멸한다. • 미성년자가 성폭력, 성추행, 성희롱, 그 밖의 성적 침해를 당한 경우에 이로 인한 손해배 상청구권의 소멸시효는 그가 성년이 될 때까지는 진행되지 아니한다.

제조물책임법

■ 제조물책임법에 따른 결함의 종류

구 분	내 용
제조상의 결함	제조업자의 제조물에 대한 제조상·가공상의 주의의무를 이행하였는지와 관계없이 제조물이 원래 의도한 설계와 다르게 제조·가공됨으로써 안전하지 못하게 된 경우
설계상의 결함	제조업자가 합리적인 대체설계를 채용하였더라면 피해나 위험을 줄이거나 피할 수 있었음에도 대체설 계를 채용하지 아니하여 해당 제조물이 안전하지 못하게 된 경우
표시상의 결함	제조업자가 합리적인 설명·지시·경고 또는 그 밖의 표시를 하였더라면 해당 제조물에 의하여 발생할 수 있는 피해나 위험을 줄이거나 피할 수 있었음에도 이를 하지 아니한 경우

■ 제조물책임법에 따른 제조물의 제조업자
- 제조물의 제조·가공 또는 수입을 업(業)으로 하는 자
- 제조물에 성명·상호·상표 또는 그 밖에 식별(識別) 가능한 기호 등을 사용하여 자신을 제조·가 공·수입업자로 표시한 자 또는 자신을 제조·가공·수입업자로 오인(誤認)하게 할 수 있는 표시를 한 자

■ 제조물책임법상 손해배상책임의무자의 사실 입증 시 면책사유
- 제조업자가 해당 제조물을 공급하지 아니하였다는 사실
- 제조업자가 해당 제조물을 공급한 당시의 과학·기술 수준으로는 결함의 존재를 발견할 수 없었다는 사실
- 제조물의 결함이 제조업자가 해당 제조물을 공급한 당시의 법령에서 정하는 기준을 준수함으로써 발생하였다는 사실
- 원재료나 부품의 경우에는 그 원재료나 부품을 사용한 제조물 제조업자의 설계 또는 제작에 관한 지시로 인하여 결함이 발생하였다는 사실

- **제조물책임법에 따른 소멸시효**
  - 손해배상의 청구권은 피해자 또는 그 법정대리인이 손해 또는 손해배상책임을 지는 자를 모두 안 날부터 3년 이내 행사하여야 함
  - 손해배상의 청구권은 제조업자가 손해를 발생시킨 제조물을 공급한 날부터 10년 이내에 행사하여야 함
    - ※ 신체에 누적되어 사람의 건강을 해치는 물질에 의하여 발생한 손해 또는 일정한 잠복기간이 지난 후에 증상이 나타나는 손해에 대하여는 그 손해가 발생한 날부터 기산함

기타 화재조사관련법

- **실화책임에 관한 법률에서 실화가 중대한 과실로 인한 경우가 아닌 경우 손해배상액의 경감을 청구할 시 법원이 사정 고려할 사항**
  - 화재의 원인과 규모
  - 피해의 대상과 정도
  - 연소 및 피해 확대의 원인
  - 피해 확대를 방지하기 위한 실화자의 노력
  - 배상의무자 및 피해자의 경제상태
  - 그 밖에 손해배상액을 결정할 때 고려할 사정

- **화재로 인한 재해보상 및 보험가입에 관한 법률의 법적 성격**
  - 화재로 인한 인명 및 재산상의 손실을 예방
  - 화재발생 시 신속한 재해복구
  - 인명 및 재산피해에 대한 적정한 보상
  - 국민생활의 안정에 이바지

- **특약부화재보험 가입**
  - 가입의무자 : 특수건물 소유자
  - 가입의무보험 : 특약부화재보험
  - 의무가입 목적 : 다른 사람이 사망하거나 부상을 입었을 때 또는 다른 사람의 재물에 손해가 발생한 때에는 과실이 없는 경우에도 보험금액의 범위에서 그 손해를 배상할 책임이 있다.
  - 보험가입시기 : 특수건물의 소유자는 건축법에 따른 건축물의 사용승인, 주택법에 따른 사용검사 또는 관계 법령에 따른 준공인가·준공확인 등을 받은 날 또는 그 건물의 소유권을 취득한 날부터 30일 내에 특약부화재보험에 가입하여야 한다.
  - 보험의 갱신 : 특수건물의 소유자는 특약부화재보험계약을 매년 갱신하여야 한다.
  - 보험의 미가입자 : 500만원 이하의 벌금

■ 특약부화재보험에 가입하여야 할 특수건물

연면적이 1,000m² 이상	바닥면적의 합계가 2,000m² 이상	바닥면적의 합계가 3,000m² 이상	연면적이 3,000m² 이상	16층 이상	11층 이상, 실내사격장
국·공유 재산 중 건물 및 부속건물	• 다중이용업소(학원, 목욕장업, 영화 상영관, 게임제공업, 인터넷게임시설 제공업, 노래연습장업, 일반·휴게음식점업, 단란주점영업, 유흥주점 영업, 공유주방 운영업으로 사용하는 건물) • 실내사격장 : 면적제한 없이 의무가입 대상	숙박업, 대규모 점포로 사용하는 건물, 도시철도시설 중 역사 및 역무시설로 사용하는 건물	종합병원 및 병원, 관광숙박업, 공연장, 방송사업 목적 건물, 농수산물도매시장 및 민영농수산물도매시장, 학교, 공장	아파트 및 부속 건물	모든 건물

• 옥상부분으로서 그 용도가 명백한 계단실 또는 물탱크실인 경우에는 층수로 산입하지 아니하며, 지하층은 이를 층으로 보지 아니함
• 16층 이상의 아파트 단지 내에 관리주체에 의하여 관리되는 동일한 아파트 단지 안에 있는 15층 이하의 아파트를 포함
• 11층 이상의 건물 중 아파트, 창고, 모든 층을 주차용도로 사용하는 건물, 공제에 가입한 지방자치단체 건물 및 지방공기업 소유 건물 제외

아이들이 답이 있는 질문을 하기 시작하면
그들이 성장하고 있음을 알 수 있다.

－존 J. 플롬프－

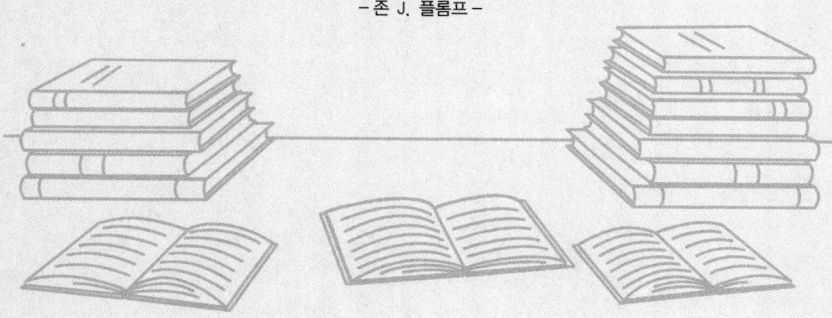

교육은 우리 자신의 무지를 점차 발견해 가는 과정이다.

- 윌 듀란트 -

실전모의고사

합격의 공식 시대에듀 www.sdedu.co.kr

많이 보고 많이 겪고 많이 공부하는 것은 배움의 세 기둥이다.

– 벤자민 디즈라엘리 –

01 실전모의고사

제1과목 **화재조사론**

01 화재조사의 특징으로 옳지 않은 것은?

① 신속성
② 정밀과학성
③ 자율성
④ 보존성

해설
화재조사는 화재현장에서 증거물과 자료를 수집·보존하고 신속·정밀·과학적으로 실시하며, 목적 달성에 필요한 경우 관계인에게 법적 강제성을 갖고 조사해야 한다. 그 외에도 돌발성, 보존성, 다변성과 다각성 등이 있다.

02 다음 중 화재조사 전담부서에 갖추어야 할 장비와 시설 중 연결이 옳지 않은 것은?

① 발굴용구 : 공구세트, 전동 드릴, 전동 그라인더
② 기록용 기기 : 정밀저울, 웨어러블캠, 적외선거리측정기
③ 감정용 기기 : 주사전자현미경, 금속현미경, 내시경현미경
④ 감식기기 : 확대경, 멀티테스터기, 클램프미터

해설
내시경현미경은 감식기기이다.

03 다음 중 발화점이 가장 낮은 대표적인 물질은?

① 황 린
② 수 소
③ 부 탄
④ 아세틸렌

해설
황린 : 34℃

04 다음 중 화재조사 절차의 기본 방법으로 옳은 것은?

① 과제의 할당 → 조사준비 → 조사 수행 → 증거수집과 보존 → 사고분석 → 결론
② 과제의 할당 → 조사준비 → 조사 수행 → 사고분석 → 증거수집과 보존 → 결론
③ 조사준비 → 과제의 할당 → 조사 수행 → 증거수집과 보존 → 사고분석 → 결론
④ 조사준비 → 과제의 할당 → 조사 수행 → 사고분석 → 증거수집과 보존 → 결론

해설
화재원인별 기본 방법(Basic Method of a Fire Investigation)

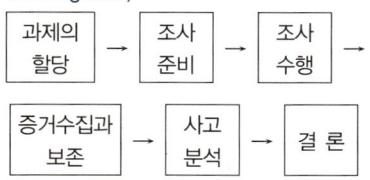

• 과제의 할당(Receiving the Assignment)
  – '자신의 역할이 무엇이고 무엇을 해야 할 것인가'를 인지
  – 발화원, 화재원인, 책임 관계 규명, 형·민사에 대한 준비 등 과제별 임무 부여
• 조사준비(Preparing for the Investigation) : 예비 계획은 필요한 도구, 장비, 인력을 예측하게 함으로써 초기의 현장조사를 하는 데 효율성을 증가시킨다.

- 조사의 수행(Conducting the Investigation) : 현장조사를 실시하고, 현장검증과 원인분석을 위한 자료를 수집하여야 한다.
- 증거수집과 보존(Collecting and Preserving Evidence) : 중요한 물리적 증거는 향후 심화 검증, 평가 및 법적 증거능력으로 사용될 수 있으므로 잘 보존해야 한다.
- 사고분석(Analyzing the Incident) : 수집된 모든 자료는 과학적 방식에 의하여 분석되어야 한다.
- 결론(Conclusions) : 설정된 가설들을 검증함으로써 최종적인 결론을 확정한다.

05 다음 중 폭발범위에 영향을 주는 요소로 옳지 않은 것은?

① 온도가 상승하면 반응속도가 빨라져 하한계는 낮아지고 상한계는 높아지므로 폭발범위는 넓어진다.
② 압력이 높아지면 반응속도가 빨라져 하한계는 약간 낮아지고 상한계는 크게 높아진다.
③ 산소량이 증가하면 연소하한계는 낮아지고 상한계는 변화가 없다.
④ 이산화탄소, 수증기, 질소 등의 불활성 물질이 존재하면 폭발범위는 좁아진다.

> **해설**
> 산소량이 증가하면 연소하한계는 변화가 없으나 상한계는 크게 높아진다.

06 폭발은 폭발원인에 따라 화학적 폭발과 물리적 폭발로 분류된다. 화학적 폭발에 해당하는 산화폭발은 주로 급격한 연소반응에 의한 압력의 발생으로 유발되는 폭발이다. 다음 중 산화폭발이 아닌 것은?

① 분해폭발   ② 중합폭발
③ 분진폭발   ④ 분무폭발

> **해설**
> 폭발의 분류
> - 원인에 따른 분류
>
> | 구 분 | 종 류 |
> |---|---|
> | 물리적 폭발 | BLEVE, 보일러폭발 |
> | 화학적 폭발 | 산화폭발, 분해폭발, 중합폭발 |
>
> - 물질 상태에 따른 분류
>
> | 구 분 | 종 류 |
> |---|---|
> | 기상폭발 | 가스폭발, 분해폭발, 분진폭발, 분무폭발, 증기운폭발 |
> | 응상폭발 | 수증기폭발, 증기폭발, 전선폭발 |
>
> - 반응전파속도에 따른 분류
>
> | 구 분 | 종 류 |
> |---|---|
> | 폭 연 | 충격파의 반응전파속도가 음속보다 느린 것 |
> | 폭 굉 | 충격파의 반응전파속도가 음속보다 빠른 것 |

07 분진폭발에 대한 특성 중 잘못된 설명은?

① 가스폭발과 비교하여 연소속도, 폭발압력은 작으나, 연소시간이 길고 발생에너지가 크기 때문에 파괴력이 크다.
② 가스폭발보다 최소발화에너지(MIE)는 크다.
③ 폭발 시 연소입자가 연소하면서 비산하므로 접촉되는 가연물은 국부적인 탄화현상은 없지만 인체에는 심한 화상을 유발한다.
④ 최초의 폭발에 의해 인근의 분진이 부유하므로 연쇄폭발이 발생할 수 있으며, 가스폭발에 비해 불완전연소가 심하므로 일산화탄소에 의한 중독의 위험이 크다.

> **해설**
> 폭발 시 연소입자가 연소하면서 비산하므로 접촉되는 가연물은 국부적으로 심한 탄화를 일으키고 인체에도 심한 화상을 유발한다.

08 전기 코드가 용융된 흔적이 있지만, 근처 콘센트나 배선에는 별다른 손상이 없고 주변 가연물만 부분적으로 연소되었다면 출화원인의 가능성을 추측하는 설명으로 옳지 않은 것은?

① 전기기기의 부품 등에서 출화한 형적이 없다면 코드의 내부 단락(합선)에 의한 출화가능성이 크다.

② 전기 코드의 단락흔은 발화원인이 되는 1차적으로 생기는 흔적이 아니라, 오히려 화재의 열에 의해 2차적으로 발생되었을 가능성이 크다.

③ 한쪽 소선에만 단락흔이 존재하면 반단선 또는 접촉불량으로 출화됐을 가능성이 있다.

④ 인근 금속에 전기용융흔이 있다면 지락의 가능성이 크다.

[해설]
전기 코드 내부에서 발생한 단락흔은 열에 의해 2차적으로 생기는 흔적이 아니라, 오히려 화재의 발화원인이 되는 1차적 원인일 가능성이 크다.

09 화재 시 수열로 유리창이 깨진 경우 표면에 나타나는 특징으로 옳은 것은?

① 날카로운 직선형태로 파괴
② 날카로운 곡선형태로 파괴
③ 불규칙한 곡선형태로 파괴
④ 규칙적인 곡선형태로 파괴

[해설]

유리의 수열영향 형태	감식 내용
낙하방향	유리는 수열측이 보다 많이 낙하한다.
표면의 조개 껍질모양 박리	조개껍질모양 박리는 고온일수록 많고 깊다.
금이 가는 상태	유리는 수열 정도가 클수록 작게 금이 간다.
용융 상태	수열 정도가 클수록 용융범위가 많아진다.
깨진 모양	약간 둥글고 매끄러운 반면, 폭발은 날카롭다.

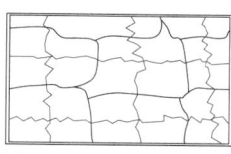

10 프로판 70vol%, 메탄 30vol%의 조성으로 혼합된 가연성 연료가 공기 중에 존재한다고 할 때, 이 연료가스의 연소하한계(LFL)는 얼마인가? (단, 프로판의 LFL은 2.1vol%, 메탄의 LFL은 5vol%이다)

① 2.27   ② 3.87
③ 3.04   ④ 2.54

[해설]
연소에 필요한 가연성 기체와 공기 또는 산소와의 혼합가스 농도 범위

$$= \frac{100}{L} = \frac{V_1}{L_1} + \frac{V_2}{L_2} + \frac{V_3}{L_3} \cdots \text{(르-샤틀리에 법칙)}$$

$$= \frac{100}{L} = \frac{70}{2.1} + \frac{30}{5} = 2.54$$

11 삼각형(△) 패턴에 관한 설명으로 옳지 않은 것은?

① 불기둥을 수직적으로 차단하지 않을 경우 나타난다.

② 연소가 짧은 시간에 이루어질 때 수직벽면에 나타난다.

③ 바닥에서 천장까지 완전히 전개되지 않는 화재에 나타난다.

④ 인화성 액체가 사용된 곳에서 연소가 끝난 바닥면에 나타난다.

[해설]
④ 삼각형(△) 패턴은 가연물 또는 산소부족 등으로 불완전연소할 경우 벽면에 나타난다.

12 화원으로부터 발산하는 열에너지에 의해 주위의 가연물이 연소되는 현상은?

① 복사연소   ② 접염연소
③ 대류연소   ④ 비화연소

해설
연소하고 있는 물질이나 고열원에 직접 접촉하지 않고 서로 분리되어 있는 가연성 물질이 그 공간에서 발화하는 현상, 즉 열에너지가 전자파의 한 형태로 이동되는 에너지 전달의 한 유형을 복사라고 한다.

13 다음 중 발화지점으로 추정되는 부근(발화원, 착화물, 연소된 물건 등)의 발굴요령으로 옳지 않은 것은?

① 삽과 괭이 같은 것은 사용하지 않는다.
② 상부에서 아래쪽으로 발굴해 간다.
③ 물건 중 복원할 필요가 있는 것은 번호 또는 표지를 붙여 정리한다.
④ 출화부현장에 타고 남은 건물구조재, 가구류 등은 보관할 필요가 없다.

해설
현장에 타고 남은 건물구조재, 가구류, 각종 기계 및 전기가스설비 등의 소손은 화재조사상의 중요한 판정 자료로써 그 존재 자체가 상황증거가 되기 때문에 이러한 물건은 가능한 그대로 보존해야 한다.

14 다음 중 화재로 인한 사상자에 대한 대응방법으로 옳지 않은 것은?

① 사상자의 성명, 연령, 현주소, 발생장소 등을 확인한다.
② 소사자인 경우 병원이송보다 현장보존에 노력한다.
③ 부상자는 구급대원이 상황을 질문하는 등 정보수집에 적극 노력한다.
④ 이송한 사상자의 정보수집은 구급일지에 의존한다.

해설
현장보존에 노력하고, 구급대원 등에게 상황을 질문 등 정보수집에 적극 노력한다. 인계하였더라도 필요 시 감식을 할 수 있다.

15 소화활동 중 현장보존에 대한 설명으로 옳은 것은?

① 현장지휘자의 특별한 지시가 없을 경우 소화활동에만 주력한다.
② 소화활동 중 잔화정리를 할 때만 현장보존에 노력한다.
③ 발화범위가 명확하지 않은 경우에는 관계자의 입장을 충분하게 고려하여 출입금지 구역의 범위를 넓게 설정한다.
④ 화재조사담당자의 지시에 따라 현장을 보존한다.

해설
현장보존구역의 범위는 관계자의 입장을 고려하여 조사에 필요한 최소한으로 설정하는 것이 원칙이나 발화범위가 명확하지 않을 경우에는 출입금지 구역의 범위를 넓게 설정한다. 이 경우에도 관계자의 입장을 충분하게 고려해야 한다.

16 다음 중 무지개효과를 바르게 설명한 것은?

① 가연물이 화재 후 고유의 색상을 상실했을 때 탄화물의 변색효과
② 소화수를 분무주수할 때 빛의 굴절과 반사로 나타나는 효과
③ 가연물이 연소할 때 화염의 변화로 나타나는 효과
④ 소화수 위로 뜨는 유성기름띠가 무지개처럼 보이는 효과

무지개효과(Rainbow Effect)
소화수 위로 뜨는 기름띠가 무지개처럼 보이는 것으로
화재현장에 가연성 액체가 있었음을 유추할 수 있는
근거이기도 하나, 현대 일상생활용품의 특성상 석유
화학제품이 연소되면서 이와 같은 패턴이 형성될 수
있기 때문에 성분분석을 통해서 입증해야 한다.

17 다음 중 화재현장조사의 사전준비사항에 해
당되지 않는 것은?

① 화재출동 시 얻은 자료를 분석·검토하
고 정보를 정리한다.
② 분담하는 임무에 책임을 지고 그 조사사
항을 파악하여 둔다.
③ 필요한 기자재를 점검하여 준비해둔다.
④ 현장에 출입건물의 도괴 방향·낙하물의
집중부위 등을 관찰한다.

해설

④는 조사 수행단계의 하나이다.

18 다음 중 화재현장조사의 진행방법으로 가장
적당하지 않은 것은?

① 화재출동 시 얻은 정보를 염두에 두고 전
반적인 연소상황을 관찰한다.
② 연소건물 전반을 높은 곳에서 관찰한다.
③ 연소건물 중심에서부터 외부로 전체의
연소상황을 관찰한다.
④ 건물의 도괴 방향·낙하물의 집중부위
등 건물구조를 관찰한다.

해설

연소건물 중심에서부터 내부로 전체의 연소상황을
관찰한다.

19 다음은 화재현장의 발굴작업에 대한 설명이다.
옳지 않은 것은?

① 발굴작업 전 건물의 붕괴나 낙하물 등에
대한 안전대책을 강구한다.
② 발굴은 불필요한 낙하물을 제거하여 출
화 당시의 상황에 가깝게 복원하여 원인
판정에 결부시키는 작업이다.
③ 발굴범위는 화재출동 시 수집된 정보와
관계자의 진술, 연소상황과 구조 등을 고
려하여 결정한다.
④ 발굴작업을 하기 전에는 그 장소의 발굴
전 모습을 여러 방향에서 촬영하고, 수용
건물만 소손된 부분소 화재인 경우에는
발굴을 생략한다.

해설

수용건물만 소손된 부분소 화재인 경우라 할지라도
발굴을 생략할 수는 없다.

20 「소방의 화재조사에 관한 법률 시행령」상
화재현장 보존조치 통지 등에 관한 사항에
서 통제구역 표지에 포함되어야 할 내용으
로 옳지 않은 것은?

① 화재현장 보존조치나 통제구역 설정의
이유 및 주체
② 담당 화재조사자의 성명 및 연락처
③ 화재현장 보존조치나 통제구역 설정의
기간
④ 화재현장 보존조치나 통제구역 설정의
범위

해설

화재현장 보존조치 통지 등(영 제8조)
소방관서장이나 관할 경찰서장 또는 해양경찰서장
이 화재현장 보존조치를 하거나 통제구역을 설정하
는 경우 다음 각 호의 사항을 화재가 발생한 소방대상
물의 소유자·관리자 또는 점유자에게 알리고 해당
사항이 포함된 표지를 설치해야 한다.
1. 화재현장 보존조치나 통제구역 설정의 이유 및 주체
2. 화재현장 보존조치나 통제구역 설정의 범위
3. 화재현장 보존조치나 통제구역 설정의 기간

21 다음은 연소의 정의 및 조건 등에 대한 설명이다. 옳지 않은 것은?

① 쇠못을 장시간 방치하면 공기 중에 존재하는 산소와 산화반응으로 산화철(녹)이 되는데 이 반응도 넓은 의미에서 연소반응이다.

② 가연물이 공기 중의 산소 또는 산화제와 반응하여 열과 빛을 발생하면서 산화하는 현상을 연소라 한다.

③ 연소반응은 산화반응으로서 가연물, 산소공급원 및 최소점화에너지를 연소의 3요소라 한다.

④ 연소반응이 지속되기 위해서는 가연물을 계속 활성화시켜야 한다.

해설
쇠못이 공기 중에서 산소와 반응하여 산화철(녹)이 되는 것은 산화반응이긴 하지만, 산화열이 낮아 반응을 지속시킬 수 없기 때문에 연소반응은 아니다.

22 다음 중 화학화재 발생 시 화재조사 절차로 옳은 것은?

① 자료의 수집 → 가치부여 → 체계부여 → 타당성을 밝힘 → 화재원인의 결정

② 가치부여 → 자료의 수집 → 체계부여 → 타당성을 밝힘 → 화재원인의 결정

③ 자료의 수집 → 체계부여 → 가치부여 → 타당성을 밝힘 → 화재원인의 결정

④ 자료의 수집 → 가치부여 → 타당성을 밝힘 → 체계부여 → 화재원인의 결정

해설
화학화재 현장에 있는 물질의 화학적 성질(인화점, 발화점, 자연발화성, 혼합발화성 등), 물리적 성질(점도, 고유 저항치, 최소착화에너지 등)에 대한 지식이 요구되며 다음과 같은 절차로 조사해야 한다.
• 자료의 수집 : 문헌을 통한 자료의 수집 및 현장 발굴 시에 취득한 물질에 대한 자료를 수집한다.
• 가치부여 : 화재발생 중에 관계된 여러 인자들의 역할을 고찰한다.
• 체계부여 : 수집한 자료를 과학적·체계적으로 연관시켜 연소 확대 상황 등을 조사한다.
• 타당성을 밝힘 : 원인을 과학적으로 체계화하는 데 무리가 없는지 여부와 논리적 배경을 조사한다.
• 화재원인의 결정 : 증거품 등의 자료에 근거하여 과학적 확인과 분석을 근거로 원인을 결정한다.

23 다음의 원소 중 이온화 경향이 크기 때문에 찬물과도 쉽게 반응하여 수소가스를 발생하면서 연소하는 것은?

① 구 리　　　　② 나트륨
③ 마그네슘　　　④ 백 금

해설
마그네슘은 아주 높은 온도의 물 또는 산과 혼촉 시 수소가 발생하고 백금은 산과 반응해도 수소가 발생하지 않는다.

24 다음 원소 중 석유류의 주 구성원소로 최외각에 4개의 전자를 갖는 것은?

① 수 소　　　　② 산 소
③ 탄 소　　　　④ 염 소

해설
석유류의 주성분은 탄소와 수소이며 탄소는 최외각에 전자를 4개 갖는다.

25 부피 60ℓ의 용기에 200kg/cm²의 압력으로 충전되어 있는 가스를 같은 온도에서 25ℓ의 용기에 넣었을 때의 압력은 몇 kg/cm²인가?

① 160 ② 240

③ 360 ④ 480

해설

보일-샤를의 법칙

$\dfrac{PV}{T} = K$(일정), $P_1 V_1 = P_2 V_2$ 이므로

$200 \times 60 = P_2 \times 25$,

$P_2 = \dfrac{200 \times 60}{25} = 480$

26 물질 자신으로부터 발화하는 것이 아니라 전기적 스파크, 불꽃 등의 화원에 의해 착화하여 연소하는 현상은?

① 자연발화 ② 화합발화

③ 인 화 ④ 폭 발

해설

• 자연발화 : 물과 습기 혹은 공기 중에서 물질이 발화온도보다 낮은 온도에서 화학변화에 의해 자연발열하고, 그 물질 자신 또는 발생한 가연성 가스가 연소하는 현상

• 화합발화 : 두 종 혹은 그 이상의 물질이 서로 혼합 또는 접촉해서 연소하는 현상

• 인화 : 물질 자신으로부터 발화하는 것이 아니라 전기적 스파크, 불꽃 등의 화원에 의해 착화하여 연소하는 현상

• 폭발 : 정지상태인 물질이 급격히 팽창하는 현상으로 빛과 소리 혹은 충격적 압력을 수반하고, 순간적으로 연소를 완료하는 현상

27 다음 중 방화의 특징으로 옳지 않은 것은?

① 집단적 범행이 많고 검거가 어렵다.

② 피해범위가 넓고 인명을 대상으로 한 범죄가 많다.

③ 계획적이기보다는 우발적으로 발생하는 경우가 높다.

④ 계절이나 주기와 상관없이 발생한다.

해설

방화의 특징

• 단독범행이 많고 검거가 어렵다. 예외로 보험사기 방화는 공범에 의한 경우가 많다.

• 주로 인적이 드문 야간이나 심야에 많이 발생하며, 조기 발견이 어렵다.

• 착화가 용이한 인화성 물질(휘발유, 석유류, 시너 등)을 방화수단 촉진제로 사용한다.

• 피해범위가 넓고 인명을 대상으로 한 범죄가 많다.

• 계절이나 주기와 상관없이 발생한다.

• 음주를 하거나 약물복용을 한 후 비이성적 상태에서 실행에 옮기는 경향이 늘고 있다.

• 현장에서 발견된 용의자들은 극도의 흥분과 자제력을 상실한 상태로 폭력성을 보인다.

• 계획적이기보다는 우발적으로 발생하는 경우가 높다.

• 여성에 비해 남성이 실행하는 빈도가 상대적으로 높다.

• 옥내외 구분없이 발생하고 있으나 주택 및 차량에서 발생하는 비율이 가장 높고 개방된 건물계단과 방치된 쓰레기더미, 주택가 골목 등 남의 시선이 닿지 않는 곳에서 발생한다.

• 방화는 일반화재사고에 은폐되어 초기대응과 지속적 대응이 어렵고 소화활동상 특수성으로 증거수집이 어렵다.

28 건성유를 공기 중 다공성의 가연물 속에 스며들게 하여 장시간 비치하면 발생되는 반응열은?

① 중화열　　　② 산화열
③ 흡착열　　　④ 용해열

해설

유지류는 담체로서 섬유류와 톱날, 금속분, 활성백토 등의 분체 이외에 다공성 물질의 표면에 부착해서 공기와의 단위체적당 표면적을 증가시켜 산화가 촉진된다.

29 다음은 아이오딘가에 대한 설명이다. 잘못된 설명은?

① 아이오딘가가 클수록 자연발화성이 증가한다.
② 아이오딘가란 유지 100g당 첨가되는 아이오딘의 g수를 의미한다.
③ 식물성 기름이 광물유(가솔린 등)에 비하여 일반적으로 아이오딘가가 낮다.
④ 아이오딘가가 130 이상인 것을 건성유라 한다.

해설

식물성 기름은 일반적으로 아이오딘가가 높다.
• 유지는 일반적으로 불포화지방산기의 이중결합을 갖는 정도에 따라 산소를 흡수하고, 산화 건조되면 건조성을 나타내는 것으로서 아이오딘가가 큰 유지일수록 산화되기 쉽고, 위험성이 크다.
• 아이오딘가란 유지 100g당 첨가되는 아이오딘의 g수를 의미하며 아이오딘가가 100 이하를 불건성유, 100~130을 반건성유, 130 이상을 건성유라고 한다.
• 유지류는 담체로서 섬유류와 톱날, 금속분, 활성백토 등의 분체 이외에 다공성 물질의 표면에 부착하여서 공기와의 단위체적당 표면적을 증가시켜서 산화가 촉진된다.
• 잠열이 존재하고 대량퇴적된 조건하에서는 산화에 의하여 생긴 열이 축적되기 쉬운 상태에 있으므로 한층 산화가 촉진되어 발화되기 좋은 조건을 초래한다.

30 금속나트륨화재 조사 시 가장 간단한 방법으로 리트머스 시험지를 사용한다. 사용한 리트머스 시험지가 어떤 색으로 변색할 경우 금속나트륨화재라 추론할 수 있는가?

① 노 랑　　　② 빨 강
③ 녹 색　　　④ 파 랑

해설

나트륨은 물과 반응하여 수산화나트륨(알칼리)이 되기 때문에 리트머스 시험지를 파란색으로 변색시킨다.

31 다음 중 담뱃불의 화재조사 요령으로 옳지 않은 것은?

① 관계자의 흡연행위를 반드시 밝혀낸다.
② 심부화재 흔적 등 연소상황을 관찰한다.
③ 축열 가능한 연소조건을 확인한다.
④ 담뱃불에 착화가 가능한 물질이 있는지 확인한다.

32 다음은 황린의 연소특성에 대한 설명이다. 잘못된 설명은?

① 황색의 불꽃을 내면서 타고 코, 인후, 눈 등의 점막을 자극한다.
② 녹는점이 낮아서 연소 시에 유동적으로 확산된다.
③ 산화되기 쉽고 발화점이 낮아서 공기 중에 노출되면 자연발화한다.
④ 화학식은 P이다.

해설

황린은 일명 백린으로 화학식은 P_4이다.

28 ②　29 ③　30 ④　31 ①　32 ④　**정답**

33 다음 화학물질 중 물과 반응해도 발열은 하지만 가연성 기체가 발생하지 않는 것은?

① 산화칼슘　　　　② 칼 륨
③ 나트륨　　　　　④ 탄화칼슘

해설

$CaO + H_2O \rightarrow Ca(OH)_2 + 15.2kcal/mol$

34 프로판 1몰을 완전 연소시키는 데 필요한 이론적인 산소의 몰수는?

① 1몰　　　　　　② 5몰
③ 3몰　　　　　　④ 2몰

해설

$C_3H_8 + 5O_2 \rightarrow 3CO_2 + 4H_2O$

탄화수소계 연소방정식

• $C_mH_n + \left(m + \dfrac{n}{4}\right)O_2 \rightarrow mCO_2 + \dfrac{n}{2}H_2O$

• $C_mH_nO_L + \left(m + \left(\dfrac{m}{4} - \dfrac{L}{2}\right)\right)O_2$

$\qquad \rightarrow mCO_2 + \dfrac{n}{2}H_2O$

35 LPG가 누설되었을 때 가장 쉽게 누설 여부를 판단할 수 있는 방법으로 옳은 것은?

① 리트머스 시험지의 변색으로 판정
② 흰 연기로 판정
③ 냄새로 판정
④ 연소기를 작동시켜 확인

해설

액화석유가스는 원래 무색무취이나 질식 및 화재 등의 위험성 또는 환각의 위험성 때문에 쉽게 식별할 수 있는 냄새를 화학적으로 첨가한다.

36 화재현장이 다음과 같이 발굴되었다. 전기적 요인의 배제사유에 해당되지 않는 것은?

① 전기다리미 플러그가 콘센트에 꽂혀있지 않은 상태로 발견
② 분전함의 배선용 차단기가 트립상태로 발견
③ 할로겐히터 외부에 검은 그을음이 부착된 채로 발견
④ 부하기기의 전원측 멀티콘센트의 스위치가 꺼짐상태로 발견

해설

보호목적에 따라 누전, 과전류(단락 포함), 과전압 트립(차단)이 있고 배선용 차단기의 스위치가 트립(Trip)에 있는 경우에는 전기적 요인에 의하여 작동한 것을 의미한다.

37 다음 물질 중 분진의 발화폭발의 위험성이 가장 낮은 것은?

① 석탄가루　　　　② 알루미늄 분말
③ 밀가루　　　　　④ 산화칼슘 분말

해설

최종산화물 형태는 일반적으로 불연성(비폭발성)이므로 산화칼슘(CaO)은 분진폭발의 위험성이 가장 낮다.

38 0℃, 1atm에서 산소 20kg이 차지하는 부피(m^3)는 얼마인가?

① 13.99　　　　　② 12.99
③ 11.99　　　　　④ 10.99

해설

이상기체 상태방정식

$PV = nRT = \dfrac{WRT}{M}$,

$V = \dfrac{WRT}{PM} = \dfrac{20 \times 0.082 \times 273}{1 \times 32} = 13.99$

39 다음 화학물질 중 분해 시 산소를 방출할 수 없어 산소공급원 역할을 할 수 없는 물질은?

① 질산나트륨
② 수산화나트륨
③ 염소산나트륨
④ 질산칼륨

해설
질산나트륨, 염소산나트륨, 질산칼륨 등은 산소산염으로 분해 시 산소가 발생한다. 수산화나트륨은 알칼리로서 분해 시 산소가 발생하지 않는다.

40 다음의 자연발화성 물질 중 흡착열이 축적되어 발화하는 물질은?

① 니트로셀룰로오스
② 활성탄
③ 건 초
④ 금속나트륨

해설
- 분해열에 의해 자연발화하는 물질 : 니트로셀룰로오스, 셀룰로이드, 니트로글리세린 등의 질산에스터제품
- 산화열이 축적되어 발화하는 물질 : 불포화유가 포함된 천·휴지, 탈지면찌꺼기
- 흡착열이 축적되어 발화하는 물질 : 활성탄, 환원니켈
- 중합열이 축적되어 발화하는 물질 : 액화시안화수소, 초산비닐, 아크릴로니트릴, 이소프렌 등
- 발효열이 축적되어 발화하는 물질 : 건초
- 발열을 일으키면서 물질 자신이 발화하는 물질 : 금속나트륨, 금속칼륨, 리튬, 금속가루, 황인, 적인, 알킬알루미늄류, 실란, 수소화인
- 물질 자신이 발열하고 접촉가연물을 발화시키는 물질 : 생석회, 표백분, 황산, 초산, 클로로술폰산
- 반응의 결과 가연성 가스가 발생해서 발화하는 물질 : 카바이드류

제3과목 **증거물관리 및 법과학**

41 다음 중 일반적 의미의 물리적 증거에 대한 설명으로 적합하지 않은 것은?

① 특정 사실이나 물체를 입증하거나 반증할 수 있는 것을 말한다.
② 물리적 물품 또는 실체가 있는 물품(Tan-gible Item)을 의미한다.
③ 화재현장에서의 물리적 증거물은 화재의 발화위치, 원인, 확산 또는 책임문제와 관련된 증거이다.
④ 화재피해액을 추정할 수 있는 회계서류 및 장부 등 피해액과 관련된 증거이다.

해설
피해액과 관련된 증거는 화재피해 산정 시 참고자료이지 물리적 증거는 아니다.

42 다음은 「화재증거물 수집관리규칙」에 따른 용어의 정의에 대한 설명이다. 옳지 않은 것은?

① "증거물"이란 화재와 관련 있는 물건 및 개연성이 있는 모든 개체를 말한다.
② "증거물 수집"이란 화재증거물을 획득하고 해당 물건을 분석하여 사건과 관련된 화재증거를 추출하는 과정을 말한다.
③ "증거물 보관·이동"이란 화재현장에서 증거물 수집에서부터 폐기까지 증거물 원본성 보장을 위한 사진 및 비디오촬영과 관련된 과정을 말한다.
④ "현장기록"이란 화재조사현장과 관련된 사람, 물건, 기타 주변상황, 증거물 등을 촬영한 사진, 영상물 및 녹음자료, 현장에서 작성된 정보 등을 말한다.

제2조(정의)

이 규칙에 사용하는 용어의 정의는 다음과 같다.

- "증거물"이란 화재와 관련 있는 물건 및 개연성이 있는 모든 개체를 말한다.
- "증거물 수집"이란 화재증거물을 획득하고 해당 물건을 분석하여 사건과 관련된 화재증거를 추출하는 과정을 말한다.
- "증거물 보관·이동"이란 화재현장에서 증거물 수집에서부터 폐기까지 증거물 원본성 보장을 위한 증거물 관리 및 이송과 관련된 과정을 말한다.
- "현장기록"이란 화재조사현장과 관련된 사람, 물건, 기타 주변상황, 증거물 등을 촬영한 사진, 영상물 및 녹음자료, 현장에서 작성된 정보 등을 말한다.
- "현장사진"이란 화재조사현장과 관련된 사람, 물건, 기타 상황, 증거물 등을 촬영한 사진을 말한다.
- "현장비디오"란 화재현장에서 화재조사현장과 관련된 사람, 물건, 그 밖의 주변 상황, 증거물을 촬영하거나 조사의 과정을 촬영한 것을 말한다.

44 증거물의 수집에 대한 설명으로 옳지 않은 것은?

① 증거서류를 수집함에 있어서 원본 영치를 원칙으로 한다.

② 사본을 수집할 경우 원본과 대조한 다음 원본 대조필을 하여야 한다.

③ 원본대조를 할 수 없을 경우 증거물로서 효력이 없으므로 영치할 필요가 없다.

④ 물리적 증거물 수집방법으로 증거물 유지·보존을 위해서는 전용 증거물 수집장비를 이용해야 한다.

해설
원본대조를 할 수 없을 경우 제출자에게 원본과 같음을 확인 후 서명 날인을 받아서 영치하여야 한다.

43 타임라인의 기능 및 장점에 대한 설명으로 틀린 것은?

① 화재발생의 시간 정보는 범죄 사실을 규명하기 위해 매우 중요한 정보를 제공한다.

② 타임라인은 주어진 프로젝트가 어떻게 완성되었는지 분석하여 의사결정을 쉽게 도와준다.

③ 화재발생 시간 정보, 화재진행 사항별 시간대별로 일목요연하게 볼 수 있다.

④ 화재정보 등 다양한 시간 정보를 이용, 타임라인을 구성함으로써 화재발생현황, 활동사항, 문제점을 분석할 수 있다.

해설
PERT는 주어진 프로젝트가 얼마나 완성되었는지 분석하는 방법이다.

45 증거물의 종류로 볼 수 없는 것은?

① 물적증거 ② 전문증거
③ 인적증거 ④ 심 증

해설
증거물의 종류
- 인적증거 : 사람의 진술내용, 증인의 증언, 감정인의 감정
- 물적증거 : 물건의 존재나 상태, 사진과 비디오 등 영상물
- 서증 : 증거서류와 증거물인 서면
- 전문증거 : 자신이 꼭 직접 인지한 사실이 아니라 다른 사람이 말한 것에 대한 증거로서 다른 사람의 신뢰성에 의존하는 증거

46 다음 중 국소적 생활반응끼리 짝지어진 것은?

① 압박성 울혈 – 속발성 염증
② 압박성 울혈 – 발적 종창
③ 속발성 염증 – 색전증
④ 속발성 염증 – 미세포말

해설
• 국소적 생활반응(Local Vital Reation)
  – 출혈(Hemorrhage)
  – 응혈(Coagulation)
  – 피하출혈
  – 창구의 개대, 창연의 외번
  – 발적 종창
  – 수 포
  – 미세포말
  – 치유기전 및 감염(사전의 변화)
  – 압박성 울혈
  – 흡인 및 연하
• 전신적 생활반응(Systemic Vital Reaction)
  – 전신적 빈혈
  – 속발성 염증
  – 색전증(Embolism)
  – 외래물질 분포, 배설

47 다음 증거물의 포장에 대한 설명으로 옳지 않은 것은?

① 입수한 증거물을 이송할 때에는 포장을 하고 상세 정보를 기록하여 부착한다.
② 수집일시, 증거물번호, 수집장소, 화재조사번호, 수집자, 소방서명, 증거물내용, 봉인자, 봉인일시 등을 서식에 따라 작성한다.
③ 증거물의 포장은 보호상자를 사용하여 개별 포장함을 원칙으로 한다.
④ 증거물이 여러 개일 경우 한 상자에 담아 포장·발송하는 것을 원칙으로 한다.

해설
증거물이 여러 개일 경우라도 개별 포장함을 원칙으로 한다.

48 증거물의 보관·이동에 대한 설명으로 옳지 않은 것은?

① 화재증거 수집의 목적달성 후에는 소방서장이 보관한다.
② 증거물의 보관 및 이동은 장소 및 방법, 책임자 등이 지정된 상태에서 행해져야 한다.
③ 증거물의 보관은 전용실 또는 전용함 등 변형이나 파손될 우려가 없는 장소에 보관해야 하고, 화재조사와 관계없는 자의 접근은 엄격히 통제되어야 한다.
④ 증거물은 수집 단계부터 검사 및 감정이 완료되어 반환 또는 폐기되는 전 과정에 있어서 화재조사자 또는 이와 동일한 자격 및 권한을 가진 자의 책임하에 행해져야 한다.

해설
증거물은 화재증거 수집의 목적달성 후에는 관계인에게 반환하여야 한다.

49 화재사의 사망기전으로 옳지 않은 것은?

① 호흡기 손상에 의한 기도폐쇄
② 급성/만성 호흡부전
③ 원발성 쇼크
④ 색전증

해설
화재사의 사망기전
• 화상 : 화염, 고온의 공기, 고온의 물체에 의한 화상
• 유독가스 중독 : 일산화탄소, 합성건재·화학섬유·도료에서 발생하는 각종 유독가스 중독
• 산소결핍에 의한 질식 : 공기의 유통이 좋지 않은 밀폐공간에서 산소의 소진으로 질식
• 기도화상 : 화염이 호흡기에 직접 작용하여 기도에 부종이 발생하여 곧바로 사망
• 원발성 쇼크 : 반사적 심정지로 사망한 경우로 분신자살 시 흔히 보임
• 급·만성호흡부전 : 기도화상으로 급성호흡부전이나 그 후 감염이나 만성호흡부전으로 사망

50 충격에 의한 유리의 파손형태에 대한 설명으로 맞지 않은 것은?

① 충격지점을 중심으로 방사상 파괴형태를 나타낸다.
② 파괴기점부분에 경면이 형성되고 파단면에 Ripple Mark가 형성된다.
③ 충격지점을 중심으로 각이 진 큰 사각형 파편을 만들어낸다.
④ 파괴형태 관찰로 탈출을 위한 내부파괴인지 소방관의 외부파괴인지 알 수 있다.

해설
충격지점을 중심으로 방사상 파괴형태를 나타내며, 각이 진 큰 삼각형 파편을 만들어낸다.

51 다음은 증거물에 대한 유의사항을 설명한 것이다. 옳지 않은 것은?

① 관련 법규 및 지침에 규정된 일반적인 원칙과 절차를 준수한다.
② 화재조사에 필요한 증거 수집은 화재피해자의 피해를 최소화하도록 하여야 한다.
③ 화재증거물은 기술적, 절차적인 수단을 통해 진정성, 무결성이 보존되어야 한다.
④ 화재증거물을 획득할 때에는 증거물의 오염, 훼손, 변형되지 않도록 절대 도구를 사용하지 말고 수작업으로만 진행하여야 한다.

해설
화재증거물을 획득할 때에는 증거물의 오염, 훼손, 변형되지 않도록 적절한 도구를 사용하여야 한다.

52 현장사진 및 비디오 촬영 시 유의사항으로 옳지 않은 것은?

① 최초 현장도착 시 원상태를 그대로 촬영하고, 화재조사의 진행순서에 따라 촬영한다.
② 증거물을 촬영할 때는 그 소재와 상태가 명백히 나타나도록 하며, 필요에 따라 구분이 용이하게 번호표 등을 넣어 촬영한다.
③ 화재현장의 특정한 증거물 등을 촬영 시 증거물 수집장비도 같이 촬영하여 증거물 수집 신뢰도를 높인다.
④ 화재현장의 특정한 증거물 등을 촬영함에 있어서는 그 길이, 폭 등을 명백히 하기 위하여 측정용 자 또는 대조도구를 사용하여 촬영한다.

해설
화재현장의 특정한 증거물 등을 촬영 시 증거물 수집장비는 화면에 나오지 않도록 주의한다.

53 속발성 쇼크라고도 하며 화상 후 상당한 시간이 경과한 다음에 발현하는 사망기전은?

① 원발성 쇼크
② 화상성 쇼크
③ 다발성 쇼크
④ 복합성 쇼크

해설
화상성 쇼크라고도 하는 속발성 쇼크는 화상을 입고 나서 상당시간이 경과한 후에 증상이 발현되어 2~3일 후에 사망하게 된다.

54 가스크로마토그래피에서 주로 사용하는 운반 기체가 아닌 것은?

① 헬 륨 ② 네 온
③ 암모니아 ④ 아르곤

장비의 분석 원리
적당한 방법으로 전처리한 시료를 불활성 기체(Ne, Ar, He)인 운반가스(Carrier Gas)에 의하여 분리관(Column) 내에 전개시켜 고정상 간의 분배계수차에 의해 분리하면 시간차에 따라 검출기로 통과시켜 기록계에 나타나는 피크위치 또는 면적을 분석하여 정성 또는 정량분석을 한다.

55 화재현장에서 증거물 수집 시 주의사항으로 옳지 않은 것은?

① 화재의 재와 잔해를 일시적으로 옮길 때에는 봉투나 방수비닐봉투, 또는 금속캔 용기에 신중하게 담는다.
② 물리적 증거물과 증거물 수집용기는 반드시 현장에서 함께 사진 촬영해야 한다.
③ 수거된 위치와 장소에 대한 수집이력을 라벨에 표시해야 한다.
④ 수집이력을 표시하는 이유는 증거물 기구나 방화를 위한 도구의 부속물이 빠져 있다는 것을 알았을 때, 라벨용기에 표시된 수집이력을 살펴보고 좀 더 쉽게 찾을 수 있기 때문이다.

증거물 수집현장 촬영 시 증거물 수집용기 및 수집도구는 촬영되지 않도록 한다.

56 다음 중 증거물에 대한 책임 및 보존 방법으로 옳지 않은 것은?

① 현장보존을 하지 않았을 경우 물리적 증거물들이 부서지고, 오염되며, 분실되거나 불필요하게 이동할 수 있기 때문에 현장보존조치에 만전을 기한다.
② 현장에 처음 도착한 지휘관과 화재조사관은 화재현장에 대한 외부인 침입을 금지하고 허가되지 않은 자들의 침입을 막아야 한다.
③ 화재현장에 대한 보안을 유지해야 하나, 화재진압이 필요한 경우 화재진압대원은 자유롭게 출입할 수 있다.
④ 화재현장에 Fire-Line을 설치하고 현장에 접근 권한이 있는 사람에 한하여 출입시킨다.

화재현장에 대한 보안을 유지해야 하며, 필요한 경우에는 진압대원의 화재진압활동을 제한해야 한다.

57 카메라의 노출 및 초점에 대한 설명으로 틀린 것은?

① 화재가 발생한 구조물에 대하여 노출 설정이 잘못되면 현장설명이 달라질 수도 있다.
② 조사자가 보유하고 있는 카메라의 셔터속도 한계를 파악하고 셔터속도를 적합하게 설정하여 떨림을 방지할 수 있다.
③ 조리개와 셔터속도의 범위에 대한 관계를 이해하고 반복적인 연습을 통하여 노출조절의 문제를 극복할 수 있다.
④ 화재현장은 기본적으로 자연적 광량이 충분하여 초점을 맞추기가 쉽다.

화재감식현장은 전원이 차단되어 조명이 없는 어두운 상태에서 촬영하는 경우가 많다.

58 화재패턴은 물리적 증거로 화재조사에 결정적인 증거자료이다. 이러한 화재패턴의 의미 및 조사목적으로 옳지 않은 것은?

① 화재패턴을 증거 및 화재를 설명하는 지표로 사용하는 것은 방화의 방화장치나 우발적 사고 화재의 특정 기구와 같은 잠재적 화재 원인을 규명하는 데 유용할 수 있다.

② 화재패턴은 화재 후에도 남아 있어서 측정하거나 볼 수 있는 물리적 효과이다.

③ 물리적 증거로서의 화재패턴 확인사항으로는 탄화된 재, 산화, 가연성 물질의 탄화흔적, 연기, 매연흔적, 용융흔, 물질의 색깔변화, 물질의 변성, 구조물 붕괴 및 기타 효과와 같은 물질에 대한 열적 효과까지 포함한다.

④ 화재패턴은 최초 발화지점으로 한정할 수 있는 결정적인 증거이다.

해설
화재패턴은 최초 발화지점에 발생할 수 있고, 가연물이 많은 곳, 연소확대되어 재발화된 지점에서도 발생할 수 있어 최초 발화지점으로 한정할 수 있는 결정적인 증거로는 볼 수 없고, 화재지점을 추정하는 데 유용한 물리적 증거로 볼 수 있다.

59 증거가 훼손되지 않도록 보호할 수 있는 방법으로 옳지 않은 것은?

① 소방관이나 경찰이 건물, 방 또는 해당 구역에 대한 접근을 제한하거나 통제한다.

② 추가 조사가 필요한 지역이나 증거를 나타내는 숫자 표시 또는 도로의 공사 구간 등에 설치하는 위험 경고 표지(Traffic Cones)를 사용한다.

③ 화재현장의 조사할 영역이나 증거물을 정밀 조사가 끝난 후에 방수포 또는 천막으로 덮어 증거물을 보호한다.

④ 방이나 구역을 끈, 경고 테이프, FIRE-LINE 테이프 등을 통해 보호한다.

해설
해당 영역이나 증거를 정밀 조사하기 전에 방수포 또는 천막으로 덮어두어 현장을 보호한다.

60 전기 1차 단락흔 증거물의 특징으로 옳지 않은 것은?

① 형상이 구형이고 광택이 있으며, 매끄럽다.
② 일반적으로 미세한 보이드가 많이 생긴다.
③ 금속조직은 초기결정 성상이 있다.
④ 일반적으로 탄소가 검출되지 않는다.

해설
전기단락흔 감식

구분	전압	내용	외관의 특징
1차흔	통전	화재의 원인이 된 단락흔	• 형상이 구형이고 광택이 있으며 매끄러움 • 일반적으로 탄소는 검출되지 않음 • 금속조직은 초기결정 성상이 없음 • 일반적으로 미세한 보이드가 많이 생김
2차흔		화재의 열로 전기기기 코드 등이 타서 2차적으로 생긴 단락흔	• 형상이 구형이 아니거나 광택이 없고 매끄럽지 않음 • 탄소가 검출되는 경우가 많음 • 초기결정 성상이 보이지만 이외의 매트릭스가 금속결정으로 변형됨 • 커다랗고 둥근 보이드가 용융흔의 중앙에 생기는 경우가 많음
열흔	비통전	화재열로 용융된 것	눈물 모양으로 쳐져있고 광택이 없음

61 다음 중 화재현장조사서에서 화재활동상황 작성내용으로 옳지 않은 것은?

① 신고 및 초기조치
② 화재진압 활동
③ 화재조사 활동
④ 인명구조 활동

해설
화재현장조사서 5번 항목 화재활동상황에는 신고 및 초기조치, 화재진압 활동, 인명구조 활동에 대한 내용을 기록한다.

62 화재조사서류 작성 시 유의사항으로 옳지 않은 것은?

① 간결·명료한 문장
② 오자·탈자 등이 없는 문서
③ 필요한 서류의 첨부
④ 화재조사 전문용어 위주로 사용

해설
조사서류는 특수한 성격상 어느 정도 전문용어를 사용할 수 있으나 되도록 평이하고 쉬운 문장을 사용하고, 난해한 단어나 표현은 피하도록 한다.

63 화재현장조사서의 작성자에 대한 설명으로 옳은 것은?

① 화재발생 소방출동대 센터장이 작성
② 화재조사를 주도적으로 실시한 조사요원이 작성
③ 화재조사를 실시한 선임 팀장이 작성
④ 화재조사를 실시한 팀원이 함께 작성

해설
화재발생종합보고서는 화재발생 상황 등을 종합 정리한 것이기 때문에 작성자는 화재조사에 참가한 여러 명이 분담하여 작성이 가능하며 화재현장조사서는 화재조사를 주도적으로 실시한 조사요원이 작성한다.

64 화재발생종합보고서의 표준적 기재사항으로 옳지 않은 것은?

① 시간, 장소, 활동대수 등에 대하여 자세히 설명한다.
② 정보공개요청 시 화재발생종합보고서가 공개될 수 있다.
③ 의미가 불명료한 문장의 사용을 금지한다.
④ 화재조사자의 독단적인 판단을 하지 않도록 한다.

해설
화재발생종합보고서의 표준적 기재사항은 시간, 장소, 활동대수 등의 설명이 불필요한 항목은 제거하며, 정보공개요청 시 공개될 수가 있으므로 작성에 특히 주의하며 의미가 불명료한 문장이나 독단적인 판단을 하지 않도록 한다.

65 화재현황조사서의 "화재발생 및 출동"에서 "출동"이 의미하는 것은?

① 상황실에 화재신고가 접수된 시간을 말한다.
② 화재신고를 접수한 뒤 소방차가 차고를 나간 시간을 말한다.
③ 선착대의 소방차가 화재현장에 도착한 시간을 말한다.
④ 지휘관이 판단하기에 화재가 충분히 진압되어 더 이상의 연소 확대나 화재로 인한 추가 인명 피해·재산손실이 없을 것으로 판단되는 시점의 시간을 말한다.

66 다음 재산피해를 산정하면? (단, 소수 첫째 자리에서 반올림하고 잔존물제거비는 무시한다)

- 용도 및 구조 : 아파트(철근콘크리트조 슬래브지붕, 고층형, 2급)
- m^2당 신축단가 : 658천원
- 내용연수 : 65년
- 경과연수 : 10년
- 소실면적 : 100m^2(손해율 60%)

① 34,623천원　　② 34,621천원
③ 35,623천원　　④ 35,621천원

해설
신축단가 × 소실면적 × [1 – (0.8 × 경과연수 / 내용연수)] × 손해율
∴ 658천원 × 100m^2 × [1 – (0.8 × 10 / 65)] × 0.6
= 34,620,923원,
그러므로 재산피해는 34,621천원

67 화재현장조사서 작성에서 발화지점 판정 시 기재 및 고려해야 할 내용으로 적합하지 않은 것은?

① 관계자(소유자, 점유자, 관리인) 진술
② 발화원인에 관한 사항
③ 발화지점에 관한 사항
④ 연소확대에 관한 사항

해설
발화지점 판정 시 기재 및 고려해야 할 내용은 관계자 (소유자, 점유자, 관리인) 진술, 발화지점에 관한 사항, 연소확대에 관한 사항을 기록해야 한다.

68 신축 후 20년이 경과된 철근콘크리트 공장의 잔가율을 구하는 식으로 옳은 것은? (단, 철근 콘크리트 공장의 내용연수는 45년이다)

① [1 – (0.8 × 20 / 45)] = 0.644
② [1 – (1 × 20 / 45)] = 0.56
③ [1 – (0.7 × 20 / 45)] = 0.7
④ [1 – (0.5 × 20 / 45)] = 0.8

해설
잔가율
화재 당시 피해물의 재구입비에 대한 현재가의 비율. 즉, 화재 당시 피해물에 잔존하는 경제적 가치의 정도로서, 피해물의 현재가치는 재구입비에서 사용기간에 따른 손모 및 경과기간으로 인한 감가액을 공제한 금액잔가율 = 1 – (1 – 최종잔가율) × 경과연수 / 내용연수, 건물의 최종 잔가율이 20%이므로 [1 – (0.8 × 경과연수 / 내용연수)]이다.

69 다음 중 화재발생종합보고서의 보존기간으로 옳은 것은?

① 5년　　② 10년
③ 영 구　　④ 준영구

해설
화재조사 및 보고규정에 따른 화재발생종합보고서 보존기간은 영구적이다.

70 화재현장조사서 작성 시 화재원인에 반드시 기재해야 할 사항이 아닌 것은?

① 연소확대사유　　② 발화열원
③ 발화요인　　④ 최초착화물

해설
화재원인판정을 위하여 발화열원, 발화요인, 최초착화물 3가지를 반드시 기재하여야 한다.

71 다음 중 대상별 피해액의 산정기준으로 틀린 것은?

① 건물은 종류, 규모, 구조 및 기타상황을 고려, 한국감정원에서 최근 공시된 건물 신축단가표에 의한 피해 당시의 재건축에서 사용손모 및 경과연수에 대응한 감가공제를 한 다음 손해율을 곱한 금액으로 한다.

② 차량 및 운반구, 구축물, 기계설비, 공구, 기구 및 부품, 가정용품 등은 피해 당시의 재구입가격에서 사용기간 감가상각의 방법에 의한다.

③ 회화(그림), 골동품, 미술공예품, 귀금속 및 보석류는 전부손해의 경우 감정가격으로 하며, 전부손해가 아닌 경우 원상복구에 소요되는 비용으로 한다.

④ 상품은 구입당시의 가격에 의한다.

> **해설**
> 상품은 재구입 가격에 의한다.

72 아파트에서 화재가 발생하여 다음과 같이 피해가 발생하였다. 건물의 피해액으로 옳은 것은?

> • 신축단가 : 750천원
> • 내용연수 : 40년
> • 경과연수 : 20년
> • 피해내역 : 99m²
> • 손해율 : 30%

① 11,263천원 ② 12,251천원
③ 13,365천원 ④ 15,927천원

> **해설**
> 건물의 피해액 산정
> 신축단가 × 소실면적 × [1 − (0.8 × 경과연수 / 내용연수)] × 손해율
> = 750천원 × 99 × [1 − (0.8 × 20 / 40)] × 0.3
> = 13,365천원

73 다음 중 최종잔가율에서 가재도구 등의 수용물 잔존가치 비율은?

① 5% ② 10%
③ 15% ④ 20%

> **해설**
> 잔존가치 비율
> • 20% : 건축물, 부대설비, 구축물, 가재도구
> • 10% : 기타 집기비품 등

74 5층 건물 2층에서 화재가 발생하여 1층 천장 100m²가 수손되고, 2층은 200m²가 소실되었으며 3층은 벽면과 천장 등 3면이 50m² 그을렸을 경우 화재피해액 산정 시 소실면적은 몇 m²인가?

① 200 ② 300
③ 350 ④ 230

> **해설**
> 소실면적 산정(화재조사 및 보고규정 제17조)
> • 건물의 소실면적 산정은 소실 바닥면적으로 산정한다.
> • 수손 및 기타 파손의 경우에도 위 규정을 준용한다.
> ∴ 1층 : 천장이므로 무시
>   2층 : 200m²
>   3층 : 벽면과 천장이므로 무시

75 건물의 화재피해액 산정에 대한 설명으로 옳지 않은 것은?

① 건물 일부를 개·보수(80% 이상)한 경우 이 때를 기준으로 경과연수를 산정
② 일반주택의 경우 주요구조체는 재사용이 가능하나 기타부분의 재사용이 불가능할 때는 손해율을 60%로 한다.
③ 건물의 내외부 등이 수손 또는 그을음만 입은 경우에 있어 손해율은 10%로 한다.
④ 공장·창고의 천장, 벽, 바닥 등 내부마감재 등이 소실된 경우 손해율은 40%로 한다.

> **해설**
> 천장, 벽, 바닥 등 내부마감재 등이 소실된 경우 손해율은 40%가 원칙이나 공장·창고의 경우만 35%이다.

76 화재피해액을 산정할 때 보정률의 적용기준은?

① 경년감가율   ② 소실 정도
③ 내용연수   ④ 최종잔가율

> **해설**
> 화재피해액을 산정할 때 보정률은 소실 정도에 따라 적용한다.

77 건물의 부착물에 해당하지 않는 것은?

① 간 판   ② 선전탑
③ 승강기   ④ 안테나

> **해설**
> 간판, 네온사인, 안테나, 선전탑, 차양 및 이와 비슷한 것은 건물의 부착물이다.

78 화재당시에 피해물의 재구입비에 대한 현재가의 비율은?

① 최종잔가율   ② 손해율
③ 잔가율   ④ 경년감가율

> **해설**
> 화재당시에 피해물의 재구입비에 대한 현재가의 비율을 잔가율이라 한다.

79 피해물의 경제적 내용연수가 다한 경우 잔존하는 가치의 재구입비에 대한 비율은?

① 최종잔가율   ② 손해율
③ 잔가율   ④ 경년감가율

80 임야화재로 수확기에 있는 잣나무들이 소실되었다. 피해액을 산정할 때 가장 적절한 방법은?

① 복성식평가법
② 매매사례비교법
③ 수익환원법
④ 감가상각법

> **해설**
> 손해액 또는 피해액을 산정하는 방법
>
> | | |
> |---|---|
> | 복성식 평가법 | • 사고로 인한 피해액을 산정하는 방법
• 재건축 또는 재취득하는 데 소요되는 비용에서 사용기간의 감가수정액을 공제하는 방법으로 부분의 물적 피해액 산정에 널리 사용 |
> | 매매사례 비교법 | 당해 피해물의 시중매매사례가 충분하여 유사매매사례를 비교하여 산정하는 방법으로서 차량, 예술품, 귀중품, 귀금속 등의 피해액 산정에 사용 |
> | 수익 환원법 | • 피해물로 인해 장래에 얻을 수익액에서 당해 수익을 얻기 위해 지출되는 제반 비용을 공제하는 방법에 의하는 방법
• 유실수 등에 있어 수확기간에 있는 경우에 사용
• 단, 유실수의 육성기간에 있는 경우에는 복성식평가법을 사용 |

81 「소방의 화재조사에 관한 법률」의 목적에 대한 내용이다. (　　)에 들어갈 내용으로 옳은 것은?

> 이 법은 화재예방 및 소방정책에 활용하기 위하여 (ㄱ), (ㄴ), (ㄷ) 등에 관한 과학적·전문적인 조사에 필요한 사항을 규정함을 목적으로 한다.

	(ㄱ)	(ㄴ)	(ㄷ)
①	초기상황	연소확대	발화원인
②	연소상황	피해현황	화재원인
③	화재원인	화재성장 및 확산	피해현황
④	발화원인	초기상황	피난상황

해설
이 법은 화재예방 및 소방정찰에 활용하기 위하여 화재원인, 화재성장 및 확산, 피해현황 등에 관한 과학적·전문적인 조사에 필요한 사항을 규정함을 목적으로 한다(법 제1조).

82 다음은 「소방의 화재조사에 관한 법률」에 따른 화재조사에 관한 설명이다. 틀린 것은?

① 화재조사의 주체는 소방청장, 소방본부장 또는 소방서장이다.
② 소방청장, 소방본부장 또는 소방서장은 화재조사를 하기 위하여 필요한 경우 관계장소에 출입하여 화재의 원인과 피해의 상황을 조사할 수 있다.
③ 화재조사를 위해서는 관계인의 정당한 업무와는 관계없이 화재조사를 실시할 수 있다.
④ 소방관서장은 방화 또는 실화의 혐의가 있다고 인정하는 때에는 지체 없이 경찰서장에게 그 사실을 알려야 한다.

해설
출입·조사 등(법 제9조)
1. 소방관서장은 화재조사를 위하여 필요한 경우에 관계인에게 보고 또는 자료 제출을 명하거나 화재조사관으로 하여금 해당 장소에 출입하여 화재조사를 하게 하거나 관계인등에게 질문하게 할 수 있다.
2. 제1항에 따라 화재조사를 하는 화재조사관은 그 권한을 표시하는 증표를 지니고 이를 관계인등에게 보여주어야 한다.
3. 제1항에 따라 화재조사를 하는 화재조사관은 관계인의 정당한 업무를 방해하거나 화재조사를 수행하면서 알게 된 비밀을 다른 용도로 사용하거나 다른 사람에게 누설하여서는 아니 된다.

83 '화재가 발생하거나 불이 번지는 것을 막기 위하여 불이 번질 우려가 있는 소방대상물 및 토지를 일시적으로 사용하고자 할 때 정당한 사유 없이 그 처분에 따르지 아니한 자'에 대해 소방본부장 또는 소방서장이 집행할 수 있는 벌칙으로 옳은 것은?

① 3년 이하의 징역 또는 3천만원 이하의 벌금
② 3년 이하의 징역 또는 5천만원 이하의 벌금
③ 5년 이하의 징역 또는 1천 500만원 이하의 벌금
④ 5년 이하의 징역 또는 3천만원 이하의 벌금

해설
화재가 발생하거나 불이 번질 우려가 있는 소방대상물 및 토지를 일시적으로 사용하거나, 그 사용의 제한 또는 소방활동에 필요한 처분을 방해한 자 또는 정당한 사유 없이 그 처분에 따르지 아니한 자는 3년 이하의 징역 또는 3천만원 이하의 벌금에 처한다.

84 다음은 수사기관에 체포된 사람에 대한 화재조사이다. 옳은 것은?

① 수사기관이 피의자를 체포하였을 때는 피의자에 대한 화재조사를 할 수 없다.
② 수사기관이 피의자의 증거물을 압수한 경우에는 증거물에 대한 화재조사를 할 수 없다.
③ 검사에게 사건이 송치된 경우에는 피의자에 대한 화재조사를 할 수 없다.
④ 사법기관이 피의자를 체포 또는 증거물을 압수한 경우에도 수사에 지장을 주지 아니하는 범위에서 화재조사를 할 수 있다.

> **해설**
> 소방관서장은 수사기관의 장이 방화 또는 실화의 혐의가 있어서 이미 피의자를 체포하였거나 증거물을 압수하였을 때에 화재조사를 위하여 필요한 경우에는 범죄수사에 지장을 주지 아니하는 범위에서 그 피의자 또는 압수된 증거물에 대한 조사를 할 수 있다. 이 경우 수사기관의 장은 소방관서장의 신속한 화재조사를 위하여 특별한 사유가 없으면 조사에 협조하여야 한다(법 제11조 제2항).
>
> 참고) 수사에 지장을 주지 않는 범위 안이라는 개념은 공동조사, 조사자료의 열람, 피의자 공동접촉, 압수물품의 확인 · 열람 등의 방법을 활용하는 것으로 해석된다.

85 다음은 「소방의 화재조사에 관한 법률」의 내용을 기술한 것이다. 틀린 것은?

① 소방청장 · 소방본부장 또는 소방서장은 화재발생 사실을 알게 된 때에는 지체 없이 화재조사를 할 수 있다.
② 소방관서장은 화재조사를 위하여 필요한 경우에 관계인에게 보고 또는 자료 제출을 명하거나 화재조사관으로 하여금 해당 장소에 출입하여 화재조사를 하게 하거나 관계인등에게 질문하게 할 수 있다.
③ 화재조사를 하는 화재조사관은 그 권한을 표시하는 증표를 지니고 이를 관계인등에게 보여주어야 한다.

④ 화재조사를 하는 관계공무원은 관계인의 정당한 업무를 방해하거나 화재조사를 수행하면서 알게 된 비밀을 다른 사람에게 누설하여서는 아니 된다.

> **해설**
> ① 소방청장, 소방본부장 또는 소방서장(이하 "소방관서장"이라 한다)은 화재발생 사실을 알게 된 때에는 지체 없이 화재조사를 하여야 한다. 이 경우 수사기관의 범죄수사에 지장을 주어서는 아니 된다(법 제5조 제1항).

86 다음 중 화재조사와 관련한 용어의 정의로 옳지 않은 것은?

① "화재"란 사람의 의도에 반하거나 고의 또는 과실에 의하여 발생하는 연소 현상으로서 소화할 필요가 있는 현상 또는 사람의 의도에 반하여 발생하거나 확대된 화학적 폭발현상을 말한다.
② "화재조사"란 소방청장, 소방본부장 또는 소방서장이 화재원인, 피해상황, 대응활동 등을 파악하기 위하여 자료의 수집, 관계인등에 대한 질문, 현장 확인, 감식, 감정 및 실험 등을 하는 일련의 행위를 말한다.
③ "관계인등"이란 소유자 · 관리자 · 점유자와 화재를 발견하고 신고한 자, 화재목격자 등을 말한다.
④ "감정"이란 화재와 관련되는 물건의 형상, 구조 등 이와 관련된 모든 현상에 대하여 전문적인 시각에 의한 필요한 실험을 행하고 그 결과를 근거로 화재원인을 밝히는 자료를 얻는 것을 말한다.

> **해설**
> ④ "감정"이란 화재와 관계되는 물건의 형상, 구조, 재질 성분, 성질 등 이와 관련된 모든 현상에 대하여 과학적 방법에 의한 필요한 실험을 행하고 그 결과를 근거로 화재원인을 밝히는 자료를 얻는 것을 말한다.

87 화재조사 전담부서에 갖추어야 할 장비와 시설 중 감식기기는?

① 발화점측정기
② 적외선열화상카메라
③ 전동 드라이버
④ 디지털카메라세트

해설
① 감정용 기기, ③ 발굴용구, ④ 기록용 기기

88 「화재조사 및 보고규정」의 목적으로 옳은 것은?

① 「소방의 화재조사에 관한 법률」에서 위임된 사항과 그 시행에 필요한 사항을 규정함을 목적으로 한다.
② 「소방의 화재조사에 관한 법률」 및 같은 법 시행령, 시행규칙에 따라 화재조사의 집행과 보고 및 사무처리에 필요한 사항을 정하는 것을 목적으로 한다.
③ 「소방의 화재조사에 관한 법률」 시행령에서 위임된 사항과 그 시행에 필요한 사항을 규정함을 목적으로 한다.
④ 화재예방 및 소방정책에 활용하기 위하여 화재원인, 화재성장 및 확산, 피해현황 등에 관한 과학적·전문적인 조사에 필요한 사항을 규정함을 목적으로 한다.

해설
화재조사 및 보고규정의 목적(제1조)
이 규정은 「소방의 화재조사에 관한 법률」 및 같은 법 시행령, 시행규칙에 따라 화재조사의 집행과 보고 및 사무처리에 필요한 사항을 정하는 것을 목적으로 한다.

89 「화재조사 및 보고규정」에 따른 화재가 복합되어 발생한 경우에 화재의 유형 구분으로 옳은 것은?

① 소실된 물건
② 발화장소
③ 소방관서장이 협의
④ 화재피해금액

해설
화재의 유형(제9조)
화재가 복합되어 발생한 경우에는 화재의 구분을 화재피해금액이 큰 것으로 한다. 다만, 화재피해금액으로 구분하는 것이 사회관념상 적당하지 않을 경우에는 발화장소로 화재를 구분한다.

90 「화재조사 및 보고규정」상 다음의 설명에서 ( )에 해당하는 것은?

소방관서장은 과학적이고 합리적인 화재원인 규명을 위하여 화재현장에서 수거한 물품에 대하여 (ㄱ)을 실시하고 화재원인 입증을 위한 (ㄴ) 등을 할 수 있다.

	ㄱ	ㄴ
①	감 식	재현실험
②	감 정	발화실험
③	감 식	발화실험
④	감 정	재현실험

해설
감식 및 감정(제8조)
소방관서장은 과학적이고 합리적인 화재원인 규명을 위하여 화재현장에서 수거한 물품에 대하여 감정을 실시하고 화재원인 입증을 위한 재현실험 등을 할 수 있다.

91 다음 중 대상별 피해액의 산정기준으로 틀린 것은?

① (신축단가(m²당) × 소실면적 × [1 − (0.8 × 경과연수 / 내용연수)] × 손해율)의 공식에 의하되, 신축단가는 한국감정원이 최근 발표한 '건물신축단가표'에 의한다.
② 선박, 항공기의 경우 (감정평가서 또는 회계장부상 현재가액 × 손해율)의 공식에 의한다.
③ 전부손해의 경우 감정가격으로 하며, 전부손해가 아닌 경우 원상복구에 소요되는 비용으로 한다.
④ 상품은 구입당시의 가격에 의한다.

해설
상품은 재구입 가격에 의한다.

92 화재조사서류 작성에 관한 내용으로 틀린 것은?

① 치외법권지역 등 조사권을 행사할 수 없는 경우 화재현장 출동보고서만 작성한다.
② 소방서장은 관할 구역 내에서 발생한 화재에 대하여 화재발생종합보고서를 작성한다.
③ 질문기록서를 작성한다.
④ 화재현장출동보고서를 작성한다.

해설
화재조사서류 작성
• 소방서장은 관할 구역 내에서 발생한 화재에 대하여 다음 화재조사서류 중 해당 서류를 작성하여야 한다.
　– 화재발생종합보고서
　– 질문기록서
　– 화재현장출동보고서
• 치외법권지역 등 : 조사권을 행사할 수 없는 경우는 조사 가능한 내용만 조사하고 해당 서류를 작성한다.

93 「제조물 책임법」에서 제조물에 대한 손해배상책임의 원칙에 대한 설명으로 옳은 것은?

① 과실책임
② 위험책임
③ 무과실책임
④ 불법행위책임

해설
제조물에 대한 책임원칙으로는 제조물의 결함으로 인해 소비자 또는 제3자의 생명·신체·재산상에 손해가 발생한 경우 그 제조물의 제조업자가 손해배상책임을 지도록 하는 결함책임원칙과 제조업자의 과실 여부를 묻지 않는 무과실책임 원칙을 도입하고 있다(법 제3조 제1항).

94 다음 중 「제조물 책임법」상의 책임에 관한 설명으로 옳지 않은 것은?

① "결함"이라 함은 당해 제조물에 다음 각 목의 1에 해당하는 제조·설계 또는 표시상의 결함이나 기타 통상적으로 기대할 수 있는 안전성이 결여되어 있는 것을 말한다.
② "제조상의 결함"이라 함은 제조업자의 제조물에 대한 제조·가공상의 주의의무의 이행 여부에 불구하고 제조물이 원래 의도한 것과 다르게 제조되었을 경우를 말한다.
③ "표시상의 결함"이라 함은 제조업자가 합리적인 설명·지시·경고 기타의 표시를 하였더라면 당해 제조물에 의하여 발생될 수 있는 피해나 위험을 줄이거나 피할 수 있었음에도 이를 하지 아니한 경우를 말한다.
④ "설계상의 결함"이라 함은 제조업자가 합리적인 대체설계를 채용하였더라면 피해나 위험을 줄이거나 피할 수 있었음에도 대체설계를 채용하지 아니하여 당해 제조물이 안전하지 못하게 된 경우를 말한다.

"제조상의 결함"이라 함은 제조업자의 제조물에 대한 제조·가공상의 주의의무의 이행 여부에도 불구하고 제조물이 원래 의도한 설계와 다르게 제조·가공됨으로써 안전하지 못하게 된 경우를 말한다.

특수건물의 소유자는 그 건물이 준공검사에 합격된 날 또는 그 소유권을 취득한 날로부터 30일 내에 특약부화재보험에 가입하여야 한다(법 제5조 제4항). 또한 특수건물의 소유자는 이 계약을 매년 갱신하여야 한다(법 제5조 제5항).

95 「화재로 인한 재해보상과 보험가입에 관한 법률」에 대한 규정사항이다. 틀린 것은?

① 이 법의 적용지역은 전국으로 한다.
② 무과실 손해배상책임을 규정하고 있다.
③ 한국화재보험협회의 설립에 관하여 규정되어 있다.
④ 특약부화재보험은 화재로 인한 타인의 사망 또는 부상에 따른 손해배상책임만을 담보하는 보험이다.

"특약부화재보험"이란 화재로 인한 건물의 손해와 특수건물의 화재로 인하여 다른 사람이 사망 또는 부상을 입었을(법 제4조 제1항) 때 손해배상책임을 담보하는 보험을 말한다.

97 불법행위의 요건으로서 행위자의 고의 또는 과실을 필요로 한다는 근대사법의 원칙을 무엇이라 하는가?

① 과실책임의 원칙
② 과실성의 원칙
③ 고의성의 원칙
④ 손해배상책임원칙

불법행위의 요건으로서 행위자의 고의 또는 과실을 필요로 한다고 하는 것은 근대사법의 원칙이다. 이것을 과실책임의 원칙이라고 부른다.

96 「화재로 인한 재해보상과 보험가입에 관한 법률」에서 특수건물 소유자가 특약부화재보험 의무가입시기 및 갱신에 대한 설명이다. ( )의 적합한 내용은?

> 특수건물의 소유자는 그 건물이 (㉠)에 합격된 날 또는 그 (㉡)을/를 취득한 날로부터 (㉢) 내에 특약부화재보험에 가입하여야 한다(법 제5조 제4항). 또한, 특수건물의 소유자는 이 계약을 (㉣)마다 갱신하여야 한다(법 제5조 제5항).

	㉠	㉡	㉢	㉣
①	소유권	준공검사	30일	매년
②	소유권	준공검사	매년	30일
③	준공검사	소유권	매년	30일
④	준공검사	소유권	30일	매년

98 업무상 과실 또는 중대한 과실로 인하여 실화의 죄를 범한 자에 대한 벌칙은?

① 3년 이하의 금고 또는 1천 5백만원 이하의 벌금
② 3년 이하의 금고 또는 2천만원 이하의 벌금
③ 2년 이하의 금고 또는 1천 5백만원 이하의 벌금
④ 2년 이하의 금고 또는 2천만원 이하의 벌금

죄 명	구체적 범죄내용	형 량
실화죄 (제170조)	과실로 인하여 현주건조물 등 또는 공용건조물 등에 기재한 물건 또는 타인의 소유에 속하는 일반건조물 등에 기재한 물건을 불태운 자	1천 500만원 이하의 벌금
	과실로 인하여 자기의 소유에 속하는 일반건조물 등 또는 일반물건에 기재한 물건을 불태워 공공의 위험을 발생하게 한 자	
업무상 실화·중실화죄 (제171조)	업무상 과실 또는 중대한 과실로 인하여 위 실화죄를 범한 자	3년 이하의 금고 또는 2천만원 이하의 벌금

99 법원이 「실화책임에 관한 법률」에서 손해배상액의 경감청구가 있을 때 고려할 수 있는 사항으로 옳지 않은 것은?

① 피해의 대상과 정도
② 피해확대 방지를 위한 목격자의 노력
③ 화재의 원인과 규모
④ 피해자의 경제상태

해설
손해배상액의 경감
실화가 중대한 과실에 의한 것이 아닌 경우 그로 인한 손해배상의무자는 법원에 손해배상액의 경감을 청구할 수 있으며, 법원은 화재의 원인과 규모, 배상의무자 및 피해자의 경제상태 등을 고려하여 손해배상액을 경감할 수 있도록 함
• 화재의 원인과 규모
• 피해의 대상과 정도
• 연소(延燒) 및 피해확대의 원인
• 피해확대를 방지하기 위한 실화자의 노력
• 배상의무자 및 피해자의 경제 상태
• 그 밖에 손해배상액을 결정할 때 고려할 사정

100 다음 중 「경범죄 처벌법」상의 범칙자에 해당되는 사람은?

① 범칙행위를 상습적으로 하는 사람
② 피해자가 있는 행위를 한 사람
③ 19세 성년이 된 사람
④ 죄를 지은 동기나 수단 및 결과를 헤아려 볼 때 구류처분을 하는 것이 적절하다고 인정되는 사람

해설
"범칙자"란 범칙행위를 한 사람으로서 다음 각 호의 어느 하나에 해당하지 아니하는 사람을 말한다.
• 범칙행위를 상습적으로 하는 사람
• 죄를 지은 동기나 수단 및 결과를 헤아려볼 때 구류처분을 하는 것이 적절하다고 인정되는 사람
• 피해자가 있는 행위를 한 사람
• 18세 미만인 사람

02 | 실전모의고사

제1과목 **화재조사론**

01
다음은 산화와 환원에 관한 설명이다. 다른 하나는 무엇인가?

① 수소를 얻는 현상
② 전자를 잃는 현상
③ 산화수가 증가되는 현상
④ 금속이 화합물이 되는 현상

해설

산화와 환원

구 분	산 소	수 소	전 자	산화수
산 화	(+) 결합	(−) 잃음	(−) 잃음	(+) 증가
환 원	(−) 분해	(+) 얻음	(+) 얻음	(−) 감소

산화반응	환원반응
• 어떤 물질이 산소와 결합하는 현상 • 수소를 잃는 현상 • 전자를 잃는 현상 • 산화수가 증가하는 현상 • 금속이 화합물이 되는 현상	• 어떤 물질이 산소와 분해되는 현상 • 수소를 얻는 현상 • 전자를 얻는 현상 • 산화수가 감소하는 현상

02
다음은 연소범위에 영향을 주는 인자에 대한 설명이다. 적절하지 않은 것은?

① 온도가 높아지면 연소범위는 넓어진다.
② 압력이 높아지면 연소범위는 넓어진다.
③ 질소나 수증기 등의 불활성 기체가 존재하면 연소범위는 좁아진다.
④ 온도나 압력이 높아지면 반응성이 낮아진다.

해설

온도나 압력이 높아지면 물질의 활성이 증가하여 반응성이 높아진다.

03
다음 중 화재현장 복원 시 유의사항으로 옳지 않은 것은?

① 불명확한 것은 복원하지 않는다.
② 타고 남은 잔존물은 파손되지 않도록 조심스럽게 다룬다.
③ 대용재료를 사용할 경우에는 타고남은 잔존물과 유사한 것을 사용한다.
④ 복원상황을 관계자에게 확인시킨다.

해설

복원에 필요시 동일한 대용재료를 사용하되 대용물임을 표시한다.

04 다음 중 연소의 3요소가 아닌 것은?

① 가연성 물질   ② 산 소
③ 에너지   ④ 연쇄반응

해설

연소의 3요소 · 4요소

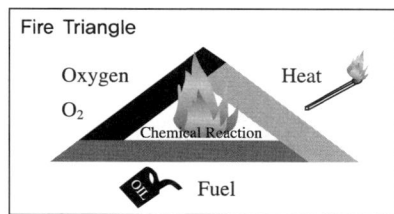

가연물(연료)   산소(공기)   점화원

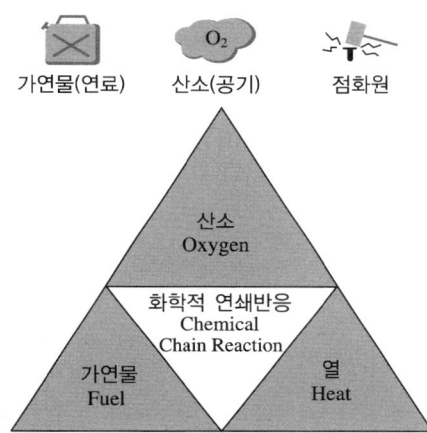

05 다음은 화재조사의 목적을 설명한 것이다. 다른 하나는?

① 진압대책자료로 활용
② 예방행정자료로 활용
③ 소방행정자료로 활용
④ 범죄수사자료로 활용

해설

화재조사의 목적

• 화재에 의한 피해를 알리고 유사화재 방지와 피해의 경감
• 예방행정(소방검사, 소방안전관리자, 소방시설 등)의 자료로 활용
• 연소 확대 및 소방시설의 작동상황 등을 파악, 진압대책의 자료로 활용
• 화재발생상황, 원인, 손해상황 등을 통계화함으로써 소방행정의 자료로 활용

06 연소의 형태에 대한 설명 중 옳지 않은 것은?

① 승화연소의 대표적인 물질로는 고체파라핀(양초), 황, 열가소성 수지 등이 있다.
② 일반적으로 고체의 연소를 "분해연소"라고 한다.
③ 숯이 연소할 때와 같이 고체 가연물이 열분해나 증발하지 않고 표면에서 산소와 급격히 산화반응하여 연소하는 현상을 "표면연소"라고 한다.
④ 가연성 기체가 공기와 섞이는 과정을 확산이라고 하며, 이 과정을 거쳐서 발생하는 기체의 연소를 "확산연소"라고 한다.

해설

증발연소

고체 가연물이 열분해를 일으키지 않고 증발하여 증기가 연소되거나 먼저 융해된 액체가 기화하여 증기가 된 다음 연소하는 현상으로 액체 가연물질의 증발연소 형태와 같다[예 황(S), 나프탈렌($C_{10}H_8$), 파라핀(양초) 등].

07 「소방의 화재조사에 관한 법률 및 시행령」에 따른 화재현장 보존 등에 관한 설명으로 옳지 않은 것은?

① 화재현장 보존조치, 통제구역의 설정 및 출입 등에 필요한 사항은 행정안전부령으로 정한다.

② 화재조사가 완료된 경우 소방관서장은 화재현장 보존조치나 통제구역의 설정을 지체 없이 해제해야 한다.

③ 화재현장 보존조치나 통제구역의 설정이 해당 화재조사와 관련이 없다고 인정되는 경우라도 화재조사가 완료되지 않으면 해제할 수 없다.

④ 화재현장 보존조치의 해제는 소방관서장이나 경찰서장이 한다.

해설
화재현장 보존조치, 통제구역의 설정 및 출입 등에 필요한 사항은 대통령령으로 정한다.

08 실내화재에서 아랫부분의 가연물이 착화하여 화염이 발생하고 그 화염에서 발생한 열기류가 천장 부위의 가연물을 가열함으로써 착화에 이르게 하는데, 이는 화염의 확산 중 무엇에 해당되는가?

① 전 도   ② 대 류
③ 복 사   ④ 비 화

해설
실내화재에서 아랫부분의 가연물이 착화하여 화염이 발생하고 그 열기류가 천장 부위의 가연물을 가열함으로써 착화에 이르게 하는 현상을 대류연소라 한다.

09 다음 중 불완전연소의 원인을 설명한 것으로 옳지 않은 것은?

① 물질이 연소할 때 산소의 공급이 불충분할 때

② 주위의 온도가 높을 때

③ 가스의 조성이 균일하지 못할 때

④ 환기가 원활하지 못할 때

해설
불완전연소
물질이 연소할 때 산소의 공급이 불충분하거나 그을음이나 일산화탄소가 생성되면서 연료가 완전히 연소되지 못하는 현상

예 수소에 비해 탄소의 수가 많은 물질인 휘발유(C_8H_{18}), 경유($C_{16} \sim C_{18}$) 등은 연소할 때 필요한 산소의 수가 상대적으로 많아 불완전연소하여 그 그을음이나 일산화탄소를 배출하기 쉽다. 즉, 포화탄화수소 화합물의 탄소수가 많아질수록 완전연소하기 어렵다.

10 파이어 플롬(Fire Plum)은 뜨거운 화염기둥이다. 다음 설명 중 옳지 않은 것은?

① 화재로 인해 유체가 움직이는 이유는 생성된 뜨거운 가스 때문이다.

② 플롬이 천장과 만나면 수평으로 흐르며 그 농도는 지속적으로 두터워진다.

③ 고온의 플롬이 공기와 혼합할 경우 온도가 상승하며 반경이 확대된다.

④ 플롬은 주변공기와 섞이거나 혼입됨으로써 불의 높이보다 더 높게 상승한다.

해설
고온의 플롬이 공기와 혼합할 경우 온도는 하강하지만, 반경이 확대된다.

11 화재조사 진행순서가 가장 옳은 것은?

① 현장관찰 → 관계자 질문 → 발굴 → 감정
　 → 발화원인 판정
② 관계자 질문 → 발굴 → 현장관찰 → 감정
　 → 발화원인 판정
③ 현장관찰 → 관계자 질문 → 발굴 → 발화
　 원인 판정 → 감정
④ 현장관찰 → 발굴 → 관계자 질문 → 발화
　 원인 판정 → 감정

12 다음 중 증발연소에 해당하는 것은?

① 석 탄　　　　② 고체파라핀
③ 목 탄　　　　④ 금 속

해설
고체파라핀은 증발연소에 해당한다.

13 다음 폭발의 거동에 영향을 주는 변수가 아닌 것은?

① 주위 온도
② 2차 폭발
③ 공간성(위치, 장소)
④ 가연성 물질의 유동상태 : 난류

해설
공간성(밀폐도, 개방도)

14 다음 중 폭발의 조건이 아닌 것은?

① 폭발범위　　　② 점화에너지
③ 밀폐공간　　　④ 상의 변화

해설
폭발의 조건
• 밀폐된 공간이 존재
• 가연성 가스, 증기 또는 분진이 폭발범위 내에 있어
　야 함
• 점화원(Energy)이 있어야 함

15 다음 중 화재현장에서 타다남은 목재의 탄화심도를 측정하는 지점으로 가장 옳은 것은?

① 목재의 갈라진 틈새
② 목재의 볼록한 부분(凸)
③ 목재의 오목한 부분(凹)
④ 목재의 중심부와 갈라진 틈새의 경계

해설

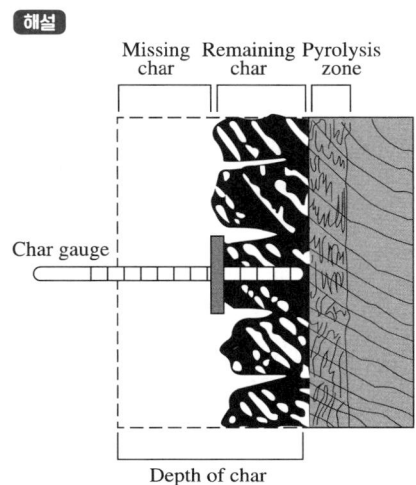

16 다음 중 분진폭발을 방지하기 위한 조치사항이 아닌 것은?

① 2차 폭발을 방지하기 위하여 분체를 다루는 장치는 가능한 한 옥외에 설치하여야 한다. 단, 옥내에 설치된 경우는 폭발생성물이 옥외로 배출되도록 해야 한다.

② 분체를 취급하는 주걱은 접지된 금속주걱을 사용하여 정전기 발생으로 인한 방전을 예방하여야 한다.

③ 진공청소기를 사용할 때는 모든 금속 부분이 접지된 방폭용을 사용해야 한다.

④ 배관 속에 분진이 누적되는 것을 방지하기 위하여 이동속도를 20m/sec 이하로 유지해야 한다.

해설
배관 속에 분진이 누적되는 것을 방지하기 위하여 이동속도를 20m/sec 이상 유지해야 한다.

17 다음 중 가연물이 더 이상 연쇄반응을 일으키지 않도록 하기 위해서는 산소농도를 얼마 이하로 유지해야 하는가?

① 15% ② 18%
③ 20% ④ 21%

해설
보통 공기 중에는 약 21%의 산소가 포함되어 있어서 공기는 산소공급원 역할을 할 수 있으나 산소농도가 15% 이하이면 연소는 어려워진다.

18 화재현장에 바람이 불고 화염이 불티를 일으키는 이유와 직접적인 관련이 있는 것은?

① 전 도 ② 복 사
③ 대 류 ④ 비 화

19 다음 중 발굴요령으로 옳지 않은 것은?

① 발굴로 확보한 물건은 그 위치가 어긋나게 옮기지 않는다.
② 상부에서 아래쪽으로 발굴해 간다.
③ 발화지점 부근을 삽과 괭이 같은 도구를 사용하여 발굴한다.
④ 발굴 전에 현장 전체를 사진 촬영해 둔다.

해설
삽과 괭이 같은 큰 도구를 사용해서 발굴하는 것은 증거물을 훼손시킬 우려가 있으므로 좋지 않다.

20 다음 가스 중 화재위험도가 가장 높은 것은?

① 아세틸렌 ② 수 소
③ 메 탄 ④ 이소부탄

해설
위험도
가스의 폭발 등의 위험도는 폭발상한과 폭발하한의 차이를 폭발하한으로 나눈 값이다.

$$H = \frac{U-L}{L}$$

- H : 위험도
- U : 연소범위 상한계
- L : 연소범위 하한계

가연성 증기의 연소범위

기체 또는 증기	연소범위 (vol%)	기체 또는 증기	연소범위 (vol%)
수 소	4.0~75	에틸렌	3.0~33.5
일산화탄소	12.5~75	시안화수소	12.8~27
프로판	2.1~9.5	암모니아	15.7~27.4
아세틸렌	2.5~82	메틸알코올	7~37
이소부탄	1.8~8.4	에틸알코올	3.5~20
메 탄	5.0~15	아세톤	2~13
에 탄	3.0~12.5	휘발유	1.4~7.6

① 아세틸렌 : $H = \frac{82-2.5}{2.5} = 31.8$

② 수소 : $H = \frac{75-4.0}{4.0} = 17.75$

③ 메탄 : $H = \frac{15-5}{5} = 2$

④ 이소부탄 : $H = \frac{8.4-1.8}{1.8} = 3.67$

21 다음 중 과학적 화재조사의 기본원칙의 절차를 바르게 나타낸 것은?

① 문제확인(필요성 인식) → 문제정의 → 자료수집 → 자료분석(귀납적 추리) → 가설설정 → 가설검증(연역적 추리) → 최종가설 선택
② 문제확인(필요성 인식) → 자료수집 → 문제정의 → 자료분석(귀납적 추리) → 가설설정 → 가설검증(연역적 추리) → 최종가설 선택
③ 자료수집 → 문제확인(필요성 인식) → 문제정의 → 자료분석(귀납적 추리) → 가설설정 → 가설검증(연역적 추리) → 최종가설 선택
④ 자료수집 → 문제정의 → 문제확인(필요성 인식) → 자료분석(귀납적 추리) → 가설설정 → 가설검증(연역적 추리) → 최종가설 선택

해설
과학적인 방법론

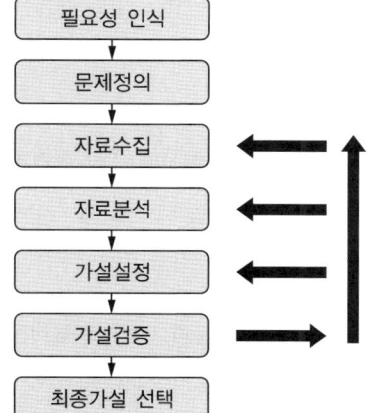

22 다음 중 자연발화의 위험도가 가장 낮은 것은?

① 함유절삭가루와 걸레를 혼재한 상태에서 공기 중에 방치했다.
② 함유백토를 오랫동안 방치했다.
③ 대두유로 튀김요리를 한 다음 찌꺼기를 방치했다.
④ 가솔린이 침적된 천을 공기 중에 방치했다.

해설
가솔린, 등유, 경유 등의 광물유는 아이오딘값이 낮기 때문에 자연발화성은 없다.

23 다음은 통전입증에 관한 설명이다. 잘못된 것은?

① 칼날받이 사이에 습기가 부착된 상태로 사용하게 되면 연면전류가 흘러 탄화 도전로를 형성하게 되고 트래킹현상 등으로 진행하면 주변의 가연물을 착화하게 된다.
② 광택의 상태, 그을음의 부착이나 변색 상태로부터 "칼날"이 "칼날받이"에 꽂혀 있었는가를 판별한다.
③ 전류회로의 스위치를 끊는 순간 불꽃이 튀는 것은 전류가 급격히 증가함에 따라 스위치의 접점에 큰 유도 기전력이 유발되기 때문이다.
④ 중간스위치, 기구스위치가 타서 없어진 경우에는 손잡이 등의 정지위치, "ON", "OFF" 표시로 판단한다.

해설
전류회로의 스위치를 끊는 순간 불꽃이 튀는 것은 전류가 급격히 감소함에 따라 스위치의 접점에 큰 유도 기전력이 유발되기 때문이다.

24 도료를 묽게 해서 점도를 낮추는 데 이용되는 것으로서 액체탄화수소에 초산에스터류, 알코올류, 에스터류 및 아세톤 등이 첨가된 석유화학제품은?

① 가솔린 ② 락 카
③ 시 너 ④ 에나멜

해설
- 페인트 : 아마인유, 대두유, 오동유 등의 건성유를 90~100℃에서 5~10시간 공기를 불어넣으면서 가열하여 색과 점도를 준 것으로 아이오딘가가 145 이상인 보일유에 안료와 전색제 등을 혼합한 착색도료
- 에나멜 : 일명 바니시페인트로 수지바니시, 유성바니시 등과 각종 안료류와 혼합해서 붓도장, 스프레이도장 등에 적용하도록 제조된 도료
- 바니시 : 천연 또는 합성수지를 건성유와 함께 가열·융합시키고 건조제 등을 첨가한 것으로 용제로 희석시킨 유성니스의 총칭
- 락카 : 니트로셀룰로오스를 주성분으로 하는 도료(질화면도료)로 니트로셀룰로오스, 수지, 가소제를 배합해서 용제에 녹인 것을 투명락카, 이것에 안료를 혼합해서 유색불투명하게 한 것이 락카에나멜
- 플라이머 : 도장하려는 금속면 등에 최초로 바르는 도막으로 접착성을 좋게 하고 금속재료에 녹방지 효과를 좋게 하는 도료로 초벌도료라고도 함
- 시너 : 도료를 묽게 해서 점도를 낮추는 데 이용하는 혼합용제로 협의로는 락카시너를 말함(초산에스터류, 알코올류, 에터류, 아세톤 등)
- 테레빈유 : 소나무과에 속하는 나무줄기에 상처를 내어 침출하는 색소수지를 채취하고 이것을 수증기로 유출시킨 휘발성분으로 증유기 중에 잔유물로써 진을 얻음

25 다음 중 발화가능성이 가장 낮은 것은?

① 정비하는 과정에서 엔진룸에 놓아 둔 기름걸레를 방치한 경우
② 담뱃불을 가솔린이 담긴 용기에 버린 경우
③ 난로 주변에 의류를 방치한 경우
④ 백열전구에 신문지를 장시간 접촉시킨 경우

해설
담뱃불을 가솔린이 담긴 용기에 버릴 경우 즉시 소화되어 발화되지 않는다.

26 용매추출이나 증류법과 유사한 방법으로 고정상 또는 이동상의 컬럼에 시료를 통과시키면서 컬럼 내에서 체류시간의 차이에 의하여 시료를 분리하는 기기분석법은?

① X선 회절분석
② 가스크로마토그래피
③ 적외선분광분석
④ 자외선-가시광선분석

해설
용매추출이나 증류법과 유사한 방법으로 고정상 또는 이동상의 컬럼에 시료를 통과시키면서 컬럼 내에서 체류시간의 차이에 의하여 시료를 분리하는 기기분석법을 가스크로마토그래피(GC)라 하며 주로 기체화가 가능한 석유류 분석에 용이하다.

27 다음 중 트래킹현상에 대한 설명과 거리가 먼 것은?

① 전기기기·기구에 도전로가 형성되는 것을 포함
② 유기절연물보다 무기절연물이 탄화하여 도전로를 형성하기가 더 쉬움
③ 도전로의 분단과 미소 불꽃방전 발생
④ 반복적 불꽃방전에 의한 표면 탄화

해설
도전성 물질의 생성이 적은 무기절연물보다 유기절연물이 탄화하여 도전로를 형성하는 것이 더 쉽다.

24 ③ 25 ② 26 ② 27 ② **정답**

28 유류화재의 일반적인 특성과 거리가 먼 것은?

① 석유류는 전도성을 갖기 때문에 정전기에 의한 화재의 위험성은 매우 낮다.

② 유류화재로 추정되는 현장에서 습득한 증거물의 화학적 조성을 확인하는 데는 일반적으로 가스크로마토그래피 분석법과 적외선 분광분석법을 이용한다.

③ 석유류는 C/H의 비에 따라 초기 연소가스의 색깔의 차이가 있으나 화재 최성기에 산소가 부족하면 연기의 색으로 구분하기는 곤란하다.

④ 가솔린, 등유, 중유 등은 인화점의 차이로 인화의 위험성에 대한 차이는 있지만 일반적으로 일단 연소가 확대되면 발열량의 차이가 거의 없기 때문에 유사한 위험성을 나타낸다.

해설
석유류는 비극성 공유결합을 하고 있기 때문에 비전도성 물질이다. 따라서 상호 마찰 등에 의하여 발생한 정전기에 의해서 화재가 발생할 위험성이 크다.

29 다음 중 전기밥솥에서 화재가 발생되었을 때 발화원인을 조사하는 방법으로 옳지 않은 것은?

① 관계자가 진술한 내용의 사실 여부를 먼저 파악하도록 한다.

② 밥솥이 놓여있던 주변의 소손상황을 확인한다.

③ 전원측부터 부하측까지 통전상태를 조사한다.

④ 밑바닥 히터의 이상발열에 따른 알루미늄 다이케스트의 용융을 관찰한다.

30 다음의 5대 범용 플라스틱 중 분자 사슬 내에 벤젠링을 포함하고 있어 강도는 우수하나 충격에 민감한 것은?

① 폴리프로필렌　　② 폴리에틸렌
③ 폴리염화비닐　　④ 폴리스티렌

해설
폴리스티렌은 분자 사슬 내에 벤젠링을 포함하고 있어 강도는 우수하나 충격에 민감하다. 또한 강직성이 크고 값이 싸며 높은 투명도, 높은 굴절률을 가지며, 맛, 냄새, 독성이 없고 절연성이 높으며 흡습성이 낮고 성형이 용이하다. 단점인 취성을 보완하기 위한 고충격 PS가 개발되었다.

31 전압 220V를 사용하는 주택에서 600Ω인 전열기를 사용할 때 소비전력은 몇 W인가?

① 80.6W　　　　② 2.7W
③ 1,636.4W　　④ 110W

해설
옴의 법칙 $V = IR$, 전력$(P) = I^2 R$

또는 $P = \dfrac{V^2}{R} = \dfrac{220^2}{600} = 80.6$

32 가연성 기체나 고체를 가열하면서 작은 불꽃을 대었을 때 연소될 수 있는 최저온도는?

① 착화점　　　　② 연소점
③ 인화점　　　　④ 발화점

해설
• 인화점 : 가연성 액체나 고체를 가열하면서 작은 불꽃을 대었을 때 연소가 시작되는 최저온도
• 연소점 : 점화원을 제거하여도 연소가 지속되는 온도로 인화점에 비하여 5~10℃ 정도 높음
• 착화점 : 점화원을 부여하지 않고 가열된 열만으로 연소가 시작되는 최저온도(발화점, 자동발화온도)

33 다음 중 가설검증 시 가장 적절한 추론방법은?

① 귀납적 추론
② 연역적 추론
③ 미시적 추론
④ 거시적 추론

> **해설**
> 화재조사관은 개발된 가설의 시험을 위해 연역법을 활용해야 한다.

34 다음 중 액체탄화수소의 공통적인 성질과 관계가 없는 것은?

① 이들의 증기는 공기보다 무겁다.
② 상온에서 액체이며 인화가 용이(이연성 이며 속연성)하다.
③ 대부분 물보다 가볍고 물에 녹기 쉽다.
④ 증기는 공기와 약간 혼합되어도 연소 한다.

> **해설**
> 액체탄화수소는 탄소수가 5 이상으로 상온에서 액체 이며 인화가 용이(이연성이며 속연성)하고 대부분 물 보다 가볍고 물에 녹기 어렵다. 그리고 증기는 공기보 다 무겁다. 연소하한값이 낮아 증기는 공기와 약간 혼합되어도 연소한다.

35 다음 중 최초 발화지점을 결정할 때 고려사 항으로 잘못된 것은?

① 최초 목격자 및 신고자의 진술
② 화재패턴 분석
③ 연소형태의 강약
④ 물질의 작열연소 및 증발연소 상태 구분

36 다음 중 3대 방향족 탄화수소에 속하지 않는 것은?

① 벤젠(Benzene)
② 스티렌(Styrene)
③ 크실렌(Xylene)
④ 톨루엔(Toluene)

> **해설**
> 공업 및 산업용으로 가장 많이 사용되는 3대 방향족 탄화수소는 벤젠(Benzene), 크실렌(Xylene), 톨루엔 (Toluene)이다.

37 다음 중 "반단선"은 전체 소선에서 얼마 이상 단선된 경우를 말하는가?

① 5% 이상　　　② 10% 이상
③ 15% 이상　　　④ 20% 이상

> **해설**
> 여러 개의 소선으로 구성된 전선이나 코드의 심선이 10% 이상 끊어졌거나 전체가 완전히 단선된 후에 일부가 접촉상태로 남아 있는 상태
>
> 전선이 금속에 의해 절단된 용흔의 형태

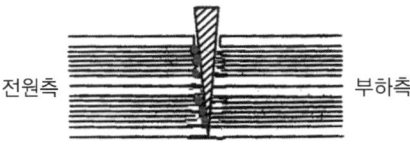

> 반단선에 의한 용흔의 형태

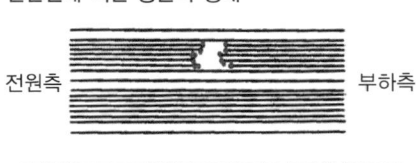

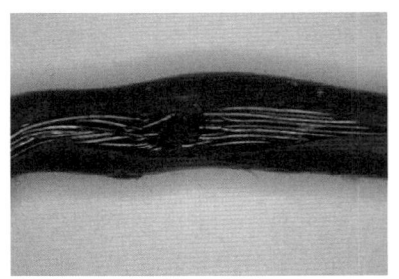

38 용기별 안전장치로 옳지 않은 것은?

① LPG 용기 : 스프링식 안전밸브

② 염소, 아세틸렌, 산화에틸렌 용기 : 가용전 안전밸브

③ 산소, 수소, 질소, 아르곤 등의 압축가스 : 파열판식 안전밸브

④ 초저온 용기 : 스프링식 안전밸브

해설
초저온 용기는 스프링식과 파열판식의 2중 안전밸브여야 한다.

39 다음 중 과전류에 대한 설명으로 옳지 않은 것은?

① 부하의 총합이 전선의 허용전류를 넘긴 것이다.

② 과전류가 발생하면 배선용 차단기가 작동하여 회로를 보호한다.

③ 단락이나 지락도 과부하이다.

④ 전선이 아닌 코일이나 콘덴서 등의 전기부품에서도 과부하가 발생한다.

해설
모든 전기배선 · 전기기기에는 흘러도 안전할 수 있는 전류의 한계가 있다. 비정상적으로 허용전류를 초과하여 과도한 전류가 흐르게 되는 현상을 과전류라고 한다.

40 제동장치에서의 화재발생조건의 설명 중 틀린 것은?

① 점화원은 복사열

② 속도가 저속이어야 함

③ 산비탈에서 발생

④ 가연물은 브레이크 오일

해설
제동장치 점화원은 대부분 마찰열이다.

41 다음 중 증거물 사진 촬영 요령으로 옳지 않은 것은?

① 전경사진은 주변 상황과 건물 전체가 나타날 수 있도록 4면에서 촬영한다.

② 발화건물의 바깥쪽으로부터 안쪽으로 촬영한다.

③ 발굴과정 등 조사 전반에 대한 실시간 기록을 촬영한다.

④ 발화지점 또는 연소가 집중된 방향으로만 촬영한다.

해설
화재현장은 발화지점을 포함하여 연소확대된 방향을 착안하여 각 방면별로 다양하게 촬영해야 한다.

42 다음 중 화재진화 후 증거물 보호사항에 대한 설명으로 옳지 않은 것은?

① 화재현장 보존은 화재조사에서 매우 중요한 사항이므로 Fire-Line을 설치한다.

② 화재진압 소방관들에게 화재의 원인이나 발화지역을 밝힐 실제적인 책임이 있다.

③ 소방서에서의 화재현장 및 물리적 증거물 보존은 증거물 오염 및 훼손 방지를 위한 조치를 취하여야 한다.

④ 소방관의 소방활동 중 물리적 증거물이 훼손되지 않도록 화재조사관은 현장에서 확인하여야 한다.

해설
화재진압 소방관들에게 화재의 원인이나 발화지역을 밝힐 실제적인 책임이 있지는 않지만 소방활동으로 물리적 증거물이 훼손되지 않도록 조치해야 한다.

43 다음 중 방화판정의 물리적인 화재패턴 증거로 쓰일 수 있는 것은?

① 낮은연소 패턴
② 환기에 의해 생성된 패턴
③ 고온가스층에 의해 생성된 패턴
④ 모래시계 패턴

유류의 물리적 화재패턴
• 고스트마크(Ghost Mark)
• 스플래시 패턴(Splash Patterns)
• 틈새연소 패턴(Gap Combustion Patterns)
• 낮은연소 패턴(Low Burn Patterns)
• 불규칙 패턴(Irregular Patterns)
• 퍼붓기 패턴 – 포어 패턴(Pour Patterns)
• 도넛 패턴(Doughnut Patterns)
• 트레일러(Trailer)에 의한 패턴
• 역원추형 패턴(Inverted Cone Pattern) – 삼각형태

44 전기단락흔 중 단순히 화재열로 용융된 전선을 무엇이라 하는가?

① 1차 단락흔
② 2차 단락흔
③ 2차 용융흔
④ 열 흔

전기단락흔 감식

구분	전압	내 용	외관의 특징
1차흔	통전	화재의 원인이 된 단락흔	• 형상이 구형이고 광택이 있으며 매끄러움 • 일반적으로 탄소는 검출되지 않음 • 금속조직은 초기결정 성상이 없음 • 일반적으로 미세한 보이드가 많이 생김
2차흔		화재의 열로 전기기기 코드 등이 타서 2차적으로 생긴 단락흔	• 형상이 구형이 아니거나 광택이 없고 매끄럽지 않음 • 탄소가 검출되는 경우가 많음 • 초기결정 성상이 보이지만 이외의 매트릭스가 금속결정으로 변형됨 • 커다랗고 둥근 보이드가 용융흔의 중앙에 생기는 경우가 많음
열흔	비통전	화재열로 용융된 것	눈물 모양으로 처져있고 광택이 없음

45 다음 중 증거물을 수집한 경우 증거물 용기에 표시하는 내용이 아닌 것은?

① 화재조사자의 이름
② 물적증거가 발견된 장소
③ 증거물 확인 이름이나 번호
④ 날씨 및 기상상황

용기 표시방법으로는 물적증거를 수집한 화재조사자의 이름, 수거날짜와 시간, 증거물 확인 이름이나 번호, 사건번호, 항목 명칭, 물적증거에 대한 설명, 물적증거가 발견된 장소 등이 있다. 이러한 것들은 용기 라벨에 직접 써넣거나 미리 꼬리표나 라벨로 인쇄하여 용기에 확실하게 붙여 놓는다.

46 다음 중 물적 증거물에 해당되지 않는 것은?

① 무기, 체액, 발자국
② 증인의 증언
③ 인화성 액체 및 용기
④ 지연착화 도구

해설
증인의 증언은 인적 증거로 물적 증거가 될 수 없다.

47 화재현장에서 증거물을 수집하기 전에 사진 촬영을 먼저 하는 이유로 가장 적합한 것은?

① 화재현장 발견 당시의 위치 및 오염과 훼손 정도를 확보하기 위해
② 증거물의 점유관계를 나타내기 위해
③ 연소확대된 이유를 밝히기 위해
④ 화재진화 후에 증거자료를 확보하기 어려우므로

해설
사진 촬영은 발견 당시의 위치 및 오염과 훼손 정도를 나타내기 위한 것과 나중에 증거가 뒤바뀌는 일을 방지하기 위함이다.
제3조(증거물의 상황기록)
• 화재조사자는 증거물을 수집(증거물의 채취, 채집 행위 등을 말함)하고자 할 때에는, 증거물을 수집하기 전에 증거물 및 증거물 주위의 상황(연소상황, 설치상황) 등에 대한 기록(도면, 사진 촬영)을 남겨야 하며, 증거물을 수집한 후에도 기록을 남겨야 한다.
• 발화원인의 판정에 관계가 있는 개체 또는 부분에 대해서는 증거물과 이격되어 있거나 연소되지 않은 상황이라도 기록을 남겨야 한다.

48 인화점 측정기기가 아닌 것은?

① 신속평형법
② 적외선분광 밀폐식
③ 펜스키마르텐스 밀폐식
④ 태그 밀폐식

해설
인화점시험기 및 측정방법

구분	측정 장비	인화점 적용시료 범위	해당 시료	측정방법
밀폐식	태그 (ASTM D 56)	93℃ 이하	원유, 휘발유, 등유, 항공터빈연료유	위험물안전관리에 관한 세부기준 제14조 참조
	신속평형법 (세타식)	110℃ 이하	원유, 등유, 경유, 중유, 항공터빈연료유	위험물안전관리에 관한 세부기준 제15조 참조
	펜스키마르텐스 (ASTM D 90)	• 밀폐식 인화점 측정에 필요한 시료 • 태그 밀폐식을 적용할 수 없는 시료	원유, 경유, 중유, 절연유, 방청유, 절삭유	-
개방식	태그	-18~163℃ 이고, 연소점이 163℃까지의 시료	-	-
	클리브랜드	79℃ 이하	석유, 아스팔트, 유동파라핀, 방청유, 절연유, 열처리유, 절삭유, 윤활유	위험물안전관리에 관한 세부기준 제16조

49 다음 보기 중 가스크로마토그래피와 함께 사용하는 장비로 휘발성분을 포함한 극미량의 성분을 분석할 수 있는 기기는?

① X선 촬영기
② 질량분석기
③ 원자흡광분석기
④ 콘칼로리미터

질량분석기(Mass Spectrometry)는 가스크로마토그래피와 연결하여 개별 성분을 분석하는 것으로 휘발 성분 및 비휘발성 물질까지 극미량의 성분을 분석할 수 있다.

50 다음 중 화각의 크기가 큰 렌즈의 순서로 맞는 것은?

① 어안렌즈 < 광각렌즈 < 표준렌즈 < 망원렌즈 < 초망원렌즈
② 광각렌즈 > 어안렌즈 > 표준렌즈 > 망원렌즈 > 초망원렌즈
③ 광각렌즈 < 어안렌즈 < 표준렌즈 < 망원렌즈 < 초망원렌즈
④ 어안렌즈 > 광각렌즈 > 표준렌즈 > 망원렌즈 > 초망원렌즈

화각의 크기
어안렌즈 > 광각렌즈 > 표준렌즈 > 망원렌즈 > 초망원렌즈

51 일산화탄소 중독 시 시체의 시반이 선홍색을 띠는 것은 혈액에 어떤 물질이 생성되기 때문인가?

① CO_2
② CO
③ CO_2Hb
④ $COHb$

일산화탄소 중독 시 시반은 일산화탄소 헤모글로빈($COHb$)의 형성으로 선홍색을 띤다.

52 물리적 증거를 이동하기 전에 증거물 이송에 관한 사항 기록방법 중 옳지 않은 것은?

① 정확한 측정치와 현장사진이 포함된 현장기록과 문서로 된 보고서, 스케치 및 도표 등을 통하여 다양한 방법으로 기록한다.
② 도표작성 및 사진 촬영은 항상 물리적 증거물이 이동되거나 철거되기 이전에 수행해야 한다.
③ 손가락 및 손바닥 지문, 피와 타액과 같은 체액을 발견할 경우 화재조사관은 현장에서 정밀조사를 실시한다.
④ 화재조사관은 이동된 모든 물리적 증거의 목록과 옮긴 사람에 대하여 기록하여야 한다.

손가락 및 손바닥 지문, 피와 타액과 같은 체액 발견 시 경찰과 법의학자에게 인계하여 정밀조사 하여야 한다.

53 다음 중 표준렌즈의 장점으로 옳지 않은 것은?

① 객관적 표현이 좋지만 일그러짐이 있다.
② 사람의 눈에 가장 가까운 느낌을 준다.
③ 가장 자연스러운 사진이 촬영된다.
④ 주관을 배제하고자 할 때 가장 효과적이다.

표준렌즈는 사람의 시각과 가장 유사한 렌즈로 객관적 표현이 좋고, 일그러짐이 없어 가장 자연스럽고 일반적인 촬영에 많이 쓰인다.

49 ② 50 ④ 51 ④ 52 ③ 53 ① **정답**

54 다음 화재 시 발생하는 연소가스 중 독성이 가장 큰 것은?

① 일산화탄소
② 이산화탄소
③ 포스겐
④ 아황산가스

해설

연소가스 생성물의 독성

생성물질	화학식	허용농도(ppm)
아크롤레인	CH_3CHCHO	0.1
삼염화인	PCl_3	0.1
포스겐	$COCl_4$	0.1
염 소	Cl	1
불화수소	HF	3
아황산가스	SO_2	5
염화수소	HCl	5
시안화수소	HCN	10
황화수소	H_2S	10
암모니아	NH_3	25
일산화탄소	CO	50
이산화탄소	CO_2	5,000

55 다음 중 화재현장에서 기체 표본을 채취하는 장비로 가장 적합한 것은?

① 유증 채취기
② 거즈 패드
③ 피 펫
④ 가스 크로마토그래피

해설

유증 채취기는 소형이며 휴대가 간편하여 기체 및 액체 표본을 채취할 수 있다.

56 다음 중 생활반응에 해당하지 않는 것은?

① 소사체의 폐 속에 매연이 발견된 경우
② 익사체의 전신 장기에서 플랑크톤이 발견된 경우
③ 독극물 성분이 장기나 혈액 속에서 발견된 경우
④ 소사체의 피부가 홍반이나 수포없이 완전 탄화된 경우

해설

수포 주위에 홍반을 보이며, 혈액침하가 일어나더라도 홍반만 남고 사망 전 인체에는 완전한 수포가 형성된다.

57 다음 중 화재사에 대한 설명으로 옳지 않은 것은?

① 소사는 유독가스로 인한 사망 및 화상사를 포함한다.
② 소사체(탄화시체)는 화재로 사망하였더라도 타지 않은 경우에는 해당되지 않는다.
③ 화재사란 화재로 인한 일련의 기전에 의하여 사망한 경우에는 그 시체가 불에 탔든 타지 않았든 구분하지 않는다.
④ 화재로 인한 화상과 유독가스에 의해 질식 사망한 것을 포함한다.

해설

사망유형을 구분할 때 소사는 화상만 작용한 화상사와는 엄격히 구분하기 때문에 포함되지 않는다.

58 비교 표본의 채취방법 및 주의사항에 대한 설명으로 옳지 않은 것은?

① 비교 표본의 채취는 액체나 고체 촉진제가 포함되어 있는 것으로 보이는 물질을 수집할 때 필요하며 분석할 때 비교 표본이 매우 중요한 역할을 한다.

② 액체 촉진제가 묻어 있는 것으로 생각되는 카펫 조각의 비교 표본은 액체 촉진제가 묻어 있는 동일한 카펫 조각이 된다.

③ 비교 표본은 동일 회사, 규격, 제품을 사용하도록 한다.

④ 실험실에서 비교 표본 분석을 통해 휘발성 열분해 생성물이 분석에 얼마나 기여할 것인지 평가할 수 있고 존재하는 일반 연료의 화염 특성을 분석할 수 있다.

해설
액체 촉진제가 묻어 있는 것으로 생각되는 카펫 조각의 비교 표본은 액체 촉진제가 묻어 있지 않은 동일한 카펫 조각이 된다.

59 화상면적 9의 법칙에 따른 성인의 각 신체부위 비율은?

가. 머 리
나. 상반신 앞면
다. 생식기
라. 오른팔
마. 왼다리 앞면

① 가 : 18, 나 : 9, 다 : 1, 라 : 18, 마 : 9
② 가 : 9, 나 : 18, 다 : 1, 라 : 9, 마 : 9
③ 가 : 9, 나 : 18, 다 : 1, 라 : 18, 마 : 9
④ 가 : 18, 나 : 9, 다 : 1, 라 : 9, 마 : 9

해설
9의 법칙

손상부위	성 인	어린이	영 아
머 리	9%	18%	18%
흉 부	9 × 2%	18%	18%
하복부			
배(상)부	9 × 2%	18%	18%
배(하)부			
양 팔	9 × 2%	9 × 2%	18%
대퇴부(전, 후)	9 × 2%	7 × 2%	14%
하퇴부(전, 후)	9 × 2%	7 × 2%	14%
외음부	1%	1%	1%

60 시반의 색깔이 녹갈색인 중독사는 무엇인가?

① 동사(凍死)
② 일산화탄소 중독사
③ 사이안화수소 중독사
④ 황화수소 중독사

해설
시반의 색깔
선홍색(일산화탄소 중독, 동사(凍死), 사이안화수소 중독), 녹갈색(황화수소 중독)

제4과목 화재조사보고 및 피해평가

61 다음 화재발생종합보고서 중 모든 화재에 공통적으로 작성해야 하는 서식으로 짝지은 것은?

① 화재현황조사서, 화재현장조사서
② 화재현황조사서, 질문기록서
③ 화재현장조사서, 화재(재산)피해조사서
④ 화재현장조사서, 화재유형별조사서

화재발생종합보고서 운영체계
- 화재현황조사서
- 화재유형별조사서
- 화재피해(인명·재산)조사서
- 방화·방화의심조사서
- 소방시설등 활용조사서

※ 화재현장조사서는 모든 화재에 공통적으로 작성하는 서식

62 「소방의 화재조사에 관한 법률 시행령」상 화재조사 절차에 관한 내용에서 (   )에 들어갈 내용으로 옳은 것은?

> 가. (   ) : 화재발생 접수, 출동 중 화재상황 파악 등
> 나. (   ) : 화재의 발화(發火)원인, 연소상황 및 피해상황 조사 등
> 다. (   ) : 감식·감정, 화재원인 판정 등
> 라. 화재조사 결과 보고

	(가)	(나)	(다)
①	화재발생	화재출동 중 조사	정밀조사
②	현장출동 중 조사	화재현장 조사	정밀조사
③	화재감지	정밀조사	화재현장 조사
④	현장출동 중 조사	화재현장 조사	화재원인 판정

화재조사의 내용·절차(시행령 제3조 제2항)
화재조사는 다음 각 호의 절차에 따라 실시한다.
가. 현장출동 중 조사 : 화재발생 접수, 출동 중 화재상황 파악 등
나. 화재현장 조사 : 화재의 발화(發火)원인, 연소상황 및 피해상황 조사 등
다. 정밀조사 : 감식·감정, 화재원인 판정 등
라. 화재조사 결과 보고

63 아래 조건을 만족하는 건물 재산피해를 산정하면? (단, 잔존물제거비는 무시한다)

> - 구조 : 일반공장(블록조 목조지붕틀 대골 슬레이트 잇기, 4급)
> - m^2당 표준단가 : 397천원
> - 내용연수 : 40년
> - 경과연수 : 10년
> - 피해 정도
>   - 1층 사무실 1,200m^2가 천장, 벽, 바닥 등 소실(손해율 45% 적용)
>   - 2층 작업장 990m^2가 지붕, 외벽 등 소실(손해율 30% 적용)

① 171,504천원
② 94,327천원
③ 265,831천원
④ 360,158천원

- 397천원 × 1,200m^2 × [1 − (0.8 × 10 / 40)] × 0.45 = 171,504천원
- 397천원 × 990m^2 × [1 − (0.8 × 10 / 40)] × 0.3 = 94,327,2백원
- ∴ 피해액 합계 : 171,504천원 + 94,327천원 = 265,831천원

64 화재조사 용어에 대한 설명으로 옳지 않은 것은?

① 발화열원 : 발화의 최초 원인이 된 불꽃 또는 열을 말한다.
② 발화지점 : 열원과 가연물이 상호작용하여 화재가 시작된 지점을 말한다.
③ 발화관련 기기 : 발화에 관련된 불꽃 또는 열을 발생시킨 기기 또는 장치, 제품을 말한다.
④ 연소확대물 : 발화열원에 의해 최초로 불이 붙고 이물질을 통해 제어하기 힘든 화세로 발전한 가연물을 말한다.

- "최초착화물"이란 발화열원에 의해 불이 붙고 이 물질을 통해 제어하기 힘든 화세로 발전한 가연물을 말한다.
- "연소확대물"이란 연소가 확대되는 데 있어 결정적 영향을 미친 가연물을 말한다.

65 다음 화재조사서류 작성에 대해 설명한 것 중 잘못된 것은?

① 피해액이 없는 화재는 화재현장조사서의 작성을 생략할 수 있다.
② 기타화재는 질문기록서를 생략할 수 있다.
③ 임야화재라 할지라도 화재현장출동보고서를 생략할 수는 없다.
④ 가로등 화재는 질문기록서를 생략할 수 있다.

해설
기타화재 중 쓰레기, 모닥불, 가로등, 전봇대 화재 및 임야화재의 경우 질문기록서 작성을 생략할 수 있으나, 화재현장조사서와 화재현황조사서는 모든 화재에서 생략할 수 없다.

66 화재현황조사서에 기재하는 기상에 대한 설명으로 가장 적합한 것은?

① 기상청에서 제공하는 화재현장의 날씨, 온도, 습도, 풍향, 풍속을 기재한다.
② 방송국에서 제공하는 화재현장의 날씨, 온도, 습도, 풍향, 풍속을 기재한다.
③ 화재진압을 위해 출동한 시점에서 화재현장의 날씨, 온도, 습도, 풍향, 풍속을 기재하고 당일의 기상 특보가 있는 경우에는 기상청에서 발표한 경보나 주의보를 기재한다.
④ 화재가 발생한 시, 군지역의 날씨, 온도, 습도, 풍향, 풍속을 파악하여 기재한다.

해설
기상정보는 화재진압을 위해 출동한 시점에서 화재현장의 날씨, 온도, 습도, 풍향, 풍속을 기재하고 당일의 기상 특보가 있는 경우에는 기상청에서 발표한 경보나 주의보를 기재한다.

67 화재조사 실무에서 재산피해액을 산정하는 가장 원칙적인 방법으로 옳은 것은?

① 복성식 평가법
② 매매사례비교법
③ 수익환원법
④ 간이평가방식에 의한 산정법

해설
화재조사 실무에서 손해액 또는 피해액을 산정하는 방법은 복성식 평가법을 원칙으로 하되 이 방법이 불합리하거나 매매사례비교법 또는 수익 환원법이 오히려 합리적이고 타당하다고 판단된 경우에 한하여 예외적으로 사용한다.

- 복성식 평가법 : 재건축 또는 재취득하는 데 소요되는 비용에서 사용기간의 감가수정액을 공제하는 방법으로 대부분의 물적 피해액 산정에 사용한다.
- 매매사례비교법 : 당해 피해물의 시중 매매사례가 충분하여 유사 매매사례를 비교하여 산정하는 방법으로 차량, 예술품, 귀중품, 귀금속 등이 피해액 산정에 사용된다.
- 수익환원법 : 피해물로 인해 장래에 얻을 수익액에서 당해 수익을 얻기 위해 지출되는 제반비용을 공제하는 방법에 의하는 방법으로 유실수 등에 있어 수확기간에 있을 때 사용한다.

68 발화열원에서 작동기기 소분류에 해당하지 않는 것은?

① 마찰열·마찰 스파크
② 불꽃·스파크·정전기
③ 기기 전도·복사열
④ 전기적 아크(단락)

해설
마찰열·마찰 스파크는 마찰, 전도, 복사의 소분류 항목이다.

69 「소방의 화재조사에 관한 법률」 및 같은 법 시행규칙상 화재증명원 발급에 관한 사항으로 옳지 않은 것은?

① 신청인은 본인의 신분이 확인될 수 있는 신분증명서 또는 법인인 경우 법인 등기사항증명서를 제시해야 한다.
② 신청을 받은 소방관서장은 신청인이 화재와 관련된 이해관계인 또는 화재발생 내용 입증이 필요한 사람인 경우에는 화재증명원을 신청인에게 발급해야 한다.
③ 화재증명원의 발급을 신청하려는 자는 화재증명원 발급신청서를 소방관서장에게 제출해야 한다.
④ 소방관서장은 화재와 관련된 이해관계인 또는 화재발생 내용 입증이 필요한 사람이 화재를 증명하는 서류발급을 신청하는 때에는 화재증명원을 발급할 수 있다.

해설
소방관서장은 화재와 관련된 이해관계인 또는 화재발생 내용 입증이 필요한 사람이 화재를 증명하는 서류발급을 신청하는 때에는 화재증명원을 발급하여야 한다.

70 화재현장조사서 작성 시 연소확대물에 대한 설명으로 적합하지 않은 것은?

① 연소확대물은 최초착화물에 불이 붙어 화재가 발생한 후 연소가 확대되는 데 있어 결정적 영향을 미친 가연물을 말한다.
② 연소확대물의 분류항목은 최초착화물의 분류항목과 동일하다.
③ 최초착화물과 연소확대물이 동일한 경우에도 연소확대물을 표시한다.
④ 연소확대물은 필수 입력사항이므로 반드시 코드를 기재해야 한다.

해설
연소확대물이 없는 경우 "해당 없음"에 체크한다.

71 다음 중 「화재조사 및 보고규정」의 피해액 산정방법으로 옳지 않은 것은?

① 건물 등 자산에 대한 최종잔가율은 건물·부대설비·구축물·가재도구는 20%로 하며, 그 이외의 자산은 10%로 정한다.
② 건물의 화재피해액 산정은 [신축단가(m^2) × 소실면적 × {1 − (0.8 × 경과연수 / 내용연수)} × 손해율]의 공식에 의하되, 신축단가는 한국감정원이 최근 발표한 「건물신축단가표」에 의한다.
③ 부대설비의 화재피해액 산정은 [건물신축단가(m^2당) × 소실면적 × 설비종류별 재설비 비율 × {1 − (0.8 × 경과연수/ 내용연수)} × 손해율]의 공식에 의함을 원칙으로 한다.
④ 화재피해액은 화재 당시의 피해물과 동일한 구조, 용도, 질, 규모를 재건축 또는 재구입하는 데 소요되는 가액 또는 회계장부상 입증된 현재가액으로 한다.

해설
화재피해액은 화재 당시의 피해물과 동일한 구조, 용도, 질, 규모를 재건축 또는 재구입하는 데 소요되는 가액에서 사용손모 및 경과연수에 따른 감가공제를 하고 현재가액을 산정하는 실질적, 구체적 방식에 의한다. 단, 회계장부 현재가액이 입증된 경우에는 그에 의한다.

72 다음 중 화재현장출동보고서의 작성목적으로 옳은 것은?

① 소방활동에 관한 소송자료로 활용하기 위하여
② 소방활동 중에 발생한 사실을 수사자료로 활용하기 위하여
③ 화재원인 판정 등에 활용하기 위하여
④ 화재통계자료로 활용하기 위하여

해설
화재현장출동보고서의 작성목적은 소방대가 소방활동 중에 관찰, 확인한 결과를 기록하여 발화지점 및 화재원인 판정을 하는 데 활용하기 위함이다.

73 화재피해액 산정공식과 내용을 열거한 것이다. 옳지 않은 것은?

① 건물피해는 신축단가 × 소실면적 × [1 − (0.8 × 경과연수 / 내용연수)] × 손해율로 산정한다.
② 철거건물은 재건축비 × [0.2 + (0.8 × 잔여내용연수 / 내용연수)]로 산정한다.
③ 부속건물과 달리 건물 내 영업시설 내부 마감재는 별도의 시설로서 피해액을 산정한다.
④ 건물의 화재로 인한 피해 정도 손해율을 적용시 건물의 주요 구조체로는 내력벽, 외력벽, 기둥, 보, 주계단을 말한다.

해설
건물의 주요 구조체라 함은 내력벽·기둥·보·주계단을 말한다.

74 화재피해조사 중 재산피해 유형에 관한 설명이다. 옳지 않은 것은?

① 소실피해란 열에 의한 탄화, 용융, 파손 등의 피해를 말한다.
② 수손피해란 소화활동으로 발생한 수손피해 등을 말한다.
③ 물품반출, 화재 중 발생한 폭발 등에 의한 피해도 포함된다.
④ 영업손실, 화재 시 발생한 연기에 의한 피해도 포함된다.

해설
재산피해
• 소실피해 : 열에 의한 탄화, 용융, 파손 등의 피해
• 수손피해 : 소화활동으로 발생한 수손피해 등
• 기타피해 : 연기, 물품반출, 화재 중 발생한 폭발 등에 의한 피해 등

75 다음 발화요인 중 '전기적 요인'에 해당하지 않는 것은?

① 압착·손상에 의한 단락
② 트래킹에 의한 단락
③ 역 화
④ 누전·지락

해설
전기적 요인
• 누전·지락
• 접촉불량에 의한 단락
• 절연열화에 의한 단락
• 과부하·과전류
• 압착·손상에 의한 단락
• 층간단락
• 트래킹에 의한 단락
• 반단선
• 미확인단락

76 「화재조사 및 보고규정」에 따른 화재조사의 원칙에 대한 내용으로 옳지 않은 것은?

① 화재조사관은 화재발생 사실을 인지하는 즉시 화재조사를 시작해야 한다.
② 소방관서장은 화재조사관을 근무 교대조별로 2인 이상 배치해야 한다.
③ 조사는 인적 증거를 바탕으로 과학적인 방법을 통해 합리적인 사실의 규명을 원칙으로 한다.
④ 「소방의 화재조사에 관한 법률 시행규칙」(이하 "규칙"이라 한다) 제3조에 따른 장비·시설을 기준 이상으로 확보하여 조사업무를 수행하도록 하여야 한다.

> **해설**
> 화재조사의 개시 및 원칙(제3조)
> ① 「소방의 화재조사에 관한 법률」(이하 "법"이라 한다) 제5조 제1항에 따라 화재조사관(이하 "조사관"이라 한다)은 화재발생 사실을 인지하는 즉시 화재조사(이하 "조사"라 한다)를 시작해야 한다.
> ② 소방관서장은 「소방의 화재조사에 관한 법률 시행령」(이하 "영"이라 한다) 제4조 제1항에 따라 조사관을 근무 교대조별로 2인 이상 배치한다.
> ③ 조사는 물적 증거를 바탕으로 과학적인 방법을 통해 합리적인 사실의 규명을 원칙으로 한다.
> ④ 「소방의 화재조사에 관한 법률 시행규칙」(이하 "규칙"이라 한다) 제3조에 따른 장비·시설을 기준 이상으로 확보하여 조사업무를 수행하도록 하여야 한다.

77 건물의 주요 구조체의 재사용이 불가능할 경우에 화재피해액 손해율 적용에 있어 기초공사 부분의 재활용 가능 여부에 따라 몇 %를 가산할 수 있는가?

① 10% ② 15%
③ 20% ④ 30%

> **해설**
> 건물의 전부가 소실되었다 하더라도 기초공사 부분의 경우 재활용이 가능한 경우가 대부분이므로 그 손해율은 90%로 하되, 기초공사 부분의 재활용 가능 여부에 따라 10%를 가산할 수 있다.

78 화재의 유형에 의한 구분이다. 틀리게 연결된 것은?

① 건축·구조물 화재 : 건축물, 구조물 또는 그 수용물의 소손
② 산림화재 : 임야, 야산, 들판의 수목 등의 소손
③ 위험물·가스제조소 등 화재 : 위험물 제조소, 가스제조, 저장시설 등의 소손
④ 기타화재 : 위에 해당되지 않는 화재

> **해설**
> 「화재조사 및 보고규정」에서는 산림화재가 아닌 임야화재로 규정되어 있다.

79 일정 규모 이상의 사업체로서 재고자산에 대하여 회계장부에 의한 가액이 확인되는 경우 재고자산의 피해액은 구입액×손해율로 한다. 다만, 견본품, 진열품의 경우 재고자산의 종류에 따라 구입가격의 (   )%로 한다. (   )안에 알맞은 값은?

① 10~80% ② 20~70%
③ 50~80% ④ 30~90%

> **해설**
> 견본품, 전시품, 진열품의 경우 재고자산 종류에 따라 구입가격의 50~80%를 피해액으로 한다.

80 다음 중 "건물 등의 피해액" 산출근거로 옳은 것은?

① 건물 피해액 + 부대설비 피해액

② 건물 피해액 + 부대설비 피해액 + 구축물 피해액

③ 건물 피해액 + 부대설비 피해액 + 구축물 피해액 + 시설 피해액

④ 건물 피해액 + 부대설비 피해액 + 구축물 피해액 + 시설 피해액 + 잔존물 또는 폐기물 등의 제거 및 처리비

해설
건물 등의 피해액 = 건물 피해액 + 부대설비 피해액 + 구축물 피해액 + 시설 피해액 + 잔존물 또는 폐기물 등의 제거 및 처리비

제5과목 **화재조사 관계법규**

81 「소방의 화재조사에 관한 법률」에 따른 화재가 발생하였을 때 화재조사 의무기관으로 옳지 않은 것은?

① 시 · 도지사   ② 소방본부장

③ 소방서장   ④ 소방청장

해설
화재조사의 실시(법 제5조 제1항)
소방청장, 소방본부장 또는 소방서장(이하 "소방관서장"이라 한다)은 화재발생 사실을 알게 된 때에는 지체 없이 화재조사를 하여야 한다. 이 경우 수사기관의 범죄수사에 지장을 주어서는 아니 된다.

82 「소방의 화재조사에 관한 법률 시행령」에 따른 소방관서장이 실시하는 화재조사에 관한 교육훈련 구분에 해당하지 않는 것은?

① 화재조사관 양성을 위한 전문교육

② 전담부서에 배치된 화재조사관을 위한 의무 보수교육

③ 전담부서에 배치된 화재조사관을 위한 수시교육

④ 화재조사관의 전문능력 향상을 위한 전문교육

해설
화재조사에 관한 교육훈련(시행령 제6조 제1항)
소방관서장은 다음 각 호의 구분에 따라 화재조사관에 대한 교육훈련을 실시한다.
1. 화재조사관 양성을 위한 전문교육
2. 화재조사관의 전문능력 향상을 위한 전문교육
3. 전담부서에 배치된 화재조사관을 위한 의무 보수교육

83 「소방의 화재조사에 관한 법률 시행규칙」상 전담부서에 갖추어야 할 감정용 기기를 모두 고른 것은?

가. 가스크로마토그래피
나. 내시경현미경
다. 전기단락흔실험장치
라. 주사전자현미경

① 가, 나, 다

② 가, 나, 라

③ 가, 다, 라

④ 가, 나, 다, 라

해설
내시경현미경은 감식기기에 해당한다.

감정용 기기(21종)
가스크로마토그래피, 고속카메라세트, 화재시뮬레이션시스템, X선 촬영기, 금속현미경, 시편절단기, 시편성형기, 시편연마기, 접점저항계, 직류전압전류계, 교류전압전류계, 오실로스코프(변화가 심한 전기 현상의 파형을 눈으로 관찰하는 장치), 주사전자현미경, 인화점측정기, 발화점측정기, 미량융점측정기, 온도기록계, 폭발압력측정기세트, 전압조정기(직류, 교류), 적외선 분광광도계, 전기단락흔실험장치(1차 용융흔, 2차 용융흔, 3차 용융흔 측정 가능)

84 다음 중 화재조사 시 화재조사기관장의 권한으로 가장 적합한 것은?

① 보험회사와 화재조사협력권
② 화재조사 시 경찰관과 상호협력권
③ 출입검사 시 신분을 증명하는 증표제시권
④ 관계인에 대한 필요한 자료제출 명령권

해설
소방청장, 소방본부장 또는 소방서장은 화재조사를 위하여 필요하면 관계인에게 보고 또는 자료제출을 명할 수 있다.

85 「소방의 화재조사에 관한 법률 시행규칙」상 전담부서에 갖추어야 할 장비의 구분에 해당하지 않는 것은?

① 발굴용구 – 8종
② 기록용 기기 – 13종
③ 감정용 기기 – 21종
④ 화재조사 분석실 – 2종

해설
화재조사 분석실은 전담부서에 갖추어야 할 시설에 해당한다.

86 「소방의 화재조사에 관한 법령」상 명시된 화재조사를 하는 관계공무원이 관계인의 정당한 업무를 방해하거나 화재조사를 수행하면서 알게 된 비밀을 다른 사람에게 누설한 자의 경우의 벌칙 기준은?

① 300만원 이하의 벌금
② 500만원 이하의 벌금
③ 700만원 이하의 벌금
④ 1천만원 이하의 벌금

해설
벌칙(법 제21조)
화재조사를 하는 관계공무원이 관계인의 정당한 업무를 방해하거나 화재조사를 수행하면서 알게 된 비밀을 다른 용도로 사용하거나 다른 사람에게 누설한 사람은 300만원 이하의 벌금에 처한다.

87 「화재조사 및 보고규정」에 따른 용어의 정의에 대한 설명으로 틀린 것은?

① 발화지점이란 열원과 가연물이 상호작용하여 화재가 시작된 지점을 말한다.
② 발화장소란 화재가 발생한 장소를 말한다.
③ "동력원"이란 발화 관련 기기나 제품을 작동 또는 연소시킬 때 사용된 연료 또는 에너지를 말한다.
④ 경년감가율이란 건축, 기계 등의 피해자산의 내용연수 경과에 따른 사용손모 자연손모로 인한 자산가치의 체감을 감액비율로 표시하는 것을 말한다.

해설
경년감가율이란 건축, 기계 등의 피해자산의 내용연수 경과에 따른 사용손모 자연손모로 인한 자산가치의 체감을 정액비율로 표시하는 것을 말한다.

정답 84 ④ 85 ④ 86 ① 87 ④

88 화재건수의 결정방법으로 옳지 않은 것은?

① 1건의 화재란 1개의 발화지점에서 확대된 것으로 발화부터 진화까지를 말한다.

② 동일범이 아닌 각기 다른 사람에 의한 방화, 불장난은 동일 대상물에서 발화했더라도 각각 별건의 화재로 한다.

③ 화재범위가 2 이상의 관할구역에 걸친 화재에 대해서는 관할하는 소방서간 협의 후 결정한다.

④ 동일 대상물에 지진, 낙뢰 등 자연현상에 의한 다발화재가 발생했을 경우 발화점이 2개소 이상이더라도 1건의 화재로 한다.

해설

발화지점이 한 곳인 화재현장이 둘 이상의 관할구역에 걸친 화재는 발화지점이 속한 소방서에서 1건의 화재로 산정한다.

89 「화재조사 및 보고규정」중 화재유형의 구분으로 맞지 않은 것은?

① 건축물·구축물 화재
② 자동차·철도차량 화재
③ 특수화재
④ 임야화재

해설

화재유형(제9조)

화재유형	소손내용
건축·구조물 화재	건축물, 구조물 또는 그 수용물이 소손된 것
자동차·철도차량 화재	자동차, 철도차량 및 피견인 차량 또는 그 적재물이 소손된 것
위험물·가스제조소 등 화재	위험물제조소 등, 가스제조·저장·취급시설 등이 소손된 것
선박·항공기화재	선박, 항공기 또는 그 적재물이 소손된 것
임야화재	산림, 야산, 들판의 수목, 잡초, 경작물 등이 소손된 것
기타화재	위에 해당되지 않는 화재

90 다음 중 화재의 소실 정도의 구분으로 옳지 않은 것은?

① 전소는 건물의 70% 이상이 소실된 경우를 말한다.

② 반소는 건물의 30% 이상 70% 미만이 소실된 경우를 말한다.

③ 부분소는 전소, 반소화재에 모두 해당되는 것이다.

④ 즉소는 화재피해가 적고 즉시 소화된 화재를 말한다.

해설

소실 정도에 따른 화재의 구분(제16조)

• 건축·구조물화재의 구분

전소화재	반소화재	부분소화재
건물의 70% 이상(입체면적에 대한 비율)이 소실된 화재나 그 미만이라도 잔존부분이 보수를 하여도 재사용 불가능한 것	건물의 30% 이상 70% 미만이 소실된 화재	전소·반소 이외의 화재

• 자동차·철도차량, 선박 및 항공기 등의 소실 정도는 건축·구조물화재의 소실 정도 규정을 준용한다.

91 「화재조사 및 보고규정」에서 정하는 건물의 동수 산정에 대한 설명이다. 빈칸에 알맞은 것은?

> - 내화조 건물의 옥상에 목조 또는 방화구조 건물이 별도 설치되어 있는 경우는 ( )으로 한다.
> - 내화조 건물의 외벽을 이용하여 목조 또는 방화구조 건물이 별도 설치되어 있고 건물 내부와 구획되어 있는 경우 ( )으로 한다.
> - 작업장과 작업장 사이에 조명유리 등으로 비막이를 설치하여 지붕과 지붕이 연결되어 있는 경우 ( )으로 한다.

① 다른 동, 다른 동, 다른 동
② 다른 동, 다른 동, 같은 동
③ 다른 동, 같은 동, 같은 동
④ 같은 동, 같은 동, 같은 동

해설
위의 경우는 모두 다른 동으로 건물 동수를 산정한다.

92 다음은 화재조사 보고에 대한 설명이다. 옳지 않은 것은?

① 조사관이 조사를 시작한 때에는 소방관서장에게 지체 없이 화재·구조·구급상황보고서를 작성·보고해야 한다.
② 고층건물화재의 보고기한은 화재발생을 안 날로부터 30일 이내에 하여야 한다.
③ 일반화재의 보고기한은 화재발생을 안 날로부터 15일 이내에 하여야 한다.
④ 조사기간을 초과하여 조사가 필요한 경우 그 사유는 사후보고할 수 있다.

해설
조사보고(제22조)
정당한 사유가 있는 경우에는 소방관서장에게 사전보고를 한 후 필요한 기간만큼 조사 보고일을 연장할 수 있다.

93 다음 중 「제조물 책임법」상의 면책사유가 아닌 것은?

① 제조업자가 당해 제조물을 공급하지 아니한 사실을 입증한 경우
② 제조업자가 당해 제조물을 공급한 때의 과학, 기술 수준으로는 결함의 존재를 발견할 수 없었다는 사실을 입증한 경우
③ 제조물의 결함이 제조업자가 당해 제조물의 결함이 발생할 당시의 법령이 정하는 기준을 준수함으로써 발생한 사실을 입증한 경우
④ 원재료 또는 부품의 경우에는 당해 원재료 또는 부품을 사용한 제조물 제조업자의 설계 또는 제작에 관한 지시로 인하여 결함이 발생하였다는 사실을 입증한 경우

해설
면책사유(제조물 책임법 제4조)
- 법 규정에 의하여 손해배상책임을 지는 자가 다음 어느 하나에 해당하는 사실을 입증한 경우에는 이 법에 의한 손해배상책임을 면한다.
  - 제조업자가 당해 제조물을 공급하지 아니한 사실(제1호)
  - 제조업자가 당해 제조물을 공급한 때의 과학·기술수준으로는 결함의 존재를 발견할 수 없었다는 사실(제2호)
  - 제조물의 결함이 제조업자가 당해 제조물을 공급할 당시의 법령이 정하는 기준을 준수함으로써 발생한 사실(제3호)
  - 원재료 또는 부품의 경우에는 당해 원재료 또는 부품을 사용한 제조물 제조업자의 설계 또는 제작에 관한 지시로 인하여 결함이 발생하였다는 사실(제4호)
- 법의 규정에 의하여 손해배상책임을 지는 자가 제조물을 공급한 후에 당해 제조물에 결함이 존재한다는 사실을 알거나 알 수 있었음에도 그 결함에 의한 손해의 발생을 방지하기 위한 적절한 조치를 하지 아니한 때에는 위의 제2호 내지 제4호의 규정에 의한 면책을 주장할 수 없다.

94 「제조물 책임법」상의 결함에 해당되지 않는 것은?

① 사용상의 결함 ② 표시상의 결함

③ 설계상의 결함 ④ 제조상의 결함

해설
「제조물 책임법」상의 결함은 표시상의 결함, 설계상의 결함, 제조상의 결함이 있다.

95 숙박업을 하는 건물 소유자가 특약부화재보험에 의무가입하여야 할 특수건물 규모에 대한 설명으로 맞는 것은?

① 바닥면적의 합계가 2,000m² 이상인 건물

② 바닥면적의 합계가 3,000m² 이상인 건물

③ 연면적이 2,000m² 이상인 건물

④ 연면적이 3,000m² 이상인 건물

해설
특약부화재보험 가입의무 특수건물

연면적이 1,000m² 이상	국·공유 재산 중 건물 및 부속건물
바닥면적의 합계가 2,000m² 이상	• 다중이용업소(학원, 목욕업, 영화상영관, 게임제공업, 인터넷게임시설제공업, 노래연습장업, 일반·휴게음식점업, 단란주점영업, 유흥주점영업으로 사용하는 건물) • 실내사격장 : 면적제한 없이 의무가입대상
바닥면적의 합계가 3,000m² 이상	숙박업, 대규모 점포로 사용하는 건물, 도시철도시설 중 역사 및 역무시설로 사용하는 건물
연면적이 3,000m² 이상	종합병원 및 병원, 관광숙박업, 공연장, 방송사업 목적 건물, 농수산물도매시장 및 민영농수산물도매시장, 학교, 공장
16층 이상	아파트 및 부속건물
11층 이상 실내사격장	모든 건물

• 옥상부분으로서 그 용도가 명백한 계단실 또는 물탱크실인 경우에는 층수로 산입하지 아니하며, 지하층은 이를 층으로 보지 아니함

• 16층 이상의 아파트 단지 내에 관리주체에 의하여 관리되는 동일한 아파트 단지 안에 있는 15층 이하의 아파트를 포함

• 11층 이상의 건물 중 아파트, 창고, 모든 층을 주차용도로 사용하는 건물, 공제에 가입한 지방자치단체건물 및 지방공기업 소유 건물 제외

96 「화재로 인한 재해보상과 보험가입에 관한 법률」에서 규정한 손해보험회사의 허가권은 누구에게 있는가?

① 금융위원회

② 기획재정부장관

③ 한국화재보험협회

④ 기획재정부

해설
「화재보험업법」 제4조에 따른 화재보험업의 허가는 금융위원회의 허가를 받아야 한다.

97 정당한 사유 없이 소방용수시설 또는 비상소화장치를 사용하거나 소방용수시설 또는 비상소화장치의 효용을 해치거나 그 정당한 사용을 방해한 사람에 대한 벌칙은?

① 5년 이하의 징역 또는 5천만원 이하의 벌금

② 7년 이하의 징역

③ 3년 이하의 금고

④ 1천 5백만원 이하의 벌금

해설
정당한 사유 없이 소방용수시설 또는 비상소화장치를 사용하거나 소방용수시설 또는 비상소화장치의 효용을 해치거나 그 정당한 사용을 방해한 사람은 5년 이하의 징역 또는 5천만원 이하의 벌금에 처한다.

98 손괴죄에 대한 설명으로 옳지 않은 것은?

① 물건의 소재를 불명하게 하여 그 발견을 곤란 또는 불능하게 하는 일체의 행위를 은닉이라 한다.

② 타인의 재물, 문서 또는 전자기록 등 특수 매체기록을 손괴 또는 은닉, 기타 방법으로 효용을 해한 죄를 말한다.

③ 손괴란 물건의 현상(現狀)을 변경시키거나, 그 효용을 감소 또는 감실케 하는 일체의 행위를 말한다.

④ 5년 이하의 징역 또는 1,500만원 이하의 벌금에 처한다.

해설

타인의 재물, 문서 또는 전자기록 등 특수매체기록을 손괴 또는 은닉, 기타 방법으로 효용을 해한 자 3년 이하의 징역 또는 700만원 이하의 벌금에 처한다.

99 다음 중 「실화책임에 관한 법률」에서 손해 배상책임의 면제기준으로 옳은 것은?

① 경과실만 면제한다.

② 중과실만 면제한다.

③ 과실의 경중을 가려 면제한다.

④ 면제는 없다.

해설

과실의 경중에 상관없이 면제되지 않는다.

100 재물손괴죄의 성립요건은?

① 과실범만 처벌

② 고의범과 과실범 모두 처벌

③ 고의범만 처벌

④ 고의 또는 중과실 모두 처벌

해설

화재범죄와 손괴죄의 관계

• 방화죄나 실화죄 규정에 따르면 화재범죄는 고의범과 과실범 모두 처벌 가능하지만 손괴죄는 고의범만 처벌가능하다.

• 과실로 화재가 발생하여 타인의 재물·문서·특수기록매체·공공건조물에 손해가 발생하면 손괴죄가 적용되지 않고, 특별법우선의 원칙에 따라 「실화책임에 관한 법률」이 우선 적용한다.

03 | 실전모의고사

제1과목 화재조사론

01 다음 중 메탄(CH₄)의 연소범위로 옳은 것은?

① 5.0~15.0% ② 2.1~9.5%

③ 1.4~7.6% ④ 4.1~75.0%

해설

가연성 증기의 연소범위

기체 또는 증기	연소범위 (vol%)	기체 또는 증기	연소범위 (vol%)
수 소	4.1~75	에틸렌	3.0~33.5
일산화탄소	12.5~75	시안화수소	12.8~27
프로판	2.1~9.5	암모니아	15.7~27.4
아세틸렌	2.5~82	메틸알코올	7~37
에틸에터	1.7~48	에틸알코올	3.5~20
메 탄	5.0~15	아세톤	2~13
에 탄	3.0~12.5	휘발유	1.4~7.6

02 다음 중 열과 온도에 대한 설명으로 틀린 것은?

① 열은 물체의 온도가 서로 다를 때 한 물체로부터 다른 물체로 전달되는 에너지이다.

② 온도는 열을 표시하는 지표이며, 어떤 기준에 근거한 대상물의 따뜻함이나 차가움에 대한 측정치이다.

③ 1칼로리는 물 1그램의 온도를 섭씨단위로 1도 올리는 데 요구되는 열의 양이다.

④ 열을 포함한 모든 형태의 에너지의 공인된 표준방식 단위는 "칼로리"이다.

해설

열을 포함한 모든 형태의 에너지의 공인된 표준방식 단위는 "Joule(줄)"이다.

03 다음 가연물의 특성 중 옳지 않은 것은?

① 산소와의 친화력이 크다.

② 활성화에너지가 작다.

③ 열전도율이 높다.

④ 표면적이 커야 한다.

해설

가연물의 구비조건

• 활성화에너지가 작을 것 : 화학반응을 일으킬 때 필요한 최소의 에너지(활성화에너지)의 값이 적어야 한다.

• 열전도가 작을 것 : 열의 축적이 용이하도록 열전도의 값이 적어야 한다(열전도율 : 기체 < 액체 < 고체 순서로 커지므로 연소순서는 반대이다).

• 발열량이 클 것 : 산화되기 쉬운 물질로서 산소와 결합할 때 발열량이 커야 한다.

• 친화력이 클 것 : 지연성(조연성) 가스인 산소·염소와의 친화력이 강해야 한다.

• 표면적이 클 것 : 산소와 접촉할 수 있는 표면적이 큰 물질이어야 한다(기체 > 액체 > 고체).

• 연쇄반응이 클 것 : 연쇄반응을 일으킬 수 있는 물질이어야 한다.

• 건조도가 클 것 : 잘 건조된 물질이어야 한다.

• 발열반응을 할 것 : 산소와 반응하여 발열반응을 일으켜야 한다.

04 연소범위가 4.1~75vol%인 수소의 위험도는?

① 15.29　　　② 16.29

③ 17.29　　　④ 18.29

해설

위험도 구하는 공식 : $H = \dfrac{U-L}{L}$ 이므로

$H = \dfrac{75-4.1}{4.1} = 17.29$

(H : 위험도, U : 연소범위 상한계, L : 연소범위 하한계)

05 다음 중 분진폭발의 특성에 대한 설명으로 옳은 것은?

① 가스폭발과 비교하여 연소속도, 폭발압력은 크나 연소시간이 짧고 발생에너지가 작기 때문에 파괴력이 작다.

② 가스폭발보다 최소발화에너지(MIE)는 작다.

③ 최초의 폭발에 의해 인근의 분진이 부유하므로 연쇄폭발이 발생할 수 없다.

④ 가스폭발에 비해 불완전연소가 심하므로 일산화탄소에 의한 중독의 위험이 크다.

해설

분진폭발의 특성

• 연소속도나 폭발압력은 가스폭발에 비교하여 작으나 연소시간이 길고, 에너지가 크기 때문에 파괴력과 타는 정도가 크다. 즉, 발생에너지는 가스폭발의 수 백 배이고 온도는 2,000~3,000℃까지 올라간다. 그 이유는 단위체적당의 탄화수소의 양이 많기 때문이다.

• 폭발의 입자가 연소되면서 비산하므로 이것에 접촉되는 가연물은 국부적으로 심한 탄화를 일으키며 특히 인체에 닿으면 심한 화상을 입는다.

• 최초의 부분적인 폭발에 의해 폭풍이 주위의 분진을 날리게 하여 2차, 3차의 폭발로 파급됨에 따라 피해가 크게 된다.

• 가스에 비하여 불완전한 연소를 일으키기 쉬우므로 탄소가 타서 없어지지 않고 연소 후의 가스상에 일산화탄소가 다량으로 존재하는 경우가 있어 가스에 의한 중독의 위험성이 있다.

06 목재의 노출온도 조건에 따른 균열흔이 발생되는데, 다음 중 균열흔과 온도가 바르게 연결된 것은?

① 완소흔 600~700℃, 강연흔 900℃, 열소흔 1,000℃

② 완소흔 700~800℃, 강연흔 900℃, 열소흔 1,100℃

③ 완소흔 700~800℃, 강연흔 1,000℃, 열소흔 1,200℃

④ 완소흔 600~700℃, 강연흔 800℃, 열소흔 1,000℃

해설

• 완소흔 : 700~800℃의 수열흔. 균열흔은 홈이 얕고 삼각 또는 사각형태

• 강연흔 : 약 900℃의 수열흔. 홈이 깊은 요철이 형성됨

• 열소흔 : 1,100℃의 수열흔. 홈이 아주 깊고 대형 목조건물 화재 시 나타남

• 훈소흔 : 발열체가 목재면에 밀착되어 무염연소 시 발생

07 폭발성에 영향을 미치는 인자에 대한 설명으로 옳지 않은 것은?

① 발열량이 클수록, 휘발성분의 함유량이 많을수록 폭발성이 증가한다.

② 산소와 반응성이 있는 분진은 공기 중에서 산화피막을 형성하므로 노출시간이 길수록 폭발성이 감소한다.

③ 입도가 작을수록 비표면적이 작아지므로 폭발성이 감소하고, 입도가 같은 경우에는 구상, 침상, 평편상 순으로 비표면적이 작아지므로 폭발성이 감소한다.

④ 수분은 분진의 부유성을 억제하게 하고 대전성을 감소시켜 폭발성을 둔감하게 하지만, 마그네슘, 알루미늄 등은 물과 반응하여 수소를 발생시키므로 위험성이 더 높아진다.

평균 입자경이 작고 밀도가 작을수록 비표면적은 크게 되고 표면 에너지도 크게 되어 폭발이 용이해진다. 구상, 침상, 평편상 입자순으로 폭발성이 증가한다.

08 불꽃연소와 작열연소에 대한 설명으로 옳지 않은 것은?

① 불꽃연소는 완전연소하며, 작열연소는 불완전연소한다.
② 불꽃연소는 연쇄반응을 하고, 작열연소는 연쇄반응하지 않는다.
③ 불꽃연소는 저에너지를 나타내고, 작열연소는 고에너지를 나타낸다.
④ 불꽃연소는 작열연소보다 발열량이 크다.

표면화재와 심부화재
• 표면화재 : 가연물 자체로부터 발생된 증기나 가스가 공기 중의 산소와 혼합기를 형성하여 연소하며, 연소속도가 매우 빠르고 불꽃과 열을 내며 연소하므로 일명 불꽃연소라 한다. 불꽃연소(Flaming Combustion)는 불꽃을 내며 연소하며 표면화재, 고에너지 화재이다.
• 심부화재 : 표면화재와 달리 순조로운 연쇄반응이 아닌 가연물・열・공기 등의 화재의 요소만 가지고 가연물이 연소하는 것으로서 연소속도가 느리고 불꽃 없이 연소하며 가연물과 공기의 중간지대에서 연소가 국부적으로 되는 표면연소의 형태를 보이기 때문에 일명 표면연소 또는 작열연소라고 한다. 작열연소(Glowing Combustion)는 불꽃이 없이 주로 빛만을 내면서 연소하며 훈소 또는 무염연소, 심부화재, 저에너지 화재이다.

09 다음 중 연소범위에 영향을 주는 인자가 아닌 것은?

① 온도가 높아지면 연소범위는 넓어진다.
② 압력이 높아지면 연소범위는 넓어진다.
③ 질소나 수증기 등의 불활성 기체가 존재하면 연소범위는 좁아진다.
④ 온도나 압력이 높아지면 물질의 불활성이 증가하여 반응성이 높아진다.

10 다음 연소생성물에 대한 설명으로 틀린 것은?

① 가연물이 연소하게 되면 물질의 화학적 조성이 변하며 이러한 변화는 새로운 물질을 생산하고 에너지를 생성한다.
② 열은 화계의 확산에 큰 영향을 미칠 뿐만 아니라 연소현상, 탈수, 열사병을 일으킨다.
③ 연소하는 가스가 빛을 내는 것을 화염(Flame)이라 한다.
④ 화염은 연소생성물로 간주되지 않는다.

연소하는 가스(Burning Gas)가 빛을 내는 것을 화염(Flame)이라 하며, 적절한 양의 산소와 가연성 가스가 섞이게 되면 그 화염은 더욱 뜨거워지고 적게 발광하게 된다. 이러한 발광력의 손실은 탄소가 보다 완전히 연소함으로써 발생된다. 이러한 이유 때문에 화염은 연소생성물로 간주된다. 물론 이것은 훈소화재와 같이 불꽃을 생성하지 않는 형태의 연소과정에는 나타나지 않는다.

11 산소와 결합하는 산화반응은 하지만 발열반응이 아닌 흡열반응을 하는 물질은 어느 것인가?

① 질 소   ② 헬 륨
③ 네 온   ④ 이산화탄소

질소는 흡열반응을 한다.

12 다음 중 폭열이 발생되는 이유에 대한 설명으로 옳은 것은?

① 응고와 융해　　② 팽창과 수축
③ 연화와 용융　　④ 단열과 압축

> **해설**
> 폭열의 메커니즘은 표면의 팽창과 수축이 각각 다른 부위마다 다른 속도로 일어나는 것이다.

13 목재로 된 건축물이 화재가 발생하여 진화될 때까지의 과정을 설명한 것으로 옳은 것은?

① 무염착화 → 발염착화 → 최성기 → 연소낙하
② 발화 → 무염착화 → 연소낙하 → 진화
③ 무염착화 → 최성기 → 연소낙하 → 진화
④ 발염착화 → 무염착화 → 발화 → 진화

> **해설**
> 목재로 된 건축물이 화재가 발생하여 진화될 때까지의 과정은 무염착화 → 발염착화 → 최성기 → 연소낙하 순이다.

14 인화성 액체의 연소점, 인화점, 발화점의 온도 순서를 바르게 배열한 것은?

① 연소점 > 인화점 > 발화점
② 인화점 > 발화점 > 연소점
③ 인화점 > 연소점 > 발화점
④ 발화점 > 연소점 > 인화점

> **해설**
> • 인화점 : 연소범위에서 외부의 직접적인 점화원에 의하여 인화될 수 있는 최저온도, 즉 공기 중에서 가연물 가까이 점화원을 투여하였을 때 불이 붙는 최저의 온도
> • 발화점(착화점, 발화온도) : 외부의 직접적인 점화원이 없이 가열된 열의 축적에 의하여 발화가 되고 연소가 되는 최저의 온도

• 연소점 : 연소상태가 계속될 수 있는 온도로 인화점보다 대략 10℃ 정도 높은 온도로서 연소상태가 5초 이상 유지될 수 있는 온도
∴ 인화점 < 연소점 < 발화점

15 최초 연소 부위 판정에서 고려해야 할 사항이 아닌 것은?

① 연소형태
② 소화과정, 소화방법(주수에 의한 변색 등)
③ 목격자의 진술
④ 관계자의 진술, 의견

> **해설**
> 관계자의 진술, 및 의견은 질문기록 등 차후에 진행되는 사항이다.

16 다음 중 바람직한 화재조사관의 자세는?

① 개인의 민사관계에 관여하지 않도록 한다.
② 화재조사관의 주관적 의식이 뚜렷해야 한다.
③ 화재조사관 개인적인 생각을 토대로 유추하여 원인을 밝히려고 노력한다.
④ 화재조사관 경험치에 의존하여 원인을 판단한다.

> **해설**
> 화재조사관의 자세
> • 화재조사의 시작부터 끝까지 물적 증거를 객체로 하여 과학적이고 합리적 방법으로 원인을 밝히고 재산피해를 산정하여야 한다.
> • 관련법에 부여된 권리와 의무를 초과하여 조사를 실시해서는 안 된다.
> • 부당하게 개인의 권리를 침해하고 자유를 제한하지 않아야 한다.
> • 개인의 민사관계에 관여하면 안 된다.
> • 편파적인 선입견은 절대 피해야 한다.
> • 화재에 직접적인 지식과 관련분야의 학문과 기술 습득에 끊임없이 노력해야 한다.

17 연소의 방향성에 대한 설명으로 옳지 않은 것은?

① 수직벽면에 역삼각형의 모양이 발견되면 그 하부에서 연소가 진행된 것이다.
② 연소의 수평방향은 탄화심도가 얕은 곳에서 깊은 쪽으로 진행된 것이다.
③ 연소의 경계면의 기울기가 수평방향인 경우 상부에서 연소가 진행된 것이다.
④ 목재는 먼저 연소한 쪽으로 도괴하는 것이 일반적이다.

해설
연소의 수평방향은 탄화심도가 깊은 곳에서 얕은 쪽으로 진행된 것이다.

18 다음 중 내화조 건물 내에서 연소확대의 경우가 아닌 것은?

① 창을 통한 상층으로의 연소확대
② 출입문 등 개구부로부터의 연소확대
③ 공조설비의 덕트류로부터의 연소확대
④ 바람에 의한 비화로 연소확대

해설
①·②·③ 외에 내화조 건물 외벽의 커튼월식 공법에서 바닥판과 외벽면과의 틈이 생겨 연소확대된 사례도 있다.

19 화재 시 발생되는 독성 가스의 종류가 아닌 것은?

① CO
② CO_2
③ HCN
④ NO_2

해설
불연성 가스에는 질소, 이산화탄소가스 등이 있다.

20 다음 중 연소의 성질이 다른 것끼리 연결된 것은?

① 나프탈렌($C_{10}H_8$) – 파라핀(양초)
② 목탄 – 코크스
③ 황(S) – 메탄(CH_4)
④ 니트로셀룰로오스(NC) – 트리니트로페놀 (TNP)

해설
고체의 연소현상
• 표면연소(직접연소) : 고체 가연물이 열분해나 증발하지 않고 표면에서 산소와 급격히 산화반응하여 연소하는 현상
  예 목탄, 코크스, 금속(분·박·리본 포함)
• 증발연소 : 고체 가연물이 열분해를 일으키지 않고 증발하여 증기가 연소되거나 먼저 융해된 액체가 기화하여 증기가 된 다음 연소하는 현상
  예 황(S), 나프탈렌($C_{10}H_8$), 파라핀(양초)
• 분해연소 : 고체 가연물을 가열하면 열분해를 일으켜 나온 분해가스 등이 연소하는 형태
  예 일산화탄소(CO), 이산화탄소(CO_2), 수소(H_2), 메탄(CH_4)
• 자기연소(내부연소) : 가연물이 물질의 분자 내에 산소를 함유하고 있어 열분해에 의해서 가연성 가스와 산소를 동시에 발생시키므로 공기 중의 산소 없이 연소할 수 있는 것
  예 제5류 위험물 : 니트로셀룰로오스(NC), 트리니트로톨루엔(TNT), 니트로글리세린(NG), 트리니트로페놀(TNP)

21 발화점이 낮으며 물과 반응하여 가연성 기체를 발생하고 폭발적으로 연소반응을 하는 물질에 속하지 않는 것은?

① 탄화칼슘　　　② 칼 륨
③ 탄산칼슘　　　④ 인화알루미늄

해설
탄산칼슘은 분진폭발을 일으키지 않는 대표적인 물질이다.
① $CaC_2 + 2H_2O \longrightarrow Ca(OH)_2 + C_2H_2$
② $2K + 2H_2O \longrightarrow 2KOH + H_2$
④ $AlP + 3H_2O \longrightarrow Al(OH)_3 + PH_3$

22 다음 중 정전기 발화과정을 옳게 도시한 것은?

① 전하발생 → 전하축적 → 방전 → 발화
② 전하발생 → 방전 → 전하축적 → 발화
③ 전하축적 → 전하발생 → 방전 → 발화
④ 전하축적 → 방전 → 전하발생 → 발화

23 자연발화의 특성에 대한 설명으로 옳지 않은 것은?

① 동식물유의 경우 일반적으로 불포화도가 높을수록 자연발화성은 증가한다.
② 건성유는 아이오딘값이 130 이상인 유지를 의미하며 자연발화성이 크다.
③ 동식물유는 가연성의 섬유류, 금속분말 등과 혼합된 상태에서는 자연발화성이 일반적으로 증가한다.
④ 가솔린, 등유 등은 인화점이 낮기 때문에 자연발화성이 크다.

해설
• 동식물유의 주성분은 글리세린($C_3H_8O_3$)과 지방산 에스터로 지방산은 포화지방산과 불포화지방산이고, 대부분의 유지는 이들 혼합물이다.
• 유지는 일반적으로 불포화지방산기의 이중결합을 갖는 정도에 따라 산소를 흡수하고, 산화 건조되면 건조성을 나타내는 것으로서 아이오딘가가 큰 유지일수록 산화되기 쉽고, 위험성이 크다.
• 아이오딘가가 100 이하를 불건성유, 100~130을 반건성유, 130 이상을 건성유라고 한다.
• 유지류는 담체로서 섬유류와 톱날, 금속분, 활성백토 등의 분체 이외에 다공성 물질의 표면에 부착하여서 공기와의 단위체적당 표면적을 증가시켜서 산화가 촉진된다.
• 잠열이 존재하고 대량퇴적 조건하에서는 산화에 의하여 생긴 열이 축적되기 쉬운 상태에 있으므로 한층 산화가 촉진되어 발화되기 좋은 조건을 초래한다.

24 건물 외부의 공기가 건물 내 공기보다 따뜻할 때 건물 내에서 하향으로 공기가 이동하는 것을 무엇이라고 하는가?

① 굴뚝효과　　　② 역굴뚝효과
③ 공기순환작용　　　④ 부 력

해설
외기가 빌딩 내의 공기보다 따뜻할 때 건물 내에서 하향으로 공기가 이동하는 것을 역굴뚝효과라 한다.

25 다음 중 방화감식의 특징이 아닌 것은?

① 자살방화의 특징은 연소면적이 넓고 탄화심도가 깊지 않다.
② 부부싸움 등으로 인한 방화의 특징으로 현장에서 유서가 발견되지 않는다.
③ 초기에 연소물이 떨어져 유류 잔해를 덮고 있는 부분을 수거해야 한다.
④ 자살방화는 계획적이기보다는 우발적으로 실행한다.

해설
자살방화는 우발적이기보다는 계획적으로 실행한다.

26 다음은 연기의 이동에 대한 설명이다. 옳지 않은 것은?

① 내화건물에서는 중성대는 상하층 개구부의 크기, 냉난방에 의해서도 그 위치가 달라진다.

② 수평방향 이동속도는 약 0.5m/sec 정도로 인간의 보통 보행속도보다 빠르다.

③ 수직방향 이동속도는 약 2~3m/sec로 인간의 보행속도보다 빠르다.

④ 팽창에 의해 찬 공기는 건물 안으로 이동하고 뜨거운 공기는 밖으로 배출된다.

해설
건물 내에서 연기의 확산속도는 수평방향으로 약 0.5m/sec 정도로 인간의 보행속도(1.0~1.2m/sec)보다 늦다.

27 다음은 폴리염화비닐(PVC)에 대한 설명이다. 옳지 않은 것은?

① 플라스틱 중 밀도가 가장 낮으며 생산량이 가장 많다.

② 경질 폴리염화비닐은 수도관이나 화학공장용 배관 및 건축재료로도 사용된다.

③ 범용플라스틱으로서 분자 내에 염소를 함유하고 있기 때문에 다른 플라스틱류에 비하여 난연성이 우수하다.

④ 내산성, 내알칼리성, 내수성이 우수하고 착색이 자유롭다.

해설
• 구조 및 특성 : 폴리염화비닐$[-(-CH_2-CH-)_n-]$
                                 |
                                Cl
염화비닐은 bp가 −14℃로 기체이며 아세틸렌을 원료로 하는 방법과 이염화에틸렌을 원료로 하는 방법이 있다. PVC는 분자 내부에 염소원자를 함유하고 있기 때문에 PE나 PP에 비하여 난연성을 갖고 원자간력이 강하기 때문에 기계적 물성 또한 일반 플라스틱에 비하여 우수하다.

• 성질 : 염화비닐수지에 가소제를 가하지 않은 것을 경질염화비닐이라 하고 30% 정도의 가소제를 첨가한 것을 연질염화비닐이라 하며 비중은 1.31~1.45이고 연화온도는 65~80℃이다. 내산성, 내알칼리성 및 내수성이 우수하고 투명하며 착색이 자유롭다.

• 비중이 가장 작은 플라스틱은 폴리프로필렌으로서 0.90~0.92이다.

28 다음 중 원격발화를 일으킬 수 있는 화재패턴으로 알맞은 것은?

① V 패턴

② 포어 패턴

③ 모래시계 패턴

④ 트레일러 패턴

해설
트레일러 패턴(Trailer Pattern)
• 특징 : 가연물이 선형으로 연결되어 불이 연속적으로 진행되는 패턴, 일종의 "화재 경로"
• 발생 원리 : 불꽃이 가연물을 따라 이동하며 연속적으로 화재가 확산됨
• 원격발화 : 가능성 높고 연결된 가연물을 통해 원거리에서 2차 발화 또는 원격발화를 유도할 수 있음

29 다음 행위 중에서 화재를 일으킬 가능성이 가장 높은 것은?

① 칼륨을 석유에터 속에 넣어 둔 채로 보관했다.

② 진한 질산과 아세틸렌을 혼촉시켰다.

③ 황린을 찬물과 접촉시켰다.

④ 알킬알루미늄 저장 시 아르곤 가스를 봉입했다.

해설
진한 질산과 아세틸렌을 혼촉시키면 질산 속에 있는 산소에 의하여 연소가 된다. 칼륨은 금수성 물질이기 때문에 석유에터(펜탄, 헥산 등) 속에 보관해야 하고 황린은 발화온도(약 30℃)가 낮기 때문에 물속에 보관한다. 알킬알루미늄은 유기금속화합물로서 가연성 증기 발생을 억제하기 위하여 저장 시 아르곤 가스를 봉입한다.

30 다음 중 분진폭발을 할 수 있는 미분상태인 가연물의 크기로 옳은 것은?

① 100mesh ② 200mesh

③ 300mesh ④ 400mesh

해설

분진폭발을 할 수 있는 미분상태인 가연물의 크기는 200mesh($76\mu m$) 이하여야 한다.

31 다음의 석유화학 물질 중 분자 내부에 산소를 함유하고 있는 것은?

① 톨루엔 ② 벤 젠

③ 크실렌 ④ 크레졸

해설

톨루엔($C_6H_5CH_3$), 벤젠(C_6H_6), 크실렌[$C_6H_4(CH_3)_2$], 크레졸($C_6H_4CH_3OH$)

32 다음 중 발화원인 판정을 위한 종합적 방법론에 대한 내용으로 옳지 않은 것은?

① 사진 촬영, 증거 확인, 목격자의 진술 등은 사전에 마련된 절차에 따르거나 동시에 수행될 수 있다.

② 일반적으로 발화지점 결정은 정해진 순서에 따라 진행되며, 동시에 취해질 수도 있다.

③ 화재패턴 확인을 통해 발화지역은 초기에 결정될 수도 있다.

④ 발화부 주변에 화재패턴은 반드시 형성되기 때문에 확인에 주력해야 한다.

해설

화재현장 표면에는 화재로 인해 생성된 모든 화재패턴이 형성되어 있다. 하지만 소방활동으로 인해 이러한 패턴이 변경되거나 파괴되었을 경우도 있다.

33 pH = 4인 수용액의 H^+는 pH = 6인 수용액의 H^+의 몇 배인가?

① 0.01 ② 100

③ 10 ④ 1,000

해설

$pH = -\log[H^+]$

$4 = -\log[H^+] \rightarrow [H^+] = 10^{-4}$

$6 = -\log[H^+] \rightarrow [H^+] = 10^{-6}$

$\therefore 10^{-4-(-6)} = 10^2 = 100$배

34 다음 중 리프팅의 원인과 관련이 없는 것은?

① 버너의 염공에 먼지 등이 부착하여 염공이 작아졌을 때

② 가스의 공급압력이 지나치게 낮은 경우

③ 노즐구경이 지나치게 클 경우

④ 공기조절기를 지나치게 열었을 경우

해설

리프팅(Lifting)

염공에서의 가스유출속도가 연소속도보다 빠르게 되었을 때, 가스는 염공에 붙어서 연소하지 않고 염공을 이탈하여 연소한다. 원인으로는 다음과 같다.

• 버너의 염공에 먼지 등이 부착하여 염공이 작아졌을 때

• 가스의 공급압력이 지나치게 높은 경우

• 노즐구경이 지나치게 클 경우

• 가스의 공급량이 버너에 비해 과대할 경우

• 연소폐가스의 배출이 불충분하거나 환기가 불충분함에 따라 2차 공기 중의 산소가 부족한 경우

• 공기조절기를 지나치게 열었을 경우

35 인화알루미늄이 수분과 반응하여 발생할 수 있는 가연성 가스는?

① 수 소 ② 메 탄

③ 에 탄 ④ 포스핀

해설

$AlP + 3H_2O \rightarrow Al(OH)_3 + PH_3$

36 다음 중 탄화심도 측정에 대한 설명으로 옳지 않은 것은?

① 가늘어서 측정이 불가능한 것은 절단 후 목질부 잔존경 측정에 준하여 비교한다.

② 나무가 완전 소실된 경우 남아 있는 잔존물의 깊이만 측정하여 판단한다.

③ 수직재와 수평재를 구별하고 재질이나 굵기에 따라 차별 측정한다.

④ 중심부까지 탄화된 것은 원형이 남아 있더라도 완전연소된 것으로 본다.

해설
나무가 완전 소실된 경우 남아 있는 잔존물을 측정하고 이를 바탕으로 소실된 단면까지 감안하여 산정한다.

37 자연발화의 위험도가 가장 낮은 것은?

① 대두유
② 동·식물유를 함유한 절삭유
③ 함유백토
④ 가솔린

해설
동·식물유가 자연발화의 위험이 높고 석유류는 자연발화의 위험이 적다.

38 다음 중 물질의 연소특성으로 옳은 것은?

① 석고벽면이 열에 노출되면 선홍색으로 변색되고 탈수되어 부서진다.

② 열가소성 플라스틱의 용융은 약 93~400℃ 범위이다.

③ 알루미늄은 용융점이 약 350~400℃ 사이로 다른 금속에 비하여 용융점이 낮다.

④ 폭열은 인화성 액체가 있었다는 것을 알려주는 표시가 된다.

해설
① 석고벽면이 화열에 노출되면 석고의 색상이 옅은 회색빛에서 조금 다른 색상으로 변색이 발생할 수 있다.

③ 알루미늄은 용융점이 약 500~600℃ 사이로 다른 금속에 비하여 용융점이 낮기 때문에 화재 초기에 수열을 받는 방향으로 경사각을 이루며 용융된다.

④ 폭열은 인화성 액체가 있었다는 것을 알려주는 표시가 될 수 없다.

39 화학화재 기기분석의 장점이 아닌 것은?

① 분석이 신속하다.
② 조작이 간단하고 훈련기간이 짧다.
③ 복잡한 시료가 분석가능하다.
④ 초미량 분석이 가능하다.

해설
화학화재 기기분석은 조작이 복잡하고 분석에도 많은 시간이 소요된다.

40 다음 중 담뱃불이 유염연소하기 쉬운 풍속의 범위로 가장 옳은 것은?

① 1.1m/sec ② 1.5m/sec
③ 2.0m/sec ④ 2.3m/sec

해설
담뱃불이 연소하기 쉬운 최적의 풍속은 1.5m/sec 이다.

36 ② 37 ④ 38 ② 39 ② 40 ② **정답**

41 증거물 보관용기 봉인에 대한 설명으로 옳지 않은 것은?

① 강철 페인트 통이나 유리병과 같은 증거 수집 용기의 상호교차 오염을 방지하여야 한다.

② 증거물을 공급자로부터 받은 즉시 봉인한다.

③ 증거 수집 용기는 증거 수집 현장에서 저장되어 운반되는 동안 계속 봉인되어 있어야 한다.

④ 수집장소에서 증거 수령 시부터 실험실 조사를 할 때까지 증거물 용기는 봉인된 상태이어야 한다.

해설

증거 수집 용기는 수집장소(Collection Point)에서 증거를 수집할 때만 개봉한 후에 즉시 밀폐하고 실험실에서 조사할 때까지 다시 봉인해 두어야 한다. 증거 수령 시부터가 아니라 증거물 수집 즉시이다.

42 물적 증거물의 형태에 대한 설명으로 옳지 않은 것은?

① 연소환경에 따라 달라진다.

② 연소 후의 잔해형태도 달라진다.

③ 시멘트, 철근과 같은 불연재는 화재 후 물적 형태를 남기지 않는다.

④ 그을음에의 오염형태도 물적 증거물이다.

해설

불연재일지라도 시멘트의 회화, 철근의 수열형태 등 화재 후 물적 형태를 남긴다.

43 무조건 중앙부만 측광해서 노출을 결정하는 방식은?

① 중앙 중점 평균측광

② 스팟(Spot)측광

③ 부분측광

④ 평가(다분할)측광

해설

측광방식

측광은 빛의 양을 측정한다는 의미로 촬영하고자 하는 풍경·인물 등 피사체들의 밝고 어두움을 측정하는 뜻이다.

• 평가(다분할)측광 : 화면 전체를 부분(4~64 또는 그 이상)으로 나누어 측광하는 방식으로 분할된 각 셀의 빛의 감도를 측정, 즉 전체 화면의 평균값을 계산하여 적정 노출 값을 얻어내는 측광 방식이다. 거의 모든 피사체(풍경, 인물, 정물 등)에 효과적인 범용으로 사용된다.

• 부분측광 : 무조건 중앙부만 측광해서 노출을 결정하는 방식, 대략 중앙부 8~9.5%를 측광해서 그 부분에 노출을 맞추는 모드로 스팟측광보다 범위가 살짝 높다.

• 스팟(Spot)측광 : 피사체가 어두울 경우 아주 작은 범위(중앙부의 2.5~4%)를 측광하는 방식으로 쉽게 말하면 좀 더 세밀하게 부분의 노출을 찾는 방법이다. 역광사진이나 촛불사진 등에 적합하다.

44 다음 중 법의학적 증거물이 아닌 것은 어느 것인가?

① 도구의 흔적   ② 머리카락

③ 화재패턴   ④ 필 적

해설

법의학적 물리적 증거물에는 손가락 및 손바닥, 지문, 피와 타액과 같은 체액, 머리카락 및 섬유, 신발자국, 도구의 흔적, 흙 및 모래, 나무 및 톱밥, 유리, 페인트, 금속, 필적, 의심되는 문서 및 일반적인 형태의 흔적이 포함된다.

45 화재현장에서 발견한 금속류의 물적 증거물에 대한 설명으로 틀린 것은?

① 일반적으로 금속의 만곡 정도가 수열 정도와 반비례한다.
② 철기둥의 경우 수열을 받는 반대 방향으로 휜다.
③ 화재열을 받은 금속은 용융하기 전에 자중 등으로 인해 좌굴한다.
④ 화재현장에서 금속의 종류를 알더라도 화재 시 대략적인 온도는 알 수 있다.

해설
금속류의 물적 증거물
• 일반적으로 금속의 만곡 정도가 수열 정도와 비례한다.
• 철기둥의 경우 수열을 받는 반대 방향으로 휜다.
• 화재열을 받은 금속은 용융하기 전에 자중 등으로 인해 좌굴한다.
• 금속에 따라 용융온도 등이 다르므로 화재현장에서 금속의 종류를 파악할 수 있으면 대략적인 온도를 알 수 있다.

46 증거물 주석 도금 캔에 대한 설명으로 옳지 않은 것은?

① 캔은 사용 직전에 검사한다.
② 캔이 새거나 녹슨 경우 폐기한다.
③ 화학약품 증거물 수거 시 주석 캔이 없을 경우 금속 캔을 사용한다.
④ 주석 도금 캔(CAN)은 1회 사용 후 반드시 폐기한다.

해설
화학약품일 경우 금속 캔을 사용할 경우 용기가 손상될 수 있어 주석 도금 캔을 대체해서 사용할 수 없다.

47 화재현장에 있는 손잡이 및 스위치 조사 시 유의사항으로 옳지 않은 것은?

① 스위치가 부서지거나 화재 이후의 최초위치를 찾기가 불가능해지는 경우가 있다.
② 손잡이 및 스위치들은 플라스틱 등으로 많이 만들어지는데 열에 노출되었을 때 매우 잘 부서질 수 있다.
③ 손잡이 및 스위치 위치가 바뀌면 최초 상태가 변경되어 원인조사에 오해를 불러 일으킬 수 있다.
④ 손잡이 및 스위치와 같은 요소들의 위치는 조사하는 데 있어, 특히 화재 발화 시나리오나 가설 수립에 매우 중요한 요소들이다.

해설
스위치가 부서지거나 화재 이후에 최초위치를 찾기가 어려워지기는 하지만 기기분해 조사 및 X-Ray 투시기 조사를 통하여 위치를 추정할 수도 있다.

48 다음 중 카메라에 대한 설명으로 옳지 않은 것은?

① 렌즈에 45~135mm로 표시된 경우 앞에 표시된 숫자 45는 망원을 의미한다.
② 비디오카메라는 피사체를 전기적 신호로 변환시켜 재현한 장치이다.
③ 광학카메라는 필름을 이용하여 촬영한 사진을 인화해서 이용할 수 있는 것으로 화질이 가장 뛰어난 편이다.
④ 디지털카메라는 광학카메라에 의한 촬영 사진보다 선명도가 다소 떨어지나 화재 증거사진으로 별문제 없다.

해설
렌즈에 45~135mm로 표시되어 있을 경우 앞에 표시된 숫자(45)는 광각을 말하며, 뒤에 있는 숫자(135)는 망원을 의미한다. 135 ÷ 45 = 3이므로 3배줌을 의미한다.

49 화재열에 의한 유리파손 형태에 대한 설명으로 맞지 않은 것은?

① 수열측이 보다 많이 낙하한다.
② 수열 정도가 클수록 크게 금이 간다.
③ 약간 둥글고 매끄럽다.
④ 조개껍질모양 박리는 고온일수록 많고 깊다.

해설

화재열에 의한 파손 형태

유리의 수열영향 형태	감식내용
낙하방향	유리는 수열측이 보다 많이 낙하한다.
표면의 조개껍질모양 박리	조개껍질모양 박리는 고온일수록 많고 깊다.
금이 가는 상태	유리는 수열정도가 클수록 작게 금이 간다.
용융상태	수열정도가 클수록 용융범위가 많아진다.
깨진모양	약간 둥글고 매끄러운 반면, 폭발은 날카롭다.

50 다음 중 소사체에 관한 설명으로 옳지 않은 것은?

① 화재현장에서 발견된 시체를 말한다.
② 일산화탄소나 유독가스에 의한 질식으로 사망했더라도 불에 타면 소사체이다.
③ 화상으로 사망한 것을 화상사라 한다.
④ 소사체는 소사한 것을 비롯하여 다른 원인에 의해 사망한 후 탄화된 시체도 포함한다.

해설

소사체

단지 불에 탄 채 발견된 시체로서 사인이 소사인 시체라는 것과는 다르다. 사인이 소사인 것을 비롯하여 다른 원인으로 사망한 후 탄 시체도 포함된다. 비록 화재현장에서 발견되었더라도 타지 않은 경우는 포함되지 않는다.

51 다음 물리적 증거물 수집방법 결정요인에 대한 설명으로 옳지 않은 것은?

① 물리적 상태 : 물리적 증거물의 상태가 고체 또는 액체인지, 기체인지 물리적 상태를 반드시 확인하여 증거물 수집방법을 결정한다.
② 물리적 특성 : 물리적 증거물의 위치, 가격, 사용가능 여부 등 물리적 특성을 화재조사관이 파악하여 증거물 수집방법을 결정한다.
③ 파손성 : 물리적 증거물이 부서지거나, 손상되거나 변하는 정도 등 증거물의 파손성을 고려하여 증거물 수집방법을 결정한다.
④ 휘발성 : 액체 및 기체 증거물은 쉽게 증발될 수 있음으로 물리적 증거물이 증발되는 정도를 고려하여 증거물 수집방법을 결정한다.

해설

화재조사관은 물리적 증거물의 크기, 모양 및 무게 등 물리적 특성을 파악하여 증거물 수집방법을 결정한다.

52 물리적 증거물 기록의 목적에 대한 기술로 틀린 것은?

① 물리적 증거의 발견 당시 원래 위치를 확인하기 위해서이다.
② 증거물의 상태 및 화재조사 원인과의 관계를 확인하기 위해서이다.
③ 물리적 증거물이 오염되었거나 이동되었는지 확인하기 위해서이다.
④ 화재와 관련된 문서 및 일반적인 형태의 흔적 등 다양한 증거물을 확보하기 위해서이다.

해설

물리적 증거물 기록의 목적은 원래 위치확인, 원인과의 관계확인, 오염 및 이동 여부 확인이다.

53 「화재증거물수집관리규칙」에 규정된 증거물 보관·이동에 관한 설명이다. 옳지 않은 것은?

① 증거물은 수집 단계부터 검사 및 감정이 완료되어 반환 또는 폐기되는 전 과정에 있어서 화재조사자 또는 이와 동일한 자격 및 권한을 가진 자의 책임하에 행해져야 한다.

② 증거물의 보관 및 이동은 장소 및 방법, 책임자 등이 지정된 상태에서 행해져야 된다.

③ 증거물은 화재증거 수집의 목적달성 후에는 전용함에 보관하여 보전한다.

④ 증거물의 보관은 전용실 또는 전용함 등 변형이나 파손될 우려가 없는 장소에 보관해야 한다.

해설

조사가 완료된 증거물의 보관은 관할 소방서장이 보관하여야 한다.

증거물 보관·이동(화재증거물수집관리규칙 제6조)
• 증거물은 수집 단계부터 검사 및 감정이 완료되어 반환 또는 폐기되는 전 과정에 있어서 화재조사자 또는 이와 동일한 자격 및 권한을 가진 자의 책임하에 행해져야 한다.
• 증거물의 보관 및 이동은 장소 및 방법, 책임자 등이 지정된 상태에서 행해져야 되며, 책임자는 전 과정에 대하여 이를 입증할 수 있도록 다음 사항을 작성하여야 한다.
 – 증거물 최초상태, 개봉일자, 개봉자
 – 증거물 발신일자, 발신자
 – 증거물 수신일자, 수신자
 – 증거 관리가 변경되었을 때 기타사항 기재
• 증거물의 보관은 전용실 또는 전용함 등 변형이나 파손될 우려가 없는 장소에 보관해야 하고, 화재조사와 관계없는 자의 접근은 엄격히 통제되어야 하며, 보관관리 이력은 별지 제3호 관련 서식에 따라 작성하여야 한다.
• 증거물은 화재증거 수집의 목적달성 후에는 관계인에게 반환하여야 한다. 다만 관계인의 승낙이 있을 때에는 폐기할 수 있다.

54 증거물들이 지니고 있는 단편적인 정보를 서로 연관되는 사실끼리 연결시켜 전체 사건을 구성하는 기법은 무엇인가?

① 마인드매핑
② 타임라인
③ 아크매핑
④ 플로차트(Flow Chart)

해설

마인드매핑
증명해주는 개별적인 화재증거물들을 연관성이 있는 정보끼리 연결하여 분석 및 재구성하여 지도를 그리듯 화재원인 추론을 전체적으로 그림을 그리는 과정을 말한다.

55 액체 촉진제의 물리적 증거 수집 시 고려사항으로 옳지 않은 것은?

① 액체 촉진제는 대부분의 구조부, 내부 마감재 및 기타 화재 잔해에 쉽게 흡수되므로 물질 내부에 흡수되었는지 확인한다.

② 액체 촉진제는 물과 접촉했을 때 물보다 가벼우므로 물 위에 뜰 수 있으니 기름띠가 있는지 확인한다.

③ 화재현장에서 기름띠 발견 시 가솔린, 알코올류 액체 촉진제가 사용되었음을 의심하여야 한다.

④ 살균한 면봉이나 거즈 패드를 이용하여 액체를 흡수 수집하고 액봉 용기에 봉해 검증과 시험을 위한 연구소에 물증으로써 제출한다.

해설

알코올류의 액체 촉진제는 물에 희석될 수 있어 기름띠가 형성되지 않는다.

56 다음의 내용 중에서 타임라인(Time Line)을 구성하기 위한 하드타임(Hard Time)으로 볼 수 없는 것은?

① 화재가 시작된 시각
② 무인경비설비가 화재를 감지한 시각

③ 소방서에 화재가 신고된 시각

④ 화재의 진압이 종료된 시각

해설

화재가 시작된 시간은 조사를 통하여 추론하는 것이다.

57 다음 중 발화성 액체 표본의 채취방법에 대한 설명으로 옳지 않은 것은?

① 물증에 접근이 용이할 경우에는 새 주사기, 피펫, 사이펀 도구를 사용하여 액체를 채취할 수 있다.

② 증거물 오염을 방지하기 위하여 증거물 용기 자체를 통해 액체를 채취하는 행위는 금지하여야 한다.

③ 살균한 면봉이나 거즈 패드로 액체를 흡수하는 데 사용할 수 있다.

④ 거즈 패드 및 살균한 면 솜덩이에 흡수되기 때문에 흡수된 내용물은 밀폐 용기에 봉인되어야 하고 중요한 물리적 증거이므로 검사 및 연구소에 보내져야 한다.

해설

물증에 접근이 가능하면, 액체 촉진제는 새 주사기, 피펫, 점안기 흡입기구로 증거물 용기에 수집한다.

사이펀 도구와 점안기 흡입기구의 차이

구 분	사이펀 도구	점안기 흡입기구
원 리	중력·압력 차 이용	흡입구로 공기압 차 이용
채취 가능 양	상대적으로 많음	소 량
정확도	정밀하지 않음	정밀함
사용 목적	대량 시료 이동	소량 시료 정밀 채취
장 점	빠르고 효율적	정밀하고 휘발성 손실 최소화
단 점	정량 채취 어렵고 휘발 손실 가능	다량 채취 비효율적

58 다음 중 가스중독에 의한 일반적인 인체영향을 나타낸 것으로 옳지 않은 것은?

① 산소농도가 15% 이하로 떨어지면 근육이 경직된다.

② 일산화탄소의 농도가 100ppm이면 혼수상태에 빠지게 된다.

③ 14%~10%로 떨어지면 판단력을 상실하고 피로가 빨리 온다.

④ 10%~6%이면 의식을 잃지만 신선한 공기 중에서 소생할 수 있다.

해설

일산화탄소의 농도가 100ppm이면 1시간 노출은 허용되며 심한 운동을 할 경우 가벼운 두통을 느끼게 된다.

59 사후강직에 대한 설명으로 가장 옳은 것은?

① 처음에 몸통·머리 근육에서 손·발·팔다리 소근육 순으로 몸 전체로 진행한다.

② 죽기 직전에 고도로 사용된 근육일수록 경직이 약하게 일어난다.

③ 온도가 높으면 발생이 늦고 완화는 빠르다.

④ 근육이 잘 발달한 사체일수록 강하고 길다.

해설

사후강직(死後强直)

• 사후 근육이완의 시기가 지나면, 전신의 근육이 굳어지는 현상

• 처음에는 손·발·팔다리 소근육에서 몸통·머리 순으로 몸 전체로 진행

• 사후 12시간을 전후해서 최고에 달하고 1~2일 이 상태가 이어져 발현순서에 따라서 완화(緩和)되고 2~7일에 완전히 풀림

• 사후강직은 근육이 잘 발달한 사체일수록 강하고 길며 온도가 높으면 일찍 발생하고 완화도 빠르며, 죽기 직전에 고도로 사용된 근육일수록 경직이 강하게 일어남

• 무릎이 당겨져 있거나 두 팔이 위로 올라가 있으면 살해 후 이동한 것으로 추측

60 화재현장에서 발견한 물적 증거물 중 충격에 의한 유리의 파손패턴에 대한 설명으로 틀린 것은?

① 리플마크는 충격의 강도를 나타내므로 파괴도구를 알 수 있다.

② 파괴기점 부분에 경면이 형성되고 파단면에 리플마크가 형성된다.

③ 충격방향 감식으로 화재 전·후인지를 파악할 수 있다.

④ 충격지점을 중심으로 방사상 파괴형태를 나타낸다.

해설
리플마크는 충격방향을 나타내므로 창문의 파괴형태 관찰로 탈출을 위한 내부에서의 충격에 의한 파손인지, 소방관에 의한 외부에서의 파손인지 혹은 오염상태로 보아 화재 전·후인지를 파악할 수 있다.

제4과목 **화재조사보고 및 피해평가**

61 화재조사에 필요한 사항 중 적당하지 않은 것은?

① 화재원인(출화원)과 화재로 인한 손해를 조사한다.

② 연소경로 및 피난상황과 연소확대 원인을 조사한다.

③ 자체방화관리 실태 및 건축방화시설을 조사한다.

④ 소방시설 중 화재발생 층의 시설에 한하여 조사한다.

해설
소방시설 조사 시 화재발생 전 층의 소방시설을 조사하여야 한다.

---

62 다음 화재조사서류 중 작성기관이 다른 하나는 어느 것인가?

① 화재현황조사서
② 화재현장조사서
③ 질문기록서
④ 화재감식·감정 결과보고서

해설
화재감식·감정 결과보고서는 전문기관 또는 전문인이 작성하여 그 결과를 소방본부장 또는 소방서장에게 통지하는 것이고, ①·②·③은 소방서에서 작성한다.

---

63 화재조사 순서 중 (　　)에 들어갈 말로 알맞은 것은?

> 화재현장의 주변 건축물 등 전체상황 관찰
> → 화재관계자 질문 → 발화장소 추정 →
> 발화 부위 추정 → 발굴 → (　　　　) →
> 발화지점 결정 → 발화원 판정

① 조 사　　　　　② 촬 영
③ 복 원　　　　　④ 감 정

해설
화재현장의 주변 건축물 등 전체상황 관찰→ 화재관계자 질문→ 발화장소 추정→ 발화 부위 추정→ 발굴 → 복원→ 발화지점 결정→ 발화원 판정

---

64 다음 화재피해액의 산정 시 유의사항 중 '특수한 경우의 우선 적용사항'으로 옳지 않은 것은?

① 중고구입기계장치 및 집기비품의 제작년도를 알 수 없는 경우 신품가액의 30~50%를 재구입비로 하여 피해액을 산정한다.

② 공구 및 기구, 집기비품, 가재도구를 일괄하여 피해액을 산정할 경우 재구입비의 80%를 피해액으로 한다.

---

③ 재고자산의 상품 중 견본품, 전시품, 진열품에 대해서는 구입가의 50~80%를 피해액으로 한다.

④ 철거건물 및 모델하우스의 경우 별도의 피해액 산정기준에 의한다.

해설

특수한 경우 신청 시 우선 적용사항
- 문화유산 : 별도의 피해액 산정기준
- 철거건물 및 모델하우스 : 별도의 피해액 산정기준
- 중고구입기계장치 및 집기비품의 제작연도를 알 수 없는 경우 : 신품가액의 30~50%를 재구입비로 하여 피해액 산정
- 중고기계장치 및 중고집기비품의 시장거래가격이 신품가격보다 높을 경우 : 신품가액을 재구입비로 하여 피해액 산정
- 중고기계장치 및 중고집기비품의 시장거래가격이 신품가액에서 감가수정을 한 금액보다 낮을 경우 : 중고기계장치의 시장거래가격을 재구입비로 하여 피해액 산정
- 공구 및 기구, 집기비품, 가재도구를 일괄하여 피해액을 산정할 경우 : 재구입비의 50%
- 재고자산의 상품 중 견본품, 전시품, 진열품 : 구입가의 50~80%를 피해액으로 산정

65 다음 화재조사용어 중에서 발화요인에 대한 설명으로 가장 적합한 것은?

① 발화의 최초 원인이 된 불꽃 또는 열을 말한다.

② 발화열원에 의하여 발화로 이어진 연소현상에 영향을 준 인적, 물적, 자연적 요인을 말한다.

③ 발화에 관련된 불꽃 또는 열을 발생시킨 기기, 또는 장치, 제품을 말한다.

④ 발화열원에 의해 최초로 불이 붙고 이물질을 통해 제어하기 힘든 화세로 발전한 가연물을 말한다.

해설

① 발화열원, ② 발화요인, ③ 발화관련 기기, ④ 최초착화물
"발화요인"이란 발화열원에 의하여 발화로 이어진 연소현상에 영향을 준 인적·물적·자연적인 요인을 말한다.

66 다음 중 영업시설의 수리비에 의한 피해산정 기준으로 옳은 것은?

① 수리비 × [1 − (0.9) × 경과연수 / 내용연수]

② 수리비 × [1 − (0.8) × 경과연수 / 내용연수]

③ 수리비 × [1 − (0.9) × 경과연수 / 내용연수] × 손해율

④ 최종잔가율은 20%이다.

해설

수리비에 의한 방식
= 수리비 × [1 − (0.9 × 경과연수 / 내용연수)]

67 건물화재로 인한 수손피해 또는 그을음이 흡착된 경우 피해보정은?

① 15%   ② 20%

③ 30%   ④ 5~10%

해설

화재로 인한 수손 시 또는 그을음만 입은 경우
건물의 내외부 등이 수손 또는 그을음만 입은 경우에 있어 손해율은 10%로 한다. 다만, 손상 부위, 손상 상태, 손상 정도에 대한 조사자의 판단에 따라 5% 범위 내에서 가감할 수 있다.

68 화재로 인한 피해물품 중 예술품이나 귀금속 등의 피해액 산정에 사용되는 방법으로 가장 옳은 것은?

① 매매사례비교법
② 복성식 평가법
③ 수익환원법
④ 물물교환법

> **해설**
> • 복성식 평가법 : 재건축 또는 재취득하는 데 소요되는 비용에서 사용기간의 감가수정액을 공제하는 방법으로 대부분의 물적 피해액 산정에 사용한다.
> • 매매사례비교법 : 당해 피해물의 시중 매매사례가 충분하여 유사 매매사례를 비교하여 산정하는 방법으로 차량, 예술품, 귀중품, 귀금속 등의 피해액 산정에 사용한다.
> • 수익환원법 : 피해물로 인해 장래에 얻을 수익액에서 당해 수익을 얻기 위해 지출되는 제반비용을 공제하는 방법에 의하는 방법으로 유실수 등에 있어 수확기간에 있을 때 사용한다.

69 화재현황조사서 작성 시 최초 착화물에 대한 기재 방법으로 옳지 않은 것은?

① 옥내배선에서 최초 발화 → 대분류(전기, 전자), 소분류(전선피복)
② 주방에서 음식물 조리 중 튀김유에서 최초 발화 → 대분류(위험물 등), 소분류(4류 위험물)
③ 드라이어기에 달린 전선에 최초 발화되어 드라이어기 케이스에 착화 → 대분류(전기, 전자), 소분류(전기, 전자기기 케이스)
④ 옥외(네온사인) 간판에서 최초 발화 → 대분류(간판, 차양막 등), 소분류(네온사인)

> **해설**
> 대분류는 식품, 소분류는 튀김유이다.

70 화재로 공장이 소실되었다. 주요 구조체는 재사용이 가능하나 기타부분의 사용이 불가능한 경우 적정한 손해율로 옳은 것은?

① 35% ② 40%
③ 55% ④ 60%

> **해설**
> 건물의 소손 정도에 따른 손해율
>
> | 화재로 인한 피해 정도 | 손해율(%) |
> | --- | --- |
> | 주요 구조체의 재사용이 불가능한 경우 | 90, 100 |
> | 주요 구조체는 재사용 가능하나 기타 부분의 재사용이 불가능한 경우 (공동주택, 호텔, 병원) | 65 |
> | 주요 구조체는 재사용 가능하나 기타 부분의 재사용이 불가능한 경우 (일반주택, 사무실, 점포) | 60 |
> | 주요 구조체는 재사용 가능하나 기타 부분의 재사용이 불가능한 경우 (공장, 창고) | 55 |
> | 천장, 벽, 바닥 등 내부마감재 등이 소실된 경우 | 40 |
> | 천장, 벽, 바닥 등 내부마감재 등이 소실된 경우(공장, 창고) | 35 |
> | 지붕, 외벽 등 외부마감재 등이 소실된 경우(나무구조 및 단열패널조 건물의 공장 및 창고) | 25, 30 |
> | 지붕, 외벽 등 외부마감재 등이 소실된 경우 | 20 |
> | 화재로 인한 수손 시 또는 그을음만 입은 경우 | 5, 10 |

71 내용연수가 40년인 벽돌조 주택이 10년 경과하였을 경우 잔가율은?

① 2% ② 20%
③ 78% ④ 80%

> **해설**
> 잔가율
> = 1 − (1 − 최종잔가율) × 경과연수 / 내용연수
> = 1 − 0.8 × 10 / 40 = 0.8

72 모델하우스 또는 가설건물 등 일정기간 존치하는 건물에 있어서 실제 존치할 기간을 내용연수로 하여 피해액을 산정할 경우 존치기간 종료일 현재의 최종잔가율은?

① 10%　　　　② 20%
③ 30%　　　　④ 50%

73 화재피해자로부터 소방대가 출동하지 아니한 화재장소의 화재증명원 발급요청이 있는 경우 소방서장의 조치사항으로 적절하지 않은 것은?

① 화재조사관으로 하여금 사후조사를 실시하게 할 수 있다.
② 민원인에게 화재사후 조사의뢰서를 제출토록 하여야 한다.
③ 발화장소 및 발화지점의 현장이 보존되어 있는 경우에만 조사를 실시한다.
④ 화재조사를 실시하고 화재증명원을 반드시 발급하여야 한다.

> **해설**
> 소방서장은 화재조사결과 화재로 인정될 경우에는 화재증명원을 발급하여야 한다.

74 일반주택에서 화재가 발생하여 피해현황이 다음과 같을 때 건물의 피해액을 산정한 값으로 옳은 것은? (단, 잔존물제거비는 무시한다)

> **피해현황**
> • 용도 및 구조 : 일반주택(블록조 슬래브지붕)
> • m²당 신축단가 : 650천원
> • 내용연수 : 50년
> • 경과연수 : 10년
> • 피해 정도 : 99m² 내부 마감재 등 소실
> • 손해율 : 40%

① 257,400천원
② 1,365,904천원
③ 21,622천원
④ 13,659천원

> **해설**
> 신축단가 × 소실면적 × [1 − (0.8 × 경과연수 / 내용연수)] × 손해율
> = 650천원 × 99m² × [1 − (0.8 × 10 / 50)] × 0.4
> = 21,622천원

75 차고에 주차해둔 구입일이 3개월된 신형 차량(5,000만원 상당)에서 원인미상의 화재가 발생되어 차량은 전소되었고, 주택 1~2층으로 연소확대되어 주택 일부분의 소실로 인한 피해액은 2,000만원이 발생하였다. 화재가 복합되어 발생한 경우에 유형 구분 기준이 옳게 서술된 것은?

① 최초발화 대상(차량)을 기준으로 한다.
② 화재조사요원이 판단, 결정하여 피해액을 합산한다.
③ 차고는 주택의 부속건물이므로 주택화재로 정한다.
④ 화재피해액이 많은 것으로 정한다.

76 간이평가방식으로 피해액을 산정하고자 한다. 항목별 기준액 중 가중치가 가장 작은 것은?

① 주택종류　　　　② 주택가격
③ 주택면적　　　　④ 거주인원

> **해설**
> 항목별 가중치
> 주택종류(10%), 거주인원(20%), 주택면적(30%), 주택가격(40%)

77 화재범위가 2 이상의 관할구역에 걸친 화재에 대한 처리로 옳은 것은?

① 발화지점이 속한 소방서에서 1건의 화재로 산정한다.
② 피해규모가 큰 소재지를 관할하는 소방서에서 1건의 화재로 한다.
③ 각각 별건의 화재로 한다.
④ 최초로 현장에 도착한 소방서에서 1건의 화재로 한다.

해설
발화지점이 한 곳인 화재현장이 둘 이상의 관할구역에 걸친 화재는 발화지점이 속한 소방서에서 1건의 화재로 산정한다.

78 화재피해액 산정기준에 대한 내용으로 잘못된 것은?

① 건물의 화재피해액 산정은 「신축단가(m² 당) × 소실면적 × [1 - (0.8 × 경과연수 / 내용연수)] × 손해율」의 공식에 의하되, 신축단가는 한국감정원이 최근 발표한 '건물신축단가표'에 의한다.
② 부대설비의 화재피해액 산정은 「건물신축단가 × 소실면적 × 설비종류별 재설비 비율 × [1 - (0.8 × 경과연수 / 내용연수)] × 손해율」의 공식에 의한다. 다만, 부대설비 피해액을 실질적·구체적 방식에 의할 경우 「단위(면적·개소 등)당 표준단가 × 피해단위 × [1 - (0.8 × 경과연수 / 내용연수)] × 손해율」의 공식에 의하되, 건물표준단가 및 부대설비 단위당 표준단가는 한국감정원이 최근 발표한 '건물신축단가표'에 의한다.

③ 구축물의 화재피해액 산정은 「소실단위의 회계장부상 구축물가액 × 손해율」의 공식에 의하거나 「소실단위의 원시건축비 × 물가상승율 × [1 - (0.8 × 경과연수 / 내용연수)] × 손해율」의 공식에 의한다. 다만, 회계장부상 구축물가액 또는 원시건축비의 가액이 확인되지 않는 경우에는 「단위(m, m², m³)당 표준단가 × 소실단위 × [1 - (0.8 × 경과연수 / 내용연수)] × 손해율」의 공식에 의하되, 구축물의 단위당 표준단가는 매뉴얼이 정하는 바에 의한다.
④ 기계장치 및 선박·항공기 화재피해액 산정은 「감정평가서 또는 회계장부상 현재가액 × 손해율」의 공식에 의한다. 다만, 감정평가서 또는 회계장부상 현재가액이 확인되지 않아 실질적·구체적 방법에 의해 피해액을 산정하는 경우에는 「재구입비 × [1 - (0.8 × 경과연수 / 내용연수)] × 손해율」의 공식에 의하되, 실질적·구체적 방법에 의한 재구입비는 조사자가 확인·조사한 가격에 의한다.

해설
화재피해액 산정기준

산정 대상	산정기준
건 물	「신축단가(m²당) × 소실면적 × [1 - (0.8 × 경과연수 / 내용연수)] × 손해율」의 공식에 의하되, 신축단가는 한국감정원이 최근 발표한 '건물신축단가표'에 의한다.
부대 설비	「건물신축단가 × 소실면적 × 설비종류별 재설비 비율 × [1 - (0.8 × 경과연수 / 내용연수)] × 손해율」의 공식에 의한다. 다만 부대설비 피해액을 실질적·구체적 방식에 의할 경우 「단위(면적·개소 등)당 표준단가 × 피해단위 × [1 - (0.8 × 경과연수 / 내용연수)] × 손해율」의 공식에 의하되, 건물표준단가 및 부대설비 단위당 표준단가는 한국감정원이 최근 발표한 '건물신축단가표'에 의한다.

구축물	「소실단위의 회계장부상 구축물가액 × 손해율」의 공식에 의하거나 「소실단위의 원시건축비 × 물가상승율 × [1 − (0.8 × 경과연수 / 내용연수)] × 손해율」의 공식에 의한다. 다만, 회계장부상 구축물가액 또는 원시건축비의 가액이 확인되지 않는 경우에는 「단위(m, m², m³)당 표준단가 × 소실단위 × [1 − (0.8 × 경과연수 / 내용연수)] × 손해율」의 공식에 의하되, 구축물의 단위당 표준단가는 매뉴얼이 정하는 바에 의한다.
영업시설	「m²당 표준단가 × 소실면적 × [1 − (0.9 × 경과연수 / 내용연수)] × 손해율」의 공식에 의하되, 업종별 m²당 표준단가는 매뉴얼이 정하는 바에 의한다.
잔존물제거	「화재피해액×10%」의 공식에 의한다.
기계장치 및 선박·항공기	「감정평가서 또는 회계장부상 현재가액 × 손해율」의 공식에 의한다. 다만, 감정평가서 또는 회계장부상 현재가액이 확인되지 않아 실질적·구체적 방법에 의해 피해액을 산정하는 경우에는 「재구입비 × [1 − (0.9 × 경과연수 / 내용연수)] × 손해율」의 공식에 의하되, 실질적·구체적 방법에 의한 재구입비는 조사자가 확인·조사한 가격에 의한다.
공구및 기구	「회계장부상 현재가액 × 손해율」의 공식에 의한다. 다만, 회계장부상 현재가액이 확인되지 않아 실질적·구체적 방법에 의해 피해액을 산정하는 경우에는 「재구입비 × [1 − (0.9 × 경과연수 / 내용연수)] × 손해율」의 공식에 의하되, 실질적·구체적 방법에 의한 재구입비는 물가정보지의 가격에 의한다.
집기비품	「회계장부상 현재가액 × 손해율」의 공식에 의한다. 다만, 회계장부상 현재가액이 확인되지 않는 경우에는 「m²당 표준단가 × 소실면적 × [1 − (0.9 × 경과연수 / 내용연수)] × 손해율」의 공식에 의하거나 실질적·구체적 방법에 의해 피해액을 산정하는 경우에는 「재구입비 × [1 − (0.9 × 경과연수 / 내용연수)] × 손해율」의 공식에 의하되, 집기비품의 m²당 표준단가는 매뉴얼이 정하는 바에 의하며, 실질적·구체적 방법에 의한 재구입비는 물가정보지의 가격에 의한다.

79 건물화재의 소실 정도에 따른 구분으로 옳은 것은?

① 내부마감재까지 소실된 경우 전소화재로 본다.

② 건물의 60% 소실, 잔존 부분을 보수하여도 불가능한 경우 전소로 본다.

③ 건물의 30% 이상, 70% 이하가 소실된 것을 반소로 본다.

④ 건물의 70% 이상(입체면적 비율)이 소실된 것을 전소로 본다.

해설

건축·구조물화재의 소실 정도는 3종류로 구분한다.

• 전소화재 : 건물의 70% 이상(입체면적에 대한 비율을 말한다)이 소실되었거나 또는 그 미만이라도 잔존 부분이 보수를 하여도 재사용이 불가능한 것

• 반소 화재 : 건물의 30% 이상 70% 미만이 소실된 것

• 부분소 화재 : 전소, 반소 화재에 해당되지 아니하는 것

• 자동차·철도차량, 선박 및 항공기 등의 소실 정도는 건축·구조물 화재의 소실 정도를 준용한다.

80 일반주택에서 화재가 발생하여 총 85,000천원의 피해액이 발생하였다. 잔존물 제거비용으로 맞는 것은?

① 42,500천원

② 8,500천원

③ 17,000천원

④ 85,000천원

해설

잔존물 제거비 산정기준 = 화재피해액 × 10%

화재조사 관계법규

81 화재현장에 설정되는 소방활동구역에 대한 설명으로 적절하지 않은 것은?

① 소방활동구역의 설정근거는 「소방기본법」에서 규정하고 있다.

② 소방활동구역은 가급적 넓게 설정하여 정밀한 조사를 하여야 한다.

③ 소방활동구역의 관리는 수사기관과 상호 협조하여야 한다.

④ 소방활동구역에는 경고판을 부착하여야 한다.

해설
소방활동구역의 설정은 필요한 최소 범위로 하여야 한다.

82 「소방의 화재조사에 관한 법률 시행규칙」상 전담부서에 갖추어야 할 장비와 시설 중 감식기기가 아닌 것은?

① 산업용실체현미경

② 디지털풍향풍속기록계

③ 절연저항계

④ 적외선열상카메라

해설
디지털풍향풍속기록계는 기록용 기기에 해당한다.
감식기기(16종)
절연저항계, 멀티테스터기, 클램프미터, 정전기측정장치, 누설전류계, 검전기, 복합가스측정기, 가스(유증)검지기, 확대경, 산업용실체현미경, 적외선열상카메라, 접지저항계, 휴대용디지털현미경, 디지털탄화심도계, 슈미트해머(콘크리트 반발 경도 측정기구), 내시경현미경

83 다음은 「소방의 화재조사에 관한 법률」의 내용을 기술한 것이다. 틀린 것은?

① 소방청장, 소방본부장 또는 소방서장은 화재발생 사실을 알게 된 때에는 지체 없이 화재조사를 할 수 있다.

② 소방관서장은 화재조사를 위하여 필요한 경우에 관계인에게 보고 또는 자료 제출을 명하거나 화재조사관으로 하여금 해당 장소에 출입하여 화재조사를 하게 하거나 관계인등에게 질문하게 할 수 있다.

③ 화재조사를 하는 화재조사관은 그 권한을 표시하는 증표를 지니고 이를 관계인등에게 보여주어야 한다.

④ 화재조사를 하는 화재조사관은 관계인의 정당한 업무를 방해하거나 화재조사를 수행하면서 알게 된 비밀을 다른 사람에게 누설하여서는 아니 된다.

해설
소방청장, 소방본부장 또는 소방서장은 화재발생 사실을 알게 된 때에는 지체 없이 화재조사를 하여야 한다.

84 다음 중 「소방기본법」 위반으로 5년 이하의 징역 또는 5천만원 이하의 벌금에 처하지 않는 것은?

① 소방대가 화재진압·인명구조 또는 구급활동을 위하여 현장에 출동하거나 현장에 출입하는 것을 고의로 방해하는 행위를 한 사람

② 화재가 발생하거나 불이 번질 우려가 있는 소방대상물 및 토지를 일시적으로 사용하거나, 그 사용의 제한 또는 소방활동에 필요한 처분을 방해한 사람

③ 소방자동차의 출동을 방해한 사람

④ 출동한 소방대의 소방장비를 파손하거나 그 효용을 해하여 화재진압·인명구조 또는 구급활동을 방해하는 행위를 한 사람

소방기본법 위반

5년 이하의 징역 또는 5천만원 이하의 벌금

- 위력(威力)을 사용하여 출동한 소방대의 화재진압·인명구조 또는 구급활동을 방해하는 행위
- 소방대가 화재진압·인명구조 또는 구급활동을 위하여 현장에 출동하거나 현장에 출입하는 것을 고의로 방해하는 행위
- 출동한 소방대원에게 폭행 또는 협박을 행사하여 화재진압·인명구조 또는 구급활동을 방해하는 행위
- 출동한 소방대의 소방장비를 파손하거나 그 효용을 해하여 화재진압·인명구조 또는 구급활동을 방해하는 행위
- 소방자동차의 출동을 방해한 사람
- 사람을 구출하는 일 또는 불을 끄거나 불이 번지지 아니하도록 하는 일을 방해한 사람
- 정당한 사유 없이 소방용수시설 또는 비상소화장치를 사용하거나 소방용수시설 또는 비상소화장치의 효용을 해치거나 그 정당한 사용을 방해한 사람

85 「소방의 화재조사에 관한 법률」상 소방공무원과 경찰공무원의 협력해야 할 사항으로 틀린 것은?

① 화재현장의 출입·보존 및 통제에 관한 사항

② 화재조사에 필요한 증거물의 수집 및 보존에 관한 사항

③ 제조물책임 등 방화·실화 수사에 관한 사항

④ 관계인등에 대한 진술 확보에 관한 사항

소방공무원과 경찰공무원의 협력 등(법 제12조 제1항)

소방공무원과 경찰공무원(제주특별자치도의 자치경찰공무원을 포함한다)은 다음 각 호의 사항에 대하여 서로 협력하여야 한다.

1. 화재현장의 출입·보존 및 통제에 관한 사항
2. 화재조사에 필요한 증거물의 수집 및 보존에 관한 사항
3. 관계인등에 대한 진술 확보에 관한 사항
4. 그 밖에 화재조사에 필요한 사항

86 「화재조사 및 보고규정」 중 "감식"이란 용어의 정의로 옳은 것은?

① 화재와 관계되는 물건의 형상, 구조, 재질, 성분, 성질 등 이와 관련된 모든 현상에 대하여 과학적 방법에 의한 필요한 실험을 행하고 그 결과를 근거로 화재원인을 밝히는 자료를 얻는 것을 말한다.

② 화재원인을 규명하고 화재로 인한 피해를 산정하기 위하여 자료의 수집, 관계자 등에 대한 질문, 현장확인, 감식, 감정 및 실험 등을 하는 일련의 행동을 말한다.

③ 화재원인의 판정을 위하여 전문적인 지식, 기술 및 경험을 활용하여 주로 시각에 의한 종합적인 판단으로 구체적인 사실관계를 명확하게 규명하는 것을 말한다.

④ 사람의 의도에 반하거나 고의에 의해 발생하는 연소현상으로서 소화시설 등을 사용하여 소화할 필요가 있는 것을 말한다.

①은 감정, ②는 조사, ④는 화재에 대한 설명이다.

87 다음 내용 중 옳은 것은?

① 동일범에 의한 방화, 불장난은 동일 대상물에서 발화했더라도 각각 별건의 화재로 한다.

② 사람의 의도에 반하거나 고의에 의해 발생하는 연소현상으로서 소화할 필요가 있는 현상은 모두 화재이다.

③ 건물의 바닥면적 70% 이상이 소실되었거나 또는 그 미만이라도 잔존 부분이 보수를 하여도 재사용이 불가능한 것을 전소라고 한다.

④ 화재의 소실 정도의 구분에 부분소 화재는 포함되지 않는다.

"화재"란 사람의 의도에 반하거나 고의 또는 과실에 의하여 발생하는 연소 현상으로서 소화할 필요가 있는 현상 또는 사람의 의도에 반하여 발생하거나 확대된 화학적 폭발현상을 말한다.

해설
건물 동수 산정

같은 동	• 주요구조부가 하나로 연결되어 있는 것은 같은 동으로 한다. • 건물의 외벽을 이용하여 실을 만들어 헛간, 목욕탕, 작업실, 사무실 및 기타 건물 용도로 사용하고 있는 것은 주건물과 같은 동으로 본다. • 구조에 관계없이 지붕 및 실이 하나로 연결되어 있는 경우 • 목조 또는 내화조 건물의 경우 격벽으로 방화구획이 되어 있는 경우
다른 동	• 건널 복도 등으로 2 이상의 동에 연결되어 있는 것은 그 부분을 절반으로 분리하여 각 동으로 본다. • 독립된 건물과 건물 사이에 차광막, 비막이 등의 덮개를 설치하고 그 밑을 통로 등으로 사용하는 경우 • 내화조 건물의 외벽을 이용하여 목조 또는 방화구조 건물이 별도 설치되어 있고 건물 내부와 구획되어 있는 경우 • 내화조 건물의 옥상에 목조 또는 방화구조 건물이 별도 설치되어 있는 경우

88 다음 중 화재의 소실 정도의 구분으로 옳지 않은 것은?

① 전소는 건물의 바닥면적 70% 이상이 소실된 경우를 말한다.
② 반소는 건물의 30% 이상 70% 미만이 소실된 경우를 말한다.
③ 자동차가 30% 미만 소실된 경우 부분소화재에 해당된다.
④ 잔존부분이 보수를 하여도 재사용 불가능한 것도 전소에 해당된다.

해설
전소는 건물의 70% 이상(입체면적에 대한 비율)이 소실된 경우를 말한다.

89 「화재조사 및 보고규정」에서 정하는 건물의 동수 산정에 대한 설명으로 옳지 않은 것은?

① 주요구조부가 하나로 연결되어 있는 것은 같은 동으로 한다.
② 독립된 건물과 건물 사이에 차광막, 비막이 등의 덮개를 설치하고 그 밑을 통로 등으로 사용하는 경우에 같은 동으로 본다.
③ 구조에 관계없이 지붕 및 실이 하나로 연결되어 있는 것은 같은 동으로 본다.
④ 목조건물의 경우 격벽으로 방화구획이 되어 있는 경우 같은 동으로 한다.

90 「화재조사 및 보고규정」상 다음과 같이 화재가 발생한 경우 소실면적은 몇 m^2인가?

> 벽면 모서리에 있는 김치냉장고 과열로 화재가 발생하여 바닥면적이 60m^2 소실되었다.

① 60 ② 12
③ 50 ④ 30

해설
소실면적의 산정(제17조)
건물의 소실면적 산정은 소실 바닥면적으로 산정한다.

91 「화재조사 및 보고규정」상 화재발생일로부터 30일 이내 화재조사 최종결과보고 대상에 해당하지 않는 것은?

① 지하상가
② 화재예방강화지구
③ 이재민이 50명 발생한 화재
④ 외국공관 및 그 사택

해설
화재조사 최종결과보고 : 30일 이내 대상
• 관공서, 학교, 정부미 도정공장, 문화유산, 지하철, 지하구 등 공공건물 및 시설의 화재
• 관광호텔, 고층건물, 지하상가, 시장, 백화점, 대량 위험물을 제조·저장·취급하는 장소, 중점관리 대상 및 화재예방강화지구
• 이재민 100명 이상 발생 화재

92 다음 중 관계자에게 질문을 통해 정보를 얻는 요령으로 옳지 않은 것은?

① 관계자등에 대한 질문사항은 질문기록서에 작성하여 그 증거를 확보한다.
② 소문 등에 의한 사항은 들은 그대로 조사서에 반영한다.
③ 관계인등에게 질문을 할 때에는 희망하는 진술내용을 얻기 위하여 상대방에게 암시하는 등의 방법으로 유도해서는 아니된다.
④ 질문을 할 때에는 시기, 장소 등을 고려하여 진술하는 사람으로부터 임의진술을 얻도록 해야한다.

해설
관계인의 진술 등(화재조사 및 보고규정 제7조)
획득한 진술이 소문 등에 의한 사항인 경우 그 사실을 직접 경험한 관계인등의 진술을 얻도록 해야 한다.

93 제품을 올바르게 사용할 수 있도록 하는 사용설명이나 지시 또는 제조물의 위험성에 대하여 경고를 하지 아니하여 피해가 발생한 경우로서 지시·경고상의 결함이라고도 한다. 여기에는 경고를 하지 아니한 경우(경고 미비)와 경고를 하였으나 미흡한 경우(경고 불충분)가 해당된다. 이러한 결함을 「제조물 책임법」에서 무엇이라 규정되어 있는가?

① 제조상의 결함
② 설계상의 결함
③ 표시상의 결함
④ 기타 통상적으로 기대할 수 있는 안전성이 결여되어 있는 것

해설
제품을 올바르게 사용할 수 있도록 하는 사용설명이나 지시 또는 제조물의 위험성에 대하여 경고를 하지 아니하여 피해가 발생한 경우로서 표시상 결함이라고도 한다.

94 다음 중 「제조물 책임법」상 손해배상 청구권의 시효에 관한 설명으로 옳지 않은 것은?

① 손해배상책임을 지는 자를 안 날로부터 3년
② 제조업자가 손해를 발생시킨 제조물을 공급한 날로부터 10년
③ 잠복기간이 경과한 후에 증상이 나타나는 손해에 대하여는 그 손해가 발생한 날부터 기산
④ 손해배상책임의 경우 「제조물 책임법」에 규정된 것을 제외하고는 주로 「형법」의 규정 적용

95 특약부화재보험의 설명으로 틀린 것은?

① 손가락을 제대로 못쓰게 된 것이란 손가락의 말단의 2분의 1 이상을 잃은 경우를 말한다.

② 손가락을 제대로 못쓰게 된 것이란 중수지관절 또는 제1지관절(엄지손가락에 있어서는 지관절)에 뚜렷한 운동장해가 남은 경우를 말한다.

③ 발가락을 제대로 못쓰게 된 것이란 엄지발가락에 있어서는 관절의 2분의 1 이상을 잃은 경우를 말한다.

④ 기타의 발가락에 있어서는 끝관절 이상을 잃은 경우가 발가락을 제대로 못쓰게 된 경우이다.

해설

발가락을 제대로 못쓰게 된 것이란 엄지발가락에 있어서는 말절의 2분의 1 이상을, 기타의 발가락에 있어서는 끝관절 이상을 잃은 경우 또는 중족지관절 또는 제1지관절(엄지발가락에 있어서는 지관절)에 뚜렷한 운동장애가 남은 경우를 말한다.

96 특수건물의 소유자가 특약부화재보험에 가입하지 아니하였을 경우에 대한 행정벌은?

① 300만원 이하의 벌금

② 200만원 이하의 벌금

③ 500만원 이하의 과태료

④ 500만원 이하의 벌금

해설

특수건물의 소유자가 특약부화재보험에 가입하지 아니한 때에는 500만원 이하의 벌금에 처한다.

97 「형법」상 방화와 실화에 대한 설명으로 틀린 것은?

① 현주건조물 등에의 방화란 불을 놓아 사람이 주거로 사용하거나 사람이 현존하는 건조물, 기차, 전차, 자동차, 선박, 항공기 또는 지하채굴시설을 불태운 것을 말한다.

② 공용건조물 등에의 방화란 불을 놓아 공용 또는 공익에 공하는 건조물, 기차, 전차, 자동차, 선박, 항공기 또는 지하채굴시설을 불태운 것을 말한다.

③ 일반건조물에의 방화란 ①, ②에 기재한 이외의 건조물, 기차, 전차, 자동차, 선박, 항공기 또는 지하채굴시설을 불태운 것을 말한다.

④ 일반물건에의 방화란 불을 놓아 건조물, 기차, 전차, 자동차, 선박, 항공기 또는 지하채굴시설을 불태운 것을 말한다.

해설

일반물건에의 방화란 ①·②·③에 기재한 이외의 물건을 불태운 것을 말한다.

98 다음 중 옥외소화전을 손괴하거나 기타 방법으로 화재진압을 방해한 자에 대한 「형법」상 처벌규정은?

① 10년 이하의 징역

② 5년 이하의 징역

③ 5년 이하의 징역 또는 3천만원 이하의 벌금

④ 3년 이하의 징역 또는 1천5백만원 이하의 벌금

해설

화재에 있어서 진화용의 시설 또는 물건을 은닉 또는 손괴하거나 기타 방법으로 진화를 방해한 자는 10년 이하의 징역에 처한다.

99 「화재증거물수집관리규칙」의 [별표 1]에서 규정하고 있는 증거물 용기가 아닌 것은?

① 폴리에틸렌 플라스틱병

② 유리병

③ 주석 도금 캔

④ 양철 캔

해설

「화재증거물수집관리규칙」 [별표 1]에서 규정한 증거물 시료용기는 유리병, 주석 도금 캔, 양철 캔이다.

100 「국가배상법」에 따른 배상의 주체는 누구인가?

① 국가 또는 지방자치단체

② 국가 또는 공공단체

④ 국가공무원 또는 지방공무원

⑤ 국가 또는 영조물 법인

해설

배상의 주체

• 「헌법」 : 국가 또는 공공단체(지방자치단체, 공법상 법인, 영조물 법인)

• 「국가배상법」 : 국가 또는 지방자치단체

04 | 실전모의고사

01 다음 설명 중 옳지 않은 것은?

① 폭굉은 연소반응의 압력파 또는 충격파의 전파속도가 음속보다 느리다.

② BLEVE는 액화가스탱크 등에서 물리적 폭발이 순간적으로 화학적 폭발로 이어지는 현상을 말한다.

③ 산화에틸렌(C_2H_4O), 아세틸렌(C_2H_2), 하이드라진(N_2H_4), 메틸아세틸렌, 디아세틸렌, 청산 등은 분해폭발물질이다.

④ 증기운 폭발은 저장탱크에서 유출된 가스가 대기 중의 공기와 혼합하여 구름을 형성하고 떠다니다가 점화원에 폭발하는 현상을 말한다.

해설

폭연과 폭굉

• 폭연(Deflagration) : 압력파 또는 충격파의 전파속도가 음속보다 느리게 이동하는 경우

• 폭굉(Detonation) : 압력파 또는 충격파의 전파속도가 음속보다 빠르게 이동하는 경우

02 다음은 고층건물에서의 연기의 유동에 대해 설명한 것이다. 옳은 것은?

① 화염으로부터 연기가 이동할 때 온도 강하는 열전달과 희석작용에 기인하므로 부력효과는 화염으로부터 거리가 멀어질수록 증가한다.

② 수직방향보다 수평방향으로의 확산이 대단히 빠르다.

③ 바람에 의한 압력은 상대적으로 커서 빌딩 내의 공기 흐름을 쉽게 주도할 수 있다.

④ 연기는 천장면에 닿아 수평으로 퍼지지만 종국에는 하방에 오염되지 않은 경계층이 생긴다.

해설

① 부력효과는 화염으로부터의 거리가 멀어질수록 감소한다.

② 연기는 수직방향으로의 확산이 수평방향보다 빠르다.

④ 연기는 천장면에 닿아 수평으로 퍼지며 최종적으로 실내 전체가 연기에 오염되어 충만하게 된다.

03 다음 중 훈소가능 물질이 아닌 것은?

① 황마섬유
② 종이, 휴지류
③ 가정용 먼지
④ 플라스틱(고분자)

해설

훈소가능 물질
- 황마섬유 : 헐거운 섬유나 직물
- 면 : 부드러운 직물형태(식물성)
- 종이, 휴지류
- 골판지상자
- 톱 밥
- 가정용 먼지
- 진공청소 시 쓰레기

04 가연물의 특성이 아닌 것은?

① 산소와 친화력이 크다.
② 활성화에너지가 크다.
③ 건조도가 크다.
④ 표면적이 크다.

해설

가연물의 구비조건
- 활성화에너지가 작을 것 : 화학반응을 일으킬 때 필요한 최소의 에너지(활성화에너지)의 값이 작아야 한다.
- 열전도도가 작을 것 : 열의 축적이 용이하도록 열전도의 값이 작아야 한다(열전도율 : 기체 < 액체 < 고체 순서로 커지므로 연소순서는 반대이다).
- 발열량이 클 것 : 산화되기 쉬운 물질로서 산소와 결합할 때 발열량이 커야 한다.
- 친화력이 클 것 : 지연성(조연성) 가스인 산소·염소와의 친화력이 강해야 한다.
- 표면적이 클 것 : 산소와 접촉할 수 있는 표면적이 큰 물질이어야 한다(기체 > 액체 > 고체).
- 연쇄반응이 클 것 : 연쇄반응을 일으킬 수 있는 물질이어야 한다.
- 건조도가 클 것 : 잘 건조된 물질이어야 한다.
- 발열반응을 할 것 : 산소와 반응하여 발열반응을 일으켜야 한다.

05 다음 중 가연성 물질이 될 수 있는 것은?

① 일산화탄소
② 헬륨(He), 네온(Ne), 아르곤(Ar)
③ 이산화탄소
④ 질소, 염소

해설

일산화탄소는 산화물이고 산소와 화합할 여지가 있는 가연성 물질이다.

06 다음 중 질식소화의 방법에 대한 설명으로 옳지 않은 것은?

① 유류화재에서 폼으로 유면을 덮어서 불을 끄는 방법
② 이산화탄소 등 불활성 가스의 방출로 화재를 제어하는 방법
③ 가스화재에서 밸브를 잠가 연소를 중지시키는 방법
④ 연소가 진행되고 있는 구획을 밀폐하여 소화하는 방법

해설

③은 제거소화이다.

07 최초 연소부위 판정에서 고려해야 할 사항이 아닌 것은?

① 연소형태
② 소화과정, 소화방법(주수에 의한 변색 등)
③ 목격자의 진술
④ 관계자의 진술, 의견

08 화재피해조사 범위에 포함되지 않는 것은?

① 화재진압 중 사망한 소방관
② 주변 환경오염피해
③ 대피 중 부상당한 일반인
④ 물품반출 등에 의한 피해

해설
화재피해조사의 종류 및 범위

종 류	조사 범위
인명 피해조사	• 소방활동 중 발생한 사망자 및 부상자 • 그 밖에 화재로 인한 사망자 및 부상자 • 사상자 정보 및 사상 발생원인
재산 피해조사	• 열에 의한 탄화, 용용, 파손 등의 피해 • 소화활동 중 사용된 물로 인한 피해 • 그 밖에 연기, 물품반출, 화재로 인한 폭발 등에 의한 피해

09 화원, 착화물 등의 발굴요령에 대한 내용이다. 다음 중 틀린 것은?

① 외부에서 중심부로 향하여 발굴한다.
② 호미나 삽 등으로 세심하게 주의를 기울여 발굴한다.
③ 위쪽에서 순차적으로 아래쪽으로 발굴한다.
④ 배선류는 전기 용용흔을 확인하면서 발굴한다.

해설
호미나 삽 등의 장비의 사용을 지양하고 직접 손으로 행하여야 한다.

10 다음 중 화재조사 시의 안전수칙으로 옳지 않은 것은?

① 추락, 붕괴위험 등에 대한 표지판을 설치한다.
② 유독성 물질, 분진 및 예리한 금속 등에 대한 보호장구를 착용한다.
③ 조사가 장시간 소요될 경우 적절한 휴식과 음식을 섭취한다.
④ 화재가 완전히 진압되면 조사자가 판단하여 진입 여부를 결정한다.

해설
화재가 완전히 진압되더라도 현장 지휘자에게 알리고 진입을 결정하여야 하며, 재발화의 위험을 염두에 두어야 한다.

11 다음 중에서 금속의 용용온도가 가장 높은 것을 고르시오.

① 아 연   ② 알루미늄
③ 철   ④ 동

해설
③ 철 : 1,530℃
① 아연 : 419.5℃
② 알루미늄 : 659.5℃
④ 동 : 1,083℃

12 다음 중 산화반응에 대한 설명으로 옳지 않은 것은?

① 수소를 얻는 현상
② 전자를 잃는 현상
③ 어떤 물질이 산소와 결합하는 현상
④ 금속이 화합물이 되는 현상

8 ② 9 ② 10 ④ 11 ③ 12 ① **정답**

산화반응
- 어떤 물질이 산소와 결합하는 현상
- 수소를 버리는 현상
- 전자를 잃는 현상
- 산화수가 증가하는 현상
- 금속이 화합물이 되는 현상

13 동선의 화염에 의한 용융형태를 설명한 내용 중 틀린 것은?

① 표면이 윤기가 흐른다.

② 용융 직전 내부의 기포가 확대되어 돌기 형태를 만든다.

③ 용융된 액체가 아래로 흘러내려 고드름 끝부분과 같이 방울이 맺힌다.

④ 알루미늄과 같은 저융점 금속이 녹아 표면에 부착되면 용융한다.

화염에 의한 용융형태의 경우는 표면이 매우 거칠다.

14 다음 중 화학적 폭발에 해당하지 않는 것은?

① BLEVE   ② 산화폭발

③ 분해폭발   ④ 중합폭발

- BLEVE(Boiling Liquid Expanding Vapor Explosion) 가스 저장탱크지역의 화재발생 시 저장탱크가 가열되어 탱크 내 액체 부분은 급격히 증발하고 가스 부분은 온도상승과 비례하여 탱크 내 압력의 급격한 상승을 초래하게 된다. 탱크가 계속 가열되면 용기 강도는 저하되고 내부압력은 상승하여 어느 시점이 되면 저장탱크의 설계압력을 초과하게 되고 탱크가 파괴되어 급격한 폭발현상을 일으킨다.

- 화학적 폭발
  - 촉매폭발 : 촉매에 의해서 폭발하는 것
    예 수소(H_2) + 산소(O_2), 수소(H_2) + 염소(Cl_2)에 빛을 쪼일 때 발생
  - 산화폭발 : 연소의 한 형태인데 연소가 비정상 태로 되어서 폭발이 일어나는 형태로 연소폭발 이라고도 한다.
    예 LPG-공기, LNG-공기 등이며 가연성 가스의 혼합가스 점화에 의한 폭발을 말한다.
  - 분해폭발 : 분해성 가스와 디아조화합물 같은 자기분해성 고체류는 단독으로 가스가 분해하 여 폭발하는 것이다.
    예 아세틸렌 : $C_2H_2 \rightarrow 2C + H_2 + 54.19kcal$
  - 중합폭발 : 중합해서 발생하는 반응열을 이용해 서 폭발하는 것이다.
    예 시안화수소(HCN), 산화에틸렌(C_2H_4O) 등

15 열경화성 플라스틱류의 화재에 대한 설명으로 옳지 않은 것은?

① 용융되지 않는다.

② 자체가 경화되어 목재와 유사한 형태를 만든다.

③ 일단 착화되면 용융되어 가며 연소한다.

④ 전기배선기구와 같은 부분에서 발화되어 초기에 연소된 형태는 회화된 형태를 만들게 된다.

③의 경우는 열가소성 플라스틱류에 대한 설명이다. 열경화성 플라스틱류는 자신의 연소열에 의해 지속 적인 연소상태 유지가 불가능한 것이 대부분이며, 연소되기 위해서는 다른 열원이 있어야 한다.

16 소화활동 중 현장보존의 방법에 대한 설명이다. 옳지 않은 것은?

① 화재 초기에 낙하된 물건은 가능한 이동하지 않고 현장보존하도록 한다.

② 현장보존구역 범위는 화재건물 전체를 설정하는 것이 좋다.

③ 현장보존구역으로 설정할 때는 "현장보존" 표지로 명시하고 관계자에 통지한다.

④ 현장보존구역으로 설정할 때는 관계자의 출입을 제한한다.

> **해설**
> 관계자의 입장을 충분하게 고려하여 조사에 필요한 최소한으로 설정한다.

17 연소의 형태에 대한 설명으로 옳지 않은 것은?

① 승화연소의 대표적인 물질로는 고체파라핀(양초), 황, 열가소성 수지 등이 있다.

② 일반적으로 고체의 연소를 "분해연소"라고 한다.

③ 숯이 연소할 때 불꽃 없이 표면에서 적열되면서 연소하는 현상은 표면연소이다.

④ 가연성 기체가 공기와 섞이는 과정을 확산이라고 하며 이 과정을 거쳐서 발생하는 기체의 연소를 "확산연소"라고 한다.

> **해설**
> 고체파라핀(양초), 황, 열가소성 수지 등은 증발연소한다.

18 다음 중 목재의 균열흔을 강도에 따라 바르게 나타낸 것은?

① 완소흔 < 열소흔 < 강소흔

② 완소흔 < 강소흔 < 열소흔

③ 열소흔 < 완소흔 < 강소흔

④ 열소흔 < 강소흔 < 완소흔

19 연기의 특성에 대한 기술 중 옳지 않은 것은?

① 화재 시 발생하는 연기는 액체미립자계 연기와 고체미립자계 연기가 있다.

② 고체미립자계 연기는 특유의 냄새를 갖는 것이 많고 물질에 따라 독성을 갖는다.

③ 탄소수가 많은 연료는 심한 흑연을 발생시킨다.

④ 연료분자가 화염 중에서 탈수소와 동시중합을 반복하여 탄소가 많은 물질을 생성하고 이것이 화염 밖으로 나와서 성장한 것이 그을음이다.

> **해설**
> 액체계의 연기는 연료의 종류에 따라서 특성이 변하며 특유의 냄새를 갖는 것이 많고 물질에 따라서 독성을 갖는다. 고체계의 연기는 탄소의 응집체로 흑색을 나타내며 연료의 종류에 의존하지 않는 공통의 성질을 갖는다.

20 다음 중 폭발을 일으키는 엔탈피변화의 요인으로 옳지 않은 것은?

① 연소한계 초과

② 발열화학 반응

③ 급속가열

④ 응축상태에서 기상으로의 급속한 상변화

> **해설**
> **폭발반응의 원인**
> 빛, 소리 및 충격 압력을 수반하고 순간적으로 완료되는 화학변화를 폭발반응이라 한다. 기체상태의 엔탈피(열량) 변화가 폭발반응과 압력상승의 원인으로 다음을 들 수 있다.
> • 발열화학 반응 시에 일어난다.
> • 강력한 에너지에 의한 급속가열로 예를 들면 부탄가스통의 가열 시 폭발하는 것과 같다.
> • 액체에서 기체상태로 변화를 증발, 고체에서 기체상태로의 변화를 승화라 하는데, 이처럼 응축상태에서 기상으로 변화(상변화) 시 일어난다.

21 LPG의 기본성질로 옳지 않은 것은?

① 기화 및 액화가 쉽다.
② 공기보다 무겁고 물보다 가볍다.
③ 프로판과 부탄은 액화되면 체적이 약 600배로 증가한다.
④ 연소 시 다량의 공기가 필요하다.

해설

기본성질
• 기화 및 액화가 쉽다.
• 공기보다 무겁고 물보다 가볍다.
• 액화하면 부피가 작아진다(프로판과 부탄은 액화되면 체적이 약 1/250배로 줄어든다).
• 연소 시 다량의 공기가 필요하다.
• 발열량 및 청정성이 우수하다.
• LPG는 고무, 페인트 등의 유지류, 천연고무를 녹이는 용해성이 있다.
• 무색·무취이다.
• 공업용 및 연구용을 제외한 일반 가정용 연료와 자동차용의 가스에는 부취제인 메르캅탄을 첨가하고 있다.

22 다음 중 가설 수립의 추론 방법으로 가장 적절한 것은?

① 귀납적 방법
② 연역적 방법
③ 합리적 방법
④ 거시적 방법

해설

가설 수립은 귀납적 방법에 의한다. 귀납적 방법이란 이미 벌어진 화재현상을 중심으로 발화순서, 화재원인 등을 규명하려는 것으로 경험적 증거를 토대로 일반론을 도출하는 것을 의미한다.

23 다음의 원소 중 이온화 경향이 크기 때문에 찬물과도 쉽게 반응하여 수소가스가 발생하면서 연소하는 것은?

① 구 리
② 나트륨
③ 마그네슘
④ 백 금

해설

마그네슘은 아주 높은 온도의 물 또는 산과 혼촉 시 수소가 발생하고 백금은 산과 반응해도 수소가 발생하지 않는다.

24 저항값이 $1,000\Omega$인 핫 플레이트(전기풍로)에 전압 220V를 가했을 때 소비전력은 얼마인가?

① 4.54W
② 18.4W
③ 48.4W
④ 45.4W

해설

$P = VI$
$I = V/R = 220 / 1000 = 0.22A$
여기서 $P = VI$에 대입하면
$220 \times 0.22 = 48.4W$

25 화재현장에서 커버나이프 스위치 퓨즈의 용단상태에 따른 식별방법으로 옳지 않은 것은?

① 단락에 의해 퓨즈가 용융되었을 때는 퓨즈 전체가 녹아 둥근 형태로 비산된다.
② 100~300% 과부하 시에는 퓨즈 중앙 부분이 용단된다.
③ 접촉불량 등으로 용단되었을 경우에는 중앙 부분이 검게 변색된다.
④ 외부화염에 의해 용단 용융되면 불규칙한 형태를 나타낸다.

26 다음은 전기화재의 트래킹에 대한 설명이다. 옳지 않은 것은?

① 전선 접속 부분의 체결이 불완전할 때 발생한다.

② 절연물이 전기가 통해 절연이 파괴되는 현상이다.

③ 트래킹현상과 흑연화 현상은 절연체의 종류에 따라 구분하고 있으나 명확히 구별되지는 않는다.

④ 절연체 표면의 오염 등에 의해 도전로가 형성된다.

28 다음 중 무염화원의 일반적인 연소현상으로 옳지 않은 것은?

① 발화원이 장시간 훈소하여 연소과정에서 타는 냄새가 발생한다.

② 기둥이나 벽 등이 타서 소락하거나 가늘어지기도 하며 두꺼운 나무판자에 구멍이 생기는 경우가 있다.

③ 대부분 발화원은 완전 소실되어 물증 확보가 곤란한게 특징이다.

④ 느린 연소반응이 발생해야 하므로 충분히 공기가 공급되어야 한다.

27 다음 중 가연물의 자연발화의 조건과 관계 없는 것은?

① 열전도가 클 것

② 열 축적이 용이할 것

③ 열 발생속도가 클 것

④ 주변온도가 높을 것

29 다음 아이오딘가에 대한 설명으로 잘못된 설명은?

① 아이오딘가가 클수록 자연발화성이 증가한다.

② 아이오딘가란 유지 100g당 첨가되는 아이오딘의 g수를 의미한다.

③ 식물성 기름이 광물유(가솔린 등)에 비하여 일반적으로 아이오딘가가 낮다.

④ 아이오딘가가 130 이상인 것을 건성유라 한다.

> **해설**
> 식물성 기름은 일반적으로 아이오딘가가 높다.
> • 유지는 일반적으로 불포화지방산기의 이중결합을 갖는 정도에 따라 산소를 흡수하고, 산화 건조되면 건조성을 나타내는 것으로서 아이오딘가가 큰 유지일수록 산화되기 쉽고 위험성이 크다.
> • 아이오딘가란 유지 100g당 첨가되는 아이오딘의 g수를 의미하며 아이오딘가가 100 이하를 불건성유, 100~130을 반건성유, 130 이상을 건성유라고 한다.
> • 유지류는 담체로서 섬유류와 톱날, 금속분, 활성백토 등의 분체 이외에 다공성 물질의 표면에 부착하여서 공기와의 단위체적당 표면적을 증가시켜서 산화가 촉진된다.
> • 잠열이 존재하고 대량퇴적 조건하에서는 산화에 의하여 생긴 열이 축적되기 쉬운 상태에 있으므로 한층 산화가 촉진되어 발화되기 좋은 조건을 초래한다.

30 다음 중 반단선을 가장 바르게 설명한 것은?

① 접속부의 용융개소는 한 쪽이 강하고 다른 쪽은 명백히 약한 경우이다.

② 소손개소에 접속부가 포함되고 그 부분을 기점으로 확대된 소손 상황이다.

③ 전선이나 코드가 10% 이상 단선되어 통전로인 단면적이 감소된 상태이다.

④ 대전류가 흐르는 큰 부하기기에서 발생하는 과열반응이다.

> **해설**
> 반단선이란 전선이나 코드가 10% 이상 단선되어 끊어짐과 이어짐이 반복되며 통전로인 단면적이 감소된 상태를 말한다.

31 다음의 금속 중 물과는 반응하지 않지만 산, 알칼리 모두와 반응하여 발화하고 녹는점이 약 660℃인 것은?

① 철 ② 알루미늄
③ 마그네슘 ④ 아 연

> **해설**
> • 알루미늄의 물리적 성질
> – 외관 : 은백색 분말, 비중 : 2.71(금속),
> – 녹는점 : 658℃, 끓는점 : 2,060℃,
> – 열 및 전기전도도가 크다.
> • 화학적 성질
> – 공기 중에서는 표면에 치밀한 산화피막을 만들어 내부를 보호한다.
> – 분말이 공기 중에서 분진폭발을 일으킬 수가 있으며 산화제와의 혼합에 의해 발화 폭발한다.
> – 물과는 반응하지 않고 산, 알칼리, 끓는 물과는 반응하여 발화한다.

32 가연성 가스나 인화성 액체의 증기, 미세한 분진 등이 폭발하기 위한 최소발화에너지는?

① 0.02~0.3mJ

② 0.01~0.03mJ

③ 0.04~0.6mJ

④ 0.07~0.09mJ

> **해설**
> 가연성 가스나 액체의 증기가 공기 중에 최소발화에너지는 약 0.2mJ 정도이다.

33 드라이아이스 1kg이 완전기화하면 몇 몰의 가스가 발생되는가?

① 21.7몰　　　② 22.7몰

③ 23.7몰　　　④ 24.7몰

> **해설**
> 드라이아이스는 이산화탄소를 높은 압력, 낮은 온도에서 고체로 변화시킨 것. CO_2의 분자량은 44이므로,
> $$PV = nRT = \frac{WRT}{M} = n = \frac{W}{M}$$ 이므로
> $$\frac{1,000}{44} = 22.7$$

34 다음 중 형광등 기구의 주요 감식사항으로 옳지 않은 것은?

① 글로스타터 : 전선의 용융흔 관찰

② 안정기 : 권선코일에 전기용융흔의 발생 유무 관찰, 충전제의 소손유무 등 관찰

③ 콘덴서 : 콘덴서 표면 알루미늄박의 산화, 용융흔 확인

④ 점등관 : 램프 내에 봉입되어 있는 전극이 고온 발열되어 플라스틱 관에 착화 여부

> **해설**
> 형광등은 안정기 및 기판, 콘덴서 등 회로소자확인, 코드와 리드선 상태 등을 관찰하여야 한다. 글로스타터에는 전선이 없으므로 용융흔 관찰은 부적절하다.

35 물과 습기 혹은 공기 중에서 물질이 자신의 발화온도보다 낮은 온도에서 화학변화에 의해서 발열하고 열이 축적되어 그 물질 자신 또는 그때 발생한 가스가 연소하는 현상은?

① 폭 발　　　② 자연발화

③ 인 화　　　④ 화합발화

> **해설**
> • 자연발화 : 물과 습기 혹은 공기 중에서 물질이 발화온도보다 낮은 온도에서 화학변화에 의해 자연발열하고, 그 물질 자신 또는 발생한 가연성 가스가 연소하는 현상

• 화합발화 : 두 종 혹은 그 이상의 물질이 서로 혼합 또는 접촉해서 연소하는 현상

• 인화 : 물질 자신으로부터 발화하는 것이 아니라 전기적 스파크, 불꽃 등의 화원에 의해 착화하여서 연소하는 현상

• 폭발 : 정지상태인 물질이 급격히 팽창하는 현상으로 빛과 소리 혹은 충격적 압력을 수반하고, 순간적으로 연소를 완료하는 현상

36 다음 중 프로판의 연소반응식으로 맞는 것은?

① $C_3H_8 + 5O_2 \longrightarrow 3CO_2 + 4H_2O$

② $C_3H_8 + 5O_2 \longrightarrow 2CO_2 + 3H_2O$

③ $C_3H_8 + 4O_2 \longrightarrow 3CO_2 + 4H_2O$

④ $C_3H_8 + 4O_2 \longrightarrow 4CO_2 + 4H_2O$

> **해설**
> 프로판의 연소반응식
> $C_3H_8 + 5O_2 \longrightarrow 3CO_2 + 4H_2O$

37 다음 화학반응식에 대한 설명으로 틀린 것은?

$$C_3H_8(g) + 5O_2(g) \longrightarrow 3CO_2(g) + 4H_2O(g)$$

① 프로판 0.5몰과 산소 2.5몰이 반응하면 이산화탄소 1.5몰과 수증기 2몰이 생성된다.

② 0℃, 1atm에서 프로판 11.2L를 완전연소시키기 위해서는 산소 112L가 필요하다.

③ 프로판 44g과 산소 160g을 반응시키면 이산화탄소 132g과 수증기 72g이 생성된다.

④ 0℃, 1atm에서 프로판 1몰과 산소 5몰로 구성된 반응물의 부피는 134.4L이다.

> **해설**
> 프로판의 연소반응식
> $$C_3H_8 + 5O_2 \longrightarrow 3CO_2 + 4H_2O$$
> $$1mol \times 22.4\ell : 5mol \times 22.4\ell$$
> $$\longrightarrow 3mol \times 22.4\ell : 4mol \times 22.4\ell$$
> 0℃, 1atm에서 프로판 1mol은 22.4L이므로 완전연소시키기 위해서는 5mol의 산소 112L가 필요하다.

38 다음 중 그라인더 불꽃 화재 시 감식요점으로 옳지 않은 것은?

① 그라인더 작업사실 확인
② 작업자의 과실추궁
③ 작업시간 및 착화물의 재질 및 상태가 출화와 모순이 없는지 확인
④ 불티의 비산 또는 낙하 범위 내에서 출화되었는지 확인

해설
그라인더 화재의 감식요점은 그라인더 작업사실을 확인하고 주변에 불꽃에 의해 착화 가능한 물질과 불꽃의 비산범위 내에서 출화한 것인지 확인하여야 한다.

39 화재조사장비 중 멀티테스터기에 대한 설명이 잘못된 것은?

① 지시계는 다중 눈금이므로 잘못 읽지 않도록 주의해야 한다.
② 측정하기 전에 계측기의 지침이 0점에 있는지 확인한다.
③ 측정 위치를 잘 모르면 제일 낮은 레인지에서부터 선택한다.
④ 측정하기 전에 레인지 선택스위치와 시험봉이 적정위치에 있는지 확인한다.

해설
• 측정 위치를 잘 모르면 제일 높은 레인지에서부터 선택한다.
• 측정이 끝나면 피측정체의 전원을 끄고 반드시 레인지 선택 스위치를 OFF에 둔다.

40 다음 중 줄열 발생요인이 아닌 것은?

① 중성선 단선과 같은 배선의 1선단락, 즉 지락(地絡)
② 배선의 반단선에 의한 전류통로의 감소, 국부적인 저항치 증가
③ 전압이 인가된 충전 부분에 부도체 접촉
④ 각종 개폐기 · 차단기 등을 고정하는 나사가 풀려 국부적인 저항이 증가

해설
줄열 발생요인
• 단락이나 지락 등과 같이 전기회로 밖으로의 누설
• 전압이 인가된 충전 부분에 도체 접촉
• 중성선 단선과 같은 배선의 1선단락, 즉 지락(地絡)
• 전동기의 과부하 운전 등 부하의 증가
• 배선의 반단선에 의한 전류통로의 감소, 국부적인 저항치 증가
• 각종 개폐기 · 차단기 등을 고정하는 나사가 풀려 국부적인 저항이 증가

제3과목 증거물관리 및 법과학

41 화재현장사진에 표식 사용방법으로 틀린 것은?

① 화재조사보고서에 현장사진 첨부할 때 화살표 등 표식을 사용한다.
② 사진첨부 양식은 「화재조사 및 보고규정」과 「증거물수집관리규칙」에서 정한 사항에 준하여 작성하고 촬영시간 및 방향표시를 기록한다.
③ 사진의 배치는 보고서 항목 및 내용과 순서를 같이 하며, 사진만으로도 현장상황을 이해할 수 있도록 배치한다.
④ 화재현장사진에 별도의 번호표지 및 지시자(화살표, 기호)는 산만해질 수 있으므로 사용하지 않는다.

42 증거물의 보관에 대한 설명으로 옳지 않은 것은?

① 증거물의 보존기간은 특별한 규정이 없다.
② 소송 등에 관련되어 있는 증거물은 소송이 완료된 시점으로 한다.
③ 관계자의 반환요청이 있을 때에는 반환 여부를 내부검토 후에 반환한다.
④ 보존기간이 만료된 증거물에 대해서는 폐기할 수 있다.

43 질문의 녹음방법에 대하여 기술사항으로 옳지 않은 것은?

① 질문을 하는 동안 질문 대상자의 진술내용을 빠짐없이 녹음을 하거나 메모를 하는 것에 우선을 두어야 한다.
② 인터뷰를 기록하는 다른 방법으로 비디오카메라를 사용할 수 있으며 질문 대상자의 초상권을 침해하지 않도록 하여야 한다.
③ 녹음기록은 관련 법규 및 법률에 적합하게 작업되어야 한다.
④ 화재조사관은 법정에서 더욱 확실한 증거로 채택될 수 있도록 가능한 한 많은 증인이 서명한 질문기록 및 녹음을 받아야 한다.

44 다음 현장사진 및 비디오 촬영방법 및 주요 관찰사항에 대한 설명 중 옳지 않은 것은?

① 화재상황을 추정할 수 있는 대상물의 형상은 면밀히 관찰 후 자세히 촬영한다.
② 사람, 물건, 장소에 부착되어 있는 연소 흔적 및 혈흔 위주로만 촬영한다.
③ 화재와 연관성이 크다고 판단되는 증거물, 피해물품, 유류 등을 촬영하여야 한다.
④ 현장사진 및 비디오 촬영 시에는 연소확대 경로 및 증거물 기록에 대한 번호표와 화살표를 표시 후에 촬영하여야 한다.

45 초상권 및 개인정보 보호에 대한 설명으로 옳지 않은 것은?

① 촬영담당자가 현장사진과 현장비디오를 촬영하였을 때는 화재발생 연월일 또는 화재접수 연월일 순으로 정리·보관하며, 보안 디지털 저장 매체에 정리하여 보관하여야 한다.
② 디지털카메라 및 디지털비디오카메라로 촬영한 파일은 슬라이드 저장매체로 정리·보관하여 훼손되지 않도록 주의하여야 한다.
③ 현장에서 촬영한 모든 자료는 국가화재정보시스템에 보관하여야 한다.
④ 촬영담당자가 촬영한 사진파일과 동영상 파일은 국가화재정보시스템 화재현장조사서에 첨부하여야 한다.

46 증거물의 수거절차 및 관리 시 유의사항으로 틀린 것은?

① 수집 후 다른 증거물을 수거할 때는 먼저 수집된 증거물로부터의 오염가능성을 염두 해 두고 장갑과 신발, 수거장비를 바꾸어 사용하는 등 오염을 막기 위한 적절한 조치를 하여야 한다.

② 유류 감정을 위한 증거물은 대부분 휘발성이 강하므로 현장에서 수집과 동시에 밀폐된 용기에 담아 밀봉하여야 하며, 가능하면 증발을 줄이기 위해 차가운 곳에 보관해야 한다.

③ 수집용기를 재사용할 때에는 수집물의 오염가능성이 있으므로 용기 내 이물질이 남지 않도록 깨끗이 세척 후 사용하도록 한다.

④ 수집된 증거물에 대하여는 수집일시 및 장소, 수집자, 수집물의 명칭, 수집물의 외형 등을 묘사한 라벨을 붙이고 신속히 감정기관으로 의뢰한다.

> **해설**
> 증거물의 수거절차 및 관리 시 유의사항
> • 여러 위치에서 증거물을 수거할 때에는 증거물의 수집 전 번호표를 붙이고 촬영을 하여 각 증거물의 위치와 상태를 객관적으로 나타내며, 증거물 수집 과정을 촬영하여 차후 발생할 수 있는 증거조작 및 절차의 하자 논란을 피한다.
> • 수집 후 다른 증거물을 수거할 때는 먼저 수집된 증거물로부터의 오염가능성을 염두에 두고 장갑과 신발, 수거장비를 바꾸어 사용하는 등 오염을 막기 위한 적절한 조치를 하여야 한다.
> • 유류 감정을 위한 증거물은 대부분 휘발성이 강하므로 현장에서 수집과 동시에 밀폐된 용기에 담아 밀봉하여야 하며, 가능하면 증발을 줄이기 위해 차가운 곳에 보관해야 한다.
> • 수집용기로는 유효성, 경제성, 휘발성 액체의 증발 방지성능 등을 고려하여 사용하지 않은 페인트통 모양의 금속 캔을 사용한다.
> • 한 번 사용한 용기는 수집물의 오염가능성이 있으므로 재사용하지 않는다.

• 수집된 증거물에 대하여는 수집일시 및 장소, 수집자, 수집물의 명칭, 수집물의 외형 등을 묘사한 라벨을 붙이고 신속히 감정기관으로 의뢰한다.

47 증거물 유리병에 대한 설명 중 옳지 않은 것은?

① 유리병은 유리 또는 폴리테트라플루오로에틸렌(PTFE)으로 된 마개나 내유성의 내부판이 부착된 플라스틱이나 금속의 스크루마개를 가지고 있어야 한다.

② 휘발성 액체일 경우 코르크마개를 주로 사용한다.

③ 만일 제품이 빛에 민감하다면 짙은 색깔의 시료병을 사용한다.

④ 세척 방법은 병의 상태나 이전의 내용물, 시료의 특성 및 시험하고자 하는 방법에 따라 달라진다.

> **해설**
> 코르크마개는 휘발성 액체에 사용하여서는 안 된다.

48 다음은 화재조사 시 사진 촬영의 유의사항에 관한 것이다. 가장 옳지 않은 것은?

① 촬영은 단시간에 마치도록 요령 있게 실시한다.

② 화재현장 이외의 것도 촬영하여 활용한다.

③ 작은 물건은 표식을 사용한다.

④ 감식물건은 오물을 제거하고 나서 찍는다.

> **해설**
> 화재증거물수집관리규칙의 촬영 시 유의사항
> 현장사진 및 비디오 촬영 및 현장기록물 확보 시 다음 각 호에 유의하여야 한다.
> • 화재조사 시 사진 촬영은 화재현장에 한해 이루어진다.

- 최초 도착하였을 때의 원상태를 그대로 촬영하고, 화재조사의 진행순서에 따라 촬영
- 증거물을 촬영할 때는 그 소재와 상태가 명백히 나타나도록 하며, 필요에 따라 구분이 용이하게 번호표 등을 넣어 촬영
- 화재현장의 특정한 증거물 등을 촬영함에 있어서는 그 길이, 폭 등을 명백히 하기 위하여 측정용 자 또는 대조도구를 사용하여 촬영
- 화재상황을 추정할 수 있는 다음 각목의 대상물의 형상은 면밀히 관찰 후 자세히 촬영
  - 사람, 물건, 장소에 부착되어 있는 연소흔적 및 혈흔
  - 화재와 연관성이 크다고 판단되는 증거물, 피해물품, 유류
- 현장사진 및 비디오 촬영과 현장기록물 확보 시에는 연소확대 경로 및 증거물 기록에 대한 번호표와 화살표 등을 활용하여 작성

49 가스폭발, 유증기폭발에서 발생하는 충격파에 의한 유리창의 파손형태는?

① 평행선 형태   ② 삼각 형태
③ 거미줄 형태   ④ 방사상 형태

[해설]
충격파에 의한 파손형태
가스폭발, 유증기폭발, 분진폭발, 화·폭약 폭발 또는 상변화를 수반한 고온고압의 보일러 폭발과 같은 물리적 폭발에서 발생하는 충격파에 의한 파괴형태는 평행선 형태의 파괴형태를 만든다.

50 화재현장에서 액체 및 고체 촉진제 물적 증거물 수집에 적합하지 않은 용기는?

① 유리병
② 금속 캔
③ 특수증거물 봉투
④ 종이박스

[해설]
종이박스는 증거물 이송세트이다.

51 현장 수거(채취)물 목록 작성에 대한 설명 중 옳지 않은 것은?

① 수거(채취)물 현황 중 화재원인과 직접적으로 관련된 증거물만 수거하고 기재한다.
② 수거(채취)장소, 채취자, 채취시간을 기재한다.
③ 감정기관과 감정최종 결과도 기재한다.
④ 인계자, 인수자 성명을 기재하고 서명을 받는다.

[해설]
수거(채취)물 현황 중 직접적 원인뿐만 아니라 간접적 원인과 관련된 증거물도 수거하고 기재한다.

52 증명해주는 개별적인 화재증거물들을 연관성이 있는 정보끼리 연결하여 분석 및 재구성하여 화재원인 추론을 전체적으로 지도 또는 그림을 그리듯 하는 과정을 무엇이라 하는가?

① 타임라인
② PERT
③ 마인드맵핑
④ 플로차트(Flow Chart)

[해설]
영국의 전직 언론인 토니 부잔(Tony Bunzan)이 주장한 이론이다. 성공의 비결로 기록하는 습관을 버려야 한다는 이론이 유럽의 여러 기업에서 각광을 받았다. 기록하면 시야가 좁아진다는 것이고, 적는 습관은 인간 두뇌의 종합적 사고를 가로막는다는 것이다. 읽고 생각하고 분석하고 기억하는 그 모든 것들을 마음 속에 지도를 그리듯 해야 한다는 독특한 방법이다.

53 화재 시 열에 의한 손상의 특징에 대한 설명으로 옳지 않은 것은?

① 기도와 폐가 간접적으로 뜨거운 기체의 열에 의해서 손상받는 경우 부검 시 혀, 인두, 특히 성대 부위가 그을릴 수 있고, 점막이 회색-황색을 띠면서 허옇게 되는 경우를 볼 수 있다.

② 후두, 기도, 그리고 주 기관지의 내부는 두꺼워지면서 허옇게 되거나 만일 온도가 실제로 화상을 일으킬 정도로 높지 않은 경우 벌겋게 되면서 염증이 동반되는 경우를 볼 수 있다.

③ 인두와 성대 부위의 열에 의한 효과는 수동적으로 열려있는 입을 통하여 뜨거운 기체가 들어가면서 사후에 발생하게 된다.

④ 폐는 열에 의하여 고도의 부종을 보이게 되는데 기관지의 육안으로 확인할 수 있는 현저한 손상이 발생할 수 있는 정도에 미치지 못하는 뜨거운 기체를 흡입한 희생자의 경우에서도 관찰할 수 있다.

해설
기도와 폐가 직접적으로 뜨거운 기체의 열에 의해서 손상받는 경우 부검 시 혀, 인두, 특히 성대 부위가 그을릴 수 있고, 점막이 회색-황색을 띠면서 허옇게 되는 경우를 볼 수 있다.

54 화재현장에서 발견한 물적 증거물 중 압력에 의한 유리의 파손패턴에 대한 설명으로 옳지 않은 것은?

① 가스폭발, 유증기 폭발, 분진폭발, 화·폭약 폭발 또는 상변화를 수반한 고온고압의 보일러 폭발과 같은 물리적 폭발에서 발생한다.

② 파손형태는 평행선 형태의 파괴형태를 만든다.

③ 충격파가 발생하는 폭발화재와 충격파의 발생이 없는 화재폭발의 판단기준으로 이용할 수 있다.

④ 파손형태는 방사상 연소형태가 자주 나타난다.

해설
가스폭발, 유증기 폭발, 분진폭발, 화·폭약 폭발 또는 상변화를 수반한 고온고압의 보일러 폭발과 같은 물리적 폭발에서 발생하는 충격파에 의한 파괴형태는 평행선 형태의 파괴형태를 만든다. 따라서 이로부터 충격파가 발생하는 폭발화재와 충격파의 발생이 없는 화재폭발의 판단기준으로 이용할 수 있다.

55 NFPA921의 정의에서 정의하고 있는 화재 이후 남아 있는 눈으로 보고 측정할 수 있는 물리적인 효과를 무엇이라 하는가?

① 증거물
② 화재패턴(형태)
③ 연소효과
④ 잔화효과

해설
화재패턴
• 화재로 인한 화염, 열기, 가스, 그을음 등에 의해 탄화, 소실, 변색, 용융 등의 형태로 물질이 손상된 형상
• 화재 이후 남아 있는 눈으로 보고 측정할 수 있는 물리적인 효과 − NFPA921의 정의
• 화재가 진행되면서 현장에 기록한 것. 즉, '화재가 지나간 길'

56 다음 중 액체 촉진제를 수집할 때 주변에 남아 있던 바닥재나 플라스틱 등 오염된 다른 잔류물도 함께 수거하는 이유로 가장 옳은 것은?

① 다른 가연물의 연소성을 측정하기 위해
② 액체 촉진제 단독성분 수집이 곤란하기 때문
③ 액체 촉진제가 주변 가연물로부터 추출된 것인지 여부를 확인하기 위해
④ 많은 양의 액체 촉진제를 수집하기 위해

해설
가연성 액체가 주변 가연물로부터 추출된 것이 아니라는 것을 입증하는 데 목적이 있다.

57 카메라의 빛에 반응하는 정도를 국제표준화시킨 수치를 무엇이라 하는가?

① ISO 감도
② 측 광
③ 화이트밸런스
④ 화 소

해설
ISO(International Organization for Standardization) 감도
• 카메라의 빛에 반응하는 정도를 국제표준화시킨 수치를 말한다.
• 감도가 높다는 것은 빛에 더욱 민감하게 반응한다는 것이다.
• ISO 감도를 높이면 어두운 장소에서도 밝은 사진을 쉽게 찍을 수 있다.
• 대부분의 화재현장은 탄화로 인하여 검고 그을려 있는 경우가 많아 빛의 노출정도를 적절히 조절하지 않으면 증거물이 검게 나와 식별하기 어려운 경우가 많으므로 빛이 없는 화재현장에서는 ISO 감도를 높여 증거물 식별이 용이하도록 촬영한다.

58 다음 중 화상사에 대한 설명으로 옳지 않은 것은?

① 9의 법칙은 외음부를 5%로 산정한다.
② 연령, 부상 부위, 합병된 외상 내지 기존 질환에 의하여서도 영향을 받는다.
③ 범위가 심도보다 더욱 큰 영향을 미친다.
④ 똑같은 정도의 범위라도 어린이가 성인보다 더 위험하다.

해설
• 9의 법칙
  – 신체의 표면적을 9%단위로 나누고 외음부를 1%로 하여 계산하는 방법
  – 두부 9%, 전흉복부 9×2, 배부 9×2, 양팔 9×2, 대퇴부 9×2, 하퇴부 9×2, 외음부 1%를 합하면 100%
• 위험도
  – 화상의 위험도는 심도와 범위에 의하여 결정되며 범위가 심도보다 더 큰 영향을 미친다.
  – 연령, 부상 부위, 합병된 외상 내지 기존 질환에 의해서도 영향을 받는다.
  – 어린이는 같은 정도의 범위라도 어른보다 더 위험하다.
  – 노인은 회복이 지연되거나 합병증이 일어나기 쉽다.
  – 상부기도나 흉부화상은 호흡장애를 초래한다.
  – 주요 장기에 질환이 있는 경우 정상인보다 위험하다.
  – 심도에 따라 영향을 받기는 하나 일반적으로 전신 1/3 정도에 3도 화상을 입으면 50%가 사망 위험이 있다.

59 틈새연소패턴에 대한 설명으로 맞지 않은 것은?

① 단순히 가연성 액체만 연소한다.

② 콘크리트나 시멘트 바닥이 아니라 마감재 표면에서 보이는 패턴이다.

③ 틈새에 고인 가연성 액체는 다른 부분에 비하여 더 강한 연소흔을 나타낸다.

④ 플래시오버 이후에 나타나는 연소형태이다.

해설
틈새연소패턴
고스트마크와 유사하나 단순히 가연성 액체의 연소라는 점, 콘크리트나 시멘트 바닥이 아니라 마감재 표면에서 보이는 패턴이라는 점, 플래시오버 전후로 나타나는 고스트마크와는 달리 화재 초기에 나타나는 점, 방화현장에서 많이 볼 수 있는 형태이다. 틈새에 고인 가연성 액체는 다른 부분에 비하여 더 강한 연소흔을 나타내는 특징인 것이다.

60 시반에 대한 설명으로 맞지 않은 것은?

① 시반으로 시체의 이동여부를 추측 가능하다.

② 질식사나 급사의 경우 심하게 나타난다.

③ 혈액이 부풀어 오를 수 있는 혈관에만 생긴다.

④ 딱딱한 표면에 누워 있는 시체에 시반이 주로 발생한다.

해설
시반(屍斑)
• 사망 후 중력의 영향으로 혈액이 체내에서 가장 낮은 부위로 이동하여 피부 표면에 나타나는 자주색 또는 청자색의 반점
• 혈액이 부풀어 오를 수 있는 혈관에만 생김(딱딱한 표면에 누워 있는 시체나 누워있을 때 양어깨, 엉덩이, 장딴지 등은 바닥부분에 눌려져 있어 시반이 생기지 않음)
• 시반으로 시체의 이동여부를 추측 가능
• 질식사나 급사의 경우 심하게 나타남
• 시반의 색깔 : 선홍색(일산화탄소 중독, 동사(凍死), 사이안화수소 중독), 녹갈색(황화수소 중독)

61 다음은 어떤 소화시설의 종류인가?

• 수동식소화기
• 자동식소화기
• 자동확산소화용구
• 캐비넷형 자동소화기기
• 소화약제에 의한 간이소화용구

① 옥내소화전   ② 옥외소화전
③ 소방설비   ④ 소화기구

해설
소화기구의 종류를 나타낸 것이다.

62 다음 중 사상자 및 부상 정도에 대한 설명으로 잘못된 것은?

① 사상자는 화재현장에서 사망한 사람 또는 부상당한 사람을 말한다.

② 화재현장에서 부상을 당한 후 72시간 이내에 사망한 경우에는 당해 화재로 인한 사망으로 본다.

③ 중상은 3주 이상의 입원을 필요로 하는 부상을 말한다.

④ 경상은 1주 이상의 입원을 필요로 하는 부상을 말한다.

해설
사상자와 부상자 분류
• 사상자는 화재현장에서 사망한 사람과 부상당한 사람을 말한다. 단, 화재현장에서 부상을 당한 후 72시간 이내에 사망한 경우에는 당해 화재로 인한 사망으로 본다.
• 부상정도 : 부상의 정도는 의사의 진단을 기초로 하여 다음과 같이 분류한다.
  – 중상 : 3주 이상의 입원치료를 필요로 하는 부상
  – 경상 : 중상 이외의 부상(입원치료를 필요로 하지 않는 것도 포함한다)을 말한다. 다만, 병원치료를 필요로 하지 않고 단순하게 연기를 흡입한 사람은 제외

63 다음 예시와 같이 장소를 분류할 때 옳지 않은 것은?

> ○○대학교 내에 있는 기숙사의
> 옥내계단에서 화재가 발생한 경우

장소(대)	장소(중)	장소(소)	부속용도	발화지점
① 교육 시설	② 학교	③ 대학교	④ 대학교	옥내계단

해설
부속용도는 기숙사이다.

64 화재가 발생하여 다음과 같이 화재피해가 발생하였다. 건물의 재산피해를 산정하면? (단, 잔존물제거비는 무시한다)

- 대상 : 신축창고
- 구조 : 철근콘크리트조 슬래브지붕 3급
- 소실면적 : 33,000m²
- m²당 표준단가 : 525천원
- 내용연수 : 40년
- 잔가율 : 100% 적용
- 손해율 : 30% 적용

① 5,196,800천원
② 5,196,000천원
③ 5,197,000천원
④ 5,197,500천원

해설
건물의 피해액 산정
= 소실면적의 재건축비 × 잔가율 × 손해율
= 신축단가 × 소실면적 × [1−(0.8 × 경과연수 / 내용연수)] × 손해율
∴ 잔가율이 100% 주어졌으므로
   525천원 × 33,000m² × 0.3
   = 5,197,500천원

65 화재현장조사서 작성 시 인용개소의 기재사항으로 옳지 않은 것은?

① 인용한 서류명
② 인용한 사실의 기재 개소
③ 인용한 사실의 내용
④ 인용한 일시

해설
인용한 일시는 작성하지 않아도 된다.

66 「소방의 화재조사에 관한 법률 시행령」에 따른 화재감정기관의 지정기준에 해당하지 않은 것은?

① 시 설
② 사무실
③ 장 비
④ 전문인력

해설
소방청장은 과학적이고 전문적인 화재조사를 위하여 대통령령으로 정하는 시설·전문인력 및 장비기준을 갖춘 기관을 화재감정기관(이하 "감정기관"이라 한다)으로 지정·운영하여야 한다.

67 화재조사에 필요한 도면 작성요령 중 적당하지 않은 것은?

① 화재현장 위치도(건물의 인접거리, 각 건물의 구조, 층수, 용도 등을 기입한다)
② 사진 촬영 위치도(다른 도면과 병용하는 것도 가능)
③ 소손 건물의 각층 평면도(실 배치를 중심으로)
④ 화재진압작전도 및 인근 건물의 내부 평면도(소방력 배치도 및 인접건물의 구조와 평면도를 기입한다)

인근 건물의 내부 평면도까지 작성할 필요는 없다.
- 현장의 위치
- 건물의 배치(발화건물을 중심으로 한 건물배치)
- 소손건물의 각층 평면도(실 배치를 중심으로)
- 발화실의 평면도(수용물의 개요를 중심으로)
- 발화지점의 평면도(증거물건의 위치 등 실측거리 기재)
- 발화지점의 입면도
- 사진 촬영 위치도(다른 도면과 병용하는 것도 가능)

68 다음 중 손해액 또는 피해액을 산정하는 방법이 아닌 것은?

① 복성식 평가법
② 매매사례비교법
③ 수익환원법
④ 인터넷 비교구매법

화재조사 실무에서 손해액 또는 피해액을 산정하는 방법은 복성식 평가법을 원칙으로 하되 이 방법이 불합리하거나 매매사례비교법 또는 수익환원법이 오히려 합리적이고 타당하다고 판단된 경우에 한하여 예외적으로 사용한다.
- 복성식 평가법 : 재건축 또는 재취득하는 데 소요되는 비용에서 사용기간의 감가수정액을 공제하는 방법으로 대부분의 물적 피해액 산정에 사용한다.
- 매매사례비교법 : 당해 피해물의 시중 매매사례가 충분하여 유사 매매사례를 비교하여 산정하는 방법으로 차량, 예술품, 귀중품, 귀금속 등이 피해액 산정에 사용한다.
- 수익환원법 : 피해물로 인해 장래에 얻을 수익액에서 당해 수익을 얻기 위해 지출되는 제반비용을 공제하는 방법으로 유실수 등에 있어 수확기간에 있을 때 사용한다.

69 화재현장 촬영 포인트에 대한 설명으로 틀린 것은?

① 소손현장의 전경
② 소손건물의 전경 및 내부
③ 발굴 후의 발화지점 부근 상황
④ 복원 후의 상황

발굴 전의 상황을 알 수 있도록 소손상황 전체를 천장, 기둥, 벽, 수용물 등을 빠지지 않도록 발굴 전의 발화지점 부근 상황을 중점적으로 촬영한다.

70 다음 중 집기비품의 화재피해액 산정공식 방법으로 옳지 않은 것은?

① (회계장부상 현재가액 × 손해율)의 공식에 의한다.
② (m^{2}당 표준단가 × 소실면적 × [1 − (0.9 × 경과연수 / 내용연수)] × 손해율)의 공식에 의한다.
③ 실질적·구체적 방법으로 산정 시 (재구입비 × [1 − (0.9 × 경과연수 / 내용연수)] × 손해율)의 공식에 의한다.
④ 집기비품의 m^{2}당 표준단가는 매뉴얼이 정하는 바에 의하며, 실질적·구체적 방법에 의한 재구입비는 신축단가표의 가격에 의한다.

집기비품의 m^{2}당 표준단가는 매뉴얼이 정하는 바에 의하며, 실질적·구체적 방법에 의한 재구입비는 물가정보지의 가격에 의한다.

71 다음 중 「화재조사 및 보고규정」의 피해액 산정방법으로 옳지 않은 것은?

① 건물 등 자산에 대한 최종잔가율은 건물·부대설비·구축물·가재도구는 20%로 하며, 그 이외의 자산은 10%로 정한다.

② 건물의 화재피해액 산정은 [신축단가(㎡당) × 소실면적 × {1 − (0.8 × 경과연수 / 내용연수)} × 손해율]의 공식에 의하되, 신축단가는 한국감정원이 최근 발표한 「건물신축단가표」에 의한다.

③ 부대설비의 화재피해액 산정은 [건물신축단가(㎡당) × 소실면적 × 설비종류별 재설비 비율 × {1 − (0.8 × 경과연수 / 내용연수)} × 손해율]의 공식에 의함을 원칙으로 한다.

④ 화재피해액은 화재 당시의 피해물과 동일한 구조, 용도, 질, 규모를 재건축 또는 재구입하는 데 소요되는 가액 또는 회계장부상 입증된 현재가액으로 한다.

해설

화재피해액은 화재 당시의 피해물과 동일한 구조, 용도, 질, 규모를 재건축 또는 재구입하는 데 소요되는 가액에서 사용손모 및 경과연수에 따른 감가공제를 하고 현재가액을 산정하는 실질적·구체적 방식에 의한다. 단, 회계장부 현재가액이 입증된 경우에는 그에 의한다.

72 다음 중 화재현황조사서에서 귀소시간을 바르게 표현한 것은?

① 화재진압을 마치고 소방관서에 도착한 시간

② 화재진압을 마치고 화재현장에서 소방관서로 출발하는 시간

③ 화재진압을 마치고 화재현장에서 철수명령을 발동한 순간

④ 화재진압을 마치고 소방관서에 도착하여 보고를 한 시간

해설

- 접수일시 : 상황실에 화재신고가 접수된 시간 입력
- 출동시간 : 신고 접수한 뒤 소방차가 차고를 나간 시간을 입력하되 접수시간보다 빠르게 등록할 수 없음
- 도착시간 : 선착대의 소방차가 화재현장에 도착한 시간
- 초진시간 : 지휘관이 판단하기에 화재가 충분히 진압되어 더 이상의 연소 확대나 화재로 인한 추가 인명 피해/재산손실이 없을 것으로 판단되는 시점의 시간
- 완진시간 : 화재가 완전히 진압되어 더 이상의 화염/불씨, 또는 연소 중인 물질로부터 나오는 연기가 없는 상태의 시간
- 귀소시간 : 화재진압을 마치고 화재현장에서 소방관서로 출발하는 시간

73 질문기록서의 작성 목적으로 옳은 것은?

① 목격자의 인적사항을 조사하기 위하여

② 관계자의 도주 방지를 위하여

③ 화재 전·후의 상황에 대한 객관적 증거 자료를 확보하기 위하여

④ 관계자의 과실 여부를 밝혀내기 위하여

해설

관계자 이외에는 알 수 없는 화재발생 전의 상황과 기구상태, 사용방법 등에 대해 정보를 확보하거나 최초 목격 상황 등의 진술을 통해 객관적인 증거자료를 확보하기 위함이다.

질문(화재조사 및 보고규정 제23조)

- 질문을 할 때에는 시기, 장소 등을 고려하여 진술하는 사람으로부터 임의진술을 얻도록 하여야 한다.
- 질문을 할 때에는 기대나 희망하는 진술내용을 얻기 위하여 상대방에게 암시하는 등의 방법으로 유도하여서는 아니 된다.
- 소문 등에 의한 사항은 그 사실을 직접 경험한 사람의 진술을 얻도록 하여야 한다.
- 관계자 등에 대한 질문 사항은 관련 서식의 질문기록서에 작성하여 그 증거를 확보한다.

74 다음은 화재발생 시 작성하는 화재조사서류에 대한 설명이다. 옳지 않은 것은?

① 화재유형별조사서는 해당 유형에 따라 화재발생종합보고서와 함께 작성한다.
② 치외법권지역 등 조사권 행사가 곤란할 경우에는 화재현장출동보고서만 작성한다.
③ 질문기록서는 최초 신고자 및 관계자 등을 대상으로 기록 작성한다.
④ 재산피해신고서 작성은 피해를 당한 관계자 신청에 따라 작성할 수 있다.

해설
치외법권지역 등 조사권을 행사할 수 없는 경우는 조사 가능한 내용만 조사하고 해당 서류를 작성한다.

75 아파트 화재로 애완견과 10년된 일반분재가 전부 소실되었다. 산정기준으로 옳은 것은?

① 시중매매가격
② 전문가의 감정가
③ 애완견 – 시중매매가격, 분재 – 공인감정가
④ 공인감정가

해설
전부손해의 경우 시중매매가격으로 하며, 전부손해가 아닌 경우 수리비 및 치료비로 한다.

76 다음 중 화재피해액을 건물에 포함시키지 않고 별도로 산정해야 하는 것끼리 바르게 묶은 것은?

① 부대설비 – 부착물 – 영업시설
② 부대시설 – 구축물 – 영업시설
③ 영업시설 – 부착물 – 구축물
④ 영업시설 – 부대설비 – 부속물

해설
화재로 인한 건물 등의 피해액 산정에 있어서는 건물과 부대설비, 구축물, 시설 등으로 구분하여야 한다. 건물의 부속물과 부착물은 건물에 포함시켜 피해액을 산정하고, 건물 외에 부대설비, 구축물, 시설 등에 대해서는 별도의 피해액 산정방법에 따라 피해액을 산정하여야 하므로, 이를 분리하여 산정한 후 건물 피해액에 합산하는 방식을 취하여야 한다.

77 주택 내 침구류와 주방용구 등 피해발생 시 잔가율 적용으로 옳은 것은? (단, 일괄적, 포괄적 기준을 적용한다)

① 30%   ② 20%
③ 10%   ④ 50%

해설
잔가율
• 개별적용의 경우 : 각각의 집기비품별로 경과연수와 내용연수를 구해 잔가율을 산정하는 원칙적인 방법(최종잔가율이 10%일때)

$$[1 - (0.9 \times 경과연수 / 내용연수)]$$

• 일괄적용의 경우 : 잔가율을 50% 일괄 적용

78 건물의 일부를 개축 또는 대수선한 경우의 경과연수 적용에 관한 것이다. 옳지 않은 것은?

① 재건축비의 50% 미만 개·보수한 경우 : 최초 설치년도 기준으로 산정
② 재건축비의 50~80% 미만을 개·보수한 경우 : 최초 설치년도를 기준으로 한 경과연수와 개·보수한 때를 기준으로 한 경과연수를 합산 평균하여 산정
③ 재건축비의 80% 이상 개·보수한 경우 : 개·보수한 때를 기준으로 산정
④ 재건축비의 40% 이하 개·보수한 경우 : 실제 사용한 날 기준

정답 74 ② 75 ① 76 ② 77 ④ 78 ④

해설
건물의 경과연수

화재피해 대상 건물이 건축일로부터 사고일 현재까지 경과한 연수

• 건축일은 건물의 사용승인일 또는 사용승인일이 불분명한 경우 : 실제 사용한 날 기준
• 건물의 일부를 개축 또는 대수선한 경우 : 경과연수를 수정적용

재건축비의 50% 미만 개·보수한 경우	최초 건축년도를 기준으로 경과연수를 산정
재건축비의 50~80%를 개·보수한 경우	최초 건축년도를 기준으로 한 경과연수와 개·보수한 때를 기준으로 한 경과연수를 합산 평균하여 경과연수를 산정
재건축비의 80% 이상 개·보수한 경우	개·보수한 때를 기준으로 경과연수를 산정

79 특수한 건물의 피해액 산정 방법으로 옳지 않은 것은?

① 문화유산 : 감정에 의한 가격을 현재가로 하며, 내용연수 및 경과연수 등에 의한 감가액의 공제 없이 현재가를 화재로 인한 피해액으로 한다.

② 철거건물 : 철거 예정일 이후의 사용·수익은 불가능한 것으로 보아야 하므로, 사고일로부터 철거일까지 기간을 잔여내용연수로 보아 잔여내용연수 기간의 감가율에 최종잔가율 20%를 합한 비율을 당해 건물의 잔가율로 하여 피해액을 산정한다.

③ 모델하우스 : 일정기간 존치하는 건물에 있어서는 실제 존치할 기간을 내용연수로 하여 피해액을 산정한다.

④ 복합구조 건물 : 화재피해액 산정 대상 건물이 구조, 건축시기, 용도가 서로 다른 경우 각각의 바닥면적에 대한 내용연수와 경과연수를 고려한 잔가율을 산정한 후 합산평균한 잔가율을 적용하여 피해액을 산정한다.

해설
복합구조 건물

화재피해액 산정 대상 건물이 구조, 건축시기, 용도가 서로 다른 경우 각각의 연면적에 대한 내용연수와 경과연수를 고려한 잔가율을 산정한 후 합산평균한 잔가율을 적용하여 피해액을 산정한다.

80 다음은 기계장치의 소손 정도에 따른 손해율 적용이다. 틀리게 짝지어진 것은?

① 프레임 및 주요부품이 소손되고 굴곡변형으로 수리불능 : 100%

② 프레임 및 주요부품을 수리하여 재사용 가능하나 소손이 심한 경우 : 50~60%

③ 화염의 영향을 받아 주요부품이 아닌 일반 부품교체 및 그을음 및 수침 오염 정도가 심하여 전반적으로 Overhaul이 필요한 경우 : 30~50%

④ 화염의 영향을 다소 적게 받았으나 그을음 및 수침오염 정도가 심하여 일부 교체와 분해조립이 필요한 경우 10~20%, 그을음 및 수침오염 정도가 경미한 경우 : 5%

해설
기계장치의 소손 정도에 따른 손해율

화재로 인한 피해 정도	손해율(%)
프레임 및 주요 부품이 소손되고 굴곡 변형되어 수리가 불가능한 경우	100
프레임 및 주요 부품을 수리하여 재사용 가능하나 소손 정도가 심한 경우	50~60
화염의 영향을 받아 주요 부품이 아닌 일반 부품 교체 및 그을음 및 수침오염 정도가 심하여 전반적으로 Overhaul이 필요한 경우	30~40
화염의 영향을 다소 적게 받았으나 그을음 및 수침오염 정도가 심하여 일부 부품교체와 분해조립이 필요한 경우	10~20
그을음 및 수침오염 정도가 경미한 경우	5

81 다음 중 「소방의 화재조사에 관한 법률」에 따른 화재의 정의로 옳지 않은 것은?

① 사람의 의도에 반하여 발생하는 연소현상
② 소화할 필요가 있는 연소현상
③ 고의적인 방화에 의하여 발생한 연소현상
④ 피해가 일정규모 이상인 연소현상

해설
화재의 정의
"화재"란 사람의 의도에 반하거나 고의에 의해 발생하는 연소현상으로서 소화시설 등을 사용하여 소화할 필요가 있는 현상 또는 사람의 의도에 반하는 발생하거나 확대된 화학적인 폭발현상을 말한다. 여기서 화학적인 폭발현상을 제외하면 다음과 같이 정의할 수 있다.
첫째, 일반적인 사회의사에 반하여 발생한 연소현상
둘째, 소화할 필요가 있는 연소현상
셋째, 소화 시 소방시설 등 이와 동등한 물건을 사용할 필요가 있는 연소현상

82 「소방의 화재조사에 관한 법령」상 명시된 화재현장 보존 등을 위하여 소방관서장이 설정한 통제구역을 허가 없이 화재현장에 있는 물건 등을 이동시키거나 변경·훼손한 사람의 벌칙 기준은?

① 300만원 이하의 벌금
② 500만원 이하의 벌금
③ 700만원 이하의 벌금
④ 1천만원 이하의 벌금

해설
벌칙(법 제21조)
화재현장 보존 등을 위하여 소방관서장이 설정한 통제구역을 허가 없이 화재현장에 있는 물건 등을 이동시키거나 변경·훼손한 사람은 300만원 이하의 벌금에 처한다.

83 다음 중 화재조사를 위하여 부여된 권리에 해당되지 않는 것은?

① 화재에 의하여 파손되고 파괴된 재산의 조사
② 관계자에 대한 질문
③ 관계자에 대한 자료제출 명령
④ 경찰기관에 대한 협력

해설
④는 화재조사를 위하여 부여된 의무이다.

84 다음 중 「소방의 화재조사에 관한 법률」상 화재조사전담부서의 업무가 아닌 것은?

① 사망자가 5인 이상 발생한 화재의 보고
② 화재조사의 실시 및 조사결과 분석·관리
③ 화재조사 관련 기술개발과 화재조사관의 역량증진
④ 화재조사에 필요한 시설·장비의 관리·운영

해설
사망자가 5인 이상 발생한 화재는 긴급상황보고 대상 화재로 종합상황실의 실장 업무이다.

85 「소방의 화재조사에 관한 법률 시행규칙」상 화재조사 결과를 공표할 때 포함시켜야 할 사항으로 옳지 않은 것은?

① 화재원인에 관한 사항
② 화재발생 건축물과 구조물에 관한 사항
③ 화재로 인한 인명·재산피해에 관한 사항
④ 화재조사에 필요한 증거물의 수집 및 보존에 관한 사항

해설
화재조사 결과를 공표할 때 포함시켜야 할 사항(시행규칙 제8조 제2항)
1. 화재원인에 관한 사항
2. 화재로 인한 인명·재산피해에 관한 사항
3. 화재발생 건축물과 구조물에 관한 사항
4. 그 밖에 화재예방을 위해 공표할 필요가 있다고 소방관서장이 인정하는 사항

86 다음 중 용어의 정의를 잘못 설명한 것은?

① 내용연수란 고정자산을 경제적으로 사용할 수 있는 연수를 말한다.

② 재구입비란 화재 당시의 피해물과 같거나 비슷한 것을 재건축(설계·감리비 포함) 또는 재취득하는 데 필요한 금액을 말한다.

③ 경년감가율이란 화재 당시에 피해물의 재구입비에 대한 현재가의 비율을 말한다.

④ 최종잔가율이란 피해물의 경제적 내용연수가 다한 경우 잔존하는 가치의 재구입비에 대한 비율을 말한다.

해설
화재 당시에 피해물의 재구입비에 대한 현재가의 비율은 잔가율에 대한 설명이다.

87 「소방의 화재조사에 관한 법령」상 화재조사 증거물 수집 등에 관한 사항으로 옳지 않은 것은?

① 화재조사 증거물을 수집하는 경우 증거물의 수집과정을 사진 촬영 또는 영상 녹화의 방법으로 기록해야 한다.

② 수사기관의 장이 방화 또는 실화의 혐의가 있어서 이미 피의자를 체포하였거나 증거물을 압수하였을 때에 화재조사를 위하여 필요한 경우에는 범죄수사에 지장을 주지 아니하는 범위에서 그 피의자 또는 압수된 증거물에 대한 조사를 할 수 있다.

③ 증거물을 수집한 경우 이를 관계인에게 알려야 한다.

④ 사진 또는 영상 파일은 결재를 득한 후 시도 업무정책포털시스템에 보관한다.

해설
화재조사 증거물 수집과정을 촬영한 사진 또는 영상 파일은 국가화재정보시스템에 전송하여 보관한다.

88 다음의 화재 중 별건의 화재로 처리해야 하는 것은?

① 발화점이 2개소 이상인 누전점이 동일한 누전에 의한 화재

② 발화점이 2개소 이상인 지진에 의한 다발화재

③ 발화점이 2개소 이상인 낙뢰 등에 의한 다발화재

④ 동일 대상물에 동일범이 아닌 각기 다른 사람에 의한 방화, 불장난에 의한 화재

해설
동일 대상물에 동일범이 아닌 각기 다른 사람에 의한 방화 불장난은 각각 별건의 화재로 하여야 한다.

89 화재를 유형에 따라 구분하는 것으로 잘못된 것은?

① 자동차의 적재물이 소손된 경우, 자동차·철도차량화재에 해당된다.

② 건축물 내에 있는 물건이 소손된 경우, 건축·구조물화재에 해당된다.

③ 들판의 잡초가 소손된 경우, 기타화재에 해당된다.

④ 들판의 수목이 소손된 경우, 임야화재에 해당된다.

해설
임야화재
산림, 야산, 들판의 수목, 잡초, 경작물 등이 소손된 화재

90 「소방의 화재조사에 관한 법률령」상 화재 감정결과의 통보 등에 관한 사항으로 옳지 않은 것은?

① 화재감정기관의 장은 제1항에 따라 감정 결과를 통보할 때 감정을 의뢰받았던 증거물 등 감정대상물을 반환해야 한다.
② 화재감정기관의 장은 감정이 완료되면 감정 결과를 감정을 의뢰한 소방관서장에게 지체 없이 통보해야 한다.
③ 지정이 취소된 화재감정기관은 지정이 취소된 날부터 10일 이내에 화재감정기관 지정서를 반환해야 한다.
④ 화재감정기관의 장은 행정안전부령으로 정하는 기간 동안 감정 결과 및 감정 관련 자료(데이터 파일을 포함한다)를 보존해야 한다.

해설
화재감정기관의 장은 소방청장이 정하는 기간 동안 감정 결과 및 감정 관련 자료(데이터 파일을 포함한다)를 보존해야 한다.

91 다음 중 화재조사 전담부서에 갖추어야 할 장비의 구분이 잘못된 것은?

① 발굴용구 : 전동드릴, 휴대용열풍기, 이동용 진공청소기, 전동드라이버
② 기록용 기기 : 버니어캘리퍼스, 디지털온도습도측정시스템, 디지털풍향풍속기록계, 정밀저울
③ 감식기기 : 적외선거리측정기, 가스측정기, 정전기 측정장치, 슈미트햄머
④ 증거 수집 장비 : 증거물 태그 세트, 증거물 보관장치, 증거물 표지세트

해설
적외선거리측정기는 기록용 기기이다.

92 「소방의 화재조사에 관한 법률 시행규칙」상 화재감정기관의 지정 신청 및 지정서 발급에 관한 사항이다. ( )에 들어갈 내용으로 옳은 것은?

> 소방청장은 화재감정기관 지정신청서 또는 첨부서류에 보완이 필요하다고 판단되면 ( )의 기간을 정하여 보완을 요구할 수 있다.

① 30일 이내   ② 20일 이내
③ 15일 이내   ④ 10일 이내

해설
소방청장은 화재감정기관 지정신청서 또는 첨부서류에 보완이 필요하다고 판단되면 10일 이내의 기간을 정하여 보완을 요구할 수 있다.

93 다음 중 「제조물 책임법」의 법리체계를 이루고 있는 3대 기본이론이 아닌 것은?

① 신뢰책임   ② 보상책임
③ 위험책임   ④ 담보책임

94 「제조물 책임법」상의 제조업자와 가장 거리가 먼 것은?

① 제조업자   ② 가공업자
③ 수입업자   ④ 판매업자

해설
판매업자는 제조업자에 해당되지 않으며, 다만 보충적 책임주체는 될 수 있다.

95 「화재로 인한 재해보상과 보험가입에 관한 법률」의 제정 목적으로 틀린 것은?

① 화재로 인한 인명 및 재산상의 손실을 예방
② 재난발생 시 신속한 재해복구
③ 인명피해 및 재산피해에 대한 적정한 보상
④ 국민생활의 안정에 기여

> **해설**
> 화재로 인한 인명 및 재산상의 손실을 예방하고 화재 발생 시 신속한 재해복구와 인명 및 재산피해에 대한 적정한 보상을 하게 함으로써 국민생활의 안정에 이바지함을 목적으로 한다.

96 「화재로 인한 재해보상과 보험가입에 관한 법률」에 따라 특약부화재보험을 가입하여야 하는 특수건물 중 아파트는 기본적으로 몇 층 이상이어야 하는가?

① 7층
② 11층
③ 16층
④ 층수에 관계없이 모든 아파트

> **해설**
> 특약부화재보험 의무가입 특수건물
> 공동주택으로서 16층 이상의 아파트 및 부속건물 관리주체에 의하여 관리되는 동일한 아파트 단지 안에 있는 15층 이하의 아파트를 포함한다.

97 보일러, 고압가스 기타 폭발성 있는 물건을 파열시켜 사람의 생명, 신체 또는 재산에 대하여 위험을 발생시킨 자의 벌칙은?

① 1년 이상의 유기징역
② 3년 이상의 유기징역
③ 무기 또는 5년 이상의 징역
④ 1천5백만원 이하의 벌금

> **해설**
> 기타 방화와 실화 관련 형법규정
>
> | 죄 명 | 폭발성 물건 파열(치사상)죄 | | |
> |---|---|---|---|
> | 구체적 범죄 내용 | 보일러, 고압가스 기타 폭발성 있는 물건을 파열시켜 사람의 생명, 신체 또는 재산에 | | |
> | | 위험을 발생시킨 자 | 상해에 이르게 한 때 | 사망에 이르게 한 때 |
> | 형 량 | 1년 이상의 유기징역 | 무기 또는 3년 이상의 징역 | 무기 또는 5년 이상의 징역 |

98 다음 중 실화책임에 관한 법률의 목적으로 가장 옳은 것은?

① 실화자에게 경과실의 경우에는 손해배상책임을 당사자 간에 공평하게 부담시키기 위한 것
② 실화자에게 중대한 과실이 없는 경우에는 손해배상액 경감에 관한 특례를 정하기 위한 것
③ 실화자에게 경과실의 경우에는 손해배상책임을 면제하기 위한 특례를 정하기 위한 것
④ 실화자에게 중대한 과실이 없는 경우에는 손해배상액의 면제에 관한 특례를 정하기 위한 것

> **해설**
> 제1조(목적)
> 이 법은 실화(失火)의 특수성을 고려하여 실화자에게 중대한 과실이 없는 경우 그 손해배상액의 경감에 관한 「민법」 제765조의 특례를 정함

99 「화재증거물 수집관리규칙」에 규정된 증거물 시료용기가 갖추어야 할 공통사항으로 옳지 않은 것은?

① 장비와 용기를 포함한 모든 장치는 원래의 목적과 채취할 시료에 적합하여야 한다.

② 시료용기는 시료의 저장과 이동에 사용되는 용기로 적당한 마개를 가지고 있어야 한다.

③ 정상적인 내부 압력에 견딜 수 있고 시료채취에 필요한 충분한 강도를 가져야 한다.

④ 시료용기는 취급할 제품에 의한 용매의 작용에 투과성이 있고 내성을 갖는 재질로 되어 있어야 한다.

해설

시료용기는 취급할 제품에 의한 용매의 작용에 투과성이 없고 내성을 갖는 재질이어야 한다.

증거물 시료용기 내용 공통사항
• 장비와 용기를 포함한 모든 장치는 원래의 목적과 채취할 시료에 적합하여야 한다.
• 시료용기는 시료의 저장과 이동에 사용되는 용기로 적당한 마개를 가지고 있어야 한다.
• 시료용기는 취급할 제품에 의한 용매의 작용에 투과성이 없고 내성을 갖는 재질로 되어 있어야 하며, 정상적인 내부 압력에 견딜 수 있고 시료채취에 필요한 충분한 강도를 가져야 한다.

100 자신이 살고 있는 아파트에 화재가 발생하여 「건축법」상 설치된 배란다의 간이 격벽을 부수고 옆 세대로 대피한 경우 손해를 배상할 책임이 없는 사유로 맞는 것은?

① 자구행위
② 자력구제
③ 긴급피난
④ 정당행위

해설

긴급피난(제761조)
자기 또는 제삼자를 위하여 급박한 위난을 피하기 위하여 부득이 타인에게 손해를 가한 자는 배상할 책임이 없다.

05 | 실전모의고사

제1과목 **화재조사론**

01 화재출동 중 조사내용에 포함되지 않는 것은?

① 도로의 지형 및 토지의 고저
② 주변의 이상한 소리
③ 풍향, 풍속에 의해 연기의 움직이는 상황
④ 위험물질의 누설량 확인

해설
위험물질의 누설량 확인과 특이한 냄새를 감지하는 것은 현장도착 시 조사내용이다.

02 단일회로상의 전선에서 여러 개의 용융흔이 발견되었다. 최초 발화된 부분으로 옳은 것은?

① 전원측에 가까운 용융흔
② 부하측의 중간 부분의 용융흔
③ 합선흔이 형성된 중간 부분의 용융흔
④ 전원측에서 가장 먼 곳의 용융흔

해설
통전상태일 때 전원측에서 먼저 단락되면 부하측에서는 용융흔이 발생되지 않는다.

03 열 에너지원에 대한 설명 중 어떤 물질이 완전히 산화되는 과정에서 발생하는 것을 무엇이라고 하는가?

① 용해열
② 연소열
③ 자연발열
④ 분해열

해설
열 에너지원(Heat Energy Sources)
• 연소열(Heat of Combustion) : 어떤 물질이 완전히 산화되는 과정에서 발생하는 열
• 자연발열(Spontaneous Heating) : 어떤 물질이 외부로부터 열의 공급을 받지 아니하고 온도가 상승하는 현상
• 분해열(Heat of Decomposition) : 화합물이 분해할 때 발생하는 열
• 용해열(Heat of Solution) : 어떤 물질이 액체에 용해될 때 발생하는 열

04 다음 중에서 자연발화 가능성이 가장 낮은 것은?

① 아마인유
② 들 깨
③ 톱 밥
④ 휘발유

해설
휘발유, 등유, 경유 등은 포화유이기 때문에 자연발화는 절대 일어나지 않는다.

05 다음은 연소의 형태에 대한 설명이다. 옳지 않은 것은?

① 자기연소 : 분자 내에 산소를 함유하고 있어 외부로부터 산소 공급을 필요로 하지 않으며 폭발적으로 연소하는 경우가 많음

② 표면연소 : 확산, 증발, 분해 연소와 같이 최종적으로 기체가 연소하는 것이 아니라, 고체가 표면에서 직접 산소와 반응하면서 연소하는 현상

③ 예혼합연소 : 가연성 기체와 공기를 미리 연소범위 내의 농도로 혼합한 상태에서 노즐을 통해 공급하면서 연소시키며, 화염이 청색이나 백색

④ 분해연소 : 액체 중 분자량이 커 비점과 점도가 높은 물질로부터 가연성 증기가 만들어지는 과정은 증발이라는 물리적 변화이며 증기가 연소하는 흔치 않은 액체의 연소형태로서 글리세린 등이 대표적

> **해설**
> 물리적 변화 → 화학적 변화

06 다음 중 미소화원에 대한 설명으로 틀린 것은?

① 미소화원(무염화원)에는 담뱃불, 향불, 스파크, 불빛 및 불티(불똥) 등이 있다.

② 담배의 연소성은 풍속 1.5m/sec일 때 가장 좋으며 풍속 3.0m/sec 이상이 되면 꺼지기 쉽다.

③ 일반적으로 담배의 온도는 중심부에서 700~800℃ 표면에서 200~300℃ 범위이고 산소 농도가 16% 이하에서는 연소하지 않는다.

④ 가솔린(휘발유)증기가 폭발한계 내에 있는 장소에서 담뱃불을 들고 있거나 또는 그곳에서 담배를 피우면 가솔린에 착화 가능성이 높다.

> **해설**
> 가솔린(휘발유)증기가 폭발한계 내에 있는 장소에서 담뱃불을 들고 있거나 또는 그곳에서 담배를 피워도 가솔린에 착화하지 않는다.

07 가연성 가스가 공기와 혼합되었을 때 연소범위가 가장 넓은 것은?

① 아세틸렌　　② 일산화탄소
③ 부 탄　　　④ 수 소

> **해설**
> 연소범위
>
> | 기체 또는 증기 | 연소범위 (vol%) | 기체 또는 증기 | 연소범위 (vol%) |
> |---|---|---|---|
> | 수 소 | 4.1~75 | 에틸렌 | 3.0~33.5 |
> | 일산화탄소 | 12.5~75 | 시안화수소 | 12.8~27 |
> | 프로판 | 2.1~9.5 | 암모니아 | 15.7~27.4 |
> | 아세틸렌 | 2.5~82 | 메틸알코올 | 7~37 |
> | 에틸에터 | 1.7~48 | 에틸알코올 | 3.5~20 |
> | 메 탄 | 5.0~15 | 아세톤 | 2~13 |
> | 에 탄 | 3.0~12.5 | 휘발유 | 1.4~7.6 |

08 다음 거시적 연소현상에 대한 설명으로 틀린 것은?

① 가연물, 구조물의 도괴방향으로 발화부를 알 수 있다.

② 철재구조물의 도괴방향으로 발화부가 위치한다.

③ 벽체가 검게 탄 부분은 최성기에 연소된 형태이다.

④ 천장 부위는 수평방향으로 연소가 진행된다.

> **해설**
> 철재구조물은 열을 받은 부분이 팽창하고 열을 받지 않은 부분으로 휘어지게 되므로 도괴 반대방향으로 발화부가 위치한다.

09 다음 중 가연성 액체를 사용한 연소패턴끼리 연결된 것은?

① 포어 패턴 – 스플래시 패턴 – 트레일러 패턴
② 포어 패턴 – 열그림자 패턴 – 스플래시 패턴
③ 스플래시 패턴 – 고스트마크 – 원형 패턴
④ 스플래시 패턴 – 도넛 패턴 – V 패턴

해설

가연성 액체에 의한 패턴 분석
• 퍼붓기 패턴 – 포어 패턴(Pour Patterns)
• 스플래시 패턴(Splash Patterns)
• 고스트마크(Ghost Mark)
• 틈새연소 패턴
• 도넛 패턴(Doughnut Patterns)
• 트레일러 패턴(Trailers Pattern)
• 역원추형태(Inverted Cone Pattern)
• 낮은연소 패턴(Low Burn Patterns)
• 불규칙 패턴(Irregular Patterns)
• 무지개효과(Rainbow Effect)

10 목재의 초기연소 형태에 대하여 설명한 내용 중에서 틀린 것은?

① 푹 패인 것과 같이 국부적으로 깊게 연소한다.
② 열이 가해지면서 목재 표면에서 수분이 증발하고, 셀룰로오스와 리그닌이 분해되기 시작한다.
③ 표면이 갈색으로 변색하고, 약간의 연기와 미세한 불꽃이 관찰됨
④ 목재 표면이 완전히 탄화되어 구조 형태가 변형된다.

해설

④의 경우는 최성기에서 볼 수 있는 연소된 형태이다.

최성기에 연소된 형태
• 고온상태에서 급격히 탄화된다.
• 균열상태가 굵게 나타난다.
• 외형을 그대로 간직하는 경우가 많다(목재가 연소하는 것은 열분해된 가스가 공기와 희석되는 부분에서 화염이 발생 연소되는데, 최성기에는 표면에서의 산소 부족으로 표면연소가 일어나지 않기 때문에 목재 껍데기나 모서리 등이 원형을 유지하게 된다).

11 다음 중 연소 형태의 연결이 바른 것은?

① 확산연소 – 액체의 연소
② 증발연소(액면연소) – 기체의 연소
③ 분해연소 – 고체의 연소
④ 예혼합연소 – 액체의 연소

해설

연소의 형태
• 기체의 연소
  – 확산연소(발염연소)
    예 LPG – 공기, 수소 – 산소의 경우
  – 예혼합연소
    예 가솔린엔진의 연소와 같은 경우
  – 폭발연소
    예 메틸에틸 또는 아세틸렌의 용기 내 연소
• 액체의 연소
  – 증발연소(액면연소)
    예 에터, 이황화탄소, 알코올류, 아세톤, 석유류 등
  – 분해연소
• 고체의 연소
  – 표면연소(직접연소, Surface Combustion)
    예 목탄, 코크스, 금속(분·박·리본 포함) 등
  – 증발연소
    예 황(S), 나프탈렌($C_{10}H_8$), 파라핀(양초) 등
  – 분해연소
  – 자기연소(내부연소)
    예 제5류 위험물인 나이트로셀룰로오스(NC), 트리나이트로톨루엔(TNT), 나이트로글리세린(NG), 트리나이트로페놀(TNP) 등

12 샌드위치패널조 화재에 대한 설명이다. 틀린 것은?

① 화염이 접촉된 샌드위치 패널 부분은 내부에서는 스티로폼이 용융되게 되고 표면의 아연도금이나 도장된 페인트가 연소된다.

② 장축의 무늬가 상하인 타원형의 회색변색 형태를 나타내게 된다.

③ 완전연소 붕괴된 후에는 초기연소 부위도 타 개소와 같이 검게 탄화된다.

④ 발화부에 인접한 최초 연소된 패널 부분은 회색을 띠게 된다.

해설
완전연소 붕괴된 후에도 초기연소 부위는 타 개소보다 붉은색을 띠게 된다.

13 폭발의 종류 중 응상폭발이 아닌 것은?

① 증기폭발　　　② 수증기폭발
③ 폭발성 화합물　④ 분진폭발

해설
폭발의 종류
• 기상폭발 : 분해폭발, 분진폭발, 분무폭발, 가스폭발
• 응상폭발 : 증기폭발, 수증기폭발, 폭발성 화합물

14 유리의 열영향에 의한 형태를 기술한 내용 중에서 틀린 것은?

① 유리는 수열측 반대로 보다 많이 낙하한다.

② 유리는 수열 정도가 클수록 작게 금이 간다.

③ 유리는 수열 정도가 클수록 용융범위가 많아진다.

④ 패각상(貝殼狀)의 박리는 고온일수록 작고 깊다.

해설
패각상(貝殼狀)의 박리는 고온일수록 많고 깊다.

15 다음 중 발화원 주변의 연소 잔해물 최종처리 방법으로 옳지 않은 것은?

① 물건이 부서지지 않게 붓 등으로 가볍게 쓸고 불순물을 제거한다.

② 연소흔의 증거훼손과 오염방지를 위하여 물을 사용하면 안 된다.

③ 고여 있는 물은 헝겊으로 닦아 제거한다.

④ 발화원 주변을 발굴 후에는 출화 부위를 복원한다.

해설
세척이 필요한 경우 물을 이용할 수 있다.

16 화재 시 콘크리트나 석재의 표면에 발생하는 폭열(Spalling)에 대한 설명으로 틀린 것은?

① 폭열은 철근 또는 철망 및 주변 콘크리트 간의 불균일한 팽창에 의하여 발생한다.

② 폭열은 화재에 의한 열에 의해서만 발생한다.

③ 폭열이 일어난 영역은 인접 영역보다 밝은색을 띨 수 있다.

④ 폭열은 화재에 노출된 표면과 슬래브 내장재 간의 불균일한 팽창에 의해서도 발생한다.

17 화재현장 조사 시 일반적인 유의사항이다. 옳지 않은 것은?

① 선입견을 버리고 사실 확인에 주안점을 두고 실시한다.
② 상황증거에 입각한 사실 확인에 주력한다.
③ 주관적인 추론을 설정하는 데 초점을 둔다.
④ 현장과 그 부근에 대해 필요한 정보와 자료를 수집한다.

해설

일반적 유의사항
- 선입견을 버리고 사실 확인에 주안점을 두고 실시한다.
- 화재출동조사관은 소방활동을 통해 상황을 관찰하도록 노력한다.
- 화재조사관은 현장과 그 부근에 대해 필요한 정보와 자료를 수집한다.
- 관계자에게 질문을 통해서 화재상황을 파악하고 상황에 따라 필요한 사실에 대해 임의진술을 얻도록 노력한다.
- 피질문자가 전해 들었다는 진술내용이 조사상 필요하다고 인정되는 것은 그 사실을 직접 경험한 자에게 청취해야 한다.
- 신분을 명확히 밝히고 관계자 등의 입회 속에 현장과 기타 관계가 있는 장소 및 물건에 대해 상세하게 관찰한다.
- 개인의 권리를 침해하거나 업무를 방해하지 않도록 한다.
- 취득한 비밀을 누설하거나 명예 훼손에 유의하고 보도기관 등의 발표는 신중하게 판단하여 행한다.
- 과학적인 근거에 의한 조사에 중점을 두고 관계자 또는 목격자 등에 대한 질문조사는 보조적인 방법으로 실시한다.
- 화재조사관은 민사적 분쟁에 관여해서는 안 된다.

18 폭발성에 영향을 미치는 인자에 대한 설명 중 옳지 않은 것은?

① 발열량이 클수록, 휘발성분의 함유량이 많을수록 폭발성이 증가한다.
② 산소와 반응성이 있는 분진은 공기 중에서 산화피막을 형성하므로 노출시간이 길수록 폭발성이 감소한다.
③ 입도가 작을수록 비표면적이 작아지므로 폭발성이 감소하고 입도가 같은 경우 구상, 침상, 평편상 순으로 비표면적이 작아지므로 폭발성이 감소한다.
④ 수분은 분진의 부유성과 대전성을 억제하므로 폭발성을 낮게 한다. 그러나 마그네슘, 알루미늄 등 물과의 반응성이 있는 물질은 폭발성이 증가한다.

해설

입도가 작을수록 비표면적이 커지므로 폭발성이 증가하고 입도가 같은 경우 구상, 침상, 평편상 순으로 비표면적이 증가하므로 폭발성이 증가한다.

19 다음 중 화재 초기에 현장평가를 실시하는 목적으로 가장 옳지 않은 것은?

① 조사자의 안전확보
② 탄화가 강한 쪽에서 약한 쪽으로
③ 조사에 필요한 인원과 장비의 결정
④ 조사의 범위·순서 결정

해설

초기 현장평가
- 조사의 범위·순서 결정
- 바깥의 주변부터 중심부로
- 높은 곳에서 전체를
- 탄화가 약한 쪽에서 강한 쪽으로
- 도괴의 방향성
- 국부적인 강한 탄화(연소)
- 탄화물의 변색, 박리, 용융
- 특이한 냄새
- 건물구조를 고려하여 불꽃흐름을 추적, 관찰

20 플라스틱의 연소 특성에 대한 기술 중 가장 거리가 먼 것은?

① 탄화수소 플라스틱은 많은 검정색 검댕과 어두운 불꽃을 생산하며 녹아서 흰다.

② 플라스틱 제품이 필름처럼 충분히 얇다면 얇은 부위는 화염의 방향으로 휘면서 꼬이게 된다.

③ 아크릴 섬유는 연소속도가 느리고 과일향을 내며 푸른 불꽃을 보인다.

④ PVC는 잘 타지 않는 플라스틱의 대표적 예이고 비닐은 전통적으로 쉽게 연소하지 않는 물질이다.

> **해설**
> 화염의 반대방향으로 휘면서 꼬인다.

제2과목 **화재감식론**

---

21 유류화재의 일반적인 특성과 거리가 먼 것은?

① 석유류는 전도성을 갖기 때문에 정전기에 의한 화재의 위험성은 매우 낮다.

② 유류화재로 추정되는 현장에서 습득한 증거물의 화학적 조성을 확인하는 데는 일반적으로 가스크로마토그래피 분석법과 적외선 분광분석법을 이용한다.

③ 석유류는 C/H의 비에 따라 초기 연소가스의 색깔의 차이가 있으나 화재 최성기에 산소가 부족하면 연기의 색으로 구분하기는 곤란하다.

④ 가솔린, 등유, 중유 등은 인화점의 차이로 인화의 위험성에 대한 차이는 있지만 일반적으로 일단 연소가 확대되면 발열량의 차이가 거의 없기 때문에 유사한 위험성을 나타낸다.

> **해설**
> 석유류는 비극성 공유결합을 하고 있기 때문에 비전도성 물질이다. 따라서 상호 마찰 등에 의하여 발생한 정전기에 의해서 화재가 발생할 위험성이 크다.

---

22 전기화재 발생분류에 대한 설명으로 틀린 것은?

① 전기에너지가 변환되어 발생한 열이 발화원이 되어 일어난 화재

② 절연물의 도체로의 변질, 전기절연재의 절연파괴로 인한 화재

③ 안전장치의 부작동(不作動) 등 고장으로 인한 화재

④ 전기기기의 단시간 사용으로 인한 화재

> **해설**
> ①·②·③ 외에도 노후, 자연적 원인뿐만 아니라 취급부주의나 방화 등 인위적 원인에 화재, 불안전한 시공에 의한 누전이나 열 발생, 사용자의 부적절한 사용으로 발생한 화재로 분류할 수 있다.

---

23 트래킹현상의 특징으로 옳지 않은 것은?

① 플러그 칼날의 밑동 부분에 양날 모두 용융흔이 존재하든가 또는 용단되어 있다.

② 직접 연소한 플러그와 트래킹현상이 일어났던 플러그는 절연물의 연소의 정도 칼날의 용융 상황이 비슷하다.

③ 직접 연소한 플러그는 절연거리가 가장 가까운 곳에서 단락을 일으킨다.

④ 트래킹 재현 실험에서는 트래킹으로 연소하여 칼날의 용융 또는 용단에 이른 것 모두 배선용 차단기(20A)가 작동하지 않는다.

> **해설**
> 직접 연소 플러그와 트래킹 발생 플러그는 칼날의 용융 상황이 명백히 다르다.

---

24 지연착화에 의한 방화의 특이점에 대한 설명으로 옳지 않은 것은?

① 방화행위자가 실화를 위장할 수단으로 양초불을 이용하였다.
② 방화행위자가 도주의 시간을 얻기 위한 수단으로 사용한다.
③ 건물주 자신이 방화할 때는 출입문이나 방문의 시건장치가 잠긴 경우가 많다.
④ 방화범은 라이터불, 성냥불 등 유염화원을 이용하여 착화시키는 경우가 많다.

해설
④는 직접착화에 의한 방화이다.

25 지락(地絡)이 발생하는 주요 요인이 아닌 것은?

① 가공배전선에서 나무의 접촉
② 금속관 내에서의 케이블 피복 손상
③ 전기설비 충전부에서의 빗물, 공구, 인체 등의 접촉
④ 회로에 과전류가 흘러 2차적으로 발생하는 경우

해설
④는 코일의 절연이 열화되어 층간단락을 발생시키는 원인으로 분류된다.

26 아산화동에 대한 설명으로 틀린 것은?

① 동제 도체가 스파크 등 고온을 받았을 때 동의 일부가 산화되어 아산화동이 된다.
② 그 부분이 이상발열하면서 서서히 확대 화재의 원인이 된다.
③ 아산화동은 반도체 성질을 갖고 있어 정류작용을 함과 동시에 고체저항이 크기 때문에 일시에 전역에서 발열한다.
④ 아산화동은 대단히 부서지기 쉬우며 펜치 등으로 가볍게 조여 누르면 유리가 깨지는 것처럼 용이하게 부서진다.

해설
고유저항이 크기 때문에 아산화동 부분이 국부 발열한다.

27 접속 저항치 증가의 주요 요인이 아닌 것은?

① 접속부 나사의 조임 불량
② 전선의 압착불량
③ 코드를 손으로 비틀어 접속한 부분의 헐거워짐
④ 전기콘센트의 문어발식 사용이 원인이 되어 발생한 화재

해설
전기콘센트의 문어발식 사용은 전기 과부하에 해당한다.

28 표준상태 0℃, 1기압에서 메탄(CH_4) 8kg을 이상기체상태방정식으로 계산하면 부피(L)는 얼마인가? (단, 기체상수 R = 0.082L · atm/mol · K, 탄소원자량 : 12, 수소원자량 : 1로 계산한다)

① 8,193

② 9,193

③ 10,193

④ 11,193

해설

$n = \dfrac{W}{M} = \dfrac{8 \times 1,000}{16} = 500$몰,

$PV = nRT$에서

$V = \dfrac{nRT}{P} = \dfrac{500 \times 0.082 \times 273}{1} = 11,193$

29 코일의 층간단락(層間短絡)으로 발생한 현상을 바르게 표현한 것은?

① 에나멜 동선의 미소이나 경년변화에 의한 절연열화가 생기는 경우

② 코일 제조단계에서부터 과전류나 제품 불량 등 자체 요인으로 발생하는 경우

③ 전동기의 코일 상호 간이 접촉되어 링 회로를 형성한 후 발열되어 발화한 현상

④ 모터, 안정기 등의 코일에 절연피복을 하는 것은 어려운 기술

해설

층간단락

권선 기기의 코일은 상층에서 하층까지 각 층 사이에 절연이 되는데, 이 절연이 파괴되어 층간에서 부분적인 단락을 일으키는 현상

30 저항 R에 220V의 전압을 인가하였다니 2A의 전류가 흘렀다. 이때 전류가 3분간 저항 R에 흘렀다면 발생한 열량은 몇 cal인가?

① 15,008

② 16,008

③ 18,008

④ 19,008

해설

$R = \dfrac{V}{I} = \dfrac{220\text{V}}{2\text{A}} = 110\,\Omega$

$H = 0.24I^2Rt = 0.24 \times 2^2 \times 110 \times (3 \times 6)$
$\quad\quad = 19,008\text{cal}$

31 운전자가 운전석에서 엔진을 켜놓은 상태에서 수면을 취하던 중 무의식 중에 가속페달을 밟음으로 인해 엔진 및 배기장치가 과열되어 촉매장치 및 머플러 등이 과열됨에 따라 주위에 있는 배선이나 언더코팅재 및 차실 내의 플로어매트 등이 열전달에 의해 착화되는 화재를 무엇이라고 하는가?

① 역 화

② 후 화

③ 과레이싱

④ 배기연소

해설

후화(After Fire)의 원인

• 실화로 인한 경우

－ 점화계통의 고장으로 점화플러그가 완전히 세팅되지 아니하거나, 2차 코드가 오래되어 점화전류가 도중에 단락되어 시동모터가 회전 시 발생된다.

－ 혼합가스의 혼합비율이 희박한 경우로, 실화 또는 연소시간의 지연 등이 발생하여 배기관에 미연소 가스가 흘러 후화(After Fire)가 발생한다.

－ 엔진이 냉각될 경우, 혼합가스가 완전히 연소되지 아니하고 불완전가스가 배기관으로 흘러 후화(After Fire)가 발생한다.

• 불완전연소가 원인이 되는 경우

－ 혼합가스의 혼합비가 농후한 상태에서, 초크의 사용이 연료의 불완전연소를 초래하여 배기관 내로 불완전연소가스가 흘러 후화(After Fire)가 발생한다.

－ 배기밸브의 폐쇄가 불량한 경우, 연소가스가 배기관으로 누유되어 후화(After Fire)되어 폭발음이 들린다.

32 다음 화학물질 중 물과 반응해도 발열은 하지만 가연성 기체가 발생하지 않는 것은?

① 산화칼슘 ② 칼 륨
③ 나트륨 ④ 탄화칼슘

해설

$CaO + H_2O \rightarrow Ca(OH)_2 + 15.2kcal/mol$

33 다음 중 아크매핑에 대한 설명으로 옳지 않은 것은?

① 도표작성은 최대한 간략하게 한다.
② 알루미늄 전도체보다는 구리 전도체에서 아크가 발견될 가능성이 높다.
③ 아크발생 지점을 스케치에 표시하고 물리적 특성을 기록한다.
④ 조사지역의 모든 전기배선, 전원코드, 전기장치에서 발견되는 전기적 아크의 증거를 확인하는 작업이다.

해설

아크조사 또는 아크매핑
• 전기배선, 전원코드, 또는 전기장치에서 발견되는 전기적 아크의 증거를 확인하는 작업이다.
• 아크가 발생한 지점을 확인하여 회로가 고장났을 때 전원이 공급되었거나, 화재로 작동하지 못한 회로를 물증으로 확보한다.
• 회로의 보호장치 부분이 있는지, 왜 이러한 부분이 아크흔적이 없는지를 설명할 수 있도록 구성요소들을 확인해야 한다.
• 화재에 의한 차단기의 변형이나 주 배전반 또는 분전반에서의 퓨즈제거 등은 아크조사를 불가능하게 하는 요인이다.
• 건물붕괴, 과도한 시설보수나 사전조사는 배선으로부터 주배전반까지 조사를 불가능하게 한다.
• 만일 전도체가 녹았다면 아크지점을 확인하는 것은 더욱 어려워지거나 불가능해질 수 있다.
• 열에 의한 용융된 것인지 아크에 의한 용융인지 구분하기 위한 분석이 필요할 수도 있다.
• 알루미늄 전도체보다는 구리 전도체에서 아크가 발견될 가능성이 높다.

34 다음 화학물질 중 분해 시 산소를 방출할 수 없어 산소 공급원 역할을 할 수 없는 물질은?

① 질산나트륨
② 수산화나트륨
③ 염소산나트륨
④ 질산칼륨

해설

질산나트륨, 염소산나트륨, 질산칼륨 등은 산소산염으로 분해 시 산소가 발생하며, 수산화나트륨은 알칼리로서 분해 시 산소가 발생하지 않는다.

35 다음 중 가스압력조정기의 기능으로 옳지 않은 것은?

① 가스가 완전히 연소하는 데 필요한 최적의 압력으로 감압하는 기능
② 가스 용기에서 변화된 압력을 그대로 공급하는 순환기능
③ 연소기를 닫았을 때 가스가 연소기로 공급되지 않도록 하는 폐쇄하는 기능
④ 가스소비량의 증감에 따라 정압 공급기능

해설

압력조정기의 기능
• 용기 내의 가스 압력(최고 $15.6kg/cm^2$)이 연소기(수주 200~300mm)에서 가스가 완전히 연소하는 데 필요한 최적의 압력으로 감압
• 가스소비량의 증감에 따라서 일정한 압력으로 공급
• 연소기 코크 또는 중간밸브를 닫았을 때 조정기의 내부압력이 상승되어 가스가 연소기로 공급되지 않도록(폐쇄압력) 하는 기능

36 발화점이 낮으며 물과 반응하여 가연성 기체를 발생하고 폭발적으로 연소반응을 하는 물질에 속하지 않는 것은?

① 탄화칼슘　　　② 칼 륨
③ 탄산칼슘　　　④ 인화알루미늄

해설
- $CaC_2 + 2H_2O \longrightarrow Ca(OH)_2 + C_2H_2$
- $2K + 2H_2O \longrightarrow 2KOH + H_2$
- $AIP + 3H_2O \longrightarrow AI(OH)_3 + PH_3$

37 다음 임야화재에서 수관화(Crown Fire)를 설명한 것 중 옳은 것은?

① 나무의 줄기가 연소하는 화재
② 나무의 상층부가 연소되는 현상
③ 나무 뿌리 부분이 연소하는 현상
④ 뿌리와 줄기가 함께 연소하는 현상

해설
수관화(樹冠火, Crown Fire)는 나무의 윗부분에 불이 붙어서 연속해서 수관에서 수관으로 태워나가는 화재를 말한다. 수관화는 한 번 발생하면 진화하기 어렵고 과열에 의하여 나무가 죽게 되므로 피해가 가장 큰 무서운 산불이다. 우리나라에서 발생하는 대부분의 산불이 여기에 속한다.

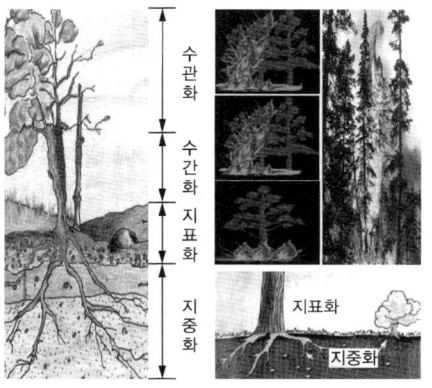

38 자연발화의 특성에 대한 설명으로 옳지 않은 것은?

① 동식물유의 경우 일반적으로 불포화도가 높을수록 자연발화성은 증가한다.
② 건성유는 아이오딘값이 130 이상인 유지를 의미하며 자연발화성이 크다.
③ 동식물유는 가연성의 섬유류, 금속분말 등과 혼합된 상태에서는 자연발화성이 일반적으로 증가한다.
④ 가솔린, 등유 등은 인화점이 낮기 때문에 자연발화성이 크다.

해설
- 동식물유의 주성분은 글리세린($C_3H_8O_3$)과 지방산 에스터로 지방산은 포화지방산과 불포화지방산이고, 대부분의 유지는 이들 혼합물이다.
- 유지는 일반적으로 불포화지방산기의 이중결합을 갖는 정도에 따라 산소를 흡수하고, 산화 건조되면 건조성을 나타내는 것으로서 아이오딘가가 큰 유지일수록 산화되기 쉽고, 위험성이 크다.
- 아이오딘가가 100 이하를 불건성유, 100~130을 반건성유, 130 이상을 건성유라고 한다.
- 유지류는 담체로서 섬유류와 톱날, 금속분, 활성백토 등의 분체 이외에 다공성 물질의 표면에 부착하여서 공기와의 단위체적당 표면적을 증가시켜서 산화가 촉진된다.
- 잠열이 존재하고 대량퇴적 조건하에서는 산화에 의하여 생긴 열이 축적되기 쉬운 상태에 있으므로 한층 산화가 촉진되어 발화되기 좋은 조건을 초래한다.

39 보험사기성 방화에 대한 우선 조사사항으로 가장 적절치 않은 것은?

① 보험가입 전후 재정상황이 악화되어 기업을 청산해야 할 형편에 있었는지

② 재고나 유행이 지난 구식·구형의 의류, 기계, 물건이 다량으로 있었는지

③ 건물, 시설물의 법규위반이나 개·보수가 난감한 상태에 있었는지

④ 최근 보험계약자의 가족관계 및 주변의 인간관계가 원만하였는지

해설
④는 확인사항으로 볼 수 있지만 우선 조사사항으로는 부적합하다.

40 산소가 충전되어 있는 용기의 온도가 27 ℃일 때의 압력은 300kg/cm²이다. 용기의 온도가 527℃로 상승하면, 이때의 압력은 얼마인가?

① 900
② 800
③ 700
④ 600

해설

$V_1 = V_2$ 이므로 $\dfrac{P_1}{T_1} = \dfrac{P_2}{T_2}$

$P_2 = \dfrac{P_1 T_2}{T_1} = \dfrac{300 \times (273+527)}{(273+27)} = 800\text{kg/cm}^2$

제3과목 증거물관리 및 법과학

41 화상의 6가지에 대한 설명으로 옳지 않은 것을 모두 고른 것은?

A. 화염화상(Flame Burn) : 화염의 불꽃에 신체 접촉으로 인한 화상
B. 접촉화상(Contact Burn) : 불꽃, 불티 접촉으로 인한 화상
C. 방사화상(Radiant Heat Burn) : 복사열에 의한 화상
D. 열탕화상(Scalded Burn) : 뜨거운 물에 접촉으로 인한 화상
E. 화학화상(Chemical Burn) : 화학물질에 접촉으로 인한 화상
F. 마이크로파화상(Microwave Burn) : 마이크로파 영향으로 인한 화상

① B
② A, D
③ C
④ F

해설
접촉화상 : 고온체에 접촉으로 인한 화상

42 리플마크 일련의 곡선이 연속해서 만들어지는데, 그것의 용어는 무엇인가?

① 충격방향
② 연 흔
③ 평행선 라인
④ Wallner Line

Wallner Line

리플마크 일련의 곡선이 연속해서 만들어지는데, 무늬는 아래 그림의 점선부분이다.

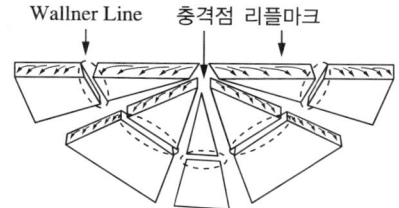

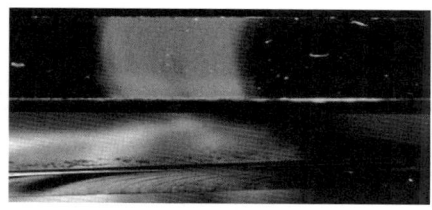

사람의 눈과 카메라 비교
① 홍채＝조리개, ② 수정체＝렌즈, ③ 망막＝필름 (센서)

눈과 카메라의 비교

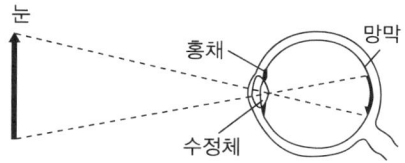

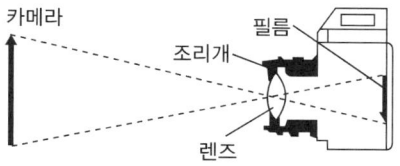

43 화상의 손상 범위 결정사항으로 옳은 것은?

A. 가해진 온도
B. 과다한 열을 배출하는 체표면의 능력
C. 열이 가해진 시간

① A, B   ② A, B, C
③ B, C   ④ A, C

화상의 손상 범위 결정사항은 가해진 온도, 과다한 열을 배출하는 체표면의 능력, 열이 가해진 시간이다.

44 사람의 신체와 카메라의 비교에서 바르게 연결되지 않은 것은?

① 홍채 – 조리개
② 수정체 – 렌즈
③ 망막 – 필름
④ 뇌 – 센서

45 화재 시 발생하는 매연의 독성물질에 대한 설명으로 옳지 않은 것은?

① 최근 화재에서 발생하는 매연에서 일산화탄소 중독이 가장 많으며 다른 독성물질들에 의해 사망할 가능성은 희박하다.
② 청산염이 우세하게 나타나며 화재현장에서의 희생자의 혈액에서 종종 이러한 독성물질의 농도가 높게 검출되는 경우가 있다.
③ 산화질소, 포스겐 그리고 다른 더욱 복잡한 형태의 물질들이 발생하게 되는데 특히 현대 사회에서 사용하는 플라스틱 고분자 물질이 연소되는 경우 그러하다.
④ 커튼, 가구, 페인트, 칠기, 니스, 그리고 실제로 사용되는 구조물들에서 폴리스틸렌, 폴리우레탄, 폴리비닐, 그리고 다른 플라스틱 물질들은 연소되는 과정에서 특히 다량의 독성가스를 방출하게 된다.

최근에 화재에서 발생하는 매연에서 일산화탄소 외의 다른 독성물질들이 포함되어 있다는 사실이 알려졌다.

46 증거물 시료용기 공통사항에 대한 설명으로 옳지 않은 것은?

① 장비와 용기를 포함한 모든 장치는 원래의 목적과 채취할 시료에 적합하여야 한다.

② 시료용기는 시료의 저장과 이동에 사용되는 용기로 적당한 마개를 가지고 있어야 한다.

③ 시료용기는 취급할 제품에 의한 용매의 작용에 투과성이 없고 내성을 갖는 재질로 되어 있어야 하며, 정상적인 내부 압력에 견딜 수 있고 시료채취에 필요한 충분한 강도를 가져야 한다.

④ 시료용기는 손실방지 조치를 위해 저온 보관해야 하나 냉동해서는 안 된다.

해설
시료용기는 손실방지 조치를 위해 저온 보관해야 하며 미생물이나 다른 생물에 의한 분해의 방지를 위해 냉동할 수 있다.

47 일산화탄소 중독에 대한 설명으로 옳지 않은 것은?

① 일산화탄소 중독은 대부분의 화재에서 중요한 측면이며, 특히 상가에서 대형화재가 발생한 경우 실제로 대부분의 희생자의 경우 주요 혹은 단독적인 사인이 된다.

② 어떠한 가연성 물질이 공기 중에서 연소되는 경우에 목재, 섬유, 그리고 가구 등의 유기물질에 포함되어 있는 탄소는 연소되면서 이산화탄소로 전환된다. 그러나, 일산화탄소도 생성되는데 연소되는 과정에서 산소의 공급이 제한적인 경우 혹은 연소가 계속 진행되는 경우에 그러하다.

③ 침구나 매트리스와 같이 불꽃이 약하면서 천천히 연소되고 그을음을 일으키는 화재의 경우 더욱 일산화탄소의 배출량이 많다.

④ 가솔린이나 등유와 같이 휘발성 물질이 포함되어 있으면서 공기가 유통되는 장소에서 빠르게 형성되는 불꽃을 가지고 있는 화재의 경우에는 일산화탄소가 덜 발생하는데, 이는 공기의 공급량에 따라 달라진다.

해설
일산화탄소 중독은 대부분의 화재에서 중요한 측면이며, 특히 주택에서 대형화재가 발생한 경우 실제로 대부분의 희생자의 경우 주요 혹은 단독적인 사인이 된다.

48 증거물 주석 캔에 대한 설명으로 옳지 않은 것은?

① 캔은 사용 직전에 검사한다.

② 캔이 새거나 녹슨 경우 폐기한다.

③ 화학약품 증거물 수거 시 주석 캔이 없을 경우 금속 캔을 사용한다.

④ 주석 도금 캔(CAN)은 1회 사용 후 반드시 폐기한다.

해설
화학약품일 경우 금속 캔을 사용할 경우 용기가 손상될 수 있어 주석 캔을 대체해서 사용할 수 없다.

49 화재로 인해 신체 소실 시 뼈에 대한 설명으로 옳지 않은 것은?

① 뼈는 가연물로서 골수(Marrow)와 조직(Tissue)을 공급하여 가연물 양을 증가시킨다.

② 살아 있는 뼈는 열을 받게 되면 수축하고 산산이 부서질 것이며, 이때 표면은 조각이나 가루형태로 분해를 겪는다.

③ 뼈의 조각은 쉽게 산화칼슘으로 산화된다.

④ 두개골은 열을 받게 되면 골절(일반적으로 봉합선을 따라)되거나 분해된다.

해설
살아 있는 뼈는 열을 받게 되면 수축하고 산산이 부서질 것이며, 이때 표면은 조각이나 가루형태로 분해를 겪는다. 하지만 뼈의 조각은 쉽게 산화칼슘으로 산화되지 않는다.

50 화재와 법과학에서 뜨거운 기체나 액체에 의한 손상을 화상과 구분하여 무엇이라 하는가?

① 열상(熱傷)　　　② 화학화상
③ 탕상(湯傷)　　　④ 발적종창

해설
뜨거운 기체나 액체에 의한 손상을 화상과 구분하여 탕상(湯傷)이라 한다.

51 화재로 인한 병리학적 발견물에 대한 설명으로 옳지 않은 것은?

① 인간의 시체는 자체적으로 연소되지 않는다.
② 사체 지방이 가구류의 딱딱하고 흡수성이 있는 탄화물이나 의복, 침구류 등 카펫에 흡수된다면 화염은 오일램프와 같은 방식으로 유지될 수 있다.
③ 화염은 근육조직과 내부 장기의 탈수와 연소를 촉진시켜 장시간에 걸쳐 뼈를 조각조각 분해시켜 줄어들게 한다.
④ 사체에서 발생한 지방이 연소를 가속시켜 복사나 대류열로 다른 가연물을 점화시킬 수 있다.

해설
사체에서 발생한 화재는 너무 약해서 근처에 있는 다른 가연성 연료를 복사나 대류열로 점화시킬 수 없다.

52 의복과 사체의 손상 패턴에 대한 설명으로 옳지 않은 것은?

① 의복과 사체의 손상 패턴은 방안이나 영역 안에 나타난 전체적인 화재 또는 폭발 형태의 주위 환경과 함께 고려되어야 한다.
② 의복과 사체의 손상 패턴 불일치를 나타내는 부분은 검토대상에서 제외한다.
③ 의복의 연소패턴은 화재 발생 이전과 관련된 이력을 보여줄 수도 있다.
④ 의복이나 사체의 연소 패턴은 화재를 진압하려는 시도가 있었는지를 나타내거나 방화를 한 증거가 될 수도 있다.

해설
의복과 사체의 손상 패턴 불일치를 나타내는 부분은 검토되어야 한다.

53 자·타살 및 사고사의 감별법에 대한 설명으로 옳지 않은 것은?

① 열이 가해진 피부는 고도로 수축되고 균열되는 경우를 종종 보게 된다.
② 진짜 손상의 가능성에 대해서는 항상 염두에 두어야 하는데 다수의 타살 현장이 화재에 의해서 숨겨지기 때문이다.
③ 가짜 손상의 경우 깊은 조직에서 출혈을 관찰할 수 없으며, 위치는 대개의 경우 암시적이다.
④ 열에 의해 고도로 손상된 부위에서는 심부조직을 검사하여 판독이 가능하다.

해설
열에 의해 고도로 손상된 부위에서는 심부조직을 검사하는 것은 실제로 거의 불가능하다.

54 화재 시 열에 의한 손상의 특징에 대한 설명으로 옳지 않은 것은?

① 기도와 폐가 간접적으로 뜨거운 기체의 열에 의해서 손상 받는 경우 부검 시 혀, 인두, 특히 성대 부위가 그을릴 수 있고, 점막이 회색–황색을 띠면서 허옇게 되는 경우를 볼 수 있다.

② 후두, 기도, 그리고 주 기관지의 내부는 두꺼워지면서 허옇게 되거나 만일 온도가 실제로 화상을 일으킬 정도로 높지 않은 경우 벌겋게 되면서 염증이 동반되는 경우를 볼 수 있다.

③ 인두와 성대 부위의 열에 의한 효과는 수동적으로 열려있는 입을 통하여 뜨거운 기체가 들어가면서 사후에 발생하게 된다.

④ 폐는 열에 의하여 고도의 부종을 보이게 되는데 기관지의 육안으로 확인할 수 있는 현저한 손상이 발생할 수 있는 정도에 미치지 못하는 뜨거운 기체를 흡입한 희생자의 경우에서도 관찰할 수 있다.

해설
기도와 폐가 직접적으로 뜨거운 기체의 열에 의해서 손상받는 경우 부검 시 혀, 인두, 특히 성대 부위가 그을릴 수 있고, 점막이 회색–황색을 띠면서 허옇게 되는 경우를 볼 수 있다.

55 고체물질의 비교표본을 채취할 때 주의사항으로 옳지 않은 것은?

① 액체 촉진제가 흙속에 흡수된 경우 흙을 포함하여 채취한다.

② 액체 촉진제가 포함된 카펫조각을 채취할 경우 비교표본은 액체 촉진제가 묻지 않은 동일한 카펫조각을 수거한다.

③ 비교표본의 채취는 화재피해를 받지 않은 곳에서 채취한다.

④ 비교표본의 수집 여부 결정은 화재 관계자가 결정한다.

해설
비교표본은 구할 수 없는 경우도 있고 비교표본 자체가 불필요할 수도 있다. 표본의 필요성 여부 결정은 화재조사자와 실험실 분석가가 결정한다.

56 다음 증거물의 상황기록에 대한 설명으로 옳지 않은 것은?

① 화재조사자가 증거물을 수집(증거물의 채취, 채집 행위 등을 말함)하고자 할 때에는, 증거물을 수집하기 전에 증거물 및 증거물 주위의 상황(연소상황, 설치상황) 등에 대한 기록(도면, 사진 촬영)을 남겨야 한다.

② 증거물을 수집한 이후 기록작업은 중지된다.

③ 발화원인의 판정에 관계가 있는 개체 또는 부분에 대해서 증거물과 이격되어 있어도 기록을 남겨야 한다.

④ 발화원인의 판정에 관계가 있는 부분에 대해서 연소되지 않은 상황이라도 기록을 남겨야 한다.

해설
증거물을 수집한 후에도 기록을 남겨야 한다.

57 다음 중 마인드맵 사용 시 주의사항으로 옳지 않은 것은?

① 하나의 사건은 여러 가지 단편적 사실의 조합으로 이루어진다.
② 마인드맵은 조사자의 주관적인 생각을 바탕으로 한다.
③ 증거에 대한 검증 없이 성급하게 추론하지 않는다.
④ 불분명한 사실은 억지로 맞추려고 하지 않는다.

해설

마인드맵은 수집된 정보를 바탕으로 객관적 사실 확인에 입각한 기법이다.

58 방화와 연관성 있는 화재패턴의 종류와 관계가 가장 적은 것은?

① 트레일러(Trailer)에 의한 패턴
② 폴다운연소 패턴
③ 낮은연소 패턴
④ 틈새연소 패턴

해설

방화와 연관성 있는 화재패턴의 종류
• 트레일러(Trailer)에 의한 패턴 : 화재현장에서 의도적으로 한 장소에서 다른 장소로 연소를 확대시키기 위해 뿌려진 가연물의 흔적으로 방화현장에서 흔히 볼 수 있다. 이 패턴은 반드시 액체가연물만의 흔적이 아니고 화장지, 신문지 등 고체가연물이 사용되기도 하고 조합되어 사용되기도 한다.
• 틈새연소 패턴(Leakage Fire Patterns) : 단순히 가연성 액체의 연소이며, 콘크리트나 시멘트바닥이 아니라 마감재 표면에서 보이는 패턴이다. 화재 초기에 나타나며, 방화현장에서 많이 볼 수 있는 형태이다. 틈새에 고인 가연성 액체는 다른 부분에 비하여 더 강한 연소흔을 나타내는 특징이 있다.
• 낮은연소 패턴(Low Burn Patterns) : 건물의 하층부가 전체적으로 연소된 형태로 촉진제의 사용이나 존재를 나타내는 증거로 추정할 수 있다.
• 독립연소 패턴 : 발화지점이 2개소 이상으로 각각 독립적으로 발견될 경우 방화일 가능성이 높다.

59 화재패턴의 물리적 증거 이용에 관한 설명으로 옳지 않은 것은?

① 화재패턴을 해석하여 방화와 같은 잠재적 원인을 추론하는 데 이용할 수 있다.
② 실화원인과 같은 잠재적인 발화원인을 알아내는 데 유용하게 사용될 수도 있다.
③ 화재형태는 육안으로 볼 수 있다.
④ 화재 후 남아 있는 물리적 영향을 측정할 수 없다.

해설

화재패턴의 물리적 증거 이용
• 화재패턴은 육안으로 볼 수 있고 화재 후 남아 있는 물리적 영향을 측정할 수 있다.
• 이러한 화재형태에는 가연물의 탄화, 산화, 소모량과 같은 물질의 열 영향이다.
• 연기와 그을음의 부착, 찌그러짐, 용융, 변색 물성의 성질 변화, 구조물의 붕괴 등

60 플라스틱 중에서 열에 의해 쉽게 녹으며, 냉각시키면 다시 단단해지는 수지로 옳지 않은 것은?

① 폴리염화비닐 수지
② 폴리스티렌 수지
③ 멜라민 수지
④ 아크릴 수지

해설

열가소성 수지
열에 의해 쉽게 녹으며 냉각시키면 다시 단단해지는 수지(예) 폴리에틸렌 수지, 폴리프로필렌 수지, 폴리스티렌 수지, 폴리염화비닐 수지, 아크릴 수지 등)

61 모든 화재에 공통적으로 작성하는 서류로 바르게 짝지어진 것은?

① 화재현장조사서 – 방화·방화의심조사서
② 화재현황조사서 – 화재현장조사서
③ 화재피해(인명·재산)조사서 – 소방시설등 활용조사서
④ 화재피해(인명·재산)조사서 – 방화·방화의심조사서

해설
모든 화재에 공통적으로 화재현황조사서와 화재현장조사서를 작성해야 한다.

62 특수한 경우의 피해액 산정으로 옳지 않은 것은?

① 중고구입기계로서 제작년도를 알 수 없는 경우 : 신품재구입비의 30~50%로 산정
② 재고자산의 상품 중 견본품, 전시품, 진열품 : 재구입비의 50%로 산정
③ 중고품 기계의 시장거래가격이 신품가격에서 감가공제를 한 금액보다 낮을 경우 : 중고품 기계의 시장거래가격으로 산정
④ 중고품 집기비품의 가격이 신품가격에서 감가공제를 한 금액보다 낮을 경우 : 중고품 가격

해설
재고자산의 상품 중 견본품, 전시품, 진열품
구입가의 50~80%

63 다음 중 치외법권지역 등 화재조사권을 행사할 수 없는 경우의 화재조사방법으로 옳은 것은?

① 협약을 통해 화재조사권을 집행한다.
② 방·실화 규명을 위한 법적 조항을 근거로 예외 없이 조사한다.
③ 관계기관의 협조를 받아 필히 조사한다.
④ 조사 가능한 내용만 조사한다.

해설
치외법권지역 등 조사권을 행사할 수 없는 경우는 조사 가능한 내용만 조사하고 해당 서류를 작성한다.

64 질문기록서 작성 시 발화관계자로부터 원인규명에 관한 사실 이외의 사항에 대한 질문 및 녹취사항으로 가장 적합하지 않은 것은?

① 건물의 구조·설비·증개축 등
② 매출액 및 부채사항
③ 기계기구의 개요, 작업내용
④ 화기관리의 상황, 화재보험 등

해설
사업내용·규모·사원수 등 사업장 일반상황에 한하여 파악한다.

65 건축물의 면적산정방법에 대한 설명으로 옳지 않은 것은?

① 하나의 건축물의 각 층의 바닥면적의 합계로 한다.
② 용적률의 산정 시 지하층의 면적은 제외한다.
③ 용적률의 산정 시 지하층의 면적은 제외하나, 지하층의 주차장으로 사용되는 면적은 포함한다.
④ 바닥면적은 건축물의 각 층 또는 그 일부로서 벽·기둥 기타 이와 유사한 구획의 중심선으로 둘러싸인 부분의 수평투영면적으로 산정한다.

66 화재현장조사서 소손상황 기재방법으로 옳지
않은 것은?

① 발굴순서에 따라 연소확대의 방향성을
기재할 것
② 사진과 도면을 주체로 구성하여 구체적
인 기술을 하지 않음
③ 연소매체로 된 가연물의 관찰·확인 내
용을 기재할 것
④ 관찰·확인 위치 및 대상을 명확하게
할 것

해설
사진이나 도면은 조사의 보충자료로서 취급한다. 사
진이나 도면은 조사자가 문장표현하기 어려운 소손
상황을 보다 알기 쉽게 하기 위한 보충자료가 된다.

67 화재유형별 조사서 층수 기재방법에 대한
설명 중 옳지 않은 것은?

① 승강기탑·계단탑·망루·장식탑·옥탑
기타 이와 유사한 건축물 옥상 부분으로서
그 수평투영면적의 합계가 당해 건축물의
건축면적의 1/8 이하인 것과 지하층은 건
축물의 층수에 산입하지 아니한다.
② 건축물의 층수가 명확하지 않을 경우 조
사자가 판단하여 층수를 기재한다.
③ 층의 구분이 명확하지 아니한 건축물은
당해 건축물의 높이 4m마다 하나의 층으
로 산정한다.
④ 건축물의 부분에 따라 그 층수를 달리하는
경우에는 그 중 가장 많은 층수로 한다.

해설
건축물의 층수가 명확할 경우 대장에 있는 층수를 기재
하고 층의 구분이 명확하지 아니한 건축물은 당해 건축
물의 높이 4m마다 하나의 층으로 산정한다.

68 화재현장조사서 도면작성 시 유의점으로 적
당하지 않은 것은?

① 도면작성에 있어서는 방의 배치와 출입
구, 개구부의 상황을 위주로 한다.
② 거리측정은 기둥의 중심에서 다른 기둥
의 중심까지로 기준점을 통일한다.
③ 도면(평면도, 입체도)은 측정치를 기준
으로 하여 축척에 맞춰서 작성한다.
④ 방 배치가 복잡한 건물에 있어서는 건물
의 모서리 지점을 기준으로 정하고 여기
에서 사방으로 넓히면서 측정하면 비교
적 이해하기 쉽다.

해설
방 배치가 복잡한 건물에 있어서는 기준으로 하는
한 점(예 건물 중앙의 기둥)을 정하고 여기에서 사방
으로 넓히면서 측정하면 비교적 이해하기 쉽다.

69 화재현장조사서 작성 시 연역법에 의한 객
관적인 증명이 가능하도록 해야 할 필요가
있다. 구체적인 과학적 증빙 방법에 대한 설
명으로 옳지 않은 것은?

① 분석·측정기기 등에 의한 데이터의
제시
② 재현실험에 의한 재현설의 확보
③ 각종 문헌을 인용한 객관성 있는 해설
④ 유사 언론 보도자료 유무확인

해설
유사 화재사례의 유무확인이다.

70 다음은 사진 촬영의 포인터에서 무엇에 대한 설명에 해당하는가?

> 담배, 성냥(라이터), 난방기구 등 발화원으로 될 만한 것은 발견 시와 복원 시를 상방으로 촬영하여 둔다.

① 소손현장의 전경
② 발굴 전의 발화지점 부근
③ 복원 후의 상황
④ 발굴범위의 화원

해설

사진 촬영 포인터 중 발굴범위의 화원에 대한 설명이다.

71 신축한 지 20년 된 주택에서 화재가 발생하였다. 거주하는 동안 3년 전에 재건축비의 70%를 들여 보수하였다고 한다. 이 주택의 경과연수는 얼마인가?

① 23년   ② 13년
③ 11.5년   ④ 9.5년

해설

재건축비의 50~80%를 개・보수한 경우 최초 건축년도를 기준으로 한 경과연수와 개・보수한 때를 기준으로 한 경과연수를 합산 평균하여 경과연수를 산정한다.
(20년＋3년)÷2＝11.5년

72 다음은 재고자산의 상품 중 견본품, 전시품, 진열품에 대하여 화재피해액 산정 시 우선 적용사항이다. 옳은 것은?

① 구입가의 50%로 일괄 산정한다.
② 구입가에서 감가수정한 가격으로 산정한다.
③ 시장거래가격으로 산정한다.
④ 구입가의 50~80%를 피해액으로 한다.

해설

재고자산의 상품 중 견본품, 전시품, 진열품에 대해서는 구입가의 50~80%를 피해액으로 한다.

73 화재피해액 산정 시 특수한 경우 우선 적용사항에 대하여 설명한 것이다. 옳지 않은 것은?

① 철거건물 및 모델하우스의 경우 건물의 화재피해액 산정에 준한다. 내부에 설치된 기구 및 집기비품을 일괄하여 산정 시 재구입비의 50%를 피해액으로 한다.
② 중고구입기계장치 및 집기비품의 제작연도를 알 수 없는 경우에 신품가액의 30~50%를 재구입비로 하여 피해액을 산정한다.
③ 공구 및 기구, 집기비품, 가재도구를 일괄하여 피해액을 산정할 경우 재구입비의 50%를 피해액으로 한다.
④ 중고기계장치 및 중고집기비품의 시장거래가격이 신품가액에서 감가수정을 한 금액보다 낮을 경우 중고기계장치의 시장거래가격을 재구입비로 하여 피해액을 산정한다.

특수한 경우 산정 시 우선 적용사항
- 건물에 있어 문화유산의 경우 별도의 피해액 산정 기준에 의한다.
- 철거건물 및 모델하우스의 경우 별도의 피해액 산정기준에 의한다.
- 중고구입기계장치 및 집기비품의 제작년도를 알 수 없는 경우 신품가액의 30~50%를 재구입비로 하여 피해액을 산정한다.
- 중고기계장치 및 중고집기비품의 시장거래가격이 신품가격보다 높을 경우 신품가액을 재구입비로 하여 피해액을 산정한다.
- 중고기계장치 및 중고집기비품의 시장거래가격이 신품가액에서 감가수정을 한 금액보다 낮을 경우 중고기계장치의 시장거래가격을 재구입비로 하여 피해액을 산정한다.
- 공구 및 기구, 집기비품, 가재도구를 일괄하여 피해액을 산정할 경우 재구입비의 50%를 피해액으로 한다.
- 재고자산의 상품 중 견본품, 전시품, 진열품에 대해서는 구입가의 50~80%를 피해액으로 한다.

74 구축물의 피해액 산정공식에 대한 설명이다. 옳지 않은 것은?

① 소실단위(길이, 면적, 체적)의 재건축비 × 잔가율 × 손해율
② 소실단위의 원시건축비 × 물가상승률 × [1 − (0.8 × 경과연수 / 내용연수)] × 손해율
③ 수리비에 의한 구축물의 피해액은 수리비 × [1 − (0.8 × 경과연수 / 내용연수)]
④ 소실단위 원시건축비 × 손해율, 소실단위 회계장부상 구축물가격 × 손해율

[소실단위의 회계장부상 구축물가액 × 손해율]의 공식에 의하거나 [소실단위의 원시건축비 × 물가상승율 × {1 − (0.8 × 경과연수 / 내용연수)} × 손해율]의 공식에 의한다. 다만, 회계장부상 구축물가액 또는 원시건축비의 가액이 확인되지 않는 경우에는 [단위(m, m², m³)당 표준단가 × 소실단위 × {1 − (0.8 × 경과연수 / 내용연수)} × 손해율]의 공식에 의하되, 구축물의 단위당 표준단가는 매뉴얼이 정하는 바에 의한다.

75 화재현장조사서에서 현장관찰 기재사항으로 옳지 않은 것은?

① 발화지점 및 연소확대경로
② 건물 위치도, 건물 배치도
③ 건물 외부상황
④ 건물 내부상황

"발화지점 및 연소확대경로" 사항은 발화지점판정의 기재사항에 해당한다. 화재현장관찰 기재사항은 건물 위치도, 건물 배치도, 건물 외부상황, 건물 내부상황 등이다.

76 집기비품의 소손 정도에 따른 손해율이다. 옳지 않은 것은?

① 50% 이상 소손(100%)
② 다소 심한 경우(50%)
③ 보통(20%)
④ 오염(10%)

집기비품의 소손 정도에 따른 손해율

화재로 인한 피해 정도	손해율(%)
집기비품이 50% 이상 소손되거나 수침오염 정도가 심한 경우	100
손해 정도가 다소 심한 경우	50
손해 정도가 보통인 경우	30
오염/수침손의 경우	10

77 다음의 기본현황을 참고하여 재산피해를 산정한 것으로 옳은 것은? (단, 소수 첫 번째 자리에서 반올림하고, 잔존물제거비는 무시한다)

〈기본현황〉
- 용도 및 구조 : 주택(목조 한식지붕틀 한식기와 잇기, 2급)
- m²당 신축단가 : 754천원
- 내용연수 : 40년
- 경과연수 : 20년
- 피해 정도 : 50m² 지붕, 외벽 등 외부 마감재가 완전소실(손해율 20%)
- 안방 및 거실 그을음 피해 100m²(손해율 10%)

① 4,524천원   ② 4,254천원
③ 9,480천원   ④ 9,048천원

해설
완전소실된 부분과 그을음 피해를 당한 것은 손해율을 달리하므로 각각 별도로 산정한 후 합산하여야 한다.
- 완전소실된 부분의 피해 산정
  754천원 × 50m² × [1 − (0.8 × 20 / 40)] × 0.2
  = 4,524천원
- 그을음 피해 산정
  754천원 × 100m² × [1 − (0.8 × 20 / 40)] × 0.1
  = 4,524천원
∴ 4,524천원 + 4,524천원 = 9,048천원

78 화재피해액 산정대상 집기비품의 품목 및 수량이 다양하고 구입시기가 달라 확인이 어려운 경우 잔가율을 일괄 적용 시 (   )%로 할 수 있다. (   )안에 알맞은 것은?

① 30   ② 20
③ 10   ④ 50

해설
일괄적용의 경우 화재피해액 산정대상 집기비품의 품목이 여러 가지이고, 수량 또한 다량이며, 그 구입시기가 저마다 다르거나 아예 확인이 어려운 경우 등에 있어서는 집기비품을 일괄하여 잔가율을 50%로 할 수 있다.

79 신축단가 100,000원(m²)인 5층 스크린골프연습장 내부 100m²가 소실되었다(단, 천장, 벽, 바닥 등 내부마감재 등 소실). 내용연수는 50년이고 지은지 10년이 경과하였다. 피해액을 산정하고자 할 때 적용이 잘못된 것은?

① 재건축비 × 잔가율 × 손해율로 산정하며 피해액은 3,360,000원이 된다.
② 건물의 소손 정도에 따른 손해율은 40%이고, 경년감가율은 1.60이다.
③ 건물의 잔가율은 1 − (1 − 최종잔가율) × 경과연수 / 내용연수로 한다.
④ 재발화되어 주요구조체의 재사용이 불가능한 경우 기초공사를 포함 손해율을 90% 적용한다.

해설
주요구조체의 재사용이 불가능할 경우라 함은 사실상 건물의 전부가 소실된 경우라 할 것이나, 건물의 전부가 소실된 경우에 있어서도 기초공사 부분의 경우 재활용이 가능한 경우가 대부분이므로 그 손해율은 90%로 하되, 기초공사 부분의 재활용 가능 여부에 따라 10%를 가산할 수 있다.

80 시설의 일부를 교체 또는 수리하거나 도장 내지 도배가 필요한 경우 손해율은?

① 100%   ② 20%
③ 10%   ④ 40%

81 「소방의 화재조사에 관한 법률」에 따른 화재조사의 실시 및 대상에 관한 설명으로 옳지 않은 것은?

① 화재조사의 주체는 소방청장, 소방본부장 또는 소방서장이다.

② 화재조사는 소방관서장이 판단하여 조사할 수 있는 재량행위라고 할 수 있다.

③ 화재조사를 실시할 대상은 「소방기본법」에 따른 소방대상물에서 발생한 화재이다.

④ 화재조사의 시기는 화재발생 사실을 알게 된 때에 실시되어야 한다.

해설
화재조사는 소방관서장이 판단하여 조사해야 하는 기속행위이다.

82 지리적 여건상 인근소방서의 관할구역을 가까운 다른 소방서(119안전센터)에서 출동하여 화재를 진압한 경우로 옳은 설명은?

① 소재지를 관할하는 소방서에서 1건의 화재로 조사한다.

② 출동하여 진압한 소방서에서 1건의 화재로 하여 조사한다.

③ 소재지를 관할하는 소방서와 출동한 소방서에서 각각 1건의 화재로 하여 조사한다.

④ 관할 소방서장과 출동한 소방서장과 협의하여 정한다.

해설
소재지를 관할하는 소방서에서 1건의 화재로 조사한다.

83 다음 중 「소방의 화재조사에 관한 법률」상 화재조사를 위하여 부여된 의무에 해당되지 않는 것은?

① 화재조사관 권한을 표시한 증표 제시의무

② 관계자의 업무방해 및 비밀누설금지의무

③ 방화 또는 실화의 혐의를 수집·보존하여 범죄수사에 협력의무

④ 화재보험협회 협조의무

해설
화재보험협회 협조의무로 규정된 바는 없다.

84 「소방의 화재조사에 관한 법률」상 관계기관 등의 협조에 관한 사항으로 옳지 않은 것은?

① 개인정보를 포함한 보험가입 정보 제공을 요청받은 기관은 정당한 사유가 없어도 이를 거부할 수 있다.

② 소방관서장, 보험회사, 그 밖의 관련 기관·단체의 장은 화재조사에 필요한 사항에 대하여 서로 협력하여야 한다.

③ 소방관서장, 중앙행정기관의 장, 지방자치단체의 장은 화재조사에 필요한 사항에 대하여 서로 협력하여야 한다.

④ 소방관서장은 화재원인 규명 및 피해액 산출 등을 위하여 필요한 경우에는 금융감독원, 관계 보험회사 등에 개인정보를 포함한 보험가입 정보 등을 요청할 수 있다.

해설
개인정보를 포함한 보험가입 정보 제공을 요청받은 기관은 정당한 사유가 없으면 이를 거부할 수 없다.

85 「소방의 화재조사에 관한 법률 시행령」상 화재조사 증거물 수집 등에 관한 사항으로 옳은 것은?

① 화재조사를 위하여 필요한 최대한의 범위에서 화재조사관에게 증거물을 수집하여 검사·시험·분석 등을 하게 할 수 있다.

② 수집한 증거물이 화재와 관련이 없다고 인정되는 경우 증거물을 지체 없이 반환해야 한다.

③ 화재조사가 완료되는 등 증거물을 보관할 필요가 없게 된 경우 폐기해야 한다.

④ 증거물을 수집한 경우 이를 관계인에게 알릴 필요는 없다.

해설

화재조사 증거물 수집 등(시행령 제11조)

1. 소방관서장은 화재조사를 위하여 필요한 최소한의 범위에서 화재조사관에게 증거물을 수집하여 검사·시험·분석 등을 하게 할 수 있다.

2. 소방관서장은 증거물을 수집한 경우 이를 관계인에게 알려야 한다.

3. 소방관서장은 화재조사를 위하여 수집한 증거물이 다음 각 호의 어느 하나에 해당하는 경우에는 증거물을 지체 없이 반환해야 한다.
   가. 화재와 관련이 없다고 인정되는 경우
   나. 화재조사가 완료되는 등 증거물을 보관할 필요가 없게 된 경우

86 「소방의 화재조사에 관한 법률」상 위반사항 중 벌칙 규정이 다른 것은?

① 소방관서장은 화재조사를 위하여 필요하여 설정한 통제구역을 허가 없이 출입한 사람

② 화재현장 보존조치를 하거나 통제구역을 설정한 경우 소방관서장 또는 경찰서장의 허가 없이 화재현장에 있는 물건 등을 이동시키거나 변경·훼손한 사람

③ 정당한 사유 없이 화재조사관의 출입 또는 조사를 거부·방해 또는 기피한 사람

④ 정당한 사유 없이 소방관서장의 화재조사를 위하여 필요한 증거물 수집을 거부·방해 또는 기피한 사람

해설

① 200만원 이하의 과태료
②·③·④ 300만원 이하의 벌금

87 「소방의 화재조사에 관한 법률」에 따른 용어의 뜻에서 관계인에 해당하지 않는 사람은?

① 소방대상물의 소유자

② 화재를 발생시키거나 화재발생과 관계된 사람

③ 소방대상물의 점유자

④ 소방대상물의 관리자

해설

"관계인"은 화재가 발생한 소방대상물의 소유자·관리자 또는 점유자를 말한다.

88 다음 중 「화재조사 및 보고규정」에 의한 화재의 유형 중 같은 종류로 분류되지 않는 것은?

① 지하가   ② 지하구
③ 터 널   ④ 항공기

> **해설**
> • 지하가, 지하구, 터널 : 건축 · 구조물 화재로 분류
> • 항공기 : 선박 · 항공기 화재로 분류

89 다음 그림에서 「화재조사 및 보고규정」에서 정하는 건물의 동수 산정에 대한 설명으로 맞는 것은?

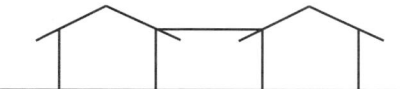

① 구조에 관계없이 지붕 및 실이 하나로 연결되어 있는 것은 같은 동으로 본다.
② 내화조 건물의 외벽을 이용하여 목조 또는 방화구조 건물이 별도 설치되어 있고 건물 내부와 구획되어 있는 경우로 다른 동으로 한다.
③ 독립된 건물과 건물 사이에 차광막, 비막이 등의 덮개를 설치하고 그 밑을 통로 등으로 사용하는 경우로 다른 동으로 한다.
④ 건널 복도 등으로 2 이상의 동에 연결되어 있는 것은 그 부분을 절반으로 분리하여 각 동으로 본다.

90 「소방의 화재조사에 관한 법률」상 전담부서에 갖추어야 할 장비와 시설 중 감정용 기기에 해당되는 것은?

① 정전기측정장치
② 휴대용디지털현미경
③ 적외선열상카메라
④ 금속현미경

> **해설**
> 감정용 기기(21종)
> 가스크로마토그래피, 고속카메라세트, 화재시뮬레이션시스템, X선 촬영기, 금속현미경, 시편절단기, 시편성형기, 시편연마기, 접점저항계, 직류전압전류계, 교류전압전류계, 오실로스코프(변화가 심한 전기 현상의 파형을 눈으로 관찰하는 장치), 주사전자현미경, 인화점측정기, 발화점측정기, 미량융점측정기, 온도기록계, 폭발압력측정기세트, 전압조정기(직류, 교류), 적외선 분광광도계, 전기단락흔실험장치(1차 용융흔, 2차 용융흔, 3차 용융흔 측정 가능)

91 「소방의 화재조사에 관한 법률」상 화재조사의 결과 통보에 관한 사항이다. (   )에 들어갈 내용으로 옳지 않은 것은?

> 소방관서장은 화재조사 결과를 (   ), (   ), 그 밖의 관련 (   ) 또는 (   ) 등에게 통보하여 유사한 화재가 발생하지 않도록 필요한 조치를 취할 것을 요청할 수 있다.

① 중앙행정기관의 장
② 지방자치단체의 장
③ 보험회사
④ 기관 · 단체의 장

> **해설**
> 화재조사 결과 통보(법 제15조)
> 소방관서장은 화재조사 결과를 중앙행정기관의 장, 지방자치단체의 장, 그 밖의 관련 기관 · 단체의 장 또는 관계인 등에게 통보하여 유사한 화재가 발생하지 않도록 필요한 조치를 취할 것을 요청할 수 있다.

92 화재조사 및 보고규정에 의한 화재조사 개시 및 원칙으로 옳은 것은?

① 물적 증거를 통한 귀납적 조사방법에 의한 과학적 실험에 기초한다.
② 인적 증거를 통한 진술획득 및 사실발견에 주력하여야 한다.
③ 물적 증거를 바탕으로 과학적인 방법을 통해 합리적인 사실의 규명을 원칙으로 한다.
④ 관계자 등의 입회 없이 현장에 출입하는 것을 원칙으로 한다.

해설
물적 증거를 바탕으로 과학적인 방법을 통해 합리적인 사실의 규명을 원칙으로 한다(제3조).

93 「소방의 화재조사에 관한 법률」상 화재조사 증거물 수집 등에 관한 사항에서 ( )에 들어갈 내용으로 옳지 않은 것은?

> 소방관서장은 화재조사를 위하여 필요한 경우 증거물을 수집하여 ( )·( )·( ) 등을 할 수 있다. 다만, 범죄수사와 관련된 증거물인 경우에는 수사기관의 장과 협의하여 수집할 수 있다.

① 감 정   ② 시 험
③ 분 석   ④ 검 사

해설
화재조사 증거물 수집 등(법 제11조 제1항)
소방관서장은 화재조사를 위하여 필요한 경우 증거물을 수집하여 검사·시험·분석 등을 할 수 있다. 다만, 범죄수사와 관련된 증거물인 경우에는 수사기관의 장과 협의하여 수집할 수 있다.

94 제조물결함으로 사고발생 시 입증책임은 누구에게 있는 것인가?

① 피해자   ② 소매업자
③ 제조업자 등   ④ 수출입업자

해설
입증책임은 피해자가 제조업자 등에 당해 제조물로 인한 결함 여부를 입증하여야 한다.

95 제조물의 결함으로 배상책임이 있는 자가 2인 이상인 경우 배상책임은 누구에게 있는가?

① 2인 중 최초로 제품을 공급한 자에게 배상할 책임이 있다.
② 2인이 협의하여 배상할 책임이 있다.
③ 2인이 연대하여 배상할 책임이 있다.
④ 2인 중 최초로 제품을 제조한 자에게 배상할 책임이 있다.

해설
제5조(연대책임)
동일한 손해에 대하여 배상할 책임이 있는 자가 2인 이상인 경우에는 연대하여 그 손해를 배상할 책임이 있다.

96 건물의 규모(면적이나 층)에 관계없이 특약부화재보험을 건물소유자가 의무가입하여야 할 특수건물은?

① 종합병원 및 병원
② 관광숙박업
③ 실내사격장
④ 영화상영관

해설
「사격 및 사격장 안전관리에 관한 법률」 제5조에 따른 실내사격장으로 사용하는 건물은 특약부화재보험을 건물소유자가 의무가입하여야 한다.

92 ③ 93 ① 94 ① 95 ③ 96 ③   **정답**

97 「화재로 인한 재해보상과 보험가입에 관한 법률」에 따른 특수건물 소유자의 손해배상 책임과 특약부화재보험의 가입의무 적용을 받는 건물로 옳은 것은?

① 대한민국에 파견된 외국의 대사·공사(公使) 기타 이에 준하는 사절(使節)이 소유하는 건물

② 대한민국에 파견된 국제연합의 기관 및 그 직원(외국인에 한한다)이 소유하는 건물

③ 대한민국에 주둔하는 외국군대가 소유하는 건물

④ 군사용 건물 중 군인의 공동주택

외국인 등의 소유 건물에 대한 특례
특수건물 중 다음 어느 하나에 해당하는 건물에 대하여는 특수건물 소유자의 손해배상책임과 특약부화재보험의 가입의무를 적용하지 아니한다.
• 대한민국에 파견된 외국의 대사·공사(公使) 기타 이에 준하는 사절(使節)이 소유하는 건물
• 대한민국에 파견된 국제연합의 기관 및 그 직원(외국인에 한한다)이 소유하는 건물
• 대한민국에 주둔하는 외국군대가 소유하는 건물
• 군사용 건물과 외국인 소유건물로서 대통령령이 정하는 건물
　※ 군사용 건물은 국방부장관 또는 병무청장이 관리하는 건물로서 다음 이외의 건물을 말함(시행령 제4조).
　　– 국방부장관이 지정하는 3층 이상의 건물
　　– 국군통합병원의 진료부와 병동건물
　　– 군인 공동주택

98 군청을 방화한 경우, 방화 시 민원인들이 시청 내에 있었다면 어떤 범죄가 성립하는가?

① 공용건조물 등에의 방화죄

② 현주건조물 등에의 방화죄

③ 일반건조물 등에의 방화죄

④ 일반물건에의 방화죄

현주건조물 방화죄
불을 놓아 사람이 주거로 사용하거나 사람이 현존하는 건조물, 기차, 전차, 자동차, 선박, 항공기 또는 지하채굴시설을 불태운 경우이며, 본죄에서 사람이란 범인 이외의 사람을 말하므로 범인이 혼자 살고 있는 집 또는 혼자 있는 건조물에 방화한 때에는 현주건조물이 아니라 일반건조물 방화죄가 성립된다.

99 증거물 수집 시 주의사항에 대한 설명으로 옳지 않은 것은?

① 증거물 수집 이후 이송 과정에서 증거물의 수집자, 수집 일자, 상황 등에 대하여 기록을 남겨야 한다.

② 증거물을 수집할 때는 휘발성이 높은 것에서 낮은 순서로 진행해야 한다.

③ 증거물에 대한 기록은 가능한 법과학자용 표지 또는 태그를 사용하는 것을 원칙으로 한다.

④ 증거물 수집 목적이 인화성 액체 성분 분석인 경우에는 인화성 액체 성분의 증발을 막기 위한 조치를 행하여야 한다.

증거물 수집 과정에서 증거물의 수집자, 수집일자, 상황 등에 대하여 기록을 남겨야 한다.

100 「화재증거물 수집관리규칙」의 규정에 따른 조사가 완료된 증거물은 누구에게 보관책임이 있는가?

① 당해 화재조사관

② 관할 소방서장

③ 화재조사를 담당하는 팀장

④ 관할 경찰서장

조사가 완료된 증거물의 보관은 관할 소방서장이 보관하여야 한다.

배우기만 하고 생각하지 않으면 얻는 것이 없고,

생각만 하고 배우지 않으면 위태롭다.

– 공자 –

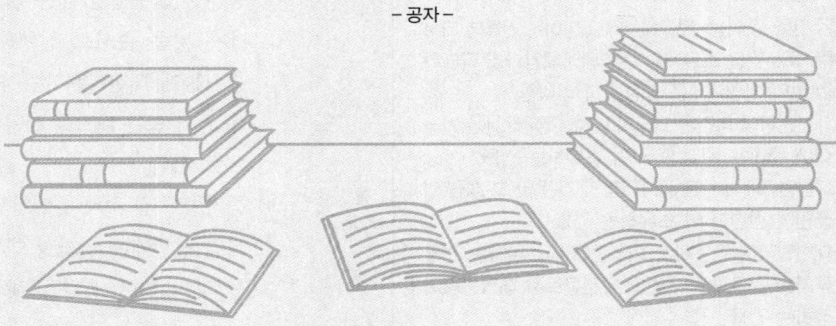

기출문제

2019 ~ 2023년   기사 기출문제
2015 ~ 2020년   산업기사 기출문제

우리가 해야 할 일은 끊임없이 호기심을 갖고
새로운 생각을 시험해보고 새로운 인상을 받는 것이다.

– 월터 페이터 –

01 | 2회 기사 기출문제

제1과목 화재조사론

01 다음에서 설명하는 용어로 적합한 것은?

화재가 진행되고 있는 동안 석고벽 표면에서 발생하는 물리·화학적 변화

① 박리(Spalling)
② 중합(Polymerization)
③ 탄화(Carbonization)
④ 하소(Calcination)

해설
하소 : 화재로 석고보드가 화학적 변화를 일으켜 재로 되는 것

02 벽의 두께 0.05m, 벽 양면의 온도는 각각 40℃와 20℃일 때 폴리우레탄 폼 벽체를 관통하는 단위면적당 열유동율은? (단, 열전도율 k = 0.034W/m이다)

① $0.136W/m^2$
② $1.36W/m^2$
③ $13.6W/m^2$
④ $136W/m^2$

해설
푸리에의 법칙에 의해 단위면적당 전도되는 열전달량
$$\dot{q}=k\frac{T_1-T_2}{L}=0.034\times\frac{40-20}{0.05}=13.6$$

03 화재 시 연기의 이동속도 및 특성에 대한 설명으로 옳지 않은 것은?

① 연기 층의 두께는 연소가 진행됨에 따라 달라진다.
② 화재실에서 분출된 연기는 공기보다 가벼워 통로의 상부를 따라 유동한다.
③ 연기는 발화층으로부터 위층으로 확산된다.
④ 일반적으로 연기의 이동속도는 수평이동 속도가 수직이동 속도보다 빠르다.

해설
연기의 확산 속도
• 수평방향으로는 약 0.5m/sec 정도로 인간의 보행 속도(1.0~1.2m/sec)보다 늦다.
• 수직방향으로는 화재 초기 1.5m/sec이며 농연에서는 3~5m/sec로 빨라진다.

04 다음 중 산화반응에 대한 설명으로 옳은 것은?

① 산소와 분리되는 반응
② 수소와 결합하는 반응
③ 산화수가 감소하는 반응
④ 전자수가 감소하는 반응

해설
산화반응

구 분	산 소	수 소	전 자	산화수
산 화	(+)	(−)	(−)	(+) 증가
환 원	(−)	(+)	(+)	(−) 감소

05 「화재조사 및 보고규정」상 화재유형에 해당하지 않는 것은?

① 건축물·구조물화재
② 위험물·가스제조소등 화재
③ 선박·항공기화재
④ 특수화재

해설

화재의 유형(화재조사 및 보고규정 제9조)
- 건축·구조물화재 : 건축물, 구조물 또는 그 수용물이 소손된 것
- 자동차·철도차량화재 : 자동차, 철도차량 및 피견인 차량 또는 그 적재물이 소손된 것
- 위험물·가스제조소등 화재 : 위험물제조소등, 가스제조·저장·취급시설 등이 소손된 것
- 선박·항공기화재 : 선박, 항공기 또는 그 적재물이 소손된 것
- 임야화재 : 산림, 야산, 들판의 수목, 잡초, 경작물 등이 소손된 것
- 기타화재 : 위의 각 호에 해당되지 않는 화재

06 가연성기체 중 위험성의 척도인 위험도가 가장 큰 것은?

① 메 탄
② 에 탄
③ 프로판
④ 아세틸렌

해설

가연성 증기의 연소범위

메 탄	5.0~15	프로판	2.1~9.5
에 탄	3.0~12.5	아세틸렌	2.5~82

위험도 $H = \dfrac{U-L}{L}$ 이므로

메탄 $H = \dfrac{15-5}{5} = 2$,

프로판 $H = \dfrac{9.5-2.1}{2.1} = 3.52$,

에탄 $H = \dfrac{12.5-3}{3} = 3.17$,

아세틸렌 $H = \dfrac{82-2.5}{2.5} = 31.8$

07 「소방의 화재조사에 관한 법령」상 화재조사를 위한 권리와 의무에 대한 설명으로 옳지 않은 것은?

① 방화 또는 실화의 혐의가 있다고 인정되면 증거를 수집·보존하여 범죄수사에 협력의무가 있다.
② 관계인을 임의 동행하여 조사할 수 있다.
③ 수사기관이 압수한 증거물에 대하여 조사할 수 있다.
④ 수사기관에 체포된 피의자에 대하여 조사할 수 있다.

해설

소방의 화재조사에 관한 법령상에는 관계인을 임의 동행하여 조사할 권한은 부여되어 있지 않다.

08 다음 중 현장관찰 요령으로 옳지 않은 것은?

① 소손상황을 관찰할 때는 연소가 강한 곳으로부터 약한 방향으로 점차 이동하며 관찰한다.
② 소실, 연소, 붕괴된 부분에 대해서는 복원적인 관점에서 관찰한다.
③ 현장에 남아 있는 물건의 일체는 관찰 대상의 것이므로 주의 깊게 관찰한다.
④ 최후까지 연소된 부분 및 연소확대 경로를 유념해서 관찰한다.

해설

초기 현장평가는 탄화가 약한 쪽부터 강한 쪽으로 이동하며 관찰한다.

5 ④ 6 ④ 7 ② 8 ① **정답**

09 화재조사에 대한 화재조사관의 유의사항으로 옳지 않은 것은?

① 과학적인 근거에 의한 조사에 중점을 두고 질문조사는 보조적인 방법으로 실시한다.

② 사건을 조사할 때는 팀을 구성하여 활동하는 것이 좋다.

③ 지득한 비밀을 누설해서는 안 된다.

④ 화재조사관은 선입견을 피하고 현장에 관한 과도한 정보를 수집하면 안 된다.

해설
선입견을 버리고 상황증거에 입각한 사실 확인에 주력하며 현장상황을 관찰하고 그 부근에 대한 필요한 정보와 자료를 수집한다.

10 다음 중 분진폭발의 위험성이 없는 것은?

① 티타늄 분말

② 알루미늄 분말

③ 아스피린 분말

④ 시멘트 분말

해설
폭발성 분진
- 탄소제품 : 석탄, 목탄, 코크스, 활성탄
- 비료 : 생선가루, 혈분 등
- 식료품 : 전분, 설탕, 밀가루, 분유, 곡분, 건조효모 등
- 금속류 : Al, Mg, Zn, Fe, Ni, Si, Ti, Zr(지르코늄)
- 목질류 : 목분, 코르크분, 리그닌분, 종이가루 등
- 합성 약품류 : 염료중간체, 각종 플라스틱, 합성세제, 고무류 등
- 농산가공품류 : 후추가루, 제충분, 담배가루 등

11 각 구성 성분 가스의 폭발한계를 알면 혼합가스의 폭발한계를 구할 수 있는 법칙은?

① 보일의 법칙

② 샤를의 법칙

③ 아보가드로 법칙

④ 르샤틀리에 법칙

해설

$$L = \frac{100}{\left[\left(\dfrac{V_1}{L_1}\right) + \left(\dfrac{V_2}{L_2}\right) + \left(\dfrac{V_3}{L_3}\right) \cdots\right]}$$

12 다음 중 분진폭발(Dust Explosion)에 대한 설명으로 옳지 않은 것은?

① 공기 중을 부유하고 있거나 퇴적된 상태인 분진의 폭발을 의미한다.

② 가스폭발이나 화약폭발과는 달리 착화에 필요한 에너지가 작다.

③ 분진의 입경은 폭발의 최소착화에너지 및 화염전면의 이동속도에 영향을 미친다.

④ 1차 폭발 후 부유된 가연성분진이 연소하면서 2차적 폭발이 일어날 수 있다.

해설
분진폭발은 착화에 충분한 에너지를 필요로 한다.

13 「소방의 화재조사에 관한 법령」상 화재조사를 실시할 수 있는 자격으로 옳지 않은 것은?

① 소방공무원 중 국가기술자격법에 따른 국가기술자격의 직무분야 중 화재감식평가 분야의 기사 자격을 취득한 자

② 소방공무원 중 국가기술자격법에 따른 국가기술자격의 직무분야 중 화재감식평가 분야의 산업기사 자격을 취득한 자

③ 소방청장이 실시하는 화재조사에 관한 시험에 합격한 소방공무원

④ 국립과학수사연구원 또는 외국의 화재조사관련 기관에서 6주 이상 화재조사에 관한 전문교육을 이수한 자

화재조사관의 자격기준 등(영 제5조 제1항)

화재조사 업무를 수행하는 화재조사관은 다음 각 호의 어느 하나에 해당하는 소방공무원으로 한다.

① 소방청장이 실시하는 화재조사에 관한 시험에 합격한 소방공무원
② 「국가기술자격법」에 따른 국가기술자격의 직무분야 중 화재감식평가 분야의 기사 또는 산업기사 자격을 취득한 소방공무원

---

14 다음의 구획실 화재에 대한 설명 중 옳은 것은?

① 대부분 노출된 가연물 표면에 착화되어 가연물이 소진될 때까지 최고의 열방출을 보이는 것은 최성기이다.
② 유염착화에 이르기에는 온도가 낮거나 산소가 부족한 상황에서 연소가 소극적으로 지속되는 것을 롤오버(Rollover)라고 한다.
③ 최성기에는 실내에 있는 산소를 거의 소비시키고 외부로부터 유입된 공기의 영향을 받는 가연물지배형 화재의 양상이 나타난다.
④ 일반적으로 화염 전파 속도는 수평방향이 수직방향에 비하여 약 20배 정도 빠르다.

화재 초기에는 가연물지배형화재의 형태를 띠고 성장기 이후에는 환기지배형화재의 형상을 갖는다.
② 유염착화에 이르기에는 온도가 낮거나 산소가 부족한 상황에서 연소가 소극적으로 지속되는 것을 훈소라고 한다. 여기서 출제자의 의도를 간파하기 어려움은 있으나 연소가 소극적이라는 의미는 화염이 없이 연소하는 것을 의미로 해석한 것으로 훈소를 의미하는 것으로 판단된다.
③ 최성기에는 환기지배형화재의 양상이 나타난다.
④ 일반적으로 화염 전파 속도는 수직방향이 수평방향에 비하여 약 20배 정도 빠르다.

---

15 「소방의 화재조사에 관한 법률」에 따른 화재조사전담부서의 설치·운영 등에 대한 내용으로 틀린 것은?

① 소방관서장은 전문성에 기반하는 화재조사를 위하여 화재조사전담부서를 설치·운영하여야 한다.
② 소방관서장은 화재조사관으로 하여금 화재조사 업무를 수행하게 하여야 한다.
③ 전담부서의 구성·운영, 화재조사관의 구체적인 자격기준 및 교육훈련 등에 필요한 사항은 대통령령으로 정한다.
④ 화재조사관은 국가기술자격법에 따른 화재조사에 관한 시험에 합격한 소방공무원 등 화재조사에 관한 전문적인 자격을 가진 소방공무원으로 한다.

화재조사관은 소방청장이 실시하는 화재조사에 관한 시험에 합격한 소방공무원 등 화재조사에 관한 전문적인 자격을 가진 소방공무원으로 한다.

---

16 다음 중 연소생성물에 대한 설명으로 옳지 않은 것은?

① 일반화재 시, 플래시오버 후에 산소가 부족한 조건이 되면 발생하는 연기는 검은색을 띤다.
② 일산화탄소는 연료지배형 화재보다 환기지배형 화재에서 많이 발생한다.
③ 연기는 액체와 기체로 구성되며 고체는 포함되지 않는다.
④ 폴리우레탄은 화재 시 시안화수소와 질소산화물 등의 유독성 기체를 발생시킨다.

연기란 공기 중에 부유하고 있는 고체 또는 액체의 미립자를 가리키며 그 크기는 $0.01 \sim 10\,\mu m$로 안개입자($10 \sim 50\,\mu m$)보다 작다.

17 연소가 용이한 가연물의 조건으로 적합하지 않은 것은?

① 산소와의 접촉 가능한 면적이 클 것
② 발열량이 클 것
③ 활성화 에너지가 클 것
④ 열전도율이 작을 것

해설
활성화 에너지가 작을 것 : 화학반응을 일으킬 때 필요한 최소 에너지(활성화 에너지)의 값이 작아야 한다.

18 화재현장에서 열에 의하여 소손된 전구에 대한 감식방법으로 옳은 것은?

① 내부가 진공상태인 전구는 연화된 부분이 부풀어 오르거나 외부로 터져 나가는 형태로 변한다.
② 내부가 불활성 가스로 충전된 전구는 일부가 연화되기 시작하면 외부의 압력 때문에 내부로 함목되는 형태로 변한다.
③ 전선에 매달려 있는 전구의 경우 화재 당시의 방향을 신뢰할 수 없으므로 화재진행방향의 지표로서 사용하는 것을 피해야 한다.
④ 전구의 필라멘트 산화여부 및 전구내벽에 부착된 필라멘트 증기 등으로 화재 당시 전구의 꺼짐과 켜짐은 확인할 수 없다.

19 과학적인 화재 조사 방법의 순서로 옳은 것은?

① 문제의 인식 → 문제의 정의 → 데이터 수집 → 데이터 분석 → 가설 수립 → 가설 검증 → 화재원인 결정
② 문제의 인식 → 문제의 정의 → 데이터 분석 → 데이터 수집 → 가설 수립 → 가설 검증 → 화재원인 결정
③ 문제의 인식 → 데이터 수집 → 문제의 정의 → 데이터 분석 → 가설 수립 → 가설 검증 → 화재원인 결정
④ 문제의 인식 → 문제의 정의 → 가설 수립 → 데이터 수집 → 데이터 분석 → 가설 검증 → 화재원인 결정

해설
과학적 방법론 : 필요성 인식 → 문제정의 → 자료수집 → 자료분석 → 가설설정 → 가설검증 → 최종가설 선택

20 다음 중 아이오딘 값이 145 이상인 보일류에 안료와 전색제 등을 혼합한 착색도료를 일컫는 용어로 옳은 것은?

① 락 카
② 페인트
③ 에나멜
④ 플라이머

해설
페인트 : 아마인유, 대두유, 오동유 등의 건성유를 90~100℃에서 5~10시간 공기를 불어 넣으면서 가열하여 색과 점도를 준 것으로 요오드가가 145 이상인 보일유에 안료와 전색제 등을 혼합한 착색도료이다.

21 선박의 전문용어에 대한 설명으로 옳지 않은 것은?

① 고물보(Transom) : 선미가 네모난 보트의 선미 단면

② 도레이드 환기(Dorade Vent) : 갑판 아래로 공기를 흡입하는 배플이 설치되어 물이 들어오지 못하도록 하는 갑판 상자 환기

③ 방현재(Fender) : 구획실, 선체 또는 그러한 부분을 덮는 영구적 덮개

④ 해치(Hatch) : 보트의 갑판에 있는 방수 커버로 덮인 출입구

해설
방현재 : 뱃전을 보호하기 위하여 두른, 나무나 고무로 만든 띠

22 다음 중 산불의 직업진화 전술이 아닌 것은?

① 일렬 진화   ② 협력 진화

③ 맞불 진화   ④ 측면 진화

23 우리나라의 경우 산불이 가장 많이 발생하는 시간대로 옳은 것은?

① 09시~11시   ② 14시~16시

③ 17시~19시   ④ 21시~23시

24 정전용량 40[uF]인 대전된 도체의 정전에너지가 80[J]일 때, 도체에 가해진 대전전위는 몇 [V]인가?

① 1,000   ② 2,000

③ 3,000   ④ 4,000

해설
정전에너지 $W = \dfrac{1}{2}CV^2[J]$ 이므로

$80 = \dfrac{1}{2} \times \dfrac{40}{1000000}[F] \times V^2$ 이므로

$V = \sqrt{\dfrac{80 \times 2 \times 1000000}{40}} = 2,000$

25 폭발 현장에서 수집한 배경정보를 바탕으로 폭발 전·후 사고 경위를 표로 만든 후 인과관계이론과 일치여부를 추론하여 최적이론을 설정하는 분석은?

① 손상패턴 분석

② 구조물 분석

③ 열료과 상관분석

④ 타임라인 분석

해설
타임라인 : 전체적인 사건을 시간순으로 배열하고 알 수 있는 절대시간을 근거로 각 사건의 발생시간을 추론

26 다음 중 차량의 시동 점화 시 전류 흐름 순서를 바르게 나열한 것은?

① 점화스위치 → 배터리 → 시동모터 → 점화코일 → 배전기 → 고압케이블 → 스파크 플러그

② 점화스위치 → 시동모터 → 배터리 → 점화코일 → 배전기 → 고압케이블 → 스파크 플러그

③ 점화스위치 → 배터리 → 시동모터 → 배전기 → 점화코일 → 고압케이블 → 스파크 플러그

④ 점화스위치 → 시동모터 → 배전기 → 점화코일 → 배터리 → 고압케이블 → 스파크 플러그

가솔린 점화장치 전류 흐름도
점화스위치 → 배터리 → 시동모터 → 점화코일 → 배전기 → 고압케이블 → 스파크플러그

27 항공기 화재에서 가연성 금속 화재의 분류 (Class)로 옳은 것은?

① Class A ② Class B
③ Class C ④ Class D

해설

A-일반화재, B-유류화재, C-전기화재, D-금속화재

28 20℃의 프로판가스의 증기압을 압력계로 측정하였더니 7.4kgf/cm²이었다. 이 압력을 절대압력으로 환산하면 약 몇 kPa인가?

① 627 ② 727
③ 827 ④ 927

해설

절대압력 = (대기압 + 계기압) = 1.0332 + 7.4이고

kPa로 환산하면 $\frac{1.0332 + 7.4}{1.0332} \times 101.325 = 827.03$

표준대기압 : 1atm = 760mmHg = 10.332mAq = 1.0332kgf/cm² = 101.325kPa(kN/m²)

29 탄화칼슘이 물과 반응할 때 생성되는 가연성 기체는?

① C_2H_4 ② C_3H_8
③ C_2H_2 ④ CH_4

해설

$CaC_2 + 2H_2O \rightarrow Ca(OH)_2 + C_2H_2$

30 화재의 진행과정 중 독립된 발화로 오인할 수 있는 연소형태를 생성시킬 수 있는 불씨 이동의 요인으로 옳지 않은 것은?

① 소락물에 의한 경우
② 대류에 의한 불티의 이동
③ 독립된 장소에 착화하는 행위
④ 압력에 의한 경우

31 다음 중 각 용어에 대한 설명으로 옳지 않은 것은?

① 실화 : 부주의, 우발적 사고 등으로 인하여 발생한 화재
② 조사 : 화재원인을 규명하고 화재로 인한 피해를 산정하기 위한 자료의 수집, 관계자 등에 대한 질문 등 일련의 행동
③ 방화 : 주거에 사용되거나 현존하는 건조물 기타 일정한 물건에 고의적으로 불을 지르는 범죄행위
④ 화재 : 사람의 의도에 따라 우연에 의해 발생하는 연소현상

해설

화재 : 사람의 의도에 반하거나 고의에 의해 발생하는 연소현상으로서 소화시설 등을 사용하여 소화할 필요가 있거나 또는 화학적인 폭발현상이다.

32 다음 중 담뱃불에 대한 설명으로 옳지 않은 것은?

① 산소농도 16% 이하에서도 연소가 진행되며 수직상태보다 수평상태에서 빨리 연소된다.
② 중심부 온도는 약 700~900℃이다.
③ 무염화원으로 분류되며, 이동이 가능한 점화원이다.
④ 담뱃불은 풍속 1.5m/sec일 때 최적상태로 연소한다.

해설

산소농도 16% 이하이면 꺼지기 쉽고 수직상태에서 더 빨리 연소된다.

35 화재현장에서 발생하는 소음으로서 목격자들이 폭발로 오인할 수 있는 것이 아닌 것은?

① 화재 시 콘크리트 폭렬에 의한 소음
② 화재 열기에 의한 스프레이캔, 방향제캔 등의 파열 소음
③ 화재 시 전선피복이 손상되며 발생하는 전기적 합선의 소음
④ 개방된 용기의 변형 시 발생하는 소음

해설

개방된 용기는 변형 시 폭발로 오인할 만한 소음이 발생되지 않는다.

33 다음 중 구형의 밸브 몸통을 갖고 있으며 유체의 입구와 출구 중심선이 일직선상에 있고 밸브를 통과하는 유체의 흐름이 S자 모양으로 되어 있는 밸브의 명칭으로 옳은 것은?

① 볼밸브
② 게이트밸브
③ 체크밸브
④ 글로우브밸브

해설

글로우브밸브
• 구형의 밸브 몸통을 갖고 있으며 유체의 입구와 출구 중심선이 일직선상에 있고 밸브를 통과하는 유체의 흐름이 S자 모양으로 되어 있다.
• 기밀성이 우수한 반면 유체의 압력손실이 큰 단점이 있어 주로 고압부(高壓部)에 사용된다.
• 설치 시에는 밸브 몸통에 표시된 방향표시(→)를 보고 상류에서 하류를 향하도록 설치한다.

36 방화를 의심할 수 있는 경우와 가장 거리가 먼 것은?

① 외부침입흔적이 발견되는 경우
② 다른 범죄의 증거가 발견되는 경우
③ 1개의 발화부만 존재하는 경우
④ 액체 가연물의 연소흔적이 관찰되는 경우

해설

2개 이상의 발화부가 존재하는 경우

34 LPG 자동차에서 기화기(Vaporizer)의 구성부품에 해당하지 않는 것은?

① 에어 엘리먼트
② 압력 조정 스크루
③ 진공 다이어프램
④ 솔레노이드 밸브

해설

에어 엘리먼트는 에어필터이다.

37 다음 중 파라핀계탄화수소에 대한 설명으로 옳지 않은 것은?

① 상온, 상압에서 메탄, 에탄, 프로판, 부탄은 이상으로 존재한다.
② 펜탄은 이성질체가 3개이다.
③ 탄소–탄소 간의 결합은 단일공유결합이다.
④ 탄소수가 증가함에 따라 비점이 낮아진다.

해설

탄소수가 증가함에 따라 비점도 높아진다.

38 다음 중 층류화염에 해당하는 것은?

① 모닥불의 불꽃

② 양초의 불꽃

③ 화재현장 개구부로 솟는 불꽃

④ 20kg LPG 용기에서 분출되고 있는 가스의 불꽃

39 다음 중 화재조사에 있어 화재현장에 대한 관찰사항으로 옳지 않은 것은?

① 현장의 보험가입여부

② 현장의 위치 및 주변상황

③ 현장의 연소 진행형태

④ 현장의 소손상황

40 침과 평판전극 사이에서 잘 발생되며, 전압의 상승에 의해 코로나의 발광부가 전극 간을 이어서 발광이 일어나는 방전형식으로 옳은 것은?

① 글로우코로나

② 브러쉬코로나

③ 스트리머코로나

④ 임펄스코로나

해설

① 글로우코로나 : 전극간의 전압 수백V, 전류밀도가 정이온이나 광자에 의한 전극에서의 2차 기구에 의하여 방전이 지속되는 것

② 브러쉬코로나 : 곡률반경이 큰 도체(직경이 10mm 이상)와 절연물질(고체, 기체)이나 저전도율 액체 사이에서 대전량이 많을 때 발생하는 수지상의 발광과 펄스상의 파괴음을 수반하는 방전

제3과목 증거물관리 및 법과학

41 화재현장 지문감식(지문현출) 사례로 가장 거리가 먼 것은?

① 그을음이 고스란히 내려앉은 물체의 표면

② 방화범이 매개물로 사용한 생활정보지의 연소 잔해

③ 지문을 감추기 위해 사용한 라텍스 장갑의 외측

④ 방화에 사용하고 주변에 버린 휘발유 용기의 표면

해설

라텍스 장갑의 내측

42 「소방의 화재조사에 관한 법률」에 따른 화재현장의 보존을 위한 통제구역 설정권자가 아닌 사람은?

① 소방서장   ② 경찰서장

③ 해양경찰서장   ④ 시·도지사

해설

소방관서장은 화재조사를 위하여 필요한 범위에서 화재현장 보존조치를 하거나 화재현장과 그 인근 지역을 통제구역으로 설정할 수 있다. 다만, 방화(放火) 또는 실화(失火)의 혐의로 수사의 대상이 된 경우에는 관할 경찰서장 또는 해양경찰서장(이하 "경찰서장"이라 한다)이 통제구역을 설정한다.

43 NFPA921의 타임라인(Time Line)을 작성할 때 구성요소로 옳지 않은 것은?

① 실제시간(Hard Time)

② 추정시간(Soft Time)

③ 상대시간(Relative Time)

④ 수지분석시간(Fault Tree Time)

44 다음 중 자·타살 및 사고사의 감별법에 대한 설명으로 옳지 않은 것은?

① 진짜 손상의 가능성에 대해서는 항상 염두에 두어야 하는데 다수의 타살 현장이 화재에 의해서 숨겨지기 때문이다.

② 가짜 손상의 경우 깊은 조직에서 출혈을 관찰할 수 없으며, 위치는 대개의 경우 암시적이다.

③ 열에 의해 고도로 손상된 부위에서도 심부조직을 검사하여 판독이 가능하다.

④ 열이 가해진 피부는 고도로 수축되고 균열되는 경우를 종종 보게 된다.

해설
열에 의해 심하게 손상된 조직에서는 판독이 불가능하다.

45 화재현장에서 관계자에 대한 질문 및 녹음에 관한 설명으로 옳지 않은 것은?

① 피질문자를 배려하여 충분히 안정된 상태에서 진술할 수 있는 장소를 선택한다.

② 화재현장에서 질문할 경우에는 이해관계인들을 모두 참석시킨 후에 진행해야 한다.

③ 피질문자의 이해관계에 의하여 허위진술을 하는 경우가 있음을 염두에 둔다.

④ 녹음된 진술내용은 진술조서에 첨부하여 입증자료로 사용할 수 있다.

해설
발화와 관련하여 과실을 의식하고 있는 사람은 제3자나 이해관계자 앞에서 공공연하게 진실을 말하는 경우는 드물다.

46 화재증거물 사진 촬영 시 피사계의 심도를 깊게 하기 위한 방법으로 가장 옳은 것은?

① 렌즈의 조리개를 좁힌다.
② 렌즈의 조리개를 넓힌다.
③ 카메라의 셔터 스피드를 길게 한다.
④ 카메라의 셔터 스피드를 짧게 한다.

해설
조리개가 열리는 정도에 따라 심도가 깊어지고 얕아지는 현상이 발생하기 때문에 사진 촬영을 하는데 매우 중요한 요소이다. 조리개가 열리면 렌즈를 통과하는 빛의 양이 많아지고 조리개가 좁혀지면 렌즈를 통과하는 빛의 양이 적어진다.

47 다음의 유류 중 자연발화 가능성이 가장 높은 것은?

① 엔진유   ② 대두유
③ 기어유   ④ 스핀들류

해설
대두유는 식물성 기름으로 아이오딘가가 124~133으로 자연발화 가능성이 가장 높다.

48 화재증거물수집관리규칙에 따라 화재조사기관이 화재현장의 CCTV 영상물에 나타나는 사람의 이미지를 제공할 수 있는 기관으로 옳지 않은 것은?

① 경찰서   ② 고등검찰
③ 대법원   ④ 보험회사

해설
화재사건을 담당하는 관공서가 아닌 민간기업인 보험회사에 개인정보를 제공하지 않는다.

49 연소범위(폭발범위)에 영향을 미치는 요인에 대한 설명으로 가장 거리가 먼 것은?

① 압력이 높아지면 하한 값은 크게 변하지 않으나 상한 값은 높아진다.
② 온도가 높아질수록 연소범위는 좁아진다.
③ 고온·고압의 경우 연소범위는 더욱 넓어진다.
④ 혼합기를 이루는 공기의 산소농도가 높을수록 연소범위가 넓어진다.

해설
온도가 높아질수록 연소범위는 넓어진다.

50 사망자 부검을 위해 사용하는 장비로 가장 거리가 먼 것은?

① X선 촬영기
② 컴퓨터 단층 촬영기(CT)
③ 적외선 분광광도계
④ 자기공명영상장비(MRI)

해설
적외선 분광광도계 : 화재증거물 중에서 유기물에 기반하는 화학물질에 대한 적외선흡수 스펙트럼을 측정·분석하는 것으로 석유류를 분석할 때 사용한다.

51 화재현장 보존을 위한 소방대원의 역할 및 주의사항에 대한 설명으로 옳지 않은 것은?

① 잔화 정리하는 동안 남아있는 증거물이 훼손될 수 있으므로 주의하여야 한다.
② 화재현장에 있는 설비, 기구 또는 시설의 손잡이를 돌리거나 작동 스위치를 켜는 것을 자제하여야 한다.
③ 화재현장에서 휘발유나 경유로 작동되는 도구 및 설비를 사용하는 것은 자제하는 것이 좋다.
④ 화재현장에 대한 접근은 화재조사관만으로 한정한다.

해설
화재현장으로의 접근은 현장에 꼭 필요한 사람으로 제한되고 소방관과 응급요원 또는 구조요원만 접근할 수 있다.

52 화상의 손상범위를 결정짓는 인자로 옳지 않은 것은?

① 가해진 온도
② 열의 노출기간
③ 피부의 구성
④ 열을 배출하는 체표면의 능력

해설
화상깊이는 열의 강도, 노출시간 및 피부의 예민도에 의하여 결정

53 화재증거물수집관리규칙상의 증거물 수집 용기에 대한 설명 중 옳지 않은 것은?

① 용기는 취급할 제품에 의한 용매의 작용에 투과성이 없어야 한다.
② 주석 도금캔 내부에 녹이 있는 것은 사용하지 말아야 한다.
③ 주석 도금캔은 세척하여 여러 번 사용 가능하다.
④ 양철 용기는 돌려 막는 스크루 뚜껑만 아니라 밀어 막는 금속 마개를 갖추어야 한다.

해설
주석 도금캔(Can)은 1회 사용 후 반드시 폐기한다.

54 화재증거물수집관리규칙상의 증거물 시료 용기로 적합하지 않은 것은?

① 주석 도금캔(CAN)
② 유리병
③ 아크릴 병
④ 양철캔(CAN)

해설
화재증거물수집관리규칙 별표 1 참조

55 화재현장에서 역광 촬영을 하고자 한다. 다음 중 카메라 측광방식으로 가장 적합한 것은?

① 스팟 측광   ② 중앙부 중점 측광
③ 평균 측광   ④ 다분할 측광

해설
스팟(Spot) 측광 : 피사체가 어두울 경우 아주 작은 범위(중앙부의 2.5~4%)를 측광하는 방식으로 쉽게 말하면 좀 더 세밀하게 부분의 노출을 찾는 방법이다. 역광사진이나 촛불사진 등에 적합하다.

56 화재현장의 사진 촬영 방법으로 가장 옳은 것은?

① 어두운 실내 촬영 시 스트로브나 플래시를 사용한다.
② 군중 또는 인물사진 등의 사진은 절대로 촬영하지 않는다.
③ 발화지점과 인접한 영역에 있는 방이라도 손상이 없으면 촬영하지 않는다.
④ 증거로서 가치가 있는 물건은 현장보다는 연구실로 가지고 가서 촬영한다.

해설
화재감식현장은 전원이 차단되어 조명이 없는 어두운 상태에서 촬영이 많기 때문에 햇빛이나 조명 등에 의한 그림자가 생기지 않도록 필요에 따라 스트로보스코프 플래시(Stroboscope Flash)를 활용한다.

57 액체 촉진제의 물리적 특성에 대한 설명 중 옳은 것은?

① 액체 촉진제는 액체 상태로만 발견될 수 있다.
② 액체 촉진제는 대부분의 내부 마감재 및 기타 화재 잔해에 쉽게 흡수된다.
③ 일반적으로 액체 촉진제는 물과 접촉했을 때 물 아래로 가라앉는다.
④ 액체 촉진제가 다공성 물질에 흡수되었을 때는 잔존 가능성이 매우 낮다.

해설
액체 촉진제의 물리적 특징
• 액체 촉진제는 대부분의 건축물의 구성요소, 내부 마감재와 다른 화재 잔류물에 의해 쉽게 흡수된다.
• 일반적으로 액체 촉진제는 물과 접촉했을 때 물 위에 뜬 상태로 감식되는 경우가 많다(수용성인 알코올 제외).
• 액체 촉진제는 다공성 물질 내에 고여 있을 때 놀랄 만한 지속성(잔류성)을 지닌다.

58 GC-MS 분석에서 탄소수 4개(C_4)에서 7개(C_7)가 검출된 경우 추정할 수 있는 성분으로 가장 옳은 것은?

① 휘발유   ② 경 유
③ 등 유   ④ 중 유

해설
원유를 정제할 때 가장 먼저 나오는 LPG는 탄소수 3~4개, 휘발유는 탄소수가 4~12개인 혼합물이며 나프타(Naphtha)는 5~10개, 등유는 10~14개, 경유는 14~23개, 중유 18개 이상이다.

54 ③   55 ①   56 ①   57 ②   58 ①   **정답**

59 화재로 인하여 사망에 이른 사체에 관한 설명으로 가장 거리가 먼 것은?

① 일산화탄소가 헤모글로빈과 결합함으로써 체내 산소의 공급이 차단되어 사망한다.
② 일산화탄소 흡입으로 인하여 사망하면 암적색의 시반이 나타난다.
③ 기도, 폐 등의 호흡기에서 발견되는 그을음은 화재 당시 생존해 있었음을 나타내는 증거가 될 수 있다.
④ 일산화탄소를 흡입한 것으로 화재 당시 생존해 있었음에 대한 증거가 될 수 있다.

60 화재로 사망한 사체에 대한 설명으로 옳지 않은 것은?

① 사망 이후에는 혈액이 모세혈관의 표면장력에 의해 몸의 위쪽으로 모인다.
② 표피와 함께 진피까지 침범되는 화상을 2도 화상이라고 한다.
③ 원발성 쇼크로 급격히 사망한 경우 전형적인 화재자의 소견을 보이지 않을 수도 있다.
④ 손바닥이나 발바닥에서 보이는 과도한 그을음은 화재당시 피해자가 활동한 것을 의미한다.

해설
사체는 응고능이 없고 시간이 경과되면 혈액이 중력에 의해 사체하부에 시반이 형성된다.

제4과목 화재조사보고 및 피해평가

61 「화재조사 및 보고규정」에 따른 화재현장 조사서 작성 시 화재건물 현황의 기재사항이 아닌 것은?

① 건축물 현황
② 보험가입 현황
③ 소방시설 및 위험물 현황
④ 화재발생 후 상황

해설
화재발생 전 상황

62 「소방의 화재조사에 관한 법률」에 따른 소방관서장이 화재조사를 하는 경우 조사해야 할 사항으로 틀린 것은?

① 화재원인에 관한 사항
② 소방시설 등의 설치·관리 및 작동 여부에 관한 사항
③ 소방지원 활동에 관한 사항
④ 화재발생건축물과 구조물, 화재유형별 화재위험성 등에 관한 사항

해설
소방관서장은 화재발생사실을 알고 화재조사를 하는 경우 다음 각 호의 사항에 대하여 조사하여야 한다.
• 화재원인에 관한 사항
• 화재로 인한 인명·재산피해상황
• 대응활동에 관한 사항
• 소방시설 등의 설치·관리 및 작동 여부에 관한 사항
• 화재발생건축물과 구조물, 화재유형별 화재위험성 등에 관한 사항
• 그 밖에 대통령령으로 정하는 사항

63 「화재조사 및 보고규정」에 따른 화재건수의 결정에 대한 내용으로 틀린 것은?

① 1건의 화재란 1건의 발화지점에서 확대된 것으로 발화부터 진화까지를 말한다.

② 접지점이 동일한 누전에 의한 화재는 동일 소방대상물의 발화점이 2개소 이상 있더라도 1건의 화재로 한다.

③ 지진, 낙뢰 등 자연현상에 의한 다발화재는 동일 소방대상물의 발화점이 2개소 이상 있더라도 1건의 화재로 한다.

④ 화재범위가 2개소 이상의 관할구역에 걸친 화재에 대해서는 발화 소방대상물의 소재지를 관할하는 소방서에서 1건의 화재로 한다.

해설

누전점이 동일한 누전에 의한 화재는 동일 소방대상물의 발화점이 2개소 이상 있더라도 1건의 화재로 한다.

64 화재피해로 인한 기계장치의 소손정도에 따른 손해율 기준 중 옳지 않은 것은?

① 프레임 및 주요부품이 소손되고 굴곡변형으로 수리가 불가능한 경우 : 100%

② 프레임 및 주요부품 수리하여 재사용 가능하나 소손정도가 심한 경우 : 50~60%

③ 화염의 영향으로 부품(주요부품이 아닌 일반부품)의 교체가 필요하고 그을음 및 수침으로 인한 오염의 정도가 심하여 전반적으로 Overhaul이 필요한 경우 : 30~40%

④ 화염의 영향으로 다소 적게 받았으나 그을음 및 수침오염 정도가 심하여 일부 부품교체와 분해조립이 필요한 경우 : 5~10%

해설

④ 10~20%

65 화재피해액 산정에 있어서 공구·기구의 소손정도에 따른 손해율이 10%에 해당하는 것은?

① 손해 정도가 보통인 경우

② 손해 정도가 다소 심한 경우

③ 오염·수침손의 경우

④ 50% 이상 소손되고 그을음 및 수침오염 정도가 심한 경우

해설

손해율

화재로 인한 피해 정도	손해율(%)
50% 이상 소손되고 그을음 및 수침오염 정도가 심한 경우	100
손해 정도가 다소 심한 경우	50
손해 정도가 보통인 경우	30
오염·수침손의 경우	10

66 항공기 및 선박의 현재시가를 정하는 방법으로 옳은 것은?

① 구입 시의 가격

② 구입 시의 가격에서 사용기간 감가액을 뺀 가격

③ 재구입 가격

④ 재구입 가격에서 사용기간 감가액을 뺀 가격

해설

② 구입 시의 가격에서 사용기간 감가액을 뺀 가격 : 항공기 및 선박 등

① 구입 시의 가격 : 재고자산(원재료, 부재료, 제품, 반제품, 저장품, 부산물 등)

③ 재구입 가격 : 상품 등

④ 재구입 가격에서 사용기간 감가액을 뺀 가격 : 건물, 구축물, 시설, 기계장치, 공구 및 기구, 차량 및 운반구, 집기비품, 가재도구 등

67 모델하우스 또는 가설건물 등 일정기간 존치하는 건물에 있어서는 실제 존치할 기간을 내용연수로 하여 피해액을 산정한다. 이 경우 존치기간 종료일 현재의 최종 잔가율은?

① 10%　　　　　② 20%
③ 30%　　　　　④ 40%

해설
존치기간 종료일 현재의 최종잔가율은 20%이며 내용연수 및 경과연수는 연 단위까지 산정한다.

68 「화재조사 및 보고규정」에 따라 방화 · 방화의심 조사서를 작성 시 기재사항이 아닌 것은?

① 방화도구
② 방화피해사항
③ 방화자 인적사항
④ 도착 시 초기상황

해설
방화동기, 방화도구, 방화의심사유, 도착 시 초기상황, 방화연료 및 용기, 방화자

69 화재 당시에 피해물의 재구입비에 대한 현재가의 비율로, 화재 당시 피해물에 잔존하는 경제적 가치의 정도를 나타내는 용어로 옳은 것은?

① 잔가율　　　　② 손해율
③ 감가상각　　　④ 경년감가율

해설
화재피해 산정과 관련된 용어의 정의 참고

70 치장벽돌조 슬래브지붕 2층 건물의 2층에서 발화되어 바닥면적 $20m^2$가 전소되었고 인근 시멘트벽돌조 슬래브지붕 3층 건물 3층으로 비화되어 바닥 $2m^2$와 벽면 1면의 $3m^2$가 그을린 경우의 소실면적은 몇 m^2인가?

① 25　　　　　② 22
③ 20　　　　　④ 9

해설
소실면적 산정(화재조사 및 보고규정 제17조)
① 건물의 소실면적 산정은 소실 바닥면적으로 산정한다.
② 수손 및 기타 파손의 경우에도 제1항의 규정을 준용한다.
∴ 바닥면적만 산정하고 천장, 벽면 소실은 무시하므로 소실면적은 2층 바닥 $20m^2$ + 3층 바닥 $2m^2$ = $22m^2$이다.

71 「화재조사 및 보고규정」상 화재유형별 조사서 서식 중 철도차량 발화지점에 해당되지 않는 것은?

① 객실(좌석)　　② 바 퀴
③ 화장실　　　　④ 엔진룸

해설
객실(좌석), 기관실, 바퀴, 화물실, 객차연결통로, 연료탱크, 화장실, 기타

72 「화재조사 및 보고규정」상 화재현황조사서의 첨부서류가 아닌 것은?

① 화재현장출동보고서
② 화재유형별조사서
③ 화재피해조사서
④ 방화 · 방화의심 조사서

해설
화재현장출동보고서와 질문기록서는 첨부서류가 아니다.

73 「화재조사 및 보고규정」에 따른 화재증명원 발급에 대한 설명 중 옳은 것은?

① 화재증명원 발급 시 재산피해내역을 금액으로 기재한다.
② 이해당사자가 아닌 자가 화재증명원의 발급을 신청하면 화재증명원을 발급하여서는 아니 된다.
③ 사후조사를 할 경우 발화장소 및 발화지점의 현장이 보존되어 있지 않아도 일단 조사를 한다.
④ 소방대가 출동하지 아니한 화재장소에 화재증명원 발급요청이 있는 경우 사후조사를 할 수 있다.

해설
소방관서장은 화재피해자로부터 소방대가 출동하지 아니한 화재장소의 화재증명원 발급신청이 있는 경우 조사관으로 하여금 사후 조사를 실시하게 할 수 있다. 이 경우 민원인이 제출한 별지 제13호 서식의 사후조사 의뢰서의 내용에 따라 발화장소 및 발화지점의 현장이 보존되어 있는 경우에만 조사를 하며, 별지 제2호 서식의 화재현장출동보고서 작성은 생략할 수 있다.

74 다음 화재조사서류 중 작성 주체가 다른 것은?

① 재산피해신고서
② 화재현황조사서
③ 소방시설등 활용조사서
④ 질문기록서

해설
재산피해신고서는 화재가 발생한 관계인이 작성하여 소방서장에게 제출하는 서류에 해당된다.

75 「화재조사 및 보고규정」에 따른 관할구역 내에서 발생한 화재에 대하여 작성해야 하는 서류로 옳지 않은 것은?

① 화재발생종합보고서
② 질문기록서
③ 화재현장 출동보고서
④ 범죄사실 보고서

해설
범죄사실 보고서는 경찰관서에서 작성하는 보고서이다.

76 화재로 인한 기계장치의 피해액 산정기준에 해당하지 않는 것은?

① 감정평가서에 의한 피해액 산정
② 간이평가방식
③ 실질적·구체적 방식
④ 수리비에 의한 방식

해설
그 외에 회계장부에 의한 피해액 산정방식도 있다.

77 「화재조사 및 보고규정」에 따른 조사결과 보고에 대한 기준 중 다음 (   ) 안에 알맞은 것은?

수사기관에서 범죄수사가 진행 중 : 수사종결을 통보받은 날로부터 (   )일 이내에 조사결과를 보고해야 하는가?

① 7　　　　　　　② 10
③ 15　　　　　　④ 20

78 다음 중 「화재조사 및 보고규정」에 따른 화재 현장 출동보고서의 기재사항으로 옳은 것을 모두 고른 것은?

> ㉠ 화재현장 활동상황
> ㉡ 현장도착 시 발견상황
> ㉢ 피해 및 인명구조
> ㉣ 화재장소에서 사용된 장비
> ㉤ 예상되는 사항 및 조치
> ㉥ 소방대 이외의 강제적인 진입흔적

① ㉠, ㉢, ㉤   ② ㉡, ㉢, ㉣
③ ㉢, ㉣, ㉤   ④ ㉡, ㉣, ㉥

해설
기재사항 : 출동대원 및 응답자, 현장도착 시 발견사항, 도착하여 처음 실행한 일의 지점 및 유형, 출입문 상태 및 소방대 건물 진입방법, 소방대 이외의 강제적인 진입흔적, 화재장소에서 사용된 장비, 출동상의 발견사항, 화재사진 및 동영상

79 아파트 502호에서 화재가 최초 발생하여 602호와 702호에 연소 확대되었다. 화재현장에 출동한 화재조사관은 502호, 602호, 702호에 발생한 재산피해를 조사하여 피해액을 산정하였다. 하지만 며칠 뒤 아파트와 인접한 단독주택 소유자가 아파트 화재로 인해 주택외벽과 창문 등에 피해를 입었다며 소방기관의 피해조사내용에 이의를 제기하였다. 이때 해당 단독주택 소유자가 소방기관에 제출하여야 하는 서류는?

① 화재피해 조사서
② 화재증명원
③ 재산피해신고서
④ 화재증명원 신청서

해설
화재가 발생한 대상의 관계인이 작성하여 소방서장에게 제출한다.

80 화재로 인한 건물, 부대설비, 기계장치 등의 잔존물 내지 유해물 또는 폐기물을 제거하거나 처리하는 비용은 화재피해액의 몇 % 범위 내에서 인정된 금액으로 산정하는가?

① 5%   ② 10%
③ 20%   ④ 15%

해설
잔존물제거비 = 화재피해액 × 10%

제5과목 화재조사 관계법규

81 형법상, 과실로 인하여 사람이 주거로 사용하거나 사람이 현존하는 건조물, 기차, 전차 또는 지하채굴시설을 불태운 자에 대한 벌금기준으로 옳은 것은?

① 1,500만원 이하의 벌금
② 2,500만원 이하의 벌금
③ 3,500만원 이하의 벌금
④ 4,500만원 이하의 벌금

해설
실화(제170조)에 관한 형법규정

정답 78 ④ 79 ③ 80 ② 81 ①

82 「화재조사 및 보고규정」에 따른 화재조사의 원칙에 대한 내용으로 옳지 않은 것은?

① 조사는 인적 증거를 바탕으로 과학적인 방법을 통해 합리적인 사실의 규명을 원칙으로 한다.
② 소방관서장은 화재조사관을 근무 교대조별로 2인 이상 배치해야 한다.
③ 화재조사관은 화재발생 사실을 인지하는 즉시 화재조사를 시작해야 한다.
④ 「소방의 화재조사에 관한 법률 시행규칙」(이하 "규칙"이라 한다) 제3조에 따른 장비·시설을 기준 이상으로 확보하여 조사업무를 수행하도록 하여야 한다.

해설
화재조사의 개시 및 원칙(제3조)
① 「소방의 화재조사에 관한 법률」(이하 "법"이라 한다) 제5조 제1항에 따라 화재조사관(이하 "조사관"이라 한다)은 화재발생 사실을 인지하는 즉시 화재조사(이하 "조사"라 한다)를 시작해야 한다.
② 소방관서장은 「소방의 화재조사에 관한 법률 시행령」(이하 "영"이라 한다) 제4조 제1항에 따라 조사관을 근무 교대조별로 2인 이상 배치한다.
③ 「소방의 화재조사에 관한 법률 시행규칙」(이하 "규칙"이라 한다) 제3조에 따른 장비·시설을 기준 이상으로 확보하여 조사업무를 수행하도록 하여야 한다.
④ 조사는 물적 증거를 바탕으로 과학적인 방법을 통해 합리적인 사실의 규명을 원칙으로 한다.

83 과도한 문어발식 콘센트 사용으로 인하여 발생한 전기화재로 인하여 구입한 지 5년 된 세탁기가 소손되었다. 이 소손에 대하여 「제조물 책임법」상 손해배상책임에 관한 설명으로 옳은 것은?

① 세탁기 설계상 결함으로 손해배상책임은 세탁기 설계자가 부담한다.
② 세탁기 개발과정상의 결함으로 손해배상책임은 제품 개발자가 부담한다.
③ 세탁기 소유자의 사용상 문제로 손해배상책임은 발생하지 않는다.
④ 세탁기 제조상 결함으로 손해배상책임은 세탁기 제조사가 부담한다.

해설
과도한 문어발식 콘센트 사용으로 인한 전기화재이므로 소유자의 사용상 문제이다.

84 「소방기본법령」상 소방용수시설의 사용금지 행위로 옳지 않은 것은?

① 소방용수시설을 점검, 정비, 보수하기 위하여 사용하는 행위
② 정당한 사유없이 소방용수시설을 사용하는 행위
③ 정당한 사유없이 손상·파괴, 철거 또는 그 밖의 방법으로 소방용수시설의 효용을 해치는 행위
④ 소방용수시설의 정당한 사용을 방해하는 행위

해설
① 정당한 사유이다.

85 「소방의 화재조사에 관한 법률」에서 화재조사전담부서의 구성·운영 등에 대한 내용으로 옳지 않은 것은?

① 소방관서장은 화재조사전담부서에 화재조사관을 2명 이상 배치해야 한다.
② 전담부서에는 화재조사를 위한 감식·감정 장비 등 행정안전부령으로 정하는 장비와 시설을 갖추어 두어야 한다.
③ 화재조사전담부서가 화재조사를 완료한 경우에는 화재조사 결과를 소방관서장에게 보고해야 한다.
④ 화재조사결과보고는 소방청장이 정하는 화재발생현황조사서에 따른다.

해설
화재조사결과보고는 소방청장이 정하는 화재발생종합보고서에 따른다.

86 「소방의 화재조사에 관한 법률」에 따른 화재의 조사에 대한 기준 중 틀린 것은?

① 소방서장은 화재의 원인 및 피해 등에 대한 조사를 하여야 한다.
② 화재조사를 하는 관계 공무원이 화재조사를 수행하면서 알게 된 비밀을 누설한 경우 과태료에 처한다.
③ 소방서장은 화재조사에 필요한 경우 관계인에 대하여 자료제출을 명할 수 있다.
④ 화재조사를 하는 소방공무원이 관계인의 정당한 업무를 방해한 경우 벌금에 처한다.

해설
비밀을 누설한 경우 300만원 이하의 벌금에 처한다.

87 「화재조사 및 보고규정」에 따른 화재원인을 밝히기 위한 감식의 정의로 옳은 것은?

① 과학적 방법에 의한 실험의 결과로 화재원인을 밝히는 것
② 화재조사관의 경험을 통해 화재원인을 유추하는 것
③ 관계자들의 회의를 통하여 화재원인을 결정하는 것
④ 주로 시각에 의한 종합적인 판단으로 화재의 사실관계를 명확하게 규명하는 것

해설
시각적 – 감식, 과학적 – 감정

88 「화재로 인한 재해보상과 보험가입에 관한 법률」상 부상등급 1급의 보험금액으로 옳은 것은?

① 1,000만원　　② 3,000만원
③ 5,000만원　　④ 1억원

해설
부상등급 및 보험금액(시행령 제5조 제1항 제2호 관련 별표 1) 참조

89 보일러, 고압가스 기타 폭발성 있는 물건을 파열시켜 사람의 생명, 신체 또는 재산에 대하여 위험을 발생시키는 범죄명은?

① 폭발성물건 파열죄
② 현주건조물 방화죄
③ 가스방류죄
④ 폭발물사용죄

90 「화재로 인한 재해보상과 보험가입에 관한 법률」상 부상등급 3급에 해당하는 부상으로 옳은 것은?

① 상박고 분쇄성 골절
② 화상·좌창·최사창 등으로 연부조직의 손상이 심한 부상(몸 표면의 9퍼센트 이상의 부상을 말한다)
③ 상박골 경부 골절
④ 척추체 분쇄성 골절

해설
부상등급 및 보험금액(시행령 제5조 제1항 제2호 관련 별표 1) 참조

91 「소방의 화재조사에 관한 법률」상 정당한 사유 없이 화재조사를 실시하는 관계 공무원의 출입 또는 조사를 거부·방해 또는 기피한 자에 대한 벌칙 기준으로 옳은 것은?

① 100만원 이하의 벌금
② 200만원 이하의 벌금
③ 300만원 이하의 벌금
④ 500만원 이하의 벌금

해설
정당한 사유 없이 관계공무원의 출입 또는 조사를 거부·방해 또는 기피한 자는 300만원 이하의 벌금에 처한다.

92 「화재조사 및 보고규정」에서 정의하는 발화 열원에 의하여 불이 붙고 이 물질을 통해 제어하기 힘든 화세로 발전한 가연물을 무엇이라 하는가?

① 발화지점   ② 최초착화물
③ 발화요인   ④ 연소확대물

해설
화재조사 및 보고규정에 따른 용어의 정의(제2조) 참조

93 「실화책임에 관한 법률」에 대한 설명으로 옳은 것은?

① 실화자에게 중대한 과실이 있을 때 한하여 적용한다.
② 배상의무자 및 피해자의 경제상태를 고려하여 배상액을 경감할 수 있다.
③ 경과실이 있을 때에는 손해배상을 면책한다.
④ 피해자보다 실화자의 보호를 우선시한다.

해설
법원이 손해배상액의 경감청구가 있을 경우 고려해야 할 사항(제3조) 참조
• 화재의 원인과 규모
• 피해의 대상과 정도
• 연소(延燒) 및 피해 확대의 원인
• 피해 확대를 방지하기 위한 실화자의 노력
• 배상의무자 및 피해자의 경제 상태
• 그 밖에 손해배상액을 결정할 때 고려할 사정

94 「민법」에서 규정하고 있는 불법행위에 의한 손해배상청구권이 성립하기 위한 조건으로 옳지 않은 것은?

① 행위자의 고의·과실
② 행위자의 책임능력
③ 행위자의 경제능력
④ 행위자의 긴급피난 여부

해설
민법 제750조(불법행위) 성립요건과 긴급피난(제761조)
• 가해자의 고의 또는 과실이 있을 것
• 가해행위에 위법성이 있을 것
• 손해가 발생하여야 함
• 가해자에게 책임능력이 있을 것

95 「실화책임에 관한 법률」상 손해배상 경감의 고려사항으로 옳지 않은 것은?

① 화재의 원인과 규모
② 소화수에 의한 수손 피해의 정도
③ 배상의무자 및 피해자의 경제상태
④ 피해 확대를 방지하기 위한 실화자의 노력

> **해설**
> 법원이 손해배상액의 경감청구가 있을 경우 고려해야 할 사항(제3조) 참조

96 「화재조사 및 보고규정」상 화재합동조사단의 운영 및 종료에서 소방청장이 구성하여 운영하는 원칙은?

① 사상자가 20명 이상이거나 2개 시·군·구 이상에 발생한 화재
② 사망자가 5명 이상이거나 사상자가 10명 이상 또는 재산피해액이 100억원 이상 발생한 화재
③ 재산피해가 200억 이상인 화재
④ 사상자가 30명 이상이거나 2개 시·도 이상에 걸쳐 발생한 화재(임야화재는 제외한다)

> **해설**
> 사상자가 30명 이상이거나 2개 시·도 이상에 걸쳐 발생한 화재(임야화재는 제외)의 경우 화재합동조사단을 소방청장이 구성하여 운영하는 것을 원칙으로 한다.

97 「제조물 책임법」에 따른 소멸시효 등의 기준 중 다음 (   ) 안에 알맞은 것은?

> 손해배상의 청구권은 제조업자가 손해를 발생시킨 제조물을 공급한 날부터 (   ) 이내에 행사하여야 한다. 다만, 신체에 누적되어 사람의 건강을 해치는 물질에 의하여 발생한 손해 또는 일정한 잠복기간(潛伏期間)이 지난 후에 증상이 나타나는 손해에 대하여는 그 손해가 발생한 날부터 기산(起算)한다.

① 3년　　　　　② 5년
③ 7년　　　　　④ 10년

> **해설**
> 청구권의 소멸시효
> • 손해 및 제조업자를 안 때로부터 3년
> • 제조업자에게 손해배상을 청구할 수 있는 기간 : 제조물을 유통시킨 때로부터 10년간

98 다음 중 「소방기본법」에 따른 소방용수시설이 아닌 것은?

① 저수조　　　　② 급수탑
③ 소화전　　　　④ 고가수조

> **해설**
> 소방용수시설 – 저수조, 급수탑, 소화전, 비상소화장치

99 「화재로 인한 재해보상과 보험가입에 관한 법률」상의 특수건물로 옳은 것은?

① 학원으로 사용하는 부분의 바닥면적 합계가 1000m² 이상인 건물

② 바닥면적 합계가 1500m² 이상인 병원

③ 관광숙박업으로 사용하는 부분의 바닥면적합계가 2000m² 이상인 숙박업소

④ 식품위생법령상 단란주점으로 사용하는 부분의 바닥면적 합계가 2000m² 이상인 단란주점

해설

- 국유재산 : 연면적이 1,000m² 이상인 건물 및 이 건물과 같은 용도로 사용하는 부속건물. 다만, 대통령 관저(官邸)와 특수용도에 공하는 건물로서 금융위원회가 지정하는 건물은 제외

- 공유재산 : 연면적이 1,000m² 이상인 건물 및 이 건물과 같은 용도로 사용하는 부속건물. 다만, 한국지방재정공제회 또는 사단법인 교육시설재난공제회가 운영하는 특약부화재보험과 같은 정도의 손해를 보상하는 공제에 가입한 지방자치단체 소유의 건물은 제외

- 다중이용업소 : 다음의 영업으로 사용하는 부분의 바닥면적의 합계가 2,000m² 이상인 건물

게임산업진흥에 관한 법률	게임제공업 인터넷컴퓨터 게임시설제공업
음악산업진흥에 관한 법률	노래연습장업
식품위생법 시행령	휴게음식점영업 일반음식점영업 단란주점영업 유흥주점영업
학원의설립·운영 및 과외교습에 관한 법률	학 원
공중위생 관리법	목욕장업
사격 및 사격장 안전관리에 관한 법률	실내사격장 (면적제한 없음)
영화 및 비디오물의 진흥에 관한 법률	영화상영관

- 바닥면적의 합계가 3,000m² 이상인 다음의 건물 : 숙박업, 대규모 점포, 도시철도의 역사(驛舍) 및 역시설로 사용하는 건물(한국지방재정공제회가 운영하는 공제 중 특약부화재보험과 같은 정도의 손해를 보상하는 공제에 가입한 지방자치단체 및 지방공기업 소유의 건물은 제외)

100 불을 놓아 공용 또는 공익에 공하는 건조물, 기차, 전차, 자동차, 선박, 항공기 또는 지하 채굴시설을 불태운 자에 대한 죄명은?

① 현주건조물 등에의 방화죄

② 일반물건 등에의 방화죄

③ 일반건조물 등에의 방화죄

④ 공용건조물 등에의 방화죄

해설

공용건조물 방화죄는 무기 또는 3년 이상의 징역에 처한다.

02 | 4회 기사 기출문제

제1과목 화재조사론

01 화재현장 금속기둥에서 보이는 만곡현상을 관찰하여 화염의 방향을 판단할 때 먼저 검사해야 할 사항이 아닌 것은?

① 비교하는 기둥들이 유사한 하중을 받고 있는 것인지를 검사한다.

② 비교하는 기둥들의 설치각도가 직각을 이루고 있는지를 검사한다.

③ 비교하는 기둥들이 같은 재질과 두께로 만들어진 것인지를 검사한다.

④ 화재현장의 하중을 받는 구조물들은 화염을 먼저 받게 되는 면의 반대 방향으로 기울어지는 만곡을 검사한다.

해설
하중을 받는 구조물은 화염이 있는 방향으로 기울어져 좌굴된다.

02 흡입 시 기도의 알칼리성 조직을 중화시켜 기도의 부종 또는 경련으로 사망에 이르게 하는 연소생성물은?

① 불화수소(HF)

② 일산화탄소(CO)

③ 염화수소(HCl)

④ 시안화수소(HCN)

해설
PVC와 같이 염소가 함유된 수지류가 탈 때 주로 생성되는데 허용농도는 5ppm(mg/m³)이며 향료, 염료, 의약, 농약 등의 제조에 이용되며 흡입 시 기도의 알칼리성 조직을 중화시켜 기도의 부종 또는 경련으로 사망에 이르게 한다.

03 화재조사 시 관계인등에 대한 질문 요령으로 틀린 것은? (단, "관계인등"이란 「소방의 화재조사에 관한 법률」상 용어의 정의에 따른다)

① 일문일답 형식으로 계통적 순서에 따라 질문하고 청취한다.

② 관계자의 진술내용을 신속하게 기록하며, 상황에 따라서는 녹음(녹취)도 필요하다.

③ 허위진술을 방지하기 위해 질문을 시작할 때 상대방의 성명, 연령, 주소 등을 청취하고 기재한다.

④ 발화원인과 관계가 있는 것 같은 사항에 대한 질문에 대해서는 상대방에게 예비지식을 주면서 질문을 한다.

해설
예비지식을 주는 질문을 하면 안 되고 사실에 대해 임의진술과 직접진술을 확보한다.

정답 1 ④ 2 ③ 3 ④

04 발화부 주변의 일반적인 연소현상에 대한 설명으로 틀린 것은?

① 발화부를 향해 소락되거나 도괴된다.
② 발화부와 가까울수록 탄화심도가 깊다.
③ 목재표면에 발생하는 균열은 발화부와 가까울수록 골이 넓고 굵어진다.
④ 발화부는 비교적 밝은 색을 띠며 발화부와 멀어질수록 어두운 빛을 나타낸다.

해설
목재표면에 발생하는 균열은 발화부와 가까울수록 골이 넓고 깊어진다. 열원과 가까울수록 탄화심도는 깊고 열원과 멀어질수록 탄화심도가 깊지 않으며 일반적으로 강한 화염과 접촉한 목재는 굵은 균열흔을 나타내고 서서히 발화가 진행된 상태라면 작고 미세한 균열흔을 나타낸다.

05 메탄 40vol%, 에탄 30vol%, 프로판 30vol%의 조성으로 혼합되어 있는 기체의 공기 중 폭발하한계는 약 몇 vol%인가?

물 질	폭발범위(vol%)
메 탄	5~15
에 탄	3~12.4
프로판	2.1~9.5

① 2.5
② 3.1
③ 4.3
④ 5.7

해설
르-샤틀리에법칙
$$L = \frac{100}{\left[\left(\dfrac{V_1}{L_1}\right) + \left(\dfrac{V_2}{L_2}\right) + \left(\dfrac{V_3}{L_3}\right)\cdots\right]}$$
$$= \frac{100}{\left[\dfrac{40}{5} + \dfrac{30}{3} + \dfrac{30}{2.1}\right]} = 3.097$$

06 액체 가연물에 의해 발생하는 화재패턴에 관한 설명으로 틀린 것은?

① 연소 시 증발잠열에 의해 도넛패턴이 발생한다.
② 레인보우 이펙트가 관찰된다면 액체가연물을 사용한 고의적 착화로 판단한다.
③ 고스트마크는 플래시 오버와 같은 강력한 화재열기 속에서도 발생할 수 있으므로 주의를 요한다.
④ 포어패턴은 액체 가연물이 바닥에 뿌려진 경우 뿌려진 부분과 뿌려지지 않은 부분의 탄화경계 흔적을 말한다.

해설
단순히 무지개 효과의 발견이 유류를 사용했다는 지표가 될 수는 없다.

07 분해연소를 하는 가연물은?

① 숯
② 목 재
③ 코크스
④ 파라핀

해설
연소의 형태

고 체	• 표면연소 : 목탄, 코크스, 금속(분·박·리본 포함) 등 • 증발연소 : 황(S), 나프탈렌($C_{10}H_8$), 파라핀(양초) 등 • 분해연소 : 목재·석탄·종이·섬유·플라스틱·합성수지·고무류 • 자기연소 : 제5류 위험물인 나이트로셀룰로오스(NC), 트리나이트로톨루엔(TNT), 나이트로글리세린(NG), 트리나이트로페놀(TNP) 등
액 체	• 증발연소 : 에터, 이황화탄소, 알코올류, 아세톤, 석유류 등 • 분해연소 : 중유, 벙커C유
기 체	• 확산연소 : LPG - 공기, 수소 - 산소 • 예혼합연소 : 가솔린엔진의 연소, 가스레인지의 연소, 가스용접 • 폭발연소 : 메틸에틸 또는 아세틸렌의 용기 내 연소

08 연소현상에 대한 설명으로 옳은 것은?

① 철에 녹이 스는 것은 연소반응의 일종이다.

② 종이가 누렇게 변색되는 것은 연소반응이다.

③ 연소는 빛과 열을 수반하는 급격한 산화반응이다.

④ 니크로뮴선을 사용한 전열기에 전기가 인가되었을 때 니크로뮴선이 빛과 열을 내는 것은 연소반응이다.

해설

가연물이 공기 중의 산소 또는 산화제와 반응하여 열과 빛을 발생하면서 산화하는 현상

09 방화죄가 성립하지 않는 것은?

① 사람이 현존하는 집에 불을 놓아 재산피해 발생

② 공용으로 사용되는 차량에 불을 놓아 사망사고 발생

③ 자기소유의 차량에 불을 놓아 주변으로 화재를 확대시킴

④ 쓰레기소각 중 불티에 의한 화재가 발생하여 재산피해 발생

해설

방화 : 불을 놓아 현주·공용·일반 및 그 외의 물건을 불태워 공공의 위험을 발생하게 한 것

10 화염의 확산에 대한 설명으로 틀린 것은?

① 순방향 확산은 전방의 연료를 화염이 직접 접촉하기 때문에 빠르게 일어난다.

② 경사트렌치 내에서의 하향 확산과 같은 급속한 확산 효과를 트렌치 효과라 한다.

③ 역방향 확산은 화염이 전방의 연료를 가열하는 데 제한적이므로 느리게 일어난다.

④ 경사면 화재 확산은 화염 윗부분의 가연성 표면에 대한 예열, 전도, 대류, 복사에 의한 복합적인 효과가 일어난다.

해설

경사트렌치 내에서의 상향 확산과 같은 급속한 확산 효과를 트렌치 효과라 한다.

※ 도랑 효과(Trench Effect) : 계단과 같이 경사진 표면에서 화재가 발생하는 것으로 코안다 효과와 플래시오버의 조합으로 이루어진다. 코안다 효과란 빠른 흐름의 공기가 주변의 표면으로 붙으려는 성질이다.

11 「화재조사 및 보고규정」상 사상자 및 부상자 분류기준으로 옳은 것은?

① 경상자는 입원치료를 필요로 하지 않는 부상자도 포함

② 화재로 인하여 5일 이내 사망한 자를 당해 사망자로 포함

③ 중상자는 전치 10주 이상의 입원치료를 필요로 하는 부상자

④ 경상자는 전치 10주 이하의 입원치료를 필요로 하는 부상자

해설

사상자와 부상자 분류(제13조 내지 제14조)

• 사상자 : 화재현장에서 사망한 사람 또는 부상당한 사람을 말한다.

• 부상자의 사망기준 : 화재현장에서 부상을 당한 후 72시간 이내에 사망한 경우에는 당해 화재로 인한 사망자로 본다.

• 부상자 분류 : 부상정도는 의사의 진단을 기초로 하여 다음과 같이 분류한다.

 − 중상 : 3주 이상의 입원치료를 필요로 하는 부상

 − 경상 : 중상 이외의 부상(입원치료를 필요로 하지 않는 것도 포함) 다만, 병원치료를 필요로 하지 않고 단순하게 연기를 흡입한 사람은 제외

12 「소방의 화재조사에 관한 법률」에 따른 전담부서에 갖추어야 할 장비와 시설기준에서 안전장비에 포함되지 않는 것은?

① 공기호흡기 세트
② 안전고리
③ 안전화
④ 보호용 장갑

해설
• 안전장비(8종) : 보호용 작업복, 보호용 장갑, 안전화, 안전모, 마스크(방진마스크, 방독마스크), 보안경, 안전고리, 화재조사용 조끼
• 공기호흡기 세트 : 화재진압장비에 해당

13 가연물의 최소착화에너지에 영향을 미치는 요인에 대한 설명으로 옳은 것은?

① 압력이 높을수록 최소착화에너지는 높아진다.
② 온도가 높을수록 최소착화에너지는 낮아진다.
③ 가연물의 종류에 관계없이 최소착화에너지는 일정하다.
④ 혼합된 공기의 산소농도에 관계없이 최소착화에너지는 일정하다.

해설
최소착화에너지 : 폭발성 혼합기체가 불꽃에 의해 발화하기 위한 최소에너지(온도와 압력이 상승할수록, 농도가 높아질수록 최소착화에너지는 작아짐)

14 가연물의 가연성이 높아지는 조건이 아닌 것은?

① 발열량이 클 것
② 열전도율이 클 것
③ 산소와의 친화력이 클 것
④ 활성화 에너지가 적을 것

해설
가연물의 구비조건
• 활성화 에너지가 작을 것 : 화학반응을 일으킬 때 필요한 최소 에너지(활성화 에너지)의 값이 작아야 한다.
• 열전도도가 작을 것 : 열의 축적이 용이하도록 열전도의 값이 작아야 한다(열전도율 : 기체<액체<고체 순서로 커지므로 연소순서는 반대이다).
• 발열량이 클 것 : 산화되기 쉬운 물질로서 산소와 결합할 때 발열량이 커야 한다.
• 친화력이 클 것 : 지연성(조연성) 가스인 산소·염소와의 친화력이 강해야 한다.
• 표면적이 클 것 : 산소와 접촉할 수 있는 표면적이 큰 물질이어야 한다(기체>액체>고체).
• 연쇄반응이 클 것 : 연쇄반응을 일으킬 수 있는 물질이어야 한다.
• 건조도가 클 것 : 잘 건조된 물질이어야 한다.
• 발열반응을 할 것 : 산소와 반응하여 발열반응을 일으켜야 한다.

15 수직면과 수평면 모두에서 나타나는 3차원 화재패턴은?

① V 패턴
② U 패턴
③ Pour 패턴
④ 잘린 원추 패턴

해설
세로 방향의 수평면과 수직면에 둘 이상의 2차원 형태 결합은 3차원 특성을 지닌 끝이 잘린 원추 형태를 나타낸다.

16 「소방의 화재조사에 관한 법률」에 따른 화재조사전담부서의 업무에 해당하는 것을 모두 고르시오.

> 가. 화재조사의 실시 및 조사결과 분석·관리
> 나. 화재조사 관련 기술개발과 화재조사관의 역량증진
> 다. 화재조사에 필요한 시설·장비의 관리·운영
> 라. 그 밖의 화재조사에 관하여 필요한 업무

① 가
② 가, 나, 다, 라
③ 가, 나, 라
④ 가, 나

해설
화재조사 전담부서의 업무(법 제6조 제2항)
1. 화재조사의 실시 및 조사결과 분석·관리
2. 화재조사 관련 기술개발과 화재조사관의 역량증진
3. 화재조사에 필요한 시설·장비의 관리·운영
4. 그 밖의 화재조사에 관하여 필요한 업무

17 액체연료의 기상(氣象) 화염확산에 대한 일반적인 속도는?

① 1~2cm/s
② 10~20cm/s
③ 1~2m/s
④ 10~20m/s

18 물질의 융점으로 옳은 것은?

① 납 : 327℃
② 구리 : 1540℃
③ 파라핀 : 660℃
④ 알루미늄 : 54℃

해설

금속명	용융점(℃)	금속명	용융점(℃)
수 은	38.8	구 리	1,083
주 석	231.9	니 켈	1,455
납	327.4	스테인리스	1,520
아 연	419.5	철	1,530
마그네슘	650	티 탄	1,800
알루미늄	659.5	몰리브덴	2,620
은	960.5	텅스텐	3,400
금	1,063.0		

19 메탄가스가 밀폐공간에서 완전연소되어 폭발할 경우에 대한 설명으로 틀린 것은?

① 압력이 증가한다.
② 에너지가 생성된다.
③ 충격파가 초음속인 폭연이다.
④ 반응물과 생성물의 몰수가 같다.

해설

[폭연과 폭굉의 차이]

구 분	폭연(Deflagration)	폭굉(Detonation)
충격파 전파 속도	음속보다 느리게 이동한다(기체의 조성이나 농도에 따라 다르지만 일반적으로 0.1~10m/s 범위).	음속보다 빠르게 이동한다(1,000~3,500m/s 정도로 빠르며 이때의 압력은 약 1,000kgf/cm²).
특 징	• 폭굉으로 전이될 수 있다. • 충격파의 압력은 수 기압(atm) 정도이다. • 반응 또는 화염면의 전파가 분자량이나 난류확산에 영향을 받는다. • 에너지 방출속도가 물질전달속도에 영향을 받는다.	• 압력상승이 폭연의 경우보다 10배 또는 그 이상이다. • 온도의 상승은 열에 의한 전파보다 충격파의 압력에 기인한다. • 심각한 초기압력이나 충격파를 형성하기 위해서는 아주 짧은 시간 내에 에너지가 방출되어야 한다. • 파면에서 온도, 압력, 밀도가 불연속적으로 나타난다.
화재로의 파급효과	크 다	작 다

20 「소방의 화재조사에 관한 법률 시행규칙」에 따른 소방공무원 중 화재조사에 관한 자격시험에 응시할 수 있는 사람에 해당되지 않는 것은?

① 화재조사관 양성을 위한 전문교육을 이수한 사람
② 국립과학수사연구원에서 8주 이상 화재조사에 관한 전문교육을 이수한 사람
③ 소방청장이 인정하는 외국의 화재조사 관련 기관에서 8주 이상 화재조사에 관한 전문교육을 이수한 사람
④ 화재조사 업무에 관한 경력이 3년 이상인 사람

해설

화재조사에 관한 시험(시행규칙 제4조 제2항)
화재조사 자격시험에 응시할 수 있는 사람은 소방공무원 중 다음 각 호의 어느 하나에 해당하는 사람으로 한다.
① 화재조사관 양성을 위한 전문교육을 이수한 사람
② 국립과학수사연구원 또는 소방청장이 인정하는 외국의 화재조사 관련 기관에서 8주 이상 화재조사에 관한 전문교육을 이수한 사람

제2과목 **화재감식론**

21 화재조사 시 나타날 수 있는 나트륨의 연소 특징으로 옳은 것은?

① 화재초기의 불꽃색은 보라색이다.
② 출화 부근에 남아 있는 물을 리트머스 시험지로 조사하면 산성을 나타낼 가능성이 크다.
③ 나트륨이 연소되고 남은 표면에는 끈적끈적한 흰색의 수산화나트륨이 남아 있을 수 있다.
④ 물을 강하게 분해하여 다량의 아세틸렌을 발생시켜 공기와 접촉하여 폭발적으로 연소한다.

해설

① 나트륨 연소 시 불꽃색은 노란색이고 칼륨은 보라색이다.
② 물과 반응하면 수산화나트륨(알카리성)이 생성되어 리트머스 시험지는 파란색을 띤다.
④ 물을 분해하면 수소가 발생된다.

22 자연발화가 발생하기 용이한 조건으로 옳지 않은 것은?

① 주변 온도가 높을수록 자연발화가 용이하다.
② 충분한 산소 공급을 위해 더미를 바닥에 넓게 깔아 놓은 형태일 때 자연발화가 용이하다.
③ 지속적인 온도 상승이 발화에 이를 때까지 충분한 반응물질이 있어야 한다.
④ 식물성 기름은 다공서 물질에 흡착되었을 경우 자연발화가 용이하다.

해설

통풍이 좋은 장소에서는 대류에 의해 열의 축적이 용이하지 않으므로 자연발화가 일어나기 어렵다.

23 다음 표에 있는 가스를 위험도가 큰 것부터 순서대로 나열한 것으로 옳은 것은?

종 류	폭발하한계 [vol%]	폭발상한계 [vol%]
수 소	4.0	75.0
산화에틸렌	3.0	80.0
이황화탄소	1.25	44.0
아세틸렌	2.5	81.0

① 아세틸렌 > 산화에틸렌 > 이황화탄소 > 수소
② 아세틸렌 > 산화에틸렌 > 수소 > 이황화탄소
③ 이황화탄소 > 아세틸렌 > 수소 > 산화에틸렌
④ 이황화탄소 > 아세틸렌 > 산화에틸렌 > 수소

해설

$$H = \frac{U - L}{L}$$

H : 위험도, U : 연소폭발범위 상한계, L : 연소폭발범위 하한계

24 자동차 화재조사를 위해 수집해야 할 자료로 가장 거리가 먼 것은?

① 구입 및 개조 후 부착한 장치의 유무 및 자료
② 자동차검사 시의 정기점검 정비 기록부
③ 자동차 차량검사증 및 차량상품명
④ 피해자의 운전경력증명서

해설

운전경력증명서와 자동차 화재는 아무런 관련이 없다.

25 전기다리미에 200V의 전압을 가했더니 3A의 전류가 흘렀다. 이때 전기다리미가 소비하는 전력은 몇 W인가?

① 150 　　　　② 300
③ 400 　　　　④ 600

해설

전열기구에서 소비하는 전력 $P = I^2 R = VI$이므로
200V × 3A = 600W

26 우리나라 임야화재의 발생 건수가 가장 많은 계절은?

① 봄 　　　　② 여 름
③ 가 을 　　　④ 겨 울

해설

건조한 봄철에 등산객들이 급증하면서 입산자 실화, 논밭두렁 소각 등으로 임야화재가 가장 많이 발생함

27 내연기관 자동차의 구동방식에 의한 분류에 속하지 않는 것은?

① AW CAR 　　② FR CAR
③ RR CAR 　　④ AR CAR

해설

자동차의 구동방식에 따른 분류
• FF(Front engine – Front wheel drive) : 엔진은 차량 앞에 장착되고 전륜이 구동되는 방식
• FR(Front engine – Rear wheel drive) : 엔진은 차량 앞에 장착되고 후륜이 구동되는 방식
• MR(Mid engine – Rear wheel drive) : 엔진이 차량 가운데 배치되고 후륜이 구동되는 방식
• RR(Rear engine – Rear wheel drive) : 엔진이 차량 뒤쪽에 배치되고 후륜이 구동되는 방식
• AWD(All Wheel Drive) : 전륜・후륜이 모두 구동되는 방식

28 다음 중 담뱃불에 의해 착화가 가능한 물질은?

① 유리(Glass)
② 폴리에틸렌
③ 톱 밥
④ 아크릴

해설
다공성 물질인 톱밥은 담뱃불에 의해 축열되어 훈소되다가 발화

29 성냥의 연소현상에 대한 설명으로 틀린 것은?

① 성냥의 발화구조는 성냥개비의 두약 부분과 용기의 측약 부분이 서로 마찰 시 먼저 측약 부분의 적린이 발화하고 그 발화에너지에 의해 Encir 부분이 폭발적으로 연소하는 구조이다.
② 성냥의 연소온도는 불꽃의 상태에 따라 다르지만 발화한 시점에서 500℃, 정상 연소 불꽃에서 1500~1800℃이며 치화상태(맹렬한 연소상태)에서 최고온도는 두약 부분이 700℃이다.
③ 성냥의 발화온도는 일반적으로 100~200℃이며 제조사별로 크게 차이가 없이 일정하다.
④ 일반적으로 성냥 1개비의 연소시간은 수직 상방향에서 평균 43초, 대각선 상방향에서 35초 정도가 소요되는 것으로 알려져 있다.

해설
연소온도 및 발화온도
• 발화온도 : 일반적으로 약 202~316℃
• 성냥의 연소온도 : 약 500℃
• 맹렬한 연소상태에서 성냥개비의 최고온도 : 약 700℃
• 정상연소 불꽃 : 약 1,500~1,800℃

30 가스계량기의 측정원리에 의한 분류 중 산업용으로 사용되는 추측식 가스계량기로 옳은 것은?

① 터빈형
② 드럼(Drum)형
③ 회전식(루트식)
④ 막식(다이어프램식)

해설
추측식 터빈(Turbine) 가스미터 : 도시가스 공급관의 대유량 측정용으로 사용되며 사용유량의 범위는 100~5,000m³/h

31 화재현장 보존이 중요시되는 이유가 아닌 것은?

① 화재의 발화지점을 판정하는데 주요한 증거가 되기 때문이다.
② 원활한 피해복구를 위해 보존해야 한다.
③ 화재현장 훼손은 물증의 증거적 가치를 손상시키기 때문이다.
④ 화재의 원인과 책임 소재를 판정하기 위한 증거가 되기 때문이다.

해설
피해복구를 위해서는 하루 빨리 현장을 정리해야 하지만 원인규명을 위해서는 현장을 보존해야 한다.

32 선박용 기자재의 특성으로 옳지 않은 것은?

① 내진성, 내식성
② 유지보수 용이성
③ 가연성
④ 선체운동에 대한 충분한 적응성

해설
선박 특성 상 화재에 취약한 가연성 기자재는 가능한 배제하여야 한다.

33 다음 중 화재 열기로 인하여 탄화균열이 발생하는 물질은?

① 금속재　　　　② 목 재
③ 석 재　　　　④ 유 리

목재의 수열에 의한 상태와 형상 변화

온도 (℃)	상태 및 형상
100 미만	세포의 틈새에 들어 있는 수분이 서서히 증발하여 건조함
100	수분증발이 계속됨
160	• 분해가스가 갈색이 되며 휘발성의 에스터르가 나오기 시작함(낡은 판자나 마디 등은 화원이 있으면 착화하는 상태) • 목재의 표면이 갈색으로 변함
220	표면이 흑갈색이 되며 껍질이나 나뭇결의 가시처럼 얇게 터져 일어나는 부분은 작은 불로 착화됨
260	• 분해가 급격하며 다량의 가스 발생 • 다른 화원이 있으면 확실하게 착화됨 (목재의 착화온도)
300~ 350	탄화 완료
420~ 470	다른 화원이 없어도 타기 시작함(목재의 발화온도)

목재는 타기 시작한 후에는 표면에서 중심을 향해 탄화가 진행하며 탄화모양과 형상이 다음과 같이 변화해 간다.
• 표면은 요철(凹凸)이 많고 거칠어짐
• 탄화모양의 골은 폭이 넓고 깊어짐
• 표면이 박리와 완전히 태워서 재로 만드는 걸 반복
• 연소가 계속되면 타서 가늘게 된 후에 떨어져 나가 소실됨

34 선박화재의 현장기록에 대한 설명으로 틀린 것은?

① 선박화재의 현장기록에 대한 요건은 일반적으로 구조물과 차량에 대한 것과 거의 모든 부분에서 다른 특수성을 갖는다.
② 선박화재의 현장기록은 가능한 한 선박이 현장의 제 위치에 있을 때 조사되어야 한다.
③ 화재가 발생한 선박이 현 위치에서 손상되었는지, 화재 이후 위치가 바뀌었는지 확인하여야 한다.
④ 선박화재의 현장기록은 폐기물처리장, 수리시설, 정박지, 소형 선박수리소 등에서 일부를 기록해야 하는 경우가 있을 수 있다.

선박화재의 현장기록은 구조물과 차량현장기록과 거의 대부분 유사하다.

35 방화가 의심되는 특징으로 옳지 않은 것은?

① 여러 곳에서 독립적인 발화흔적
② 화재현장의 타 범죄 발생증거 및 연소촉진물의 존재
③ 귀중품 반출 및 동일 건물에서의 재차 화재
④ 화재 발생 시 관계인 부재

화재 발생 시 관계인이 없었다고 방화를 의심할 수는 없다.

36 다음 중 연소범위가 가장 넓은 것은?

① 에틸렌　　　② 암모니아
③ 메 탄　　　④ 프로판

> **해설**
> ① 에틸렌 : 3.0~33.5
> ② 암모니아 : 15.7~27.4
> ③ 메탄 : 5.0~15
> ④ 프로판 : 2.1~9.5

37 방화의 동기별 유형에서 방화로 분류되지 않는 것은?

① 피로로 인한 과실
② 범죄 전·후 증거인멸
③ 보험사기 등 경제적 이득
④ 정신질환

> **해설**
> 피로로 인한 과실 화재는 실화에 해당한다.

38 메탄 4g을 완전연소시키면 이산화탄소 몇 mol이 생성되는가?

① 2　　　　② 1
③ 0.5　　　④ 0.25

> **해설**
> 메탄 완전연소 반응식 $CH_4 + 2O_2 \rightarrow CO_2 + 2H_2O$ 이므로 메탄 1몰(16g)을 연소하면 이산화탄소 1몰(44g)이 생성되므로 메탄 4g(0.25몰)을 완전연소하면 0.25몰(11g)의 이산화탄소가 생성된다.

39 전기저항을 R, 전류를 I, 통전시간을 t라고 했을 때 전류에 의한 발생열의 계산식은?

① IRt　　　② $\dfrac{Rt}{I}$

③ I^2Rt　　④ $\dfrac{Rt}{I^2}$

> **해설**
> 줄열 : 전류 1A, 전압 1V인 전기에너지가 저항 1Ω에 1초 동안 발생하는 열 $Q = I^2 \times R \times t \,[J]$

40 다음 수종 중 내화력이 가장 강한 수종은?

① 소나무　　　② 아까시나무
③ 벗나무　　　④ 동백나무

> **해설**
> 내화력의 정도
>
> | 구 분 | 내화력이 강한 수종 | 약한 수종 |
> |---|---|---|
> | 침엽수 | 은행나무, 대왕송, 가문비나무, 개비자나무, 잎갈나무 | 소나무, 삼나무, 편백나무 |
> | 활엽수 | 회양목, 사철나무, 동백나무 | 녹나무, 구실잣밤나무 |
> | 낙엽 활엽수 | 사시나무, 고로쇠나무, 참나무, 느티나무 | 능수버들, 벽오동나무, 벗나무, 아까시나무 |

제3과목 증거물관리 및 법과학

41 화재현장 사진 촬영 요령에 대한 설명으로 옳지 않은 것은?

① 소손현장의 전경을 촬영한다.
② 발굴 전의 발화지점 부근을 촬영한다.
③ 관계자의 진술 내용에 맞추어 중점적으로 촬영한다.
④ 복원 후의 상황을 촬영한다.

> **해설**
> 관계자의 진술 내용을 참고하여 촬영할 수는 있지만 객관적으로 촬영하여야 한다.

36 ①　37 ①　38 ④　39 ③　40 ④　41 ③　**정답**

42 화상에 대한 설명으로 틀린 것은?

① 화염에 의한 손상은 화상으로 볼 수 있으나, 복사열에 의한 손상은 화상으로 볼 수 없다.
② 넓은 의미로 볼 때 고열이 피부에 작용하여 일어나는 국소적 및 전신적 장애를 화상이라 한다.
③ 뜨거운 기체나 액체에 의한 손상을 탕상이라고 하며, 이 또한 화상으로 볼 수 있다.
④ 화상이나 탕상으로 인한 사망을 일반적으로 화상사라고 한다.

해설
화염, 뜨거운 고체 및 직사광이나 복사열에 의한 손상도 모두 화상이다.

43 화재증거물수집관리규칙상 증거물의 포장, 보관, 이동에 대한 설명으로 옳지 않은 것은?

① 증거물의 포장은 보호상자를 사용하여 포괄 포장함을 원칙으로 한다.
② 수집일시, 증거물번호, 수집장소 등 일련의 정보를 기재하여 부착한다.
③ 증거물 보관·이동 시 증거 관리가 변경되었을 때는 기타 사항을 기재한다.
④ 증거물의 보관은 전용실 또는 전용함에 보관해야 한다.

해설
증거물의 포장은 보호상자를 사용하여 개별 포장함을 원칙으로 한다.

44 인화성 액체(촉진제)에 대한 설명으로 옳지 않은 것은?

① 화재현장에서 인화성 액체가 발견되었다면 방화 외의 다른 가능성은 배제한다.
② 탐지견은 인화성 액체를 감지하는 데 도움을 줄 수 있다.
③ 인화성 액체의 확인을 위해 대조 시료를 채취한다.
④ 일반적으로 가솔린, 등유, 경유, 시너 등이 촉진제로 사용된다.

해설
화재현장에서 인화성 액체가 발견되었더라도 방화 외의 다른 가능성은 배제하지 않고 모든 가능성을 열어두고 조사한다.

45 사진 촬영 시 노출 및 초점에 대한 설명으로 옳지 않은 것은?

① 화재현장은 기본적으로 자연적 광량이 충분하여 초점을 맞추기가 쉽다.
② 화재가 발생한 구조물에 대하여 노출설정이 잘못되면 현장설명이 달라질 수도 있다.
③ 조리개의 값을 높일 경우 피사 심도를 낮게 촬영할 수 있다.
④ 조리개의 값을 낮출수록 밝은 사진을 촬영할 수 있다.

해설
화재현장은 특성상 전기가 차단되고 농연 등으로 자연적 광량이 충분하지 못하여 초점을 맞추기가 쉽지 않다.

46 「화재조사 및 보고규정」상 화재조사서류에 대한 설명으로 옳지 않은 것은?

① 화재조사서류 작성 시 소실 정도는 전소, 반소, 부분소, 즉소로 구분한다.
② 화재조사서류 작성은 화재에 필요한 정보자료를 얻고자 하는 데 있다.
③ 화재조사서류는 화재조사의 결과를 기록하는 문서이다.
④ 화재조사서류는 민·형사상 유력한 증거자료로 활용될 수 있다.

해설
화재조사서류 작성 시 소실 정도는 전소, 반소, 부분소로 구분한다.

47 다음 중 목재 탄화물에 관한 설명으로 거리가 먼 것은?

① 탄화심도는 종종 화재의 지속시간을 측정하는데 사용된다.
② 탄화심도는 탄화블리스터(Blister)의 중앙에서 측정된다.
③ 탄화속도는 목재가 열원을 향하는 방향에 영향을 받지 않는다.
④ 앨리게이터(Alligator)는 목재 탄화패턴의 하나다.

해설
탄화속도는 목재가 열원을 향하는 방향에 영향을 받는다.

48 화상을 입고 나서 상당시간 경과한 후에 증상이 발현되어 2~3일 후에 사망하게 되는 경우를 지칭하는 용어로 옳은 것은?

① 속발성 쇼크   ② 자극성 쇼크
③ 원발성 쇼크   ④ 저체액성 쇼크

해설
화상성 쇼크라고도 한다.

49 다음 중 화상의 위험도에 대한 설명으로 옳지 않은 것은?

① 어린이는 같은 정도의 범위라도 어른보다 더 위험하다.
② 국소적인 화상의 경우가 화상면적이 넓은 경우보다 더 치명적이다.
③ 노인은 회복이 지연되거나 합병증이 일어나기 쉽다.
④ 주요 장기에 질환이 있는 경우 정상인 보다 위험하다.

해설
화상면적이 넓은 경우가 더 치명적이다.

50 화재현장에서 증거물을 수집하는 방법으로 옳은 것은?

① 고체 촉진제 증거물을 수집할 경우 유리병은 적당하지 않다.
② 유사한 액체증거물을 수집할 경우 하나의 용기를 사용한다.
③ 휘발성 증거물을 수집할 경우 일반 비닐봉지(폴리에틸렌)를 사용한다.
④ 액체증거물을 보관하는 경우 용기를 완전히 밀봉해야 한다.

해설
휘발성이 강하므로 각각 분리하여 밀폐용기에 넣어 밀봉하고 냉장고 등에 보관되어져 실험실로 이송되어야 한다.

51 사후에 혈액이 중력의 작용으로 몸의 저부에 있는 모세혈관 내로 침강하여 외 표피층에 착색이 되어 나타나는 현상은?

① 매(煤)　　　　② 시반(屍斑)
③ 부종(浮腫)　　④ 울혈(鬱血)

52 화재현장 촬영 시의 유의사항으로 옳지 않은 것은?

① 각 방위별로 출화의 방향성에 착안하여 구조물의 형태를 확인하여 촬영한다.
② 발화건물과 인접 도로 및 주변 건물과 경계선을 파악하여 촬영한다.
③ 높은 곳에서 전체적으로 연소 확대 상황을 관찰하면서 촬영한다.
④ 너무 많은 사진 자료는 혼란을 야기하므로 사진 촬영은 발화대상물에만 초점을 맞추어 촬영한다.

> **해설**
> 건물 네 방향에서 발화부 주변현장은 구조물의 외부에서 내부로 가능한 많이 촬영한다.

53 타임라인과 마인드매핑에 대한 설명으로 옳지 않은 것은?

① 상대적 시간은 추정을 근거로 한다.
② 타임라인은 증거와 정보의 조합이고 마인드매핑은 사건이 일어난 시간의 재구성이다.
③ 타임라인의 정확성은 가설의 신뢰도를 높여준다.
④ 마인드매핑은 수집된 정보를 바탕으로 객관적 사실을 조합하는 과정이다.

> **해설**
> 타임라인은 사건이 일어난 시간의 재구성이고 마인드매핑은 증거와 정보의 조합이다.

54 「화재증거물수집관리규칙」상의 증거물 수집 시 주의사항에 대한 설명으로 옳지 않은 것은?

① 증거물의 소손 또는 소실 정도가 심하여 증거물의 일부분 또는 전체가 유실될 우려가 있는 경우는 증거물을 밀봉한다.
② 증거물을 수집할 때는 휘발성이 높은 것에서 낮은 순서로 진행해야 한다.
③ 증거물의 수집 장비는 증거물의 종류 및 형태에 따라 적절한 구조의 것이어야 한다.
④ 증거물이 파손될 우려가 있는 경우에는 충격금지 및 취급방법에 대한 주의사항을 증거물의 포장 내측에 적절하게 표기하여야 한다.

> **해설**
> 증거물이 파손될 우려가 있는 경우에 충격금지 및 취급방법에 대한 주의사항을 증거물의 포장 외측에 적절하게 표기하여야 한다.

55 화재현장 증거물의 오염을 야기하는 행위에 대한 설명으로 틀린 것은?

① 수집과정에서 조사자의 잘못된 취급
② 현장통제 미흡으로 야기되는 불특정인의 현장출입
③ 연소되거나 탄화된 물체와의 이질적 혼합
④ 촉진제 확인을 위한 밀봉조치로 환기 불량

56 화재현장의 증거물에 대한 사진 촬영 방법으로 옳지 않은 것은?

① 발견 당시의 모습 그대로 촬영해야 한다.
② 현장에서 수거의 절차가 명확하도록 촬영해야 한다.
③ 사진의 원본성이 유지되어야 한다.
④ 필요시 촬영하기 좋은 위치로 이동시켜 촬영한다.

해설
화재현장사진은 사건의 증거물로 현장에 있는 사실 그대로를 촬영한다.

57 화재현장 증거물의 수집 기본원칙에 대한 설명으로 틀린 것은?

① 맨손으로 만지지 말고 일회용 장갑을 착용하여 오염을 최소화한다.
② 증거물에 부착된 오염물질을 강제로 털어내거나 떼어내려고 하지 않도록 한다.
③ 증거물 수집은 가능한 한 빨리 수거하도록 한다.
④ 다른 곳에서 발견된 동일한 물질은 같은 용기에 넣어 수거한다.

해설
다른 곳에서 발견된 동일한 물질은 별도의 다른 용기에 넣어 수거한다.

58 「화재조사 및 보고규정」상 질문기록서에 기입할 내용을 틀린 것은?

① 화재발생 일시 및 장소
② 질문일시 및 질문장소
③ 답변자의 주민등록번호(외국인인 경우 외국인등록번호)
④ 화재번호

해설
이름, 주소, 직업, 전화번호 이외의 개인정보는 기입하지 않는다.

59 화재현장 촬영 시 주의사항으로 가장 거리가 먼 것은?

① 발화지점뿐만 아니라 전체 화재현장을 촬영한다.
② 연소가 약한 곳에서 강한 곳으로 이동하며 촬영한다.
③ 화재건물의 네 방향에서 촬영한다.
④ 화재건물 내부에서 외부로 이동하며 촬영한다.

해설
화재건물 외부에서 내부로 이동하며 촬영한다.

60 일반적으로 건강한 성인의 경우 혈액 내 일산화탄소 포화도의 생리학적 영향으로 옳지 않은 것은?

① 10~20% : 약한 두통, 피부혈관의 팽창
② 20~30% : 극심한 두통, 과도한 맥박
③ 30~40% : 어지럼, 의식장애, 구토
④ 40~50% : 호흡정지, 사망

제4과목 **화재조사보고 및 피해평가**

61 화재현황조사서의 발화열원의 분류항목에 포함되는 것은?

① 부주의
② 전기적 요인
③ 가스누출(폭발)
④ 폭발물, 폭죽

해설
부주의, 전기적 요인, 가스누출(폭발)은 발화요인이다.

62 건축 · 구조물 화재의 화재유형별 조사서 작성에 대한 설명으로 옳은 것은?

① 연소 확대범위는 발화층으로 한정한다.
② 특정 소방대상물의 분류 중 교정시설은 제외한다.
③ 장소의 시설용도 분류 중 단독주택은 제외한다.
④ 건물상태는 사용중, 철거중, 공가, 공사 중으로 나눈다.

63 화재로 인한 부대설비의 피해액을 산정하는 공식은?

① 건물신축단가 × 소실면적 × 설비종류별 재설비 비율 × [1 − (0.8 × 경과년수 / 내용년수)] × 손해율
② 건물신축단가 × 소실면적 × 설비종류별 재설비 비율 × [1 − (0.8 × 내용년수 / 경과년수)] × 손해율
③ 건물신축단가 × 소실면적 × 설비종류별 재설비 비율 × [1 − (0.9 × 경과년수 / 내용년수)] × 손해율
④ 건물신축단가 × 소실면적 × 설비종류별 재설비 비율 × [1 − (0.9 × 내용년수 / 경과년수)] × 손해율

해설
건물, 부대설비, 가재도구, 구축물의 최종잔가율은 20%이다.

64 「화재조사 및 보고규정」상 소방본부장 및 소방서장은 화재조사결과 서류를 국가화재정보시스템에 입력·관리해야 하며 그 기록을 보존하여야 하는 기간은?

① 2년   ② 5년
③ 10년   ④ 영구보존

해설
소방본부장 및 소방서장은 조사결과 서류를 국가화재정보시스템에 입력·관리해야 하며 영구보존방법에 따라 보존해야 한다.

65 화재현장 출동보고서 작성 시 기재사항이 아닌 것은?

① 동원인력
② 현장도착 시 발견사항
③ 소방대 이외의 가제적인 진입흔적
④ 도착하여 처음 실행한 일의 지점 및 유형

해설
동원인력은 화재현황조사서 작성 시 기재사항이다.

66 화재피해액 산정 방법으로 틀린 것은?

① 잔존물제거 : 화재피해액 × 20%
② 재고자산 : 회계장부상 현재가액 × 손해율
③ 구축물 : 회계장부상 구축물가액 × 손해율
④ 기타 : 피해 당시의 현재가를 재구입비로 하여 피해액을 산정

해설
잔존물제거비 = 화재피해액 × 10%

67 잔가율 및 현재가를 구하는 공식으로 틀린 것은?

① 현재가 = 재구입비 − 잔가율
② 잔가율 = 100% − 감가수정율
③ 잔가율 = (재구입비 − 감가수정액) / 재구입비
④ 잔가율 = 1 − (1 − 최종잔가율) × (경과연수 / 내용연수)

해설
현재가 = 재구입비 − 감가수정액

68 화재유형별조사서(임야화재)의 작성에 대한 설명으로 틀린 것은?

① 논밭두렁의 화재는 들불에 속한다.

② 묘지에서 발생한 화재는 들불에 속한다.

③ 피해사항 중 산림피해면적은 헥타르(ha) 로 기재한다.

④ 산불화재 시 소유주체에 따라 국유림, 공유림, 사유림으로 구분한다.

69 「화재조사 및 보고규정」상 재구입비에 대한 설명으로 옳은 것은?

① 화재 당시의 피해물과 같거나 비슷한 것을 재건축(설계감리비 포함) 또는 재취득 하는 데 필요한 금액

② 피해물의 종류, 손상 상태 및 정도에 따라 피해액을 적정화시키기 위한 보정 금액

③ 피해물의 경제적 내용연수가 다한 경우와 동일한 가치 물품의 재구입비

④ 화재 당시의 피해물의 재구입비에 대한 현재가의 비율로 환산한 금액

70 「화재조사 및 보고규정」상 종합상황실장이 상급 종합상황실에 지체 없이 보고해야 하는 화재 조사보고기한으로 옳은 것은? (단, 화재의 정확한 조사를 위하여 조사기간이 필요한 때는 제외한다)

① 화재 발생일로부터 15일 이내

② 화재 발생일로부터 30일 이내

③ 화재 발생일로부터 50일 이내

④ 화재 발생일로부터 60일 이내

71 「화재조사 및 보고규정」상 용어의 정의로 틀린 것은?

① 발화지점 : 열원과 가연물이 상호작용하여 화재가 시작된 지점

② 연소확대물 : 연소가 확대되는 데 있어 결정적 영향을 미친 가연물

③ 화재현장 : 화재가 발생하여 소방대 및 관계자 등에 의해 소화활동이 행하여지고 있는 장소

④ 감식 : 화재와 관계되는 모든 현상에 대하여 필요한 실험을 행하고 그 결과를 근거로 화재원인을 밝히는 자료를 얻는 것

72 건물의 소손 정도에 따른 손해율 산정 시 천장, 벽, 바닥 등 내부마감재 등이 소실된 경우의 손해율은 얼마인가? (단, 공장, 창고는 제외한다)

① 20% ② 40%

③ 60% ④ 80%

해설

건물의 소손 정도에 따른 손해율

화재로 인한 피해 정도	손해율 (%)
주요 구조체의 재사용이 불가능한 경우	90, 100
주요 구조체는 재사용이 가능하나 기타 부분의 재사용이 불가능한 경우(공동주택, 호텔, 병원)	65
주요 구조체는 재사용이 가능하나 기타 부분의 재사용이 불가능한 경우(일반주택, 사무실, 점포)	60
주요 구조체는 재사용이 가능하나 기타 부분의 재사용이 불가능한 경우(공장, 창고)	55
천장, 벽, 바닥 등 내부마감재 등이 소실된 경우	40
천장, 벽, 바닥 등 내부마감재 등이 소실된 경우(공장, 창고)	35
지붕, 외벽 등 외부마감재 등이 소실된 경우(나무구조 및 단열패널조 건물의 공장 및 창고)	25, 30
지붕, 외벽 등 외부마감재 등이 소실된 경우	20
화재로 인한 수손 시 또는 그을음만 입은 경우	5, 10

73 「화재조사 및 보고규정」상 화재현장에 출동한 소방대원 중 119안전센터 등의 선임자가 작성·입력하는 보고서는?

① 질문기록서

② 화재피해조사서

③ 화재현장조사서

④ 화재현장출동보고서

해설

화재현장출동보고서는 화재현장에 출동한 소방공무원이 실제로 관찰·확인한 연소상황이나 관계자로부터 얻은 정보를 직접 기재한다.

74 화재피해 대상 건물의 경과연수를 산정할 때 재건축비의 50% 미만의 비용으로 개·보수한 이력이 있는 건축물의 경과연수 산정 기준으로 옳은 것은?

① 최초 건축년도를 기준으로 경과연수를 산정한다.

② 개·보수한 시점을 기준으로 경과연수를 산정한다.

③ 최초 건축년도를 기준으로 한 경과연수와 개·보수한 때를 기준으로 한 경과연수를 합산 평균하여 경과연수를 산정한다.

④ 최초 건축비용과 개·보수 당시 소요비용을 각각 산정하여 합산한다.

해설

화재피해 대상 건물이 건축일로부터 사고일 현재까지 경과한 연수를 말한다.

• 건축일은 건물의 사용승인일 또는 사용승인일이 불분명한 경우 : 실제 사용한 날 기준

• 건물의 일부를 개축 또는 대수선한 경우 : 경과연수를 수정적용

재건축비의 50% 미만 개·보수한 경우	최초 건축년도를 기준으로 경과연수를 산정
재건축비의 50~80%를 개·보수한 경우	최초 건축년도를 기준으로 한 경과연수와 개·보수한 때를 기준으로 한 경과연수를 합산 평균하여 경과연수를 산정
재건축비의 80% 이상 개·보수한 경우	개·보수한 때를 기준으로 경과연수를 산정

75 「화재조사 및 보고규정」상 화재현황조사서의 발화요인 분류에 해당하지 않는 것은?

① 전기적 요인　　② 기계적 요인
③ 부주의　　　　④ 담뱃불

76 다음은 어느 주택 화재현장의 도면을 그린 것이다. 도면에 표시된 ⓐ～ⓓ에 대한 각각의 설명에 근거하여 발화지점으로 추정할 수 있는 곳은?

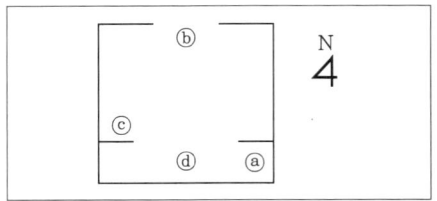

① ⓐ : 바닥에 의류 연소 잔해물이 보이며 이 연소 잔해물로부터 벽면으로 연소진행 피턴이 관찰된다. 그리고 벽면 상부에 못이 박혀 있으며 못에서 의류연소 잔해물이 일부 보인다. 천장은 목재 합판으로 되어 있으며 합판이 소실되었으나, 바닥의 의류 연소 잔해물로부터 벽면으로 전달된 연소진행 피턴과는 연결되지 않는다.
② ⓑ : 창문이 위치하며 창문의 유리창은 깨져 바닥에서 다수 발견된다. 창문의 방범창살은 위쪽만 수평 형태로 용융된 형태가 관찰된다. 천장재(합판)는 창문과 인접하여 소실이 매우 심하다. 바닥과 인접한 벽면에서는 그을음이 식별되지 않는다.
③ ⓒ : 바닥에서 용융 소실된 전기히터가 발견되며 바닥으로부터 천장면까지 V패턴이 관찰된다.
④ ⓓ : 천장면이 많이 불태워졌으며 바닥에서는 천장재 연소 잔해물만 다수 발견된다.

77 치외법권지역 등 조사권을 행사할 수 없는 경우의 조사서류 작성에 대한 설명으로 옳은 것은?

① 화재현장 출동보고서만 작성한다.
② 화재현장 출동보고서, 질문기록서, 화재발생종합보고서를 모두 작성한다.
③ 치외법권지역은 조사권을 행사할 수 없으므로 보고서를 작성하지 않아도 된다.
④ 조사 가능한 내용만 조사하여 화재발생종합보고서 내지 화재현장조사서 중 해당 서류를 작성한다.

78 화재로 인한 간이평가방식의 피해액 산정에 있어 건물과 별도로 내부영업시설에 대하여 피해액을 산정해야 하는 경우 자동차 및 트레일러 제조업종 영업시설 자산의 내용연수는?

① 3년 　　　　② 6년
③ 9년 　　　　④ 12년

79 스프링클러 설비의 m^2당 설치단가가 10,000원이다. 1층 500m^2, 2층 400m^2, 3층 100m^2에 설치된 설비가 소실된 경우 재설비 금액은?

① 1,000,000원
② 10,000,000원
③ 15,000,000원
④ 20,000,000원

해설
실질적·구체적 방식에 의한 피해액 산정의 경우 : 소실 면적 또는 소실단위 당 표준단가에 피해단위를 곱한 금액이므로 1000m^2×10,000원＝10,000,000원

80 화재현황조사서 기재사항이 아닌 것은?

① 발화열원
② 발화동기
③ 발화 관련 기기
④ 화재발생 장소 및 유형

해설
발화동기는 화재현황조사서뿐만 아니라 다른 화재 관련 서류에도 기재사항으로 해당되지 않는다.

제5과목 **화재조사 관계법규**

81 화재에 의한 재산피해로 볼 수 없는 것은?

① 가구가 열로 탄화되었다.
② 옷감이 소화용수로 젖어 사용하지 못한다.
③ 온수배관이 폭발되어 텔레비전이 파손되었다.
④ 도자기가 반출되던 중 표면이 파손되었다.

해설
온수배관 폭발과 같은 물리적 폭발은 화재에 해당되지 않으므로 텔레비전이 파손되었다 하더라도 재산피해로 볼 수 없다.

82 「화재조사 및 보고규정」에 따른 건물의 동수 산정기준 중 옳지 않은 것은?

① 구조에 관계없이 지붕 및 실이 하나로 연결되어 있는 것은 같은 동으로 본다.
② 목조 또는 내화조 건물의 경우 격벽으로 방화구획이 되어 있는 경우도 다른 동으로 한다.
③ 독립된 건물과 건물 사이에 차광막, 비막이 등의 덮개를 설치하고 그 밑을 통로 등으로 사용하는 경우는 다른 동으로 한다.
④ 내화조 건물의 옥상에 목조 또는 방화구조 건물이 별도 설치되어 있는 경우는 다른 동으로 한다. 다만, 이들 건물의 기능상 하나인 경우는 같은 동으로 한다.

해설
목조 또는 내화조 건물의 경우 격벽으로 방화구획이 되어 있는 경우도 같은 동으로 한다.

83 「제조물 책임법」에서 규정하는 손해배상책임을 지는 자의 배상책임 면책 기준 중 옳지 않은 것은?

① 제조업자가 해당 제조물을 공급하지 아니하였다는 사실을 입증한 경우
② 제조업자가 해당 제조물을 공급한 당시의 과학·기술수준으로는 결함의 존재를 발견할 수 없었다는 사실을 입증한 경우
③ 제조물의 결함이 제조업자가 해당 제조물의 결함이 발생할 당시의 법령이 정하는 기준을 준수함으로써 발생한 사실을 입증한 경우
④ 원재료나 부품의 경우에는 그 원재료나 부품을 사용한 제조물 제조업자의 설계 또는 제작에 관한 지시로 인하여 결함이 발생하였다는 사실을 입증한 경우

해설
제조물의 결함이 제조업자가 당해 제조물을 공급할 당시의 법령이 정하는 기준을 준수함으로써 발생한 사실

84 「화재로 인한 재해보상과 보험가입에 관한 법률」에서 외국인 등의 소유 건물에 대한 특례에 해당하는 건물로 옳지 않은 것은?

① 대한민국에 주둔하는 외국 군대가 소유하는 건물
② 대한민국에 파견된 외국의 대사·공사가 소유하는 건물
③ 군사용 건물과 외국인 소유 건물로서 행정안전부장관령으로 정하는 건물
④ 대한민국에 파견된 국제연합의 기관 및 그 직원(외국인만 해당한다)이 소유하는 건물

해설
군사용 건물과 외국인 소유 건물로서 대통령령[제4조(특례)]으로 정하는 건물

85 「실화책임에 관한 법률」의 적용범위에 대하여 올바르게 기술한 것은?

① 실화로 인하여 화재가 발생한 경우 화재 건물 부분에 대한 손해배상청구에 한하여 적용한다.
② 실화로 인하여 화재가 발생한 경우 간접적 피해를 제외한 직접적 피해 부분에 대한 손해배상청구에 한하여 적용한다.
③ 실화로 인하여 화재가 발생한 경우 연소로 인한 부분에 대한 손해배상청구에 한하여 적용한다.
④ 실화로 인하여 화재가 발생한 경우 화재 피해 부분에 대한 손해배상청구에 한하여 적용한다.

해설
실화책임에 관한 법률 제2조

86 「제조물 책임법」상 용어의 정의에서 (   ) 안에 적합한 단어는?

(   )상의 결함이란 제조업자가 합리적인 설명·지시·경고 또는 그 밖의 (   )을/를 하였더라면 해당 제조물에 의하여 발생할 수 있는 피해나 위험을 줄이거나 피할 수 있었음에도 이를 하지 아니한 경우를 말한다.

① 표 지   ② 제 조
③ 설 계   ④ 표 시

해설
제조물의 결함
제2조(정의) 이 법에서 사용하는 용어의 뜻은 다음과 같다.
2. 결함이란 당해 제조물에 다음의 어느 하나에 해당하는 제조상·설계상 또는 표시상의 결함이 있거나 그 밖에 통상적으로 기대할 수 있는 안전성이 결여되어 있는 것을 말한다.

가. 제조상의 결함이란 제조업자의 제조물에 대한 제조상·가공상의 주의의무의 이행하였는지와 관계없이 제조물이 원래 의도한 설계와 다르게 제조·가공됨으로써 안전하지 못하게 된 경우를 말한다.

나. 설계상의 결함이란 제조업자가 합리적인 대체설계(代替設計)를 채용하였더라면 피해나 위험을 줄이거나 피할 수 있었음에도 대체설계를 채용하지 아니하여 해당 제조물이 안전하지 못하게 된 경우를 말한다.

다. 표시상의 결함이란 제조업자가 합리적인 설명·지시·경고 또는 그 밖의 표시를 하였더라면 해당 제조물에 의하여 발생할 수 있는 피해나 위험을 줄이거나 피할 수 있었음에도 이를 하지 아니한 경우를 말한다.

87 「화재로 인한 재해보상과 보험가입에 관한 법률」의 내용으로 옳지 않은 것은?

① 한국화재보험협회는 사단법인으로 한다.
② 특수건물의 소유자는 특약부화재보험계약을 2년마다 갱신하여야 한다.
③ 특수건물의 소유자는 손해배상책임에 관하여는 이 법에서 규정한 것 외에는 민법에 따른다.
④ 소방청장은 협회의 업무 중 화재예방 및 소화시설에 대한 안전점검 업무에 관하여 감독상 필요한 명령을 할 수 있다.

[해설]
특수건물의 소유자는 특약부화재보험계약을 매년 갱신하여야 한다.

88 「화재조사 및 보고규정」에 따른 화재의 유형에 대한 구분으로 옳지 않은 것은?

① 건축·구조물 화재
② 위험물·가스제조소 등 화재
③ 산림화재
④ 기타화재

[해설]
산림화재가 아닌 임야화재

89 화재조사 및 보고규정에 따른 화재의 범위가 둘 이상 관할구역에 걸친 화재의 경우 화재건수 결정기준으로 옳은 것은?

① 선착대가 소속된 소방서에서 1건의 화재로 한다.
② 2개의 소방서에서 각각 1건의 화재로 한다.
③ 발화지점이 속한 소방서에서 1건의 화재로 산정한다.
④ 화재피해범위가 가장 넓은 소방서에서 1건의 화재로 한다.

[해설]
관할구역이 2개소 이상 걸친 화재(제10조)
발화지점이 한 곳인 화재현장이 둘 이상의 관할구역에 걸친 화재는 발화지점이 속한 소방서에서 1건의 화재로 산정한다. 다만, 발화지점 확인이 어려운 경우에는 화재피해금액이 큰 관할구역 소방서의 화재건수로 산정한다.

90 「소방의 화재조사에 관한 법률 시행규칙」상 화재조사에 관한 교육훈련에 관한 설명 중 괄호에 들어갈 숫자로 맞는 것은?

전담부서에 배치된 화재조사관은 의무 보수교육을 (　　　)마다 받아야 한다. 다만, 전담부서에 배치된 후 처음 받는 의무 보수교육은 배치 후 (　　　) 이내에 받아야 한다.

① 3년, 2년
② 2년, 1년
③ 1년, 6개월
④ 2년, 6개월

[해설]
화재조사에 관한 교육훈련(시행규칙 제5조 제2항)
전담부서에 배치된 화재조사관은 의무 보수교육을 2년마다 받아야 한다. 다만, 전담부서에 배치된 후 처음 받는 의무 보수교육은 배치 후 1년 이내에 받아야 한다.

91 「소방의 화재조사에 관한 법률」에 따른 소방관서장이 화재조사 결과 방화 또는 실화의 혐의가 있다고 인정하는 때 지체 없이 그 사실을 알려야 할 대상은?

① 시 · 도지사　　② 관할 구청장
③ 소방청장　　　④ 경찰서장

해설
소방관서장은 방화 또는 실화의 혐의가 있다고 인정되면 지체 없이 경찰서장에게 그 사실을 알리고 필요한 증거를 수집 · 보존하는 등 그 범죄수사에 협력하여야 한다.

92 「국가배상법」상 국가공무원의 위법행위로 인하여 제3자에게 발생한 손해를 국가가 배상한 후 해당 공무원에게 행사하는 구상권에 관한 설명으로 옳은 것은?

① 해당 공무원에게 고의 도는 중대한 과실이 있는 경우에 구상권을 행사할 수 있다.
② 해당 공무원에게 고의 또는 중대한 과실이 있는 경우라도 인적피해가 없으면 구상권을 행사할 수 없다.
③ 해당 공무원에게 고의 도는 중대한 과실이 있는 경우라도 인적피해가 없으면 구상권을 행사할 수 없다.
④ 해당 공무원에게 고의 또는 중대한 과실이 있으면 피해자 및 그 대리인은 그 공무원에게 구상권을 행사할 수 있다.

93 「범죄수사규칙」상 수사의 기본원칙으로 옳지 않은 것은?

① 임의수사 원칙
② 공개수사 원칙
③ 공범자의 분리수사 원칙
④ 피의자의 불구속 수사 원칙

해설
범죄수사의 기본원칙
• 임의수사의 원칙
• 수사비례의 원칙
• 수사비공개의 원칙 : 조사목적상 필요 및 대상자의 명예와 인권을 위해 비공개원칙
• 자기부죄(自己負罪) 강요금지의 원칙

94 다음 문장의 괄호 안에 들어갈 내용으로 옳은 것은?

> "(　　　　)"란 화재를 진화한 후 화재가 재발되지 않도록 감시조를 편성하여 일정 시간 동안 감시하는 것을 말한다.

① 재발화 감시　　② 잔불정리
③ 잔불감시　　　④ 완진감시

해설
"재발화 감시"란 화재를 진화한 후 화재가 재발되지 않도록 감시조를 편성하여 일정 시간 동안 감시하는 것을 말한다.

95 「형법」상의 진화방해에 명시된 진화용의 시설 또는 물건에 대한 설명 중 옳은 것은?

① 처음부터 소방용으로 제작되지 않아도 된다.
② 진화용 시설 또는 물건은 누구의 소유이건 그 소유관계를 불문한다.
③ 일반통신시설은 진화용 시설 또는 물건에 포함된다.
④ 소방자동차는 진화용 시설 또는 물건에 속하지 않는다.

96 「화재조사 및 보고규정」에 따른 건축·구조물 화재의 소실 정도 분류에 대한 설명 중 괄호 안에 적합한 것은?

> 반소란 건물의 (㉠)% 이상 (㉡)% 미만이 소실된 것

① ㉠ 10, ㉡ 50
② ㉠ 20, ㉡ 60
③ ㉠ 30, ㉡ 70
④ ㉠ 40, ㉡ 80

해설

구 분	전소화재	반소화재	부분소화재
소실률	• 건물의 70% 이상(입체면적에 대한 비율)이 소실된 화재 • 그 미만이라도 잔존부분이 보수를 하여도 재사용 불가능한 것	건물의 30% 이상 70% 미만이 소실된 화재	전소·반소 이외의 화재

97 「소방의 화재조사에 관한 법률」에 따른 다음 내용에서 ( )에 들어갈 내용으로 옳은 것은?

> 소방관서장은 사상자가 많거나 사회적 이목을 끄는 화재 등 대통령령으로 정하는 대형화재 등이 발생한 경우 종합적이고 정밀한 화재조사를 위하여 유관기관 및 관계 전문가를 포함한 ( )을/를 구성·운영할 수 있다.

① 화재합동조사단
② 화재조사 전담부서
③ 대형화재조사본부
④ 화재특별조사단

해설

화재합동조사단의 구성·운영(법 제7조 제1항)
소방관서장은 사상자가 많거나 사회적 이목을 끄는 화재 등 대통령령으로 정하는 대형화재 등이 발생한 경우 종합적이고 정밀한 화재조사를 위하여 유관기관 및 관계 전문가를 포함한 화재합동조사단을 구성·운영할 수 있다.

98 「화재조사 및 보고규정」에서 사용하는 용어의 정의 중 옳은 것은?

① 발화열원이란 화재가 발생한 부위를 말한다.
② 화재조사관이란 화재조사업무를 관리하는 소방공무원을 말한다.
③ 발화요인이란 발화에 관련된 불꽃 또는 열을 발생시킨 기기 또는 장치나 제품을 말한다.
④ 연소확대물이란 연소가 확대되는데 있어 결정적 영향을 미친 가연물을 말한다.

해설

① 발화지점이란 화재가 발생한 부위를 말한다.
② 화재조사관이란 소방청, 소방본부 또는 소방서에서 화재조사업무를 수행하는 소방공무원(내근)을 말한다.
③ 발화관련 기기란 발화에 관련된 불꽃 또는 열을 발생시킨 기기 또는 장치나 제품을 말한다.
④ 연소확대물이란 연소가 확대되는데 있어 결정적 영향을 미친 가연물을 말한다.

99 「화재로 인한 재해보상과 보험가입에 관한 법률」에서 특수건물 소유자가 가입하는 보험금액으로 옳지 않은 것은?

① 화재보험의 경우 특수건물의 시가(時價)에 해당하는 금액

② 손해배상책임을 담보하는 보험 중 사망의 경우 피해자 1명마다 1억원 이상으로서 대통령령으로 정하는 금액

③ 손해배상책임을 담보하는 보험 중 부상의 경우 피해자 1명마다 사망자에 대한 보험금액의 범위에서 대통령령으로 정하는 금액

④ 손해배상책임을 담보하는 보험 중 재물에 대한 손해가 발생한 경우 화재 1건마다 1억원 이상으로서 국민의 안전 및 특수건물의 화재위험성 등을 고려하여 대통령령으로 정하는 금액

해설
사망의 경우 : 피해자 1명마다 5천만원 이상으로서 대통령령으로 정하는 금액

100 「화재로 인한 재해보상과 보험가입에 관한 법률」상 특수건물 화재 발생 시 소유자의 손해배상책임의 한계로 옳은 것은?

① 배상은 과실이 있는 경우에만 해당한다.

② 그 건물의 화재로 인하여 다른 사람이 사망하거나 부상을 입었을 때에는 과실이 없는 경우에도 그 손해를 배상할 책임이 있다.

③ 특약부화재보험에 부가하여 화재 이외에 풍재·수재 또는 건물의 무너짐 등으로 인한 손해를 담보하는 보험에 가입할 수 없다.

④ 특수건물 소유자의 손해배상 책임에 관하여는 화재로 인한 재해보상과 보험가입에 관한 법률에 규정하는 것 이외에는 상법에 따른다.

해설
특수건물의 소유자는 그 건물의 화재로 인하여 다른 사람이 사망하거나 부상을 입었을 때 또는 다른 사람의 재물에 손해가 발생한 때에는 과실이 없는 경우에도 제8조에 따른 보험금액의 범위에서 그 손해를 배상할 책임이 있다. 실화책임에 관한 법률에도 불구하고 특수건물 소유자에게 경과실(輕過失)이 있는 경우에도 또한 같다.

03 | 2회 기사 기출문제

제1과목 화재조사론

01 다음 중 A급 화재에서만 발생할 수 있는 위험현상으로 옳은 것은?

① 보일 오버(Boil Over)
② 슬롭 오버(Slop Over)
③ 플레임 오버(Flame Over)
④ 프로스 오버(Froth Over)

해설

화염이 연소되지 않은 가연성가스를 통해 전파되는 현상 = 롤 오버(Roll Over)
①·②·④는 유류화재(B급 화재)에서 발생하는 현상이다.

02 가솔린의 연소범위(vol%)가 1.4~7.6일 때 위험도로 옳은 것은? (단, 소수 둘째자리에서 반올림할 것)

① 0.8 ② 1.2
③ 4.4 ④ 6.4

해설

연소(폭발) 상한과 연소(폭발) 하한의 차이를 연소(폭발) 하한으로 나눈 값

$$H = \frac{U-L}{L} = \frac{7.6-1.4}{1.4} = 4.42$$

H : 위험도, U : 연소(폭발)범위 상한, L : 연소(폭발)범위 하한

03 화재현장의 관찰 방법으로 틀린 것은?

① 소실 붕괴된 부분에서는 복원적인 관점에서 관찰한다.
② 발화원인이 될 수 있는 가연물에 유의하여 조사한다.
③ 건물 구조재 수용품 등의 소실 상황을 통하여 연소의 방향을 고려한다.
④ 소손 및 탄화 정도가 강한 부분에서 약한 부분으로 이동하며 관찰한다.

해설

탄화가 약한 쪽부터 강한 쪽으로 현장을 관찰한다.

04 다음 중 화재현장 출입 금지구역의 범위를 확대하여야 할 이유로 옳지 않은 것은?

① 진화 후에 행방불명자를 확인한 경우
② 구조물 등이 광범위하게 소손되어 바닥에 연소 낙하물이나 퇴적물이 많이 쌓인 경우
③ 건물 전체가 소손된 상황으로 연소 진행 방향이 확인되지 않을 때
④ 발화지점 부근의 목격상황에 대한 진술이 제각기 달라 발화지점이 불명확할 때

해설

진화 후에도 행방불명자의 존재나 거취가 확인되지 않을 때는 출입 금지구역의 범위를 넓게 설정한다.

정답 1 ③ 2 ③ 3 ④ 4 ①

05 「소방의 화재조사에 관한 법률」에 따른 화재조사 기법에 필요한 연구개발사업을 지원하는 시책을 누가 수립해야 하는가?

① 행정안전부장관
② 소방청장
③ 소방본부장
④ 소방서장

해설
연구개발사업의 지원(법 제20조 제1항)
소방청장은 화재조사 기법에 필요한 연구·실험·조사·기술개발 등(이하 이 조에서 "연구개발사업"이라 한다)을 지원하는 시책을 수립할 수 있다.

06 다음 중 가연성 물질에 해당하는 것은?

① 아르곤   ② 산화알루미늄
③ 일산화탄소   ④ 헬 륨

해설
일산화탄소는 무미, 무취, 무색의 기체로서 독성이 강하고 청색의 화염을 발생하며, 연소하여 이산화탄소를 발생시키고, 환원성의 가연성 기체이다.

07 「화재조사 및 보고규정」상 건물의 동수 산정 방법에 관한 설명 중 옳은 것은?

① 목조 또는 내화조 건물이 격벽으로 방화구획되어 있는 경우 2개의 동으로 본다.
② 구조에 관계없이 지붕 및 실이 하나로 연결되어 있는 것은 2개의 동으로 본다.
③ 건물의 외벽을 이용하여 실을 만들어 헛간, 작업실 및 사무실 등의 용도로 사용하고 있는 것은 주건물과 1동으로 본다.
④ 독립된 건물과 건물 사이에 차광막, 비막이 등의 덮개를 설치하고 그 밑을 통로 등으로 사용하는 경우는 동일동으로 본다.

해설
① 목조 또는 내화조 건물이 격벽으로 방화구획되어 있는 경우 같은 동으로 본다.
② 구조에 관계없이 지붕 및 실이 하나로 연결되어 있는 것은 같은 동으로 본다.
④ 독립된 건물과 건물 사이에 차광막, 비막이 등의 덮개를 설치하고 그 밑을 통로 등으로 사용하는 경우는 다른 동으로 본다.

08 다음 중 폭발 위력의 지표로 사용될 수 있는 자료로 옳지 않은 것은?

① 파편의 비행거리
② 무너진 벽의 종류와 구조
③ 폭발 시점
④ 폭심부의 크기 및 깊이

09 이산화탄소 소화약제의 주된 소화효과로 옳은 것은?

① 냉각효과   ② 질식효과
③ 부촉매효과   ④ 억제효과

해설
이산화탄소 소화약제는 산소량을 감소시켜 질식소화한다.

10 다음 중 화재현장에서 확보해야 하는 관계자의 특징으로 가장 거리가 먼 것은?

① 화상을 입었거나 의류가 타버린 자
② 의류가 물에 젖어 있거나 오손되어 있는 자
③ 현장부근에 말쑥한 정장차림의 구경하고 있는 자
④ 가재도구를 집어 들고 있거나 물건을 반출하고 있는 자

화재관계자 확보요령
- 의류가 물에 젖었거나 불탄 흔적 등 더렵혀져 있는 사람
- 불탄 흔적이나 물 또는 이물질에 젖어 있는 사람
- 잠옷·속옷·벌거벗은 차림 또는 맨발로 있는 사람
- 당황하거나 울고 있는 사람
- 가재도구를 껴안고 있거나 물건을 반출하고 있는 사람
- 화상을 입거나 머리카락이 그을리거나 코에 검게 그을음이 묻은 사람

11 다음 중 발굴이 끝난 후의 화재 전 상황으로 복원하는 요령으로 옳지 않은 것은?

① 형체가 소실되어 배치가 불가능한 것은 대용품을 사용하되, 대용품이라는 것이 인식되도록 한다.
② 관계인을 입회시켜 복원상황을 확인시 킨다.
③ 잔존물이 파손되지 않도록 잦은 위치이 동은 하지 않는다.
④ 불명확한 것은 예측을 통하여 복원한다.

해설
화재 특성상 유실물이 많아 100% 복원은 불가능하므로 식별이 확실한 것만 복원시킨다.

12 화재합동조사단은 화재조사를 완료하면 소방관서장에게 화재조사 결과를 보고해야 한다. 포함해야 할 사항으로 틀린 것은?

① 위험물제조소등 위치·구조 및 설비에 관한 사항
② 다수의 인명피해가 발생한 경우 그 원인
③ 현행 제도의 문제점 및 개선 방안
④ 화재합동조사단 운영 개요

해설
소방의 화재 조사에 관한 법률 시행령(영 제7조 제5항) 화재합동조사단은 화재조사를 완료하면 소방관서장에게 다음 각 호의 사항이 포함된 화재조사 결과를 보고해야 한다.

1. 화재합동조사단 운영 개요
2. 화재조사 개요
3. 화재원인, 화재피해, 대응활동, 소방시설 등 설치·관리 및 작동 여부, 화재발생건축물과 구조물, 화재유형별 화재위험성 등에 관한 사항, 화재안전조사에 관한 사항
4. 다수의 인명피해가 발생한 경우 그 원인
5. 현행 제도의 문제점 및 개선 방안
6. 그 밖에 소방관서장이 필요하다고 인정하는 사항

13 다음 중 화재플럼(Fire Plume)에 의해 수직 벽면에 생성되는 패턴으로 옳지 않은 것은?

① V 패턴
② 모래시계 패턴
③ 도넛형태 패턴
④ U 패턴

해설
③은 가연성액체 화재 시 바닥에 나타나는 연소패턴이다.

14 다음의 건물 구획실 화재에 대한 설명 중 옳은 것은?

① 일반적으로 최성기의 구획실 화재 온도는 500~600℃까지 도달한다.
② 연기의 이동은 소화작용에서 발생하는 부력에 의존한다.
③ 환기지배형 화재에서는 CO와 연기의 발생량이 많아진다.
④ 대부분의 구획실과 건물은 최성기에서 연료지배형이 된다.

해설
① 일반적으로 내화조건축물의 최성기의 온도는 약 800~900℃이다.
② 연기의 이동은 화재 시 발생하는 열에 의한 부력의 영향을 받는다.
④ 일반적인 내화구조건물 화재 시 가연성가스 발생량에 비해 공기공급이 충분하지 않으므로 환기지배형이 된다.

15 화재 시 발생하는 박리 현상(Spalling)의 원인에 대한 설명으로 옳은 것은?

① 콘크리트에 포함된 수분의 증발 및 팽창
② 철근 또는 철망 및 주변 콘크리트 간의 불균일한 수축
③ 콘크리트 혼합물과 골재 간의 균일한 팽창
④ 화재에 노출된 표면과 슬래브 내장재 간의 균일한 팽창

해설
② 철근 또는 철망 및 주변 콘크리트 간의 불균일한 팽창
③ 콘크리트 혼합물과 골재 간의 불균일한 팽창
④ 화재에 노출된 표면과 슬래브 내장재 간의 불균일한 팽창

16 다음의 구획실 화재 성장단계에 대한 설명 중 옳은 것은?

① 초기 → 플래시오버 → 쇠퇴기 → 최성기 → 자유연소 순으로 진행된다.
② 자유연소단계는 환기지배형 연소이며 복사열에 의해 확산된다.
③ 플래시오버 현상은 최성기 전에 주로 발생한다.
④ 최성기는 연료지배형 연소단계이며, 접염방식으로 확산된다.

해설
①·③ 점화 → 성장기 → 플래시오버 → 최성기 → 감쇠기 → 소화
② 자유연소단계는 연료지배형 연소이다.
④ 플래시오버과정에서 연료지배형에서 환기지배형으로 전환되어 최성기는 환기지배형 연소단계이다.

17 다음 중 환기지배형 화재에 대한 설명으로 옳은 것은?

① 대부분 화재 초기에 발생한다.
② 연료공급에 좌우된다.
③ 환기량이 크다.
④ 불완전연소에 가깝다.

해설
환기지배형 화재는 가연성가스 발생량에 비해 공기공급이 충분하지 않으므로 불완전연소가 심하게 나타난다.

18 목재 균열흔의 종류로 옳지 않은 것은?

① 고소흔   ② 열소흔
③ 완소흔   ④ 강소흔

해설
• 완소흔 : 700~800℃의 수열흔. 균열흔은 홈이 얕고 삼각 꼬는 사각형태
• 강소흔 : 약 900℃의 수열흔. 홈이 깊은 요철(凹凸)이 형성됨
• 열소흔 : 1,100℃의 수열흔. 홈이 아주 깊고 대형 목조건물 화재 시 나타남
• 훈소흔 : 발열체가 목재면에 밀착되어 무염연소 시 발생

19 전도 열전달 형태와 관계되는 법칙으로 적합한 것은?

① 푸리에(Fourier)의 법칙
② 플랭크(Planck)의 법칙
③ 뉴턴(Newton)의 법칙
④ 피크(Fick)의 법칙

해설
Fourier 법칙 : $q = -KA\dfrac{T_2 - T_1}{x_2 - x_1}$

20 다음 중 화재조사자가 유의해야 할 사항으로 옳은 것은?

① 관계자 또는 목격자의 진술에 근거하여 주관적 방법으로 접근한다.

② 정확한 화재조사를 위해서는 개인의 권리를 침해할 수도 있다.

③ 조사결과에 대한 보안 유지와 언론보도에 신중해야 한다.

④ 타 조사기관 상호간에는 비밀을 유지하여야 한다.

해설
① 관계자 또는 목격자의 진술에 근거하여 객관적 방법으로 접근한다.
② 정확한 화재조사를 위해서일지라도 개인의 권리를 침해해서는 안 된다.
④ 타 조사기관 상호간에는 협조하여야 한다.

제2과목 화재감식론

21 가스사고 형태별 분류에 해당하지 않는 것은?

① 폭 발　　　　② 질 식
③ 중 독　　　　④ 재질 불량

해설
가스사고의 정의 : 가스관계 3법에 규정된 가스와 그에 관계되는 모든 시설, 용기, 용품 등에서 발생한 누설, 폭발, 질식, 중독 등의 사고를 말한다.

22 발화요인 분류 중 화학적 요인에 해당되지 않는 것은?

① 역 화
② 혼촉발화
③ 자연발화
④ 금수성 물질이 물과 접촉

해설
화학적 요인 : 폭발 · 금수성 물과접촉 · 화학적발화 · 자연발화 · 혼촉 등

23 전선의 소선 일부가 끊어져 발생하는 국부적인 저항치 증가 현상으로 나타나는 전기화재 현상에 해당하는 것은?

① 트래킹　　　　② 아산화동
③ 반단선　　　　④ 그래파이트

해설
① 트래킹 : 전기기기 기구에 도전로 형성
② 아산화동 : 구리로 된 도체가 스파크 등 고온을 받았을 때 구리 일부가 산화되어 아산화동(Cu_2O)이 되며 그 부분이 이상 발열하면서 서서히 확대되는 현상
④ 그래파이트 : 목재와 같은 유기질 절연체가 무정형탄소로 되어 점차 흑연화되면서 도전성을 가지게 됨

24 방화에 사용되는 촉진제로 거리가 먼 것은?

① 아세톤　　　　② 시 너
③ 톨루엔　　　　④ 수산화나트륨

해설
촉진제는 어떤 연료나 산화제로써 흔히 가연성 액체라고 하며 화재를 발생시키는데 사용하거나 화재 확산 속도를 증가시키는 데 사용된다. 수산화나트륨은 알카리로써 분해 시 산소가 발생하지 않아 촉진제의 역할을 할 수 없다.

25 플라스틱의 일반적인 연소특성으로 틀린 것은?

① 폴리염화비닐은 연소되면 염화수소 가스가 발생한다.

② 열가소성 플라스틱에는 아미노수지, 페놀수지, 에폭시수지 등이 있다.

③ 플라스틱은 일반적으로 저분자 물질과 달리 온도에 따른 상변화가 명확하지 않다.

④ 열경화성 플라스틱은 화염에 노출되면 표면이 고체 숯과 같이 되는 경향 때문에 내부로의 연소확대가 지연된다.

26 상대습도별 산불발생위험도에 대한 설명으로 틀린 것은?

① 상대습도가 60% 이상이면 산불이 매우 발생하기 쉽다.

② 상대습도가 40~50%면 산불이 발생하기 쉽고 연소 진행이 빠르다.

③ 상대습도가 50~60%면 산불이 발생할 수 있으나 연소 진행이 느리다.

④ 상대습도가 40% 이하면 산불 발생 시 진화가 곤란할 정도로 연소 진행이 빠르다.

27 유연탄의 자연발화 위험성에 대한 설명으로 틀린 것은?

① 주변온도가 높을수록 산화반응이 촉진된다.

② 괴상은 분말상보다 자연발화를 일으키기 쉽다.

③ 채탄 직후의 석탄은 자연발화의 위험이 크다.

④ 자연발화는 저탄장 등에 대량으로 쌓아둔 곳에서 일어나기 쉽다.

28 나무, 천, 종이 및 가구와 같은 가연성 물질의 화재 분류(Class)는?

① Class A
② Class B
③ Class C
④ Class D

29 물질의 상태에 대한 설명으로 옳은 것은?

① 물의 증발잠열은 80cal/g이다.

② 분자는 액체 상태일 때 가장 자유롭게 운동할 수 있다.

③ 온도 변화없이 상태 변화를 위해 필요한 열을 잠열이라 한다.

④ 액체상태에서 열을 흡수하여 에너지가 증가하면 고체상태가 된다.

30 항공기의 열전대 화재경고장치(Thermo-couple Fire Warning System) 중 배선시스템의 구성요소가 아닌 것은?

① 감지 회로(Detector Circuit)

② 알람 회로(Alarm Circuit)

③ 단락 회로(Short Circuit)

④ 시험 회로(Test Circuit)

31 차량 충전장치와 시동장치에 대한 설명으로 틀린 것은?

① 충전장치는 교류발전기(Alternator), 레귤레이터(Regulator)로 구성되며, 시동장치에는 스타터가 있다.

② 정류기 내에 있는 다이오드가 과전류 등으로 인해 그 기능을 잃은 경우, 다이오드가 소실되는 경우가 있다.

③ 차콜 캐니스터의 보디(Body)는 금속재가 많은 점에서 2차적으로 착화하여도 연소되지 않으므로 관찰이 용이하다.

④ 배터리 단자는 납 또는 납 합금으로 되어 있어 화재열로 용이하게 녹아버리므로, 화재감식 시 배터리배선 터미널부의 용융 등도 확인한다.

> **해설**
> ③ 차콜 캐니스터는 내부로 차콜(활성탄)이 충전되어 있어 착화되면 연소되기 쉬워 관찰하기 어렵다.

32 임황(林況)과 산불과의 관계에 대한 설명으로 옳은 것은?

① 활엽수는 침엽수보다 산불위험성이 높다.

② 동령림은 이령림보다 산불위험성이 높다.

③ 혼효림은 단순림보다 산불위험성이 높다.

④ 수종별로 비교하면 음수는 양수보다 산불위험성이 높다.

> **해설**
> 산불위험수종 : 양수＞음수, 침엽수＞활엽수, 낙엽수＞상록수

33 다음 표의 가스들을 위험도가 높은 물질부터 순서대로 나열한 것은?

종 류	폭발하한선 [vol%]	폭발상한선 [vol%]
수 소	4.0	75.0
산화에틸렌	3.0	80.0
이황화탄소	1.25	44.0
아세틸렌	2.5	81.0

① 아세틸렌 ＞ 산화에틸렌 ＞ 이황화탄소 ＞ 수소

② 아세틸렌 ＞ 산화에틸렌＞수소 ＞ 이황화탄소

③ 이황화탄소 ＞ 아세틸렌 ＞ 수소 ＞ 산화에틸렌

④ 이황화탄소 ＞ 아세틸렌 ＞ 산화에틸렌 ＞ 수소

> **해설**
> 위험도 $= H = \dfrac{U-L}{L}$
>
> 이황화탄소 34.2 ＞ 아세틸렌 31.4 ＞ 산화에틸렌 25.7 ＞ 수소 18

34 유류성분 감정기구인 가스크로마토그래피 분석의 장점으로 틀린 것은?

① 물질이 유사한 여러 성분의 혼합계 분리에 매우 유효하다.

② 현장조사 시 휴대 및 가스 포집이 간편하며 성분판별이 가능하다.

③ 가스 상태로 분석하기 때문에 조작도 간단하고 시간도 빠르다.

④ 각 성분을 검출하여 그 양을 전기적인 신호로 기록계에 저장하고 도형적으로 기록함으로써 분석결과가 객관적이다.

> **해설**
> 가스크로마토그래프는 실험실 장비로 휴대와 가스 포집이 용이하지 않다.

35 미소화원과 유염화원의 특징으로 옳은 것은?

① 유염화원이 무염화원보다 에너지량(열량)이 적다.

② 유염화원은 무염화원보다 연소 확대에 필요한 시간이 짧다.

③ 유염화원은 가연물과 접촉 시 바로 착화할 가능성이 무염화원보다 적다.

④ 무염화원의 연소흔적은 깊이 탄 것은 보이지 않으며 연소범위가 넓은 경향을 보인다.

해설
무염화원은 유염화원보다 에너지량(열량)이 작고 가연물과 접촉 시 바로 착화할 가능성이 작으며, 국부적으로 강하고 깊게 타고 들어간다.

36 방화의 주요 동기가 아닌 것은?

① 실 수　　② 복수심
③ 경제적 이익　　④ 범죄은폐

해설
보험사기, 범죄수단목적, 선동적 목적, 스릴추구, 장난방화

37 다음 중 담뱃불 접촉에 의한 물질의 착화 가능성이 가장 낮은 것은?

① 톱밥류
② 마른 건초류
③ 구겨진 신문지류
④ 가솔린 증기

해설
담뱃불 발화 메커니즘 : 무염연소 → 열축적 → 발화온도 도달 → 유염발화이므로 열축적이 이루어 질수 없는 가솔린 증기는 착화가능성이 낮다.

38 그림과 같은 3상 부하회로에 있어서 부하전류가 20A일 때 부하의 선간전압 VLL은 얼마인가?

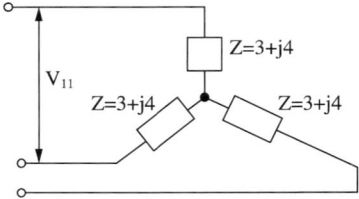

① 100　　② $100\sqrt{2}$
③ $100\sqrt{3}$　　④ 200

해설
상전압 = 부하전류 × 1상 임피던스
$$= 20 \times \sqrt{3^2 + 4^2} = 100$$
∴ Y결선 선간전압 = $\sqrt{3}$ × 상전압 = $100\sqrt{3}$

39 차량 배터리의 내부에서 화원이 될 가능성이 있는 원인에 속하지 않는 것은?

① 외부 단자의 이완
② 과충전에 의한 과열
③ 과충전에 의한 용단스파크불꽃
④ 배터리 전해액 부족에 의한 내부 쇼트

해설
배터리 단자의 이완은 내부의 화원이 될 수 없다.

40 방화행위의 입증요소로 틀린 것은?

① 방화재료의 입수 경위가 밝혀져야 한다.
② 방화를 한 장소 및 소훼물이 있어야 한다.
③ 방화의 수단과 방법이 실현 가능하여야 한다.
④ 방화의 수단이 가능한지 추상적으로 검토되어야 한다.

해설
방화의 수단이 가능한지 실증적으로 검토되어야 한다.

41 관계자에게 질문할 경우 유의해야 하는 사항으로 틀린 것은?

① 질문자는 자기신분을 밝힌다.
② 피질문자에 대한 선입견을 배제한다.
③ 관계자에는 초기소화자, 피난자, 출동한 소방관도 포함된다.
④ 실체적 진실을 밝히기 위해서는 어느 정도의 유도질문이나 상대방의 감정을 도발하는 질문기법도 필요하다.

해설
선입견을 버리고 유도질문을 하지 않도록 한다.

42 비디오카메라에 대한 설명으로 틀린 것은?

① 목격자, 소유자 거주인, 혐의자와의 면담에서 사용할 수 있다.
② 비디오카메라의 장점은 보는 각도를 점차 이동하며 화재현장을 나타내는 것이다.
③ 주밍-인(Zooming-in)이나 과장확대기법을 적극적으로 사용한다.
④ 가장 큰 장점으로 점진적으로 시각의 움직임에 의해 화재현장을 보여주는 능력이 있다.

해설
③은 광학카메라에 관한 설명이다.

43 연소범위에 영향을 미치는 요인에 대한 설명으로 틀린 것은?

① 온도가 높아질수록 연소범위는 좁아진다.
② 고온·고압의 경우 연소범위는 더욱 넓어진다.
③ 압력이 높아지면 하한값은 크게 변하지 않으나 상한값은 높아진다.
④ 혼합기를 이루는 공기의 산소농도가 높을수록 연소범위는 넓어진다.

해설
온도가 높아질수록 연소범위는 넓어진다.

44 가스크로마토그래피(GC) 분석을 위한 용매추출법 중 잔류물을 추출하기 위한 용액으로 틀린 것은?

① 크실렌
② n-펜탄
③ 이황화탄소
④ n-헥산

45 화재사 또는 흡연과 관련된 CO-Hb의 농도에 관한 설명으로 맞는 것은?

① 일반적으로 비흡연자의 CO-Hb 농도는 0.01%이다.
② 40% 이상의 CO-Hb 농도는 CO 자체만으로 사망할 수 있는 수치이다.
③ 일반적으로 하루 두갑 이상 흡연하는 사람의 CO-Hb 농도는 3~8%이다.
④ 40%이하의 CO-Hb 농도는 산소 부족, 심정지 또는 열화상으로 사망할 수 있다.

해설
① 일반적으로 비흡연자의 CO-Hb는 1%이고 흡연자의 CO-Hb는 2~15%이다.
③ 하루 두 갑 흡연자의 CO-Hb 농도는 5~10%, 세 갑 흡연자는 10~20%이다.
④ 5~10% 심한 운동 시 호흡곤란, 10~20% 두통, 가벼운 운동 시 호흡곤란, 30~40% 기절, 40~50% 혼수 및 발작, 60% 이상 사망이다.

46 냉온수기 자동온도 조절장치에서 절연체의 오염에 의한 트래킹 화재가 발생한 경우 수거하여야 할 증거물로 맞는 것은?

① 응축기　　　　② 시즈히터
③ 압축기　　　　④ 서모스탯

해설
가동접점 부분에서 전기용흔이 식별되며, 국부적으로 심하게 연소된 상태이다. 접점의 반복적인 동작에 의한 아크 발생과 주변 절연체의 절연열화에 의해 형성된 트래킹으로 발화된다.

47 화재현장 사진 촬영에 대한 설명으로 틀린 것은?

① 현장사진은 자료 확보를 위하여 충분하게 촬영한다.
② 연소 및 탄화된 형태를 조사자 시각에서 객관화하여 촬영한다.
③ 발화건물 내부 촬영 시 소실된 부분을 국부적으로 촬영한다.
④ 불필요한 피사체(인물 등) 촬영 금지, 접사 촬영 시 배경막 설치 후 촬영한다.

해설
발화건물 내부 촬영 시 전체를 촬영한다.

48 화재증거물 사진의 촬영 및 유의사항에 관한 설명으로 틀린 것은?

① 화재증거물은 오물을 제거하고 나서 찍는다.
② 접사로 촬영하는 경우 셔터스피드를 이용해 피사계 심도를 조절한다.
③ 접사 촬영이 필요할 경우 매크로렌즈(접사용) 및 링스트로보 등을 활용한다.
④ 피사계 심도는 어느 정해진 시간 동안에 초점이 맞는 가장 멀리 있는 사물과 가장 가까이 있는 사물의 거리이다.

해설
피사계 심도는 조리개값, 렌즈 초점 거리, 피사체와의 거리에 따라 달라진다.

49 물리적 증거물의 감정 및 시험에 대한 설명으로 틀린 것은?

① 발화 지점, 화재 특정 원인, 화재 확산에 기여한 요인 판별
② 물리적 증거물의 화학 조성을 확인하기 위한 감정 및 시험
③ 물리적 증거물의 작동이나 오작동 또는 고장을 판단하기 위하여 설계가 충분한지 여부를 판별
④ 실험실이나 다른 시험기관이 수행할 수 있는 특정 실험방법 및 제한사항에 관계없이 공정성을 위해 화재조사관 단독으로 감정 및 시험 실시

해설
공정성을 위해 화재조사관 단독으로 감정 및 시험해서는 안 된다.

50 화상의 위험도에 큰 영향을 미치는 인자는?

① 심도(沈度)　　　② 온도(溫度)
③ 질병(疾病)　　　④ 범위(範圍)

해설
화상의 위험도는 심도(深度)와 범위(範圍)에 의하여 결정되며 범위가 심도보다 더 큰 영향을 미친다.

46 ④　47 ③　48 ②　49 ④　50 ④　**정답**

51 화재 증거물의 수송으로 권장할 만한 가장 적절한 방법은?

① 직접운반
② 제3자 전달
③ 우편배송
④ 화물로의 배송

물적 증거를 실험하기 위해 운송하는 방법으로 직접 건네는 것을 권장한다.

52 전기기기 또는 구성품에 대한 증거물 수집 방법으로 틀린 것은?

① 전기적 증거물이 발견된 상태를 가능한 한 그대로 보존해야 한다.
② 제품 내 전기적 특이점이 발견된다면 해당 부분만 수거하는 것이 효과적이다.
③ 일부 남은 전선 피복을 검사 할 수 있도록 가능한 전선을 길게 수집해야 한다.
④ 전기기기를 전체적으로 제거하는 것이 불가능한 경우 제자리에 안전하게 놓는 것이 좋다.

제품 내 전기적 특이점이 발견된다면 전체를 수거하는 것이 효과적이다.

53 「화재증거물수집관리규칙」에 포함되는 내용이 아닌 것은?

① 증거물의 포장
② 증거물 감정 절차
③ 증거물의 상황기록
④ 초상권 및 개인정보 보호

증거물 감정 절차에 관한 내용은 화재증거물수집관리규칙에 포함되어 있지 않다.

54 「화재증거물수집관리규칙」상 현장사진 및 비디오 촬영 시 유의사항에 대한 설명으로 틀린 것은?

① 최초 도착하였을 때의 원상태를 그대로 촬영하고 진압 순서에 따라 촬영
② 현장사진 및 비디오 촬영할 때에는 연소 확대 경로 및 증거물 기록에 대한 번호표와 화살표를 표시 후에 촬영
③ 증거물을 촬영할 때에는 그 소재와 상태가 명백히 나타나도록 하며, 필요에 따라 구분이 용이하게 번호표 등을 넣어 촬영
④ 화재현장의 특정한 증거물 등을 촬영함에 있어서는 그 길이, 폭 등을 명백히 하기 위하여 측정용 자 또는 대조 도구를 사용하여 촬영

최초 도착하였을 때의 원상태를 그대로 촬영하고 화재조사의 진행순서에 따라 촬영

55 열에 의한 재성형이 불가능한 합성 고분자 화합물의 종류로 맞는 것은?

① 테프론
② 폴리에틸렌
③ 멜라민수지
④ 폴리아크릴로니트릴

열경화성 수지 – 재가열해도 형태가 변하지 않는 수지

56 화재현장에서 수집된 증거물의 오염에 관한 설명으로 맞는 것은?

① 물리적 증거물 대부분의 오염은 운반하는 과정에서 발생한다.

② 증거물 보관용기는 오염지역에서 떨어진 곳에 보관하여야 한다.

③ 증거물의 오염방지를 위하여 화재조사관의 맨손으로 직접 수집하는 것이 원칙이다.

④ 증거물 용기는 개봉상태로 유지하며, 실험실에서 조사를 마친 후 봉인되어야 한다.

해설
① 대부분의 물증의 오염은 그것의 수집 중에 야기된다.
③ 증거물의 오염방지를 위하여 화재조사관의 맨손이 아닌 비닐장갑을 착용하거나 핀셋 등 증거수집기구를 사용하는 것이 원칙이다.
④ 증거수집 용기는 수집장소(Collection Point)에서 증거를 수집할 때만 개봉 후 즉시 밀폐하고 실험실에서 조사할 때까지 다시 봉인해 두어야 한다.

57 증거물 수집용기 중 유리병의 장점이 아닌 것은?

① 휘발성 액체의 증발을 방지한다.

② 내부의 증거물 확인이 용이하다.

③ 장기 저장 시 증거물의 악화를 줄여 준다.

④ 크기가 다양하여 많은 양을 저장할 수 있다.

해설
유리병의 단점으로 물증의 대량 저장을 금지하는 크기 제한이 있다.

58 일반적인 방화 현장에서 나타나는 패턴이 아닌 것은?

① U형 패턴

② 독립연소 패턴

③ 포어(Pour) 패턴

④ 트레일러(Trailer) 패턴

해설
U형 패턴은 화재플럼으로 벽면에 나타나는 패턴이다.

59 화재현장의 증거물 시료 채취 시 유의사항으로 아닌 것은?

① 가급적 증거물 전체를 수집 또는 채취

② 동일한 물질이 있었을 때는 채취하지 않고 내용만 기술

③ 감정의뢰서에 증거물을 수집, 채취한 경과와 사건개요를 기술

④ 채취된 증거물의 물질이 상이할 때에는 서로 섞이지 않도록 분리하여 채취, 보관

해설
오염되지 않는 동일한 시료를 채취하여 비교표본으로 활용한다.

60 화재 당시 살아있었음을 나타내는 생활반응으로 맞는 것은?

① 시반이 없다.

② 머리가 그을렸다.

③ 기도에 매연이 부착되었다.

④ 피부가 진피까지 탄화되었다.

해설
기도에 매연이 부착된 채로 발견될 경우 사망 전 호흡이 있었다고 추정할 수 있다.

61 다음은 주택화재 현장에 출동한 화재조사관이 조사한 내용이다. 해당 화재조사관이 국가화재정보시스템 유형별 조사서 중 시설용도 항목에 입력한 사항으로 맞는 것은?

> 1개 동의 주택으로 쓰이는 바닥면적의 합계가 680m², 건물 층수는 4층이며, 주택 내 여러 세대가 독립적인 주거생활이 가능한 주택에서 화재가 발생하였다. 화재조사결과 2층 201호 주방에서 음식조리 중 화재가 발생하였으며, 인명피해는 없으며, 주방 가스레인지 및 싱크대 등이 소실되었다.

① 시설용도 : 주거시설 – 단독주택 – 다세대주택

② 시설용도 : 주거시설 – 공동주택 – 연립주택

③ 시설용도 : 주거시설 – 기타주택 – 다세대주택

④ 시설용도 : 주거시설 – 도시형주택 – 연립주택

해설
• 연립주택 : 동 당 연면적(바닥면적의 합)이 660m²를 초과하는 4층 이하의 주거건물
• 다세대주택 : 동 당 연면적(바닥면적의 합)이 660m² 이하의 4층 이하 주거건물

62 건물의 일부를 개수 또는 보수한 경우에 있어서의 경과연수의 산정 기준 적용에 관한 설명으로 틀린 것은?

① 재설치비의 50% 미만 개·보수한 경우 : 최초 설치연도 기준

② 재설치비의 50% 이상 개·보수한 경우 : 최초 설치연도 기준

③ 재설치비의 80% 이상 개·보수한 경우 : 개·보수한 때를 기준으로 하여 경과연수를 산정

④ 재설치비의 50~80% 미만을 각각 개·보수한 경우 : 최초 설치연도를 기준으로 한 경과연수와 개·보수한 때를 기준으로 한 경과연수를 합산하고 평균하여 경과연수를 산정

해설
• 재설치비의 50% 미만 개·보수한 경우 : 최초 설치년도를 기준으로 경과연수를 산정
• 재설치비의 50~80%를 개·보수한 경우 : 최초 설치년도를 기준으로 한 경과연수와 개·보수한 때를 기준으로 한 경과연수를 합산하고 평균하여 경과연수를 산정
• 재설치비의 80% 이상 개·보수한 경우 : 개·보수한 때를 기준으로 하여 경과연수를 산정

63 재고자산의 상품 중 견본품, 전시품, 진열품에 대한 화재피해액 산정 시 우선 적용사항으로 맞는 것은?

① 시장거래가격으로 산정한다.

② 구입가의 50%로 일괄 산정한다.

③ 구입가의 50~80%를 피해액으로 한다.

④ 구입가에 감가수정한 가격으로 산정한다.

해설
재고자산의 피해액 = 회계장부상의 구입가액 × 손해율
다만 견본품, 전시품, 진열품의 경우 재고자산 종류에 따라 구입가격의 50~80%를 피해액으로 한다.

64 「화재조사 및 보고규정」상 화재건수를 결정할 때 1건의 화재 결정으로 틀린 것은?

① 동일 대상물에서 발화점이 2개소이며, 누전점이 동일한 화재
② 동일 대상물에서 발화점이 3개소로서 낙뢰에 의한 다발화재
③ 동일 대상물에서 발화점이 4개소로서 지진에 의한 다발화재
④ 각기 다른 사람에 의한 방화나 불장난으로 동일 대상물에서 발화한 화재

해설
동일범이 아닌 각기 다른 사람에 의한 방화, 불장난의 경우 : 동일 대상물에서 발화했더라도 각각 별건의 화재로 한다.

65 재고자산의 화재피해액 산정에 관한 사항으로 맞는 것은?

① 판매 및 일반관리비의 미실현 이익 내지 미실현 비용을 포함한다.
② 재고자산 중 반제품은 구입 후 사용하지 않고 보관중인 소모품을 의미한다.
③ 재고자산은 구입비용 자체가 피해액이 되므로 감가공제는 하지 않는다.
④ 재고자산의 구입비에는 운반비 등 구입경비와 판매비용은 포함하지 않는다.

해설
반제품 : 자가 제조한 중간제품

66 화재발생종합보고서 작성 시 질문기록서 작성을 생략할 수 있는 대상으로 맞는 것은?

① 선박화재
② 자동차화재
③ 건축·구조물화재
④ 전봇대화재

해설
기타화재 중 쓰레기, 모닥불, 가로등, 전봇대화재 및 임야화재의 경우 질문기록서 작성을 생략할 수 있다.

67 「화재조사 및 보고규정」상 화재피해액 산정기준으로 틀린 것은?

① 차량은 전부손해의 경우 시중매매가격으로 한다.
② 임야의 입목은 전부손해의 경우 감정가격으로 한다.
③ 미술공예품은 전부손해의 경우 감정가격으로 한다.
④ 기타피해 물품은 피해당시의 현재가를 재구입비로 하여 피해액을 산정한다.

해설
소실전의 입목가격에서 소실한 입목의 잔존가격을 뺀 가격으로 한다. 단, 피해산정이 곤란할 경우 소실면적 등 피해 규모만 산정할 수 있다.

68 화재현황조사서에 명시된 발화요인으로 맞는 것은?

① 불꽃, 불티
② 작동기기
③ 담뱃불, 라이터불
④ 교통사고

해설
①·②·③은 발화열원이다.

69 화재범위가 2 이상의 관할구역에 걸친 화재에 대한 설명으로 맞는 것은?

① 출동하여 진압한 소방서에서 1건의 화재로 한다.
② 관할 소방서장과 출동한 소방서장과 협의하여 정한다.
③ 발화 소방대상물의 소재지를 관할하는 소방서에서 1건의 화재로 한다.
④ 발화 소방대상물의 소재지를 관할하는 소방서와 출동한 소방서에서 각각 1건의 화재로 한다.

해설
화재조사 및 보고규정 제27조
화재범위가 2 이상의 관할구역에 걸친 화재에 대해서는 발화 소방대상물의 소재지를 관할하는 소방서에서 1건의 화재로 한다.

70 화재현장조사서에 첨부할 도면의 작성에 대한 설명으로 틀린 것은?

① 도면작성에 있어서는 방의 배치와 출입구, 개구부의 상황을 위주로 한다.
② 거리측정은 기둥의 중심에서 다른 기둥의 중심까지로 기준점을 통일한다.
③ 도면(평면도, 입체도)은 측정치를 기준으로 하여 축척에 맞춰서 작성한다.
④ 화재조사관은 화재현장에 대한 이해도를 높이기 위해 화재의 유형과 규모에 관계없이 3차원 형식의 도면을 반드시 작성하여야 한다.

해설
도면작성 방법
①, ②, ③ 이외에 ④ 방 배치가 복잡한 건물에 있어서는 한 점을 기준점을 정하고 사방으로 넓히면서 측정한다. ⑤ 완성된 도면을 보면 1층의 계단과 2층의 계단의 위치가 어긋나 있는 경우가 있으므로 주의해야 한다.

71 화재조사서류 중 화재발생종합보고서의 보존기간으로 맞는 것은?

① 5년   ② 10년
③ 영 구   ④ 준영구

72 화재피해액 산정에 있어 상당부분 교체 내지 수리가 필요한 경우의 손해율로 맞는 것은?

① 20%   ② 40%
③ 60%   ④ 80%

해설

화재로 인한 피해정도	손해율(%)
불에 타거나 변형되고 그을음과 수침 정도가 심한 경우	100
손상정도가 다소 심하여 상당부분 교체 내지 수리가 필요한 경우	60
영업시설의 일부를 교체 또는 수리하거나 도장 내지 도배가 필요한 경우	40
부분적인 소손 및 오염의 경우	20
세척 내지 청소만 필요한 경우	10

73 화재현장조사서 작성 시 유의사항 중 틀린 것은?

① 관계자 진술은 주관적인 것이므로 기재하지 않는다.
② 필요한 경우 예상되는 사항 및 관련 조치사항 등도 기록할 수 있다.
③ 발화지점 및 화재원인 판정은 객관적인 증거자료(사진, 기타서류 등)를 첨부할 수 있다.
④ 필요한 경우 감식·감정 결과통지서, 전기배선도, 연구자료, 재현실험 결과, 참고문헌 등 참고자료를 첨부할 수 있다.

해설
관계자의 진술이 주관적이든 객관적이든 조사자의 의사나 판단이 개입되지 않도록 그대로 표현해야 한다.

74 지은 지 10년된 아파트에서 화재가 발생하여 100m² 가 소실되었다. 화재피해액은 약 얼마인가? (단, 내용연수 50년, 신축단가 670천원/m², 손해율 40%이다)

① 21,862천원 　　② 22,512천원
③ 26,661천원 　　④ 28,891천원

신축단가 × 소실면적 × [1 − (0.8 × 경과연수 / 내용연수)] × 손해율 = 670 × 100 × [1 − (0.8 × 10 / 50)] × 0.4 = 22,512천원

75 화재발생종합보고서에서 화재 발생 시 모든 경우에 작성되어야 할 조사서는?

① 화재현황조사서
② 화재유형별조사서
③ 방화・방화의심조사서
④ 화재피해(인명・재산)조사서

모든 화재에 공통적으로 작성해야 하는 서식은 화재현황조사서, 화재현장조사서이다.

76 화재피해액 산정에 관한 설명으로 맞는 것은?

① 최종잔가율은 건물, 부대설비, 구축물, 가재도구의 경우 20%, 기타의 경우 10%로 한다.
② 소실면적의 산정은 소실 연면적을 기준으로 한다.
③ 화재로 인한 건물의 피해액은 화재피해 대상 건물과 동일한 구조, 용도, 질, 규모의 건물 재건축비에서 손해율을 곱한 금액이 된다.
④ 간이평가방식에 의한 부대설비의 피해액 산정에 있어 전등 및 전열설비 등 기본적 전기설비만 설치되어 있어도 별도로 부대시설 피해액을 산정한다.

② 소실면적의 산정은 소실 바닥면적을 기준으로 한다.
③ 화재피해액은 화재 당시의 피해물과 동일한 구조, 용도, 질, 규모를 재건축 또는 재구입하는 데 소요되는 가액에서 사용손모 및 경과연수에 따른 감가공제를 하고 현재가액을 산정하는 실질적, 구체적 방식에 의한다.
④ 간이평가방식에 의한 부대설비의 피해액 산정에 있어 전등 및 전열설비 등 기본적 전기설비만 되어 있는 경우에는 해당 기본 전기설비는 건물신축단가표의 표준단가에 포함되어 있으므로, 간이평가방식에 의한 산정에서는 별도로 부대영업시설 피해액을 산정하지 아니한다.

77 화재로 인한 재산피해의 범위가 아닌 것은?

① 연기에 의한 그을음 피해
② 화재로 인한 영업손실의 피해
③ 소화활동으로 발생한 수손피해
④ 열에 의한 탄화, 용융, 파손 피해

재산피해의 범위에는 간접적 피해(영업손실, 신용상실)는 포함되지 않는다.

78 화재피해액 산정 시 중고로 구입한 기계장치 및 집기비품으로서 그 제작년도를 알 수 없을 경우 그 상태에 따라 신품가액 대비 잔가율로 정할 수 있는 비율은?

① 30% 내지 50%
② 30% 내지 60%
③ 20% 내지 50%
④ 20% 내지 60%

특수한 경우 산정 시 우선 적용사항
• 문화유산 : 별도의 피해액 산정기준
• 철거건물 및 모델하우스 : 별도의 피해액 산정기준
• 중고구입기계장치 및 집기비품의 제작년도를 알 수 없는 경우 : 신품가액의 30~50%를 재구입비로 산정

- 중고기계장치 및 중고집기비품의 시장거래가격이 신품가격보다 높을 경우 : 신품가액을 재구입비로 산정
- 중고기계장치 및 중고집기비품의 시장거래가격이 신품가액에서 감가수정을 한 금액보다 낮을 경우 : 중고기계장치의 시장거래가격을 재구입비로 산정
- 공구 및 기구, 집기비품, 가재도구를 일괄하여 피해액을 산정할 경우 : 재구입비의 50%
- 재고자산의 상품 중 견본품, 전시품, 진열품 : 구입가의 50~80%

79 화재현장 출동보고서의 기재항목이 아닌 것은?

① 발화지점 판정
② 출동대원 및 응답자
③ 현장도착 시 발견사항
④ 도착하여 처음 실행한 일의 지점 및 유형

해설
화재현장출동보고서는 최초 선착대장이 작성하므로 화재 발화지점 판정은 하지 않는다.

80 화재현장조사서 작성 시 화재원인 검토와 관련된 내용 중 필수 검토항목이 아닌 것은?

① 방화 가능성
② 전기적 요인
③ 인적 부주의
④ 관련 조치사항

해설
화재원인 검토
- 방화 가능성(연소상황, 원인추적 등에 관한 사진, 설명)
- 전기적 요인
- 기계적 요인
- 가스누출
- 인적 부주의 등
- 연소확대 사유

81 화재조사 교육훈련에 관한 설명으로 옳지 않은 것은?

① 전담부서에 배치된 화재조사관은 의무 보수교육을 3년마다 받아야 한다.
② 소방관서장은 의무 보수교육을 이수하지 않은 사람에게 보수교육을 이수할 때까지 화재조사 업무를 수행하게 해서는 안 된다.
③ 소방관서장은 필요한 경우 화재조사관에 대한 교육훈련을 다른 소방관서나 화재조사 관련 전문기관에 위탁하여 실시할 수 있다.
④ 소방관서장은 화재조사관에 대한 교육훈련을 실시한다.

해설
전담부서에 배치된 화재조사관은 의무 보수교육을 2년마다 받아야 한다.

82 「화재조사 및 보고규정」상 화재합동조사단의 운영 및 종료에 관한 내용으로 옳지 않은 것은?

① 소방관서장은 「소방기본법 시행규칙」 제3조 제2항 제1호에 해당하는 화재에 대하여 화재합동조사단을 구성하여 운영할 수 있다.
② 소방관서장은 화재합동조사단의 조사가 완료되었거나, 계속 유지할 필요가 없는 경우 업무를 종료하고 해산시킬 수 있다.
③ 소방관서장은 단장 1명과 단원 5명 이상을 화재합동조사단원으로 임명하거나 위촉할 수 있다.
④ 화재합동조사단원은 화재현장 지휘자 및 조사관, 출동 소방대원과 협력하여 조사와 관련된 정보를 수집할 수 있다.

해설
소방관서장은 단장 1명과 단원 4명 이상을 화재합동조사단원으로 임명하거나 위촉할 수 있다.

84 화재로 인한 손해의 배상의무자가 법원에 손해배상액의 경감을 청구할 수 있는 경우로 옳은 것은?

① 고의에 인한 화재인 경우
② 중대한 과실로 인한 실화인 경우
③ 경미한 과실로 인한 실화인 경우
④ 악의적인 방화로 인한 화재인 경우

해설
배상액의 경감청구(민법 제765조)
손해가 고의 또는 중대한 과실에 의한 것이 아니고 그 배상으로 인하여 배상자의 생계에 중대한 영향을 미치게 될 경우에는 법원에 그 배상액의 경감을 청구할 수 있다.

83 「소방의 화재조사에 관한 법률 및 시행령」에 따른 화재현장 보존 등에 관한 규정 내용으로 틀린 것은?

① 방화(放火) 또는 실화(失火)의 혐의로 수사의 대상이 된 경우에는 관할 경찰서장 또는 해양경찰서장이 통제구역을 설정한다.
② 누구든지 소방관서장 또는 경찰서장의 허가 없이 화재현장에 설정된 통제구역에 출입하여서는 아니 된다.
③ 화재현장 보존조치를 하거나 통제구역을 설정한 경우 누구든지 소방관서장 또는 경찰서장의 허가 없이 화재현장에 있는 물건 등을 이동시키거나 변경·훼손하여서는 아니 된다.
④ 공공의 이익에 중대한 영향을 미친다고 판단되거나 인명구조 등 긴급한 사유가 있는 경우에도 소방관서장 또는 경찰서장의 허가 없이 화재현장에 있는 물건 등을 이동시키거나 변경·훼손하여서는 아니 된다.

해설
화재현장 보존조치를 하거나 통제구역을 설정한 경우 누구든지 소방관서장 또는 경찰서장의 허가 없이 화재현장에 있는 물건 등을 이동시키거나 변경·훼손하여서는 아니 된다. 다만, 공공의 이익에 중대한 영향을 미친다고 판단되거나 인명구조 등 긴급한 사유가 있는 경우에는 그러하지 아니하다.

85 「화재조사 및 보고규정」에서 6가지로 규정한 화재 유형이 아닌 것은?

① 건축·구조물 화재
② 위험물·가스제조소 등 화재
③ 공원화재
④ 선박·항공기화재

해설
화재유형(제9조)
건축·구조물 화재, 자동차·철도차량 화재, 위험물·가스제조소 등 화재, 선박·항공기화재, 임야화재, 기타화재

86 「제조물 책임법」에 따르면 손해배상의 청구권은 제조업자가 손해를 발생시킨 제조물을 공급한 날부터 몇 년 이내에 행사하여야 하는가? (단, 원칙적인 경우에 한한다)

① 3년　　　　② 5년
③ 10년　　　④ 15년

해설

소멸시효 등(제7조) 손해배상의 청구권은 제조업자가 손해를 발생시킨 제조물을 공급한 날부터 10년 이내에 행사하여야 한다. 다만, 신체에 누적되어 사람의 건강을 해치는 물질에 의하여 발생한 손해 또는 일정한 잠복기간(潛伏期間)이 지난 후에 증상이 나타나는 손해에 대하여는 그 손해가 발생한 날부터 기산(起算)한다.

87 「화재로 인한 재해보상과 보험가입에 관한 법률」의 설명으로 틀린 것은?

① 보험금 청구권 중 손해배상책임을 담보하는 보험의 청구권은 압류할 수 없다.
② "손해보험회사"란 손해배상법에 따른 화재보험업의 허가를 받은 자를 말한다.
③ 대한민국에 주둔하는 외국군대가 소유하는 건물은 특수건물소유자의 손해배상책임에 적용되지 않는다.
④ 손해보험회사는 대통령령으로 정하는 바에 따라 협회의 설립과 운영에 필요한 비용을 출연하여야 한다.

해설

"손해보험회사"란 「보험업법」 제4조에 따른 화재보험업의 허가를 받은 자를 말한다.

88 「형법」에서 규정하고 있는 진화방해죄에 대한 벌칙 기준 중 다음 (   ) 안에 알맞은 것은?

> 화재에 있어서 진화용의 시설 또는 물건을 은닉 또는 손괴하거나 기타 방법으로 진화를 방해한 자는 (   )년 이하의 징역에 처한다.

① 10   ② 7
③ 5   ④ 1

해설

진화방해(제169조)
화재에 있어서 진화용의 시설 또는 물건을 은닉 또는 손괴하거나 기타 방법으로 진화를 방해한 자는 10년 이하의 징역에 처한다.

89 「제조물 책임법」상 제조업자에 해당하는 자로 옳지 않은 것은?

① 제조물의 제조·가공을 업으로 하는 자
② 제조물의 유통을 업으로 하는 자
③ 제조물의 수입을 업으로 하는 자
④ 제조물에 성명·상호·상표 등을 사용하여 자신을 제조업자로 오인하게 할 수 있는 표시를 한 자

해설

"제조업자"라 함은 제조물의 제조·가공 또는 수입을 업으로 하는 자와 제조물에 성명·상호·상표 기타 식별 가능한 기호 등을 사용하여 자신을 제조·가공 또는 수입업자로 표시한 자 또는 제조·가공 또는 수입업자로 오인시킬 수 있는 표시를 한 자

90 미성년자가 타인에게 손해를 가한 경우에 그 행위의 책임을 변식할 지능이 없는 때에는 배상의 책임이 없다. 이 경우 「민법」상 미성년자임을 판단하는 연령과 그 산정방법으로 옳은 것은?

① 14세 미만, 출생일 산입
② 18세 미만, 출생일 불산입
③ 19세 미만, 출생일 산입
④ 20세 미만, 출생일 불산입

해설

제753조(미성년자의 책임능력)
미성년자가 타인에게 손해를 가한 경우에 그 행위의 책임을 변식(辨識)할 지능이 없는 때에는 배상의 책임이 없다.
※ 미성년자 : 출생일을 산입한 19세 미만

91 「소방의 화재조사에 관한 법령」상 화재조사 결과의 공표에 관한 사항으로 옳지 않은 것은?

① 소방관서장은 필요한 경우 화재조사 결과를 공표할 수 있다.

② 사회적 관심이 집중되어 국민의 알 권리 충족 등 개인의 이익을 위해 필요한 경우 화재조사 결과를 공표할 수 있다.

③ 국민이 유사한 화재로부터 피해를 입지 않도록 하기 위해 필요한 경우 화재조사 결과를 공표할 수 있다.

④ 수사가 진행 중이거나 수사의 필요성이 인정되는 경우에는 관계 수사기관의 장과 공표 여부에 관하여 사전에 협의하여야 한다.

해설
사회적 관심이 집중되어 국민의 알 권리 충족 등 공공의 이익을 위해 필요한 경우 화재조사 결과를 공표할 수 있다.

92 「화재로 인한 재해보상과 보험가입에 관한 법률」상 특약부화재보험을 가입하지 않은 특수건물 소유자의 벌칙으로 옳은 것은?

① 200만원 이하의 벌금

② 300만원 이하의 벌금

③ 400만원 이하의 벌금

④ 500만원 이하의 벌금

93 실화책임에 관한 법률상 배상의무자가 법원에 손해배생액의 경감을 청구할 경우 법원이 손해배상액의 경감을 고려하는 사정이 아닌 것은?

① 화재의 원인과 규모

② 피해의 대상과 정도

③ 연소 및 피해 확대의 원인

④ 화재피해자의 직업

해설
①, ②, ③ 이외에 ④ 피해 확대를 방지하기 위한 실화자의 노력, ⑤ 배상의무자 및 피해자의 경제상태, ⑥ 그 밖에 손해배상액을 결정할 때 고려할 사정

94 화재현장에서의 증거물이 법정에 제출되는 경우, 증거로서의 가치를 상실하지 않도록 준수해야 하는 적법한 절차에 관한 사항으로 옳은 것은?

① 관련 법규 및 지침에 규정된 일반적인 원칙과 절차를 준수한다.

② 화재조사에 필요한 증거 수집은 화재피해자의 피해를 최대화하도록 하여야 한다.

③ 화재의 증거물을 획득할 때에는 어떠한 장비도 사용해서는 아니 된다.

④ 최종적으로 법정에 제출되는 화재증거물은 증거의 훼손 방지를 위하여 항상 사본을 제출한다.

해설
② 화재조사에 필요한 증거 수집은 화재피해자의 피해를 최소화하도록 하여야 한다.
③ 화재증거물을 획득할 때에는 증거물의 오염, 훼손, 변형되지 않도록 적절한 도구를 사용하여야 한다.
④ 최종적으로 법정에 제출되는 화재증거물은 증거의 훼손 방지를 위하여 항상 원본을 제출한다.

95 「화재보험법률」상 손해보험회사가 운영하는 특약부화재보험에 가입하여야 하는 특수건물의 기준으로 옳은 것은?

① 노래연습장업으로 사용하는 부분의 바닥면적의 합계가 1,000m² 이상인 건물
② 학원으로 사용하는 부분의 바닥면적의 합계가 1,000m² 이상인 건물
③ 병원급 의료기관으로 사용하는 건물로서 연면적의 합계가 2,000m² 이상인 건물
④ 관광숙박업으로 사용하는 건물로서 연면적의 합계가 3,000m² 이상인 건물

해설
① 2,000m², ② 2,000m², ③ 3,000m²

96 「소방기본법」상 화재, 재난·재해, 그 밖의 위급한 상황이 발생한 현장에 소방활동구역을 정하여 소방활동에 필요한 사람으로서 대통령령으로 정하는 사람 외에는 그 구역에 출입하는 것을 제한할 수 있는 자는?

① 시·도지사
② 행정안전부장관
③ 시장·군수
④ 소방대장

해설
제23조(소방활동구역의 설정)
소방대장은 화재, 재난·재해, 그 밖의 위급한 상황이 발생한 현장에 소방활동구역을 정하여 소방활동에 필요한 사람으로서 대통령령으로 정하는 사람 외에는 그 구역에 출입하는 것을 제한할 수 있다.

97 승객이 있는 기차에 불을 놓은 경우에 해당되는 죄는 무엇인가?

① 현주건조물 등에의 방화
② 공용건조물 등에의 방화
③ 일반건조물 등에의 방화
④ 일반물건에의 방화

해설
① 불을 놓아 사람이 주거로 사용하거나 사람이 현존하는 건조물, 기차, 전차, 자동차, 선박, 항공기 또는 지하채굴시설을 불태운 자
② 불을 놓아 공용 또는 공익에 공하는 건조물, 기차, 전차, 자동차, 선박, 항공기 또는 지하채굴시설을 불태운 자
③ 불을 놓아 전2조(현주·공용)에 기재한 이외의 건조물, 기차, 전차, 자동차, 선박, 항공기 또는 지하채굴시설을 불태운 자, 자기소유의 건조물에 속한 물건을 불태워 공공의 위험을 발생하게 한 자
④ 불을 놓아 현주, 공용, 일반에 기재한 이외의 물건을 불태워 공공의 위험을 발생하게 한 자

98 「화재조사 및 보고규정」상 건축·구조물화재의 소실정도의 분류 중 다음 ( ) 안에 알맞은 것은?

반소 : 건물의 (㉠)% 이상 (㉡)% 미만이 소실된 것

① ㉠ 20, ㉡ 50
② ㉠ 20, ㉡ 70
③ ㉠ 30, ㉡ 50
④ ㉠ 30, ㉡ 70

해설
소실정도에 따른 화재의 구분

전소화재	반소화재	부분소화재
• 건물의 70% 이상(입체면적에 대한 비율)이 소실된 화재나 • 그 미만이라도 잔존 부분이 보수를 하여도 재사용 불가능한 것	건물의 30% 이상 70% 미만이 소실된 화재	전소·반소 이외의 화재

99 「소방의 화재조사에 관한 법률 시행령」에 따른 화재감정기관의 전문인력 지정기준으로 옳은 것은?

① 주된 기술인력 2명 이상, 보조 기술인력 3명 이상

② 주된 기술인력 1명 이상, 보조 기술인력 2명 이상

③ 주된 기술인력 1명 이상, 보조 기술인력 4명 이상

④ 주된 기술인력 2명 이상, 보조 기술인력 4명 이상

해설

화재감정기관 전문인력 지정기준

구 분	최소 인원	지정기준
주된 기술 인력	2명 이상	• 국가기술자격의 직무분야 중 화재감식평가 분야의 기사 자격 취득 후 화재조사 관련 분야에서 5년 이상 근무한 사람 • 화재조사관 자격 취득 후 화재조사 관련 분야에서 5년 이상 근무한 사람 • 이공계 분야의 박사학위 취득 후 화재조사 관련 분야에서 2년 이상 근무한 사람
보조 기술 인력	3명 이상	• 국가기술자격의 직무분야 중 화재감식평가 분야의 기사 또는 산업기사 자격을 취득한 사람 • 화재조사관 자격을 취득한 사람 • 소방청장이 인정하는 화재조사 관련 국제자격증 소지자 • 이공계 분야의 석사 이상 학위 취득 후 화재조사 관련 분야에서 1년 이상 근무한 사람

100 소방서장 등은 불이 번지는 것을 막기 위하여 필요할 때에는 불이 번질 우려가 있는 소방대상물을 일시적으로 사용하거나 그 사용의 제한 또는 소방활동에 필요한 처분을 할 수 있다. 다음 중 이러한 처분을 방해한 자에 대한 벌칙으로 옳은 것은?

① 3년 이하의 징역 또는 3천만원 이하의 벌금

② 5년 이하의 징역 또는 5천만원 이하의 벌금

③ 1년 이하의 징역 또는 500만원 이하의 벌금

④ 300만원 이하의 벌금

04 | 4회 기사 기출문제

제1과목 화재조사론

01 다음은 화재조사의 과학적인 방법론이다. 순서에 맞게 배열한 것은?

① 문제인식 → 문제정의 → 가설 설정 → 자료 수집 → 자료 분석 → 가설 검증 → 최종 가설선택

② 문제정의 → 문제인식 → 자료 수집 → 자료 분석 → 가설 설정 → 가설 검증 → 최종 가설선택

③ 문제정의 → 문제인식 → 자료 수집 → 자료 분석 → 가설 검증 → 가설 설정 → 최종 가설선택

④ 문제인식 → 문제정의 → 자료 수집 → 자료 분석 → 가설 설정 → 가설 검증 → 최종 가설선택

해설

화재조사의 과학적 방법론
문제확인 → 문제정의 → 자료 수집 → 자료 분석(귀납적 추리) → 가설 설정 → 가설 검증(연역적추리)

02 화재와 연소에 대한 설명으로 옳지 않은 것은?

① 화재란 사람의 의도에 반하거나 고의에 의해 발생하는 연소현상으로서 소화시설 등을 사용하여 소화할 필요가 있는 것을 말한다.

② 연소란 가연성 물질이 산소와 결합하여 열과 빛을 내며 급속히 산화되어 형질이 변경되는 화학반응을 말한다.

③ 연기란 연소 및 열분해에 의한 생성물로서 공기 중에 부유하고 육안으로 보이는 기체의 집단을 말한다.

④ 연기 입자의 크기는 연소조건에 따라 차이는 있지만, 무염연소의 경우에는 약 $1\mu m$, 유염연소의 경우에는 약 $1\sim5\mu m$의 것이 대부분을 차지한다.

해설

연기란 공기 중에 부유하고 있는 고체 또는 액체의 미립자를 가리키며, 그 크기는 $0.01\sim10\mu m$로 안개입자($10\sim50\mu m$)보다 작다.

03 발화지점으로 추정되는 위치에서 발화원, 발화물질 등 연소된 물건을 현장발굴하는 방법에 대한 설명으로 옳지 않은 것은?

① 발굴은 가능한 삽과 같은 것을 사용한다.
② 발굴한 물건 중 복원할 필요가 있는 것은 번호 또는 표식을 부착해 정리해 둔다.
③ 발굴은 위에서 아래로 실시한다.
④ 발굴한 연소된 물건은 가능한 그 위치를 옮기지 않는다. 불가피하게 이동하는 경우에는 복원 가능한 조치를 한다.

해설
발굴은 가능한 긁개 등을 사용하여 발굴한다.

04 연소에 따른 금속의 산화작용으로 옳지 않은 것은?

① 온도가 높을수록, 노출시간이 짧을수록 산화의 효과가 많이 나타난다.
② 철이나 강철이 화재에서 산화되었을 때, 처음에 푸르스름하고 흐린 회색이 된다.
③ 스테인리스 스틸이 심하게 산화되면 흐린 회색을 띠게 된다.
④ 구리는 열에 노출되면 어두운 적색이나 흑색 산화물을 만든다.

해설
온도가 높을수록, 노출시간이 길수록 산화의 효과가 많이 난다.

05 소방대(선착대)의 연소상황조사 내용에 포함되지 않는 것은?

① 소화활동 중의 특이한 연소상황(색, 냄새 등)
② 주수위치 및 주수효과의 상황
③ 피해소방대상물의 소손면적, 동수, 이재세대의 상황
④ 사상자 및 사상된 장소의 상황

해설
피해소방대상물의 소손면적, 동수, 이재세대의 상황은 선착대가 아닌 화재조사관이 조사할 사항이다.

06 화재조사 전 준비의 내용으로 가장 거리가 먼 것은?

① 화재조사관은 사고의 날짜, 요일 및 시간을 정확하게 판단해야 한다.
② 사고가 발생한 뒤 흐른 시간은 조사 계획에 영향을 줄 수 있다.
③ 사건의 사실 및 환경은 현장 조사 후 확인하여야 한다.
④ 사고와 조사 사이에 시간이 많이 지연될 경우 기존문서와 정보를 검토하는 것이 더 중요하다.

해설
사건의 사실 및 환경은 현장 조사 전 확인하여야 한다.

07 화학적 폭발에 대한 설명 중 옳은 것은?

① 산소농도가 낮을수록 폭발 위력이 크다.
② 압력이 높을수록 폭발의 위력이 적다.
③ 입자가 작을수록 폭발의 위력이 적다.
④ 혼합비율이 화학양론비에 가까울수록 위력이 크다.

해설
산소농도가 높을수록, 압력이 높을수록 폭발 위력이 크고, 입자가 작을수록 폭발의 위력이 크다.

08 일반 주택화재의 발화지점을 판정할 때 활용되는 정보로 가장 거리가 먼 것은?

① 화재패턴
② 산소농도
③ 목격자 진술
④ 전기합선 지점 분석

해설
산소농도는 발화지점 판정에 활용되지 않는다.

09 화재가 나타내는 V패턴의 설명으로 옳지 않은 것은?

① 불꽃과 대류 또는 복사열에 의해서 생성된다.
② 연소가 진행될 때 수직으로 된 벽면에 나타난다.
③ 패턴이 나타내는 각도가 넓으면 연소의 속도가 느리다.
④ 발화지점이 아닌 곳에서도 생성될 수 있다.

해설
일반적으로 V의 각이 더 둔각이거나 예각일수록 연소된 물질은 가연성 벽이 포함된 곳을 더 오랫동안 가열하기 쉽다.

10 유류화재 발생 시 포소화약제를 유류표면에 발포하면 재착화가 일어나지 않으나 분말소화약제에 비해 소화시간이 긴 단점을 가지고 있다. 이와 같은 단점을 보완하기 위하여 분말소화약제와 함께 사용이 가능한 포소화약제로 가장 적절한 것은?

① 수성막포소화약제
② 단백포소화약제
③ 알코올형포소화약제
④ 합성계면활성제포소화약제

해설
인명구조를 위한 속소성(빠른 소화능력), 지속성(재발화 위험 방지) 모두 필요한 항공기 화재에 적용하기 위해 비행장 등에서 분말과 수성막포를 함께 사용한다.

11 여러 동의 인접한 건물이 소손되어 있는 화재현장에서 발화건물 판정을 위한 일반적인 조사요령에 관한 설명으로 옳지 않은 것은?

① 화재현장 전체의 연소방향은 가급적 낮은 쪽에서 높은 쪽을 바라보며 파악한다.
② 각 건물의 연소방향은 타다 멈춘 부분 또는 연소강약이 명확한 부분부터 파악한다.
③ 타서 허물어진 부분을 보고 연소방향을 추정할 수 있다.
④ 복수의 건물이 소손되어 있으면 인접동 간격, 외벽구조, 개구부상황 등으로부터 원소상황을 파악한다.

해설
화재현장 전체의 연소방향은 높은 쪽에서 낮은 쪽을 바라보며 파악한다.

12 물질의 연소와 관련이 있는 열관성(Thermal Inertia)을 식으로 나타낸 것으로 옳은 것은? (단, k는 열전도, p는 밀도, c는 열용량이다)

① c/kp
② kc/p
③ pc/k
④ kpc

해설
열관성이란 물질 표면의 온도상승률을 결정하는 물질의 특성을 말한다.
열관성 $= K[Kw/m^*K] \times P[kg/m^3] \times C[kJ/kg^*K]$

13 V패턴의 각도에 영향을 미치지 않는 것은?

① 열 방출률
② 가연물의 형태
③ 환기의 효과
④ 벽면의 열전도성

해설
V자 패턴의 각도 결정요소
• 열 방출률
• 가연물의 기하학적 구조(형상)
• 환기 효과
• 수직표면의 발화성과 연소성
• 천장, 선반, 테이블 윗면 등과 같이 수평표면의 존재

14 화재패턴 중 붕괴된 침대 스프링에 대한 설명으로 옳은 것은?

① 스프링의 붕괴된 부위와 붕괴되지 않은 부위를 비교하여 화염의 방향을 추정할 때 붕괴된 부위 방향을 화재의 진행방향으로 판단할 수 있다.
② 화재 이전부터 침대 위에 무거운 것이 올려져 있다면 화염의 방향과 상관없이 붕괴될 수 있으며, 소락물에 의한 영향은 없다.
③ 무거운 것이 올려져 있지 않다면 스프링은 붕괴되지 않는다.
④ 화재이후에도 붕괴되지 않고 남아있는 스프링은 붕괴된 스프링과 같이 탄성을 잃어버린다.

해설
② 천장의 소락물에 따라 영향을 받는다.
③ 무거운 것이 올려져 있지 않더라도 소락물에 따라 영향을 받는다.
④ 붕괴 후에도 남아있는 스프링은 탄성을 잃지 않았다고 볼 수 있다.

15 소방기관이 화재조사를 수행하는 근본적인 목적으로 옳은 것은?

① 유사화재의 재발 방지와 피해 경감을 위한 자료로 활용
② 출화원인 규명으로 사법처리 근거 자료로 활용
③ 인적, 물적 피해사항 조사를 통한 통계 자료로 활용
④ 법률관계에 수반된 증거보전 자료로 활용

해설
화재조사의 목적
• 화재에 의한 피해를 알리고 유사화재 방지와 피해의 경감
• 예방행정(소방검사, 소방안전관리자, 소방시설 등)의 자료 활용
• 연소확대 및 소방시설의 작동상황 등을 파악, 진압대책의 자료 활용
• 화재발생상황, 원인, 손해상황 등을 통계화 함으로써 소방행정의 자료로 활용

16 화염 충돌에 의한 화재확산에 대한 설명으로 옳지 않은 것은?

① 구획공간에서 연료가 있는 위치에 따라 화염의 길이가 달라진다.
② 구획공간에서 연료의 위치가 벽과 구석(Coner)에 있을 때 화염의 길이는 구석이 더 길다.
③ 화염의 높이가 천장보다 클 때는 화염이 천장을 따라 확장된다.
④ 천장에 의해서 화염이 잘려질 때 화염의 전체 길이는 자유 화염높이보다 작아진다.

해설
천장에 의해서 화염이 잘려질 때 화염의 전체 길이는 자유 화염높이보다 길어진다.

13 ④ 14 ① 15 ① 16 ④ **정답**

17 탄화알루미늄이 상온에서 물과 반응할 경우 생성되는 가연성 기체는?

① 수 소
② 아세틸렌
③ 메 탄
④ 프로판

탄화알루미늄
$$Al_4C_3 + 12H_2O \rightarrow 4Al(OH)_3 + 3CH_4 \text{(메탄)}$$

18 공기의 비중을 1이라 했을 때 다음 중 비중이 가장 큰 가스는?

① 수 소
② 부 탄
③ 프로판
④ 메 탄

증기비중 $= \dfrac{\text{증기분자량}}{\text{공기분자량}} = \dfrac{\text{증기분자량}}{29}$

① 수소 = 2/29
② 부탄 = 58/29
③ 프로판 = 44/29
④ 메탄 = 16/29

19 구획실 화재에서 플래시오버를 일으키는 화재의 최소 크기와 환기구 높이의 관계에 대한 설명으로 옳은 것은?

① 화재의 최소 크기는 환기구 높이의 제곱근에 비례한다.
② 화재의 최소 크기는 환기구의 높이의 제곱에 비례한다.
③ 화재의 최소 크기는 환기구의 높이의 세제곱근에 비례한다.
④ 화재의 최소 크기는 환기구의 높이의 세제곱에 비례한다.

환기지배형화재의 연소속도
• 높이의 제곱근($A\sqrt{H}$)을 환기인자라 한다.
• 환기지배화재에서 연소속도는 환기인자에 따라 결정된다.
$$R = K \cdot A\sqrt{H}$$
R : 연소속도(kg/min)
K : 계수(콘크리트조 건물의 경우 5.5~6.0)
A : 개구부 면적(m^2)
H : 개구부 높이(m)

20 화재조사의 책임과 권한에 대한 설명으로 옳은 것은?

① 소방서장은 화재조사를 위하여 필요한 경우에는 수사에 지장을 주지 아니하는 범위에서 그 피의자 또는 압수된 증거물에 대한 조사를 할 수 없다.
② 소방서장은 화재의 원인 및 피해 등에 대한 조사를 소화활동 후에 실시하여야 한다.
③ 과실로 인한 위법행위로 타인에게 손해를 가한 자는 그 손해를 배상할 책임이 없다.
④ 조사관은 그 직무를 이용하여 관계인등의 민사분쟁에 개입해서는 아니 된다.

화재조사관의 책무(화재조사 및 보고규정 제4조)
① 조사관은 조사에 필요한 전문적 지식과 기술의 습득에 노력하여 조사업무를 능률적이고 효율적으로 수행해야 한다.
② 조사관은 그 직무를 이용하여 관계인등의 민사분쟁에 개입해서는 아니 된다.

21 무염화원이 아닌 것은?

① 담뱃불 ② 그라인더 불티
③ 모기향 ④ 촛 불

해설
촛불은 가연물이 닿을 경우 바로 착화할 우려가 있는 유염화원에 해당한다.

22 다음 중 염소 Cl 성분을 포함하고 있는 가스는?

① 암모니아 ② 아세틸렌
③ 포스겐 ④ 시안화수소

해설
① 암모니아(NH_3)
② 아세틸렌(C_2H_2)
③ 포스겐($COCl_2$)
④ 시안화수소(HCN)

23 계획적인 방화로 분류되지 않는 것은?

① 정신이상에 의한 방화
② 이익목적에 의한 방화
③ 정치적 목적에 의한 방화
④ 원한에 의한 방화

해설
정신이상에 의한 방화는 우발적 방화로 분류한다.

24 선박에서 인접하는 구획 사이를 2개의 분리된 격벽이나 갑판으로 격리시키는 구역을 무엇이라 하는가?

① A급 구획
② B급 구획
③ 코퍼댐(Cofferdam)
④ 제연벽

해설
코퍼댐(Cofferdam)
선박에서 청수 탱크와 유류 탱크 사이의 유밀성을 확실히 하기 위하여 설치하는 공간을 말한다. 이중저 선박에서 연료유 탱크와 윤활유 탱크 사이, 연료유 탱크와 청수 탱크 사이, 윤활유 탱크와 청수 탱크 사이 등에 설치되어 연료유, 윤활유, 청수 등의 상호 침입을 막기 위한 공간이다. 코퍼댐이 펌프 설치나 작업 공간으로 이용되기도 한다.

25 산화에틸렌 90%와 메탄 10%가 혼합되어 있는 경우 폭발하한계로 옳은 것은? (단, 메탄의 연소범위는 5~15vol.%, 산화에틸렌의 연소범위는 3~80vol.%이다)

① 1.79vol.%
② 3.13vol.%
③ 32vol.%
④ 55.81vol.%

해설
폭발하한

$$= \cfrac{100}{\cfrac{혼합률}{산화에틸렌의\ 하한} + \cfrac{메탄의\ 혼합률}{메탄의\ 하한}}$$

$$= \cfrac{100}{\cfrac{90}{3} + \cfrac{10}{5}} = 3.125vol\%$$

26 임의의 도선에 흐르는 전류에 의한 자계의 세기 단위로 옳은 것은?

① $[V \cdot T/cm^2]$
② $[V \cdot T/m]$
③ $[A \cdot T/cm^2]$
④ $[A \cdot T/m]$

해설
자계의 세기는 암페어 회수 매 미터[AT/m]로 측정한다.

21 ④ 22 ③ 23 ① 24 ③ 25 ② 26 ④ **정답**

27 다음 폭발 중 기상폭발에 해당하는 것이 아닌 것은?

① 가스폭발
② 분진폭발
③ 분무폭발
④ 수증기폭발

해설
기상폭발과 응상폭발

분류	종류
기상폭발	가스폭발, 분해폭발, 분진폭발, 분무폭발, 증기운폭발
응상폭발	수증기폭발, 증기폭발, 전선폭발

28 방화의 직접적 단서가 될 수 없는 것은?

① 도화선
② 색다른 촉진제
③ 비정상적인 연료하중
④ 출입문의 잠김 상태

해설
출입문 잠김 상태는 방화의 간접적 단서에 해당한다.

29 다음 중 자연발화성 물질의 자연발화를 촉진시키는 데 영향을 주지 않는 것은?

① 표면적이 넓고 발열량이 클 것
② 열전도율이 클 것
③ 주위온도가 높을 것
④ 반응성이 클 것

해설
열전도가 적은 것이 자연발화를 촉진한다.

30 산불진화 시 열 스트레스 손상으로 가장 거리가 먼 것은?

① 열 경련
② 탈수 피로
③ 열 발작
④ 혼수상태

해설
화재 진화 시 열적 스트레스에는 열 경련, 탈수피로 열 발작 등이 있다.

31 성냥의 나무개비에 침투시켜 연소 후 탄화시키는 약제는?

① 곰팡이 방지제
② 표백제
③ 염색제
④ 인풀제

32 pH = 3인 수용액의 $[H^+]$는 pH = 5인 수용액의 $[H^+]$의 몇 배인가?

① 0.01
② 10
③ 100
④ 1,000

해설
pH 농도 계산
pH=3인 수용액의 $[H^+]$와 pH=5인 수용액의 $[H^+]$의 비
$pH = -log[H^+]$
$3 = -log[H^+]$에서 $[H^+] = 10^{-3}$
$5 = -log[H^+]$에서 $[H^+] = 10^{-5}$
∴ $10^{-3-(-5)} = 10^2 = 100$배

33 임야화재 시 수관화의 특징으로 옳은 것은?

① 중심부의 화염온도는 2,500℃이다.
② 주변부의 연기온도는 1,500℃이다.
③ 바람이 강할 때 연소속도는 7km/h이다.
④ 임야화재 연소 중에 수십 m의 상승기류가 발생한다.

수관화(樹冠火, Crown Fire)
나무의 윗부분에 불이 붙어서 연속해서 수관에서 수
관으로 태워나가는 화재로 수관화는 산 정상을 향해
바람을 타고 올라가며 바람이 부는 방향으로 V자형
모양으로 번져나간다.

34 LPG 차량엔진의 구성 부품 중 봄베에 부착된 충전밸브, 기체 송출밸브 및 액체 송출밸브의 색상을 순서대로 바르게 나열한 것은?

① 녹색, 적색, 황색
② 녹색, 황색, 적색
③ 황색, 녹색, 적색
④ 황색, 적색, 녹색

LPG 충전용기 및 밸브 색상

LPG 용기	충전밸브	송출밸브	
		기체밸브	액체밸브
회 색	녹 색	황 색	적 색

35 차량용 LPG 기화기(Vaporizer)의 설명 중 옳은 것은?

① 1차 감압실은 봄베로부터 전달된 액체 LPG를 $0.8kg/cm^2$으로 감압 및 기화하여 2차 감압실로 보낸다.
② 고정 조정 스크루는 공회전 상태에서 스크루를 돌려 공회전 상태의 CO 또는 HC의 농도를 조절한다.
③ 1차 압력조정 스크루는 1차 감압실의 LPG 압력을 $0.8kg/cm^2$으로 저장하기 위한 스크루이다.
④ 저속차단 솔레노이드밸브는 LPG가 액체 상태에서 기체로 될 때 주위로부터 기화열을 흡수하여 동결시키는 현상을 방지하기 위한 장치이다.

① 1차 감압실(고압측) : 봄베로부터 전달되는 액체 LPG를 $0.3kg/cm^2$으로 감압, 기화하여 2차 감압실로 보낸다.
③ 1차 압력 조정 스크루 : 1차 감압실의 LPG 압력을 $0.3kg/cm^2$으로 조정하기 위한 스크루이다.
④ 저속 차단 솔레노이드 밸브 : 엔진 시동 시 필요한 LPG를 추가 공급하는 장치이다.

36 방화의 특징으로 옳지 않은 것은?

① 2개 이상의 독립된 발화개소가 식별된 경우
② 덕트나 배관용 파이프홀을 통해 다른 층이나 다른 방실로 화재가 확산되는 경우
③ 용도별로는 주택 및 차량에 대한 방화가 많음
④ 휘발유, 시너 등을 사용하는 경우가 많아 화재확산이 매우 빠름

건물계단과 방치된 쓰레기더미, 주택가 골목 등 남의 시선이 닿지 않는 곳에서 발생하며, 덕트나 배관용 파이프홀에 의한 확산은 일반적인 건축물에서 실화에 의한 화재확산과 연관성이 많다.

37 전기화재 발생과정에 대한 설명 중 옳지 않은 것은?

① 코드의 접촉 불량 시 접촉저항의 증가로 줄열에 의한 화재 발생
② 고압 변압기의 충전부에서 누설 방전으로 절연이 파괴되어 화재 발생
③ 코일의 층간 단락으로 저항이 증가하여 전류가 감소되며 화재 발생
④ 물 없는 전기온수기를 통전 방치하여 주변 가연물에서 화재 발생

층간 단락은 코일의 위층과 아래층 사이에 일어나는 단락을 말하며, 저항과 전류가 증가하면 화재가 발생한다.

38 차량이 충돌 또는 추돌하는 경우, 누출된 연료 및 오일의 점화로 인해 화재로 이어져 인명사고가 발생하는 경우가 있다. 동 경우, 발화원인으로 작용할 수 없는 것은?

① 차량 파손에 동반된 전선의 단락에 의한 전기적 발열
② 차량 파손에 동반된 고온의 충격 마찰열
③ 차량 파손에 동반된 엔진 표면 및 배기계통의 고온 열면
④ 차량의 파손에 동반된 냉각수의 분출

해설
냉각수는 대부분 증류수와 부동액으로 이루어져 있어 발화원인이 되지 않는다.

39 항공기에서 이상적인 화재감지장치(Fire Detection System)의 특징이 아닌 것은?

① 화재가 계속되는 동안 계속 지시해야 한다.
② 화재가 다시 발생하는 경우 다시 정확히 지시해야 한다.
③ 조종실에서 감지기장치를 시험 시 소요되는 전력은 많아야 한다.
④ 취급에서 노출에 견딜 수 있도록 견고해야 한다.

해설
화재감지장치
화재로 인하여 수감부 저항변화의 모의실험을 하는 제어장치에 만들어 넣은 시험회로로 수감부 루프의 한쪽 끝단을 치환하는 조종실에 있는 시험스위치를 작동시켜서 시험하게 된다. 이때 전력의 소요가 많으면 안 된다.

40 방화의 일반적인 판단요소로 가장 거리가 먼 것은?

① 국부적인 발화흔적
② 무단침입과 흔적
③ 범죄흔적
④ 이상 연소현상

해설
피해범위가 넓고 인명을 대상으로 한 범죄가 많다.

제3과목 증거물관리 및 법과학

41 화재사의 사인과 그 내용이 올바르게 연결된 것은?

① 화상사 : 화재에 따른 현상에 의해 신경을 자극해서 정신 또는 신체가 충격을 받아 사망한 것
② 질식사 : 화재 시 발생한 일산화탄소 등 유독가스가 혈액의 산소공급을 막아 조직의 산소 결핍으로 사망한 것
③ 소사 : 화재로 인하여 화염 등 고열이 피부에 작용하여 화상을 입은 후 그 상황에서 2차적인 조건에 의해 사망한 것
④ 쇼크사 : 화재로 인한 화상과 더불어 화염에 의해 불에 타서 사망하거나 일산화탄소에 의한 유독가스 중독과 산소결핍에 의한 질식 등이 합병되어 사망한 것

해설
① 화상사 : 고열이 피부에 작용하여 일어나는 국소적 및 전신적 장애로 인한 사망과 뜨거운 기체나 액체에 의한 손상으로 인한 사망
③ 소사 : 화재로 인한 화상과 더불어 일산화탄소나 유독가스에 의한 중독과 산소결핍에 의한 질식 등이 합병되어 사망하는 것. 따라서 화상만 작용하는 화상사와 엄격히 구분됨
④ 쇼크사 : 원인과는 관계없이 쇼크 증세를 일으켜 실신하여 사망하는 일

42 화재로 사망한 사람의 생활반응으로 틀린 것은?

① 일산화탄소의 중독으로 사망한 경우 암적색 시반이 나타난다.

② 분신자살자는 혈중 일산화탄소 농도가 전혀 나오지 않는 경우도 있다.

③ 흡연자의 경우, 평소에도 비흡연자보다 높은 수준의 일산화탄소 농도가 나타난다.

④ 사망에 이르는 혈중 일산화탄소의 농도는 10~80%까지 개개인마다 차이가 있다.

> **해설**
> 일산화탄소 중독은 일산화탄소 헤모글로빈(COHb)의 형성으로 선홍색을 띤다.

43 화재현장에서의 현장임장 및 증거물 수집활동의 법적근거가 아닌 것은?

① 형사소송법 제218조 영장에 의하지 아니한 압수

② 형사소송법 제216조 영장에 의하지 아니한 강제처분

③ 형사소송법 제308조 제2항 위법수집증거 배제원칙

④ 범죄수사규칙 제8장 제2절, 제124조, 제125조 범죄현장과 증거보존, 유류물 등의 압수

> **해설**
> 위법수집증거 배제원칙
> 적법한 절차에 따르지 아니하고 수집한 증거는 증거로 할 수 없다는 원칙으로 현장 활동의 법적근거가 되지는 않는다.

44 증거물 오염이 가중되는 시기로 맞는 것은?

① 보관할 때   ② 이송할 때

③ 수집할 때   ④ 발견했을 때

> **해설**
> 물증의 오염은 그것의 수집 중에 야기된다. 오염은 액체 및 고체 촉진제 증거물의 수집 기간에는 더욱 확실시된다. 액체와 고체 반응촉진제는 화재조사자의 장갑 또는 운반기구나 도구에 의해서 흡수될 수 있다.

45 화재현장에서 화재조사자의 의무가 아닌 것은?

① 화재원인과 피해 조사를 위한 출입 검사 의무

② 관계인등에 대한 진술 확보 시 경찰공무원과의 협력의무

③ 증거물과 피의자에 대한 조사를 수행함에 있어 경찰의 수사를 방해하지 않아야 할 의무

④ 화재조사를 하는 화재조사관은 그 권한을 표시하는 증표를 지니고 이를 관계인등에게 보여주어야 할 의무

> **해설**
> 소방의 화재조사에 관한 법률 제9조(출입·조사 등) 소방청장, 소방본부장 또는 소방서장은 화재조사를 하기 위하여 필요하면 관계인에게 보고 또는 자료 제출을 명하거나 관계 공무원으로 하여금 관계 장소에 출입하여 화재의 원인과 피해의 상황을 조사하거나 관계인에게 질문하게 할 수 있다.

46 인화점 측정을 위한 장비가 아닌 것은?

① Pensky-Martens

② Tag Closed Cup

③ Cleveland Open Cup

④ Scanning Electron Microscope

> **해설**
> Scanning Electron Microscope(주사전자현미경) 전자선이 화재증거물 시료면 위를 주사(Scanning)할 때 시료에서 발생되는 여러 가지 신호 중 그 발생확률이 가장 많은 이차전자(Secondary Electron) 또는 반사전자(Back Scattered Electron)를 검출하는 것으로 대상 시료를 관찰한다.

47 훈소가 가능한 물질에 해당하는 것은?

① 종 이
② 스티로폼
③ 나일론섬유
④ 플라스틱

해설
②·③·④는 탄화되지 않으며, 용융 및 증발의 상
변화가 일어나는 물질로 훈소가 불가능하다.

48 화재로 발생한 열에 의해 유리창이 파손되는
원인에 대한 설명으로 맞는 것은?

① 열을 받은 유리가 녹으면서 깨진다.
② 유리면의 온도차에 의한 응력으로 깨진다.
③ 유리를 구성하는 규소의 열분해에 의해
깨진다.
④ 화재가 발생한 실내의 높아진 압력에 의
해 깨진다.

해설
유리창 모서리 부분과 유리판 중심부분 사이에서
60℃(140°F) 이상의 온도차가 발생되면 창유리의
중심에서 틀의 가장자리까지 사방으로 방사하는 길
고 부드러운 파도와 같은 균열이 발생할 수 있으며,
이 균열이 서로 연결되어 유리 전체가 파손된다. 건물
화재 시 유리창 바깥쪽은 상대적으로 온도가 더 낮을
때 안쪽 면이 갑자기 화염과 접촉하면 유리판 양면
사이에 응력이 발생하여 깨진다.

49 아파트의 주방에서 가스폭발로 20대 여성
이 둔상을 입었다. 둔상은 폭발효과에 의한
부상의 4가지 유형 중 어느 것인가?

① 열효과에 의한 부상
② 지진효과에 의한 부상
③ 파편효과에 의한 부상
④ 압력파효과에 의한 부상

해설
둔상은 뭉뚝하고 둔탁한데 부딪혀 생긴 상처로, 폭발
에 의한 파편으로 인하여 부상이 발생된다.

50 화재조사를 위한 사진 촬영의 중요성에 해당
하지 않는 것은?

① 사실의 묘사성
② 진술의 신뢰성
③ 기억의 환기성
④ 증거의 조작성

해설
사진 촬영의 중요성
• 사실성 : 피사체를 촬영한 것으로 사실적으로 묘사
한다.
• 정보전달의 신속성 : 화재현장을 리얼하게 신속히
전달한다.
• 영구보전성 : 누락된 사실의 보전성 및 조사서류에
영구보전성이 있다.
• 신뢰성 : 구술과 문장보다는 6하 원칙에 의해 상세
히 촬영한 사진은 진술의 신뢰성과 발화원인 판정
의 훌륭한 증거로서 입증자료가 된다.
• 기억의 한계극복성 : 자기가 촬영한 현장사실을 기
억하는 데 도움을 준다.

51 플라스틱 증거물에 관한 설명으로 맞는 것은?

① 열가소성 물질은 용해되고 흘러서 화재
확대의 원인이 된다.
② 폴리우레탄 같은 열가소성 물질은 탄화
물질을 형성하지 않는다.
③ 탄화수소계의 기본적인 고체 가연물인
플라스틱의 약 90%는 열경화성이다.
④ PVC와 같은 열경화성 물질은 가열되면
용융, 변형, 그리고 드롭다운 패턴이 형
성된다.

해설
② 폴리우레탄 같은 열가소성 물질은 탄화물질을 형
성한다.
③ 플라스틱류의 대부분은 열가소성이다.
④ PVC와 같은 열가소성 물질은 가열하면 용융, 변
형, 그리고 드롭다운 패턴이 형성된다.

정답 47 ① 48 ② 49 ③ 50 ④ 51 ①

52 카메라 촬영에 있어 피사계 심도 조절 방법으로 틀린 것은?

① 피사계 심도를 얕게 하는 방법으로 렌즈 구경을 개방한다.
② 피사계 심도를 깊게 하는 방법으로 촬영 거리를 가깝게 한다.
③ 피사계 심도를 얕게 하는 방법으로 초점 거리가 더 긴 렌즈를 사용한다.
④ 피사계 심도를 깊게 하는 방법으로 초점 거리가 더 짧은 렌즈를 사용한다.

해설
피사계 심도는 사진술에서 한 사진의 초점이 맞은 것으로 인식되는 범위이다. 렌즈의 초점은 단 하나의 면에 정해지게 되어 있으나 실제 사진에서는 초점면을 중심으로 서서히 흐려지는 현상이 나타나는데, 이때 충분히 초점이 맞은 것으로 인식되는 범위의 한계를 피사계 심도라 한다. 심도는 초점이 맞게 찍히는 가장 가까운 거리에서 가장 먼 거리 사이의 거리를 말한다. 이 초점이 맞게 찍힌 거리가 긴 것을 '심도가 깊다'고 하고, 초점이 맞는 거리가 짧은 것을 '심도가 얕다'고 한다. 피사체의 심도를 깊게 하는 방법으로 촬영거리를 멀리한다.

53 화재와 관련된 사망자 분석으로 틀린 것은?

① 피는 열의 영향으로 귀, 코, 입에서 스며 나올 수 있다.
② 화재로 인한 희생자는 모두 사망시간을 측정해야 한다.
③ 화재로 인한 희생자는 모두 일산화탄소 포화상태를 측정해야 한다.
④ 사체 외부에서 발견된 피는 사망하기 전에 신체적 외상을 입었다는 것을 나타낸다.

해설
화재로 인한 희생자는 모두 사망시간을 추정할 필요가 없으며, 필요시 조사한다.

54 화재현장의 사진 촬영 기법에 대한 설명으로 틀린 것은?

① 발화지점을 중심으로 연소 확산된 상황을 촬영
② 화재대상물과 주위의 위치관계를 알 수 있도록 촬영
③ 가능한 소실된 현장을 국소적으로만 자세하게 촬영
④ 외부 촬영 시 먼 곳에서 화재대상물 전면을 담아낼 수 있는 위치에서 촬영

해설
연소상황 파악을 위한 사진 촬영 및 녹화 요령
• 높은 곳에서 화재현장 전체를 촬영
• 건물을 4방향에서 촬영
• 발화부 주변현장은 구조물의 외부에서 내부로 촬영
• 한 장의 사진으로 표현이 어려울 경우 현장을 중첩하여 파노라마식으로 촬영
• 의심이 가거나 중요한 증거물에 대하여는 여러 방향에서 촬영

55 가연성 액체 증거보관용기의 설명으로 틀린 것은?

① 가연성 액체 증거를 온전하게 보존해야 한다.
② 가연성 액체 증거의 오염과 변화를 예방해야 한다.
③ 가연성 액체 증거의 기화를 막기 위해 밀봉이 되어서는 안 된다.
④ 가연성 액체 증거의 물리적 상태, 특징, 파괴성, 휘발성을 고려하여 선택한다.

해설
액체 증거수집용기는 기화와 오염을 방지하기 위해 증거용기를 완전히 봉인하는 것이 중요하다.

56 화재조사에서 전기설비 및 구성부품의 증거물 수집 시 유의사항으로 맞는 것은?

① 전체 전기기기나 전기 제품을 있는 그대로 수집해야 한다.
② 전선의 한쪽 끝에는 태그를 붙여 회로 장치 등의 내용을 표시한다.
③ 전선 피복의 검사가 용이하도록 가능한 전선을 짧게 수집해야 한다.
④ 증거물이 발견되면 다른 구성부품과의 혼란방지를 위해 신속히 이동시킨다.

해설
전기 스위치, 콘센트, 온도 조절장치, 중계기, 접속함, 분전반, 그리고 유사한 장치 및 구성요소가 물증으로 종종 수집된다. 이러한 유형의 전기적 증거는 그것이 발견된 장소에서와 똑같은 상태로 손상되지 않게 옮겨야 한다.

57 가스크로마토그래피법을 통해 분리된 각 원소들에 대한 상세한 분석을 수행하는 장비로 맞는 것은?

① Mass Spectrometer
② Tag Closed Tester
③ X-ray Fluorescence
④ Infrared Spectrophotometer

해설
① 질량분석기
② 가연성 액체 인화점 측정방법
③ 형광 X선 분석법
④ 적외선 분광 광도계

58 액체 연소촉진제의 물리적 증거 수집 시 고려 사항으로 틀린 것은?

① 흡수성 물질(밀가루 등)은 실험실로 옮겨서 추출하는 것이 좋다.
② 액체 연소촉진제는 다공성 물질 안에 갇혔을 때 다공성 물질 안에 존재할 가능성이 높으므로 주의 깊게 확인한다.
③ 액체 연소촉진제는 대부분 구조부, 내부 마감재 및 기타 화재 잔해에 쉽게 흡수되므로 물질 내부에 흡수되었는지 확인한다.
④ 모든 액체 연소촉진제는 물보다 가벼워 물과 접촉 시 그 위에 뜨므로 기름띠를 확인하는 것만으로도 액체 연소촉진제가 있었는지를 알아낼 수 있다.

해설
일반적으로 액체 촉진제는 물과 접촉했을 때 물 위에 뜬 상태로 감식되는 경우가 많으나 수용성인 알코올의 경우 알 수 없다.

59 타임라인에서 상대적 시간에 포함되는 것은?

① 완전소화시간
② 목격된 지속시간
③ 신고가 접수된 시간
④ 알람의 설정과 작동시간

해설
상대적 시간
사건의 상호 간에 걸리는 시간(어림잡은 시간)이나 알려진 화재이동을 통해 분석한 공학적 시간 등으로 예를 들면 초기소화에서 완전 진화까지 약 10분 정도 걸렸다 등이다. 여기서 ① · ③ · ④는 사건이 일어난 시점이 확인된 시간으로 절대적 시간에 해당한다.

60 화재현장에서 질문 내용의 녹음 방법으로 맞는 것은?

① 진술 거부 시 유도심문을 한다.
② 질문은 길게 하고 간결한 답변을 요구한다.
③ 사전에 녹음사실을 알리고 임의적 진술을 확보한다.
④ 관계자의 심리적 상태를 고려하여 화재로부터 2~3일 후 면담을 한다.

해설
질문시기, 장소 등을 고려하며, 사전에 녹음 사실을 알리고 피질문자의 임의 진술을 얻도록 한다.

제4과목 화재조사보고 및 피해평가

61 피해물의 경제적 내용연수가 다한 경우 잔존하는 가치의 재구입비에 대한 비율을 무엇이라 하는가?

① 잔가율
② 손해율
③ 최종잔가율
④ 보정률

해설
① 잔가율 : 화재 당시 피해물의 재구입비에 대한 현재가의 비율
② 손해율 : 피해물의 종류, 손상 상태 및 정도에 따라 피해액을 적정화시키는 일정한 비율
④ 화재조사에서 보정률이란 용어는 사용하지 않음

62 화재피해조사서(인명) 작성 시 기재사항이 아닌 것은?

① 사상부위
② 사상 시 위치·행동
③ 사상 전 상태
④ 사상자 가족 인적사항

해설
①·②·③ 이외에 사상원인, 사상부위와 외상에 대한 기재사항이 있다.

63 「화재조사 및 보고규정」상 사후조사에 대한 설명으로 맞는 것은?

① 사후조사 의뢰서의 내용에 따라 발화장소 및 발화지점의 현장이 보존되어 있는 경우에만 조사를 한다.
② 사후조사의 경우에도 화재현장 출동보고서를 반드시 작성하여야 한다.
③ 사후조사의 경우 화재발생종합보고서는 화재조사 및 보고규정 별지 제3호 서식이 아닌 별도의 서식에 의해 작성한다.
④ 소방대가 출동하지 아니한 화재장소의 화재증명원 발급요청이 있는 경우, 화재조사관이 판단하여 사후조사를 실시한 후 보고서를 작성한다.

해설
화재증명원의 발급(제23조)
소방관서장은 화재피해자로부터 소방대가 출동하지 아니한 화재장소의 화재증명원 발급신청이 있는 경우 조사관으로 하여금 사후조사 의뢰서의 내용에 따라 발화장소 및 발화지점의 현장이 보존되어 있는 경우에만 조사를 실시하게 할 수 있다. 이 경우 민원인이 제출한 별지 제3호 서식의 별지 제2호 서식의 화재현장출동보고서 작성은 생략할 수 있다.

64 「화재조사 및 보고규정」상 화재조사활동의 개시시점으로 맞는 것은?

① 화재발생 사실 인지한 즉시
② 화재현장 도착과 동시
③ 화재진화 활동과 동시
④ 화재진화 작업종료와 동시

해설
화재조사의 개시(화재조사 및 보고규정 제3조)
「소방의 화재조사에 관한 법률」(이하 "법"이라 한다)
제5조제1항에 따라 화재조사관(이하 "조사관"이라 한다)은 화재발생 사실을 인지하는 즉시 화재조사(이하 "조사"라 한다)를 시작해야 한다.

66 「화재조사 및 보고규정」상 화재현장출동 보고서의 작성을 생략할 수 있는 경우는?

① 항구에 매어둔 선박에서 화재가 발생하여 조사하는 경우
② 건축물이 아닌 야외 공터의 쓰레기 화재에 대해 조사한 경우
③ 소방대가 화재현장에 출동하였고, 재산 피해가 경미한 경우
④ 소방대가 출동하지 않은 화재현장에 대해 민원인이 사후조사를 의뢰하였고, 현장이 보존되어 사후조사를 실시한 경우

해설
문제 63번 참조

65 공구 및 기구의 소손정도에 따른 손해율로 틀린 것은?

① 오염·수침손의 경우 : 10%
② 손해정도가 보통인 경우 : 20%
③ 손해정도가 다소 심한 경우 : 50%
④ 50% 이상 소손되고 그을음 및 수침오염 정도가 심한 경우 : 100%

해설
공구 및 기구 손해율

화재로 인한 피해 정도	손해율(%)
50% 이상 소손되고 그을음 및 수침오염 정도가 심한 경우	100
손해 정도가 다소 심한 경우	50
손해 정도가 보통인 경우	30
오염·수침손의 경우	10

67 화재현장조사서 작성 시 발화원인 판정의 방법으로 틀린 것은?

① 재현실험의 데이터나 각종 문헌 등을 인용한다.
② 제조물 관련 화재의 경우 경험에 기초하여 주관적 증명이 가능하도록 한다.
③ 난해한 전문용어나 어려운 이론을 열거하는 것은 피하고 논리적 표현을 사용한다.
④ 질문조사서 등의 서류로부터 사실인용과 합리적·과학적인 논리전개가 중심이 된다.

해설
제조물 책임과 관련하여 화재증거물에 기초하여 객관적 증명이 가능하도록 한다.

68 모델하우스 또는 가설건물 등 일정기간 존치하는 건물에 있어서 실제 존치할 기간을 내용연수로 하여 피해액을 산정할 경우 존치기간종료일 현재의 최종잔가율은?

① 10% 　　② 20%
③ 30% 　　④ 50%

해설
모델하우스 또는 가설건물 등 일정기간 존치하는 건물에 있어서는 실제 존치할 기간을 내용연수로 하여 피해액을 산정한다. 이 경우 존치기간 종료일 현재의 최종잔가율은 20%이며, 내용연수 및 경과연수는 년 단위까지 산정한다.

69 화재원인 분류에서 화학적 요인에 해당하지 않는 것은?

① 자연발화
② 혼촉발화
③ 물리적 폭발
④ 금수성물질과 물의 접촉

해설
물리적 폭발에는 가열, 가압 상변화 등이 있다.

70 「소방의 화재조사에 관한 법률」에 따른 용어의 뜻에서 "관계인등"에 해당하지 않는 사람은?

① 화재현장을 발견하고 신고한 사람
② 소화활동을 행하거나 인명구조활동(유도대피 포함)에 관계된 사람
③ 화재현장에 있는 사람
④ 화재를 발생시키거나 화재발생과 관계된 사람

해설
정의(법 제2조)
"관계인등"이란 화재가 발생한 소방대상물의 소유자·관리자 또는 점유자(이하 "관계인"이라 한다) 및 다음 각 목의 사람을 말한다.
- 화재현장을 발견하고 신고한 사람
- 화재현장을 목격한 사람
- 소화활동을 행하거나 인명구조활동(유도대피 포함)에 관계된 사람
- 화재를 발생시키거나 화재발생과 관계된 사람

71 화재조사서류 작성상의 유의사항으로 틀린 것은?

① 필요한 서류가 첨부되어야 한다.
② 원칙적으로 평이하고 알기 쉬운 문장으로 작성토록 노력한다.
③ 오자, 탈자 등이 없도록 글자 하나라도 가볍게 보아서는 안 된다.
④ 화재유형별 조사서는 화재의 유형에 관계없이 동일 양식에 기재하여야 한다.

해설
건축·구조물화재, 자동차·철도차량화재, 위험물·가스제조소 등 화재, 선박·항공기 화재, 임야화재별로 조사서를 작성하여야 한다.

72 화재피해액을 산정할 때 손해율의 적용할 때 손해율을 구분하는 기준은?

① 내용연수
② 경년감가율
③ 최종잔가율
④ 화재로 인한 피해정도

해설
'손해율'이란 피해물의 종류, 손상 상태 및 정도에 따라 피해액을 적정화시키는 일정한 비율로 피해정도에 따라 구분한다.

73 내용연수가 30년이고 경과연수가 15년인 건물의 잔가율은 얼마인가?

① 30% ② 40%
③ 50% ④ 60%

해설
'잔가율'이란 화재 당시에 피해물의 재구입비에 대한 현재가의 비율로
건물의 잔가율 = 1 − [(1 − 0.2) × 경과연수 / 내용연수] = 1 − (0.8 × 15 / 30) = 0.6

74 다음 중 작성자가 다른 화재조사 서류는?

① 질문기록서
② 화재현장조사서
③ 화재피해조사서
④ 화재현장출동보고서

해설
화재현장출동보고서는 출동대원이 작성하는 서식이다.

75 예술품 및 귀중품의 피해액 산정을 위한 기준으로 맞는 것은? (단, 그 가치를 손상하지 아니하고 원상태의 복원이 가능한 경우는 제외한다)

① 시중매매가격
② 감정서의 감정가액
③ 수리비에 의한 방식
④ 회계장부상의 구입가액

해설
예술품 및 귀중품의 피해액 산정기준
• 복수의 전문가(전문점, 학자, 감정인 등)의 감정을 받거나 감정서 등의 금액을 피해액으로 인정하며, 감가공제는 하지 아니한다.
• 예술품 및 귀중품에 대해 그 가치를 손상하지 아니하고 원상태의 복원이 가능한 경우에는 원상회복에 소요되는 비용을 화재로 인한 피해액으로 한다.

76 화재 등으로 인한 피해액 산정에 있어 최종 잔가율 20% 적용이 아닌 것은?

① 건 물 ② 부대설비
③ 비 품 ④ 가재도구

해설
최종잔가율
• 건물, 부대설비, 구축물, 가재도구 : 20%
• 그 이외의 자산 : 10%

77 「화재조사 및 보고규정」에서 소실정도를 구분할 때 전소에 대한 설명으로 틀린 것은?

① 반소보다 소실비율이 높다.

② 일반적으로 건물의 경우 70% 이상 소실된 것을 의미한다.

③ 소실비율은 소실된 건물의 바닥면적을 기준으로 한다.

④ 소실정도가 70% 미만인 경우에 잔존부분을 보수하여도 재사용이 불가능한 것은 전소에 해당한다.

해설

전소화재
70% 이상(입체면적에 대한 비율)이 소실된 화재나 그 미만이라도 잔존부분이 보수를 하여도 재사용 불가능한 것

78 영업시설의 피해액 산정 시에 개·보수한 때를 기준으로 경과연수를 산정하는 것은 재설치비의 몇 % 이상 개·보수한 경우인가?

① 50   ② 60

③ 70   ④ 80

해설

영업시설의 경과 연수
재설치비의 80% 이상 개·보수한 경우에 개·보수한 때를 기준으로 하여 경과연수를 산정한다.

79 화재현황 조사서의 기재사항이 아닌 것은?

① 건물상태   ② 화재발생장소

③ 화재원인   ④ 발화관련기기

해설

건물의 상태는 기재사항에 해당되지 않는다.

80 철거건물에 대한 피해액 산정 시의 최종잔가율로 맞는 것은?

① 5%   ② 10%

③ 15%   ④ 20%

해설

최종잔가율
• 건물, 부대설비, 구축물, 가재도구 : 20%
• 그 이외의 자산 : 10%

제5과목 화재조사 관계법규

81 「화재로 인한 재해보상과 보험가입에 관한 법률」상 특수건물에 대하여 손해보험회사가 운영하는 특약부화재보험에 가입하지 아니한 자의 벌칙 기준으로 옳은 것은?

① 100만원 이하의 벌금

② 300만원 이하의 벌금

③ 500만원 이하의 벌금

④ 700만원 이하의 벌금

해설

법 제23조·제24조에 따르면 특약부화재보험 미가입자는 500만원 이하의 벌금에 처한다.

82 「소방의 화재조사에 관한 법률」상 화재조사를 하기 위한 화재조사관의 출입 또는 조사를 거부·방해 또는 기피하는 자에 대한 벌칙 기준으로 옳은 것은?

① 100만원 이하의 벌금

② 200만원 이하의 벌금

③ 300만원 이하의 벌금

④ 500만원 이하의 벌금

해설

소방의 화재조사에 관한 법률 위반

위반행위	벌칙
• 화재현장 보존 등을 위반하여 허가 없이 화재현장에 있는 물건 등을 이동시키거나 변경·훼손한 사람 • 정당한 사유 없이 화재조사관의 출입 또는 조사를 거부·방해 또는 기피한 사람 • 관계인의 정당한 업무를 방해하거나 화재조사를 수행하면서 알게 된 비밀을 다른 용도로 사용하거나 다른 사람에게 누설한 사람 • 정당한 사유 없이 증거물 수집을 거부·방해 또는 기피한 사람	300만원 이하의 벌금
• 소방관서장 또는 경찰서장의 허가 없이 통제구역에 출입한 사람 • 명령을 위반하여 보고 또는 자료 제출을 하지 아니하거나 거짓으로 보고 또는 자료를 제출한 사람 • 정당한 사유 없이 출석을 거부하거나 질문에 대하여 거짓으로 진술한 사람	200만원 이하의 과태료

83 「화재조사 및 보고규정」에 따른 사상자의 기준 중 다음 ( ) 안에 알맞은 것은?

> 사상자는 화재현장에서 사망한 사람과 부상당한 사람을 말한다. 단, 화재현장에서 부상을 당한 후 ( )시간 이내에 사망한 경우에는 당해 화재로 인한 사망으로 본다.

① 72

② 48

③ 36

④ 24

해설

부상자의 사망기준

화재현장에서 부상을 당한 후 72시간 이내에 사망한 경우에는 당해 화재로 인한 사망자로 본다.

84 소방청장, 소방본부장 또는 소방서장이 방화(放火) 또는 실화(失火)의 혐의가 있어서 수사기관이 이미 피의자를 체포하였거나 증거물을 압수하였을 때에 화재조사를 위하여 피의자 또는 압수된 증거물에 대한 조사를 하는 경우에 대한 설명으로 옳은 것은?

① 필요할 때는 언제나 조사할 수 있으며 수사기관은 항상 화재조사에 협조하여야 한다.

② 수사기관의 수사가 종료된 후부터 조사를 실시할 수 있다.

③ 수사에 지장을 주지 아니하는 범위에서 조사를 할 수 있으며 수사기관은 신속한 화재조사를 위하여 특별한 사유가 없으면 조사에 협조하여야 한다.

④ 원칙적으로 조사할 수 없으나, 인명피해 등 사회적 문제가 야기된 경우에는 조사할 수 있다.

해설

화재조사 증거물 수집 등(법 제11조 제2항)

소방관서장은 수사기관의 장이 방화 또는 실화의 혐의가 있어서 이미 피의자를 체포하였거나 증거물을 압수하였을 때에 화재조사를 위하여 필요한 경우에는 범죄수사에 지장을 주지 아니하는 범위에서 그 피의자 또는 압수된 증거물에 대한 조사를 할 수 있다. 이 경우 수사기관의 장은 소방관서장의 신속한 화재조사를 위하여 특별한 사유가 없으면 조사에 협조하여야 한다.

85 「화재로 인한 재해보상과 보험가입에 관한 법률」에 따르면 특수건물의 소유권이 변경된 경우 소유권을 취득한 날부터 며칠 이내에 특약부화재보험에 가입하여야 하는가?

① 즉 시 ② 10일
③ 20일 ④ 30일

해설

특수건물의 소유자는 다음 각 호에서 정하는 날부터 30일 이내에 특약부화재보험에 가입하여야 한다.
- 특수건물을 건축한 경우 : 「건축법」 제22조에 따른 건축물의 사용승인, 「주택법」 제49조에 따른 사용검사 또는 관계 법령에 따른 준공인가 · 준공확인 등을 받은 날
- 특수건물의 소유권이 변경된 경우 : 그 건물의 소유권을 취득한 날
- 그 밖의 경우 : 특수건물의 소유자가 그 건물이 특수건물에 해당하게 된 사실을 알았거나 알 수 있었던 시점 등을 고려하여 대통령령으로 정하는 날

86 「화재조사 및 보고규정」상 화재의 소실정도가 반소인 기준으로 옳은 것은?

① 건물의 30% 이상 70% 미만이 소실된 것
② 건물의 40% 이상 60% 미만이 소실된 것
③ 건물의 50% 이상 70% 미만이 소실된 것
④ 건물의 50% 이상 80% 미만이 소실된 것

해설

소실정도	내 용
전 소	대상물의 입체면적 70% 이상이 소손된 화재 또는 이것 미만일지라도 잔존부분을 보수하여도 재사용이 불가능한 화재
반 소	대상물이 30% 이상, 70% 미만 소실된 화재
부분소	전소 및 반소에 해당되지 않는 화재

87 「민법」상 다음 (   ) 안에 알맞은 용어는?

공작물의 설치 또는 보존의 하자로 인하여 타인에게 손해를 가한 때에는 공작물 (㉮)가 손해를 배상할 책임이 있다. 그러나 (㉮)가 손해의 방지에 필요한 주의를 해태하지 아니한 때에는 그 (㉯)가 손해를 배상할 책임이 있다.

① ㉮ : 소유자, ㉯ : 중개자
② ㉮ : 점유자, ㉯ : 소유자
③ ㉮ : 소유자, ㉯ : 설계자
④ ㉮ : 점유자, ㉯ : 건축자

해설

공작물의 설치 또는 보존의 하자로 인하여 타인에게 손해를 가한 때에는 공작물점유자가 손해를 배상할 책임이 있다. 그러나 점유자가 손해의 방지에 필요한 주의를 해태하지 아니한 때에는 그 소유자가 손해를 배상할 책임이 있다.

88 「제조물 책임법」상 제조업자의 손해배상 면책규정으로 옳지 않은 것은?

① 제조업자가 해당 제조물을 공급하지 아니하였다는 사실을 입증한 경우
② 제조물의 결함이 제조업자의 제조물 공급 당시 법령기준을 준수함에 따라 발생하였다는 사실을 입증한 경우
③ 제조물을 공급한 당시의 과학 · 기술 수준으로는 결함의 존재를 발견할 수 없었다는 사실을 입증한 경우
④ 제조업자가 결함 있는 제조물을 공급한 후 3년이 경과한 경우

해설

손해배상의 청구권은 제조업자가 손해를 발생시킨 제조물을 공급한 날부터 10년 이내에 행사하여야 한다.

89 「화재로 인한 재해보상과 보험가입에 관한 법률」에 따라 특약부화재보험을 가입하여야 하는 특수건물 중 아파트는 기본적으로 몇 층 이상이어야 하는가?

① 7층
② 11층
③ 16층
④ 층수에 관계없이 모든 아파트

공동주택의 보험가입의무 특수건물
16층 이상의 아파트 및 부속건물 : 관리주체에 의하여 관리되는 동일한 아파트단지 안에 있는 15층 이하의 아파트를 포함한다.

90 「제조물 책임법」상 제조상의 결함에 해당되는 것은?

① 제조업자가 합리적인 대체설계(代替設計)를 채용하였더라면 피해나 위험을 줄이거나 피할 수 있었음에도 대체설계를 채용하지 아니하여 해당 제조물이 안전하지 못하게 된 경우를 말한다.
② 제조업자가 제조물에 대하여 제조상·가공상의 주의의무를 이행하였는지에 관계없이 제조물이 원래 의도한 설계와 다르게 제조·가공됨으로써 안전하지 못하게 된 경우를 말한다.
③ 제조업자가 합리적인 설명·지시·경고 또는 그 밖의 표시를 하였더라면 해당 제조물에 의하여 발생할 수 있는 피해나 위험을 줄이거나 피할 수 있었음에도 이를 하지 아니한 경우를 말한다.
④ 제조업자가 물류·유통과정에서 발생할 수 있는 위험을 인지하지 못하여 제조물의 파손을 초래한 경우를 말한다.

'제조상의 결함'이란 제조업자의 제조물에 대한 제조상·가공상의 주의의무를 이행하였는지와 관계없이 제조물이 원래 의도한 설계와 다르게 제조·가공됨으로써 안전하지 못하게 된 경우를 말한다.

91 「형법」상 업무상 과실 또는 중대한 과실로 인하여 실화의 죄를 범한 자에 대한 벌칙 기준으로 옳은 것은?

① 2년 이하의 금고 또는 700만원 이하의 벌금
② 3년 이하의 금고 또는 2,000만원 이하의 벌금
③ 5년 이하의 금고 또는 1,500만원 이하의 벌금
④ 7년 이하의 금고 또는 2,000만원 이하의 벌금

죄 명	구체적 범죄 내용	형 량
실화죄 (제170조)	과실로 인하여 현주건조물 등 또는 공용건조물 등에 기재한 물건 또는 타인의 소유에 속하는 일반건조물 등에 기재한 물건을 소훼한 자	1천 500만원 이하의 벌금
	과실로 인하여 자기의 소유에 속하는 일반건조물 등 또는 일반물건에 기재한 물건을 소훼하여 공공의 위험을 발생하게 한 자	
업무상 실화 중실화죄 (제171조)	업무상 과실 또는 중대한 과실로 인하여 위 실화죄를 범한 자	3년 이하의 금고 또는 2천만원 이하의 벌금

92 「화재로 인한 재해보상과 보험가입에 관한 법률」상 특약부화재보험의 설명으로 옳은 것은?

① 장애가 남은 것이란 정상기능의 5분의 2 이상을 상실한 경우를 말한다.

② 제대로 못쓰게 된 것이란 정상기능의 5분의 4 이상을 상실한 경우를 말한다.

③ 뚜렷한 장애가 남은 것이란 정상기능의 5분의 3 이상을 상실한 경우를 말한다.

④ 항상 보호 또는 수시 보호를 받아야 하는 기간은 의사가 판정하는 노동능력 상실 기간을 기준으로 하여 타당한 기간으로 정한다.

해설
제대로 못쓰게 된 것이란 정상기능의 4분의 3 이상을 상실한 경우를 말하고, 뚜렷한 장애가 남은 것이란 정상기능의 2분의 1 이상을 상실한 경우를 말하며, 장애가 남은 것이란 정상기능의 4분의 1 이상을 상실한 경우를 말한다.

93 「소방의 화재조사에 관한 법률 시행령」상 화재조사관 자격기준에 대한 설명으로 틀린 것은?

① 소방관서장은 소방청장이 실시하는 화재조사에 관한 시험에 합격한 소방공무원으로 하여금 화재조사 업무를 수행하게 해야 한다.

② 화재조사에 관한 시험의 방법, 과목, 그 밖에 시험 시행에 필요한 사항은 행정안전부령으로 정한다.

③ 소방관서장은 「국가기술자격법」에 따른 국가기술자격의 직무분야 중 화재감식평가 분야의 기사 자격을 취득한 소방공무원으로 하여금 화재조사 업무를 수행하게 해야 한다.

④ 소방관서장은 「국가기술자격법」에 따른 국가기술자격의 직무분야 중 화재감식평가 분야의 산업기사 자격을 취득한 사람에게 화재조사 업무를 수행하게 해야 한다.

해설
화재조사관의 자격기준 등(제5조)
화재조사 업무를 수행하는 화재조사관은 다음 각 호의 어느 하나에 해당하는 소방공무원으로 한다.
• 소방청장이 실시하는 화재조사에 관한 시험에 합격한 소방공무원
• 「국가기술자격법」에 따른 국가기술자격의 직무분야 중 화재감식평가 분야의 기사 또는 산업기사 자격을 취득한 소방공무원

94 「소방의 화재조사에 관한 법률」 및 「화재조사 및 보고규정」상 용어의 정의 중 옳은 것은?

① 발화열원이란 화재가 발생한 부위를 말한다.
② 화재조사관이란 화재조사업무를 위탁한 보험회사 직원을 말한다.
③ 발화요인이란 발화에 관련된 불꽃 또는 열을 발생시킨 기기 또는 장치나 제품을 말한다.
④ 연소확대물이란 연소가 확대되는 데 있어 결정적 영향을 미친 가연물을 말한다.

해설
① 발화열원이란 발화의 최초 원인이 된 불꽃 또는 열을 말한다.
② 화재조사관이란 화재조사에 전문성을 인정받아 화재조사를 수행하는 소방공무원을 말한다(조사법 제2조).
③ 발화요인이란 발화열원에 의하여 발화로 이어진 연소현상에 영향을 준 인적·물적·자연적인 요인을 말한다.

95 「민법」에서 규정하는 불법행위에 대한 설명으로 틀린 것은?

① 과실로 인한 위법행위로 타인에게 손해를 가한 자는 그 손해를 배상할 책임이 있다.
② 타인의 신체, 자유 또는 명예를 해하거나 기타 정신상 고통을 가한 자는 재산 이외의 손해에 대하여도 배상할 책임이 있다.
③ 심신상실 중에 타인에게 손해를 가한 자는 배상의 책임이 있다.
④ 태아는 손해배상의 청구권에 관하여는 이미 출생한 것으로 본다.

해설
미성년자, 심신상실자가 타인에게 손해를 가한 경우 손해배상책임을 부담하지 않고, 법정 감독의무자가 책임을 부담한다.

96 「소방기본법」에 따른 화재, 재난·재해 그 밖의 위급한 상황이 발생한 현장에서 그 현장에 있는 사람으로 하여금 사람을 구출하는 일 또는 불을 끄거나 불이 번지지 아니하도록 하는 일을 방해한 자에 대한 벌칙은?

① 5년 이하의 징역 또는 3천만원 이하의 벌금
② 5년 이하의 징역 또는 5천만원 이하의 벌금
③ 3년 이하의 징역 또는 1천 500만원 이하의 벌금
④ 3년 이하의 징역 또는 1천만원 이하의 벌금

97 공용건조물 등에의 방화죄 대상물이 아닌 것은?

① 건조물   ② 자동차
③ 임 야   ④ 지하채굴시설

해설
공용건조물 등 방화죄 대상물
공용 또는 공익에 공하는 건조물, 기차, 전차, 자동차, 선박, 항공기 또는 지하채굴시설

98 「화재증거물수집관리규칙」에 따른 증거물 시료용기의 기준 중 옳은 것은?

① 주석 도금캔(Can)은 2회 사용 후 반드시 폐기한다.

② 양철 용기는 돌려 막는 스크루 뚜껑만 아니라 밀어 막는 금속 마개를 갖추어야 한다.

③ 코르크마개, 클로로프렌 고무, 마분지, 합성 코르크마개 또는 플라스틱 물질 (PTFE 포함)은 시료와 직접 접촉되어서는 안 된다.

④ 유리병의 코르크마개는 휘발성 액체에 사용하여야 한다. 만일 제품이 빛에 민감하다면 짙은 색깔의 시료병을 사용한다.

해설
증거물 시료용기 기준
① 주석 도금 캔(Can)은 1회 사용 후 반드시 폐기한다.
③ 코르크마개, 고무(클로로프렌 고무는 제외), 마분지, 합성 코르크마개 또는 플라스틱 물질(PTFE는 제외)은 시료와 직접 접촉되어서는 안 된다.
④ 코르크마개는 휘발성 액체에 사용하여서는 안 된다. 만일 제품이 빛에 민감하다면 짙은 색깔의 시료병을 사용한다.

99 「화재조사 및 보고규정」상 다음에서 설명하는 용어는?

> 피해물의 종류, 손상 상태 및 정도에 따라 피해액을 적정화시키는 일정한 비율을 말한다.

① 최초잔가율　　② 최종잔가율
③ 잔가율　　　　④ 손해율

100 「제조물 책임법」에 따른 손해배상의 청구권은 제조업자가 손해를 발생시킨 제조물을 공급한 날부터 몇 년 이내에 행사하여야 하는가?

① 3　　　　　　② 5
③ 7　　　　　　④ 10

해설
손해배상의 청구권은 제조업자가 손해를 발생시킨 제조물을 공급한 날부터 10년 이내에 행사하여야 한다.

05 │ 1회 기사 기출문제

제1과목 화재조사론

01 증기운 형성물질 중 비점 이상의 온도지만 가압하여 액화된 물질로 열전달 및 확산이 증발을 제한하는 특징을 갖는 물질은?

① 벤 젠
② 액화암모니아
③ 액화천연가스
④ 액화석유가스

02 「소방의 화재조사에 관한 법률」에 따른 화재조사 실시에 관한 내용으로 옳지 않은 것은?

① 소방관서장은 화재발생 사실을 알게 된 때에는 지체 없이 화재조사를 하여야 한다.
② 화재조사의 대상 및 절차 등에 필요한 사항은 소방청장이 정한다.
③ 화재조사를 하는 경우 수사기관의 범죄수사에 지장을 주어서는 아니 된다.
④ 화재조사를 하는 경우 화재발생건축물과 구조물, 화재유형별 화재위험성 등에 관한 사항을 조사해야 한다.

> **해설**
> 화재조사의 대상 및 절차 등에 필요한 사항은 대통령령으로 정한다.

03 화재현장에서 수집된 각 증거물이 주는 정보를 연관되는 것끼리 연결해 놓은 것으로 전체적인 그림을 그리는 과정은?

① PERT 차트
② 타임라인(Time Line)
③ Hopkinson의 삼승근법
④ 마인드매핑(Mind Mapping)

> **해설**
> 화재조사와 마인드맵
> 증명해주는 개별적인 화재증거물들을 연관성이 있는 정보끼리 연결한 후 분석 및 재구성하여 지도를 그리듯 화재원인 추론을 전체적으로 그리는 과정을 말한다.

04 화염의 색이 백적색일 때 불꽃의 온도는?

① 약 350℃
② 약 800℃
③ 약 1,300℃
④ 약 1,500℃

> **해설**
> 화염(불꽃)의 온도
>
> | 불꽃색상 | 휘백색 | 백적색 | 황적색 | 휘적색 | 적색 | 암적색 | 담암적색 |
> |---|---|---|---|---|---|---|---|
> | 온도 | 1,500 | 1,300 | 1,100 | 950 | 850 | 700 | 522 |

05 연소흔적의 주요 생성원인 중 증발연소로 인하여 나타나는 액체가연물의 흔적으로 옳은 것은?

① 포어 패턴(Pour Pattern)
② 도넛 패턴(Doughnut Pattern)
③ 스플래시 패턴(Splash Pattern)
④ 레인보우 이펙트(Rainbow Effect)

> **해설**
> 도넛 패턴(Doughnut Patterns)
> 가연성 액체 화재에 나타나는 연소패턴으로 주변부나 얕은 곳에서는 화염이 바닥이나 바닥재를 탄화시키는 반면 깊은 중심부는 액체가 증발하면서 증발잠열에 의해 웅덩이 중심부를 냉각시키는 현상으로 인해 발생한다.

정답 1 ① 2 ② 3 ④ 4 ③ 5 ②

06 정전기의 발생을 예방하기 위한 방법으로 틀린 것은?

① 접지시설을 한다.
② 공기를 이온화시킨다.
③ 공기 중의 상대습도를 70% 이상으로 한다.
④ 대전을 방지하기 위하여 비전도성 물질을 사용한다.

해설
대전을 방지하기 위하여 전도성 물질을 사용한다.

07 구획된 건축물 내 화재 발생 시 나타나는 화재 패턴에 대한 설명으로 옳은 것은?

① 금속재의 만곡부는 지상을 향해 휘거나 뒤틀린 형태를 나타낸다.
② 열을 많이 받은 부분일수록 박리현상이 발생할 가능성이 낮다.
③ 벽지에 나타나는 연소형태를 통하여 화염의 이동경로를 추정하는 것은 불가능하다.
④ 천장 내부에서 착화된 경우 화재의 발견이 늦기 때문에 천장 바깥보다 안쪽의 소실정도가 약하게 나타난다.

해설
② 열이 많이 받은 부분일수록 박리현상이 발생할 가능성이 높다.
③ 벽지에 나타나는 연소흔적을 통하여 화염의 이동경로를 추정할 수 있다
④ 천정의 안쪽이 바깥쪽보다 소실정도가 강하게 나타난다.

08 공기 중에서 폭발범위가 가장 넓은 물질은?

① 수 소
② 메 탄
③ 아세틸렌
④ 암모니아

해설
폭발범위

기체 또는 증기	연소범위 (vol%)	기체 또는 증기	연소범위 (vol%)
수소(H₂)	4.1~75	메탄(CH₄)	5.0~15
아세틸렌 (C₂H₂)	2.5~82	암모니아 (NH₃)	15.7~27.4

09 수류탄 폭발에 대한 분류로 옳은 것은?

① 화학적 폭발 - 집중 폭발
② 화학적 폭발 - 확산 폭발
③ 물리적 폭발 - 확산 폭발
④ 물리적 폭발 - 집중 폭발

해설
수류탄 폭발은 화학적 폭발 중 집중 폭발에 해당한다.

10 연소 박리와 소화수 박리에 대한 설명 중 틀린 것은?

① 박리의 분포는 연소 박리가 집중되어 있고, 소화수 박리는 산재되어 있다.
② 표면의 거칠기는 연소 박리가 크고, 소화수 박리는 작다.
③ 박리면적은 연소 박리가 작고, 소화수 박리는 크다.
④ 박리면은 연소 박리가 거칠고, 소화수 박리는 평탄하며 윤기가 난다.

해설
박리의 분포는 소화수 박리가 집중되어 있고, 연소 박리는 산재되어 있다.

6 ④ 7 ① 8 ③ 9 ① 10 ① **정답**

11 12mm의 합판이 25kW/m²의 열유속을 받고 있을 때 점화시간(초)은? (단, 표면 열손실이 없는 이상적인 경우라 가정하고, 실온 : 20℃, 합판의 물성치는 점화온도 : 250℃, 열전도도 : 0.15×10⁻³kW/m·K, 밀도 : 640kg/m³, 비열 : 2.9kJ/kg·K이다)

① 약 15
② 약 19
③ 약 23
④ 약 30

해설
점화시간

$= \dfrac{\text{밀도} \times \text{비열} \times \text{두께} \times (\text{점화온도} - \text{실온})}{\text{열유속}}$

$= \Delta t = t_{ig} = \dfrac{\rho\, C_p\, l\, (T_{ig} - T_\infty)}{\dot{q}''}$

$= \dfrac{640\text{kg/m}^3 \times 2.9\text{kJ/kg}\cdot\text{K} \times 0.012\text{m} \times (250℃ - 20℃)}{250\text{kw/m}^2}$

$= 20.5\text{s}$

12 연기에 대한 설명으로 틀린 것은?

① 고층건물에서 연기를 이동시키는 주요 추진력은 굴뚝효과이다.
② 건물 내에서 연기의 수평방향 확산속도는 약 0.5m/s이다.
③ 알코올이 연소될 경우에 연기의 색은 진한 검정색을 띤다.
④ 연기는 공기 중에 부유하고 있는 고체 또는 액체의 미립자다.

해설
③ 알코올이 연소될 경우 연기의 색은 무색이다.

13 물과 접촉 시 가연성 기체를 발생하지 않고 발열반응으로 인하여 주변의 가연물을 발화시키는 물질은?

① 칼 륨
② 산화칼슘
③ 인화알루미늄
④ 탄화칼슘

해설
산화칼슘은 물질 자신이 발열하고 접촉가연물을 발화시키는 물질이다.
산화칼슘(생석회) : $CaO + H_2O$
$\rightarrow Ca(OH)_2 + 15.2\text{kcal/mol}$

14 「소방의 화재조사에 관한 법률」에 따른 화재조사 시기로 옳은 것은?

① 소방관서장의 허가를 받은 때
② 소화활동을 시작하게 된 때
③ 화재발생 사실을 알게 된 때
④ 화재진압을 완료한 후

해설
화재조사의 실시(법 제5조 제1항)
소방청장, 소방본부장 또는 소방서장(이하 "소방관서장"이라 한다)은 화재발생 사실을 알게 된 때에는 지체 없이 화재조사를 하여야 한다.

15 방화의 식별에서 일반적인 방화의 가능성이 있는 경우로 가장 거리가 먼 것은?

① 화재가 건물의 구조, 가연물 등에 비해 급격히 확산된 경우
② 최초 발화지점에서 유류 등 연료물질을 사용한 흔적이 있는 경우
③ 연소기구를 중심으로 연소 확대가 진행된 흔적이 있는 경우
④ 출입문, 창 등에 강제로 진입한 흔적이 있는 경우

해설
연소기구 중심으로 연소 확대가 진행된 흔적이 있는 경우는 일반적인 실화에서 나타나는 흔적이다.

16 드래프트 효과를 저해하는 요인이 아닌 것은?

① 통 내에 그을음이 많이 쌓여 단면적이 감소되는 경우
② 균열이나 파손된 곳으로 외부의 찬 공기가 들어오는 경우
③ 연통의 수직거리가 수평거리의 1.5배 이상인 경우
④ 굴곡이 적거나 구부러지지 않아 통기저항이 적은 경우

해설
굴곡이 적거나 구부러지 않은 경우 통기저항이 적어 드래프트(연돌효과)를 증가시킨다.

17 「소방의 화재조사에 관한 법률」에 따른 화재조사전담부서에서 갖추어야 할 장비와 시설 중 감식용 기기에 해당되지 않는 것은?

① 휴대용디지털현미경
② 내시경현미경
③ 산업용실체현미경
④ 실체현미경

해설
현미경 기자재 중 실체현미경과 주사전자현미경은 감정용 기기로 구분한다.

18 플래시오버에 대한 설명으로 가장 거리가 먼 것은?

① 환기 지배 연소로 전환된다.
② 열방출율 곡선이 급격히 상승한다.
③ 주요 열전달 방식은 대류로 전환된다.
④ 플래시오버 단계는 해당 화재실의 화염이 최성기로 성장하게 되는 화재의 단계를 의미한다.

해설
주요 열전달 방식은 복사로 전환된다.

19 화재현장의 파괴된 유리 분석에 대한 설명으로 옳은 것은?

① 열에 의해 깨진 유리의 단면에는 리플마크가 관찰된다.
② 열에 의해 깨진 유리의 표면을 관찰하면 월러라인을 식별할 수 있다.
③ 열에 의해 깨진 유리는 방사형 파손흔적이 관찰된다.
④ 유리 단면을 관찰하면 열 또는 충격에 의한 원인을 구분할 수 있다.

해설
깨진 유리의 감식
유리가 물리적 압력에 의해 깨질 경우 방사상(放身狀, Radial)과 동심원(同心圓, Concentric) 형태로 금이 가는 특징이나 열에 의해 깨진 경우 작게 금이 가므로, 열 또는 충격에 의해 깨진 원인을 알수 있다.

20 「소방의 화재조사에 관한 법률」상 화재조사전담부서에서 갖추어야 할 장비 및 시설 중 화재조사 분석실의 면적은 청사 공간의 효율적 활용을 위하여 불가피한 경우 최소 기준 면적인 30m²의 얼마 이상에 해당하는 면적으로 조정할 수 있는가?

① 3분의 1 이상
② 3분의 2 이상
③ 절반 이상
④ 20m² 이상

해설
화재조사분석실 기준
화재조사분석실 구성장비를 유효하게 보존·사용할 수 있고, 환기 및 수도·배관시설이 있는 30m² 이상의 실(室)을 갖추어야 하나, 청사 공간의 효율적 활용을 위하여 불가피한 경우 최소 기준 면적의 절반 이상에 해당하는 면적으로 조정할 수 있다.

21 선박 화재의 직접적인 발화원으로 가장 거리가 먼 것은?

① 아 크　　　② 접 지

③ 정전기　　　④ 전기과열

해설
접지는 발화원인을 제거하는 안전조치에 해당한다.

22 다음 보기가 설명하는 현상은?

> 철제 구조물의 경우, 발열량이 가장 많은 부분에서 화염에 의한 열적인 팽창 및 자중에 의한 변형으로 휨 현상이 발생하며, 동 현상은 초기의 화염 방향이나 위치를 추적하기에 유용하다.

① 만 곡　　　② 박 리

③ 변 색　　　④ 탄화심도

23 방화판정을 위한 10대 요건에 포함되지 않는 것은?

① 귀중품 반출 등

② 수선 중의 화재

③ 휴일 또는 주말 화재

④ 화재로 인한 건물의 손상

해설
방화판정을 할 수 있는 10대 전제 요건
• 여러 곳에서 발화
• 화재현장에 타 범죄 발생증거
• 화재발생 위치
• 연소촉진물질의 존재
• 화재 이전에 건물의 손상
• 사고 화재원인 부존재
• 귀중품 반출 등
• 수선 중의 화재
• 동일 건물에서의 재차화재
• 휴일 또는 주말화재

24 미소화원에 의한 출화 증명에 해당하지 않는 것은?

① 무염화원과의 구분

② 가연물 종류의 확인

③ 훈소의 지속과 발염

④ 정확한 출화개소의 판단

해설
미소화원
미소화원이란 작은 불씨를 말하는 것으로 담배꽁초, 향불, 용접 및 절단작업에서 발생하는 스파크, 기계적 충격에 의한 스파크, 그라인더 등 절삭기에 의한 스파크 등을 말하며 출화 증명에 무염화원을 구분하는데는 별 의미가 없다.

25 차량화재 발화지점 판정의 유의사항으로 틀린 것은?

① 차체 강판의 소손에 의한 변색의 차이를 자세히 관찰하여 출화개소를 판정하되 회색이 암청색보다 높은 온도에서 소손된 경우이다.

② 타이어로 출화개소를 추정하는 경우 앞, 뒤 바퀴 타이어 4개의 소손상태를 비교하여 타이어 중 가장 소손이 심한 개소가 출화개소에 가까운 경우가 많다.

③ 연료, 오일 등에 대한 연소 확대를 고려하여 판정했을 때 차량 하부에서 상부로 소손이 연결되어 연소 확대된 부분이 출화개소에 가까운 경우가 많다.

④ 차량 하부의 소손이 여러 곳에서 국부적으로 일어나 있을 경우, 각각 소손부에서 상부로 타 올라감을 조사할 필요가 있다.

해설
차체 강판의 화재에 의한 변색의 차이로 출하개소를 판정할 수 있는데 암청색이 회색보다 높은 온도에서 소손된 경우이다.

26 항공기 소화기장치의 일상정비에 포함된 항목이 아닌 것은?

① 전선의 교체
② 배출관의 누출시험
③ 소화기 용기의 검사와 보급
④ 카트리지의 장·탈착과 재장착

해설
전선의 교체는 소화기 장치의 일상정비에 포함된 항목에 해당하지 않는다.

27 생후 첫 성장기에 부모의 사랑을 받지 못해 무의식 속에서 모성이 주는 따뜻함과 안정감을 애타게 원하는 본능에서 불을 통해 만족하는 방화범은?

① 남근기 방화범
② 구강기 방화범
③ 잠복기 방화범
④ 항문기 방화범

해설
구강기 방화범
• 생후 18개월 동안 어머니의 충분한 사랑을 받지 못함
• 화염이 주는 따뜻함과 안정감을 갈구
• 자신의 몸에 불을 지르기도 하고 불을 지르고 싶다는 견딜 수 없는 충동
• 습성 : 손톱 물어뜯기, 음식 사재기, 토할 때까지 먹기, 나이 들어 이상행동, 성생활 구강성교

28 저항 R = 30Ω, 커패시터 C = 400μF, 인덕터 L = 40mH인 값을 갖는 R−L−C 직렬 회로에서 공진주파수는?

① 39.8Hz
② 50.8Hz
③ 60.8Hz
④ 120.8Hz

해설
공진주파수

$$F = \frac{1}{2\pi \sqrt{LC}}$$

F : 공진주파수, L(H) : 인덕턴스, C(F) : 정전용량

$$F = \frac{1}{2\pi \sqrt{LC}} = \frac{1}{2\pi \sqrt{0.04 \times 400 \times 10^{-6}}}$$
$$= 39.8Hz$$

29 화학물질의 혼합발화와 관련하여 감식요령으로 틀린 것은?

① 물질의 성질, 취급의 상황, 장소의 환경조건에 대하여 조사한다.
② 혼합물질의 재현실험은 실시하지만 단독 물질의 발화 여부 실험은 하지 않는다.
③ 혼합발화에 의한 화재는 혼합한 물질 자체가 연소하므로 증거가 소실되는 경우가 있다.
④ 화재가 난 곳에서 존재하는 물질에 대하여 성분, 성질, 형상, 양을 관계자의 진술과 문헌·자료 등을 기초로 조사한다.

해설
단독물질의 발화실험도 필요시 실시한다.

30 차량 화재조사 중 화재조사자의 안전 및 조사가 용이한 장소가 아닌 것은?

① 화재가 발생한 고속도로의 갓길
② 소유자의 주차장 및 조사 가능한 주차장
③ 화재차량의 소유자가 최근 차량검사 및 수리를 맡긴 자동차정비공장
④ 화재차량의 소유자가 신차(중고차)로 구입한 자동차판매영업소

해설
화재가 발생한 고속도로 갓길은 안전조사에 위험한 장소에 해당한다.

31 최소발화에너지와 압력과의 관계를 설명한 것으로 옳은 것은?

① 발화에너지는 압력과 관계없다.
② 압력이 클수록 최소발화에너지는 증가한다.
③ 압력이 클수록 최소발화에너지는 감소한다.
④ 압력과 관계없이 최소발화에너지는 일정하다.

> **해설**
> 최소발화에너지는 압력이 증가하면 감소하고 압력이 낮아지면 증가한다.

32 LPG(액화석유가스)의 기본 성질로서 옳은 것은?

① 기화 및 액화가 어렵다.
② 액화하면 부피가 커진다.
③ 연소 시 다량의 공기가 필요하다.
④ 증기는 공기보다 가볍고 물보다 무겁다.

> **해설**
> LPG의 성질
> • 기화 및 액화가 쉽다.
> • 증기는 공기보다 무겁고 물보다 가볍다.
> • 연소 시 다량의 공기가 필요하다.
> • 발열량 및 청정성이 우수하다.
> • 고무, 페인트, 테이프, 천연고무를 녹인다.
> • 무색무취하므로 부취제를 첨가한다.
> • 액화하면 부피가 작아진다(1/250).

33 인화성 촉진제인 휘발유의 위험도로 옳은 것은? (단, 휘발유의 연소범위는 1.4vol%~7.6vol%이다)

① 0.82   ② 4.43
③ 6.20   ④ 6.43

> **해설**
> 위험도(H)
> $$= \frac{U(\text{연소상한계}) - L(\text{연소하한계})}{L(\text{연소하한계})}$$
> 가솔린 위험도 $= \dfrac{7.6 - 1.4}{1.4} = 4.43$

34 최초 발화 물질에 대한 설명 중 틀린 것은?

① 표면적 대 질량 비율이 높은 가연물에는 먼지, 섬유 및 종이 등이 있다.
② 최초 발화 물질의 표면적 대 질량 비율이 높은 경우에는 열원의 강도와 지속성 특징이 덜 중요하다.
③ 동일한 발화 온도라도 가연물의 표면적 대질량 비율이 높을수록 해당 열원은 가연물을 인화시키기 위해 생성 에너지가 작아진다.
④ 표면적 대 질량 비율이 극도로 높은 경우, 기체와 증기는 높은 열에너지원에 의해서만 발화될 수 있다.

> **해설**
> 표면적 대 질량 비율이 극도로 높은 경우, 기체와 증기는 낮은 열에너지원에서도 발화될 수 있다.

35 강한 강도의 산불이 예상되는 연료조건 중 가장 거리가 먼 것은?

① 다수의 사다리 연료가 존재할 때
② 비정상적으로 낮은 연료습도가 형성될 때
③ 고휘발성 기름을 포함한 연료상이 존재할 때
④ 많은 양의 가는 죽은 연료가 계곡부에 존재할 때

> **해설**
> 많은 양의 굵고 죽은 나무가 계곡부에 존재할 때 강한 강도의 산불이 진행된다.

36 콘센트에 물기, 기름때 등과 같은 오염물질이 유입되어 전기화재의 점화원으로서 발생할 수 있는 현상으로 옳은 것은?

① 트래킹　　　② 과부하
③ 반단선　　　④ 접촉불량

해설
트래킹
전압이 인가된 이극 도체 간의 절연물 표면에 수분, 먼지, 금속분 등이 부착되면 오염된 곳의 표면을 따라 전류가 흘러 소규모 불꽃방전이 일어나고 이것이 지속적으로 반복되면 절연물 표면 일부가 탄화되어 도전성 통로가 형성되는 현상

37 임야화재에 큰 영향을 미치는 주요 3요소가 아닌 것은?

① 지 형　　　② 연 료
③ 기 후　　　④ 점화원

해설
임야화재에 큰영향을 미치는 주요 3요소는 지형, 기후, 가연물(연료)이다.

38 발화부 판단 방법으로 옳은 것은?

① 아크매핑
② 비파괴검사
③ 감정물 분해검사
④ 가스크로마토그래피

해설
아크매핑
발화가 이루어지게 된 지점을 규명하기 위해서 전기적인 요인을 이용하는 기법이다. 이 기법은 구조물의 공간적인 구조와 아크가 발견된 위치, 전선의 분기 상태 등을 접목을 시켜서 발화지점을 추적해 가는 방식이다.

39 무염화원의 한 종류인 점화원으로 담뱃불에 대한 설명으로 틀린 것은?

① 대표적인 무염화원이다.
② 이동이 가능한 점화원이다.
③ 담배 완제품은 자연발화가 가능하다.
④ 흡연자는 화인을 제공할 수 있는 개연성이 있다.

해설
담배 자체는 자연발화가 불가능하다.

40 프로판(C_3H_8)의 연소상한계는 9.5vol%이고, 하한계는 2.1vol%인 경우, 연소에 필요한 최소산소농도(MOC)의 값(vol%)은?

① 8.1　　　② 10.5
③ 15.1　　　④ 20.5

해설
최소산소농도
화염을 전파하기 위해 필요한 최소한의 산소농도

$$= 폭발하한 \times \frac{산소몰수}{연료몰수}$$

프로판의 완전연소방정식

$$C_3H_8 + 5O_2 \rightarrow 3CO_2 + 4H_2O$$

최소산소농도 $= 2.1 \times \frac{5}{1} = 10.5$

제3과목　증거물관리 및 법과학

41 일산화탄소 중독으로 사망한 시체 소견으로 가장 거리가 먼 것은?

① 선홍색 시반이 나타난다.
② 손톱의 경우 청자색을 띤다.
③ 질식사의 일반적 소견이 나타난다.
④ 유동성 혈액, 조직의 울혈이 나타난다.

42 「화재증거물수집관리규칙」상 현장 사진 및 비디오 촬영 시 유의사항으로 틀린 것은?

① 화재상황을 추정할 수 있는 대상물의 형상은 면밀히 관찰 후 자세히 촬영할 필요 없다.

② 현장사진 및 비디오 촬영할 때에는 연소확대 경로 및 증거물 기록에 대한 번호표와 화살표를 표시 후에 촬영한다.

③ 증거물을 촬영할 때는 그 소재와 상태가 명백히 나타나도록 하며, 필요에 따라 구분이 용이하게 번호표 등을 넣어 촬영한다.

④ 화재현장의 특정한 증거물 등을 촬영함에 있어서는 그 길이, 폭 등을 명백히 하기 위하여 측정용 자 또는 대조도구를 사용하여 촬영한다.

해설
화재상황을 추정할 수 있는 연소흔적 및 혈흔 등 대상물의 형상은 면밀히 관찰 후 자세히 촬영한다.

43 증거의 시간적 역할에 대한 설명으로 옳은 것은?

① 깨져 바닥에 쏟아진 유리창의 아랫면에 그을음이 부착되어 있지 않다면 화재 이후 창문이 깨졌다는 것을 의미한다.

② 화재현장에서 발견된 소사체에서 생활반응이 발견된다면 피해자는 화재 이전 사망한 상태였다는 것을 알 수 있다.

③ 화재와 폭발이 일어난 현장에서 멀리까지 비산된 유리창의 파편에 그을음이 부착되어 있다면 화재가 먼저 일어나 이로 인해 폭발이 발생한 것으로 볼 수 있다.

④ 타이어 흔적 위로 족적이 찍혀 있다면 이러한 증거는 차량이 지나기 전에 누군가 걸어갔다는 것을 증명해 주는 역할을 한다.

해설
① 깨져 있는 바닥에 쏟아진 유리창의 윗면에 그을음이 부착되어 있지 않으면 화재 이후 창문이 깨졌다는 것을 의미한다.
② 화재현장에서 발견한 소사체에서 생활반응이 발견된다면 피해자는 화재 이후에 사망한 상태였다는 것을 의미한다.
④ 타이어 흔적 위에 족적이 찍혀 있다면 차량이 지나간 후 누군가 걸어갔다는 것을 증명한 것이다.

44 타임라인(Time Line)의 설명으로 틀린 것은?

① 타임라인은 화재사건의 관계를 보여준다.

② 타임라인은 화재사건에 관련된 것을 시간적인 순서로 나타낸 것이다.

③ 타임라인은 실제시간이 없이 추정시간으로 구성되기 때문에 정확성이 결여된다.

④ 타임라인은 화재사건이 일어나기 이전, 동안, 이후로 구성될 수 있다.

해설
타임라인은 화재발생시간, 신고시간, 주요조치시간 등 타임라인을 구성하며, 화재발생시간, 행위를 통하여 화재원인을 추정할 수 있다.

45 용융점이 높은 것에서 낮은 순서로 옳게 나열된 것은?

① 스테인리스 → 텅스텐 → 동 → 아연 → 마그네슘

② 스테인리스 → 텅스텐 → 아연 → 마그네슘 → 동

③ 텅스텐 → 스테인리스 → 마그네슘 → 동 → 아연

④ 텅스텐 → 스테인리스 → 동 → 마그네슘 → 아연

해설
텅스텐(3,400℃) → 스테인리스(1,520℃) → 구리(1,083℃) → 마그네슘(650℃) → 아연(419.5℃)

46 화재현장에서 전기 관련 물적 증거물 수집 방법에 대한 설명 중 틀린 것은?

① 전기 제품의 경우, 중요 부품 위주로 수집한다.
② 전선은 가급적 남아 있는 피복까지 검사할 수 있도록 길게 수집하도록 한다.
③ 전기 제품에 대한 분해조사 또는 수집과 이송은 증거물의 발견 당시 상태를 유지하도록 최선을 다해야 한다.
④ 전기설비나 구성부품의 수집 전에 전원의 차단여부를 확인해야 하며 증거물이 발견된 상태 그대로 보존하여야 한다.

해설
전기기기 또는 전기설비 수집은 어디에서나 실제로, 모든 기계 또는 모든 종류의 설비는 물증으로써 수집된다. 이것은 전원코드나 연료를 공급 또는 조절하는 배관까지 포함한다.

47 화재증거물 수집 용기 중 유리병에 대한 설명 중 틀린 것은?

① 가격이 저렴하고 쉽게 구할 수 있는 장점이 있다.
② 액체와 고체 촉진제를 장기간 보관할 수 없는 단점이 있다.
③ 유리병은 액체와 고체 촉진제 증거물을 수집하는 데 이용된다.
④ 많은 양의 촉진제 증거물을 수집할 때는 고무로 봉인하지 않는 것이 중요하다.

해설
유리병은 장기간 저장 시 증거물의 악화를 줄일 수 있다.

48 물리적 증거물의 수송 및 보관에 관한 내용 중 틀린 것은?

① 휘발성 증거물을 다룰 때 극한 온도의 영향으로부터 보호되어야 한다.
② 휘발성 증거물을 보관할 때에는 냉장보관 하는 것이 좋다.
③ 증거물 보관실은 따뜻하고 햇빛이 잘 드는 곳이 좋다.
④ 물리적 증거물의 운반은 화재조사관이 직접 운반하는 것이 원칙이다.

해설
증거물을 보관하는 전용실은 서늘하고 통풍이 잘 되는 곳이 좋다.

49 물리적 증거물 수집방법 결정요인에 대한 설명으로 가장 거리가 먼 것은?

① 휘발성 : 액체 및 기체 증거물은 쉽게 증발될 수 있으므로 물리적 증거물이 증발되는 정도를 고려하여 증거물 수집방법을 결정한다.
② 파손성 : 물리적 증거물이 부서지거나, 손상되거나 변하는 정도 등 증거물의 파손성을 고려하여 증거물 수집방법을 결정한다.
③ 물리적 상태 : 물리적 증거물의 상태가 고체, 액체, 또는 기체인지 물리적 상태를 반드시 확인하여 증거물 수집방법을 결정한다.
④ 물리적 특성 : 물리적 증거물의 위치, 가격, 사용가능 여부 등 물리적 특성을 화재조사관이 파악하여 증거물 수집방법을 결정한다.

해설
화재의 물적증거는 연소환경에 따라 달라지고 연소 후의 잔해형태도 달라지므로 증거물의 위치, 가연물의 탄화, 찌그러짐, 용융, 변색 물성의 성질 변화, 구조물의 붕괴, 기타 다른 영향 등을 고려하여 증거수집방법을 결정한다.

50 현장사진 촬영의 필요성에 대한 설명 중 틀린 것은?

① 기록과 사진, 영상 모두 한계가 있으므로 문제가 해결될 때까지 현장을 보존하는 것이 가장 중요하다.

② 사진을 보는 사람이 실제적인 감각으로 느끼게 함으로써 그때의 상황을 충분히 전달할 수 있는 것이 중요하다.

③ 현장조사 시 실수로 빠트렸거나 수집이 불가능했던 많은 정보와 사실들을 사진을 통해 얻을 수 있다.

④ 화재현장의 소손상황, 감식·감정의 대상이 되는 관계물건 등의 상황을 정확하게 기록하는 수단으로서 사진과 영상이 중요하다.

해설
화재조사자는 일정한 시간이 지나도 자신이 화재현장 감식 시 촬영한 사실을 기억하기 용이하여 법정증언 및 민원인 등에게 설명이 쉬워지므로 화재현장을 장기간 보존하지 않아도 된다.

51 유류 증거물의 인화점 시험방법으로서 주로 인화점이 93℃ 이하인 시료를 측정하는 데 사용되는 것으로 옳은 것은?

① 태그 밀폐식
② 원자흡광분석
③ 클리브랜드 개방식
④ 펜스키마텐스 밀폐식

해설
인화점시험기 및 측정방법

구분	측정 장비	인화점 적용시료 범위	해당시료
밀폐식	태그	93℃ 이하	원유, 휘발유, 등유, 항공터빈연료유
	신속 평형법	110℃ 이하	원유, 등유, 경유, 중유, 항공터빈연료유
	펜스키 마텐스	• 밀폐식 인화점 측정에 필요한 시료 • 태그밀폐식을 적용할 수 없는 시료	원유, 경유, 중유, 절연유, 절삭유
개방식	태그	−18~163℃이고, 연소점이 163℃ 까지인 시료	−
	클리 브랜드	79℃ 이하	석유, 아스팔트, 유동파라핀, 방청유, 절연유, 열처리유, 절삭유, 윤활유

52 화재현장 물적 증거물 보존에 대한 설명 중 틀린 것은?

① 화재현장 전체를 물적 증거로 생각해야 하고 보호 보존되어야 한다.

② 화재현장에서 물적 증거물의 보존책임은 전적으로 화재조사자에게 있다.

③ 보존상태를 게을리하면 물적 증거물은 파손, 오염, 분실되거나 불필요하게 되는 경우가 발생하기도 한다.

④ 현장지휘관 또는 화재조사자는 불필요하고 인가되지 않은 사람의 침입에 대한 보안을 철저히 하여 화재현장 출입을 제한할 필요가 있다.

해설
화재현장에서 물적증거물 보존책임은 화재조사자뿐만 아니라 화재진압대원에게도 있으므로 소화활동 시 화재조사를 염두하여 천장, 벽, 가구 등 불필요한 파괴작업을 지양한다.

53 「형사소송법」체계상 사진이나 비디오 등 영상물에 대한 법적 증명력을 부여하는 권한을 가진 자로 옳은 것은?

① 검 사 ② 법 관
③ 변호사 ④ 피해자

54 화재감식을 위한 사진 촬영 시 유의사항 중 틀린 것은?

① 작은 물건을 촬영할 때에는 표식을 사용한다.
② 촬영하는 목적을 충분히 이해하고 나서 촬영한다.
③ 화재감식 현장에서 사용한 장비가 사진에 나오도록 촬영한다.
④ 좁은 방에서 많은 물건을 사진 1매로 찍고자 할 때에는 일반적으로 광각렌즈를 사용한다.

> **해설**
> 화재현장의 특정한 증거물 등을 촬영할 때에는 그 길이, 폭 등을 명백하게 하기 위하여 측정용 자 또는 대조도구를 사용하여 촬영한다.

55 증거수집 과정에서 오염이 발생할 수 있는 요인에 대한 설명 중 가장 거리가 먼 것은?

① 대부분 증거물의 오염은 수집 중에 야기된다.
② 증거물 수집 시 새로운 장갑을 항상 사용하여야 한다.
③ 증거물의 오염은 액체 및 고체 촉진제 수집 시 더욱 확실시 된다.
④ 수집 중 오염을 줄이기 위해 증거물 보관 용기의 뚜껑 등을 수집기구로 사용하여서는 안 된다.

> **해설**
> 수집 중 오염을 줄이는 또 다른 방법으로 금속 뚜껑을 이용하여 물증을 캔 속에 떠 담는 도구로 사용할 수 있다. 이렇게 하면 화재조사자의 손이나 장갑 또는 도구에 의해 오염되는 것을 방지할 수 있다.

56 전기 과부하 증거물에서 나타나는 현상 또는 형태로 옳은 것은?

① 헤일로(Halo)
② 포인터 및 화살
③ 슬리빙(Sleeving)
④ 앨리게이터(Aligator)

> **해설**
> 슬리빙(Sleeving)
> 열가소성 도체 절연체가 도체의 열에 의해 연화되어 늘어나면서 절연 성능이 저하되고, 심각한 경우에는 도체를 감싸고 있던 절연체가 미끄러져 내려가는 현상을 의미

57 3도 화상에 대한 설명으로 옳은 것은?

① 피하지방을 포함한 피부 전층이 침범되는 화상으로, 외견상 건조하고 회백색을 띠며 수포가 발생하지 않는다.
② 표피에만 국한되어 나타나고, 모세혈관의 충혈로 인해 종창과 더불어 홍반만 관찰된다.
③ 표피와 함께 진피까지 침범되는 화상으로, 수포가 발생하고 같이 발생하는 홍반은 사후 혈액침하가 일어나도 사라지지 않는다.
④ 피부 및 그 아래의 조직이 탄화되는 것으로 뜨거운 액체에 의한 탕상에서는 보지 못한다.

3도 화상(괴사성, 가피성)
- 피하지방을 포함한 피부의 전층이 손상된 경우로 심한 경우 근육, 뼈, 내부 장기도 포함되는 경우가 있다.
- 화상부위는 특징적으로 건조하거나 가죽과 같은 형태를 보이며 창백, 갈색 또는 까맣게 탄 피부색이 나타나며 수포는 형성되지 않는다.

58 피사계의 심도를 깊게 하기 위한 방법으로 옳은 것은?

① 조리개를 넓힌다.
② 조리개를 좁힌다.
③ 셔터 스피드를 길게 한다.
④ 셔터 스피드를 짧게 한다.

해설
조리개는 사람의 홍채와 비슷하며, 빛이 렌즈를 통과하여 카메라 안의 이미지센서에 닿는 광량을 조절하고 화면 전체의 밝기를 고르게 하여 피사체의 심도에 영향을 미친다. 조리개를 좁히면 심도가 깊어진다.

59 외부에서 열이 가해지면 열에 의한 손상의 범위를 결정하는 사항으로 가장 거리가 먼 것은?

① 가연물의 양
② 가해진 온도
③ 열이 가해진 시간
④ 과다한 열을 배출하는 체표면의 능력

해설
화상은 가해진 온도, 가해진 시간, 체표면 능력에 따라 범위를 결정한다.

60 화재현장 증거물 형태에 따른 수집방법으로 옳은 것은?

① 알코올은 물과 접촉했을 때 물 위에 뜬다.
② 액체 촉진제는 비다공성 물질에서 채집하기가 용이하다.
③ 액체 증거물은 살균한 솜이나 거즈패드로도 수집할 수 있다.
④ 액체 촉진제는 내부마감재 및 화재 잔해에 쉽게 흡수되지 않는다.

해설
① 알코올은 물과 접촉하면 물에 녹는다.
② 액체 촉진제는 다공성물질로 증거물 채집이 용이하다.
④ 액체 촉진제는 내부마감재 및 화재 잔해에 쉽게 흡수된다.

제4과목 화재조사보고 및 피해평가

61 「화재조사 및 보고규정」상 화재피해 조사 및 피해액 산정순서로 옳은 것은?

① 화재현장 조사 → 피해정도 조사 → 기본현황 조사 → 재구입비 산정 → 피해액 산정
② 화재현장 조사 → 기본현황 조사 → 피해정도 조사 → 재구입비 산정 → 피해액 산정
③ 기본현황조사 → 피해정도 조사 → 화재현장 조사 → 재구입비 산정 → 피해액 산정
④ 기본현황 조사 → 피해정도 조사 → 재구입비 산정 → 피해액 산정 → 화재현장 조사

해설
화재피해 조사 및 피해액 산정순서
화재현장 조사 → 기본현황 조사 → 피해정도 조사 → 재구입비 산정 → 피해액 산정

62 「화재조사 및 보고규정」상 피해산정 대상들 중 최종잔가율이 10%인 것은?

① 침 대
② 전기설비
③ 절삭공구
④ 옥내소화전

> **해설**
> 최종잔가율
> 피해물의 경제적 내용연수가 끝난 경우 잔존하는 가치의 재구입비에 대한 비율, 즉 고정자산에 있어서 피해물이 경제적 내용연수를 다 했더라도 다른 용도로 사용될 수 있으므로 당해 피해물의 경제적 가치를 말한다.
> • 건물, 부대설비, 구축물, 가재도구 : 20%
> • 그 이외의 자산 : 10%

63 「화재조사 및 보고규정」상 사상자 및 부상자 분류에 관한 설명으로 틀린 것은?

① 병원치료를 필요로 하지 않고 단순하게 연기를 흡입한 사람은 경상에서 제외한다.
② 3주 이상 입원치료를 필요로 하는 부상은 중상으로 기재한다.
③ 화재현장에서 부상을 당한 후 입원치료를 필요로 하지 않는 경우 부상으로 기재하지 않는다.
④ 화재현장에서 부상을 당한 후 정확히 72시간 이내에 사망하였다면 이는 사망으로 보고서에 기재하여야 한다.

> **해설**
> 병원치료를 필요로 하지 않고 단순하게 연기를 흡입한 사람은 제외하고, 병원치료를 필요로 하는 경우 경상으로 처리한다.

64 난로의 과열로 인해 화재가 발생하여 바닥 5m²와 한쪽 벽 3m²만 소실되었을 경우, 화재피해조사서(재산피해) 작성 시 소실면적은?

① 5m²   ② 2m²
③ 4m²   ④ 8m²

> **해설**
> 소실면적 산정
> 건물의 소실면적 산정은 소실 바닥면적으로 산정한다.

65 내용연수에 대한 설명으로 가장 거리가 먼 것은?

① 내용연수란 고정자산 등을 사용할 수 있는 기간을 말한다.
② 내용연수는 물리적 내용연수와 경제적 내용연수로 구분된다.
③ 화재피해액 산정에 있어서 보통 경제적 내용연수를 적용하게 된다.
④ 경제적 내용연수에 비해 물리적 내용연수가 더 짧은 것이 보통이다.

> **해설**
> 경제적 내용연수에 비하여 물리적 내용연수가 더 긴 경우가 보통이다.

62 ③ 63 ③ 64 ① 65 ④ **정답**

66 항공기, 선박, 철도차량, 특수작업용차량, 시중매매가격이 확인되지 아니하는 자동차에 대한 피해액 산정기준 중 틀린 것은?

① 수리가 가능한 경우에는 수리비를 피해액으로 한다.

② 감정평가서가 없는 경우 회계장부상의 현재가액에 손해율을 곱한 금액을 화재로 인한 피해액으로 한다.

③ 감정평가서가 있는 경우 감정평가서상의 현재가액에 손해율을 곱한 금액을 화재로 인한 피해액으로 한다.

④ 감정평가서와 회계장부 모두 없는 경우에는 제조회사, 판매회사, 조합 또는 협회 등에 조회하여 구입가격 또는 시중거래가격을 확인하여 피해액을 산정한다.

해설

②·③·④는 시중매매가격이 확인되지 아니한 자동차에 대한 피해액 산정기준이고, ①은 시중매매가격이 확인될 경우 부분소손 시 피해액 산정기준이다.

67 화재피해액 산정기준에서의 화재피해액 산정대상으로 옳은 것은?

① 특허권   ② 인적손해

③ 영업이익   ④ 애완동물

해설

특허권, 영업손실 등 간접손해는 피해액 산정에 제외하며, 인적피해는 별도로 인명피해로 산정한다.

68 화재현장에 출동한 119안전센터 등의 선임자에 의해 화재현장 상황에 대하여 기술한 것으로 초기 화재상황 파악에 귀중한 자료가 되는 보고서로 옳은 것은?

① 질문기록서

② 화재피해조사서

③ 화재현장조사서

④ 화재현장출동보고서

해설

화재현장출동보고서는 소방대가 소방활동 중에 관찰·확인한 결과를 기록하여 화재원인판정에 있어서 '발화건물의 판정' 등의 자료로 활용한다.

69 화재 당시 피해물에 잔존하는 경제적 가치의 정도로써 비율로 표시되는 잔가율의 산정식으로 틀린 것은?

① 90% − 감가수정율

② $\dfrac{현재가(시가)}{재구입비}$

③ $\dfrac{(재구입비 − 감가수정액)}{재구입비}$

④ $1 − (1 − 최종잔가율) \times \dfrac{경과년수}{내용년수}$

해설

잔가율 : 화재 당시 피해물에 잔존하는 경제적 가치의 정도로서, 이는 피해물의 현재가치의 재구입비에 대한 비율로 표시되며, 피해물의 현재가치는 재구입비에서 사용기간에 따른 손모 및 경과기간으로 인한 감가액을 공제한 금액이 되므로, 잔가율은 다음과 같다.

- 현재가(시가) = 재구입비 × 잔가율
- 잔가율 = (재구입비 − 감가수정액) / 재구입비
- 잔가율 = 100% − 감가수정률
- 잔가율 = 1 − (1 − 최종잔가율) × 경과연수 / 내용연수

70 「화재조사 및 보고규정」상 화재의 소실정도에 대한 설명으로 옳은 것은?

① 국소란 건물의 50% 이상 70% 미만이 소실된 것을 말한다.

② 부분소란 전소, 반소화재에 해당되지 아니하는 것을 말한다.

③ 건축·구조물화재의 소실정도는 전소, 반소, 부분소, 즉소 4종류로 구분한다.

④ 전소란 건물의 70% 이상(바닥면적에 대한 비율을 말한다)이 소실되었거나 또는 그 미만이라도 잔존부분을 보수하여도 재사용이 불가능한 것을 말한다.

> **해설**
>
> 소실 정도에 따른 화재의 구분
>
> | 전소화재 | 반소화재 | 부분소 화재 |
> | --- | --- | --- |
> | • 건물의 70% 이상(입체 면적에 대한 비율)이 소실된 화재
• 그 미만이라도 잔존부분이 보수를 하여도 재사용 불가능한 것 | 건물의 30% 이상 70% 미만이 소실된 화재 | 전소·반소 이외의 화재 |

71 화재합동조사단은 화재조사를 완료하면 소방관서장에게 화재조사 결과를 보고해야 한다. 다음 중 보고에 포함해야 할 사항으로 틀린 것은?

① 위험물제조소등 위치, 구조 및 설비에 관한 사항

② 다수의 인명피해가 발생한 경우 그 원인

③ 현행 제도의 문제점 및 개선 방안

④ 화재합동조사단 운영 개요

> **해설**
>
> **화재합동조사단의 화재조사 결과 보고**
>
> 화재합동조사단은 화재조사를 완료하면 소방관서장에게 다음 각 호의 사항이 포함된 화재조사 결과를 보고해야 한다.
>
> • 화재합동조사단 운영 개요
>
> • 화재조사 개요

• 화재원인, 화재피해, 대응활동, 소방시설등 설치·관리 및 작동 여부, 화재발생건축물과 구조물, 화재유형별 화재위험성 등에 관한 사항, 화재안전조사에 관한 사항

• 다수의 인명피해가 발생한 경우 그 원인

• 현행 제도의 문제점 및 개선 방안

• 그 밖에 소방관서장이 필요하다고 인정하는 사항

72 「화재조사 및 보고규정」상 질문기록서 작성을 생략할 수 있는 화재로 옳은 것은?

① 임야화재

② 건축·구조물 화재

③ 자동차·철도차량 화재

④ 위험물·가스제조소등 화재

> **해설**
>
> 기타화재 중 쓰레기, 모닥불, 가로등, 전봇대 화재 및 임야화재의 경우 질문기록서 작성을 생략할 수 있다.

73 「화재조사 및 보고규정」상 정당한 사유가 있는 경우에는 소방관서장에게 사전 보고를 한 후 필요한 기간만큼 조사 보고일을 연장할 수 있는 경우로 틀린 것은?

① 화재감식 필요가 있는 경우

② 화재감정기관 등에 감정을 의뢰한 경우

③ 추가 화재현장조사 등이 필요한 경우

④ 수사기관의 범죄수사가 진행 중인 경우

> **해설**
>
> **조사연장**
>
> 정당한 사유가 있는 경우에는 소방관서장에게 사전 보고를 한 후 필요한 기간만큼 조사 보고일을 연장할 수 있다.
>
> 1. 수사기관의 범죄수사가 진행 중인 경우
>
> 2. 화재감정기관 등에 감정을 의뢰한 경우
>
> 3. 추가 화재현장조사 등이 필요한 경우

74 「화재조사 및 보고규정」상 화재유형별 조사서 작성 대상 화재가 아닌 것은?

① 임야화재
② 기타화재
③ 건축·구조물 화재
④ 위험물·가스제조소 화재

해설
화재유형의 구분에서 기타화재는 화재유형별 조사서 작성대상에 해당하지 않는다.

75 「화재조사 및 보고규정」상 화재현장조사서 작성항목 중 화재건물 현황 작성내용으로 명시되지 않은 것은?

① 보험가입 현황
② 화재발생 전 상황
③ 화재진압 활동 현황
④ 소방시설 및 위험물 현황

해설
화재건물 현황에는 위 ①·②·④ 외에 건축물 현황을 작성한다.

76 「화재조사 및 보고규정」상 화재현황 조사서에 기입해야 할 항목 중 틀린 것은?

① 기상상황
② 소방시설 현황
③ 피해 및 인명구조
④ 화재발생 일시 및 장소

해설
소방시설 현황은 소방·방화 활용조사서에 기입할 사항이다.

77 피해물로 인해 장래에 얻을 수익액에서 당해 수익을 얻기 위해 지출되는 제반 비용을 공제하는 방법에 의하는 손해액 산정방법으로 옳은 것은?

① 정액법
② 수익환원법
③ 복성식 평가법
④ 매매사례비교법

78 「화재조사 및 보고규정」상 화재피해 건물의 동수 산정 중 틀린 것은?

① 주요구조부가 하나로 연결되어 있는 것과 건널 복도 등으로 2 이상의 동에 연결되어 있는 것은 1동으로 한다.
② 독립된 건물과 건물 사이에 차광막, 비막이 등의 덮개를 설치하고 그 밑을 통로 등으로 사용하는 경우는 다른 동으로 한다.
③ 건물의 외벽을 이용하여 실을 만들어 헛간, 목욕탕, 작업실, 사무실 및 기타 건물 용도로 사용하고 있는 것은 주건물과 같은 동으로 본다.
④ 목조 또는 내화조 건물의 경우 격벽으로 방화구획이 되어 있는 경우 같은 동으로 한다.

해설
주요구조부가 하나로 연결되어 있는 것은 같은 동으로 한다. 다만 건널 복도 등으로 2 이상의 동에 연결되어 있는 것은 그 부분을 절반으로 분리하여 각 동으로 본다.

79 동물 및 식물의 피해액 산정방법으로 틀린 것은?

① 정원은 구축물로 분류한다.
② 시중매매가격을 화재로 인한 피해액으로 한다.
③ 동물 및 식물의 종류에 따라 구입가격의 50~80%를 피해액으로 한다.
④ 화분은 가재도구 또는 영업용 집기비품으로 분류한다.

> **해설**
> 동물 및 식물의 피해액 산정
> • 동물 및 식물은 가축(가금류 포함), 애완동물, 관상수, 조경수, 가로수 등이 된다.
> 〔예〕 화분 : 가재도구 또는 영업용 집기비품으로 분류, 정원 : 구축물로 분류
> • 동물 및 식물은 시중 매매가격을 화재로 인한 피해액으로 한다.

80 「화재조사 및 보고규정」상 화재조사에 필요한 서류의 서식이 아닌 것은?

① 화재현황조사서
② 화재현장조사서
③ 화재유형별조사서
④ 건축용도별조사서

> **해설**
> 건축용도별조사서는 화재조사 및 보고규정상 화재조사서류에 해당하지 않는다.

제5과목 **화재조사 관계법규**

81 「민법」상 불법행위에 관한 설명으로 틀린 것은?

① 타인의 생명을 해한 자는 피해자의 직계존속에 대하여는 재산상의 손해 없는 경우에는 손해배상의 책임이 없다.
② 고의 또는 과실로 인한 위법행위로 타인에게 손해를 가한 자는 그 손해를 배상할 책임이 있다.
③ 미성년자가 타인에게 손해를 가한 경우에는 그 행위의 책임을 변식할 지능이 없는 때에는 배상의 책임이 없다.
④ 타인의 신체, 자유 또는 명예를 해하거나 기타 정신상 고통을 가한 자는 재산 이외의 손해에 대하여도 배상할 책임이 있다.

> **해설**
> 고의 또는 과실로 인한 위법행위로 타인에게 손해를 가한 자는 피해자가 누구든지 간에 그 손해를 배상할 책임이 있다.

82 「형법」상 현주건조물 등에의 방화에 관한 설명이다. 다음 ( ) 안에 알맞은 것은?

> 불을 놓아 사람이 주거로 사용하거나 사람이 현존하는 건조물, 기차, 전차, 자동차, 선박, 항공기 또는 지하채굴시설을 불태운 죄를 범하여 사람을 상해에 이르게 한 때에는 무기 또는 ( )년 이상의 징역에 처한다.

① 2 ② 3
③ 5 ④ 7

---

79 ③ 80 ④ 81 ① 82 ③ **정답**

83 「화재로 인한 재해보상과 보험가입에 관한 법률」상 보험가입 의무에 관한 설명으로 틀린 것은?

① 특수건물의 소유자는 특약부화재보험에 관한 계약을 매년 갱신하여야 한다.

② 특수건물의 소유자는 특약부화재보험에 부가하여 건물의 무너짐 등으로 인한 손해를 담보하는 보험에 가입할 수 있다.

③ 특수건물의 소유자는 특수건물의 소유권이 변경된 경우 그 소유권을 취득한 날부터 10일 이내에 특약부화재보험에 가입하여야 한다.

④ 금융위원회는 보험가입 의무자가 그 보험에 가입하지 아니한 경우에는 관계 행정기관에 가입 의무자에 대한 인·허가 취소 등 필요한 조치를 할 것을 요청할 수 있다.

해설
보험가입시기
특수건물의 소유자는 그 건물이 준공검사에 합격된 날 또는 그 소유권을 취득한 날부터 30일 내에 특약부화재보험에 가입하여야 한다.

84 「화재증거물수집관리규칙」상 증거물 수집관리 등에 관한 설명으로 틀린 것은?

① 화재증거물의 포장은 보호상자를 사용하며 개별 포장은 지양한다.

② 화재증거물은 기술적, 절차적인 수단을 통해 진정성, 무결성이 보존되어야 한다.

③ 최종적으로 법정에 제출되는 화재증거물의 원본성이 보장되어야 한다.

④ 화재조사요원 등은 화재발생 시 신속히 현장에 가서 화재조사에 필요한 현장사진 및 비디오 촬영을 반드시 하여야 한다.

해설
화재증거물의 포장은 보호상자를 사용하여 개별 포장하는 것을 원칙으로 한다.

85 「화재로 인한 재해보상과 보험가입에 관한 법률」상 한국화재보험협회의 업무를 모두 고른 것은?

> ㄱ. 화재예방 및 소화시설에 대한 안전점검
> ㄴ. 화재보험에 있어서의 소화설비에 따른 보험요율의 할인등급에 대한 사정
> ㄷ. 화재예방과 소화시설에 관한 자료의 조사·연구 및 계몽
> ㄹ. 행정기관이나 그 밖의 관계 기관에 화재예방에 관한 건의

① ㄱ, ㄴ
② ㄴ, ㄷ, ㄹ
③ ㄱ, ㄷ, ㄹ
④ ㄱ, ㄴ, ㄷ, ㄹ

해설
한국화재보험협회의 업무(법 제15조)
• 화재예방 및 소화시설에 대한 안전점검
• 화재보험에 있어서의 소화설비에 따른 보험요율의 할인등급에 대한 사정(査定)
• 화재예방과 소화시설에 관한 자료의 조사·연구 및 계몽
• 행정기관이나 그 밖의 관계 기관에 화재예방에 관한 건의
• 그 밖에 금융위원회의 인가를 받은 업무

86 「화재조사 및 보고규정」상 '최종잔가율'의 용어 정의로 옳은 것은?

① 고정자산을 경제적으로 사용할 수 있는 일정 비율

② 화재 당시에 피해물의 재구입비에 대한 현재가의 비율

③ 피해물의 경제적 내용연수가 다한 경우 잔존하는 가치의 재구입비에 대한 비율

④ 피해물의 손상상태 및 정도에 따라 피해액을 최종적으로 적정화시키는 비율

해설
① 내용연수, ② 잔가율, ④ 손해율

83 ③ 84 ① 85 ④ 86 ③

87 「형법」상 시청을 방화한 경우, 방화 시 민원인들이 시청 내에 있었다면 어떤 범죄가 성립하는가?

① 일반물건에의 방화죄
② 공용건조물 등에의 방화죄
③ 현주건조물 등에의 방화죄
④ 일반건조물 등에의 방화죄

해설
현주건조물 등에의 방화죄(형법 제164조)
불을 놓아 사람이 주거로 사용하거나 사람이 현존하는 건조물, 기차, 전차, 자동차, 선박, 항공기 또는 지하채굴시설을 불태운 자

88 「형법」상 화재에 있어서 진화용의 시설 또는 물건을 은닉 또는 손괴하거나 기타 방법으로 진화를 방해한 자는 몇 년 이하의 징역에 처하는가?

① 3   ② 5
③ 7   ④ 10

해설
진화방해(형법 제169조)
화재에 있어서 진화용의 시설 또는 물건을 은닉 또는 손괴하거나 기타방법으로 진화를 방해한 자는 10년 이하의 징역에 처한다.

89 다음은 「소방의 화재조사에 관한 법률 시행령」상 화재조사 절차에 관한 내용에서 (   )에 들어갈 내용으로 옳은 것은?

| 가. (   ) : 화재발생 접수, 출동 중 화재상황 파악 등 |
| 나. (   ) : 화재의 발화(發火)원인, 연소상황 및 피해상황 조사 등 |
| 다. (   ) : 감식·감정, 화재원인 판정 등 |
| 라. 화재조사 결과 보고 |

	(가)	(나)	(다)
①	화재발생	화재출동 중 조사	정밀조사
②	현장출동 중 조사	화재현장 조사	정밀조사
③	화재감지	정밀조사	화재현장 조사
④	현장출동 중 조사	화재현장 조사	화재원인 판정

해설
화재조사의 내용·절차(시행령 제3조 제2항)
화재조사는 다음 각 호의 절차에 따라 실시한다.
가. 현장출동 중 조사 : 화재발생 접수, 출동 중 화재상황 파악 등
나. 화재현장 조사 : 화재의 발화(發火)원인, 연소상황 및 피해상황 조사 등
다. 정밀조사 : 감식·감정, 화재원인 판정 등
라. 화재조사 결과 보고

90 「형사소송법」상 검사 또는 사법경찰관이 피의자를 신문하기 전 고지사항으로 틀린 것은?

① 일체의 진술을 하지 아니하거나 개개의 질문에 대하여 진술하지 아니할 수 있다는 것
② 진술을 하지 아니하더라도 불이익을 받지 아니한다는 것
③ 신문을 받을 때에는 변호인을 참여하게 하는 등 변호인의 조력을 받을 수 있다는 것
④ 진술을 거부할 권리를 포기하고 행한 진술은 법정에서 유죄의 증거로 사용될 수 없다는 것

해설
피의자 신문 고지사항은 ①·②·③이다.

91 「소방기본법」상 다음 (   ) 안에 들어갈 내용으로 옳은 것은?

> 화재 또는 구조·구급이 필요한 상황을 거짓으로 알린 사람에게는 (   )만원 이하의 과태료를 부과한다.

① 100　　　　② 200
③ 300　　　　④ 500

92 「경범죄 처벌법」상의 처벌 대상이 아닌 경우는?

① 정당한 사유 없이 소방용수시설을 사용한 사람
② 있지 아니한 범죄나 재해사실을 공무원에게 거짓으로 신고한 사람
③ 충분한 주의를 하지 아니하고 휘발유 그 밖에 불이 옮아 붙기 쉬운 물건 가까이에서 불씨를 사용한 사람
④ 지진 등으로 인한 화재가 발생하였을 때에 현장에 있으면서도 정당한 이유 없이 공무원이 도움을 요청하여도 도움을 주지 아니한 사람

해설
①은 소방기본법에 따른 처벌대상이다.

93 「화재조사 및 보고규정」상 화재발생일로부터 30일 이내 조사결과를 보고하여야 할 화재로 틀린 것은?

① 정부미 도정공장 화재
② 발전소 및 변전소의 화재
③ 이재민 150명 발생된 화재
④ 재산피해 30억원 추정되는 화재

해설
재산피해액이 50억원 이상 발생한 화재

94 「소방기본법」상 손실보상심의위원회(이하 '보상위원회'라 한다)에 관한 설명으로 틀린 것은?

① 위촉되는 위원의 임기는 3년으로 하며, 연임할 수 없다.

② 보상위원회의 사무를 처리하기 위하여 보상위원회에 간사 1명을 둔다.

③ 보상위원회는 위원장 1명을 포함하여 5명 이상 7명 이하의 위원으로 구성한다.

④ 고등교육법에 따른 학교에서 행정학을 가르치는 부교수 이상으로 5년 이상 재직한 사람은 보상위원회 위원이 될 수 있다.

해설
위촉되는 위원의 임기는 2년으로 하며, 한 차례만 연임할 수 있다.

95 「소방의 화재조사에 관한 법률」에 따른 용어의 정의에 해당되지 않은 것은?

① 화 재　　② 현장기록
③ 화재조사관　　④ 관계인등

해설
소방의 화재조사에 관한 법률에 따른 용어는 화재, 화재조사, 화재조사관, 관계인등을 정의하고 있다.

96 「화재로 인한 재해보상과 보험가입에 관한 법률」상 화재로 인한 부상 발생 시 보험금액과 상해부위의 연결이 틀린 것은?

① 1,000만원 – 슬개 인대 파열
② 1,200만원 – 손목 손배뼈 골절
③ 1,500만원 – 위팔뼈목 골절
④ 3,000만원 – 척추체 분쇄성 골절

해설
위팔뼈목 골절 – 1,200만원

97 「화재조사 및 보고규정」상 화재증명원 발급에 대한 설명 중 옳은 것은?

① 민원인의 요구가 있는 경우에는 피해금액을 기재하여 발급할 수 있다.

② 화재증명원 발급 시 재산피해 및 인명피해에 대해 조사 중인 경우에는 발급할 수 없다.

③ 화재증명원 발급 시 재산피해내역은 금액과 피해물건을 함께 기재한다.

④ 화재피해자로부터 소방대가 출동하지 아니한 화재장소의 화재증명원 발급요청이 있는 경우 화재조사관으로 하여금 사후조사를 실시해야 한다.

해설
화재증명원의 발급(제23조)
① 민원인의 요구가 있는 경우에는 피해금액을 기재하여 발급할 수 있다.
② '조사중'으로 발급한다.
③ 재산피해내역은 금액을 기재하지 아니하며, 피해물건만 종류별로 구분하여 기재한다.

98 「소방의 화재조사에 관한 법률 시행령」에 따른 화재조사에 관한 자격시험에 관한 사항으로 옳지 않은 것은?

① 소방청장이 인정하는 국내의 화재조사 관련 전문기관에서 8주 이상 화재조사에 관한 전문교육을 이수한 사람

② 소방청장은 화재감식평가 분야의 기사 또는 산업기사 자격을 취득한 소방공무원에게 화재조사관 자격증을 발급해야 한다.

③ 자격시험은 1차 시험과 2차 시험으로 구분하여 실시하며, 1차 시험에 합격한 사람만이 2차 시험에 응시할 수 있다.

④ 소방청장이 실시하는 화재조사에 관한 시험에 합격한 소방공무원에게만 화재조사관 자격증을 발급해야 한다.

> **해설**
> 화재조사에 관한 시험(시행규칙 제4조 제4항)
> 소방청장은 다음 각 호의 소방공무원에게 화재조사관 자격증을 발급해야 한다.
> 1. 소방청장이 실시하는 화재조사에 관한 시험에 합격한 소방공무원
> 2. 화재감식평가 분야의 기사 또는 산업기사 자격을 취득한 소방공무원

99 실화의 특수성을 고려하여 실화자에게 중대한 과실이 없는 경우 그 손해배상액의 경감에 관한 「민법」 제765조의 특례를 정함을 목적으로 하는 법률은?

① 소방기본법
② 실화책임에 관한 법률
③ 화재예방, 소방시설 설치·유지 및 안전관리에 관한 법률
④ 화재로 인한 재해 보상과 보험가입에 관한 법률

> **해설**
> 실화책임에 관한 법률 법률의 목적에 해당한다.

100 「화재로 인한 재해보상과 보험가입에 관한 법률」상 유통산업발전법에 의한 대규모점포는 사용하는 부분의 바닥면적의 합계가 몇 m^2 이상인 경우 특수건물에 해당하는가?

① 1천
② 2천
③ 2천 5백
④ 3천

> **해설**
> 보험의 목적물(특수건물)
> 바닥면적의 합계가 3,000m^2 이상인 다음의 건물 : 숙박업, 대규모점포, 도시철도의 역사(驛舍) 및 역시설로 사용하는 건물

화재조사 최종결과보고를 화재 발생일로부터 30일 이내에 보고해야 할 긴급상황보고 대상
- 인명피해 : 사망 5명 이상이거나 사상자 10명 이상 발생화재
- 재산피해 : 50억원 이상 추정되는 화재
- 관공서, 학교, 정부미 도정공장, 문화유산, 지하철, 지하구 등 공공건물 및 시설의 화재
- 관광호텔, 고층건물, 지하상가, 시장, 백화점, 대량위험물을 제조・저장・취급하는 장소, 대형화재취약대상 및 화재경계지구
- 이재민 100명 이상 발생 화재
- 철도, 항구에 매어둔 외항선, 항공기, 발전소 및 변전소의 화재
- 특수사고, 방화 등 화재원인이 특이하다고 인정되는 화재
- 외국공관 및 그 사택
- 그 밖에 대상이 특수하여 사회적 이목이 집중될 것으로 예상되는 화재

제1과목 화재조사론

01 화재가 발생한 후 현장에 놓여 있던 가정용 LPG 용기가 가열되어 폭발이 발생하였을 때, 이 폭발의 원인으로 옳은 것은?

① 확산 폭발
② 물리적 폭발
③ 응상 폭발
④ 화학적 폭발

해설

기체나 액체의 팽창, 상변화 등의 물리적 현상이 압력 발생의 원인이 되어 발생하는 폭발을 물리적 폭발이라 한다.
- 진공용기의 파손에 의한 폭발현상
- 과열액체의 급격한 비등에 의한 증기폭발
- 고압용기에서 가스의 과압과 과충전 등에 의한 용기의 파열에 의한 급격한 압력개방 등
- 미세한 금속선에 큰 용량의 전류가 흘러 급격히 온도상승 되면서 전선이 용해되어 갑작스러운 기체 팽창이 짧은 시간 내에 발생되는 폭발현상 → 전선폭발

02 「화재조사 및 보고규정」상 화재 발생일로부터 30일 이내에 보고해야 하는 화재에 해당되지 않는 것은?

① 이재민 100명 이상 발생 화재
② 항해하는 1,000톤 이상의 선박
③ 관공서, 학교, 문화유산, 지하철 등 공공건물 및 시설의 화재
④ 관광호텔, 고층건물, 지하상가, 시장, 백화점 등의 화재

03 다음은 과학적인 조사방법론에서 어떤 단계에 대한 설명인가?

수집된 경험적 데이터의 전부가 조사자의 지식, 교육 및 경험에 비추어 세밀하게 조사하는 과정이며, 주관적이나 추리적인 자료는 분석에 포함될 수 없고 단지 관찰과 실험에 의해 확실히 입증될 수 있는 사실만을 포함하는 단계

① 문제 정의
② 가설 검정
③ 가설 정립
④ 데이터 분석

1 ② 2 ② 3 ④ **정답**

04 고체 위의 화염 확산에 대한 설명 중 틀린 것은?

① 고체에서의 화염 확산속도는 연료의 두께와 관련이 없다.
② 얇은 연료 위의 순방향 화염은 상향 화염 확산으로 일어난다.
③ 같은 물질일수록 두께가 얇은 연료가 화염 확산속도가 빠르다.
④ 크기가 같은 목재와 폴리우레탄폼에 대한 화염 확산속도는 폴리우레탄폼이 빠르다.

05 목재 표면의 균열흔 중 홈이 반월형의 모양으로 높아지며, 특히 대규모 건물화재에서 볼 수 있는 것은?

① 강소흔　　　　② 약소흔
③ 열소흔　　　　④ 완소흔

06 「화재조사 및 보고규정」상 소방활동구역의 설정 및 현장보존에 대한 설명 중 틀린 것은?

① 소방활동구역의 관리는 수사기관과 상호 협조해야 한다.
② 소방활동구역의 표시는 로프 등으로 범위를 한정하고 경고판을 부착한다.
③ 소방활동구역의 설정은 최대한의 범위로 한다.
④ 소방서장 등은 소방활동 시 현장물건 등의 이동 또는 파괴를 최소화하여 원활한 화재조사활동이 이루어질 수 있도록 현장보존에 노력해야 한다.

07 「소방의 화재조사에 관한 법률」상 화재조사를 하는 소방공무원이 관계인의 정당한 업무를 방해하거나 화재조사를 수행하면서 알게 된 비밀을 다른 사람에게 누설하였을 때의 벌칙 기준으로 옳은 것은?

① 100만원 이하의 벌금
② 150만원 이하의 벌금
③ 200만원 이하의 벌금
④ 300만원 이하의 벌금

08 자동화재탐지설비 및 시각경보장치의 화재안전기준상 감지기를 설치하지 아니하는 장소로 명시되지 않은 것은?

① 복 도　　　　② 헛 간
③ 목욕실　　　　④ 프레스공장

자동화재탐지설비 및 시각경보장치의 화재안전기준
(NFSC 203)
다음 각 호의 장소에는 감지기를 설치하지 아니한다.
- 천장 또는 반자의 높이가 20m 이상인 장소. 다만,
  제항 단서 각호의 감지기로서 부착높이에 따라 적
  응성이 있는 장소는 제외한다.
- 헛간 등 외부와 기류가 통하는 장소로서 감지기에
  따라 화재발생을 유효하게 감지할 수 없는 장소
- 부식성가스가 체류하고 있는 장소
- 고온도 및 저온도로서 감지기의 기능이 정지되기
  쉽거나 감지기의 유지관리가 어려운 장소
- 목욕실·욕조나 샤워시설이 있는 화장실·기타
  이와 유사한 장소
- 파이프덕트 등 그 밖의 이와 비슷한 것으로서 2개
  층마다 방화구획된 것이나 수평단면적이 5m^2 이하
  인 것
- 먼지·가루 또는 수증기가 다량으로 체류하는 장
  소 또는 주방 등 평시에 연기가 발생하는 장소(연기
  감지기에 한함)
- 프레스공장·주조공장 등 화재발생의 위험이 적은
  장소로서 감지기의 유지관리가 어려운 장소

09 V자 화재패턴에 대한 설명으로 옳은 것은?

① V자 패턴의 각은 환기에 영향을 받는다.
② V자 패턴의 각은 열 방출률에 영향을 받
   지 않는다.
③ V자 패턴의 각은 가연물의 형상에 영향
   을 받지 않는다.
④ V자 각이 큰 것은 화재의 성장속도가 느
   려졌다는 증거이며 V각이 작은 경우는
   화재의 성장속도가 빨랐다는 증거이다.

해설
V자 패턴의 각도 결정요소
- 연료의 열 방출률
- 가연물의 기하학적 구조(형상)
- 환기 효과
- 수직표면의 발화성과 연소성
- 천장, 선반, 테이블 윗면 등과 같이 수평표면의 존재

10 연소범위가 2.5~81vol%인 아세틸렌의 위
험도로 옳은 것은?

① 0.27 ② 12.7
③ 31.4 ④ 38.8

해설
$$H = \frac{U-L}{L}$$
H : 위험도, U : 연소(폭발)범위 상한,
L : 연소(폭발)범위 하한,
$$H = \frac{81-2.5}{2.5} = 31.4$$

11 분진폭발을 가스폭발과 비교할 때 분진폭발의
특징으로 옳은 것은?

① 연소시간이 짧다.
② 불완전연소를 일으키기 어렵다.
③ 연소속도가 빠르다.
④ 최소발화에너지가 크다.

해설
① 연소시간이 길다.
② 불완전연소를 일으키기 쉽다.
③ 연소속도가 느리다.

12 목재의 탄화심도 측정 시 유의사항 중 틀린
것은?

① 측정 기구는 목재와 직각으로 삽입하여
   측정한다.
② 게이지로 측정된 깊이 외에 소실된 부분
   의 깊이를 더하여 비교하여야 한다.
③ 탄화된 요철 부위 중 철 부위를 택하여
   측정한다.
④ 탄화되지 않은 곳까지 삽입될 수 있으므
   로 송곳과 같은 날카로운 측정 기구를 사
   용한다.

해설
탄화되지 않은 곳까지 삽입되면 안되므로 날카로운
측정 기구를 사용하면 안된다.

13 프로판 50vol%, 메탄 30vol%, 수소 20vol% 조성으로 혼합된 가연성연료가 공기 중에 존재한다고 할 때 이 연료가스의 연소하한계(LFL)는? (단, 프로판의 LFL은 2.1vol%, 메탄의 LFL은 5vol%, 수소의 LFL은 4vol%이다)

① 약 2.27vol%   ② 약 2.87vol%

③ 약 3.97vol%   ④ 약 4.07vol%

해설

$$L = \frac{100}{[(\frac{50}{2.1}) + (\frac{30}{5}) + (\frac{20}{4})]} = 2.87$$

14 열전달에 대한 설명 중 틀린 것은?

① 열전달 방식 중 가장 빠른 것은 복사이다.
② 유체의 가장 높은 곳에 열원이 있다면 대류는 발생하지 않는다.
③ 유체인 원유를 보관하는 탱크에서 보일오버(Boil Over)현상의 주요 열전달 메커니즘은 대류에 의한 것이다.
④ 천정부 열기층을 살펴보면 구획실 화재에서 고온부와 저온부의 순환이 일어나지 않는다는 것을 알 수 있다.

해설

중질유 탱크의 액면위에서 화염이 발생하였을 때 아래에 존재하는 물로 열이 전달되는 과정은 대류와 복사의 영향은 적고, 전도가 지배적이다.

15 화재현장 조사를 할 때 유의해야 할 사항 중 틀린 것은?

① 보도기관 등 대외발표를 신중하게 할 것
② 화재현장 출입 시 신분을 명확히 밝힐 것
③ 화재조사 시 피해자 또는 관계자를 정중하게 대할 것
④ 화재관계자의 민사상 다툼에 대해 직무와 관련하여 적극적으로 개입할 것

해설

화재조사관의 책무
화재조사관은 그 직무를 이용하여 관계자의 민사분쟁에 개입하여서는 아니된다.

16 화재현장에서 화재감식요원의 마음가짐과 가장 거리가 먼 것은?

① 선입견을 가지고 현장 사물을 관찰한다.
② 현장에 대해서는 항상 겸손하게 생각한다.
③ 불필요한 전문용어의 사용으로 자신의 의견을 과대포장하는 행위를 하지 말아야 한다.
④ 감식결과는 누구에게 유리하거나 불리함을 고려하지 않고, 과학적이고 논리적인 근거에 의해서 말해야 한다.

해설

선입견을 버리고 상황증거에 입각한 사실 확인에 주력한다.

17 비가연성 재료로 구획된 방의 각 위치에 동일한 방법으로 동일한 가연물에 착화하여 동일한 시간이 경과된 후의 모습을 관찰하였을 때의 설명으로 옳은 것은?

① 화염의 길이는 모두 동일하다.
② 한 개의 벽과 접한 화염의 길이가 가장 길다.
③ 벽과 접하지 않은 방 중앙 화염의 길이가 가장 길다.
④ 두 개의 벽이 만나는 코너와 접한 화염의 길이가 가장 길다.

해설

벽과 접한 코너부분에서 화염의 길이가 가장 길게 나타난다.

18 연소 현상 중 완전연소에 대한 설명으로 옳은 것은?

① 산소의 공급이 불충분한 상태에서의 연소현상이다.

② 연소 시 다량의 가연성 가스의 공급이 완전연소의 원인이 된다.

③ 탄화수소가 완전연소하면 이산화탄소와 수증기가 생성된다.

④ 환기가 제대로 되지 않은 상태에서 실내에 가스기구를 사용하는 경우에 발생한다.

해설
완전연소하면 CO_2와 H_2O가 생성된다.

19 가연물별 분류에 따른 화재와 색상이 옳은 것은?

① 금속화재 – 무색

② 유류화재 – 백색

③ 일반화재 – 황색

④ 전기화재 – 빨간색

해설
② 유류화재 – 황색
③ 일반화재 – 백색
④ 전기화재 – 청색

20 액체 가연물이 연소되면서 발생되는 열에 의해 가열되어 주변으로 튀거나, 액체를 뿌릴 때 바닥 면에 액체 방울이 튄 것처럼 연소하는 패턴으로 옳은 것은?

① 포어 패턴(Pour Pattern)

② 고스트 마크(Ghost Mark)

③ 도넛 패턴(Doughnut Pattern)

④ 스플래쉬 패턴(Splash Pattern)

해설
① 포어 패턴(Pour Pattern) : 인화성 액체 가연물이 바닥에 쏟아졌을 때 액체 가연물이 쏟아진 부분과 쏟아지지 않은 부분의 탄화경계 흔적

② 고스트 마크(Ghost Mark) : 콘크리트, 시멘트 바닥에 비닐타일 등이 접착제로 부착되어 있을 때 그 위로 석유류의 액체 가연물이 쏟아지면 타일 사이로 스며들어 접착제를 용해시킨 경우 바닥면과 타일 사이가 연소되면서 변색되거나 박리된 형태로 나타나는 화재 흔적

③ 도넛 패턴(Doughnut Pattern) : 가연성 액체가 웅덩이처럼 고여 있을 경우 증발잠열에 의해 발생하는 도넛형태

제2과목 **화재감식론**

21 혼합해도 폭발 또는 발화 위험과 가장 거리가 먼 것은?

① 아세틸렌 + 아세톤

② 염소산칼륨 + 황

③ 과산화나트륨 + 알루미늄분

④ 금속나트륨 + 에틸알코올

해설
아세틸렌은 고압가스이므로 4류 위험물인 아세톤과 혼촉발화위험은 없다.

22 방화의 일반적인 특징으로 틀린 것은?

① 피해범위가 대체로 넓다.

② 동기로는 원한이나 보복 등 정신적인 요인에 기인하는 경우가 많다.

③ 우발적이기보다는 계획적으로 발생하는 경우가 많다.

④ 재산보다는 인명을 대상으로 하는 경우가 많다.

해설
계획적이기보다는 우발적으로 발생하는 경우가 높다.

23 화재나 폭발에 대한 가설로부터 의견을 개진할 때에 화재조사관이 세우는 확신 수준으로 '상당히 근거 있음(Probable)'은 가설이 진실일 가능성이 얼마 이상인 경우에 해당하는가?

① 20% 이상   ② 30% 이상
③ 40% 이상   ④ 50% 이상

24 표준상태 0℃, 1기압에서 메탄(CH_4) 3.2kg을 이상기체 상태방정식으로 계산하면 부피는? (단, 기체상수(R) : 0.082L · atm/mol · K, 탄소 원자량 : 12, 수소 원자량 : 1로 계산한다)

① 223.8L   ② 447.7L
③ 2238.6L   ④ 4477.2L

해설

$$PV = nRT$$

$$PV = \frac{W}{M}RT$$

$$V = \frac{3.2}{16} \times 0.082 \times 273 = 4.4772 \text{m}^3 = 4477.2l$$

25 방화로 의심할 수 있는 경우가 아닌 것은?

① 출입문이 잠겨 있는 경우
② 촉진제의 용기가 발견된 경우
③ 외부침입 흔적이 발견된 경우
④ 다른 범죄의 증거가 발견된 경우

해설

- 출입문 시건 여부 : 화재 당시 사람의 출입 여부를 확인하고 내부 또는 외부 소행인지도 구별할 수 있다.
- 외부인(절도나 기타 범행 후 은폐하려는 자)은 문을 원상태로 잠그기보다는 범행 현장으로부터 이탈이 급하므로 출입문이 열려 있는 곳이 많다.

26 산불의 강도를 가중시키는 지형으로 틀린 것은?

① 평 지
② 굴뚝지형
③ 가파른 경사
④ 연료온도를 증가시키는 사면

해설
평지는 산불의 강도를 가중시키는 지형에 속하지 않는다.

27 자동차 본체의 주요장치에 포함되지 않는 것은?

① 연료장치
② 점화장치
③ 윤활장치
④ 방향지시장치

해설
자동차 본체의 주요장치로는 연료장치, 점화장치, 윤활장치, 냉각장치, 배기장치 등이 있다.

28 산불화재 확산에 영향을 미치는 요인으로 가장 거리가 먼 것은?

① 풍 속   ② 수 종
③ 점화원   ④ 경사도

해설
화재 확산에 영향을 미치는 요인으로는 지형, 경사도, 나무들의 습도, 유분 함유 정도, 풍향, 풍속, 수종 등이 있다.

29 석유류 연소특성에 대한 설명 중 틀린 것은?

① 휘발성이 낮은 중질유는 미세한 크기로 미립화하여 분무연소한다.

② 휘발유, 등유는 증기 비중이 공기보다 크기 때문에 증발한 증기는 낮은 곳에 체류한다.

③ 원유탱크의 화재가 장시간 지속되면 고온층이 형성되어 유류화재의 위험한 현상들이 나타날 수 있다.

④ 대부분의 석유류가 포함되어 있는 제4류 위험물은 인화점이 높고, 연소하한계가 높아서 화재위험성이 크다.

> **해설**
> 대부분의 석유류가 포함되어 있는 제4류 위험물은 인화점이 낮고, 연소하한계가 낮아서 화재위험성이 크다.

30 담뱃불의 착화 가능성에 대한 설명으로 옳은 것은?

① 가솔린의 착화점은 430~550℃로서 담뱃불의 표면에서 발생되는 열로 착화가 용이하다.

② 도시가스는 탄화수소의 혼합물로 조성되어 있으며, 주성분인 수소의 착화점이 585℃로서 담뱃불의 표면에서 발생되는 열로 인해 착화가 용이하다.

③ 면제품(방석, 이불, 의류 등)은 무염착화 후 무염연소를 계속하며 가연물이나, 조연재, 공기 유입 등의 연소조건이 갖추어지면 유염연소로 이어진다.

④ 발포스티로폼은 담뱃불이 접촉되면 쉽게 용융되어 착화가 용이하다.

> **해설**
> ① 가솔린의 착화점은 257℃이고, 담뱃불의 표면에서 발생되는 열로 착화되지 않는다.
> ② 도시가스는 탄화수소의 혼합물로 조성되어 있으며, 주성분인 부탄의 착화점이 365℃로서 담뱃불의 표면에서 발생되는 열로 인해 착화가 용이하다.
> ④ 발포스티로폼은 담뱃불이 접촉되면 쉽게 용융되지만, 착화되지는 않는다.

31 가스 연소 현상에서 역화(Flash Back)의 원인으로 가장 거리가 먼 것은?

① 가스 압력이 낮은 경우

② 노즐구경이 너무 큰 경우

③ 코크가 충분히 열리지 않은 경우

④ 부식으로 인하여 염공이 커진 경우

> **해설**
> 염공이 큰 경우에는 불꽃이 혼합관 속으로 들어가는 현상(역화)이 발생되기 쉽고 반대로 염공이 작은 경우에는 불꽃이 위로 뜨는 현상(리프팅)이 발생되기 쉽다.

32 자동차화재의 특성에 대한 설명으로 옳은 것은?

① 차량화재의 조사는 특별한 전문지식이 없어도 화재조사가 가능하다.

② 차량화재는 대체로 전소가 되지 않기 때문에 발화지점 및 발화원인의 조사가 용이하다.

③ 차량화재는 연료, 시트 등 화재하중이 낮고, 외기와 밀폐된 상태인 환기 지배형의 화재특성을 보인다.

④ 개방된 공간에 존치되는 환경적인 특수성으로 인해 사회적인 불만을 가진 사람 등이 불특정한 방법으로 방화를 할 수 있다.

33 분진폭발을 일으킬 가능성이 없는 것은?

① 목 분
② 산화규소 분말
③ 마그네슘 분말
④ 폴리에틸렌 분말

해설
산화규소는 모래의 주요성분으로 분진폭발 가능성이 매우 낮다.

34 세탁기 화재 시 확인해야 할 조사요점으로 가장 거리가 먼 것은?

① 배수모터의 이상 유무
② 마그네트론의 발열 여부
③ 세탁기 내부 배선의 단락 여부
④ 기동용 콘덴서의 절연열화 상태

해설
마그네트론의 발열 여부 확인은 전자레인지 조사요점이다.

35 선박의 구획 및 일반배치에 대한 설명 중 틀린 것은?

① 선수부, 화물창, 기관실, 선미부로 크게 구분된다.
② 코퍼댐(Cofferdam)을 두어 기관실 및 선수구역을 안전구역에서 제외한다.
③ 원유 운반선, 액화가스 운반선에서는 화물창 전후방에 코퍼댐(Cofferdam)을 둔다.
④ 구획은 수밀격벽으로 막혀 물이 드나들 수 없는 하나의 독립된 공간을 뜻한다.

해설
코퍼댐(Cofferdam)
선박에서 청수 탱크와 유류 탱크 사이의 유밀성을 확실히 하기 위하여 설치하는 공간을 말한다. 이중저 선박에서 연료유 탱크와 윤활유 탱크 사이, 연료유 탱크와 청수 탱크 사이, 윤활유 탱크와 청수 탱크 사이 등에 설치되어 연료유, 윤활유, 청수 등의 상호 침입을 막기 위한 공간이다.

36 항공기 화재방지계통(Fire Protection System)에서 "Fixed"의 정의에 대한 설명 중 틀린 것은?

① 물 소화기를 계통 내에 영구적으로 장착하는 것을 말한다.
② 휴대용 소화기를 계통 내에 영구적으로 장착하는 것을 말한다.
③ 할론(Halon) 소화기를 계통 내에 영구적으로 장착하는 것을 말한다.
④ 외부 소방시설을 연결하는 장치를 계통 내에 영구적으로 장착하는 것을 말한다.

해설
Fixed는 손에 쥘 만한 크기의 할론 소화기 또는 물소화기와 같은 휴대용 소화 장치가 영구히 장착된 계통을 말한다.

37 석유류를 사용한 방화현장에서 수거한 증거물로부터 화재원인 물질을 밝혀내기 위해 사용하는 가장 일반적인 분석기기로 옳은 것은?

① 원소분석기
② 질량분석기
③ 이온교환수지
④ 가스크로마토그래피

해설
각 성분의 크로마토그램을 이용하여 목적성분을 분석하는 방법으로 일반적으로 유기화합물에 대한 정성(定注) 및 정량(定量)분석에 이용한다.

38 어떤 도체의 단면을 0.5초간에 0.032C의 전하가 이동했을 때, 흐르는 전류(I)의 크기는?

① 16mA   ② 32mA
③ 64mA   ④ 128mA

> **해설**
> $$I = \frac{Q(전하량)}{t(시간)}[A]$$
> $$I = \frac{0.032}{0.5} = 0.064[A] = 64[mA]$$

39 정전기 대전현상에 대한 설명 중 옳은 것은?

① 분출대전이란 분체, 액체, 기체가 단면적이 작은 개구부에서 분출 시 대전되는 현상
② 충돌대전이란 물체가 마찰을 일으킬 때 대전되는 현상
③ 마찰대전이란 상호 밀착된 물체가 분리될 때 대전되는 현상
④ 유동대전이란 액체류가 배관 내부 이송할 때 대전되는 현상

> **해설**
> • 마찰대전 : 두 물체의 마찰로 전하의 분리 및 재배열이 일어나서 정전기가 발생
> • 박리대전 : 서로 밀착된 물체가 떨어질 때 전하의 분리가 일어나 발생
> • 유동대전 : 액체류가 파이프 등 내부에서 유동할 때 액체와 관벽 사이의 경계면에 전기이중층이 형성되어 발생
> • 충돌대전 : 분체류와 같은 입자 상호 간이나 입자와 고체와의 충돌에 의해 접촉, 분리됨으로써 발생

40 발화원인 판정 시 발화가능성이 있는 시설이나 기구에 대한 주의사항 중 틀린 것은?

① 사전 지식이 없는 복잡한 기기나 장치에 대해서는 화재조사관이 직접 검사한다.
② 가능성에 대해서는 하나씩 짚어가며 검사를 해야 하고, 배제해 나가는 것을 원칙으로 한다.
③ 탄화된 증거물들은 쉽게 부서지며 잊어버리기 쉬우므로 손을 대기 전에 사진 등으로 채증을 먼저 해야 한다.
④ 발화하였다고 의심되는 기기나 장치가 이동이 가능한 경우에는 복잡한 현장에서보다 안정적인 실험실로 옮겨 조심스럽게 분해하는 것을 권장한다.

> **해설**
> 전문가에게 조사를 의뢰한다.

제3과목 증거물관리 및 법과학

41 피사계 심도(Depth of Field)에 대한 설명으로 틀린 것은?

① 피사계 심도가 깊어지면 상세하게 보는 데 걸리는 시간이 단축된다.
② 초점거리가 주어진 렌즈에서는 f-shop이 클수록 피사계 심도가 깊어질 것이다.
③ 피사계 심도는 촬영하는 사물까지의 거리, 렌즈 구경 및 사용하는 렌즈의 초점거리에 따라 달라진다.
④ 피사계 심도는 어느 정해진 시간 동안에 초점이 맞는 가장 멀리 있는 사물과 가장 가까이에 있는 사물의 거리이다.

42 화재조사현장 사진 촬영의 필요성과 가장 거리가 먼 것은?

① 현장조사 시 실수로 빠트린 정보와 사실들을 얻을 수 있다.

② 사진을 보는 사람이 실제적인 감각으로 느끼게 할 수 있다.

③ 촬영한 사진은 글로 자세한 설명을 해야만 알 수 있다.

④ 사진을 통해 화재현장의 소손상황, 감식·감정 대상의 물건 등을 정확하게 기록할 수 있다.

43 화재현장 사진 촬영 시 유의사항으로 틀린 것은?

① 화재현장 사진은 화재조사자의 의도를 이해하여 촬영한다.

② 중요한 증거 물건은 표지, 번호표 등으로 명확하게 표시한다.

③ 주변 인물, 발굴용 기구 등을 중점적으로 촬영해야 한다.

④ 화재현장 사진은 수정하기가 불가능하므로 촬영에 심혈을 기울인다.

44 화재로 인한 사망에 대한 설명으로 옳은 것은?

① 폐부종과 염증은 자극적인 가스에 노출되었음을 나타내는 증거다.

② 시간이 지날수록 사후강직은 심해지고 관절과 근육은 뻣뻣해진다.

③ 화재현장의 희생자는 주로 이산화탄소 때문에 사망한다.

④ 사망 후 근육조직의 화학적인 변화로 굳는 것을 시반이라고 한다.

45 열에 의해 생성된 유리의 파손 형태에 대한 설명으로 옳은 것은?

① 깨진 유리의 단면에 리플마크가 형성된다.

② 길고 구불구불한 불규칙 형태의 금을 형성한다.

③ 직선으로 구성된 거미줄 모양의 선을 형성한다.

④ 날카로운 예각으로 구성된 삼각형의 금을 형성한다.

46 화재현장에서 사체가 완전 탄화된 채 발견되었을 경우 신원확인 조사방법 중 가장 신뢰할 수 있는 것은?

① DNA 검사
② 소지품 검사
③ 지문 감식
④ X-ray 검사

해설
치아를 비롯한 악안면 부위는 보존성, 내구성이 높고, 개인식별에 응용될 수 있는 특징이 인체의 다른 어떤 부위보다 많기 때문에 X-ray 검사가 신뢰도가 높다.

47 증거물의 수집에 관한 고려사항으로 가장 옳은 것은?

① 고체 표본을 수집할 때 용기에 가득 채운다.
② 등유와 같은 탄화수소계 액체 위험물은 물과 쉽게 혼합된다.
③ 경유와 같이 흔히 사용되는 화재 촉진제 증기는 공기보다 더 가볍다.
④ 화재 촉진제로 사용되는 휘발유와 같은 인화성 액체는 상온에서 자연발화하지 않는다.

해설
① 고체 표본을 수집할 때 2/3 이상 채우지 않도록 한다.
② 등유와 같은 탄화수소계 액체 위험물은 물과 혼합되지 않는다.
③ 경유와 같이 흔히 사용되는 화재 촉진제 증기는 공기보다 더 무겁다.

48 화재관련자들로부터의 정보수집에 대한 방법으로 틀린 것은?

① 목격자로부터 목격경위, 목격위치, 목격상황에 대하여 청취하여야 한다.
② 소방관계자로부터 출동 당시의 화세 및 확산경로에 대한 정보를 수집하여야 한다.
③ 부상을 입은 피해자에게는 정보를 수집하지 않는다.
④ 관리자로부터 건물의 구조, 발화범위 내의 물건, 화기시설 등에 대하여 질문하여야 한다.

해설
부상을 입은 피해자에게도 왜, 어디서, 어떻게 부상을 입었는지 그때 상황은 어땠는지 등의 정보를 수집해야 한다.

49 열가소성 도체 절연체가 도체의 열로 인해 연화되고 늘어나는 현상으로 옳은 것은?

① 헤일로(Halo)
② 포인터 및 화살
③ 슬리빙(Sleeving)
④ 엘리게이터(Alligator)

50 증거물의 역할에 따른 분류 중 다음 증거물의 역할로 옳은 것은?

> 바닥에 깨진 유리창 바닥면에 그을음 부착이 없다.

① 시간적 증거　　② 접촉 증거
③ 방향적 증거　　④ 행위적 증거

해설
바닥에 깨진 유리창 바닥면에 그을음 부착이 없다는 건 화재 발생 이전에 유리창이 깨졌다는 시간적 증거이다.

51 「화재조사 및 보고규정」상 질문기록서에 기재되어야 하는 사항 중 틀린 것은?

① 화재대상과의 관계를 기재한다.
② 어떻게 해서 알게 되었는지를 기재한다.
③ 화재번호 및 화재발생 일시, 장소를 기재한다.
④ 출입문 상태 및 소방대 건물 진입방법을 기재한다.

해설
현장출동보고서에 작성해야 할 내용이다.

52 증거물 수집에 관한 사항 중 (   )에 알맞은 내용은?

> 액체 또는 고체 증거물의 수집을 위해 300mL 용량의 금속 캔 사용 시 증거물은 최대 (   )mL 이상 채워져서는 안 된다.

① 100
② 150
③ 200
④ 300

해설
휘발성액체 저장 시 증기압으로 마개가 열릴 수 있으므로 증기공간 확보를 위해 2/3 이상 채우지 않도록 한다.

53 액체 촉진제의 특성 중 틀린 것은?

① 모든 액체 촉진제는 물과 접촉 시 물 위에 뜬다.
② 액체 표본 채취 시 살균한 거즈패드를 사용할 수 있다.
③ 액체 촉진제는 다공성 물질 안에 갇혔을 때 지속성이 매우 높다.
④ 액체 촉진제는 구조부, 내부 마감재, 기타 화재 잔해에 쉽게 흡수된다.

해설
액체 촉진제 중 알코올류와 같은 수용성액체도 있다.

54 보기에서 화재진압 및 구조 과정에서의 현장보존을 위한 주의사항을 모두 고른 것은?

> ㉠ 사망이 확인된 사체는 화재진압을 위해 위치를 옮긴다.
> ㉡ 잔불정리 시에 필요 이상으로 물건을 옮기거나 쓰러뜨리지 않도록 한다.
> ㉢ 조기진화를 위해 수압을 최고로 높여 진화한다.
> ㉣ 부득이하게 파괴되거나 변경되었을 때는 그 내용을 기록해 추후에라도 화재조사관에게 전달하여야 한다.

① ㉠, ㉢
② ㉡, ㉢
③ ㉠, ㉣
④ ㉡, ㉣

해설
㉠ 사망이 확인되었다 하더라도 가능한 사체의 위치를 옮기지 않아야 한다.
㉢ 수압을 최고로 높여 진화를 하게 되면 증거물이 모두 훼손되어 원인조사에 어려움이 있다.

55 「화재증거물수집관리규칙」상 증거물 시료용기 중 유리병으로 휘발성 액체를 수집할 경우 마개로 사용할 수 없는 것은?

① 유리 마개
② 코르크 마개
③ 금속 스크루 마개
④ 폴리테트라플루오로에틸렌(PTFE) 마개

해설
• 유리병은 유리 또는 폴리테트라플루오로에틸렌(PTFE)으로 된 마개나 내유성의 내부판이 부착된 플라스틱이나 금속의 스크루 마개를 가지고 있어야 한다.
• 코르크 마개는 휘발성 액체에 사용하여서는 안 된다.

56 전신적 생활반응에 해당하는 것은?

① 피하 출혈
② 속발성 염증
③ 압박성 울혈
④ 흡인 및 연하

해설
속발성 염증은 시간이 상당히 지난 후에 오며 전신적
감염증이 대표적이다.

57 증거 수집과정에서의 오염에 대한 설명으로
틀린 것은?

① 액체 및 고체 촉진제는 화재조사관의 장
갑에 흡수될 수도 있다.
② 물리적 증거물에 대한 대부분의 오염은
수집하는 과정에서 발생한다.
③ 액체나 고체 촉진제 증거물 수집 시 일회
용 비닐장갑을 착용해야 한다.
④ 증거물의 오염을 막기 위해 증거 보관 용기
자체를 수집도구로 사용해서는 안된다.

해설
증거물의 오염을 막기 위해 증거 보관 용기 자체를
수집도구로 사용할 수 있다.

58 화재발생 전 · 후에 이루어진 사람의 행동
이나 기계적인 작동 상황 등을 시간의 흐름
순으로 전개하여 사건을 분석하는 기법은?

① 검 증
② 타임라인
③ PERT 차트
④ 마인드 매핑(Mind Mapping)

해설
타임라인 : 사건을 시간의 흐름에 따라 순서에 맞게
배열하는 작업

59 화재현장의 증거를 보호하기 위한 방법으로
가장 거리가 먼 것은?

① 관계지역을 폴리스라인 테이프로 격리한다.
② 해당 지역의 정밀조사를 위하여 방수포
로 덮어 놓는다.
③ 직접 분사 기구의 사용은 증거 손상의 우
려가 있으므로 금지해야 한다.
④ 추가 조사가 필요한 지역에 증거를 나타
내는 숫자 표시나 경고 표지를 사용할 수
있다.

해설
분무기와 같은 직접분사기구의 사용은 세척에 필요
하며 증거 손상의 우려도 거의 없다.

60 「화재증거물수집관리규칙」상 화재증거물
수집에 관한 내용으로 명시되지 않은 것은?

① 증거서류를 수집함에 있어서 보조적으로
원본을 영치한다.
② 증거물 수집 목적이 인화성 액체 성분 분
석인 경우에는 인화성 액체 성분의 증발
을 막기 위한 조치를 행하여야 한다.
③ 증거물의 소손 또는 소실 정도가 심하여
증거물의 일부분 또는 전체가 유실될 우
려가 있는 경우는 증거물을 밀봉하여야
한다.
④ 증거물이 파손될 우려가 있는 경우에 충
격 금지 및 취급 방법에 대한 주의사항을
증거물의 포장 외측에 적절하게 표기하
여야 한다.

해설
원본영치의 원칙 : 증거서류를 수집함에 있어서 원본
영치를 원칙으로 한다.

56 ② 57 ④ 58 ② 59 ③ 60 ① **정답**

61 가재도구 화재피해액 산정기준의 간이평가 방식 중 주택종류별 가중치는?

① 10% ② 20%

③ 30% ④ 40%

해설

항목별 가중치

항 목	주택 종류	주택 면적	거주 인원	주택 가격 (m²당)
가중치 (%)	10	30	20	40

62 「화재조사 및 보고규정」상 화재현황조사서의 첨부서류로 명시되지 않은 것은?

① 화재현장조사서
② 화재유형별 조사서
③ 화재현장 출동보고서
④ 소방시설등 활용조사서

해설

화재조사 및 보고규정상 화재현황조사서의 첨부서류로는 화재현장조사서, 화재유형별 조사서, 소방시설등 활용조사서, 화재피해(인명·재산)조사서, 방화·방화의심조사서 등이 있다.

63 화재피해액 산정에 있어서 건물화재 피해 설명으로 옳은 것은?

① 기와 등으로 지붕을 잇기 직전의 방화구조건물에서 발생한 화재
② 슬래브의 콘크리트를 부어 넣은 시점 이후의 내화건물에서 발생한 화재
③ 오래된 차량을 개조해서 이동용 점포 등으로 이용하고 있는 것이 소손된 화재
④ 해체 중의 건물에서 벽, 바닥 등의 주체구조부의 해체가 시작된 시점에서 발생한 화재

해설

①·③·④ 건물이 아니다.

64 「화재조사 및 보고규정」상 화재피해액 산정기준 중 틀린 것은?

① 건물 : 신축단가 × 소실면적 × [1 − (0.8 × 경과연수 / 내용연수)] × 손해율
② 철거건물 : 재건축비 × [1 − (0.8 × 잔여내용연수 / 내용연수)] × 손해율
③ 집기비품 : 회계장부상 현재가액 × 손해율
④ 공구·기구 : 회계장부상 현재가액 × 손해율

해설

철거건물의 피해액 = 재건축비 × [0.2 + (0.8 × 잔여내용연수 / 내용연수)]

65 고층건물 37층 중 4층에서 화재가 최초 발생하여 상층부로 연소 확대한 다음의 사례에서 건물 최초 발화층에서 옥상층으로의 연소 확대 경로를 파악할 때 고려해야 할 사항으로 옳은 것은?

> • 해안가에 위치한 고층건물 37층 중 4층 피트층에서 화재가 최초 발생하여 외벽에 설치된 알루미늄 복합패널로 된 외장재가 소실되면서 순식간에 37층까지 연소 확대되었다.
> • 4층과 37층 사이 중간층 내부에서는 스프링클러가 작동하여 피해가 크게 발생하지는 않았다. 그리고 화재 당시 바다로부터 건물 방향으로 강풍이 불었다.

① 화재 당시 건물 관계자 및 목격자의 진술과 4층 피트층에서 최초 화재가 발생한 지점만 발굴 및 복원한다.

② 외장재는 알루미늄 금속으로 이루어져 있고, 알루미늄은 녹는점이 상온에서 약 660℃이므로 외장재는 연소 확대 대상으로 고려하지 않는다.

③ 4층 내부에서 건물 외벽으로의 연소 진행 경로를 추적하고, 건물 외장재를 통한 연소 확대 여부를 알아보기 위해 알루미늄 복합패널 외장재의 시공방법과 화재재현 실험을 실시한다.

④ 피트층에서 옥상층으로 연소 확대될 정도로 발열량이 높은 가연물을 피트층에서 찾아보고, 해당 가연물이 발견되지 않으면 외장재는 금속이므로 건물 외벽의 연소패턴과 화재 당시 건물에 붙은 강풍만을 고려하여 연소 확대 경로를 추정한다.

해설
① 4층 피트층에서 최초 화재가 발생한 지점만 발굴 및 복원하여서는 안 된다.
② 외장재는 알루미늄 금속으로 이루어져 있고, 알루미늄은 녹는점이 상온에서 약 660℃이므로 외장재는 연소 확대 대상으로 고려하여야 한다.

④ 피트층에서 옥상층으로 연소 확대될 정도로 발열량이 높은 가연물을 피트층에서 찾아보고, 해당 가연물이 발견되지 않으면 외장재는 알루미늄 복합패널이므로 연소확대 여지가 충분하여 고려하여야 하며, 건물 외벽의 연소패턴과 화재 당시 건물에 붙은 강풍도 추가 고려하여 연소 확대 경로를 추정한다.

66 「화재조사 및 보고규정」상 소방시설등 활용조사서의 작성 항목으로 명시되지 않은 것은?

① 경보설비　　② 전기설비
③ 소화시설　　④ 피난설비

해설
그 밖에 소화용수설비, 소화활동설비, 초기소화활동, 방화설비 등이 있다.

67 「화재조사 및 보고규정」상 화재현장출동보고서의 보존기간으로 옳은 것은?

① 3년　　② 5년
③ 10년　　④ 영구보존

해설
소방본부장 및 소방서장은 조사결과 서류(화재현장출동보고서 조사서류에 해당)를 국가화재정보시스템에 입력·관리해야 하며 영구보존방법에 따라 보존해야 한다.

68 「소방의 화재조사에 관한 법률」에 따른 용어에서 관계인에 해당하지 않는 사람은?

① 소방대상물의 소유자
② 소방대상물의 점유자
③ 화재현장에 있는 사람
④ 화재를 발생시키거나 화재발생과 관계된 사람

해설
"관계인등"이란 화재가 발생한 소방대상물의 소유자·관리자 또는 점유자(이하 "관계인"이라 한다) 및 다음 각 목의 사람을 말한다.
• 화재현장을 발견하고 신고한 사람
• 화재현장을 목격한 사람
• 소화활동을 행하거나 인명구조활동(유도대피 포함)에 관계된 사람
• 화재를 발생시키거나 화재발생과 관계된 사람

69 「화재조사 및 보고규정」상 화재피해 조사서[인명]에서 사상정도를 사망, 중상, 경상으로 분류하여 작성할 때 중상의 정의로 옳은 것은?

① 입원치료를 필요로 하지 않는 부상
② 1주 이상의 입원치료를 필요로 하는 부상
③ 2주 이상의 입원치료를 필요로 하는 부상
④ 3주 이상의 입원치료를 필요로 하는 부상

해설
부상의 분류(화재조사 및 보고규정 제14조)
부상의 정도는 의사의 진단을 기초로 하여 다음 각 호와 같이 분류한다.
• 중상 : 3주 이상의 입원치료를 필요로 하는 부상을 말한다.
• 경상 : 중상 이외의 부상(입원치료를 필요로 하지 않는 것도 포함한다)을 말한다. 다만, 병원 치료를 필요로 하지 않고 단순하게 연기를 흡입한 사람은 제외한다.

70 「화재조사 및 보고규정」상 나이트클럽의 조명시설에서 화재 발생 시 다음의 조건을 참고하여 영업시설의 피해액을 계산한 것으로 옳은 것은?

- m^2당 표준단가 : 100천원
- 경과연수 : 3년
- 내용연수 : 6년
- 피해정도 : 전체 $500m^2$ 중 $40m^2$ 소실 (손해율 40%)
- 잔존물 제거비용은 무시한다.

① 880천원　　　　② 920천원
③ 960천원　　　　④ 1020천원

해설
「m^2당 표준단가 × 소실면적 × [1 – (0.9 × 경과년수 / 내용년수)] × 손해율」의 공식에 의하되, 업종별 m^2당 표준단가는 매뉴얼이 정하는 바에 의한다.
$100 × 40 × [1 – (0.9 × 3 / 6)] × 0.4 = 880$천원

71 화재피해액 산정 매뉴얼에 따른 손해율 30%에 해당하는 피해 정도는?

① 오염·수침손의 경우
② 손해 정도가 보통인 경우
③ 손해 정도가 다소 심한 경우
④ 50% 이상 소손되거나, 수침오염 정도가 심한 경우

해설
손해율

화재로 인한 피해정도	손해율(%)
50%이상 소손되고 그을음 및 수침오염 정도가 심한 경우	100
손해 정도가 다소 심한 경우	50
손해 정도가 보통인 경우	30
오염·수침손의 경우	10

72 [다음]의 현장에 출동한 화재조사관이 화재조사 및 화재증거물 분석 결과를 토대로 국가화재정보시스템에서 방화·방화의심 조사서를 작성하는 과정에서 [보기]의 항목 중 방화도구(연료), 방화의심 항목을 선택한 것으로 옳은 것은?

[다음]

- 단독주택 2층 중 2층에서 화재가 발생하였다. 이 화재로 2층 및 옥상으로 연결된 계단실의 내부 마감재 등이 전소되고, 1명이 사망 및 2명이 부상을 입었다.
- 화재조사결과 화재발생 전 주택 2층 거실에서 아들(사망자, 45세)과 어머니(부상자, 72세) 사이에 재산상속 문제로 싸움이 있었으며, 아들이 현관문 밖에 미리 준비해 놓은 시너를 가져와 거실에서 본인의 몸에 붓고 라이터로 불을 붙여 아들이 그 자리에서 사망하고, 어머니와 며느리(여, 43세)는 대피하는 과정에서 화상을 입고 2층에서 추락하여 심각한 부상을 입었다.

[보기]

◇ 방화도구(연료) (※ 1개만 선택)
㉮ 인화성 액체
㉯ 일반가연물

◇ 방화의심 사유 (※ 해당 항목 모두 선택)
ⓐ 유류 사용 흔적
ⓑ 2지점 이상의 발화지점
ⓒ 연소현상 특이(급격연소)

---

① 방화도구(연료) : ㉮, 방화의심 : ⓐ, ⓒ
② 방화도구(연료) : ㉮, 방화의심 : ⓐ, ⓑ
③ 방화도구(연료) : ㉯, 방화의심 : ⓐ, ⓒ
④ 방화도구(연료) : ㉯, 방화의심 : ⓐ, ⓑ

해설
시너 – 인화성 액체, 시너사용 – 유류 사용 흔적, 급격연소

73 「화재조사 및 보고규정」상 치외법권 지역 등 화재조사 보고서 작성에 대한 설명으로 옳은 것은?

① 조사 가능한 내용만 조사하여 화재현황조사서만 작성한다.
② 치외법권 지역은 조사권을 행사할 수 없으므로 보고서를 작성하지 않아도 된다.
③ 화재현장출동보고서, 질문 기록서, 화재발생종합보고서를 반드시 작성하여야 한다.
④ 조사권을 행사할 수 없는 경우는 조사 가능한 내용만 조사하여 해당 서류를 작성·보고한다.

해설
치외법권 지역 등 : 조사권을 행사할 수 없는 경우는 조사 가능한 내용만 조사하여 해당 서류를 작성·보고한다.

74 「화재조사 및 보고규정」상 화재현황조사서의 작성에 대한 설명으로 틀린 것은?

① 부동산은 재산피해 금액을 천원 단위로 기재한다.
② 재산피해는 부동산과 동산으로 구분하여 기재한다.
③ 인명구조는 구조와 유도대피로 구분하여 기재한다.
④ 건축물의 소실정도는 전소, 반소 2종류로 구분한다.

해설
건축물의 소실정도는 전소, 반소, 부분소 3종류로 구분한다.

75 화재피해액 산정에 있어서 피해액을 산정하는 방법에 관한 설명으로 옳은 것은?

① 유실수 등에 있어 수확기간에 있는 경우에는 매매사례비교법으로 산정한다.

② 차량, 예술품, 귀중품, 귀금속 등의 피해액 산정에는 복성식평가법을 사용한다.

③ 유실수의 육성기간에 있는 경우에는 복성식평가법을 사용한다.

④ 사고로 인한 피해액을 산정하는 방법으로 수익환원법을 사용한다.

① 유실수 등에 있어 수확기간에 있는 경우에는 수익환원법으로 산정한다.

② 차량, 예술품, 귀중품, 귀금속 등의 피해액 산정에는 매매사례비교법을 사용한다.

④ 사고로 인한 피해액을 산정하는 방법으로 복성식평가법을 사용한다.

76 화재 당시에 피해물의 재구입비에 대한 현재가의 비율을 구하는 식으로 틀린 것은?

① 100% − 감가수정율

② (현재시가 − 감가수정액) / 경과연수

③ (재구입비 − 감가수정액) / 재구입비

④ 1 − (1 − 최종 잔가율) × 경과연수 / 내용연수

잔가율
화재 당시 피해물의 재구입비에 대한 현재가의 비율. 즉, 화재 당시 피해물에 잔존하는 경제적 가치의 정도로서, 피해물의 현재가치는 재구입비에서 사용기간에 따른 손모 및 경과기간으로 인한 감가액을 공제한 금액

> 현재가(시가) = 재구입비 × 잔가율
> 잔가율 = (재구입비 − 감가수정액) / 재구입비
> 잔가율 = 100% − 감가수정율
> 잔가율 = 1 − (1 − 최종잔가율) × 경과연수
>   / 내용연수

77 「화재조사 및 보고규정」상 화재 건수의 결정 및 관할구역에 관한 사항으로 명시되지 않은 것은?

① 발화지점이 한 곳인 화재현장이 둘 이상의 관할구역에 걸친 화재는 발화지점이 속한 소방서에서 2건의 화재로 산정한다.

② 동일범이 아닌 각기 다른 사람에 의한 방화, 불장난은 동일 대상물에서 발화했더라도 각각 별건의 화재로 한다.

③ 동일 소방대상물의 발화점이 2개소 이상 있는 누전점이 동일한 누전에 의한 화재는 1건의 화재로 한다.

④ 동일 소방대상물의 발화점이 2개소 이상 있는 지진, 낙뢰 등 자연현상에 의한 다발화재는 1건의 화재로 한다.

발화지점이 한 곳인 화재현장이 둘 이상의 관할구역에 걸친 화재는 발화지점이 속한 소방서에서 1건의 화재로 산정한다. 다만, 발화지점 확인이 어려운 경우에는 화재피해금액이 큰 관할구역 소방서의 화재 건수로 산정한다.

78 「화재조사 및 보고규정」상 피해물의 종류, 손상 상태 및 정도에 따라 피해액을 적정화시키는 일정한 비율을 의미하는 용어로 옳은 것은?

① 손해율   ② 최종손해율
③ 잔가율   ④ 최종잔가율

• 최종잔가율 : 피해물의 경제적 내용연수가 끝난 경우 잔존하는 가치의 재구입비에 대한 비율. 즉, 고정자산에 있어서 피해물이 경제적 내용연수를 다했더라도 다른 용도로 사용될 수 있으므로 당해 피해물에 경제적 가치를 말함
  − 건물, 부대설비, 구축물, 구축물, 가재도구 : 20%
  − 그 이외의 자산 : 10%
• 손해율 : 피해물의 종류, 손상 상태 및 정도에 따라 피해액을 적정화시키는 일정한 비율

79 부동산의 재산피해 신고서에 포함되는 항목으로 명시되지 않은 것은?

① 피해 연월일
② 건축물의 용도
③ 수선·개축한 부분
④ 선박의 소실 부위

해설
피해 연월일, 건축물 용도, 수선·개축한 부분, 피해물건이나 수량 또는 면적을 명시한다.

80 「화재조사 및 보고규정」상 화재로 인한 전부손해의 경우 시중 매매가격으로 산정할 수 있는 대상이 아닌 것은?

① 동 물
② 식 물
③ 자동차
④ 골동품

해설
골동품 : 전부손해의 경우 감정가격으로 하며, 전부손해가 아닌 경우 원상복구에 소요되는 비용으로 한다.

제5과목 화재조사 관계법규

81 「화재로 인한 재해보상과 보험가입에 관한 법률」상 손해보험회사가 한국화재보험협회의 설립허가를 받으려는 경우 금융위원회에 제출하여야 하는 서류로 틀린 것은?

① 정 관
② 사업방법서
③ 임원의 명단
④ 창립총회 의사록

해설
허가신청서에 정관, 사업방법서, 창립총회 의사록 서류를 첨부하여 금융위원회에 제출하여야 한다.

82 「형법」상 실화에 관한 처벌로 ( )에 알맞은 내용은?

> 과실로 인하여 현주건조물 등에의 방화에 기재된 물건을 불태운 자는 ( ) 이하의 벌금에 처한다.

① 300만원
② 500만원
③ 1,000만원
④ 1,500만원

83 「소방의 화재조사에 관한 법률 시행규칙」에 따른 화재조사관 양성을 위한 전문교육의 내용으로 옳지 않은 것은?

① 화재조사 이론과 실습
② 화재조사 관련 정책 및 법령에 관한 사항
③ 화재조사 관련 기술개발과 화재조사관의 역량증진에 관한 사항
④ 화재조사 시설 및 장비의 사용에 관한 사항

해설
화재조사에 관한 교육훈련(시행규칙 제5조 제1항)
화재조사관 양성을 위한 전문교육의 내용은 다음 각 호와 같다.
1. 화재조사 이론과 실습
2. 화재조사 시설 및 장비의 사용에 관한 사항
3. 주요·특이 화재조사, 감식·감정에 관한 사항
4. 화재조사 관련 정책 및 법령에 관한 사항
5. 그 밖에 소방청장이 화재조사 관련 전문능력의 배양을 위해 필요하다고 인정하는 사항

84 「민법」상 타인의 생명을 해한 자의 손해배상책임 대상으로 명시되지 않은 것은?

① 피해자의 형제
② 피해자의 배우자
③ 피해자의 직계존속
④ 피해자의 직계비속

해설
생명침해로 인한 위자료 : 타인의 생명을 해한 자는 피해자의 직계존속, 직계비속 및 배우자에 대하여는 재산상의 손해가 없는 경우에도 손해배상의 책임이 있다.

85 「화재로 인한 재해보상과 보험가입에 관한 법률」상 다음의 경우 특수건물의 소유자가 가입하여야 하는 보험의 보험금액 기준 중 ( )에 알맞은 내용은?

> 두 눈이 실명된 사람으로 후유장애 1급의 피해자 발생 시 ( ) 범위에서 피해자에게 발생한 손해액

① 9,000만원   ② 1억 2,000만원
③ 1억 3,500만원   ④ 1억 5,000만원

해설
후유장애 구분 및 보험금액

1급	1억 5천만원	1. 두 눈이 실명된 사람 2. 말하는 기능과 음식물을 씹는 기능을 완전히 잃은 사람 3. 신경계통의 기능 또는 정신기능에 뚜렷한 장애가 남아 항상 보호를 받아야 하는 사람 4. 흉복부 장기의 기능에 뚜렷한 장애가 남아 항상 보호를 받아야 하는 사람 5. 반신불수가 된 사람 6. 두 팔을 팔꿈치관절 이상의 부위에서 잃은 사람 7. 두 팔을 완전히 사용하지 못하게 된 사람 8. 두 다리를 무릎관절 이상의 부위에서 잃은 사람 9. 두 다리를 완전히 사용하지 못하게 된 사람

86 화재합동조사단의 단원으로 임명하거나 위촉할 수 없는 사람은?

① 화재조사관
② 화재조사 업무에 관한 경력이 3년 이상인 소방공무원
③ 학교 또는 이에 준하는 교육기관에서 화재조사, 소방 또는 안전관리 등 관련 분야 조교수 이상의 직에 3년 이상 재직한 사람
④ 국가기술자격의 직무분야 중 안전관리 분야에서 산업기사 자격을 취득하고 화재조사분야 3년 이상 근무경력이 있는 사람

해설
화재합동조사단의 단원으로 임명하거나 위촉할 수 있는 사람
1. 화재조사관
2. 화재조사 업무에 관한 경력이 3년 이상인 소방공무원
3. 「고등교육법」 제2조에 따른 학교 또는 이에 준하는 교육기관에서 화재조사, 소방 또는 안전관리 등 관련 분야 조교수 이상의 직에 3년 이상 재직한 사람
4. 「국가기술자격법」에 따른 국가기술자격의 직무분야 중 안전관리 분야에서 산업기사 이상의 자격을 취득한 사람
5. 그 밖에 건축·안전 분야 또는 화재조사에 관한 학식과 경험이 풍부한 사람

87 「제조물 책임법」에 대한 내용으로 틀린 것은?

① 동일한 손해에 대하여 배상할 책임이 있는 자가 2인 이상인 경우에는 연대하여 그 손해를 배상할 책임이 있다.
② 제조물 책임법에 따른 손해배상책임을 배제하거나 제한하는 특약은 유효한 것이 원칙이다.
③ 제조물의 결함으로 인한 손해배상책임에 관하여 제조물 책임법에 규정된 것을 제외하고는 민법에 따른다.
④ 일반적으로 손해배상의 청구권은 제조업자가 손해를 발생시킨 제조물을 공급한 날부터 10년 이내에 행사하여야 한다.

해설
배상책임을 배제하거나 제한하는 특약은 무효이다.

88 「화재조사 및 보고규정」상 다음 표에서 사망자 수와 중상자 수를 합한 값으로 옳은 것은?

> ㉠ 화재현장 사망 2명
> ㉡ 화재현장에서 부상을 당한 후 52시간 이내에 사망 1명
> ㉢ 2주 이상의 입원을 필요로 하는 부상 2명
> ㉣ 3주 이상의 입원을 필요로 하는 부상 3명
> ㉤ 입원치료를 필요로 하지 않는 부상 5명

① 4   ② 5
③ 6   ④ 7

해설
문제에 오류가 있다.
㉢ 2주 이상의 입원을 필요로 하는 부상 2명 → 2주의 입원을 필요로 하는 부상 2명으로 수정해야 문제에 오류가 없다(2주 이상이면 2주, 3주, 4주 … 모두 포함되므로). 여기에서 오류가 정정되었다는 전제에서 중상자는 72시간 이내 사망자 + 3주 이상의 입원치료를 필요로 하는 자이므로 ㉠ 2 + ㉡ 1 + ㉣ 3 = 6명

89 「소방의 화재조사에 관한 법률 시행령」에 따른 화재합동조사단의 구성·운영할 수 있는 대형화재를 모두 고른 것은?

> 가. 사망자가 5명 이상 발생한 화재
> 나. 화재로 인한 사회적·경제적 영향이 광범위하다고 소방관서장이 인정하는 화재
> 다. 이재민 100명 이상 발생 화재
> 라. 재산피해 50억원 이상 추정되는 화재

① 가, 라
② 가, 나, 다, 라
③ 가, 나, 라
④ 가, 나

해설
화재합동조사단의 구성·운영(시행령 제7조 제1항)
소방관서장이 화재합동조사단의 구성·운영할 수 있는 "사상자가 많거나 사회적 이목을 끄는 화재 등 대통령령으로 정하는 대형화재"란 다음 각 호의 화재를 말한다.
1. 사망자가 5명 이상 발생한 화재
2. 화재로 인한 사회적·경제적 영향이 광범위하다고 소방관서장이 인정하는 화재

90 「실화책임에 관한 법률」상 실화가 중대한 과실로 인한 것이 아닌 경우 그로 인한 손해배상 의무자가 법원에 손해배상액 경감 청구 시 고려사항으로 명시되지 않은 것은? (단, 그 밖에 손해배상액을 결정할 때 고려사항은 제외한다)

① 화재의 규모
② 피해확대의 원인
③ 실화자의 전과 사실
④ 배상 의무자의 경제상태

해설
법원은 다음의 사정을 고려하여 그 손해배상액을 경감할 수 있다.
• 화재의 원인과 규모
• 피해의 대상과 정도
• 연소(延燒) 및 피해 확대의 원인
• 피해 확대를 방지하기 위한 실화자의 노력
• 배상의무자 및 피해자의 경제상태
• 그 밖에 손해배상액을 결정할 때 고려할 사정

91 「화재조사 및 보고규정」상 다음에서 설명하는 용어는?

> 화재원인의 판정을 위하여 전문적인 지식, 기술 및 경험을 활용하여 주로 시각에 의한 종합적인 판단으로 구체적인 사실관계를 명확하게 규명하는 것

① 감 식   ② 감 정
③ 분 석   ④ 조 사

해설

- 감정(鑑定, Judgment) : 화재와 관계되는 물건의 형상, 구조, 재질, 성분, 성질 등 이와 관련된 모든 현상에 대하여 과학적 방법에 의한 필요한 실험을 행하고 그 결과를 근거로 화재원인을 밝히는 자료를 얻는 것
- 조사 : 화재원인을 규명하고 화재로 인한 피해를 산정하기 위하여 자료의 수집, 관계자 등에 대한 질문, 현장 확인, 감식, 감정 및 실험 등을 하는 일련의 행동

92 「화재로 인한 재해보상과 보험가입에 관한 법률」상 명시된 한국화재보험협회의 업무를 모두 고른 것은?

> ㉠ 소방안전관리자에 대한 교육
> ㉡ 화재 예방과 소화시설에 관한 자료의 조사·연구 및 계몽
> ㉢ 화재보험에 있어서의 소화설비(消火設備)에 따른 보험요율의 할인등급에 대한 사정(査定)
> ㉣ 화재예방 및 소화시설에 대한 안전점검

① ㉠, ㉡, ㉢
② ㉠, ㉡, ㉣
③ ㉠, ㉢, ㉣
④ ㉡, ㉢, ㉣

해설

소방안전관리자에 대한 교육은 소방안전원에서 실시한다.

협회업무

- 화재예방 및 소화시설에 대한 안전점검
- 화재보험에 있어서의 소화설비에 따른 보험요율의 할인등급에 대한 사정(査定)
- 화재예방과 소화시설에 관한 자료의 조사·연구 및 계몽
- 행정기관이나 그 밖의 관계기관에 화재 예방에 관한 건의
- 그 밖에 금융위원회의 인가를 받은 업무

93 「소방기본법」상 시·도지사로부터 소방활동의 비용을 지급받을 수 있는 경우로 옳은 것은?

① 화재 또는 구조·구급 현장에서 물건을 가져간 사람
② 소방대장을 도와서 화재현장에서 불을 끄는 일을 한 사람
③ 소방대상물에 화재, 재난·재해, 그 밖의 위급한 상황이 발생한 경우 그 관계인
④ 고의 또는 과실로 화재 또는 구조·구급 활동이 필요한 상황을 발생시킨 사람

94 「화재조사 및 보고규정」상 건물의 동수 산정 기준으로 틀린 것은?

① 건널 복도 등으로 2 이상의 동에 연결되어 있는 것은 그 부분을 절반으로 분리하여 각 동으로 본다.
② 건물의 외벽을 이용하여 실을 만들어 작업실 용도로 사용하고 있는 것은 주건물과 다른 동으로 본다.
③ 구조에 관계없이 지붕 및 실이 하나로 연결되어 있는 것은 같은 동으로 본다.
④ 목조 건물의 경우 격벽으로 방화구획이 되어 있는 경우 같은 동으로 한다.

해설

건물의 외벽을 이용하여 실을 만들어 헛간, 목욕탕, 작업실, 사무실 및 기타 건물 용도로 사용하고 있는 것은 주건물과 같은 동으로 본다.

95 사법 경찰관이 피의자를 심문하기 전에 알려 주어야 하는 사항과 가장 거리가 먼 것은?

① 일체의 진술을 하지 아니할 수 있다는 것
② 심문을 받을 때 변호인의 조력을 받을 수 있다는 것
③ 진술을 하지 않은 경우에 불이익을 받을 수 있다는 것
④ 진술을 거부할 권리를 포기하고 행한 진술은 법정에서 유죄의 증거로 사용될 수 있다는 것

해설
모든 국민은 고문받지 아니하며, 형사상 자기에게 불리한 진술을 강요당하지 아니한다.

96 「화재로 인한 재해보상과 보험가입에 관한 법률」상 특수건물의 특약부화재보험에 가입하지 아니한 자의 벌칙 기준으로 옳은 것은? (단, 산업재해보상보험 가입 대상이 아님)

① 300만원 이하의 벌금
② 500만원 이하의 벌금
③ 700만원 이하의 벌금
④ 1,000만원 이하의 벌금

해설
특수건물의 소유자가 특약부화재보험에 가입하지 아니한 때에는 500만원 이하의 벌금에 처한다.

97 「소방의 화재조사에 관한 법률」상 소방서장이 화재조사를 하기 위하여 관계인에게 보고 또는 자료제출을 명했을 때 이를 위반하여 보고 또는 제출을 하지 아니한 자에 대한 과태료 기준으로 옳은 것은?

① 200만원 이하의 과태료
② 300만원 이하의 과태료
③ 500만원 이하의 과태료
④ 1,000만원 이하의 과태료

해설
200만원 이하의 과태료
1. 허가 없이 통제구역에 출입한 사람
2. 명령을 위반하여 보고 또는 자료 제출을 하지 아니하거나 거짓으로 보고 또는 자료를 제출한 사람
3. 정당한 사유 없이 출석을 거부하거나 질문에 대하여 거짓으로 진술한 사람

98 「제조물 책임법」상 손해배상책임을 지는 자가 손해배상책임을 면하기 위하여 입증하여야 할 사항으로 명시되지 않은 것은?

① 제조업자가 해당 제조물을 공급하지 아니하였다는 사실
② 제조업자가 해당 제조물을 공급한 당시의 과학·기술 수준으로는 결함의 존재를 발견할 수 없었다는 사실
③ 제조물의 결함이 제조업자가 해당 제조물을 제조한 당시의 법령에서 정하는 기준을 준수함으로써 발생하였다는 사실
④ 원재료나 부품의 경우에는 그 원재료나 부품을 사용한 제조물 제조업자의 설계 또는 제작에 관한 지시로 인하여 결함이 발생하였다는 사실

해설
제조업자의 면책사유로서 다음의 네 가지를 규정하고 있다(법 제4조).
• 제조업자가 당해 제조물을 공급하지 아니한 사실
• 제조업자가 당해 제조물을 공급한 때의 과학·기술수준으로는 결함의 존재를 발견할 수 없었다는 사실
• 제조물의 결함이 제조업자가 당해 제조물을 공급할 당시의 법령이 정하는 기준을 준수함으로써 발생한 사실
• 원재료 또는 부품의 경우에는 당해 원재료 또는 부품을 사용한 제조물 제조업자의 설계 또는 제작에 관한 지시로 인하여 결함이 발생하였다는 사실 등을 입증한 때에는 손해배상책임을 면할 수 있도록 하고 있다.

99 「경범죄 처벌법」상 범칙행위의 범위와 범칙금액에 관한 사항 중 다음 범칙행위에 대한 범칙금액은?

> 충분한 주의를 하지 않고 건조물, 수풀, 그 밖에 불붙기 쉬운 물건 가까이에서 불을 피우거나 휘발유 또는 그 밖에 불이 옮아붙기 쉬운 물건 가까이에서 불씨를 사용한 경우

① 2만원　　　　② 3만원
③ 5만원　　　　④ 8만원

해설

화재관련 경범죄의 종류와 처벌(제3조)

죄 명	범칙행위	범칙금액
쓰레기 등 투기 (제3조 제1항 제11호)	담배꽁초, 껌, 휴지를 아무 곳에나 버린 경우	3만원
위험한 불씨 사용 (제3조 제1항 제22호)	충분한 주의를 하지 아니하고 건조물, 수풀, 그 밖에 불붙기 쉬운 물건 가까이에서 불을 피우거나 휘발유 또는 그 밖에 불이 옮아붙기 쉬운 물건 가까이에서 불씨를 사용한 사람	8만원
공무원 원조불응 (제3조 제1항 제29호)	눈·비·바람·해일·지진 등으로 인한 재해, 화재·교통사고·범죄, 그 밖의 급작스러운 사고가 발생하였을 때에 현장에 있으면서도 정당한 이유 없이 관계 공무원 또는 이를 돕는 사람의 현장 출입에 관한 지시에 따르지 아니하거나 공무원이 도움을 요청하여도 도움을 주지 아니한 사람	5만원
지문채취 불응 (제3조 제1항 제34호)	범죄 피의자로 입건된 사람의 신원을 지문조사 외의 다른 방법으로는 확인할 수 없어 경찰공무원이나 검사가 지문을 채취하려고 할 때에 정당한 이유 없이 이를 거부한 사람	5만원
무단출입 (제3조 제1항 제37호)	출입이 금지된 구역이나 시설 또는 장소에 정당한 이유 없이 들어간 사람	2만원
업무방해 (제3조 제2항 제2호)	못된 장난 등으로 다른 사람, 단체 또는 공무수행 중인 자의 업무를 방해한 사람	16만원

100 「화재조사 및 보고규정」상 차량, 선박 및 항공기에서 발생한 화재의 소실정도 구분으로 옳은 것은?

① 전부손해로 전소로만 구분한다.
② 차량의 30% 이상 70% 미만이 소실된 경우 전소로 처리한다.
③ 차량, 선박 및 항공기의 소실정도는 화재조사관이 결정한다.
④ 자동차·철도차량, 선박·항공기 등의 소실정도는 전소, 반소, 부분소로 구분한다.

해설

소실정도(제16조)
① 건축·구조물의 소실정도는 다음의 각 호에 따른다.
　1. 전소 : 건물의 70% 이상(입체면적에 대한 비율을 말한다. 이하 같다)이 소실되었거나 또는 그 미만이라도 잔존부분을 보수하여도 재사용이 불가능한 것
　2. 반소 : 건물의 30% 이상 70% 미만이 소실된 것
　3. 부분소 : 전소, 반소에 해당하지 아니하는 것
② 자동차·철도차량, 선박·항공기 등의 소실정도는 ①의 규정을 준용한다.

07 | 4회 기사 기출문제

제1과목 화재조사론

01 「화재조사 및 보고규정」상 다음의 설명에 해당하는 용어는?

> 화재가 발생하여 소방대 및 관계인등에 의해 소화활동이 행하여지고 있거나 행하여진 장소를 말한다.

① 소방활동현장
② 화재예방강화지구
③ 화재현장
④ 발화장소

해설
"화재현장"이란 화재가 발생하여 소방대 및 관계인 등에 의해 소화활동이 행하여지고 있거나 행하여진 장소를 말한다.

02 화재조사자의 자세로 틀린 것은?

① 과학적이고 주관적인 조사를 해야 한다.
② 특이한 화재현상에 대하여는 관계지식을 최대한 활용하여야 한다.
③ 소방의 화재조사에 관한 법률에 따라 부여된 권리와 의무를 초과해서는 안 된다.
④ 직무를 이용하여 개인의 민사관계에 관여해서는 안 된다.

해설
물적 증거를 객체로 하여 과학적이고 합리적 방법으로 조사를 해야 한다.

03 복사체에서 절대온도의 차이가 두 배 높아지면 해당물질로부터 복사에 의한 열전달률은 몇 배가 되는가?

① 2
② 4
③ 16
④ 32

해설
스테판–볼츠만(Stefan–Boltzman)의 법칙
$Q = \epsilon \sigma T^4$
복사열은 절대온도의 4승에 비례한다.
$$\frac{Q_2}{Q_1} = \frac{2^4}{1^4} = 16$$

04 「소방의 화재조사에 관한 법률」상 출입·조사 등에 관한 설명으로 틀린 것은?

① 소방관서장은 화재가 발생사실을 인지한 즉시 화재조사를 실시하여야 한다.
② 소방공무원과 국가경찰공무원은 화재조사를 할 때에 서로 협력하여야 한다.
③ 화재조사를 하는 화재조사관은 그 권한을 표시하는 증표를 지니고 이를 관계인에게 보여주어야 한다.
④ 화재조사를 하는 관계 공무원은 화재조사를 수행하면서 알게 된 비밀에 대해 인터뷰를 해도 된다.

해설
화재조사를 하는 관계 공무원은 화재조사를 하는 화재조사관은 관계인의 정당한 업무를 방해하거나 화재조사를 수행하면서 알게 된 비밀을 다른 용도로 사용하거나 다른 사람에게 누설하여서는 아니 된다.

05 비등액체팽창증기폭발(BLEVE)에 대한 설명으로 틀린 것은?

① 인화성 액체에서만 일어날 수 있는 현상이다.
② 저장용기의 크기와 관계없이 일어날 수 있는 현상이다.
③ 가압상태에서 비점 이상 온도의 액체를 저장하는 용기와 관련된 폭발이다.
④ 저장용기 내에 존재하는 물질의 상호 이상반응에 의해서도 발생이 가능한 현상이다.

가연성가스 저장탱크에서도 일어날 수 있는 현상이다.

06 조사인원 중 전문 인력에 관한 설명으로 틀린 것은?

① 기계공학자는 전문 인력으로 부적합하다.
② 특이화재의 경우 전문 인력의 도움을 받을 수 있다.
③ 전문 인력을 데려오면 이해관계의 충돌을 피해야 한다.
④ 어떤 부분에 대한 훈련을 받았거나 받지 않았다는 사실이 특정 전문가의 자격에 영향을 끼친다는 뜻은 아니다.

각 분야별(기계·전기·가스 등) 학자는 전문 인력에 해당한다.

07 폭발 위력의 지표로 사용될 수 있는 자료와 거리가 가장 먼 것은?

① 폭심부의 깊이
② 파편의 비행거리
③ 깨진 유리창의 단면
④ 무너진 벽의 종류와 구조

깨진 유리창의 단면으로부터 외부침입 여부를 확인할 수 있다.

08 유류화재와 관련된 용어의 설명으로 틀린 것은?

① 인화점은 외부로부터 에너지를 받아서 착화 가능한 최저온도
② 발화점은 외부로부터 점화에너지 공급 없이 주변의 열에 의해 물질 스스로 착화되는 최저온도
③ 증기밀도는 공기의 분자량을 가연성 물질의 분자량으로 나눈 값
④ 연소점은 화염이 꺼지지 않고 지속되는 최저온도

$$증기밀도 = \frac{분자량}{29}(29 : 공기의 \ 평균 \ 분자량)$$
증기밀도는 가연성 물질의 분자량을 공기의 분자량으로 나눈 값이다.

09 MEK(메틸에틸케톤)으로 인한 화재 분류로 옳은 것은?

① A급 화재   ② B급 화재
③ C급 화재   ④ D급 화재

MEK(메틸에틸케톤)은 제4류 위험물 1석유류에 해당하므로 유류(B급)화재이다.

10 화재조사관의 현장안전관리에 관한 내용으로 틀린 것은?

① 화재조사관은 활동 시에 화재진압 인력과 협력해야 한다.

② 화재조사관은 화재현장 지휘관에게 알리지 않고 건물 내 다른 곳으로 이동해서는 안 된다.

③ 화재가 진압된 건물에서 조사를 수행할 때 불이 다시 날 수 있다는 것을 염두에 두어야 한다.

④ 화재가 완전히 진압되기 전에 화재조사관은 지휘관의 허가를 받지 않아도 건물에 들어가 조사를 할 수 있다.

해설
화재조사관이 건물의 일부로 들어가려고 하는 경우에는 화재현장 지휘관에게 허가를 받아야 하며, 화재진압장소의 화재조사는 현장지휘관의 철저한 통제하에 작업을 실시한다.

11 「화재조사 및 보고규정」상 화재현황조사서에 관한 사항 중 틀린 것은?

① 연소확대물, 연소확대 사유를 기록한다.

② 온도, 습도와 같은 기상상황은 기록하지 않는다.

③ 발화열원, 발화요인, 최초착화물 등 화재원인을 기록한다.

④ 동원인력 사항을 기록할 때 잔불감시 인력에 대한 사항을 기록한다.

해설
화재현황조사서 11번란에 기상상황을 기록하여야 한다.

12 「화재증거물수집관리규칙」상 증거물의 포장·보관·이동에 관한 설명으로 옳은 것은?

① 증거물의 포장은 보호상자를 사용하여 일괄 포장함을 원칙으로 한다.

② 화재증거물은 관계인의 승낙에 관계없이 폐기할 수 있다.

③ 증거물은 화재증거수집목적 달성 후 관계인에게 반환하지 않고 3년간 보관하여야 한다.

④ 증거물의 반환 또는 폐기까지 화재조사자 또는 이와 동일한 자격 및 권한을 가진 자의 책임하에 행해져야 한다.

해설
① 증거물의 포장은 보호상자를 사용하여 개별 포장함을 원칙으로 한다.

② 관계인의 승낙이 있을 때에는 폐기할 수 있으며 기록을 남겨야 한다.

③ 증거물은 화재증거 수집의 목적달성 후에는 관계인에게 반환하여야 한다.

13 증거물 수집 용기와 시료의 적응성을 연결한 것으로 틀린 것은?

① 비닐 백 : 액체

② 종이상자 : 고체

③ 금속캔 : 고체, 액체

④ 유리병 : 고체, 액체

해설
① 비닐 백 : 고체

14 「화재조사 및 보고규정」상 화재건수의 결정 기준 중 1건의 화재를 모두 고른 것은?

> 가. 동일 소방대상물의 발화점이 2개소 이상 있는 누전점이 동일한 누전에 의한 화재
> 나. 동일 소방대상물의 발화점이 2개소 이상 있는 지진, 낙뢰 등 자연현상에 의한 다발화재
> 다. 동일범이 아닌 각기 다른 사람에 의한 방화
> 라. 불장난은 동일 대상물에서 발화

① 가
② 가, 나
③ 가, 나, 라
④ 가, 나, 다, 라

해설
화재건수 결정(제10조 제2호)
동일 소방대상물의 발화점이 2개소 이상 있는 다음의 화재는 1건의 화재로 한다.
가. 누전점이 동일한 누전에 의한 화재
나. 지진, 낙뢰 등 자연현상에 의한 다발화재

15 대표적으로 숯, 코크스 등이 연소되는 현상으로 산소와 접하게 되는 물질의 연소로 화염이 없이 표면에서 나타나는 연소의 형태는?

① 분해연소
② 표면연소
③ 확산연소
④ 혼합연소

해설
표면연소
고체 가연물이 열분해나 증발하지 않고 표면에서 산소와 급격히 산화 반응하여 연소하는 현상, 즉 목탄 등이 열분해에 의해서 가연성 가스를 발생하지 않고 그 물질 자체가 연소하는 현상으로 불꽃이 없는 것(무염연소)이 특징이다.
예 목탄, 코크스, 금속(분·박·리본 포함) 등

16 백드래프트(Back Draft) 현상에 관한 설명으로 옳은 것은?

① 주로 감쇠기 단계에 발생한다.
② 연소속도가 빠르기 때문에 압력파를 생성하지만 충격파는 생성하지 않는다.
③ 현상 발생 전 구획실 내 대기는 산소가 충분한 상태이다.
④ 발생 전 구획실 내 가연성 증기의 온도는 인화점 이상이다.

해설
① 주로 감쇠기 단계에 발생하지만, 성장기, 최성기에도 발생 가능
② 대기의 급격한 온도상승, 팽창압력 상승을 일으키고 폭풍과 충격파를 수반한다.
③ 현상 발생 전 구획실 내 대기는 산소가 부족한 상태이다.

17 가연성기체 중 위험성의 척도인 위험도가 가장 큰 것은?

① 메 탄
② 에 탄
③ 프로판
④ 아세틸렌

해설
$$H = \frac{U - L}{L}$$
H : 위험도, U : 연소(폭발)범위 상한, L : 연소(폭발)범위 하한
① $H = \dfrac{15 - 5}{5} = 2$
② $H = \dfrac{12.5 - 3}{3} = 3.17$
③ $H = \dfrac{9.5 - 2.1}{2.1} = 3.52$
④ $H = \dfrac{81 - 2.5}{2.5} = 31.4$

18 폭발현상에 관한 설명으로 틀린 것은?

① 기체나 액체의 팽창, 상변화 등의 물리적 현상이 압력발생의 원인이 되어 발생하는 폭발을 물리적 폭발이라 한다.

② 물질의 분해, 연소 등으로 압력이 상승하는 것이 원인이 되어 발생하는 폭발을 화학적 폭발이라 한다.

③ 알루미늄 분진이 공기 중에 부유된 상태에서 일어나는 폭발은 화학적 폭발에 해당한다.

④ 폭연은 화염전파 속도가 미반응 매질 속에서 음속보다 큰 속도로 이동하는 폭발현상이다.

해설

폭연 : 충격파의 반응전파속도가 음속보다 느린 것

19 탄화심도 측정 방법으로 옳은 것은?

① 뾰족한 기구보다 끝이 뭉툭한 것이 좋다.

② 탄화심도 측정 시 갈라진 틈 안을 측정한다.

③ 비교 측정 시 다른 측정 기구를 사용하는 것이 좋다.

④ 각각의 측정 도구를 집어넣을 때 압력을 조금씩 다르게 하는 것이 중요하다.

해설

② 탄화심도 측정 시 계침을 삽입할 때는 탄화 균열 부분의 요철(凹凸)을 택한다.

③ 비교 측정 시 동일 측정 기구를 사용하는 것이 좋다.

④ 동일 포인트를 동일한 압력으로 여러 번 측정하여 평균치를 구한다.

20 유리의 파단면 분석에 관한 설명으로 옳은 것은?

① 강화유리 자발파괴(Spontaneous Break-age) 형태는 쌍을 이루는 8각형의 파편이 발견된다.

② 충격에 의한 파괴유리의 충격방향을 확인하기 위해서는 동심원파단면의 월러라인(Wallner Line)을 확인하는 것이 효과적이다.

③ 재료가 여러 번의 외력에 의하여 순차적으로 분리되었을 때 동반하여 발생하는 분리선을 관찰하며 외력의 작용순서를 알 수 있다.

④ 폭발로 인한 압력에 의해 많은 파편들이 폭발의 중심부로부터 멀리 비산되는데, 화재 이후 폭발이 발생하였다면, 멀리 비산된 파편에 그을음이 부착될 수 없다.

해설

① 강화유리 자발파괴(Spontaneous Breakage) 형태는 쌍을 이루는 6각형의 파편이 발견된다.

② 충격에 의한 파괴유리의 충격방향을 확인하기 위해서는 동심원파단면의 리플마크를 확인하는 것이 효과적이다.

④ 화재 이후 폭발이 발생하였다면, 멀리 비산된 파편에 그을음이 발견된다.

21 선박방화구조 기준상 용어의 설명으로 틀린 것은?

① 주수직구역격벽이란 선체, 선루 및 갑판실을 주수직구역으로 구분하는 격벽을 말한다.
② 주수평구역이란 선체, 선루 및 갑판실이 A급 구획의 갑판으로 구분된 구역으로서 해당 구역의 높이가 10미터를 초과하지 아니하는 구역을 말한다.
③ 방화댐퍼란 통풍용 덕트에 설치된 장치로서, 평상시에는 덕트 내에 공기가 흐를 수 있도록 열려 있다가 화재 시에는 연기 및 고온의 가스 전파를 차단하기 위하여 덕트 내의 공기의 흐름을 막을 수 있도록 폐쇄하는 장치이다.
④ 기관구역이란 특정기관구역과 추진기관, 보일러, 내연기관, 주요전기설비, 냉동기, 감요(減搖)장치, 송풍기 및 공기조화기기가 있는 장소, 급유장소 그 밖에 이와 유사한 장소와 이들 장소에 이르는 트렁크를 말한다.

해설
방화댐퍼란 통풍용 덕트에 설치된 장치로서, 평상시에는 덕트 내에 공기가 흐를 수 있도록 열려 있다가 화재 시에는 화재의 확산을 차단하기 위하여 덕트 내의 공기의 흐름을 막을 수 있도록 폐쇄하는 장치이다.

22 유류를 이용한 자살 방화현장의 특징 중 틀린 것은?

① 유류와 사용한 용기가 존재한다.
② 연소면적이 좁고 탄화심도가 깊다.
③ 우발적이기보다는 계획적으로 실행한다.
④ 급격한 연소 확대로 연소의 방향성 식별이 어렵다.

해설
연소면적이 넓고 탄화심도가 깊지 않다.

23 담뱃불 화재현장의 주요 감식사항이 아닌 것은?

① 발화에 충분한 축열조건
② 발화지점에 넓게 탄화된 흔적
③ 흡연행위가 있었다는 것을 증명
④ 담뱃불에 의해 착화될 수 있는 가연물

해설
담뱃불 화재현장은 최초 발화지점의 탄화심도가 깊은 것(국부적으로 패인 현상)이 특징이다.

24 다음 발화원인 중 미소화원이 아닌 것은?

① 담뱃불
② 용접불티
③ 절삭 불티
④ 가스레인지 불꽃

해설
가스레인지 불꽃은 유염화원이다.

25 자동차 점화장치의 전류 흐름 순서로 옳은 것은?

① 점화스위치 → 점화코일 → 배터리 → 시동모터 → 배전기 → 고압케이블 → 스파크 플러그

② 점화스위치 → 배터리 → 시동모터 → 점화코일 → 배전기 → 고압케이블 → 스파크 플러그

③ 점화스위치 → 시동모터 → 점화코일 → 배터리 → 배전기 → 고압케이블 → 스파크 플러그

④ 점화스위치 → 고압케이블 → 배전기 → 시동모터 → 점화코일 → 배터리 → 스파크 플러그

26 일반적으로 산소, 수소, 질소, 아르곤 등의 압축가스 용기의 안전장치에 적합한 밸브는?

① 파열판식 안전밸브
② 스프링식 안전밸브
③ 가용전(가용합금식) 안전밸브
④ 스프링식과 파열판식의 2중 안전밸브

> **해설**
> • 스프링식 안전밸브 : LPG 용기
> • 가용전(가용합금식) 안전밸브 : 염소, 아세틸렌, 산화에틸렌 용기
> • 파열판식 안전밸브 : 산소, 수소, 질소, 아르곤 등의 압축가스 용기
> • 스프링식과 파열판식의 2중 안전밸브 : 초저온 용기

27 사람이 버린 담배꽁초에 의해 화재가 발생하였을 때 추정되는 선행 발화원인은?

① 휴 지
② 담배꽁초
③ 쓰레기통
④ 사람의 부주의한 행위

> **해설**
> 담배꽁초를 버린 사람의 부주의한 선행 행위로 화재가 발생되었다.

28 절연 저항계의 설명으로 옳은 것은?

① 발전기식 절연 저항계는 전지식에 비해 소형 경량이고 조작도 간단하며 기계적 접점이 없으므로 고장이 적은 특징이 있다.

② 절연 저항계에서 절연 측정은 전기기기나 전로의 사용을 멈추고 단전 상태에서 하며, 활선 상태에서는 전로의 절연 저항을 측정할 수 없다.

③ 절연 저항계의 측정 전압은 10V, 25V, 50V, 100V, 500V, 1,000V 등 다양한 범위를 가지며, 고저항의 측정 범위는 $500k\Omega \sim 2 \times 10^{16}\Omega$ 까지 직독할 수 있다.

④ 절연 저항계는 전기기기나 배선공사의 안정성을 확보하기 위해서 이들의 직류 절연저항을 측정하는 계측기로서, 보통 메거라고 한다.

29 일반화재와 구별되어야 하는 차량화재의 특수성에 대한 설명 중 틀린 것은?

① 차량은 동력기계 계통, 전기전자 계통, 연료공급 계통, 배기계통 등 기구의 복잡성이 있다.

② 연료, 시트 등 화재하중이 낮고, 외기에 개방된 상태인 환기 지배형 화재의 특성을 보인다.

③ 다양한 부착물 및 이의 변·개조가 용이하므로, 이러한 구조적 특수성에 의한 화재위험성에 노출되어 있다고 볼 수 있다.

④ 차량은 개방된 공간에 존치되는 특수성에 의해 사회적 불만이나 주차불만을 가진 자가 불특정한 방법으로 방화할 개연성이 높다고 볼 수 있다.

> **해설**
> 연료, 시트 등 화재하중이 높고, 가연물에 의존하는 연료지배형 화재의 특성을 보인다.

30 그림과 같이 시간에 따른 전하의 이동에 있어서 구간별 전류는 얼마인가?

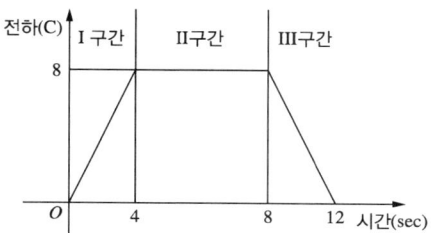

① I구간 : 8A, II구간 : 0A, III구간 : −1A
② I구간 : 8A, II구간 : 8A, III구간 : −2A
③ I구간 : 2A, II구간 : 0A, III구간 : −2A
④ I구간 : 2A, II구간 : 8A, III구간 : −1A

해설

$$I = \frac{Q(\text{전하량})}{t(\text{시간})}[A]$$

31 고압가스 안전관리법령상 가스 종류에 따른 용기외면 도색이 바르게 연결된 것은?

① 수소 – 백색
② 아세틸렌 – 갈색
③ 액화석유가스 – 회색
④ 액화암모니아 – 주황색

해설

아세 틸렌	수 소	암모 니아	염 소	LPG 등 기타	탄산 가스	산 소
황 색	주황 색	백 색	갈 색	회색 (쥐색)	청 색	녹 색

32 열전도성, 밀도 및 비열의 곱으로 정의되며 물질에 가해지는 에너지에 대한 물질의 반응을 설명하는 데 사용되는 용어는?

① 발화성   ② 열관성
③ 유동성   ④ 전열성

해설

열관성이란 어떤 물체가 일정 온도를 가지고 있는 경우 현재의 온도를 유지하려고 하는 성질을 말한다.

33 화학결합에 대한 설명으로 틀린 것은?

① 전자쌍이 균등하게 공유되어 있지 않은 공유결합을 비극성 공유결합이라고 한다.
② 이온 결합은 두 이온 사이의 거리가 짧고, 두 이온의 전하량이 클수록 결합력이 강하다.
③ 수소 분자처럼 두 원자가 한 쌍 또는 그 이상의 전자쌍을 공유함으로써 형성되는 결합을 공유결합이라고 한다.
④ 이온화합물의 물리적 형태는 반대로 하전된 이온이 규칙적으로 배열된 결정성으로서 화합물의 양이온과 음이온의 전하량의 합은 0이다.

해설

전기 음성도가 같은 두 원자가 전자를 공유해 만들어진 결합을 비극성 공유결합이라고 한다.

34 탄화된 목재에서 공통적으로 나타나는 탄화흔과 균열흔의 특성으로 틀린 것은?

① 무염연소는 목재의 표면을 따라 광범위하게 전파된다.
② 불에 오래도록 강하게 탈수록 탄화의 깊이는 깊다.
③ 탄화모양을 형성하고 있는 패인 골이 깊을수록 소손이 강하다.
④ 탄화모양을 형성하고 있는 패인 골의 폭이 넓을수록 소손이 강하다.

해설

무염연소는 장시간 화염과 접촉하고 있기 때문에 탄화심도가 유염연소보다 깊다.

35 항공기 보조동력장치(APU)의 소화용기(Container) 내용물이 과도한 열로 인하여 외부로 배출 시 나타나는 지시는?

① 배출밸브(Discharge Valve)가 열린다.

② 조종실에 경고등이 들어온다.

③ 온도방출지시기(Thermal Discharge Indicator)의 Yellow Disk가 없다.

④ 온도방출지시기(Thermal Discharge Indicator)의 Red Disk가 없다.

해설
④ 온도방출지시기(Thermal Discharge Indicator)의 Red Disk가 없다면 과열로 인해 HRD(High Rate of Discharge)가 자동 분사되었다는 의미

③ 온도방출지시기(Thermal Discharge Indicator)의 Yellow Disk가 없다면 조종사가 직접 수동으로 Fire Handle을 당겨 화재진압을 했다는 의미

36 임야화재에서 화염진행 방향에 따른 분류가 아닌 것은?

① 수직화재　　② 전진화재

③ 후진화재　　④ 횡진화재

해설
연소진행방향에 따른 특징

구 분	전진산불	후진산불	횡진산불
확산 속도	빠 름	느림	전·후진 형태의 중간 정도
연소 방향	바람방향으로 진행 경사면 아래에서 위로	바람 반대방향 경사면 반대로	수평으로 진행
이명 (異名)	화두(Head) 불머리	화미(Heel) 불꼬리	횡면(Flank) 불허리
피해 정도	큼	적 음	중간 정도
지표 구분	거시지표	미시지표	–

37 「위험물안전관리법」상 제1류 산화성 고체에 명시되지 않은 것은?

① 질산염류

② 염소산염류

③ 과염소산염류

④ 질산에스터류

해설
질산에스터류는 5류 위험물 지정수량 10kg이다.

38 pH 12인 수산화나트륨 수용액 50mL를 중화시키기 위하여 농도를 알 수 없는 염산 10mL를 사용하였다면 이 염산의 농도는?

① 0.001N　　② 0.002N

③ 0.005N　　④ 0.01N

해설
• pH 12 NaOH에서의 $[OH^-]$
  $12 = -\log[H^+] = -\log[1 \times 10 - 12]$
• $[H^+] \times [OH^-] = 1 \times 10 - 14$
  $[1 \times 10 - 12] \times [OH^-] = 1 \times 10 - 14$
  $[OH^-] = 1 \times 10 - 2$
• $NaOH \rightarrow Na^+ + OH^-$ 강염기이므로 거의 100% 이온화되므로 $OH^- = NaOH$ 농도
• 중화반응
  $NaOH(aq) + HCl(aq) \rightarrow NaCl(aq) + H_2O$ 1mol
  $1mol(MV) = (MV)$
• $10 - 2M \times 50mL = M \times 10mL$
  $M = 0.05M(mol/L)$
  ∴ $0.05M(mol/L) = 0.05N$

39 임야화재에 영향을 주는 3대 중요 요소가 아닌 것은?

① 기 후　　② 지 형

③ 가연물　　④ 점화원

40 방화의 행위방법 중 직접착화에 의해 발생한 화재의 특이점으로 옳은 것은?

① 인화물질을 이용한 경우 그 용기를 화재 장소에서 먼 곳에 감춘다.
② 착화행위 직후 화염이 확대되고 대부분 한 곳에 집중적으로 착화시킨다.
③ 비교적 착화가 용이한 부분에 착화시키므로 훈소 또는 회화 현상이 많이 식별된다.
④ 방화범의 의류에 촉진제가 부착되는 경우가 있다.

해설
방화자의 의류에 촉진제가 부착되거나 의류, 머리카락, 손과 발의 체모가 일부 그을리거나 탈 수 있다.

제3과목 증거물관리 및 법과학

41 「화재증거물수집관리규칙」상 증거물 시료용기 중 양철 캔(Can)에 관한 설명으로 틀린 것은?

① 양철 캔과 그 마개는 청결하고 건조해야 한다.
② 사용하기 전에 캔의 상태를 조사해야 하며 누설이나 녹이 발견될 때에는 사용할 수 없다.
③ 양철 캔은 기름에 견딜 수 있는 디스크를 가진 스크루 마개 또는 누르는 금속마개로 밀폐될 수 있으며, 이러한 마개는 재사용이 가능하다.
④ 양철 캔은 적합한 양철판으로 만들어야 하며, 프레스를 한 이음매 또는 외부 표면에 용매로 송진 용제를 사용하여 납땜을 한 이음매가 있어야 한다.

해설
양철 캔은 기름에 견딜 수 있는 디스크를 가진 스크루 마개 또는 누르는 금속마개로 밀폐될 수 있으며, 이러한 마개는 한 번 사용한 후에는 폐기되어야 한다.

42 가솔린(Gasoline)을 GC-MS로 분석할 경우 검출되는 성분이 아닌 것은?

① 톨루엔　　　　② 크실렌
③ 알킬벤젠　　　④ 멜라민

해설
멜라민은 유기질소화합물의 일종으로 가솔린에서는 검출되지 않는다.

43 화재현장 및 물리적 증거물의 보존에 대한 책임이 있는 자가 아닌 것은?

① 소방관　　　　② 화재조사관
③ 경찰관　　　　④ 제조사 직원

해설
제조사 직원은 증거물 보존에 대한 법적 책임이 없다.

44 화재조사관이 관계자 진술을 확보하고자 할 때 유의사항으로 틀린 것은?

① 인터뷰하는 동안 입수한 정보의 질을 평가해야 한다.
② 인터뷰의 목적은 유용하고 정확한 정보를 수집하기 위함이다.
③ 인터뷰는 화재가 완전히 진압된 뒤 천천히 진행한다.
④ 증인은 사고에 대한 직접적인 목격자가 아니라도 화재에 대한 정보를 제공할 수 있다.

해설
화재조사에 관한 당사자(피의자) 또는 참고인으로 진술해야 할 최초 발견자, 신고자, 목격자, 방화 또는 실화 혐의자로 추정되는 자는 시간이 경과하면 거짓으로 진술할 수 있고 추후 법정에 소환되는 것을 두려워하거나 귀찮게 생각해서 도주할 우려가 있으므로 신속히 질문조사를 마쳐야 한다.

45 피부화상을 조직손상 깊이에 따라 분류할 때, 2도 화상에 대한 설명으로 옳은 것은?

① 국부적인 화상으로 표피와 함께 진피까지 손상된 화상을 말하며 열에 의한 손상이 많다.

② 모세혈관의 충혈로 인하여 종창과 더불어 홍반만 보이기 때문에 홍반성 화상이라고 한다.

③ 부스럼 딱지 또는 생체 내의 피부조직이나 세포가 죽는 응고성 괴사에 빠지므로 괴사성 화상이라고도 한다.

④ 화열에 의한 국부적인 피부충혈과 부어오르는 발적현상은 살아있는 사람에게 나타나고 사체에는 화열을 작용시켜도 이와 같은 현상은 나타나지 않는다.

해설
②·④ 1도 화상
③ 3도 화상

46 화재사의 생활반응으로 틀린 것은?

① 화 상
② 안구의 점상 출혈
③ 선홍색 시반 출현
④ 그을음의 흡입 흔적

해설
사후강직이 생활반응이다.

47 콘크리트 바닥과 같은 다공성 물질에 흡수된 액체 촉진제 증거물을 수집할 때 흡수성 물질을 콘크리트 표면에 바르고 유지시키는 시간으로 옳은 것은?

① 1~2시간　　② 3~5분
③ 5~10분　　④ 20~30분

48 화재현장 사진 촬영에 대한 설명으로 틀린 것은?

① 가능하다면 진행되고 있는 화재를 촬영한다.

② 건물은 가능한 한 여러 각도와 외부 각도에서 많은 사진을 찍어야 한다.

③ 현재 현장의 위치를 확실히 하기 위해 외부 사진을 촬영해 두어야 한다.

④ 군중 속의 사람을 촬영하는 것은 인권침해의 우려가 있어 촬영해서는 안 된다.

해설
방화 후 군중 속에서 불타는 모습이나 화재진압 광경을 보고 충만감을 느끼는 경우도 있으므로 촬영해 두는 것이 좋다.

49 가솔린과 같은 휘발성 액체를 장기간 보관하는 경우 가장 적절한 보관 용기는?

① 유리병
② 금속 캔
③ 특수 증거물 봉지
④ 일반 비닐 증거물 봉지

해설
유리병은 휘발성 액체의 증발을 방지하는 장점이 있다.

50 콘크리트와 같은 표면에 뿌려진 인화성액체 잔류물 수거 시 사용하는 물질과 거리가 가장 먼 것은?

① 석 회　　　　② 규조토
③ 밀가루　　　　④ 베이킹파우더

해설
화재현장에서 인화성액체 잔류물은 흡수성 물질(석회 같은 흡수제, 규조토 또는 밀가루)을 뿌려 20~30분 정도 유지했다가 수거한다.

45 ①　46 ②　47 ④　48 ④　49 ①　50 ④　**정답**

51 냉온수기의 자동온도 조절장치에서 절연체의 오염에 의한 트래킹 화재가 발생한 경우 수거해야 할 증거물로 옳은 것은?

① 응축기(Condenser)
② 압축기(Compressor)
③ 서모스탯(Thermostat)
④ 과부하 계전기(Overload relay)

해설
서모스탯 : 온수통에 설치된 바이메탈식 자동수온조절기

52 가연성 액체가 살포된 수평재에서 발견되는 패턴이 아닌 것은?

① V 패턴
② 포어 패턴
③ 스플래시 패턴
④ 도넛 패턴

해설
V 패턴은 유류화재에서 나타나는 화재패턴이 아니다.

53 화재증거물수집관리규칙상 명시된 현장사진 및 비디오촬영에 관한 내용으로 옳은 것은?

① 최초 도착하였을 때 원상태를 그대로 촬영한다.
② 화재조사 진행순서와 관계없이 신속히 촬영한다.
③ 증거물을 촬영할 때는 구분이 용이하도록 반드시 번호표 등을 넣어 촬영한다.
④ 연소확대 경로 기록 시 번호표와 화살표는 생략한다.

해설
현장사진 및 비디오 촬영 시 유의사항
• 최초 도착하였을 때의 원상태를 그대로 촬영하고, 화재조사의 진행순서에 따라 촬영
• 증거물을 촬영할 때는 그 소재와 상태가 명백히 나타나도록 하며, 필요에 따라 구분이 용이하도록 번호표 등을 넣어 촬영
• 화재현장의 특정한 증거물 등을 촬영할 때에는 그 길이, 폭 등을 명백히 하기 위하여 측정용 자 또는 대조도구를 사용하여 촬영
• 현장사진 및 비디오를 촬영할 때에는 연소확대 경로 및 증거물 기록에 대한 번호표와 화살표를 표시한 후 촬영
• 화재상황을 추정할 수 있는 대상물의 형상은 면밀히 관찰 후 자세히 촬영
  – 사람, 물건, 장소에 부착되어 있는 연소흔적 및 혈흔
  – 화재와 연관성이 크다고 판단되는 증거물, 피해물품, 유류

54 디지털카메라의 고유 기능으로 받아들인 빛을 증폭하여 감도를 높이거나 낮춰주는 기능은?

① 줌 기능
② EV 쉬프트
③ ISO 조절기능
④ 화이트 밸런스

해설
ISO(international Organization for Standardization) 감도
• 카메라의 빛에 반응하는 정도를 국제표준화시킨 수치를 말한다.
• 감도가 높다는 것은 빛에 더욱 민감하게 반응한다는 것이다.

55 「화재증거물수집관리규칙」상 촬영한 사진으로 증거물과 서류를 작성할 때 현장 및 감정사진 작성방법에 관한 설명으로 틀린 것은?

① 화재발생 일시를 기재한다.
② 사진 촬영한 방위를 표기한다.
③ 화재현장 증거물 및 감정사진을 첨부하고 하단에 제목과 설명을 기재한다.
④ 형사사건 및 재판상 증거자료로 활용될 수 있으므로 주의를 기울여 촬영한다.

해설
① 사진촬영 일시를 기재한다.

56 0.3%의 농도에서 즉시 사망할 수 있으며 질소성분을 가지고 있는 합성수지, 동물의 털, 인조견 등의 섬유가 불완전 연소 시 발생하는 맹독성 가스로 옳은 것은?

① 암모니아   ② 포스겐
③ 염화수소   ④ 시안화수소

해설
시안화수소는 질소성분을 가지고 있는 합성수지, 동물의 털, 모직물, 인조견 등의 섬유가 불완전 연소할 때 발생하는 맹독성 가스로서 0.3%의 농도에 사람이 노출되면 즉시 사망한다.

57 화재증거물수집관리규칙상 수집한 증거물을 이송할 때 포장하고 기록·부착하여야 하는 상세정보가 아닌 것은?

① 수집장소 및 수집자
② 소유자 및 관리자 성명
③ 증거물 내용 및 봉인자
④ 수집일시 및 증거물번호

해설
수집일시, 증거물번호, 수집장소, 화재조사번호, 수집자, 소방서명, 증거물내용, 봉인자, 봉인일시 등

58 화재현장에서 수집된 증거의 해석으로 틀린 것은?

① 화재현장에서 발견된 소사체에서 생활반응이 있을 경우 피해자는 화재 이전 사망한 상태였다는 것을 알 수 있다.
② 깨져 바닥에 쏟아진 유리창의 내측에 그을음이 부착되어 있지 않다면 화재 이전 창문이 먼저 깨졌다는 것을 의미한다.
③ 화재현장 내부의 전기배선 끝단이 합리적인 이유 없이 절단된 경우 현장조사를 방해하기 위한 행위로 추정해 볼 수 있다.
④ 타이어 흔적 위로 족적이 찍혀 있다면 이러한 증거는 차량이 지나간 후에 누군가 걸어갔다는 것을 증명해 주는 역할을 한다.

해설
- 화재현장 소사체에서 생활반응 없을 때 : 화재 이전 사망
- 생활반응이 있을 때 : 화재 당시 생존 상태

59 화재현장에 있는 벽면이나 철판 등에 발생하는 백화현상에 대한 설명으로 옳은 것은?

① 한 번 부착된 그을음은 없어지지 않는다.
② 그을음이 부착되었다가 열에 의해 연소한 흔적이다.
③ 열에 의해 가열되었다가 급속히 냉각된 흔적이다.
④ 훈소로 발생한 가연성 증기가 응축하면서 부착된 흔적이다.

해설
완전연소 패턴 : 직접적인 화염의 접촉에 의해 검댕과 연기 응축물이 완전연소 → 백화현상

60 화재증거물 보관에 대한 설명으로 옳은 것은?

① 증거물은 밝은 곳에 보관한다.
② 휘발성 물질은 냉장 보관한다.
③ 냉동 보관된 물질은 물리적 테스트에 도움을 준다.
④ 수분이 포함된 금속물질은 견고하게 밀폐시켜 산화를 방지한다.

해설
휘발성 물질은 상온에서 쉽게 증발하기 때문에 냉장 보관한다.

제4과목 화재조사보고 및 피해평가

61 「화재조사 및 보고규정」상 화재피해액 산정 대상이 전부손해인 경우 시중 매매가격을 화재로 인한 피해액으로 산정하지 않는 것은?

① 차 량   ② 동 물
③ 식 물   ④ 골동품

해설
• 차량, 동물, 식물 : 전부손해의 경우 시중 매매가격으로 하며, 전부손해가 아닌 경우 수리비 및 치료비로 한다.
• 회화(그림), 골동품, 미술공예품, 귀금속 및 보석류 : 전부손해의 경우 감정가격으로 하며, 전부손해가 아닌 경우 원상복구에 소요되는 비용으로 한다.

62 「화재조사 및 보고규정」상 질문기록서의 작성을 생략할 수 있는 화재는?

① 전봇대 화재
② 건축・구조물 화재
③ 선박・항공기 화재
④ 자동차・철도차량 화재

해설
기타화재 중 쓰레기, 모닥불, 가로등, 전봇대 화재 및 임야화재의 경우 질문기록서 작성을 생략할 수 있다.

63 화재현장출동보고서의 작성자에 대한 설명으로 틀린 것은?

① 보고서의 작성자는 화재현장에 출동한 소방공무원으로 한정된다.
② 원칙적으로 일반대원보다 선착대의 대장을 작성자로 한다.
③ 구조대원 또는 구급대원은 작성자가 될 수 없다.
④ 화재현장에 출동한 소방대원이 실제로 관찰・확인한 연소상황이나 정보를 직접 기재한다.

해설
화재현장출동보고서의 작성자
• 화재현장출동보고서는 화재현장에 출동한 소방공무원이 실제로 관찰・확인한 연소상황이나 관계자로부터 얻은 정보를 직접 기재
• 일반대원보다는 전체 화재상황을 파악하고 있는 선착대장이 작성하는 것이 타당함
• 현장 출동 소방공무원 중 보다 많은 상황을 정확하게 파악하고 있다면 직위, 직종에 관계없이 모두 작성 가능

64 「소방기본법」상 종합상황실장이 상부기관 장에게 지체 없이 보고하여야 할 화재가 아닌 것은?

① 정부미 도정공장의 화재
② 발전소 및 변전소의 화재
③ 이재민 100명 이상 발생한 화재
④ 재산피해가 30억원으로 추정되는 화재

해설
재산피해가 50억원으로 추정되는 화재

65 화재피해액 산정 시 유의사항으로 틀린 것은?

① 모델하우스에 대한 최종잔가율은 20%이다.

② 문화유산으로 지정되었거나 보존가치가 높은 건물의 경우 전문가의 감정에 의한 가격을 현재가로 한다.

③ 집기비품, 가재도구를 일괄하여 피해액을 산정할 경우 재구입비의 60%를 피해액으로 한다.

④ 중고구입기계장치 및 집기비품의 제작년도를 알 수 없는 경우 신품가액의 30~50%를 재구입비로 하여 피해액을 산정한다.

해설
공구 및 기구, 집기비품, 가재도구를 일괄하여 피해액을 산정할 경우 : 재구입비의 50%

66 화재현장조사보고서 작성에 필요한 도면 작성방법으로 틀린 것은?

① 도면작성에 있어서 방의 배치와 출입구, 개구부의 상황을 위주로 한다.

② 거리측정은 기둥의 하단에서 다른 기둥의 상단까지로 기준점을 통일한다.

③ 도면(평면도, 입체도)은 측정치를 기준으로 하여 축척에 맞춰서 작성한다.

④ 방 배치가 복잡한 건물은 기준으로 한 점을 정하고 그 점을 기준으로 사방으로 넓히면서 측정하면 비교적 이해하기 쉽다.

해설
거리측정은 기둥의 중심부에서 다른 기둥의 중심부까지로 기준점을 통일한다.

67 주택화재로 사용 중이던 냉장고가 수침손을 입었으나 성능에 별다른 지장이 없는 경우 적용하는 손해율(%)은?

① 5

② 10

③ 15

④ 20

해설
주택용 냉장고는 가재도구에 해당한다.

화재로 인한 피해정도	손해율(%)
50% 이상 소손 되고 수침오염 정도가 심한 경우	100
손해 정도가 다소 심한 경우	50
손해 정도가 보통인 경우	30
오염 · 수침손의 경우	10

68 「화재조사 및 보고규정」상 관할구역 내에서 발생한 화재에 대하여 작성하여야 하는 서류가 아닌 것은?

① 질문기록서

② 범죄사실보고서

③ 화재발생종합보고서

④ 화재현장출동보고서

해설
범죄사실보고서는 경찰기관의 수사와 관련된 서류이다.

69 보기의 화재로 발생한 소실면적(m^2)은?

전기장판 과열로 화재가 발생하여 소화기로 즉시 진화하였으나 바닥 10m^2, 1면의 벽 5m^2가 소실되었다.

① 3

② 5

③ 10

④ 15

소실면적 산정(화재조사 및 보고규정 제17조)
① 건물의 소실면적 산정은 소실 바닥면적으로 산정한다.
② 수손 및 기타 파손의 경우에도 제1항의 규정을 준용한다.
∴ 바닥면적만 산정하고 천장, 벽면 소실은 무시하므로 소실면적은 10m²이다.

70 「화재조사 및 보고규정」상 화재 당시에 피해물의 재구입비에 대한 현재가의 비율을 뜻하는 용어는?

① 잔가율   ② 손해율
③ 감가상각   ④ 경년감가율

② 손해율 : 피해물의 종류, 손상 상태 및 정도에 따라 피해액을 적정화시키는 일정한 비율
③ 감가상각 : 고정자산의 가치감소를 산정하여 그 액수를 고정자산의 금액에서 공제함과 동시에 비용으로 계상하는 절차
④ 경년감가 : 건축, 기계 등의 피해자산의 내용년수 경과에 따른 사용손모나 자연손모로 인한 자산 가치의 체감을 정액비율로 표시한 것
③과 ④는 화재조사 및 보고규정의 용어의 정의에는 없는(삭제됨) 내용임

71 「화재조사 및 보고규정」상 위험물 가스 · 제조소 등 화재의 화재유형별 조사서 내용 중 위험물제조소 등에 포함되지 않는 것은?

① 옥외저장소
② 주유취급소
③ 이동탱크저장소
④ 액화석유가스제조시설

위험물 제조소 등 : 위험물 제조소, 저장소, 취급소

72 「화재조사 및 보고규정」상 화재피해조사서의 사상자 및 부상자 분류에 관한 사항으로 ( )에 알맞은 내용은?

> • 사상자는 화재현장에서 사망한 사람과 부상당한 사람을 말한다. 단, 화재현장에서 부상을 당한 후 (㉠)시간 이내에 사망한 경우에는 당해 화재로 인한 사망으로 본다.
> • 중상의 경우 (㉡)주 이상의 입원치료를 필요로 하는 부상을 말한다.

① ㉠ 48, ㉡ 3
② ㉠ 48, ㉡ 4
③ ㉠ 72, ㉡ 3
④ ㉠ 72, ㉡ 4

• 화재현장에서 부상을 당한 후 72시간 이내에 사망한 경우에는 당해 화재로 인한 사망으로 본다.
• 부상의 정도(의사의 진단을 기초)
 - 중상 : 3주 이상의 입원치료를 필요로 하는 부상을 말한다.
 - 경상 : 중상 이외의(입원치료를 필요로 하지 않는 것도 포함) 부상을 말한다.
다만, 병원치료를 필요로 하지 않고 단순하게 연기를 흡입한 사람은 제외한다.

73 예술품 및 귀중품의 화재피해액 산정기준으로 틀린 것은?

① 감가공제를 하지 아니한다.
② 복수의 전문가 감정을 받거나 감정서 등의 금액을 피해액으로 인정한다.
③ 공인감정기관에서 인정하는 금액을 화재로 인한 피해액으로 산정한다.
④ 예술품 및 귀중품에 대한 그 가치를 손상하지 아니하고 원상태의 복원이 가능한 경우에는 피해액을 인정하지 아니한다.

예술품 및 귀중품에 대해 그 가치를 손상하지 아니하고 원상태의 복원이 가능한 경우에는 원상회복에 소요되는 비용을 화재로 인한 피해액으로 한다.

74 「화재조사 및 보고규정」상 방화·방화의심 조사서 작성 시 기재항목이 아닌 것은? (단, 참고사항은 제외한다)

① 방화동기
② 방화도구
③ 처벌법규
④ 도착 시 초기상황

> **해설**
> 방화·방화의심 조사서 작성 시 기재항목 : 방화동기, 방화도구, 방화의심사유, 도착 시 초기정보, 방화연료 및 용기, 방화자

75 「화재조사 및 보고규정」상 화재조사 결과보고에 관한 사항으로 (   )에 알맞은 내용은?

> • 종합상황실장이 상급 종합상황실에 지체 없이 보고해야 하는 화재는 화재발생 종합보고서 내지 화재현장조사서 중 해당 서식과 질문기록서, 화재현장 출동보고서 서식을 작성하고, 화재 인지로부터 (㉠)일 이내에 본부장에게 보고하고 기록·유지 하여야 한다.
> • 추가 화재현장조사 등이 필요한 경우로 기한을 연장한 경우 그 사유가 해소된 날로부터 (㉡)일 이내에 조사결과를 보고하고 기록·유지하여야 한다.

① ㉠ 15, ㉡ 30
② ㉠ 15, ㉡ 50
③ ㉠ 30, ㉡ 10
④ ㉠ 30, ㉡ 30

> **해설**
> 조사보고(제22조)
> • 종합상황실장이 상급 종합상황실에 지체 없이 보고해야하는 화재 : 화재 발생일로부터 30일 이내
> • 추가 화재현장조사 등이 필요한 경우로 기한을 연장한 경우 그 사유가 해소된 날로부터 10일 이내에 조사결과를 보고하고 기록·유지하여야 한다.

76 내용연수가 40년인 일반 공장에서 준공 후 15년이 지나서 화재가 발생하였을 때 잔가율 (%)은?

① 20
② 30
③ 50
④ 70

> **해설**
> 잔가율
> $= 1 - (1 - $ 최종잔가율$) \times$ 경과연수 / 내용연수
> $= 1 - (1 - 0.2) \times 15 / 40 = 0.7$

77 철거건물에 대한 화재피해액을 산정하는 계산식은?

① 재건축비 $\times [0.1 + (0.8 \times$ 잔여내용연수 / 내용연수$)]$
② 재건축비 $\times [0.1 + (0.9 \times$ 잔여내용연수 / 내용연수$)]$
③ 재건축비 $\times [0.2 + (0.8 \times$ 잔여내용연수 / 내용연수$)]$
④ 재건축비 $\times [0.2 + (0.9 \times$ 잔여내용연수 / 내용연수$)] \times$ 손해율

> **해설**
> 퇴거 또는 철거가 예정된 건물에 있어서는 철거 예정일 이후의 사용·수익은 불가능한 것으로 보아야 하므로, 사고일로부터 철거일까지의 기간을 잔여내용연수로 보아 잔여내용연수 기간의 감가율에 최종잔가율 20%를 합한 비율을 당해 건물의 잔가율로 하여 피해액을 산정한다.

74 ③   75 ③   76 ④   77 ③   **정답**

78 화재현장조사서 작성에 대한 설명으로 틀린 것은?

① 입회인의 설명내용과 조사원의 관찰·확인 사실은 구분하지 않고 작성한다.
② 현장조사서에는 주관적 판단이나 조사자가 의도하는 결론으로 유도하지 않는다.
③ 작성자는 현장조사를 직접 행한 자로 한정하고 다른 사람이 대신하여 작성하는 것은 인정되지 않는다.
④ 현장조사서의 기재는 조사자의 의사나 판단이 개입되지 않도록 현장상황이나 소손물건 등을 객관적으로 가능한 한 있는 그대로 표현하는 것이 좋다.

해설
입회인의 진술내용은 있는 그대로 기록하되, 현장에서 관찰·확인 사실과 상이할 경우에는 구분하여 있는 그대로 작성한다.

79 「화재조사 및 보고규정」상 화재피해액 산정기준으로 틀린 것은?

① 재고자산의 산정기준은 「회계장부상 현재가액 × 손해율」의 공식에 의한다.
② 영업시설의 산정기준은 「화재피해액 × 10%」의 공식에 의한다.
③ 기계장치 및 선박·항공기 산정기준은 「감정평가서 또는 회계장부상 현재가액 × 손해율」의 공식에 의한다.
④ 부대설비의 산정기준은 「건물신축단가 × 소실면적 × 설비종류별 재설비 비율 × [1 − (0.8 × 경과년수 / 내용년수)] × 손해율」의 공식에 의한다.

해설
영업시설의 피해액
= 소실면적의 재시설비 × 잔가율 × 손해율
= m²당 표준단가 × 소실면적 × [1 − (0.9 × 경과연수 / 내용연수)] × 손해율

80 「화재조사 및 보고규정」상 명시된 화재현황 조사서의 기상상황에 해당하지 않는 것은?

① 온 도
② 기상특보
③ 기 압
④ 풍향 및 풍속

해설
기상상황 : 날씨, 온도, 습도, 풍향, 풍속, 기상특보

제5과목 화재조사 관계법규

81 「화재로 인한 재해보상과 보험가입에 관한 법률」상 한국화재보험협회의 업무에 명시되지 않은 것은? (단, 그 밖에 금융위원회의 인가를 받은 업무는 제외한다)

① 화재예방 및 소화시설에 대한 안전점검
② 소방기술정보를 보급하여 화재예방 도모
③ 화재예방과 소화시설에 관한 자료의 조사·연구 및 계몽
④ 화재보험에 있어서의 소화설비(消火設備)에 따른 보험요율의 할인등급에 대한 사정(査定)

해설
한국화재보험협회의 업무(법 제15조)
• 화재예방 및 소화시설에 대한 안전점검
• 화재보험에 있어서의 소화설비에 따른 보험요율의 할인등급에 대한 사정(査定)
• 화재예방과 소화시설에 관한 자료의 조사·연구 및 계몽
• 행정기관이나 그 밖의 관계 기관에 화재예방에 관한 건의
• 그 밖에 금융위원회의 인가를 받은 업무

82 「화재로 인한 재해보상과 보험가입에 관한 법률」상 특약부화재보험에 가입하지 아니한 특수건물의 소유자에게 주어지는 벌칙은?

① 500만원 이하의 벌금
② 1천만원 이하의 벌금
③ 1천 500만원 이하의 벌금
④ 1년 이하의 징역 또는 1천만원 이하의 벌금

해설
특수건물의 소유자가 특약부화재보험에 가입하지 아니한 때에는 500만원 이하의 벌금에 처한다(법 제23조).

83 「화재로 인한 재해보상과 보험가입에 관한 법률」상 특수건물의 기준으로 옳은 것은?

① 음악산업진흥에 관한 법률에 따른 노래 연습장업으로 사용하는 부분의 바닥면적의 합계가 1,000m² 이상인 건물
② 관광진흥법에 따른 관광숙박업으로 사용하는 건물로서 연면적의 합계가 3,000m² 이상인 건물
③ 학원의 설립·운영 및 과외교습에 관한 법률에 따른 학원으로 사용하는 부분의 바닥면적의 합계가 1,000m² 이상인 건물
④ 의료법에 따른 병원급 의료기관으로 사용하는 건물로서 연면적의 합계가 2,000m² 이상인 건물

해설
특약부화재보험 가입의무 특수건물

연면적 1000m² 이상	바닥면적의 합계가 2,000m² 이상	바닥면적의 합계가 3,000m² 이상
국·공유 재산 중 건물 및 부속건물	다중이용업소(학원, 목욕장업, 영화상영관, 게임제공업, 인터넷게임시설제공업, 노래연습장업, 일반휴게음식점업, 단란주점영업, 유흥주점영업으로 사용하는 건물) ※ 실내사격장 : 면적 제한 없이 의무가입대상	숙박업 대규모 점포로 사용하는 건물

연면적이 3,000m² 이상	16층 이상	11층 이상 실내사격장
종합병원 및 병원, 관광숙박업, 공연장, 방송사업 목적 건물, 농수산물도매시장 및 민영농수산물도매시장, 학교, 공장, 도시철도시설 중 역사 및 역무시설로 사용하는 건물	아파트 및 부속건물	모든 건물

- 옥상부분으로서 그 용도가 명백한 계단실 또는 물탱크실인 경우에는 층수로 산입하지 아니하며, 지하층은 이를 층으로 보지 아니한다.
- 16층 이상의 아파트 단지내에 관리주체에 의하여 관리되는 동일한 아파트 단지 안에 있는 15층 이하의 아파트를 포함
- 11층 이상의 건물 중 아파트, 창고, 모든 층을 주차용도로 사용하는 건물, 공제에 가입한 지방자치단체건물 및 지방공기업소유 건물 제외

84 「화재증거물수집관리규칙」상 증거물에 대한 조치로 틀린 것은?

① 증거물 수집 목적이 인화성 액체 성분 분석인 경우에는 인화성 액체 성분의 증발을 막기 위한 조치를 행하여야 한다.
② 증거물의 보관은 전용실 또는 전용함 등 변형이나 파손될 우려가 없는 장소에 보관한다.
③ 증거물은 화재증거 수집의 목적달성 후 관계인의 승낙이 있을 때에는 폐기할 수 있다.
④ 발화원인의 판정에 관계가 있는 개체에 대해서는 증거물과 이격되어 있거나 연소되지 않은 상황이라면 기록을 남기지 않을 수 있다.

해설
증거물의 상황기록(화재증거물관리규칙 제3조)
발화원인의 판정에 관계가 있는 개체 또는 부분에 대해서는 증거물과 이격되어 있거나 연소되지 않은 상황이라도 기록을 남겨야 한다.

85 「국가배상법령」상의 내용으로 틀린 것은?

① 외국인이 피해자인 경우에는 해당 국가와 상호 보증이 있을 때에만 적용한다.

② 생명·신체의 침해로 인한 국가배상을 받을 권리는 양도할 수 있다.

③ 손해배상의 소송은 배상심의회에 배상신청을 하지 아니하고도 제기할 수 있다.

④ 국가나 지방자치단체는 공무원이 직무를 집행하면서 고의 또는 과실로 법령을 위반하여 타인에게 손해를 입힌 경우에 그 손해를 배상하는 것이 원칙이다.

해설

양도의 금지(국가배상법 제4조)
생명·신체의 침해로 인한 국가배상을 받을 권리는 이를 양도하거나 압류하지 못한다. 이것은 사회보장적 견지에서 피해자 또는 피해자의 유족의 보호를 위한 것이다.

86 「화재증거물수집관리규칙」상 증거물 보관·이동 시 책임자가 전 과정에 대하여 입증할 수 있도록 작성하여야 하는 사항으로 명시되지 않은 것은?

① 증거물 운반일자, 운반자

② 증거물 발신일자, 발신자

③ 증거물 수신일자, 수신자

④ 증거물 최초상태, 개봉일자, 개봉자

해설

작성사항
• 증거물 최초상태, 개봉일자, 개봉자
• 증거물 발신일자, 발신자
• 증거물 수신일자, 수신자
• 증거 관리가 변경되었을 때 기타사항 기재

87 「화재조사 및 보고규정」상 최종잔가율의 정의로 옳은 것은?

① 피해물의 내용연수에 대한 사용연수의 비율

② 화재 당시에 피해물의 재구입비에 대한 현재가의 비율

③ 피해물의 종류, 손상 상태 및 정도에 따라 피해액을 적정화시키는 일정한 비율

④ 피해물의 경제적 내용연수가 다한 경우 잔존하는 가치의 재구입비에 대한 비율

해설

최종잔가율
피해물의 경제적 내용연수가 끝난 경우 잔존하는 가치의 재구입비에 대한 비율, 즉 고정자산에 있어서 피해물이 경제적 내용연수를 다 했더라도 다른 용도로 사용될 수 있으므로 당해 피해물에 경제적 가치를 의미한다.
• 건물, 부대설비, 구축물, 구축물, 가재도구 : 20%
• 그 이외의 자산 : 10%

88 「경범죄 처벌법령」상 범칙행위를 한 사람으로서 범칙자에 해당하는 사람은?

① 나이가 18세 이상인 사람

② 피해자가 있는 행위를 한 사람

③ 범칙행위를 상습적으로 하는 사람

④ 죄를 지은 동기나 수단 및 결과를 헤아려 볼 때 구류처분을 하는 것이 적절하다고 인정되는 사람

해설

범칙자란 범칙행위를 한 사람으로서 다음 각 호의 어느 하나에 해당하지 아니하는 사람을 말한다.
1. 범칙행위를 상습적으로 하는 사람
2. 죄를 지은 동기나 수단 및 결과를 헤아려볼 때 구류처분을 하는 것이 적절하다고 인정되는 사람
3. 피해자가 있는 행위를 한 사람
4. 18세 미만인 사람

89 「경범죄 처벌법」상 즉결심판 대상자에게 발부하는 즉결심판 출석통지서에 기재하는 사항이 아닌 것은?

① 위반 내용 및 적용 법조문
② 즉결심판 대상자의 인적사항
③ 즉결심판을 위한 출석의 일시 및 장소
④ 지방법원, 지원 또는 시·군 법원의 판사 이름

해설
경범죄 처벌법 시행규칙 [별지 제7호 서식]

90 「제조물 책임법」의 제정목적이 아닌 것은?

① 제조업자의 이익증진
② 피해자의 보호를 도모
③ 국민생활의 안전 향상
④ 국민경제의 건전한 발전

해설
이 법은 제조물의 결함으로 발생한 손해에 대한 제조업자 등의 손해배상책임을 규정함으로써 피해자 보호를 도모하고 국민생활의 안전 향상과 국민경제의 건전한 발전에 이바지함을 목적으로 한다.

91 「실화책임에 관한 법률」상 손해배상액 경감청구가 있을 경우 고려사항으로 명시되지 않은 것은? (단, 그 밖에 손해배상액을 결정할 때 고려할 사정은 제외한다)

① 화재의 원인과 규모
② 소화수에 의한 수손 피해의 정도
③ 배상의무자 및 피해자의 경제상태
④ 피해 확대를 방지하기 위한 실화자의 노력

해설
법원은 제1항의 청구가 있을 경우에는 다음 각 호의 사정을 고려하여 그 손해배상액을 경감할 수 있다.
• 화재의 원인과 규모
• 피해의 대상과 정도
• 연소(延燒) 및 피해 확대의 원인
• 피해 확대를 방지하기 위한 실화자의 노력
• 배상의무자 및 피해자의 경제상태
• 그 밖에 손해배상액을 결정할 때 고려할 사정

92 「제조물 책임법」상 명시된 소멸시효에 관한 내용으로 ( )에 알맞은 내용은?

손해배상의 청구권은 피해자 또는 그 법정대리인이 손해와 손해배상책임을 지는 자를 모두 알게 된 날부터 ( )년간 행사하지 아니하면 시효의 완성으로 소멸한다.

① 1   ② 2
③ 3   ④ 5

해설
소멸시효 등(제7조)
이 법에 따른 손해배상의 청구권은 피해자 또는 그 법정대리인이 다음 각 호의 사항을 모두 알게 된 날부터 3년간 행사하지 아니하면 시효완성으로 소멸한다.
• 손 해
• 손해배상책임을 지는 자

93 「화재조사 및 보고규정」상 다음의 설명에 해당하는 용어는?

화재와 관계되는 물건의 형상, 구조, 재질, 성분, 성질 등 이와 관련된 모든 현상에 대하여 과학적 방법에 의한 필요한 실험을 행하고 그 결과를 근거로 화재 원인을 밝히는 자료를 얻는 것

① 조 사   ② 감 식
③ 감 정   ④ 수 사

89 ④   90 ①   91 ②   92 ③   93 ③   **정답**

- 감식(鑑識, Identification)
  화재원인의 판정을 위하여 전문적인 지식, 기술, 경험을 활용해서 주로 시각에 의한 종합적인 판단으로 구체적인 사실관계를 명확하게 규명하는 것
- 감정(鑑定, Judgment)
  화재와 관계되는 물건의 형상, 구조, 재질, 성분, 성질 등 이와 관련된 모든 현상에 대하여 과학적 방법에 의한 실험을 행하고 그 결과를 근거로 화재원인을 밝히는 자료를 얻는 것

94 「민법」상 불법행위로 인한 배상의 책임 기준으로 틀린 것은?

① 공동불법행위의 책임과 관련하여 교사자나 방조자는 공동행위자로 본다.
② 과실로 인한 심신상실을 초래한 경우 타인에게 손해를 가한 자는 배상의 책임이 없다.
③ 미성년자가 타인에게 손해를 가한 경우에 그 행위의 책임을 변식할 지능이 없는 때에는 배상의 책임이 없다.
④ 타인의 생명을 해한 자는 피해자의 직계존속, 직계비속 및 배우자에 대하여는 재산상의 손해 없는 경우에도 손해배상의 책임이 있다.

해설
심신상실자의 책임능력 : 심신상실 중에 타인에게 손해를 가한 자는 배상의 책임이 없다. 그러나 고의 또는 과실로 인하여 심신상실을 초래한 때에는 그러하지 아니하다(민법 제754조).

95 「형법」상 현주건조물 등에의 방화로 사람을 사망에 이르게 한 경우의 벌칙은?

① 2년 이상의 징역
② 3년 이상의 징역
③ 무기 또는 5년 이상의 징역
④ 사형, 무기 또는 7년 이상의 징역

해설
현주건조물 등에의 방화죄를 범하여 사람을 상해에 이르게 한 때에는 무기 또는 5년 이상의 징역에 처한다. 사망에 이르게 한 때에는 사형, 무기 또는 7년 이상의 징역에 처한다.

96 「소방의 화재조사에 관한 법률 시행규칙」상 전담부서에 갖추어야 할 감정용 기기를 모두 고르시오

| 가. 가스크로마토그래피 |
| 나. 내시경현미경 |
| 다. 전기단락흔실험장치 |
| 라. 주사전자현미경 |

① 가, 다, 라 ② 가, 나, 라
③ 가, 나, 다 ④ 가, 나, 다, 라

해설
감정용 기기(21종)
가스크로마토그래피, 고속카메라세트, 화재시뮬레이션시스템, X선 촬영기, 금속현미경, 시편(試片)절단기, 시편성형기, 시편연마기, 접점저항계, 직류전압전류계, 교류전압전류계, 오실로스코프(변화가 심한 전기 현상의 파형을 눈으로 관찰하는 장치), 주사전자현미경, 인화점측정기, 발화점측정기, 미량융점측정기, 온도기록계, 폭발압력측정기세트, 전압조정기(직류, 교류), 적외선 분광광도계, 전기단락흔실험장치[1차 용융흔(鎔融痕), 2차 용융흔(鎔融痕), 3차 용융흔(鎔融痕) 측정 가능]이며, 내시경현미경은 감식용 기기에 해당한다.

97 「소방의 화재조사에 관한 법률」상 출입·조사 등에 관한 사항으로 틀린 것은?

① 소방공무원과 경찰공무원은 화재조사를 할 때에 서로 협력하여야 한다.

② 화재조사 결과 실화 혐의가 있다고 인정하면 소방청장에게 보고하여 경찰부서에 통보할지 여부를 결정한다.

③ 수사기관에서 실화의 혐의로 압수한 증거물이 화재조사를 위하여 필요한 경우, 수사에 지장을 주지 않는 범위에서 압수된 증거물에 대한 조사를 할 수 있다.

④ 수사기관에 방화혐의로 체포된 피의자가 화재조사를 위하여 필요한 경우, 수사에 지장을 주지 않는 범위에서 피의자를 조사할 수 있다.

해설

소방관서장은 수사기관의 장이 방화 또는 실화의 혐의가 있어서 이미 피의자를 체포하였거나 증거물을 압수하였을 때에 화재조사를 위하여 필요한 경우에는 범죄수사에 지장을 주지 아니하는 범위에서 그 피의자 또는 압수된 증거물에 대한 조사를 할 수 있다. 이 경우 수사기관의 장은 소방관서장의 신속한 화재조사를 위하여 특별한 사유가 없으면 조사에 협조하여야 한다.

98 「소방의 화재조사에 관한 법률」상 명시된 정당한 사유 없이 화재조사를 위하여 화재조사관의 출입 또는 조사를 거부·방해 또는 기피한 사람의 벌칙 기준은?

① 300만원 이하의 벌금

② 500만원 이하의 벌금

③ 700만원 이하의 벌금

④ 1천만원 이하의 벌금

해설

벌칙(제21조)

다음 각 호의 어느 하나에 해당하는 사람은 300만원 이하의 벌금에 처한다.

1. 화재현장 보존조치를 하거나 통제구역을 설정한 경우 소방관서장 또는 경찰서장의 허가 없이 화재현장에 있는 물건 등을 이동시키거나 변경·훼손한 사람

2. 정당한 사유 없이 화재조사관의 출입 또는 조사를 거부·방해 또는 기피한 사람

3. 화재조사를 하는 화재조사관이 관계인의 정당한 업무를 방해하거나 화재조사를 수행하면서 알게 된 비밀을 다른 용도로 사용하거나 다른 사람에게 누설한 사람

4. 정당한 사유 없이 소방관서장은 화재조사를 위하여 필요한 증거물 수집을 거부·방해 또는 기피한 사람

99 화재합동조사단에 관한 설명으로 옳지 않은 것은?

① 화재합동조사단의 단장은 단원 중에서 최상급자를 소방관서장이 지명하거나 위촉하는 사람이 된다.

② 소방관서장은 화재합동조사단 운영을 위하여 관계 행정기관 또는 기관·단체의 장에게 소속 공무원 또는 소속 임직원의 파견을 요청할 수 있다.

③ 소방관서장은 화재합동조사단의 단장 또는 단원에게 예산의 범위에서 수당·여비와 그 밖에 필요한 경비를 지급할 수 있다. 다만, 공무원이 소관 업무와 직접적으로 관련되어 참여하는 경우에는 지급하지 않는다.

④ 화재합동조사단의 구성·운영에 필요한 사항은 소방청장이 정한다.

해설

화재합동조사단의 단장은 단원 중에서 소방관서장이 지명하거나 위촉하는 사람이 된다.

100 「제조물 책임법」상 손해배상책임을 지는 자가 손해배상책임을 면(免)할 수 있는 사항을 모두 고른 것은?

> ㄱ. 제조업자가 해당 제조물을 공급하지 아니하였다는 사실을 입증한 경우
> ㄴ. 제조업자가 해당 제조물을 공급한 당시의 과학·기술 수준으로는 결함의 존재를 발견할 수 있었던 사실을 입증한 경우
> ㄷ. 제조물의 결함이 제조업자가 해당 제조물을 공급한 당시의 법령에서 정하는 기준을 준수함으로써 발생하였다는 사실을 입증한 경우
> ㄹ. 원재료나 부품의 경우에는 그 원재료나 부품을 사용한 제조물 제조업자의 설계 또는 제작에 관한 지시로 인하여 결함이 발생하였다는 사실을 입증한 경우

① ㄱ, ㄴ, ㄷ   ② ㄱ, ㄴ, ㄹ
③ ㄱ, ㄷ, ㄹ   ④ ㄴ, ㄷ, ㄹ

해설

면책사유

손해배상책임을 지는 자가 다음의 어느 하나에 해당하는 사실을 입증한 경우에는 법에 따른 손해배상책임을 면(免)한다.

• 제조업자가 해당 제조물을 공급하지 아니하였다는 사실
• 제조업자가 해당 제조물을 공급한 당시의 과학·기술 수준으로는 결함의 존재를 발견할 수 없었다는 사실
• 제조물의 결함이 제조업자가 해당 제조물을 공급한 당시의 법령에서 정하는 기준을 준수함으로써 발생하였다는 사실
• 원재료나 부품의 경우에는 그 원재료나 부품을 사용한 제조물 제조업자의 설계 또는 제작에 관한 지시로 인하여 결함이 발생하였다는 사실

제1과목 화재조사론

01 「화재조사 및 보고규정」에 따른 용어의 정의로 옳지 않은 것은?

① "초진"이란 소방대의 소방활동으로 화재확대의 위험이 현저하게 줄어들거나 없어진 상태를 말한다.

② "잔불정리"란 화재 완진 후 잔불을 점검하고 처리하는 것을 말한다.

③ "철수"란 진화가 끝난 후, 소방대가 화재현장에서 복귀하는 것을 말한다.

④ "완진"이란 소방대에 의한 소방활동의 필요성이 사라진 것을 말한다.

해설

"잔불정리"란 화재 초진 후 잔불을 점검하고 처리하는 것을 말한다. 이 단계에서는 열에 의한 수증기나 화염 없이 연기만 발생하는 연소현상이 포함될 수 있다.

02 화재조사 시 조사관이 분석한 데이터를 토대로 화재확산, 발화점의 규명, 화재 원인 등에 대한 가설을 만들어 내는 과정은?

① 주관적 추론

② 연역적 추론

③ 귀납적 추론

④ 객관적 추론

해설

다수의 사실로부터 일반적인 사항을 도출해 내는 방법은 귀납적 추론이다.

03 폴리우레탄폼 벽체를 관통하는 단위면적당 열유동률은 약 몇 W/m^2인가? (단, 폴리우레탄폼의 열전도율은 $0.034W/m \cdot K$이며, 벽의 두께는 0.05m, 벽 양면의 온도는 각각 50℃와 20℃이다)

① 15.3   ② 20.4

③ 24.5   ④ 28.9

해설

푸리에 법칙

$$q = -KA\frac{T_2 - T_1}{x_2 - x_1}$$ (단위면적당 열유속이므로)

$$= 0.034 \times \frac{50 - 20}{0.05} = 20.4$$

04 화재 플럼(Fire Plume)에 의해 수직벽면에 생성되는 패턴이 아닌 것은?

① V 패턴
② U 패턴
③ 모래시계 패턴
④ 레인보우 이펙트 패턴(Rainbow Effect Patterm)

물보다 비중이 작은 인화성 액체가 소화수 위로 뜨면 기름띠가 무지개처럼 광택을 내며 보여지는 현상으로 수평바닥면에 나타난다.

05 물질의 환원반응에 관한 설명 중 틀린 것은?

① 산소를 잃는 반응이다.
② 전자를 얻는 반응이다.
③ 수소와 결합하는 반응이다.
④ 산화수가 증가하는 반응이다.

구 분	산 소	수 소	전 자	산화수
산 화	(+) 결합	(−) 잃음	(−) 잃음	(+) 증가
환 원	(−) 분해	(+) 얻음	(+) 얻음	(−) 감소

06 화재현장에서 조사자의 자세로 틀린 것은?

① 개인의 민사관계에 적극 관여하여야 한다.
② 부당하게 개인의 권리를 침해하고 자유를 제한하지 않도록 한다.
③ 기술적으로 타당성에 입각하여 조사하여야 한다.
④ 화재조사는 물적 증거를 객체로 하여 과학적 방법으로 합리적으로 사실을 규명하여야 한다.

개인의 민사관계에 관여하면 안 된다.

07 「소방의 화재조사에 관한 법률」상 출입·조사 등에 관한 사항으로 옳은 것은?

① 소방관서장은 화재조사를 위하여 필요한 경우에 관계인에게 보고 또는 자료 제출을 명할 수 없다.
② 소방청장, 소방본부장 또는 소방서장은 수사기관이 방화(放火)의 혐의가 있어서 이미 피의자를 체포하였을 때에 그 피의자에 대하여 조사할 수 없다.
③ 화재조사를 하는 관계 공무원은 화재조사를 수행하면서 알게 된 비밀을 언론에 알려야 한다.
④ 소방관서장은 방화 또는 실화의 혐의가 있다고 인정되면 지체 없이 경찰서장에게 그 사실을 알리고 필요한 증거를 수집·보존하는 등 그 범죄수사에 협력하여야 한다.

① 소방관서장은 화재조사를 위하여 필요한 경우에 관계인에게 보고 또는 자료 제출을 명하거나 화재조사관으로 하여금 해당 장소에 출입하여 화재조사를 하게 하거나 관계인등에게 질문하게 할 수 있다.
② 수사기관의 장이 방화 또는 실화의 혐의가 있어서 이미 피의자를 체포하였거나 증거물을 압수하였을 때에 화재조사를 위하여 필요한 경우에는 범죄수사에 지장을 주지 아니하는 범위에서 그 피의자 또는 압수된 증거물에 대한 조사를 할 수 있다.
③ 화재조사를 수행하면서 알게 된 비밀을 다른 용도로 사용하거나 다른 사람에게 누설하여서는 아니 된다.

08 가정용 LPG 보일러 배관에서 LPG가 누출되어 폭발이 발생하였다. 발화원인으로서 화재의 4요소 중 가장 집중해서 조사하여야 하는 것은?

① 점화원
② 가연물
③ 산소 농도
④ 자립연쇄반응

09 구획실 화재 현상에 관한 설명 중 틀린 것은?

① 플레임오버나 롤오버는 플래시오버에 선행하는 것이 일반적이다.
② 플레임오버나 롤오버 이후에는 반드시 플래시오버가 일어난다.
③ 화재가 성장하면서 복사열이 화재를 지배하게 한다.
④ 환기지배형화재의 경우에는 고온 가스층에 미연소 열분해물과 일산화탄소의 수치가 증가한다.

해설
플레임오버나 롤오버는 일반적으로 플래시오버보다 먼저 발생하지만, 항상 플래시오버가 일어나는 것은 아니다.

10 목재의 탄화모양과 형상에 대한 설명 중 틀린 것은?

① 탄화된 골은 폭이 좁고 얕다.
② 표면은 요철부가 많고 거칠어진다.
③ 표면이 박리와 회화(恢化)를 반복한다.
④ 연소가 계속되면 타서 가늘게 되고 박리되어 소실되어 간다.

해설
탄화된 골은 폭이 넓고 깊어진다.

11 발화부 주변의 일반적인 연소현상에 대한 설명 중 틀린 것은?

① 발화부를 향해 소락(燒落)되거나 도괴된다.
② 발화부와 가까울수록 탄화심도가 깊다.
③ 목재표면에 발생하는 균열은 발화부와 가까울수록 골이 넓고 굵어진다.
④ 발화부는 비교적 밝은 색을 띠며 발화부와 멀어질수록 어두운 빛을 나타낸다.

해설
목재표면에 발생하는 균열은 발화부와 가까울수록 작고 가늘어진다.

12 얇은 고체 가연물에서 정방향 화염확산에 관한 설명 중 틀린 것은?

① 얇은 고체 가연물에서의 정방향 화염확산은 위로 퍼지는 화염확산에서 발생한다.
② 커튼 위로 화염이 퍼지거나 종이 위로 화염이 퍼지는 것이 대표적인 예이다.
③ 화염확산 속도가 역방향 화염확산보다 느리기 때문에 가연물이 활발하게 타는 지역이 매우 짧다.
④ 얇은 고체 가연물은 빨리 발화되지만 빨리 연소되기 때문에 가연물 두께에 따른 화염확산 속도의 변화 추이를 만드는 것이 불가능하다.

해설
얇은 가연물에서의 화염확산

정방향	• 화염확산은 위로 올라가는 화염확산에서 발생한다. • 화염확산 속도가 역방향 화염확산보다 빨라 가연물이 활발하게 타는 범위가 더 길다. • 커튼 또는 종이 위로 올라타는 화염이 예이다. • 화염확산 속도는 가장 얇은 가연물일 때 최고 수십 cm/s 범위 내에 있다. • 얇은 가연물은 빨리 발화되고 연소되기 때문에 화염 길이가 짧다.
역방향	• 역방향 화염확산은 아래로 향하게 하는 화염확산에서 발생 • 화염이 양쪽 가연물 표면에 닿고 활발하게 타는 부분은 짧은 편이다. • 성냥개비나 종이를 따라 내려가는 화염확산이 전형적인 예이다. • 화염확산 속도는 가장 얇은 가연물에서 최고 속도가 0.2~2mm/s이다.

13 「소방의 화재조사에 관한 법률」상 화재조사전담부서에서 갖추어야 할 감식·감정용 기기를 모두 고른 것은?

> ㄱ. 디지털탄화심도계
> ㄴ. 내시경현미경
> ㄷ. 비디오카메라세트
> ㄹ. 휴대용디지털현미경

① ㄱ, ㄴ, ㄷ
② ㄱ, ㄴ, ㄹ
③ ㄱ, ㄷ, ㄹ
④ ㄴ, ㄷ, ㄹ

해설
비디오카메라세트는 기록용 기기이다.

14 가연물의 최소착화에너지에 영향을 미치는 요인에 대한 설명으로 옳은 것은?

① 압력이 높을수록 최소착화에너지는 높아진다.
② 온도가 높을수록 최소착화에너지는 낮아진다.
③ 가연물의 종류에 관계없이 최소착화에너지는 일정하다.
④ 혼합된 공기의 산소농도에 관계없이 최소 착화에너지는 일정하다.

해설
온도와 압력이 상승할수록, 농도가 높아질수록 최소착화에너지는 작아진다.

15 금속의 용융점이 낮은 것에서 높은 것 순으로 옳게 나열된 것은?

> ㉠ 구 리   ㉡ 납
> ㉢ 알루미늄   ㉣ 철

① ㉡ → ㉢ → ㉠ → ㉣
② ㉡ → ㉢ → ㉣ → ㉠
③ ㉢ → ㉡ → ㉠ → ㉣
④ ㉢ → ㉡ → ㉣ → ㉠

해설
㉠ 구리 : 1083, ㉡ 납 : 327.4, ㉢ 알루미늄 : 659.8, ㉣ 철 : 1530

16 화재현장에서 발견된 유리의 파괴선에 관한 설명 중 틀린 것은?

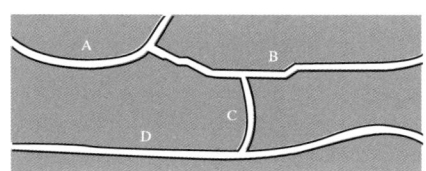

① A는 B보다 선행되었다.
② B는 C보다 선행되었다.
③ C는 D보다 선행되었다.
④ D와 B의 선후관계는 알 수 없다.

해설
D는 C보다 선행되었다.

17 메탄의 연소범위로 옳은 것은?

① 4.0~75vol%
② 5.0~15vol%
③ 2.1~9.5vol%
④ 6.7~36vol%

해설
① 수소, ③ 프로판, ④ 메틸알코올

18 인화성 액체 가연물의 연소에 의한 화재패턴이 아닌 것은?

① 제트 패턴(Z Pattern)
② 포어 패턴(Pour Pattern)
③ 도넛 패턴(Doughnut Pattern)
④ 고스트마크 패턴(Ghost Mark Pattern)

> **해설**
> 인화성 액체 연소 패턴에 제트 패턴이란 용어는 존재하지 않는다.

19 화재원인조사 조사범위에 해당하는 것을 모두 고른 것은?

> ㄱ. 소화활동 중 사용된 물로 인한 피해
> ㄴ. 소방시설의 사용 또는 작동 등의 상황
> ㄷ. 화재의 연소경로 및 확대원인 등의 상황
> ㄹ. 화재가 발생한 과정, 화재가 발생한 지점 및 불이 붙기 시작한 물질

① ㄱ, ㄴ, ㄷ
② ㄱ, ㄴ, ㄹ
③ ㄱ, ㄷ, ㄹ
④ ㄴ, ㄷ, ㄹ

> **해설**
> ㄱ은 피해조사 조사범위에 해당한다.

20 BLEVE 현상에 대한 설명으로 옳은 것은?

① 압력유, 윤활유 등 유기물이 공기 중에 분무된 상태에서 폭발하는 현상
② 저장탱크에서 유출된 대량의 가연성 가스가 대기 중에 떠다니다가 점화원과 접촉 시 폭발하는 현상
③ 혼합가스가 폭발범위에서 점화될 때 음속보다 빠른 연소속도로 이동하며 충격파를 수반하는 현상
④ 가스저장탱크 주변화재 시 저장탱크가 가열되어 탱크 내의 액화가스가 급격히 증발 팽창하여 탱크가 폭발하는 현상

> **해설**
> BLEVE(Boiling Liquid Expanding Vapor Explosion)
> • 정의 : 탱크화재 시 탱크상부가 가열되어 압력상승으로 탱크상부의 약한 부분이 파열되어 고열의 유류가 탱크 밖으로 나오며 급격한 폭발현상
> • 발생과정 : 화재 → 액온상승 → 압력증가 → 연성파괴 → 액격현상 → 취성파괴 → Fire Ball

제2과목 화재감식론

21 차량의 점화장치의 전류 흐름 순서를 바르게 나열한 것은?

① 점화스위치 → 배터리 → 시동모터 → 점화코일 → 배전기 → 고압케이블→ 스파크 플러그
② 점화스위치 → 시동모터 → 배터리 → 점화코일 → 배전기 → 고압케이블→ 스파크 플러그
③ 점화스위치 → 배터리 → 시동모터 → 배전기 → 점화코일 → 고압케이블→ 스파크 플러그
④ 점화스위치 → 시동모터 → 점화코일 → 배터리 → 배전기 → 고압케이블→ 스파크 플러그

> **해설**
> 가솔린 점화장치 전류 흐름도
> 점화스위치 → 배터리 → 시동모터 → 점화코일 → 배전기 → 고압케이블 → 스파크 플러그

22 항공기 객실 내에서의 연기로 인한 이온밀도에 변화를 감지하는 연기감지기(Smoke detector)는?

① 열감지기
② 불꽃감지기
③ 이온화감지기
④ 광전식감지기

해설
연기감지기 종류는 이온화와 광전식이 있다. 이온화는 이온전류의 변화를 이용하고, 광전식은 광전소자에 비추는 광선의 양이 변화하는 것을 이용한다.

23 「화재조사 및 보고규정」상 발화원인 판정에서 서술되는 용어의 정의 중 틀린 것은?

① 발화란 열원에 의하여 가연물질에 지속적으로 불이 붙는 현상을 말한다.
② 발화열원이란 발화의 최초원인이 된 불꽃 또는 열을 말한다.
③ 발화요인이란 발화열원에 의하여 발화로 이어진 연소현상에 영향을 준 물적 요인만을 말한다.
④ 최초착화물이란 발화열원에 의해 불이 붙고 이 물질을 통해 제어하기 힘든 화세로 발전한 가연물을 말한다.

해설
발화열원에 의하여 발화로 이어진 연소현상에 영향을 준 인적, 물적, 자연적 요인을 말한다.

24 화재현장에 노출된 금속의 표면에 화재열에 의하여 나타나는 현상이 아닌 것은?

① 변 색　　② 분 해
③ 만 곡　　④ 용 융

해설
금속표면에서 열에 의해 분해가 일어나지는 않는다.

25 임야화재 중 수관화에 관한 설명으로 틀린 것은?

① 땅속에 있는 연료가 타는 것을 말한다.
② 중심부 화염의 온도가 1,175℃ 정도이다.
③ 바람을 타고 바람이 부는 방향으로 V자형으로 퍼진다.
④ 빨리 확산되고 짧은 기간에 심각한 피해를 발생시킨다.

해설
①은 지중화에 대한 설명이다.

26 담뱃불로 인하여 화재가 발생한 현장의 주요 감식요령 중 틀린 것은?

① 발화에 충분한 축열조건 입증
② 착화지점이 얕게 타들어 간 흔적 입증
③ 착화, 발염에 이르기까지의 경과시간과 착화물과의 관계의 타당성 입증
④ 담뱃불에 의해 착화될 수 있는 가연물의 존재 여부 입증

해설
담뱃불은 무염연소로 착화에서 발염까지 일정 시간이 소요되므로 착화지점에서 깊게 타들어 간 흔적이 관찰된다.

27 용기 내용적이 5m³이고, 35℃에서 최고 충전압력이 4MPa인 압축가스용기의 최대저장능력(m³)은?

① 10   ② 20
③ 25   ④ 30

해설
압축가스용기의 저장량
$Q = (P+1)V_1 = (4+1) \times 5 = 25$

28 화학적 폭발 이후에 화재로 진행되는 경우, 가연물과 공기의 혼합비율이 화재에 미치는 영향에 관한 설명으로 옳은 것은?

① 연소상한계에 가까울수록 폭발 후 화재로 발전될 가능성이 높다.
② 연소하한계에 가까울수록 폭발 후 화재로 발전될 가능성이 높다.
③ 연소한계 범위 내에서는 혼합비율에 관계없이 화재로 발전가능성은 모두 같다.
④ 연소범위 내에서 화학양론비에 가까울수록 화재로 발전될 가능성이 높다.

29 저항 1Ω 과 유도리액턴스 1Ω 의 직렬회로에 교류전압 $u(t) = \sqrt{2}\sin(wt)\,V$를 인가하였을 때 이 회로에 흐르는 전류 i(t)는 몇 A인가?

① $i(t) = 100\sin(wt + \dfrac{\pi}{4})$

② $i(t) = 100\sin(wt - \dfrac{4}{\pi})$

③ $i(t) = 100\sqrt{2}\sin(wt + \dfrac{\pi}{4})$

④ $i(t) = 100\sqrt{2}\sin(wt - \dfrac{4}{\pi})$

해설
인덕터에 흐르는 전류의 위상은 공급된 전압에 비해 90도 늦게 흐른다.

30 화재현장에서 발생하는 소음으로서 목격자들이 폭발로 오인할 수 있는 경우가 아닌 것은?

① 화재 시 콘크리트 폭렬에 의한 소음
② 개방된 용기의 변형 시 발생하는 소음
③ 화재 열기에 의한 스프레이 캔, 방향제 캔 등의 파열 소음
④ 화재 시 전선피복이 손상되면서 발생하는 전기적 합선의 소음

해설
밀폐된 용기의 변형 시 발생하는 소음

31 전기적 발화원인 중 근본적인 원인이 국부적 저항증가인 것은?

① 누 전   ② 과전류
③ 합 선   ④ 불완전접촉

해설
국부적인 저항치 증가
• 아산화동 증식반응
• 접촉불량으로 접촉저항 증가
• 반단선

32 유염화원에 관한 사항 중 틀린 것은?

① 미소화원에 비하여 훨씬 에너지량이 많다.
② 라이터불, 성냥불, 촛불과 같이 화염이 있는 화염이다.
③ 오랜 시간 동안 연소가 진행되고 깊게 탄 연소흔적을 보이며 표면적으로 연소가 확대되는 경우는 드물다.
④ 무염화원에 대한 소화되기 전까지 불이 붙어 있거나 보통 소화되기 전까지 화염을 발하여 연소를 계속하고 있는 화원의 총칭이다.

27 ③   28 ①   29 ④   30 ②   31 ④   32 ③   **정답**

짧은 시간 동안 연소 확대되고 깊게 탄 연소흔적보다 표면적으로 연소 확대된다.

33 그림과 같은 초기 임야화재의 확산형태에 관한 설명으로 옳은 것은? (단, 그림 안의 X는 최초발화지점을 나타낸다)

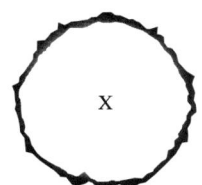

① 평지에서 무풍 상태일 때의 모습이다.
② 경사로에서 매우 강한 바람이 불 때의 모습이다.
③ 양쪽으로 경사가 있는 계곡에서 발생한 화재의 모습이다.
④ 다양한 방향과 풍속의 바람이 불어올 때의 모습이다.

무풍 시는 발화점을 중심으로 원형으로 진행

34 「고압가스 안전관리법」상 가연성 가스 종류에 따른 용기의 도색 구분으로 옳은 것은?

① LPG – 백색
② 수소 – 주황색
③ 아세틸렌 – 녹색
④ 액화암모니아 – 회색

가스용기의 색상

아세틸렌	황 색
수 소	주황색
암모니아	백 색
염 소	갈 색
LPG 등 기타	회색(쥐색)
탄산가스	청 색
산 소	녹 색

35 산화에틸렌 90vol%와 메탄 10vol%가 혼합되어 있는 경우 폭발하한계 값(vol%)은?

① 3.13
② 15.79
③ 32.50
④ 55.81

폭발범위 산화에틸렌 3~100, 메탄 5~15

$$L = \frac{100}{[(\frac{90}{3}) + (\frac{10}{5})]} = 3.125$$

36 「화재조사 및 보고규정」상 항공기 화재의 소실정도에 관한 내용 중 틀린 것은?

① 항공기의 50%가 소실된 경우 반소로 본다.
② 항공기의 70% 이상 소실된 경우 전소로 본다.
③ 항공기의 소실 정도는 전소와 반소로만 구분한다.
④ 항공기의 60%가 소실되었으나 잔존부분을 보수하여도 재사용이 불가능한 것은 전소로 본다.

유형(대상물)에 상관없이 소실정도에 따른 분류에 의거 전소, 반소, 부분소로 구분한다.

37 다음 흔적 중 전기기기 내부의 통전입증이 가능한 증거가 아닌 것은?

① 전류 퓨즈의 용단
② 기판의 전체적인 탄화
③ 내부 배선의 합선흔적
④ 내부 단자의 부분적 용융흔적

해설
기판이 전체적으로 탄화되면 통전입증을 논할 수 없게 된다.

38 차량화재 조사 시 유의사항으로 옳은 것은?

① 화재차량을 위주로만 세밀하게 조사한다.
② 차량 조사를 위해 차량을 함부로 이동시킨다.
③ 명확한 원인조사를 위해 주변을 깨끗하게 정리 및 청소한다.
④ 차량 주변의 수거 가능한 모든 증거물을 모아두고, 작은 것도 소홀히 취급해서는 안 된다.

해설
화재차량 주변도 살피고, 차량을 함부로 이동해서도 안 되며, 원인조사가 끝날 때까지 현장을 훼손하면 안 된다.

39 방화범을 정신분석적 측면에서 분류할 때 다음 방화범의 유형은?

> 후회할 줄 모르고 경험이나 처벌로부터 배우지 못한 특징을 가지고 주의 집중의 시간이 짧고 과격하며, 파괴적인 행동으로 짜증이 나는 상황이나 자기 비하를 느낄 때 화풀이로 방화를 해서 관심을 끌거나 도움을 요청하는 심리가 숨어있다. 또한 무차별적으로 방화하고, 결과에 대해 아무런 생각을 하지 않기 때문에 방화범 중 가장 무서운 부류에 속한다.

① 잠복기 방화범
② 구강기 방화범
③ 항문기 방화범
④ 외음부기 방화범

해설
잠복기 방화범(5~6세 때 애정결핍)
• 직접적 동기가 불투명하고 쾌감이나 호기심에서 방화
• 대상 : 무차별적, 짜증이나 자기비하 시 화풀이로 방화
• 관심을 끌거나 도움을 요청하는 심리 내재
• 주의 집중시간이 짧고 과격, 파괴적, 반사회적임
• 재산 이득 목적 방화, 범죄은폐, 화기를 갖고 놀다 방화
• 방화행위가 목적달성을 위한 또 다른 수단
• 표면으로 매력적으로 보이기도 함(반항아적 성격)
• 방화 후에 전혀 후회를 하거나 죄책감을 갖지 않음 – 가장 심각한 부류

40 방화형태의 이론에서 연쇄방화의 주요 조사 착안점 중 틀린 것은?

① 행적 조사
② 연고감(緣故感) 조사
③ 피해액 조사
④ 지리감(地理感) 조사

해설
연쇄방화 조사
연고감·지리감·행적 조사, 방화행위자, 알리바이

41 「화재증거물수집관리규칙」상 화재현장 사진 및 비디오 촬영 시 유의사항 중 틀린 것은?

① 증거물을 촬영할 때는 그 소재와 상태가 명백히 나타나도록 하며 구분이 용이하도록 반드시 번호표 등을 넣어 촬영한다.

② 화재와 연관성이 크다고 판단되는 증거물, 피해물품, 유류 등의 대상물은 형상을 면밀히 관찰 후 자세히 촬영한다.

③ 현장사진 및 비디오 촬영과 현장기록물 확보 시에는 연소확대 경로 및 증거물 기록에 대한 번호표와 화살표 등을 활용하여 작성한다.

④ 화재현장의 특정한 증거물 등을 촬영할 때 그 길이, 폭 등을 명백히 하기 위하여 측정용 자 또는 대조도구를 사용하여 촬영한다.

해설
증거물을 촬영할 때는 그 소재와 상태가 명백히 나타나도록 하며, 필요에 따라 구분이 용이하게 번호표 등을 넣어 촬영한다.

42 냉온수기의 자동온도 조절장치에서 절연체의 오염에 의한 트래킹 화재가 발생한 경우 감정해야 할 증거물로 옳은 것은?

① 응축기
② 압축기
③ 서모스탯
④ 과부하 계전기

해설
서모스탯 : 온수통에 설치된 바이메탈식 자동수온조절기

43 화재조사를 위한 질문 및 녹음에 관한 설명으로 옳은 것은?

① 경험이 많은 화재조사자의 직감에 의존하여 질문을 한다.

② 허위진술과 같은 불가피한 상황은 어느 정도 인정하고 받아들여야 한다.

③ 녹취가 필요한 경우 피질문자의 동의가 필요하다.

④ 청소년을 대상으로 하는 질문을 가급적이면 편안하고 조용한 장소에서 1대 1로 진행한다.

해설
화재조사를 위한 질문 및 녹음
- 진술자의 기본적인 인권을 고려하고 유도심문을 피하여 진술에 임의성을 확보하여야 한다.
- 피질문자의 이해관계에 의하여 허위진술을 하는 경우가 있음을 염두에 둔다.
- 18세 미만의 청소년, 정신장애자 등에 대한 질문을 하는 경우는 친권자 등의 입회인을 입회시켜야 하며 진술자는 물론 입회자에게도 서명시켜야 한다.

44 「화재증거물수집관리규칙」상 입수한 증거물 이송을 위해 포장한 후 부착하여야 할 상세정보가 아닌 것은?

① 봉인자
② 수집일시
③ 증거물 번호
④ 증거물 포장용기 종류

해설
입수한 증거물을 이송할 때에는 포장을 하고 상세정보를 별지 제2호 서식(수집일시, 증거물 번호, 수집장소, 화재조사 번호, 수집자, 소방서명, 증거물 내용, 봉인자, 봉인일시 등)에 기록하여 부착한다.

45 화재로 인해 사망한 시체에서 볼 수 있는 특징과 거리가 가장 먼 것은?

① 구강 개방
② 피부의 파열
③ 권투선수자세
④ 손과 발의 피부 장갑상 탈락

> **해설**
> 화재사체의 사후변화
> 탄화, 피부균열(기포), 장갑상 탈락, 투사형 자세, 동시체, 두개골 골절

46 화재현장 촬영 시 사용되는 카메라의 기능 중 노출 측정이 어렵거나 측정치가 정확하지 않을 때 노출을 여러 단계로 두는 것은?

① 다징(Dodging)
② 마젠타(Magenta)
③ 비네팅(Vignetting)
④ 브라케팅(Bracketing)

> **해설**
> 브라케팅은 사진 촬영 시 동일한 피사체를 노출계가 지시하는 적정 노출값보다 부족하거나 과다하게 변경해가면서 연속으로 촬영하는 것을 말한다.

47 액체나 고체 촉진제의 증거물을 수집할 때 잘못된 방법은?

① 일회용 비닐장갑을 끼고 수집한다.
② 보관용기 자체를 수집도구로 사용한다.
③ 각 증거물에 대해 항상 새 장갑이나 새 봉지를 사용한다.
④ 증거물을 수집할 때 증거물 수집 및 조사기구를 휘발성 용매가 들어있는 클리너를 사용하여 수시로 닦아야 한다.

> **해설**
> 정확한 증거물의 수집을 위하여 무수(無水)성 또는 기타 형태의 클리너를 사용한다.

48 인공증거물(Artifact Evidence)에 해당하는 것을 모두 고른 것은?

> ㄱ. 발화원
> ㄴ. 화재의 발화에 관련된 물품
> ㄷ. 표면에 화재패턴이 남아있는 물품
> ㄹ. 화재 확산에 관련된 부속물의 잔재

① ㄱ, ㄴ, ㄷ
② ㄱ, ㄷ, ㄹ
③ ㄴ, ㄷ, ㄹ
④ ㄱ, ㄴ, ㄷ, ㄹ

> **해설**
> 인공가공물(인위적 가공물) 증거
> • 정 의
> – 최초 발화물질, 발화원 또는 기타 품목 또는 화재 점화, 전개나 전이와 관련된 어떤 방식의 구성요소(Component)에 잔류하여 나타날 수 있다.
> – 인위적인 가공물은 화재형태가 나타나는 품목이 될 수도 있는데 이러한 경우에는 인위적 가공물을 품목 그 자체가 아닌 화재형태를 함유하고 있는 그 형태대로 보존해야 한다.
> • 종 류
> – 탄화물 : 탄화된 목재, 플라스틱, 깨진 유리, 금속 등
> – 전기의 구성요소 : 차단기, 플러그 콘센트, 스위치, 조명기구, 연소기구(스토브, 석유난로)
> – 전자제품 : 세탁기, 냉장고, 냉온수기 등
> – 가스관련 기기 : 가스용기, 밸브, 배관 또는 호스, 가스기기, 사용연료 등

49 「화재증거물수집관리규칙」상 증거물의 보관·이동에 관한 사항 중 틀린 것은?

① 증거물은 화재증거 수집의 목적달성 후에는 5년간 소방서장이 보관하여야 한다.

② 증거물의 보관 및 이동은 장소 및 방법, 책임자 등이 지정된 상태에서 행해져야 한다.

③ 증거물의 보관은 전용실 또는 전용함 등 변형이나 파손될 우려가 없는 장소에 보관해야 한다.

④ 증거물은 수집 단계부터 검사 및 감정이 완료되어 반환 또는 폐기되는 전 과정에 있어서 화재조사자 또는 이와 동일한 자격 및 권한을 가진 자의 책임하에 행해져야 한다.

해설
증거물은 화재증거 수집의 목적달성 후에는 관계인에게 반환하여야 한다. 다만 관계인의 승낙이 있을 때에는 폐기할 수 있다.

50 전신적 생활반응이 아닌 것은?

① 색전증　　　② 피하출혈
③ 속발성 염증　　　④ 전신적 빈혈

해설
전신적 생활반응 : 전신적 빈혈, 속발성 염증, 색전증, 외래물질 분포 또는 배설

51 화재현장의 촬영에 관한 설명 중 틀린 것은?

① 작은 물건을 촬영할 때에는 표식을 사용한다.

② 어두운 곳에서는 스트로보(Strobo)를 이용하여 촬영한다.

③ 좁은 방에서는 광각렌즈보다 표준렌즈를 사용한다.

④ 촬영의 목적을 분명하게 이해한 뒤 촬영에 임한다.

해설
좁은 방에서 많은 물건을 사진 1매로 찍고자 할 때에는 일반적으로 광각렌즈를 사용한다.

52 화재현장에서 증거물 수집 시 증거물의 상태와 수집용기의 연결이 잘못된 것은?

① 비닐팩 – 액체
② 종이상자 – 고체
③ 유리병 – 고체, 액체
④ 금속캔 – 고체, 액체

해설
비닐팩 – 고체

53 방화가 의심되는 화재현장의 물적 증거로 거리가 가장 먼 것은?

① 촉진제 용기
② 반단선 코드
③ 타이머가 부착된 점화장치
④ 인위적인 가스밸브의 절단흔적

해설
반단선 코드는 실화와 관계되는 물적 증거로 볼 수 있다.

54 「화재증거물수집관리규칙」상 증거물 시료 용기에 관한 설명 중 틀린 것은?

① 주석 도금 캔은 재사용이 용이하다.

② 주석 도금 캔은 사용직전에 검사하여야 하고 새거나 녹슨 경우 폐기한다.

③ 양철 캔은 프레스를 한 이음매 또는 외부 표면에 용매로 송진 용제를 사용하여 납땜을 한 이음매가 있어야 한다.

④ 양철 캔은 기름에 견딜 수 있는 디스크를 가진 스크루 마개 또는 누르는 금속마개로 밀폐될 수 있으며, 이러한 마개는 한번 사용한 후에는 폐기되어야 한다.

해설
주석 도금 캔(CAN)은 1회 사용 후 반드시 폐기한다.

55 화재 진압 작업 시 증거물 보존을 위한 주의 사항 중 틀린 것은?

① 소방 호스의 사용은 물리적 증거를 옮기거나 손상시킬 수 있으니 주의한다.
② 동력절단기 사용을 위한 연료주입은 화재현장에 안에서 실시한다.
③ 잔불을 정리하거나 복원 작업을 할 때 증거를 불필요하게 훼손하지 않도록 한다.
④ 화재패턴이 남아 있을 가능성이 있어 화재조사관이 바닥을 살펴봐야 하는 경우 소화 시 화재패턴에 최소한의 영향만 주도록 한다.

해설
동력절단기 사용을 위한 연료주입은 화재현장에 밖에서 실시한다. 안에서 주입하다가 유출될 경우 방화의심의 허위 증거가 될 수 있기 때문이다.

56 사후강직에 대한 설명으로 옳은 것은?

① 사후강직은 형성 이후 계속 변화가 없다.
② 사후강직은 주변 온도에 영향을 받지 않는다.
③ 사후강직은 사망 후 혈액이 침하되는 현상이다.
④ 사망 직전의 급격한 근육활동은 사후강직의 시작을 빠르게 한다.

해설
사후강직은 근육이 잘 발달한 사체일수록 강하고 길며 온도가 높으면 일찍 발생하고 완화도 빠르며, 죽기 직전에 고도로 사용된 근육일수록 경직이 강하게 일어난다.

57 개별적인 화재증거물들을 연관성 있는 정보끼리 연결하고 분석 및 재구성하여 지도를 그리듯 화재원인을 추론하는 과정은?

① 타임라인
② 마인드 맵
③ 브레인스토밍
④ PERT 차트

해설
마인드 맵에 대한 내용이다.

58 「화재증거물수집관리규칙」상 증거물 수집에 관한 사항 중 틀린 것은?

① 현장 수거(채취)물은 그 목록을 작성하여야 한다.
② 증거물 수집 목적이 인화성 액체 성분 분석인 경우에는 인화성 액체 성분의 증발을 막기 위한 조치를 행하여야 한다.
③ 증거물이 파손될 우려가 있는 경우에 취급방법에 대한 주의사항을 증거물에 직접 표기하여야 한다.
④ 증거물 수집 과정에서는 증거물의 수집자, 수집 일자, 상황 등에 대하여 기록을 남겨야 하며, 기록은 가능한 법과학자용 표지 또는 태그를 사용하는 것을 원칙으로 한다.

해설
증거물이 파손될 우려가 있는 경우 충격금지 및 취급방법에 대한 주의사항을 증거물의 포장 외측에 적절하게 표기하여야 한다.

59 화재현장에서 채취한 증거물 분석 시 사용하는 가스크로마토그래피(GC)에 관한 사항 중 틀린 것은?

① 물질이 유사한 여러 성분의 혼합계 분리에 매우 유효하다.
② 화재현장에서 유류의 존재를 입증하기 위해 사용되는 분석방식이다.
③ 가스 상태로 분석을 행하기 때문에 조작이 어렵고 많은 시간이 소요된다.
④ 각 성분을 검출하여 그 양을 전기적인 신호로 기록계에 저장하여 분석 결과가 객관적으로 보존된다.

해설
분석하고자 하는 시료는 물리적·화학적 상호작용에 의해 고정상과 이동상으로 서로 다르게 분배되어 분리가 빠르게 이루어진다.

60 화재현장에서 발견되는 증거물 중 유리에 대한 설명 중 틀린 것은?

① 파손형태에 따라 열에 의한 파손, 충격에 의한 파손, 폭발에 의한 파손 등을 구별할 수가 있다.
② 유리가 동심원 모양으로 파손된 경우 충격지점에 가까울수록 파편이 크고 멀수록 파편이 작다.
③ 방사형 파단면의 리플마크를 관찰하면 내측의 충격에 의해 깨진 것인지 외측 충격에 의해 깨진 것인지 구분할 수 있다.
④ 유리는 충격부위에서부터 주변으로 순차적인 동심원 형태의 파단이 되며 동심원 순서에 따라 안팎으로 번갈아 가며 장력을 받아 파손된다.

해설
유리가 동심원 모양으로 파손된 경우 충격지점에 가까울수록 파편이 작고 멀수록 파편이 크다.

제4과목 **화재조사보고 및 피해평가**

61 화재피해액 산정 시 가재도구의 소손 정도에 따른 손해율로 (   )에 알맞은 기준은?

화재로 인한 피해정도	손해율(%)
손해 정도가 보통인 경우	(ㄱ)
50% 이상 소손되고 수침오염 정도가 심한 경우	(ㄴ)

① ㄱ : 10, ㄴ : 50
② ㄱ : 10, ㄴ : 100
③ ㄱ : 30, ㄴ : 50
④ ㄱ : 30, ㄴ : 100

해설
가재도구 손해율

화재로 인한 피해 정도	손해율(%)
50% 이상 소손되거나 수침오염 정도가 심한 경우	100
손해 정도가 다소 심한 경우	50
손해 정도가 보통인 경우	30
오염/수침손의 경우	10

62 「화재조사 및 보고규정」상 변전소에서 발생한 화재의 조사결과 보고 기한으로 (   )에 알맞은 기준은?

- 화재 발생일로부터 (ㄱ)일 이내
- 정당한 사유가 있는 경우에는 소방관서장에게 사전 보고를 한 후 (ㄴ)일 만큼 조사 보고일을 연장할 수 있다.

① ㄱ : 15, ㄴ : 50
② ㄱ : 15, ㄴ : 60
③ ㄱ : 30, ㄴ : 필요한 기간
④ ㄱ : 30, ㄴ : 60

조사보고(제22조)

변전소 화재는 종합상황실장이 상급 종합상황실에 지체없이 보고해야할 화재로 화재 발생일로부터 30일 이내, 정당한 사유가 있는 경우에는 소방관서장에게 사전 보고를 한 후 필요한 기간만큼 조사 보고일을 연장할 수 있다.

---

63 「화재조사 및 보고규정」상 화재현장조사서 작성 시 화재원인 검토 항목이 아닌 것은? (단, 임야화재, 기타화재, 피해액이 없는 화재는 제외한다)

① 조사결과
② 방화가능성
③ 인적 부주의
④ 전기적 요인

화재현장조사서의 화재원인 검토 사항
• 방화 가능성(연소상황, 원인추적 등에 관한 사진, 설명)
• 전기적 요인
• 기계적 요인
• 가스누출
• 인적 부주의 등
• 연소확대 사유

---

64 건물에 포함하여 화재피해액을 산정하는 것은?

① 칸막이   ② 구축물
③ 영업시설   ④ 부대설비

칸막이, 대문, 담, 곳간 및 이와 비슷한 것은 건물의 부속물로 보아 건물에 포함하여 피해액을 산정한다.

---

65 「화재조사 및 보고규정」상 회화(그림), 골동품의 화재피해산정기준으로 옳은 것은?

① 전부손해의 경우 감정가격으로 한다.
② 전부손해의 경우 시중 매매가격으로 한다.
③ 전부손해가 아닌 경우 감정가격으로 한다.
④ 전부손해가 아닌 경우 시중 매매가격으로 한다.

회화(그림), 골동품, 미술공예품, 귀금속 및 보석류 피해액 산정기준
전부손해의 경우 감정가격으로 하며, 전부손해가 아닌 경우 원상복구에 소요되는 비용으로 한다.

---

66 「화재조사 및 보고규정」상 사상자에 관한 사항으로 ( )에 알맞은 기준은?

> 사상자는 화재현장에서 사망한 사람과 부상당한 사람을 말한다. 다만, 화재현장에서 부상을 당한 후 ( )시간 이내에 사망한 경우에는 당해 화재로 인한 사망으로 본다.

① 24시간   ② 48시간
③ 72시간   ④ 96시간

사상자(제13조)
사상자는 화재현장에서 사망한 사람과 부상당한 사람을 말한다. 단, 화재현장에서 부상을 당한 후 72시간 이내에 사망한 경우에는 당해 화재로 인한 사망으로 본다.

67 「화재조사 및 보고규정」상 질문기록서를 생략할 수 있는 화재를 모두 고른 것은?

> ㄱ. 선박 화재
> ㄴ. 전봇대 화재
> ㄷ. 가로등에서 발생한 화재
> ㄹ. 쓰레기에서 발생한 화재

① ㄱ, ㄴ, ㄷ   ② ㄱ, ㄴ, ㄹ
③ ㄱ, ㄷ, ㄹ   ④ ㄴ, ㄷ, ㄹ

해설
기타화재 중 쓰레기, 모닥불, 가로등, 전봇대 화재 및 임야화재의 경우 질문기록서 작성을 생략할 수 있다.

68 「화재조사 및 보고규정」상 위험물·가스제조소등 화재의 화재유형별 조사서 작성 시 위험물제조소 항목이 아닌 것은?

① 주유취급소
② 지하탱크저장소
③ 이동탱크저장소
④ 액화산소를 소비하는 시설

해설
위험물·가스제조소등 화재
위험물제조소, 저장소, 취급소, 가스제조·저장· 취급시설 등이 소손된 것

69 「화재조사 및 보고규정」상 화재현황조사서 에 명시된 연소확대물이 아닌 것은? (단, 기 타사항은 제외한다)

① 가 구
② 전기, 전자
③ 간판, 차양막
④ 목조건물의 밀집

해설
연소확대물
• 가 구
• 침구, 직물류
• 종이, 목재, 건초 등
• 합성수지
• 간판, 차양막 등
• 식 품
• 전기, 전자
• 위험물 등
• 가연성 가스
• 자동차, 철도차량, 선박, 항공기
• 쓰레기류
• 기 타
• 미 상

70 「화재조사 및 보고규정」상 민원인이 화재 증명원 발급 신청을 할 때 소방서장이 발급 하는 화재증명원의 기재사항이 아닌 것은?

① 피해내역
② 화재발생개요
③ 화재피해대상
④ 화재현장출동기록

해설
화재현장출동기록은 화재현장 출동보고서 기록사항 이다.

71 「화재조사 및 보고규정」상 화재현황 조사 서의 발화열원의 분류항목에 포함되는 것은?

① 부주의
② 전기적 요인
③ 폭발물, 폭죽
④ 가스누출(폭발)

해설
방화열원 분류항목
• 작동기기
• 담뱃불, 라이터불
• 마찰, 전도, 복사
• 불꽃, 불티
• 폭발물, 폭죽
• 화학적 발화열
• 자연적 발화열
• 기 타
• 미 상

72 화재현장조사서 작성에 관한 설명 중 옳은 것은?

① 작성자는 현장조사를 직접 행한 자에 한정하지 않고 능력 있는 조사관이 작성하는 것이 인정된다.

② 현장조사는 법률행위적 행정조사로서 권한을 가진 상대방의 승낙을 득하고 입회하는 임의조사이다.

③ 대규모 건물화재 등에서 현장조사를 분담하여 실시한 경우 대표자가 취합하여 현장조사서를 작성한다.

④ 현장조사서에는 주관적 판단이나 조사자가 의도하는 결론으로 유도하여 기재할 수 있다.

해설
① 작성자는 현장조사를 직접 행한 자로 한정하고 다른 사람이 대신하여 작성하는 것은 인정되지 않는다.
③ 대규모 건물화재 등에서 현장조사를 분담하여 실시한 경우에는 분담자 각자가 분담한 장소의 현장조사서를 작성한다.
④ 화재현장조사서는 조사현장에서 자기가 직접 관찰·확인한 사실을 기재하는 것이다.

73 당해 피해물의 시중매매사례가 충분하여 유사매매 사례를 비교하여 산정하는 방법으로서 예술품, 귀금속의 피해액산정에 사용되는 방법은?

① 수익환원법
② 비교평가법
③ 복성식평가법
④ 매매사례비교법

해설
매매사례비교법에 대한 설명이다.

74 특수한 경우의 화재피해액 산정 시 우선 적용 사항으로 옳은 것은?

① 공구·기구, 집기비품, 가재도구를 일괄하여 피해액을 산정할 경우 재구입비의 30%를 피해액으로 한다.

② 중고집기비품의 시장거래가격이 신품가격보다 높을 경우 신품가격을 재구입비로 하여 피해액을 산정한다.

③ 중고구입기계장치의 제작년도를 알 수 없는 경우 신품가액의 60%를 재구입비로 하여 피해액을 산정한다.

④ 중고집기비품의 시장거래가격이 신품가액에서 감가수정을 한 금액보다 높을 경우 중고기계장치의 시장거래가격을 재구입비로 하여 피해액을 산정한다.

해설
특수한 경우 산정 시 우선 적용사항
• 문화유산 : 별도의 피해액 산정기준에 따름
• 철거건물 및 모델하우스 : 별도의 피해액 산정기준에 따름
• 중고구입기계장치 및 집기비품의 제작년도를 알 수 없는 경우 : 신품가액의 30~50%를 재구입비로 산정
• 중고기계장치 및 중고집기비품의 시장거래가격이 신품가격보다 높을 경우 : 신품가액을 재구입비로 하여 피해액 산정
• 중고기계장치 및 중고집기비품의 시장거래가격이 신품가액에서 감가수정을 한 금액보다 낮을 경우 : 중고기계장치의 시장거래가격을 재구입비로 하여 피해액 산정
• 공구 및 기구, 집기비품, 가재도구를 일괄하여 피해액을 산정할 경우 : 재구입비의 50%
• 재고자산의 상품 중 견본품, 전시품, 진열품 : 구입가의 50~80%를 피해액으로 산정

75 「화재조사 및 보고규정」상 화재현장출동 보고서에 관한 내용 중 틀린 것은?

① 화재 장소에서 사용된 장비에 대해 작성한다.
② 출입문 상태 및 소방대 건물 진입방법에 대해 작성한다.
③ 반드시 진압작전도 및 발견사항 상세도를 기입한다.
④ 현장 도착 시 발견사항으로 연기와 화염을 본 위치와 발생장소 등 전체적인 현장 사항을 서술식으로 기재한다.

> **해설**
> 도면 · 사진의 활용
> 관찰 · 확인위치를 말로만 기술하게 되면 문장이 너무 길어지게 되고 오히려 이해가 되지 않을 수 있으므로 관찰 · 확인위치를 명확하게 나타내는 데는 도면을 활용하는 것이 유용하나, 반드시 기입해야 하는 사항은 아니다.

76 「화재조사 및 보고규정」상 명시된 용어의 정의 중 틀린 것은?

① 재구입비는 화재 당시의 피해물과 같거나 비슷한 것을 구입하는 데 필요한 금액에 감가상각을 반영한 것을 말한다.
② 최초착화물이란 발화열원에 의해 불이 붙고 이 물질을 통해 제어하기 힘든 화세로 발전한 가연물을 말한다.
③ 감식이란 화재원인의 판정을 위하여 전문적인 지식, 기술 및 경험을 활용하여 주로 시각에 의한 종합적인 판단으로 구체적인 사실관계를 명확하게 규명하는 것을 말한다.
④ 감정이란 화재와 관계되는 물건의 형상, 구조, 재질, 성분, 성질 등 이와 관련된 모든 현상에 대하여 과학적 방법에 의한 필요한 실험을 행하고 그 결과를 근거로 화재원인을 밝히는 자료를 얻는 것을 말한다.

> **해설**
> 재구입비란 화재 당시의 피해물과 같거나 비슷한 것을 재건축(설계 감리비를 포함한다) 또는 재취득하는 데 필요한 금액을 말한다.

77 화재가 발생한 일반음식점의 화재피해액은?

> - 손해율 : 80%
> - 소실면적 : 100m^2
> - 경과연수 : 20년
> - 내용연수 : 40년
> - 건물 신축단가 : 100만원

① 10,000천원
② 30,000천원
③ 50,000천원
④ 48,000천원

> **해설**
> 피해액 = 신축단가(m^{2}당) × 소실면적 × [1 − (0.8 × 경과년수 / 내용년수)] × 손해율
> = 1,000,000 × 100m^2 × [1 − (0.8 × 20 / 40)] × 0.8
> = 48,000천원

78 「화재조사 및 보고규정」상 전부 손해의 경우 동물, 식물의 피해액 산정기준은?

① 시중매매가격
② 수리비 및 치료비
③ 전문가의 감정가격
④ 감정서의 감정가액

> **해설**
> 동 · 식물 피해액 산정기준
> 전부손해의 경우 시중매매가격으로 하며, 전부손해가 아닌 경우 수리비 및 치료비로 한다.

79 「화재조사 및 보고규정」상 소방서장이 관한 구역 내에서 발생한 화재에 대하여 작성하여야 할 화재조사서류가 아닌 것은?

① 질문기록서
② 재산회계 보고서
③ 화재현장출동보고서
④ 화재발생종합보고서

해설
재산회계 보고서는 화재발생보고서의 첨부서류에 해당하지 않는다.

80 화재피해조사의 재산피해 범위가 아닌 것은?

① 화재진압 중 발생한 부상자
② 소화활동으로 발생한 수손피해
③ 화재 중 발생한 폭발 등에 의한 피해
④ 열에 의한 탄화, 용융, 파손 등의 피해

해설
재산피해
• 소실피해 : 열에 의한 탄화, 용융, 파손 등의 피해
• 수손피해 : 소화활동으로 발생한 수손피해 등
• 기타피해 : 연기, 물품반출, 화재 중 발생한 폭발 등에 의한 피해 등

---

81 「화재조사 및 보고규정」에 따른 관계인등 진술에 대한 내용으로 옳지 않은 것은?

① 관계인등에게 질문을 할 때에는 시기, 장소 등을 고려하여 진술하는 사람으로부터 임의진술을 얻도록 해야 한다.
② 소문 등에 의한 사항은 들은 그대로 조사서에 반영한다.
③ 관계인등에게 질문을 할 때에는 희망하는 진술내용을 얻기 위하여 상대방에게 암시하는 등의 방법으로 유도해서는 아니 된다.
④ 관계인등에 대한 질문 사항은 질문기록서에 작성하여 그 증거를 확보한다.

해설
관계인등 진술(제7조)
획득한 진술이 소문 등에 의한 사항인 경우 그 사실을 직접 경험한 관계인등의 진술을 얻도록 해야 한다.

82 「제조물 책임법」상 소멸시효에 관한 사항으로 ( )에 알맞은 기준은?

> 손해배상의 청구권은 피해자 또는 그 법정대리인이 손해 및 손해배상책임을 지는 자에 관한 사항을 모두 알게 된 날부터 ( )년간 행사하지 아니하면 시효의 완성으로 소멸한다.

① 3
② 5
③ 7
④ 15

해설
소멸시효 등(법 제7조)
이 법에 따른 손해배상의 청구권은 피해자 또는 그 법정대리인이 다음의 사항을 모두 알게 된 날부터 3년간 행사하지 아니하면 시효완성으로 소멸한다.
• 손 해
• 손해배상책임을 지는 자

83 「화재로 인한 재해보상과 보험가입에 관한 법률」상 특수건물의 범위에 해당하지 않는 것은?

① 사격 및 사격장 안전관리에 관한 법률에 따른 실내사격장으로 사용하는 건물
② 관광진흥법에 따른 관광숙박업으로 사용하는 건물로서 연면적의 합계가 2천제곱미터 이상인 건물
③ 식품위생법 시행령에 따른 일반음식점영업으로 사용하는 부분의 바닥면적의 합계가 2천제곱미터 이상인 건물
④ 영화 및 비디오물의 진흥에 관한 법률에 따른 영화상영관으로 사용하는 부분의 바닥면적의 합계가 2천제곱미터 이상인 건물

해설
관광진흥법에 따른 관광숙박업으로 사용하는 건물로서 연면적의 합계가 3천제곱미터 이상인 건물이 법률상 특수건물에 해당한다.

84 「화재로 인한 재해보상과 보험가입에 관한 법률」상 특수건물의 소유자가 손해보험회사가 운영하는 특약부화재보험에 가입하지 않았을 때 벌칙기준은?

① 200만원 이하의 벌금
② 300만원 이하의 벌금
③ 500만원 이하의 벌금
④ 1,000만원 이하의 벌금

해설
특수건물의 소유자가 특약부화재보험에 가입하지 아니한 때에는 500만원 이하의 벌금에 처한다(법 제23조).

85 「형법」상 방화와 실화의 죄 중 현주건조물 등 방화로 분류되지 않는 것은?

① 사람이 현존하는 자동차에 대한 방화
② 건조물 등 내부에 사람이 현존하는 대상물에 대한 방화
③ 우사 측면에 접해있으며 사람이 주거로 사용하고 있는 가옥에 대한 방화
④ 사람이 일상생활의 장소로 사용하지 않고 내부에 사람이 없는 컨테이너박스에 대한 방화

해설
현주건조물 방화죄
사람이 주거로 사용하거나 사람이 현존하는 건조물, 기차, 전차, 자동차 등에 불을 지르는 범죄를 말한다.

86 「소방기본법」상 소방활동에 필요한 사람 외의 사람이 소방활동구역을 출입하였을 때 부과되는 과태료 기준은?

① 100만원 이하의 과태료
② 300만원 이하의 과태료
③ 200만원 이하의 과태료
④ 500만원 이하의 과태료

해설
소방대장이 소방활동구역 출입을 제한하였는데도 소방활동구역을 출입한 사람은 200만원 이하의 과태료에 처한다.

87 「화재의 예방 및 안전관리에 관한 법률」상 다음의 명령에 따르지 않거나 방해한 경우 벌금 기준은?

> 소방관서장은 화재 발생 위험이 크거나 소화 활동에 지장을 줄 수 있다고 인정되는 행위나 물건에 대하여 행위 당사자나 그 물건의 소유자, 관리자 또는 점유자에게 목재, 플라스틱 등 가연성이 큰 물건의 제거, 이격, 적재 금지 등 명령을 할 수 있다.

① 100만원 이하의 벌금
② 300만원 이하의 벌금
③ 500만원 이하의 과태료
④ 500만원 이하의 벌금

해설
이 경우 300만원 이하의 벌금에 처한다.

88 「소방의 화재조사에 관한 법률」상 화재의 조사에 관한 사항 중 틀린 것은?

① 소방청장, 소방본부장 또는 소방서장(이하 "소방관서장"이라 한다)은 화재발생 사실을 알게 된 때에는 지체 없이 화재조사를 하여야 한다.
② 화재조사를 하는 관계 공무원은 그 권한을 표시하는 증표를 지니고 이를 관계인 등에게 보여주어야 한다.
③ 화재조사를 하는 관계 공무원은 관계인의 정당한 업무를 방해하거나 화재조사를 수행하면서 알게 된 비밀을 다른 사람에게 누설하여서는 아니 된다.
④ 소방관서장은 방화 또는 실화의 혐의가 있다고 인정되면 지체 없이 경찰서장에게 그 사실을 알리면 되지 그 범죄수사에 협력할 필요는 없다.

해설
소방관서장은 방화 또는 실화의 혐의가 있다고 인정되면 지체 없이 경찰서장에게 그 사실을 알리고 필요한 증거를 수집·보존하는 등 그 범죄수사에 협력하여야 한다.

89 「화재로 인한 재해보상과 보험가입에 관한 법률 시행령」상 특수건물의 소유자가 가입하여야 하는 보험의 보험금액 충족 기준으로 (   )에 알맞은 내용은?

> 재물에 대한 손해가 발생한 경우 : 사고 1건마다 (   )원의 범위에서 피해자에게 발생한 손해액

① 2천만   ② 5천만
③ 1억   ④ 10억

해설
재물에 대한 손해가 발생한 경우 보험금액 : 사고 1건마다 10억원의 범위에서 피해자에게 발생한 손해액

90 소방활동구역의 설정 및 현장보존에 관한 사항 중 틀린 것은?

① 소방활동구역의 관리는 수사기관과 상호 협조하여야 한다.
② 소방활동구역의 설정은 최대한의 범위로 한다.
③ 소방본부장 또는 서장은 소화활동 시 현장물건 등의 이동 또는 파괴를 최소화하여 원활한 화재조사활동이 이루어질 수 있도록 현장보존에 노력하여야 한다.
④ 소방활동구역의 표시는 로프 등으로 범위를 한정하고 경고판을 부착하며 출입을 통제하는 등 현장보존에 최대한 노력하여야 한다.

해설
소방활동구역의 설정은 최소한의 범위로 한다.

91 「민법」상 다음의 경우 사용자 책임배상에 관한 사항 중 틀린 것은?

> 용접업체에서 용접공을 고용하여 작업을 하다가 용접공의 실수로 화재가 발생하여 제삼자에게 피해를 가한 경우

① 용접공 사용자에게 손해배상의 책임이 있다.
② 용접공 사용자에 갈음하여 용접공을 감독하는 자도 손해를 배상할 책임이 있다.
③ 용접공 사용자가 피용자(용접공)에게 상당한 주의를 하였음에도 손해가 있는 경우에는 면책된다.
④ 용접공 사용자 또는 감독자는 피용자(용접공)에 대하여 구상권을 행사할 수 없다.

해설
용접공 사용자 또는 감독자는 피용자(용접공)에 대하여 구상권을 행사할 수 있다.

92 「화재조사 및 보고규정」상 화재유형에 관한 설명 중 틀린 것은?

① 선박·항공기 화재는 선박, 항공기 또는 그 적재물이 소손된 것을 말한다.
② 건축·구조물 화재는 건축물, 구조물 또는 그 수용물이 소손된 것을 말한다.
③ 임야화재는 산림, 야산, 들판의 수목, 경작물을 보관하는 창고가 소손된 것을 말한다.
④ 자동차·철도차량 화재는 자동차, 철도차량 및 피견인 차량 또는 그 적재물이 소손된 것을 말한다.

해설
임야화재 : 산림, 야산, 들판의 수목, 잡초, 경작물 등이 소손된 것

93 「실화책임에 관한 법률」의 내용 설명으로 옳은 것은?

① 실화자는 중대한 과실이 있는 경우에만 손해배상책임이 있다.
② 실화로 인한 연소(延燒) 부분 및 정신적 피해에 대한 손해배상청구를 포함한다.
③ 법원은 손해배상액의 경감청구가 있을 경우 피해자의 경제상태는 고려하지 아니한다.
④ 법원은 손해배상액의 경감청구가 있을 경우 피해 확대의 원인을 고려할 수 있다.

해설
① 실화자는 경과실인 경우에도 손해배상책임이 있다.
② 실화로 인한 연소(延燒) 부분에 대한 손해배상청구를 포함한다.
③ 법원은 손해배상액의 경감청구가 있을 경우 배상의무자 및 피해자의 경제상태를 고려한다.

94 「실화책임에 관한 법률」상 손해배상의무자의 손해배상액 경감 청구가 있을 때 법원이 손해배상액을 경감할 수 있는 기준이 아닌 것은? (단, 실화가 중대한 과실로 인한 것이 아닌 경우이다)

① 피해의 대상과 정도
② 화재의 원인과 규모
③ 배상의무자의 경제상태
④ 피해 확대를 방지하기 위한 피해자의 노력

해설
법원이 손해배상액의 경감청구가 있을 경우 고려해야 할 사항(법 제3조)
• 화재의 원인과 규모
• 피해의 대상과 정도
• 연소(延燒) 및 피해 확대의 원인
• 피해 확대를 방지하기 위한 실화자의 노력
• 배상의무자 및 피해자의 경제상태
• 그 밖에 손해배상액을 결정할 때 고려할 사정

95 「제조물 책임법」상 손해배상을 지는 자가 손해배상책임을 면하는 기준 중 틀린 것은?

① 제조업자가 해당 제조물을 공급하지 아니하였다는 사실을 입증한 경우
② 제조업자가 해당 제조물을 공급한 당시의 과학·기술 수준으로는 결함의 존재를 발견할 수 없었다는 사실을 입증한 경우
③ 제조물의 결함이 제조업자가 해당 제조물의 결함이 발생한 당시의 법령이 정하는 기준을 준수함으로써 발생한 사실을 입증한 경우
④ 원재료나 부품의 경우에는 그 원재료나 부품을 사용한 제조물 제조업자의 설계 또는 제작에 관한 지시로 인하여 결함이 발생하였다는 사실을 입증한 경우

> **해설**
> 제조물의 결함이 제조업자가 당해 제조물을 공급할 당시의 법령이 정하는 기준을 준수함으로써 발생한 사실

96 「국가배상법」상 화재조사관이 직무를 집행하면서 과실로 법령을 위반하여 타인에게 손해를 입힐 경우 손해배상의 책임자는?

① 소방서장
② 화재조사관
③ 소방본부장
④ 국가나 지방자치단체

> **해설**
> 국가배상법상 손해배상의 책임자는 국가나 지방자치단체가 책임이 있다.

97 화재조사의 종류 및 조사의 범위 중 화재피해조사의 조사범위에 포함되지 않는 것은?

① 소화활동 중 사용된 물로 인한 피해
② 소화활동으로 발생한 영업 손실 피해
③ 소화활동 중 발생한 사망자 및 부상자
④ 연기, 물품반출, 화재로 인한 폭발 등에 의한 피해

> **해설**
> 영업피해 등 간접피해는 재산피해 유형에 해당하지 않는다.

98 「화재증거물수집관리규칙」상 증거물 수집에 관한 설명 중 틀린 것은?

① 증거물을 수집할 때는 휘발성이 낮은 것에서 높은 순서로 진행해야 한다.
② 증거물의 소손 또는 소실 정도가 심하여 증거물의 일부분 또는 전체가 유실될 우려가 있는 경우는 증거물을 밀봉하여야 한다.
③ 증거물이 파손된 우려가 있는 경우에 충격금지 및 취급방법에 대한 주의사항을 증거물의 포장 외측에 적절하게 표기하여야 한다.
④ 증거물 수집 과정에서는 증거물의 수집자, 수집 일자, 상황 등에 대하여 기록을 남겨야 하며, 기록은 가능한 법과학자용 표지 또는 태그를 사용하는 것을 원칙으로 한다.

> **해설**
> 증거물을 수집할 때는 휘발성이 높은 것에서 낮은 순서로 진행해야 한다.

99 「화재조사 및 보고규정」상 자산에 대한 최종 잔가율을 20%로 정하는 자산을 모두 고른 것은?

ㄱ. 구축물	ㄴ. 자동차
ㄷ. 가재도구	ㄹ. 부대설비

① ㄱ, ㄴ, ㄷ
② ㄱ, ㄴ, ㄹ
③ ㄱ, ㄷ, ㄹ
④ ㄴ, ㄷ, ㄹ

해설
잔가율
• 건물, 부대설비, 구축물, 가재도구 : 20%
• 그 이외의 자산 : 10%

100 「형법」상 공용건조물 등 방화에 관한 사항으로 ( )에 알맞은 기준은?

> 불을 놓아 공용(公用)으로 사용하거나 공익을 위해 사용하는 건조물, 기차, 전차, 자동차, 선박, 항공기 또는 지하채굴시설을 불태운 자는 무기 또는 ( )년 이상의 징역에 처한다.

① 1　　　　　　② 3
③ 5　　　　　　④ 7

해설
공용건조물 등 방화(법 제165조)
불을 놓아 공용(公用)으로 사용하거나 공익을 위해 사용하는 건조물, 기차, 전차, 자동차, 선박, 항공기 또는 지하채굴시설을 불태운 자는 무기 또는 3년 이상의 징역에 처한다.

제1과목 화재조사론

01 「소방의 화재조사에 관한 법률」상 소방관서장이 화재조사를 해야 하는 사항이 아닌 것은?

① 화재의 연소경로 및 확대원인 등의 상황

② 화재로 인한 인명·재산피해상황

③ 소방시설 등의 설치·관리 및 작동 여부에 관한 사항

④ 화재재발생건축물과 구조물, 화재유형별 화재위험성 등에 관한 사항

> **해설**
> 화재조사 내용(법 제5조 제2항)
> • 화재원인에 관한 사항
> • 화재로 인한 인명·재산피해상황
> • 대응활동에 관한 사항
> • 소방시설 등의 설치·관리 및 작동 여부에 관한 사항
> • 화재발생건축물과 구조물, 화재유형별 화재위험성 등에 관한 사항
> • 소방안전조사의 실시 결과에 관한 사항

02 메탄 40vol%, 에탄 30vol%, 프로판 30vol%으로 혼합되어 있는 기체의 공기 중 폭발하한계(vol%)는?

물 질	폭발범위(vol%)
메 탄	5~15
에 탄	3~12.4
프로판	2.1~9.5

① 약 2.5

② 약 3.1

③ 약 4.3

④ 약 5.7

> **해설**
> $$L=\frac{100}{[(\frac{40}{5})+(\frac{30}{3})+(\frac{30}{2.1})]}=3.1$$

03 콘크리트 박리(Spalling)에 관한 설명으로 틀린 것은?

① 콘크리트 등에 포함된 수분이 열에 의해 팽창하면서 시멘트를 부서지게 만든다.

② 콘크리트 내의 강철재의 팽창은 둘러싸고 있는 콘크리트를 파괴한다.

③ 콘크리트, 회벽, 벽돌 면이 깨지거나 부서진 것을 말한다.

④ 시멘트 내의 폴리프로필렌 섬유는 압력을 견디지 못하고 화재 폭발 시 녹아 박리를 크게 한다.

> **해설**
> 폴리프로필렌(PP)는 열가소성으로 높은 온도에서 PP는 비극성 유기 용제에 녹는다. 100℃ 이상의 고온에서 고분자 사슬의 변형 및 분해가 쉽게 발생한다. PP는 일반적으로 160~165℃에서 녹는다. PP와 박리사이에는 인과관계가 형성되지 않는다.

04 가연성 물질에 관한 설명으로 옳은 것은?

① 주기율표의 0족 원조

② 산소와 충분히 화합한 물질

③ 산소와 흡열반응을 하는 물질

④ 산소와 반응 시 발열량이 큰 물질

> **해설**
> 산화되더라도 반응열이 적으면 자발적으로 반응을 지속할 수 없기 때문에 가연성 물질이 될 수 없다. 자발적 반응이 지속되기 위해서는 산화반응에 따른 발열량이 최소 점화에너지보다 커야 한다.

1 ① 2 ② 3 ④ 4 ④ **정답**

05 습기가 있는 상태에서 과산화나트륨과 혼촉 시 발화가 일어나지 않는 것은?

① 톱 밥 ② 산화칼슘
③ 황 ④ 알루미늄 분말

> **해설**
> ① 과산화나트륨(제1류 위험물 – 산화성 고체)과 혼재가능한 위험물은 제6류 위험물(산화성 액체)뿐이다. 습기가 있는 상태라면 산소를 생성하여 가연성 물질(톱밥)과 접촉 시 화재위험이 있다.
> ② 산화칼슘은 석회·생석회라고도 하며 물과 접촉 시 발열하지만, 가연물이 없어 발화하지 않는다.
> ③·④ 황과 알루미늄 분말은 제2류 위험물로 혼재가 불가하다.

06 화재조사 시 발화지점의 가설에 대해 사고실험을 통해 분석적으로 검증하는 방법은?

① 연역적 추론 ② 귀납적 추론
③ 주관적 추론 ④ 객관적 추론

> **해설**
> 문제확인 → 문제정의 → 자료수집 → 자료분석(귀납적 추리) → 가설설정 → 가설검증(연역적 추리)

07 화재 진화 후 화재조사활동 순서를 바르게 나열한 것은?

> ㄱ. 발화원인 검토
> ㄴ. 발화원인 판정
> ㄷ. 관계자에 대한 질의
> ㄹ. 현장의 발굴과 복원
> ㅁ. 화재현장의 연소상황과 특이한 흔적 관찰
> ㅂ. 화재 조사 핵심장소와 주변의 탐색 범위 검토

① ㅁ → ㄷ → ㅂ → ㄹ → ㄱ → ㄴ
② ㅁ → ㅂ → ㄷ → ㄱ → ㄹ → ㄴ
③ ㅂ → ㄷ → ㅁ → ㄹ → ㄱ → ㄴ
④ ㅂ → ㅁ → ㄷ → ㄱ → ㄹ → ㄴ

> **해설**
> 먼저 화재현장의 전체적인 연소상황을 살피고 최초 목격자 등 관계자 질문을 통해 얻은 정보를 바탕으로 조사할 핵심장소 및 범위를 검토한 후 발굴과 복원을 통해 도출된 발화원인을 검토한 후 최종 판정한다.

08 220V, 2A가 전선에 1분간 전기가 인가되었을 때 저항에 발생하는 열량(cal)은?

① 105.6 ② 440
③ 6,336 ④ 26,400

> **해설**
> $$R = \frac{V}{I} = \frac{220[V]}{2[A]} = 110[\Omega]$$
> $$H = 0.24I^2Rt = 0.24 \times 2^2 \times 110 \times 60 = 6,336[cal]$$

09 다음 중 분진폭발의 위험이 가장 낮은 것은?

① 강철 분말 ② 티타늄 분말
③ 생석회 분말 ④ 알루미늄 분말

> **해설**
> 분진폭발이 일어나지 않는 물질 : 시멘트, 석회석, 탄산칼슘, 생석회

10 화염확산속도에 영향을 미치지 않는 것은?

① 연료의 밀도
② 연료의 비열
③ 연료의 하중
④ 연료의 온도(화염온도범위 외)

> **해설**
> 확산은 밀도가 큰 곳에서 작은 곳으로 이동하는 현상으로 온도와 비열과 관계된다.

11 연소반응에 있어서 산소공급원의 역할을 하는 물질은?

① 황 린
② 칼 륨
③ 과산화나트륨
④ 다이에틸에터

해설
1류 산화성 고체나 6류 산화성 액체를 찾으면 된다.
①·② 3류, ③ 1류(무기과산화물), ④ 4류

12 화재현장 조사계획 수립 단계에 해당하지 않는 것은?

① 경찰 등 관계기관 연락
② 조사의 방법, 책임자 선정 및 임무분담
③ 소훼된 부분에 대해 집중적으로 현장 감식
④ 화재현장의 상황 및 특성에 적합한 조사 과정의 수립

해설
화재현장을 전체적으로 살피고, 발화장소 및 지점을 특정한 후 집중적인 현장감식을 실시한다. 소훼된 부분이 발화장소라고 단정할 수는 없다.

13 폭굉유도거리에 관한 설명으로 틀린 것은?

① 압력이 낮을수록 폭굉유도거리는 짧아진다.
② 정상연소속도가 큰 혼합가스일수록 폭굉유도거리는 짧아진다.
③ 관지름이 작을수록 폭굉유도거리는 짧아진다.
④ 점화원의 에너지가 클수록 폭굉유도거리는 짧아진다.

해설
폭굉유도거리가 짧아지는 조건
• 정상연소속도가 큰 혼합가스일수록
• 관경이 작거나 관속에 방해물이 있을 경우
• 압력이 높고 연소 열량이 클 경우
• 점화원의 에너지가 클 경우

14 고체의 연소현상 중 훈소와 표면연소에 관한 설명으로 옳지 않은 것은?

① 담배의 연소는 표면연소의 대표적인 예이다.
② 훈소와 표면연소는 화염이 없이 타는 외관적 형태를 보인다.
③ 표면연소는 훈소에 비하여 많은 연기가 발생한다.
④ 숯은 산소와 온도 조건이 맞으면 화염으로 연소할 수 있다.

해설
일반적인 상황에서는 훈소에서 더 많은 양의 연기가 발생하지만, 연소 조건이나 연료의 종류에 따라 예외가 있을 수 있다.

15 소방의 화재조사에 관한 법령상 화재의 조사에 관한 설명으로 틀린 것은?

① 소방관서장은 화재발생 사실을 알게 된 때에는 지체 없이 화재조사를 하여야 한다.
② 소방관서장은 화재조사를 위하여 필요한 경우에 관계인에게 보고 또는 자료 제출을 명하거나 화재조사관으로 하여금 해당 장소에 출입하여 화재조사를 하게 하거나 관계인 등에게 질문하게 할 수 있다.
③ 화재조사를 하는 관계 공무원은 관계인의 정당한 업무를 방해하거나 화재조사를 수행하면서 알게 된 비밀은 다른 사람에게 누설하여서는 아니 된다.
④ 소방관서장이 화재조사를 실시할 대상은 이 법에 따른 소방대상물에서 발생한 화재이다.

해설
화재조사 대상(영 제2조)
• 소방기본법에 따른 소방대상물에서 발생한 화재
• 그 밖에 소방관서장이 화재조사가 필요하다고 인정하는 화재

16 「소방의 화재조사에 관한 법률」상 화재조사전담부서에 갖추어야 할 화재조사 장비 및 시설 중 기록용 기기가 아닌 것은?

① 웨어러블캠
② 폭발압력측정기세트
③ 3D스캐너
④ 3D캐드시스템

> **해설**
> 폭발압력측정기세트는 감정용 기기에 해당한다.

17 개구부를 통한 화재확산 메커니즘이 아닌 것은?

① 복사열에 의한 점화
② 불씨가 이동하여 점화
③ 직접적인 화염에 의한 점화
④ 장애물을 통한 열전도에 의한 점화

> **해설**
> 구획실 간 개구부를 통한 화재확산
> • 화염이 직접 전달되는 경우
> －인접한 다른 대상 구획실의 창문이나 출입문으로 직접 화염이 전달
> • 화염이 복사열에 의해 다른 대상 구획실에 있는 가연물이 복사 발화
> • 다른 대상 구획실의 개구부로 불티가 유입되어 발화

18 건축물의 구획된 공간에서 플래시오버가 발생하면 고온 연기층으로부터 바닥으로 방사되는 복사열유속(kW/m^2)은?

① 약 $10kW/m^2$
② 약 $20kW/m^2$
③ 약 $30kW/m^2$
④ 약 $40kW/m^2$

> **해설**
> 발생조건
> • 열유속 $20kW/m^2$
> • 실내온도 500~600℃
> • 질량감소속도 $40[g/m^2 \cdot sec]$

19 플래시오버 현상과 백드래프트 현상을 비교한 설명으로 옳은 것은?

① 연소속도를 살펴보면 플래시오버에 비하여 백드래프트의 연소속도가 더욱 빠르다.
② 현상 발생 전 가연성 기체의 온도는 플래시오버의 경우 인화점 이상, 백드래프트의 경우 인화점 이하이다.
③ 구획실 내에서 산소가 충분할 때 플래시오버와 백드래프트가 발생한다.
④ 현상의 발생단계를 비교하면 플래시오버는 자연연소단계에서 성화기로 전환되는 사이에서 발생하며 백드래프트는 자유연소단계와 성화기 이후에 발생한다.

> **해설**
> 플래시오버는 불완전 연소로 폭발 하한값에 도달했을 때 폭발하지만, 백드래프트는 밀폐된 공간에서 최성기 후 산소공급원이 부족하여 소멸되기 전 높은 내부 압력에 의해 일시적으로 산소가 공급되면서 폭발한다.

20 화재현장 발굴 시 주의사항으로 틀린 것은?

① 발굴지역의 경계구역을 설정한다.
② 낙하물 등을 우선 제거하여 안전을 확보한다.
③ 가급적 삽과 같은 큰 장비를 사용하여 발굴시간을 단축한다.
④ 상층부에서 하층부로 발굴을 하며 수작업을 원칙으로 한다.

> **해설**
> 증거물이 부서지지 않게 삽과 같은 큰 장비를 사용하기보다는 섬세한 공구나 수작업으로 발굴한다.

21 프로판(C_3H_8)가스의 물성값으로 옳은 것은?

① 발화점은 약 150℃
② 기체 비중은 약 0.95
③ 임계온도는 약 −96.8℃
④ 연소범위는 약 2.1~9.5vol%

해설
① 발화점 약 470℃
② 기체 비중 약 1.5
③ 임계온도 96.8℃

22 0℃ 얼음 1kg을 100℃ 수증기로 변환할 경우 필요한 열량(kJ)은?

- 용융열 : 333J/g
- 기화열 : 2256J/g
- 물의 비열 : 4.184J/g · K

① 418.4　　　　② 751.4
③ 2674.4　　　　④ 3007.4

해설
물의 비열 4.184J/g · K = 4.184KJ/Kg · K = 1Kcal
용융열 : 79.59Kcal, 기화열 : 539.2Kcal
㉠ 0℃ 얼음을 0℃ 물로 바꾸는데 필요한 열
　q = mC = 1kg × 79.59kcal/kg = 79.59kcal
㉡ 0℃ 물을 100℃ 물로 바꾸는데 필요한 열
　q = mC∆t = 1kg × 1kcal/kg · ℃ × 100℃
　　= 100kcal
㉢ 100℃ 물을 100℃ 수증기로 바꾸는데 필요한 열
　q = mC = 1kg × 539.2kcal/kg = 539.2kcal
∴ ㉠ + ㉡ + ㉢ = 718.79kcal = 3007.42kJ

23 유지류의 자연발화가 용이하게 발생할 수 있는 조건이 아닌 것은?

① 표면적이 작다.
② 주변의 온도가 높다.
③ 산소의 공급이 원활하다.
④ 다공성 물질에 흡습되었다.

해설
유지류는 담체로써 섬유류와 톱날, 금속분, 활성백토 등의 분체 이외에 다공성 물질의 표면에 부착하여서 공기와의 단위체적당 표면적을 증가시켜서 산화가 촉진된다.

24 산불방향지표 중 후진성 산불의 특징으로 틀린 것은?

① 확산속도가 빠르다.
② 화염의 길이가 짧다.
③ 거시적인 지표보다 미시적인 지표가 많이 발견된다.
④ 경사가 있는 지형에서 하향으로 내려오는 경우가 많다.

해설
후진산불 : 확산속도가 느리고 바람의 반대 방향, 경사면 반대로

25 무염(훈소)화재에 관한 설명으로 틀린 것은?

① 발화 메커니즘은 '접촉 → 훈소 → 축열 → 착염 → 출화과정'을 거친다.
② 유독가스가 생성되며, 화염을 동반한다.
③ 다공성 고체 가연물, 혼합연료, 불침윤성 고체에서 발생될 수 있다.
④ 고체 가연물과 산소 사이에 반응이 상대적으로 느린 연소이며 반응이 산소가 고체표면으로 확산되면서 일어나고 표면은 적열 및 탄화가 진행된다.

해설
무염화재는 화염을 동반하지 않는다.

26 직접착화에 의한 방화원인 감식에 관한 사항으로 틀린 것은?

① 독립적 발화 개소 여부를 확인한다.
② 화재당시 사람의 출입 여부를 확인하고 내부 또는 외부 소행인지 확인한다.
③ 화재 전에 없던 가연물이 연소한 흔적이 있거나 물건의 위치가 변경되었는지 확인한다.
④ 스위치로부터 전열기구로 가는 회로를 찾아 스위치와 전열기구와의 관계를 규명한다.

해설
④는 지연착화에 의한 방화원인 감식에 관한 사항이다.

27 항공기 화재의 특징으로 틀린 것은?

① 항공기 화재조사 시 공간협소성, 고밀집성 등 다양한 특성을 고려해야 한다.
② 항공기가 단시간에 화재에 둘러싸이고 주변 일대의 가연성 물질에 급격히 전파된다.
③ 상공에서 항공기 화재가 발생한 경우 지상까지 화재가 확산될 가능성은 전혀 없다.
④ 항공기 인화성이 높은 연료를 대량으로 탑재하고 있어 추락사고가 발생하면 폭발적으로 연소할 수 있다.

해설
상공에서 항공기 화재가 발생한 경우 지상까지 화재가 확산될 가능성은 매우 크다.

28 화재 및 폭발의 사고조사 시 고려해야 할 사항으로 틀린 것은?

① 구획된 실내공간에서 가스폭발이나 분진폭발이 일어난 경우에는 폭심부가 명확하다.
② 폭발로 인하여 비산된 파편에 그을음의 부착여부를 가지고 화재와 폭발의 선후관계를 알 수 있다.
③ 비닐, 스티로폼 등 열에 쉽게 변형되는 물질의 열변형 흔적으로부터 폭발과 화재의 선후관계를 알 수 있다.
④ 비닐, 스티로폼, 종이 등의 열변형 흔적으로부터 화학적 폭발과 물리적 폭발을 구분할 수 있다.

해설
분진폭발은 2차, 3차 폭발로 이어지기 때문에 폭심부가 명확하지 않다.

29 가스용기와 안전밸브 종류의 연결이 옳은 것은?

① 산화에틸렌 용기 – 파열판식 안전밸브
② 수소 압축가스용기 – 파열판식 안전밸브
③ 아르곤 압축가스용기 – 스프링식 안전밸브
④ LPG 용기 – 스프링식과 파열판식의 2중 안전밸브

해설
• 산소, 수소, 질소, 아르곤 등의 압축가스 용기 : 파열판식 안전밸브
• 염소, 아세틸렌, 산화에틸렌 용기 : 가용전 안전밸브
• 초저온 용기 : 스프링식과 파열판식의 2중 안전밸브
• LPG 용기 : 스프링식 안전밸브

30 화재현장 조사 시 조기발견자로부터 획득할 수 있는 정보와 관계가 가장 적은 것은?

① 발견시각   ② 발화원인
③ 발견위치   ④ 불의 위치

> **해설**
> 발화원인은 조기발견자의 정보보다는 종합적으로 판정해야 한다.

31 전기다리미에 200V의 전압을 가했더니 3A의 전류가 흘렀다. 이때 전기다리미가 소비하는 전력(W)은?

① 150   ② 300
③ 400   ④ 600

> **해설**
> $P = AV = 3 \times 200 = 600$

32 선박 추진시스템에 관한 설명으로 옳은 것은?

① 인보드 엔진에는 기화기가 장착되어 있거나 연료분사 시스템이 있는 2사이클 또는 4사이클 가솔린엔진이 포함된다.
② 인보드 가솔린엔진의 연료탱크에 대한 모든 부속품은 탱크의 윗부분에 있어야 하며, 연료 라인도 탱크보다 높게 있어야 한다.
③ 2사이클 엔진의 시스템 기본 원칙은 자동차 엔진과 유사하고 아웃보다 엔진에서 연료는 펌프가 있는 고압연료 전달시스템을 통해 전달된다.
④ 아웃보드 엔진의 4사이클 엔진은 연료와 오일 혼합물을 사용하며 오일이 가솔린과 미리 혼합되거나 별도의 저장소에 있다가 연료와 자동적으로 혼합되는 방식으로 사용된다.

33 방화의 일반적인 특징에 관한 설명으로 틀린 것은?

① 음주를 한 후 실행하는 경우가 많다.
② 우발적인 경우는 없고 모든 방화는 계획적이다.
③ 방화범은 단독범행이 많고 인적이 드문 야간이나 심야에 많이 발생한다.
④ 가솔린, 신나 등 인화성 물질을 매개체로 사용한다.

> **해설**
> 계획적이기보다는 우발적으로 발생하는 경우가 많다.

34 차량 화재조사를 위해 수집해야 할 자료로 거리가 가장 먼 것은?

① 과거의 수리기록
② 화재 조기발견자의 진술
③ 차량 정비 기록부 및 리콜 정비 유무
④ 피해 차량 운전자의 운전경력증명서

> **해설**
> 운전경력증명서와 화재조사와는 상관이 없다.

35 초기 가연물에 대한 설명으로 틀린 것은?

① 초기 가연물은 오작동하거나 고장난 장치의 일부일 수 있다.
② 초기 가연물은 열을 발생시키는 장치에 너무 가까이 있는 물체일 수 있다.
③ 화재를 유발한 사건을 이해하기 위해 초기 가연물을 확인하는 것이 중요다.
④ 표면 대 질량 비율이 낮은 비-기체 가연물은 표면 대 질량 비율이 높은 가연물보다 훨씬 쉽게 발화한다.

> **해설**
> 표면 대 질량 비율이 높은 가연물은 발화가 훨씬 쉽다.

30 ②   31 ④   32 ②   33 ②   34 ④   35 ④   **정답**

36 유염연소와 무염연소에 관한 설명으로 틀린 것은?

① 무염연소는 연소반응속도가 느리다.
② 무염연소는 발열량이 작고, 유염연소는 발열량이 크다.
③ 목재의 무염연소 시 가연물의 내부보다는 표면으로 전파되는 속도가 빠르다.
④ 무염연소는 고체 가연물에서만 가능하다.

해설
무염연소 시 내부로 타들어 가는 것이 깊다.

37 LPG 차량의 구성 부품 중 LPG 봄베의 밸브 색상에 대한 설명으로 옳은 것은?

① 충전밸브 : 적색
② 액체 송출밸브 : 적색
③ 기체 송출밸브 : 청색
④ 충전, 액체 송출, 기체 송출밸브 : 청색

해설

LPG 용기	충전밸브	송출밸브	
		기체밸브	액체밸브
회 색	녹 색	황 색	적 색

38 가연성 액체의 인화점에 관한 설명으로 옳은 것은?

① 가연성 액체가 발화하는 최저온도
② 가연성 액체의 증기가 공기와 접촉하여 점화원 없이 연소되는 최고온도
③ 가연성 액체에 착화되기 충분한 증기를 발생하는 최저온도
④ 가연성 액체의 증기가 포화상태에 달하는 최저온도

해설
인화점 : 가연성 액체나 고체를 가열하면서 작은 불꽃을 대었을 때 연소가 시작되는 최저온도

39 산불의 종류로 틀린 것은?

① 지표화   ② 수간화
③ 비산화   ④ 수관화

해설
산불의 종류 : 지표화, 수간화, 수관화, 지중화

40 화재현장에서 발견된 선풍기의 감식사항으로 추정할 수 없는 것은?

> 모터 권선에서는 전기적 특이점이 없고, 회전 관절부위의 배선에서 단락 흔적이 관찰되었다.

① 통전 중이었음을 확인할 수 있다.
② 반단선에 의한 화재 가능성이 있다.
③ 전선 공극에 의한 아크를 추정할 수 있다.
④ 모터의 구속운전에 의한 발화가능성이 있다.

해설
모터권선에서 전기적 특이점이 없다고 하였으므로 모터의 구속운전에 의한 발화가능성은 없다.

제3과목 증거물관리 및 법과학

41 잔류물이 있는 용기에 상부공간에 숯(Charcoal)을 매달아 촉진제를 추출하는 방법은?

① 흡착법   ② 상부공간법
③ 용매추출법   ④ 증기증류법

해설
흡착법
• 잔류물이 있는 용기의 상부공간에 숯(Charcoal)을 매달아 촉진제를 추출하는 방법
• 물리적 흡착제로는 활성탄, 실리카켈, 활성알루미나, 활성백토, 분자채 등

42 액체 가연물의 연소에 의한 화재패턴이 아닌 것은?

① 포어 패턴
② 도넛 패턴
③ 스플래시 패턴
④ U자 모양 패턴

해설
유류의 물적 화재패턴
- 고스트 마크
- 스플래시 패턴
- 틈새연소 패턴
- 낮은연소 패턴
- 불규칙 패턴
- 퍼붓기 패턴(포어 패턴)
- 도넛 패턴
- 트레일러에 의한 패턴
- 역원추형 패턴

43 화재증거물 검증에 관한 설명으로 옳은 것은?

① 검증하는 단계는 모든 가설을 검증하여, 모든 가설이 사실과 과학적 원리에 부합할 필요는 없다.
② 연역적 추론에 의한 검증 단계를 통과한 가설이 없는 경우에는 이 문제를 해결된 것으로 간주하여야 한다.
③ 화재원인 재현실험을 통해서 물리적으로 검증될 수도 있고, 사고실험에서 과학적 원리를 적용하여 분석적으로 검증될 수도 있다.
④ 증거가 증명될 수 있는 경우라도 다른 방법으로 반드시 검증하여야 하며, 여기에는 새로운 증거물 수집이나 기존 증거물에 대한 재분석이 필요할 수도 있다.

44 화재현장 보존을 위한 조치사항으로 틀린 것은?

① 잔불 정리를 위해 현장 물건을 과도하게 변형하거나 이동되지 않도록 한다.
② 발화원 등의 연소잔해가 있는 방향에는 직수 소화에 의한 증거물 파괴를 피한다.
③ 현장진입을 위해 개방하고자 하는 출입문이나 창문에서 파괴흔적 발견 시 화재조사관에게 알려야 한다.
④ 현장에서 석유류의 연료를 사용하는 장비 사용 시 재급유는 현장 내에서 실시하도록 한다.

해설
동력절단기 등 석유류를 사용하는 장비 사용 시 연료 주입은 화재현장 밖에서 실시한다. 안에서 주입하다가 유출될 경우 방화의심의 허위 증거가 될 수 있기 때문이다.

45 물적 증거로서의 화재패턴에 관한 설명으로 옳은 것은?

① V패턴이나 포인터 및 화살 패턴은 환기에 의해 형성되는 패턴이다.
② 앨리게이터(Alligator) 탄화는 발화 중에 액체 위험물 촉진제가 사용되었다는 증거이다.
③ 정상연소에서 화재패턴을 형성하는 화재 플룸의 온도는 발화구획실 코너에서 가장 높다.
④ 발화원이 확인되지 않은 완전연소 패턴 구역의 식별에서 화재확산 방향이나 연소시간 또는 강도의 차이 규명을 위해 활용할 수 있는 화재패턴은 보호구역 및 열 그림자이다.

46 화재현장을 촬영하는 위치에 관한 설명으로 옳은 것은?

① 카메라는 가능하면 수직으로만 촬영한다.
② 피사체가 냉장고일 경우 여러 방향으로 촬영한다.
③ 촬영방향은 발화부로 추정되는 곳의 앞면을 집중적으로 촬영한다.
④ 촬영된 사진은 화재조사자를 위한 자료이므로 촬영위치는 조사자의 재량에 달려 있다.

해설
화재현장이나 사물 모두 4개 방면에서 촬영한다.

47 화재 열로 파손된 유리의 특징으로 옳은 것은?

① 리플마크가 형성된다.
② 거미줄 형태로 파손된다.
③ 방사형 형태로 깨진다.
④ 구불구불한 불규칙한 형태로 깨진다.

해설
화재열을 받은 유리는 점성변화를 나타내어 방수에 의한 급격한 냉각으로 열수축을 일으켜서 '미세한 금'이 가게 하거나 '유리표면의 박리'를 일으켜 길고 불규칙한 형태로 깨진다.

48 화재현장 사진 및 비디오 촬영에 관한 사항으로 틀린 것은?

① 화재조사의 진행 순서에 따라 촬영한다.
② 화재현장의 증거 확보를 위하여 필요하다.
③ 화재조사관의 오랜 경험에 의존하여 촬영여부를 결정해야 한다.
④ 방화, 실화 수사의 기초자료로 사용하기 위하여 필요하다.

해설
현장사진 및 비디오 촬영(화재증거물수집관리규칙 제8조)
화재조사요원 등은 화재발생 시 신속히 현장에 가서 화재조사에 필요한 현장사진 및 비디오 촬영을 반드시 하여야 한다.

49 액체 촉진제의 특성에 대한 설명으로 옳은 것은?

① 촉진제는 액체 상태로만 발견된다.
② 액체 촉진제는 대부분의 내부 마감재 및 기타 화재 잔해에 쉽게 흡수된다.
③ 모든 액체 촉진제는 물과 접촉했을 때 물 아래로 가라앉는다.
④ 액체 촉진제가 다공성 물질에 흡수되었을 때는 잔존 가능성이 매우 낮다.

해설
① 촉진제는 액체 상태로만 발견되는 것은 아니며, 다공성 물질에 흡수되어 고체상태로 발견되기도 한다.
③ 액체 촉진제는 물과 접촉했을 때 물 위로 뜬다.
④ 액체 촉진제가 다공성 물질에 흡수되었을 때는 잔존 가능성이 매우 높다.

정답 **46** ② **47** ④ **48** ③ **49** ②

50 화재증거물수집관리규칙상 증거물 시료용기가 아닌 것은?

① 유리병
② 아크릴 병
③ 양철 캔(CAN)
④ 주석 도금 캔(CAN)

해설

화재증거물수집관리규칙상 증거물 시료용기는 ① · ③ · ④이다.

51 증거수집 과정에서 증거물의 오염 방지를 위한 조치사항으로 틀린 것은?

① 새 증거물 보관 용기는 기존에 사용되었던 용기와 오염지역에서 떨어진 곳에 보관하여야 한다.
② 증거물 보관 용기 자체를 수집 도구로 사용하는 것은 증거물 오염이 될 수 있으므로 사용을 금지한다.
③ 수집 장소에서 증거물을 담을 때에만 용기를 개봉하고 증거물을 담은 후에는 실험실에서 조사를 할 때까지 계속 봉인되어 있어야 한다.
④ 상호 교차 오염을 방지하기 위해 화재조사관은 액체나 고체 촉진제 중 증거물을 수집할 때 일회용 비닐장갑을 착용하고 작업하는 것이 효과적이다.

52 화재현장에서 화면의 일부만을 측광하는 방식으로 주 피사체의 정확한 노출을 측광할 수 있으며 역광 촬영 시 사용되는 방식은?

① 스팟측광
② 평균측광
③ 다분할 측광
④ 중앙부 중점 측광

해설

스팟(Spot)측광

피사체가 어두울 경우 아주 작은 범위(중앙부의 2.5~4%)를 측광하는 방식으로 쉽게 말하면 좀 더 세밀하게 부분의 노출을 찾는 방법이다. 역광사진이나 촛불사진 등에 적합하다.

53 화재로 인한 3도 화상에 관한 설명으로 틀린 것은?

① 수포 주위에 홍반을 보이며, 혈액침하가 일어나더라도 홍반만 남는다.
② 신경섬유가 파괴되어 통증이 없거나 미약할 수 있다.
③ 피하지방을 포함한 피부의 전층이 손상된 경우로 심한 경우 근육, 뼈, 내부 장기도 포함되는 경우가 있다.
④ 부스럼 딱지 또는 생체 내의 피부조직이나 세포가 죽는 응고성 괴사에 빠지므로 괴사성 화상이라고도 한다.

해설

①은 2도 화상(수포성)에 관한 설명이다.

54 질문기록서 작성을 위하여 관계자의 진술을 녹음하려고 할 때 유의사항으로 틀린 것은?

① 유도심문을 피한다.
② 관계자에게 녹취내용을 확인시키고 서명을 하게 한다.
③ 관계자의 진술은 화재발생 직후보다 화재 진압 후 시간이 경과한 뒤 실시하는 것이 좋다.
④ 18세 미만의 청소년에게 질문을 하는 경우는 친권자 등을 반드시 입회시켜야 하며 진술자는 물론 입회자에게도 서명을 받도록 한다.

해설
관계자의 진술은 화재발생 직후 실시하는 것이 좋다.

55 인화성 액체, 부유물을 가진 액체, 시험 조건에서 표면 막을 형성하기 쉬운 액체, 40℃~370℃의 온도범위를 가지는 기타 액체의 인화점을 시험하는 방법은?

① 태그 개방컵 테스트
② 태그 밀폐컵 테스트
③ 클리브랜드 개방컵 테스트
④ 펜스키-마르텐스식 밀폐컵 테스트

해설
펜스키-마르텐스식 밀폐컵 시험기는 태그밀폐식을 적용할 수 없는 시료에 적합하며, 인화점이 약 50℃ 이상인 액체, 특정의 점성 물질, 막 형성 물질, 원유, 경유, 중유, 절연유, 방청유, 절삭유 등의 인화점을 시험하는 장치이다.

56 일산화탄소 중독사의 대표적인 특징은?

① 선홍색 시반이 나타난다.
② 수포 주위에 홍반이 생긴다.
③ 코에서 출혈이 심하게 나타난다.
④ 피부의 세포조직이 검게 타는 탄피층이 형성된다.

해설
일산화탄소 중독 시 선홍색 시반이 나타난다.

57 법정 증언의 자세로 가장 적절하지 않은 것은?

① 차분한 마음상태를 유지한다.
② 사실적이고 객관적으로 답변한다.
③ 사투리, 속어 등의 단어를 피한다.
④ 질문에 관계없이 빠르게 답변한다.

해설
질문의 요지를 이해하고 신중하게 사실대로 답변한다.

58 화재현장에서 발견된 사망한 사체에 관한 설명으로 틀린 것은?

① 일산화탄소를 흡입한 것으로 화재 당시 생존해 있었음에 대한 증거가 될 수 있다.
② 눈가의 주름 사이에 그을음이 부착되지 않은 것은 화재 당시 사망한 상태였다는 증거가 될 수 있다.
③ 일산화탄소가 헤모글로빈과 결합함으로써 체내 산소의 공급이 차단되어 사망했을 가능성이 있다.
④ 기도, 폐 등의 호흡기에서 발견되는 그을음은 화재 당시 생존해 있었음을 나타내는 증거가 될 수 있다.

해설
눈가의 주름 사이에 그을음이 부착되지 않은 것은 화재 이후에 사망한 상태였다는 증거가 될 수 있다.

59 「화재증거물수집관리규칙」상 증거물 보관 및 이동에 관한 설명으로 틀린 것은?

① 증거물의 보관은 파손될 우려가 없는 장소에 보관해야 한다.

② 증거물의 보관 및 이송은 장소, 방법, 책임자 등이 지정된 상태에서 행해져야 한다.

③ 증거물은 어떠한 경우라도 폐기할 수 없으며, 화재증거수집의 목적달성 후에는 관계인에게 반환하여야 한다.

④ 증거물 보관 시 화재조사의 관계없는 자의 접근은 엄격히 통제되어야 하며, 보관 관리 이력을 작성하여야 한다.

해설
증거물은 화재증거 수집의 목적달성 후에는 관계인에게 반환하여야 한다. 다만 관계인의 승낙이 있을 때에는 폐기할 수 있다.

60 「화재증거물수집관리규칙」상 현장사진 및 비디오 촬영 시 유의사항으로 틀린 것은?

① 최초 도착하였을 때의 현장 정리정돈 후 촬영한다.

② 화재상황을 추정할 수 있는 증거물, 피해 물품, 유류의 형상은 면밀히 관찰 후 자세히 촬영한다.

③ 증거물을 촬영할 때는 그 소재와 상태가 명백히 나타나도록 하며, 필요에 따라 구분이 용이하게 번호표 등을 넣어 촬영한다.

④ 화재현장의 특정한 증거물 등을 촬영함에 있어서는 그 길이, 폭 등을 명백히 하기 위하여 측정용 자 또는 대조도구를 사용하여 촬영한다.

해설
최초 도착하였을 때의 원상태를 그대로 촬영하고, 화재조사의 진행순서에 따라 촬영한다.

61 「화재조사 및 보고규정」상 화재증명원의 발급에 관한 사항으로 (   )에 알맞은 내용은?

소방관서장은 화재피해자로부터 소방대가 출동하지 아니한 화재장소의 화재증명원 발급신청이 있는 경우 조사관으로 하여금 사후 조사를 실시하게 할 수 있다. 이 경우 민원인이 제출한 별지 제13호 서식의 사후조사 의뢰서의 내용에 따라 발화장소 및 발화지점의 현장이 보존되어 있는 경우에만 조사를 하며, 별지 제2호 서식의 (   ) 작성은 생략할 수 있다.

① 화재현황조사서

② 화재피해조사서

③ 화재현장조사서

④ 화재현장출동보고서

해설
사후조사는 소방대의 화재진압활동이 없었으므로 선착대에 의해 작성되는 화재현장출동보고서는 생략할 수 있다.

62 「화재조사 및 보고규정」상 다음 건물의 소실 면적(m^2)은?

단층건물 내 난방기 과열로 화재가 발생하여 소화기로 즉시 진화하였으나 바닥 $6m^2$, 한쪽 벽면의 $4m^2$, 천장 $2m^2$가 소실되는 피해가 발생했다.

① 2.5 ② 6

③ 12 ④ 10

소실면적 산정(화재조사 및 보고규정 제17조)

- 건물의 소실면적 산정은 소실 바닥면적으로 산정한다.
- 수손 및 기타 파손의 경우에도 위 규정을 준용한다.

∴ 바닥면적만 산정하고 천장, 벽면 소실은 무시하므로 소실면적은 6m²이다.

63 「화재조사 및 보고규정」상 화재유형에 명시되지 않은 것은? (단, 기타화재는 제외한다)

① 전기·화학 화재
② 건축·구조물 화재
③ 선박·항공기 화재
④ 자동차·철도차량 화재

규정상 화재유형으로는 ②·③·④이 외에 임야화재, 기타화재로 분류한다.

64 「화재조사 및 보고규정」상 명시된 연소확대물의 정의로 옳은 것은?

① 지속적인 연소현상에 영향을 준 인적·물적·자연적인 가연물을 말한다.
② 연소가 확대되는 데 있어 결정적 영향을 미친 가연물을 말한다.
③ 가연물질에 지속적으로 불이 붙는 가연물을 말한다.
④ 발화관련 기기나 제품을 작동 또는 연소시킬 때 사용되어진 연료 또는 에너지를 말한다.

연소확대물이란 연소가 확대되는 데 있어 결정적 영향을 미친 가연물을 말한다.

65 「화재조사 및 보고규정」상 명시된 조사결과 보고에 관한 사항으로 (   )에 알맞은 기준은?

> 추가 화재현장조사 등이 필요하여 화재조사결과보고일을 연장한 경우 그 사유가 해소된 날로부터 (   )일 이내에 조사결과를 보고해야 한다.

① 7
② 10
③ 15
④ 20

추가 화재현장조사 등이 필요하여 보고기일을 연장한 경우 그 사유가 해소된 날부터 10일 이내에 소방관서장에게 조사결과를 보고해야 한다.

66 화재로 인한 자동차의 피해액 산정 기준으로 틀린 것은?

① 자동차의 수리비는 자동차 수리업소의 견적서를 참고하여 산정한다.
② 피해 대상 자동차와 동일하거나 유사한 자동차의 시중매매가격을 피해액으로 한다.
③ 부분 소손되어 수리가 가능한 경우에는 수리에 소요되는 금액을 자동차의 피해액으로 한다.
④ 부분 소손되어 수리가 가능한 모든 경우에는 피해액에 대하여 감가공제한다.

67 20년된 일반주택의 잔가율은? (단, 주택의 내용연수는 40년으로 한다)

① 50%
② 60%
③ 70%
④ 80%

$$잔가율 = 1 - (1 - 최종잔가율) \times \frac{경과년수}{내용연수}$$

$$= 1 - (1 - 0.2) \times \frac{20}{40} = 0.6$$

68 화재원인조사 범위에 해당되지 않는 것은?

① 수손피해 조사
② 연소상황 조사
③ 피난상황 조사
④ 발견, 통보 및 초기소화상황 조사

해설
수손피해조사는 재산피해조사에 해당한다.

69 「화재조사 및 보고규정」상 화재현장 조사서의 화재원인 검토 항목에 해당하지 않는 것은? (단, 임야화재, 기타화재, 피해액이 없는 화재 이외의 화재현장 조사서를 말한다)

① 방화 가능성   ② 기계적 요인
③ 인적 부주의   ④ 현장조사결과

70 「화재조사 및 보고규정」상 화재조사서류의 서식이 아닌 것은?

① 질문기록서
② 화재현장 조사서
③ 범죄사실확인서
④ 소방시설등 활용조사서

해설
범죄사실확인서는 화재조사서류에 해당하지 않는다.

71 가재도구의 화재피해액 산정에 관한 사항으로 옳은 것은?

① 피해액 산정 대상에서 의류 생산 공장의 재봉틀은 가재도구로 분류된다.
② 수리비가 가재도구 재구입비의 50% 미만인 경우에는 감가공제를 하지 않는다.
③ 의류는 세탁에 의해 재사용이 가능한 경우에는 10%의 손해율을 적용한다.
④ 신혼가정 등 특별한 경우를 제외하고는 잔가율을 일괄적·포괄적 기준을 적용하여 70%로 한다.

해설
생활수준이 향상되면서 화재로 인해 그을음 또는 수손 피해를 입은 가재도구는 폐기하고 새로 구입하는 경우가 많다. 따라서 의류 또는 가구 등에 있어 세탁 및 청소에 의해 재사용 가능한 경우에는 10% 정도의 손해율을 적용하며, 소손, 그을음 및 수손이 심한 경우에는 대체로 전부손해로 간주하여 100%의 손해율을 적용한다.

72 「화재조사 및 보고규정」상 화재유형별 조사서 (임야화재)의 작성에 대한 설명으로 틀린 것은?

① 논밭두렁의 화재는 들불에 속한다.
② 묘지에서 발생한 화재는 들불에 속한다.
③ 피해사항 중 산림피해면적은 기재하지 않는다.
④ 산불은 국유림, 공유림, 사유림으로 구분한다.

해설
임야화재 화재유형별 조사서에 피해사항은 산림피해면적, 건물, 기타 사항을 기재한다.

73 새벽 4시 30분경 음식점에서 화재가 발생하여 현장에 출동한 화재조사관이 조사한 내용이다. 조사결과를 토대로 추정한 화재원인은?

- 음식점 분전반의 누전차단기가 트립된 점
- 발화지점의 다수의 테이블 및 바닥에는 전기장치가 설치되어 있지 않고 피해입은 가전제품(에어컨, 냉장고 등)으로부터의 연소 진행패턴이 식별되지 않은 점
- 독립적인 연소상황이 홀, 방, 세면장 등 10개의 지점에서 발견된 점
- 일반적인 목재의 연소 특성과는 달리 넓은 면적에 표면만 탄화된 패턴이 여러 곳에서 관찰된 점
- 인화성 액체를 담은 것으로 추정되는 용기가 화장실 앞에서 발견된 점
- CCTV상에서 신원 미상인이 음식점에 침입하여 카운터에 있는 현금을 훔치고, 음식점 내부를 돌아다닌 지 몇 분 후 불길이 치솟는 모습이 확인된 점
- 신원 미상인이 화재발생 다음날(15일) ○○대교 인근 앞바다에서 조검으로 발견된 점(자살 추정)
  → 신원확인 결과 음식점 직원 A씨로 최종 확인됨
- 음식점 관계자 B씨에 따르면 A씨는 경제적 어려움으로 종종 월급을 가불하였고, 화재 전날부터 출근하지 않고 잠적한 상태이며 음식점 출입문 열쇠 위치를 알고 있기 때문에 음식점에 들어갈 수 있었을 거라고 진술한 점

① 부주의
② 방화 의심
③ 가스폭발
④ 전기적 요인

해설
상기 조사내용을 종합해볼 때 방화 의심으로 추정할 수 있는 조사결과라고 볼 수 있다.

74 화재피해액 산정 대상에서 선박화재로 볼 수 없는 것은?

① 육상에 있는 미취항의 범선에서 발생한 화재
② 독행 기능을 가지지 않는 거룻배에서 발생한 화재
③ 수리 등을 위해 육상에 일시적으로 있는 선박에서 발생한 화재
④ 독행 기능을 가지는 선박에 의해 끌어진 물건에 발생한 화재

해설
소방기본법상 항구에 매어둔 선박이 소방상물에 해당되어 미취항 범선에서 발생한 화재는 선박화재로 볼 수 없다.

75 「화재조사 및 보고규정」상 질문기록서를 생략할 수 있는 화재를 모두 고른 것은?

- ㄱ. 임야화재
- ㄴ. 선박화재
- ㄷ. 모닥불에서 발생한 화재
- ㄹ. 쓰레기에서 발생한 화재

① ㄱ, ㄴ, ㄷ
② ㄱ, ㄴ, ㄹ
③ ㄱ, ㄷ, ㄹ
④ ㄴ, ㄷ, ㄹ

해설
기타화재 중 쓰레기, 모닥불, 가로등, 전봇대 화재 및 임야화재의 경우 질문기록서 작성을 생략할 수 있다.

76 「화재조사 및 보고규정」상 부대설비의 화재 피해액 산정기준으로 옳은 것은?

① 건물신축단가×소실면적×설비종류별 재설비 비율×[1 − (0.8×경과연수/내용연수)]

② 건물신축단가×소실면적×설비종류별 재설비 비율×[1 − (0.8×경과연수/내용연수)]×손해율

③ 건물신축단가×소실면적×설비종류별 재설비 비율×[1 − (0.9×경과연수/내용연수)]

④ 건물신축단가×소실면적×설비종류별 재설비 비율×[1 − (0.9×경과연수/내용연수)]×손해율

해설
부대설비의 피해액 산정기준
건물신축단가×소실면적×설비종류별 재설비 비율×[1 − (0.8×경과년수/내용년수)]×손해율

77 「화재조사 및 보고규정」상 화재피해액 산정기준으로 옳은 것은?

① 동물이 화재로 전부손해를 입은 경우 피해액은 시중매매가격으로 한다.

② 골동품이 전부손해를 입은 경우 피해액은 원상복구에 소요되는 비용으로 한다.

③ 전부손해가 아닌 식물의 경우 피해액은 시중매매가격으로 한다.

④ 임야의 입목은 최초 입목구입가격에서 소실한 입목의 잔존가격을 더한 가격으로 한다.

해설
② 골동품이 전부손해를 입은 경우 피해액은 감정가격으로 한다.
③ 전부손해가 아닌 식물의 경우 피해액은 치료비로 한다.
④ 임야의 입목은 최초 입목구입가격에서 소실한 입목의 잔존가격을 뺀 가격으로 한다.

78 「화재조사 및 보고규정」상 용어에 대한 정의 중 틀린 것은?

① 잔가율이란 피해물의 취득 당시 가액에 대한 현재가의 비율을 말한다.

② 내용연수란 고정자산을 경제적으로 사용할 수 있는 연수를 말한다.

③ 최종잔가율이란 피해물의 경제적 내용연수가 다한 경우 잔존하는 가치의 재구입비에 대한 비율을 말한다.

④ 손해율이란 피해물의 종류, 손상 상태 및 정도에 따라 피해액을 적정화시키는 일정한 비율을 말한다.

해설
잔가율이란 화재 당시에 피해물의 재구입비에 대한 현재가의 비율을 말한다.

79 「화재조사 및 보고규정」상 방화·방화의심 조사서 작성 시 기재사항이 아닌 것은? (단, 기타 참고사항은 제외한다)

① 방화도구
② 방화피해사항
③ 방화자 인적사항
④ 도착 시 초기상황

해설
방화·방화의심 조사서 작성 시 기재사항으로 ①·③·④이외에 구분, 방화의심 사유, 방화 연료 및 용기, 방화자를 기재한다.

80 화재로 인하여 공장·창고를 제외한 건물의 천장·벽·바닥 등 내부 마감재 및 건물 내 영업시설물 등이 소실된 경우 손해율은? (단, 건물의 용도, 건물구조, 손상상태 및 정도에 따른 가감은 제외한다)

① 10% ② 20%
③ 40% ④ 60%

해설
건물의 소손 정도에 따른 손해율에서 천장, 벽, 바닥 등 내부마감재 등이 소실된 경우 손해율은 40%로 한다.

제5과목 화재조사 관계법규

81 「형법」상 다음은 어떤 범죄에 대한 설명인가?

> 불을 놓아 사람이 주거로 사용하거나 사람이 현존하는 건조물, 기차, 전차, 자동차, 선박, 항공기 또는 지하채굴시설을 불태운 자는 무기 또는 3년 이상의 징역에 처한다.

① 진화방해
② 일반물건 방화
③ 일반건조물 등 방화
④ 현주건조물 등 방화

해설
현주건조물 등 방화(형법 제164조)에 대한 규정내용이다.

82 「제조물 책임법」상 명시된 결함의 분류가 아닌 것은?

① 유통상의 결함
② 제조상의 결함
③ 설계상의 결함
④ 표시상의 결함

해설
제조물 책임법상 결함의 정의에서 ②·③·④ 3가지로 분류하고 있다.

83 「화재조사 및 보고규정」상 화재피해 범위가 건물의 경우 소실면적을 구하는 기준은?

① 바닥면적에 3분의 1을 곱한 값
② 바닥면적에 5분의 1을 곱한 값
③ 피해면적의 합에 5분의 1을 곱한 값
④ 소실 바닥면적

해설
소실면적 산정(화재조사 및 보고규정 제17조)
• 건물의 소실면적 산정은 소실 바닥면적으로 산정한다.
• 수손 및 기타 파손의 경우에도 위 규정을 준용한다.

84 「소방의 화재조사에 관한 법률」상 화재조사전담부서에 갖추어야 할 감식용 기기를 모두 고른 것은?

> ㄱ. 절연저항계
> ㄴ. 탄화심도계
> ㄷ. 복합가스측정기
> ㄹ. 적외선열상카메라

① ㄱ, ㄴ, ㄷ, ㄹ
② ㄱ, ㄴ, ㄹ
③ ㄱ, ㄷ, ㄹ
④ ㄴ, ㄷ, ㄹ

해설
감식기기(16종)
절연저항계, 멀티테스터기, 클램프미터, 정전기측정장치, 누설전류계, 검전기, 복합가스측정기, 가스(유증)검지기, 확대경, 산업용실체현미경, 적외선열상카메라, 접지저항계, 휴대용디지털현미경, 디지털탄화심도계, 슈미트해머(콘크리트 반발 경도 측정기구), 내시경현미경

85 「제조물 책임법」에 대한 설명으로 틀린 것은?

① 제조업자는 제조물의 수입을 업으로 하는 자도 포함된다.

② 제조물 책임법에 따른 손해배상책임을 배제하거나 제한하는 모든 특약은 유효하다.

③ 동일한 손해에 대하여 배상할 책임이 있는 자가 2인 이상인 경우에는 연대하여 그 손해를 배상할 책임이 있다.

④ 손해배상책임을 지는 자가 제조업자가 해당 제조물을 공급하지 아니하였다는 사실을 입증한 경우에는 손해배상책임을 면한다.

해설
면책의 특약(법 제6조)
제조물 책임법에 따른 손해배상책임을 배제하거나 제한하는 특약(特約)은 무효로 한다. 다만, 자신의 영업에 이용하기 위하여 제조물을 공급받은 자가 자신의 영업용 재산에 발생한 손해에 관하여 그와 같은 특약을 체결한 경우에는 그러하지 아니하다.

86 「화재로 인한 재해보상과 보험가입에 관한 법률 시행령」상 특수건물의 기준으로 틀린 것은?

① 영화상영관으로 사용하는 부분의 바닥면적의 합계가 $1,000m^2$ 이상인 건물

② 일반음식점영업으로 사용하는 부분의 바닥면적의 합계가 $2,000m^2$ 이상인 건물

③ 목욕장업으로 사용하는 부분의 바닥면적의 합계가 $2,000m^2$ 이상인 건물

④ 병원급 의료기관으로 사용하는 건물로서 연면적의 합계가 $3,000m^2$ 이상인 건물

해설
영화상영관으로 사용하는 부분의 바닥면적의 합계가 $2,000m^2$ 이상인 건물이 특수건물에 해당한다.

87 「형법」상 공용건조물 등 방화에 관한 사항으로 ( )에 알맞은 기준은?

불을 놓아 공용(公用)으로 사용하거나 공익을 위해 사용하는 건조물, 기차, 전차, 자동차, 선박, 항공기 또는 지하채굴시설을 불태운 자는 무기 또는 ( )년 이상의 징역을 처한다.

① 1　　　　　　② 3
③ 5　　　　　　④ 7

해설
공용건조물 등 방화(법 제165조)
불을 놓아 공용(公用)으로 사용하거나 공익을 위해 사용하는 건조물, 기차, 전차, 자동차, 선박, 항공기 또는 지하채굴시설을 불태운 자는 무기 또는 3년 이상의 징역에 처한다.

88 「화재조사 및 보고규정」상 건물의 동수 산정 기준으로 옳은 것은?

① 구조에 관계없이 지붕 및 실이 하나로 연결되어 있는 것은 같은 동으로 본다.

② 건널 복도 등으로 2 이상의 동에 연결되어 있는 것은 같은 동으로 본다.

③ 내화조 건물의 경우 격벽으로 방화구획이 되어 있는 경우는 각 동으로 한다.

④ 독립된 건물과 건물 사이에 차광막, 비막이 등의 덮개를 설치하고 그 밑을 통로로 사용하는 경우에는 같은 동으로 한다.

해설
② 건널 복도 등으로 2 이상의 동에 연결되어 있는 것은 다른 동으로 본다.
③ 내화조 건물의 경우 격벽으로 방화구획이 되어 있는 경우는 같은 동으로 한다.
④ 독립된 건물과 건물 사이에 차광막, 비막이 등의 덮개를 설치하고 그 밑을 통로로 사용하는 경우에는 다른 동으로 한다.

85 ② 　86 ① 　87 ② 　88 ①　 **정답**

89 「화재로 인한 재해보상과 보험가입에 관한 법률」상 다음의 경우 벌금 기준은? (단, 「산업재해보상보험법」에 관한 사항은 제외한다)

> 특수건물의 소유자는 그 특수건물의 화재로 인한 해당 건물의 손해를 보상받고 손해배상책임을 이행하기 위하여 그 특수건물에 대하여 손해보험회사가 운영하는 특약부화재보험에 가입하여야 하지만 가입하지 않은 경우

① 100만원 이하의 벌금
② 400만원 이하의 벌금
③ 500만원 이하의 벌금
④ 700만원 이하의 벌금

해설
특수건물의 소유자가 특약부화재보험에 가입하지 아니한 때에는 500만원 이하의 벌금에 처한다(법 제23조).

90 「민법」상 불법행위에 관한 사항으로 틀린 것은?

① 고의 또는 과실로 인한 위법행위로 타인에게 손해를 가한 자는 그 손해를 배상할 책임이 있다.
② 타인에게 정신상고통을 가한 자는 재산 이외의 손해에 대하여도 배상할 책임이 있다.
③ 미성년자가 타인에게 손해를 가한 경우에 그 행위의 책임을 변식할 지능이 없는 때에는 배상의 책임이 없다.
④ 타인의 생명을 해한 자는 피해자의 직계존속, 직계비속 및 배우자에 대하여는 재산상의 손해가 없는 경우에는 손해배상의 책임이 없다.

해설
민법상 고의 또는 과실로 인한 위법행위로 타인에게 손해를 가한 자는 그 손해를 배상할 책임이 있으므로 ④의 경우에도 배상책임이 있다.

91 「소방의 화재조사에 관한 법률」에 따른 화재조사 시기로 옳은 것은?

① 화재발생 사실을 알게 된 때
② 소화활동을 시작하게 된 때
③ 소방관서장의 허가를 받은 때
④ 화재진압을 완료한 후

해설
화재조사의 실시(법 제5조)
소방청장, 소방본부장 또는 소방서장은 화재발생 사실을 알게 된 때에는 지체 없이 화재조사를 하여야 한다.

92 「화재조사 및 보고규정」에 따른 화재의 범위가 둘 이상 관할구역에 걸친 화재로 발화지점을 알 수 없는 경우 화재건수 결정기준으로 옳은 것은?

① 선착대가 소속된 소방서에서 1건의 화재로 한다.
② 화재피해범위가 가장 넓은 소방서에서 1건의 화재로 한다.
③ 발화장소가 속한 소방서에서 1건의 화재로 산정한다.
④ 화재피해금액이 큰 소방서에서 1건의 화재로 한다.

해설
관할구역이 2개소 이상 걸친 화재(제10조)
발화지점이 한 곳인 화재현장이 둘 이상의 관할구역에 걸친 화재는 발화지점이 속한 소방서에서 1건의 화재로 산정한다. 다만, 발화지점 확인이 어려운 경우에는 화재피해금액이 큰 관할구역 소방서의 화재건수로 산정한다.

93 「소방의 화재조사에 관한 법률 시행규칙」상 화재조사에 관한 전문교육에서 전문교육에 내용이 아닌 것은?

① 화재조사 이론과 실습
② 범죄심리학
③ 화재조사 관련 정책 및 법령에 관한 사항
④ 화재조사 시설 및 장비의 사용에 관한 사항

해설

화재조사에 관한 전문교육내용(시행규칙 제5조)
• 화재조사 이론과 실습
• 화재조사 시설 및 장비의 사용에 관한 사항
• 주요·특이 화재조사, 감식·감정에 관한 사항
• 화재조사 관련 정책 및 법령에 관한 사항
• 그 밖에 소방청장이 화재조사 관련 전문능력의 배양을 위해 필요하다고 인정하는 사항

94 과도한 문어발식 콘센트 사용으로 발생한 전기화재로 인하여, 구입한 지 5년 된 세탁기가 소손되었다. 이 소손에 대하여 「제조물 책임법」상 손해배상책임에 관한 설명으로 옳은 것은?

① 세탁기 제조상 결함으로 손해배상책임은 세탁기 제조사가 부담한다.
② 세탁기 소유자의 사용상 문제로 손해배상책임은 발생하지 않는다.
③ 세탁기 설계상 결함으로 손해배상책임은 세탁기 설계자가 부담한다.
④ 세탁기 유통상 결함으로 손해배상책임은 제품 유통 업체에서 부담한다.

해설

사용상 부주의로 결함에 해당하지 않아 제조사가 손해배상책임은 발생하지 않는다.

95 「실화책임에 관한 법률」에 관한 내용으로 틀린 것은?

① 손해배상액의 경감 청구가 있을 경우 화재의 원인을 고려하여 손해배상액을 경감할 수 있다.
② 실화가 중대한 과실로 인한 것이 아닌 경우 그로 인한 손해의 배상의무자는 법원에 손해배상액의 경감을 청구할 수 없다.
③ 실화로 인하여 화재가 발생한 경우 연소(延燒)로 인한 부분에 대한 손해배상청구에 한하여 적용한다.
④ 실화(失火)의 특수성을 고려하여 실화자에게 중대한 과실이 없는 경우 그 손해배상액의 경감(輕減)에 관한 민법 제765조의 특례를 정함을 목적으로 한다.

해설

손해배상액의 경감 청구(법 제3조)
실화가 중대한 과실로 인한 것이 아닌 경우 그로 인한 손해의 배상의무자는 법원에 손해배상액의 경감을 청구할 수 있다.

96 「소방의 화재조사에 관한 법률」상 화재조사를 하는 관계공무원이 화재조사를 수행하면서 알게 된 비밀을 다른 용도로 사용하거나 다른 사람에게 누설한 경우 벌금 기준은?

① 100만원 이하의 벌금
② 200만원 이하의 벌금
③ 300만원 이하의 벌금
④ 500만원 이하의 벌금

해설

화재조사를 수행하면서 알게 된 비밀을 다른 용도로 사용하거나 다른 사람에게 누설한 사람은 300만원 이하의 벌금에 처한다.

97 「민법」상 손해배상청구권의 소멸시효에 관한 사항으로 ( )에 알맞은 기준은?

> 불법행위로 인한 손해배상의 청구권은 피해자나 그 법정대리인이 그 손해 및 가해자를 안 날로부터 ( )년간 이를 행사하지 아니하면 시효로 인하여 소멸한다.

① 1
② 2
③ 3
④ 4

해설
손해배상청구권의 소멸시효(법 제766조)
불법행위로 인한 손해배상의 청구권은 피해자나 그 법정대리인이 그 손해 및 가해자를 안 날로부터 3년간 이를 행사하지 아니하면 시효로 인하여 소멸한다.

98 「소방의 화재조사에 관한 법률」상 소방공무원과 경찰공무원의 협력에 관한 사항으로 ( )에 알맞은 내용은?

> 소방관서장은 방화 또는 실화의 혐의가 있다고 인정되면 지체 없이 ( )에게 그 사실을 알리고 필요한 증거를 수집·보존하는 등 그 범죄수사에 협력하여야 한다.

① 시·도지사
② 관할 구청장
③ 관할 검찰지청
④ 경찰서장

해설
소방공무원과 경찰공무원의 협력 등(법 제12조)
소방관서장은 방화 또는 실화의 혐의가 있다고 인정되면 지체 없이 경찰서장에게 그 사실을 알리고 필요한 증거를 수집·보존하는 등 그 범죄수사에 협력하여야 한다.

99 「화재조사 및 보고규정」상 다음에서 설명하는 용어는?

> 화재와 관계되는 물건의 형상, 구조, 재질, 성분, 성질 등 이와 관련된 모든 현상에 대하여 과학적 방법에 의한 필요한 실험을 행하고 그 결과를 근거로 화재원인을 밝히는 자료를 얻는 것을 말한다.

① 감식
② 조사
③ 감정
④ 동력원

해설
화재조사 및 보고규정상 용어의 정의에서 감정에 해당하는 내용이다.

100 「화재로 인한 재해보상과 보험가입에 관한 법률」상 보험가입에 관한 사항으로 틀린 것은?

① 특수건물의 소유자는 특약부화재보험에 관한 계약을 매년 갱신하여야 한다.
② 손해보험회사는 특약부화재보험 계약의 체결을 거절할 수 있다.
③ 특수건물의 소유자는 특약부화재보험에 부가하여 풍재(風災) 등으로 인한 손해를 담보하는 보험에 가입할 수 있다.
④ 특수건물의 소유권이 변경된 경우 특수건물의 소유자는 그 건물의 소유권을 취득한 날부터 30일 이내에 특약부화재보험에 가입하여야 한다.

해설
손해보험회사는 특약부화재보험과 부가재해보험계약의 체결을 거절하지 못한다.

10 | 1회 기사 기출복원문제

제1과목 화재조사론

01 다음 중 분진폭발의 위험성이 가장 낮은 것은?

① 알루미늄　　② 적 린
③ 황　　　　　④ 생석회

해설
최종산화물 형태는 일반적으로 불연성(비폭발성)이므로 산화칼슘(CaO)은 분진폭발의 위험성이 가장 낮다.

※ 폭발성 분진
- 탄소제품 : 석탄, 목탄, 코크스, 활성탄
- 비료 : 생선가루, 혈분 등
- 식료품 : 전분, 설탕, 밀가루, 분유, 곡분, 건조효모 등
- 금속류 : Al, Mg, Zn, Fe, Ni, Si, Ti, Zr(지르코늄)
- 목질류 : 목분, 콜크분, 리그닌분, 종이가루 등
- 합성약품류 : 염료중간체, 각종 플라스틱, 합성세제, 고무류 등
- 농산가공품류 : 후추가루, 제충분, 담배가루 등
- 분진의 폭발성에 영향을 미치는 인자

02 불기둥에 의해 수직벽면에 형성되는 패턴으로 옳지 않은 것은?

① V 패턴
② 모래시계 패턴
③ 도넛형태 패턴
④ U 패턴

해설
도넛 연소패턴은 수평면 연소패턴이다. 가연성 액체가 웅덩이처럼 고여 있을 경우 발생하는데, 도넛처럼 보이는 주변이나 얕은 곳에서는 화염이 바닥이나 바닥재를 연소시키는 반면에 비교적 깊은 중심부는 가연성 액체가 증발하면서 기화열에 의해 냉각시키는 현상 때문에 발생한다.

03 화재가 나타내는 V 패턴에 대한 설명으로 가장 거리가 먼 것은?

① 불꽃과 대류 또는 복사열에 의해서 생성된다.
② 연소가 진행될 때 수직으로 된 벽면에 나타난다.
③ 패턴이 나타나는 각도가 넓으면 연소속도가 느리다.
④ 발화지점이 아닌 곳에서도 생성될 수 있다.

해설
패턴이 나타내는 각도는 연소속도에 의해 영향을 받지는 않는다.
※ 패턴의 각도는 화염에 대한 제한성이 없는 경우 그 각도는 약 30℃ 정도가 되나 다음과 같은 변수들에 의해 결정된다.
- 연료의 열 방출률과 기하학적 구조
- 환기효과
- 패턴이 나타나는 수직표면의 발화성과 연소성
- 천장, 선반, 테이블 윗면 등과 같이 수평표면을 가로지르는 부분의 존재

04 아마인유, 대두유, 오동유 등의 건성유를 90~100℃에서 5~10시간 공기를 불어 넣으면서 가열하여 색과 점도를 준 것으로 아이오딘가가 145 이상인 보일유에 안료와 전색제 등을 혼합한 착색도료는?

① 락 카
② 페인트
③ 신너(시너)
④ 에나멜

해설

- 페인트 : 아마인유, 대두유, 오동유 등의 건성유를 90~100℃에서 5~10시간 공기를 불어 넣으면서 가열하여 색과 점도를 준 것으로 요오드가가 145 이상인 보일러유에 안료와 전색제 등을 혼합한 착색도료
- 에나멜 : 일명 바니시페인트로 수지바니시, 유성바니시 등과 각종 안료류와 혼합해서 붓도장, 스프레이도장 등에 적용하도록 제조된 도료
- 바니시 : 천연 또는 합성수지를 건성유와 함께 가열·융합시키고 건조제 등을 첨가한 것으로 용제로 희석시킨 유성니스의 총칭
- 락카 : 나이트로셀룰로오스를 주성분으로 하는 도료(질화면도료)로 나이트로셀룰로오스, 수지, 가소제를 배합해서 용제에 녹인 것을 투명락카, 이것에 안료를 혼합해서 유색불투명하게 한 것이 락카에나멜
- 프라이머 : 도장하려는 금속면 등에 최초로 바르는 도막으로 접착성을 좋게 하고 금속재료에 녹 방지 효과를 좋게 하는 도료로 초벌도료라고도 함
- 신너(시너) : 도료를 묽게 해서 점도를 낮추는 데 이용하는 혼합용제로 협의로는 락카신너를 말함 (초산에스터류, 알콜류, 에터류, 아세톤 등)
- 테레빈유 : 소나무과에 속하는 나무줄기에 상처를 내어 침출하는 색소수지를 채취하고 이것을 수증기로 유출시킨 휘발성분으로 증유기 중에 잔유물로써 진을 얻음

05 다음 중 박리 흔(Spalling)이 발생할 수 있는 조건으로 가장 거리가 먼 것은?

① 습기가 적은 노후 건물의 콘크리트
② 철근, 철망과 콘크리트의 열팽창 차
③ 콘크리트 혼합의 정도 차
④ 수열면과 이면부의 온도 차

해설

습기를 머금은 노후 건물의 콘크리트는 박리가 잘 일어난다.

06 화재조사 측면에서의 화재진압 및 구조대원의 역할이라고 볼 수 없는 것은?

① 구조대원은 피해자들의 화상 부위와 정도를 확인하고 이를 화재조사자에게 통보한다.
② 진압을 위하여 출입문을 강제로 개방할 때 다른 강제적 흔적이 발견된다면 이 흔적이 겹쳐지지 않도록 다른 곳을 파괴한다.
③ 잔불정리 과정에서 과도하게 변형시키지 않으며, 변경되었을 경우에는 화재조사자에게 통보한다.
④ 진압 시 자가발전설비가 부착된 기구를 재급유 할 때에는 화재현장에서 신속하게 진행한다.

해설

장비에 연료를 급유해야 할 경우 화재현장 경계 바깥에서만 해야 한다.

07 화재현장 복원 요령으로 가장 옳은 것은?

① 형체가 소실되어 배치가 불가능한 것은 끈이나 로프 또는 대용품을 사용하되 대용품이라는 것이 인식되도록 한다.

② 복원은 현장식별이 가능하지 않는 것도 복원한다.

③ 불확실하지 않아도 예측에 의존하여 복원한다.

④ 관계인은 복원현장에 입회시키지 않는다.

해설

복원방법

• 복원은 발굴된 낙하물이나 도괴된 부분을 화재발생 전 상태로 재구성하는 것이다.
• 화재 특성상 유실물이 많아 100% 복원은 불가능하므로 식별이 확실한 것만 복원시킨다.
• 발굴된 물건의 위치를 명확히 한다.
• 복원에 필요시 동일한 대용재료를 사용하되 대용물임을 표시한다.
• 수직, 수평관통부의 부재인 목재나 알루미늄 등은 타거나 녹아서 남은 것, 기늘어진 것 등을 관찰하여 일치되는 곳을 맞춘다.
• 관계인을 입회시켜 복원상황을 확인한다.

08 점화원에 대한 설명으로 옳은 것은?

① 온도가 높을수록 최소점화에너지는 높아진다.

② 가스와 공기의 혼합비율이 연소하한계에 가까울수록 점화에너지는 작아진다.

③ 가스와 공기의 혼합비율이 연소상한계에 가까울수록 점화에너지는 작아진다.

④ 연소범위 내에 있는 가연성 가스는 정전기 등의 약한 에너지로도 점화될 수 있다.

해설

가연성 가스의 농도가 너무 희박하거나 농후해도 연소는 일어나지 않는데 이것은 가연성 가스의 분자와 산소와의 분자 수가 상대적으로 한쪽이 많으면 유효충돌 횟수가 감소하여 충돌했다 하더라도 충돌에너지가 주위에 흡수·확산되어 연소반응의 진행이 방해되기 때문이며, 연소범위는 온도와 압력이 상승함에 따라 확대되어 위험성이 증가한다.

09 메틸에틸케톤(MEK) 화재의 분류로 적합한 것은?

① A급 화재　　　② B급 화재

③ C급 화재　　　④ D급 화재

해설

② B급 화재 : 유류화재(MEK : 4류 1석유류)
① A급 화재 : 일반화재
③ C급 화재 : 전기화재
④ D급 화재 : 가연성 금속화재

10 화염의 색이 백적색일 때 불꽃의 온도는?

① 350℃ 정도

② 800℃ 정도

③ 1,300℃ 정도

④ 1,500℃ 정도

해설

연소불꽃색	온도(℃)	연소불꽃색	온도(℃)
암적색	700	황적색	1,100
적 색	850	백적색	1,300
휘적색	950	휘백색	1,500 이상

11 목재의 탄화심도 측정 시 유의사항으로 적합하지 않은 것은?

① 게이지로 측정된 깊이 외에 소실된 부분의 깊이를 더하여 비교하여야 한다.

② 탄화되지 않는 곳까지 삽입될 수 있으므로 송곳과 같은 날카로운 측정기구를 사용한다.

③ 측정기구는 목재와 직각으로 삽입하여 측정한다.

④ 탄화된 요철 부위 중 철(凸) 부위를 택하여 측정한다.

해설

주머니칼 등의 끝이 날카로운 기구는 정확한 측정에 부적합하다. 칼의 날카로운 끝은 탄화되지 않은 목재 밑을 자르는 경향이 있다.

12 다음 중 산소공급원의 역할을 하는 물질은?

① 과산화나트륨
② 황 린
③ 칼 륨
④ 디에틸에터

해설

조연성 가스로는 산소, 공기, 제1류 위험물, 제5류 위험물, 제6류 위험물 등이 있다.

13 다음 중 발화온도가 가장 높은 것은?

① 메 탄
② 프로판
③ 이소부탄
④ 노르말헥산

해설

① 메탄 650℃
② 프로판 423℃
③ 이소부탄 365℃
④ 노르말헥산 223℃

14 「화재조사 및 보고규정」에 따른 화재의 유형 구분에서 화재피해금액으로 구분하는 것이 사회관념상 적당하지 않을 경우에 구분으로 옳은 것은?

① 화재피해금액
② 소실된 물건
③ 소방관서장이 협의
④ 발화장소

해설

화재의 유형(제9조)

화재가 복합되어 발생한 경우에는 화재의 구분을 화재피해금액이 큰 것으로 한다. 다만, 화재피해금액으로 구분하는 것이 사회관념상 적당하지 않을 경우에는 발화장소로 화재를 구분한다.

15 다음 화재현장의 특징 중 건축물 방화현장의 특징으로 가장 거리가 먼 것은?

① 화재가 건물의 구조, 가연물 등에 비해 급격히 확산된 경우
② 최초 발화지점에서 유류 등 연료물질을 사용한 흔적이 있는 경우
③ 출입문, 창 등에 강제로 진입한 흔적이 있는 경우
④ 연소기구를 중심으로 연소확대가 진행된 흔적이 있는 경우

해설

건축물 방화현장의 특징
- 발화부가 일반적으로 평상시 화기가 없는 장소로 여러 곳에서 발화된 흔적이 식별될 수 있다.
- 발화부 주변에서 유류성분의 물질이 검출되며, 외부에서 반입한 유류통이 발견되기도 한다.
- 강도와 절도 등이 관련된 방화일 경우에는 출입문, 창문 등이 개방된 상태로 식별되는 경우가 많다.
- 화재보험금을 노린 방화일 경우 다액의 화재보험에 가입되었거나, 여러 보험회사에 중복 가입되었거나, 보험만기가 가까워졌거나, 사업부진 등으로 채무에 시달리고 있거나, 노후 기계의 교체 필요성이 있다.

16 유류화재와 관련된 용어의 설명으로 틀린 것은?

① 인화점 : 외부로부터 에너지를 받아서 착화 가능한 최저온도
② 발화점 : 외부로부터 점화에너지 공급 없이 물질 스스로 착화되는 최저온도
③ 증기밀도 : 공기의 분자량을 가연성 물질의 분자량으로 나눈 값
④ 연소점 : 화염이 꺼지지 않고 지속되는 최저온도

해설

어떤 증기의 "증기밀도"는 같은 온도, 같은 압력하에서 동 부피의 공기의 무게에 비교한 것으로 증기밀도가 1보다 큰 기체는 공기보다 무겁고 1보다 적으면 공기보다 가벼운 것이 된다.

$$증기밀도 = \frac{분자량}{29} (29 : 공기의 평균 분자량)$$

17 「소방의 화재조사에 관한 법률」상 출입·조사 등의 내용으로 옳은 것은?

① 범죄수사와 관련된 증거물인 경우에는 수사기관의 장과 협의하여 수집할 수 없다.

② 소방관서장은 화재가 발생했을 때 그 원인과 화재 또는 소화로 인해 생긴 손해의 조사는 소화활동 후에 실시해야 한다.

③ 실화책임의 경우에 민법 제750조의 규정은 경미한 과실이 있는 경우에 한해서 적용한다.

④ 소방관서장은 방화 또는 실화의 혐의가 있다고 인정되면 지체 없이 경찰서장에게 그 사실을 알리고 필요한 증거를 수집·보존하는 등 그 범죄수사에 협력하여야 한다.

해설

① 범죄수사와 관련된 증거물인 경우에는 수사기관의 장과 협의하여 수집할 수 있다.

② 소방의 화재조사에 관한 법률 상 소방관서장은 화재발생 사실을 알게 된 때에는 지체 없이 화재조사를 하여야 한다.

③ 실화책임의 경우에 민법 제750조의 규정을 적용하는 때는 고의 또는 과실이 있는 경우이다.

18 프로판 50vol%, 메탄 30vol%, 수소 20vol%의 조성으로 혼합된 가연성 연료가 공기 중에 존재한다고 할 때 이 연료가스의 연소하한계(LFL)는 얼마인가?(단, 프로판의 LFL은 2.1vol%, 메탄의 LFL은 5vol%, 수소의 LFL은 4vol%이다)

① 2.27vol%

② 2.87vol%

③ 3.97vol%

④ 4.07vol%

해설

연소범위(연소한계, 폭발범위, 폭발한계)
연소에 필요한 가연성 기체와 공기 또는 산소와의 혼합가스 농도 범위

$$\frac{100}{L} = \frac{V_1}{L_1} + \frac{V_2}{L_2} + \frac{V_3}{L_3} \cdots \text{(르샤틀리에 법칙)}$$

$$\frac{100}{L} = \frac{50}{2.1} + \frac{30}{5} + \frac{20}{4}$$

$$L = \left(\frac{100}{\frac{50}{2.1} + \frac{30}{5} + \frac{20}{4}} \right) = 2.87$$

19 액체 가연물이 연소되면서 발생되는 열에 의해 가열되어 주변으로 튀거나, 액체를 뿌릴 때 바닥면에 액체 방울이 튄 것처럼 연소하는 패턴은?

① 고스트 마크(Ghost Mark)

② 스플래시 패턴(Splash Pattern)

③ 포어 패턴(Pour Pattern)

④ 도넛 패턴(Doughnut Pattern)

해설

스플래시 패턴
가연성 액체가 쏟아지면서 주변으로 튀거나 연소되면서 발생하는 열에 의해 스스로 가열되어 액면에서 끓으면 주변으로 튄 액체가 포어 패턴의 미연소 부분에서 국부적으로 점처럼 연소된 흔적이다. 작은 가연성 액체 방울이기 때문에 바람에 의한 영향을 받기 쉬워 바람 부는 방향으로는 잘 생기지 않으며, 반대 방향으로 비교적 멀리까지 생긴다.

20 소방의 화재조사에 관한 법률에 따른 용어의 뜻에서 "관계인등"에 해당하지 않은 사람은?

① 화재현장을 발견하고 신고한 사람

② 화재를 발생시키거나 화재발생과 관계된 사람

③ 소화활동을 행하거나 인명구조활동(유도대피 포함)에 관계된 사람

④ 화재현장에 있는 사람

해설
정의(법 제2조 제1항 제4호)
"관계인등"이란 화재가 발생한 소방대상물의 소유자·관리자 또는 점유자(이하 "관계인"이라 한다) 및 다음 각 목의 사람을 말한다.
• 화재현장을 발견하고 신고한 사람
• 화재현장을 목격한 사람
• 소화활동을 행하거나 인명구조활동(유도대피 포함)에 관계된 사람
• 화재를 발생시키거나 화재발생과 관계된 사람

제2과목 화재감식론

21 나무에서 공통적으로 나타나는 탄화와 균열의 특성으로 틀린 것은?

① 유염연소가 무염연소보다 타들어가는 것이 깊다.

② 불에 오래도록 강하게 탈수록 탄화의 깊이는 깊다.

③ 탄화모양을 형성하고 있는 패인 골이 깊을수록 소손이 강하다.

④ 탄화모양을 형성하고 있는 패인 골의 폭이 넓을수록 소손이 강하다.

해설
무염연소가 유염연소보다 타들어가는 것이 깊다.

22 항공기 화재에서 가연성 금속화재의 분류(Class)로 옳은 것은?

① Class A　　② Class B

③ Class C　　④ Class D

해설
가연물질의 종류

구 분\n급 수	종 류	표시색상
A급	일반가연물\n(목재·종이·섬유 등)	백 색
B급	유류 및 가스\n(가연성 액체 포함)	황 색
C급	전 기	청 색
D급	금 속	무 색
E급	–	황 색
K급	주방(식용유)	–

23 산화성 고체가 아닌 것은?

① 질산염류　　② 염소산염류

③ 과염소산염류　　④ 질산에스터류

해설
질산에스터류는 제5류 위험물(자기반응성물질)에 해당된다.

24 발화원에 대한 설명으로 틀린 것은?

① 발화원은 가연물의 발화온도에 이르는 높은 열에너지를 가지고 있다.

② 발화원은 대체로 발화지점이나 그 근처에 존재할 수 있다.

③ 발화원은 발화원인을 증명하기 위해 꼭 확인되어야 한다.

④ 발화원은 변경되거나 파괴되지 않은 상태로 존재한다.

해설
발화원은 일반적으로 발화지점 인근에 존재한다. 현장에서 조사관이 감식할 때 형태를 유지한 채로 발견되기도 하고, 화염에 파괴되거나 소방대에 의해 이동된 채로 발견되기도 한다.

25 자동차 엔진이 화전할 때 기관 내부 주요부위의 온도를 나타낸 것 중 옳은 것은?

① 연소실 가스 : 3,900℃
② 연소실의 벽 : 200~260℃
③ 피스톤 헤드 중심 : 150~260℃
④ 배기밸브 헤드 부위 : 290~310℃

해설
자동차 엔진이 회전할 때 기관 내부 주요부위의 온도
• 연소실 가스 : 2,000~2,500℃
• 연소실 벽 : 200~260℃
• 피스톤 헤드 중심 : 290~300℃
• 배기밸브 헤드 부위 : 650~730℃

26 연소가 확대된 연소경로의 방향성을 알기 위한 주요 판단요소가 아닌 것은?

① 연소흔의 형태
② 점화원의 형태
③ 동물 사체의 탄화 정도
④ 백열전구의 변형

해설
점화원의 형태를 화재현장에서 판별하는 것은 어렵다.

27 일반적으로 사용되고 있는 안전밸브의 종류가 옳게 연결된 것은?

① LPG 용기 – 가용전(가용합금식) 안전밸브
② 산화에틸렌 용기 – 파열판식 안전밸브
③ 아르곤 압축가스 용기 – 스프링식 안전밸브
④ 초저온 용기 – 스프링식과 파열판식의 2중 안전밸브

해설
④ 초저온 용기 : 스프링식과 파열판식의 2중 안전밸브
① LPG 용기 : 스프링식 안전밸브
② 염소, 아세틸렌, 산화에틸렌 용기 : 가용전(가용합금식) 안전밸브
③ 산소, 수소, 질소, 아르곤 등의 압축가스 용기 : 파열판식 안전밸브

28 누전에 의한 화재를 입증하기 위한 조건에 해당하지 않는 것은?

① 누전점   ② 접지점
③ 출화점   ④ 인화점

해설
누전화재의 조사 포인트
누전회로(누전점 · 출화점 · 접지점)가 형성되었는가?

29 pH = 3인 수용액의 [H⁺]는 pH = 5인 수용액의 [H⁺]의 몇 배인가?

① 0.01   ② 10
③ 100   ④ 1,000

해설
$pH = -\log[H^+]$
$3 = -\log[H^+]$, $[H^+] = 10^{-3}$
$5 = -\log[H^+]$, $[H^+] = 10^{-5}$
∴ 100배

30 선박화재의 직접적인 발화(發火)원으로 보기 어려운 것은?

① 전기과열   ② 정전기
③ 아 크   ④ 접 지

해설
접지 : 감전 등의 전기사고 예방 목적으로 전기기기와 대지(大地)를 도선으로 연결하여 기기의 전위를 0으로 유지하는 것으로 어스라고도 한다.

31 방화 범죄 특징에 대한 설명 중 틀린 것은?

① 방화는 정신이상, 원한, 보복 등 비정상적인 사고에 의해 발생한다.

② 방화에 사용된 증거물이 전소되고 은닉되는 것이 대부분이기 때문에 방화원인을 규명하는 데 많은 어려움이 있다.

③ 방화는 일반적으로 은폐된 공간에서 이루어지고 순간화재 확산이 빠른 인화성 물질을 사용하는 경우가 많아 피해범위가 크다.

④ 방화는 일반적으로 계절적인 측면에 좌우되고 주기적으로 발생한다.

해설

방화의 특징

· 단독범행이 많고 검거가 어렵다. 예외로 보험사기 방화는 공범에 의한 경우가 많다.

· 주로 인적이 드문 야간이나 심야에 많이 발생하며 조기 발견이 어렵다.

· 착화가 용이한 인화성 물질(휘발유, 석유류, 시너 등)을 방화수단촉진제로 사용한다.

· 피해범위가 넓고 인명을 대상으로 한 범죄가 많다.

· 계절이나 주기와 상관없이 발생한다.

· 음주를 하거나 약물복용을 한 후 비이성적 상태에서 실행에 옮기는 경향이 늘고 있다.

· 현장에서 발견된 용의자들은 극도의 흥분과 자제력을 상실한 상태로 폭력성을 보인다.

· 계획적이기보다는 우발적으로 발생하는 경우가 높다.

· 여성에 비해 남성이 실행하는 빈도가 상대적으로 높다.

· 옥내외 구분없이 발생하고 있으나 주택 및 차량에서 발생하는 비율이 가장 높고 개방된 건물계단과 방치된 쓰레기더미, 주택가 골목 등 남의 시선이 닿지 않는 곳에서 발생한다.

· 방화는 일반 화재사고에 은폐되어 초기대응과 지속적 대응이 어렵고 소화활동상 특수성으로 증거수집이 어렵다.

※ 최근 5년간(2007~2011년) 월별 방화발생현황
(국가화재정보시스템 인천소방본부 분석자료)

5년간	'07~11	백분율
계	15,625	100
1월	1,400	9.0
2월	1,495	9.6
3월	1,535	9.8
4월	1,500	9.6
5월	1,434	9.2
6월	1,208	7.7
7월	978	6.3
8월	970	6.2
9월	1,060	6.8
10월	1,256	8.0
11월	1,404	9.0
12월	1,385	8.9

32 방화의 일반적인 판단요소로 가장 거리가 먼 것은?

① 화상피해자의 유무

② 무단침입과 출입흔적

③ 범죄흔적

④ 이상(異常)연소현상

해설

방화판단 시 착안사항

· 무단침입과 출입흔적 : 출입문, 창문 등은 방화행위자가 무단으로 침입하고 도망가기 바빠 시간장치를 단속할 시간적 여유가 없기 때문에 개방된 상태로 식별되는 경우가 많다.

· 범죄흔적 : 화재보험금을 노린 방화일 경우 고액의 화재보험에 가입되었거나, 여러 보험회사에 중복 가입되었거나, 보험만기가 가까워졌거나, 사업부진 등으로 채무에 시달리고 있거나, 노후 기계의 교체 필요성이 있다.

· 이상(異常)연소현상 : 발화부가 일반적으로 평상시 화기가 없는 장소로 여러 곳에서 발화된 흔적이 식별될 수 있다.

33 인화성 기체(고압가스)의 폭발사고 조사 시 용기의 색은 기체 종류 파악에 중요하다. 기체의 종류에 따른 용기의 색이 옳게 연결된 것은?

① 수소 - 주황색
② 아세틸렌 - 녹색
③ 액화암모니아 - 회색
④ LPG - 백색

해설

가스용기의 색상

아세틸렌	수소	암모니아	염소	LPG 등 기타	탄산가스	산소
황색	주황색	백색	갈색	회색 (쥐색)	청색	녹색

암기신공) 황새가 소주를 마시면서 백암산을 바라보니 갈색염소가 보이고 쥐들이 기타를 치니 청산유수구나. 숲에서 산소가 많이 생산되므로 녹색 숲 생각하면 산소 연상되죠?

34 정전기를 방지하기 위한 대책으로 틀린 것은?

① 땅속으로 정전기를 흘려보내는 접지 조치
② 공기 중의 상대습도를 70% 이상으로 유지
③ 비전도성 물질에 탄소, 금속분 등의 대전 방지제를 첨가
④ 위험물 등이 배관 내를 흐를 때 빠른 유속 유지

해설

위험물 등이 배관 내를 흐를 때 유속을 일정하게 유지 그 예로는 이동탱크저장소 주입설비의 토출량 200L/분으로 제한하고 있으며, 주유기 펌프기기는 주유관 선단에서의 최대토출량이 제1석유류의 경우에는 분당 50L 이하, 경유의 경우에는 분당 180L 이하, 등유의 경우에는 분당 80L 이하인 것으로 할 것을 규정한다.

35 자동차 점화장치의 전류 흐름 순서는?

① 점화스위치 → 배터리 → 시동모터 → 점화코일 → 배전기 → 고압케이블 → 스파크플러그
② 점화스위치 → 점화코일 → 시동모터 → 배터리 → 배전기 → 고압케이블 → 스파크플러그
③ 점화스위치 → 스파크플러그 → 점화코일 → 시동모터 → 배터리 → 배전기 → 고압케이블
④ 점화스위치 → 스파크플러그 → 배터리 → 시동모터 → 점화코일 → 배전기 → 고압케이블

해설

자동차 점화장치의 전류 흐름 순서는 점화스위치 → 배터리 → 시동모터 → 점화코일 → 배전기 → 고압케이블 → 스파크플러그 순으로 작동한다.

36 액화천연가스(LNG)와 액화석유가스(LPG)를 비교한 것으로 틀린 것은?

① LNG의 주성분은 메탄(CH_4)이고, LPG의 주성분은 프로판(C_3H_8)과 부탄(C_4H_{10})이다.
② LNG의 연소속도는 느리고, LPG의 연소속도는 빠르다.
③ LNG는 공기보다 가볍고, LPG는 공기보다 무겁다.
④ 액체에서 기체로의 체적변화는 LNG가 LPG보다 크게 팽창한다.

33 ① 34 ④ 35 ① 36 ② **정답**

LNG (메탄이 주성분)	LPG (프로판, 부탄이 주성분)
• 기상의 가스로서 연료 외 냉동시설에 사용 • 비점이 약 −162℃이고 무색투명한 액체 • 비점 이하 저온에서는 단열 용기에 저장 • 액화천연가스로부터 기화한 가스는 무색무취 • 공기보다 가볍다(비중 : 약 0.625). • 누출 시 냄새를 위해 부취제 첨가 • 액화하면 부피가 작아진다(1/600).	• 기화 및 액화가 쉽다. • 공기보다 무겁고 물보다 가볍다. • 연소 시 다량의 공기가 필요하다. • 발열량 및 청정성이 우수하다. • 고무, 페인트, 테이프, 천연고무를 녹인다. • 무색무취 → 부취제 첨가 • 액화하면 부피가 작아진다(1/250).

37 담뱃불 발화 메커니즘에 대한 설명으로 옳은 것은?

① 훈소가 지속될 수 있는 가연물과 접촉 → 훈소 → 착염 → 출화의 과정을 겪는다.

② 담뱃불의 연소 선단에서의 온도는 100~200℃ 정도이다.

③ 담뱃불의 연소성은 풍속 0.5m/s에서 최적조건이고, 1m/s 이상이면 꺼지기 쉬우며 산소농도 16% 이하에서 연소하지 않는다.

④ 담뱃불의 연소시간은 레귤러 사이즈(84mm)의 경우 1개비는 수평 18~19분, 수직 16~17분 정도가 소요된다.

담뱃불 발화 메커니즘
• 무염연소 → 열축적 → 발화온도 도달 → 유염발화
• 담뱃불의 온도
  − 적열상태에서 중심부 연소 최고온도 : 850~900℃
  − 표면 온도 : 200~300℃
  − 중심부 온도 : 700~800℃
  − 연소선단 온도 : 560~600℃
  − 흡인 시 온도 : 840~850℃

• 연소성 : 풍속 최적조건 1.5m/sec, 3m/sec 이상, 산소 16% 이하이면 꺼지기 쉽다.
• 연소시간(1개비) : 수평 13~14분, 수직 11~12분

38 산불진화 시 열 스트레스 손상으로 가장 거리가 먼 것은?

① 열경련 ② 탈수 피로

③ 열발작 ④ 혼수상태

화재현장에서 진압대원의 신체적 위험성은 열경련, 일사병, 열사병이다.
• 발생원인
  − 열경련(Heat Cramps) : 과다한 땀의 배출로 전해질이 고갈되어 발생하는 근육의 경련
  − 일사병(Heat Exaustion) : 강한 햇볕에 장기간 노출됨으로써 혈액의 저류와 체액, 전해질이 땀으로 과다 배출되어 발생
  − 열사병(Heat Stroke) : 직접 태양에 노출 또는 뜨거운 차 안 등에서 강한 열에 장기간 노출됨으로써 발생하며 노인, 소아, 만성질환자에게 특히 위험
• 증 상

상 태	열경련	일사병	열사병
근육경련	나타남	없 음	없 음
호 흡	다양함	빠르고 얕음	깊은 호흡 → 얕은 호흡
맥 박	다양함	약 함	빠 름
몸의 상태	약 함	약 함	약 함
피 부	다습 따뜻함	차갑고 축축함	뜨겁고 건조함
땀의 분비	과다분비	과다분비	소량 또는 없음
의식상실	없 음	가 끔	자 주

39 다음 중 우리나라 임야화재의 발생건수가 가장 많은 계절은?

① 봄

② 여 름

③ 가 을

④ 겨 울

> **해설**
> 우리나라 임야화재는 주로 건조한 봄철에 많이 발생한다.

40 폭발현장에서 수집한 배경 정보를 바탕으로 폭발 전 및 폭발 시 사고 경위를 표로 만든 후 인과관계 이론과 일치하는지 아닌지를 추론한 후 "최적이론"을 설정하는 분석을 무엇이라 하는가?

① 손상패턴 분석

② 구조물 분석

③ 열효과 상관분석

④ 타임라인 분석

> **해설**
> 타임라인
> 사건을 각 순서에 맞게 배열하고 시간의 흐름에 맞게 배열하는 작업으로 화재발생시간, 신고시간, 주요조치시간 등 타임라인을 구성하면 화재발생시간, 행위를 통하여 화재원인을 추정할 수 있게 된다.

41 사진이나 비디오 등 영상물의 증거능력을 인정할 수 있는 권한이 있는 자로 옳은 것은?

① 변호사

② 법 관

③ 검 사

④ 경 찰

> **해설**
> 자유심증주의란 증거의 증명력에 관한 일체의 법률적 제한을 무시하고, 전적으로 법관의 판단에 일임함을 말한다.

42 다음은 어떤 증거에 대한 설명인가?

> "자신이 꼭 직접 인지한 사실이 아니라 다른 사람이 말한 것에 대한 증거로서 다른 사람의 신뢰성에 의존하는 것이다"

① 기초증거

② 유도증거

③ 전문증거

④ 유죄증거

> **해설**
> 전문증거란 피해자의 법정진술이 아닌 진술조서나 다른 사람의 증언을 말하며 우리나라에서는 반대신문권의 침해, 직접주의를 들어 전문증거의 증거능력을 제한하고 있다.

43 액체증거물 수집에 대한 설명으로 틀린 것은?

① 액체 탄화수소물의 밀봉을 위해서 고무로 만들어진 링이나 용기 혹은 고무마개를 지니고 있는 병을 사용하여야 한다.

② 적은 양의 액체는 피펫 혹은 깨끗한 흡수섬유, 거즈 혹은 탈지면에 흡수시키고 적절한 밀폐용기에 그것을 밀봉할 수 있다.

③ 의심스러운 가연성 액체가 콘크리트에서 발견된다면 습식 브러시로 쓸어 담거나 흡수성 재질을 펼쳐 흡수시킨다.

④ 흡수제는 별도의 캔에 밀봉되어 보관되어야 한다.

해설

코르크마개, 고무(클로로프렌 고무는 제외), 마분지, 합성 코르크마개 또는 플라스틱 물질(PTFE는 제외)은 시료와 직접 접촉되어서는 안 된다. 따라서 고무재질의 마개나 링은 액체 탄화수소물에 용해되기 때문에 사용하면 안 된다.

44 화재현장에서 채취한 증거물의 감정기관 이송시 우편법상의 금지물품이 아닌 것은?

① 흙과 모래 등이 섞인 물질

② 폭발성 물질

③ 발화성 물질

④ 인화성 물질

해설

우편법 제17조 제1항(우편금지물품, 우편물의 용적·중량 및 포장 등)
과학기술정보통신부장관은 건전한 사회질서를 해치거나 우편물의 안전한 송달을 해치는 물건(음란물, 폭발물, 총기·도검, 마약류 및 독극물 등으로서 우편으로 취급하는 것이 부적절하다고 인정되는 물건을 말한다)을 정하여 고시하여야 한다.

※ 우편금지물품의 내용에 관한 고시
- 폭발성 물질
- 발화 및 가연성 물질
- 인화성 물질
- 유독성 물질
- 강산류 및 강산화성 물질
- 독약류 및 병균류
- 방사성 물질
- 공안방해와 그 밖의 위험성 물질

45 다음 중 화재조사자가 작성해야 하는 서류가 아닌 것은?

① 화재발생종합보고서

② 방화·방화의심 조사서

③ 재산피해신고서

④ 소방시설등 활용조사서

해설

재산피해신고서는 화재피해 관계자가 작성하는 서류이다.

46 화재현장에서 역광촬영을 하고자 한다. 다음 중 카메라 측광방식으로 가장 적절한 것은?

① 스팟측광   ② 중앙부중점측광

③ 평균측광   ④ 다분할측광

해설

① 스팟측광 : 특정한 좁은 영역을 측광하는 방법(전체화면의 2% 영역)으로 자신이 측광한 부분을 가장 잘보이게 표현할 수 있다.

② 중앙부중점측광 : 가장 오래된 측광방식으로서 보통 주피사체를 중앙에다 놓은 것으로 생각하여 중앙을 중점으로 노출을 좁혀 측정하는 방식이다.

③ 평균측광 : 분할측광방식이라고도 하며 화면 전체를 평균적으로 측광하는 방식으로, 화면을 여러 개로 분할하여 각 영역의 밝고 어두움의 차이를 계산하여 그 평균을 18%의 노출을 갖게 측정하는 방식이다.

④ 다분할측광 : 여러 부분으로 분할된 화면 내의 영역을 각각 개별적으로 측광해서, 이를 평균값으로 산출하여 정확한 노출을 얻어내는 방식이다.

47 화재현장에서 진압대원의 역할과 책임에 관한 설명으로 옳지 않은 것은?

① 소화활동 시 화재조사를 고려하여 불필요한 파괴작업을 지양한다.
② 증거물을 발견하였을 경우 현장지휘자에게 보고하여야 한다.
③ 직사주수로 방수할 경우 최대한 발화지점을 훼손하지 않도록 주의하여야 한다.
④ 화재진압대원은 신속 정확한 진압이 우선이므로 현장보존은 생각할 필요가 없다.

> **해설**
> ① 소화활동 시 화재조사를 염두하여 천장, 벽, 가구 등 불필요한 파괴작업을 지양한다.
> ② 증거물을 발견한 사람은 즉시 현장지휘자에게 통보해야 한다.
> ③ 화재진압대원은 직사주수로 방수할 경우에는 주의를 요한다.

48 용융점이 높은 것에서 낮은 순서로 옳게 나열된 것은?

① 스테인리스 – 텅스텐 – 아연 – 마그네슘 – 동
② 텅스텐 – 스테인리스 – 동 – 마그네슘 – 아연
③ 텅스텐 – 스테인리스 – 마그네슘 – 동 – 아연
④ 스테인리스 – 텅스텐 – 동 – 아연 – 마그네슘

> **해설**
>
> | 금속명 | 용융점(℃) | 금속명 | 용융점(℃) |
> |---|---|---|---|
> | 아 연 | 419.5 | 텅스텐 | 3,400 |
> | 알루미늄 | 659.8 | 티 탄 | 1,800 |
> | 금 | 1,063 | 철 | 1,530 |
> | 은 | 960.5 | 동 | 1,083 |
> | 황 동 | 900~1,000 | 납 | 327.4 |
> | 스테인리스 | 1,520 | 니 켈 | 1,455 |
> | 수 은 | 38.8 | 마그네슘 | 650 |
> | 주 석 | 231.9 | 몰리브덴 | 2,620 |

49 화재현장을 촬영하는 위치에 대한 설명으로 옳은 것은?

① 피사체가 냉장고일 경우 전후좌우의 4면을 각각 촬영한다.
② 촬영방향은 발화부로 추정되는 곳의 앞면을 집중적으로 촬영한다.
③ 카메라는 가능하면 수직으로 촬영한다.
④ 촬영된 사진은 화재조사자를 위한 자료이므로 촬영은 조사자의 재량에 달려있다.

> **해설**
> 화재현장 촬영위치
> • 발화지점을 촬영할 때에는 연소방향성과 소실도 상황을 명확히 알 수 있도록 넓은 화각의 렌즈를 사용하여 선명하게 촬영해야 되며, 특히 주변 상황을 같이 촬영해 준다.
> • 피사체를 알 수 있도록 다양하게 촬영하고, 내부사진은 4방향에서 촬영하고 기준점을 표시한다.
> • 촬영된 사진은 화재조사자를 위한 자료이므로 촬영을 반드시 하여야 한다.

50 화재현장에서 화재조사자들이 증거물 관련 부분을 직접 인지해야 하는 부분이 아닌 것은?

① 화재현장에서 어떻게 다른 물질이 불과 반응했는지 여부
② 화재의 유형, 화재의 원인
③ 최초 발화지점의 특징, 구조물 내에서 불이 어떻게 진행했는지 여부
④ 화재진압 후 구조물의 안전 여부

> **해설**
> 화재현장에서 어떻게 다른 물질이 불과 반응했는지 여부, 최초 발화지점, 구조물 내에서 불이 어떻게 진행했는지 여부의 증거물은 화재조사관이 판단해야 할 부분이고, 화재진압 후 구조물의 안전 여부는 안전한 조사를 위한 파악항목이지 증거물과는 관련이 적다고 볼 수 있다.

51 사후강직이란 사망 후 몸이 경직되는 것이다. 경직이 남아 있는 최대 시간은?

① 5~7일
② 2~3일
③ 12시간~1일
④ 2~6시간

사후 12시간을 전후해서 최고에 달하고 1~2일 이 상태가 이어져 발현순서에 따라서 완화(緩和)되고, 2~7일에 완전히 풀린다. 경직은 여름에는 1~2일, 겨울에는 3~4일이면 완화된다.

52 화재현장 사진 및 비디오 촬영에 대한 설명으로 가장 옳은 것은?

① 화재현장은 화재조사자의 경험과 노하우에 의존하여 촬영한다.
② 명백한 증거물에는 번호표 등의 표식을 생략하고 촬영한다.
③ 최초로 도착하였을 때의 원상태를 그대로 촬영한다.
④ 현장이 어느 정도 정리된 후에 촬영한다.

화재감식현장 촬영 시 유의사항(화재증거물수집관리규칙 제9조)
• 최초 도착하였을 때의 원상태를 그대로 촬영하고, 화재조사의 진행순서에 따라 촬영
• 증거물을 촬영할 때는 그 소재와 상태가 명백히 나타나도록 하며, 필요에 따라 구분이 용이하게 번호표 등을 넣어 촬영
• 화재현장의 특정한 증거물 등을 촬영함에 있어서는 그 길이, 폭 등을 명백히 하기 위하여 측정용 자 또는 대조도구를 사용하여 촬영
• 현장사진 및 비디오 촬영 시에는 연소확대 경로 및 증거물 기록에 대한 번호표와 화살표를 표시 후에 촬영
• 화재상황을 추정할 수 있는 다음의 대상물의 형상은 면밀히 관찰 후 자세히 촬영
  – 사람, 물건, 장소에 부착되어 있는 연소흔적 및 혈흔
  – 화재와 연관성이 크다고 판단되는 증거물, 피해물품, 유류

53 화재현장을 촬영 시 주요 촬영대상에 대한 설명으로 틀린 것은?

① 소방용 설비의 사용 및 작동상황
② 화재현장에 도착한 소방차 배치상황
③ 발화원으로 추정된 감식 및 감정대상물
④ 화재로 인한 사망자의 위치

촬영대상물
• 화재건물, 인접도로, 도로와의 관계가 나타나도록 높은 곳에서 촬영한 현장의 전경
• 현장이 겹쳐지도록 다각도로 대상물을 촬영
  – 제3자가 보아도 현장상황을 이해할 수 있도록 각 건물, 방 등 촬영
  – 각 건물, 방, 개체와 어떤 장소·물건의 소손·전도·도괴·낙하 등의 진행과정
• 발화원(發火源)일 가능성이 있는 발화기기와 물건의 감식·감정 사실
• 출화영역 부근 및 복원후의 소실장면
• 연소확대 경로를 묘사한 화재부위, 장소
• 소화설비 제어반, 스프링클러헤드 개방 등 소방시설 등의 작동상황
• 사망자가 있는 경우 외상, 혈흔 등 사체의 상황
• 화재와 연관성이 크다고 판단되는 단락흔 등 정밀한 확대 촬영이 필요한 대상물
• 기타 증거물, 피해물품, 유류 등

54 타임라인과 마인드매핑에 대한 설명으로 틀린 것은?

① 상대적 시간은 추정을 근거로 한다.
② 타임라인은 증거와 정보의 조합이고 마인드매핑은 사건이 일어난 시간의 재구성이다.
③ 타임라인의 정확성은 가설의 신뢰도를 높여준다.
④ 마인드매핑은 수집된 정보를 바탕으로 객관적 사실을 조합하는 과정이다.

타임라인은 사건이 일어난 시간의 조합이고 마인드매핑은 증거와 정보의 재구성이다.

55 화재현장에서 관계인의 진술 및 증거확보에 관한 설명으로 옳지 않은 것은?

① 증거물 특성상 수집이나 보관이 어려워 중요한 단서가 유실되거나 변질 또는 파손되더라도 법적 증거로서의 가치로 인정받는 데는 문제가 없다.

② 일반 증거물도 수열된 상태로 부식, 파손, 변질되기 쉬우므로 가능한 한 수거 즉시 정밀 감정을 실시하는 것이 원칙인데 현실적으로 소화직후부터 사진 및 동영상으로 촬영한 자료를 통해 증거능력을 인정받는 추세이다.

③ 화재감식에서 수거된 물증이 증거능력을 가지기 위해서는 확보 수집단계부터 사건종료까지 보관·관리가 적절하여야 한다.

④ 증거자료의 수거 및 봉인은 공개적으로 관계자의 입회하에 사진기록과 함께 실시하며, 보관·이송 등의 과정을 명확하게 한다.

해설
유실되거나 변질 또는 파손되면 법적 증거로서의 가치로 인정받을 수 없다.

56 훈소발화가 가능한 물질에 해당하는 것은?

① 스티로폼
② 플라스틱
③ 종 이
④ 나일론 섬유

해설
훈소발화 할 수 있는 물질로 종이가 대표적 가연물이다. 스티로폼, 플라스틱, 나일론 섬유 등은 훈소가 어렵다.

57 화재현장을 보존하기 위한 방법으로 옳지 않은 것은?

① 소방(경찰)공무원을 배치하여 일정영역에 접근하지 못하도록 한다.
② 경고테이프 등을 이용하여 조사 중임을 표시한다.
③ 소방활동구역으로 설정하여 출입을 통제한다.
④ 소방활동구역을 설정할 경우 범위는 최대한 넓게 설정하여야 한다.

해설
소방활동구역의 설정은 필요한 최소의 범위로 한다.

58 화재현장 및 물리적 증거물의 보존에 대한 책임이 있는 자가 아닌 것은?

① 화재조사자
② 소방관
③ 제조사 직원
④ 경찰관

해설
화재현장에서 물적 증거물의 보존 책임은 단독으로 화재조사자가 전적으로 지는 것은 아니지만 소방관이나 경찰이 도착하는 순간부터 그 책임은 시작되는 것이다. 제조사 직원은 보존책임과 관련이 없다.

55 ① 56 ③ 57 ④ 58 ③ **정답**

59 타임라인에서 상대적 시간에 포함되는 것은?

① 알람의 설정과 작동시간
② 목격자에 의해서 발견된 시간
③ 완전소화시간
④ 목격된 지속시간

해설

타임라인의 구성
• 타임라인의 연결은 절대적 시간과 상대적 시간을 모두 포함한다.
  – 절대적 시간 : 사건이 일어난 시점이 확인된 시간으로 목격자에 의해 발견된 시간, 신고시간, 소방대 도착시간, 완전진화시간 등
  – 상대적 시간 : 어림잡은 시간이나 알려진 화재이동을 통해 분석한 공학적 시간 등으로 초기소화에서 완전진화까지 약 10분 소요
• 전체적인 사건을 시간순으로 배열하고 알 수 있는 절대시간을 근거로 각 사건의 발생시간을 추론

60 어떤 물체 내부의 실체를 전혀 알 수 없거나 감정물건의 내부를 확인할 때 사용되는 기기는?

① 광학카메라
② 비파괴촬영기
③ 디지털카메라
④ 비디오카메라

해설

비파괴촬영기
• 합성수지로 피복된 물건 내부 및 화재열로 용융으로 엉겨 붙은 플라스틱 등의 단단한 덩어리 속에 묻혀 있는 경우 사용한다.
• 어떤 물체 내부의 실체를 전혀 알 수 없거나 감정물건의 내부를 확인할 목적으로 사용한다.
• 실체의 손상 우려가 있어 분해하기 전에 그 속에 묻혀 있는 것의 실체·상태·모양을 판별하거나 촬영본으로 남기고자 할 때 내시경·고전압 및 X-ray 투시촬영기를 사용한다.

제4과목 화재조사보고 및 피해평가

61 「화재조사 및 보고규정」상 건축·구조물화재 중 반소의 소실 범위는?

① 건물의 20% 이상 50% 미만
② 건물의 20% 이상 70% 미만
③ 건물의 30% 이상 50% 미만
④ 건물의 30% 이상 70% 미만

해설

화재의 소실정도(화재조사 및 보고규정 제16조)
건축·구조물 화재의 소실정도는 다음 3종류로 구분하며 자동차·철도차량, 선박 및 항공기 등의 소실정도도 이 규정을 준용한다.
• 전소 : 건물의 70% 이상(입체면적에 대한 비율)이 소실되었거나 또는 그 미만이라도 잔존 부분을 보수하여도 재사용이 불가능한 것
• 반소 : 건물의 30% 이상 70% 미만이 소실된 것
• 부분소 : 전소, 반소화재에 해당되지 아니하는 것

62 화재현장조사서 도면 작성방법 중 옳지 않은 것은?

① 도면은 원칙적으로 지도와 같은 형태로 북쪽을 위로 작성한다.
② 정확한 축척으로 꼭 작성해야 할 필요는 없다.
③ 제도기호 등의 표준화된 기호로 작성하는 것이 기본이며 필요에 따라 문자도 삽입한다.
④ 도면은 이해하기 쉽도록 작성하여야 한다.

해설

② 축척을 무시하고 기재한 도면은 자료로서의 가치성이 적으므로 현장조사에 기초하여 정확한 축척으로 작성하여야 한다.

63 화재증명원 발급의 내용으로 옳은 것은?

① 재산피해내역 중 피해금액은 기재한다.

② 화재증명원 발급신청을 받은 소방관서장은 발화장소 관할 지역과 관계없는 곳은 화재증명원을 발급할 수 없다.

③ 사후조사를 할 경우 발화장소 및 발화지점의 현장이 보존되어 있지 않아도 일단 조사를 한다.

④ 소방관서장은 화재피해자로부터 소방대가 출동하지 아니한 화재장소의 화재증명원 발급신청이 있는 경우 조사관으로 하여금 사후 조사를 실시하게 할 수 있다.

> **해설**
> ④ 서장은 화재피해자로부터 소방대가 출동하지 아니한 화재장소의 화재증명원 발급요청이 있는 경우 조사관 또는 조사자로 하여금 사후조사를 실시하게 할 수 있다.
> ① 재산피해내역 중 피해금액은 기재하지 아니하며 피해물건만 종류별로 구분하여 기재한다.
> ② 화재증명원 발급신청을 받은 소방관서장은 발화장소 관할 지역과 관계없이 발화장소 관할 소방서로부터 화재사실을 확인받아 화재증명원을 발급할 수 있다.
> ③ 화재 사후조사 의뢰서의 내용에 따라 발화장소 및 발화지점의 현장이 보존되어 있는 경우에만 조사를 실시한다.

64 화재피해액 산정기준에서의 화재피해액 산정대상인 것은?

① 인적손해

② 영업이익

③ 특허권

④ 애완동물

> **해설**
> 화재피해액 산정기준에서의 산정대상인 것은 건물, 가재도구, 집기비품, 공구 및 기구, 영업시설, 구축물, 부대설비, 차량, 동물, 식물 등이다. 영업이익이나 영업손실 등 무형의 피해는 재산피해의 범위에 해당하지 않는다.

65 화재조사서류 작성상의 유의사항으로 옳지 않은 것은?

① 원칙적으로 평이하고 알기 쉬운 문장으로 작성토록 노력한다.

② 오자, 탈자 등이 없도록 관자 하나라도 가볍게 보아서는 안 된다.

③ 필요한 서류가 첨부되어야 한다.

④ 화재유형별 조사서류는 유형에 관계없이 동일 양식에 기재하여야 한다.

> **해설**
> 화재조사서류 양식 및 작성목적의 이해
> 화재 1건을 처리하는 데는 많은 조사서류가 작성되며 조사서류의 양식은 작성목적에 맞게 각각 다르게 되어 있다.

66 가재도구 개별품목별로 화재피해액을 산정하는 공식으로 옳은 것은?

① 「재구입비 × [1 − (0.8 × 경과연수/내용연수)] × 손해율」

② 「m²당 표준단가 × 소실면적 × [1 − (0.9 ×경과연수/내용연수)] × 손해율」

③ 「소실단위의 원시건축비 × 물가상승률 × [1 − (0.9 × 경과연수/내용연수)] × 손해율」

④ 「건물신축단가 × 소실면적 × 설비종류별 재설비 비율 × [1 − (0.8 × 경과연수/내용연수)] × 손해율」

> **해설**
> 「(주택종류별 · 상태별 기준액 × 가중치) + (주택면적별 기준액 × 가중치) + (거주인원별 기준액 × 가중치) + (주택가격(m²당)별 기준액 × 가중치)」의 공식에 의한다. 다만, 실질적 · 구체적 방법에 의해 피해액을 가재도구 개별품목별로 산정하는 경우에는 「재구입비 × [1 − (0.8 × 경과연수/내용연수)] × 손해율」의 공식에 의하되, 가재도구의 항목별 기준액 및 가중치는 매뉴얼이 정하는 바에 의하며, 실질적 · 구체적 방법에 의한 재구입비는 물가정보지의 가격에 의한다.

67 「화재조사 및 보고규정」에 따른 화재조사서류(사진 포함)를 문서로 기록하고 전자기록 등의 보존방법에 따라 보존해야할 기간은?

① 영구보존　　② 10년
③ 5년　　　　④ 2년

> **해설**
> 조사보고(제22조 제6항)
> 소방본부장 및 소방서장은 조사결과 서류를 국가화재정보시스템에 입력·관리해야 하며 영구보존방법에 따라 보존해야 한다.

68 「화재조사 및 보고규정」에 따른 화재의 범위가 둘 이상 관할구역에 걸친 화재의 경우 화재건수 결정기준으로 옳은 것은?

① 선착대가 소속된 소방서에서 1건의 화재로 한다.
② 발화지점이 속한 소방서에서 1건의 화재로 산정한다.
③ 2개의 소방서에서 각각 1건의 화재로 한다.
④ 화재피해범위가 가장 넓은 소방서에서 1건의 화재로 한다.

> **해설**
> 관할구역이 2개소 이상 걸친 화재(화재조사 및 보고규정 제10조)
> 발화지점이 한 곳인 화재현장이 둘 이상의 관할구역에 걸친 화재는 발화지점이 속한 소방서에서 1건의 화재로 산정한다. 다만, 발화지점 확인이 어려운 경우에는 화재피해금액이 큰 관할구역 소방서의 화재건수로 산정한다.

69 화재현장에서 부상을 당한 후 몇 시간 이내에 사망하는 경우 화재로 인한 사망자로 구분하는가?

① 24시간　　② 48시간
③ 72시간　　④ 96시간

> **해설**
> 화재현장에서 부상을 당한 후 72시간 이내에 사망한 경우는 해당 화재로 인한 사망으로 본다.

70 화재현황조사서에 기입해야 할 항목이 아닌 것은?

① 연소확대 사유
② 발화관련 기기
③ 방화동기
④ 보험가입 사항

> **해설**
> 방화동기는 '방화·방화의심조사서'의 기입항목이다.

71 「화재조사 및 보고규정」에 따른 건물의 소실면적 산정 시 "면적"이 뜻하는 것은?

① 바닥면적
② 입체면적
③ 연면적
④ 천장과 벽면적

> **해설**
> 건물의 소실면적 산정은 소실 바닥면적으로 한다.

72 「화재조사 및 보고규정」상 화재합동조사단의 운영 및 종료에 관한 내용으로 옳지 않은 것은?

① 소방관서장은 소방기본법 시행규칙 제3조 제2항 제1호에 해당하는 화재에 대하여 화재합동조사단을 구성하여 운영할 수 있다.

② 소방관서장은 단장 1명과 단원 5명 이상을 화재합동조사단원으로 임명하거나 위촉할 수 있다.

③ 소방관서장은 화재합동조사단의 조사가 완료되었거나, 계속 유지할 필요가 없는 경우 업무를 종료하고 해산시킬 수 있다.

④ 화재합동조사단원은 화재현장 지휘자 및 조사관, 출동 소방대원과 협력하여 조사와 관련된 정보를 수집할 수 있다.

> **해설**
> 사상자가 20명 이상이거나 2개 시·군·구 이상에 발생한 화재의 경우 화재합동조사단을 소방본부장이 구성하여 운영하는 것을 원칙으로 한다.

73 화재발생종합보고서 작성요령으로 틀린 것은?

① 발화지점, 발화열원, 최초 착화물 등 발화원인을 조사하여 기재한다.

② 화재의 연소경로 및 확대요인 등 연소상황을 조사하여 기재한다.

③ 소방시설은 화재발생층의 시설에 한하여 조사하고 이를 기재한다.

④ 피난경로, 피난상의 장애요인 등 피난상황을 조사하여 기재한다.

> **해설**
> 화재발생층이 아닌 화재발생 건물 전체의 소방시설 등의 사용 또는 작동 상황을 조사하여 기재한다.

74 화재현장조사서 작성 시 화재원인 검토와 관련된 내용 중 필수 검토항목이 아닌 것은?

① 방화 가능성
② 전기적 요인
③ 인적 부주의
④ 관련 조치사항

> **해설**
> 화재원인 검토
> • 방화 가능성(연소상황, 원인추적 등에 관한 사진, 설명)
> • 전기적 요인
> • 기계적 요인
> • 가스누출
> • 인적 부주의 등
> • 연소확대 사유

75 소실 정도에 대한 설명으로 옳은 것은?

① 국소란 건물의 50% 이상 70% 미만이 소실된 것을 말한다.

② 부분소란 전소, 반소화재에 해당되지 아니하는 것을 말한다.

③ 건축·구조물화재의 소실 정도는 전소, 반소, 부분소, 즉소 4종류로 구분한다.

④ 전소란 건물의 70% 이상(바닥면적에 대한 비율을 말한다)이 소실되었거나 또는 그 미만이라도 잔존 부분을 보수하여도 재사용이 불가능한 것을 말한다.

> **해설**
> 화재의 소실 정도
> • 전소 : 건물의 70% 이상이 소실되었거나 또는 그 미만이라도 잔존 부분을 보수하여도 재사용이 불가능한 것
> • 반소 : 건물의 30% 이상 70% 미만이 소실된 것
> • 부분소 : 전소, 반소화재에 해당되지 아니하는 것

76 화재조사 및 보고규정상 건축물에 대한 화재피해액 산정방법으로 옳은 것은?

① 복성식평가법
② 매매사례비교법
③ 수익환원법
④ 정액법

해설

손해액 또는 피해액을 산정하는 방법

- 복성식평가법 : 재건축 또는 재취득하는 데 소요되는 비용에서 사용기간의 감가수정액을 공제하는 방법으로 대부분의 물적 피해액 산정에 사용한다.
- 매매사례비교법 : 해당 피해물의 시중 매매사례가 충분하여 유사 매매사례를 비교하여 산정하는 방법으로 차량, 예술품, 귀중품, 귀금속 등이 피해액 산정에 사용된다.
- 수익환원법 : 피해물로 인해 장래에 얻을 수익액에서 당해 수익을 얻기 위해 지출되는 제반비용을 공제하는 방법에 의하는 방법으로 유실수 등에 있어 수확기간에 있을 때 사용한다.
- ※ 화재피해액 산정에 있어서 복성식평가법을 취하는 것을 원칙으로 하고, 복성식평가법이 불합리하거나 매매사례비교법 또는 수익환원법이 오히려 합리적이고 타당하다고 판단된 경우에는 예외적으로 매매사례비교법 및 수익환원법을 사용하기로 한다.

77 화재피해액 산정에 있어서 영업시설의 소손 정도에 따른 손해율 60%에 해당하는 것은?

① 불에 타거나 변형되고 그을음과 수침 정도가 심한 경우
② 손상 정도가 다소 심하여 상당 부분 교체 내지 수리가 요한 경우
③ 영업시설의 일부를 교체 또는 수리하거나 도장 내지 도배가 필요한 경우
④ 부분적인 소손 및 오염의 경우

해설

시설의 소손 정도에 따른 손해율

화재로 인한 피해 정도	손해율(%)
불에 타거나 변형되고 그을음과 수침 정도가 심한 경우	100
손상 정도가 다소 심하여 상당부분 교체 내지 수리가 필요한 경우	60
시설의 일부를 교체 또는 수리하거나 도장 내지 도배가 필요한 경우	40
부분적인 소손 및 오염의 경우	20
세척 내지 청소만 필요한 경우	10

78 화재피해산정의 대상이 되지 않는 것은?

① 건축물, 구축물의 피해
② 화재로 인한 영업손실 피해
③ 기계설비, 공·기구류, 부품의 피해
④ 정원수목, 과수목 및 입목의 피해

해설

재산피해의 범위에는 간접적 피해(영업손실, 신용상실)는 포함되지 않는다.

79 화재 피해물의 경제적 내용연수가 다한 경우 잔존하는 가치의 재구입비에 대한 비율은?

① 최종잔가율
② 손해율
③ 잔가율
④ 보정률

해설

① 최종잔가율 : 피해물의 경제적 내용연수가 다한 경우 잔존하는 가치의 재구입비에 대한 비율
② 손해율 : 피해물의 종류, 손상상태 및 정도에 따라 피해액을 적정화시키는 일정한 비율
③ 잔가율 : 화재 당시에 피해물의 재구입비에 대한 현재가의 비율
④ 보정률은 화재피해산정 매뉴얼에서 정의되어 있지 않은 용어이다.

80 예술품 및 귀중품의 화재피해액 산정기준에 관한 내용으로 틀린 것은?

① 복수의 전문가의 감정을 받거나 감정서 등의 금액을 피해액으로 인정한다.
② 감가공제를 하지 아니한다.
③ 예술품 및 귀중품에 대한 그 가치를 손상하지 아니하고 원상태의 복원이 가능한 경우에는 피해액을 인정하지 아니한다.
④ 공인감정기관에서 인정하는 금액을 화재로 인한 피해액으로 산정한다.

해설
예술품 및 귀중품에 대해서는 감가공제를 하지 아니한다.

제5과목 **화재조사 관계법규**

81 「화재조사 및 보고규정」에 따른 건축·구조물 화재의 소실 정도의 구분이 아닌 것은?

① 전 소
② 반 소
③ 부분소
④ 국 소

해설
화재의 소실 정도
• 전소 : 건물의 70% 이상이 소실되었거나 또는 그 미만이라도 잔존 부분을 보수하여도 재사용이 불가능한 것
• 반소 : 건물의 30% 이상 70% 미만이 소실된 것
• 부분소 : 전소, 반소화재에 해당되지 아니하는 것

82 「화재조사 및 보고규정」에서 정의한 사상자로 옳은 것은?

① 사상자는 화재현장에서 사망한 사람을 말한다.
② 사상자는 화재현장에서 부상당한 사람을 말한다.
③ 사상자는 화재현장에서 피해를 입은 사람을 말한다.
④ 사상자는 화재현장에서 사망 또는 부상당한 사람을 말한다.

해설
사상자(제13조)
사상자는 화재현장에서 사망한 사람과 부상당한 사람을 말한다. 다만, 화재현장에서 부상을 당한 후 72시간 이내에 사망한 경우에는 당해 화재로 인한 사망으로 본다.

83 화재조사서류 작성에 관한 내용으로 틀린 것은?

① 치외법권지역 등 조사권을 행사할 수 없는 경우 화재현장출동보고서만 작성한다.
② 서장은 관할 구역 내에서 발생한 화재에 대하여 화재발생종합보고서를 작성한다.
③ 질문기록서를 작성한다.
④ 화재현장출동보고서를 작성한다.

해설
화재조사서류 작성
• 서장은 관할 구역 내에서 발생한 화재에 대하여 다음 화재조사 서류 중 해당서류를 작성하여야 한다.
  – 화재발생종합보고서
  – 질문기록서
  – 화재현장출동보고서
• 치외법권지역 등 조사권을 행사할 수 없는 경우는 조사 가능한 내용만 조사하고 해당 서류를 작성한다.

84 제조물 책임법에 따른 손해배상 청구권의 소멸시효는 몇 년인가?

① 3년　　　　② 5년

③ 7년　　　　④ 15년

해설

제조물 책임법에 의한 손해배상 청구권은 피해자 또는 그 법정대리인이 손해 및 제3조의 규정에 의하여 손해배상책임을 지는 자를 안 날부터 3년간 이를 행사하지 아니하면 시효로 인하여 소멸한다.

85 특약부화재보험에서 후유장애 1급 보험금액으로 옳은 것은?

① 1억 5,000만원

② 7,200만원

③ 6,400만원

④ 5,600만원

해설

후유장애 구분 및 보험금액(화재로 인한 재해보상과 보험가입에 관한 법률 시행령 별표 2 참조)

등급	보험금액	신체장애
1급	1억 5,000만원	• 두 눈이 실명된 사람 • 말하는 기능과 음식물을 씹는 기능을 완전히 잃은 사람 • 신경계통의 기능 또는 정신기능에 뚜렷한 장애가 남아 항상 보호를 받아야 하는 사람 • 흉복부장기의 기능에 뚜렷한 장애가 남아 항상 보호를 받아야 하는 사람 • 반신불수가 된 사람 • 두 팔을 팔꿈치관절 이상의 부위에서 잃은 사람 • 두 팔을 완전히 사용하지 못하게 된 사람 • 두 다리를 무릎관절 이상의 부위에서 잃은 사람 • 두 다리를 완전히 사용하지 못하게 된 사람

86 특약부화재보험에서 부상등급 1급 보험금액으로 옳은 것은?

① 3,000만원

② 500만원

③ 750만원

④ 700만원

해설

부상등급 및 보험금액(화재로 인한 재해보상과 보험가입에 관한 법률 시행령 별표 1 참조)

부상등급	보험금액	부상 내용
1급	3천만원	• 엉덩관절의 골절 또는 골절성 탈구 • 척추체 분쇄성 골절 • 척추체 골절 또는 탈구로 인한 각종 신경증상으로 수술을 시행한 부상 • 외상성 머리뼈 안의 출혈로 머리뼈 절개수술을 시행한 부상 • 머리뼈의 함몰골절로 신경학적 증상이 심한 부상 또는 경막밑 수종, 수활액 낭종, 거미막밑 출혈 등으로 머리뼈 절개수술을 시행한 부상 • 고도의 뇌타박상(소량의 출혈이 뇌 전체에 퍼져 있는 손상을 포함한다)으로 생명이 위독한 부상(48시간 이상 혼수상태가 지속되는 경우만 해당한다) • 넓적다리뼈 몸통의 분쇄성 골절 • 정강이뼈 아래 3분의 1 이상의 분쇄성 골절 • 화상·좌창·괴사상처 등으로 연부조직의 손상이 심한 부상(몸 표면의 9퍼센트 이상의 부상을 말한다) • 팔다리와 몸통의 연부조직에 손상이 심하여 유경식피술을 시행한 부상 • 위팔뼈목 골절과 몸통 분쇄골절이 중복된 경우 또는 위팔뼈 삼각골절 • 그 밖에 1급에 해당한다고 인정되는 부상

87 특수건물 소유자가 의무적으로 가입하는 보험금액 등에 대한 설명으로 틀린 것은?

① 화재보험 : 특수건물의 시가에 해당하는 금액

② 특수건물의 시가 결정에 관한 기준 : 대통령령으로 정한다.

③ 손해배상책임보험 중 사망의 경우 : 피해자 1명마다 5,000만원 이상으로서 대통령령으로 정하는 금액

④ 손해배상책임보험 중 부상의 경우 : 피해자 1명마다 사망자에 대한 보험금액의 범위에서 대통령령으로 정하는 금액

> **해설**
> 특수건물 시가의 결정기준은 총리령으로 정한다.

88 「소방의 화재조사에 관한 법률」상 화재조사 권자가 아닌 자는?

① 소방청장　　　② 시·도지사

③ 소방본부장　　④ 소방서장

> **해설**
> 소방청장, 소방본부장 또는 소방서장(이하 "소방관서장"이라 한다)은 화재발생 사실을 알게 된 때에는 지체 없이 화재조사를 하여야 한다. 이 경우 수사기관의 범죄수사에 지장을 주어서는 아니 된다.

89 「제조물 책임법」의 제정목적이 아닌 것은?

① 피해자의 보호를 도모

② 국민경제의 건전한 발전

③ 제조자의 이익증진

④ 국민생활의 안전향상

> **해설**
> 제조물 책임법의 목적
> 이 법은 제조물의 결함으로 인하여 발생한 손해에 대한 제조업자 등의 손해배상책임을 규정함으로써 피해자의 보호를 도모하고 국민생활의 안전 향상과 국민경제의 건전한 발전에 기여함을 목적으로 한다.

90 승객이 있는 기차에 불을 놓은 경우에 해당되는 죄는 무엇인가?

① 현주건조물 등에의 방화

② 공용건조물 등에의 방화

③ 일반건조물 등에의 방화

④ 일반물건에의 방화

> **해설**
> 현주건조물 등에의 방화
> 불을 놓아 사람이 주거로 사용하거나 사람이 현존하는 건조물, 기차, 전차, 자동차, 선박, 항공기 또는 지하채굴시설을 불태운 자는 무기 또는 3년 이상의 징역에 처한다.

91 「소방의 화재조사에 관한 법률」에 따른 소방관서장이 화재조사를 하는 경우 조사해야 할 사항으로 틀린 것은?

① 소방지원활동에 관한 사항

② 화재원인에 관한 사항

③ 소방시설 등의 설치·관리 및 작동 여부에 관한 사항

④ 화재발생건축물과 구조물, 화재유형별 화재위험성 등에 관한 사항

> **해설**
> 소방관서장은 화재발생사실을 알고 화재조사를 하는 경우 다음 각 호의 사항에 대하여 조사하여야 한다.
> • 화재원인에 관한 사항
> • 화재로 인한 인명·재산피해상황
> • 대응활동에 관한 사항
> • 소방시설 등의 설치·관리 및 작동 여부에 관한 사항
> • 화재발생건축물과 구조물, 화재유형별 화재위험성 등에 관한 사항
> • 그 밖에 대통령령으로 정하는 사항

92 특약부화재보험의 설명으로 옳은 것은?

① 장애가 남은 것이란 정상기능의 5분의 2 이상을 상실한 경우를 말한다.
② 제대로 쓰지 못한 경우란 정상기능의 5분의 4 이상을 상실한 경우를 말한다.
③ 뚜렷한 장애가 남은 것이란 정상기능의 5분의 3 이상을 상실한 경우를 말한다.
④ 항상 보호 또는 수시 보호의 기간은 의사가 판정하는 노동능력상실기간을 기준으로 하여 타당한 기간으로 한다.

해설

후유장애 구분 및 보험금액(화재로 인한 재해보상과 보험가입에 관한 법률 시행령 별표 2 비고 11)
제대로 못쓰게 된 것이란 정상기능의 4분의 3 이상을 상실한 경우를 말하고, 뚜렷한 장애가 남은 것이란 정상기능의 2분의 1 이상을 상실한 경우를 말하며, 장애가 남은 것이란 정상기능의 4분의 1 이상을 상실한 경우를 말한다.

93 공용건조물 등에의 방화죄 대상물이 아닌 것은?

① 건조물   ② 자동차
③ 임 야   ④ 지하채굴시설

해설

공용건조물 등에의 방화
불을 놓아 공용 또는 공익에 공하는 건조물, 기차, 전차, 자동차, 선박, 항공기 또는 지하채굴시설을 불태운 자는 무기 또는 3년 이상의 징역에 처한다.

94 사법경찰리에 해당되지 않는 것은?

① 경 위   ② 경 사
③ 경 장   ④ 순 경

해설

사법경찰관리(형사소송법 제197조 제2항)
경사, 경장, 순경은 사법경찰리로서 수사의 보조를 하여야 한다.

95 화재조사관이 화재원인 및 피해조사활동을 시작하는 시점으로 옳은 것은?

① 화재출동과 동시
② 화재발생 사실을 인지하는 즉시
③ 119상황실에 화재신고가 접수되어 출동 지령과 동시
④ 현장에 소방차량이 도착함과 동시

해설

화재조사 및 보고규정 제3조에 따르면 화재조사관(이하 "조사관"이라 한다)은 화재발생 사실을 인지하는 즉시 화재조사(이하 "조사"라 한다)를 시작해야 한다.

96 화재원인, 피해상황, 대응활동 등을 파악하기 위하여 자료의 수집, 관계인등에 대한 질문, 현장 확인, 감식, 감정 및 실험 등을 하는 일련의 행위를 무엇이라 하는가?

① 화재감식   ② 화재수사
③ 화재감정   ④ 화재조사

해설

"화재조사"란 소방청장, 소방본부장 또는 소방서장이 화재원인, 피해상황, 대응활동 등을 파악하기 위하여 자료의 수집, 관계인등에 대한 질문, 현장 확인, 감식, 감정 및 실험 등을 하는 일련의 행위를 말한다.

97 「소방의 화재조사에 관한 법률」상 명시된 화재조사를 하는 관계공무원이 관계인의 정당한 업무를 방해하거나 화재조사를 수행하면서 알게 된 비밀을 다른 사람에게 누설한 자의 경우의 벌칙기준은?

① 500만원 이하의 벌금
② 300만원 이하의 벌금
③ 700만원 이하의 벌금
④ 1천만원 이하의 벌금

해설

벌칙(제21조)
화재조사를 하는 관계공무원이 관계인의 정당한 업무를 방해하거나 화재조사를 수행하면서 알게 된 비밀을 다른 용도로 사용하거나 다른 사람에게 누설한 사람은 300만원 이하의 벌금에 처한다.

99 「실화책임에 관한 법률」에 대한 설명으로 옳은 것은?

① 실화자에게 중대한 과실이 없는 경우 그 손해배상액을 경감할 수 있다.
② 실화로 인하여 화재가 발생한 경우에 피해자에게 적용하는 법률이다.
③ 실화자에게 경과실이 있다면 손해배상을 면책할 수 있다.
④ 민법의 무과실책임의 원칙을 우선 적용하고 있다.

해설

이 법은 실화(失火)의 특수성을 고려하여 실화자에게 중대한 과실이 없는 경우 그 손해배상액의 경감에 관한 민법 제765조의 특례를 정함

98 「실화책임에 관한 법률」에서 정하고 있는 손해배상액의 경감사유와 거리가 먼 것은?

① 피해의 정도
② 화재의 원인
③ 배상의무자의 정신적 상태
④ 피해확대의 원인

해설

손해배상액의 경감사유
• 화재의 원인과 규모
• 피해의 대상과 정도
• 연소 및 피해 확대의 원인
• 피해 확대를 방지하기 위한 실화자의 노력
• 배상의무자 및 피해자의 경제상태
• 그 밖에 손해배상액을 결정할 때 고려할 사정

100 화재에 있어서 진화용의 시설 또는 물건을 은닉 또는 손괴하거나 기타방법으로 진화를 방해 한 자에 대한 「형법」상 벌칙은?

① 10년 이상의 징역
② 10년 이하의 징역
③ 3년 이상의 징역
④ 3년 이하의 징역

해설

진화방해죄
진화용 시설 또는 물건을 은닉 또는 손괴한 자, 기타 방법으로 진화를 방해한 자는 10년 이하의 징역을 받는다.

11 | 2회 기사 기출복원문제

제1과목 **화재조사론**

01 연소현상 중 완전연소에 대한 설명으로 옳은 것은?

① 산소의 공급이 불충분한 상태에서의 연소현상이다.
② 연소 시 다량의 가연성 가스의 공급이 완전연소의 원인이 된다.
③ 탄화수소가 완전연소하면 이산화탄소와 수증기가 생성된다.
④ 환기구가 제대로 되어 있지 않은 상태에서 실내에 가스 기구를 사용하는 경우에 발생한다.

해설
탄화수소물질이 완전연소하면 CO_2와 수증기가 발생한다.

02 다음 중 조사관의 현장 조사업무로 거리가 먼 것은?

① 현장 탐색
② 관계인 인터뷰
③ 증거물 감정
④ 증거수집 및 보존

해설
증거물 감정은 국립과학연구소 또는 감정기관에서 실시한다.

03 연기에 대한 설명으로 옳지 않은 것은?

① 연기는 공기 중에 부유하고 있는 고체 또는 액체의 미립자이다.
② 건물 내에서 연기의 확산속도는 수평으로 0.5m/s이다.
③ 알코올이 연소될 경우 연기의 색이 진한 검정색을 띤다.
④ 고층건축물에서 연기를 이동시키는 주요 추진력은 굴뚝효과이다.

해설
알코올이 연소될 경우 옅은 푸른색을 띤다.

04 혼합가연물의 최소착화에너지에 영향을 미치는 요인에 대한 설명으로 옳은 것은?

① 온도가 높을수록 최소착화에너지는 높아진다.
② 연소범위에 따라서 최소착화에너지는 변한다.
③ 가연물의 종류에 따라서 최소착화에너지는 일정하다.
④ 혼합된 공기의 산소농도에 따라서 최소착화에너지는 일정하다.

해설
① 온도가 높을수록 최소착화에너지는 낮아진다.
③ 가연물의 종류에 따라서 최소착화에너지는 다르다.
④ 혼합된 공기의 산소농도에 따라서 최소착화에너지는 변한다.

05 메탄 40vol%, 에탄 30vol%, 프로판 30vol%가 혼합되어 있는 혼합성기체의 공기 중 폭발하한계는 약 몇 vol%인가?(단, 각 물질의 폭발범위 메탄 : 5~15vol%, 에탄 : 3~12.4vol%, 프로판 : 2.1~9.5vol%)

① 2.5 ② 3.1
③ 4.3 ④ 5.7

해설

르샤틀리에 법칙(Le Chatelier's law) : 두 종류 이상 가연성 가스의 혼합물이 있을 때 연소한계를 구하는 법칙

$$L = \frac{100}{[(\frac{V_1}{L_1}) + (\frac{V_2}{L_2}) + (\frac{V_3}{L_3})...]}$$

L : 혼합가스의 연소한계(%),
$V_1 \sim V_n$: 각 가연성 가스의 용량(%),
$L_1 \sim L_n$: 각 가연성 가스의 폭발한계(%)

$$L = \frac{100}{[(\frac{V_1}{L_1}) + (\frac{V_2}{L_2}) + (\frac{V_3}{L_3})...]}$$
$$= \frac{100}{[\frac{40}{5} + \frac{30}{3} + \frac{30}{2.1}]} ≒ 3.1$$

06 연소의 특성에 대한 설명으로 옳지 않은 것은?

① 연소속도는 재료의 질량유속으로 정의되며 g/m^2s로 나타낸다.
② 일반적으로 표면에서의 질량유속은 $5~50g/m^2s$범위에 있으며, 그 값이 5 이하인 것은 소화된다.
③ 화염속도는 물적조건과 에너지조건인 농도, 압력, 온도보다 난류의 영향으로 가속된다.
④ 연소속도는 화학양론비 부근에서 최소가 되고 연소상한계, 연소하한계로 갈수록 연소속도는 증가한다.

해설

연소속도는 화학양론비 부근에서 최대가 되고 연소상한계, 연소하한계로 갈수록 연소속도는 감소한다.

07 열전달 방식 중 복사에 의한 열전달 사례인 것은?

① 화재현장에서 창문을 파괴하니까 뜨거운 연기가 분출되었다.
② 대규모 산불현장에서 너무 뜨거워 소방관이 멀리 떨어져 소화활동을 하였다.
③ 방바닥이 너무 뜨거워서 발에 화상을 입었다.
④ 가마솥에 밥을 다하고 나서 밥 위에 고구마를 넣었더니 20분 만에 익었다.

해설

①·④는 대류, ②는 복사, ③은 전도

08 「소방의 화재조사에 관한 법률 시행규칙」상 화재조사 기자재 중 감식 기기가 아닌 것은?

① 절연저항계 ② 클램프메터
③ 드 론 ④ 복합가스측정기

해설

드론은 기록용 기기에 해당된다.

09 화재패턴 중 폭열에 관한 설명으로 가장 옳은 것은?

① 가열되는 경우에 다른 열팽창 정도로 인해 폭열이 발생하며, 냉각되는 과정에서는 발생하지 않는다.
② 단일 재료에 의해 만들어진 자연석도 폭열이 발생한다.
③ 구획실의 바닥면에서 폭열이 발생할 경우 액체가연물이 연소된 흔적으로 추정할 수 있다.
④ 실제 현장에서의 폭열은 열을 받은 부위가 중력에 의해 떨어지며 소음이 발생하지 않는다.

해설

자연석이라 할지라도 열을 받으면 폭열을 일으킨다.

10 복사체로부터 열전달률은 해당 물질의 절대온도의 몇 제곱에 비례하는가?

① 5   ② 4
③ 3   ④ 2

해설
스테판-볼츠만(Stefan-Boltzman)의 법칙
$Q = \epsilon \sigma T^4$: 복사에너지는 표면의 절대온도의 4제곱에 비례한다.

11 화재원인에 관한 사항이 아닌 것은?

① 소방활동 중 발생한 사망자 및 부상자
② 화재의 연소경로 및 확대원인 등의 상황
③ 피난경로, 피난상 장애요인 등의 사항
④ 화재가 발생한 과정, 화재가 발생한 지점 및 불이 붙기 시작한 물질

해설
사망자와 부상자 같은 인명피해는 화재피해조사에 해당한다.

12 증거물 수집 용기와 시료의 적응성을 연결한 것으로 틀린 것은?

① 종이상자 : 고체
② 금속캔 : 고체, 액체
③ 유리병 : 고체, 액체
④ 비닐팩 : 액체

해설
비닐팩은 파손되기 쉬우므로 액체시료에는 적응성이 없다.

13 발화부 주변의 일반적 연소현상에 대한 설명으로 틀린 것은?

① 발화부 주변으로 소락되거나 도괴된다.
② 발화부와 가까울수록 탄화심도가 깊다.
③ 목재표면에 발생하는 균열은 발화부와 멀수록 골이 넓어진다.
④ 발화부는 일반적으로 밝은 색을 띠며, 발화부와 멀어질수록 어두운 빛을 나타낸다.

해설
목재표면에 발생하는 균열은 발화부와 가까울수록 골이 넓어진다.

14 화재현장에서 유리는 화재로 인해 받은 열의 정도에 따라 그 형태가 각기 다르게 나타난다. 이에 대한 설명으로 옳지 않은 것은?

① 열을 받은 유리는 수열방향으로 보다 많이 낙하한다.
② 유리는 열을 받으면 방사형 균열이 발생한다.
③ 열을 받은 유리의 조개껍질 모양의 박리는 고온일수록 많고 깊다.
④ 유리는 열을 받은 정도가 클수록 용융범위가 넓어진다.

해설
유리는 수열 시 불규칙한 곡선형태로 파괴된다.

15 화재조사 진행순서가 가장 옳은 것은?

① 현장관찰 → 관계자 질문 → 발굴 → 감정
　→ 발화원인 판정
② 관계자 질문 → 발굴 → 현장관찰 → 감정
　→ 발화원인 판정
③ 현장관찰 → 관계자 질문 → 발굴 → 발화
　원인 판정 → 감정
④ 현장관찰 → 발굴 → 관계자 질문 → 발화
　원인 판정 → 감정

16 물질의 융점으로 옳은 것은?

① 납 : 327℃
② 구리 : 1,540℃
③ 파라핀 : 660℃
④ 알루미늄 : 54℃

해설
② 구리 : 1,082℃
③ 파라핀 : 40~70℃
④ 알루미늄 : 660℃

17 화재피해조사 중 건물의 소실정도를 나타내는 것으로 옳은 것은?

① 전소 : 건물의 입체면적의 70% 이상 소실
② 반소 : 건물의 입체면적의 50% 이상 소실
③ 즉소 : 건물의 입체면적의 30% 미만 소실
④ 부분소 : 건물의 입체면적의 50% 미만 30% 이상 소실

해설
전소 : 건물의 70% 이상이 소실되었거나 또는 그 미만이라도 잔존부분을 보수하여 재사용이 불가능한 것

18 분진폭발을 가스폭발과 비교할 때 분진폭발의 특징으로 옳은 것은?

① 최소발화에너지가 크다.
② 연소속도가 빠르다.
③ 불완전 연소가 적다.
④ 연소시간이 짧다.

19 인화성 및 발화성의 가연물이 연소할 때 중심부의 가연성 액체를 기화시키면서 나타나는 화재패턴은?

① 포어 패턴(Pour Pattern)
② 레인보우 패턴(Rainbow Pattern)
③ 스플래시 패턴(Splash Pattern)
④ 도넛 패턴(Doughnut Pattern)

해설
가연성 액체가 웅덩이처럼 고여있을 경우 발생하는데 도넛처럼 보이는 주변이나 얕은 곳에서는 화염이 바닥이나 바닥재를 연소시키는 반면에 비교적 깊은 중심부는 가연성 액체가 증발하면서 기화열에 의해 냉각시키는 현상 때문에 발생한다.

20 철의 열적 변화에 대한 설명으로 옳지 않은 것은?

① 녹는점은 660℃이다.
② 적열상태가 되면 연성이 증가한다.
③ 수열이 있는 반대방향으로 휜다.
④ 산화반응이 일어나 변색된다.

해설
철의 녹는점 : 1,530℃

제2과목 **화재감식론**

21 전소된 차량화재에서 'KNAME81ABJS354344' 차대번호가 확인되었다. 제조사를 나타내는 것은?

① K
② N
③ J
④ S

해설
- WMI(World Manufacturer Identifier, 국제제작사군, 1~3자리) : ① 제조국, ② 제조사, ③ 용도구분
- VDS(Vehicle Descriptor Section, 자동차특성군, 4~11자리) : ④ 차종, ⑤ 사양, ⑥ 차량형태, ⑦ 안전장치, ⑧ 배기량, ⑨ 보안코드, ⑩ 연식, ⑪ 생산공장
- VIS(Vehicle Indicator Section, 제작일련번호군, 12~17자리) : 제작일련번호
※ 자릿수 중 3~9번째까지는 제작사 자체적으로 설정된 부호

22 일반화재와 구별되어야 하는 차량화재의 특수성에 대한 설명으로 틀린 것은?

① 차량은 동력기계계통, 전기전자계통, 연료공급계통, 배기계통 등 기구의 복잡성이 있다.
② 연료, 시트 등 화재하중이 낮고, 외기에 개방된 상태인 환기지배형 화재의 특성을 보인다.
③ 다양한 부착물 및 임의 개 · 변조가 용이하므로, 이러한 구조적 특수성에 의한 화재위험성이 노출되어 있다고 볼 수 있다.
④ 차량은 개방된 공간에 존치되는 특수성에 의해 사회적 불만이나 주차불만을 가진 자가 불특정한 방법으로 방화할 개연성이 높다고 볼 수 있다.

해설
연료, 시트는 화재하중이 높기 때문에 연료지배형 화재의 특성을 보인다.

23 미소화원에 대한 설명으로 옳은 것은?

① 유염화원에 비하여 에너지량이 훨씬 많다.
② 표면적으로 연소가 확대되는 경우가 많다.
③ 담뱃불, 향불, 불티 등과 같은 무염화원을 지칭한다.
④ 협의로 해석할 때는 나화라고도 하여 유염화원과 구분된다.

24 절연물이 소규모 방전 또는 고온의 불꽃에 의하여 탄화되어 도전성 물질로 되는 현상은?

① 접촉불량
② 흑연화
③ 반단선
④ 단 락

25 물질의 상태에 대한 설명으로 옳은 것은?

① 물의 증발잠열은 80cal/g이다.
② 액체 상태에서 에너지를 제거하면 기체 상태가 된다.
③ 온도변화 없이 상태변화를 위해 필요한 열을 잠열이라 한다.
④ 분자 간의 질서도는 기체 > 액체 > 고체 의 순이다.

물의 증발잠열은 539cal/g, 액체 상태에서 에너지를 제거하면 고체(얼음) 상태, 분자간의 질서도는 고체 > 액체 > 기체의 순

26 방화의 직접적인 단서가 될 수 없는 것은?

① 도화선(Tailer)
② 색다른 촉진제
③ 비정상적인 연료하중
④ 출입문의 잠김상태

출입문의 잠김상태만으로는 방화의 직접적인 단서가 될 수 없다.

27 철제 선박화재의 진화가 어려운 이유가 아닌 것은?

① 선박 윗부분으로 화재 확산이 어렵기 때문
② 철판이 열을 다른 구획실로 쉽게 전달하기 때문
③ 전기, 유압 시스템 등의 수직 관통부를 통한 대류현상 때문
④ 발화부에 인접한 구획실에 존재하는 가연물이 발화온도에 쉽게 도달하기 때문

선박도 일반화재와 마찬가지로 수직으로 확산한다.

28 임야화재에 영향을 주는 3대 중요 요소가 아닌 것은?

① 기 후
② 지 형
③ 가연물
④ 점화원

29 측정원리에 대한 분류 중 산업용으로 사용되는 추측식 가스계량기에 해당되는 것은?

① 터빈형
② 드럼(Drum)형
③ 회전식(루트식)
④ 막식(다이어프램식)

• 추측식 : 터빈형
• 실측식 : 막식(다이어프램식), 회전식(루트식), 드럼(Drum)형

24 ② 25 ③ 26 ④ 27 ① 28 ④ 29 ① **정답**

30 캡타이어 케이블코드(0.75mm²/30본) 0.18mm 한 가닥의 용단전류는 약 몇 A인가?(단, 재료는 구리로 간주한다)

① 5.11
② 6.11
③ 7.11
④ 8.11

해설

전선의 용단특성은 플리스(W.H Preece)의 실험식에 의해 산정한다.

$$I_s = ad^{\frac{3}{2}}\,[A] = 80 \times 0.18^{\frac{3}{2}} = 6.11$$

a : 재료에 의한 정수(구리 80), d : 직경(mm)

31 방화의 특징으로 옳지 않은 것은?

① 방화의 원인이 다양하다.
② 방화의 발생은 계절과 상관관계가 높다.
③ 용도별로는 주택 및 차량에 대한 방화가 많다.
④ 휘발유, 시너 등을 사용하는 경우가 많아 화재 확산이 매우 빠르다.

32 유류성분 감정기구인 가스크로마토그래피 분석의 장점으로 거리가 먼 것은?

① 물질이 유사한 여러 성분의 혼합계 분리에 매우 유효하다.
② 가스 상태로 분석하기 때문에 조작도 간단하고 시간도 빠르다.
③ 각 성분을 검출하여 그 양을 전기적인 신호로 기록계에 저장하고 도형적으로 기록함으로써 분석결과가 객관적이다.
④ 현장조사 시 휴대 및 가스포집이 간편하며 성분판별이 가능하다.

33 석유류의 연소특성에 대한 설명으로 옳지 않은 것은?

① 휘발성이 낮은 중질유는 미세한 크기로 미립화하여 분무연소한다.
② 원유탱크 화재가 장기간 지속되면 고온층이 형성되어 유류화재의 위험한 현상들이 나타날 수 있다.
③ 대부분의 석유류가 포함되어 있는 제4류 위험물은 인화점이 높고 연소하한계가 높아서 화재위험성이 크다.
④ 휘발유, 등유는 증기비중이 공기보다 크기 때문에 증발한 증기는 낮은 곳에 체류한다.

해설

제4류 위험물은 인화점과 연소하한계가 낮아서 화재위험성이 크다.

34 표준상태 0℃, 1기압에서 메탄(CH₄) 3.2kg을 이상기체 상태방정식으로 계산하면 부피(L)는 얼마인가? (단, 기체상수 R = 0.082L·atm/mol·K, 탄소 원자량 : 12, 수소 원자량 : 1로 계산한다)

① 447.7
② 4477.2
③ 223.8
④ 2238.6

해설

$n = \dfrac{m}{M} = \dfrac{3.2 \times 1000}{16} = 200$몰이므로, PV = nRT에서

$V = \dfrac{nRT}{P} = \dfrac{200 \times 0.082 \times 273}{1} = 4477.2$

35 유류를 이용한 자살방화 현장의 특징으로 옳지 않은 것은?

① 유류를 사용한 용기가 발견된다.
② 우발적이기보다는 계획적으로 실행한다.
③ 연소면적에 비해 탄화심도가 깊다.
④ 급격한 연소 확대로 연소의 방향성 식별이 어렵다.

연소면적에 비해 탄화심도가 깊지 않다.

36 다음의 화학반응식에서 ( )에 발생하는 기체로 옳은 것은?

$$CaC_2 + 2H_2O \rightarrow Ca(OH)_2 + (\quad)$$

① C_2H_2
② C_2H_4
③ C_3H_6
④ C_3H_8

$CaC_2 + 2H_2O \rightarrow Ca(OH)_2 + C_2H_2$

37 LPG 차량의 충전밸브에 부착된 안전밸브의 작동압력은?

① $14kgf/cm^2$
② $16kgf/cm^2$
③ $24kgf/cm^2$
④ $26kgf/cm^2$

38 다수의 사실로부터 일반적인 사항을 도출해 내는 추론방법은?

① 합리적 추론
② 귀납적 추론
③ 연역적 추론
④ 형식적 추론

귀납적 추리
• 수집된 자료나 증거물을 검토할 때는 귀납법을 활용한다.
• 증거물의 의미와 조사된 사건에 대한 가능한 가설을 판명하기 위해 최대한 객관적으로 접근해야 한다.
• 화재현장과 관련이 없거나 추측성 자료를 포함해서는 안된다.

39 구획실에서의 유염(불꽃)화재 연소과정을 바르게 나열한 것은?

① 점화 → 성장기 → 플래시오버 → 최성기 → 감쇠기 → 소화
② 점화 → 성장기 → 최성기 → 플래시오버 → 감쇠기 → 소화
③ 점화 → 최성기 → 성장기 → 플래시오버 → 감쇠기 → 소화
④ 점화 → 성장기 → 최성기 → 감쇠기 → 플래시오버 → 소화

40 다음에서 설명하는 산불 진행방향의 지표는?

불에 탄 흔적이 울퉁불퉁 갈라진 모양이며 보통 울타리, 판자, 구조물 표지판에서 발견된다. 연소된 흔적의 깊이는 불의 진행방향을 나타내는 좋은 지표가 된다.

① 초본류 줄기 지표
② 보호된 연료의 지표
③ 불탄 흔적의 각도 지표
④ 엘리게이터링

41 화재현장의 증거물 시료 채취 시 유의사항이 아닌 것은?

① 가급적 증거물 전체를 수집 또는 채취
② 동일한 물질이 있을 때는 채취하지 않고 내용만 기술
③ 채취된 증거물의 물질이 상이할 때는 서로 섞이지 않도록 분리하여 보관
④ 감정의뢰서에 증거물을 수집, 채취한 경과와 사건개요를 기술

해설
동일한 물질의 탄 것과 타지 않은 것을 함께 채취하고 내용을 기술한다.

42 일산화탄소 중독사의 특징으로 볼 수 있는 것은?

① 선홍색 시반이 나타난다.
② 수포주위에 홍반이 생긴다.
③ 코에서 출혈이 심하게 나타난다.
④ 피부의 세포조직이 검게 타는 탄피층이 형성된다.

43 증거물 관리에 대한 설명으로 옳은 것은?

① 어떠한 종류의 증거물이 발견되거나 조심스럽게 보존되었다면 완벽하게 관리되거나 문서로 기록되지 않더라도 증거로서 가치가 있다.
② 증거목록의 전달에 있어서 인수자의 서명과 전달일자, 시간만 기록하면 된다.

③ 증거물의 파손을 최소화하기 위해서는 증거물을 취급하는 사람의 수를 최소화해야 한다.
④ 여러 사람이 같은 범죄현장에서 증거물을 찾고 있다면 각각 증거기록을 유지하는 것이 바람직하다.

해설
증거물 취급인원은 가능한 최소화하여 훼손되지 않도록 하여야 한다.

44 전선 중 연선이 절연피복 내에서 일부 단선되어 그 부분에서 단선이 이어짐을 되풀이하는 상태는?

① 반단선
② 트레킹
③ 흑연화
④ 누 전

해설
여러 개의 소선으로 구성된 전선이나 코드의 심선이 10% 이상 끊어졌거나 전체가 완전히 단선된 후에 일부가 접촉상태로 남아 있는 상태

45 화염과 접촉할 때 연소성이 가장 낮은 것은?

① 아크릴
② 나일론
③ 양 모
④ 유리섬유

해설
유리섬유는 연소되지 않는다.

46 화재현장 보존을 위한 소방인력의 역할 및 주의사항에 대한 설명으로 옳지 않은 것은?

① 잔화를 정리하는 동안 남아 있는 증거물이 훼손될 수 있으므로 주의하여야 한다.

② 화재현장에 있는 설비, 기구, 장비 또는 시설의 손잡이를 돌리거나 작동 스위치를 켜는 것을 자제하여야 한다.

③ 화재현장에서 가솔린이나 디젤 연료로 작동되는 도구 및 설비를 사용하는 것은 자제하는 것이 좋다.

④ 화재현장에 대한 접근은 소방 화재조사관만으로 한정한다.

47 카메라에서 얇은 금속날개를 이용하여 원하는 크기의 렌즈구경을 만들고 빛의 양을 조절하는 것은?

① 플레어

② 감 도

③ 셔 터

④ 조리개

해설
빛의 양을 조절하는 것은 조리개이다.

48 화재열로 파손된 유리의 특징으로 옳은 것은?

① 리플마크가 형성된다.

② 거미줄 형태로 파손된다.

③ 방사형 형태로 깨진다.

④ 구불구불한 불규칙한 형태로 깨진다.

49 화재조사와 관련한 질문의 원칙으로 옳지 않은 것은?

① 질문을 할 때에는 시기, 장소 등을 고려하여 피질문자의 임의진술을 얻도록 하여야 한다.

② 질문을 할 때에는 기대나 희망하는 진술 내용을 얻기 위하여 상대방에게 암시하는 등의 방법으로 임의진술을 하여야 한다.

③ 소문 등에 의한 사항은 그 사실을 직접 경험한 사람의 진술을 얻도록 하여야 한다.

④ 관계자 등에 대한 질문 사항은 질문기록서에 작성하여 그 증거를 확보한다.

50 화재현장 촬영 시 유의사항이 아닌 것은?

① 각 방위별로 출화의 방향성에 착안하여 구조물의 형태를 확인하여 촬영한다.

② 발화건물과 인접 도로 및 주변 건물과 경계선을 파악하여 촬영한다.

③ 높은 곳에서 전체를 관찰하고 연소확대 상황을 관찰하여 촬영한다.

④ 너무 많은 사진자료는 혼란을 야기하므로 사진 촬영은 발화대상물에만 초점을 맞추어 촬영한다.

51 물적증거의 종류에 해당하는 것은?

① 관계자 진술

② 감정인 소견

③ 유류 용기

④ 증 언

52 화재증거물 수집 시 고려해야 할 사항에 대한 설명으로 옳지 않은 것은?

① 물리적 상태(액체, 고체, 기체)를 고려하여 수집
② 휘발성이 낮은 것에서 높은 순으로 수집
③ 물리적 특성(크기, 모양, 무게 등)을 고려하여 수집
④ 파손성을 감안하여 수집

해설
휘발성이 높은 것에서 낮은 순으로 수집한다.

53 인화점 측정을 위한 장비가 아닌 것은?

① Penky-Martens
② Tag Closed Cup
③ Cleveland Open Cup
④ Scanning Electron Microscope

해설
Scanning Electron Microscope : 주사 전자 현미경

54 현장사진의 범주에 들지 않은 것은?

① 증거물
② 출동 전 소방차 배치사진
③ 화재현장에서 발견된 물건
④ 화재조사현장과 관련된 사람

55 현장사진 촬영의 필요성에 대한 설명 중 옳지 않은 것은?

① 기록과 사진, 영상 모두 한계가 있으므로 문제가 해결될 때까지 현장을 보존하는 것이 가장 중요하다.
② 사진을 보는 사람이 실제적인 감각으로 느끼게 함으로써 그때의 상황을 충분히 전달할 수 있는 것이 중요하다.
③ 현장조사 시 실수로 빠트리거나 수집이 불가능했던 많은 정보와 사실들을 사진을 통해 얻을 수 있다.
④ 화재현장의 소손상황, 감식·감정의 대상이 되는 관계물건 등의 상황을 정확하게 기록하는 수단으로서 사진과 영상이 중요하다.

해설
화재사고는 문제가 해결될 때까지 장기간이 소요되는 경우가 많으므로 현장을 보존하는 것은 어렵다.

56 물리적 증거의 오염위험이 가장 높은 단계는?

① 증거물의 수집
② 증거물의 운송
③ 증거물의 보존
④ 증거물의 감정

해설
증거물 오염은 대부분 수집할 때 발생한다.

57 「화재증거물수집관리규칙」상 수집한 증거물 이송 시 포장을 하고 상세정보를 기록할 사항이 아닌 것은?

① 수집일시 및 증거물번호
② 수집장소 및 수집자
③ 증거물내용 및 봉인자
④ 소유자 및 관리자 성명

58 화상의 중증도를 분류하는 가장 큰 요소는?

① 화상의 부위
② 화열의 강도
③ 피부의 색
④ 화상의 깊이 및 범위

해설
화상의 위험도는 깊이와 범위로 결정한다.

59 증거물의 수집에 관한 고려사항으로 가장 옳은 것은?

① 등유와 같은 탄화수소계 액체위험물은 물과 쉽게 혼합된다.
② 화재촉진제로 사용되는 휘발유와 같은 인화성 액체는 상온에서 자연발화하지 않는다.
③ 경유와 같이 흔히 사용되는 화재촉진제 증기는 공기보다 더 가볍다.
④ 고체표본을 수집할 때 용기에 3/4 이상 채운다.

해설
가솔린, 등유 등의 광물유는 아이오딘가가 낮아 자연발화 가능성이 없다.

60 1기압 25℃에서 연소하한계가 가장 높은 물질은?

① 프로판
② 부 탄
③ 메 탄
④ 일산화탄소

해설
④ 일산화탄소 : 12.5
① 프로판 : 2.1
② 부탄 : 1.8
③ 메탄 : 5

제4과목 **화재조사보고 및 피해평가**

61 화재 사후조사에 대한 화재발생종합보고서 작성요령으로 옳은 것은?

① 소방대가 출동하지 아니한 화재장소의 화재증명원 발급요청이 있는 경우 조사관이 주관적으로 판단하여 사후조사를 실시한 후 보고서를 작성한다.
② 사후조사는 발화장소 및 발화지점 등 현장이 보존되어 있는 경우 조사할 수 있다.
③ 사후조사의 경우에도 화재현장출동보고서를 반드시 작성하여야 한다.
④ 사후조사의 경우 화재발생종합보고서는 화재조사 및 보고규정의 서식이 아닌 별도의 서식에 의해 작성한다.

62 영업시설의 피해액 산정 시 개·보수한 때를 기준으로 경과연수를 산정하는 것은 재설치비의 몇 % 이상 개·보수한 경우인가?

① 50
② 60
③ 70
④ 80

해설
• 재설치비의 50% 미만 개·보수한 경우 : 최초 설치년도를 기준으로 경과연수를 산정
• 재설치비의 50~80%를 개·보수한 경우 : 최초 설치년도를 기준으로 한 경과연수와 개·보수한 때를 기준으로 한 경과연수를 합산하고 평균하여 경과연수를 산정
• 재설치비의 80% 이상 개·보수한 경우 : 개·보수한 때를 기준으로 하여 경과연수를 산정

63 화재 등으로 인한 피해액 산정에 있어 최종 잔가율 20%를 적용할 수 없는 것은?

① 건 물
② 부대설비
③ 비 품
④ 가재도구

해설
건물, 부대설비, 가재도구는 최종잔가율 20%, 그 외 자산은 10%이다.

64 부대설비의 화재피해로 인한 소손정도에 따른 손해율 20%에 해당하는 피해정도는?

① 손상정도가 다소 심하여 상당부분 교체 내지 수리가 필요한 경우
② 영업시설의 일부를 교체 또는 수리하거나 도장 내지 도배가 필요한 경우
③ 부분적인 소손 및 오염의 경우
④ 세척 내지 청소만 필요한 경우

해설

화재로 인한 피해정도	손해율(%)
불에 타거나 변형되고 그을음과 수침 정도가 심한 경우	100
손상정도가 다소 심하여 상당부분 교체 내지 수리가 필요한 경우	60
영업시설의 일부를 교체 또는 수리하거나 도장 내지 도배가 필요한 경우	40
부분적인 소손 및 오염의 경우	20
세척 내지 청소만 필요한 경우	10

65 시중 매매가격에 의해 화재피해액을 산정하는 것이 아닌 것은?

① 차량의 전부 손해
② 귀금속의 전부 손해
③ 식물의 전부 손해
④ 동물의 전부 손해

해설
예술품 및 귀중품의 피해액 산정기준
• 복수의 전문가(전문점, 학자, 감정인 등)의 감정을 받거나 감정서 등의 금액을 피해액으로 인정하며, 감가공제는 하지 아니한다.
• 예술품 및 귀중품에 대해 그 가치를 손상하지 아니하고 원상태의 복원이 가능한 경우에는 원상회복에 소요되는 비용을 화재로 인한 피해액으로 한다.

66 「화재조사 및 보고규정」상 구분하는 화재의 유형이 아닌 것은?

① 건축·구조물화재
② 임야화재
③ 위험물·가스제조소 등 화재
④ 공장화재

해설
화재조사 및 보고규정 제9조(화재의 유형)
• 건축·구조물화재 : 건축물, 구조물 또는 그 수용물이 소손된 것
• 자동차·철도차량화재 : 자동차, 철도차량 및 피견인 차량 또는 그 적재물이 소손된 것
• 위험물·가스제조소 등 화재 : 위험물제조소 등, 가스제조·저장·취급시설 등이 소손된 것
• 선박·항공기화재 : 선박, 항공기 또는 그 적재물이 소손된 것
• 임야화재 : 산림, 야산, 들판의 수목, 잡초, 경작물 등이 소손된 것
• 기타화재 : 위의 각 호에 해당되지 않는 화재

67 집기비품의 소손 정도에 따른 손해율 30%에 해당하는 것은?

① 50% 이상 소손되거나, 수침오염 정도가 심한 경우
② 손해정도가 다소 심한 경우
③ 손해정도가 보통인 경우
④ 오염·수침손의 경우

해설
집기비품 손해율

화재로 인한 피해정도	손해율(%)
50% 이상 소손되거나, 수침오염 정도가 심한 경우	100
손해정도가 다소 심한 경우	50
손해정도가 보통인 경우	30
오염·수침손의 경우	10

68 화재조사 서류작성 및 보고요령으로 옳지 않은 것은?

① 화재보고는 최초보고, 중간보고, 최종보고로 구분한다.
② 최종보고는 화재종료 후 최초보고, 중간보고를 취합하여 보고한다.
③ 최초보고는 선착대가 현장도착 즉시 현장지휘관 책임하에 화재규모, 인명피해 발생여부, 건물구조 개요, 정확한 재산피해내역을 보고하여야 한다.
④ 중간보고는 최초보고 후 화재상황 진전에 따라 연소확대 여부, 인명구조 및 진압활동 상황, 화재원인 및 재산피해 등을 수시로 보고한다.

해설
정확한 재산피해 내역은 최종보고 사항에 해당한다.

69 「화재조사 및 보고규정」에 따르면 관할구역 내에서 발생한 화재에 대하여 작성해야 하는 서류가 아닌 것은?

① 화재발생종합보고서
② 질문기록서
③ 화재현장출동보고서
④ 범죄사실보고서

해설
범죄사실보고서는 화재작성 서류가 아니다.

70 발화원인의 판정방법 중 소거법에 가장 가까운 것은?

① 분석·측정기기 등에 의한 데이터의 제시
② 재현실험에 의한 재현성의 확보
③ 유사화재 사례의 유무 확인
④ 화원 각각에 대하여 발화원으로서 가능성 검토

해설
소거법 : 화원에 관한 수집된 정보를 소거해가며 발화원을 규명하는 방법

71 아파트에서 부주의로 화재가 발생하여 안방 바닥면적 $6m^2$와 거실 바닥면적 $14m^2$가 소실되었다. 이 경우 화재피해조사서(재산) 작성 시 소실면적은?

① $1.6m^2$
② $4m^2$
③ $8m^2$
④ $20m^2$

해설
건물의 소실면적 산정은 소실 바닥면적으로 산정한다.
$6m^2 + 14m^2 = 20m^2$

72 화재현황조사서에 기입해야 할 항목이 아닌 것은?

① 화재발생 일시 및 장소
② 기상상황
③ 인명피해 및 재산피해
④ 소방시설 현황

해설

소방시설 현황은 소방시설등 활용조사서에 기입한다.

73 「소방의 화재조사에 관한 법령」상 명시된 과태료 부과 기준이 다른 것은?

① 소방관서장이 화재조사를 위하여 관계인에게 보고 또는 자료 제출을 명하였으나 명령을 위반하여 보고 또는 자료 제출을 하지 않거나 거짓으로 보고 또는 자료 제출을 한 경우
② 허가 없이 통제구역에 출입한 경우
③ 정당한 사유 없이 화재조사관의 출입 또는 조사를 거부·방해 또는 기피한 사람
④ 정당한 사유 없이 화재조사를 위하여 소방관서장 요구한 출석을 거부하거나 질문에 대하여 거짓으로 진술한 경우

해설

①, ②, ④ 200만원 이하의 과태료
③ 300만원 이하의 벌금

74 재고자산 화재피해액의 산정방법 중 가장 처음으로 산정해야 하는 방식은?

① 간이평가방식
② 회계장부상 현재가액 산정방식
③ 물가정보지 현재가액 산정방식
④ 재구입비, 감가공제 등을 통한 실질적·구체적 방식

해설

> 재고자산의 피해액
> = 회계장부상의 구입가액 × 손해율

다만 견본품, 전시품, 진열품의 경우 재고자산 종류에 따라 구입가격의 50~80%를 피해액으로 한다.

75 화재현장조사서에서 발화열원의 분류항목인 것은?

① 부주의
② 전기적 요인
③ 폭발물, 폭죽
④ 가스누출(폭발)

해설

• 발화열원

□ 작동기기	담뱃불, 라이터불	□	마찰, 전도, 복사
□	불꽃, 불티	□	폭발물, 폭죽	□	화학적 발화열
□	자연적 발화열	□	기 타	□	미 상

• 발화요인   □ 방화   □ 방화의심

□	전기적 요인	□	기계적 요인	□	가스누출 (폭발)
□	화학적 요인	□	교통사고	□	부주의
□	자연적 요인	□	기 타	□	미 상

76 화재현장조사서 작성에 대한 설명으로 옳지 않은 것은?

① 화재현장조사서의 기재에 있어서 조사자의 주관적 의사나 판단이 개입되도록 표현하는 것은 바람직하지 못하다.

② 조사서의 작성자가 조사현장에서 도출된 발화원인 등의 결론을 언급한 용어를 사용하는 것은 부적절하다.

③ 형용사를 사용하여 문장을 강조하는 것은 조사서의 객관성 유지에 지장을 줄 수 있다.

④ 입회인의 설명내용과 조사원의 관찰·확인 사실은 구분하지 않고 정리한 뒤 작성한다.

해설
관계인의 진술내용은 질문기록서에 작성하고 화재현장조사서는 확인된 사실을 바탕으로 작성한다.

77 화재로 인한 인명·재산피해상황 조사에서 재산피해 범위에 해당하지 않는 것은?

① 화재로 인한 영업손실의 피해
② 연기로 인한 그을음의 피해
③ 소화활동으로 발생한 수손의 피해
④ 열에 의한 탄화, 용융, 파손의 피해

해설
영업손실의 피해는 재산피해의 범위에 해당하지 않는다.

78 건물의 화재피해액 산정기준 공식으로 옳은 것은?

① 신축단가(m^2당) × 소실면적 × [1 − (0.6 × 경과연수/내용연수)] × 손해율

② 신축단가(m^2당) × 소실면적 × [1 − (0.7 × 경과연수/내용연수)] × 손해율

③ 신축단가(m^2당) × 소실면적 × [1 − (0.8 × 경과연수/내용연수)] × 손해율

④ 신축단가(m^2당) × 소실면적 × [1 − (0.9 × 경과연수/내용연수)] × 손해율

해설
건물, 부대설비, 가재도구는 최종잔가율이 20%이므로 신축단가(m^2당) × 소실면적 × [1 − (0.8 × 경과연수/내용연수)] × 손해율이 된다.

79 최종잔가율에 대한 설명으로 옳은 것은?

① 고정자산을 경제적으로 사용할 수 있는 비율을 말한다.

② 화재 당시에 피해물의 재구입비에 대한 현재가의 비율을 말한다.

③ 피해물의 종류, 손상상태 및 정도에 따라 피해액을 적정화시키는 비율을 말한다.

④ 피해물의 경제적 내용연수가 다한 경우 잔존하는 가치의 재구입비에 대한 비율을 말한다.

해설
최종잔가율 : 피해물의 경제적 내용연수가 끝난 경우 잔존하는 가치의 재구입비에 대한 비율. 즉, 고정자산에 있어서 피해물이 경제적 내용연수를 다 했더라도 다른 용도로 사용될 수 있으므로 당해 피해물에 경제적 가치를 말함
• 건물, 부대설비, 구축물, 가재도구 : 20%
• 그 이외의 자산 : 10%

80 화재피해액의 산정과 관련된 용어 정의 중 옳지 않은 것은?

① 재구입비는 화재 당시의 피해물과 똑같은 것을 구입하는 데 필요한 금액에 감가상각을 반영한 것을 말한다.
② 잔가율은 화재 당시에 피해물의 재구입비에 대한 현재가의 비율을 말한다.
③ 내용연수란 고정자산을 경제적으로 사용할 수 있는 연수를 말한다.
④ 연소확대물은 연소가 확대되는 데 있어 결정적 영향을 미친 가연물을 말한다.

해설
재구입비 : 화재 당시의 피해물과 같거나 비슷한 것을 재건축(설계감리비를 포함한다) 또는 재취득하는 데 필요한 금액

제5과목 화재조사 관계법규

81 업무상 과실 또는 중대한 과실로 인하여 실화의 죄를 범한 자에 대한 벌칙은?

① 3년 이하의 금고 또는 1천 5백만원 이하의 벌금
② 3년 이하의 금고 또는 2천만원 이하의 벌금
③ 2년 이하의 금고 또는 1천 5백만원 이하의 벌금
④ 2년 이하의 금고 또는 2천만원 이하의 벌금

해설
형법 제171조(업무상실화, 중실화)
업무상과실 또는 중대한 과실로 인하여 제170조(실화의 죄를 범한 자는 3년 이하의 금고 또는 2천만원 이하의 벌금에 처한다.

---

82 운행 중인 차량, 선박 및 항공기에서 발생한 화재의 조사책임은?

① 화재신고를 최초 접수한 소방본부장 또는 소방서장
② 소화활동을 행한 소방본부장 또는 소방서장
③ 차량, 선박 및 항공기 등록지를 관할하는 소방본부장 또는 소방서장
④ 소화활동을 행한 장소를 관할하는 소방본부장 또는 소방서장

해설
소화활동을 행한 장소를 관할하는 소방본부장 또는 소방서장에게 조사책임이 있다.

---

83 특수건물에서 발생한 화재로 부상자가 발생한 경우 상해부위를 상해급별로 구분하였을 때 9급에 해당하는 것은?

① 위팔뼈목 골절
② 넓적다리뼈 몸통 골절
③ 손목 손배뼈 골절
④ 노뼈 뼈머리 골절

해설
화재로 인한 재해보상과 보험가입에 관한 법률 시행령 별표1, ①·②·③은 3급

84 「화재조사 및 보고규정」에서 정하는 화재의 정의에 포함되지 않는 내용은?

① 사람의 의도에 반하여 발생한 화재로 소화할 필요가 있는 연소현상
② 사람의 고의에 의하여 발생한 화재로 소화할 필요가 있는 연소현상
③ 소화시설 등을 사용하여 소화할 필요가 있는 연소현상
④ 압력을 동반한 물리적 폭발현상

해설
"화재"란 사람의 의도에 반하거나 고의 또는 과실에 의하여 발생하는 연소현상으로서 소화할 필요가 있는 현상 또는 사람의 의도에 반하여 발생하거나 확대된 화학적 폭발현상으로 물리적 폭발현상은 화재에 포함되지 않는다.

85 「화재로 인한 재해보상과 보험가입에 관한 법률」에 따르면 화재보험협회가 보험계약을 체결할 때 또는 보험계약을 갱신할 때마다 해당 특수건물의 화재예방 및 소화시설의 안전점검을 실시하고 그 결과를 며칠 이내에 소방관서의 장에게 통지하여야 하는가?

① 즉시
② 10일
③ 20일
④ 30일

해설
안전 점검(화재로 인한 재해보상과 보험가입에 관한 법률 시행령 제12조 제7항)
협회는 법 제16조 제1항 및 제2항의 규정에 의하여 안전점검을 실시한 때에는 10일 내에 그 결과를 당해 특수건물이 소재하는 관할 시·군·구(자치구를 말한다) 또는 소방관서의 장에게 통지하여야 한다.

86 화재증거물 수집관리 규칙상 화재현장 증거물은 화재증거 수집의 목적달성 후에는 어떻게 하여야 하는가?

① 3년까지 보존하여야 한다.
② 10년까지 보존하여야 한다.
③ 관계인에게 반환하여야 한다.
④ 즉시 폐기하여야 한다.

해설
증거물 보관·이동(제6조 제6항)
증거물은 화재증거 수집의 목적달성 후에는 관계인에게 반환하여야 한다. 다만 관계인의 승낙이 있을 때에는 폐기할 수 있다.

87 화재 시 소화기를 사용 못하도록 하거나 옥내소화전을 파괴하는 등의 행동을 했다면 형법에 의하여 어떤 처벌을 받을 수 있는가?

① 10년 이하의 징역
② 7년 이하의 징역
③ 3년 이하의 금고
④ 1천 5백만원 이하의 벌금

해설
공익건조물파괴(형법 제367조)
공익에 공하는 건조물을 파괴한 자는 10년 이하의 징역 또는 2천만원 이하의 벌금에 처한다.

88 화재를 유형에 따라 구분하는 것으로 잘못된 것은?

① 피견인 차량이 소손된 경우, 자동차·철도차량 화재에 해당된다.
② 구조물 안에 있는 물건이 소손된 경우, 건축·구조물 화재에 해당된다.
③ 경작물이 소손된 경우, 기타화재에 해당된다.
④ 들판의 수목이 소손된 경우, 임야화재에 해당된다.

해설
임야화재 : 산림, 야산, 들판의 수목, 잡초, 경작물 등이 소손된 화재

89 신체손해배상부특약부 화재보험과 관련한 후유장해의 설명으로 틀린 것은?

① 신체장해가 2 이상 있을 경우에는 중한 신체장해에 해당하는 장해등급으로 한다.
② 시력의 측정은 국제식 시력표로 하고, 굴절 이상이 있는 사람에 대해서 원칙적으로 교정시력을 측정한다.
③ "손가락을 잃은 것"이란 엄지손가락은 가락뼈 사이 관절, 그 밖의 손가락은 몸쪽 가락뼈 사이 관절 이상을 잃은 경우를 말한다.
④ "손가락을 제대로 못쓰게 된 것"이란 손가락 끝부분의 2분의 1 이상을 잃거나, 손허리 손가락 관절(중수지관절) 또는 몸쪽 가락뼈 사이 관절(엄지손가락의 경우에는 가락뼈 사이 관절을 말한다)에 뚜렷한 운동장해가 남은 경우를 말한다.

해설
후유장해가 둘 이상 있는 경우에는 그중 심한 후유장해에 해당하는 등급보다 한 등급 높은 금액으로 배상한다.

90 「제조물 책임법」상 제조상의 결함에 해당되는 것은?

① 제조업자가 합리적인 대체설계(代替設計)를 채용하였더라면 피해나 위험을 줄이거나 피할 수 있었음에도 대체설계를 채용하지 아니하여 해당 제조물이 안전하지 못하게 된 경우
② 제조업자가 제조물에 대하여 제조·가공상의 주의의무를 이행하였는지에 관계없이 제조물이 원래 의도한 설계와 다르게 제조·가공됨으로써 안전하지 못하게 된 경우
③ 제조업자가 합리적인 설명·지시·경고 또는 그 밖의 표시를 하였더라면 해당 제조물에 의하여 발생할 수 있는 피해나 위험을 줄이거나 피할 수 있었음에도 이를 하지 아니한 경우
④ 제조업자가 물류·유통과정에서 발생할 수 있는 위험을 인지하지 못하여 제조물의 파손을 초래한 경우

해설
"결함"이란 해당 제조물에 다음의 어느 하나에 해당하는 제조상·설계상 또는 표시상의 결함이 있거나 그 밖에 통상적으로 기대할 수 있는 안전성이 결여되어 있는 것을 말한다.
• "제조상의 결함"이란 제조업자가 제조물에 대하여 제조·가공 상의 주의의무를 이행하였는지에 관계없이 제조물이 원래 의도한 설계와 다르게 제조·가공됨으로써 안전하지 못하게 된 경우를 말한다.
• "설계상의 결함"이란 제조업자가 합리적인 대체설계(代替設計)를 채용하였더라면 피해나 위험을 줄이거나 피할 수 있었음에도 대체설계를 채용하지 아니하여 해당 제조물이 안전하지 못하게 된 경우를 말한다.
• "표시상의 결함"이란 제조업자가 합리적인 설명·지시·경고 또는 그 밖의 표시를 하였더라면 해당 제조물에 의하여 발생할 수 있는 피해나 위험을 줄이거나 피할 수 있었음에도 이를 하지 아니한 경우를 말한다.

91 「소방기본법」상 소방자동차가 화재진압 및 구조·구급활동을 위하여 출동하는 때에 이를 방해한 자에 대한 벌칙은?

① 5년 이하의 징역 또는 3천만원 이하의 벌금
② 5년 이하의 징역 또는 5천만원 이하의 벌금
③ 3년 이하의 징역 또는 1천 5백만원 이하의 벌금
④ 2년 이하의 징역 또는 1천만원 이하의 벌금

해설

벌칙(법 제50조)
다음 각 호의 어느 하나에 해당하는 사람은 5년 이하의 징역 또는 5천만원 이하의 벌금에 처한다.

1. 제16조 제2항을 위반하여 다음 각 목의 어느 하나에 해당하는 행위를 한 사람
   가. 위력(威力)을 사용하여 출동한 소방대의 화재진압·인명구조 또는 구급활동을 방해하는 행위
   나. 소방대가 화재진압·인명구조 또는 구급활동을 위하여 현장에 출동하거나 현장에 출입하는 것을 고의로 방해하는 행위
   다. 출동한 소방대원에게 폭행 또는 협박을 행사하여 화재진압·인명구조 또는 구급활동을 방해하는 행위
   라. 출동한 소방대의 소방장비를 파손하거나 그 효용을 해하여 화재진압·인명구조 또는 구급활동을 방해하는 행위
2. 제21조 제1항을 위반하여 소방자동차의 출동을 방해한 사람
3. 제24조 제1항에 따른 사람을 구출하는 일 또는 불을 끄거나 불이 번지지 아니하도록 하는 일을 방해한 사람
4. 제28조를 위반하여 정당한 사유 없이 소방용수시설을 사용하거나 소방용수시설의 효용을 해치거나 그 정당한 사용을 방해한 사람

92 「화재조사 및 보고규정」에서 정하는 건물의 동수산정에 대한 설명으로 옳지 않은 것은?

① 주요구조부가 하나로 연결되어 있는 것은 같은 동으로 한다.
② 건물의 외벽을 이용하여 실을 만들어 작업실로 사용하고 있는 것은 주건물과 같은 동으로 본다.
③ 구조에 관계없이 지붕 및 실이 하나로 연결되어있는 것은 다른 동으로 본다.
④ 목조건물의 경우 격벽으로 방화구획이 되어 있는 경우 같은 동으로 한다.

해설

구조에 관계없이 지붕 및 실이 하나로 연결되어 있는 것은 같은 동으로 본다.

같은 동	• 주요구조부가 하나로 연결되어 있는 것은 같은 동으로 한다. • 건물의 외벽을 이용하여 실을 만들어 헛간, 목욕탕, 작업실, 사무실 및 기타 건물 용도로 사용하고 있는 것은 주건물과 같은 동으로 본다. • 구조에 관계없이 지붕 및 실이 하나로 연결되어 있는 경우 • 목조 또는 내화조 건물의 경우 격벽으로 방화구획이 되어 있는 경우
다른 동	• 건널 복도 등으로 2 이상의 동에 연결되어 있는 것은 그 부분을 절반으로 분리하여 각 동으로 본다. • 독립된 건물과 건물 사이에 차광막, 비막이 등의 덮개를 설치하고 그 밑을 통로 등으로 사용하는 경우 • 내화조 건물의 외벽을 이용하여 목조 또는 방화구조건물이 별도 설치되어 있고 건물 내부와 구획되어 있는 경우 • 내화조 건물의 옥상에 목조 또는 방화구조 건물이 별도 설치되어 있는 경우

93 한국화재보험협회에서 보험계약을 체결할 때 실시하는 특수건물의 안전점검 내용으로 옳은 것은?

① 안전점검이 필요하다고 인정될 때 관계인의 승낙 없이도 검사를 실시할 수 있다.

② 협회는 안전점검을 실시하고자 할 때에는 24시간 전에 관계인에게 통지하여야 한다.

③ 안전점검을 실시하는 자는 안전점검을 함에 있어서 관계인의 업무를 방해하거나 지득한 비밀을 누설하여서는 아니 된다.

④ 안전점검은 관계인의 업무를 방해하지 않도록 일출 전 또는 일몰 후에 실시하여야 한다.

해설

안전 점검(화재로 인한 재해보상과 보험가입에 관한 법률 시행령 제12조 참조)

① 협회는 법 제6조 제1항 및 제2항의 규정에 의하여 안전점검을 실시하고자 할 때에는 48시간 전에 이를 관계인에게 통지하여야 한다.

④ 제1항의 규정에 의하여 안전점검을 실시하는 자는 그 신분을 증명하는 증표를 관계인에게 제시하여야 한다.

⑤ 제1항의 규정에 의하여 안전점검을 실시하는 자는 안전점검을 함에 있어서 관계인의 업무를 방해하거나 지득한 비밀을 타인에게 누설하여서는 아니된다.

⑥ 제1항의 규정에 의한 안전점검은 관계인의 승낙 없이 일출전·일몰후에 이를 실시할 수 없다.

94 「제조물 책임법」상의 피해자가 손해 및 손해배상책임을 지는 자를 알게 된 날로부터 손해배상 청구권은 몇 년간 행사하지 않으면 소멸하는가?

① 10년   ② 5년

③ 3년   ④ 1년

해설

소멸시효 등(제조물 책임법 제7조)

① 이 법에 따른 손해배상의 청구권은 피해자 또는 그 법정대리인이 다음 각 호의 사항을 모두 알게 된 날부터 3년간 행사하지 아니하면 시효의 완성으로 소멸한다.

   1. 손 해

   2. 제3조에 따라 손해배상책임을 지는 자

② 이 법에 따른 손해배상의 청구권은 제조업자가 손해를 발생시킨 제조물을 공급한 날부터 10년 이내에 행사하여야 한다. 다만, 신체에 누적되어 사람의 건강을 해치는 물질에 의하여 발생한 손해 또는 일정한 잠복기간(潛伏期間)이 지난 후에 증상이 나타나는 손해에 대하여는 그 손해가 발생한 날부터 기산(起算)한다.

95 「형법」상 공용건조물 등에의 방화죄에 대한 벌칙은?

① 무기 또는 3년 이상의 징역
② 무기 또는 3년 이하의 징역
③ 10년 이하의 징역
④ 10년 이상의 징역

> **해설**
> **공용건조물 등에의 방화(형법 제165조)**
> 불을 놓아 공용 또는 공익에 공하는 건조물, 기차, 전차, 자동차, 선박, 항공기 또는 지하채굴시설을 불태운 자는 무기 또는 3년 이상의 징역에 처한다.

96 「소방의 화재조사에 관한 법률」상 화재로 인한 인명·재산피해상황의 조사범위로 가장 거리가 먼 것은?

① 소화활동 중 사용된 물로 인한 피해
② 소방활동 중 발생한 사망자 및 부상자
③ 연기, 물품반출, 화재로 인한 폭발 등에 의한 피해
④ 소화활동으로 발생한 영업손실 피해

> **해설**
> 영업손실 피해는 피해조사에 해당되지 않는다.

97 「화재로 인한 재해보상과 보험가입에 관한 법률」에 따른 신체손해배상특약부화재보험의 보험금액에 대한 시가결정의 기준이 정해진 법령은?

① 기획재정부령
② 행정안전부령
③ 대통령령
④ 훈 령

> **해설**
> 보험금액의 시가의 결정에 관한 기준은 행정안전부령으로 정한다.

98 현주건조물 등에의 방화한 사람에게 가하는 벌칙으로 옳지 않은 것은?

① 사람을 상해에 이르게 한 때에는 무기 또는 5년 이상의 징역
② 사람을 사망에 이르게 한 때에는 무기 또는 7년 이상의 징역
③ 사람이 주거로 사용하거나 사람이 현존하는 건조물, 기차, 전차, 자동차, 선박, 항공기 또는 지하채굴시설을 불태운 자는 무기 또는 3년 이상의 징역
④ 자기 소유에 속한 물건을 소훼한 떠에는 5년 이하의 징역

> **해설**
> **현주건조물 등에의 방화(형법 제164조)**
> • 불을 놓아 사람이 주거로 사용하거나 사람이 현존하는 건조물, 기차, 전차, 자동차, 항공기 또는 지하채굴시설을 불태운 자는 무기 또는 3년 이상의 징역에 처한다.
> • 제1항의 죄를 범하여 사람을 상해에 이르게 한 때에는 무기 또는 5년 이상의 징역에 처한다. 사망에 이르게 한 때에는 사형, 무기 또는 7년 이상의 징역에 처한다.

99 보일러, 고압가스 기타 폭발성 있는 물건을 파열시켜 사람의 생명, 신체 또는 재산에 대하여 위험을 발생키는 범죄명은?

① 폭발성물건 파열죄
② 방화죄
③ 파열죄
④ 신체상해죄

해설

폭발성물건 파열(형법 제172조)
• 보일러, 고압가스 기타 폭발성있는 물건을 파열시켜 사람의 생명, 신체 또는 재산에 대하여 위험을 발생시킨 자는 1년 이상의 유기징역에 처한다.
• 제1항의 죄를 범하여 사람을 상해에 이르게 한 때에는 무기 또는 3년 이상의 징역에 처한다. 사망에 이르게 한 때에는 무기 또는 5년 이상의 징역에 처한다.

100 신체손해배상특약부 화재보험의 설명으로 옳지 않은 것은?

① 발가락을 잃은 것이란 발가락 말단의 2분의1 이상을 잃은 경우를 말한다.
② "흉터가 남은 것"이란 성형수술을 한 후에도 맨눈으로 식별이 가능한 흔적이 있는 상태를 말한다.
③ "항상 보호를 받아야 하는 것"이란 일상생활에서 기본적인 음식 섭취, 배뇨 등을 다른 사람에게 의존하여야 하는 것을 말한다.
④ "수시로 보호를 받아야 하는 것"이란 일상생활에서 기본적인 음식 섭취, 배뇨 등은 가능하나 그 외의 일은 다른 사람에게 의존하여야 하는 것을 말한다.

해설
"발가락을 잃은 것"이란 발가락 전부를 잃은 경우를 말한다.

12 | 산업기사 기출문제

제1과목 화재조사론

01 혼합가스의 조성이 메탄(CH_4) 50vol%, 에탄 (C_2H_6) 30vol%, 프로판(C_3H_8) 20vol%인 경우 폭발범위 하한값은? (단, 연소범위 CH_4 : 5~15, C_2H_6 : 3~12.5, C_3H_8 : 2.1~9.5)

① 3.39   ② 4.39

③ 5.39   ④ 6.39

해설

르샤틀리에 법칙(Le Chatelier's Law)
두 종류 이상 가연성 가스의 혼합물이 있을 때 연소한 계를 구하는 법칙

$$L = \frac{100}{\left\{\left(\dfrac{V_1}{L_1}\right) + \left(\dfrac{V_2}{L_2}\right) + \left(\dfrac{V_2}{L_2}\right) \cdots\right\}}$$

여기서, L : 혼합가스의 연소한계(%)

$V_1 \sim V_n$: 각 가연성 가스의 용량(%)

$L_1 \sim L_n$: 각 가연성 가스의 폭발한계(%)

$$L = \frac{100}{\left\{\left(\dfrac{V_1}{L_1}\right) + \left(\dfrac{V_2}{L_2}\right) + \left(\dfrac{V_2}{L_2}\right) \cdots\right\}}$$

$$= \frac{100}{\left(\dfrac{50}{5} + \dfrac{30}{3} + \dfrac{20}{2.1}\right)} = 3.39$$

02 금수성 물질을 제외한 일반가연물의 연소속도 와 환경조건에 관한 설명으로 옳지 않은 것은?

① 마른 가연물이 젖은 가연물에 비하여 쉽 게 착화된다.

② 고온상태에 있는 것은 저온상태에 있는 것에 비하여 건조하다.

③ 주변의 온도가 높을수록 연소속도가 빠 르다.

④ 활성화 에너지가 클수록 연소속도가 빠 르다.

해설

활성화 에너지가 작을수록 연소가 활발하게 이루어 진다.

03 화재플룸(Plume)에 의해 생성될 수 있는 패턴 으로 옳은 것은?

① 드롭다운 패턴(Drop Down Pattern)

② V 패턴(V Pattern)

③ 포어 패턴(Pour Pattern)

④ 트레일러(Trailers)

해설

V 패턴(V Pattern)은 대류열, 복사열, 화재플룸의 영 향으로 생성된다.

04 건축물의 실내에서 화재가 발생하여 최초 실내의 온도가 20℃에서 750℃까지 상승하였다면 실내의 공기는 초기에 비해 약 몇 배 정도로 팽창하는가? (단, 화재로 인한 압력의 변화는 없고, 공기는 이상기체 거동을 하는 것으로 가정한다)

① 3.5배
② 4.0배
③ 4.5배
④ 5.0배

해설

$$\frac{V_1}{(273+20)} = \frac{V_2}{(273+750)}$$

∴ 3.5배

05 환기조건에 따른 구획실화재의 특성에 대한 설명으로 옳은 것은?

① 화재공간 내부의 화재거동은 환기상태에 영향을 받지 않는다.
② 화재실 내부에 연소에 필요한 공기량이 충분한 상태의 화재는 환기지배형 화재이다.
③ 화재실 내의 환기량에 비해 가연물의 양이 적을 경우 연료지배형 화재가 된다.
④ 화재실 내의 가연물의 양에 비해 환기량이 많을 경우 환기지배형 화재가 된다.

해설
• 연료지배형 화재 : 환기량이 많고 가연물이 적다.
• 환기지배형 화재 : 환기량이 적고 가연물이 많다.

06 그림과 같이 유리창에 나타난 균열흔적에 대한 설명으로 가장 옳은 것은?

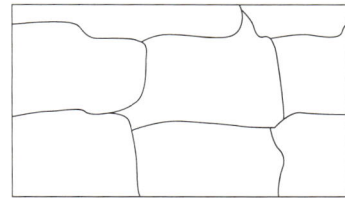

① 폭발 시에 주로 나타난다.
② 기계적 충격으로 형성된 균열흔이다.
③ 유리 파단면이 조개껍질 모양의 선을 나타낸다.
④ 열이 가해지지 않은 부분과 온도차에 의해 금이 간다.

해설
화재열로 온도 차이에 의한 응력으로 발생하며 불규칙하게 금이 발생한다.

07 물질의 상태에 의한 분류 중 기상폭발에 해당되는 것이 아닌 것은?

① 분무폭발
② 수증기폭발
③ 가스폭발
④ 분진폭발

해설
수증기폭발은 응상폭발이다.

08 화재현장감식에 있어서 조사자의 자세로 옳지 않은 것은?

① 선입관을 배제하는 자세
② 과학적이고 주관적인 자세
③ 사물의 현상과 관찰을 통한 분석 자세
④ 증거물 취급 및 화재현장 복원에 유의하는 자세

해설
과학적이고 객관적인 자세

09 열기둥에 대한 설명으로 옳지 않은 것은?

① 열기둥의 하부에는 화염부, 상부에는 고온가스부가 존재한다.

② 열기둥의 하부에서 대기의 흐름은 주변의 대기가 열기둥을 향해 모여든다.

③ 열기둥의 상부에서 대기의 흐름은 열기둥으로부터 주변으로 확산된다.

④ 전체적인 열기둥의 형상은 가운데가 볼록하고, 위아래가 오목한 마름모 형태이다.

해설

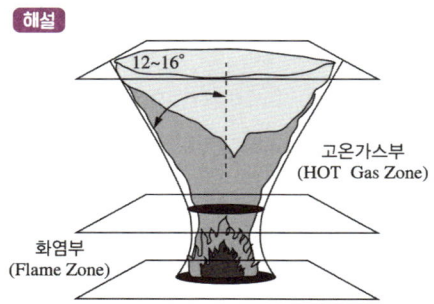

12~16°

고온가스부
(HOT Gas Zone)

화염부
(Flame Zone)

10 다음 중 25℃에서 공기 중의 폭발상한계가 가장 높은 물질은?

① 메 탄　　　② 에 탄
③ 프로판　　　④ 부 탄

해설

연소범위

기체 또는 증기	연소범위 (vol%)	기체 또는 증기	연소범위 (vol%)
수 소	4.1~75	에틸렌	3.0~3.5
메 탄	5.0~15	에틸에테르	1.7~48
에 탄	3.0~12.5	암모니아	15.7~27.4
프로판	2.1~9.5	메틸알코올	7~37
부 탄	1.8~8.4	에틸알코올	3.5~20
일산화탄소	12.5~75	아세톤	2~13
아세틸렌	2.5~82	휘발유	1.4~7.6

11 저융점 금속의 합금화에 의한 용융의 설명으로 옳지 않은 것은?

① 두 금속의 합금은 두 금속이 가지는 고유한 용점보다 더욱 낮은 온도에서 용융될 수 있다.

② 저융점 금속의 합금에 의해 용융된 형태는 일반적으로 중력방향으로 침식되는 형태를 나타낸다.

③ 외형적으로 녹은 부위와 녹지 않은 부위의 경계가 식별되어 전기적으로 용융된 형태와 혼동될 수 있다.

④ 구리선에 부착된 알루미늄의 용융물은 그 흔적이 황색으로 남겨진다.

해설

구리선에 부착된 알루미늄의 용융물은 회색이나 은색으로 남겨진다.

12 「화재조사 및 보고규정」상 목적에 대한 (　　)에 들어갈 내용으로 옳은 것은?

> 이 규정은 「소방의 화재조사에 관한 법률」 및 같은 법 시행령, 시행규칙에 따라 화재조사의 (ㄱ) 및 (ㄴ)에 필요한 사항을 정하는 것을 목적으로 한다.

	ㄱ	ㄴ
①	위임된 사항	시 행
②	집행과 보고	사무처리
③	집행과 보고	피해조사
④	위임된 사항	과학적·전문적인 조사

해설

화재조사 및 보고규정의 목적(제1조)

이 규정은 「소방의 화재조사에 관한 법률」 및 같은 법 시행령, 시행규칙에 따라 화재조사의 집행과 보고 및 사무처리에 필요한 사항을 정하는 것을 목적으로 한다.

13 동일한 양과 형태의 가연물을 같은 조건으로 실내에서 연소시켰을 때 불꽃의 높이가 가장 높은 지점은? (단, A는 중앙, B는 벽면, C는 구석이다)

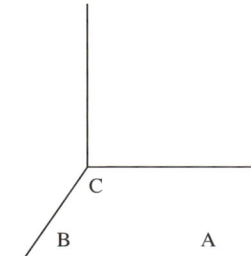

① A(중앙)
② B(벽면)
③ C(구석)
④ 위치에 관계없이 일정

해설
불꽃 높이는 C(구석) > B(벽면) > A(중앙) 순이다.

14 화재 시 철근콘크리트에서 박리현상이 발생하는 원인으로 가장 거리가 먼 것은 어느 것인가?

① 인화성 물질의 사용
② 콘크리트 내부의 기포팽창
③ 콘크리트 내부 철골의 열팽창 차이
④ 콘크리트 내부 수분의 기화에 의한 팽창

해설
박리현상이 있다고 해서 반드시 인화성 물질을 사용했다고는 할 수 없다.

15 고급 파라핀계 탄화수소, 고급 알코올, 나프탈렌의 주된 연소형태는?

① 분해연소
② 증발연소
③ 액적연소
④ 표면연소

해설
고체연소의 형태
• 표면연소 : 목탄, 코크스, 금속(분·박·리본 포함) 등
• 증발연소 : 황(S), 나프탈렌($C_{10}H_8$), 파라핀(양초) 등
• 분해연소 : 목재·석탄·종이·섬유·플라스틱·합성수지·고무류
• 자기연소 : 제5류 위험물[나이트로셀룰로오스(NC), 트리나이트로톨루엔(TNT), 나이트로글리세린(NG), 트리나이트로페놀(TNP) 등]

16 메탄의 연소반응에 대한 설명으로 옳지 않은 것은?

① 이 반응의 화학열을 연소열이라 한다.
② 불완전연소 시 화염은 완전연소 화염에 비하여 어둡다.
③ 메탄 1몰이 완전연소 반응하기 위해서는 산소 1몰이 필요하다.
④ 메탄 1몰이 완전연소하면 이산화탄소 1몰이 생성된다.

해설
$CH_4 + 2O_2 \rightarrow CO_2 + 2H_2O$: 산소 2몰이 필요하다.

17 내화건축물의 화재 진행과정을 옳게 나열한 것은?

① 점화 → 최성기 → 성장기 → 감쇠기 → 소화
② 점화 → 성장기 → 최성기 → 감쇠기 → 소화
③ 점화 → 감쇠기 → 성장기 → 최성기 → 소화
④ 점화 → 감쇠기 → 최성기 → 성장기 → 소화

18 방화의 가능성이 있는 현장의 특징으로 옳은 것은?

① 화재가 건물 전체로 서서히 확대되는 현상
② 화재로 인해 유리 창문이 깨진 현상
③ 경보설비의 스위치가 차단된 현상
④ 한 지점에서 발화되어 확대된 현상

해설
경보설비 스위치가 차단된 상태라면 화재발생 전에 누군가 인위적으로 조작하였을 가능성이 있다.

19 화재로 인한 인명 · 재산피해상황조사에서 재산피해조사에 해당하는 것은?

① 소방시설 작동 등의 상황조사
② 소방활동 중 발생한 부상자 조사
③ 피난상의 장애요인에 관한 피해조사
④ 열에 의한 탄화, 용융, 파손 등의 피해조사

해설
재산피해조사
• 소실피해 : 열에 의한 탄화, 용융, 파손 등의 피해
• 수손피해 : 소화활동으로 발생한 수손피해 등
• 기타피해 : 연기, 물품반출, 화재 중 발생한 폭발 등에 의한 피해 등

20 화재현장에서 수거한 증거물에 부착된 오염물질을 효과적으로 제거하기 위한 장비는?

① 초음파세척기
② 버니어캘리퍼스
③ 정밀저울
④ 라텍스장갑

해설
증거물은 초음파세척기로 오염물질을 제거한 후 감정을 실시한다.

21 화재원인을 규명하기 위한 과학적 방법의 절차로 옳은 것은?

① 필요성 인식 → 문제정의 → 자료수집 → 자료분석 → 가설수립 → 가설검증 → 원인 판정
② 문제정의 → 필요성 인식 → 자료수집 → 자료분석 → 가설수립 → 가설검증 → 원인 판정
③ 자료수집 → 문제정의 → 자료분석 → 가설수립 → 가설검증 → 필요성 인식 → 원인 판정
④ 필요성 인식 → 가설수립 → 문제정의 → 자료수집 → 자료분석 → 가설검증 → 원인 판정

해설
과학적 방법론

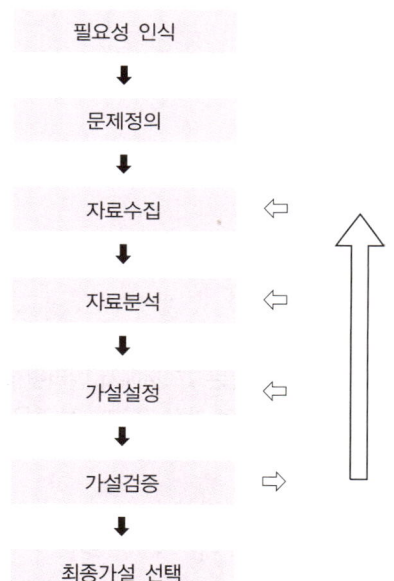

22 담뱃불의 흡연 시 중심온도와 가장 가까운 것은?

① 800~850℃
② 600~650℃
③ 400~450℃
④ 200~250℃

해설
담뱃불의 온도
• 적열상태에서 중심부 연소 최고온도 : 850~900℃
• 표면 온도 : 200~300℃
• 중심부 온도 : 700~800℃
• 연소선단 온도 : 560~600℃
• 흡연 시 온도 : 840~850℃

23 선박의 거주실 배치도에 표현되지 않는 곳은?

① 펌프실
② 선실구역
③ 하역조종실
④ 항해통신설비구역

24 발화원인 판정 시 주의할 사항으로 옳지 않은 것은?

① 입회인을 포함한 화재관계자들과 함께 판정한다.
② 발화원인의 판정자료는 소손상황에 근거를 두어야 한다.
③ 진술된 증언은 소손상황과 일치하는 것이어야 한다.
④ 발화원인에 대한 판정은 증거나 사실에 부합되어야 한다.

해설
절대로 입회인과 같은 화재관계자들과 함께 발화원인을 판정하지 않는다.

25 GC – MS를 이용한 분석에 대한 설명으로 옳지 않은 것은?

① 화재현장에서 수집한 잔해에 존재 가능한 유류를 분석하는 방법이다.
② 여러 가지 성분이 혼합되어 있는 시료를 분석 및 확인하는 방법이다.
③ 운반가스를 사용해 분리관을 통해 각 성분을 검출하므로 정성분석만 가능한 분석방법이다.
④ 분석결과를 기록계에 저장하므로 분석결과가 객관적으로 보존된다.

해설
GC – MS는 유기화합물을 정상적·정량적 분석하는 데 이용된다.

26 발화원인조사에 대한 설명으로 옳지 않은 것은?

① 가능한 발화지역의 모든 발열장치 및 기기들을 확인한다.
② 발화지역의 발열장치 및 기기들의 최근 작동상태에 대한 정보를 거주자 또는 소유자로부터 얻어야 한다.
③ 발화열원이 화재로 인해 소실되었을 경우에는 최초 작동상태 등에 대한 정보를 확인하는 것은 무의미하다.
④ 열을 발생시키는 것에는 히터, 내연기관 등이 있다.

해설
발화열원이 화재로 인해 소실되었을 경우에는 관계자로부터 작동상태 등에 대한 정보를 확인하여야 한다.

27 일반적인 지형 중 산불발생 위험이 가장 낮은 곳은?

① 계곡부
② 산록 하단부
③ 구릉지나 평지
④ 남쪽사면이나 남서사면

28 물질과 자연발화의 상관관계로 옳은 것은?

① 건성유 – 산화열
② 활성탄 – 분해열
③ 셀룰로이드 – 발효열
④ 퇴비 – 흡착열

해설
자연발화를 일으키는 원인
• 분해열 : 셀룰로이드, 나이트로셀룰로오스
• 산화열 : 석탄, 건성유
• 발효열 : 퇴비, 먼지
• 흡착열 : 목탄, 활성탄 등
• 중합열 : HCN, 산화에틸렌 등

29 같은 저항값을 갖는 2개의 저항을 직렬로 접속할 때 16Ω 이었다면 이 두 저항을 병렬로 접속하면 몇 Ω 인가?

① 2   ② 4
③ 8   ④ 32

해설
직렬로 접속해서 16Ω이었다면 1개의 저항값은 8Ω
이므로 $\frac{8 \times 8}{8+8} = 4$이다.

30 전기화재조사에 있어 통전입증에 대한 설명으로 옳지 않은 것은?

① 1회로 계통에 2개소 이상에서 전기용흔이 식별된 경우 일반적으로 부하측에서 먼저 단락되었다고 볼 수 있다.
② 통전입증은 전원측에서 부하측으로 진행하는 것이 원칙이다.
③ 통전되어 있는 배선이 열에 의해 절연피복이 탄화된 후 단락되어 생성되는 용융흔을 2차 용융흔이라 한다.
④ 화재 시 콘센트에 플러그가 꽂혀 있었는지의 확인은 절연물의 용융상태와 그을음의 부착상태를 조사하여 확인할 수 있다.

해설
통전입증은 부하측에서 전원측으로 진행하는 것이 원칙이다.

31 산불이 빠르게 확대되는 주요 산림형태는?

① 초본형
② 관목형
③ 벌목재형
④ 교목부산물형

해설
풀과 같은 초본류가 나무보다 착화가 빨라 산불이 확대된다.

32 무염연소의 특징으로 옳은 것은?

① 가연물 내부를 향해 깊게 타들어 가는 연소현상이 나타난다.
② 비교적 산소체적이 높은 환경에서 전파되기 때문에 완전연소 형태를 나타낸다.
③ 대부분의 무염물질은 무기물이며, 소훼물에 깊게 탄화된다.
④ 유염연소에 비하여 급속한 연소현상이다.

해설
무염연소는 불완전연소형태를 띠며 유염연소에 비하여 장시간 천천히 연소하고 소훼물에 깊게 탄화된다.

33 일산화탄소의 성질로 옳지 않은 것은?

① 증기비중이 공기보다 작다.
② 무색, 무미, 무취의 기체로 독성이 강하다.
③ 금속과 반응하여 금속카보닐을 생성한다.
④ 산화성이 강하며 폭발성과 연소성이 있다.

해설
환원성이 강한 물질이다.

34 가스사고 종류에 대한 설명으로 옳지 않은 것은?

① 누설사고는 고의 또는 과실로 가스가 누설된 사고이다.
② 폭발사고는 고의 또는 과실로 누설된 가스가 점화원에 의하여 폭발한 사고이다.
③ 화재 이후 폭발사고는 일반화재 등에 의하여 2차적으로 가스시설 등이 폭발한 사고이다.
④ 질식사고는 누설된 가스 또는 가스의 화학반응 등에 의한 생성물에 중독 또는 중독사한 사고이다.

해설
질식사고는 누설된 가스 또는 가스의 화학반응 등에 의한 생성물에 의한 사고이다.

35 다음 중 차량화재 특성에 대한 설명으로 옳은 것은?

① 화재하중이 낮은 연료지배형 화재
② 화재하중이 높은 연료지배형 화재
③ 화재하중이 낮은 환기지배형 화재
④ 화재하중이 높은 환기지배형 화재

해설
연료, 시트는 화재하중이 높기 때문에 연료지배형 화재의 특성을 보인다.

36 산성에서 붉은색을 띠는 지시약이 아닌 것은?

① 티몰블루(Thymol Blue)
② 페놀프탈레인(Phenolphthalein)
③ 메틸레드(Methyl Red)
④ 메틸오렌지(Methyl Orange)

해설
페놀프탈레인은 염기성에서 붉은색을 띤다.

37 유리가 충격에 파손된 경우 나타나는 특이점으로 옳은 것은?

① 파단면에 무늬가 없다.
② 파단면에 패각상 무늬가 형성되어 있다.
③ 길고 구불구불한 불규칙형태로 파손된다.
④ 방사형 형태의 파손은 일어나지 않는다.

해설
유리가 충격으로 파손될 경우에는 패각상(= 방사형, 거미줄형태) 무늬가 생성된다.

38 선박의 건현갑판(Freeboard Deck)의 설명으로 옳지 않은 것은?

① 외기(外氣) 및 해수에 노출된 최상층의 전통 갑판이다.
② 노출부의 모든 구멍에는 상설(常設) 폐쇄장치가 설치되어 있다.
③ 전통갑판으로부터 상부에 있는 선측의 모든 구멍에는 상설 수밀(水密)폐쇄장치가 설치되어 있다.
④ 건현 지정의 기준이 되는 갑판이다.

> **해설**
> 하방 선측의 모든 구멍에는 상설 수밀(水密)폐쇄장치가 설치되어 있다.

39 LPG 차량의 구성품이 아닌 것은?

① 카뷰레터
② 베이퍼라이저
③ 가스차단밸브
④ 액체 · 기체 솔레노이드밸브

> **해설**
> 엔진의 상태와 도로상태, 그리고 대기의 상태에 따라 에어 클리너를 통과한 공기와 가솔린을 적절한 비율로 혼합하는 기화기(氣化器)인 카뷰레터는 가솔린엔진의 구성품이다.

40 염기성이 가장 강한 것은?

① 0.01몰 − HCL
② $[OH] = 10^{-2}$
③ $H^+ = 10^{-5}$
④ pH = 3

> **해설**
> ② 염기성은 수용액상태일 때 OH(수산화)이온이 많은 것을 말한다.
> ① 0.01몰 − HCL 이 용액은 순수한 물이 가진 것보다 무려 105배 많은 수소이온을 가지고 있어 꽤 낮은 pH값을 가지므로 강한 산성용액이다.
> ③ · ④ 산성은 pH가 1~6 이하의 범위로 수소이온이 많은 것을 말한다.

---

41 증거물의 수집방법 및 용기의 결정사항으로 가장 거리가 먼 것은?

① 산화성
② 파손성
③ 경제성
④ 휘발성

> **해설**
> 물증 그 자체의 수집과 같이 적합한 증거용기의 선택 또한 물증의 물리적 상태, 특성 강도 그리고 휘발성에 의존한다.

42 증거물 채취와 관련된 내용으로 옳지 않은 것은?

① 적법한 절차에 의하여 채취하여야 한다.
② 증거물 채취목록을 작성한다.
③ 실험실에서 분석에 필요할 것으로 예상되는 양 이상으로 채취한다.
④ 용기에 시료를 완전히 채워서 담는다.

> **해설**
> 2/3 이상 채우지 않는다.

43 디지털카메라의 설명으로 옳은 것은?

① 현상에서 인화까지 작업시간이 길다.
② 컴퓨터 등 다른 매체와 호환이 어렵다.
③ 저장이 편리하지만 오랜 시간 보존하기 어렵다.
④ 스캐너 없이 컴퓨터에 이미지를 입력할 수 있다.

> **해설**
> 촬영한 피사체가 디지털로 저장되어 확인, 편집, 인쇄가 용이하다.

44 충격에 의한 유리파손의 특징을 옳게 짝지은 것은?

> ㄱ. 파단면에는 Rib 같은 곡선이 연속해서 만들어진다.
> ㄴ. 거미줄과 같은 방사형태의 파손과 동심원형태의 파손이 일어난다.
> ㄷ. 길고 구불구불한 불규칙한 형태의 금이 가면서 깨진다.
> ㄹ. 표면에는 리플마크가 쉽게 식별된다.

① ㄱ, ㄴ, ㄷ   ② ㄱ, ㄴ, ㄹ
③ ㄱ, ㄷ, ㄹ   ④ ㄴ, ㄷ, ㄹ

해설
유리가 불규칙한 형태로 금이 발생된 것은 화재열 때문이다.

45 화재현장 보존 또는 화재증거물 처리에 대한 설명으로 옳은 것은?

① 증거물을 물로 씻는 작업은 발화지점에서 실시한다.
② 현장의 기구 등의 이동은 기록이 이루어지기 전에 할 수 있다.
③ 조사자는 현장에서 전기제품, 설비의 스위치를 함부로 작동시키지 말아야 한다.
④ 진압대원이 진압과정 중 증거물을 훼손했을 경우는 조사자는 추후의 증거물에 대한 관리 책임이 없다.

해설
화재현장의 전기제품, 설비, 기구 등의 스위치는 함부로 작동시켜서는 안 된다.

46 가스폭발, 유증기폭발에서 발생하는 충격파에 의한 유리창의 파손형태는?

① 평행선형태
② 곡선형태
③ 삼각형
④ 원형형태

해설
가스폭발, 유증기폭발, 분진폭발, 화·폭약폭발 또는 상변화를 수반한 고온·고압의 보일러폭발과 같은 물리적 폭발에서 발생하는 충격파에 의한 파괴형태는 평행선형태의 파괴형태를 만든다.

47 화재현장 촬영 시 주요 촬영대상에 대한 설명으로 옳지 않은 것은?

① 소방용 설비들의 사용 및 작동 상황
② 발화원으로 추정된 감식 및 감정대상물
③ 화재현장에 도착한 소방차들의 배치상황
④ 화재로 인한 사망자의 위치

해설
소방차들의 배치상황은 해당하지 않는다.

48 물리적 증거물의 발송에 대한 설명으로 옳지 않은 것은?

① 증거물이 원형을 보존하도록 한다.
② 화재조사관의 이름, 증거물의 상세목록 등이 기록된 실험실 검사 및 테스트를 위한 문서를 동봉한다.
③ 신뢰성이 높은 우편서비스로 보내도록 한다.
④ 수집된 증거물이 다수일 경우 하나의 용기에 담아서 발송한다.

해설
1개 이상의 물적 증거는 동일한 포장으로 수송하면 절대로 안 된다.

49 석유류 화재로 추정되는 화재현장으로부터 수집된 시료를 기기분석을 통하여 판별하는 절차가 옳은 것은?

① 수거 → 정제 → 여과 → 침지 → 적외선 흡수스펙트럼 분석 → 가스크로마토그래피법
② 수거 → 여과 → 침지 → 정제 → 적외선 흡수스펙트럼 분석 → 가스크로마토그래피법
③ 수거 → 침지 → 여과 → 정제 → 적외선 흡수스펙트럼 분석 → 가스크로마토그래피법
④ 수거 → 침지 → 정제 → 여과 → 적외선 흡수스펙트럼 분석 → 가스크로마토그래피법

50 화재조사서류에 대한 설명으로 옳지 않은 것은?

① 화재조사서류는 부분 소실화재 이외의 화재는 작성하지 않는다.
② 화재조사서류 작성을 통해 소방행정에 필요한 정보자료를 얻을 수 있다.
③ 화재조사서류는 화재조사의 결과를 기록하는 문서이다.
④ 화재조사서류는 사법기관에 증거자료로 활용 될 수 있다.

> **해설**
> 화재조사서류는 모든 화재를 작성한다.

51 화재현장에서 관계인의 진술 및 증거확보 요령으로 옳지 않은 것은?

① 사건·사고의 증거자료는 증거로서의 가치가 확보되어야 한다.
② 화재패턴은 가연물의 배치와 관계없이 관계인의 진술과 일치하게 나타난다.
③ 화재감식에서 수거된 물증이 증거능력을 가지기 위해서는 확보, 수집단계부터 사건종료까지 보관관리가 적절하여야 한다.
④ 수집이나 보관이 잘못되어 중요한 단서가 유실되거나 변질되면 법적 증거로서의 가치를 잃게 될 수 있다.

> **해설**
> 화재패턴은 가연물의 배치상태에 따라 다양하게 나타날 수 있고 관계인의 진술과 항상 일치하게 나타나는 것은 아니다.

52 발화지점에 물리적 증거물이 없더라도 방화를 의심할 수 있는 정황증거로 옳은 것은?

① 발화 관련기구나 시설 등이 없어 발화원을 특정할 수 없는 경우
② 스팀파이프와 목재가 맞닿아 있는 곳에서 가연물이 대량 연소한 경우
③ 음식물찌꺼기인 건성유를 담아 놓은 비닐봉지가 연소한 경우
④ 아파트 베란다에 놓아둔 페트병 뒤편의 가연물이 연소한 경우

> **해설**
> ② 저온착화, ③ 자연발화 – 산화열, ④ 수렴화재

53 일반적으로 철이 용융되는 온도에 가장 가까운 것은?

① 600℃ 　② 800℃
③ 1,500℃ 　④ 1,900℃

금속의 용융점

금속명칭	용융점	백분율	용융점
수 은	38.8	금	1,063
주 석	231.9	구 리	1,083
납	327.4	니 켈	1,455
아 연	419.5	스테인리스	1,520
마그네슘	650	철	1,530
알루미늄	659.8	티 탄	1,800
은	960.5	몰리브덴	2,620
황 동	900~1,000	텅스텐	3,400

54 증거물이 오염될 수 있는 원인으로 가장 거리가 먼 것은?

① 탄화된 물체와의 이질적 혼합
② 수집과정에서 조사자의 부주의
③ 수집용기의 1회 사용 후 폐기
④ 수집용기의 밀봉조치 미흡

해설
물적증거물은 부주의, 오염된 용기사용, 이물질 혼합, 즉시 밀봉조치 미흡 등으로 오염되며, 증거수집 과정에 상호오염을 막기 위해서 화재조사자는 일회용 플라스틱 장갑, 플라스틱 손가방 같은 것을 액체, 고체촉진제를 수집하는 동안에 착용해야 한다.

55 사건들을 각 순서에 맞게 배열하고, 시간의 흐름에 맞게 배열하는 작업으로 증거의 시간적 역할을 통해 구분하고 재구성 하는 방법은?

① 타임라인 　② 마인드 매핑
③ PERT 차트 　④ 간트차트

해설
사건을 각 순서에 맞게 배열하고, 시간의 흐름에 맞게 배열하는 작업

56 화재현장 보존 책임에 대한 설명으로 옳은 것은?

① 진압대원은 화재현장 보존과 무관하다.
② 화재현장 보존에 대한 책임은 전적으로 화재조사관에게 있다.
③ 경찰기관에서만 화재현장을 보존하고 조사기관을 총괄·통제할 수 있다.
④ 화재조사관은 증거물이 오염되지 않도록 안전조치를 하여야 한다.

해설
화재현장에서 물적증거물의 보존 책임은 단독으로 화재조사자가 지는 것은 아니지만 소방관이나 경찰이 도착하는 순간부터 그 책임은 시작되는 것이다. 화재조사자가 보존상태를 게을리하면 물적증거물은 파손, 오염, 분실되거나 불필요하게 이동되는 결과를 초래하게 될 것이다.

57 화재조사자가 작성해야 하는 서류가 아닌 것은?

① 재산피해신고서
② 화재발생종합보고서
③ 방화·방화의심조사서
④ 소방시설등 활용조사서

해설
재산피해신고서는 화재가 발생한 대상물의 관계인이 작성하고 재산피해산정서는 화재조사자가 작성한다.

58 화재조사를 위한 사진촬영에 대한 설명으로 옳지 않은 것은?

① 피사체를 확대하여 촬영할 경우 주변의 가구, 기둥 등을 넣어서 촬영한다.
② 필요할 경우에는 원 또는 화살표 등의 표식을 넣어 촬영한다.
③ 피사체 이외의 물건은 절대 들어가면 안 된다.
④ 피사체의 크기를 명확하게 하고자 할 경우에는 눈금자 또는 동전 등을 옆에 놓고 촬영하여도 무방하다.

발화지점을 중심으로 주변으로 연소확대된 건물이나 물건 등이 포함되도록 촬영한다.

59 액체형태의 연소촉진제(Accelerant)의 일반적인 특징으로 가장 거리가 먼 것은?

① 일반적으로 발열량이 크다.
② 보통 물보다 가볍다.
③ 다공성 물질에 흡수될 수 있다.
④ 대부분 수용성이다.

휘발유와 같은 착화가 쉬운 비수용성이다.

60 가장 고온의 연소 시 발생되는 목재의 탄화형태는?

① 완소흔   ② 강소흔
③ 열소흔   ④ 주염흔

목재의 탄화형태
• 완소흔 : 700~800℃의 수열흔. 균열흔은 홈이 얕고 삼각 또는 사각형태
• 강연흔 : 약 900℃의 수열흔. 홈이 깊은 요철(凹凸)이 형성됨
• 열소흔 : 1,100℃의 수열흔. 홈이 아주 깊고 대형 목조건물 화재 시 나타남
• 훈소흔 : 발열체가 목재면에 밀착되어 무옅연소 시 발생

제4과목 **화재조사보고 및 피해평가**

61 화재현장조사서의 화재원인 검토에 해당되는 항목이 아닌 것은? (단, 임야 화재, 기타 화재, 피해액이 없는 화재 이외의 화재)

① 방화 가능성
② 기름누출
③ 기계적 요인
④ 전기적 요인

화재현장조사서의 [4] 화재원인

발화열원

■ 작동기기	☐ 담뱃불, 라이터불
☐ 마찰, 진도, 복사	☐ 불꽃, 불티
☐ 폭발물, 폭죽	☐ 화학적 발화열
■ 자연적 발화열	☐ 기 타 ☐ 미 상

발화요인

☐ 전기적 요인	☐ 기계적 요인
☐ 가스누출(폭발)	☐ 화학적 요인
☐ 교통사고	■ 부주의
☐ 자연적 요인	☐ 기 타 ☐ 미 상
☐ 방 화	☐ 방화의심

최초착화물

☐ 가 구	☐ 침구, 직물류	☐ 종이, 목재, 건초 등
■ 합성수지	☐ 간판, 차양막 등	☐ 식 품
☐ 전기, 전자	☐ 위험물 등	☐ 가연성 가스
☐ 자동차, 철도차량, 선박, 항공기		☐ 쓰레기류
☐ 기 타	☐ 미 상	

62 운행 중인 항공기에서 발생한 화재를 조사할 책임이 있는 사람은?

① 항공기 주소지를 관할하는 소방서장
② 항공기 소유자를 관할하는 소방서장
③ 소화활동을 행한 장소를 관할하는 소방서장
④ 가장 먼저 도착한 소방대를 관할하는 소방서장

해설
소화활동을 행한 장소를 관할하는 소방본부장 또는 소방서장에게 조사책임이 있다.

63 화재현장조사서의 도면 작성 시 유의사항이 아닌 것은?

① 도면은 북을 위쪽으로 작성한다.
② 정확한 축척으로 작성한다.
③ 제도기호 등 표준화된 기호를 사용한다.
④ 표제는 발화건물 평면도, 발화지점 평면도와 같은 표현을 사용한다.

해설
도면의 표제
'사용금지의 용어'에서 사용금지 용어는 도면의 표제에서도 사용할 수 없다. '발화건물' 평면도, '발화지점' 평면도와 같은 표현은 삼가고, 'A건물' 평면도, '주방' 평면도 등으로 표현한다.

64 「소방의 화재조사에 관한 법률」에 따른 화재조사관 자격기준에 해당하지 않는 것은?

① 화재조사관 양성을 위한 전문교육을 이수한 소방공무원
② 화재감식평가기사 자격을 취득한 소방공무원
③ 화재감식평가산업기사 자격을 취득한 소방공무원
④ 소방청장이 실시하는 화재조사에 관한 시험에 합격한 소방공무원

해설
화재조사관의 자격기준 등(제5조)
화재조사 업무를 수행하는 화재조사관은 다음 각 호의 어느 하나에 해당하는 소방공무원으로 한다.
• 소방청장이 실시하는 화재조사에 관한 시험에 합격한 소방공무원
• 「국가기술자격법」에 따른 국가기술자격의 직무분야 중 화재감식평가 분야의 기사 또는 산업기사 자격을 취득한 소방공무원

65 「화재조사 및 보고규정」상 용어 정의로 옳은 것은?

① 최종잔가율은 화재 당시에 피해물의 재구입비에 대한 현재가의 비율을 말한다.
② 잔가율은 해물의 경제적 내용연수가 끝난 경우 잔존하는 가치의 재구입비에 대한 비율을 말한다.
③ 손해율은 피해물의 종류, 손상 상태 및 정도에 따라 피해액을 적정화시키는 일정한 비율을 말한다.
④ 구입비는 화재 당시의 피해물과 같거나 비슷한 것을 재건축(설계감리비를 제외한다) 또는 재취득하는 데 필요한 금액을 말한다.

해설
① 잔가율, ② 최종잔가율, ④ 재구입비

66 질문기록서 작성과 관련된 기재사항으로 틀린 것은?

① 질문기록서를 작성하는 화재조사관의 소속, 계급, 성명을 기재한다.
② 답변자의 인적사항 및 화재발생 대상과의 관계를 기재한다.
③ 임야 화재의 경우도 질문기록서를 반드시 작성하여야 한다.
④ 질문일시 및 장소를 기재한다.

해설
임야 화재의 특성상 목격자와 관계자가 없는 경우가 있으므로 질문기록서를 반드시 작성해야 하는 것은 아니다.

67 「소방의 화재조사에 관한 법령」에 따른 화재조사 전담부서에 갖추어야 할 장비와 시설 구분에서 감식용 기기가 아닌 것은?

① 누설전류계
② 가스(유증)검지기
③ 멀티테스터기
④ 적외선거리측정기

해설
④ 적외선거리측정기는 기록용 기기이다.
감식기기(16종)
절연저항계, 멀티테스터기, 클램프미터, 정전기측정장치, 누설전류계, 검전기, 복합가스측정기, 가스(유증)검지기, 확대경, 산업용실체현미경, 적외선열상카메라, 접지저항계, 휴대용디지털현미경, 디지털탄화심도계, 슈미트해머(콘크리트 반발 경도 측정기구), 내시경현미경

68 「화재로 인한 재해보상과 보험가입에 관한 법률」에 대한 설명으로 옳지 않은 것은?

① 특수건물 소유자는 그 건물의 화재로 인하여 다른 사람이 사망하였을 때 과실이 없는 경우에는 그 손해를 배상할 책임이 없다.
② 특수건물 소유자는 그 건물의 화재로 인한 손해배상책임을 이행하기 위하여 그 건물에 대하여 손해보험회사가 운영하는 특약부화재보험에 가입하여야 한다.
③ 특수건물 소유자는 그 건물의 종업원에 대하여 산업재해보상보험에 가입하고 있을 때에는 그 종업원에 대한 화재로 인한 손해배상책임을 담보하는 보험에 가입하지 아니할 수 있다.
④ 특수건물 소유자는 특약부화재보험에 부가하여 풍재(風災), 수재(水災) 또는 건물의 무너짐 등으로 인한 손해를 담보하는 보험에 가입할 수 있다.

해설
특수건물 소유자는 그 건물의 화재로 인하여 다른 사람이 사망하였을 때에는 과실이 없는 경우에도 그 손해를 배상할 책임이 있다.

69 아파트 거실에서 화재가 발생하여 바닥면적 30m², 벽 1면이 20m², 소실된 경우 소실면적은?

① 20m²
② 30m²
③ 34m²
④ 50m²

해설
소실면적 산정(화재조사 및 보고규정 제17조)
• 건물의 소실면적 산정은 소실 바닥면적으로 산정한다.
• 수손 및 기타 파손의 경우에도 위 규정을 준용한다.
∴ 바닥면적만 산정하고 벽면 소실은 무시하므로 소실면적은 30m²이다.

70 화재현황조사서 작성방법으로 옳지 않은 것은?

① 출동시간 : 신고를 접수한 뒤 소방차가 차고를 나간 시간을 입력하되 접수시간보다 빠르게 할 수 없다.

② 초진시간 : 지휘관이 판단하기에 화재가 충분히 진압되어 더 이상의 연소확대나 화재로 인한 추가 인명피해, 재산손실이 없을 것으로 판단되는 시점의 시간을 입력한다.

③ 완진시간 : 화재가 완전히 진압되어 더 이상의 화염·불씨 또는 연수주인 물질로부터 나오는 연기가 없는 상태의 시간을 입력한다.

④ 발생일시 : 실제로 화재가 발생한 연, 월, 일, 시, 분, 초 단위로 입력하고, 발생일시가 정확하지 않을 경우 추정시간을 기재한다. 발생일시는 화재신고시간과 차이가 날 수 없다.

해설
발생일시가 정확하지 않을 경우 추정시간을 기재하기 때문에 화재신고시간과 차이가 날 수 있다.

71 화재피해액 산정기준에서 대상물의 전부 손해 시 피해액을 시중 매매가격으로 산정하지 않는 것은?

① 골동품 ② 애완동물
③ 관상수 ④ 자동차

해설
골동품은 감정서의 감정가격으로 피해액을 산정한다.

72 화재피해액 산정방식 중 잘못 연결된 것은?

① 동물 및 식물의 피해액 = 시중 매매가격
② 재고자산피해액 = 회계장부상의 구입가격 × 손해율
③ 귀중품의 피해액 = 감정서의 감정가격
④ 자동차피해액(부분소손) = 수리비 × 감가공제

해설
자동차피해액(부분소손)은 수리가 가능한 경우 수리비를 피해액으로 산정하며, 감가공제하지 않는다.

73 화재 사후조사에 대한 화재발생종합보고서 작성요령 중 옳은 것은?

① 소방대가 출동하지 아니한 화재장소의 화재증명원 발급요청이 있는 경우 화재조사관이 판단하여 사후조사를 실시한 후 보고서를 작성한다.

② 사후조사는 발화장소 및 발화지점 등 현장이 보존되어 있는 경우 조사를 할 수 있고 이 경우 화재발생종합보고서를 작성한다.

③ 사후조사의 경우에 화재현장출동보고서를 반드시 작성하여야 한다.

④ 사후조사의 경우 화재발생종합보고서는 별도의 서식에 의해 작성한다.

해설
소방관서장은 화재피해자로부터 소방대가 출동하지 아니한 화재장소의 화재증명원 발급신청이 있는 경우 조사관으로 하여금 사후 조사를 실시하게 할 수 있다. 이 경우 민원인이 제출한 별지 제3호 서식의 사후조사 의뢰서의 내용에 따라 발화장소 및 발화지점의 현장이 보존되어 있는 경우에만 조사를 하며, 별지 제2호 서식의 화재현장출동보고서 작성은 생략할 수 있다.

74 「화재조사 및 보고규정」상 (   )의 용어로 옳은 것은?

> "(ㄱ)"란 고정자산을 경제적으로 사용할 수 있는 연수를 말한다.
> "(ㄴ)"란 화재 당시의 피해물과 같거나 비슷한 것을 재건축(설계 감리비를 포함한다) 또는 재취득하는 데 필요한 금액을 말한다.

	ㄱ	ㄴ
①	내용연수	재조달가액
②	경제년수	재조달가액
③	내용연수	재구입비
④	잔존년수	재구입비

> **해설**
> **화재조사 및 보고규정의 목적(제1조)**
> • "내용연수"란 고정자산을 경제적으로 사용할 수 있는 연수를 말한다.
> • "재구입비"란 화재 당시의 피해물과 같거나 비슷한 것을 재건축(설계 감리비를 포함한다) 또는 재취득하는 데 필요한 금액을 말한다.

75 자동차 · 철도차량 화재유형별 조사서의 형식란에 기입사항이 아닌 것은?

① 제조회사 ② 연 식
③ 차량명 ④ 배기량

> **해설**
> **❷ 형 식**
> ① 제조회사 _____ ② 연 식 _____ 년
> ③ 차량번호 _____ ④ 차량명 _____

76 발화지점 판정에 대한 설명으로 옳지 않은 것은?

① 현장조사상황에서의 순번을 기재할 것
② 인용사실은 조사서 등에 기재되어 있을 것
③ 판정은 주관적인 고찰에 의할 것
④ 현장조사상황 등의 항목별로 각각 판단된 발화지점을 기재하여 둘 것

> **해설**
> 판정은 객관적인 고찰에 의할 것

77 질문기록서를 생략할 수 있는 경우가 아닌 것은?

① 쓰레기 화재
② 가로등 화재
③ 전봇대 화재
④ 구조물 화재

> **해설**
> ① · ② · ③은 기타화재로 질문기록서를 생략할 수 있다.

78 구축물의 피해액 산정에 있어서 최초건축비에 경과연수별 물가상승률을 곱하여 재건축비를 구한 후 사용손모 및 경과연수에 대응한 감가공제하는 방식은?

① 간이평가방식
② 회계장부에 의한 피해액의 산정방식
③ 수리비에 의한 방식
④ 원시건축비에 의한 방식

해설
원시건축비에 의한 방식
대규모 구축물의 경우 설계도 및 시방서 등에 의해 최초건축비의 확인이 가능하므로 최초건축비에 경과연수별 물가상승률을 곱하여 재건축비를 구한 후 사용손모 및 경과연수에 대응하여 감가공제하는 방식에 의해 구축물의 화재로 인한 피해액을 산정할 수 있다.

79 화재현장조사서 작성 시 유의사항 중 옳지 않은 것은?

① 발화지점 및 화재원인 판정은 객관적인 증거자료(사진, 기타서류 등)를 첨부할 수 있다.
② 관계자 진술은 주관적인 것이므로 기재하지 않는다.
③ 필요한 경우 감식·감정결과통지서, 전기배선도, 연구자료, 재현실험결과, 참고문헌 등 참고자료를 첨부할 수 있다.
④ 필요한 경우 예상되는 상황 및 관련 조치사항 등도 기록할 수 있다.

해설
관계자 진술은 모두 기록한다.

80 화재피해액 산정에 있어서 건물화재로 볼 수 없는 것은?

① 신축 중인 방화구조건물에 지붕을 기와 등으로 다 이은 이후의 것에서 발생한 화재
② 신축 중인 내화건물에 슬래브의 콘크리트를 부어 넣은 시점 이후의 것에서 발생한 화재
③ 해체 중의 건물에서 벽, 바닥 등의 주요구조부의 해체가 시작된 시점에서 발생한 화재
④ 오래된 선박을 개조해서 일정한 장소에 고정하고 점포 등으로 이용하고 있는 것이 소손된 화재

해설
주요구조부의 해체를 시작한 시점부터 건물로 인정하지 않는다.

13 | 산업기사 기출문제

제1과목 화재조사론

01 다음 중 응상폭발에 해당되지 않는 것은?

① 분해폭발
② 수증기폭발
③ 증기폭발
④ 전선폭발

해설
물질상태에 따른 폭발의 분류

구 분	종 류
기상폭발	가스폭발, 분해폭발, 분진폭발, 분무폭발, 증기운폭발
응상폭발	수증기폭발, 증기폭발, 전선폭발

02 연소속도에 대한 설명으로 틀린 것은?

① 연소속도는 온도와 압력이 높을수록 빨라진다.
② 건물밀집지역에서 강풍 시 연소속도는 목조가 내화조보다 빠르다.
③ 연소속도는 일반적으로 대상물의 형태, 기상상태, 화재규모 및 경과시간 등에 따라 다르다.
④ 연소속도는 화재로 인한 연소생성물 중 이산화탄소와 질소 등의 농도가 높아지면 빨라진다.

해설
연소속도는 화재로 인한 연소생성물 중 이산화탄소와 질소 등의 농도가 낮아지면 빨라진다.

03 발화개소 판정 시 통전입증에 대한 방법 중 거리가 먼 것은?

① 현장조사는 부하측에서 전원측으로 순차적으로 확인한다.
② 분전반의 차단기 상태를 확인한다.
③ 전열기를 비롯한 각종 전기기구의 전원측 상태를 확인한다.
④ 플러그 및 콘센트 등 접속기구와 배선상태를 확인한다.

해설
통전상태를 입증하기 위해서 전열기를 비롯한 각종 전기기구의 부하측 상태를 확인한다. 즉, 부하측에서 전원측으로 진행하는 것이 원칙이다.

04 인화성 액체의 연소점, 인화점, 발화점의 온도 순서로 옳은 것은?

① 발화점 > 연소점 > 인화점
② 연소점 > 인화점 > 발화점
③ 인화점 > 발화점 > 연소점
④ 인화점 > 연소점 > 발화점

해설
• 인화점 : 연소범위에서 외부의 직접적인 점화원에 의하여 인화될 수 있는 최저 온도
• 발화점 : 외부의 직접적인 점화원이 없이 가열된 열의 축적에 의하여 발화가 되고 연소가 되는 최저의 온도
• 연소점 : 연소상태가 계속될 수 있는 온도로 인화점보다 대략 10℃ 정도 높은 온도로서 연소상태가 5초 이상 유지될 수 있는 온도
∴ 인화점 < 연소점 < 발화점

05 「소방의 화재조사에 관한 법률 시행령」에 따른 국가화재정보시스템 운영에 관한 사항에서 수집·관리해야 하는 내용으로 옳지 않은 것은?

① 관계인의 보험가입 정보 등에 관한 사항
② 소방시설 등의 설치·관리 및 작동 여부에 관한 사항
③ 복구활동에 관한 사항
④ 화재예방 관계 법령 등의 이행 및 위반 등에 관한 사항

해설

국가화재정보시스템의 운영(영 제14조 제1항)
소방청장은 국가화재정보시스템을 활용하여 다음 각 호의 화재정보를 수집·관리해야 한다.
1. 화재원인
2. 화재피해상황
3. 대응활동에 관한 사항
4. 소방시설 등의 설치·관리 및 작동 여부에 관한 사항
5. 화재발생건축물과 구조물, 화재유형별 화재위험성 등에 관한 사항
6. 화재예방 관계 법령 등의 이행 및 위반 등에 관한 사항
7. 법 제13조 제2항에 따른 관계인의 보험가입 정보 등에 관한 사항
8. 그 밖에 화재예방과 소방활동에 활용할 수 있는 정보

06 「소방의 화재조사에 관한 법률」상 화재조사 전담부서에서 갖추어야 할 장비와 시설 구분에 해당하지 않은 것은?

① 기록용 기기　　② 추가권장장비
③ 조명기기　　　④ 안전장비

해설

화재조사전담부서에서 갖추어야 할 장비와 시설 구분으로 ①·③·④ 외에 감식기기, 감정용 기기, 증거 수집 장비, 화재조사 차량, 보조장비, 화재조사 분석실, 화재조사 분석실 구성장비로 구분한다.

07 구획실 화재현상에서 단일 환기구가 있는 구획실 내부로의 공기흐름에 관한 설명으로 옳은 것은? (단, A는 개구부 면적, H는 개구부 높이이다)

① 공기흐름은 AH에 비례한다.
② 공기흐름은 $AH^{\frac{1}{2}}$에 비례한다.
③ 공기흐름은 $(AH)^{\frac{1}{2}}$에 비례한다.
④ 공기흐름은 $(AH)^2$에 비례한다.

해설

단일 환기구에서 공기의 흐름은 $A\sqrt{H} = AH^{\frac{1}{2}}$에 비례한다.

08 플래시오버에 영향을 미치는 요인이 아닌 것은?

① 열원의 종류
② 내장재료의 종류
③ 화원의 크기
④ 실의 개구율

해설

플래시오버(Flash Over) 발생에 영향을 미치는 요인
• 화원의 크기
• 가연물의 양 및 성질
• 개구부의 크기(개구율)
• 가연 내장재료
• 실의 넓이와 모양
• 화재실의 온도

09 목재의 수열에 의한 상태 및 형상변화에 대한 설명 중 틀린 것은?

① 100℃ 미만의 경우 틈새에 들어 있는 수분이 서서히 증발하여 건조된다.

② 160℃ 정도에서 분해가스가 갈색이 되며, 휘발성의 에스터가 나오기 시작한다.

③ 260℃에서는 분해가 급격하며 다량의 가스가 발생한다.

④ 300~350℃에서는 다른 화원이 없어도 타기 시작한다.

해설

약 420~470℃ 정도에서 화원 없이 발화한다.

10 연기가 유동하는 부력에 대한 설명으로 옳은 것은?

① 화재에 의한 온도는 연기밀도를 감소시켜 부력이 발생된다.

② 화염으로부터 연기가 이동할 때 온도는 높아진다.

③ 구획된 부분에서 부력은 천장에 닿자마자 사라진다.

④ 부력효과는 화염으로부터 거리가 증가할수록 증가된다.

해설

화재에 의한 온도는 연기밀도를 감소시켜 부력을 발생시키고 밀도가 낮은 연소가스는 상승하게 된다.

11 연소범위에 영향을 미치는 요소에 대한 설명으로 틀린 것은?

① 온도가 높아질수록 연소범위는 넓어진다.

② 압력이 높아지면 하한값은 크게 변하지 않으나 상한값은 높아진다.

③ 고온·고압의 경우 연소범위는 넓어진다.

④ 혼합기를 이루는 공기의 산소농도가 높을수록 연소범위는 좁아진다.

해설

혼합기를 이루는 공기의 산소농도가 높을수록 연소범위는 넓어진다.

12 수소 10%, 메탄 50%, 에탄 40%의 부피비로 혼합된 혼합기체가 있다. 이 혼합기체의 공기 중 폭발하한계는 몇 vol%인가? (단, 폭발범위는 수소 4~75vol%, 메탄 5~15vol%, 에탄 3.0~12.4vol%이다)

① 2.87　　　　② 3.87

③ 4.87　　　　④ 5.87

해설

르샤틀리에 법칙(Le Chatelier's Law)

두 종류 이상 가연성 가스의 혼합물이 있을 때 연소한계를 구하는 법칙

$$L = \cfrac{100}{\left\{\left(\cfrac{V_1}{L_1}\right) + \left(\cfrac{V_2}{L_2}\right) + \left(\cfrac{V_2}{L_2}\right) \cdots\right\}}$$

여기서, L : 혼합가스의 연소한계(%)

　　　 $V_1 \sim V_n$: 각 가연성 가스의 용량(%)

　　　 $L_1 \sim L_n$: 각 가연성 가스의 폭발한계(%)

$$L = \cfrac{100}{\left\{\left(\cfrac{V_1}{L_1}\right) + \left(\cfrac{V_2}{L_2}\right) + \left(\cfrac{V_2}{L_2}\right) \cdots\right\}}$$

$$= \cfrac{100}{\left(\cfrac{10}{4} + \cfrac{50}{5} + \cfrac{40}{3}\right)} = 3.87$$

13 블레비(BLEVE) 현상의 발생 메커니즘 순서로 옳은 것은?

① 액온상승 → 연성파괴 → 액격현상 → 취성파괴

② 액온상승 → 액격현상 → 취성파괴 → 연성파괴

③ 액온상승 → 취성파괴 → 액격현상 → 연성파괴

④ 액온상승 → 연성파괴 → 취성파괴 → 액격현상

블레비
- 정의 : 탱크화재 시 탱크상부가 가열되어 압력상승으로 탱크상부의 약한 부분이 파열되어 고열의 유류가 탱크 밖으로 나오며 급격한 폭발현상
- 발생과정 : 화재 → 액온상승 → 압력증가 → 연성파괴 → 액격현상 → 취성파괴 → 화구

14 다음 그림은 연소가 종료된 상황이다. 화재가 진행된 방향은?

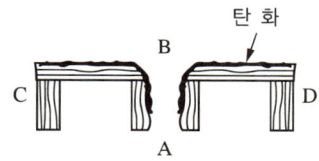
탄화

① A → B
② B → A
③ C → A, B
④ D → A, B

수평테이블 윗면이 연소되고 아래쪽은 연소되지 않았으므로 위에서 아래로 연소가 진행된 것이다.

15 연소생성물 중 일산화탄소는 인체 내 헤모글로빈과 결합하여 산소의 운반기능을 약화시켜 질식하게 하는 가스이다. 1~3분 내로 사망시킬 수 있는 공기 중 일산화탄소의 농도는 몇 %인가?

① 0.02%
② 0.32%
③ 0.64%
④ 1.28%

공기 중의 농도(%)	경과시간	인체반응
0.07	1시간	중독증세 나타남
0.2	1시간	위험
0.4	1시간	사망
1.0	1분	사망

16 상온, 상압에서 프로판(C_3H_8) 1kg을 완전연소시키기 위하여 공기는 약 몇 kg이 필요한가? (단, 공기 중 산소농도의 질량비는 23.15wt%이다)

① 3.64
② 7.28
③ 15.7
④ 17.3

$C_3H_8 + 5O_2 \rightarrow 3CO_2 + 4H_2O$: 프로판 1몰(44g)이 완전연소하려면 산소 5몰(160g)이 필요하다.

$44 : 160 = 1 : x$

그러므로 산소량 $x = 3.636$kg, 여기에서 공기량을 구해야 하므로 $\dfrac{3.636}{0.2315} = 15.7$kg

17 자연발화의 발생조건에 대한 설명으로 틀린 것은?

① 고온건조한 환경에서 자연발화를 촉진한다.

② 적층상태로 쌓아두면 자연발화를 촉진한다.

③ 열전도율이 좋지 않은 물질이 자연발화를 촉진한다.

④ 발열량이 큰 물질이 자연발화를 촉진한다.

자연발화는 습도가 높아야 일어나기 쉽다.

18 구획실화재의 화재성장에 대한 설명으로 틀린 것은?

① 플래시오버가 발생하기 위해서는 노출된 가연물이 복사발화를 일으킬 수 있을 정도로 충분히 높은 온도의 고온가스층이 형성되어야 한다.

② 구획실의 천장높이나 부피는 플래시오버 발생에 영향을 미치지 않는다.

③ 구획실에서 동일한 크기의 화재가 발생한 경우 화재플룸(Fire Plume)의 위치는 고온층의 절대온도에 영향을 미친다.

④ 연소 중인 가연물이 벽에서 떨어진 경우 사방에서 공기가 화재플룸(Fire Plume)으로 자유롭게 유입된다.

해설
플래시오버는 구획실의 천장높이, 환기조건 등에 영향을 받는다.

19 가스버너에서 일어나는 역화(Back Fire)의 원인이 아닌 것은?

① 버너가 과열되었을 때
② 혼합기체의 양이 너무 적을 때
③ 부식 등으로 노즐의 구멍이 작아졌을 때
④ 가스의 공급속도가 연소속도보다 클 때

해설
가스의 공급속도가 연소속도보다 클 때는 리프팅(Lifting) 현상이 발생한다.

20 유류에 의해 만들어진 패턴이 아닌 것은?

① 포어 패턴
② 스플래시 패턴
③ 도넛 패턴
④ 버터플라이 패턴

해설
버터플라이 패턴은 없다.

21 주차공간에서 차량화재 발생 시 발화원인 판단에 관한 설명으로 틀린 것은?

① 창유리의 비산상태로 화재가 차량 내부에서 일어났는지, 외부에서 일어났는지 판단할 수 있다.

② 엔진실 등 내부에서 발화된 경우 발화부에는 국부적인 철제부분의 변형형태가 남는다.

③ 파손된 유리창의 파단면에 충격파에 의한 리플마크가 있고 안쪽 부분이 그을려져 있으면 발화 전 인위적인 파손으로 볼 수 있다.

④ 전기적 발열에 의한 경우 고정부분에서의 절연피복손상으로 단락 발화하는 경우가 많다.

해설
파손된 유리창의 파단면에 충격파에 의한 리플마크가 있고 안쪽 부분이 그을려져 있으면 발화 후 소방관에 의한 파손이 있었을 가능성이 가장 높다.

22 산불 발생 시 산불에 약한 임상의 종류는?

① 이령림
② 택벌림
③ 혼효림
④ 일제동령림

해설
일제동령림은 한 가지 수종만 심는 것으로 산불에 취약하다.
• 나이가 현저하게 다른 수목이 혼합되어 구성된 삼림
• 이용목적에 알맞은 크기의 임목을 차례차례 자르고, 그 뒤에 천연갱신에 의해서 후계수를 길러 그 구조를 항상 변하지 않도록 한 산림
• 두 종류 이상의 수종으로 구성된 산림

23 급경사면에서의 상향사면 연소속도는 하향사면보다 몇 배 정도 빠르게 진행되는가?

① 4배 　　② 8배
③ 12배 　　④ 16배

해설
우리나라의 산불은 경사가 급해 평지보다 8배 빠르고, 급경사면에서의 상향사면 연소속도는 하향사면보다 16배 빠르다.

24 가스설비 정압기의 구성품이 아닌 것은?

① 다이어프램 　　② 스프링
③ 스톱링 　　④ 메인밸브

해설
정압기는 다이어프램, 스프링, 메인밸브로 구성된다.

25 담뱃불 발화 메커니즘 순서로 옳은 것은?

① 유염연소 → 열 축적 → 발화온도 도달 → 무염발화
② 무염연소 → 열 축적 → 발화온도 도달 → 유염발화
③ 열 축적 → 무염연소 → 발화온도 도달 → 무염발화
④ 열 축적 → 무염연소 → 발화온도 도달 → 유염발화

해설
담뱃불은 무염연소를 지속하다가 열 축적되어 유염발화한다.

26 pH = 3인 용액의 수소이온농도는 pH = 6인 용액의 수소이온농도의 몇 배인가?

① 3 　　② 100
③ 300 　　④ 1,000

해설
- $pH = -\log H^+$
- $3 = -\log H^+ = [H^+] = 10^{-3}$
- $6 = -\log H^+ = [H^+] = 10^{-6}$
- $\therefore 10^{-3-(-6)} = 10^3 = 1,000$배

27 트래킹현상의 진행과정을 순서대로 옳게 나열한 것은?

> ㄱ. 도전로의 분단과 미소발광 방전이 발생
> ㄴ. 절연재료 표면의 오염 등에 의한 도전로 형성
> ㄷ. 방전에 의한 표면의 탄화

① ㄱ → ㄴ → ㄷ
② ㄱ → ㄷ → ㄴ
③ ㄴ → ㄱ → ㄷ
④ ㄴ → ㄷ → ㄱ

해설
트래킹(Tracking)현상
전해질의 미소물질, 전해질을 함유하는 액체의 증기 또는 금속가루 등의 도체가 부착하면 그 절연물의 표면의 부착물 간에 소규모 방전이 발생, 이것이 반복되면 절연물의 표면에 점차로 도전성의 통로가 형성되는 것

28 방화원인의 동기유형 구분에 있어서 보험사기성 방화에 대한 집중조사사항으로 가장 거리가 먼 것은?

① 보험가입 전후 재정상황이 악화되어 기업을 청산해야 할 형편에 있었는지 여부를 조사한다.

② 재고나 유행이 지난 구식·구형의 의류, 기계, 물건이 다량으로 있었는지 여부를 조사한다.

③ 건물, 시설물의 법규위반이나 개·보수가 난감한 상태에 있었는지 여부를 조사한다.

④ 여러 가지 인간관계의 갈등 등으로 상대에 대한 원한을 품고 있었는지 여부를 조사한다.

해설
④는 우발적으로 일어나는 경우도 있다.

29 탄화수소 유도체의 물질명과 시성식이 잘못 연결된 것은?

① 알데하이드(Aldehyde) : R-CHO

② 에터(Ether) : R-COOH

③ 에스터(Ester) : R-COO-R'

④ 케톤(Ketone) : R-CO-R'

해설
R-COOH는 카르복실산이다. 에터는 R-O-R'이다.

30 방화현장의 일반적인 특징으로 틀린 것은?

① 단독범행이 많고 검거에 어려움이 있다.

② 주로 인적이 드문 야간에 많이 발생하며 조기 발견에 어려움이 있다.

③ 남성에 비해 여성에 의해 실행되는 빈도가 상대적으로 높다.

④ 인화성 물질, 신문지, 라이터 등의 가연물을 방화매개체로 사용하는 경우가 있다.

31 가스용기와 안전장치의 연결이 옳은 것은?

① LPG 용기(액화가스용기) : 스프링식 안전밸브

② 아세틸렌 용기 : 파열판식 안전밸브

③ 압축가스 용기(산소) : 가용합금식 안전밸브

④ 압축가스 용기(수소) : 스프링식과 파열판식의 2중 안전밸브

해설
안전밸브의 종류
• LPG 용기 : 스프링식
• 염소, 아세틸렌, 산화에틸렌 용기 : 가용전(가용합금식)
• 산소, 수소, 질소, 아르곤 등의 압축가스 용기 : 파열판식
• 초저온 용기 : 스프링식과 파열판식의 2중

32 전기화재 발생원인 중 다음에서 설명하는 것은?

전압코드 등이 눌림이나 꺾임이 반복되어 소선이 10% 이상 단선되고, 단선된 소선이 서로 접촉하여 아크와 열을 발생하여 화재에 이르는 것

① 트래킹   ② 반단선
③ 접촉불량   ④ 과전류

해설
반단선
전선 중 연선이 절연피복 내에서 일부 단선되어 그 부분에서 단선이 이어짐을 되풀이하는 상태

33 다음 중 항공기 보조동력장치의 소화용기 (Container) 내용물이 과도한 열로 인하여 외부로 배출되었을 때 나타나는 현상은?

① 온도방출지시기의 Red Disk가 이탈한다.
② 온도방출지시기의 Yellow Disk가 이탈한다.
③ 배출밸브가 열린다.
④ 조종실에 경고등이 들어온다.

해설
① 나트륨은 출화부위에 남아 있는 물이 알칼리성을 띠는지 조사한다.
③ 알칼리금속은 연소 시 나트륨은 황색, 칼륨은 보라색 불꽃이 생성된다.
④ 모노실란(SiH_4)의 연소 반응식은 $SiH_4 + 2O_2 \rightarrow SiO_2 + 2H_2O$으로 모노실란 연소 후에는 백색 분말의 이산화규소(SiO_2) 생성 여부로 확인한다.

34 발화온도가 낮은 것에서 높은 순서로 옳게 나열된 것은?

① 셀룰로이드 < 명주 < 나무(목재)
② 나무(목재) < 셀룰로이드 < 명주
③ 나무(목재) < 명주 < 셀룰로이드
④ 셀룰로이드 < 나무(목재) < 명주

해설
셀룰로이드(180℃) < 나무(490℃) < 명주(650℃)

36 선박의 화재예방을 위해 검사하는 항목이 아닌 것은?

① 배터리 단자의 단락 여부
② 연료유탱크의 누유 여부
③ 계선 및 양묘설비의 작동 여부
④ 전선의 절연저항 측정

해설
계선설비는 소형선박의 계류에 필요한 장치와 줄을 말하며 양묘설비는 닻과 쇠사슬 또는 로프 등으로 화재예방 항목과는 관계가 없다.

35 화학물질에 관한 화재조사요령으로 옳은 것은?

① 나트륨은 출화부위에 남아 있는 물이 산성을 띠는지 조사한다.
② 나이트로셀룰로오스는 저장용기의 파손, 부식 등의 보관상태를 조사하여 알코올의 증발 여부를 판단한다.
③ 알칼리금속은 연소 시 나트륨은 보라색, 칼륨은 황색, 리튬은 녹색불꽃이 생성되므로 화재 초기 목격자의 진술을 확보한다.
④ 모노실란은 연소 후 백색분말의 수산화나트륨 생성 여부로 판단한다.

37 가솔린자동차의 엔진에 대한 설명으로 옳은 것은?

① 연료의 공급방식은 카뷰레터방식과 분사방식으로 나뉜다.
② 실린더의 냉각방식은 공랭식과 수냉식으로 나뉜다.
③ 실린더의 배열방식은 수직대향형, V형, 직렬형이 있다.
④ 작동방법은 2사이클 엔진, 3사이클 엔진, 4사이클 엔진으로 나뉜다.

38 가연물의 착화성에 대한 설명으로 틀린 것은?

① 종이, 섬유류보다는 기체상태의 가연성 증기가 착화하기 쉽다.
② 초기 가연물이 전기배선인 경우 전선피복에 착화할 수 있다.
③ 전선의 단락 시 발생하는 열은 목재, 플라스틱 등 단면적이 큰 물질을 착화시키기 어렵다.
④ 플라스틱은 일반적으로 저온상태에서도 작은 점화원에 의해 쉽게 착화된다.

해설
플라스틱은 저온에서 착화되기 어렵다.

39 차량화재 가연물 중 발화성 액체에 대한 설명으로 옳은 것은?

① 차량에 사용되는 발화성 액체에는 가솔린, 메탄올, 폴리카보네이트 등이 있다.
② 차량에 사용되는 발화성 액체는 방화행위로 인해 발화원과 접촉할 수는 있지만, 차량시스템의 충돌로는 접촉이 어렵다.
③ 액체연료가 분무상으로 분출될 경우 인화점은 착화의 중요한 요인으로 작용한다.
④ 온도가 높은 외부 표면에 착화되려면 인화점보다 최소 200℃ 이상 높아야 한다.

해설
차량의 발화성 액체는 가솔린, 경유, 브레이크액 등이 해당된다. 발화성 액체는 차량시스템의 충돌로 접촉이 쉽고 분무상으로 분출될 경우 발화점은 착화의 중요한 요인으로 작용하기도 한다.

40 유염연소에 해당하는 것으로만 나열한 것은?

① 모닥불, 성냥불
② 담뱃불, 모기향
③ 용접불티, 모닥불
④ 성냥불, 용접불티

제3과목 **증거물관리 및 법과학**

41 화재로 인한 시체에 대한 설명으로 틀린 것은?

① 인체는 70% 이상이 수분으로 이루어져 있어 화재 시 연소되지 않는다.
② 화재로 인해 사망한 시체에서는 시반이 발견된다.
③ 손바닥에 과다한 그을음이 부착된 것은 화재 시 생존해 있었음을 나타내는 것이다.
④ 시체의 호흡기 계통에서 그을음이 발견되는 것은 화재 시 생존해 있었다는 것이다.

해설
인체는 지방질이 많아 일단 불이 붙으면 화재에 의해 연소가 진행되고 탄화된다.

42 화재현장사진 및 비디오 촬영 시 유의사항으로 틀린 것은?

① 화재조사요원은 규모가 작은 화재는 사진촬영 등을 생략할 수 있다.

② 최초 도착하였을 때의 원상태를 그대로 촬영하여야 한다.

③ 소재와 상태가 명백히 나타나도록 하고 필요에 따라 구분이 용이하게 번호표 등을 넣어 촬영한다.

④ 연소확대 경로 및 증거물 기록에 대한 번호표와 화살표를 표시한 후에 촬영하여야 한다.

해설
규모에 상관없이 사진 촬영은 반드시 실시하여 증거로 기록하여야 한다.

43 유류가 흡수된 증거물 수집 시 화학흡착제법이 적절한 것은?

① 모 래 　　　　② 흙
③ 비닐장판 　　④ 콘크리트

해설
콘크리트 표면 등과 같은 다공성 물질에 갇힌 액체촉진제의 채취방법으로 석회와 같은 흡수제나 규조토 또는 밀가루를 사용한다. 이러한 수집방법은 콘크리트 표면에 흡수제를 흡입시키는 것이 필요한데, 그때는 20~30분 정도의 시간을 유지해야 하며, 밀폐된 용기 내부를 깨끗이 해야 할 필요가 있다.

44 화면의 중심부를 70% 정도 변두리쪽은 30% 비중으로 측광하여 평균을 내는 측광방식은?

① 평균 측광 　　　② 중앙부중점 측광
③ 스팟 측광 　　　④ 다분할 측광

해설
중앙부중점 측광
화면 전체 평균측광에 중앙(中央)부의 중점 측광값을 더하되 중앙부에 더 가점을 주고 계산해서 평균값을 결정하는 방식이다(예 여행지에서 피사체가 중앙부에 위치해 있을 때 주로 사용).

45 석고벽 표면이 지속적인 열에 의해 회백색으로 변하는 현상은?

① 연 화 　　　　② 하 소
③ 탈 색 　　　　④ 발 포

해설
하 소
화재로 석고보드가 화학적 변화를 일으켜 재로 되는 것

46 연소생성물 중 알데하이드형태의 화합물인 맹독성 물질은?

① 시안화수소 　　② 포스겐
③ 염화수소 　　　④ 아크롤레인

해설
아크롤레인(CH_2CHCHO)
석유제품, 나무, 종이, 유지류 등이 연소될 때 생성되는 맹독성 가스로 가장 독성이 강하며 1~10ppm이면 즉사한다.

47 화재조사자가 작성하는 서식이 아닌 것은?

① 방화·방화의심조사서
② 소방시설등 활용조사서
③ 화재사후조사의뢰서
④ 화재·구조·구급상황보고서

해설
화재사후조사의뢰서는 화재가 발생한 관계인 등 민원인이 소방서장에게 화재조사를 의뢰할 때 제출하는 서식이다.

48 촉진제에 의한 방화현장의 천장에서 관찰되는 화재패턴 증거는?

① V 패턴
② U 패턴
③ 모래시계 패턴
④ 원형 패턴

49 액체촉진제가 콘크리트바닥과 같은 다공성 물질에 갇혀 있는 경우 채취방법으로 틀린 것은?

① 물을 부어 액체촉진제를 떠오르게 하여 채취한다.
② 베이킹파우더가 들어 있지 않은 밀가루를 붙여 채취한다.
③ 석회를 표면에 발라 채취한다.
④ 규조토를 20~30분 동안 표면에 발라 채취한다.

해설
콘크리트 표면 등과 같은 다공성 물질에 갇힌 액체촉진제의 채취방법으로 석회와 같은 흡수제나 규조토 또는 밀가루를 사용한다. 이러한 수집방법은 콘크리트 표면에 흡수제를 흡입시키는 것이 필요한데, 그때는 20~30분 정도의 시간을 유지해야 하며, 밀폐된 용기 내부를 깨끗이 해야 할 필요가 있다.

50 화재폭발사건을 시간의 순서에 따라 그래픽 또는 서술식으로 묘사하는 조사방법은?

① PERT
② 타임라인
③ 시스템분석
④ 컴퓨터모델링

해설
타임라인
사건을 각 순서에 맞게 배열하고 시간의 흐름에 맞게 배열하는 작업이다.

51 열에 의한 유리창 파손의 원인은?

① 내부충격
② 외부충격
③ 내부응력
④ 내부파괴력

해설
열에 의한 파손형태는 내부응력의 차이에 따라 파손되는 것으로 파단선이 곡선을 나타낸다.

52 물질의 열팽창 및 변형에 대한 설명으로 옳은 것은?

① 금속은 열팽창계수가 작을수록 변형이 일어나기 쉽다.
② 금속의 변형은 해당 물질이 용융점 이상으로 가열된 것을 의미한다.
③ 직각으로 세워져 있는 금속은 화염과 접촉한 방향으로 휜다.
④ 열팽창은 석회 벽면에서도 발생한다.

해설
① 금속은 열팽창계수가 클수록 변형이 일어나기 쉽다.
② 금속의 변형은 해당 물질이 용융점 이상으로 가열된 것을 의미하지 않는다.
③ 직각으로 세워져 있는 금속은 화염과 접촉한 반대방향으로 휜다.

53 금속원소를 분석하는 방법으로 옳은 것은?

① 가스크로마토그래피
② 적외선분광광도계
③ 엑스레이형광분석
④ 질량분석법

해설
①·②·④는 화학물질을 밝혀내기 위해 액체나 기체를 대상으로 한다.

54 방화로 인하여 나타나는 물적증거물의 연소 형태에 대한 설명으로 틀린 것은?

① 연소시간에 비하여 연소면적이 넓다.
② 연소시간과 면적에 비해 탄화심도가 깊다.
③ 대부분 불규칙한 연소형태로 연소방향의 식별이 어렵다.
④ 방화도구가 물증으로 현장에 남는 경우가 많다.

해설
연소시간과 면적에 비해 탄화심도가 깊지 않은 것이 특징이다.

55 전신적 생활반응에서 나타나는 현상은?

① 출혈과 응혈   ② 국소적 빈혈
③ 수 포   ④ 선홍색 시반

해설
①·②·③은 국소적 생활반응의 형태이고, 선홍색 시반은 전신적 생활반응으로, 대표적으로 일산화탄소 중독 시 나타난다.

56 일산화탄소 질식사에 대한 설명으로 옳은 것은?

① 일산화탄소에 의한 질식사보다 이산화탄소에 의한 질식사가 많다.
② 일산화탄소는 혈액 속 헤모글로빈과 결합하여 메타글로빈이라 불리는 복잡한 형태를 갖는다.
③ 일산화탄소는 조직으로 남은 산소를 전달하는 것을 방해한다.
④ 일산화탄소는 신체세포에서 기초에너지 생산과정을 방해하지 않는다.

해설
일산화탄소는 체내 산소를 전달하는 것을 방해하여 사망에 이르게 한다.

57 「화재증거물수집관리규칙」상 입수한 증거물을 포장하고 상세정보를 작성할 때 기록하는 것이 아닌 것은?

① 수집장소   ② 수집자
③ 봉인자   ④ 이송자

해설
화재증거물

화재증거물	
수집일시 _____	증거물번호 _____
수집장소 _____	화재조사번호 _____
수집자 _____	소방서 _____
증거물내용 _____	
_____	
봉인자 _____	봉인일시 _____

58 목재의 탄화 시 형성되는 균열의 크기를 결정하는 가장 큰 요인은?

① 온 도
② 산소량
③ 목재의 형태
④ 목재의 크기

해설
목재의 탄화와 가장 관계가 깊은 것은 온도이다. 열이 강할수록 균열이 깊게 생성된다.

59 물리적 증거물 수집 · 유지 · 보존방법으로 틀린 것은?

① 증거물을 수집할 때에는 휘발성이 낮은 것에서 높은 순서로 진행해야 한다.

② 증거물의 소손 또는 소실 정도가 심하여 증거물의 일부분 또는 전체가 유실될 우려가 있는 경우에는 증거물을 밀봉하여야 한다.

③ 증거물이 파손될 우려가 있는 경우에는 충격금지 및 취급방법에 대한 주의사항을 증거물의 포장 외측에 적절하게 표기하여야 한다.

④ 증거물 수집과정에서는 증거물의 수집자, 수집일자, 상황 등에 대하여 기록을 남겨야 한다.

해설
휘발성이 높은 것부터 낮은 순으로 증거물을 수집한다.

60 화재현장을 목격한 관계자에게 질문을 하고자 할 경우 옳은 것은?

① 관계자에게 질문을 할 경우에는 이해관계가 있는 제3자가 참석하여야 한다.

② 관계자가 최초에 연소하였다고 진술한 부분이 바로 발화지점이다.

③ 정확한 화재원인을 파악하기 위해서는 유도질문도 인정된다.

④ 관계자에 대한 질문은 발화건물 및 화재발생의 원인 등을 추정하는 데 필요한 정보로 활용한다.

해설
관계자에게 유도질문을 받아서는 안 된다.

61 화재현장조사서 작성 시 도면작성요령으로 가장 거리가 먼 것은?

① 인접건물을 중심으로 한 건물배치도

② 증거물건의 위치 등 발화지점의 평면도

③ 실배치를 중심으로 소손건물의 각층 평면도

④ 수용물의 개요를 중심으로 소손건물의 각층 평면도

해설
건물배치도는 화재가 발생한 건물을 중심으로 작성하여야 한다.

62 「소방의 화재조사에 관한 법률」상 화재조사 시 출입 · 조사 등에서 규정한 권한이 아닌 것은?

① 질문권   ② 압류권

③ 출입조사권   ④ 자료제출명령권

해설
압류권은 해당되지 않는다.

63 화재피해액 산정 시 소손 정도에 따른 손해율 적용에서 전부손해(손해율 100%)로 볼 수 있는 것은?

① 공동주택의 주요 구조체는 재사용이 가능하나 기타 부분의 재사용이 불가능한 경우

② 부대설비의 손해 정도가 다소 심한 경우

③ 전동공구가 50% 이상 소손되고, 그을음 및 수침오염 정도가 심한 경우

④ 가재도구가 오염, 수침손을 입은 경우

100% 손해율
- 건물 : 주요 구조체의 재사용이 불가능한 경우
- 부대설비 : 불에 타거나 변형되고 그을음과 수침 정도가 심한 경우
- 공구 및 기구 : 50% 이상 소손되고, 그을음 및 수침 오염 정도가 심한 경우
- 가재도구 : 50% 이상 소손되고, 수침오염 정도가 심한 경우

64 화재피해조사서 작성 시 유의사항으로 옳은 것은?

① 2주 이상 입원치료를 필요로 하는 부상은 중상으로 기재한다.
② 화재현장에서 부상을 당한 후 72시간 이내에 사망한 경우에는 당해 화재로 인한 사망으로 본다.
③ 화재현장에서 부상을 당했으나 입원치료를 필요로 하지 않는 경우 부상으로 기재하지 않는다.
④ 4주 이하의 입원치료를 필요로 하는 부상은 경상으로 기재한다.

사상자(제36조)
- 사상자 : 화재현장에서 사망 또는 부상당한 사람을 말한다.
- 부상자의 사망기준 : 화재현장에서 부상을 당한 후 72시간 이내에 사망한 경우에는 당해 화재로 인한 사망자로 본다.
- 부상의 구분 : 부상 정도가 의사의 진단을 기초로 하여 다음과 같이 분류한다(제37조).
  - 중상 : 3주 이상의 입원치료를 필요로 하는 부상
  - 경상 : 중상 이외의 부상(입원치료를 필요로 하지 않는 것도 포함)

65 화재발생종합보고서 작성 시 질문기록서 작성을 생략할 수 있는 화재가 아닌 것은?

① 전봇대 화재
② 자동차 화재
③ 가로등 화재
④ 임야 화재

질문기록서는 전봇대, 가로등, 임야 화재의 경우 생략할 수 있다.

66 건물의 동수 산정기준으로 틀린 것은?

① 주요구조부가 하나로 연결되어 있는 것은 같은 동으로 본다. 다만, 건널복도 등으로 2 이상의 동이 연결되어 있는 것은 그 부분을 절반으로 분리하여 각 동으로 본다.
② 건물의 외벽을 이용하여 실을 만들어 헛간, 목욕탕, 작업실, 사무실 및 기타 건물 용도로 사용하고 있는 것은 주건물과 같은 동으로 본다.
③ 목조 또는 내화조 건물의 경우 격벽으로 방화구획이 되어 있는 경우도 다른 동으로 본다.
④ 독립된 건물과 건물 사이에 차광막, 비막이 등의 덮개를 설치하고 그 밑을 통로 등으로 사용하는 경우는 다른 동으로 한다.

목조 또는 내화조 건물의 경우 격벽으로 방화구획이 되어 있는 경우도 같은 동으로 한다.

67 「화재조사 및 보고규정」상 조사 및 피해액 산정에 대한 설명으로 옳은 것은?

① 화재조사관은 현장활동과 동시에 조사활동을 개시하여야 한다.

② 건물 등 자산에 대한 내용연수는 화재조사관이 정한다.

③ 건물 등 자산에 대한 최종 잔가율은 건물, 부대설비, 구축물, 가재도구는 30%로 하며 그 이외의 자산은 20%로 정한다.

④ 화재피해액은 화재 당시의 피해물과 동일한 구조, 용도, 질, 규모를 재건축 또는 재구입하는 데 소요되는 가액에서 사용손모 및 경과연수에 따른 감가공제를 하고 현재가액을 산정하는 실질적·구체적 방식에 따른다.

> **해설**
> ① 화재조사관은 화재발생을 인지함과 즉시에 화재조사를 시작하여야 한다.
> ② 건물 등 자산에 대한 내용연수는 매뉴얼에서 정한 바에 따른다.
> ③ 건물 등 자산에 대한 최종잔가율은 건물, 부대설비, 구축물, 가재도구는 20%로 하며 그 이외의 자산은 10%로 정한다.

68 화재건수 결정에 대한 설명으로 틀린 것은?

① 동일범이 아닌 각기 다른 사람에 의한 방화는 동일 대상물에서 발생했더라도 각각 별건의 화재로 보아 각각 보고서를 작성한다.

② 발화지점이 한 곳인 화재현장이 관할구역이 2개소 이상 걸쳐 발생한 화재는 별건의 화재로 보아 해당 관할구역에서 각각 보고서를 작성한다.

③ 동일 소방대상물의 발화점이 2개소 이상 있는 지진, 낙뢰 등 자연현상에 의한 다발화재는 1건의 화재로 보아 보고서를 1건만 작성한다.

④ 동일 소방대상물의 발화점이 2개소 이상 있는 누전점이 동일한 누전에 의한 화재는 1건의 화재로 보아 보고서를 1건만 작성한다.

> **해설**
> 발화지점이 한 곳인 화재현장이 둘 이상의 관할구역에 걸친 화재는 발화지점이 속한 소방서에서 1건의 화재로 산정한다.

69 「화재조사 및 보고규정」에 따른 조사보고에 관한 기준으로 틀린 것은?

① 종합상황실장이 상급 종합상황실에 지체 없이 보고해야 하는 화재의 경우 화재 인지로부터 30일 이내에 보고해야 한다.

② 조사 보고일을 연장한 경우 그 사유가 해소된 날부터 10일 이내에 소방관서장에게 조사결과를 보고해야 한다.

③ 종합상황실장이 상급 종합상황실에 지체 없이 보고해야 하는 화재 이외의 경우 화재 인지로부터 10일 이내에 보고해야 한다.

④ 규정된 조사기간을 초과하여 조사가 필요한 경우 그 사유를 사전보고 후 필요한 기간만큼 조사 보고일을 연장할 수 있다.

> **해설**
> **조사보고**
> 종합상황실장이 상급 종합상황실에 지체 없이 보고해야 하는 화재 이외의 화재는 조사서류를 작성하여 화재 발생일로부터 15일 이내에 보고해야 한다.

70 화재피해액의 산정 대상 중 산정기준이 다른 대상은?

① 동 물　　　　　② 식 물
③ 차 량　　　　　④ 임야의 입목

> **해설**
> 동물, 식물, 차량은 시중 매매가격으로 산정한다. 임야의 입목은 소실 전의 입목가격에서 소실한 입목의 잔존가격을 뺀 가격으로 한다. 단, 피해산정이 곤란할 경우 소실면적 등 피해 규모만 산정할 수 있다.

71 재건축 또는 재취득에 소요되는 비용에서 사용기간의 감가수정액을 공제하는 방법으로 피해액을 산정하는 방식은?

① 수익환원법
② 단성식평가법
③ 복성식평가법
④ 피해사례분석법

해설
복성식평가법
재건축 또는 재취득하는 데 소요되는 비용에서 사용기간의 감가수정액을 공제하는 방법으로 대부분의 물적 피해액 산정에 널리 사용되고 있다.

72 화재현장조사서의 화재발생 개요에 해당하지 않는 것은?

① 화재원인
② 장 소
③ 대상물 구조
④ 인명피해

73 화재의 소실 정도에 의한 분류 중 선박의 60%가 소실되고 잔존부분을 보수하여도 재사용이 불가능한 것을 무엇으로 분류하는가?

① 전 소　　　② 반 소
③ 부분소　　　④ 즉 소

해설
전소는 소실률이 건물의 70% 이상(입체면적에 대한 비율)이 소실된 화재나 그 미만이라도 잔존부분이 보수를 하여도 재사용 불가능한 것을 말한다.

74 「화재조사 및 보고규정」에 따른 용어의 정의로 옳은 것은?

① "최종잔가율"이란 피해물의 내용연수가 다한 경우 잔존하는 가치의 재구입비에 대한 비율을 말한다.
② "손해율"이란 화재 당시에 피해물의 재구입비에 대한 현재가의 비율을 말한다.
③ "잔가율"이란 피해물의 종류, 손상 상태 및 정도에 따라 피해금액을 적정화시키는 일정한 비율을 말한다.
④ "재조달가액"이란 화재 당시의 피해물과 같거나 비슷한 것을 재건축(설계 감리비를 포함한다) 또는 재취득하는 데 필요한 금액을 말한다.

해설
② 잔가율
③ 손해율
④ 재구입비

75 화재피해액 산정에 있어서 항공기 및 선박 등의 현재시가를 정하는 방법은?

① 구입 시 가격
② 재구입 가격
③ 구입 시 가격에서 사용기간 감가액을 뺀 가격
④ 재구입 가격에서 사용기간 감가액을 뺀 가격

해설
항공기 및 선박은 구입 시 가격에서 사용기간 감가액을 뺀 가격으로 한다.

76 다음은 「소방의 화재조사에 관한 법률」에 따른 내용이다. ( )에 알맞은 것은?

> 소방청장은 화재조사 결과, 화재원인, 피해상황 등에 관한 화재정보를 종합적으로 수집·관리하여 화재예방과 소방활동에 활용할 수 있는 ( )을 구축·운영하여야 한다.

① 시·도화재정보시스템
② 화재조사결과보고시스템
③ 국가화재출동시스템
④ 국가화재정보시스템

해설
국가화재정보시스템의 구축·운영(법 제19조)
① 소방청장은 화재조사 결과, 화재원인, 피해상황 등에 관한 화재정보를 종합적으로 수집·관리하여 화재예방과 소방활동에 활용할 수 있는 국가화재정보시스템을 구축·운영하여야 한다.
② 제1항에 따른 화재정보의 수집·관리 및 활용 등에 필요한 사항은 대통령령으로 정한다.

77 피해액 산정 대상의 종류·상태, 거주인원, 면적, 단위당 가격별 기준액에 가중치를 고려하여 피해액을 산정할 수 있는 것은?

① 건 물
② 부대설비
③ 영업시설
④ 가재도구

해설
가재도구의 간이평가방식에 대한 설명이다.

78 「화재조사 및 보고규정」에서 화재발생일로부터 30일 이내에 보고해야 하는 화재에 해당하지 않는 것은?

① 항공기화재
② 관공서화재
③ 문화유산화재
④ 지하철화재

해설
화재발생일로부터 30일 이내에 보고해야 하는 화재
• 사망자가 5인 이상 발생하거나 사상자가 10인 이상 발생한 화재
• 이재민이 100인 이상 발생한 화재
• 재산피해액이 50억원 이상 발생한 화재
• 관공서·학교·정부미도정공장·문화유산·지하철 또는 지하구의 화재
• 관광호텔, 층수가 11층 이상인 건축물, 지하상가, 시장, 백화점, 지정수량의 3천배 이상의 위험물의 제조소·저장소·취급소, 층수가 5층 이상이거나 객실이 30실 이상인 숙박시설, 층수가 5층 이상이거나 병상이 30개 이상인 종합병원·정신병원·한방병원·요양소, 연면적 1만 5천 제곱미터 이상인 공장 또는 화재예방강화지구에서 발생한 화재
• 철도차량, 항구에 매어둔 총 톤수가 1천톤 이상인 선박, 항공기, 발전소 또는 변전소에서 발생한 화재
• 가스 및 화약류의 폭발에 의한 화재
• 다중이용업소의 화재
• 긴급구조통제단장의 현장지휘가 필요한 재난상황
• 언론에 보도된 재난상황
• 그 밖에 소방청장이 정하는 재난상황

79 산정 대상별 화재피해액 산정기준으로 옳은 것은?

① 잔존물 제거 : 화재피해액×10%
② 영업시설 : m²당 표준단가×소실면적×[1 − (0.8×경과연수 / 내용연수)]×손해율
③ 건물 : 신축단가(m²당)×소실면적×[1 − (0.9×경과연수 / 내용연수)]×손해율
④ 부대설비 : 건물신축단가×소실면적×설비종류별 재설비 비율×[1 − (0.9×경과연수 / 내용연수)]×손해율

해설
화재피해액 산정기준
• 잔존물 제거 : 화재피해액×10%
• 영업시설 : m²당 표준단가×소실면적×[1 − (0.9×경과연수 / 내용연수)]×손해율
• 건물 : 신축단가(m²당)×소실면적×[1 − (0.8×경과년수 / 내용년수)]×손해율
• 부대설비 : 건물신축단가×소실면적×설비종류별 재설비 비율×[1 − (0.8×경과연수 / 내용연수)]×손해율

80 「소방의 화재조사에 관한 법률령」상 화재감정결과의 통보 등에 관한 사항으로 옳지 않은 것은?

① 화재감정기관의 장은 감정 결과를 통보할 때 감정을 의뢰받았던 증거물 등 감정 대상물을 반환해야 한다.
② 화재감정기관의 장은 감정이 완료되면 감정 결과를 감정을 의뢰한 소방관서장에게 지체 없이 통보해야 한다.
③ 화재감정기관의 장은 행정안전부령으로 정하는 기간 동안 감정 결과 및 감정 관련 자료(데이터 파일을 포함한다)를 보존해야 한다.
④ 지정이 취소된 화재감정기관은 지정이 취소된 날부터 10일 이내에 화재감정기관 지정서를 반환해야 한다.

해설
화재감정기관의 장은 소방청장이 정하는 기간 동안 감정 결과 및 감정 관련 자료(데이터 파일을 포함한다)를 보존해야 한다.

14 | 2회 산업기사 기출문제

화재조사론

01 유류탱크화재에서 발생하는 현상으로 옳지 않은 것은?

① 보일오버   ② 슬롭오버

③ 프로스오버   ④ 플래시오버

해설

유류화재의 현상

- 보일오버(Boil Over) : 저장소 하부에 고인물이 격심한 증발을 일으키면서 불붙은 석유를 분출시키는 현상
- 슬롭오버(Slop Over) : 소화를 목적으로 투입된 물이 고온의 석유에 닿자마자 격한 증발을 하면서 불붙은 석유와 함께 분출되는 현상
- 프로스오버(Froth Over) : 비점이 높아 액체 상태에서도 100℃가 넘는 고온으로 존재할 수 있는 석유류와 접촉한 물이 격한 증발을 일으키면서 석유류와 함께 거품 상태로 넘쳐나는 현상

02 연소에 대한 설명으로 옳은 것은?

① 불완전연소보다 완전연소 시 화염온도가 높다.

② 불완전연소일 때 연기의 색은 무색이다.

③ 화염의 색은 공기유입량과 상관관계가 없다.

④ 일산화탄소로 인하여 연기의 색은 검은색이다.

해설

- 완전연소 : 산소의 공급이 충분하여 연소의 온도가 높으며 가연성 원소가 완전히 산화되어 CO_2 등의 연소생성물이 발생되는 연소
- 불완전연소 : 산소의 공급이 불충분하여 연소의 온도가 낮으며 가연성 원소가 완전히 산화되지 못하여 CO 등의 연소생성물이 발생되는 연소
- ※ ②・④ 가연성 물질이 불완전연소 시 탄소성분의 미립자(그을음)가 연기에 섞이게 되어 검은색을 띠게 되고, 연소 시 각종 미립자들과 수증기가 섞이게 되면 흰색 또는 회색으로 보이게 된다.

03 화재 시 가연물의 연소생성물에 대한 설명으로 틀린 것은?

① 수소와 탄소만 함유된 탄화수소계 연료가 완전연소되면 이산화탄소와 물이 생성된다.

② 연소생성물은 기체 상태로만 존재한다.

③ 실크, 양모와 같이 질소를 함유하고 있는 물질이 연소하면 시안화수소가 생성된다.

④ 연소 시 공기가 부족하면 그을음과 일산화탄소 발생이 증가한다.

해설

연소생성물질은 연기, 열, 화염, 연소가스로 기체만 존재하는 것이 아니고 기체, 액체, 고체 모두 존재한다.

- 일반가연물의 연소생성물 : 수증기, CO, CO_2, 아황산가스
- 완전연소 시 생성물 : 이산화탄소, 수증기, 아황산가스, 이산화질소, 오산화인, 할로젠화물
- 불완전연소 시 생성물 : 일산화탄소, 시안화수소, 암모니아

1 ④   2 ①   3 ②   **정답**

04 연소의 4요소에 대한 설명으로 틀린 것은?

① 단열압축, 마찰, 충격은 기계적 점화원에 해당된다.

② 연쇄반응이 일어나기 위해서는 활성기(Radical)가 생성되어야 한다.

③ 제1류 위험물과 제6류 위험물은 가연물의 연소 시 산소공급원 역할을 한다.

④ 가연물은 대부분 활성화 에너지와 열전도도가 큰 물질이다.

> **해설**
> **가연물의 구비조건**
> • 활성화 에너지가 작을 것 : 화학반응을 일으킬 때 필요한 최소에너지(활성화 에너지)의 값이 작아야 한다.
> • 열전도도가 작을 것 : 열의 축적이 용이하도록 열전도의 값이 작아야 한다.

05 목재 온도가 420~470℃일 때 탄화형상으로 옳은 것은?

① 목재가열 개시, 수분량 증발

② 갈색에서 흑갈색으로 변화

③ 목재의 급격한 분해시작

④ 발화 및 탄화종료

> **해설**
> 300~350℃에서 목재가 탄화종료된 후 420~470℃에서 발화된다.

06 화재관계자에게 질문 시 유의할 사항이 아닌 것은?

① 개인의 사생활이 존중될 수 있도록 배려하고 임의 진술 확보에 주력한다.

② 질문 시 선입관을 배제하고 유도질문을 삼간다.

③ 관계자에 대한 질문 시 화재와 이해관계가 있는 제3자와는 격리조치한 후 진술을 얻도록 한다.

④ 현장의 연소상황과 일치되지 않는 목격자 진술은 배제한다.

> **해설**
> 특정현상이나 논리적인 명확한 증거뿐만 아니라 목격자의 불명확한 진술도 증거자료로서의 가치가 있다.
> **모순된 데이터**
> 일부 연소패턴과 목격자 진술에서 모순되는 데이터가 발생될 때는 불완전한 데이터로 인해 결정이 더 어려워질 수 있으므로 해결이 불가능할 경우에는 발화지점 가설을 재평가한다.

07 플래시오버(Flash Over)현상에 대한 설명으로 옳은 것은?

① 발생하기 전 가연성 기체의 온도는 인화점 이상이다.

② 발생하기 전 실내의 산소농도는 연소에 필요한 농도 이하이다.

③ 항상 충격파가 수반된다.

④ 발생원인은 천장부 열기층의 온도의 상승이다.

> **해설**
> 연소상황은 가구 등에서 천장면까지 화재가 확대되며, 실내 전체에 화염이 확산되는 최성기의 전초단계로 플래시오버의 발생원인이다.

08 화재현장 발굴 시 유의사항에 대한 설명 중 적절하지 않은 것은?

① 원인규명을 위해 현장에 임장한 화재조사관이 조사 도중에 원인을 훼손하거나 제거시킬 수 있다는 점을 염두에 두어야 한다.

② 연소가 다른 곳보다 심하면 발화부라고 확정해도 무방하다.

③ 바닥에 고정시켜 놓거나 정착시켜 놓았던 물건과 가구 등은 가급적 이동과 조작을 금한다.

④ 불에 타지 않는 불연재의 물건 등은 열을 받아서 수열 변색된 상태로 살피고 이것을 단서로 소손상황을 더듬어 가는 데 참조한다.

> **해설**
> 연소가 다른 곳보다 심한 경우는 가연물량이 많거나 산소공급량이 많을 때도 발생할 수 있으므로 함부로 발화부라고 확정해서는 안 된다.

09 화재조사관의 안전장비에 대한 설명으로 틀린 것은?

① 호흡기 보호 : 방진마스크

② 피부 보호 : 보호용 작업복

③ 신체상해 방호 : 안전화

④ 눈의 방호 : 안전고리

> **해설**
> 눈의 방호는 보안경이다.

10 불타고 있는 물체가 떨어지거나 무너지면서 화재가 확산되는 현상은?

① 박리(Spalling)

② 하소(Calcination)

③ 백화현상(Clean Burn)

④ 드롭다운(Drop Down)

> **해설**
> **드롭다운**
> 화염이 휩싸인 상층부의 가연물이 떨어져서 바닥이나 주변에 있는 가연물로 확대 가능

11 그림의 각 위치에서 불꽃높이가 높은 순서로 옳은 것은? (A : 중앙, B : 벽면, C : 구석)

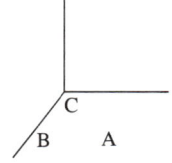

① A > B > C

② A > C > B

③ C > A > B

④ C > B > A

> **해설**
> **화염의 높이**
> 수평방향을 1로 할 경우 수직방향 20, 하방향 0.3의 비율로 확대되는데, 벽면이 겹쳐있는 구석진 부분에서 가장 높이 올라가고, 다음이 벽면, 중앙 순이다.

12 화재조사현장의 안전관리 수칙을 설명한 것 중 옳은 것은?

① 야간에 발생한 화재는 야간에 즉시 조사한다.

② 확인되지 않은 오염물질을 손으로 직접 만져보거나 냄새도 맡을 수 있다.

③ 필요한 경우에 따라서 화재가 진압되지 않은 상황에서도 현장에 입회하여 조사한다.

④ 바닥에 물이 고여 있는 경우 배수를 실시한 다음 진입하는 방안이 강구되어야 한다.

해설
- 감식 등 화재현장조사는 주간에 실시하는 것을 원칙으로 한다.
- 확인되지 않은 오염물질은 위험하므로 직접 만지거나 냄새를 맡아서는 안 된다.
- 화재가 진압된 후 현장에 입회하여 조사해야 한다.

13 화학적 폭발의 예방대책으로 적합하지 않은 것은?

① 불활성 가스 치환

② 혼합가스의 조성 관리

③ 열에 민감한 물질의 생성 저지

④ 반응속도의 계측관리

14 방화현장조사 중 정황적 증거가 아닌 것은?

① 연소된 인화성 액체 용기가 부적절한 장소에서 발견되었다.

② 동일한 장소에 수차례 화재가 발생하였다.

③ 화재의 발생으로 경제적인 이득이 생겼다.

④ 수상한 행동을 하는 자가 있다.

해설
정황증거는 간접증거라고도 한다. 동일한 장소에 수차례 화재가 발생한 사실은 직접증거에 해당한다.

15 자연발화를 일으키는 열원과 가연물의 연결이 틀린 것은?

① 흡착열 : 활성탄, 목탄

② 산화열 : 건초, 환원니켈

③ 분해열 : 질화면, 셀룰로이드류

④ 중합열 : 액화시안화수소, 이소프렌

해설
자연발화를 일으키는 원인
- 분해열에 의한 발열 : 셀룰로이드, 나이트로셀룰로오스
- 산화열에 의한 발열 : 석탄, 건성유
- 발효열에 의한 발열 : 퇴비, 먼지
- 흡착열에 의한 발열 : 목탄, 활성탄 등
- 중합열에 의한 발열 : HCN, 산화에틸렌 등

16 화재가 발생하기 전 구조를 재현해서 화재원인을 규명하려는 절차는?

① 탐 문   ② 현장관찰

③ 발 굴   ④ 복 원

해설
복원은 발굴된 낙하물이나 도괴된 부분을 화재발생 전 상태로 재구성하는 것이다.

17 물리적 폭발이 발생할 때 동반하는 현상이 아닌 것은?

① 급격한 압력변화

② 화 염

③ 액체의 급격한 기화

④ 폭 음

해설
물리적 폭발
- 진공용기의 파손에 의한 폭발현상
- 과열액체의 급격한 비등에 의한 증기폭발
- 고압용기에서 가스의 과압과 과충전 등에 의한 용기의 파열에 의한 급격한 압력개방 등
- 미세한 금속선에 큰 용량의 전류가 흘러 급격히 온도가 상승 되면서 전선이 용해되어 갑작스런 기체 팽창이 짧은 시간 내에 발생되는 폭발현상

18 「소방의 화재조사에 관한 법률 시행규칙」상 화재감정기관의 지정 신청 및 지정서 발급에 관한 사항으로 옳지 않은 것은?

① 신청인이 사업자등록증의 확인에 동의하지 않는 경우에는 그 원본을 첨부하도록 해야 한다.

② 소방청장은 화재감정기관을 지정한 경우에는 그 사실을 소방본부 인터넷 홈페이지에 게재해야 한다.

③ 화재감정기관 지정서를 발급한 소방청장은 화재감정기관 지정대장에 그 사실을 기록하고 이를 보관·관리해야 한다.

④ 소방청장은 법인 등기사항증명서와 사업자등록증은 행정정보의 공동이용을 통하여 확인해야 한다.

> **해설**
> 신청인이 사업자등록증의 확인에 동의하지 않는 경우에는 그 사본을 첨부하도록 해야 한다.

19 메탄 80vol.%, 에탄 15vol.%, 프로판 5vol.%인 혼합가스의 연소하한계(LFL)는 몇 vol.%인가? (단, 연소하한계는 메탄 5.0vol.%, 에탄 3.0vol.%, 프로판 2.1vol.%이다)

① 2.28 ② 3.28
③ 4.28 ④ 5.28

> **해설**
> **르샤틀리에 법칙(Le Chatelier's Law)**
> 두 종류 이상 가연성 가스의 혼합물이 있을 때 연소한계를 구하는 법칙
> $$L = \cfrac{100}{\left[\left(\cfrac{V_1}{L_1}\right) + \left(\cfrac{V_2}{L_2}\right) + \left(\cfrac{V_3}{L_3}\right)\cdots\right]}$$
> L : 혼합가스의 연소한계(%)
> $V_1 \sim V_n$: 각 가연성 가스의 용량(%)
> $L_1 \sim L_n$: 각 가연성 가스의 폭발한계(%)

$$\therefore\ L = \cfrac{100}{\left[\left(\cfrac{V_1}{L_1}\right) + \left(\cfrac{V_2}{L_2}\right) + \left(\cfrac{V_3}{L_3}\right)\cdots\right]}$$
$$= \cfrac{100}{\left[\cfrac{80}{5} + \cfrac{15}{3} + \cfrac{5}{2.1}\right]} = 4.28$$

20 에탄(C_2H_6) 4몰(mol)이 완전연소 할 때 소모되는 산소량은 몇 몰(mol)인가?

① 7 ② 14
③ 21 ④ 28

> **해설**
> $2C_2H_6 + 7O_2 \rightarrow 4CO_2 + 6H_2O$, 완전연소 시 에탄 2몰일 때 산소 7몰이므로 에탄 4몰이면 산소 14몰이 필요하다.

제2과목 화재감식론

21 자동차의 기본구조 중 다음에 대한 설명으로 옳은 것은?

> 압축천연가스와 공기의 혼합가스를 점화 플러그로 연소시켜 동력을 발생하는 기관

① 디젤기관
② LPG기관
③ CNG기관
④ 하이브리드기관

> **해설**
> 천연가스를 이용하는 자동차기관은 CNG기관이다.

22 선박용 기관을 회전속도로 구분하는 방법은?

① 고속기관, 중속기관, 저속기관
② 2행정기관, 4행정기관
③ 터빈기관, 디젤기관, 가솔린기관
④ 과부하출력, 연속최대출력, 상용출력

해설
회전수(rpm)에 따라 고속·중속·저속으로 분류하는데, 고속기관은 1,200~2,400rpm 정도로 대체로 대당 출력 3,500마력이 상한이다. 중속기관은 400~1,000rpm 정도로 대당 출력은 1만 마력이 상한이다. 저속기관은 처음부터 그 회전속도가 프로펠러의 최적 회전속도와 일치하도록 설계된 것인데 대형 디젤기관은 모두 저속기관으로서 120rpm 이하의 회전수를 가진다.

23 의도적 지연착화의 설명으로 틀린 것은?

① 촛불을 사용하여 양초가 다 타고난 다음 가연물에 접촉하도록 한다.
② 전기발열체에 가연물을 올려놓아 위험으로부터 도피할 시간을 획득하거나 전기 실화 화재로 위장한다.
③ 시계나 타이머를 이용하여 원하는 시간에 작동시킬 수 있다.
④ 점화 시 유증에 의해 화상을 입는 경우가 많다.

해설
지연착화는 실화위장의 행위목적 및 방화범의 도피시간 확보 목적 등으로 행하여지므로 점화 시 유증으로 화상을 입을 가능성은 희박하다.

24 자동차 구조 중 표면이 고온이 될 수 없는 곳은?

① 배기 매니폴더   ② 촉매컨버터
③ 머플러   ④ 카브레터

해설
엔진의 흡기통로에 위치하여 휘발유를 안개와 같은 상태(무화상태)로 분무하여 공기와 함께 혼합하여 실린더로 들여보내는 장치이다.

25 다음 중 내열성이 가장 우수한 플라스틱은?

① 멜라민수지   ② 폴리스티렌
③ 폴리에틸렌   ④ 질산셀룰로오스

해설
②·③·④는 열에 쉽게 녹는 열가소성 수지이며, 멜라민수지는 용제와 열에 녹기 어렵게 되는 열경화성 수지이다.

26 선박의 구조를 형성하는 격벽(Bulkhead)의 역할이 아닌 것은?

① 선박의 중량감소
② 화재 확산 방지
③ 화물의 분할 적재
④ 침수 확산 방지

해설
벽과 선박의 중량감소와는 상관관계가 없다.

27 발열장치, 기기 및 설비 확인에 관한 내용 중 틀린 것은?

① 고장 난 장치, 기기의 경우 작동이 되지 않았을 것이므로 조사대상에서 제외한다.
② 화재조사자는 발화지역 내 발화를 일으켰을 수 있는 모든 열 발생장치, 기기에 대하여 확인하여야 한다.
③ 평소 기기를 사용했던 사용자에게 기기에 대한 정보(오작동 등)를 수집한다.
④ 히터, 가스(전기)레인지, 스토브뿐만 아니라 전기설비, 콘센트 등도 확인할 필요가 있다.

해설
전기기기 및 기구의 고장(안전장치의 미작동) 및 설계·구조적 결함으로 인해 화재가 발생할 수 있으므로 조사대상에서 제외해서는 안 된다.

28 산불의 연소작용에 영향을 주는 바람에 대한 설명으로 틀린 것은?

① 바람은 연료의 수분을 증발, 건조시킨다.
② 일반적인 바람의 이동방향은 저기압에서 고기압 쪽으로 분다.
③ 바람은 낮에는 계곡부에서 산정으로 밤에는 산정에서 계곡부로 분다.
④ 바람은 산소량을 증가시켜 연소를 강렬하게 한다.

> **해설**
> 표면에서는 고기압에서 저기압으로 바람이 분다.

29 다음 중 낮은 열에너지원에 의해서도 발화 가능성이 가장 큰 가연물은?

① 섬 유
② 가연성 기체
③ 목 재
④ 카 펫

30 담뱃불 화재현장의 주요 감식사항으로 적합하지 않은 것은?

① 담뱃불에 의해 착화될 수 있는 가연물을 밝혀 둔다.
② 흡연행위가 있었다는 것을 확인한다.
③ 초기 연소의 특징이 유염연소에서 시작하므로 중심에서 외부로 감식한다.
④ 흡연행위와 착화발염까지 경과시간이 착화물과의 관계(가연성, 위치, 상태)의 타당성을 입증한다.

> **해설**
> **담뱃불 발화 메커니즘**
> 무염연소 → 열축적 → 발화온도 도달 → 유염발화

31 유체의 흐름을 한 방향으로만 수송할 때 사용하는 것으로 역류 시는 자동적으로 폐쇄되는 밸브는?

① 볼밸브
② 글로브밸브
③ 체크밸브
④ 게이트밸브

> **해설**
> **체크밸브**
> 유체를 한 방향으로만 흐르게 하는 밸브로 역방향으로는 흐르지 않는다.

32 제6류 위험물의 일반성질에 대한 설명으로 틀린 것은?

① 과염소산을 제외하고 강산성 물질이며, 수용액도 강산작용을 나타낸다.
② 대표적인 성질은 산화성 액체이며, 모두 무기화합물이며 물보다 무겁고 물에 녹기 쉽다.
③ 자신들은 모두 불연성 물질이다.
④ 과산화수소를 제외하고 분해하여 유독성 가스를 발생하며 부식성이 강하여 피부를 침투한다.

> **해설**
> 모두 부식성과 유독성이 강한 강산화제이다.

33 수관화가 바람을 타고 번져갈 때 연소의 형태로 옳은 것은?

① O형
② D형
③ V형
④ Z형

> **해설**
> 수관화는 산 정상을 향해 바람을 타고 올라가며, 바람이 부는 방향으로 V자형 모양으로 번져나간다.

34 가연물에 가해지는 에너지에 대한 물질의 반응을 설명하는 열관성의 요소에 해당되지 않는 것은?

① 열전도도
② 밀 도
③ 점 도
④ 열용량

35 메탄가스가 0℃에서 체적이 300mL이고 압력이 1기압으로 일정하다면, 100℃에서 체적은 몇 mL인가?

① 100.2
② 219.6
③ 409.8
④ 22,400

해설

압력이 일정할 때 온도와 체적은 비례한다.

$$\frac{V_1}{T_1} = \frac{V_2}{T_2}, \quad \frac{300}{273+0} = \frac{V_2}{273+100}, \quad V_2 = 409.89$$

36 다음 중 성냥이 맹렬히 연소할 때 두약부의 최고온도는?

① 700℃
② 600℃
③ 500℃
④ 400℃

해설

성냥의 연소온도 및 발화온도
- 발화온도 : 일반적으로 약 202~316℃
- 성냥의 연소온도 : 약 500℃
- 맹렬한 연소상태에서 성냥개비의 최고온도 : 약 700℃
- 정상연소 불꽃 : 약 1,500~1,800℃

37 냉·온수기 출화 원인의 사례로 틀린 것은?

① 복사열에 의한 출화
② 모터기동장치에서 출화
③ 서모스탯 부품의 출화
④ 압축기에서 출화

해설

① 복사열에 의한 출화는 전기스토브(원적외선 세라믹 히터)의 사례이다.

38 주기가 1/10,000초(100usec)인 교류파형의 5고조파 주파수는 얼마인가?

① 2,000Hz
② 10kHz
③ 50kHz
④ 100kHz

해설

기본파에 대해 정수배만큼 높은 주파수를 고조파라고 하므로,

$f = \dfrac{1}{T}$, 즉 $f = 5 \times 10,000 = 50,000 \text{Hz} = 50 \text{kHz}$

39 황린에 대한 설명으로 틀린 것은?

① 고체상의 물질이다.
② 공기 중에서는 발화의 위험이 크므로 물 속에 저장한다.
③ 발화점이 낮아 자연발화의 위험이 크다.
④ 화학적으로 활성이 적고 독성이 없으며, 어두운 곳에서 푸른 인광을 발한다.

해설

인은 새로 증류한 직후에는 무색이어서 백린이라 하지만, 잠시 후에 표면이 담황색으로 되므로 황린이라 한다. 공기 중에서는 산화되어 발화하므로 수중에 저장하며, 유독하다. 물에는 거의 불용이고 벤젠, 이황화탄소에 잘 녹는다. 대체로 작용이 격렬하고 어두운 곳에서 인광을 발하며, 공기 중에서 발화하여 오산화인(P_2O_5)이 된다. 중금속염에 가하면 환원하여 금속의 콜로이드 용액을 만든다.

40 방화로 의심되는 특징으로 틀린 것은?

① 발화점이 2개소 이상 발견된 경우
② 발화시설 및 기구, 조건이 없는 곳에서 발화한 경우
③ 화재가 동일 장소에서 재발화한 경우
④ 화재장소 또는 주위에 타 범죄가 발생한 사실이 있는 경우

해설
방화 판정 요건 – 동일건물에서의 재차화재
(Second Fire in Structure)
같은 건물 또는 같은 장소에서 2회 이상 연속해서 화재가 발생된 경우에는 방화로 추정할 수 있다. 단, 최초화재의 재발화가 아니어야 한다.

42 증거물의 전달 및 관리에 대한 설명으로 옳은 것은?

① 증거물을 양도할 때는 문서 없이도 가능하다.
② 두 종류 이상의 물질은 동일한 용기에 담아 전달한다.
③ 증거물 관리에 필요한 인원은 최소한으로 지정한다.
④ 증거물 보관장소는 타인의 접근을 제한하지 않는다.

해설
증거물의 오염을 최소화하기 위해서 취급인원도 최소한으로 지정하여야 한다.

제3과목 증거물관리 및 법과학

41 가스레인지 화재 증거물 수집방법으로 적절하지 않은 것은?

① 초기연소 상태를 변형시키지 않고 수집한다.
② 현장에서 스위치를 조작하지 않는다.
③ 표면의 그을음은 그대로 보존시켜 수집한다.
④ 중간밸브는 별도 증거물로 수집하지 않는다.

해설
중간밸브도 증거물로 수집하여야 한다.

43 질소성분을 가지고 있는 합성수지, 동물의 털, 인조견 등의 섬유가 불완전연소할 때 발생하며, 0.3% 농도에서 즉시 사망할 수 있는 맹독성 가스는?

① 포스겐   ② 일산화탄소
③ 이산화탄소   ④ 시안화수소

해설
시안화수소(HCN)
• 허용농도 10ppm
• 질소성분을 가지고 있는 합성수지, 동물의 털, 인조견 등의 섬유가 불완전연소할 때 발생한다.
• 맹독성 가스로 0.3%의 농도에서 즉시 사망할 수 있다(청산가스라고도 함).
• 중독소견으로는 피부가 화끈거리고 눈이 충혈되며, 몸이 나른해지면서 두통, 어지럼증, 의식불명에 이른다.

44 화재조사현장 촬영 시 유의사항으로 틀린 것은?

① 화재조사현장 사진은 수정하기가 불가능하므로 촬영에 심혈을 기울인다.
② 화재조사현장 사진은 현장조사자의 의도를 이해하여 촬영한다.
③ 주변 인물, 발굴용 기구 등을 중점적으로 촬영하여야 한다.
④ 중요한 증거 물건은 표지, 백묵 등으로 명확하게 표시한다.

해설
주변 인물과 발굴용 기구는 현장촬영 대상이 아니다.

45 목재의 탄화흔 식별에 대한 설명으로 옳은 것은?

① 탄화면이 거친 상태일수록 연소는 약하다.
② 홈의 폭이 넓을수록 연소는 약하다.
③ 홈의 깊이가 깊을수록 강한 연소에 의한 것으로 볼 수 있다.
④ 발화부와 가까울수록 균열이 작고 균열 사이의 골이 깊지 않다.

해설
목재의 탄화흔 식별방법
목재는 화염에 근접한 부분에서부터 연소되고 발화부와 가까운 부분의 탄화 형태가 균열이 크며, 균열 사이의 골이 깊어지는 특징이 있다.
• 탄화면이 거친 상태일수록 연소가 강하다.
• 탄화모양을 형성하고 있는 홈의 폭이 넓게 될수록 연소가 강하다.
• 탄화모양을 형성하고 있는 홈의 깊이가 깊을수록 연소가 강하다.

46 다음의 물리적 증거물 분석방법에 대한 설명으로 옳은 것은?

> 금속, 세라믹류 또는 흙과 같은 휘발성이 아닌 물질에 있는 개별 원소들을 구분한다.

① 원자흡광분석
② 가스크로마토그래피
③ 적외선 분광광도계
④ 엑스레이 형광분석

해설
① 원자흡광분석 : 시료를 원자화 한 후, 흡광분석법을 통해 금속원소, 반금속원소 및 일부 비금속원소를 정량분석하는 방법이다.
② 가스크로마토그래피 : 일반적으로 유(무)기화합물에 대한 정성(定注) 및 정량(定量)분석에 사용하는 기기이다.
③ 적외선 분광광도계 : 특정 파장영역에서 적외선을 흡수하는 성질을 이용하여 화학 종(Chemical Species)을 확인하는 장치로 무기화학 및 유기화학의 전 영역에서 사용한다.
④ 엑스레이 형광분석 : 합성수지로 피복된 물건 내부 또는 화재열로 용융으로 엉겨 붙은 플라스틱 등의 단단한 덩어리 속에 묻혀 있는 경우 사용한다.

47 액체증거물 수집에 대한 설명으로 틀린 것은?

① 액체 탄화수소물의 밀봉을 위해서 반드시 고무로 만들어진 링이나 용기 혹은 고무마개를 지니고 있는 병을 사용하여야 한다.
② 적은 양의 액체는 피펫 혹은 깨끗한 흡수섬유, 거즈 혹은 탈지면에 흡수시키고 적절한 밀폐용기에 그것을 밀봉할 수 있다.
③ 의심스러운 가연성 액체가 콘크리트에서 발견된다면, 습식 브러시로 쓸어 내거나 흡수성 재질을 펼쳐 흡수시킨다.
④ 흡수제는 별도의 캔에 밀봉되어 보관되어야 한다.

증거물 중 인화성 액체와 같이 기밀을 유지해야 하는 물품은 필히 밀봉한다. 그러나 코르크마개, 고무(클로로프렌 고무는 제외), 마분지, 합성 코르크마개 또는 플라스틱 물질(PTFE는 제외)은 시료와 직접 접촉되어서는 안 된다.

48 유리가 거미줄 형태의 파단면을 형성하면서 파괴되는 이유는 무엇인가?

① 유리에 물리적인 충격이 가해져 충격지점은 가해진 힘으로 인해 밖으로 밀려나지만, 다른 부분은 고정되어 있기 때문이다.

② 화재로 인한 열이 유리에 전달되면서 열을 받은 부분이 팽창했기 때문이다.

③ 폭발에 의해 상승된 압력이 유리의 가장자리에 충격을 주었기 때문이다.

④ 유리의 모든 면에 물리적인 충격이 골고루 작용했기 때문이다.

해설
충격지점을 중심으로 방사상 파괴형태를 나타내며, 각이 진 큰 삼각형 파편을 만들어 낸다.
• 리플마크(Ripple Mark) : 유리의 동심원 파단면 및 방사형 파단면에는 물결 같은 일련의 곡선이 연속해서 만들어지는 것을 말하며, 패각상 파손흔이라고도 한다.
• Wallner Line : 아래 그림의 점선부분에 해당한다.

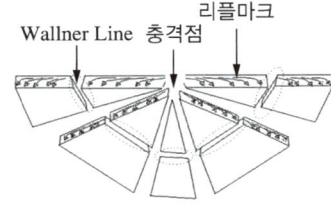

Wallner Line　충격점　리플마크

49 액체 또는 고체 물질의 잔류물 증거 이동과정에서 발생할 위험성이 있는 것은?

① 표본오염　　② 분해오염
③ 비교오염　　④ 교차오염

50 연소생성가스의 허용농도로 옳은 것은?

① 아크롤레인 − 0.01ppm
② 포스겐 − 0.1ppm
③ 이산화황 − 10ppm
④ 이산화탄소 − 500ppm

해설
연소가스 생성물의 독성

생성물질	화학식	허용농도(ppm)
아크롤레인	CH_3CHCHO	0.1
삼염화인	PCl_3	0.1
포스겐	$COCl_4$	0.1
염 소	Cl	1
불화수소	HF	3
아황산가스	SO_2	5
염화수소	HCl	5
시안화수소	HCN	10
황화수소	H_2S	10
암모니아	NH_3	25
일산화탄소	CO	50
이산화탄소	CO_2	5,000

51 소사자의 외부소견 중 열작용에 의한 사후 변화가 아닌 것은?

① 장갑 및 양말상 탈락
② 피부의 균열 및 파열
③ 권투하는 자세
④ 그을음의 흡입흔적

해설
그을음의 흡입흔적은 소사자의 내부소견 생활반응이다.

52 물적증거의 인화점 테스트 장치 중 점성이 낮고 인화점이 93℃ 이하인 액체의 인화점을 측정할 수 있는 것은?

① 태그 밀폐식 테스터
② 클리블랜드 개방식 테스터
③ 펜스키-마르텐스 밀폐식 테스터
④ 세타플래시 밀폐식 테스터

해설
인화점시험기 및 측정방법

구분	측정 장비	인화점 적용시료 범위	해당 시료	측정 방법
밀폐식	태그 (ASTM D 56)	93℃ 이하	원유, 휘발유, 등유, 항공터빈연료유	위험물안전관리에 관한 세부 기준 제4조 참조
	신속 평형법 (세타식)	110℃ 이하	원유, 등유, 경유, 중유, 항공터빈연료유	위험물안전관리에 관한 세부 기준 제5조 참조
	펜스키 마르텐스 (ASTM D 90)	• 밀폐식 인화점 측정에 필요한 시료 • 태그밀폐식을 적용할 수 없는 시료	원유, 경유, 중유, 절연유, 방청유, 절삭유	—
개방식	태그	-18~163℃ 이고, 연소점이 163℃까지인 시료	—	—
	클리블랜드	79℃ 이하	석유, 아스팔트, 유동파라핀, 방청유, 절연유, 열처리유, 절삭유, 윤활유	위험물안전관리에 관한 세부기준 제16조

53 화재폭발 피해자의 둔상을 유발하는 폭발효과는?

① 지진효과 ② 파편효과
③ 압력파효과 ④ 열적효과

해설
둔상 : 충격을 받아서 발생하는 상처

54 법의학적 물리적 증거물의 종류가 아닌 것은?

① 발화기기 내 단락흔
② 머리카락 및 섬유, 신발자국
③ 피, 타액과 같은 체액
④ 손가락 및 손바닥 지문

해설
법의학적 물적증거의 종류
전통적인 법과학적 물적증거에는 지문과 장문(Palm Print), 피와 타액 같은 체액, 머리카락과 섬유, 신발자국, 공구자국, 흙과 모래, 목재와 톱밥, 유리, 페인트, 금속, 필적, 의심이 가는 문서

55 사진 촬영 시 증거물의 크기를 명확하게 할 필요가 있을 때 사용되는 표식으로 옳은 것은?

① 번호표 ② 눈금자
③ 통제선 ④ 스트로보

해설
크기가 작은 부품 등은 눈금자를 같이 촬영한다.

56 화재증거물 수집 시의 원칙으로 적절하지 않은 것은?

① 전기제품일 경우에는 전원측 배선에 대한 검사내용을 명기 또는 함께 수거할 것
② 전선의 경우에는 부하측보다는 전원측 부분에 대한 설명에 중점을 둘 것
③ 증거물을 수집(선정)한 이유에 대한 설명이 포함될 것
④ 인화성 물질이 포함되어 있으면 반드시 밀봉할 것

해설
전선의 경우에는 통전입증을 위해서 전원측보다는 부하측 부분에 대한 설명에 중점을 두어야 하며, 통전 상태를 조사할 때는 전기계통의 배선도 및 기기의 결선도에 따라서 부하측으로부터 전원측으로 향하여 조사를 진행하는 것이 원칙이다. 왜냐하면 부하측으로부터 통전의 흔적이 발견된 경우 그 개소까지의 통전이 입증되고 그곳에서 전원측을 조사할 필요가 없어지기 때문이다.

57 화재조사서류를 작성할 때의 유의사항이다. 틀린 것은?

① 각 양식의 작성 목적을 이해하여 작성한다.
② 오자나 탈자는 서류의 가치와 신뢰를 떨어뜨리므로 주의하여 작성한다.
③ 전문용어는 별개로 하되 원칙적으로 간결하고 명료한 문장을 사용하여 작성한다.
④ 사진은 참고자료로 활용하므로 사진은 제외하고 작성한다.

해설
소방청에서 정하는 필요한 서류(사진 포함)가 첨부되어 있지 않거나 각 양식으로 정해진 필요한 기재항목이 빠져있는 서류는 서류로서의 기본적 요인을 미비하는 것으로 주의하여야 한다.

58 화재조사서류 서식 중 질문기록서에 기재되어야 하는 사항이 아닌 것은?

① 쓰레기, 모닥불, 가로등과 같은 화재의 경우 질문기록서 작성을 생략할 수 있다.
② 출입문 상태 및 소방대 건물 진입방법을 기재한다.
③ 화재대상과의 관계를 기재한다.
④ 화재를 어떻게 해서 알게 되었는지를 기재한다.

해설
출입문 상태 및 소방대 건물 진입방법은 화재현장출동보고서의 기재사항이다.

59 화상의 심도 결정요인이 아닌 것은?

① 열의 강도　　② 노출기간
③ 피부의 예민도　　④ 영양상태

해설
화상 깊이
열의 강도, 노출시간 및 피부의 예민도에 의하여 결정된다. 일반적으로 55℃ 이상에서 피부화상이 초래되나 이보다 낮은 40~50℃ 정도에서도 오랜 시간 노출되면 화상을 입을 수 있다. 피부화상은 조직손상 깊이에 따라서도 분류되는데 1도, 2도, 3도, 4도로 분류한다.

60 카메라의 종류 중 화질이 뛰어나지만 필름을 이용하므로 즉시 인화 및 검색이 어려운 것은?

① 일안 반사식(SLR)
② 콤팩트디지털카메라
③ 디지털 일안 반사식(DSLR)
④ 미러리스카메라

해설
SLR과 DSLR의 차이점
저장장치(필름, 디지털)의 종류에 따라 구분

화재조사보고 및 피해평가

61 치외법권지역에 대한 화재조사보고서 작성에 대한 설명으로 가장 옳은 것은?

① 화재현장 출동보고서, 질문기록서, 화재 발생종합보고서를 반드시 작성하여야 한다.
② 화재현황조사서만 작성한다.
③ 치외법권지역은 조사권을 행사할 수 없으므로 보고서를 작성하지 않아도 된다.
④ 치외법권지역에서 조사권을 행사할 수 없는 경우는 조사 가능한 내용만 조사하여 해당 서류를 작성한다.

> **해설**
> 조사 보고(화재조사 및 보고규정 제22조 제5항)
> 치외법권지역 등 조사권을 행사할 수 없는 경우는 조사 가능한 내용만 조사하여 제21조 각 호의 조사 서식 중 해당 서류를 작성·보고한다.

62 「화재조사 및 보고규정」의 용어 정의에 관한 설명으로 옳은 것은?

① 발화요인은 발화열원에 의하여 발화로 이어진 연소현상에 영향을 준 인적·물적·자연적인 요인이다.
② 발화지점은 화재가 발생한 부위를 말한다.
③ 소실피해는 소화활동으로 발생한 물적 피해이다.
④ 잔가율이란 피해물의 최초 구입비에 대한 현재가의 비율을 말한다.

> **해설**
> ② 발화지점 : 열원과 가연물이 상호작용하여 화재가 시작된 지점을 말한다.
> ③ 소실피해 : 열에 의한 탄화, 용융, 파손 등의 피해
> 수손피해 : 소화활동으로 발생한 수손피해 등
> ④ 잔가율 : 화재 당시에 피해물의 재구입비에 대한 현재가의 비율을 말한다.

63 공구·기구, 집기비품, 가재도구를 일괄하여 피해액을 산정할 경우 재구입비의 몇 %를 피해액으로 하는가?

① 10   ② 30
③ 50   ④ 80

> **해설**
> 공구 및 기구·집기비품·가재도구를 일괄하여 재구입비를 산정하는 경우 개별 품목의 경과연수에 의한 잔가율이 50%를 초과하더라도 50%로 수정할 수 있으며, 중고구입기계장치 및 집기비품으로서 그 제작년도를 알 수 없는 경우에는 그 상태에 따라 신품가액의 30% 내지 50%를 잔가율로 정할 수 있다.

64 「소방의 화재조사에 관한 법률」상 화재조사의 정의로 옳은 것은?

① 화재원인의 판정을 위하여 전문적인 지식, 기술 및 경험을 활용하여 주로 시각에 의한 종합적인 판단으로 구체적인 사실관계를 명확하게 규명하는 것
② 화재원인, 피해상황, 대응활동 등을 파악하기 위하여 자료의 수집, 관계인등에 대한 질문, 현장 확인, 감식, 감정 및 실험 등을 하는 일련의 행위를 말한다.
③ 화재와 관계되는 물건의 형상, 구조, 재질, 성분, 성질 등 이와 관련된 모든 현상에 대하여 과학적 방법에 의한 필요한 실험을 행하고 그 결과를 근거로 화재원인을 밝히는 것
④ 사람의 의도에 반하거나 고의에 의해 발생하는 연소현상으로서 소화시설 등을 사용하여 소화할 필요가 있거나 또는 화학적인 폭발현상

> **해설**
> "화재조사"란 소방청장, 소방본부장 또는 소방서장이 화재원인, 피해상황, 대응활동 등을 파악하기 위하여 자료의 수집, 관계인등에 대한 질문, 현장 확인, 감식, 감정 및 실험 등을 하는 일련의 행위를 말한다.

65 건물의 내용연수를 경과하여 현재 사용 중에 있는 화재피해 건물의 잔가율(%)은?

① 10　　　　　　② 20

③ 30　　　　　　④ 40

> **해설**
>
> 건물의 최종잔가율은 20%이다. 최종잔가율이란 피해물의 경제적 내용연수가 다한 경우 잔존하는 가치의 재구입비에 대한 비율을 말한다.

66 화재현장조사서의 발화지점 판정 시 연소확대경로 파악을 위한 화재패턴 분석에 관한 설명으로 옳은 것은?

① 원형 패턴에서 소실부분의 경사면이 관찰된다.

② 트레일러 패턴은 정상연소패턴이다.

③ 전도열은 열그림자를 형성하지 않는다.

④ 모래시계 패턴은 V 패턴과 U 패턴의 결합이다.

> **해설**
>
> **열그림자 패턴**
> 장애물에 의해 가연물까지 열 이동이 차단될 때 발생하는 그림자 형태이므로 전도열에 의해 열그림자패턴은 형성되지 않는다.

67 화재현장조사서 작성 시 화재원인 검토와 관련된 내용 중 필수 검토항목이 아닌 것은?

① 전기적 요인

② 화학적 요인

③ 방화가능성

④ 발화지점 및 연소확대 경로

> **해설**
>
> **화재원인 검토항목**
> 발화열원, 발화요인(전기적 요인, 기계적 요인, 방화, 방화의심, 화학적 요인 등), 최초 착화물

68 화재피해액 산정에서 최종잔가율 10%를 적용하는 것은?

① 부대설비　　　　② 가재도구

③ 구축물　　　　　④ 비 품

> **해설**
>
> **최종잔가율**
> 피해물의 경제적 내용연수가 끝난 경우 잔존하는 가치의 재구입비에 대한 비율
> • 건물, 부대설비, 구축물, 가재도구 : 20%
> • 그 이외의 자산 : 10%

69 「소방의 화재조사에 관한 법령」상 필요한 경우 교육훈련을 다른 소방관서나 화재조사 관련 전문기관에 위탁하여 실시할 수 있는 주체가 아닌 자는?

① 시·도지사　　　② 소방본부장

③ 소방서장　　　　④ 소방청장

> **해설**
>
> 소방청장, 소방본부장 또는 소방서장은 필요한 경우 교육훈련을 다른 소방관서나 화재조사 관련 전문기관에 위탁하여 실시할 수 있다.

70 「소방의 화재조사에 관한 법령」상 화재조사를 하기 위하여 관계인에게 자료 제출을 요구하였으나, 자료 제출을 하지 아니한 경우 과태료를 부과·징수할 수 없는 자는?

① 시·도지사　　　② 소방청장

③ 소방본부장　　　④ 소방서장

> **해설**
>
> 과태료는 대통령령으로 정하는 바에 따라 소방청장, 소방본부장, 소방서장 또는 경찰서장이 부과·징수한다(법 제23조 제2항).

71 중고구입 기계장치로 제작년도를 알 수 없는 경우에 잔가율의 범위는?

① 신품가액의 20% 내지 30%

② 신품가액의 20% 내지 50%

③ 신품가액의 30% 내지 50%

④ 신품가액의 40% 내지 60%

해설
중고구입기계장치 및 집기비품으로서 그 제작년도를 알 수 없는 경우에는 그 상태에 따라 신품가액의 30% 내지 50%를 잔가율로 정할 수 있다.

72 「소방의 화재조사에 관한 법률」에 따른 화재조사의 주체가 아닌 것은?

① 소방청장

② 시·도지사

③ 소방본부장

④ 소방서장

해설
소방청장, 소방본부장 또는 소방서장은 화재가 발생하였을 때에는 화재의 원인 및 피해 등에 대한 조사(화재조사)를 하여야 한다.

73 화재조사자가 직접 작성하는 서류가 아닌 것은?

① 화재현장 출동보고서

② 화재현장조사서

③ 질문기록서

④ 화재피해조사서

해설
화재현장 출동보고서는 선착대 119안전센터 선임자가 작성한다.

74 난로의 과열로 화재가 발생하여 바닥 $12m^2$, 1면의 벽 $8m^2$가 오염되거나 그을리는 피해가 발생하였다. 소실면적은 몇 m^2인가?

① 5

② 10

③ 12

④ 20

해설
소실면적 산정(화재조사 및 보고규정 제17조)
• 건물의 소실면적 산정은 소실 바닥면적으로 산정한다.
• 수손 및 기타 파손의 경우에도 위 규정을 준용한다.
∴ 바닥면적만 산정하고 벽면 소실은 무시하므로 소실면적은 $12m^2$이다.

75 화재현장조사서의 도면작성 시 이용 가능한 현장기록 기법에 관한 설명으로 옳은 것은?

① 벡터다이어그램은 화살표를 이용하여 최소손상구역에서 최대손상구역을 가리키는 것이다.

② 화재손상평가는 최대손상구역으로부터 최소손상구역으로의 체계적인 분석과정이다.

③ 탄화 등 심도는 발화구역 내의 탄화부분에 대한 강도패턴과 경계선을 표시한다.

④ 벡터다이어그램은 발화실의 평면도에 탄화심도의 측정치를 기록하고 그 깊이를 선으로 연결한 것이다.

해설
탄화심도 분석
수열이 심할수록 그 심도가 깊어지기 때문에 각 자료별로 측정비교하여 연소경로를 판단할 수 있다.

76 화재피해액 산정 시 특수한 경우의 피해액 산정 우선 적용사항으로 옳은 것은?

① 중고집기비품의 시장거래가격이 신품가격보다 높을 경우 시장거래가격을 재구입비로 하여 피해액을 산정한다.
② 건물에 있어 문화유산과 철거건물 및 모델 하우스의 경우 별도의 피해액 산정기준에 의한다.
③ 중고구입 기계장치의 제작년도를 알 수 없는 경우 시장거래가격의 90%를 재구입비로 하여 피해액을 산정한다.
④ 재고자산의 상품 중 견본품, 전시품, 진열품에 대해서는 구입가의 90%를 피해액으로 한다.

해설

특수한 경우 산정 시 우선 적용사항
• 문화유산 : 별도의 피해액 산정기준
• 철거건물 및 모델하우스 : 별도의 피해액 산정기준
• 중고구입 기계장치 및 집기비품의 제작년도를 알수 없는 경우 : 신품가액의 30~50%를 재구입비로 산정
• 중고구입 기계장치 및 집기비품의 시장거래가격이 신품가격보다 높을 경우 : 신품가액을 재구입비로 산정
• 중고구입 기계장치 및 집기비품의 시장거래가격이 신품가액에서 감가수정을 한 금액보다 낮을 경우 : 중고구입 기계장치의 시장거래가격을 재구입비로 산정
• 공구 및 기구, 집기비품, 가재도구를 일괄하여 피해액을 산정할 경우 : 재구입비의 50%
• 재고자산의 상품 중 견본품, 전시품, 진열품 : 구입가의 50~80%

77 증거물 시료용기에 대한 설명 중 옳은 것은?

① 양철 캔은 기름에 견딜 수 있는 디스크를 가진 스크루마개 또는 누르는 금속마개로 밀폐될 수 있으며, 이러한 마개는 한 번 사용한 후에는 폐기되어야 한다.
② 세척방법은 병의 상태나 이전의 내용물, 시료의 특성 및 시험하고자 하는 방법에 따라 달라지지 않는다.
③ 주석 도금 캔(CAN)은 사용 후 재사용이 가능하다.
④ 코르크마개는 고체에 사용하여서는 안 된다. 만일 제품이 빛에 민감하다면 옅은 색깔의 시료병을 사용한다.

해설

② 세척방법은 병의 상태나 이전의 내용물, 시료의 특성 및 시험하고자 하는 방법에 따라 달라진다.
③ 주석 도금 캔(CAN)은 1회 사용 후 반드시 폐기한다.
④ 코르크마개는 휘발성 액체에 사용하여서는 안 된다. 만일 제품이 빛에 민감하다면 짙은 색깔의 시료병을 사용한다.

78 화재피해액 산정기준에서 전부손해의 경우 감정가격으로 하며 전부 손해가 아닌 경우에는 원상복구에 소요되는 비용으로 산정되는 대상은?

① 차 량
② 식 물
③ 회 화
④ 가재도구

해설

회화(그림), 골동품, 미술공예품, 귀금속 및 보석류 전부손해의 경우 감정가격으로 하며, 전부손해가 아닌 경우 원상복구에 소요되는 비용으로 한다.

79 「화재조사 및 보고규정」상 관계인의 진술에 관한 내용 중 틀린 것은?

① 획득한 진술이 소문 등에 의한 사항인 경우 그 사실을 간접 경험한 관계인등의 진술을 얻도록 해야 한다.
② 관계자등에 대한 질문사항은 관계 서식의 질문기록서에 작성하여 그 증거를 확보한다.
③ 관계인등에게 질문을 할 때에는 희망하는 진술내용을 얻기 위하여 상대방에게 암시하는 등의 방법으로 유도해서는 아니 된다.
④ 질문을 할 때에는 시기, 장소 등을 고려하여 진술을 하는 사람으로부터 임의진술을 얻도록 하여야 한다.

해설

관계인의 진술(제7조)
- 법 제9조 제1항에 따라 관계인등에게 질문을 할 때에는 시기, 장소 등을 고려하여 진술하는 사람으로부터 임의진술을 얻도록 해야 하며 진술의 자유 또는 신체의 자유를 침해하여 임의성을 의심할 만한 방법을 취해서는 아니 된다.
- 관계인등에게 질문을 할 때에는 희망하는 진술내용을 얻기 위하여 상대방에게 암시하는 등의 방법으로 유도해서는 아니 된다.
- 획득한 진술이 소문 등에 의한 사항인 경우 그 사실을 직접 경험한 관계인등의 진술을 얻도록 해야 한다.
- 관계인등에 대한 질문 사항은 별지 제10호 서식 질문기록서에 작성하여 그 증거를 확보한다.

80 화재피해로 인한 소손 정도에 따른 손해율 중 지붕, 외벽 등 외부마감재 등이 소실된 경우의 손해율은 몇 %인가?

① 5~10
② 15
③ 20
④ 30

해설

건물의 소손 정도에 따른 손해율

화재로 인한 피해 정도	손해율(%)
주요 구조체의 재사용이 불가능한 경우	90, 100
주요 구조체는 재사용이 가능하나 기타 부분의 재사용이 불가능한 경우(공동주택, 호텔, 병원)	65
주요 구조체는 재사용이 가능하나 기타 부분의 재사용이 불가능한 경우(일반주택, 사무실, 점포)	60
주요 구조체는 재사용이 가능하나 기타 부분의 재사용이 불가능한 경우(공장, 창고)	55
천장, 벽, 바닥 등 내부마감재 등이 소실된 경우	40
천장, 벽, 바닥 등 내부마감재 등이 소실된 경우(공장·창고)	35
지붕, 외벽 등 외부마감재 등이 소실된 경우(나무구조 및 단열패널(판넬) 건물의 공장 및 창고)	25, 30
지붕, 외벽 등 외부마감재 등이 소실된 경우	20
화재로 인한 수손 시 또는 그을음만 입은 경우	5, 10

15 | 4회 산업기사 기출문제

제1과목 화재조사론

01 연소 시 열분해에 의해서 탄화수소가 발생할 수 없는 물질은?

① 나 무
② 종 이
③ 백 탄
④ 열경화성 플라스틱

해설
백탄은 800℃ 이상의 고온에서 탄화시킨 후(탄화수소가 휘발됨) 가마에서 꺼내 갑자기 식혀서 만든 숯이다.

02 화재현장 보존의 중요성에 대한 설명으로 틀린 것은?

① 조사대상인 화재현장은 현장조사가 개시될 때까지 화재진압 또는 진화 후의 현장과 거의 같은 상황으로 보존되어야 한다.
② 현장조사를 하기 전에 현장의 보존상태를 반드시 확인하고 변화가 없을 때 본격적인 현장조사를 실시한다.
③ 화재현장은 감식 및 발굴작업에 따라 훼손되어 전의 상태로 복구가 어렵다.
④ 소방활동 중 증거물의 위치이동 여부의 확인 없이 신속히 조사한다.

해설
불가피하게 현장에 있는 물건을 파괴 또는 이동을 필요로 하는 경우에는 파괴 이동 전의 위치를 기록하거나 사진촬영하여 원상태를 명확하게 하는 등 필히 확인해야 한다.

03 아세트알데하이드 완전연소반응식의 양론계수로 옳은 것은?

반응식 : $(a)CH_3CHO + (b)O_2$
$\rightarrow (c)CO_2 + (d)H_2O$

① a : 2, b : 4, c : 4, d : 4
② a : 2, b : 5, c : 4, d : 4
③ a : 2, b : 3, c : 2, d : 2
④ a : 1, b : 2, c : 2, d : 2

해설
$2CH_3CHO + 5O_2 \rightarrow 4CO_2 + 4H_2O$

04 「소방의 화재조사에 관한 법률」에 따른 화재조사 시기로 옳은 것은?

① 화재발생 사실을 알게 된 때
② 소화활동을 시작하게 된 때
③ 소방관서장의 허가를 받은 때
④ 화재진압을 완료한 후

해설
화재조사의 실시(법 제5조 제1항)
소방청장, 소방본부장 또는 소방서장(이하 "소방관서장"이라 한다)은 화재발생 사실을 알게 된 때에는 지체 없이 화재조사를 하여야 한다.

05 목재의 탄화심도를 측정 시 유의사항으로 옳은 것은?

① 요철(凹凸) 부위 중 요(凹) 부위를 게이지로 측정한다.

② 게이지로 측정된 깊이 외에 이미 소실된 부위의 깊이를 더하여 비교해야 한다.

③ 게이지를 사용할 때 깊이 측정될 수 있도록 되도록 강력한 힘으로 눌러 삽입한다.

④ 깊이 측정될 수 있도록 끝이 뾰족한 게이지를 사용한다.

해설

① 계침을 삽입할 때는 탄화 균열 부분의 철(凸) 부위를 택하여 측정함

③ 동일 포인트를 동일한 압력으로 여러 번 측정하여 평균치를 구함

④ 탄화되지 않는 곳까지 삽입될 수 있으므로 날카로운 측정기구를 사용하면 안 됨

06 목재류가 연소할 때 나무표면의 박리현상은 화염 또는 소화수에 의해 형성되는데, 이 중 소화수에 의한 현상으로 옳은 것은?

① 박리현상의 형성부분이 많고 깊게 형성된다.

② 박리면적이 비교적 작고 표면이 거칠다.

③ 박리부분이 여기저기 산재되어 있는 특징을 가진다.

④ 비교적 평탄하고 윤기가 나며 그 면적이 넓다.

해설

연소열과 소화수에 의한 탄화물 박리상태의 차이점

차 이 항 목	연소박리	소화수 박리
박리면적	소	대
표면의 거칠기	대	소
박리의 분포	산 재	집중적
박리면	거칠다.	평탄하며 윤기가 난다.

07 철 구조물의 만곡에 대한 설명으로 옳은 것은?

① 하중이 없는 상태에서 화염을 받은 부분의 열팽창률이 높아져 열을 받은 방향으로 휘어진다.

② 철골의 만곡은 발화부에서만 볼 수 있는 특징으로, 조사범위를 축소시켜 준다.

③ 만곡 및 도괴는 설치각도, 가연물 적치 상태 등에 따라 변형될 수 있다.

④ 철골의 만곡은 지붕 등 하중에 의한 영향은 거의 없고 열에 노출된 강도에 따라 형성된다.

해설

일반적으로 금속의 만곡 정도가 수열 정도와 비례한다. 그러나 좌굴은 수용물 중량, 화재하중에 좌우되므로 신중하게 검토해야 한다.

08 폭발의 발생 및 성장 원인으로 틀린 것은?

① 폭굉 한계 내의 가스가 어느 정도 다량으로 존재할 때

② 존재된 잔여가스에 방전이나 화염, 충격 등 점화원이 작용할 때

③ 폭발범위 내에 불활성 가스가 존재할 때

④ 폭발 충격으로 인한 파이프 파열로 2차적 폭발이 일어날 때

해설

불활성 기체는 다른 물질과 화합하지 않으므로 폭발하지 않는다.

09 화재 시 발생되는 연기에 대한 설명으로 틀린 것은?

① 연소 시의 발생가스로서 산소공급이 부족할 때 적은 양이 발생한다.
② 가연물 연소 시 발생되는 열분해 생성물이다.
③ 불완전연소에 의해 많이 발생한다.
④ 화재 시 발생되어 시야장애 및 질식을 유발할 수 있다.

> **해설**
> 연소 시의 발생가스로서 산소공급이 부족할 때 많은 양이 발생한다.

금속의 용융점

금속명	용융점(℃)	금속명	용융점(℃)
아 연	419.5	텅스텐	3,400
알루미늄	659.5	티 탄	1,800
금	1,063.0	철	1,530
은	960.5	동(구리)	1,083
황 동	900~1,050	납	327.4
스테인리스	1,520	니 켈	1,455
수 은	38.8	마그네슘	650
주 석	231.9	몰리브덴	2,620

10 자연발화의 원인으로 볼 수 없는 것은?

① 환원열   ② 분해열
③ 흡착열   ④ 발효열

> **해설**
> **발화를 일으키는 원인**
> • 분해열 : 셀룰로이드, 나이트로셀룰로오스
> • 산화열 : 석탄, 건성유
> • 발효열 : 퇴비, 먼지
> • 흡착열 : 목탄, 활성탄 등
> • 중합열 : HCN, 산화에틸렌 등

12 다음 중 연소하한계가 가장 낮은 것은?

① CH_4(메탄)   ② C_3H_8(프로판)
③ C_4H_{10}(부탄)   ④ H_2(수소)

> **해설**

기체 또는 증기	연소범위 (vol%)	기체 또는 증기	연소범위 (vol%)
수 소	4.1~75	에틸렌	3.0~33.5
메 탄	5.0~15	에틸에터	1.7~48
에 탄	3.0~12.5	암모니아	15.7~27.4
프로판	2.1~9.5	메틸알코올	7~37
부 탄	1.8~8.4	에틸알코올	3.5~20
일산화탄소	12.5~75	아세톤	2~13
아세틸렌	2.5~82	휘발유	1.4~7.6

13 폭열(Spalling)의 발생원인이 아닌 것은?

① 흡수율이 큰 골재의 사용
② 내화성이 약한 골재의 사용
③ 콘크리트 내부 함수율이 낮을 때
④ 콘크리트의 치밀한 조직으로 화재 시 수증기 배출이 안 될 때

> **해설**
> 굳지 않았거나 양생되지 않은 콘크리트 안에 존재하는 수분이 팽창하게 되면서 콘크리트를 파괴하므로 내부 함수율이 높을 때 폭열이 쉽게 발생된다.

11 다음 금속 중 용융점이 가장 낮은 것은?

① 알루미늄   ② 납
③ 구 리   ④ 스테인리스

> **해설**
> 수은 < 주석 < 납 < 아연 < 마그네슘 < 알루미늄 < 은 < 금 < 동(구리) < 니켈 <스테인리스 < 철 < 티탄 < 몰리브덴 < 텅스텐

14 화염이 버너의 상부를 떠나 연소하는 현상인 리프팅(Lifting)에 대한 설명으로 틀린 것은?

① 가스압력이 높아 분출속도가 빠를 때
② 공기조절기가 닫혀 1차 공기 흡입량이 없을 때
③ 연소실 내 급배기 불량으로 2차 공기가 급격히 감소할 때
④ 가스 방출구가 막혀 분출속도가 빠를 때

> **해설**
> 리프팅의 원인
> • 버너의 염공에 먼지 등이 부착하여 염공이 작아졌을 때
> • 가스의 공급압력이 지나치게 높은 경우
> • 노즐구경이 지나치게 클 경우
> • 가스의 공급량이 버너에 비해 과대할 경우
> • 연소폐가스의 배출이 불충분하거나 환기가 불충분함에 따라 2차 공기 중의 산소가 부족한 경우
> • 공기조절기를 지나치게 열었을 경우

15 기화열이 원인이 되어 생성되는 유류화재의 패턴은?

① 포어 패턴
② 레인보우 패턴
③ 틈새연소 패턴
④ 도넛 패턴

> **해설**
> 도넛 패턴
> 가연성 액체가 웅덩이처럼 고여 있을 경우 발생하는데, 도넛처럼 보이는 주변이나 얕은 곳에서는 화염이 바닥이나 바닥재를 연소시키는 반면, 비교적 깊은 중심부는 가연성 액체가 증발하면서 기화열에 의해 냉각시키는 현상 때문에 발생한다.

16 목재의 연소상황에 대한 다음 그림을 참고하여 화재가 진행된 방향으로 옳은 것은?

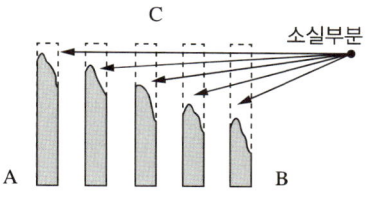

① A → B
② B → A
③ C → A
④ C → B

> **해설**
> 포인터 또는 화살형태(Pointer or Arrow Pattern)
> 수직의 목재 샛기둥에서 나타나는 형태로 더 짧고 더 심하게 탄화된 샛기둥이 긴 샛기둥 부분보다 발화지점에 더 가깝게 표현하는 형태, 즉 B → A이다.

17 소방대상물의 내부(가로 10m, 세로 10m, 높이 3m)에 가연물의 발열량 9,000kcal/kg, 무게 3,000kg, 단위발열량 4,500kcal/kg일 때 화재하중은 몇 kg/m²인가?

① 50
② 60
③ 70
④ 80

> **해설**
> 화재하중(Fire Load)
> 화재실 혹은 화재구획의 단위바닥면적에 대한 등가 목재중량
> $$q = \frac{\Sigma Q_i}{4,500A} = \frac{9,000 \times 3,000}{4,500 \times 10 \times 10} = 60$$
> q : 화재하중
> A : 화재구획의 바닥면적(m²)
> $\sum Q_i$: 화재구획 내의 가연물의 전발열량(kcal)

18 건축물 화재 시 플래시오버(Flash Over) 발생에 영향을 미치는 요인이 아닌 것은?

① 개구부의 크기
② 내장재료
③ 화원의 크기
④ 건물의 높이

해설

플래시오버 발생에 영향을 미치는 요인

개구부의 크기, 내장재료, 화원의 크기, 화재실의 온도, 실의 넓이와 모양, 가연물의 양 및 성질

19 폭발에 대한 설명으로 틀린 것은?

① 분무폭발은 기상폭발의 한 종류이다.
② 감압폭발은 응상폭발의 한 종류이다.
③ 전선이 고상에서 급격히 액상을 거쳐 기상으로 전이할 때 발생되는 폭발은 전선폭발이다.
④ 고온의 용융금속이 물속에서 급속냉각될 때 폭발은 과열액체 증기폭발이다.

20 화재현장에서 열에 의한 전구의 변형에 대한 설명으로 옳은 것은?

① 화염이 전달되는 방향의 구면에서 변형이 먼저 발생한다.
② 벌브가 개방된 이후에 다른 방향에서 화염이 전달되었을 때에도 함몰이나 돌출되는 변형이 발생한다.
③ 전선에 매달린 전구는 화재당시의 방향을 신뢰할 수 있으므로 방향지표로 사용할 수 있다.
④ 백열전등에서 보이는 화재패턴으로 수은등과 같은 대형전구에서는 변형이 발생하지 않는다.

해설

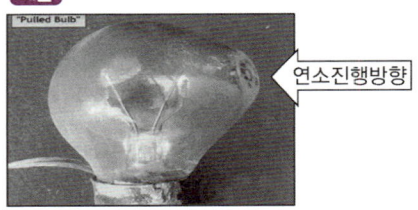

연소진행방향

제2과목 **화재감식론**

21 밀폐된 공간에서 다음 그림처럼 실내 중간에서 화재가 발생하였다. 현재 8시를 가리키고 있다면 시계가 열을 받아 가장 먼저 변형이 되는 위치로 옳은 것은? (단, 복사열은 무시한다)

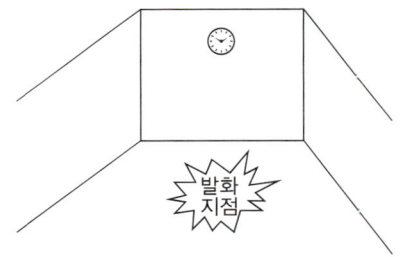

① 12시 방향   ② 9시 방향
③ 6시 방향   ④ 3시 방향

해설

열은 천장에서부터 집적되므로 12시 방향이 가장 먼저 변형이 이루어진다.

22 차량화재의 특수성을 설명한 것으로 옳은 것은?

① 화재하중이 높은 환기지배형 화재
② 화재하중이 높은 연료지배형 화재
③ 화재하중이 낮은 환기지배형 화재
④ 화재하중이 낮은 연료지배형 화재

해설
차량은 연료, 시트 등 화재하중이 높기 때문에 연료지배형 화재의 특성을 보인다.

23 가연성 가스의 폭발범위의 설명으로 틀린 것은?

① 일반적으로 가스압력이 높을수록 발화온도는 낮아지고, 폭발범위는 넓어진다.
② 가연성 가스라 함은 폭발하한계가 10% 이하인 것과 폭발하한과 상한의 차이가 20% 이상인 것을 말한다.
③ 일반적으로 가스압력이 높을수록 발화온도는 낮아지고, 폭발범위는 좁아진다.
④ 일반적으로 가스의 압력이 낮아지면 폭발범위가 좁아진다.

해설
일반적으로 가스압력이 높을수록 발화온도는 낮아지고, 폭발범위는 넓어진다.

24 발화원의 생성, 이동 및 가열에 대한 설명으로 틀린 것은?

① 모든 가연물은 발화원으로부터 이동된 에너지에 대해 동일한 반응을 보인다.
② 발화과정은 크게 발화원의 생성, 이동 및 가열로 정리될 수 있다.
③ 유력한 발화원은 가연물을 발화온도에 다다르게 할 만큼 에너지 수준이 충분히 높을 것으로 추정해 볼 수 있다.
④ 발화원의 열에너지는 전도, 대류, 복사 등의 방법을 통해 가연물로 이동되어진다.

25 다이에틸에테르($C_2H_5OC_2H_5$)에 관한 설명으로 틀린 것은?

① 인화점과 발화점이 높아 화재위험성이 작다.
② 저장 시 직사광선을 피하고 소량은 갈색병에 저장한다.
③ 무색투명한 유동성의 액체로 마취작용이 있다.
④ 공기 중에 장시간 저장 시 산화되어 불안정한 폭발성의 과산화물을 만든다.

해설
다이에틸에테르는 특수인화물로 발화점이 100℃ 미만으로 화재위험성이 크다.

26 부탄가스의 내용적 3.6L 용기에 몇 kg을 충전할 수 있는가? (단, 충전상수는 2.05이다)

① 0.57 　　　　② 1.76

③ 5.65 　　　　④ 7.38

$$G = \frac{V}{C} = \frac{3.6}{2.05} = 1.76$$

G : 충전용량
V : 용기의 내용적(부피)
C : 충전상수

27 석유류의 화재로 추정되는 화재현장으로부터 수집된 시료를 기기분석(GC, IR)을 통하여 판별하는 절차로 옳은 것은?

> ㉠ 감식물 습득
> ㉡ 여　과
> ㉢ 침　지
> ㉣ 정　제
> ㉤ 가스크로마토그래피법
> ㉥ 적외선흡수스펙트럼분석

① ㉠ → ㉡ → ㉢ → ㉣ → ㉤ → ㉥

② ㉠ → ㉡ → ㉢ → ㉣ → ㉥ → ㉤

③ ㉠ → ㉢ → ㉡ → ㉣ → ㉤ → ㉥

④ ㉠ → ㉢ → ㉡ → ㉣ → ㉥ → ㉤

석유류 화재로 추정되는 화재현장으로부터 수집된 시료를 기기분석(GC, IR)을 통하여 판별하는 절차
감정물 채취(습득) → 침지 → 여과 → 정제 → 적외선흡수스펙트럼분석 → 가스크로마토그래피법

28 스트립기법이라고도 하며, 조사해야 할 지역이 크고 개방된 공간의 경우 효과적인 산불조사기법은?

① 루프기법 　　② 좁은길 기법

③ 나선법 　　　④ 격자기법

29 화재현장에서 방화의 일반적인 특징이 아닌 것은?

① 2개 이상의 발화개소가 식별된 경우

② 연소 촉진제(휘발유, 시너)의 사용 흔적이 발견된 경우

③ 침입흔적이 있는 경우

④ 발열기구가 발견된 경우

발열기구가 발견되는 경우는 실화의 특징 중 하나이다.

30 선박의 추진기가 아닌 것은?

① 물분사 추진(Water Jet Propulsion)

② 상반회전 프로펠러(Counter-Rotating Propeller)

③ 포드 프로펠러(Pod Propeller)

④ 수중익(Hydrofoil)

선체의 흘수선 아래에 장치된 날개. 즉, 항행(航行) 중에 날개가 돌아갈 때 발생하는 양력(揚力)에 의하여 선체를 부상시키고 물의 저항을 감소시키는 구실을 하므로 배가 빨리 갈 수 있고 안전성이 높아 주로 여객선에 쓰인다.

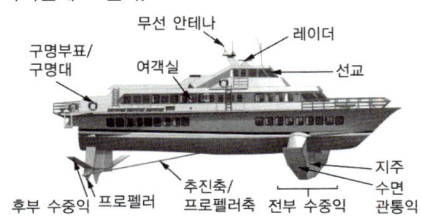

※ 출처 : Britannica Visual Dictionary © QA International 2012.(www.ikonet.com) All rights reserved.

26 ② 　27 ④ 　28 ② 　29 ④ 　30 ④ 　　**정답**

31 전기히터로 물을 끓일 때 600W로 10분이 걸린다면 이때의 전력량은 몇 kWh인가?

① 1   ② 6

③ 0.6   ④ 0.1

해설

사용한 전력량 = 소비전력 × 사용시간이므로,

$$0.6 \text{kw} \times \frac{10(\text{분})}{60(\text{분})} = 0.1 \text{kwh}$$

32 성냥용기의 측약에 사용되는 발화제 물질은?

① 초산비닐에멀전

② 황화안티몬

③ 적 린

④ 염소산칼륨

해설

성냥은 황화안티몬과 적린·염소산칼륨·황 등으로 구성되는데, 황화안티몬과 적린의 화합물만을 성냥갑의 마찰면에다 바르고, 성냥 알맹이는 염소산칼륨과 황만으로 만든다.

33 그라인더 불티에 의한 화재의 설명으로 틀린 것은?

① 종이 등 셀룰로오스 가연물에 착화가 용이하다.

② 상황에 따라서 장시간 잠복이 가능하다.

③ 용접작업 시 발생하는 불티보다 크기 때문에 발견이 쉽다.

④ 그라인더 불티 화재의 판정을 위해 비산 범위 내 출화인지 확인이 필요하다.

해설

용접작업 시 발생하는 불티입자는 0.2~3mm, 그라인더 불티는 0.1~0.2mm이다.

34 의도적으로 한 장소에서 다른 장소로 연소를 확산시키기 위한 장치나 도구로서 인화성 액체와 고체 가연물이 사용된 연소흔적은 무엇이라고 하는가?

① 트레일러 패턴

② 고스트마크

③ 스플래시 패턴

④ 포어 패턴

해설

트레일러 패턴(Trailers Pattern)

화재현장에서 의도적으로 한 장소에서 다른 장소로 연소를 확대시키기 위해 뿌려진 가연물의 흔적으로 방화현장에서 흔히 볼 수 있다. 이 패턴은 반드시 액체 가연물만의 흔적이 아니고 화장지, 신문지 등 고체 가연물이 사용되기도 하고 조합되어 사용되기도 한다.

35 선박외관의 구성요소가 아닌 것은?

① 선체 건조

② 갑 판

③ 저장소 및 화물창

④ 외관부속품

해설

저장소 및 화물창은 선박 내 화물을 적재하는 구역으로 선체(船體)에 있어서 갑판 아래쪽, 선저(船底)와 사이에 있는 장소로, 그 전후를 가로 칸막이벽으로 둘러싸여 있다. 중앙에 기관실이 있는 배에서는 기관실보다 앞쪽에 있는 선창을 선수창, 기관실보다 뒤쪽에 있는 선창을 선미창이라고 한다.

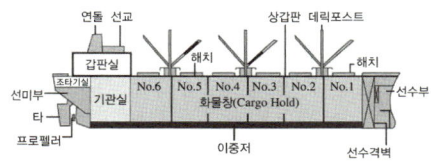

36 임야화재 가연물의 수직적 위치에 따른 분류가 아닌 것은?

① 지중가연물
② 지표가연물
③ 공중가연물
④ 지상가연물

해설

지상가연물로는 지면에 있거나 지중에 쌓여있거나 지표(地表) 바로 위에 있는 발화 가능한 가연물들을 포괄한다. 주된 가연물로는 낙엽더미(Duff), 토탄(Peat Soils), 나무뿌리, 죽은 나뭇잎, 침엽수잎더미(Coniferous Litter), 잔디, 죽은 나무, 쓰러진 통나무, 나무 그루터기(Stumps), 큰 나뭇가지, 땅으로 쳐진 나뭇가지 그리고 막 자란 나무 등이 있다.

37 발화원인 판정에 관한 설명 중 틀린 것은?

① 화재의 원인을 판정하기 위해서는 화재를 일으킨 물질, 주변상황, 인적요인을 확인하여야 한다.
② 발화지점을 명확히 지정하지 못하고 다른 잠재적 발화지점을 배제할 수 없을 때에는 발화원에 대해 추정해서는 안 된다.
③ 어떠한 경우라도 물리적 증거물이 있어야만 화재원인에 관한 판정을 할 수 있다.
④ 현장 감식결과 발화원으로 추정되는 물질이 발견되었을 때는 과학적으로 설명할 수 있어야 한다.

해설

화재는 증거물을 기반으로 원인을 판정하는 것이 원칙이지만, 발화위치가 명백한 경우에는 물리적 증거물이 없더라도 화재원인에 관한 판정을 할 수도 있다.

38 외부 화염에 의한 전선 피복 소손흔에 대한 설명으로 틀린 것은?

① 저전압에서 사용되고 있는 절연전선은 보통 230~280℃부터 급격한 분해가 일어나며, 400℃ 정도에서 인화한다.
② 절연전선은 발화하기 전에 탄화하여 스펀지상으로 팽창하여 연소 시 짙은 연기가 발생한다.
③ 화염이 직접 노출된 전선의 외부 피복에서는 내부로 탄화가 진행된 것을 식별하기 어려운 경우가 많다.
④ 외부 화염에 노출되어 불에 탄 부분과 타지 않은 부분의 경계선이 명확하다.

해설

화염이 직접 노출된 전선의 외부피복에서 내부로 탄화가 진행된 것을 식별할 수 있다.

39 자동차 냉각장치의 기능에 대한 설명으로 틀린 것은?

① 워터재킷은 엔진에서 발생한 열을 식히기 위해서 실린더블록이나 실린더헤드에 있는 냉각수의 통로이다.
② 워터펌프는 냉각수를 순환시키는 펌프로 V벨트에 연결되어 구동된다.
③ 서모스탯은 차량의 주행에 의해 들어오는 공기에 의해 냉각수를 냉각시키기 위한 장치이다.
④ 팬은 라디에이터를 지나는 공기의 흐름을 빨리하여 라디에이터의 냉각을 증대하는 작용을 한다.

냉각펌프와 라디에이터 사이에 설치되어 냉각수의 온도에 따라 밸브가 열리거나 닫혀 엔진의 온도를 항상 일정하게 조절하는 장치이다. 서모스탯은 온도 변화에 따라 수축과 팽창을 하는 왁스 또는 팰릿의 재질을 이용하여 냉각수 온도가 낮으면 수축하여 밸브가 닫히게 되고, 냉각수 온도가 올라가 76~83℃가 되면 열팽창을 하여 밸브가 열리기 시작하며, 95℃ 정도가 되면 완전 개방되어 냉각수를 라디에이터로 순환시키게 된다.

40 다음 화학반응 중 결합반응이 아닌 것은?

① 두 원소가 하나의 화합물로 되는 결합
② 한 원소와 한 화합물이 새로운 화합물을 만드는 결합
③ 두 화합물이 새로운 화합물을 만드는 결합
④ 화합물의 한 원소가 다른 원소에 의해 대치되는 반응

④는 치환반응이다.

제3과목 증거물관리 및 법과학

41 「화재증거물수집관리규칙」에서 규정하고 있는 증거물 시료용기가 아닌 것은?

① 유리병
② 양철 캔
③ 주석 도금 캔
④ 폴리에틸렌 플라스틱병

증거물 시료용기

구 분	용기 내용
공통 사항	• 장비와 용기를 포함한 모든 장치는 원래의 목적과 채취할 시료에 적합하여야 한다. • 시료용기는 시료의 저장과 이동에 사용되는 용기로 적당한 마개를 가지고 있어야 한다. • 시료용기는 취급할 제품에 의한 용매의 작용에 투과성이 없고 내성을 갖는 재질로 되어 있어야 하며, 정상적인 내부 압력에 견딜 수 있고 시료채취에 필요한 충분한 강도를 가져야 한다.
유리병	• 유리병은 유리 또는 폴리테트라플루오로에틸렌(PTFE)로 된 마개나 내유성의 내부판이 부착된 플라스틱이나 금속의 스크루마개를 가지고 있어야 한다. • 코르크마개는 휘발성 액체에 사용하여서는 안 된다. 만일 제품이 빛에 민감하다면 짙은 색깔의 시료병을 사용한다. • 세척 방법은 병의 상태나 이전의 내용물, 시료의 특성 및 시험하고자 하는 방법에 따라 달라진다.
주석 도금 캔 (CAN)	• 캔은 사용 직전에 검사하여야 하고 새거나 녹슨 경우 폐기한다. • 주석 도금 캔(CAN)은 1회 사용 후 반드시 폐기한다.
양철 캔 (CAN)	• 양철 캔은 적합한 양철 판으로 만들어야 하며 프레스를 한 이음매 또는 외부 표면에 용매로 송진 용제를 사용하여 납땜을 한 이음매가 있어야 한다. • 양철 캔은 기름에 견딜 수 있는 디스크를 가진 스크루마개 또는 누르는 금속마개로 밀폐될 수 있으며 이러한 마개는 한 번 사용한 후에는 폐기되어야 한다. • 양철 캔과 그 마개는 청결하고 건조해야 한다. • 사용하기 전에 캔의 상태를 조사해야 하며 누설이나 녹이 발견될 때에는 사용할 수 없다.
시료 용기의 마개	• 코르크마개, 고무(클로로프렌 고무는 제외), 마분지, 합성 코르크마개 또는 플라스틱 물질(PTFE는 제외)은 시료와 직접 접촉되어서는 안 된다. • 만일 이런 물질들을 시료용기의 밀폐에 사용할 때에는 알루미늄이나 주석 호일로 감싸야 한다. • 양철용기는 돌려 막는 스크루 뚜껑만 아니라 밀어 막는 금속마개를 갖추어야 한다. • 유리마개는 병의 목 부분에 공기가 새지 않도록 단단히 막아야 한다.

42 화상사의 사체소견으로 틀린 것은?

① 각 장기에서 빈혈상을 보인다.
② 피부표면에 1도에서 4도의 화상이 보인다.
③ 내부 장기는 열로 인해 부풀어 오른다.
④ 사망이 지연되면 실질장기의 혼탁종창이 나타난다.

해설
내부에서 특이한 소견은 보이지 않고 각 장기에서 빈혈상이 보인다.

43 액체 촉진제와 고체 촉진제용 수집용기에 대한 설명으로 틀린 것은?

① 미사용 청정 금속 캔 사용을 권장하며, 증기 수집을 위한 공간을 허용하기 위해 캔은 $\frac{2}{3}$ 이상 채워서는 안 된다.
② 유리병뚜껑에는 접착제 성분 라이너나 고무씰이 있는 것을 사용하여 기밀유지 토록 한다.
③ 특수하게 제작된 백을 수집용으로 사용할 수 있다.
④ 플라스틱 백은 방화도구나 고체 가속제의 잔유물을 포장하는 데 사용되지만, 침투성이 있어 증거물이 소모되거나 오염될 수 있다.

해설
용액을 수집할 병은 접착제(아교로 접착된 뚜껑)나 고무로 봉인하지 않는 것을 사용한다.
• 아교 등 접착제는 유기용매에 용해되어 증거물을 오염시킬 수 있는 가능성이 높다.
• 고무 봉인은 액체 촉진제나 그것의 기화에 의해서 녹거나 쉽게 용해되어 표본의 누출이나 손실이 될 수 있다.

44 증거물의 물리적 손상 없이 내부구조를 파악하는 유용한 분석장비는?

① 비디오카메라
② 비파괴촬영기
③ 디지털카메라
④ 광학카메라

해설
화재증거물에 빛·열·방사선 등을 비추어 기기의 이상 유무 또는 결함을 확인하는 용도로 사용하거나, 어떤 물체 내부의 실체를 알 수 없을 때 제품을 손상 또는 분해하지 않고도 감정 물건의 내부를 확인할 때 사용한다.

45 화재현장에서의 물적증거물에 관한 설명으로 틀린 것은?

① 화재현장의 환경에 따라 물증은 변하지 않는다.
② 화재원인의 추론에 따라 화재책임이 관련된다.
③ 특정 사실이나 결과에 대하여 입증 또는 반증을 가능하게 한다.
④ 발화지점, 발화기기, 최초착화물, 화재이동 경로를 통하여 화재원인을 추론한다.

해설
물적증거의 특징
화재의 물적증거는 연소 환경에 따라 달라지고 연소 후의 잔해 형태도 달라진다.

46 시반에 관한 설명으로 옳은 것은?

① 시반은 사망시간을 나타내는 지표로 사용된다.
② 시반은 시신의 사망 전 이동 여부를 나타낸다.
③ 시반은 3~4시간 후에 더 이상 진행되지 않는다.
④ 시반은 우리 몸의 가장 높은 신체부위에 발생한다.

해설
시 반
소사자의 혈액은 시간이 지나면 굳으면서 중력에 의해 사체의 가장 낮은 부분으로 모이게 된다. 이런 현상을 혈액침하라고 하며, 피부가 암적색으로 보이는 것을 시반이라 한다. 일산화탄소 헤모글로빈($CO-Hb$)의 형성으로 선홍색을 띤다.

47 가스크로마토그래피의 주요 구성요소가 아닌 것은?

① 프리즘
② 분리 칼럼
③ 고압가스실린더
④ 검출기와 기록기

해설
프리즘을 이용한 방법은 적외선 분광분석법(IR)이다.

48 지문의 구성요소(성분) 중 화재(열)에 견디는 능력이 가장 강한 것은?

① 물   ② 소 금
③ 피부기름   ④ 단백질

49 물적증거 형태의 세부내용에 대한 설명으로 옳은 것은?

① 전문증거는 자신이 직접 인지한 사실이 아니라 다른 사람이 말한 것에 대한 증거로 다른 사람의 신뢰성에 의존하는 증거이다.
② 확증증거는 개인의 지식 또는 관찰에 의하지 않은 추론에 의한 증거이다.
③ 정황증거는 다른 증거물을 강화하거나 확증하는 증거이다.
④ 오염증거는 의심되지만 다른 증거에 의해 사실로 간주되는 증거이다.

해설
물적증거물의 종류
• 인적증거 : 사람의 진술내용, 증인의 증언, 감정인의 감정
• 물적증거 : 물건의 존재나 상태, 사진과 비디오 등 영상물
• 서증 : 증거서류와 증거물인 서면
• 전문증거 : 자신이 꼭 직접 인지한 사실이 아니라 다른 사람이 말한 것에 대한 증거로서 다른 사람의 신뢰성에 의존하는 증거

50 화상 중 열탕화상에 대한 설명으로 옳은 것은?

① 열탕화상은 대부분 뜨거운 액체와 화염에 의한 조직손상을 말한다.
② 과열된 기름에 의한 것 외에는 건열화상처럼 타거나 탄화되며, 체모가 그슬려 있다.
③ 감염은 동반될 수 없고 화상이 광범위하여도 쇼크는 오지 않는다.
④ 피부화상이 온몸에 일정하게 퍼져 있는 경우를 제외하고는 건열화상과 비슷하다.

해설
열탕화상
물, 탕국물, 커피, 차, 기름, 라면, 정수기의 온수 등 뜨거운 액체에 의한 화상이다.

51 연소가스 중 고농도의 이것은 눈에 접촉되면 점막을 심하게 자극하여 결막부종 및 각막혼탁을 초래하고 시력장애의 후유증을 남기는 경우가 있으며, 흡입하면 폐수종을 일으키거나 호흡정지를 일으키는 경우도 있다. 주로 냉동시설의 냉매로 많이 쓰이고 있으므로 냉동창고 화재 시 누출가능성이 큰 가스는?

① 아황산가스(SO_2)
② 시안화수소(HCN)
③ 암모니아(NH_3)
④ 포스겐($COCl_2$)

해설
암모니아(NH_3)
- 허용농도 : 25ppm
- 질소 함유물(나일론, 나무, 실크, 아크릴 플라스틱, 멜라닌수지)이 연소할 때 발생하는 연소생성물로서 유독성이 있으며, 강한 자극성을 가진 무색의 기체이다.
- 냉동시설의 냉매로 많이 쓰이고 있으므로, 냉동창고 화재 시 누출가능성이 크므로 주의해야 한다. 이때 우발적으로 터질 가능성이 있기 때문에 조심해야 한다.
- 공기보다 가벼워 흡입 시 소화기 점막에 수포가 생기고, 피부에는 홍반이 생기고 다량흡입(1,500ppm 이상)할 경우 즉사한다.

52 물적증거의 테스트 방법 중 금속, 세라믹류 또는 흙과 같은 휘발성이 아닌 물질에 있는 개별 원소들을 구분할 수 있는 방법은?

① 가스크로마토그래피(GC)
② 원자흡광분석(AA)
③ 적외선분광광도계(IR)
④ 엑스레이 형광분석(X-ray Fluorescence)

해설
원자흡광분석(AA)
다양한 방식으로 시료를 원자화한 후 흡광분석법을 통해 금속원소, 반금속원소 및 일부 비금속원소를 정량분석하는 방법이다.

53 국소적 생활반응에 해당하는 것은?

① 출혈 및 응혈
② 속발성 염증
③ 색전증
④ 외래물질의 분포

해설
국소적 생활반응
출혈(Hemorrhage), 응혈(Coagulation), 피하출혈, 창구의 개대, 창연의 외번, 발적종창, 수포 또는 기도화상, 미세포말, 치유기전(治癒棋戰) 및 감염(사전의 변화), 압박성 울혈, 흡인 및 연하, 국부성 빈혈

54 생체의 생활반응과 비교한 사체의 반응에 관한 설명으로 틀린 것은?

① 생체의 혈액은 외부의 힘에 의해 혈관이 파괴되면 용솟음치듯 내뿜으며 출혈하지만 사체는 파괴된 혈관 부근에서 혈액이 흘러나오는 정도로 끝난다.
② 생체가 둔기에 맞으면 피부가 파괴되지 않아도 피부 아래의 모세혈관이 파괴되면서 피부조직 안으로 출혈해서 피가 굳는 응혈현상이 생기는 것에 반해, 사체는 응혈현상이 없다.
③ 생체가 열기를 받으면 물집이 생기나 사체는 물집이 잠시 생겼다 사라지면서 충혈되고 빨간 부스럼이 생긴다.
④ 살아 있던 사람이 익사하거나 불에 타 죽는 경우 입에서 하얗고 빽빽한 점액성의 거품이 부풀어 오르고, 죽은 사람을 물속에 넣거나 태울 때에는 이러한 증상이 나타나지 않는다.

55 화재사와 관련된 신체의 소실에 대한 설명으로 옳은 것은?

① 화염에 휩싸인 방에서 사체는 가연물에 일부가 될 수 없다.

② 동물성 지방은 30J/kg 정도의 연소열을 갖고 있다.

③ 뼈는 골수와 조직을 공급하지 못하므로 가연물의 양을 감소시킨다.

④ 두개골은 열을 받게 되면 골절되거나 분해된다.

해설
두부에 강한 열이 지속적 작용하면 두개골의 외관의 탄화 및 두개골 골절이 일어난다.

56 사진촬영을 위해 현장 전체를 파악할 수 있는 선정 위치로 옳은 것은?

① 발화가 개시된 건물 정면
② 발화지점 내부
③ 발화지역 주변의 높은 곳
④ 화염이 강하게 출화한 곳

해설
연소상황 파악을 위한 사진촬영 및 녹화 요령
• 높은 곳에서 화재현장 전체를 촬영
• 건물을 4방향에서 촬영
• 발화부 주변현장은 구조물의 외부에서 내부로 촬영
• 한 장의 사진으로 표현이 어려울 경우 현장을 중첩하여 파노라마식으로 촬영
• 의심나거나 중요한 증거물에 대하여는 여러 방향에서 촬영

57 화상의 위험도 결정요소가 아닌 것은?

① 깊이와 범위
② 피부의 깊이
③ 합병된 외상
④ 화열의 강도

해설
위험도
• 화상의 위험도는 심도(深度)와 범위(範圍)에 의하여 결정되며 범위가 심도보다 더 큰 영향을 미친다.
• 연령, 부상부위, 합병된 외상 내지 기존 질환에 의하여서도 영향을 받는다.
• 어린이는 같은 정도의 범위라도 어른보다 더 위험하다.
• 노인은 회복이 지연되거나 합병증이 일어나기 쉽다.
• 상부기도나 흉부화상은 호흡장애를 초래한다.
• 주요 장기에 질환이 있는 경우 정상인보다 위험하다.
• 심도에 따라 영향을 받기는 하나 일반적으로 전신 1/3 정도에 3도 화상을 입으면 50%의 사망 위험이 있다.

58 강화유리가 폭발로 깨졌을 때 나타나는 형태로 옳은 것은?

① 곡선모양
② 입방체모양
③ 원형모양
④ 격자모양

해설
강화유리
화재나 폭발로 깨지면 작은 입방체모양으로 부서지며, 유리의 잔금보다 통일된 모양이다.

59 둔체가 피부를 눌렀을 때 유두진피의 모세혈관이 터져 미세한 점출혈이 형성된 형태는?

① 피하출혈
② 줄 모양 출혈
③ 피내출혈
④ 피외출혈

60 액체 및 고체 증거물의 수집 시 고려해야 할 사항으로 옳은 것은?

① 탄화수소계 물질은 물보다 비중이 높아 물에 가라앉는다.
② 대부분의 액체 위험물은 용매작용을 한다.
③ 금속 캔에는 3/4 이상 채우지 않는다.
④ 아세톤이나 알코올은 물과 쉽게 섞이지 않는다.

제4과목 **화재조사보고 및 피해평가**

61 정당한 사유 없이 화재조사 관계 공무원의 출입 또는 조사를 거부·방해 또는 기피한 자에 대한 벌칙으로 옳은 것은?

① 100만원 이하의 벌금
② 200만원 이하의 벌금
③ 300만원 이하의 벌금
④ 400만원 이하의 벌금

해설
명령을 위반하여 보고 또는 자료제출을 하지 아니하거나, 허위의 보고 또는 자료제출을 한 자 또는 정당한 사유 없이 관계 공무원의 출입 또는 조사를 거부·방해 또는 기피한 자는 300만원 이하의 벌금에 처한다.

62 공구·기구의 손해 정도가 보통인 경우의 손해율은?

① 10%   ② 30%
③ 50%   ④ 80%

해설

화재로 인한 피해 정도	손해율(%)
50% 이상 소손되고 그을음 및 수침오염 정도가 심한 경우	100
손해 정도가 다소 심한 경우	50
손해 정도가 보통인 경우	30
오염·수침손의 경우	10

63 화재현장조사서 작성 시 유의사항으로 틀린 것은?

① 보험가입현황 기재
② 신고 및 초기조치 기재(필요시 시간대별 조치사항 및 녹취록 작성)
③ 화재발생 이후 상황만 정확히 기재
④ 필요시 인명구조 활동내역 작성

해설
입회인에게 건물 등 발화 전의 상황설명을 듣고 실태를 파악하면서 확인·관찰하거나 발굴을 실시한다.

64 화재발생종합보고서 작성 시 건물의 동수 산정기준으로 틀린 것은?

① 주요구조부가 하나로 연결되어 있는 것은 같은 동으로 한다. 다만, 건널 복도 등으로 2 이상의 동에 연결되어 있는 것은 그 부분을 절반으로 분리하여 각 동으로 한다.
② 구조와 관계없이 지붕 및 실이 하나로 연결되어 있는 것은 같은 동으로 본다.
③ 목조 또는 내화조 건물의 경우 격벽으로 방화구획이 되어 있는 경우는 다른 동으로 한다.
④ 독립된 건물과 건물 사이에 차광막, 비막이 등의 덮개를 설치하고 그 밑을 통로 등으로 사용하는 경우는 다른 동으로 한다.

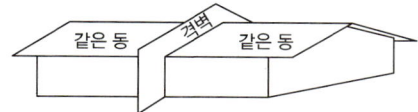

65 「소방의 화재조사에 관한 법률 및 시행령」에 따른 화재현장 보존 등에 관한 규정 내용으로 틀린 것은?

① 공공의 이익에 중대한 영향을 미친다고 판단되거나 인명구조 등 긴급한 사유가 있는 경우에도 소방관서장 또는 경찰서장의 허가 없이 화재현장에 있는 물건 등을 이동시키거나 변경·훼손하여서는 아니 된다.

② 누구든지 소방관서장 또는 경찰서장의 허가 없이 화재현장에 설정된 통제구역에 출입하여서는 아니 된다.

③ 화재현장 보존조치를 하거나 통제구역을 설정한 경우 누구든지 소방관서장 또는 경찰서장의 허가 없이 화재현장에 있는 물건 등을 이동시키거나 변경·훼손하여서는 아니 된다.

④ 방화(放火) 또는 실화(失火)의 혐의로 수사의 대상이 된 경우에는 관할 경찰서장 또는 해양경찰서장이 통제구역을 설정한다.

66 모든 화재에 공통적으로 작성하여야 하는 서식으로 옳은 것은?

① 화재현장조사서, 질문기록서
② 화재현황조사서, 재산피해신고서
③ 화재현황조사서, 인명피해신고서
④ 화재현장조사서, 화재현황조사서

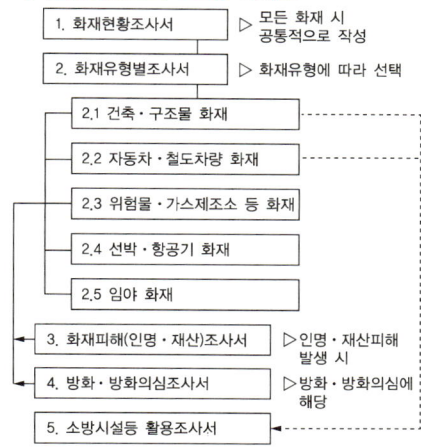
67 화재현장출동보고서 작성 시 기재항목이 아닌 것은?

① 화재건물 현황
② 화재현장 도착 시 발견사항
③ 소방대 이외의 강제적인 진입흔적
④ 출입문 상태 및 소방대 건물 진입방법

68 「화재조사 및 보고규정」상 용어의 정의 중 틀린 것은?

① 내용연수란 고정자산을 경제적으로 사용할 수 있는 연수를 말한다.

② 재구입비란 화재 당시의 피해물과 같거나 비슷한 것을 재건축(설계 감리비를 포함한다) 또는 재취득하는 데 필요한 금액을 말한다.

③ 잔가율이란 화재 당시에 피해물의 재구입비에 대한 현재가의 비율을 말한다.

④ 손해율이란 피해물의 경제적 내용연수가 다한 경우 잔존하는 가치의 재구입비에 대한 비율을 말한다.

> **해설**
> 최종잔가율이란 피해물의 경제적 내용연수가 다한 경우 잔존하는 가치의 재구입비에 대한 비율을 말한다.

69 화재현장조사서 작성 시 도면작성에 관한 사항 중 옳은 것은?

① 도면의 표제는 이해를 쉽게 하기 위해 발화건물 평면도, 발화지점 평면도 등으로 한다.

② 도면의 위치는 소방대의 부서위치를 중심으로 발화건물을 상방향에 두는 방법으로 방향을 잡는다.

③ 거리측정은 기둥의 중심에서 다른 기둥의 중심까지로 기준점을 둔다.

④ 도면에 사용하는 기호는 제도기호 등 표준화된 기호를 사용하고 문자 삽입은 피한다.

> **해설**
> **도면작성 방법**
> • 방의 배치와 출입구, 개구부의 상황을 위주로 작성
> • 거리측정은 기둥의 중심에서 다른 기둥의 중심까지로 기준점을 통일
> • 도면(입체도, 평면도)은 측정치를 기준으로 하여 축척에 맞춰서 작성. 단, 너무 작거나 얇고 가늘어서 축척에 의한 표시가 어려운 것은 위치를 알 수 있도록 그려 넣은 후 품명 등을 기재해 둔다.
> • 방 배치가 복잡한 건물에 있어서는 한 점을 기준점으로 정하고 사방으로 넓히면서 측정
> • 완성된 도면을 보면 1층의 계단과 2층의 계단의 위치가 어긋나 있는 경우가 있으므로 주의

70 화재조사를 하는 관계 공무원이 화재조사를 수행하면서 알게 된 비밀을 다른 사람에게 누설한 자에 대한 벌칙기준으로 옳은 것은?

① 1,000만원 이하의 벌금

② 500만원 이하의 벌금

③ 300만원 이하의 벌금

④ 200만원 이하의 벌금

> **해설**
> 관계인의 정당한 업무를 방해하거나 화재조사를 수행하면서 알게 된 비밀을 다른 사람에게 누설한 자는 300만원 이하의 벌금에 처한다.

71 화재현황조사서 작성 시 화재원인의 기재항목이 아닌 것은?

① 연소확대사유   ② 발화열원

③ 발화요인   ④ 최초착화물

> **해설**
> **화재원인 기재항목**
> 발화열원, 발화요인, 최초착화물, 발화개요

72 화재피해의 조사 및 피해액 산정순서로 옳은 것은?

① 기본현황조사 → 피해정도조사 → 화재현장조사 → 재구입비 산정 → 피해액 산정

② 화재현장조사 → 피해정도조사 → 기본현황조사 → 재구입비 산정 → 피해액 산정

③ 기본현황조사 → 피해정도조사 → 재구입비 산정 → 피해액 산정 → 화재현장조사

④ 화재현장조사 → 기본현황조사 → 피해정도조사 → 재구입비 산정 → 피해액 산정

해설

화재피해조사 및 피해액 산정순서

화재현장 조사	• 화재발생장소의 전체적인 피해규모 파악 – 이재동수, 사상자수, 건물의 명칭 및 화재피해면적 • 피해규모에 따른 조사인력, 조사범위, 순서 등의 판단
↓	
기본현황 조사	• 피해내용 및 범위의 확인 – 건물, 부대설비, 구축물, 영업시설, 기타동산의 유무 및 피해 여부 • 건물의 용도, 구조, 규모 확인 – 건축물대장 및 실사에 의한 도면의 작성 등
↓	
피해정도 조사	• 건물, 부대설비, 구축물, 영업시설의 피해정도, 피해면적 확인 • 기계장치, 공구·기구, 집기비품, 가재도구, 차량 및 운반구, 재고자산, 예술품 및 귀중품, 동물 및 식물의 피해유무 및 품목별 피해정도, 수량 확인
↓	
재구입비 산정	• 피해내용별 재구입비의 산정 • 피해내용별, 품목별 경과연수 및 내용연수 확인
↓	
피해액 산정	• 피해내용별 피해액 산정 • 잔존물 제거비 산정 • 피해액의 합산

73 화재피해액 산정기준에서의 화재피해액 산정 대상이 아닌 것은?

① 애완동물
② 영업이익
③ 원재료
④ 식 물

해설

물적손해 중 영업손실 등 간접피해, 인적손해, 무형의 손해는 산정하지 않는다.

74 질문기록서의 작성 등에 대한 설명으로 틀린 것은?

① 질문기록서가 증거로서 가치를 가지기 위해서는 진술이 임으로 행해진 것이어야 한다.

② 미성년자에 대한 질문은 객관성 유지를 위하여 친권자 등의 입회를 배제하여야 한다.

③ 녹취를 종료하는 경우, 녹취내용에 오류가 없는지 확인시킨 후 서명을 받는다.

④ 질문의 권한은 「소방법」상 소방서장에게 있다.

해설

미성년자 등에 대한 질문

18세 미만의 청소년, 정신장애자 등에 대한 질문을 하는 경우는 친권자 등의 입회인을 입회시켜야 하며 진술자는 물론 입회자에게도 서명시켜야 한다.

75 5년 후 철거예정인 노숙자 쉼터에서 화재가 발생하여 150m²가 소실된 경우 이 철거건물의 피해액은? (단, 이 건물은 철골조이며, m²당 재건축비는 730천원이고, 내용연수는 50년이다)

① 30,660천원 ② 33,726천원
③ 31,660천원 ④ 34,726천원

해설
신축단가 × 소실면적 × [1 – (0.8 × 경과연수 / 내용연수)] × 손해율
= 730천원 × 150 × [1 – (0.8 × 45 / 50)]
= 30,660천원

76 소방시설등 활용조사서 작성 시 기재항목이 아닌 것은?

① 초기소화활동
② 동원인원
③ 방화셔터 작동여부
④ 가스누설경보기 경보여부

해설
동원인력은 화재현황조사서의 기재항목이다.

77 「화재조사 및 보고규정」상 건물의 화재피해 범위가 건물의 바닥 15m², 한쪽 벽 5m²가 소실된 경우의 소실면적은 몇 m²인가?

① 20   ② 16
③ 15   ④ 5

해설
소실면적 산정(화재조사 및 보고규정 제17조)
• 건물의 소실면적 산정은 소실 바닥면적으로 산정한다.
• 수손 및 기타 파손의 경우에도 위 규정을 준용한다.
∴ 바닥면적만 산정하고 벽면 소실은 무시하므로 소실면적은 15m²이다.

78 화재피해액 산정 시 건물에 포함하여 피해액을 산정하는 것은?

① 건물의 소화설비
② 건물의 가스설비
③ 건물의 승강기설비
④ 건물에 부착된 간판

해설
간판, 네온사인, 안테나, 선전탑, 차양 및 이와 비슷한 것은 건물의 부착물로 보아 건물에 포함하여 산정한다.

79 화재조사 결과보고를 30일 이내 보고해야 할 화재가 아닌 것은?

① 시장화재
② 지하구화재
③ 이재민이 100명 이상 발생화재
④ 소방활동구역에서 발생한 화재

해설
종합상황실장이 상급 종합상황실에 지체없이 보고해야하는 화재의 조사보고 : 화재 발생일로부터 30일 이내
• 사망자가 5인 이상 발생하거나 사상자가 10인 이상 발생한 화재
• 이재민이 100인 이상 발생한 화재
• 재산피해액이 50억원 이상 발생한 화재
• 관공서·학교·정부미도정공장·문화유산·지하철 또는 지하구의 화재
• 관광호텔, 층수가 11층 이상인 건축물, 지하상가, 시장, 백화점, 지정수량의 3천배 이상의 위험물의 제조소·저장소·취급소, 층수가 5층 이상이거나 객실이 30실 이상인 숙박시설, 층수가 5층 이상이거나 병상이 30개 이상인 종합병원·정신병원·한방병원·요양소, 연면적 1만 5천 제곱미터 이상인 공장 또는 화재예방강화지구에서 발생한 화재
• 철도차량, 항구에 매어둔 총 톤수가 1천톤 이상인 선박, 항공기, 발전소 또는 변전소에서 발생한 화재
• 가스 및 화약류의 폭발에 의한 화재
• 다중이용업소의 화재
• 긴급구조통제단장의 현장지휘가 필요한 재난상황
• 언론에 보도된 재난상황
• 그 밖에 소방청장이 정하는 재난상황

80 「소방의 화재조사에 관한 법률」상 용어의 정의 중 틀린 것은?

① "소방대상물"이란 건축물, 차량, 선박(선박으로 운항 중인 선박 포함), 선박 건조 구조물, 산림, 그 밖의 인공구조물 또는 물건

② "화재조사"란 소방청장, 소방본부장 또는 소방서장이 화재원인, 피해상황, 대응활동 등을 파악하기 위하여 자료의 수집, 관계인등에 대한 질문, 현장 확인, 감식, 감정 및 실험 등을 하는 일련의 행위를 말한다.

③ "화재조사관"이란 화재조사에 전문성을 인정받아 화재조사를 수행하는 소방공무원을 말한다.

④ "관계인등"이란 화재가 발생한 소방대상물의 소유자·관리자 또는 점유자를 말한다.

해설

소방의 화재조사에 관한 법률상 용어

• "화재"란 사람의 의도에 반하거나 고의 또는 과실에 의하여 발생하는 연소 현상으로서 소화할 필요가 있는 현상 또는 사람의 의도에 반하여 발생하거나 확대된 화학적 폭발현상을 말한다.

• "화재조사"란 소방청장, 소방본부장 또는 소방서장이 화재원인, 피해상황, 대응활동 등을 파악하기 위하여 자료의 수집, 관계인등에 대한 질문, 현장 확인, 감식, 감정 및 실험 등을 하는 일련의 행위를 말한다.

• "화재조사관"이란 화재조사에 전문성을 인정받아 화재조사를 수행하는 소방공무원을 말한다.

• "관계인등"이란 화재가 발생한 소방대상물의 소유자·관리자 또는 점유자를 말한다.

• 소방대상물 : 소방기본법상 용어

16 | 2회 산업기사 기출문제

제1과목 화재조사론

01 사람의 체내에 있는 헤모글로빈의 일산화탄소 친화력은 산소에 비해 몇 배인가?

① 40~50배 ② 140~150배
③ 240~250배 ④ 340~350배

해설
일산화탄소의 헤모글로빈과의 친화력은 산소보다 250배 크므로 질식위험이 높다.

02 가연물의 연소속도에 관한 내용으로 옳은 것은?

① 가연물의 열전도율이 작으면 연소속도가 크다.
② 가연물의 밀도가 크면 연소속도가 크다.
③ 가연물의 비열이 작으면 연소속도가 크다.
④ 화염온도가 낮으면 연소속도가 크다.

03 건축물의 화재성상에 대한 설명으로 틀린 것은?

① 목조건축물은 공기의 유통이 좋아 내화건축물에 비하여 빠르게 플래시오버에 도달한다.
② 내화건물물의 화재진행은 초기 → 성장기 → 최성기 → 감쇠기의 순서로 진행한다.
③ 목조건축물은 최성기를 지나면 급속히 타버리고 공기의 유통이 좋으므로 내화건축물에 비하여 장시간 고온을 유지한다.
④ 내화건축물은 견고하여 공기의 유통조건이 거의 일정하고 최고온도는 목조건축물보다 낮다.

해설
목조건축물 화재 : 최성기 이후 오히려 공기의 유통이 좋아져 온도는 급속히 저하된다.

04 출화개소 판단 시 유의사항으로 틀린 것은?

① 출입구의 방향과 창문, 환기구 등 개구부는 변동요인이 많으므로 제외한다.
② 발화지점과 연소 확산된 경계구역을 구분한다.
③ 건물 내·외부 연소상태를 비교 판단하여 화염의 이동경로를 파악한다.
④ 붕괴되거나 도괴된 경우 해당 원인을 확인한다.

해설
출화개소 판단 시 출입구의 방향과 창문, 환기구 등 개구부는 변동요인이 많으므로 제외해서는 절대 안 된다.

05 화재조사의 특징에 대한 설명으로 틀린 것은?

① 화재조사에 관한 질문조사는 가급적 여유를 가지고 안정된 후에 천천히 실시한다.

② 화재조사에 도움을 줄 수 있는 고급정보들은 주로 현장에서 얻어진다.

③ 화재조사는 강제성을 지닌다.

④ 화재조사는 프리즘식으로 진행된다.

> **해설**
>
> 화재 피해자일 경우는 최초와 다른 심경변화를 가져올 수 있고 보험에 가입된 경우에는 보상을 좀 더 많이 받기 위해 범행을 숨기거나 피해액을 늘리기 위해 시간이 경과하면 거짓으로 진술할 수 있으므로 신속히 진술을 확보해야 한다.

06 유리의 파괴특성에 대한 설명으로 옳은 것은?

① 크래이즈드 글라스(Crazed Glass)는 한쪽면이 급격하게 가열되었을 때 만들어진다.

② 열에 의한 파괴는 방사형으로 파괴된다.

③ 폭발에 의한 파괴는 단면에서 월러라인이 관찰되지 않는다.

④ 방사형 파괴선의 파단면에서 월러라인을 관찰하면 충격방향을 알 수 있다.

07 화재성장률은 일반적으로 t^2 화재성장곡선으로 표현하는데 건축물의 종류에 따른 화재성장 정도에 대한 설명으로 틀린 것은?

① 호텔 객실 : Fast

② 상점 : Fast

③ 창고 : Urtrafast

④ 사무실 : Medium

08 연소 시 열 방출율이 가장 낮은 것은?

① 촛 불

② 담뱃불

③ 소 파

④ 종이가 담긴 휴지통

09 연소범위에 영향을 미치는 요인에 대한 설명으로 틀린 것은?

① 온도가 높아질수록 폭발범위는 넓어진다.

② 압력이 높아지면 하한값이 크게 변하지 않으나 상한값은 높아진다.

③ 고온 저압의 경우 폭발범위는 더욱 넓어진다.

④ 혼합기를 이루는 공기의 산소농도가 높을수록 연소범위는 넓어진다.

10 화재 플룸(Fire Plume)에 대한 설명으로 틀린 것은?

① 화재 시 발생한 고온가스와 주변의 차가운 기체와의 밀도차에 의해 발생한다.

② 대부분의 화재 플룸은 화원에서 발생한 열과 주변 공기에 의해 매우 불안정한 형태의 난류유동을 형성한다.

③ 화재 플룸 내의 고온가스가 상승함에 따라 주변의 공기가 화염부로 들어오게 되는데 이를 공기유입이라 한다.

④ 화재 플룸에 주위 공기가 유입되면 화재 플룸 내부온도가 상승한다.

11 화재조사자의 복장에 대한 설명으로 틀린 것은?

① 낙하물, 빠짐, 돌출물 등에 의한 사고방지를 고려해야 한다.
② 기상조건에 따라 우의 또는 방한복 등을 구비하여야 한다.
③ 화재조사의 독립성을 위해 관계자나 제3자가 화재조사자임을 알 수 없도록 간편복장을 준비한다.
④ 사고 방지를 위해 헬멧, 안전화, 절연장화 등을 준비해야 한다.

관계자나 제3자가 화재조사자임을 알 수 있도록 복장을 착용하여야 한다.

12 화재현장에서 전선 등에 생긴 용융흔을 찾는 목적으로 옳은 것은?

① 대부분의 발화원인 소실되어 발화원인으로 추정하기 위함
② 발화부위를 일정범위로 축소할 수 있는 과학적인 증거로 삼을 수 있기 때문
③ 가연물이 소실되어 불연재인 전선의 잔유물만 남아 있기 때문
④ 전기화재의 원인으로 추정한 후 신속히 종결하기 위함

전기화재는 전류의 발열작용으로써의 줄열과 아크에 수반되는 불꽃에서 발생되므로 발화부위를 축소하고 과학적 증거로 제시 가능하다.

13 다음 물질 중 위험도가 가장 높은 것은?

① 메 탄 　　② 프로판
③ 벤 젠 　　④ 일산화탄소

위험도

$$H = \frac{U - L}{L}$$

① 연소범위가
5.0~150이므로 $H = \frac{15 - 5}{5} = 2$

② 연소범위가
2.1~9.50이므로 $H = \frac{9.5 - 2.1}{2.1} = 3.52$

③ 연소범위가
1.4~7.10이므로 $H = \frac{7.1 - 1.4}{1.4} = 4.1$

④ 연소범위가
12.5~75이므로 $H = \frac{75 - 12.5}{12.5} = 5$

14 통전 중 단락에 의해 형성된 전선 용융흔의 특징에 대한 설명으로 틀린 것은?

① 화재의 원인이 되는 단락흔이다.
② 구슬모양이다.
③ 눈물모양으로 처져 광택이 없다.
④ 2차 용융흔은 화재의 열로 전기기기코드 등이 연소되어 형성된다.

③ 화재열로 용융된 열흔에 대한 설명이다.

15 건축물의 실내에서 화재가 발생하여 초기 실내의 온도가 20℃에서 750℃까지 상승하였다면 실내의 공기는 초기에 비해 약 몇 배 정도로 팽창하였는가? (단, 화재로 인한 압력의 변화는 없고 공기는 이상기체 거동을 하는 것으로 가정한다)

① 약 3.5배 　　② 약 4.0배
③ 약 4.5배 　　④ 약 5.0배

PV = nRT에서 압력과 부피(실내 체적)가 일정하므로 온도 차이에 따른 팽창 정도만 고려하면 된다.
온도는 절대온도값이므로 $\frac{273 + 750}{273 + 20} = 3.49$

16 다음 중 화염의 색에 따른 온도가 가장 높은 것은?

① 암적색   ② 황적색

③ 휘적색   ④ 백적색

해설

화염의 온도와 색

색 상	온도(℃)
담암적색	520
암적색	700
적 색	850
휘적색	950
황적색	1,100
백적색	1,300
휘백색	1,500 이상

17 폭발 성립 조건으로 틀린 것은?

① 가연성가스, 증기 및 분진이 공기 또는 산소와 접촉, 혼합되어 있을 때

② 혼합되어 있는 가스 및 분진이 구획되고 있는 실이나 용기와 같은 공간에 존재하고 있을 때

③ 혼합된 물질에 발화온도 이상의 온도 또는 최소 점화에너지가 존재할 때

④ 가연성가스, 증기 등이 공기 또는 산소와 혼합되어 연소범위 이상에 있을 때

해설

연소범위 안에 있어야 폭발한다. 연소범위 이하 또는 이상에 있으면 폭발하지 않는다.

18 목재의 탄화심도에 영향을 미치는 인자가 아닌 것은?

① 착화온도

② 가열속도와 가열시간

③ 목재의 밀도

④ 산소 농도

해설

목재의 탄화심도에 영향을 미치는 인자

• 가열속도와 가열시간
• 환기효과
• 표면적과 질량 비율
• 나무결의 방향, 위치, 크기
• 목재의 종류(소나무, 참나무, 전나무 등)
• 수분 함량
• 코팅 표면 특성
• 목재의 밀도
• 고온가스의 산소 농도

19 그을음에 대한 설명으로 옳은 것은?

① 거친 표면보다는 매끄러운 표면에 잘 부착된다.

② 벽면에 부착된 그을음은 화염에 직접 노출되었을 때에 연소되어 사라진다.

③ 접촉된 물체 사이에 그을음이 있다면 물체는 화재 이전부터 접촉되었다고 볼 수 있다.

④ 대기의 온도보다 뜨거운 물체 위에 그을음은 쉽게 부착된다.

해설

벽면의 가열온도가 450도일 때 회색 그을음, 650도일 때 검은 그을음, 850도일 때는 그을음이 없어진다.

20 「화재조사 및 보고규정」상 조사 보고에 대한 내용으로 옳은 것은?

① 치외법권지역 등 조사권을 행사할 수 없는 경우는 조사 가능한 내용만 조사하여 조사서류 일체를 작성·보고한다.

② 소방본부장 및 소방서장은 조사결과 서류를 국가화재정보시스템에 입력·관리해야 하며 50년간 보존해야 한다.

③ 조사관이 조사를 시작한 때에는 소방관서장에게 지체 없이 화재발생보고서를 작성·보고해야 한다.

④ 재산피해액이 50억원 이상 발생한 화재 : 보고규정에 따른 보고서류(별지 제1호 서식 내지 제11호 서식)까지 작성하여 화재 발생일로부터 30일 이내에 보고해야 한다.

해설
① 치외법권지역 등 조사권을 행사할 수 없는 경우는 조사 가능한 내용만 조사하여 제21조 각 호의 조사 서식 중 해당 서류를 작성·보고한다.
② 소방본부장 및 소방서장은 조사결과 서류를 국가화재정보시스템에 입력·관리해야 하며 영구보존방법에 따라 보존해야 한다.
③ 조사관이 조사를 시작한 때에는 소방관서장에게 지체 없이 별지 제1호 서식 화재·구조·구급상황보고서를 작성·보고해야 한다.

제2과목 **화재감식론**

21 발화원인 판정과 관련된 화재조사관의 의견에 대한 설명으로 틀린 것은?

① 화재나 폭발에 대한 가설로부터 의견을 개진할 때에 화재조사관은 이러한 의견에 대한 확실함의 수준에 대한 기준을 세어야 한다.

② 화재조사관은 수집된 데이터와 분석을 통해 얻어진 가설을 가지고 검증작업을 통해 화재원인 판별을 한다.

③ 최종의견은 해당 의견을 도출하는 데 사용된 데이터의 질과 연관성이 있다고 볼 수 있다.

④ 조사에서 수집된 데이터 및 분석을 통해 얻어진 가설은 다른 사람으로부터 검증받을 필요는 없다.

해설
과학적 방법론

필요성 인식
↓
문제정의
↓
자료수집 ⇐
↓
자료분석 ⇐
↓
가설설정 ⇐
↓
가설검증 ⇒
↓
최종가설 선택

22 트래킹 현상에 대한 설명으로 틀린 것은?

① 절연체 표면의 오염 등에 의한 탄화도전로가 형성된다.
② 탄화도전로에 미소방전이 발생한다.
③ 방전에 의해 절연체 표면이 탄화된다.
④ 무기절연재료에서 주로 발생한다.

해설
도전성 물질의 생성이 적은 무기절연물보다 유기절연물이 탄화하여 도전로 형성이 쉽다.

23 산불의 연소부위에 따른 분류가 아닌 것은?

① 지표화   ② 비산화
③ 수관화   ④ 지중화

해설
연소상태 및 연소부위(위치)에 따라 지표화(地表火, Surface Fire), 수관화(樹冠火, Crown Fire), 수간화(樹幹火, Stem Fire), 지중화(地中火, Ground Fire)로 분류한다.

24 차량화재 이후의 차량 견인 시 주의사항 중 틀린 것은?

① 증거물 분실을 예방하기 위해 차량을 현장에서 옮기기 전에 잘 보호하도록 한다.
② 화재조사관은 사고 이후의 손상 특징을 확인하고 기록해야 한다.
③ 화재차량의 견인이나 이동 시 외부손상이 가중되지 않는 방법을 선택한다.
④ 화재차량 견인 후 증거물 제거를 위해 주변을 깨끗이 청소한다.

해설
견인 후에도 증거물을 보호하기 위해 함부로 치우거나 청소해서는 안 된다.

25 유염화원에 해당되는 것은?

① 담뱃불
② 아궁이 재
③ 라이터 불
④ 향 불

해설
①·②·④는 무염화원이다.

26 발화원에 관한 설명으로 틀린 것은?

① 반드시 발화원의 물리적 증거가 있어야만 화재원인을 판별할 수 있는 것은 아니다.
② 발화원은 눈에 띄는 형태로 있을 수도 있고 어떤 경우에는 많이 훼손된 경우도 있다.
③ 발화원은 발화지점 내에서 발견되어야만 증거로서 인정받을 수 있다.
④ 발화원은 충분한 온도와 에너지를 가지고 있을 것이며 가연물과 오랫동안 접촉하고 있었을 것으로 추측해 볼 수 있다.

해설
폴다운 패턴이나 트레일러 패턴 등 발화원이 발화지점 내에서 발견되지 않는 경우도 있다.

27 방화의 동기 중 극단주의에 해당하는 것은?

① 이익 추구
② 보 복
③ 범죄은폐
④ 테 러

28 다음 중 자동차에 사용되는 오일(Oil)이나 용액 중에 인화점이 가장 낮은 것은?

① 프로필렌글리콜
② 브레이크 오일
③ 트렌스미션 오일
④ 기어 오일

해설
① 프로필렌글리콜 : 104℃
② 브레이크 오일 : 125℃
③ 트렌스미션 오일 : 230℃
④ 기어 오일 : 230℃

29 가스누출에 의한 화학적 폭발화재 사고의 조사 시 고려하여야 할 요소가 아닌 것은?

① 발화점
② 증기압
③ 폭발범위
④ 점화원

해설
증기압은 보일러 폭발과 같은 물리적 폭발 사고 시 조사사항이다.

30 화학물질 화재의 결과 분석기법 중 화재에 영향을 주는 가장 중요한 요소에 집중하여 분석하는 방법은?

① 연역법
② 귀납법
③ 형태학적 접근법
④ 추상적인 접근법

해설
결과 분석기법
• 연역법
일반적인 것으로부터 특별한 내용을 찾아내는 접근 방법으로 화재시점, 화재장소에서 시작하여 화재 이전 상태를 검사하는 방법이다.

• 귀납법
개별적인 특수한 사실이나 원리를 전제로 일반적인 사실이나 원리로서의 결론을 이끌어 내는 연구 방법으로 특히 인과 관계를 확정하는 데에 사용한다.
• 형태학적 접근법
시스템 구조에 기초하여 화재조사를 분석하는 방법으로 잠재적 위험요소에 직접 초점을 맞추는 것으로서 연역법과 귀납법이 간접적 방법이라면 이 방법은 직접적 방법이다. 즉, 화재에 영향을 주는 가장 중요한 요소에 집중하여 분석하는 방법으로 분석자는 자신의 경험에 상당부분 의존하게 된다.

31 메탄의 중량은 16g, 물의 중량은 18g, 공기의 중량은 29g일 때 메탄의 비중은?

① 16
② 0.06
③ 0.55
④ 1.81

해설

$$증기비중 = \frac{증기분자량}{공기분자량} = \frac{증기분자량}{29}$$

$$= \frac{16}{29} = 0.55$$

32 다음의 화재발생요소 중 물적 요소로 볼 수 없는 것은?

① 발화원
② 가연물
③ 인간거동
④ 산화제

해설
물적 증거는 특정한 사실이나 결과에 대해 입증 또는 반증을 가능하게 하는 손으로 만질 수 있는 물적인 품목을 말한다.
증거물의 종류
• 인적 증거 : 사람의 진술내용, 증인의 증언, 감정인의 감정
• 물적 증거 : 물건의 존재나 상태, 사진과 비디오 등 영상물
• 서증 : 증거서류와 증거물인 서면
• 전문증거 : 자신이 꼭 직접 인지한 사실이 아니라 다른 사람이 말한 것에 대한 증거로서 다른 사람의 신뢰성에 의존하는 증거

33 60Hz, 20H 코일의 유도성 리액턴스는 약 몇 Ω 인가?

① 5,540   ② 6,540

③ 7,540   ④ 8,540

해설

유도성 리액턴스
$$X_L = 2\pi f L = 2\pi \times 60 \times 20 = 7539.82$$

34 조사자가 방화라고 판정하기 위한 일반적 조건에 해당하지 않는 것은?

① 이상연소나 흔적이 발견된 경우

② 발화부위가 여러 곳인 경우

③ 전기장치가 발견된 경우

④ 다른 발화원인이 완전히 배제되었을 경우

35 화학물질 폭발현장에서 최초 현장평가 시 조사자가 실시하는 사항으로 틀린 것은?

① 분화구가 형성되었는지 아닌지를 결정하여야 한다.

② 관련된 폭발의 종류를 식별하여야 한다.

③ 폭발 전·후의 화재손상 정도를 식별하여야 한다.

④ 어떤 종류의 연료가 폭발현장에서 이용되었는가를 식별하여야 한다.

36 항공기에 고정용 소화장치가 필요한 구역이 아닌 곳은?

① 객 실   ② 동력장치

③ 보조 동력장치   ④ 연료과열기

해설

소화기와 같은 이동식 소화장치가 필요하다.

37 성냥의 발화 위험에 대한 설명으로 틀린 것은?

① 타다 남은 성냥개비에 의한 발화 위험

② 마찰에 의한 발화 위험

③ 가열에 의한 발화 위험

④ 자연발화 위험

해설

성냥은 자연발화하지 않는다.

성냥의 연소온도 및 발화온도

• 발화온도 : 일반적으로 약 202~316℃

• 성냥의 연소온도 : 약 500℃

• 맹렬한 연소상태에서 성냥개비의 최고온도 : 약 700℃

• 정상연소 불꽃 : 약 1,500~1,800℃

38 다음 중 연소범위가 가장 넓은 것은?

① 프로판   ② 부 탄

③ 아세틸렌   ④ 메 탄

해설

가연성증기의 연소범위

기체 또는 증기	연소범위 (vol%)	기체 또는 증기	연소범위 (vol%)
수 소	4.1~75	에틸렌	3.0~33.5
메 탄	5.0~15	에틸에터	1.7~48
에 탄	3.0~12.5	암모니아	15.7~27.4
프로판	2.1~9.5	메틸알코올	7~37
부 탄	1.8~8.4	에틸알코올	3.5~20
일산화탄소	12.5~75	아세톤	2~13
아세틸렌	2.5~82	휘발유	1.4~7.6

39 산불이 빠르게 확대되는 주요 산림 형태는?

① 초본형

② 관목형

③ 벌목재형

④ 교목부산물형

40 선박의 거주실 배치도에 표현되지 않는 곳은?

① 펌프실
② 선실 구역
③ 하역 조종실
④ 항해통신설비 구역

제3과목 **증거물관리 및 법과학**

41 좁은 실내에서 많은 물건을 촬영할 때 유용한 렌즈로 옳은 것은?

① 광각렌즈 ② 표준렌즈
③ 망원렌즈 ④ 줌렌즈

해설

광각(廣角)렌즈
- 표준렌즈보다 초점거리가 짧은 렌즈이다.
- 초점거리가 보통 15~35mm 이하로 표기된 렌즈를 말한다. 10~22mm, 16~35mm, 14~24mm 등이 대표적인 렌즈이다.
- 넓은 화각을 촬영할 수 있고 피사계심도가 깊어 프레임 전체가 선명하게 촬영되는 특성이 있어 넓은 영역을 촬영하면 원근감을 더욱 더 강조된다.
- 프레임 안의 대상이 작아져 보이고 원근감이 과장되어 보이는 효과를 만든다.
- 보통 가까운 물체를 크게 촬영하거나 좁은 공간을 넓게 보이는 사진이 촬영되므로 화재감식현장에서 비교적 좁은 공간에서 촬영이 많은데 짧은 거리에서 넓은 범위를 찍을 때 유용하다.
- 넓은 화각을 가진 렌즈이기 때문에 일반적으로 기상관측·학술연구용으로 사용하지만 풍경사진 또는 실내사진 촬영 시에도 실내를 한 장에 담을 수 있는 특성의 렌즈로 화재현장에서 여러 피사체를 1매의 사진에 동시에 담을 때 필요하며 피사체가 작게 찍히고 심도가 깊다.

42 화재현장 및 물적 증거 보존을 위한 고려사항 중 틀린 것은?

① 화재현장 보존은 관계자의 피해를 최소화 하도록 하여야 한다.
② 화재현장 출입통제 해제는 화재조사관이 임의로 결정할 수 있다.
③ 증거물 수집 및 저장, 이동 시 방법이 적절하지 못할 때 물리적 증거물이 오염될 수 있다.
④ 화재현장에서 부적절한 보존으로 물리적 증거물이 오염되면 증거물로서의 가치가 떨어진다.

해설

화재현장조사를 위하여 소방활동구역을 설정하거나 해제할 수 있는 사람은 본부장 또는 서장이 할 수 있다.

43 화재증거물수집관리규칙에 규정된 증거물 시료용기에 대한 설명 중 틀린 것은?

① 유리병은 유리 또는 폴리테트라플루오로에틸렌(PTFE)으로 된 마개를 가지고 있어야 한다.
② 양철 캔(CAN)과 달리 주석 도금 캔(CAN)은 세척하여 재사용할 수 있다.
③ 양철 캔(CAN)은 프레스를 한 이음매 또는 외부 표면에 용매로 송진 용제를 사용하여 납땜을 한 이음매가 있어야 한다.
④ 양철용기는 돌려 막는 스크루 뚜껑만 아니라 밀어 막는 금속마개를 갖추어야 한다.

해설

주석 도금 캔(CAN)은 1회 사용 후 반드시 폐기한다.

44 연소로 인한 산소가 소비되어 산소농도 저하에 따른 인체에 미치는 영향에 대한 설명으로 옳은 것은?

① 저체온 상태 및 청색증이 나타나는 산소농도는 12~16%이다.
② 경련, 의식불명이 나타나는 산소농도는 9~14%이다.
③ 혼수상태, 호흡부진, 호흡정지가 나타나는 산소농도는 9~14%이다.
④ 맥박 및 호흡수 증가, 세밀한 근육작업 불가한 상태의 산소농도는 12~16%이다.

체내 산소농도에 따른 인체영향
• 보통 공기 중 산소농도 20%가 15%로 떨어지면 근육이 말을 듣지 않는다.
• 10%~14%로 떨어지면 판단력을 상실하고 피로가 빨리 온다.
• 6%~10%이면 의식을 잃지만 신선한 공기 중에서 소생할 수 있다.

45 가장 고온의 연소 시 발생되는 목재의 탄화형태는?

① 완소흔   ② 강소흔
③ 열소흔   ④ 주염흔

• 완소흔 : 700~800℃의 수열흔. 균열흔은 홈이 얕고 삼각 또는 사각형태
• 강소흔 : 약 900℃의 수열흔. 홈이 깊은 요철(凹凸)이 형성됨
• 열소흔 : 1,100℃의 수열흔. 홈이 아주 깊고 대형 목조건물 화재 시 나타남
• 훈소흔 : 발열체가 목재면에 밀착되어 무염연소 시 발생

46 석유제품 촉진제에 대하여 화재잔해 표본에서 추출한 발화성 액체 잔여물에 대한 성분을 분석할 수 있는 시험방법은?

① TEM(Transmission Electron Microscope)
② SEM(Scanning Electron Microscope)
③ GFT(Gas Flammable Test)
④ GC(Gas Chromatography)

④ 유기화합물에 대한 정성(定注) 및 정량(定量)분석에 이용

47 액체 및 고체 증거물의 수집 시 고려해야 할 사항으로 옳은 것은?

① 탄화수소계 물질은 물보다 비중이 높아 물에 가라앉는다.
② 금속 캔에는 3/4 이상 채우지 않는다.
③ 대부분의 액체 위험물은 용매작용을 한다.
④ 아세톤이나 알코올은 물과 쉽게 섞이지 않는다.

48 다음의 화재증거물 중 적외선 분광분석법을 사용하여 분석하는 것이 적절한 것은?

① 유기화합물(혼합물질)
② 유기화합물(단일물질)
③ 무기화합물
④ 금 속

화재증거물 중에서 유기물에 기반하는 화학물질에 대한 적외선흡수 스펙트럼을 측정할 때 사용한다.

49 살아 있는 사람이 상처를 입으면 그 상처 부위에 동맥혈이 증가하여 충혈되고 빨간 부스럼이 생기는 생활반응은?

① 창상개구   ② 발적종창
③ 미세포말   ④ 화상포

> **해설**
> ① 생전 손상이라면 출혈 흔적, 혈액의 침윤(출혈반)이 보이고, 사후 손상이라면 이러한 생체 반응이 나타나지 않는다.
> ③ 생전에는 소사한 경우에는 입에서 뻑뻑한 점액성 거품이 형성되나 사체는 그렇지 않다.
> ④ 생전에 화상을 입은 경우에는 혈청성 액체와 함께 출혈반이 동반되나, 사후에는 화염에 노출된 경우 이런 생체 반응이 없으며 단순히 피부가 터져 탄화만 남는다.

50 사진촬영을 위해 현장 전체를 파악할 수 있는 선정 위치로 옳은 것은?

① 발화가 개시된 건물 정면
② 발화지역 주변 높은 곳
③ 발화지점 내부
④ 화염이 강하게 출화한 곳

> **해설**
> 화재건물, 인접도로, 도로와의 관계가 나타나도록 높은 곳에서 촬영하여야 한다.

51 열에 의한 유리창의 파손 시 파단선에 나타나는 형태는?

① 평행선 형태   ② 곡선 형태
③ 삼각 형태   ④ 톱니 형태

> **해설**
> 화재로 파괴된 유리의 각은 약간 둥글고 매끄러운 불규칙한 곡선 형태인 반면 폭발로 파괴된 각은 날카롭다.

52 가연성 재질의 창문인 경우 개방 여부의 확인 방법은?

① 연소 흔적
② 오염 정도
③ 부식 상태
④ 유리창 파손 정도

> **해설**
> 가연성 재질이므로 연소 흔적으로 개방여부를 확인할 수 있다.

53 특이한 냄새가 나는 무색액체로 물에는 녹지 않지만 에터 등 유기용매와 임의의 비율로 혼합하는 물질로 메틸벤젠이라고 불리며 방화촉진제로 사용이 가능한 물질은?

① 메틸알콜   ② 경 유
③ 아세톤   ④ 톨루엔

> **해설**
> **톨루엔**
> 벤젠의 수소원자 1개를 메틸기로 치환한 화합물로 무색의 액체이다. 석탄을 건류하여 얻은 경유를 황산으로 씻은 다음 정류하여 만들거나 메틸사이클로헥세인을 수소 이탈하여 제조하며 유기합성화학에서 중요한 화합물이다. 메틸벤젠이라고도 한다.

54 인화성 액체 촉진제의 특성으로 옳은 것은?

① 가솔린의 증기비중은 공기보다 가볍다.
② 다공성 물질 안에 흡수되면 존속 가능성이 높다.
③ 가솔린이 물과 접촉하면 쉽게 혼합된다.
④ 알코올은 물과 접촉하면 물 위로 뜬다.

> **해설**
> **촉진제의 물리적 특징**
> • 액체 촉진제는 대부분의 건축물의 구성요소, 내부 마감재와 다른 화재 잔류물에 의해 쉽게 흡수된다.
> • 일반적으로 액체 촉진제는 물과 접촉했을 때 물 위에 뜬 상태로 감식되는 경우가 많다(수용성인 알코올 제외).
> • 액체 촉진제는 다공성 물질 내에 고여 있을 때 놀랄 만한 지속성(잔류성)을 지닌다.

55 「화재증거물수집관리규칙」상 증거물 시료 용기가 갖추어야 할 공통사항으로 틀린 것은?

① 장비와 용기를 포함한 모든 장치는 원래의 목적과 채취할 시료에 적합하여야 한다.
② 시료의 저장과 이동에 사용되는 용기로 적당한 마개를 가지고 있어야 한다.
③ 취급할 제품에 의한 용매의 작용에 투과성이 있고 내성을 갖는 재질로 되어 있어야 한다.
④ 정상적인 내부 압력에 견딜 수 있고 시료채취에 필요한 충분한 강도를 가져야 한다.

시료용기는 취급할 제품에 의한 용매의 작용에 투과성이 없고 내성을 갖는 재질로 되어 있어야 하며 정상적인 내부 압력에 견딜 수 있고 시료채취에 필요한 충분한 강도를 가져야 한다.

56 화재조사서류에 대한 설명으로 틀린 것은?

① 화재조사서류는 부분 소실 화재 이외의 화재는 작성하지 않는다.
② 화재조사서류 작성을 통해 소방행정에 필요한 정보자료를 얻을 수 있다.
③ 화재조사서류는 화재조사의 결과를 기록하는 문서이다.
④ 화재조사서류는 사법기관에 증거자료로 활용될 수 있다.

화재조사서류는 모든 화재사건마다 작성해야 한다.

57 화상의 깊이에 따른 대표증상의 연결이 옳은 것은?

① 1도 화상 - 홍반
② 2도 화상 - 괴사
③ 3도 화상 - 수포
④ 4도 화상 - 가피

화상깊이에 따른 분류
• 1도 화상 - 홍반
• 2도 화상 - 수포
• 3도 화상 - 괴사, 가피
• 4도 화상 - 탄화, 회화

58 성인의 중증도 분류 중 중증에 대한 설명으로 틀린 것은?

① 흡인화상이나 골절을 동반한 화상
② 손, 발, 회음부, 얼굴화상
③ 체표면적 10% 이상의 3도 화상인 모든 환자
④ 체표면적 10% 미만의 2도 화상인 10세 미만, 50세 이후의 환자

중증도 분류

중증	• 흡인화상이나 골절을 동반한 화상 • 손, 발, 회음부, 얼굴화상 • 체표면적 10% 이상의 3도 화상인 모든 환자 • 체표면적 25% 이상의 2도 화상인 10세 이상 50세 이하의 환자 • 체표면적 20% 이상의 2도 화상인 10세 미만 50세 이상의 환자 • 영아, 노인, 기왕력이 있는 화상환자 • 원통형 화상, 전기화상
중등도	• 체표면적 2% 이상~10% 미만의 3도 화상인 모든 화상 • 체표면적 15% 이상, 25% 미만의 2도 화상인 10세 이상 50세 이하의 환자 • 체표면적 10% 이상, 20% 미만의 2도 화상인 10세 미만, 50세 이후의 환자
경증	• 체표면적 2% 미만의 3도 화상인 모든 환자 • 체표면적 15% 미만의 2도 화상인 10세 이상 50세 이하의 환자 • 체표면적 10% 미만의 2도 화상인 10세 미만, 50세 이후의 환자

59 영아의 외음부가 화재로 손상되었다. 9의 법칙 기준에 따른 화상의 범위로 맞는 것은?

① 1%   ② 3%

③ 5%   ④ 9%

해설

외음부는 성인, 어린이, 영아 모두 1%이다.

손상부위	영 아
머 리	18%
흉 부	18%
하복부	
배(상)부	18%
배(하)부	
양 팔	18%
대퇴부 (전, 후)	14%
하퇴부 (전, 후)	14%
외음부	1%
관련사진	Front 18% Back 18%

60 타임라인에서 절대적 시간에 해당되는 것은?

① 어림잡은 시계의 시각

② 목격자에 의해서 발견된 시간

③ 알려진 화재거동을 통해 얻은 공학적 분석

④ 목격된 지속시간

해설

절대적 시간은 사건이 일어난 시점이 확인된 시간으로 목격자에 의해 발견된 시간, 신고시간, 소방대 도착시간, 완전진화시간, CCTV기록, 소방시설(소화설비, 경보설비) 작동시간 등이다.

61 화재조사서류의 서식 중 화재유형별조사서 서식 구분으로 틀린 것은?

① 화재유형별조사서(자동차·항공기 화재)

② 화재유형별조사서(건축·구조물 화재)

③ 화재유형별조사서(임야 화재)

④ 화재유형별조사서(위험물·가스제조소 등 화재)

해설

화재유형별조사서

• 건축·구조물 화재
• 자동차·철도차량
• 위험물·가스제조소 등 화재
• 선박·항공기 화재
• 임야 화재

62 「화재조사 및 보고규정」상 종합상황실장이 상급 종합상황실에 지체 없이 보고해야 하는 화재의 조사결과는 화재 발생일로부터 며칠 이내에 보고하여야 하는가?

① 30   ② 15

③ 10   ④ 7

해설

조사보고

• 종합상황실장이 상급 종합상황실에 지체 없이 보고해야 하는 화재 : 화재 발생일로부터 30일 이내
• 위 이외의 일반화재 : 화재 발생일로부터 15일 이내
• 정당한 사유가 있는 경우에는 소방관서장에게 사전 보고를 한 후 필요한 기간만큼 조사 보고일을 연장할 수 있다.

63 질문기록서 작성 시 유의사항 중 옳은 것은?

① 질문 실시 시기는 화재발생 직전에 실시한다.

② 원하는 답을 얻기 위하여 유도심문을 한다.

③ 질문기록서의 녹취사항이 증거로서 존재가치를 가지기 위해서는 관계자의 진술이 강제로 행하는 것이어야 한다.

④ 녹취를 종료하는 경우에는 진술자에게 읽게 하여 진술내용과 녹취사항에 오류가 없는가를 확인시키고 잘못됨이 없음을 인정한다면 서명을 시킨다.

해설
임의성을 담보하기 위해서는 임의진술내용을 수록하고 질문기록서에 첨부하거나 옮겨 작성해서 녹취내용을 확인시키고 서명을 받아 화재원인규명의 입증자료로 한다.

64 건물 피해액 산정기준으로 틀린 것은?

① 소실면적의 재건축비는 소실면적에 신축단가를 곱한 금액으로 한다.

② 건물 등의 피해액 산정에는 폐기물 처리비용도 포함된다.

③ 지붕, 외벽 등 외부마감재 등이 소실된 경우의 손해율은 20%로 한다.

④ 건물의 내용연수 산정은 한국감정원 건물신축단가표에 의한 내용연수를 따른다.

해설
신축단가는 한국감정원의 건물신축단가표에 의한 건물 용도별 · 구조별 · 급수별 m^2당 표준단가를 따른다.

65 「소방의 화재조사에 관한 법률」상 화재합동조사단의 단원의 자격으로 틀린 것은?

① 화재조사관

② 학교 또는 이에 준하는 교육기관에서 화재조사, 소방 또는 안전관리 등 관련 분야 조교수 이상의 직에 3년 이상 재직한 사람

③ 국가기술자격의 직무분야 중 안전관리분야에서 산업기사 이상의 자격을 취득한 사람

④ 화재조사 업무에 관한 경력이 1년 이상인 소방공무원

해설
화재조사 업무에 관한 경력이 3년 이상인 소방공무원

66 발화지점의 판정 순서로 옳은 것은?

ㄱ 현장관찰 · 확인상황
ㄴ 화재현장 출동 시의 확인 · 조사상황
ㄷ 발견상황
ㄹ 결 론

① ㄱ → ㄴ → ㄷ → ㄹ
② ㄴ → ㄱ → ㄷ → ㄹ
③ ㄷ → ㄴ → ㄱ → ㄹ
④ ㄷ → ㄱ → ㄴ → ㄹ

67 「소방기본법」상 종합상황실장이 상급 종합상황실에 지체 없이 보고해야 하는 화재의 기준으로 틀린 것은?

① 이재민 50명 이상 발생 화재

② 사상자 10명 이상 발생 화재

③ 사망 5명 이상 발생 화재

④ 재산피해 50억원 이상 추정되는 화재

종합상황실장이 상급 종합상황실에 지체 없이 보고해야 하는 화재

- 사망자가 5인 이상 발생하거나 사상자가 10인 이상 발생한 화재
- 이재민이 100인 이상 발생한 화재
- 재산피해액이 50억원 이상 발생한 화재
- 관공서·학교·정부미도정공장·문화유산·지하철 또는 지하구의 화재
- 관광호텔, 층수가 11층 이상인 건축물, 지하상가, 시장, 백화점, 지정수량의 3천배 이상의 위험물의 제조소·저장소·취급소, 층수가 5층 이상이거나 객실이 30실 이상인 숙박시설, 층수가 5층 이상이거나 병상이 30개 이상인 종합병원·정신병원·한방병원·요양소, 연면적 1만 5천 제곱미터 이상인 공장 또는 화재예방강화지구에서 발생한 화재
- 철도차량, 항구에 매어둔 총 톤수가 1천톤 이상인 선박, 항공기, 발전소 또는 변전소에서 발생한 화재
- 가스 및 화약류의 폭발에 의한 화재
- 다중이용업소의 화재
- 긴급구조통제단장의 현장지휘가 필요한 재난상황
- 언론에 보도된 재난상황
- 그 밖에 소방청장이 정하는 재난상황

68 화재현장조사서에서 화재발생 개요의 기재사항이 아닌 것은?

① 일시 및 장소
② 대상물구조
③ 재산피해
④ 소방시설 및 위험물 현황

화재현장조사서의 화재발생개요의 기재사항

- 일 시
- 장 소
- 대상물구조
- 인명피해
- 재산피해

69 건조한 지 15년이 경과한 일반주택의 잔가율은 몇 %인가? (단, 일반주택의 내용연수는 50년이다)

① 55
② 60
③ 73
④ 76

$[1 - (0.8 \times 15 / 50)] = 76$

70 「화재조사 및 보고규정」상 화재피해 건물의 동수 산정방법으로 옳은 것은?

① 주요구조부가 하나로 연결되어 있는 것과 건널 복도 등으로 2 이상의 동에 연결되어 있는 것은 같은 동으로 한다.
② 독립된 건물과 건물 사이에 차광막, 비막이 등의 덮개를 설치하고 그 밑을 통로 등으로 사용하는 경우는 다른 동으로 한다.
③ 건물의 외벽을 이용하여 실을 만들어 헛간, 목욕탕, 작업실, 사무실 및 기타 건물 용도로 사용하고 있는 것은 주건물과 다른 동으로 본다.
④ 목조 또는 내화조 건물의 경우 격벽으로 방화구획이 되어 있는 경우 다른 동으로 한다.

① 주요구조부가 하나로 연결되어 있는 것과 건널 복도 등으로 2 이상의 동에 연결되어 있는 것은 다른 동으로 한다.
③ 건물의 외벽을 이용하여 실을 만들어 헛간, 목욕탕, 작업실, 사무실 및 기타 건물 용도로 사용하고 있는 것은 주건물과 같은 동으로 본다.
④ 목조 또는 내화조 건물의 경우 격벽으로 방화구획이 되어 있는 경우 같은 동으로 한다.

71 방화 · 방화의심 조사서 작성 시 기재항목이 아닌 것은?

① 방화도구
② 방화동기
③ 초기소화활동
④ 도착 시 초기상황

해설

초기소화활동은 소방방화시설활용조사서 작성 시 기재항목이다.

72 「소방의 화재조사에 관한 법률 시행규칙」 상 전담부서에 갖추어야 할 화재조사 분석실 규모로 옳은 것은?

① 30제곱미터(m^2) 이상
② 40제곱미터(m^2) 이상
③ 20제곱미터(m^2) 이상
④ 50제곱미터(m^2) 이상

해설

- 화재조사 분석실은 화재조사 분석실의 구성장비를 유효하게 보존 · 사용할 수 있고, 환기 시설 및 수도 · 배관시설이 있는 30제곱미터(m^2) 이상의 실(室)을 말한다.
- 화재조사 분석실의 면적은 청사 공간의 효율적 활용을 위하여 불가피한 경우 최소 기준 면적의 절반 이상에 해당하는 면적으로 조정할 수 있다.

73 화재현장 출동보고서의 기재사항이 아닌 것은?

① 현장 도착 시 발견사항
② 관계자의 입회와 진술
③ 도착하여 처음 실행한 일의 지점 및 유형
④ 출입문 상태 및 소방대 건물 진입방법

해설

관계자의 입회와 진술은 화재현장조사서의 기재사항이다.

74 화재피해액 산정대상에 대한 설명으로 틀린 것은?

① 칸막이, 대문, 담, 곳간 및 이와 비슷한 것은 건물의 부속물로 보아 건물에 포함하여 피해액을 산정한다.
② 간판, 네온사인, 안테나, 선전탑, 차양 및 이와 비슷한 것은 건물의 부착물로 보아 건물에 포함하여 피해액을 산정한다.
③ 건물의 전기설비, 통신설비, 소화설비, 급배수위생설비는 건물과 분리하여 별도로 피해액을 산정한다.
④ 건물의 가스설비, 냉방, 난방, 통풍 또는 보일러설비는 건물에 포함하여 피해액을 산정한다.

해설

건물의 전기설비, 통신설비, 소화설비, 급배수위생설비 또는 가스설비, 냉방, 난방, 통풍 또는 보일러설비, 승강기설비, 제어설비 및 이와 비슷한 것은 건물과 분리하여 별도로 산정

75 화재조사의 대상 및 절차 등에 필요한 사항은 무엇으로 정하는가?

① 행정안전부령
② 대통령령
③ 국토교통부령
④ 시 · 도의 조례

해설

화재조사의 대상 및 절차 등에 필요한 사항은 대통령령으로 정한다.

76 화재현장조사서 중 화재현장 활동상황의 기재사항이 아닌 것은?

① 신고 및 초기조치
② 화재조사 활동
③ 화재진압 활동
④ 인명구조 활동

> **해설**
> 화재조사 활동에 관한 사항을 기록하는 화재조사서류는 존재하지 않는다.

77 「소방의 화재조사에 관한 법률」상 정당한 사유 없이 화재의 원인과 피해 상황을 조사하기 위한 관계 공무원의 출입 또는 조사를 거부·방해 또는 기피한 자에 대한 벌칙 기준으로 옳은 것은?

① 500만원 이하의 벌금
② 300만원 이하의 벌금
③ 200만원 이하의 벌금
④ 100만원 이하의 벌금

> **해설**
> 화재조사업무와 관련한 명령에 위반하여 보고 또는 자료제출을 하지 아니하거나 허위의 보고 또는 자료제출을 한 자 또는 정당한 사유 없이 관계공무원의 출입 또는 조사를 거부·방해 또는 기피한 자 : 300만원 이하 벌금

78 「화재조사 및 보고규정」상 화재조사 서류의 작성자가 다른 것은?

① 화재발생종합보고서
② 재산피해신고서
③ 화재현장출동보고서
④ 질문기록서

> **해설**
> 재산피해신고서는 화재가 발생한 대상의 관계인이 작성하여 소방서장에게 제출한다.

79 화재현장조사서 작성과 관련하여 도면 작성 요령에 관한 설명으로 틀린 것은?

① 거리측정은 기둥의 중심에서 다른 기둥의 중심까지로 기준점을 통일한다.
② 도면작성에 있어서는 방의 배치와 출입구, 개구부의 상황을 위주로 한다.
③ 도면(평면도, 입체도)은 측정치를 기준으로 하여 실측에 맞춰서 작성한다.
④ 완성된 도면을 보면 1층의 계단과 2층의 계단의 위치가 어긋나 버려 있는 것이 있기 때문에 주의를 요한다.

> **해설**
> **도면작성 방법**
> • 방의 배치와 출입구, 개구부의 상황을 위주로 작성한다.
> • 거리측정은 기둥의 중심에서 다른 기둥의 중심까지로 기준점을 통일한다.
> • 도면(입체도, 평면도)은 측정치를 기준으로 하여 축척에 맞춰서 작성. 단, 너무 작거나 얇고 가늘어서 축척에 의한 표시가 어려운 것은 위치를 알 수 있도록 그려 넣은 후 품명 등을 기재해 둔다.
> • 방 배치가 복잡한 건물에 있어서는 한 점을 기준점을 정하고 사방으로 넓히면서 측정한다.
> • 완성된 도면을 보면 1층의 계단과 2층의 계단의 위치가 어긋나 있는 경우가 있으므로 주의한다.

80 「화재증거물수집관리규칙」에 따른 현장 수거(채취)물 목록의 기재사항이 아닌 것은?

① 수거(채취)장소
② 감정기관
③ 화재조사번호
④ 최종결과

해설

현장 수거(채취)물 목록

연 번	수거 (채취) 물	수 량	수거 (채취) 장소	채취자	채취 시간	감정 기관	최종 결과
1							
2			이하 생략				

17 | 4회 산업기사 기출문제

제1과목 화재조사론

01 다음 그림의 연소패턴으로 화재잔해 방향을 옳게 설명한 것은?

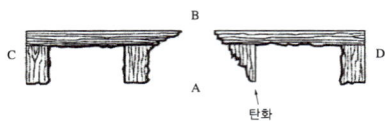

① A → B
② B → A
③ C → A, B
④ D → A, B

해설
A의 탄화흔이 넓고 B가 좁아지는 형태이므로 연소진 행방향은 A → B이다.

02 25℃에서의 에탄의 위험도로 옳은 것은? (단, 에탄의 연소범위는 3.0~12.4vol%이다)

① 3.1
② 4.1
③ 5.1
④ 6.1

해설
위험도 : 폭발 상한과 폭발 하한의 차이를 폭발 하한으로 나눈 값
$$H = \frac{U-L}{L} = \frac{12.4-3.0}{3.0} = 3.13$$

03 누전화재의 발생에 대한 설명 중 다음 괄호 안에 알맞은 것은?

> 누전현상이 원인이 되어 발생하는 화재는 전류가 누설된 (㉠), (㉡) 그리고 그 두 사이에 발화점이 형성되었을 때 발생하게 된다.

① ㉠ 누전점, ㉡ 접지점
② ㉠ 단락점, ㉡ 지락점
③ ㉠ 지락점, ㉡ 접지점
④ ㉠ 누전점, ㉡ 단락점

해설
누전의 3요소
누전점(漏電點), 출화점(出火點), 접지점(接地點)

04 산화제에 대한 설명으로 틀린 것은?

① 수소와 화합하기 쉬운 물질이다.
② 전자를 받기 쉬운 물질이다.
③ 자신에 산화되기 쉬운 물질이다.
④ 산소를 발생하는 물질이다.

해설
산화제 : 자신은 환원되면서 다른 물질은 산화시키는 물질

구 분	산 소	수 소	전 자	산화수
산 화	(+)	(−)	(−)	(+) 증가
환 원	(−)	(+)	(+)	(−) 감소

1 ① 　 2 ① 　 3 ① 　 4 ③ 　 **정답**

05 화재조사자의 개인 안전장비로 틀린 것은?

① 공기호흡기   ② 장 갑

③ 안전화   ④ 멀티테스터

해설

멀티테스터기는 감식·감정용기기이다.

06 훈소(Smoldering)에 대한 설명으로 틀린 것은?

① 심부화재에서 산소농도가 부족할 때 나타나는 소극적인 연소형태이다.

② 대표적인 훈소화재의 가연물은 담배, 모기향이 있다.

③ 훈소화재는 고체 가연물 중 용융, 증발과정을 거쳐 연소하는 형태이다.

④ 훈소화재는 유염연소에 비하여 일산화탄소 등 불완전연소 생성물이 많이 발생한다.

해설

증발연소

고체 가연물이 열분해를 일으키지 않고 증발하여 증기가 연소되거나 먼저 융해된 액체가 기화하여 증기가 된 다음 연소하는 현상

07 목재의 탄화심도에 영향을 미치는 인자가 아닌 것은?

① 가열속도와 가열시간

② 목재의 밀도

③ 착화온도

④ 산소농도

해설

탄화심도에 영향을 미치는 인자

- 가열속도와 가열시간
- 환기효과
- 표면적과 질량 비율
- 나무결의 방향, 위치, 크기
- 목재의 종류(소나무, 참나무, 전나무 등)

- 수분 함량
- 코팅 표면 특성
- 목재의 밀도
- 고온가스의 산소농도

08 출입문이 닫힌 상태에서 (A)방에서 화재가 발생했을 때 연기가 (B)방으로 확대되는 그림으로 옳은 것은?

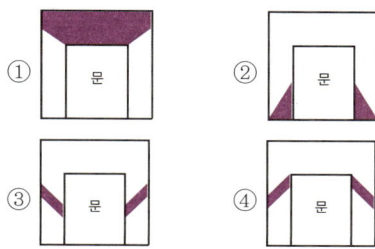

해설

연기가 상층부에 형성되므로 ①의 형태를 나타낸다.

09 다음 물질 중 열전도율이 가장 높은 것은?

① 유 리   ② 구 리

③ 목 재   ④ 철

해설

① 유리 : 0.76, ② 구리 : 370, ③ 목재 : 0.14, ④ 철 : 62

10 화재현장에서 수거한 증거물에 부착된 오염물질을 효과적으로 제거하기 위한 장비는?

① 버니어캘리퍼스

② 정밀저울

③ 초음파세척기

④ 라텍스장갑

해설

초음파 진동을 가한 용매 속에서 물품의 표면에 부착된 이물질을 제거하는 장치를 말한다.

11 분진폭발에 대한 설명으로 틀린 것은?

① 가연성 고체의 작은 분말이 공기 중에 부유할 때 에너지가 주어지면 폭발한다.

② 가스폭발에 비하여 불완전연소를 일으키기 쉬우며 일산화탄소가 다량 발생할 수 있다.

③ 분진폭발은 최초 부분적인 폭발에 의해 2차, 3차 폭발이 진행됨에 따라 피해가 크다.

④ 분진이란 가연성 고체로서 고체입자의 직경이 일반적으로 1mm 이상 1,000mm 이하인 것을 말한다.

해설

분진은 미분상태 200mesh(76μm) 이하이어야 한다.

12 인화성 액체에 관한 설명으로 틀린 것은?

① 특수인화물은 1기압에서 인화점이 $-20°C$ 미만인 것

② 제1석유류는 1기압에서 인화점이 $21°C$ 미만인 것

③ 제3석유류는 1기압에서 인화점이 $70°C$ 이상 $200°C$ 미만인 것

④ 동식물유류는 1기압에서 인화점이 $250°C$ 미만인 것

해설

특수인화물이라 함은 이황화탄소, 디에틸에터 그 밖에 1기압에서 발화점이 섭씨 100도 이하인 것 또는 인화점이 섭씨 영하 20도 이하이고 비점이 섭씨 40도 이하인 것을 말한다.

13 「소방의 화재조사에 관한 법령」상 화재조사전담부서에 갖추어야 할 장비 및 시설 중 감정용 기기에 해당하지 않는 것은?

① 적외선 분광광도계

② 접점저항계

③ 주사전자현미경

④ 슈미트해머(콘크리트 반발 경도측정기)

해설

슈미트해머(콘크리트 반발 경도측정기)는 감식기기에 해당한다.

14 「소방기본법」에 따른 소방활동 구역을 출입할 수 있는 자로 틀린 것은?

① 의사, 간호사, 그 밖의 구조·구급업무의 종사자

② 소방활동구역 안의 소방대상물 소유자

③ 보도업무에 종사하는 기자

④ 화재발견 초기 목격자

해설

소방활동구역의 출입자

• 소방활동구역 안에 있는 소방대상물의 소유자·관리자 또는 점유자

• 전기·가스·수도·통신·교통의 업무에 종사하는 사람으로서 원활한 소방활동을 위하여 필요한 사람

• 의사·간호사 그 밖의 구조·구급업무에 종사하는 사람

• 취재인력 등 보도업무에 종사하는 사람

• 수사업무에 종사하는 사람

• 그 밖에 소방대장이 소방활동을 위하여 출입을 허가한 사람

15 화재조사의 진행순서로서 옳은 것은?

① 현장관찰 → 관계자 질문 → 발굴 → 감정
② 관계자 질문 → 감정 → 발굴 → 현장관찰
③ 관계자 질문 → 현장관찰 → 감정 → 발굴
④ 감정 → 현장관찰 → 발굴 → 관계자 질문

해설
현장관찰 → 관계자 질문 → 발굴 → 감정 → 발화원인 판정

16 화재조사 전담부서에 갖추어야 할 화재조사 장비와 시설로 옳은 것은?

① 발굴용구 – 공구세트, 전동드릴, 전동드라이버, 정밀저울
② 기록용 기기 – 디지털카메라(DSLR) 세트, 거리측정기, 초시계
③ 감식기기 – 확대경, 검전기, 공구세트
④ 안전장비 – 안전화, 안전장갑, 노트북 컴퓨터

해설
① 정밀저울 – 기록용기기
③ 공구세트 – 발굴용구
④ 노트북 컴퓨터 – 보조장비

17 구획화재 중 환기지배형 화재의 화재특성을 결정하는 인자로 옳은 것은?

① 화재실의 크기
② 화재실 내의 가연물의 양
③ 화원의 크기
④ 개구부의 크기와 형상

해설
환기지배형 화재(Ventilation Control Fire)
일반적인 내화구조건물의 실내에서 화재가 발생하면 가연성 가스의 발생량에 비해 공기공급이 충분하지 않으므로 불완전연소가 심하며 개구부를 통해 공급되는 공기량, 즉 환기량이 연소속도를 좌우하는 화재이다.

18 방화조사 시 현장에서 발견된 물리적 특징이 아닌 것은?

① 침입 흔적이 발견된 경우
② 고액의 보험을 많이 든 경우
③ 촉진제 사용 흔적이 발견된 경우
④ 2개소 이상 독립된 발화부가 발견된 경우

해설
①·③·④는 물리적 특징이다.
②는 방화의심을 할 수 있는 정황적 사유에는 해당되지만 물리적 특징은 아니다.

19 건물 내부 단위발열량이 9,000kcal/kg인 가연물 2,000kg이 있을 때 화재하중은 몇 kg/m²인가? (단, 건물 내부는 가로 5m, 세로 4m, 높이 3m이다)

① 100 ② 200
③ 300 ④ 400

해설
화재하중(Fire Load)
화재실 혹은 화재구획의 단위바닥면적에 대한 등가목재중량

$$q = \frac{\Sigma G_i H_i}{H_o A} = \frac{\Sigma Q_i}{4,500 A} = \frac{9,000 \times 2,000}{4,500 \times 5 \times 4} = 200$$

q : 화재하중
G_i : 여러 가지 가연물의 양[kg]
H_i : 그 가연물의 단위중량당의 발열량[kcal/kg]
H_o : 목재의 단위중량당 발열량으로 4,500kcal/kg
A : 화재구획의 바닥면적[m²]
ΣQ_i : 화재구획 내의 가연물의 전발열량[kcal]

20 「화재조사 및 보고규정」상에 따른 건축·구조물 화재 및 자동차·철도차량, 선박·항공기화재의 소실정도의 기준 중 틀린 것은?

① 건물의 전소란 70% 이상이 소실되었거나 또는 그 미만이라도 잔존부분을 보수하여도 재사용이 불가능한 것

② 건물의 반소란 50% 미만이 소실된 것

③ 건물의 부분소란 전소, 반소화재에 해당되지 아니하는 것

④ 자동차의 전소란 70% 이상이 소실되었거나 또는 그 미만이라도 잔존부분을 보수하여도 재사용이 불가능한 것

> **해설**
> 건물의 반소란 30% 이상 70% 미만이 소실된 것

제2과목 화재감식론

21 발화원에 대한 설명 중 틀린 것은?

① 발화에너지원은 대체로 발화지점 근처에 있다.

② 발화원은 경우에 따라서 변경, 파괴되거나 이동될 수 있다.

③ 발화원은 충분한 온도와 에너지를 갖고 있고 발화온도에 도달할 만큼 가연물과 충분히 오랫동안 접촉한다.

④ 발화원의 잔해가 없다면 발화지점을 추정할 수 없다.

> **해설**
> 발화위치가 명백한 경우에는 물리적 증거물이 없더라도 화재원인에 관한 판정을 할 수도 있다.

22 열관성에 대한 설명 중 옳은 것은?

① 저밀도 물질은 열관성이 높다.

② 금속은 열관성이 높다.

③ 열관성이 높은 물질일수록 착화가 용이하다.

④ 열관성이 높을수록 표면온도는 상승한다.

> **해설**
> 열관성(Thermal Inertia) : 주위 온도가 변할 때 건물 표면 구조가 본래의 열적 상태를 계속 유지하려는 성질

23 선박의 연돌(Funnel)에 대한 설명으로 옳은 것은?

① 유조선의 경우 기름유출 방지를 목적으로 한다.

② 기관구역을 전후방의 화물구역 및 거주구역으로 분리시킨다.

③ 주로 기관구역 상부에 배치되며 선미부에 위치한다.

④ 등, 기적 및 레이더 등을 설치한다.

> **해설**
> 선박의 연돌은 연도(Uptake, Flue, 배기가스 통로)의 끝에 연결되어 상갑판에 설치되며 배기가스를 대기 중에 신속히 확산하는 한편, 통풍력을 일으키는 부분이다. 선박용 연돌은 항진 시 바람의 저항을 감소하기 위하여 타원 또는 계란형의 단면을 하고 있다.

24 인가 전압이 100V인 회로에 40Ω, 60Ω의 저항이 병렬로 연결되어 있을 때 40Ω에서 소비되는 전력은 몇 W인가?

① 250 ② 350

③ 450 ④ 550

$$P = VI = I^2R = \frac{V^2}{R}\,[W]$$

이므로 $P_1 = \frac{V^2}{R_1} = \frac{100^2}{40} = 250$

25 상태에 따른 가스의 분류에 해당하지 않는 것은?

① 압축가스 ② 용해가스

③ 액화가스 ④ 분해가스

취급·저장 상태에 따른 분류 : 압축가스, 액화가스, 용해가스

26 작동 중인 발전설비에서 발생한 화재의 분류는?

① A급 화재 ② B급 화재

③ C급 화재 ④ D급 화재

화재의 분류

구 분 급 수	종 류	표시색상
A급	일반가연물 (목재·종이·섬유 등)	백 색
B급	유류 및 가스 (가연성 액체 포함)	황 색
C급	전 기	청 색
D급	금 속	무 색
E급	–	황 색
K급	주방(식용유)	–

27 용접화재 시 조사요령으로 틀린 것은?

① 용적 입자는 상당히 작고 눈에 쉽게 띄지 않기 때문에 자석 등을 활용하여 수집하고 연소가 이루어진 장소 주변으로 비산된 범위를 확인한다.

② 출화장소 부근에서 용적 입자가 발견된다면 다른 요인의 출화가능성을 배제시킨다.

③ 타고 남은 고무호스의 탄화형태를 판단하여 호스의 균열에 의해 가스가 새어 나와 출화한 것인지 아니면 용단 불꽃이 호스에 착화되어 가스가 누설된 것인지를 판단한다.

④ 출화장소 부근에서 용접작업 등이 행해지고 있었던 경우 작업위치와 출화장소의 위치관계를 파악하고 출화장소로부터 불꽃 등이 비산할 가능성을 검토한다.

출화장소에서 용적 입자가 발견되었다 하더라도 다른 요인의 출화 가능성을 배제하지 않고 객관적으로 조사한다.

28 초기 가연물로 적합하지 않은 것은?

① 전선의 피복
② 석고보드
③ 전기히터와 근접해 있는 의류
④ 과열된 커피메이커의 덮개

석고보드는 두꺼운 종이 사이에 석고를 채워 만든 것으로 초기 가연물로는 적합하지 않다.

29 220V 60Hz 전원 회로에 100 Ω의 저항과 60μF의 커패시터가 직렬로 연결될 때 회로에 흐르는 전류는 약 몇 A인가?

① 2.0   ② 3.0

③ 4.0   ④ 5.0

해설

$$X_c = \frac{1}{2\pi f C} = \frac{1}{2\pi \times 60 \times 60 \times 10^{-6}} = 44.2\,[\Omega]$$

$$Z = \sqrt{R^2 + X_c^2} = \sqrt{100^2 + 44.2^2} = 109.33\,[\Omega]$$

$$I = \frac{V}{Z} = \frac{220}{109.33} = 2.01\,[A]$$

30 다음 반응식은 어떤 종류의 화학반응인가?

$$Zn + CuO \rightarrow ZnO + Cu$$

① 치환반응   ② 분해반응

③ 중화반응   ④ 복분해반응

해설

단일 – 치환반응 : A원소는 BC화합물과 반응하여 그 화합물 중 한 성분을 치환한다.

A + BC → AC + B (A가 금속일 때)

A + BC → BA + C (A가 비금속일 때)

31 방화에 대한 설명으로 틀린 것은?

① 방화란 고의로 화재를 일으켜 가옥이나 기타의 물건을 연소시키는 행위를 말한다.

② 통계에 의하면 방화는 다수의 인원에 의해 함께 이루어지는 경우가 많고 범행수법이 야간에 은밀한 곳에서 행해지는 경우가 많아 발각이 어렵다.

③ 화재진압을 위한 소화활동으로 물건의 이동과 파괴 등으로 방화 증거수집이 쉽지 않다.

④ 동기에는 보험사기, 불만, 원한, 범죄은폐, 경제적 이익 등이 있다.

해설

단독범행이 많고 검거가 어렵다. 주로 인적이 드문 야간이나 심야에 많이 발생하며 조기 발견이 어렵다.

32 고압가스의 연소성에 따른 분류 중 성질이 다른 것은?

① 수 소   ② 암모니아

③ 염 소   ④ 아세틸렌

해설

고압가스는 취급·저장하는 상태에 따라 압축가스·용해가스·액화가스로, 연소성에 따라 가연성·조연성·불연성으로 분류한다.

분 류	고압가스의 종류	비 고
가연성 가스	수소, 암모니아, 액화석유 가스, 아세틸렌	공기와 혼합하면 빛과 열을 내면서 연소하는 가스 (하한 10% 이하, 상한과 하한의 차 20% 이상)
조연성 가스	산소, 공기, 염소	다른 가연성물질과 혼합 시 폭발이나 연소가 일어날 수 있도록 도움을 주는 가스
불연성 가스	질소, 이산화탄소, 아르곤, 헬륨	연소와 무관한 가스

33 물질의 상태에 대한 설명으로 옳은 것은?

① 압축성과 팽창성이 가장 작은 것은 기체이다.

② 구조가 가장 무질서한 것은 고체이다.

③ 고체에서 액체 상태를 거치지 않고 기체로 상변화하는 물질도 있다.

④ 분자간의 거리가 가장 먼 것은 고체이다.

해설

액체에서 기체 상태로의 변화를 증발, 고체에서 기체 상태로의 변화를 승화라 하는데 이처럼 응축상태에서 기상으로 변화(상변화) 시 일어난다.

예 아세틸렌

34 물질의 열분해에 관한 설명으로 틀린 것은?

① 휘발유를 열분해하여 등유, 경유를 제조한다.
② 나무를 열분해하면 목초액, 타르, 숯 등을 얻을 수 있다.
③ 석탄을 열분해하면 코크스(Cokes)를 얻을 수 있다.
④ 나프타(Naphtha)를 열분해하여 석유화학 공업의 중요한 원료를 얻는다.

해설
열분해란 외부에서 열을 가하여 분자를 활성화시켰을 때 약한 결합이 끊어져서 새로운 물질을 만드는 반응을 말한다. 정제하지 않은 석유를 원유(原油)라고 하며 이를 정제하여 휘발유, 경유, 등유, 중유 등을 제조한다.

35 방화를 의심할 수 있는 물리적 증거에 해당하지 않는 것은?

① 연소시간에 비해 피해범위가 넓은 경우
② 깨진 유리창 등 외부인의 침입흔적이 있는 경우
③ 화재 발생 전 심한 다툼이 있었다는 주변인 진술이 있는 경우
④ 2개소 이상 발화지점이 확인된 경우

해설
주변인 진술, 목격자 증언 등은 물리적 증거라 하기 어렵다.

36 산불의 강도가 낮을 것으로 예측되는 연료의 조건은?

① 가연물의 습도가 낮다.
② 많은 양의 죽은 연료가 경사지에 연속적으로 존재한다.
③ 다수의 사다리 연료가 존재한다.
④ 저휘발성 기름을 포함한 연료가 많다.

해설
고휘발성 기름을 포함한 연료가 많을 경우 산불의 강도가 높은 연료의 조건이 된다.

37 다음 자동차 구조에 대한 내용 중 틀린 것은?

① 가솔린 안에는 수분과 먼지가 포함되어 있어 그대로 연료를 보내면 인젝터 내의 통로가 막히기 때문에 연료필터가 필요하다.
② 연료펌프는 인젝터에 연료를 보내는 작용을 한다.
③ 알터네이터(Alternator)는 주행 중 각종 전장품에 전력을 공급하고 여분의 전력은 배터리에 충전한다.
④ 레귤레이터(Regulator)는 알터네이터(Alternator)에서 발생한 전압을 일정한 전압 약 2.5V로 조정하는 역할을 한다.

해설
알터네이터는 전자기유도를 이용하여 교류전류를 발생시키는 장치로 주행 중에 자동차가 필요한 전기를 공급하고 배터리를 충전시켜 주는 역할을 한다. 알터네이터는 엔진에 의해 구동되는데 엔진의 회전하는 운동에너지를 전기에너지로 바꿔주는 역할을 하는 것이다. 레귤레이터는 알터네이터의 부하와 회전속도에 관계없이 전압(12V)을 항상 일정하게 유지하는 기능을 한다.

38 양초로 인한 화재 시 현장 감식요령으로 적합하지 않은 것은?

① 사용자의 가족에 관한 사항
② 양초의 발견위치 및 상태에 관한 상황
③ 촛대의 종류, 재질, 형상에 관한 사항
④ 발화개소 부근의 가연물의 상황

해설
사용자의 가족에 관한 사항은 양초화재 현장감식요령에 포함되지 않는다.

39 산불의 연소 확대에 영향을 미치는 기상 요인이 아닌 것은?

① 지역의 강풍
② 찬 전선의 접근
③ 푄 바람
④ 높은 상대습도

해설
산불의 경우 상대습도(수분 함유도, 크기, 밀도, 구성)와 기후에 영향을 많이 받는다. 높은 상대습도일 경우 산불의 연소 확대를 저지하는 요인이다.

40 차량방화에 대한 특별 고려사항에 해당하지 않는 것은?

① 다른 범죄 후 증거물을 은폐하기 위한 경우
② 도난 신고 된 차량에서 화재가 발생한 경우
③ 촉매 컨버터 과열로 차량화재가 발생한 경우
④ 보험금 편취 등을 위한 경우

해설
재산 이득 목적 방화, 범죄은폐를 위한 경우는 특별 고려사항이지만 촉매 컨버터 과열로 인한 차량화재는 배기장치 이상으로 발생할 수 있는 화재이다.

41 화재현장에서의 물적 증거물에 관한 설명으로 틀린 것은?

① 화재현장의 환경에 따라 물증은 변하지 않는다.
② 화재원인의 추론에 따라 화재책임이 관련된다.
③ 특정 사실이나 결과에 대하여 입증 또는 반증을 가능하게 한다.
④ 발화지점, 발화기기, 최초 착화물, 화재이동 경로를 통하여 화재원인을 추론한다.

해설
발화장소에 발화원이 소실되거나 진압과정에서 남는 경우가 적어 물증 추적이 일반적으로 어렵고 화재 환경에 따라 다양하게 변화한다.

42 증거의 시간적 역할에 대한 설명으로 틀린 것은?

① 깨져 바닥에 쏟아진 유리창의 내측에 그을음이 부착되어 있지 않다면 화재 이전 창문이 먼저 깨졌다는 것을 의미한다.
② 화재현장에서 발견된 소사체에서 생활반응이 발견된다면 피해자는 화재 이전 사망한 상태였다는 것을 알 수 있다.
③ 화재와 폭발이 일어난 현장에서 멀리까지 비산된 유리창의 파편에 그을음이 부착되어 있다면 화재가 먼저 일어나 이로 인해 폭발이 발생한 것으로 볼 수 있다.
④ 타이어 흔적 위로 족적이 찍혀 있다면 이러한 증거는 차량이 지나간 후에 누군가 걸어갔다는 것을 증명해 주는 역할을 한다.

해설

화재현장 소사체에서 생활반응이 발견되지 않았다면 소사자는 화재 이전에 사망하였다는 정보를 제공하고, 생활반응이 발견된다면 피해자는 화재 당시 생존 상태였다는 것을 알 수 있다.

해설

아크로레인(CH_2CHCHO) : 석유화학제품 및 유지류 또는 목재 등이 연소할 때 발생하는 것으로 일반적인 화재에서 발생되는 경우는 극히 드물고 허용농도는 0.1ppm이다.

43 전신적 생활반응에 해당하는 것은?

① 출 혈 ② 수 포
③ 속발성 염증 ④ 창구의 개대

해설

전신적 생활반응 : 전신적 빈혈, 속발성 염증, 색전증, 외래물질분포, 배설 등

44 특이한 냄새가 나는 무색액체로 물에는 녹지 않지만 에터 등 유기용매와 임의의 비율로 혼합하는 물질로 메틸벤젠이라고 불리며 방화촉진제로 사용이 가능한 물질은?

① 메틸알콜 ② 경 유
③ 아세톤 ④ 톨루엔

해설

톨루엔은 벤젠 수소 1개가 메틸기로 치환된 무색 액체이다. 메틸벤젠으로도 불리며 화학식은 $C_6H_5CH_3$이고 특이한 냄새가 난다.

46 액체 및 고체 증거물의 수집 시 고려하여야 할 사항으로 옳은 것은?

① 탄화수소계 물질은 물보다 비중이 높아 물에 가라앉는다.
② 대부분의 액체 위험물은 용매작용을 한다.
③ 금속 캔에는 $\frac{3}{4}$ 이상 채우지 않는다.
④ 아세톤이나 알코올은 물과 쉽게 섞이지 않는다.

해설

① 탄화수소계 물질은 물보다 비중이 낮아 물에 뜬다.
③ 금속 캔에는 증기 공간 확보를 위해 2/3 이상 채우지 않도록 한다.
④ 아세톤이나 알코올은 물과 쉽게 섞인다.

45 석유제품, 유지류, 나무, 종이 등이 탈 때 생성될 수 있으며 연소생성물 중 허용농도는 0.1ppm인 맹독성 가스는?

① 시안화수소 ② 포스겐
③ 염화수소 ④ 아크로레인

47 강화유리가 폭발로 깨졌을 때 나타나는 형태로 옳은 것은?

① 곡선모양 ② 입방체모양
③ 원형모양 ④ 격자모양

해설

화재나 폭발로 깨지면 작은 입방체 모양으로 부서지며 유리의 잔금보다 통일된 모양이다.

48 물적 증거의 테스트 장치 중 연료 기름, 윤활유, 테스트 상황에서 표면 판막을 형성하는 경향이 있는 고체 및 액체의 부인공물(Suspended Solids) 및 기타 액체의 인화점을 측정할 수 있는 것은?

① 태그 밀폐식 테스터
② 클리브랜드 개방식 테스터
③ 펜스키-마르텐스 밀폐식 테스터
④ 세타플래시 밀폐식 테스터

인화점 시험기 및 측정방법

구 분		측정 장비	인화점 적용시료 범위	해당 시료
밀폐식		태그 (ASTM D 56)	93℃ 이하	원유, 휘발유, 등유, 항공터빈연료유
		신속 평형법 (세타식)	110℃ 이하	원유, 등유, 경유, 중유, 항공 터빈연료유
		펜스키-마르텐스 (ASTM D 90)	• 밀폐식 인화점 측정에 필요한 시료 • 태그밀폐식을 적용할 수 없는 시료	원유, 경유, 중유, 절연유, 방청유, 절삭유
개방식		태 그	−18~163℃이고, 연소점이 163℃까지인 시료	−
		클리 블랜드	79℃ 이하	석유, 아스팔트, 유동파라핀, 방청유, 절연유, 열처리유, 절삭유, 윤활유

49 디지털카메라의 고유기능으로 받아들인 빛을 증폭하여 감도를 높이거나 낮춰주는 기능은?

① 화이트밸런스
② 줌 기능
③ EV 쉬프트
④ ISO 기능

ISO 감도를 높이면 어두운 장소에서도 밝은 사진을 쉽게 찍을 수 있다. 하지만 필름카메라의 감도처럼 디지털카메라에서도 ISO 감도가 높아질수록 디테일(섬세함) 및 채도(색의 청명도)가 점차 저하되고 노이즈가 증가하여 전반적인 사진의 화질이 크게 떨어지게 된다.

50 사람의 인체가 열에 노출되었을 때 연소반응 순서로 옳은 것은?

① 지방 → 피부 → 뼈 → 근육
② 지방 → 피부 → 근육 → 뼈
③ 피부 → 지방 → 뼈 → 근육
④ 피부 → 지방 → 근육 → 뼈

인체 바깥부분에서 안쪽으로 연소가 진행된다.

51 시반에 관한 설명으로 옳은 것은?

① 시반은 사망시간을 나타내는 지표로 사용된다.
② 시반은 시신의 사망 전 이동 여부를 나타낸다.
③ 시반은 3~4시간 후에 더 이상 진행되지 않는다.
④ 시반은 우리 몸의 가장 높은 신체부위에 발생한다.

소사자의 혈액은 시간이 지나면 굳으면서 중력에 의해 사체의 가장 낮은 부분으로 모이게 된다. 이런 현상을 혈액침하라고 하며, 피부가 암적색으로 보이는 것을 시반이라 한다.

52 증거물 시료용기에 대한 설명으로 옳은 것은?

① 유리병의 코르크마개는 휘발성 액체수집에 사용이 가능하다.
② 내유성의 내부판이 부착된 플라스틱 재질의 스크루마개는 유리병의 마개로 사용이 가능하다.
③ 주석 도금 캔(Can)은 상태에 따라 재사용이 가능하다.
④ 캔이 녹슨 경우, 적절히 세척하여 사용한다.

해설
유리병은 유리 또는 폴리테트라플루오로에틸렌(PTFE)로 된 마개나 내유성의 내부판이 부착된 플라스틱이나 금속의 스크루마개를 가지고 있어야 한다.

53 화재증거물 중 적외선분광분석법을 사용하여 분석하는 것이 적절한 것은?

① 금 속
② 무기화합물
③ 유기화합물(혼합물질)
④ 유기화합물(단일물질)

해설
적외선흡수스펙트럼을 이용한 분광분석법으로 주로 유기물질을 분석하는 데 쓰인다. 조사하려는 시료에 적외선의 파장을 바꾸면서 비춰주면 아미노기나 카보닐기와 같은 작용기에 따라 특수한 영역의 적외선이 흡수되는데 이 흡수스펙트럼을 조사하는 방법이다.

54 사진촬영을 위해 현장 전체를 파악할 수 있는 선정 위치로 옳은 것은?

① 발화가 개시된 건물 정면
② 발화지점 내부
③ 발화지역 주변 높은 곳
④ 화염이 강하게 출화한 곳

해설
연소상황 파악을 위한 사진 촬영 및 녹화 요령
• 높은 곳에서 화재현장 전체를 촬영
• 건물을 4방향에서 촬영
• 발화부 주변현장은 구조물의 외부에서 내부로 촬영
• 한 장의 사진으로 표현이 어려울 경우 현장을 중첩하여 파노라마식으로 촬영
• 의심나거나 중요한 증거물에 대하여는 여러 방향에서 촬영

55 건강한 성인이 기절, 급격한 심장박동, 실신, 일부 심신이 약한 자가 사망하는 혈중 일산화탄소 최저 농도의 범위는?

① 5~10%   ② 10~20%
③ 40~50%   ④ 80~90%

해설
일산화탄소의 포화도에 따른 증상

COHb 농도%	중독증상
10 이하	증상 없음
10~20	두부 전면 압박, 가벼운 두통 증상
20~30	정서불안, 흥분, 머리 측면부 맥동, 욱신거리는 두통
30~40	심한 두통, 권태, 현기증, 시력약화, 구토, 허탈
40~50	심한 의식장애, 보행장애, 호흡곤란
50~60	호흡 및 맥박 증가, 혼수, 경련
60~70	혼수, 호흡미약, 혈압저하
60~80	심한 혼수, 경련, 맥박미약, 반사저하
80~100	수분 내 사망

56 화상의 깊이에 따른 화상의 분류로 옳은 것은?

① 1도 화상 - 홍반성

② 2도 화상 - 탄화성

③ 3도 화상 - 수포성

④ 4도 화상 - 괴사성

해설

화상 깊이에 따른 분류

① 1도 화상 - 홍반성

② 2도 화상 - 수포성

③ 3도 화상 - 괴사성, 가피성

④ 4도 화상 - 탄화성, 회화성

57 좁은 실내에서 많은 물건을 촬영할 때 유용한 렌즈로 옳은 것은?

① 광각렌즈

② 표준렌즈

③ 망원렌즈

④ 줌렌즈

해설

광각렌즈

보통 가까운 물체를 크게 촬영하거나 좁은 공간을 넓게 보이는 사진이 촬영되므로 화재감식현장에서 비교적 좁은 공간에서 촬영이 많은데 짧은 거리에서 넓은 범위를 찍을 때 유용하다.

58 유리창문의 파괴가 내부 또는 외부 충격에 의하여 발생하였는지를 파악할 수 있는 표식은?

① 고스트마크

② 디렉션마크

③ 리플마크

④ 스플래쉬마크

해설

리플마크는 충격방향을 나타내므로 창문의 파괴형태 관찰로 탈출을 위한 내부에서의 충격에 의한 파손인지 소방관에 의한 외부에서의 파손인지 혹은 오염상태로 보아 화재 전·후인지를 파악할 수 있다.

59 렌즈와 카메라 내부에서 생긴 빛의 반사로 인하여 실물에 없는 이미지가 생기는 현상은?

① 플레어

② 플리커

③ 셔터

④ 조리개

해설

플레어 현상이란 카메라 렌즈에 정규 굴절 이외의 강한 빛이 들어와 사진의 일부분이 뿌옇게 되거나 다양한 색상의 동그란 모양이 사진에 생기는 현상이다.

60 화재현장 증거물의 비교 표본에 관한 설명으로 틀린 것은?

① 비교 표본의 수집의 주된 목적은 증거물로 남겨 놓기 위한 것이다.

② 비교 표본은 같은 유형으로 오염되지 않은 것이다.

③ 비교 표본은 원래의 표본과 같은 방식으로 포장하여 비교 표본으로 표시한다.

④ 가급적 발화기기로 추정되는 장치와 동일한 것을 수집한다.

해설

물적 증거물과 상대적인 비교를 하기 위함이 주된 목적이다.

56 ① 57 ① 58 ③ 59 ① 60 ① **정답**

61 화재피해액 산정대상 중 건물에 포함하여 피해액을 산정하는 것은?

① 통신설비　　② 냉방설비
③ 칸막이　　　④ 보일러

해설
건물의 부속물
칸막이, 대문, 담, 곳간 및 이와 비슷한 것은 건물의 부속물로 보아 건물에 포함하여 산정한다.

62 「화재조사 및 보고규정」에 따른 건물의 동수 산정 기준 중 틀린 것은?

① 목조 건물의 경우 격벽으로 방화구획이 되어 있는 경우 같은 동으로 본다.
② 구조에 관계없이 지붕 및 실이 하나로 연결되어 있는 것은 같은 동으로 본다.
③ 건물의 외벽을 이용하여 실을 만들어 목욕탕으로 사용하고 있는 것은 주건물과 같은 동으로 본다.
④ 독립된 건물과 건물 사이에 차광막의 덮개를 설치하고 그 밑을 통로로 사용하는 경우 같은 동으로 본다.

해설
독립된 건물과 건물 사이에 차광막, 비막이 등의 덮개를 설치하고 그 밑을 통로 등으로 사용하는 경우는 다른 동으로 한다.

63 「화재조사 및 보고규정」에 따른 자동차·철도 차량 화재 유형별 조사서의 형식란에 기재사항이 아닌 것은?

① 제조회사　　② 연 식
③ 차량명　　　④ 배기량

해설
화재유형별조사서(화재조사 및 보고규정 서식 3의4 참조)

2 형 식			
① 제조회사	현대	② 연 식	2018 년
③ 차량번호	73부5666	④ 차량명	현대 그레이스

64 화재현장조사서의 도면 작성 시 유의사항이 아닌 것은?

① 도면은 원칙적으로 북을 위쪽으로 작성한다.
② 정확한 축척으로 작성한다.
③ 제도기호 등 표준화된 기호를 사용하는 것을 기본으로 한다.
④ 표제는 발화건물 평면도, 발화지점 평면도와 같은 표현을 기본으로 한다.

해설
발화건물 평면도, 발화지점 평면도와 같은 표현은 삼가고 A건물 평면도, 주방 평면도 등으로 표현한다.

65 「화재조사 및 보고규정」에 따른 화재현장 출동보고서의 기재사항이 아닌 것은?

① 출동대원 및 응답자
② 특이한 냄새의 유무
③ 화재의 연소 확대 상황
④ 소화활동설비 사용여부

해설
소방시설등 활용조사서의 기재사항이다.

66 「소방기본법 시행규칙」상 종합상황실장이 상급 종합상황실에 지체 없이 보고해야 하는 화재의 기준으로 틀린 것은?

① 외국공관 및 그 사택

② 특수사고, 방화 등 화재원인이 특이하다고 인정되는 화재

③ 철도, 항공기, 발전소 및 변전소의 화재

④ 항구에 매어둔 총 톤수가 500톤 이상인 선박

해설
종합상황실장이 상급 종합상황실에 지체 없이 보고해야 하는 화재
- 사망자가 5인 이상 발생하거나 사상자가 10인 이상 발생한 화재
- 이재민이 100인 이상 발생한 화재
- 재산피해액이 50억원 이상 발생한 화재
- 관공서·학교·정부미도정공장·문화유산·지하철 또는 지하구의 화재
- 관광호텔, 층수가 11층 이상인 건축물, 지하상가, 시장, 백화점, 지정수량의 3천배 이상의 위험물의 제조소·저장소·취급소, 층수가 5층 이상이거나 객실이 30실 이상인 숙박시설, 층수가 5층 이상이거나 병상이 30개 이상인 종합병원·정신병원·한방병원·요양소, 연면적 1만 5천 제곱미터 이상인 공장 또는 화재예방강화지구에서 발생한 화재
- 철도차량, 항구에 매어둔 총 톤수가 1천톤 이상인 선박, 항공기, 발전소 또는 변전소에서 발생한 화재
- 가스 및 화약류의 폭발에 의한 화재
- 다중이용업소의 화재
- 긴급구조통제단장의 현장지휘가 필요한 재난상황
- 언론에 보도된 재난상황
- 그 밖에 소방청장이 정하는 재난상황

67 화재피해액의 산정 대상 중 산정기준이 다른 대상은?

① 동 물   ② 식 물

③ 차 량   ④ 임야의 입목

해설
화재피해액 산정기준

차량, 동물, 식물	전부손해의 경우 시중매매가격으로 하며 전부손해가 아닌 경우 수리비 및 치료비로 한다.
임야의 입목	소실 전의 입목가격에서 소실한 입목의 잔존가격을 뺀 가격으로 한다. 단, 피해산정이 곤란할 경우 소실면적 등 피해 규모만 산정할 수 있다.

68 「소방의 화재조사에 관한 법률」상 전담부서에 배치된 화재조사관은 몇 년마다 의무 보수교육을 실시하여야 하는가?

① 1년   ② 2년

③ 3년   ④ 4년

해설
전담부서에 배치된 화재조사관은 의무 보수교육을 2년마다 받아야 한다. 다만, 전담부서에 배치된 후 처음 받는 의무 보수교육은 배치 후 1년 이내에 받아야 한다.

69 「화재조사 및 보고규정」에 따른 화재현장 출동보고서의 기재항목에 대한 설명 중 틀린 것은?

① 현장도착 시 발견사항은 연기와 화염을 본 위치와 발생장소 등 전체적인 현장상황을 서술식으로 기재한다.

② 출입문 상태 및 소방대 건물 진입방법은 기재하지 아니한다.

③ 화재장소에서 사용된 자체설비, 소방장비, 도착 시 작동 중이던 소방설비를 기재한다.

④ 출동로상의 진입도로, 교통상황, 정체사유 등을 기재한다.

해설
출입문 상태 및 소방대 건물 진입방법은 필수 기재사항이다.

70 화재원인조사의 조사범위에 해당하지 않는 것은?

① 열에 의한 탄화, 용융, 파손 등의 피해
② 화재의 연소경로 및 확대원인 등의 상황
③ 화재의 발견·통보 및 초기 소화 등 일련의 과정
④ 소방시설의 사용 또는 작동 등의 상황

해설
①은 화재피해조사 중 재산피해조사에 해당하며 그 중에서도 소실피해 조사내용이다.

71 화재피해액이 특수한 경우의 피해액 산정 시 우선 적용사항으로 틀린 것은?

① 모델하우스의 경우 별도의 피해액 산정기준에 의한다.
② 건물에 있어 문화유산의 경우 별도의 피해액 산정기준에 의한다.
③ 재고자산의 상품 중 진열품에 대해서는 현재가의 피해액으로 산정한다.
④ 중고기계장치의 시장거래가격이 신품가액에서 감가수정을 한 금액보다 낮을 경우 중고기계장치의 시장거래가격을 재구입비로 하여 피해액을 산정한다.

해설
재고자산의 상품 중 견본품, 전시품, 진열품 : 구입가의 50~80%

72 「화재조사 및 보고규정」에 따른 화재건수의 결정 기준 중 틀린 것은?

① 동일범이 아닌 각기 다른 사람에 의한 방화, 불장난이 동일 대상물에서 발화하였다면 1건의 화재로 한다.
② 누전점이 동일한 누전에 의한 화재는 동일 소방대상물의 발화점이 2개소 이상 있더라도 1건의 화재로 한다.
③ 지진, 낙뢰 등 자연현상에 의한 다발 화재는 동일 소방대상물의 발화점이 2개소 이상 있더라도 1건의 화재로 한다.
④ 발화지점이 한 곳인 화재현장이 둘 이상의 관할구역에 걸친 화재는 발화지점이 속한 소방서에서 1건의 화재로 산정한다.

해설
동일범이 아닌 각기 다른 사람에 의한 방화, 불장난의 경우 : 동일 대상물에서 발화했더라도 각각 별건의 화재로 한다.

73 「화재조사 및 보고규정」에 따른 건물, 부대설비의 최종잔가율은 몇 %인가?

① 10 ② 20
③ 30 ④ 50

해설
건물 등 자산에 대한 최종잔가율은 건물·부대설비·구축물·가재도구는 20%로 하며 그 이외의 자산은 10%로 정한다.

74 「화재조사 및 보고규정」에 따른 소방시설등 활용조사서의 분류 중 틀린 것은?

① 경보설비 – 자동화재속보설비
② 소방활동설비 – 스프링클러설비
③ 피난설비 – 비상조명등
④ 방화설비 – 방화셔터

해설
스프링클러설비는 소화시설에 해당한다.

75 「화재조사 및 보고규정」에 따른 화재발생 종합보고서의 보존 기간으로 옳은 것은?

① 영구보존   ② 10년
③ 5년   ④ 3년

해설
조사 보고(화재조사 및 보고규정 제22조 제6항)
소방본부장 및 소방서장은 조사결과 서류를 국가화재정보시스템에 입력·관리해야 하며 영구보존방법에 따라 보존해야 한다.

76 「화재조사 및 보고규정」에 따른 화재조사에 필요한 서식이 아닌 것은?

① 화재현장조사서
② 화재현황조사서
③ 범죄사실확인서
④ 질문기록서

해설
범죄사실확인서는 화재조사에 필요한 서식과 무관하다.

77 화재피해건물의 내용연수가 50년이고 경과연수가 25년이라면 이 건물의 잔가율은 몇 %인가?

① 40   ② 50
③ 60   ④ 70

해설
잔가율이란 화재 당시에 피해물의 재구입비에 대한 현재가의 비율을 말한다.
잔가율 = 1 – (1 – 최종잔가율) × 경과연수 / 내용연수 = 1 – 0.8 × 25 / 50 = 0.6

78 벽걸이용 난방기구의 과열로 화재가 발생하여 바닥 $4m^2$, 천장 $3m^2$, 1면의 벽 $3m^2$에 소실피해가 발생한 경우의 소실면적은 몇 m^2인가?

① 2   ② 4
③ 6   ④ 10

해설
소실면적 산정(화재조사 및 보고규정 제17조)
• 건물의 소실면적 산정은 소실 바닥면적으로 산정한다.
• 수손 및 기타 파손의 경우에도 위 규정을 준용한다.

79 「소방의 화재조사에 관한 법률」에 따른 화재현장 보존조치를 하거나 통제구역을 설정한 경우 소방관서장 또는 경찰서장의 허가 없이 화재현장에 있는 물건 등을 이동시키거나 변경·훼손한 사람은 최대 몇 만원 이하의 벌금에 처하는가?

① 300   ② 200
③ 100   ④ 20

해설
화재현장 보존조치를 하거나 통제구역을 설정한 경우 소방관서장 또는 경찰서장의 허가 없이 화재현장에 있는 물건 등을 이동시키거나 변경·훼손한 사람은 300만원 이하의 벌금에 처한다.

74 ② 75 ① 76 ③ 77 ③ 78 ② 79 ①   **정답**

80 「화재조사 및 보고규정」에 따른 화재유형별 화재조사서의 종류에 해당하지 않는 것은?

① 구조물　　　② 항공기
③ 위험물　　　④ 동 물

해설

화재유형별조사서

- 화재유형별조사서(건축·구조물 화재) : 화재조사 및 보고규정 제6호 서식
- 화재유형별조사서(자동차·철도차량) : 화재조사 및 보고규정 제6-2호 서식
- 화재유형별조사서(위험물·가스제조소 등 화재) : 화재조사 및 보고규정 제6-3호 서식
- 화재유형별조사서(선박·항공기 화재) : 화재조사 및 보고규정 제6-4호 서식
- 화재유형별조사서(임야 화재) : 화재조사 및 보고규정 제6-5호 서식

18 | 2회 산업기사 기출문제

01 화염확산에 대한 설명으로 옳지 않은 것은?

① 화염확산은 화재의 부력이나 대기상의 바람으로 인한 유동의 영향을 받는다.

② 화염확산은 일반적으로 화염의 방향 및 연료의 특성에 영향을 받는다.

③ 고체의 화염확산속도는 표면장력효과로 인하여 전반적으로 액체의 화염확산속도보다 크다.

④ 다공성 고체물질은 다공성이 아닌 물질에 비하여 화염확산속도가 빠르다.

해설
액체에서의 역방향 화염확산은 풀 내에서 표면장력에 의한 액체의 흐름의 영향을 받고 이것은 화염 전면의 가열된 가연물의 화염을 가속화한다.

02 다음 중 화재의 분류와 가연물이 옳게 연결된 것은?

① A급 화재 : 휘발유

② B급 화재 : 목재

③ C급 화재 : 유성페인트

④ D급 화재 : 마그네슘

해설
화재의 분류

국 내		미국방화협회		국제표준화기구	
		NFPA 10		ISO7165	
A	일반 가연물 나무, 옷, 종이 등	A	좌 동	A	연소 시 불꽃을 발생하는 유기물질 화재
B	인화성 액체, 가스 등 유류 화재	B	좌 동	B	액체 또는 액화하는 고체로 인한 화재
C	전기 화재	C	전기화재	C	가스로 인한 화재
D	금속 화재	D	Mg, Na, K 등의 금속화재	D	금속화재
K	튀김 기름을 포함한 조리로 인한 화재	K	튀김기름을 포함한 조리로 인한 화재	F	튀김기름을 포함한 조리로 인한 화재

03 화재의 소실 정도를 나타내는 용어와 설명이 옳게 짝지어진 것은?

① 전소 : 건물의 입체면적 60% 이상 소실되었거나, 잔존부분을 보수하여 재사용이 가능한 것

② 반소 : 건물의 입체면적 50% 이상 70% 미만이 소실된 것

③ 부분소 : 전소, 반소화재에 해당하지 아니하는 것

④ 즉소 : 건물의 입체면적 30% 이상 소실된 것

소손 정도에 따른 분류

소실 정도	내 용
전 소	대상물의 입체면적 70% 이상이 소손된 화재 또는 이것 미만일지라도 잔존부분을 보수하여도 재사용이 불가능한 화재
반 소	대상물이 30% 이상 70% 미만 소실된 화재
부분소	대상물이 30% 미만으로 전소 및 반소에 해당되지 않는 화재

04 다음의 화재에 대한 설명 중 옳은 것은?

① 최성기단계의 화재는 연료지배형이다.
② 플래쉬오버 단계는 환기지배형 연소에서 연료지배형 연소로 전환되는 단계이다.
③ 감쇠기단계의 화재는 연료지배형 연소이다.
④ 가연물 양과 환기량은 열방출률과 무관하다.

05 「화재조사 및 보고규정」상 화재조사를 개시해야 할 사람으로 맞는 것은?

① 소방서장
② 보험사
③ 화재조사관
④ 경찰관

화재조사관(이하 "조사관"이라 한다)은 화재발생 사실을 인지하는 즉시 화재조사(이하 "조사"라 한다)를 시작해야 한다.

06 화재현장에서 고휘발성 증거물의 수집 시 고려해야 할 사항이 아닌 것은?

① 과학성
② 임의성
③ 신속성
④ 현장성

화재현장의 특징
화재조사는 화재현장에서 증거물과 자료를 수집보존하고 신속·정밀·과학적으로 실시하며 화재조사관은 목적달성에 필요한 경우 관계인에게 법적 강제성을 갖고 조사한다.

07 염화바이닐 단량체가 폴리염화바이닐로 변화되는 반응과정에서 발생할 수 있는 폭발현상은?

① 산화폭발
② 분진폭발
③ 중합폭발
④ 전선폭발

중합반응은 고분자 물질의 원료인 단량체(모노머)에 촉매를 넣어 일정온도, 압력하에서 반응시키면 분자량이 큰 고분자를 생성하는 반응을 말한다.

08 화재조사의 분류 중 화재피해조사에 해당하는 것은?

① 화재의 발견, 통보 및 조기 소화 등의 상황조사
② 대피경로, 대피상의 장애요인 등의 상황조사
③ 소방시설의 사용 또는 작동상황 등의 상황조사
④ 소화활동 중 사용된 물로 인한 파손 상황조사

화재피해조사의 종류 및 범위

종 류	조사범위
인명 피해 조사	• 소방 활동 중 발생한 사망자 및 부상자 • 그 밖에 화재로 인한 사망자 및 부상자
재산 피해 조사	• 열에 의한 탄화, 용융, 파손 등의 피해 • 소화활동 중 사용된 물로 인한 피해 • 그 밖에 연기, 물품반출, 화재로 인한 폭발 등에 의한 피해

09 다음 중 화학적 작용에 의한 소화방법에 해당하는 것은?

① 질식소화 　　② 냉각소화
③ 제거소화 　　④ 억제소화

해설
화학적 연쇄반응 억제 : 부촉매효과

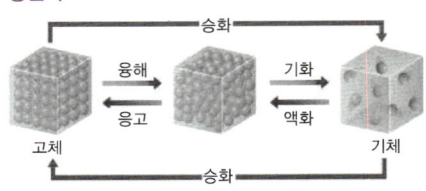

해설
상변화

고체 — 융해/응고 → 액체 — 기화/액화 → 기체, 승화

10 다음 중 가연성 액체의 일반적인 연소형태와 거리가 먼 것은?

① 포어 패턴(Pour Pattern)
② 스플래쉬 패턴(Splash Pattern)
③ 트레일러 패턴(Trailer Pattern)
④ 도넛 패턴(Doughnut Pattern)

해설
트레일러(Trailer)에 의한 패턴
• 고의로 불을 지르기 위하여 수평바닥 등에 길고 좁게 나타내는 연소패턴
• 반드시 액체가연물뿐만 아니라 두루마리화장지, 신문지, 옷 등을 길게 연장한 후 인화성 액체를 뿌려 한 장소에서 다른 장소로의 연소확대 수단으로 쓰이며 방화현장에서 흔히 볼 수 있다.

12 다음의 타임라인(Time Line)을 구성하기 위한 이벤트기록들 중, 하드타임(Hard Time)과 가장 거리가 먼 것은?

① 무인경비설비가 화재를 감지한 시각
② 소방서에 화재가 신고된 시각
③ 화재가 시작된 시각
④ 화재의 진압이 종료된 시각

해설
타임라인을 구성을 통해 화재가 시작된 시각을 유추할 수 있다.

11 물질의 상변화에너지에 대한 설명으로 옳은 것은?

① 증발열 – 기체가 액체로 변화할 때 외부로부터 흡수하는 열량
② 잠열 – 물질이 상변화 없이 온도만 변할 때 흡수 또는 발생하는 열
③ 응고열 – 액체가 응고점에서 동일 온도의 고체로 변화할 때 방출하는 열량
④ 현열 – 물질이 온도·압력의 변화 없이 상변화만 일어날 때 흡수 또는 발생하는 열

13 「소방의 화재조사에 관한 법률」에 따른 화재조사 전담부서를 설치·운영할 수 없는 곳은?

① 경찰서장 　　② 소방청장
③ 소방본부장 　　④ 소방서장

해설
소방청장, 소방본부장 또는 소방서장은 전문성에 기반하는 화재조사를 위하여 화재조사전담부서를 설치·운영하여야 한다(법 제6조 제1항).

14 구획실 화재현상에 대한 설명 중 옳지 않은 것은?

① 롤오버(Rollover)는 화염이 천장층에 확산되어 있는 상태를 말한다.
② 롤오버는 플래쉬오버 후에 발생한다.
③ 플래임오버(Flameover)가 항상 플래쉬오버를 일으키는 것은 아니다.
④ 구획실 내부로 유입되는 공기가 충분하지 않으면 연료지배형에서 환기지배형 화재로 전이된다.

15 다음 중 출화개소 판단 시의 유의사항으로 틀린 것은?

① 발화지점과 연소확산 된 경계구역을 구분한다.
② 건물 내·외부 연소상태를 비교 판단하여 화염의 이동경로를 파악한다.
③ 출입구의 방향과 창문, 환기구 등 개구부는 변동요인이 많으므로 제외한다.
④ 붕괴되거나 도괴된 경우 해당 취약요인을 확인한다.

16 다음 중 저항이 7Ω인 전선에 5A의 전류가 1분 동안 흐른 경우 전선에서 발생하는 발열량(줄열)으로 옳은 것은?

① $H = I \times R \times t = 5 \times 7 \times 60 = 2100J$
② $H = I^2 \times R \times t = 5^2 \times 7 \times 60 = 10500J$
③ $H = I^2 \times R^2 \times t = 5^2 \times 7^2 \times 60 = 73500J$
④ $H = I \times R^2 \times t^2 = 5 \times 7^2 \times 60^2 = 882000J$

17 연소 진행과정 추적과 관련하여 화재원인 판정절차 순서를 나열한 것 중 옳은 것은?

① 발화층, 발화실의 판정 → 발화원, 발화원인의 판정 → 발화개소의 판정 → 발화건물의 판정
② 발화층, 발화실의 판정 → 발화원, 발화원인의 판정 → 발화건물의 판정 → 발화개소의 판정
③ 발화건물의 판정 → 발화층, 발화실의 판정 → 발화개소의 판정 → 발화원, 발화원인의 판정
④ 발화건물의 판정 → 발화원, 발화원인의 판정 → 발화층, 발화실의 판정 → 발화개소의 판정

18 화재사건 관계자 진술방법에 관한 설명으로 틀린 것은?

① 관계자의 인권을 고려하여 유도심문을 하여야 한다.

② 관계자의 기억이 희박해지기 이전에 최대한 빨리 질문하는 것이 좋다.

③ 소방의 화재조사에 관한 법률상 질문을 행하는 주체는 소방청장·소방본부장 또는 소방서장이다.

④ 피질문자의 심리가 충분히 안정된 상태에서 진술할 수 있는 장소를 선택하는 것이 좋다.

해설
관계자에게 질문을 통해서 화재상황을 파악하고 상황에 따라 필요한 사실에 대해 임의진술을 얻도록 노력한다.

19 화재현장에서 열, 연기 또는 화염 흐름의 방향을 표시하는 것으로써 화재현장도에 사용되는 화살표는 무엇인가?

① 열관성 　　　　② 타임라인

③ 열방출율 　　　④ 열 및 화염 벡터

해설
화살표를 이용한 열과 화염 벡터도면은 화재조사관의 분석에 있어서 아주 유용한 도구이다.

20 메탄 75vol.%, 에탄 15vol.%, 프로판 10vol.%가 섞여 있는 혼합가스의 공기 중 연소하한계는? (단, 메탄, 에탄, 프로판의 연소하한계는 각각 5.0vol.%, 3.0vol.%, 2.0vol.%이다)

① 2vol.% 　　　　② 4vol.%

③ 6vol.% 　　　　④ 8vol.%

해설
르샤틀리에 법칙

$$L=\frac{100}{\left[\left(\dfrac{V_1}{L_1}\right)+\left(\dfrac{V_2}{L_2}\right)+\left(\dfrac{V_3}{L_3}\right)\cdots\right]}$$

$$=\frac{100}{\left[\dfrac{75}{5}+\dfrac{15}{3}+\dfrac{10}{2}\right]}=4$$

제2과목 **화재감식론**

21 다음 중 가열에 의해 연화되면서 가소성을 갖는 합성수지에 해당하지 않는 것은?

① 폴리염화비닐 　　② 에폭시수지

③ 폴리스틸렌 　　　④ 폴리에틸렌

해설
열가소성 : 폴리에틸렌, 폴리에틸렌 테레프탈레이트, 폴리염화비닐, 폴리염화비닐리덴, 폴리스티렌, 폴리프로필렌

22 LPG차량의 구성품 중, LPG 용기의 밸브 색상이 옳게 연결된 것은?

① LPG 충전밸브 : 황색

② 체크밸브 : 적색

③ 액체 송출밸브 : 적색

④ 기체 송출밸브 : 청색

해설

[LPG 충전용기 및 밸브 색상]

LPG 용기	충전밸브	송출밸브	
		기체밸브	액체밸브
회 색	녹 색	황 색	적 색

23 면적 100m², 높이 2m인 내화조(환기율은 0.4회/h) 내부에 도시가스관에서 누설된 가스가 축적될 때 얼마만큼의 누설량부터 폭발하한계에 도달하겠는가? (단, 도시가스의 폭발하한계는 5.6Vol.%)

① 11.2m³ ② 15.68m³

③ 112m³ ④ 156.8m³

해설
환기횟수를 기준한 풍량(m^3/h) = 실용적(m^3) × 최소환기횟수(회/h) = $100m^2 \times 2m \times 0.4 = 80m^3$
그러므로 내화조체적에 환기횟수 풍량을 더한
$280m^3 \times 5.6vol\% = 15.68m^3$

24 정전기의 방전 원리 중 액체가 파이프 등의 수송관을 흐를 때 정전기가 발생하는 현상은?

① 마찰대전 ② 박리대전

③ 유동대전 ④ 분출대전

해설
유동대전 : 액체와 관 벽 사이의 경계면에 전기이중층이 형성되어 발생

25 과전류에 의한 전선의 변화에 관한 설명으로 틀린 것은?

① 통전전류가 클수록 짧은 시간에 용단된다.
② 용융된 부분과 용융되지 않은 부분의 경계가 명확하다.
③ 회로 전체 배선에 과열된 흔적이 관찰된다.
④ 용융되지 않은 전선의 표면은 산화작용에 의해 변색 산화되어 구부리면 표면의 일부가 박리되어 떨어진다.

해설
용융된 부분과 용융되지 않은 부분의 경계가 명확하지 않다.

26 「고압가스 안전관리법」상 고압가스에 속하지 않는 것은?

① 상용의 온도에서 압력이 1메가파스칼 미만이 되는 압축가스로서 실제로 그 압력이 1메가파스칼 미만이 되는 것
② 섭씨 15도의 온도에서 압력이 0파스칼을 초과하는 아세틸렌가스
③ 상용의 온도에서 압력이 0.2메가파스칼 이상이 되는 액화가스로서 실제로 그 압력이 0.2메가파스칼 이상이 되는 것
④ 섭씨 35도의 온도에서 압력이 0파스칼을 초과하는 액화가스 중 액화시안화수소, 액화브롬화메탄 및 액화산화에틸렌가스

해설
상용(常用)의 온도에서 압력(게이지압력을 말한다)이 1메가파스칼 이상이 되는 압축가스로서 실제로 그 압력이 1메가파스칼 이상이 되는 것 또는 섭씨 35도의 온도에서 압력이 1메가파스칼 이상이 되는 압축가스(아세틸렌가스는 제외한다)

27 차량화재의 발화원 중 기계적 스파크에 대한 설명으로 틀린 것은?

① 차량이 주행하고 있거나 움직이고 있을 때 금속 대 금속 간의 접촉(강철 또는 마그네슘)불꽃을 생성시킬 수 있다.
② 차량이 주행하고 있거나 움직이고 있을 때 금속 대 포장도로 간의 접촉은 가스 증기 또는 분무상태의 액체와 함께 불꽃을 생성시킬 수 있다.
③ 알루미늄 대 도로 표면의 스파크의 경우 알루미늄의 녹는점이 높아 대부분의 물질에서 발화되기 용이하다.
④ 금속 간 접촉은 구동 폴리(Drive Pulley), 구동 축 또는 베어링 같은 곳에서 발생할 수 있다.

해설
알루미늄의 녹는점이 낮아 대부분의 물질에서 발화되기 용이하다.

28 다음 중 동소체가 아닌 것은?

① 산소와 오존
② 흑연과 다이아몬드
③ 황린과 오황화인
④ 단사황과 사방황

해설
삼황화인, 오황화인, 칠황화인은 동소체이다.

29 다음 중 우발적 원인에 의한 방화에 속하지 않는 것은?

① 부부싸움 중 시너를 뿌리고 방화
② 우울증에 시달리던 자가 충동적 방화
③ 약물 중독에 의한 환각 등에 의한 방화
④ 보험금 편취 목적으로 방화

해설
계획적인 방화에 해당한다.

30 실화를 위장한 방화에 대한 설명으로 틀린 것은?

① 방화자가 이득 등을 취하기 위하여 화재 조사자가 화재원인조사에 있어서 실화로 잘못된 판단을 하도록 위장하려는 의도가 있다.
② 보험금을 사취하기 위한 방화에 있어서 발화장소 주변에 모기향, 촛불, 발열기구, 노후가전제품 등을 이용하여 착화시킨 후 실화로 위장하려는 경향이 있다.
③ 화재조사의 현장조사 시 방화자는 실화 가능성을 쉽게 인정하려는 경향이 있으며 필요 이상으로 자세하게 설명하려는 경향을 보인다.
④ 방화자는 방화증거물 및 현장을 잘 보존하여 화재 조사자에게 협조하려는 태도를 보인다.

31 발화원에 대한 검토 시 주의사항으로 옳지 않은 것은?

① 발화에 이른 경과를 논리적으로 고찰한다.
② 관계자와 함께 화재현장에 있는 물건의 가치와 발화가능성에 대해 협의한다.
③ 화재원인이 거의 특정된 시점에서 재차 발화개소에서 주위로 타서 번져간 상황이 타당성이 있는지 검토한다.
④ 감식, 감정하는 물건의 위치를 계측한 후 채취한다.

해설
가연물의 적재 상태나 연소 시간에 비해 심하게 연소되어 증거를 찾기 어렵거나 생업이나 안전을 핑계로 조사 이전에 현장을 심하게 훼손하는 경우이다.

32 다음 물질 중, 위험도가 가장 큰 것은?

물질명	연소범위(vol, %)	
	하한계	상한계
이황화탄소	1.2	44
메틸알코올	7.3	36
아세트알데하이드	4.1	57
가솔린	1.4	7.6

① 이황화탄소
② 메틸알코올
③ 아세트알데하이드
④ 가솔린

해설
이황화탄소 $= \dfrac{44-1.2}{1.2} = 35.67$

33 다음 중 인화점이 가장 낮은 물질은?

① 톨루엔
② 메틸알코올
③ 등 유
④ 크레오소트유

해설
① 4.4℃
② 11℃
③ 37~65℃
④ 70℃ 이상

34 담배의 궐련지(Cigarette Paper) 착화온도는 섭씨온도 몇 ℃인가?

① 250℃ 전후   ② 300℃ 전후

③ 350℃ 전후   ④ 400℃ 전후

35 양초를 구성하는 주요 성분이 아닌 것은?

① 파라핀   ② 경화납

③ 스테아린산   ④ 펜타크롤페놀

36 다음 중 산불의 초기 연소현상에 대한 설명으로 옳은 것은?

① 강풍 또는 급경사지에서는 원형으로 연소

② 소능선이 있는 경사면에서는 산정상을 향하여 빠르게 연소

③ 무풍 평탄지에서는 발화점을 중심으로 부채꼴 모양으로 연소

④ 풍량이 일정하지 않거나 경사면에서는 풍향과 평행으로 연소

해설
강풍 또는 급경사지에서는 풍향과 평행으로 연소, 소능선이 있는 경사면에서는 산 정상을 향하여 빨리 연소

37 배선기구 접속 및 접속부의 과열 원인이 아닌 것은?

① 접점 표면에 먼지 등 이물질 부착

② 허용량 이하의 전압, 전류 사용

③ 접촉면적 감소

④ 미세한 개폐동작이 반복하는 채터링 현상

해설
허용량 이상의 전압, 전류 사용

38 항공기 화재발생 시 전기적 또는 케이블기구에 의해 기능을 차단하는 시스템 중 관계없는 장치는?

① 물 차단   ② 오일 차단

③ 유압 차단   ④ 연료 차단

39 가정용 가스레인지에 사용하는 액화석유가스 용기의 내용적이 125L인 경우 최대 충전량은 몇 kg인가? (단, 가스 정수는 프로판 2.35이다)

① 53.19   ② 60.97

③ 256.25   ④ 293.75

40 다음 중 성 심리학적 방화범의 분류에 해당하지 않는 것은?

① 구강기 방화범   ② 항문기 방화범

③ 비강기 방화범   ④ 남근기 방화범

해설
성 심리학적 방화범의 분류에는 구강기 방화범, 항문기 방화범, 남근기 방화범, 잠복기 방화범, 외음부기 방화범 등이 있다.

제3과목 **증거물관리 및 법과학**

41 화재현장 기록용 디지털 카메라에 대한 설명으로 옳지 않은 것은?

① 촬영 후에 즉시 현장에서 확인이 가능하다.

② 다른 매체와 폭넓게 호환이 가능하다.

③ 저장이 편리하고 장기간 보존할 수 있다.

④ 촬영 대상의 온도를 확인할 수 있다.

해설
적외선카메라에 대한 설명이다.

42 다음 중 화재폭발 사고를 시간의 순서에 따라 그래픽 또는 서술식으로 묘사하는 조사방법으로 적합한 것은?

① PERT
② 타임라인
③ 시스템분석
④ 컴퓨터모델링

43 다음의 전기적 용융흔적에 대한 설명 중 옳은 것은?

① 구형이며 광택이 없고 모제부와 용융부의 경계면이 형성되지 않는다.
② 외부염에 의한 단락흔은 구리의 초기결정 이외의 금속결정으로 변형되지 않는다.
③ 용융되지 않은 전선의 표면은 변색되어 있으며 구부리면 표면의 일부가 박리되어 떨어지는 경우가 많다.
④ 성분분석결과 전기적 단락흔은 다량의 탄소가 검출된다.

44 다음 중 관계자 질문을 통해 정보를 수집하고자 할 때의 유의사항으로 옳은 것은?

① 임의진술을 확보한다.
② 선입관 없이 유도심문을 한다.
③ 미성년자의 진술도 그대로 인용한다.
④ 개인의 사생활 노출은 감수하도록 한다.

> **해설**
> 임의성을 담보하기 위해서는 임의진술을 확보한다.

45 다음의 화재현장에 잔류된 유리형태 조사에 대한 설명으로 옳지 않은 것은?

① 열에 의해 파괴된 유리의 표면에 나타난 파괴선은 길고 구불구불한 불규칙형태를 보이는 경우가 많다.
② 열에 의해 파손된 유리의 파단면은 매끄러운 상태를 보인다.
③ 조사할 때는 최소한의 조각을 수거하여 파괴기점을 파악한다.
④ 폭발에 의하여 파손된 유리의 파단형태는 방사형태보다는 평행선에 가까운 모습을 보인다.

> **해설**
> 최대한의 조각을 수거하여 파괴기점을 파악한다.

46 「화재조사 및 보고규정」상의 화재조사관의 책무 등에 대한 설명으로 적합하지 않은 것은?

① 조사관은 조사에 필요한 전문적 지식과 기술의 습득에 노력하여 조사업무를 능률적이고 효율적으로 수행해야 한다.
② 화재현장의 선착대 후임자는 철수 후 지체 없이 국가화재정보시스템에 화재현장 출동보고서를 작성·입력해야 한다.
③ 화재현장에 출동하는 소방대원은 조사에 도움이 되는 사항을 확인하고, 화재현장에서도 소방활동 중에 파악한 정보를 조사관에게 알려주어야 한다.
④ 화재현장과 기타 관계있는 장소에 출입할 때에는 관계인등의 입회 하에 실시하는 것을 원칙으로 한다.

> **해설**
> 화재현장의 선착대 선임자는 철수 후 지체 없이 국가화재정보시스템에 화재현장출동보고서를 작성·입력해야 한다.

47 무색·무취·무미의 환원성이 강한 가스로 인체 내의 헤모글로빈과 결합하여 산소의 운반기능을 약화시키는 연소생성가스로 옳은 것은?

① 일산화탄소 ② 이산화탄소
③ 암모니아 ④ 아황산가스

해설
일산화탄소헤모글로빈 생성

48 다음 중 화재현장을 효과적으로 촬영하기 위한 렌즈에 대한 설명으로 옳지 않은 것은?

① 줌렌즈는 물고기 눈처럼 둥글게 튀어 나와서 피쉬 아이(Fish Eye)라고 불린다.
② 좁은 공간에서 넓은 화각을 원할 때는 광각렌즈를 사용한다.
③ 망원렌즈는 멀리 있는 피사체 촬영 시 편리하다.
④ 표준렌즈는 50도 안팎의 화각으로 원근감, 화상의 크기 등이 육안에 가장 가깝다.

해설
① 어안렌즈(Fish-eye Lens)

49 다음 중 표피 및 진피까지 손상되며 수포가 형성되는 화상으로 옳은 것은?

① 1도 화상 ② 2도 화상
③ 3도 화상 ④ 4도 화상

해설
손상부위는 체액이 나와 축축한 형태를 띠며 진피에 많은 신경섬유가 지나가 심한 통증을 호소한다.

50 다음 중 9의 법칙에 대한 설명으로 옳은 것은?

① 20세 남성의 대퇴부 전면 손상은 9%×2이다.
② 영아의 양팔 손상은 18%이다.
③ 어린이의 외음부 손상은 2%이다.
④ 성인의 두부 손상은 18%이다.

해설
성인기준 : 두부 9%, 전흉복부 9%×2, 배부 9%×2, 양팔 9%×2, 대퇴부 9%×2, 하퇴부 9%×2, 외음부 1%

51 화재사에서는 화재에 대한 생활반응과 사후 계속적인 열의 작용에 의한 사후변화가 섞여 있다. 다음 중 외부소견의 생활반응으로 옳은 것은?

① 시반은 일산화탄소헤모글로빈(COHb)의 형성으로 선홍색을 띤다.
② 장갑상 및 양말상 탈락으로 벗겨질 때가 있다.
③ 피부균열 및 파열되어 절창 또는 열창과 유사한 소견을 보인다.
④ 투사형자세로 근육이 응고되어 수축되는 소위 열경직 현상을 보인다.

52 다음 중 증거물 수집과정에서 오염을 막기 위한 방법과 가장 관련이 적은 것은?

① 면장갑 대신 일회용 비닐장갑을 이용한다.
② 빗자루, 부삽 등 증거수집도구는 오염이 되지 않도록 조치한 후에 사용한다.
③ 정확한 증거물의 수집을 위하여 무수(無水)성 또는 기타 형태의 클리너를 사용한다.
④ 증거물 수집용기의 금속 뚜껑을 수집도구로 활용한다.

53 다음 중 「화재증거물수집관리규칙」상 증거물의 정의로 옳은 것은?

① 화재와 관련 있는 가연물 및 개연성이 있는 모든 개체를 말한다.

② 화재와 관련 있는 물건 및 필연성이 있는 모든 개체를 말한다.

③ 화재와 관련 있는 가연물 및 필연성이 있는 모든 개체를 말한다.

④ 화재와 관련 있는 물건 및 개연성이 있는 모든 개체를 말한다.

해설
증거물이란 화재와 관련 있는 물건 및 개연성이 있는 모든 개체를 말한다.

54 「화재조사 및 보고규정」상에 건축·구조물, 자동차·철도차량, 임야, 선박·항공기화재 등 각기 다른 성격의 화재에 대하여 각각의 서식에 따라 작성하도록 규정된 화재조사 서류로 적합한 것은?

① 화재유형별조사서
② 화재감식·감정보고서
③ 방화·방화의심조사서
④ 질문기록서

55 다음 중 각 금속의 용융점이 높은 것부터 낮은 것의 순서로 적절하게 연결된 것은?

① 크로뮴 → 텅스텐 → 아연 → 마그네슘 → 주석

② 텅스텐 → 크로뮴 → 주석 → 마그네슘 → 아연

③ 텅스텐 → 크로뮴 → 마그네슘 → 아연 → 주석

④ 크로뮴 → 텅스텐 → 주석 → 아연 → 마그네슘

해설

금속 명칭	수은	주석	납	아연	마그네슘	알루미늄	은	황동
용융점	38.8	231.9	327.4	419.5	650	659.8	960.5	900~1,000

금속 명칭	금	구리	니켈	스테인리스	철	티탄	몰리브텐	텅스텐
용융점	1,063	1,083	1,455	1,520	1,530	1,800	2,620	3,400

56 다음 중 유류화재로 추정되는 현장에서 수거된 증거물에 대한 분석절차로 적합한 것은?

① 수거 → 정제 → 여과 → 침지 → 적외선흡수 스펙트럼 분석 → 가스크로마토그래피법

② 수거 → 여과 → 침지 → 정제 → 적외선흡수 스펙트럼 분석 → 가스크로마토그래피법

③ 수거 → 침지 → 여과 → 정제 → 적외선흡수 스펙트럼 분석 → 가스크로마토그래피법

④ 수거 → 침지 → 정제 → 여과 → 적외선흡수 스펙트럼 분석 → 가스크로마토그래피법

해설
수집된 시료를 기기분석(GC, IR)을 통하여 판별하는 절차(감정물 채취 → 침지 → 여과 → 정제 → 적외선 흡수스펙트럼 분석 → 가스크로마토그래피법)

57 다음의 「화재증거물수집관리규칙」상 화재 현장 사진 및 비디오 촬영 시 유의사항 중 적합하지 않은 것은?

① 화재조사요원은 규모가 작은 화재는 사진 촬영 등을 생략할 수 있다.

② 최초 도착하였을 때의 원상태를 그대로 촬영하여야 한다.

③ 소재와 상태가 명백히 나타나도록 하고 필요에 따라 구분이 용이하게 번호표 등을 넣어 촬영한다.

④ 연소 확대 경로 및 증거물 기록에 대한 번호표와 화살표를 표시한 후에 촬영하여야 한다.

해설
아무리 작은 화재라도 사진 촬영은 필수적이다.

58 다음 중 화재진압 시 화재현장 보존을 위한 진압대원의 주의사항으로 옳지 않은 것은?

① 최초 발화지역으로 판단되는 경우, 수압을 강하게 하여 직사직수로 신속하게 진압한다.
② 세척작업, 벽의 파괴 등을 위한 소방호스 사용은 최초 발화 추정지역에서 충분히 떨어진 곳에서 하도록 한다.
③ 화재패턴이 남아 있을 가능성이 있어 조사가 필요한 바닥면의 경우, 소방호스 및 물의 사용을 자제하여야 한다.
④ 고인물이 있는 바닥이 샐 때에는 새는 구멍을 찾아서 증거물 및 화재패턴이 소실되지 않도록 한다.

해설
수압을 적당히 조절하여 분무주수해서 현장을 보존해야 한다.

59 다음 중 증거물의 수집용기 및 포장에 적합하지 않는 것은?

① 비닐봉지　　② 금속캔
③ 유리병　　　④ 알루미늄 호일

해설
그 외에 종이상자도 있다.

60 화재현장 주요 사진촬영 대상에 대한 설명으로 틀린 것은?

① 발굴 전의 발화지점 부근
② 소손현장의 전경
③ 관계자 진술에 언급된 지점
④ 연소경로

해설
관계자 진술지점은 참고사항이다.

제4과목 화재조사보고 및 피해평가

61 다음 중 화재조사서류 작성상의 유의사항으로 옳지 않은 것은?

① 간결·명료하게 알기 쉬운 문장으로 작성
② 오자·탈자 등이 없는 문서로 작성
③ 기재항목이 빠지지 않도록 필요한 서류를 첨부
④ 차량과 선박 화재의 조사서류는 동일 양식으로 작성

해설
자동차·철도차량, 선박·항공기는 동일 양식의 유형별조사서이다.

62 다음 중 질문기록서 작성과 관련된 기재사항으로 옳지 않은 것은?

① 질문기록서를 작성하는 화재조사관의 소속, 계급, 성명을 기재한다.
② 답변자의 인적사항 및 화재발생 대상과의 관계를 기재한다.
③ 임야화재의 경우도 질문기록서를 반드시 작성하여야 한다.
④ 질문, 일시 및 장소를 기재한다.

해설
기타화재 중 쓰레기, 모닥불, 가로등, 전봇대 화재 및 임야 화재의 경우 질문기록서 작성을 생략할 수 있다.

63 다음 중 「화재조사 및 보고규정」상 화재현황 조사서의 첨부서류로 적합하지 않은 것은?

① 화재 유형별 조사서
② 화재피해조사서
③ 화재현장조사서
④ 질문기록서

해설
화재현장출동보고서와 질문기록서는 화재현황조사서의 첨부서류가 아니다.

64 다음 중 화재가 발생한 건축물에 대하여 소방기관이 화재조사를 위해 해당 건축물에 출입·조사하는 권한 및 벌칙과 관련된 사항으로 옳지 않은 것은?

① 건축물의 관계인에게 보고 또는 자료 제출을 요구할 수 있다.
② 관계 공무원은 화재조사에 대한 권한을 표시하는 증표를 관계인에게 제시하여야 한다.
③ 화재조사 공무원은 관계인의 정당한 업무를 방해할 수 있으나, 화재조사에서 알게 된 비밀을 누설해서는 아니 된다.
④ 관계인이 관계 공무원의 출입 또는 조사를 정당한 사유 없이 거부하거나 방해할 경우에는 200만원 이하의 벌금에 처한다.

해설
화재조사를 하는 관계 공무원은 관계인의 정당한 업무를 방해하거나 화재조사를 수행하면서 알게 된 비밀을 다른 사람에게 누설하여서는 아니 된다.

65 다음 중 「화재조사 및 보고규정」에서 정하고 있는 용어정의에 대한 내용으로 옳지 않은 것은?

① 감식이란 화재원인의 판정을 위하여 전문적인 지식, 기술 및 경험을 활용하여 주로 시각에 의한 종합적인 판단으로 사실관계를 명확하게 규명하는 것을 말한다.
② 발화지점이란 발화의 최초원인이 된 불꽃 또는 열을 말한다.
③ 발화요인이란 발화열원에 의하여 발화로 이어진 연소현상에 영향을 준 인적·물적·자연적인 요인을 말한다.
④ 내용연수란 고정자산을 경제적으로 사용할 수 있는 연수를 말한다.

해설
발화열원이란 발화의 최초원인이 된 불꽃 또는 열을 말한다.

66 「화재조사 및 보고규정」에 따른 최종잔가율의 정의로 옳은 것은?

① 고정자산을 경제적으로 사용할 수 있는 연수
② 피해물의 종류, 손상 상태 및 정도에 따라 피해액을 적정화시키는 일정한 비율
③ 화재 당시에 피해물의 재구입비에 대한 현재가의 비율
④ 피해물의 경제적 내용연수가 다한 경우 잔존하는 가치의 재구입비에 대한 비율

67 다음은 「소방의 화재조사에 관한 법률」상 화재조사관 시험에 관한 내용이다. (   )에 알맞은 것은?

> 소방청장이 영 제5조 제1항 제1호의 화재조사에 관한 시험(이하 "자격시험"이라 한다)을 실시하는 경우에는 시험의 과목·일시·장소 및 응시 자격·절차 등을 시험 실시 (   ) 전까지 소방청의 인터넷 홈페이지에 공고해야 한다.

① 30일　　　② 20일
③ 10일　　　④ 5일

해설

소방청장이 영 제5조 제1항 제1호의 화재조사에 관한 시험(이하 "자격시험"이라 한다)을 실시하는 경우에는 시험의 과목·일시·장소 및 응시 자격·절차 등을 시험 실시 30일 전까지 소방청의 인터넷 홈페이지에 공고해야 한다.

68 「소방의 화재조사에 관한 법률」에 관한 내용 중 옳은 것은?

① 전담부서에는 화재조사를 위한 감식·감정 장비 등 대통령령으로 정하는 장비와 시설을 갖추어 두어야 한다.
② 소방관서장은 화재조사전담부서에 화재조사관을 3명 이상 배치해야 한다.
③ 화재조사결과보고는 소방본부장이 정하는 화재발생종합보고서에 따른다.
④ 소방관서장은 화재조사를 하는 경우 「산림보호법」 제42조에 따른 산불 조사 등 다른 법률에 따른 화재 관련 조사가 원활히 수행될 수 있도록 협조해야 한다.

해설

① 전담부서에는 화재조사를 위한 감식·감정 장비 등 행정안전부령으로 정하는 장비와 시설을 갖추어 두어야 한다.

② 소방관서장은 화재조사전담부서에 화재조사관을 2명 이상 배치해야 한다.
③ 화재조사결과보고는 소방청장이 정하는 화재발생종합보고서에 따른다.

69 다음 중 「화재조사 및 보고규정」상 화재조사 서류의 보존기간으로 옳은 것은?

① 3년　　　② 5년
③ 반영구　　④ 영 구

70 다음 중 질문기록서를 생략할 수 있는 경우가 아닌 것은?

① 쓰레기 화재　　② 가로등 화재
③ 전봇대 화재　　④ 구조물 화재

해설

기타화재 중 쓰레기, 모닥불, 가로등, 전봇대 화재 및 임야 화재의 경우 질문기록서 작성을 생략할 수 있다.

71 다음의 화재조사와 관련된 설명 중 옳은 것은?

① 소방관서장은 전문성에 기반하는 화재조사를 위하여 화재조사전담부서(이하 "전담부서"라 한다)를 설치·운영하여야 한다.
② 소방본부장은 대형화재가 발생하면 조사본부를 설치·운영할 수 있다. 이 경우 소방서 조사요원은 소방본부 조사업무를 지원하여야 한다.
③ 동일범이 아닌 각기 다른 사람에 의한 방화, 불장난은 동일 대상물에서 발화하는 경우 1개의 화재로 본다.
④ 발화열원에 의해 불이 붙고 이 물질을 통해 제어하기 힘든 화세로 발전한 가연물을 발화물이라 한다.

72 다음의 화재현장조사서 도면 작성에 관한 내용 중 옳은 것은?

① A건물 평면도・주방 평면도와 같은 표현은 삼가고 발화건물 평면도・발화지점 평면도 등으로 표현한다.

② 조사자가 구체적인 기술을 하지 않고 도면을 주체로 구성한 현장조사서도 적절한 조사서로 볼 수 있다.

③ 도면의 방위표시는 원칙적으로 지도와 같은 형태도 북을 위쪽으로 작성하고 축척은 통상적으로 O평으로 기재한다.

④ 제도기호 등의 표준화된 기호로 작성하는 것이 기본이며 필요에 따라서는 문자도 삽입하여 도면을 작성한다.

73 다음 중 화재 당시에 피해물의 재구입비에 대한 현재가의 비율을 의미하는 용어로 옳은 것은?

① 손해율　　　　② 보정율
③ 잔가율　　　　④ 최종잔가율

74 치장벽돌조 슬래브지붕 2층 건물의 1층 점포 벽면 모서리에 설치된 선풍기에서 발생한 화재로 발화층은 바닥 24m², 천장 10m², 2면의 벽 6m²가 그을리거나 소실되는 피해가 발생했고 2층은 1면의 벽 3m², 천장 2m²가 그을리거나 오염되었다. 소실면적(m²)은 얼마인가?

① 9　　　　② 10
③ 24　　　　④ 25

> **해설**
> **소실면적 산정(화재조사 및 보고규정 제17조)**
> • 건물의 소실면적 산정은 소실 바닥면적으로 산정한다.
> • 수손 및 기타 파손의 경우에도 위 규정을 준용한다.
> ∴ 바닥면적만 산정하고 천장, 벽면 소실은 무시하므로 소실면적은 24m²이다.

75 화재조사서류 작성 시 유의사항에 대한 설명 중 옳지 않은 것은?

① 화재조사서류는 요점을 파악하기 어려운 문장의 사용을 피해야 한다.

② 각 양식상 필요한 기재항목이 기재되지 않은 서류는 서류로서의 기본적인 요인이 미비한 것이므로 주의하여야 한다.

③ 조사서류에는 각각의 작성 목적이 있으므로 문장표현이나 각 조사서의 작성자 등을 어떻게 해서든 일치시켜야 한다.

④ 과학용어・학술용어 등 말을 바꿀 수 없는 전문영어는 별개로 하되 평이하고 쉬운 문장으로 작성한다.

> **해설**
> 조사서류는 진압대원이 작성하는 현장출동보고서도 있고 화재조사관이 작성하는 서류도 있으므로 일치시킬 수 없다.

76 다음의 화재현장조사서 작성요령 중 옳지 않은 것은?

① 대규모 건물화재 등에서 현장조사를 분담하여 실시한 경우에는 분담자 각자가 분담한 장소의 현장조사서를 작성한다.

② 작성자는 현장조사를 직접 행한 자로 한정하고 다른 사람이 대신하여 작성하는 것은 인정되지 않는다.

③ 발화원인으로 된 화원에 대하여 긍정해야 할 사실만 객관적으로 기록하고 화원으로서 부정해야 할 사실은 기재하지 않는다.

④ 화재조사서는 발화건물의 판정 등과 관련하여 평이한 표현으로 계통적 순서에 입각하여 간결하게 기재하여야 한다.

> **해설**
> 배제법도 사용되므로 화원을 부정하는 사실도 기재한다.

77 집기비품의 피해액 산정에 관한 설명 중 옳은 것은?

① 간이평가방식은 m² 당 표준단가 × 소실면적 × [1 − (0.8 × 경과년수/내용년수)] × 손해율이다.

② 실질적 · 구체적 방식은 집기비품의 개별성이 인정되어야 하는 때에 적용한다.

③ 집기비품의 수침오염 정도가 심한 경우 손해율은 50%이다.

④ 실질적 · 구체적 방식은 재구입비 × [1 − (0.9 × 내용년수 / 경과년수)] × 손해율이다.

78 「화재조사 및 보고규정」상 방화 · 방화의심 조사서 작성 시 기재항목으로 적합하지 않은 것은?

① 방화도구
② 방화의심 사유
③ 도착 시 초기상황
④ 방화자의 인상착의 및 직업

해설
방화동기, 방화도구, 방화의심사유, 도착 시 초기상황, 방화연료 및 용기, 방화자

79 다음의 화재현장조사서 도면작성 방법 중 옳은 것은?

① 방 배치가 복잡한 건물에 있어서는 건물의 사방에 각각의 기준점을 정하고 중앙 기둥 등으로 좁히면서 측정하면 비교적 이해하기 쉽다.

② 입체도는 축척에 맞춰 작성해야 하므로, 너무 작거나 얇은 것이라도 정확한 축척을 기재한다.

③ 도면작성에 있어서는 건물 계단과 발화추정지점, 연소 확대경로 위주로 한다.

④ 거리측정은 기둥의 중심에서 다른 기둥의 중심까지로 기준점을 통일한다.

80 「화재조사 및 보고규정」상의 화재 사후조사에 대한 내용 중 옳은 것은?

① 소방대가 출동하지 아니한 화재장소의 화재증명원 발급요청이 있는 경우에도 즉시 발급할 수 있다.

② 사후조사는 발화장소 및 발화지점 등 현장이 보존되어 있는 경우에만 조사를 할 수 있다.

③ 사후조사의 경우에도 화재현장 출동보고서를 반드시 작성하여야 한다.

④ 화재증명원의 발급 시 재산피해 및 인명피해에 대하여 기재하지 않는다.

19 | 4회 산업기사 기출문제

01 다음 탄화수소기체의 공기 중 연소특성에 대한 설명으로 틀린 것은?

> 메탄(CH_4), 에탄(C_2H_6), 프로판(C_3H_8), 부탄(C_4H_{10})

① 이론공연비는 메탄, 에탄, 프로판, 부탄 순으로 감소한다.
② 연소 시 이산화탄소의 생성율은 메탄, 에탄, 프로판, 부탄 순으로 증가한다.
③ 연소 시 일산화탄소의 생성율은 메탄, 에탄, 프로판, 부탄 순으로 증가한다.
④ 연소 시 그을음의 생성율은 메탄, 에탄, 프로판, 부탄 순으로 증가한다.

해설
탄소 분자수가 많을수록 불완전연소되어 일산화탄소와 그을음이 발생하기 쉽고 완전연소 시 생성되는 이산화탄소 생성율은 감소한다.

02 화재현장에서 연소 방향성을 판단하기 위한 방법으로서 부재의 소손 정도의 강약 판정을 하는 방법으로 틀린 것은?

① 복수의 동종 부재를 비교하여 판단한다.
② 비교하는 대상 부재의 재질은 동일하여야 한다.

③ 동종 부재의 두께 등 형상이 같은 조건이어야 한다.
④ 소손 상황의 관찰 및 조사는 한 방향에서 행하도록 유의한다.

해설
소손 상황의 관찰 및 조사는 여러 방향으로 행하도록 한다.

03 소손 정도 강약의 판정을 근거로 하여 출화개소를 판정하는 방법으로 틀린 것은?

① 창 등의 개구부에 가까운 개소는 소손이 강하게 되므로 출화개소로 오인될 수 있다.
② 화재현장에서 소손 정도가 가장 강한 부분은 항상 출화개소이다.
③ 상대적으로 화재하중이 큰 개소는 국부적으로 소손이 강하게 되기 쉬우므로 출화개소 판정에 감안할 필요가 있다.
④ 소손 정도가 약한 부분에서 강한 부분으로 순차적으로 찾아가서 출화개소를 판정한다.

해설
실내의 각 가구재·건물 구조재 개개의 연소강약 파악 → 이들 연소강약이 나타내는 실내 전체의 연소방향 파악 → 발화개소를 판정하되 소손 정도가 가장 강한 부분이 항상 출화개소는 아님을 유의해야 한다.

04 가연성 가스를 공기 중에 유출시켰을 때 가연성 가스와 지연성 가스의 접촉면에서 일어나는 연소형태는?

① 혼합연소　　② 확산연소
③ 증발연소　　④ 분해연소

해설
확산연소 : 연소버너 주변에 가연성 가스를 확산시켜 산소와 접촉, 연소범위의 혼합가스를 생성하여 연소하는 현상으로 기체의 일반적 연소 형태이다.
예 LPG-공기, 수소-산소

05 「소방의 화재조사에 관한 법률」에 따른 화재조사 전담부서에서 갖추어야 할 장비의 구분과 기자재명이 틀린 것은?

① 조명기기 - 이동용 발전기, 휴대용 랜턴
② 발굴용구 - 전동드릴, 전동 그라인더
③ 안전장비 - 보호용 작업복, 화재조사조끼
④ 감식용 기기 - 디지털카메라(DSLR)세트, 고속카메라세트

해설
디지털카메라(DSLR)세트는 기록용 기기이며, 고속카메라세트는 감정용 기기에 해당한다.

06 개구부를 통해 화재가 확산되는 요소로 틀린 것은?

① 탄 화　　② 복사열
③ 불 티　　④ 불꽃 접촉

해설
개구부를 통한 화재확산
• 화염이 직접 전달되는 경우 : 인접한 다른 대상 구획실의 창문이나 출입문으로 직접 화염이 전달되어 화재 확산
• 화염이 복사열에 의해 다른 대상 구획실에 있는 가연물이 복사 발화한 경우
• 다른 대상 구획실의 개구부로 불티가 유입되어 발화되는 경우

07 「화재조사 및 보고규정」상 내용연수에 관한 정의는?

① 고정자산을 최대한 사용할 수 있는 연수
② 유동자산을 최대한 사용할 수 있는 연수
③ 고정자산을 경제적으로 사용할 수 있는 연수
④ 유동자산을 경제적으로 사용할 수 있는 연수

해설
내용연수란 고정자산을 경제적으로 사용할 수 있는 연수를 말한다.

08 「소방의 화재조사에 관한 법률」에 따른 소방관서장이 설치·운영하는 화재조사 전담부서의 업무를 모두 고른 것은?

┌─────────────────────────────┐
│ ㉠ 화재조사의 실시 및 조사결과 분석·관리 │
│ ㉡ 화재조사 관련 기술개발과 화재조사관의 역량증진 │
│ ㉢ 화재조사에 필요한 시설·장비의 관리·운영 │
│ ㉣ 그 밖의 화재조사에 관하여 필요한 업무 │
└─────────────────────────────┘

① ㉠, ㉡, ㉢, ㉣
② ㉠, ㉡, ㉣
③ ㉡, ㉢, ㉣
④ ㉠, ㉡, ㉢

해설
전담부서는 다음의 업무를 수행한다.
• 화재조사의 실시 및 조사결과 분석·관리
• 화재조사 관련 기술개발과 화재조사관의 역량증진
• 화재조사에 필요한 시설·장비의 관리·운영
• 그 밖의 화재조사에 관하여 필요한 업무

09 상온·상압에서 프로판(C_3H_8) 1kg을 완전 연소 시키기 위해서 필요한 공기는 몇 kg인가? (단, 공기 중 산소농도는 23wt%이다)

① 3.64 ② 7.28
③ 15.8 ④ 17.3

해설
프로판의 연소반응식 $C_3H_8 + 5O_2 \rightarrow 3CO_2 + 4H_2O$, 프로판과 산소의 몰수비는 1:5이므로 프로판 1kg을 연소하는데 필요한 산소는 160/44kg이므로 3.64kg, 공기 중 산소의 질량비가 23%이므로 필요한 이론공기량은 3.64/0.23 = 15.81kg

10 난류화염으로부터 20℃의 벽으로 전달되는 대류 열유속(kW/m²)은?

> 대류열전달계수(h)는 5W/m²·℃이고 시간 평균 최대 화염온도는 800℃이다.

① 0.39 ② 3.9
③ 39 ④ 3900

해설
열유속 $q''_w = h_c(T_w - T_f)$ 이므로
0.005kW/m²·℃(800℃−20℃) = 3.9kW/m²

11 화재에 대한 설명으로 틀린 것은?

① 일반화재(A급 화재)는 백색으로 표시하며 화재 후 일반적으로 재가 남는다.
② 유류화재(B급 화재)는 황색으로 표시하며 화재 후 일반적으로 재가 남지 않는다.
③ 금속화재는 가연성 금속의 화재로 금속이 분말이나 박판의 형태보다는 덩어리 형태로 존재할 때 화재위험성이 더 커진다.
④ 화재의 소실 정도에 따라 분류하는 반소화재는 전체의 30% 이상 70% 미만이 소실된 것으로 재수리하여 사용할 수 있는 정도의 화재를 말한다.

해설
금속화재는 가연성 금속의 화재로 덩어리 형태보다는 금속이 분말이나 박판의 형태로 존재할 때 화재위험성이 더 커진다.

12 BLEVE의 발생과정과 관련이 없는 것은?

① 공동현상 ② 액격현상
③ 연성파괴 ④ 취성파괴

해설
BLEVE 발생과정 : 화재 → 액온상승 → 압력증가 → 연성파괴 → 액격현상 → 취성파괴 → 화구

13 공기가 절연파괴되는 전압은 몇 kV/cm 인가?

① 10 ② 20
③ 30 ④ 40

해설
일반적으로 공기의 절연파괴전압은 DC 30kV/cm, AC 21kV/cm (대기온도 20도, 대기압 1기압 기준)

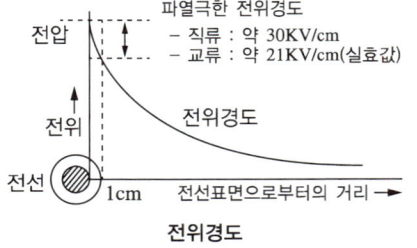

전위경도

14 복사열은 절대온도 4제곱에 비례한다는 법칙은?

① 퓨리에 법칙
② 보일 샤를 법칙
③ 키르히호프 법칙
④ 스테판 볼츠만 법칙

> **해설**
> 스테판-볼츠만(Stefan-Boltzman)의 법칙
> $$Q = \varepsilon \sigma T^4$$

15 화재현장의 발굴 및 복원 요령으로 옳은 것은?

① 정해진 발굴 범위의 중심부에서부터 외곽을 향하여 발굴을 진행한다.
② 바닥에 고정시켜 놓거나 정착시켜 놓았던 물건과 가구 등도 완벽히 제거한다.
③ 관계인(관리자, 종업원, 작업책임자 등)을 발굴 현장에 입회시키는 것을 원칙으로 한다.
④ 발굴할 때에는 손으로 직접하거나 붓 또는 호미 등 섬세한 장비보다는 삽이나 곡괭이 등 투박한 장비를 사용해야 한다.

> **해설**
> 발굴 및 복원과정에서는 관계자를 입회시켜 상황을 확인한다.

16 보일러의 안전장치가 아닌 것은?

① 기수분리기
② 화염검출기
③ 압력조절기
④ 고저수위조절장치

> **해설**
> 기수분리기 : 증기나 공기 중에 떠다니는 미세한 물방울을 제거하는 기능과 증기시스템 내의 공기를 증기로부터 분리해 벤트하는 기능이지 안전장치는 아니다.

17 화재로 인한 인명·재산피해상황에 해당하는 것은?

① 소방시설 작동 등의 상황 조사
② 소방활동 중 발생한 부상자 조사
③ 피난상의 장애요인에 관한 피해조사
④ 열에 의한 탄화, 용융, 파손 등의 피해조사

> **해설**
> 화재로 인한 인명·재산피해상황
>
> | 인명피해 | • 화재로 인한 사망자 및 부상자
• 화재진압 중 발생한 사망자 및 부상자 |
> |---|---|
> | 재산피해 | • 소실피해 : 열에 의한 탄화, 용융, 파손 등의 피해
• 수손피해 : 소화활동으로 발생한 수손피해 등
• 기타피해 : 연기, 물품반출, 화재 중 발생한 폭발 등에 의한 피해 등 |

18 「소방의 화재조사에 관한 법률」상 정당한 사유 없이 소방관서장은 화재조사를 위하여 필요한 증거물 수집을 거부·방해 또는 기피할 때 받는 처벌은?

① 100만원 이하의 벌금
② 200만원 이하의 벌금
③ 300만원 이하의 벌금
④ 500만원 이하의 벌금

> **해설**
> 정당한 사유 없이 소방관서장은 화재조사를 위하여 필요한 증거물 수집을 거부·방해 또는 기피한 사람은 300만원 이하의 벌금에 처한다.

19 화재기둥(Fire Plume)에 관한 설명 중 틀린 것은?

① 화염부와 고온가스부로 이루어져 있다.
② 화재기둥이 주위의 공기온도로 인하여 냉각된다면 화재기둥은 상승을 멈추게 된다.
③ 화재기둥의 온도는 주위 공기온도보다 상대적으로 높기 때문에 가스를 상승시키는 힘이 된다.
④ 화재기둥의 부력은 밀도차이에 의해 유체를 상승시키는 힘이 되고 밀도는 가스의 온도에 비례한다.

해설
화재로 인한 높은 온도는 연기밀도의 감소에 따른 부력을 발생시키며 이 부력에 의해 연기가 이동하게 된다.

20 건축물의 내부에서 발생한 화재의 초기 상황이다. 아래 그림에 원형의 벽시계가 열에 의한 영향을 가장 먼저 받는 곳은? (단, 복사열은 무시한다)

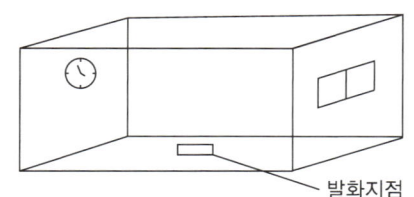

발화지점

① 3시 방향　　② 6시 방향
③ 9시 방향　　④ 12시 방향

해설
복사열은 무시되므로 대류에 의해 뜨거워진 열기가 천장에 체류하면서 하강하기 때문에 시계의 가장 상단부분인 12시 방향이 가장 먼저 열을 받는다.

제2과목 **화재감식론**

21 산소, 공기 등과 같이 가연성 물질과 혼합되었을 때 폭발이나 연소가 일어날 수 있도록 도움을 주는 가스는?

① 독성 가스　　② 가연성 가스
③ 불연성 가스　　④ 조연성 가스

해설
연소성에 따른 분류

분류	고압가스의 종류	비 고
가연성 가스	수소, 암모니아, 액화석유가스, 아세틸렌	공기와 혼합하면 빛과 열을 내면서 연소하는 가스(하한 10% 이하, 상한과 하한의 차 20% 이상)
조연성 가스	산소, 공기, 염소	다른 가연성 물질과 혼합 시 폭발이나 연소가 일어날 수 있도록 도움을 주는 가스
불연성 가스	질소, 이산화탄소, 아르곤, 헬륨	연소와 무관한 가스

22 유체의 흐름을 한 방향으로만 수송할 때 사용하는 것으로 역류 시에는 자동적으로 폐쇄되는 밸브는?

① 볼 밸브　　② 게이트 밸브
③ 체크 밸브　　④ 글로우브 밸브

해설
① 볼 밸브 : 개폐손잡이를 $90°$ 회전하면 내부의 볼이 같이 회전하면서 유체의 흐름을 제어하는 밸브
② 게이트 밸브 : 대규모 플랜트나 길고 큰 배관에 널리 사용
④ 글로우브 밸브 : 형의 밸브 몸통을 갖고 있으며 유체의 입구와 출구 중심선이 일직선상에 있고 밸브를 통과하는 유체의 흐름이 S자 모양으로 되어 있다.

23 성냥에 대한 설명으로 틀린 것은?

① 성냥개비에는 파라핀이 포함되어 있다.

② 성냥 두약부는 환원제를 주성분으로 한다.

③ 성냥 측약의 성분은 적린, 황화안티몬 등 이다.

④ 정상연소하는 성냥의 연소온도는 일반적 으로 1,500~1,800℃이다.

성냥이 발화하는 구조는 두약부(황·염소산칼륨)와 측약부(황화안티몬, 적린, 유리가루·규조토 등의 마찰제)로 구성되어 있고 성냥개비는 머리 부분과 손잡이 부분 그리고 머리와 손잡이 사이의 파라핀· 왁스를 칠한 세 부분으로 나뉜다.

24 차량부품 소손 상황으로부터의 차량화재 발화 지점 판정 요령으로 틀린 것은?

① 프런트 서스펜션 서포트는 엔진룸 내에 좌우 1개소씩 설치되어 좌우의 프런트 서 스펜션 서포트의 소손정도를 비교하여 연소방향을 판정할 수 있다.

② 보닛의 경우 연료 및 오일 등의 연소에 의한 확대를 고려하면서 보닛의 표면과 안쪽 면을 비교하면 양면 모두 같은 위치 에 소손에 의한 변색이 강하게 확인되는 개소가 출화개소와 먼 경우가 많다.

③ 실린더 헤드커버는 엔진룸 중심의 실린더 블록 상부에 설치되어 비교적 화재의 초 기 단계에 화염과 열의 영향을 받기 쉬우 며 표면의 소손·용융상황으로 화재의 방 향성을 판정하는 경우에 활용할 수 있다.

④ 서지탱크, 강제 에어필터(기화기 차량의 경우)는 엔진룸 중심 상부에 설치되어 있 으므로 화재의 초기 단계에 화염과 열의 영향을 받기 쉬우며 소손·용융상황으로 부터 화재의 방향성을 판정하는 경우에 활용할 수 있다.

보닛은 발화지점과 가까울수록 도색의 균열이 많이 발생하고 변색되는 경향이 있다.

25 유염연소에 해당하는 것으로만 나열한 것은?

① 모닥불, 성냥불

② 용접불티, 모닥불

③ 담뱃불, 모기향

④ 성냥불, 용접불티

• 유염화원 : 모닥불, 성냥불
• 미소화원 : 담뱃불, 모기향, 용접불티

26 가연물의 분자 내에 산소가 존재하여 외부의 산소공급이 없어도 연소가 가능한 고체의 연소형태는?

① 증발연소   ② 분해연소

③ 표면연소   ④ 자기연소

자기연소 : 가연물이 물질의 분자 내에 산소를 함유하 고 있어 열분해에 의해서 가연성 가스와 산소를 동시 에 발생시키므로 공기 중의 산소 없이 연소할 수 있는 것을 말한다.

27 다음의 설명에 해당하는 현상은?

> 절연물 표면의 소규모 불꽃 방전이 반복되면 도전성 물질이 생긴다. 이에 따라 불꽃 방전의 원인을 제공한 전해질이 소멸하여도 불꽃 방전은 지속되어 다른 극의 전극 간에는 도전성의 통로가 형성되는 현상이다.

① 트래킹
② 반단선
③ 은이동
④ 아산화동 증식 발열

해설

② 반단선 : 여러 개의 소선으로 구성된 전선이나 코드의 심선이 10% 이상 끊어졌거나 전체가 완전히 단선된 후에 일부가 접촉상태로 남아 있는 상태
③ 은이동 : 직류전압이 인가되어 있는 은(銀)으로 된 이극도체 간에 절연물이 있을 때 절연물 표면에 수분이 부착하면 은의 양이온이 절연물 표면을 음극측으로 이동하며 전류가 흘러 발열하는 현상
④ 아산화동 증식 발열 : 전선이나 케이블 등의 구리로 된 도체가 스파크 등 고온을 받았을 때 구리일부가 산화되어 아산화동(Cu_2O_4)이 되며 그 부분이 이상 발열하면서 서서히 확대되는 현상

28 방화로 판정할 수 있는 근거로 틀린 것은?

① 화재현장에서 다른 범죄의 증거가 발견되었다.
② 지리적으로 인접한 곳에서 연쇄적으로 화재가 발생하였다.
③ 평소 화기를 취급하는 장소에서 화재가 발생한 경우가 있다.
④ 일반적으로 발화개소가 2개 이상이며 트레일러 패턴이 관찰되었다.

해설

평소 화기 취급장소에서 화재가 발생했다고 방화로 판정의 근거가 될 수는 없다.

29 가스크로마토그래피 분석방법에 대한 내용으로 틀린 것은?

① 경량·소형으로 휴대가 편리하다.
② 여러 가지 성분이 혼합되어 있는 시료를 분석하는 데 쓰인다.
③ 가스 상태로 분석을 행하기 때문에 조작도 간단하고 시간도 빠르다.
④ 각 성분을 검출하여 그 양을 전기적인 신호로 기록계에 저장 및 기록한다.

30 트라이에틸알루미늄((C_2H_5)$_3$Al)이 물과 폭발적으로 반응할 때 생성되는 가연성 기체는?

① 메 탄   ② 에틸렌
③ 에 탄   ④ 아세틸렌

해설

트라이에틸알루미늄(TEA) : $2(C_2H_5)_3Al + 3H_2O$
$\rightarrow 12CO_2 + Al(OH)_3 + 3C_2H_6$

31 전기배선에서 절연열화로 추정되는 화재가 발생되었다면 이 경우 최초 가연물로 가능성이 가장 큰 것은?

① 공 기
② 먼 지
③ 절연피복
④ 전기배선과 3cm 인접한 종이

해설

절연열화되었을 경우 두 배선에서 단락이 발생되기 때문에 이때 발생되는 열에 의해 절연피복이 연소한다.

32 같은 저항값을 갖는 2개의 저항을 직렬로 접속할 때 그 값이 16Ω이었다면 이 두 저항을 병렬로 접속하면 몇 Ω인가?

① 2
② 4
③ 8
④ 32

해설

병렬연결합성저항 $R = \dfrac{R_1 R_2}{R_1 + R_2} = \dfrac{8 \times 8}{8 + 8} = 4$

33 수관화가 바람을 타고 번져갈 때 연소의 형태로 옳은 것은?

① V형
② O형
③ D형
④ Z형

해설

수관화는 산 정상을 향해 바람을 타고 올라가며 바람이 부는 방향으로 V자형 모양으로 번져나간다.

34 산불의 연소작용에 영향을 주는 바람에 대한 설명으로 틀린 것은?

① 바람은 연료의 수분을 증발, 건조시킨다.
② 바람은 산소량을 증가시켜 연소를 강렬하게 한다.
③ 일반적인 바람의 이동방향은 저기압에서 고기압 쪽으로 분다.
④ 바람은 낮에는 계곡부에서 산정으로, 밤에는 산정에서 계곡부로 분다.

해설

일반적인 바람의 이동방향은 고기압에서 저기압 쪽으로 분다.

35 차량화재의 발화원 중 전기적 발화원에 속하는 것을 모두 고른 것은?

┌─────────────────────────────────────┐
│ ㉠ 배선 과부하   │
│ ㉡ 전기적 단락과 아크 발생   │
│ ㉢ 부서진 전구의 필라멘트   │
│ ㉣ 차량에 사용되고 있는 외부 전원   │
└─────────────────────────────────────┘

① ㉠, ㉡
② ㉠, ㉢, ㉣
③ ㉡, ㉣
④ ㉠, ㉡, ㉢, ㉣

해설

보기 내용은 모두 차량전기와 관련된 것으로 전기적 발화원에 속한다.

36 주차공간에서 차량화재 발생 시 발화원인 판정에 관한 설명으로 틀린 것은?

① 전기적 발열에 의한 경우 절연피복 순상으로 단락 발화하는 경우가 많다.
② 창유리의 비산상태로 화재가 차량 내부에서 일어났는지 외부에서 일어났는지 판단할 수 있다.
③ 엔진실 등 내부에서 발화된 경우 발화부에는 국부적인 철제부분의 변형형태가 남는다.
④ 파손된 유리창의 파단면에 충격파에 의한 리플마크가 있고 안쪽부분이 그을려 있으면 발화 전 인위적인 파손으로 볼 수 있다.

해설

안쪽 부분이 그을려 있다면 유리가 파손되기 전 화재가 발생된 것을 유추할 수 있으므로 화재발생 후 파손된 것이다.

37 항공기의 부위별 화재 위험에 관한 설명으로 틀린 것은?

① 동체 : 착륙기어 등의 문제로 동체가 활주로에 닿을 경우 강력한 마찰열로 불꽃이 발생할 수 있으나 화재로 연결될 가능성은 낮다.

② 날개 : 부력 역할을 하는 기본 기능 외에도 연료통과 엔진이 탑재되어 화재의 위험성이 높은 편에 속한다.

③ 엔진 : 연소계통의 온도가 높고 연료가 작용하므로 화재의 위험성이 높은 편에 속한다.

④ 연료통 : 날개 내부에 탑재되어 있으므로 비상착륙이 예상될 때에는 최대한 연료를 보존하여 날개의 질량을 유지한다.

해설

비상착륙이 예상될 때에는 최소 필요한 연료만 남기고 방출하여 2차 화재 시 가연물을 최소화해야 한다.

38 발열장치, 기기 및 설비 확인에 관한 내용 중 틀린 것은?

① 평소 기기를 사용했던 사용자에게 기기에 대한 정보(오작동 등)를 수집한다.

② 고장난 장치, 기기의 경우 작동이 되지 않았을 것이므로 조사대상에서 제외된다.

③ 히터, 가스(전기)레인지, 스토브뿐만 아니라 전기설비, 콘센트 등도 확인할 필요가 있다.

④ 발화지역 내 발화를 일으켰을 수 있는 모든 열 발생장치, 기기에 대하여 확인하여야 한다.

해설

고장난 장치나 기기일지라도 통전여부를 확인해야 하므로 조사대상에서 제외하면 안 된다.

39 다음 중 염기성이 가장 강한 것은?

① pH = 3

② $[OH^-] = 10^{-2}$

③ 0.01M − HCl

④ $[H^-] = 10^{-5}$

해설

① 10^{-3} ② 10^{-12} ③ 10^{-2} ④ 10^{-5}

10^{-7} 이상이면 산성, 이하이면 염기성이다.

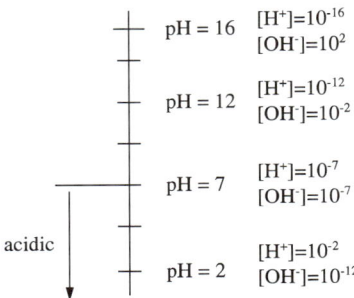

40 항공기용 소화기 카트리지(Cartridge)에 대한 설명으로 옳은 것은?

① 카트리지의 사용기간은 약 5년이다.

② 사용기간은 보통 미리 정해진 온도 제한 이상에서 년(Year)의 용어로 권고한다.

③ 사용기간은 보통 미리 정해진 온도 제한 이내에서 달(Month)의 용어로 권고한다.

④ 사용기간은 보통 카트리지의 전면에 있는 제작사의 부품번호와 제품보증서를 조합하여 알 수 있다.

41 「화재증거물수집관리규칙」상 증거물 수집 및 이송에 대한 설명으로 틀린 것은?

① 증거서류를 수집할 때에는 원본 영치를 원칙으로 하며 사본을 수집할 경우 원본과 대조한 다음 원본대조필을 하여야 한다.

② 증거물이 파손될 우려가 있는 경우에 충격금지 및 취급방법에 대한 주의사항을 증거물의 포장 외측에 적절하게 표기하여야 한다.

③ 입수한 증거물을 이송할 때에는 상세 정보를 해당 서식에 따라 작성하고 보호상자를 사용하여 개별 포장함을 원칙으로 한다.

④ 증거물 수집과정에서는 증거물의 수집자, 수집일자, 상황 등에 대하여 기록을 남겨야 하며 기록은 반드시 일반용 표지 또는 태그를 사용하는 것을 원칙으로 한다.

해설
증거물 수집 과정에서는 증거물의 수집자, 수집 일자, 상황 등에 대하여 기록을 남겨야 하며 기록은 가능한 법과학자용 표지 또는 태그를 사용하는 것을 원칙으로 한다.

42 유리의 연소형태를 설명한 것 중 옳은 것은?

① 화재 열로 생긴 균열은 방사형 형태를 띤다.

② 급격하게 열과 접촉하면 잔금이 발생하며 변색된다.

③ 유리에 그을음의 부착은 인화성 촉진제 사용의 명확한 증거이다.

④ 유리창의 파괴가 항상 화재로 인한 압력에 의해서 발생하는 것은 아니다.

해설
① 충격에 의한 균열은 방사형 형태를 띤다.

② 유리의 잔금은 급격한 열에 의하여 발생한 것이 아니라 유리가 냉각되면서 발생할 수 있다.

③ 유리에 그을음의 부착은 인화성 촉진제 사용의 명확한 증거가 될 수 없다.

43 액체 촉진제의 특성으로 틀린 것은?

① 액체 촉진제는 액체, 기체의 상으로 발견될 수 있다.

② 액체 촉진제는 다공성 물질 안에 갇혔을 때 지속성이 매우 높다.

③ 대부분의 액체 촉진제는 물과 접촉했을 때 물 아래로 가라앉는다.

④ 액체 촉진제는 구조부, 내부마감재, 기타 화재 잔해물에 쉽게 흡수된다.

해설
대부분의 액체 촉진제는 제4류 위험물로 물보다 비중이 가벼워 물 위로 뜬다.

44 「화재증거물수집관리규칙」상 증거물에 대한 유의사항으로 틀린 것은?

① 명확한 증거물 수집을 위해서는 화재피해자의 추가피해도 감수해야 한다.

② 화재증거물은 기술적, 절차적인 수단을 통해 진정성, 무결성이 보존되어야 한다.

③ 화재증거물을 획득할 때에는 증거물이 훼손되지 않도록 적절한 장비를 사용하여야 한다.

④ 최종적으로 법정에 제출되는 화재 증거물의 원본성이 보장되어야 한다.

해설
화재조사에 필요한 증거 수집은 화재피해자의 피해를 최소화하도록 하여야 한다.

45 「화재증거물수집관리규칙」상 현장수거(채취)물 목록의 기입사항이 아닌 것은?

① 감정기관　　　　② 발견자
③ 최종결과　　　　④ 수거(채취)물

해설
현장수거(채취)물 목록(제4조 제2항 제1호 관련 별지 1)

연 번	수거 (채취)물	수 량	수거 (채취) 장소	채취자	채취 시간	감정 기관	최종 결과
1							
2			이하 생략				

46 국소적 생활반응이 아닌 것은?

① 응 혈　　　　② 피하출혈
③ 수 포　　　　④ 전신적 빈혈

47 화재현장을 촬영하는 경우 짧은 거리에서 넓은 범위를 찍을 때나 동시에 많은 물건을 사진 1매에 넣을 필요가 있을 때 표준렌즈 대신에 사용할 수 있는 렌즈는?

① 줌렌즈　　　　② 광각렌즈
③ 망원렌즈　　　　④ 접사렌즈

해설
화각의 크기 : 어안렌즈 > 광각렌즈 > 표준렌즈 > 망원렌즈 > 초망원렌즈

48 대부분의 화재에서 중요한 사인이며 특히 주택에서 대형화재가 발생한 경우 희생자의 주요 혹은 단독적인 사인이 되는 것은?

① 출혈성 쇼크
② 일산화탄소 중독
③ 열에 의한 손상
④ 불소에 의한 독성

해설
대부분 화재현장에서 열에 의한 손상보다는 호흡으로 흡입한 일산화탄소가 몸 안에서 산소를 운반하는 헤모글로빈을 감소시켜 근육·내장·조직 등 호흡곤란을 일으켜 사망한다.

49 법의학적 물리적 증거물의 종류가 아닌 것은?

① 발화기기 내 단락흔
② 피, 타액과 같은 체액
③ 손가락 및 손바닥 지문
④ 머리카락, 섬유 및 신발자국

해설
전통적인 법과학적 물적 증거에는 지문과 장문(Palm Print), 피와 타액 같은 체액, 머리카락과 섬유, 신발자국, 공구 자국, 흙과 모래, 목재와 톱밥, 유리, 페인트, 금속, 필적, 의심이 가는 문서 그리고 일반적으로 증거로 추적할 수 있는 것들이 있다.

50 화재현장의 증거물을 연구소나 감정기관으로 보내기 위하여 화재조사관이 인편송부나 탁송절차를 거치는데 현행 탁송규정상 우편 취급이 부적절하다고 인정되는 물건은?

① 배선용 차단기　　　　② 전자제품
③ 온도조절장치　　　　④ 인화성 물질

해설
인화성 물질 등 우편금지물품이나 전기부품 등 충격에 깨지거나 손상될 우려가 있는 증거물은 직접 수송하는 방법을 택해야 한다.

51 화재현장을 목격한 관계자에게 질문할 때의 유의사항으로 옳은 것은?

① 정확한 화재원인을 파악하기 위해서는 유도질문도 인정된다.
② 관계자가 최초에 연소하였다고 진술한 부분이 바로 발화지점이다.
③ 관계자에게 질문할 경우에는 이해관계가 있는 제3자가 참석하여야 한다.
④ 관계자에 대한 질문은 발화건물 및 화재 발생의 원인 등을 추정하는 데 필요한 정보로 활용한다.

해설
① 질문을 할 때에는 기대나 희망하는 진술내용을 얻기 위하여 상대방에게 암시하는 등의 방법으로 유도하지 않고 임의성을 확보하여야 한다.
② 관계자가 최초에 진술하였다고 해서 모두 사실로 인정하면 안 된다. 진술을 참고해서 과학적인 증거자료를 모두 종합하여 발화지점을 판단해야 한다.
③ 당사자의 이러한 심정을 이해하여 관계자로부터 임의 진술을 받아내기 위해서는 가능하면 제3자를 의식하지 않는 장소에서 질문을 청취한다.

53 화재조사 현장 촬영 시 유의사항으로 틀린 것은?

① 주변 인물, 발굴용 기구 등을 중점적으로 촬영하여야 한다.
② 중요한 증거 물건은 표지, 백묵 등으로 명확하게 표시한다.
③ 화재조사현장 사진은 현장조사자의 의도를 이해하여 촬영한다.
④ 화재조사현장 사진은 수정하기가 불가능하므로 이를 감안하여 촬영한다.

54 발화지점에 물리적 증거물이 없더라도 방화를 의심할 수 있는 정황증거로 옳은 것은?

① 발화 관련 기구나 시설 등이 없어 발화원을 특정할 수 없는 경우
② 아파트 베란다에 놓아둔 페트병 뒤편의 가연물이 연소한 경우
③ 음식물 찌꺼기인 건성유를 담아 놓은 비닐봉지가 연소한 경우
④ 스팀파이프와 목재가 맞닿아 있는 곳에서 가연물이 대량 연소한 경우

52 화상의 위험도에 대한 설명 중 옳은 것은?

① 주요 장기의 질환 유무와 화상의 위험도는 관련이 없다.
② 노인의 경우 회복은 지연되지만 합병증이 일어날 가능성은 낮다.
③ 상부 기도화상이나 흉부화상은 호흡장애를 초래할 가능성이 높다.
④ 어른은 같은 정도의 화상 범위라도 어린이보다 더 위험하다.

해설
상부기도나 흉부화상은 호흡장애를 초래한다.

55 일산화탄소가 혈액 속의 헤모글로빈과 결합할 때 생성되는 물질로 옳은 것은?

① 일산화질소
② 산화헤모글로빈
③ 카르복시헤모글로빈
④ 이산화탄소헤모글로빈

해설
카르복시헤모글로빈 = 일산화탄소헤모글로빈

56 화재현장에서 발견된 물리적 증거에 대한 설명으로 틀린 것은?

① 견고하게 고정된 전구의 변형상태를 통하여 화염의 진행방향을 알 수 있다.

② 폭발에 의하여 유리가 파손된 경우 균열이 평행선에 가까운 모습을 보인다.

③ 깨져 바닥에 쏟아진 유리창의 내측에 그을음이 부착되어 있지 않다면 화재발생 이후 창문이 깨졌다는 것을 의미한다.

④ 화재와 폭발이 일어난 현장에서 멀리까지 비산된 유리창의 파편에 그을음이 부착되어 있다면 화재가 먼저 일어나 이로 인해 폭발이 발생한 것으로 볼 수 있다.

해설
바닥에 깨진 유리창의 내측에 그을음이 부착되어 있지 않다면 화재발생 이전에 창문이 깨졌다는 시간적 증거를 의미한다.

57 「화재조사 및 보고규정」상 소방공무원이 작성하는 서식이 아닌 것은?

① 화재사후조사의뢰서
② 방화·방화의심조사서
③ 소방방화시설활용조사서
④ 화재·구조·구급상황보고서

해설
①은 민원인이 직접 작성해서 소방관서에 제출한다.

58 「화재증거물수집관리규칙」상 증거물 시료용기 중 주석 도금캔의 사용 횟수로 옳은 것은?

① 1회
② 5회
③ 핏혼 시까지
④ 적절히 세척할 경우 제한 없음

해설
주석 도금캔(Can)은 1회 사용 후 반드시 폐기한다.

59 콘크리트, 시멘트 바닥에 비닐타일 등이 접착제로 부착되어 있을 때 그 위로 석유류의 액체가연물이 쏟아져 화재 시 타일 등 바닥재의 틈새 모양으로 변색되고 박리되기도 하는 흔적은?

① 포어 패턴
② 드롭다운 패턴
③ 고스트마크
④ 스플래시 패턴

해설
고스트마크(Ghost Mark) : 콘크리트, 시멘트 바닥에 비닐타일 등이 접착제로 부착되어 있을 때 그 위로 석유류의 액체가연물이 쏟아지면 타일 사이로 스며들어 접착제를 용해시킨 경우 바닥면과 타일 사이가 연소되면서 변색되거나 박리된 형태 나타나는 화재 흔적을 말한다.

60 화재현장을 사진으로 기록하고자 할 때의 설명으로 틀린 것은?

① 현장사진은 충분한 자료 확보를 위하여 풍부하게 촬영한다.

② 출입구의 폐쇄여부나 창문의 개방상태까지는 촬영하지 않는다.

③ 필름을 사용하여 촬영할 경우 2개 이상의 화재조사 내용이 중첩되지 않도록 적절한 관리가 필요하다.

④ 아날로그카메라를 사용할 경우 필름의 제약이 있으므로 선정한 피사체가 필요 이상 중복되지 않도록 한다.

해설
출입구의 폐쇄여부나 창문의 개방상태 촬영은 필수적이다.

화재조사보고 및 피해평가

61 「화재조사 및 보고규정」에 따른 용어의 정의로 옳은 것은?

① "발화"란 열원에 의하여 가연물질에 순간적으로 불이 붙는 현상을 말한다.

② "발화열원"이란 발화의 최초 원인이 된 불꽃 또는 열을 말한다.

③ "발화지점"이란 화재가 발생한 지점을 말한다.

④ "발화장소"란 열원과 가연물이 상호작용하여 화재가 시작된 장소를 말한다.

> **해설**
> ① "발화"란 열원에 의하여 가연물질에 지속적으로 불이 붙는 현상을 말한다.
> ③ "발화지점"이란 열원과 가연물이 상호작용하여 화재가 시작된 지점을 말한다.
> ④ "발화장소"란 화재가 발생한 장소를 말한다.

62 발화지점 판정에 대한 설명으로 틀린 것은?

① 판정은 주관적인 고찰에 의할 것

② 현장조사 상황에서의 순번을 기재할 것

③ 인용사실은 조사서 등에 기재되어 있을 것

④ 현장조사상황 등의 항목별로 각각 판단된 발화지점을 기재하여 둘 것

> **해설**
> 판정은 객관적인 고찰에 의할 것

63 화재현장 보존조치를 하거나 통제구역을 설정한 경우 소방관서장 또는 경찰서장의 허가 없이 화재현장에 있는 물건 등을 이동시키거나 변경·훼손한 사람이 받을 수 있는 처벌은?

① 50만원 이하의 과태료

② 100만원 이하의 과태료

③ 200만원 이하의 벌금

④ 300만원 이하의 벌금

> **해설**
> 화재현장 보존조치를 하거나 통제구역을 설정한 경우 소방관서장 또는 경찰서장의 허가 없이 화재현장에 있는 물건 등을 이동시키거나 변경·훼손한 사람은 300만원 이하의 벌금에 처한다.

64 주택에 전기적 요인으로 화재가 발생하여 바닥 $6m^2$와 한쪽 벽 $4m^2$이 소실되었다. 이 경우 화재피해조사서(재산피해) 작성 시 소실면적은?

① $1.6m^2$ ② $4m^2$

③ $6m^2$ ④ $8m^2$

> **해설**
> 소실면적 산정(화재조사 및 보고규정 제17조)
> • 건물의 소실면적 산정은 소실 바닥면적으로 산정한다.
> • 수손 및 기타 파손의 경우에도 위 규정을 준용한다.
> ∴ 바닥면적만 산정하고 천장, 벽면 소실은 무시하므로 소실면적은 $6m^2$이다.

65 「화재피해액 산정기준」상 전부손해의 경우 시중매매가격에 의한 산정방법이 적용되지 않는 것은?

① 식물의 전부손해

② 동물의 전부손해

③ 차량의 전부손해

④ 보석류의 전부손해

> **해설**
> 회화(그림),골동품, 미술공예품, 귀금속 및 보석류 : 전부손해의 경우 감정가격으로 하며 전부손해가 아닌 경우 원상복구에 소요되는 비용으로 한다.

66 「소방기본법 시행규칙」상 종합상황실장이 상급 종합상황실에 지체 없이 보고해야 할 화재에 해당하지 않는 것은?

① 관공서 화재
② 문화유산 화재
③ 공동주택화재
④ 지하철 화재

해설
공동주택은 화재는 종합상황실장이 상급 종합상황실에 지체 없이 보고해야 할 화재 이외의 화재에 해당한다.

67 화재현장조사서의 도면 작성 시 이용 가능한 현장기록 기법에 관한 설명으로 옳은 것은?

① 탄화등심도는 발화구역 내의 탄화부분에 대한 강도패턴과 경계선을 표시한다.
② 화재손상평가는 최대손상구역으로부터 최소손상구역으로의 체계적인 분석과정이다.
③ 벡터다이어그램은 화살표를 이용하여 최소손상구역에서 최대손상구역을 가리키는 것이다.
④ 벡터다이어그램은 발화실의 평면도에 탄화심도의 측정치를 기록하고 그 깊이를 선으로 연결한 것이다.

해설
탄화물 다이어그램 깊이
명백하게 보이지 않는 경계선은 가끔 그리드 다이어그램에서 탄화물 깊이를 측정하고 도표화하는 과정으로 분석을 위한 검증이 될 수 있다. 그리드 다이어그램에서 동일한 탄화물 깊이 지점을 연결하는 선(탄화물 등심선을 그림으로써 경계선을 확인할 수 있다.

68 화재조사자가 직접 작성하는 서류가 아닌 것은?

① 질문기록서
② 화재현장조사서
③ 화재피해조사서
④ 화재현장출동보고서

해설
화재현장출동보고서는 화재현장에 출동한 소방공무원이 실제로 관찰·확인한 연소상황이나 관계자로부터 얻은 정보를 직접 기재한다.

69 「화재조사 및 보고규정」상 화재합동조사단을 운영 및 종료에서 소방본부장이 구성하여 운영하는 원칙은?

① 사상자가 20명 이상이거나 2개 시·군·구 이상에 발생한 화재
② 사망자가 5명 이상이거나 사상자가 10명 이상 또는 재산피해액이 100억원 이상 발생한 화재
③ 사상자가 30명 이상이거나 2개 시·도 이상에 걸쳐 발생한 화재(임야화재는 제외한다)
④ 재산피해가 200억 이상인 화재

해설
사상자가 20명 이상이거나 2개 시·군·구 이상에 발생한 화재의 경우 화재합동조사단을 소방본부장이 구성하여 운영하는 것을 원칙으로 한다.

70 치외법권지역에 대한 화재조사 보고서 작성에 대한 설명으로 옳은 것은?

① 화재현황조사서만 작성한다.
② 화재현장 출동보고서, 질문기록서, 화재발생 종합보고서를 반드시 작성하여야 한다.
③ 치외법권지역은 조사권을 행사할 수 없으므로 보고서를 작성하지 않아도 된다.
④ 치외법권지역에서 조사권을 행사할 수 없는 경우는 조사 가능한 내용만 조사하여 해당 서류를 작성한다.

해설
치외법권지역 등 : 조사권을 행사할 수 없는 경우는 조사 가능한 내용만 조사하고 해당 서류를 작성한다.

71 「화재조사 및 보고규정」상 건물의 동수 산정에 대한 내용으로 틀린 것은?

① 주요구조부가 하나로 연결되어 있는 것은 1동으로 한다.
② 내화조 건물의 경우 격벽으로 방화구획이 되어 있는 경우는 다른 동으로 한다.
③ 건물의 외벽을 이용하여 실을 만들어 사무실로 사용하고 있는 것은 주건물과 같은 동으로 본다.
④ 독립된 건물과 건물 사이에 차광막 등의 덮개를 설치하고 그 밑을 통로 등으로 사용하는 경우는 다른 동으로 한다.

해설
화재조사 및 보고규정 제31조(건물의 동수 산정) 별표 1

같은 동	• 주요구조부가 하나로 연결되어 있는 것 • 건물의 외벽을 이용하여 실을 만들어 헛간, 목욕탕, 작업실, 사무실 및 기타 건물 용도로 사용하고 있는 것 • 구조에 관계없이 지붕 및 실이 하나로 연결되어 있는 것 • 목조 또는 내화조 건물의 경우 격벽으로 방화구획이 되어 있는 경우
다른 동	• 건널 복도 등으로 2 이상의 동에 연결되어 있는 것은 그 부분을 절반으로 분리하여 각 동으로 본다. • 독립된 건물과 건물 사이에 차광막, 비막이 등의 덮개를 설치하고 그 밑을 통로 등으로 사용하는 경우 • 내화조 건물의 외벽을 이용하여 목조 또는 방화구조건물이 별도 설치되어 있고 건물 내부와 구획되어 있는 경우 • 내화조 건물의 옥상에 목조 또는 방화구조 건물이 별도 설치되어 있는 경우

72 다음 중 화재현황조사서에 기입해야 할 항목이 아닌 것은?

① 기상상황
② 소방시설 현황
③ 피해 및 인명구조
④ 화재발생 장소 및 유형

해설
소방시설 현황은 소방시설등 활용조사서에 기입한다.

73 화재조사서류의 의의에 대한 설명으로 틀린 것은?

① 소방기관이 전문적이고 공평한 입장에서 작성하는 것이다.
② 화재조사서류는 공문서로서 정보공개대상으로 사용된다.
③ 사법기관 등의 유효한 증거자료로서의 측면을 가지고 있지 않다.
④ 축적된 조사 데이터는 분석·유형화하여 시민에 대한 예방지도나 소방관계법령 등의 소방행정 제시의 기초자료로 활용된다.

74 화재의 소실 정도에 대한 설명으로 틀린 것은?

① 반소는 건물의 30% 이상 70% 미만이 소실된 것을 말한다.
② 부분소는 전소, 반소화재에 해당되지 아니하는 것을 말한다.
③ 자동차, 철도차량, 선박 및 항공기 등의 소실 정도는 건물과 별개의 기준을 따른다.
④ 전소는 건물의 70% 이상이 소실되었거나 또는 그 미만이라도 잔존부분을 보수하여도 재사용이 불가능한 것을 말한다.

> **해설**
> 제16조(소실정도)
> ① 건축·구조물의 소실정도는 다음의 각 호에 따른다.
>   1. 전소 : 건물의 70% 이상(입체면적에 대한 비율을 말한다. 이하 같다)이 소실되었거나 또는 그 미만이라도 잔존부분을 보수하여도 재사용이 불가능한 것
>   2. 반소 : 건물의 30% 이상 70% 미만이 소실된 것
>   3. 부분소 : 전소, 반소에 해당하지 아니하는 것
> ② 자동차·철도차량, 선박·항공기 등의 소실정도는 ①의 규정을 준용한다.

75 화재조사서류 작성 시 유의사항으로 틀린 것은?

① 필요한 서류가 첨부되어야 한다.
② 오자, 탈자 등이 없는 문서를 사용한다.
③ 원칙적으로 평이하고 알기 쉬운 문장으로 작성한다.
④ 화재유형별 조사서류는 유형에 관계없이 통일된 양식에 기재하여야 한다.

> **해설**
> 화재유형에 따라 화재유형별조사서를 작성(건축·구조물화재, 자동차·철도차량화재, 위험물·가스제조소 등 화재, 선박·항공기화재, 임야화재)

76 화재로 인한 인명·재산피해상황 조사범위에 해당하는 것은?

① 소방활동 중 발생한 사망자 및 부상자 조사
② 피난경로, 피난상의 장애요인 등의 피난상황 조사
③ 화재의 발견·통보 및 초기 소화 등의 상황조사
④ 화재의 연소경로 및 확대요인 등의 연소상황 조사

> **해설**
> ②, ③, ④는 화재원인에 관한 사항에 대한 조사범위에 해당한다.

77 화재건수 결정에 대한 설명으로 옳은 것은?

① 지진, 낙뢰 등 자연현상에 의한 다발화재는 2건의 화재로 한다.
② 발화점이 2개소 이상 있는 동일 누전점에 의한 화재는 2건의 화재로 한다.
③ 1건의 화재란 1개의 발화점으로부터 확대된 것으로 발화부터 진화까지를 말한다.
④ 동일범이 아닌 각기 다른 사람에 의한 방화, 불장난은 동일 대상물에서 발화하면 1건의 화재로 한다.

화재건수 결정
- 1건의 화재 : 1개의 발화지점에서 확대된 것으로 발화부터 진화까지를 말한다.
- 화재건수 결정 : 예외로 다음과 같이 화재건수를 결정한다.
  - 동일범이 아닌 각기 다른 사람에 의한 방화, 불장난의 경우 : 동일 대상물에서 발화했더라도 각각 별건의 화재로 한다.
  - 동일 소방대상물의 발화점이 2개소 이상 있는 다음의 화재는 1건의 화재로 한다.
    - ⓐ 누전점이 동일한 누전에 의한 화재
    - ⓑ 지진, 낙뢰 등 자연현상에 의한 다발화재

78 모델하우스 또는 가설건축물 등 일정기간 존치하는 건물에 있어서는 실제 존치할 기간을 내용연수로 하여 피해액을 산정한다. 이 경우 존치기간 종료일 현재의 최종잔가율은 얼마로 계산하는가?

① 20% ② 25%
③ 30% ④ 35%

모델하우스 또는 가설건물 등 일정기간 존치하는 건물에 있어서는 실제 존치할 기간을 내용연수로 하여 피해액을 산정한다. 이 경우 존치기간 종료일 현재의 최종잔가율은 20%이며 내용연수 및 경과연수는 연 단위까지 산정한다.

79 「화재조사 및 보고규정」상 질문조사서의 질문내용에 포함되지 않는 것은? (단, 기타 참고사항은 제외한다)

① 무엇을 하고 있을 때
② 어떻게 해서 알게 되었는가?
③ 그때 현상은 어떠했는가?
④ 왜 그렇게 했는가?

언제, 어디서, 무엇을 하고 있을 때, 어떻게 해서 알게 되었는가?, 그때 현상은 어떠했는가?, 그래서 어떻게 했는가?

80 「화재증거물수집관리규칙」상의 용어 정의로 옳은 것은?

① 증거물이란 화재와 관련 있는 물건 및 개연성이 있는 모든 개체를 말한다.
② 현장기록이란 화재현장에서 증거물 수집에서부터 폐기까지 증거물 원본성 보장을 위한 증거물 관리 및 이송과 관련된 과정을 말한다.
③ 증거물 수집이란 화재조사현장과 관련된 사람, 물건, 기타 주변상황, 증거물 등을 촬영한 사진, 영상물 및 녹음자료, 현장에서 작성된 정보 등을 말한다.
④ 현장사진이란 화재현장에서 화재조사현장과 관련된 사람, 물건, 그 밖의 주변 상황, 증거물을 촬영하거나 조사의 과정을 촬영한 것을 말한다.

② 증거물 보관·이동이란 화재현장에서 증거물 수집에서부터 폐기까지 증거물 원본성 보장을 위한 증거물 관리 및 이송과 관련된 과정을 말한다.
③ 현장기록이란 화재조사현장과 관련된 사람, 물건, 기타 주변상황, 증거물 등을 촬영한 사진, 영상물 및 녹음자료, 현장에서 작성된 정보 등을 말한다.
④ 현장비디오란 화재현장에서 화재조사현장과 관련된 사람, 물건, 그 밖의 주변 상황, 증거물을 촬영하거나 조사의 과정을 촬영한 것을 말한다.

제1과목 화재조사론

01 가연물의 연소형태에 대한 설명으로 옳지 않은 것은?

① 숯은 표면연소를 한다.
② 목재는 증발연소를 한다.
③ 액체의 연소 형태로는 증발연소와 분해 연소 등이 있다.
④ 표면연소는 라디칼이 발생하는 연쇄반응은 일어나지 않는다.

해설
목재는 분해연소를 한다.

02 다음 중 액체의 물리적 성질과 가장 관련이 적은 것은?

① 증 발   ② 비 점
③ 비 중   ④ 승 화

해설
승화는 고체가 직접 기체로 변하거나 기체가 직접 고체로 변하는 현상으로 기체의 물리적 성질에 해당한다.

03 화재 후, 금속의 표면에 나타나는 산화현상에 대한 설명으로 틀린 것은?

① 화재 이후 산화의 정도는 주변 습도와 노출 시간에 좌우된다.
② 스테인리스 스틸이 심하게 산화되면 흐린 회색을 띠게 된다.
③ 온도가 높을수록, 노출 시간이 짧을수록 산화의 효과가 많이 나타난다.
④ 구리는 열에 노출되면 어두운 적색이나 흑색 산화물을 만든다.

해설
온도가 높을수록, 노출 시간이 길수록 산화의 효과가 많이 나타난다.

04 「소방의 화재조사에 관한 법령」에 따른 화재 조사 전담부서에 갖추어야 할 보조장비가 아닌 것은?

① 전선 릴
② 접이식 사다리
③ 에어컴프레서(공기압축기)
④ 노트북컴퓨터

해설
보조장비
노트북컴퓨터, 전선 릴, 이동용 에어컴프레서, 접이식 사다리, 화재조사 전용 의복(활동복, 방한복), 화재조사용 가방

05 습도에 대한 설명으로 옳은 것은?

① 공기 중의 습도는 연소속도에 영향을 미치지 않는다.
② 정전기는 습한 환경에서 축적이 잘 되는 경향이 있다.
③ 절대습도는 대기 중에 포함된 수증기의 양을 (%)로 표기한다.
④ 가연물의 수분함량은 가연물 주변 공기의 습도와 상관관계가 있다.

해설
① 공기 중의 습도는 연소속도에 영향을 미친다.
② 정전기는 건조한 환경에서 축적이 잘 되는 경향이 있다.
③ 대기 중에 포함된 수증기의 양을 표시하는 방법으로 단위 부피당 수증기의 질량을 말한다. 공기 $1m^3$ 중에 포함된 수증기의 양을 g으로 나타낸다.

06 「소방의 화재조사에 관한 법률 시행령」상 화재조사 증거물 수집등에 관한 사항으로 옳은 것은?

① 화재조사를 위하여 필요한 최대한의 범위에서 화재조사관에게 증거물을 수집하여 검사·시험·분석 등을 하게 할 수 있다.
② 수집한 증거물이 화재와 관련이 없다고 인정되는 경우 증거물을 지체 없이 반환해야 한다.
③ 화재조사가 완료되는 등 증거물을 보관할 필요가 없게 된 경우 폐기해야 한다.
④ 증거물을 수집한 경우 이를 관계인에게 알릴 필요는 없다.

해설
화재조사 증거물 수집 등(시행령 제11조)
① 소방관서장은 화재조사를 위하여 필요한 최소한의 범위에서 화재조사관에게 증거물을 수집하여 검사·시험·분석 등을 하게 할 수 있다.
② 소방관서장은 증거물을 수집한 경우 이를 관계인에게 알려야 한다.
③ 소방관서장은 화재조사를 위하여 수집한 증거물이 다음 각 호의 어느 하나에 해당하는 경우에는 증거물을 지체 없이 반환해야 한다.
  1. 화재와 관련이 없다고 인정되는 경우
  2. 화재조사가 완료되는 등 증거물을 보관할 필요가 없게 된 경우

07 화재조사 시 최초발견자를 통해 얻을 수 있는 정보로 옳지 않은 것은?

① 화재패턴의 종류
② 불의 위치
③ 연기의 색과 냄새
④ 발견시각

해설
화재패턴은 화재조사관이 얻을 수 있는 정보이다.

08 탄화칼슘의 자연발화 방지대책으로 틀린 것은?

① 열 축적이 어려운 장소에 저장
② 온도가 낮은 곳에 저장
③ 습도가 높은 곳에 저장
④ 불활성가스를 주입하여 산소를 차단

해설
탄화칼슘은 제3류 위험물로 물과 접속 시 발화의 위험성이 있으므로 습도가 없는 곳에 저장하여야 한다.

09 다음의 그림은 목재의 연소가 종료된 상황이다. 화재가 진행된 방향으로 옳은 것은?

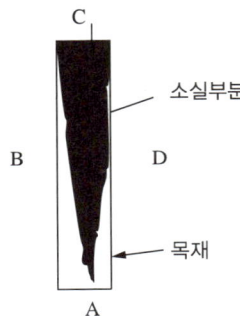

① A → C ② B → D
③ C → A ④ D → B

정방향 화염확산
• 화염 확산은 위로 올라가는 화염 확산에서 발생한다.
• 화염 확산 속도가 역방향 화염 확산보다 빨라 가연물이 활발하게 타는 범위가 더 길다.

10 프로판(C₃H₈) 1몰(mol)의 완전연소 반응식에 대한 설명으로 옳은 것은?

① 이산화탄소 4몰(mol)이 생성되었다.
② 산소 6몰(mol)이 소모되었다.
③ 일산화탄소 3몰(mol)이 생성되었다.
④ 물 4몰(mol)이 생성되었다.

① 이산화탄소 3몰(mol)이 생성되었다.
② 산소 5몰(mol)이 소모되었다.
③ 일산화탄소는 생성되지 않는다.
프로판의 완전연소반응식
$C_3H_8 + 5O_2 \rightarrow 3CO_2 + 4H_2O$

11 화재현장에서 구리배선의 1차흔에 대한 설명으로 옳은 것은?

① 화재를 발생시킨 합선의 흔적을 말한다.
② 외부 화염의 온도가 구리의 융점을 초과하였을 때 발생한다.
③ 외부 화염에 의해 배선피복의 절연이 파괴되어 발생한 합선흔적을 말한다.
④ 1차흔과 2차흔은 명백히 구분할 수 있다.

② 구리배선이 단락 등으로 융점을 초과하였을 때 발생한다.
③ 2차흔에 대한 설명이다.
④ 1차흔과 2차흔은 명백히 구분하기 어렵다.

12 다음의 화재 시 발생하는 연소가스 중 독성이 가장 큰 것은?

① 일산화탄소 ② 포스겐
③ 이산화탄소 ④ 염화수소

연소가스의 독성

가 스	허용농도
포스겐	0.1ppm
아크롤레인	0.5ppm
염화수소	5ppm
황화수소	10ppm
시안화수소	10ppm
이산화황	10ppm
일산화탄소	50ppm
이산화탄소	5,000ppm

13 다음 그림을 참고하여 연소의 상승성에 대한 일반적인 설명으로 틀린 것은? (단, 목조건축물에 해당한다)

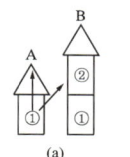 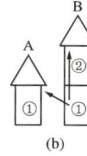 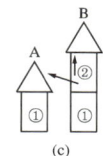

(a)　　　　(b)　　　　(c)

① 그림(a) 단층 가옥 A에서 출화된 경우, 2층 가옥 B ②층으로 연소 확대된다.
② 그림(b) 가옥 B의 ①층에서 출화된 경우, B가옥 ②층과 함께 개구부를 통해 A가옥으로 확대된다.
③ 그림(c) B가옥 ②에서 발화 시, B가옥 ①층 연소 후 A가옥으로 확대된다.
④ 그림(c) B가옥 ②에서 발화 시, A가옥 ①층으로 확대 연소 후 B가옥 ①로 확대된다.

> **해설**
> 그림(c) B가옥 ②층에서 발화 시, B가옥 ①층 연소 후 A가옥으로 확대된다.

14 다음 중 증기비중이 가장 작은 기체는?

① 이산화탄소
② 메 탄
③ 에 탄
④ 아세틸렌

> **해설**
> 증기비중 $= \dfrac{증기분자량}{공기분자량} = \dfrac{증기분자량}{29}$
> • 이산화탄소(CO_2) = 44 / 29 = 1.52
> • 메탄(CH_4) = 16 / 29 = 0.55
> • 에탄(C_2H_6) = 30 / 29 = 1.03
> • 아세틸렌(C_2H_2) = 26 / 29 = 0.89

15 연기 및 연소가스에 대한 설명으로 틀린 것은?

① 황화수소는 황성분을 함유하고 있는 물질이 불완전연소 될 때 발생하는 가스로 계란 썩는 냄새가 나는 독성이 강한 물질이다.
② 빛의 투과량으로부터 계산하는 감광계수는 연기의 절대농도를 나타내는 방법의 하나로 시야상태를 고려한 농도 표현법이다.
③ 염화수소는 폴리염화비닐, 염화아크릴 등의 연소 시 발생되는 자극성이 강한 맹독성 기체이다.
④ 감광계수 1.0은 거의 앞이 보이지 않을 정도의 연기농도를 말하며, 이때 가시거리는 1~2m이다.

> **해설**
> 감광계수 : 연기 속을 투과한 빛의 양으로 연기의 농도를 광화학적으로 표시하는 방법.
> 감광 계수를 Cs로 하면 $Cs = \dfrac{2 \times 3025}{l \cdot \log(I_0/I)}$
> 여기서, I_0 : 투사광의 강도, I : 연기 속의 거리

16 다음 중 구획실 화재의 최성기 단계에 대한 설명으로 옳지 않은 것은?

① 최성기의 연소는 실내로 유입되는 외부 공기의 양에 의해 지배된다.
② 이때의 열방출률은 개구부의 위치 및 크기에 좌우된다.
③ 창문 등 개구부로 미연소가스가 배출되어 외부에서 연소되는 현상이 발생한다.
④ 플래시오버 단계가 경과된 상황이다.

> **해설**
> 창문 등 개구부로 미연소가스가 배출되어 외부에서 연소되는 현상은 화재성장기에 발생한다.

17 다음 중 화재현장 복원 요령으로 가장 옳은 것은?

① 형체가 소실되어 배치가 불가능한 것은 끈이나 로프 또는 대용품을 사용하되, 대용품이라는 것이 인식되도록 한다.

② 현장 복원 시, 현장식별이 가능하지 않은 것도 복원한다.

③ 주로 예측에 의존하여 복원한다.

④ 관계인은 복원현장에 입회시키지 않는다.

> **해설**
> ② 화재 특성상 유실물이 많아 100% 복원은 불가능하므로 식별이 확실한 것만 복원시킨다.
> ③·④ 관계인을 입회시켜 복원상황을 확인한다.

18 실화죄에 관한 설명 중 틀린 것은?

① 다가구 주택의 담벼락에서 쓰레기를 태우다 집 전체로 확산된 경우 실화의 죄가 적용됨

② 친구 집에서 담배를 재떨이에 두고 끈 것을 확인하지 않아 화재로 이어진 경우 실화의 죄가 적용됨

③ 타인소유 일반건조물에서 과실로 화재가 발생한 경우 실화의 죄가 적용됨

④ 자기소유 일반건조물에서 과실로 화재가 발생한 경우 실화의 죄가 적용되지 않음

> **해설**
> **실화죄의 성립**
> • 과실로 인하여 현주건조물 등 또는 공용건조물 등에 기재한 물건 또는 타인의 소유에 속하는 일반건조물 등에 기재한 물건을 불태운 경우
> • 과실로 인하여 자기의 소유에 속하는 일반건조물 등 또는 일반물건에 기재한 물건을 불태워 공공의 위험을 발생하게 한 경우

19 분진폭발에 영향을 주는 인자가 아닌 것은?

① 입자의 화학조성

② 입자크기

③ 온도 및 압력

④ 입자의 생체유해성

> **해설**
> 입자의 생체유해성은 분진의 발화폭발에 영향을 주는 인자에 해당이 없다.

20 다음 중 가연물질로 옳은 것은?

① He(헬륨)

② CO₂(이산화탄소)

③ CO(일산화탄소)

④ SO₃(삼산화황)

> **해설**
> ① He(헬륨) :불활성 기체
> ② CO₂(이산화탄소) : 이미 산화가 완료된 물질
> ④ SO₃(삼산화황) : 이미 산화가 완료된 물질

21 고압가스 안전관리법령상 가연성가스 및 독성가스 용기의 도색과 종류의 연결로 틀린 것은?

① 주황색 – 수소
② 녹색 – 액화암모니아
③ 황색 – 아세틸렌
④ 밝은 회색 – 액화석유가스

해설
가스용기 색상

아세틸렌	수 소	암모니아	염 소	LPG 등 기타	탄산가스	산 소
황 색	주황색	백 색	갈 색	회 색 (쥐색)	청 색	녹 색

22 반단선에 의한 화재에 대한 설명으로 틀린 것은?

① 소선의 10% 이상 단선된 것을 반단선이라 한다.
② 단선된 소선의 접촉에 의해 열이 발생하고 피복이 탄화한다.
③ 반단선에 의한 전선 용융흔은 전원측에서만 생성된다.
④ 반단선은 눌리거나 꺾이는 등 강한 외력이 걸리기 쉬운 부분에서 발생하기 쉽다.

해설
반단선에 의한 용흔은 단선부분의 양쪽에 나타난다.

23 다음 중 산화와 환원에 관한 설명으로 옳은 것은?

① 전자를 얻는 현상을 산화라 한다.
② 산화수가 감소되는 현상을 환원이라 한다.
③ 산화제는 다른 물질을 환원시키고 자신은 산화되는 물질이다.
④ 수소를 잃는 현상을 환원이라 한다.

해설
산화와 환원반응

구 분	산 소	수 소	전 자	산화수
산 화	(+) 결합	(−) 잃음	(−) 잃음	(+) 증가
환 원	(−) 분해	(+) 얻음	(+) 얻음	(−) 감소

24 열가소성 수지로 옳은 것은?

① 페놀수지　　② 우레아수지
③ 멜라민수지　　④ 아크릴수지

해설
열가소성 수지
• 열에 의해 쉽게 녹으며 냉각시키면 다시 단단해지는 수지
• 종류 : 폴리에틸렌 수지, 폴리프로필렌 수지, 폴리스티렌 수지, 폴리염화 비닐 수지, 아크릴 수지 등

25 다음의 임야화재 연소단계에 따른 분류 중 가장 흔히 일어나는 연소단계는?

① 지표화　　② 수간화
③ 수관화　　④ 비산화

해설
지표화는 지표에 쌓여 있는 낙엽과 지피류, 지상 관목층, 건초 등이 연소하는 것으로 임야화재 중에서 가장 흔히 일어나는 화재이다.

26 항공기 객실 내에서 연기로 인한 이온밀도 변화를 감지하는 방식의 연기감지기로 옳은 것은?

① Light Reflection Type
② Flame Type
③ Carbon Monocxide Type
④ Ionization Type

해설
사용되는 두 가지 일반적인 형식은 광 반사(Light Reflection)와 이온화(Ionization)이다.

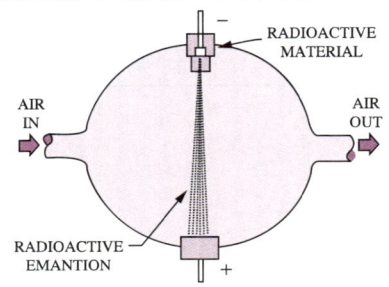

RADIOACTIVE MATERIAL
AIR IN
AIR OUT
RADIOACTIVE EMANTION

27 터빈엔진(Turbine Engine) 항공기에 적용된 화재감지 방법에 속하지 않는 것은?

① 조종사에 의한 관찰
② 화염감지기(Flame Detector)
③ 연기감지기(Smoke Detector)
④ 승객(Passenger)에 의한 관찰

해설
화염감지기는 주로 가벼운 터보프롭엔진항공기와 헬리콥터엔진에서 사용된다.

28 전기용접 및 가스 절단 불티에 의한 화재 감식 요령으로 불티 입자를 채취하기 위해서 유의 하여야 할 사항 중 틀린 것은?

① 금속입자는 형상이 파괴되기 쉽고 녹의 발생도 빠르게 진행되므로 조기에 채취 할 필요가 있다.
② 채취할 때 잔류물의 여과나 자석을 이용하여 행하며 채취 위치의 측정이나 사진 촬영을 한 후에 불똥의 입자를 선별한다.
③ 불똥입자는 직경 0.1~0.2mm 정도의 것이 많으며, 그 온도는 약 660~980℃로 모든 가연물을 착화시킬 수 있는 축열 조건을 갖는다.
④ 불똥입자는 작은 구슬모양으로 굴러가기 쉽고, 비좁은 틈새로도 들어가므로 전혀 생각하지 못한 곳에서 채취되는 경우가 있다.

해설
발생된 불티는 직경 0.2~3mm로 융합부 온도는 1,500℃ 이상이다.

29 다음 중 액화석유가스 용기의 충전량 계산 식으로 옳은 것은? (단, W : 저장능력(kg), V : 용기의 내용적(L), C : 가스종류별 충전 정수)

① $W = V/C$
② $W = V \times C$
③ $W = C/V$
④ $W = (C \times V)/C$

해설
액화가스 용기의 저장량

$$W = \frac{V}{C}$$

W : 저장능력(kg)
V : 용기의 내용적(L)
C : 가스의 충전정수(액화프로판 2.35, 액화부탄 2.05, 액화암모니아 1.86)

30 열관성에 대한 설명으로 옳은 것은?

① 열관성을 열전도도, 밀도, 점도의 곱으로 정의한다.

② 폴리우레탄 폼은 열관성이 높은 재료이다.

③ 고온의 열원에 노출되었을 때, 열관성이 낮은 물질의 표면온도는 열관성이 높은 물질보다 빠르게 상승한다.

④ 고온의 에너지원에 노출되면 두꺼운 재료가 얇은 재료보다 빠르게 가열된다.

> **해설**
> 열관성(Thermal Inertia) : 주위 온도가 변할 때 건물 표면 구조가 본래의 열적 상태를 계속 유지하려는 성질로 열관성이 높을수록 표면온도는 상승한다.

31 다음의 발화원인 판정요령과 관련된 설명 중 틀린 것은?

① 추정되는 발화원과 가까웠던 가연물이 불에 타면서 진행된 경로에 대하여 무리한 추론이 없어야 한다.

② 형체가 남아있지 않은 발화원은 발화원인의 추정에서 배제한다.

③ 과거의 화재사례나 경험 측면에서 볼 때 발화가능성에 현저한 모순이 없어야 한다.

④ 발화점으로 추정되는 지점의 소손상황에는 모순이 없어야 한다.

> **해설**
> 화재는 증거물을 기반으로 원인을 판정하는 것이 원칙이지만, 발화위치가 명백한 경우에는 물리적 증거물이 없더라도 화재원인에 관한 판정을 할 수도 있다.

32 자동차에서 발생하는 현상 중, 역화의 원인이 아닌 것은?

① 윤활계통을 구성하는 오일펌프, 오일필터 등의 결함

② 연료 분배성이 좋지 않을 경우

③ 점화 플러그의 성능 저하

④ 혼합가스의 혼합비가 희박한 경우

> **해설**
> **역화의 발생원인**
> • 엔진의 온도가 낮은 경우
> • 혼합가스의 혼합비가 희박할 경우
> • 흡기밸브의 폐쇄가 불량한 경우
> • 연료 중 수분이 혼합된 경우
> • 실린더 개스킷이 파손된 경우
> • 점화시기가 적절하지 않은 경우

33 다음 중 폭발범위가 6vol.%~13.2vol.%인 가스의 위험도로 옳은 것은?

① 0.45   ② 0.55

③ 1.2   ④ 2.2

> **해설**
> $$위험도(P) = \frac{U-L}{L} = \frac{13.2-6}{6} = 1.2$$

34 지연점화에 의한 방화 특징에 대한 설명으로 틀린 것은?

① 방화행위자가 도주 시간을 얻기 위한 수단으로 사용되기도 한다.

② 방화행위자가 실화를 위장할 수단으로 촛불을 이용하기도 한다.

③ 방화행위자가 라이터불이나 성냥불 등을 이용하여 방화 대상물에 착화시킨다.

④ 건물주 자신이 방화할 때는 출입문이나 방문의 잠금장치가 잠긴 경우가 많다.

> **해설**
> ③ 방화의 실행에서 직접착화에 해당한다.

35 다음의 방화동기 중 범죄은폐를 위한 방화에 해당하지 않는 것은?

① 살인은폐
② 강도은폐
③ 사기, 횡령 등을 증거인멸
④ 사회불안 조성

절도, 강도 및 증거인멸, 사체유기 등 범죄행위 은폐를 위한 수단으로 방화를 실행한다.

36 그림에서 a-b간의 전압은 얼마인가?

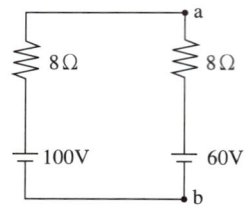

① 40V
② 60V
③ 80V
④ 120V

직렬연결이므로 전체저항은 16 Ω,
V = IR에서 I = 10A
∴ a-b간 전압 V = 8 Ω × 10A = 80V

37 다음 중 산불화재 시 굴뚝현상이 나타나기 쉬운 지세로 가장 적절한 것은?

① 좁은 협곡   ② 넓은 협곡
③ 상자형 협곡   ④ 능 선

지세(地勢) 또는 특별한 토지 형상은 그 지역의 바람 강도와 흐름을 조절한다. 협곡(峽谷)은 통과한 바람의 강도를 더욱 증가시키고 가파른 V자형 유역에서 통풍은 굴뚝 효과를 낸다. 산불이 진행하여 골짜기에 이르면 계곡풍(溪谷風)의 영향을 받아 급속하게 방향을 바꾸게 된다.
① 강한 바람 등으로 산불확산 및 비산화 우려
② 좁은 협곡보다 느리게 진행
③ 산불이 산꼭대기로 신속 진행
④ 가연물질 소량으로 진화작업을 가장 효과적으로 실시 가능

38 차량화재 시, 금속은 수열온도에 따라 변색된다. 다음 중 낮은 온도에서부터 높은 온도로 옳게 나열된 것은?

① 황색 → 청색 → 분홍색 → 백색
② 청색 → 황색 → 분홍색 → 백색
③ 분홍색 → 황색 → 청색 → 백색
④ 황색 → 분홍색 → 청색 → 백색

39 화재현장 유리의 흔적에 대한 해석으로 옳은 것은?

① 열에 의해 파괴된 유리의 단면에는 무늬(리플마크)가 없다.
② 바닥에 쏟아진 유리파편 아래에도 그을음이 있는 것은 화재 발생 이전에 유리가 깨졌다는 증거로 볼 수 있다.
③ 방사형 파괴선 및 동심원 파괴선은 열에 의해 파손된 유리에서 주로 발견된다.
④ 유리표면에 잔금에 의한 복잡한 형태의 흔적은 충격에 의해 파손된 유리에서 주로 발생한다.

해설
② 화재 이후에 유리가 깨진 경우이다.
③ 충격에 의한 파손 유형이다.
④ 열에 의한 파손유형이다.

40 다음 중 성냥의 두약 부위에 사용되는 산화제로 옳은 것은?

① 염소산칼륨 ② 유리분
③ 아 교 ④ 송 진

해설
성냥개비의 한쪽 끝에 산화제인 염소산칼륨과 황·송진·아교 등 혼합약을 바르는데 이것을 두약이라 한다.

제3과목 증거물관리 및 법과학

41 화재조사장비 중 물질과 적외선간의 에너지 교환 현상을 이용한 분석 장치는?

① 질량분광계(MS)
② 원자 흡광분석(AA)
③ 적외선 분광측정기(IR)
④ 가스크로마토그래피(GC)

해설
① 질량분광계(MS) : 기체 형태의 원자나 분자를 이온화시킨 후에 그 질량과 전하의 비율에 따라 각각을 분리하여 측정하는 기기
② 원자 흡광분석(AA) : 시료를 태워서 원자를 흡수하여 그 광을 전기적으로 분리하여 특정원소를 측정하는 장치
④ 가스크로마토그래피(GC) : 주어진 혼합물을 각 성분별로 분리하는 기술로, 각 성분을 식별하고 정량화할 수 있는 장치

42 「화재증거물수집관리규칙」상 증거물수집 절차에 대한 사항으로 틀린 것은?

① 현장 수거(채취)물은 그 목록을 작성하여야 한다.
② 인화성 액체 성분의 증거물은 밀봉하여야 한다.
③ 증거물은 휘발성이 높은 것에서 낮은 것의 순으로 수집한다.
④ 충격금지 등의 표시를 포장 내측에 표기한다.

해설
증거물이 파손될 우려가 있는 경우에 충격금지 및 취급방법에 대한 주의사항을 증거물의 포장 외측에 적절하게 표기하여야 한다.

43 「화재조사 시 보고규정」상 화재조사 서류의 보존기간은?

① 3년　　　　② 5년
③ 영구보존　　④ 10년

44 「화재증거물수집관리규칙」에서 규정하고 있는 증거물 시료용기가 아닌 것은?

① 유리병
② 양철 캔
③ 주석도금 캔
④ 폴리에틸렌 플라스틱병

45 일산화탄소 중독에 의해 사망한 경우 시반의 색깔로 맞는 것은?

① 암적색　　　　② 선홍색
③ 담황색　　　　④ 담자색

46 사진촬영 시 증거물의 크기를 명확하게 할 필요가 있을 때 사용되는 표식으로 맞는 것은?

① 눈금자　　　　② 번호표
③ 통제선　　　　④ 스트로보

47 증거물이 오염될 수 있는 원인으로 틀린 것은?

① 수집용기의 밀봉조치 미흡
② 수집용기의 1회 사용 후 폐기
③ 탄화된 물체와의 이질적 혼합
④ 수집과정에서 조사자의 부주의

48 "9의 법칙"에 따른 신체 주요부위의 면적(성인 기준) 비율에 대한 설명으로 맞는 것은?

① 각 팔 : 9%
② 머리 : 18%
③ 생식기 : 3%
④ 각 다리 뒷면 : 18%

49 화재로 인한 사망자의 생활반응 특징 중 틀린 것은?

① 사망자 피부의 수포는 생활반응으로 볼 수 있다.

② 기도 내 그을음 관찰은 화재 시 생존해 있었음을 알 수 있다.

③ 혈중 카복시헤모글로빈(COHb) 농도가 40% 이상일 경우 급격히 사망에 이른다.

④ 보통의 중년의 남성이 사망에 이르는 혈중 이산화탄소의 농도는 50~70%이다.

40~50% 혼수 및 발작, 60% 이상 : 사망

50 다음은 아연도금 철판에 관한 설명으로 ㉠~㉢에 해당하는 용어가 맞는 것은?

> 아연도금 철판은 열을 받으면 코팅부분과 페인트가 먼저 떨어져 나가고 철판은 하얗게 변하는 (㉠)을 거쳐 철의 산화반응에 따라 산화철로 변하면서 (㉡)이 되고 이후 더 많은 열과 산화반응에 의해 (㉢)으로 변하게 된다.

① ㉠ : 백화현상, ㉡ : 적자색, ㉢ : 음청색

② ㉠ : 나화현상, ㉡ : 음청색, ㉢ : 파란색

③ ㉠ : 백화현상, ㉡ : 검정색, ㉢ : 적자색

④ ㉠ : 변색반응, ㉡ : 검정색, ㉢ : 적자색

백화현상 : 열을 심하게 받은 부분이 하얗게 변화는 현상이다. 아연도금의 종말점은 적자색에서 청색이다.

51 방화에서 나타나는 물적증거의 설명으로 틀린 것은?

① 연소된 시간에 비해 연소면적이 넓다.

② 연소시간에 비해 탄화심도가 깊지 않다.

③ 방화도구가 물증으로 현장에 남는 경우가 많다.

④ 인화성 액체 사용 시 벽면에 삼각형 형태의 패턴보다 역삼각형 형태의 패턴을 띤다.

인화성 액체 사용 시 벽면에 삼각형 형태의 패턴을 띤다.

52 화재현장에서 압력에 의한 유리 파손형태의 설명으로 틀린 것은?

① 각 파괴기점을 중심으로 평행성 모양의 파괴형태가 나타난다.

② 각 파괴기점을 중심으로 방사상 파손형태를 나타낸다.

③ 백 드래프트와 같은 급격한 확산연소로 인해서 형성된다.

④ 파손형태는 사각 창문 모서리 부분을 중심으로 4개의 기점이 존재하게 된다.

방사상 파손형태는 유리에 충격을 가한 경우에 나타난다.

53 「화재증거물수집관리규칙」상 입수한 증거물을 이송할 때에 기록해야 할 내용이 아닌 것은?

① 수집자
② 수집일시
③ 화재조사번호
④ 증거물 시료용기 종류

> **해설**
> 증거물번호, 수집장소, 증거물 내용, 봉인자, 봉인일시를 기록해야 한다.

54 화재현장 촬영 시 주요 촬영대상에 대한 설명으로 틀린 것은?

① 화재로 인한 사망자의 위치
② 소방용 설비들의 사용 및 작동상황
③ 발화원으로 추정된 감식 및 감정대상물
④ 화재현장에 도착한 소방차들의 배치상황

> **해설**
> 소방차들의 배치상황은 주요 촬영대상이 아니다.

55 화재현장 보존을 위한 조치로 틀린 것은?

① 화재현장에 허가받지 않은 사람의 출입을 제한하여야 한다.
② 화재현장 보존은 소방대 도착과 함께 시작하는 것이 좋다.
③ 화재진압대원은 증거를 불필요하게 훼손하지 않도록 주의하여야 한다.
④ 화재진압 시 화재조사의 편의를 위해 기구 등 부피가 큰 물건들을 한쪽으로 치워주는 것이 좋다.

> **해설**
> 화재진압 후 복원을 하여야 하므로 가능한 한 현장 그대로 보존하는 것이 더 좋다.

56 물리적 증거물로부터 도출할 수 있는 결론으로 맞는 것은?

① 물질의 질량손실을 통하여 화재의 시간과 강도를 추적할 수 있다.
② 콘크리트 폭열이 있다는 것은 바로 아래가 발화지점임을 증명한다.
③ 동일한 대기에 노출되어 있었다면 오래된 건조목이 최근의 건조목보다 더 잘 탄다.
④ 탄화물에 반짝이는 기포(Alligator Char)가 존재한다는 것은 액체 촉진제가 사용되었음을 증명한다.

> **해설**
> ② 콘크리트 폭열이 있었더라도 반드시 바로 아래가 발화지점이라고 할 수는 없다.
> ④ 탄화물에 반짝이는 기포(Alligator Char)가 존재한다고 하여 반드시 액체 촉진제가 사용되었다고 할 수는 없다.

57 「화재증거물수집규칙」상 현장사진 및 비디오 촬영 시 유의사항으로 틀린 것은?

① 최초 현장도착 시 원상태를 그대로 촬영한다.
② 현장사진 및 비디오 촬영 시 소실이 심한 부분을 중심으로 촬영한다.
③ 화재와 연관성이 크다고 판단되는 증거물, 피해물품 등은 면밀히 관찰 후 자세히 촬영한다.
④ 현장사진 및 비디오 촬영할 때는 연소확대 경로 및 증거물 기록에 대한 번호표와 화살표를 표시 후에 촬영하여야 한다.

해설
현장사진 및 비디오 촬영 시 소실이 적은 부분에서 소실이 심한 부분으로 촬영한다.

58 전기설비 및 구성 부품의 수집에 관한 설명으로 틀린 것은?

① 화재조사관은 전기설비 등을 수집할 때에는 전원이 차단되었는지 꼭 확인하여야 한다.
② 화재현장에서 전기설비 및 구성부품을 증거물로 수집하기 전 상황이 기록되어야 한다.
③ 전선 및 피복은 화재원인과 큰 연관성이 없고 수집에 장애가 많아 수집하지 않는 경우가 많다.
④ 전기 설비의 경우 스위치, 콘센트, 배전반 등은 화재원인의 중요한 단서가 될 수 있으므로 꼭 확인하고 특이사항 발견 시 반드시 수집하도록 한다.

해설
전기 배선은 쉽게 잘려지거나 배치가 바뀔 수 있다. 이런 형태의 증거물은 짧은 전선 조각, 잘라지거나 녹은 끝 부분 또는 긴 전선 조각으로 구성되고 여전히 손상되지 않은 배선 절연체가 있는 타지 않은 부분도 포함되게 수집한다.

59 화상사의 사망기전으로 가장 거리가 먼 것은?

① 합병증
② 기계적 폐색
③ 속발성 쇼크
④ 원발성 쇼크

해설
화상사의 사망기전에는 합병증, 속발성 쇼크, 원발성 쇼크가 있다.

60 화재조사 시 질문 및 녹음에 대한 설명 중 틀린 것은?

① 질문은 질문기록서에 기록하고 녹음할 수 있어야 한다.
② 모든 녹음은 관련법령에 적합하게 수집하여야 한다.
③ 질문기록에 진술자의 서명날인 없이 법적증거로 채택된다.
④ 질문을 기록하는 다른 방법으로 비디오 촬영을 선택할 수 있다.

해설
임의성을 담보하기 위해서는 임의진술내용을 수록하고, 질문기록서에 첨부하거나 옮겨 작성해서 녹취내용을 확인시키고 서명을 받아 화재원인규명의 입증자료로 한다.

61 특수건물 소유자의 손해배상책임과 보험가입 의무 설명으로 틀린 것은? (단, 화재로 인한 재해보상과 보험가입에 관한 법률을 적용한다)

① 특수건물 소유자는 그 건물의 화재로 인하여 다른 사람이 사망하였을 때에는 과실이 없는 경우에는 그 손해를 배상할 책임이 없다.

② 특수건물 소유자는 그 건물의 화재로 인한 손해배상책임을 이행하기 위하여 그 건물에 대하여 손해보험회사가 운영하는 신체손해배상특약부화재보험에 가입하여야 한다.

③ 특수건물 소유자는 그 건물의 종업원에 대하여 산업재해보상보험에 가입하고 있을 때에는 그 종업원에 대한 화재로 인한 손해배상책임을 담보하는 보험에 가입하지 아니할 수 있다.

④ 특수건물 소유자는 특약부화재보험에 부가하여 풍재(風災) 등으로 인한 손해를 담보하는 보험에 가입할 수 있다.

해설
특수건물의 소유자는 그 건물의 화재로 인하여 다른 사람이 사망하거나 부상을 입었을 때에는, 또는 다른 사람의 재물에 손해가 발생한 때에는 과실이 없는 경우에도 제8조에 따른 보험금액의 범위에서 그 손해를 배상할 책임이 있다. 「실화책임에 관한 법률」에도 불구하고, 특수건물 소유자에게 경과실(輕過失)이 있는 경우 또한 같다.

62 다음의 화재피해액 산정기준에 적합한 산정 대상은? (단, 「화재조사 및 보고규정」을 적용한다)

> 전부손해의 경우 감정가격으로 하며, 전부손해가 아닌 경우 원상복구에 소요되는 비용으로 한다.

① 차 량 　　② 식 물
③ 회 화 　　④ 가재도구

해설
회화 이외에도 골동품, 미술공예품, 귀금속 및 보석류가 있다.

63 화재피해액 산정 시 소손 정도에 따른 손해율 적용에서 전부손해(손해율 100%)로 볼 수 있는 것은?

① 공동주택의 주요 구조체는 재사용 가능하나 기타부분의 재사용이 불가능한 경우

② 부대설비의 손해 정도가 다소 심한 경우

③ 공구·기구가 50% 이상 소손되고 그을음 및 수침오염 정도가 심한 경우

④ 가재도구가 오염, 수침손을 입은 경우

해설
① 공동주택의 주요 구조체는 재사용 가능하나 기타 부분의 재사용이 불가능한 경우 : 65%
② 부대설비의 손해 정도가 다소 심한 경우 : 60%
④ 가재도구가 오염, 수침손을 입은 경우 : 10%

64 세대주, 건물의 소실면적 및 화재피해액의 산정에 관한 설명이 옳은 것은? (단, 「화재조사 및 보고규정」을 적용한다)

① 소실면적의 산정은 소실 연면적을 기준으로 한다.

② 화재로 인한 건물의 피해액은 화재피해 대상 건물과 동일한 구조, 용도, 질, 규모의 건물 재건축비에서 손해율을 곱한 금액이 된다.

③ 건물 등 자산에 대한 잔가율은 건물·부대설비·가재도구는 20%로 하며, 그 이외의 자산은 10%로 정한다.

④ 세대수의 산정은 하나의 가구를 구성하여 살고 있는 독신자로서 자신의 주거에 사용되는 건물에 대하여 재산권을 행사할 수 있는 사람을 1세대로 한다.

해설
① 소실면적의 산정은 소실 바닥면적을 기준으로 한다.
② 화재피해액은 화재 당시의 피해물과 동일한 구조, 용도, 질, 규모를 재건축 또는 재구입하는 데 소요되는 가액에서 사용손모 및 경과연수에 따른 감가공제를 하고 현재가액을 산정하는 실질적, 구체적 방식에 의한다.
③ 건물 등 자산에 대한 최종잔가율은 건물·부대설비·가재도구·구축물은 20%로 하며, 그 이외의 자산은 10%로 정한다.

65 관할구역 내의 화재에 대하여 조사개시를 해야 할 사람은? (단, 「화재조사 및 보고규정」을 적용한다)

> 「소방의 화재조사에 관한 법률」(이하 "법"이라 한다) 제5조 제1항에 따라 (　　　)은 화재발생 사실을 인지하는 즉시 화재조사(이하 "조사"라 한다)를 시작해야 한다.

① 소방청장
② 경찰서장
③ 소방본부장 또는 소방서장
④ 화재조사관

해설
화재조사의 개시 및 원칙(보고규정 제3조)
「소방의 화재조사에 관한 법률」(이하 "법"이라 한다) 제5조 제1항에 따라 화재조사관(이하 "조사관"이라 한다)은 화재발생 사실을 인지하는 즉시 화재조사(이하 "조사"라 한다)를 시작해야 한다.

66 건물의 동수산정에 있어서 동일동(1동)으로 간주하지 않는 것은? (단, 「화재조사 및 보고규정」을 적용한다)

① 주요구조부가 하나로 연결되어 있는 경우

② 건물의 외벽을 이용하여 실을 만들어 작업실 용도로 사용하고 있는 경우

③ 구조에 관계없이 지붕 및 실이 하나로 연결되어 있는 경우

④ 독립된 건물과 건물 사이에 차광막 덮개를 설치하고, 그 밑을 통로로 사용하는 경우

해설
독립된 건물과 건물 사이에 차광막, 비막이 등의 덮개를 설치하고 그 밑을 통로 등으로 사용하는 경우는 다른 동으로 한다.

67 화재피해액 산정에 있어서 재고자산의 현재시가를 정하는 방법으로 옳은 것은?

① 구입 시의 가격
② 재구입 가격
③ 구입 시의 가격에서 사용기간 감가액을 뺀 가격
④ 재구입 가격에서 사용기간 감가액을 뺀 가격

해설
대상별 현재시가를 정하는 방법

구입 시의 가격	재고자산, 즉 원재료, 부재료, 제품, 반제품, 저장품, 부산물 등
구입 시의 가격에서 사용기간 감가액을 뺀 가격	항공기 및 선박 등
재구입 가격	상품 등
재구입 가격에서 사용기간 감가액을 뺀 가격	건물, 구축물, 영업시설, 기계장치, 공구·기구, 차량 및 운반구, 집기비품, 가재도구 등

68 화재현장 출동보고서의 기재 항목에 해당되지 않는 것은? (단, 「화재조사 및 보고규정」을 적용한다)

① 화재건물 현황
② 현장도착 시 발견사항
③ 소방대 이외의 강제적인 진입흔적
④ 출입문 상태 및 소방대 건물 진입방법

해설
이외에 출동대원 및 응답자, 도착하여 처음 실행한 일의 지점 및 유형, 화재장소에서 사용된 장비, 출동로상의 발견사항, 기타 화재와 관련된 사항이 기재항목 등이 있다.

69 화재피해액 산정 시 건물에 포함하여 피해액을 산정하는 것은?

① 건물의 소화설비
② 건물의 가스설비
③ 건물의 승강기 설비
④ 건물에 부착된 간판

해설
건물의 전기설비, 통신설비, 소화설비, 급배수위생설비 또는 가스설비, 냉방, 난방, 통풍 또는 보일러설비, 승강기설비, 제어설비 및 이와 비슷한 것은 건물과 분리하여 별도로 피해액을 산정한다.

70 「소방기본법」상 종합상황실의 실장이 행하는 업무가 아닌 것은?

① 재난상황의 전파 및 보고
② 소방활동장비 및 설비의 점검
③ 재난상황의 발생의 신고접수
④ 재난상황의 수습에 필요한 정보수집 및 제공

해설
소방활동장비 및 설비의 점검은 진압대원의 임무에 해당한다.

71 화재현장 조사서의 화재발생 개요에 해당하지 않는 것은? (단, 「화재조사 및 보고규정」을 적용한다)

① 화재원인   ② 장 소
③ 대상물구조   ④ 인명피해

해설
화재원인은 화재조사 개요에 해당되며, 화재발생 개요에는 ②·③·④ 이외에 장소, 일시, 재산피해가 있다.

72 질문기록서 작성을 생략할 수 있는 화재에 해당하지 않는 것은? (단, 사후조사는 제외하며, 「화재조사 및 보고 규정」을 적용한다)

① 전봇대 화재
② 자동차 화재
③ 가로등 화재
④ 임야 화재

해설
기타 화재 중 쓰레기, 모닥불, 가로등, 전봇대 화재 및 임야 화재의 경우 질문기록서 작성을 생략할 수 있다.

68 ① 69 ④ 70 ② 71 ① 72 ② **정답**

73 화재조사의 집행과 보고 및 사무 처리와 관련한 용어의 정의로 틀린 것은? (단, 「화재조사 및 보고규정」을 적용한다)

① "재구입비"란 화재 당시의 피해물과 같거나 비슷한 것을 재건축 또는 재취득하는 데 필요한 금액

② "잔가율"이란 화재 당시에 피해물의 재구입비에 대한 현재가의 비율

③ "내용연수"란 피해물의 종류, 손상 상태 및 정도에 따라 피해액을 적정화시키는 일정한 비율

④ "최종잔가율"이란 피해물의 경제적 내용연수가 다한 경우 잔존하는 가치의 재구입비에 대한 비율

해설
"내용연수"란 고정자산을 경제적으로 사용할 수 있는 연수를 말한다.

74 화재건수 결정에 대한 설명으로 틀린 것은? (단, 「화재조사 및 보고규정」을 적용한다)

① 동일범이 아닌 각기 다른 사람에 의한 방화는 동일 대상물에서 발화했더라도 각각 별건의 화재로 한다.

② 동일 소방대상물에서 누전점이 동일한 누전에 의한 발화점이 2개소 이상인 화재는 2건의 화재로 한다.

③ 발화지점이 한 곳인 화재현장이 둘 이상의 관할구역에 걸친 화재는 발화지점이 속한 소방서에서 1건의 화재로 산정한다.

④ 동일 소방대상물에서 지진에 의한 다발화재로 발화점이 2개소 있는 화재는 1건의 화재로 한다.

해설
동일 소방대상물에서 누전점이 동일한 누전에 의한 발화점이 2개소 이상인 화재는 1건의 화재로 한다.

75 「소방기본법」상 소방본부 종합상황실 실장이 소방청장에게 긴급상황을 보고하여야 할 화재에 해당하지 않은 경우는?

① 시장화재

② 지하구의 화재

③ 이재민이 50인 이상 발생한 화재

④ 재산피해가 50억원 이상 발생한 화재

해설
이재민이 100인 이상 발생한 화재

76 화재유형별 조사서에 포함되지 않는 것은? (단, 「화재조사 및 보고규정」을 적용한다)

① 건축 · 구조물 화재

② 자동차 · 철도차량

③ 위험물 · 가스제조소등 화재

④ 문화유산 · 사적 화재

해설
화재유형의 구분(제9조)

화재유형	소손내용
건축 · 구조물 화재	건축물, 구조물 또는 그 수용물이 소손된 것
자동차 · 철도차량 화재	자동차, 철도차량 및 피견인 차량 또는 그 적재물이 소손된 것
위험물 · 가스제조소 등 화재	위험물제조소 등, 가스제조 · 저장 · 취급시설 등이 소손된 것
선박 · 항공기 화재	선박, 항공기 또는 그 적재물이 소손된 것
임야 화재	산림, 야산, 들판의 수목, 잡초, 경작물 등이 소손된 것
기타 화재	위의 각 호에 해당하지 않는 화재

77 화재원인분석 및 결론도출의 절차로 옳은 것은?

① 필요성 인식 → 문제정의 → 자료수집 → 가설개발 → 자료분석 → 가설검증 → 결론(최종가설선택)
② 문제정의 → 필요성 인식 → 자료수집 → 자료분석 → 가설개발 → 가설검증 → 결론(최종가설선택)
③ 필요성 인식 → 문제정의 → 자료수집 → 자료분석 → 가설개발 → 가설검증 → 결론(최종가설선택)
④ 문제정의 → 필요성 인식 → 자료수집 → 가설개발 → 자료분석 → 가설검증 → 결론(최종가설선택)

78 「화재조사 및 보고규정」상 조사보고에 관한 설명으로 틀린 것은?

① 종합상황실장이 상급 종합상황실에 지체 없이 보고해야 할 화재의 경우 화재 인지로부터 30일 이내
② 치외법권지역 등 조사권을 행사할 수 없는 경우는 조사 가능한 내용만 조사하여 제21조 각 호의 조사 서식 중 해당 서류를 작성·보고한다.
③ 종합상황실장이 상급 종합상황실에 지체 없이 보고해야 할 화재 이외의 화재의 조사보고는 화재 인지로부터 10일 이내
④ 규정된 조사기간을 초과하여 조사가 필요한 경우 그 사유를 사전보고 후 추가 조사 가능

79 방화·방화의심 조사서 작성에 대한 설명 중 틀린 것은? (단, 「화재조사 및 보고규정」을 적용한다)

① 방화동기, 방화도구, 방화의심 사유 등이 항목으로 구성되어 있다.
② 출동대가 화재현장에 도착했을 당시의 현장정보는 한 가지로만 체크한다.
③ 인적사항은 방화·방화 의심자의 성명, 연령, 성별, 주소 등을 기재한다.
④ 도착 시 초기상황 중 화재상황은 화재 초기, 성장기, 최성기, 말기로 구분된다.

80 경과연수 10년, 내용년수 30년인 영업시설의 잔가율은?

① 0.5
② 0.6
③ 0.7
④ 0.8

부 록

과년도 기출변형문제

우리는 삶의 모든 측면에서 항상 '내가 가치있는 사람일까?' '
내가 무슨 가치가 있을까?'라는 질문을 끊임없이 던지곤 합니다.
하지만 저는 우리가 날 때부터 가치있다 생각합니다.

– 오프라 윈프리 –

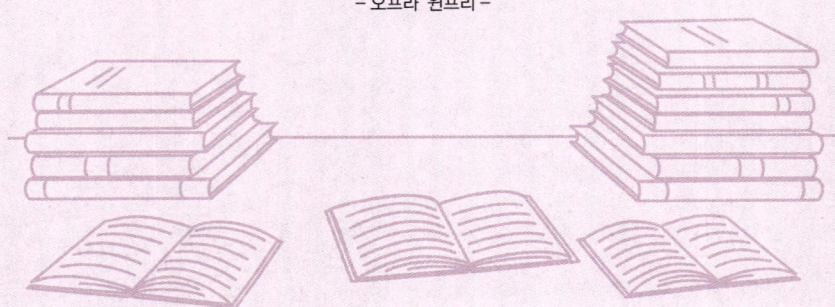

01 | 과년도 기사 기출변형문제 1회

제1과목 화재조사론

01 「소방의 화재조사에 관한 법령」에서 화재조사전담부서의 구성·운영 등에 대한 내용으로 옳지 않은 것은?

① 소방관서장은 화재조사전담부서에 화재조사관을 2명 이상 배치해야 한다.
② 화재조사전담부서가 화재조사를 완료한 경우에는 화재조사 결과를 소방관서장에게 보고해야 한다.
③ 화재조사결과보고는 소방청장이 정하는 화재발생현황조사서에 따른다.
④ 전담부서에는 화재조사를 위한 감식·감정 장비 등 행정안전부령으로 정하는 장비와 시설을 갖추어 두어야 한다.

해설
화재조사결과보고는 소방청장이 정하는 화재발생종합보고서에 따른다.

02 방화죄가 성립하지 않는 것은?

① 쓰레기 소각 중 불티에 의한 화재가 발생하여 재산피해 발생
② 사람이 현존하는 집에 불을 놓아 재산피해 발생
③ 공용으로 사용되는 차량에 불을 놓아 사망사고 발생
④ 자기 소유의 차량에 불을 놓아 주변으로 화재를 확대시킴

해설
① 실화에 해당된다.

03 가연성 물질에 해당하는 것은?

① 아르곤
② 산화알루미늄
③ 일산화탄소
④ 헬륨

해설
일산화탄소는 가연성 가스에 해당된다.

분류	고압가스의 종류	비고
가연성 가스	수소, 암모니아, 액화석유가스, 아세틸렌	공기와 혼합하면 빛과 열을 내면서 연소하는 가스 (하한 10% 이하, 상한과 하한의 차 20% 이상)
조연성 가스	산소, 공기, 염소	다른 가연성물질과 혼합 시 폭발이나 연소가 일어날 수 있도록 도움을 주는 가스
불연성 가스	질소, 이산화탄소, 아르곤, 헬륨	연소와 무관한 가스

04 다음 화학물질 중 환원제에 속하는 것은?

① 질산
② 과산화수소
③ 과염소산칼륨
④ 수소

해설
• 환원제는 환원을 일으킬 수 있는 물질이다.
• 환원제로서 보통 사용되는 것은 수소를 비롯해 아이오딘화수소, 황화수소, 수소화알루미늄리튬, 수소화붕소나트륨과 같이 비교적 불안정한 수소화합물, 일산화탄소, 이산화황, 아황산염 등의 저급 산화물 또는 저급 산소산의 염(황화나트륨, 폴리황화나트륨, 황화암모늄 등)의 황화합물(알칼리 금속, 마그네슘, 칼슘, 알루미늄, 아연 등)의 전기적 양성이 큰 금속 또는 그것들의 아말감[철(Ⅱ), 주석(Ⅱ), 티탄(Ⅲ), 크롬(Ⅱ) 등] 저원자가 상태에 있는 금속의 염류(알데하이드류, 당류, 포름산, 옥살산 등)의 산화 계정(階程)이 낮은 유기화합물 등이다.

05 탄화알루미늄이 상온에서 물과 반응할 경우 생성되는 가연성 기체는?

① 수 소   ② 아세틸렌
③ 메 탄   ④ 프로판

해설
$Al_4C_3 + 12H_2O \rightarrow 4Al(OH)_3 + 3CH_4$

06 다음 가연물 중 연소 시 열방출률이 가장 높은 것은?

① 초
② 담 배
③ 소 파
④ 종이가 담긴 휴지통

해설
소파의 열방출률은 1,900KW로 가장 높다.

07 일반 주택건물 화재에서 플래시오버(Flash Over)가 발생하기 위한 천장층의 온도에 가장 가까운 것은?

① 100~200℃
② 200~300℃
③ 300~400℃
④ 500~600℃

해설
플래시오버가 발생하기 직전 상층부 온도는 약 590℃ 이다.

08 삼각형(△) 패턴에 대한 설명으로 틀린 것은?

① 삼각형 패턴은 유류가 사용된 곳에서 연소가 끝난 바닥면에 나타난다.
② 삼각형 패턴은 연소가 짧은 시간에 이루어질 때 수직벽면에 나타난다.
③ 삼각형 패턴은 바닥에서 천장까지 완전히 전개되지 않는 화재에 나타난다.
④ 삼각형 패턴은 불기둥을 수직적으로 차단하지 않을 경우에 나타난다.

해설
가연물 및 산소가 부족하면 불완전 연소되어 벽면에 삼각형 패턴이 나타난다.

09 분진폭발의 위험성이 없는 것은?

① 모 래   ② 알루미늄
③ 유 황   ④ 석 탄

해설
폭발성 분진
• 탄소제품 : 석탄, 목탄, 코크스, 활성탄
• 비료 : 생선가루, 혈분 등
• 식료품 : 전분, 설탕, 밀가루, 분유, 곡분, 건조효모 등
• 금속류 : Al, Mg, Zn, Fe, Ni, Si, Ti, Zr(지르코늄)
• 목질류 : 목분, 코르크분, 리그닌분, 종이가루 등
• 합성약품류 : 염료중간체, 각종 플라스틱, 합성세제, 고무류 등
• 농산가공품류 : 후추가루, 제충분, 담배가루 등

10 「소방의 화재조사에 관한 법률」상 화재조사를 수행하는 법적 권한을 부여받는 기관으로 옳지 않은 것은?

① 시·도지사
② 소방청장
③ 소방본부장
④ 소방서장

해설

화재조사의 실시(법 제5조)

소방청장, 소방본부장 또는 소방서장(이하 "소방관서장"이라 한다)은 화재발생 사실을 알게 된 때에는 지체 없이 화재조사를 하여야 한다. 이 경우 수사기관의 범죄수사에 지장을 주어서는 아니 된다.

11 여러 동의 인접한 건물이 소손되어 있는 화재현장에서 발화건물 판정을 위한 일반적인 조사요령에 관한 설명 중 틀린 것은?

① 화재현장 전체의 연소방향은 가급적 낮은 쪽에서 높은 쪽을 바라보며 파악한다.
② 각 건물의 연소방향은 타다 멈춘 부분 또는 연소 강약이 명확한 부분부터 파악한다.
③ 타서 허물어진 부분을 보고 연소방향을 추정할 수 있다.
④ 복수의 건물이 소손되어 있으면 인접동 간격, 외벽구조, 개구부상황 등으로부터 연소상황을 파악한다.

해설

화재현장 전체의 연소방향은 가급적 높은 쪽에서 낮은 쪽을 바라보며 파악한다.

12 탄화심도에 영향을 주는 요인으로 가장 거리가 먼 것은?

① 화재열의 진행속도와 진행경로
② 공기조절효과나 대류여건
③ 목재의 수령
④ 나무의 종류와 함습 상태

해설

목재의 수령은 탄화심도와 크게 관계가 없다.

13 폭발현상에 대한 설명으로 틀린 것은?

① 기체나 액체의 팽창, 상변화 등의 물리적 현상이 압력 발생의 원인이 되어 발생하는 폭발을 물리적 폭발이라 한다.
② 물질의 분해, 축중합 등으로 압력이 상승하는 것이 원인이 되어 발생하는 폭발을 화학적 폭발이라 한다.
③ 석탄의 분진이 공기 중에 부유된 상태에서 일어나는 폭발은 화학적 폭발에 해당한다.
④ 폭연은 화염전파속도가 미반응 매질 속에서 음속보다 큰 속도로 이동하는 폭발현상이다.

해설

④ 폭굉에 관한 설명이다.

14 화재로 인한 소실 정도에 따라 분류할 때 건물의 30% 이상 70% 미만이 소실된 화재는?

① 전 소
② 부분소
③ 즉 소
④ 반 소

해설

소손정도에 따른 분류(화재조사 및 보고규정 제16조)
- 전소 : 대상물의 70% 이상이 소손된 화재 또는 그 미만일지라도 잔존부분을 보수하여도 재사용이 불가능한 화재
- 반소 : 대상물이 30% 이상 70% 미만 소실된 화재
- 부분소 : 전소 및 반소에 해당되지 않는 화재

15 구획실의 화재 성장단계에 대한 설명으로 옳은 것은?

① 초기 → 플래시오버 → 쇠퇴기 → 최성기 → 자유연소 순으로 진행된다.
② 자유연소단계는 환기지배형 연소이며, 복사열에 의해 확산된다.
③ 플래시오버 현상은 최성기 전에 주로 발생한다.
④ 최성기는 연료지배형 연소단계이며, 접염방식으로 확산된다.

해설

플래시오버는 성장기와 최성기간의 과도기적 시기에 발생한다.

16 폭발을 기상폭발과 응상폭발로 구분할 때 설명으로 옳은 것은?

① 밀가루 분진의 폭발은 기상폭발에 포함된다.
② 도체에 과도한 전류가 인가되어 전선폭발이 발생하는 것은 기상폭발이다.
③ LNG의 폭발은 응상폭발에 포함된다.
④ 일반적으로 고체상 간의 전이에 의한 폭발은 기상폭발에 해당한다.

해설

기상폭발은 가스폭발(혼합가스폭발), 가스의 분해폭발, 분무폭발 및 분진폭발이고, 응상폭발은 혼합 위험성 물질에 의한 폭발, 폭발성 화합물의 폭발, 증기폭발로 분류할 수 있다.

17 건물 구획실에서의 화재에 대한 설명으로 옳은 것은?

① 일반적으로 최성기의 구획실 화재온도는 500~600℃까지 도달한다.
② 연기의 이동은 화재 시 열에 의하여 발생하는 압력에만 의존한다.
③ 환기지배형 화재에서는 CO와 연기의 발생량이 많아진다.
④ 대부분의 구획실과 건물은 최성기에서 연료지배형이 된다.

해설

③ 환기지배형 화재는 고온가스층에 타지 않은 열분해 물질과 일산화탄소가 다량 포함되어 있다.
② 건물 내에서 연기의 유동 및 확산은 연기를 포함한 공기의 온도 차이 때문이다. 연기의 비중은 공기와 그다지 차이가 없지만, 연기를 포함한 공기의 온도가 높기 때문에 부력에 의하여 공기가 유동하고 그 공기에 포함되어 있는 연기도 확산되는 것이다.
④ 구획실로 공기의 흐름이 화재로 열분해 되는 모든 가연물을 태우기에 충분하지 않은 화재는 가연물지배형에서 환기지배형으로 바뀌게 된다.

14 ④ 15 ③ 16 ① 17 ③ 정답

18 다음 화학반응 중 연소현상과 가장 관계가 깊은 것은?

① 알코올램프의 심지에 불꽃을 대었더니 화염이 생성되었다.
② 신문지를 공기 중에 오랫동안 방치하였더니 노란색으로 변색이 되었다.
③ 쇠못을 대기 중에 오랫동안 방치했더니 붉은색으로 변색을 하였다.
④ 질소를 고온 중에서 산소와 화학반응을 시켰더니 산화질소가 되었다.

해설

연 소

• 가연물이 공기 중의 산소와 화합하거나 산화제와 반응하여 빛과 열을 수반하는 급속한 산화반응이다.
• 발열산화반응으로서 발열반응에 의해 온도가 높아지고 점차 높아진 온도에 의해 분자운동이 증가하여 에너지가 증가되면 그에 따라 열 복사선이 방출되는 현상이다.

증발연소

• 산화는 되었으나 빛과 열을 수반하지 않는다.
• 쇠못을 장시간 방치하면 공기 중에 존재하는 산소와 산화반응에 산화철(녹)이 되는 반응은 산화 열이 낮기 때문에 반응을 지속시킬 수 없어 산화반응이지만 연소반응은 아니다.

19 이산화탄소의 주된 소화효과는 무엇인가?

① 냉각효과
② 질식효과
③ 부촉매효과
④ 억제효과

해설

이산화탄소는 산소와 반응하지 않는 질식효과가 가장 우수하다.

20 화재패턴의 분석으로 적합하지 않은 것은?

① 섬유염료는 화재에 노출된 이후 색 변화를 일으킬 수 있다.
② 유리판 중심과 보호된 가장자리의 온도차가 70℃ 정도가 되면 유리창 중앙부터 금이 간다.
③ 석고보드의 하소는 물질에 대한 열 노출을 보여주는 지표가 될 수 있다.
④ 완전연소(Clean Burn) 부위에는 그을음을 볼 수 없다.

해설

유리판 중심과 보호된 가장자리의 온도차가 70℃ 정도가 되면 유리창 가장자리부터 금이 간다.

제2과목 **화재감식론**

21 차량화재 발화지점 판정의 유의사항으로 옳지 않은 것은?

① 차체 강판의 소손에 의한 변색의 차이를 자세히 관찰하여 출화개소를 판정하되 회색이 암청색보다 높은 온도에서 소손된 경우이다.
② 타이어로 출화개소를 추정하는 경우 앞, 뒤 바퀴 타이어 4개의 소손상태를 비교하여 타이어 중 가장 소손이 심한 개소가 출화개소에 가까운 경우가 많다.
③ 연료, 오일 등에 대한 연소확대를 고려하여 판정했을 때 차량 하부에서 상부로 소손이 연결되어 연소확대된 부분이 출화개소에 가까운 경우가 많다.
④ 차량 하부의 소손이 여러 곳에서 국부적으로 일어나 있을 경우, 각각 소손부에서 상부로 타올라감을 조사할 필요가 있다.

해설

열에 의한 색상변화를 활용하여 현장에 남은 금속류의 연소방향을 판단할 수 있다.

가열온도(℃)	스테인리스강	냉연강판
300	아주 조금 엷은 갈색	엷은 황갈색
400	조금 엷은 갈색	조금 진한 황갈색
500	엷은 적자색	엷은 자색
600	적자색	암자색
700	진한 적자색	회색에 가까운 암자색
800	자 색	흑자색
900	암청색	회 색
1,000	회 색	회 색

22 혼합가연물의 최소착화에너지에 영향을 미치는 요인에 대한 일반적인 설명으로 옳지 않은 것은?

① 온도가 높을수록 최소착화에너지는 낮아진다.
② 압력이 높을수록 최소착화에너지는 높아진다.
③ 연소범위에 따라서 최소착화에너지는 변한다.
④ 혼합된 공기의 산소농도에 따라서 최소착화에너지는 변한다.

해설
압력이 높을수록 최소착화(발화)에너지는 낮아진다.

23 탄화칼슘이 물과 반응할 때 생성되는 가연성 기체는?

① C_2H_4 ② C_3H_8
③ C_2H_2 ④ CH_4

해설
$CaC_2 + 2H_2O \rightarrow Ca(OH)_2 + C_2H_2$ (아세틸렌)

24 항공기 화재방지계통(Fire Protection System)에서 "Fixed"의 정의에 대한 설명 중 틀린 것은?

① 물소화기를 계통 내에 영구적으로 장착하는 것을 말한다.
② 휴대용 소화기를 계통 내에 영구적으로 장착하는 것을 말한다.
③ 할론소화기를 계통 내에 영구적으로 장착하는 것을 말한다.
④ 외부 소방시설을 연결하는 장치를 계통 내에 영구적으로 장착하는 것을 말한다.

해설
항공기 화재방지계통에서 "Fixed"는 내부에 고정된 설비를 의미한다.

25 반단선에 의해서 스파크가 발생한 경우 용융흔은 대부분 어디에서 발생되는가?

① 전원측 전선
② 부하측 전선
③ 전원측과 부하측 전선
④ 용융흔이 생기지 않는다.

해설
반단선에 의한 용흔은 단선부분의 양쪽, 금속에 의해 절단된 단선에서는 전원측에만 발생한다.

전선이 금속에 의해 절단된 용흔의 형태
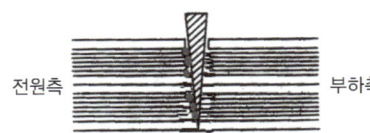

반단선에 의한 용흔의 형태
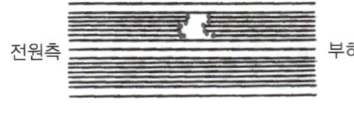

26 다음 중 염소(Cl) 성분을 포함하고 있는 가스는?

① 암모니아　　② 아세틸렌

③ 포스겐　　　④ 시안화수소

> **해설**
> ① 암모니아 – NH_3
> ② 아세틸렌 – C_2H_2
> ③ 포스겐 – $COCl_2$
> ④ 시안화수소 – HCN

27 금속화재 시 불꽃의 색을 보고 가연물의 종류를 예측할 수 있다. 금속과 불꽃색이 잘못 연결된 것은?

① 칼륨 – 보라색

② 나트륨 – 노란색

③ 구리 – 빨간색

④ 알루미늄 – 은백색

> **해설**
> K – 보라색, Na – 노란색, Cu – 청록색, Al – 은백색, Li – 빨간색, Ca – 주황색

28 저항 R에 220V의 전압을 인가하였더니 5A의 전류가 흘렀다. 이때 전류가 2분간 저항 R에 흘렀다면 발생한 열량은 몇 cal인가?

① 10,320　　② 15,840

③ 21,680　　④ 31,680

> **해설**
> $R = \dfrac{V}{I} = \dfrac{220[V]}{5[A]} = 44[\Omega]$
> $H = 0.24I^2Rt = 0.24 \times 5^2 \times 44 \times (2 \times 60)$
> $= 31,680cal$

29 어떤 도체의 단면을 0.5초 간에 0.032C의 전하가 이동했을 때, 흐르는 전류(I)의 크기는 몇 mA인가?

① 16　　② 32

③ 64　　④ 128

> **해설**
> $I[A] = \dfrac{Q[C]}{t[s]}$ 이므로, $\dfrac{0.032}{0.5} \times 10^3 = 64mA$

30 선박용 축전지 보관방법으로 옳지 않은 것은?

① 축전지 상자는 다른 전기설비와 격리

② 축전지실은 화기로부터 격리

③ 발전기에 의해 충전되는 축전지에는 역류방지장치 설치

④ 축전지 및 축전지 상자는 대기와 차단

> **해설**
> 축전지는 환기장치가 설비되거나 통풍이 양호한 장소에 설치하여야 한다.

31 자연발화를 일으키는 화학물질의 특징에 대한 설명으로 옳은 것은?

① 불포화도가 낮은 건성유일수록 발화 위험성이 커진다.

② 분쇄 직후의 활성탄은 자연발화 위험이 없다.

③ 질화면은 마찰과 충격에 매우 민감하므로 건조한 상태로 저장하여야 한다.

④ 셀룰로이드는 발화 시에 분해가스가 발생된다.

> **해설**
> ① 불포화도가 높은 건성유일수록 자연발화성은 증가한다.
> ② 분쇄 직후의 활성탄, 목탄, 유연탄은 주위의 기체를 흡착하여 발열하고 동시에 산화열이 가해져서 자연발화 위험성이 있다.
> ③ 질화면은 건조상태에서 자연발화의 위험이 있기 때문에 물과 알코올에 습윤시켜야 한다.

32 임야 화재 종류인 지표화(地表火)에 대한 설명으로 옳은 것은?

① 임야 화재 종류 중에서 가장 발생하기 어렵다.
② 처음 발화점을 중심으로 원형으로 퍼져 가는 것이 일반적이다.
③ 바람이 강해질수록 불어오는 방향으로 퍼지는 속도는 빨라진다.
④ 낙엽이 분해된 유기질층 및 이탄층이 타는 화재다.

해설
지표화는 무풍 시에 발화점을 중심으로 원형으로 진행되는 것이 일반적이고, 바람이 있으면 바람이 불어가는 방향으로 타원형을 이루며 빠르게 번져 나간다.
①, ④는 지중화에 관한 설명이다.
③ 바람이 불어가는 방향으로 퍼지는 속도가 빨라진다.

33 산불에 대한 설명으로 옳은 것은?

① 동령림은 나무 나이가 동일하여 임분구조가 비슷하므로 산불이 발생하기 쉽다.
② 택벌림은 임분밀도가 덜하여 밀생임분보다 산불발생이 쉽다.
③ 혼효림은 단순림보다 산불 발생이 쉽다.
④ 유령림은 노령림보다 산불 발생이 어렵다.

해설
이령림은 임상유기물이 일시에 다량이 쌓여 동령림보다 산불 발생 위험 정도가 낮다.

34 화재가 발생하였을 때 조사해야 하는 내용으로 가장 거리가 먼 것은?

① 발화열원　　② 최초착화물
③ 발화요인　　④ 응고물

해설
화재원인 규명과 관련하여 발화열원, 발화요인, 최초착화물, 최초착화물 유형, 연소확대 관련 항목 등을 조사한다.

35 전기세탁기 화재가 발생하였을 때 전기화재의 조사요점으로 틀린 것은?

① 잡음방지 콘덴서의 절연열화 상태
② 마그네트론의 열화
③ 배수 전자밸브의 이상
④ 세탁기 내부 배선 간의 단락여부

해설
전자레인지의 구조
외함, 가열실 및 문 등으로 이루어져 있다. 외함은 강판, 가열실은 스테인리스 강판 등으로 만들어져 있고 가열실 천장은 플라스틱 커버로 되어 있으며, 그 위에 마그네트론(Magnetron)과 도파관 등이 부착되어 있다.

36 다음 화학반응식에 대한 설명으로 옳지 않은 것은?

$$C_3H_8(g) + 5O_2(g) \rightarrow 3CO_2(g) + 4H_2O(g)$$

① 프로판 0.5몰과 산소 2.5몰이 반응하면 이산화탄소 1.5몰과 수증기 2몰이 생성된다.
② 0℃, 1atm에서 프로판 11.2ℓ를 완전연소 시키기 위해서는 산소 112ℓ가 필요하다.
③ 프로판 44g과 산소 160g을 반응시키면 이산화탄소 132g과 수증기 72g이 생성된다.
④ 0℃, 1atm에서 프로판 1몰과 산소 5몰로 구성된 반응물의 부피는 134.4ℓ이다.

해설
② '0℃, 1atm'이란 STP(표준온도압력)로 기체 분자의 종류에 상관없이 모든 기체 1mℓ의 부피가 22.4ℓ임을 뜻한다. 따라서 프로판 11.2ℓ는 프로판 0.5mℓ. 완전연소에 산소 xmℓ이 필요하다면, 화학반응식에 따라 0.5 : x = 1 : 5이므로 x = 2.5
∴ 2.5mℓ × 22.4ℓ = 56ℓ

37 선박화재의 현장기록에 대한 설명으로 틀린 것은?

① 선박화재의 현장기록에 대한 요건은 일반적으로 구조물과 차량에 대한 것과 거의 모든 부분에서 다른 특수성을 갖는다.
② 선박화재의 현장기록은 가능한 선박이 현장의 제 위치에 있을 때 조사되어야 한다.
③ 화재가 발생한 선박이 현 위치에서 손상되었는지, 화재 이후 위치가 바뀌었는지 확인하여야 한다.
④ 선박화재의 현장기록은 폐기물처리장, 수리시설, 정박지, 소형 선박수리소 등에서 일부를 기록해야 하는 경우가 있을 수 있다.

> **해설**
> 선박화재의 현장기록에 대한 요건은 일반적으로 구조물과 차량에 대한 것과 거의 유사하다.

38 화재현장 조사 시 조기발견자를 통한 정보수집으로 가장 거리가 먼 것은?

① 발견시각
② 발견위치
③ 발화원
④ 불의 위치

> **해설**
> 최초발견자, 신고자, 목격자, 초기진화 종사자 등을 중심으로 탐문하여 이상하고 급격한 연소부위나 물건, 열이나 연기의 진행방향, 소실 또는 훼손된 물품의 위치 및 상태, 기타 화재흔적 등을 정밀 관찰해야 하고, 발화원은 화재조사자가 판단해야 한다.

39 산소, 수소, 질소, 아르곤 등의 압축가스 용기의 안전장치에 적합한 밸브는?

① 스프링식 안전밸브
② 가용전(가용합금식) 안전밸브
③ 파열판식 안전밸브
④ 스프링식과 파열판식의 2중 안전밸브

> **해설**
> **안전장치**
> • LPG 용기 : 스프링식 안전밸브
> • 염소, 아세틸렌, 산화에틸렌 용기 : 가용전(가용합금식) 안전밸브
> • 산소, 수소, 질소, 아르곤 등의 압축가스 용기 : 파열판식 안전밸브
> • 초저온 용기 : 스프링식과 파열판식의 2중 안전밸브

40 화재원인조사의 물증 확인을 나타내기 위한 표시나 라벨에 포함되어야 할 사항으로 가장 거리가 먼 것은?

① 조사자의 이름
② 증거물 수집장소
③ 수집용기의 소재
④ 증거물의 간단한 요약

> **해설**
> 표시방법으로는 물적 증거를 수집한 화재조사자의 이름, 수거날짜와 시간, 증거물 확인 이름이나 번호, 사건 번호, 항목 명칭, 물적 증거에 대한 설명, 물적 증거가 발견된 장소 등이 있다. 이러한 것들은 용기 라벨에 직접 써 넣거나 미리 꼬리표나 라벨로 인쇄하여 용기에 확실히 붙여 놓는다.

41 화재현장에서 사체가 완전 탄화된 채 발견되었다. 다음 신원확인 조사방법 중 가장 신뢰할 수 있는 것은?

① DNA 검사
② 지문감식
③ X-ray 검사
④ 소지품 검사

해설
X-ray 검사를 통해서 탄화된 사체의 신원을 확인할 수 있다.

42 시반에 관한 설명으로 옳은 것은?

① 시반은 사망시간을 나타내는 지표로 사용된다.
② 시반은 시신의 사망 전 이동 여부를 나타낸다.
③ 시반은 3~4시간 후에 더 이상 진행되지 않는다.
④ 시반은 우리 몸의 가장 높은 신체부위에 발생한다.

해설
시반 형성시간은 빠르면 30분 정도에 형성되고, 일반적으로는 2~3시간에 적색, 자색의 점상 모양이었다가 서로 융합된다. 4~5시간이 경과하면 암적색이 되고 12~14시간이 경과하면 전신에 나타난다. 사망 후 10시간이 지나면 혈관벽이 혈액으로 염색되어 침윤성 시반을 형성하고, 침윤성 시반은 일단 형성되면 사체의 체위 변경에도 없어지지 않는다. 또 침윤성 시반이 형성되기 전에 특히 4~5시간 이내 체위를 변형시키면 시반이 완전히 사라지고 새로운 시반이 형성될 수 있다.

43 휘발유를 바닥에 뿌리고 방화를 하였다. 이 상황에서 생길 수 있는 패턴으로 가장 거리가 먼 것은?

① 포어 패턴
② 도넛 패턴
③ V 패턴
④ 스플래시 패턴

해설
V 패턴은 벽면에 생성되는 연소패턴이고, 나머지는 방화화재시 가연성 액체를 사용했을 때 바닥에 나타날 수 있는 연소패턴이다.

44 화재조사와 관련하여 관계자에게 질문을 하고자 한다. 다음 중 틀린 것은?

① 질문내용을 사전에 준비한다.
② 희망하는 진술내용을 얻기 위하여 먼저 신분을 밝히지 않는 것이 좋다.
③ 희망하는 진술내용을 얻기 위하여 상대방에게 암시하는 등의 방법으로 유도하여서는 안 된다.
④ 짧고 간결하게 요점만을 질문한다.

해설
질문을 할 때에는 기대나 희망하는 진술내용을 얻기 위하여 상대방에게 암시하는 등의 방법으로 유도하여서는 아니 된다.

41 ③ 42 ① 43 ③ 44 ② **정답**

45 전기아크가 발생한 전기도체 증거물에 관한 설명으로 옳은 것은?

① 전기아크는 화재로 인한 용융과 달리 전선의 국부적인 발열을 특징으로 한다.
② PVC 절연전선은 탄화되면 반도체 성질을 잃으며, 이것은 공기 중 전기아크와 관련이 있다.
③ 전기아크 매핑은 아크 발생지점을 통해 점화원(Ignition Source)을 찾기 위한 작업이다.
④ 전기아크는 대다수 가연물에 대한 반응 가능한 점화원이 될 수 있다.

> **해설**
> 전기아크는 국부적인 발열현상으로 전선의 말단 부분에 용융흔이 생성된다.

46 화재패턴에 대한 설명으로 옳지 않은 것은?

① 화재패턴은 잠재적 화재원인을 규명하는 데 유용할 수 있다.
② 탄화된 재, 가연성 물질의 탄화흔적은 화재패턴으로 볼 수 없다.
③ 화재패턴은 화재 후에도 남아 있어서 측정하거나 볼 수 있는 물리적 변화 등의 화재효과이다.
④ 물리적 증거로서 화재패턴은 화재조사 시 유용한 증거자료가 될 수 있다.

> **해설**
> **화재패턴**
> • 화재로 인한 화염, 열기, 가스, 그을음 등에 의해 탄화, 소실, 변색, 용융 등의 형태로 물질이 손상된 형상이다.
> • 「화재 이후 남아 있는 눈으로 보고 측정할 수 있는 물리적인 효과」 - NFPA921의 정의
> • 화재가 진행되면서 현장에 기록한 것. 즉, 「화재가 지나간 길」
> • 화재조사관들은 이러한 화재패턴을 분석하여 화재가 지나간 길을 역추적하면서 최초 발화지점을 찾고 발화원을 찾을 수 있는 것이다.

47 디지털카메라의 고유 기능으로 받아들인 빛을 증폭하여 감도를 높이거나 낮춰주는 기능은 무엇인가?

① 화이트밸런스
② 줌기능
③ ISO 조절기능
④ EV 시프트

> **해설**
> ISO 수치란 CCD 센서의 빛을 받아들이는 민감성을 말한다. ISO값이 높을수록 빛에 더욱 민감하다는 뜻이고, 그로 인해 부족한 광량 아래에서도 빠른 셔터속도 확보가 가능하다. 그러나 ISO값을 올리게 되면 노이즈가 증가하여 화질이 떨어질 수 있다.

48 경유의 연소에 의한 화재패턴으로 가장 거리가 먼 것은?

① 드롭다운 패턴
② 포어 패턴
③ 스플래시 패턴
④ 고스트마크

> **해설**
> 드롭다운(폴다운) 화재란 화재현장에서 심한 연소작용이나 혹은 다른 물리적 작용에 의하여 떨어져 나온 작은 불씨가 진행 중인 화재현장 외의 장소에 있는 가연성 물질에의 열원으로 제공되어져 착화 · 발화되는 것을 말한다.

49 증거에 관련된 용어에 대한 설명으로 옳지 않은 것은?

① 증거재판주의 : 사실의 인정은 증거에 의하여야 한다.

② 전문법칙 : 위법한 절차에 의해 수집한 증거는 유죄의 증거로 할 수 없다.

③ 자유심증주의 : 증거의 증명력은 법관의 자유판단에 의한다.

④ 자백배제법칙 : 피고인의 임의의 진술이 아닌 것을 유죄의 증거로 할 수 없다.

해설

전문법칙은 영미증거법에서 유래하는 원칙으로, 원진술자가 직접 체험한 사실이 요증사실인 경우에 그 증거로 전문증거를 사용함은 금지된다. 예를 들면, 증인 갑이 공판정에서 '나는 을로부터 A가 B를 살해하는 것을 보았다는 말을 들었습니다.'라고 진술하였을 경우 갑의 진술을 A가 B를 살해하였다는 사실의 증거로 하는 것은 전문법에 의해 인정되지 않는다. 즉, 증거능력이 없다.

50 연소범위에 영향을 미치는 요인 중 틀린 것은?

① 온도가 높아질수록 연소범위는 좁아진다.

② 압력이 높아지면 하한값은 크게 변하지 않으나 상한값은 높아진다.

③ 고온, 고압의 경우 연소범위는 더욱 넓어진다.

④ 혼합기를 이루는 공기의 산소농도가 높을수록 연소범위는 넓어진다.

해설

연소범위는 온도와 압력이 상승함에 따라 확대되어 위험성이 증가한다.

51 전기적 요인에 의한 발화증거로 볼 수 없는 것은?

① 부하측 전기기기의 말단에 단락흔이 확인되었다.

② 콘센트 금속받이가 용융되고 열림상태로 확인되었다.

③ 플러그가 외부화염에 의해 용융된 형태로 확인되었다.

④ 플러그에 변색흔이 있고 일부 용융되었다.

해설

플러그가 외부화염에 의해 용융된 형태는 전기적 요인의 발화증거로 볼 수 없다.

52 화재조사관이 작성하는 서식이 아닌 것은?

① 방화·방화의심조사서

② 소방시설등 활용조사서

③ 화재사후조사의뢰서

④ 화재·구조·구급상황보고서

해설

화재사후조사의뢰서는 관계자나 민원인이 작성하여 소방관서에 제출하는 서식이다.

53 화상사의 사체소견으로 가장 거리가 먼 것은?

① 각 장기에서 빈혈상을 보인다.

② 피부 표면에 1도에서 4도의 화상이 보인다.

③ 내부 장기는 열로 인해 부풀어 오른다.

④ 사망이 지연되면 실질장기의 혼탁종창이 나타난다.

해설

시체 소견 및 진단

• 외표에서는 1~4도의 광범한 화상을 본다.

• 내부에서 특이한 소견은 없으나, 각 장기의 빈혈상(貧血狀)을 보인다.

• 사망이 지연되면 사인이 된 2차적 변화와 더불어 점막하의 일혈점, 실질장기의 혼탁종창, 부신의 출혈, 유지체의 감소 또는 소실을 본다.

54 화재현장에서 증거물 채취의 일반적인 절차로 옳은 것은?

① 증거물 채취에 있어서는 채취자료와 그 존재 장소와의 연결 및 그 상태를 명확하게 해놓아야 한다.
② 채취과정의 입증조치는 입회인만 있으면 된다.
③ 화재현장은 어둡고 확인이 되지 않으므로 무조건 많은 증거물을 채취한다.
④ 화재현장 채취장소는 중요하지 않으므로 관계자 진술로 대처한다.

55 화재현장 사진 촬영 시 일반적인 주의사항으로 틀린 것은?

① 발화부로부터 외부 방향순으로 촬영한다.
② 오래 보존할 수 없는 물질·물건·사망자 등을 먼저 촬영한다.
③ 접사촬영 시 미세한 흔들림도 방지할 수 있도록 삼각대를 사용한다.
④ 촬영된 일자와 시간은 카메라 장치의 기억기능을 이용하여 사진에 기록한다.

> **해설**
> 피사체는 원경으로부터 목적물과의 관계를 반영하면서 근접촬영하여 피사체의 관계를 명확히 한다.

56 잔류물이 있는 용기의 상부공간에 숯(Charcoal)을 매달아 촉진제를 추출하는 방법을 무엇이라 하는가?

① 상부공간법
② 흡착법
③ 용매추출법
④ 증기증류법

> **해설**
> 흡착 작용의 원리를 응용하여 유체 중의 유해한 물질 등을 흡착하여 제거하는 방법이다.

57 플라스틱 증거물에 관한 설명으로 옳은 것은?

① 탄화수소계의 기본적인 고체 가연물인 플라스틱의 약 90%는 열경화성이다.
② PVC와 같은 열경화성 물질은 가열되면 용융, 변형, 그리고 드롭다운 패턴이 형성된다.
③ 폴리우레탄 같은 열가소성 물질은 탄화물질을 형성하지 않는다.
④ 열가소성 물질은 용해되고 흘러서 2차 화재의 원인이 된다.

> **해설**
> 탄화수소계의 90%는 열가소성, PVC도 열가소성, 폴리우레탄은 열경화성이다.

58 다음 중 액체 및 고체 촉진제 증거물의 수집에 가장 적합한 것은?

① 밀봉형 비닐봉지
② 플라스틱 통
③ 밀폐식 뚜껑이 있는 금속 캔
④ 밀폐된 종이봉투

액체와 고체 촉진제 증거 수집 용기
금속 캔, 유리병, 특수증거물 수집가방(Bag), 일반플라스틱 용기

구 분	장 점	단 점
금속 캔	• 유용성, 경제적 가격 • 내구성과 휘발성 액체의 기화를 방지	• 용기를 열기 전까지는 안의 내용물을 볼 수 없음 • 장시간의 기간 동안 저장할 때 용기가 녹슨다.
유리병	• 유용성, 낮은 가격 • 병을 열지 않고도 증거물을 확인 가능 • 휘발성 액체의 증발 방지 • 장기 저장 시 증거물의 악화를 줄여줌	• 쉽게 깨지는 것 • 종종 물증의 대량 저장을 금지하는 크기 제한
특수 증거물 봉투	• 모양과 크기가 다양 • 가격이 경제적 • 백을 개방하지 않아도 증거물을 확인 가능 • 보관이 편리하고 휘발성 액체의 오염방지	• 쉽게 손상됨 • 충분히 봉인하기 어려운 경향이 있음 • 물증 자체의 오염을 야기 • 특정종류의 액체, 고체 촉진제와 접촉 시 부패나 변질할 우려가 있음
일반 플라스틱 용기	• 모양과 크기가 다양 • 가격이 경제적 • 백을 개방하지 않아도 증거물을 확인 가능 • 저장이 편리	• 손상되기 쉽고, 물증오염을 야기할 수 있음 • 경질 탄화수소와 알코올을 담기가 곤란하여 표본 손실이나 잘못된 판정(찢기거나 구멍 남) 또는 견본 상자 용기 내 교차오염을 일으킬 수 있음

59 증거물 보관에 대한 설명으로 옳은 것은?

① 증거물은 밝은 곳에 보관한다.
② 휘발성 물질은 냉장 보관한다.
③ 냉동 보관된 물질은 물리적 테스트에 도움을 준다.
④ 수분이 포함된 금속물질은 견고하게 밀폐시켜 산화를 방지한다.

② 일반적으로 증거물을 저장하는 곳의 온도가 낮을수록 휘발성 샘플은 잘 보존되지만, 동결시켜서는 안 된다.
① 건조하고 어두운 장소가 좋으며, 시원할수록 좋다.
③ 액체 촉진제는 냉동저장을 적극 권장한다. 화재 잔해 분석용 견본을 수집할 경우 냉동을 하면 미생물학적이나 생물학적인 퇴화를 방지할 수 있다. 그러나 냉동하게 되면 인화점 또는 기타 물리적 시험을 방해할 수 있으며, 물로 가득한 용기를 파열시킬 수도 있다.
④ 수분이 포함된 금속물질은 적당한 환기로 산화를 방지한다.

60 화재현장의 사진을 촬영할 때 유의해야 하는 사항으로 틀린 것은?

① 화재현장사진은 수정하기가 불가능하므로 촬영에 심혈을 기울인다.
② 화재현장사진은 화재조사자의 의도를 이해하여 촬영한다.
③ 중요한 증거 물건은 표지, 번호표 등으로 명확하게 표시한다.
④ 주변인물, 발굴용 기구 등을 중점적으로 촬영하여야 한다.

촬영의 기본
• 화재조사자 중 사진 촬영자는 촬영의 목적을 충분히 이해하고 단시간에 끝낼 수 있도록 요령있게 촬영을 실시한다.
• 먼저 촬영된 일자와 시간이 표시될 수 있도록 카메라 장치의 표시기능을 설정한다.

- 혈흔・사망자 등과 보존이 어려운 증거물은 우선 촬영한다.
- 화재증거물이 어디에 있는 것인지, 그의 위치와 상태를 명백히 해두고 촬영한다.
- 가급적 상하좌우의 여러 각도에서 촬영하여 거리의 판별, 입체적인 대상물의 각 방면의 소손 및 연소확대(延燒) 상황과 차이 중 보는 각도에 따른 시각적 차이를 해소될 수 있도록 촬영에 주의한다.
- 비교적 어두운 분위기에서 오는 증거물의 불명료함을 방지하거나 촬영자의 호흡에 의한 카메라의 미약한 흔들림을 방지하기 위해서는 삼각대를 사용한다.

제4과목 화재조사보고 및 피해평가

61 「소방의 화재조사에 관한 법률」상 화재로 볼 수 있는 것은?

① 소각장에서의 쓰레기 소각에 의한 연소현상
② 소방시설 등을 사용하여 소화할 필요가 없는 연소현상
③ 화학적인 폭발현상
④ 물리적인 폭발현상

해설
화재의 정의(법 제2조)
"화재"란 사람의 의도에 반하거나 고의에 의해 발생하는 연소현상으로 소화시설 등을 사용하여 소화할 필요가 있거나 또는 화학적인 폭발현상을 말하는 것으로, 다음 3가지 요건을 모두 충족하여야 한다(물리적인 폭발현상은 제외).
- 첫째 : 일반적인 사회의사에 반하여 발생한 연소현상
- 둘째 : 소화할 필요가 있는 연소현상
- 셋째 : 소화 시 소방시설 등 이와 동등한 물건을 사용할 필요가 있는 연소현상

62 공구 및 기구의 소손 정도에 따른 손해율로 틀린 것은?

① 50% 이상 소손되고 그을음 및 수침오염 정도가 심한 경우 : 100%
② 손해 정도가 다소 심한 경우 : 50%
③ 손해 정도가 보통인 경우 : 20%
④ 오염・수침손의 경우 : 10%

해설
가재도구/집기비품/공구・기구의 손해율

화재로 인한 피해 정도	손해율(%)
50% 이상 소손되거나 수침오염 정도가 심한 경우	100
손해 정도가 다소 심한 경우	50
손해 정도가 보통인 경우	30
오염・수침손의 경우	10

63 화재피해조사 시 건물의 동수 산정에 있어서 같은 동으로 볼 수 있는 사례에 해당하는 것은? (단, 원칙적인 경우에 한한다)

① 구조에 관계없이 지붕 및 실이 하나로 연결되어 있는 경우
② 독립된 건물과 건물 사이에 차광막, 비막이 등의 덮개를 설치하고 그 밑을 통로로 사용하는 경우
③ 내화조 건물의 옥상에 목조 또는 방화구조 건물이 별도 설치되어 있는 경우
④ 내화조 건물의 외벽을 이용하여 목조 또는 방화구조 건물이 별도 설치되어 있고 건물 내부와 구획되어 있는 경우

해설
화재조사 및 보고규정에 따른 건물동수 산정방법 중 같은 동 기준
- 주요구조부가 하나로 연결되어 있는 것
- 건물의 외벽을 이용하여 실을 만들어 헛간, 목욕탕, 작업실, 사무실 및 기타 건물 용도로 사용하고 있는 것
- 구조에 관계없이 지붕 및 실이 하나로 연결되어 있는 것

- 목조 또는 내화조 건물의 경우 격벽으로 방화구획이 되어 있는 경우
- 내화조 건물의 옥상에 목조 또는 방화구조 건물이 별도 설치되어 기능상 하나인 경우(옥내계단이 있는 경우)
- 내화조 건물의 외벽을 이용하여 목조 또는 방화구조 건물이 별도 설치되어 주된 건물에 부착된 건물이 옥내로 출입구가 연결되어 있는 경우로 건물 기능상 하나인 경우
- 내화조 건물의 외벽을 이용하여 목조 또는 방화구조 건물이 별도 설치되어 기계설비 등이 쌍방에 연결되어 있는 경우로 건물 기능상 하나인 경우

64 방화·방화의심조사서 작성 시 기재항목이 아닌 것은?

① 방화동기
② 방화도구
③ 처벌법규
④ 도착 시 초기 상황

65 다음 화재조사서류 중 작성주체가 다른 것은?

① 재산피해신고서
② 화재현황조사서
③ 소방시설등 활용조사서
④ 질문기록서

해설

재산피해신고서는 화재가 발생한 관계인이 작성하여 소방서장에게 제출하는 서류에 해당된다.

66 건물에 포함하여 화재피해액을 산정하는 것은?

① 칸막이
② 구축물
③ 영업시설
④ 부대설비

해설

화재피해액 산정대상
- 건물 : 본건물, 부속건물, 부착물
- 부대설비
- 구축물
- 영업시설
- 기계장치 및 선박·항공기
- 공구 및 기구류
- 집기비품
- 가재도구
- 차량 및 운반구
- 동·식물
- 재고자산
- 잔존물제거
- 임야의 임목
- 회화(그림), 골동품, 미술공예품, 귀금속 및 보석류
- 기타 재산적 가치가 있는 직접적 피해

67 치외법권지역에 대한 보고서 작성으로 옳은 것은?

① 화재현장출동보고서, 질문기록서, 화재발생종합보고서를 반드시 작성하여야 한다.
② 화재현장출동보고서만 작성한다.
③ 치외법권지역은 조사권을 행사할 수 없으므로 보고서를 작성하지 않아도 된다.
④ 치외법권지역에서 조사권을 행사 할 수 없는 경우는 조사 가능한 내용만 조사하여 보고서를 작성한다.

해설

조사 보고(화재조사 및 보고규정 제22조 제5항)
치외법권지역 등 조사권을 행사할 수 없는 경우는 조사 가능한 내용만 조사하고 해당서류를 작성한다.

68 구축물의 설계도 및 시방서 등에 의해 최초 건축비의 확인이 가능한 경우에 피해액을 산정하는 방식은?

① 간이평가방식
② 원시건축비에 의한 방식
③ 회계장부에 의한 방식
④ 수리비에 의한 방식

해설
구축물 피해액 산정
회계장부에 의한 피해액을 산정하는 것이 원칙이나 규모 구축물의 경우 설계도 및 시방서 등에 의해 최초 건축비의 확인이 가능하므로 최초건축비에 경과연수별 물가상승률 곱하여 재건축비를 구한 후 사용손모 및 경과연수에 대응한 감가공제하는 방식에 의해 구축물의 화재로 인한 피해액을 산정할 수 있는 원시건축비에 의한 방법 또는 구축물의 재건축비 표준단가를 활용한 간이평가방식도 있다.

70 소방시설등 활용조사서 작성 시 기재항목이 아닌 것은?

① 초기소화활동
② 소방용수설비 사용유무
③ 제연설비 사용유무
④ 피난대피 인원

해설
초기소화활동 중 피난방송 및 대피유도 유무만 체크하지 피난대피 인원은 기재사항에 해당되지 않음

69 화재로 입은 귀금속 피해가 전부손해가 아닌 경우 피해액 산정기준은?

① 시중에 거래되는 매매가
② 감정서의 감정가액
③ 전문가의 감정가액
④ 원상복구에 소요되는 비용

해설
화재피해액 산정기준

산정대상	산정기준
회화(그림), 골동품, 미술공예품, 귀금속, 보석류	• 전부손해 : 감정가격 • 일부손해 : 원상복구에 소요되는 비용

71 화재 당시의 피해물의 재구입비에 대한 현재가의 비율을 구하는 식이 아닌 것은?

① (재구입비 − 감가수정액)/재구입비
② 100% − 감가수정률
③ 1 − (1 − 최종잔가율) × 경과연수/내용연수
④ (현재시가 − 감가수정액)/현재시가

해설
잔가율
화재 당시 피해물에 잔존하는 경제적 가치의 정도로서 이는 피해물의 현재가치의 재구입비에 대한 비율로 표시되며, 피해물의 현재가치는 재구입비에서 사용기간에 따른 손모 및 경과기간으로 인한 감가액을 공제한 금액이 되므로, 잔가율은 다음과 같다.

- 현재가(시가) = 재구입비 × 잔가율
- 잔가율 = (재구입비 − 감가수정액)/재구입비
- 잔가율 = 100% − 감가수정률
- 잔가율 = 1 − (1 − 최종잔가율) × 경과연수/내용연수

72 「화재조사 및 보고규정」상 건축·구조물 화재의 소실 정도가 아닌 것은?

① 전 소　　② 반 소
③ 즉 소　　④ 부분소

> **해설**
>
> 화재의 소실 정도
>
> 건축·구조물화재, 자동차·철도차량, 선박 및 항공기 등의 소실 정도는 3종류로 구분한다.
> - 전소 : 건물의 70% 이상(입체면적에 대한 비율을 말한다)이 소실되었거나 또는 그 미만이라도 잔존부분을 보수하여도 재사용이 불가능한 것
> - 반소 : 건물의 30% 이상 70% 미만이 소실된 것
> - 부분소 : 전소, 반소화재에 해당되지 아니하는 것

73 화재발생종합보고서에서 화재발생 시 모든 경우에 작성되어야 할 조사서는?

① 화재현황조사서
② 화재유형별조사서
③ 화재피해(인명·재산)조사서
④ 방화·방화의심조사서

> **해설**
>
> 화재발생종합보고서 운영 체계도

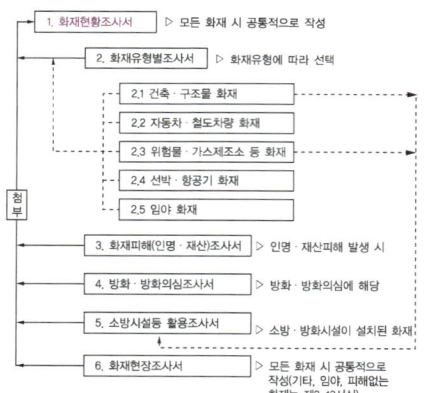

> ※ 화재현장조사서는 모든 화재에 공통적으로 작성하는 서식이다(기타, 임야, 피해없는 화재는 제3−13서식).

74 화재피해액 산정대상 중 건물의 부속물이 아닌 것은?

① 대 문　　② 간 판
③ 담　　④ 곳 간

> **해설**
>
> - 본건물 : 철근콘크리트, 철골철근콘크리트조, 벽돌조, 석조, 블록조, 철골조, 토벽조, 목조, 간이목조, 간이목골몰탈조, 간이철골쇠파이프조 등으로 된 건물을 말한다.
> - 건물의 부속물 : 칸막이, 대문, 담, 곳간 및 이와 비슷한 것은 건물의 부속물로 보아 건물에 포함하여 피해액을 산정한다.
> - 건물의 부착물 : 간판, 네온사인, 안테나, 선전탑, 차양 및 이와 비슷한 것은 건물의 부착물로 보아 건물에 포함하여 피해액을 산정한다.

75 자동차 화재의 피해액 산정기준으로 틀린 것은?

① 피해대상 자동차와 동일하거나 유사한 자동차의 시중 매매가격을 피해액으로 한다.
② 부분 소손되어 수리가 가능한 경우에는 수리에 소요되는 금액을 자동차의 피해액으로 한다.
③ 부분 소손되어 수리가 가능한 경우에는 수리에 소요되는 금액을 자동차의 피해액으로 하고 감가공제한다.
④ 자동차의 수리비는 자동차 수리업소의 견적서를 참고하여 산정한다.

> **해설**
>
> - 자동차가 부분 소손되어 수리가 가능한 경우에는 수리에 소요되는 금액을 자동차의 피해액으로 한다. 이때 특별한 경우를 제외하고는 감가공제는 하지 아니한다.
>
> 자동차의 부분 소손 시 피해액 = 수리비

• 자동차의 수리비는 자동차 수리업소의 견적서를 참고하여 산정한다.

산정대상	산정기준
차량, 동물, 식물	• 전부손해 : 시중매매가격 • 일부손해 : 수리비 및 치료비
재고 자산	「회계장부상 현재가액 × 손해율」의 공식에 의한다. 다만 회계장부상 현재가액이 확인되지 않는 경우에는 「연간매출액 ÷ 재고자산회전율 × 손해율」의 공식에 의하되, 재고자산회전율은 한국은행이 최근 발표한 '기업경영분석' 내용에 의한다.
회화(그림), 골동품, 미술 공예품, 귀금속 및 보석류	전부손해의 경우 감정가격으로 하며, 전부손해가 아닌 경우(일부손해) 원상복구에 소요되는 비용으로 한다.
임야의 입목	소실 전의 입목가격에서 소실한 입목의 잔존가격을 뺀 가격으로 한다. 단, 피해산정이 곤란할 경우 소실면적 등 피해 규모만 산정 할 수 있다.
기 타	피해 당시의 현재가를 재구입비로 하여 피해액을 산정한다.

76 기계장치의 소손 정도에 따른 손해율로 틀린 것은?

① 프레임 및 주요부품이 소손되고 굴곡변형으로 수리가 불가능한 경우 : 100%

② 프레임 및 주요부품 수리하여 재사용 가능하나 소손 정도가 심한 경우 : 50~60%

③ 화염의 영향을 받아 주요부품이 아닌 일반부품 교체와 그을음 및 수침오염 정도가 심하여 전반적으로 Overhaul이 필요한 경우 : 30~40%

④ 화염의 영향을 다소 적게 받았으나 그을음 및 수침오염 정도가 심하여 일부 부품교체와 분해조립이 필요한 경우 : 5~10%

해설

기계장치의 소손 정도에 따른 손해율

화재로 인한 피해 정도	손해율 (%)
Frame 및 주요부품이 소손되고 굴곡·변형되어 수리가 불가능한 경우	100
Frame 및 주요부품을 수리하여 재사용 가능하나 소손 정도가 심한 경우	50~60
화염의 영향을 받아 주요부품이 아닌 일반 부품 교체와 그을음 및 수침 오염 정도가 심하여 전반적으로 Overhaul이 필요한 경우	30~40
화염의 영향을 다소 적게 받았으나 그을음 및 수침오염 정도가 심하여 일부 부품교체와 분해조립이 필요한 경우	10~20
그을음 및 수침오염 정도가 경미한 경우	5

77 화재피해조사 및 피해액 산정순서 중 기본현황조사에 해당하는 항목으로 옳은 것은?

① 화재발생장소의 전체적인 피해규모 확인

② 건물의 용도, 구조, 규모 확인

③ 건물, 부대설비, 구축물, 시설의 피해 정도 및 피해면적 확인

④ 피해내용별 피해액 산정

해설

화재피해조사 및 피해액 산정순서

화재현장조사 → 기본현황조사 → 화재피해 정도 조사 → 재구입비 산정 → 피해액 산정

• 화재발생장소의 전체적인 피해규모 확인 : 화재현장조사

• 건물의 용도, 구조, 규모 확인, 피해내용 및 범위의 확인 : 기본현황조사

• 건물, 부대설비, 구축물, 시설의 피해정도 및 피해면적 확인 : 화재피해 정도 조사

• 피해내용별 피해액 산정 : 피해액 산정

78 화재발생종합보고서 서식에 포함되지 않는 것은?

① 화재유형별조사서
② 화재피해조사서
③ 화재현장조사서
④ 화재증명원조사서

해설

화재발생종합보고서 서식에는 화재현황조사서, 화재유형별조사서(건축·구조물 화재, 자동차·철도차량 화재, 위험물·가스제조소 등 화재, 선박·항공기 화재, 임야 화재), 화재피해(인명·재산)조사서, 방화·방화의심조사서, 소방방화시설활용조사서, 화재현장조사서 등이 있다.

79 화재현황조사서에 명시된 발화요인에 속하는 것은?

① 작동기기
② 교통사고
③ 불꽃, 불티
④ 담뱃불, 라이터불

해설

화재현황조사서에 명시된 발화요인

전기적 요인, 기계적 요인, 가스누출(폭발), 화학적 요인, 교통사고, 부주의, 자연적 요인, 기타, 미상
※ 발화열원 : 작동기기, 불꽃·불티, 담뱃불·라이터불

80 내용연수가 30년이고 경과연수가 15년인 공장의 잔가율은 얼마인가?

① 30%
② 40%
③ 50%
④ 60%

해설

잔가율

화재 당시 피해물에 잔존하는 경제적 가치의 정도로서, 이는 피해물의 현재가치의 재구입비에 대한 비율로 표시되며, 피해물의 현재가치는 재구입비에서 사용기간에 따른 손모 및 경과기간으로 인한 감가액을 공제한 금액이 되므로, 잔가율은 다음과 같다.

$$잔가율 = 1 - (1 - 최종잔가율) \times \frac{경과연수}{내용연수}$$

$$= 1 - (1 - 0.2) \times \frac{15}{30} = 0.6\%$$

제5과목 **화재조사관계법규**

81 「화재로 인한 재해보상과 보험가입에 관한 법률」에 따라 특약부화재보험을 가입하여야 하는 특수건물 중 아파트는 기본적으로 몇 층 이상이어야 하는가?

① 7층
② 11층
③ 16층
④ 층수에 관계없이 모든 아파트

해설

특약부화재보험 의무가입 특수건물

연면적이 1,000m² 이상	바닥면적의 합계가 2,000m² 이상	바닥면적의 합계가 3,000m² 이상	연면적이 3,000m² 이상	16층 이상	11층 이상 실내사격장
국·공유재산 중 건물 및 부속건물	• 다중이용업소(학원, 목욕장업, 영화상영관, 게임제공업, 인터넷게임시설제공업, 노래연습장업, 일반·휴게음식점영업, 단란주점영업, 유흥주점영업으로 사용하는 건물) • 실내사격장 : 면적제한 없이 의무가입대상	숙박업, 대규모 점포로 사용하는 건물, 도시철도시설 중 역사 및 역무시설로 사용하는 건물	종합병원 및 병원, 관광숙박업, 공연장, 방송사업 목적 건물, 농수산물도매시장 및 만앵농수산물도매시장, 학교, 공장	아파트 및 부속건물	모든 건물

• 옥상부분으로서 그 용도가 명백한 계단실 또는 물탱크실인 경우에는 층수로 산입하지 아니하며, 지하층은 이를 층으로 보지 아니한다.
• 16층 이상의 아파트 단지 내에 관리주체에 의하여 관리되는 동일한 아파트 단지 안에 있는 15층 이하의 아파트를 포함한다.
• 11층 이상의 건물 중 아파트, 창고, 모든 층을 주차용도로 사용하는 건물, 공제에 가입한 지방자치단체건물 및 지방공기업 소유 건물 제외한다.

82 「화재조사 및 보고규정」에서 정하고 있는 화재증명원의 발급 등에 관한 내용으로 잘못된 것은?

① 소방관서장은 화재증명원을 발급받으려는 자가 화재증명원 발급신청을 하면 화재증명원을 발급해야 한다.

② 소방서장은 소방대가 출동하지 아니한 화재장소에 대한 화재피해자의 화재증명원 발급요청이 있는 경우에 조사관으로 하여금 사후조사를 실시하게 할 수 있다.

③ 화재증명원 발급신청을 받은 소방관서장은 발화장소 관할 지역과 관계없이 발화장소 관할 소방서로부터 화재사실을 확인받아 화재증명원을 발급할 수 있다.

④ 사후조사는 현장이 보존되어 있지 않은 경우에도 실시하여야 한다.

화재증명원의 발급(화재조사 및 보고규정 제23조)
- 소방관서장은 화재증명원을 발급받으려는 자가 규칙 제9조 제1항에 따라 발급신청을 하면 규칙 별지 제3호 서식에 따라 화재증명원을 발급해야 한다. 이 경우 「민원 처리에 관한 법률」 제12조의2 제3항에 따른 통합전자민원창구로 신청하면 전자민원문서로 발급해야 한다.
- 소방관서장은 화재피해자로부터 소방대가 출동하지 아니한 화재장소의 화재증명원 발급신청이 있는 경우 조사관으로 하여금 사후 조사를 실시하게 할 수 있다. 이 경우 민원인이 제출한 별지 제3호 서식의 사후조사 의뢰서의 내용에 따라 발화장소 및 발화지점의 현장이 보존되어 있는 경우에만 조사를 하며, 별지 제2호 서식의 화재현장출동보고서 작성은 생략할 수 있다.
- 화재증명원 발급 시 인명피해 및 재산피해 내역을 기재한다. 다만, 조사가 진행 중인 경우에는 "조사 중"으로 기재한다.
- 재산피해내역 중 피해금액은 기재하지 아니하며 피해물건만 종류별로 구분하여 기재한다. 다만, 민원인의 요구가 있는 경우에는 피해금액을 기재하여 발급할 수 있다.
- 화재증명원 발급신청을 받은 소방관서장은 발화장소 관할 지역과 관계없이 발화장소 관할 소방서로부터 화재사실을 확인받아 화재증명원을 발급할 수 있다.

83 특약부화재보험을 가입하지 않은 특수건물 소유자의 벌칙으로 옳은 것은?

① 200만원 이하의 벌금
② 300만원 이하의 벌금
③ 400만원 이하의 벌금
④ 500만원 이하의 벌금

특수건물의 소유자가 특약부화재보험에 가입하지 아니한 때에는 500만원 이하의 벌금에 처하고, 이 법에 의한 한국화재보험협회가 아닌 자가 한국화재보험협회 또는 이에 유사한 명칭을 사용하면 300만원 이하의 과태료에 처한다.

84 화재현장에서 관계자 등에 대한 질문요령으로 적당하지 않은 것은?

① 질문할 때에는 시기, 장소 등을 고려하여 진술하는 사람으로부터 임의 진술을 얻도록 한다.

② 질문할 때에는 희망하는 진술내용을 얻기 위하여 상대방에게 암시하는 등의 방법으로 증거를 확보한다.

③ 획득한 진술이 소문 등에 의한 사항인 경우 그 사실을 직접 경험한 관계인등의 진술을 얻도록 해야 한다.

④ 관계인등에 대한 질문 사항은 질문기록서에 작성하여 그 증거를 확보한다.

관계인등의 진술(화재조사 및 보고규정 제7조)
- 관계인등에게 질문을 할 때에는 시기, 장소 등을 고려하여 진술하는 사람으로부터 임의진술을 얻도록 해야 하며 진술의 자유 또는 신체의 자유를 침해하여 임의성을 의심할 만한 방법을 취해서는 아니 된다.
- 관계인등에게 질문을 할 때에는 희망하는 진술내용을 얻기 위하여 상대방에게 암시하는 등의 방법으로 유도해서는 아니 된다.
- 획득한 진술이 소문 등에 의한 사항인 경우 그 사실을 직접 경험한 관계인등의 진술을 얻도록 해야 한다.
- 관계인등에 대한 질문 사항은 별지 제10호 서식 질문기록서에 작성하여 그 증거를 확보한다.

85 다음 중 일반건조물 등에의 방화죄에 대한 벌칙은? (단, 물건이 자기의 소유에 속하는 경우는 제외한다)

① 무기 또는 3년 이상의 징역
② 무기 또는 3년 이하의 징역
③ 2년 이상의 징역
④ 1년 이상의 징역

해설
방화죄

죄 명	구체적 범죄내용		형 량
현주건조물 등에의 방화 (치사상)죄	불을 놓아 사람이 주거로 사용하거나 사람이 현존하는 건조물, 기차, 전차, 자동차, 선박, 항공기 또는 지하채굴시설	불태운 자	무기 또는 3년 이상의 징역
		상해에 이르게 한 자	무기 또는 5년 이상의 징역
		사망에 이르게 한 자	사형, 무기 또는 7년 이상의 징역
공용건조물 등에의 방화죄	불을 놓아 공용으로 사용하거나 공익을 위해 사용하는 건조물, 기차, 전차, 자동차, 선박, 항공기 또는 지하채굴시설을 불태운 자		무기 또는 3년 이상의 징역
일반 건조물 등에의 방화죄	불을 놓아 전2조(현주·공용)에 기재한 이외의 건조물, 기차, 전차, 자동차, 선박, 항공기 또는 지하채굴시설을 불태운 자		2년 이상의 유기징역
	자기소유의 건조물에 속한 물건을 소훼하여 공공의 위험을 발생하게 한 사람		7년 이하의 징역 또는 1천만원 이하의 벌금
일반 물건 에의 방화죄	불을 놓아 현주, 공용, 일반에 기재한 이외의 물건을 불태워 공공의 위험을 발생하게 한 자		1년 이상 10년 이하의 징역
	위의 물건이 자기소유에 속한 때에는		3년 이하의 징역 또는 700만원 이하의 벌금
방화 예비, 음모죄	제164조 제1항, 제165조, 제166조 제1항의 죄를 범할 목적으로 예비 또는 음모한 자, 단 그 목적한 죄의 실행에 이르기 전에 자수한 때에는 형을 감경 또는 면제한다.		5년 이하의 징역

86 「화재로 인한 재해보상과 보험가입에 관한 법률」의 설명으로 틀린 것은?

① 보험금 청구권 중 손해배상책임보험의 청구권은 압류할 수 없다.
② "손해보험회사"란 「손해배상법」에 따른 화재보험업의 허가를 받은 자를 말한다.
③ 대한민국에 주둔하는 외국군대가 소유하는 건물은 특수건물 소유자의 손해배상 책임에 적용되지 않는다.
④ 손해보험회사는 대통령령으로 정하는 바에 따라 협회의 설립과 운영에 필요한 비용을 출연하여야 한다.

해설
"손해보험회사"란 「보험업법」 제4조에 따른 화재보험업의 허가를 받은 자를 말한다.

87 다음 중 진화방해죄로 가장 거리가 먼 것은?

① 화재 시에 소방관의 진화협조에 불응한 경우
② 화재 시에 소방차의 바퀴에서 바람을 빼 버린 경우
③ 화재 시에 소방진입로 앞에 차를 세워 놓아 진입로를 가로막음으로써 진화작업을 지연시킨 경우
④ 화재 시에 소방관을 폭행·협박하여 진화작업을 지연시킨 경우

해설
화재에 있어서 진화용의 시설 또는 물건을 은닉 또는 손괴하거나 기타방법으로 진화를 방해한 자는 10년 이하의 징역에 처한다.

88 화재원인을 밝히기 위한 '감정'의 의미로서 가장 적절한 것은?

① 과학적 방법에 의한 실험의 결과로 화재 원인을 밝히는 자료를 얻는 것
② 선례를 통하여 화재원인을 유추하는 것
③ 관계자들의 회의를 통하여 화재원인을 결정하는 것
④ 시각에 의한 판단으로 화재의 사실관계를 규명하는 것

해설

정의(화재조사 및 보고규정 제2조)
• 감식 : 화재원인의 판정을 위하여 전문적인 지식, 기술 및 경험을 활용하여 주로 시각에 의한 종합적인 판단으로 구체적인 사실관계를 명확하게 규정하는 것을 말한다.
• 감정 : 화재와 관계되는 물건의 형상, 구조, 재질, 성분, 성질 등 이와 관련된 모든 현상에 대하여 과학적 방법에 의한 필요한 실험을 행하고 그 결과를 근거로 화재원인을 밝히는 자료를 얻는 것을 말한다.

89 다음의 각 상황 중 화재로서 가장 거리가 먼 것은?

① 어린이가 불장난을 하다가 소파에 불이 붙었다.
② 보일러 배관이 물리적 압력으로 폭발하였다.
③ 아궁이의 불티가 날아가 인근의 나무더미에 불이 붙었다.
④ 부탄가스 캔이 폭발하여 불이 붙었다.

해설

화재의 정의(법 제2조)
"화재"란 사람의 의도에 반하거나 고의에 의해 발생하는 연소현상으로서 소화시설 등을 사용하여 소화할 필요가 있거나 또는 화학적인 폭발현상을 말하는 것으로 다음 3가지 요건을 모두 충족하여야 한다(화학적인 폭발현상은 제외).
• 일반적인 사회의사에 반하여 발생한 연소현상
• 소화할 필요가 있는 연소현상
• 소화 시 소방시설 등 이와 동등한 물건을 사용할 필요가 있는 연소현상

90 화재증거물 수집관리에 관한 설명으로 옳지 않은 것은?

① 화재증거물의 포장은 보호상자를 사용하며 개별포장은 지양한다.
② 화재증거물은 기술적, 절차적인 수단을 통해 진정성, 무결성이 보존되어야 한다.
③ 최종적으로 법정에 제출되는 화재증거물의 원본성이 보장되어야 한다.
④ 화재조사요원 등은 화재발생 시 신속히 현장에 가서 화재조사에 필요한 현장사진 및 비디오 촬영을 반드시 하여야 한다.

해설

물적증거물 수집은 증거물 유지·보존을 위하여 전용 증거물 수집장비(수집도구 및 용기를 말함)를 이용하며, 개별포장을 원칙으로 한다.

91 「실화책임에 관한 법률」상 손해배상액 경감사유가 아닌 것은?

① 피해의 대상과 정도
② 배상의무자 및 피해자의 경제상태
③ 연소로 인한 부분 이외의 피해범위
④ 피해확대를 방지하기 위한 실화자의 노력

해설

손해배상액의 경감 사유
• 화재의 원인과 규모
• 피해의 대상과 정도
• 연소(延燒) 및 피해확대의 원인
• 피해확대를 방지하기 위한 실화자의 노력
• 배상의무자 및 피해자의 경제상태
• 그 밖에 손해배상액을 결정할 때 고려할 사정

92 「소방의 화재조사에 관한 법률」에 따른 화재 조사 실시에 관한 내용으로 옳지 않은 것은?

① 화재조사의 대상 및 절차 등에 필요한 사항은 소방청장이 정한다.

② 소방관서장은 화재발생 사실을 알게 된 때에는 지체 없이 화재조사를 하여야 한다.

③ 화재조사를 하는 경우 수사기관의 범죄 수사에 지장을 주어서는 아니 된다.

④ 화재조사를 하는 경우 화재발생건축물과 구조물, 화재유형별 화재위험성 등에 관한 사항을 조사해야 한다.

해설
① 화재조사의 대상 및 절차 등에 필요한 사항은 대통령령으로 정한다.

93 「민법」상 불법행위에 대한 설명으로 옳지 않은 것은?

① 과실로 인한 위법행위로 타인에게 손해를 가한 자는 그 손해를 배상할 책임이 있다.

② 타인에게 정신상 고통을 가한 자는 재산 이외의 손해에 대하여도 배상할 책임이 있다.

③ 심신상실 중이라도 타인에게 손해를 가한 자는 배상책임이 있다.

④ 태아는 손해배상의 청구권에 관하여는 이미 출생한 것으로 본다.

해설
민법상 불법행위
• 제750조(불법행위의 내용) : 고의 또는 과실로 인한 위법행위로 타인에게 손해를 가한 자는 그 손해를 배상할 책임이 있다.

• 제751조(재산 이외의 손해의 배상)
  – 타인의 신체, 자유 또는 명예를 해하거나 기타 정신상 고통을 가한 자는 재산 이외의 손해에 대하여도 배상할 책임이 있다.
  – 법원은 전항의 손해배상을 정기금채무로 지급할 것을 명할 수 있고 그 이행을 확보하기 위하여 상당한 담보의 제공을 명할 수 있다.
• 제754조(심신상실자의 책임능력) : 심신상실 중에 타인에게 손해를 가한 자는 배상의 책임이 없다. 그러나 고의 또는 과실로 인하여 심신상실을 초래한 때에는 그러하지 아니하다.
• 제762조(손해배상청구권에 있어서의 태아의 지위) : 태아는 손해배상의 청구권에 관하여는 이미 출생한 것으로 본다.

94 「소방의 화재조사에 관한 법률」에 따른 소방관서장이 화재조사를 하는 경우 조사해야 할 사항으로 틀린 것은?

① 화재원인에 관한 사항

② 소방시설 등의 설치·관리 및 작동 여부에 관한 사항

③ 소방지원 활동에 관한 사항

④ 화재발생건축물과 구조물, 화재유형별 화재위험성 등에 관한 사항

해설
소방관서장은 화재발생사실을 알고 화재조사를 하는 경우 다음 각 호의 사항에 대하여 조사하여야 한다.
• 화재원인에 관한 사항
• 화재로 인한 인명·재산피해상황
• 대응활동에 관한 사항
• 소방시설 등의 설치·관리 및 작동 여부에 관한 사항
• 화재발생건축물과 구조물, 화재유형별 화재위험성 등에 관한 사항
• 그 밖에 대통령령으로 정하는 사항

95 「소방기본법」에 의한 화재, 재난·재해 그 밖의 위급한 상황이 발생한 현장에서 사람을 구출하는 일이나 불을 끄거나 번지지 아니하도록 하는 일을 방해한 자에 대한 벌칙은?

① 5년 이하의 징역 또는 3천만원 이하의 벌금
② 5년 이하의 징역 또는 5천만원 이하의 벌금
③ 3년 이하의 징역 또는 1천 500만원 이하의 벌금
④ 2년 이하의 징역 또는 1천만원 이하의 벌금

해설
소방기본법의 위반

벌 칙	소방기본법
5년 이하의 징역 또는 5천만원 이하의 벌금	• 소방자동차의 출동을 방해한 자 • 사람을 구출하는 일 또는 불을 끄거나 불이 번지지 아니하도록 하는 일을 방해한 자 • 정당한 사유 없이 소방용수시설 또는 비상소화장치를 사용하거나 소방용수시설 또는 비상소화장치의 효용을 해치거나 그 정당한 사용을 방해한 자 • 위력(威力)을 사용하여 출동한 소방대의 화재진압·인명구조 또는 구급활동을 방해하는 행위를 한 자 • 소방대가 화재진압·인명구조 또는 구급활동을 위하여 현장에 출동하거나 현장에 출입하는 것을 고의로 방해하는 행위를 한 자 • 출동한 소방대원에게 폭행 또는 협박을 행사하여 화재진압·인명구조 또는 구급활동을 방해하는 행위를 한 자 • 출동한 소방대의 소방장비를 파손하거나 그 효용을 해하여 화재진압·인명구조 또는 구급활동을 방해하는 행위를 한 자

96 다음 중 「경범죄 처벌법」상의 처벌 대상이 아닌 경우는?

① 충분한 주의를 하지 아니하고 건조물·수풀, 그 밖에 불이 붙기 쉬운 물건 가까이에서 불을 피우는 경우
② 충분한 주의를 하지 아니하고 휘발유, 그 밖의 불이 옮아 붙기 쉬운 물건 가까이에서 불씨를 사용한 경우
③ 담배꽁초를 함부로 아무 곳에나 버리는 경우
④ 정당한 사유 없이 소방용수시설을 사용하는 경우

해설
화재관련 경범죄의 종류와 처벌

죄 명	범칙행위	범칙 금액
쓰레기 등 투기 (제3조 제1항 11호)	담배꽁초, 껌, 휴지를 아무 곳에나 버린 경우	3만원
위험한 불씨 사용 (제3조 제1항 제22호)	충분한 주의를 하지 아니하고 건조물, 수풀, 그 밖에 불붙기 쉬운 물건 가까이에서 불을 피우거나 휘발유 또는 그 밖에 불이 옮아붙기 쉬운 물건 가까이에서 불씨를 사용한 사람	8만원
공무원 원조불응 (제3조 제1항 제29호)	눈·비·바람·해일·지진 등으로 인한 재해, 화재·교통사고·범죄, 그 밖의 급작스러운 사고가 발생하였을 때에 현장에 있으면서도 정당한 이유 없이 관계 공무원 또는 이를 돕는 사람의 현장출입에 관한 지시에 따르지 아니하거나 공무원이 도움을 요청하여도 도움을 주지 아니한 사람	5만원
지문채취 불응 (제3조 제1항 제34호)	범죄 피의자로 입건된 사람의 신원을 지문조사 외의 다른 방법으로는 확인할 수 없어 경찰공무원이나 검사가 지문을 채취하려고 할 때에 정당한 이유 없이 이를 거부한 사람	5만원
무단출입 (제3조 제1항 제37호)	출입이 금지된 구역이나 시설 또는 장소에 정당한 이유 없이 들어간 사람	2만원
업무방해 (제3조 제2항 제2호)	못된 장난 등으로 다른 사람, 단체 또는 공무수행 중인 자의 업무를 방해한 사람	16만원

※ 정당한 사유 없이 소방용수시설 또는 비상소화장치를 사용하거나 소방용수시설 또는 비상소화장치의 효용을 해치거나 그 정당한 사용을 방해한 사람은 소방기본법 위반으로 5년 이하의 징역 또는 5천만원 이하의 벌금에 처한다.

97 「형법」상 보일러를 파열시켜 생명·신체· 재산에 대한 위험을 발생시킨 행위는?

① 상해죄
② 폭발성 물건파열죄
③ 폭발물사용죄
④ 특수손괴죄

해설

폭발성 물건파열(형법 제172조)

• 보일러, 고압가스, 기타 폭발성 있는 물건을 파열시켜 사람의 생명, 신체 또는 재산에 대하여 위험을 발생시킨 자는 1년 이상의 유기징역에 처한다.
• 앞의 죄를 범하여 사람을 상해에 이르게 한 때에는 무기 또는 3년 이상의 징역에 처한다. 사망에 이르게 한 때에는 무기 또는 5년 이상의 징역에 처한다.

99 다음 중 화재조사자료, 사진 및 비디오 촬영물 관련 업무를 수행하는 자는 정보 제공요청이 있는 경우 해당 행정청의 업무에 관한 내용으로 가장 옳은 것은?

① 사진은 사건피해자의 얼굴이 있는 것으로 하여 관계인임을 증명하여 제공한다.
② 관계자의 자료제공 요청이 있는 경우 증거물의 원본을 제공하여야 한다.
③ 화재조사 이외의 다른 목적으로 이용하여서는 아니된다.
④ 화재증거물과 사건관계자를 공개하는 것이 원칙이다.

해설

개인정보 보호(화재증거물수집관리규칙 제13조)

화재조사자료, 사진 및 비디오 촬영물 관련 업무를 수행하는 자는 증거물 수집 과정에서 처리한 개인정보를 화재조사 이외의 다른 목적으로 이용하여서는 아니된다.

98 특약부화재보험에서 후유장애 3급으로 옳은 것은?

① 두 눈이 실명된 사람
② 척추에 운동장애가 남은 사람
③ 두 손의 손가락을 모두 잃은 사람
④ 한 팔을 팔꿈치관절 이상에서 잃은 사람

해설

③ 두 손의 손가락을 모두 잃은 사람(3급)
① 두 눈이 실명된 사람(1급)
② 척추에 운동장애가 남은 사람(8급)
④ 한 팔을 팔꿈치관절 이상에서 잃은 사람(4급)

100 다음 중 현주건조물 등에의 방화로 사람을 상해에 이르게 한 때의 벌칙은?

① 무기 또는 5년 이상의 징역
② 무기 또는 5년 이하의 징역
③ 10년 이하의 징역
④ 10년 이상의 징역

해설

현주건조물 등에의 방화죄(형법 제164조)

• 불을 놓아 사람이 주거로 사용하거나 사람이 현존하는 건조물, 기차, 전차, 자동차, 선박, 항공기 또는 지하채굴시설을 불태운 자는 무기 또는 3년 이상의 징역에 처한다.
• 앞의 죄를 범하여 사람을 상해에 이르게 한 때에는 무기 또는 5년 이상의 징역에 처한다. 사망에 이르게 한 때에는 사형, 무기 또는 7년 이상의 징역에 처한다.

97 ② 98 ③ 99 ③ 100 ① **정답**

02 | 과년도 기사 기출변형문제 2회

화재조사론

01 화재인명피해 조사에 대한 사상자 및 부상자 분류기준으로 옳은 것은?

① 화재로 인하여 5일 이내 사망자를 당해 사망자로 포함

② 중상자는 전치 10주 이상의 입원치료를 필요로 하는 부상자

③ 경상자는 전치 10주 이하의 입원치료를 필요로 하는 부상자

④ 경상자는 입원치료를 하지 않은 부상자도 포함

해설

사상자 및 부상자의 분류

• 사상자는 화재현장에서 사망한 사람과 부상당한 사람을 말한다. 다만, 화재현장에서 부상을 당한 후 72시간 이내에 사망한 경우에는 당해 화재로 인한 사망으로 본다.

• 중상자 : 의사의 진단을 기초로 하여 3주 이상의 입원치료를 요하는 사람

• 경상자 : 중상 이외(입원치료를 요하지 않는 것도 포함)의 부상자. 다만, 병원치료를 필요로 하지 않고 단순하게 연기를 흡입한 사람은 제외한다.

02 화재조사 시 발화지점의 가설에 대해 사고실험을 통해 분석적으로 검증하는 방법은?

① 연역적 추론

② 귀납적 추론

③ 주관적 추론

④ 객관적 추론

해설

발화지점 가설의 검증

화재진행에 대한 가설을 수립하고 연역적 방법을 통해 검증할 수 있어야 한다. 또한 기술적으로 유효한 발화요인 확인은 이용할 수 있는 데이터와 일관성이 있어야 한다.

03 조사계획수립 내용에 포함되지 않는 것은?

① 화재현장의 상황 및 특성에 적합한 조사과정의 수립 및 유의사항

② 조사의 방법, 책임자의 선정 및 임무분담

③ 증거물을 수집할 담당자의 지정 및 이송과정의 결정

④ 조사범위의 판정 및 조사에 필요한 협조사항의 조치

해설

화재조사 계획수립

• 화재현장의 상황 및 특성에 적합한 조사과정의 수립 및 유의사항

• 조사의 방법, 책임자의 선정 및 임무분담

• 조사범위의 판정 및 조사에 필요한 협조사항의 조치

04 연소현상에 대한 설명으로 옳은 것은?

① 철이 녹이 스는 것은 연소반응의 일종이다.

② 연소는 빛과 열을 수반하는 급격한 산화반응이다.

③ 종이가 누렇게 변색되는 것은 연소반응이다.

④ 니크롬선을 사용한 전열기에 전기가 인가되었을 때 니크롬선이 빛과 열을 내는 것은 연소반응이다.

05 자연발화의 위험성이 가장 낮은 것은?

① 나트륨　　　　② 가솔린

③ 황 린　　　　④ 셀룰로이드

해설

가솔린은 발화점이 257℃로 제4류 위험물(인화성 액체)로 자연발화 위험성은 낮다.

3류 위험물 – 자연발화성 물질 및 금수성 물질

• 나트륨(지정수량 10kg)은 물과 반응하면 발열되고 폭발성이 강한 수소발생으로 자연발화 위험

• 황린(지정수량 20kg)은 발화점이 34℃로 상온에서도 자연발화 위험

• 셀룰로이드는 발화점이 180℃이고 분해열에 의한 발열로 자연발화 위험

06 당량비가 2인 급기부족 화재에서 연소된 연료의 질량이 20g이고, 연소로 인하여 생성된 일산화탄소의 질량이 10g일 때 일산화탄소의 수율(Yield)은?

① 4　　　　　　② 2

③ 1　　　　　　④ 0.5

해설

$$일산화탄소(CO)수율 = \frac{생성된\ CO의\ 질량}{연소된\ 연료의\ 질량}$$

$$= \frac{10g}{20g} = 0.5$$

$$※\ 당량비 = \frac{이론연공비}{실제연공비}$$

당량비>1이면 급기부족으로 불완전연소

당량비<1이면 급기과잉으로 완전연소

07 구획된 건축물 내 화재발생 시 나타나는 화재패턴에 대한 설명으로 옳은 것은?

① 금속재의 만곡부는 지상을 향해 휘거나 뒤틀린 형태를 나타낸다.

② 열을 많이 받은 부분일수록 박리현상이 발생할 가능성이 낮다.

③ 벽지에 나타나는 연소형태를 통하여 화염의 이동경로를 추정하는 것은 불가능하다.

④ 천장 내부에서 착화된 경우 화재의 발견이 늦기 때문에 천장 아래쪽보다 위쪽의 소실 정도가 약하게 나타난다.

해설

만 곡

• 화재열을 받은 금속은 용융하기 전에 자중 등으로 인해 좌굴한다.

• 화재현장에서는 만곡이라는 형상으로 남아 있다.

• 일반적으로 금속의 만곡 정도가 수열 정도와 비례하지만, 좌굴은 수용물 중량, 화재하중에 좌우된다.

08 가연물의 연소형태 중 분해연소인 것은?

① 숯   ② 목 재

③ 코크스   ④ 파라핀

해설

연소의 형태

고 체	• 표면연소 : 목탄, 코크스, 금속(분·박·리본 포함) 등 • 증발연소 : 황(S), 나프탈렌($C_{10}H_8$), 파라핀(양초) 등 • 분해연소 : 목재·석탄·종이·섬유·플라스틱·합성수지·고무류 • 자기연소 : 제5류 위험물인 나이트로셀룰로오스(NC), 트리나이트로톨루엔(TNT), 나이트로관리세린(NG), 트리나이트로페놀(TNP) 등
액 체	• 증발연소 : 에터, 이황화탄소, 알코올류, 아세톤, 석유류 등 • 분해연소 : 중유, 벙커C유
기 체	• 확산연소 : LPG – 공기, 수소 – 산소 • 예혼합연소 : 가솔린엔진의 연소, 가스레인지의 연소, 가스용접 • 폭발연소 : 메틸에틸 또는 아세틸렌의 용기 내 연소

09 메탄가스가 밀폐공간의 완전연소 조건에서 폭발할 경우에 대한 설명으로 틀린 것은?

① 반응물과 생성물의 몰수가 같다.

② 충격파가 초음속인 폭연이다.

③ 에너지가 생성된다.

④ 압력이 증가한다.

해설

반응전파속도에 따른 분류

고 체	종 류
폭 연	충격파의 반응전파속도가 음속보다 느린 것
폭 굉	충격파의 반응전파속도가 음속보다 빠른 것

10 「소방의 화재조사에 관한 법률 및 시행령」에 따른 화재현장 보존 등에 관한 규정 내용으로 틀린 것은?

① 방화(放火) 또는 실화(失火)의 혐의로 수사의 대상이 된 경우에는 관할 경찰서장 또는 해양경찰서장이 통제구역을 설정한다.

② 누구든지 소방관서장 또는 경찰서장의 허가 없이 화재현장에 설정된 통제구역에 출입하여서는 아니 된다.

③ 공공의 이익에 중대한 영향을 미친다고 판단되거나 인명구조 등 긴급한 사유가 있는 경우에도 소방관서장 또는 경찰서장의 허가 없이 화재현장에 있는 물건 등을 이동시키거나 변경·훼손하여서는 아니 된다.

④ 화재현장 보존조치를 하거나 통제구역을 설정한 경우 누구든지 소방관서장 또는 경찰서장의 허가 없이 화재현장에 있는 물건 등을 이동시키거나 변경·훼손하여서는 아니 된다.

해설

화재현장 보존 등(법 제8조 제2항)

화재현장 보존조치를 하거나 통제구역을 설정한 경우 누구든지 소방관서장 또는 경찰서장의 허가 없이 화재현장에 있는 물건 등을 이동시키거나 변경·훼손하여서는 아니 된다. 다만, 공공의 이익에 중대한 영향을 미친다고 판단되거나 인명구조 등 긴급한 사유가 있는 경우에는 그러하지 아니하다.

11 소방기관이 화재조사를 수행하는 근본적인 목적으로 옳은 것은?

① 유사화재의 재발방지와 피해경감을 위한 자료로 활용

② 출화원인 규명으로 사법처리 근거자료로 활용

③ 인적, 물적 피해사항조사를 통한 통계자료로 활용

④ 법률관계에 수반된 증거보전자료로 활용

해설

② 사법기관, ③ 공익·연구기관, ④ 분쟁조정기관

12 「소방의 화재조사에 관한 법률」상 전담부서에 갖추어야 할 장비 및 시설 중 감식 기기가 아닌 것은?

① 접점저항계

② 절연저항계

③ 산업용 실체현미경

④ 적외선열상카메라

해설

접점저항계는 감정용 기기에 해당한다.

감식기기(16종)

절연저항계, 멀티테스터기, 클램프미터, 정전기측정장치, 누설전류계, 검전기, 복합가스측정기, 가스(유증)검지기, 확대경, 산업용실체현미경, 적외선열상카메라, 접지저항계, 휴대용디지털현미경, 디지털탄화심도계, 슈미트해머(콘크리트 반발 경도 측정기구), 내시경현미경

13 각 구성성분 가스의 폭발한계를 알면 혼합가스의 폭발한계를 구할 수 있는 법칙은?

① 보일의 법칙　　② 샤를의 법칙

③ 아보가드로 법칙　④ 르샤틀리에 법칙

해설

르샤틀리에 법칙(Le Chatelier's Law)

두 종류 이상 가연성 가스의 혼합물이 있을 때 연소한계를 구하는 법칙

$$L = \frac{100}{[(\frac{V_1}{L_1}) + (\frac{V_2}{L_2}) + (\frac{V_3}{L_3}) \cdots]}$$

L : 혼합가스의 연소한계(%)

$V_1 \sim V_n$: 각 가연성 가스의 용량(%)

$L_1 \sim L_n$: 각 가연성 가스의 폭발한계(%)

14 「소방의 화재조사에 관한 법률 시행령」상 화재현장 보존조치 통지 등에 관한 사항에서 통제구역 표지에 포함돼야 할 내용으로 옳지 않은 것은?

① 화재현장 보존조치나 통제구역 설정의 이유 및 주체

② 화재현장 보존조치나 통제구역 설정의 범위

③ 화재현장 보존조치나 통제구역 설정의 기간

④ 담당 화재조사자의 성명 및 연락처

해설

화재현장 보존조치 통지 등(제8조)

소방관서장이나 관할 경찰서장 또는 해양경찰서장 화재현장 보존조치를 하거나 통제구역을 설정하는 경우 다음의 사항을 화재가 발생한 소방대상물의 소유자·관리자 또는 점유자에게 알리고 해당 사항이 포함된 표지를 설치해야 한다.

• 화재현장 보존조치나 통제구역 설정의 이유 및 주체

• 화재현장 보존조치나 통제구역 설정의 범위

• 화재현장 보존조치나 통제구역 설정의 기간

15 화재현장조사 시 화재효과에 대한 설명으로 가장 거리가 먼 것은?

① 화재 이후 산화의 정도는 주변습도와 노출시간에 좌우된다.
② 목재 균열흔의 반짝거림은 액체촉진제가 있었음을 의미한다.
③ 구리전선은 열에 노출되면 어두운 적색이나 흑색 산화물을 만든다.
④ 녹는점이 높은 금속은 낮은 금속과의 합금을 이루면 융점이 낮아진다.

해설
목재 분석 및 판정
• 목재표면의 균열흔은 발화부에 가까울수록 가늘어지는 경향
• 고온의 화염을 받아 연소 시 – 비교적 굵은 균열흔이 나타남
• 저온에서 장시간 연소 시 – 목재 내부 수분이나 가연성 가스가 표면으로 서서히 분출되어 가는 균열흔이 나타남

16 열에너지가 전자기파의 형태로 이동하는 열전달현상은?

① 화염접촉   ② 대 류
③ 전 도   ④ 복 사

해설
복사(輻射)
• 전자기파를 방출하는 현상 또는 물체로부터 방출되는 전자기파의 총칭이다.
• 전도와 전류에 의한 열전달에 있어서는 반드시 물질이 열전달 매체로 작용하기 때문에 물질의 존재 없이는 전도와 대류는 일어나지 않는다.

17 각종 재료별 화재 이후에 나타나는 흔적에 대한 설명으로 틀린 것은?

① 콘크리트, 몰탈재료는 열을 받아도 흔적을 남기지 않는다.
② 금속류는 화재로 열을 받으면 변색, 용융 등의 흔적이 남는다.
③ 합성수지류는 열을 받아 변색, 변형, 용융 등의 흔적이 남는다.
④ 재료표면에 도포된 도료는 변색, 발포, 회화와 같은 흔적이 남는다.

해설
콘크리트의 온도이력에 의한 외관관찰 결과
소손없음 → 그을음부착 → 그을음이 연소하여 하얗게 됨 → 표면마무리재(몰탈등) 박리 → 콘크리트 표면 박리(폭열)

18 화재패턴 중 고스트마크(Ghost Mark)에 대한 설명으로 옳은 것은?

① 광범위하게 연소되며, 연소부위와 미연소부위의 경계가 뚜렷하다.
② 장판이나 마룻바닥 위에서 흔히 볼 수 있는 화재패턴이다.
③ 콘크리트나 시멘트 바닥에 박리나 변색의 형태로 바닥재의 틈새 문양을 나타낸다.
④ 목재마루가 깔린 곳에서만 볼 수 있는 화재패턴이다.

해설
① 스플래시 패턴(Splash Pattern)
② 도넛 패턴(Doughnut Pattern)
④ 틈새연소 패턴

19 연소범위가 2.5~81vol%인 아세틸렌의 위험도는?

① 0.27
② 12.7
③ 31.4
④ 38.8

해설

위험도 구하는 공식

$$H = \frac{U - L}{L}$$

(H : 위험도, U : 연소범의 상한계, L : 연소범위 하한계)

$$H = \frac{81 - 2.5}{2.5} = 31.4$$

20 환기지배형 화재에 대한 설명으로 옳은 것은?

① 대부분 화재 초기에 발생한다.
② 연료공급에 좌우된다.
③ 환기량이 크다.
④ 불완전연소에 가깝다.

해설

④ 환기지배형 : 고온가스층에 타지 않은 열분해 물질과 일산화탄소가 다량 포함되어 있는 것이 특징
① 화재 초기 : 연료지배형 화재로 가연물을 태우는 데 충분한 공기가 있다.
②, ③ : 연료지배형 화재

---

21 다음 중 파라핀계 탄화수소에 속하는 것은?

① C_3H_8
② C_6H_6
③ C_2H_2
④ $C_6H_5CH_3$

해설

파라핀계 탄화수소 : 탄소가 사슬 모양으로 연결된 것으로서 다른 결합수는 수소와 결합한 포화결합으로 되어 있는 탄화수소이다. 보통 포화탄화수소(Alkane, 알칸계)라고도 하며 C_nH_{2n+2}로 표시, 그중에서 가장 간단한 것은 메탄(CH_4)이다.

22 전압이 일정한 경우에 저항이 2배로 증가되면 소비전력은 몇 배가 되는가?

① 4
② $\frac{1}{2}$
③ $\frac{1}{4}$
④ 2

해설

$$P = N \cdot I = I^2 \cdot R = \frac{V^2}{R}$$ 이므로, 전력은 전류가 일정할 때 저항에 비례하고 전압이 일정할 때 저항에 반비례한다.

23 담뱃불 화재현장의 주요 감식사항이 아닌 것은?

① 담뱃불에 의해 착화될 수 있는 가연물
② 발화지점에 넓게 탄화된 흔적
③ 발화에 충분한 축열조건
④ 흡연행위가 있었다는 것을 증명

해설

최초 발화지점의 탄화심도가 깊은 것(국부적으로 패인 현상)이 특징이다.

---

24 차량화재조사 시 유의사항으로 적합하지 않은 것은?

① 자동차를 함부로 이동시키지 않는다.
② 현장주변에 대한 정리정돈과 청소를 실시한다.
③ 주변의 작은 것도 소홀히 취급해서는 안되며, 가능한 모두 수거하여 모아둔다.
④ 차량 기술자료나 차량공구조사 기자재를 준비할 필요가 있다.

25 산불화재 확산에 영향을 미치는 요인이 아닌 것은?

① 풍 속
② 수 종
③ 경사도
④ 점화원

> **해설**
> 점화원은 산불 확산과는 아무런 상관이 없다.

26 항공기 소화기장치의 일상정비에 포함된 항목이 아닌 것은?

① 소화기 용기의 검사와 보급
② 카트리지의 장·탈착과 재장착
③ 배출관의 누출시험
④ 전선의 교체

27 항공기 운항 승무원이 소화기장치(Fire Extinguisher System)를 작동시킨 경우에 나타나는 상황으로 옳은 것은?

① 온도방출지시기(Thermal Discharge Indicator)의 Red Disk가 튀어나간다.
② 온도방출지시기(Thermal Discharge Indi-cator)의 Yellow Disk가 튀어나간다.
③ 배출밸브(Discharge Valve)가 열린다.
④ Two-way Check Valve가 열린다.

28 화재현장에 남겨진 금속이 수열에 의하여 나타나는 현상이 아닌 것은?

① 분 해
② 변 색
③ 만 곡
④ 용 융

> **해설**
> 화재현장에서 금속이 분해를 일으키지는 않는다.

29 화학물질의 자연발화 시 화재감식요령에 대한 설명으로 틀린 것은?

① 출화개소라고 판정되는 곳에서 질화면이 검출된 경우, 용기의 보관상태 등을 조사하여 건조한 상태로 있었는지, 축열이 가능한 조건이었는지 등을 조사한다.

② 출화개소로부터 표면이 그물망상의 연소 잔사물이 확인되는 경우에는 셀룰로이드의 자연분해에 의해 발화되었다고 볼 수 있다.

③ 셀룰로이드의 자연발화 위험성은 외부온도가 20~30℃ 정도인 봄부터 가을까지 급격히 증대되므로 외부온도 등 기후의 조건을 고려하여 조사한다.

④ 용기에 담겨있는 동·식물유는 자연발화의 위험이 매우 크므로 온도, 습도, 보관상태 등을 주의 깊게 조사한다.

해설
유지가 용기 중에 그대로 들어있는 경우 자연발화하는 일은 없다.

30 가스용기와 안전밸브 종류의 연결이 옳은 것은?

① LPG 용기 – 스프링식과 파열판식의 2중 안전밸브

② 산화에틸렌 용기 – 파열판식 안전밸브

③ 아르곤 압축가스 용기 – 스프링식 안전밸브

④ 수소 압축가스 용기 – 파열판식 안전밸브

해설
안전장치
• LPG 용기 : 스프링식 안전밸브
• 염소, 아세틸렌, 산화에틸렌 용기 : 가용전(가용합금식) 안전밸브
• 산소, 수소, 질소, 아르곤 등의 압축가스 용기 : 파열판식 안전밸브
• 초저온 용기 : 스프링식과 파열판식의 2중 안전밸브

31 폭발현장에서 수집한 배경정보를 바탕으로 폭발 전·후 사고경위를 표로 만든 후 인과관계이론과 일치여부를 추론하여 최적이론을 설정하는 분석은?

① 손상패턴 분석   ② 구조물 분석
③ 열효과 상관분석   ④ 타임라인 분석

해설
타임라인 분석
사건을 각 순서에 맞게 배열하고 시간의 흐름에 맞게 배열하는 작업으로 화재발생 시간, 신고 시간, 주요 조치 시간 등 타임라인을 구성하면, 화재발생시간, 행위를 통하여 화재원인을 추정할 수 있다.

32 전기 발열과정 중 변화하는 자기장에 의해 도체에 유기되어 발생하는 발열과정은?

① 저항가열   ② 유도가열
③ 유전가열   ④ 아크가열

해설
② 유도가열은 교류에 의해 발생하는 교번 자계속에 물체를 놓으면 그 물체에 맴돌이 전류가 생겨 열로 변환되는 원리를 이용한 방법이다. 주로 금속과 같은 도체의 표면 가열에 이용된다.
① 저항가열은 물체에 전류를 흘릴 경우 물체가 가지고 있는 저항에 의해 발생하는 줄열을 이용하여 가열하는 방식이다. 예 전기다리미, 전기밥솥 및 전기담요, 커피포트 등 전열기구 대부분의 전열기구
③ 유전가열은 도체가 아닌 물질에 교류 전압을 가했을 때 발생하는 유전체 손실에 의해 가열하는 방식이다. 예 전자레인지와 같이 전기가 통하지 않는 물질의 가열에 쓰임
④ 아크가열은 두 전극 사이에서 발생하는 고온의 아크열을 이용한 가열 방식으로 피열물 자체를 전극으로 하거나 아크의 매질로서 가열하는 직접식 아크가열과 아크열을 복사, 전도, 대류에 의해 피열물을 전달하여 가열하는 간접식 아크가열이 있다.

33 개방형 연소기에 대한 설명으로 옳은 것은?

① 연소용 공기를 옥내에서 취하고 연소폐
   가스를 배기통을 이용하여 자연통기력으
   로 옥외에 배출하는 방식
② 급배기통을 외기에 접하는 벽을 관통하
   여 옥외로 내어 자연통기력에 의하여 급
   배기하는 방식
③ 연소용 공기를 옥내에서 취하고 연소폐
   가스를 그대로 옥내로 배출하는 방식
④ 급배기통을 외기에 접하는 벽을 관통하
   여 옥외로 내고 급배기 팬에 의해 강제적
   으로 급배기하는 방식

> **해설**
> **개방형 연소기**
> 연통이 없기 때문에 연소된 폐기가스를 실내에 방출하
> 는 연소기구(예) 연통 없는 스토브, 가스풍로, 화로 등)

34 그림과 같이 시간에 따른 전하의 이동에 있
어서 구간별 전류는 몇 A인가?

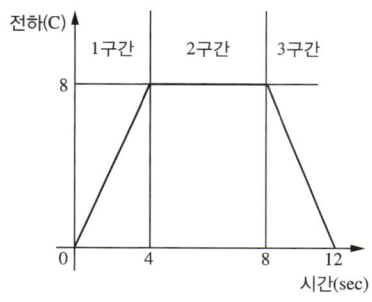

① 1구간 : 8A, 2구간 : 0A, 3구간 : −8A
② 1구간 : 2A, 2구간 : 8A, 3구간 : −8A
③ 1구간 : 2A, 2구간 : 8A, 3구간 : −2A
④ 1구간 : 2A, 2구간 : 0A, 3구간 : −2A

> **해설**
> 전류 : 일정 시간 동안 흐른 전하량의 비율
>
> $$I = \frac{dQ}{dt} \qquad A = \frac{C}{s}$$
>
> I − 전류 $\qquad$ A − 암페어
> Q − 전하 $\qquad$ C − 쿨롱
> t − 시간 $\qquad$ s − 초

전류 1A는 1초에 1쿨롱의 전하가 흐른 것을 뜻하므로

1구간 : $\dfrac{8\,C}{4\,s} = 2\,A$

2구간 : $\dfrac{0\,C}{4\,s} = 0\,A$

3구간 : $\dfrac{-8\,C}{4\,s} = -2\,A$

35 자동차 점화장치의 전류 흐름 순서는?

① 점화스위치 → 배터리 → 시동모터 → 점
   화코일 → 배전기 → 고압케이블 → 스파
   크 플러그
② 점화스위치 → 시동모터 → 배터리 → 점
   화코일 → 배전기 → 고압케이블 → 스파
   크 플러그
③ 점화스위치 → 배터리 → 시동모터 → 배
   전기 → 점화코일 → 고압케이블 → 스파
   크 플러그
④ 점화스위치 → 시동모터 → 점화코일 →
   배터리 → 배전기 → 고압케이블 → 스파
   크 플러그

36 유연탄의 자연발화위험성에 대한 설명으로
틀린 것은?

① 채탄 직후의 석탄은 자연발화의 위험이
   크다.
② 자연발화는 저탄장 등에 대량으로 쌓아
   둔 곳에서 일어나기 쉽다.
③ 괴상은 분말상보다 자연발화를 일으키기
   쉽다.
④ 주변온도가 높을수록 산화반응이 촉진된다.

> **해설**
> 분체로 되어 있는 금속은 그 입자 주위를 열전도도가
> 적은 공기가 둘러싸고 있어 산화열이 외부로 발산되
> 지 못해 온도가 상승하여 자연발화할 수 있다.

37 방화의 일반적인 판단요소로 가장 거리가 먼 것은?

① 국부적인 발화흔적
② 무단침입과 흔적
③ 범죄흔적
④ 이상 연소현상

38 다음에서 설명하고 있는 방화범의 유형은?

- 방화동기가 후회할 줄 모르고 경험이나 처벌로부터 배우지 못한 특징을 지닌다.
- 주의집중의 시간이 짧고 과격하며, 파괴적인 행동으로 짜증이 나는 상황에 화풀이로 방화를 해서 관심을 끈다.

① 외음부기 방화범
② 잠복기 방화범
③ 구강기 방화범
④ 항문기 방화범

> **해설**
> **성 심리학적 발달단계에 따른 방화범의 방화동기**
> - 구강기 방화범
>   - 생후 18개월 동안 어머니의 충분한 사랑을 받지 못함
>   - 화염이 주는 따뜻함과 안정감을 갈구
>   - 자신의 몸에 불을 지르기도 하고 불을 지르고 싶다는 견딜 수 없는 충동
>   - 습성 : 손톱 물어뜯기, 음식 사재기, 토할 때까지 먹기, 나이 들어 이상행동, 성 생활 구강성교
> - 항문기 방화범(18개월~3살까지 부모 애정결핍)
>   - 충동성과 격정성(분노, 복수, 미움, 질투)
>   - 특정한 사람의 소유물이나 재산에 방화
>   - 불을 종격수단으로 학습(견딜 수 없는 충동이 아님)
>   - 동물에 불을 놓거나 동물 학대
>   - 가학성, 피가학성, 항문 부위에 대한 가학적 행동 감정폭발

> - 남근기 방화범(3~4세 때 학대받거나 성적 유린 또는 유기된 경험자)
>   - 성적 흥분, 충만감, 기분 상승
>   - 쓰레기 적치물, 주택, 여성 소유물에 방화하는 경향
>   - 불을 붙일 때 참을 수 없는 충동 느낌 : 불을 보면 발기, 성적 충동, 자위행위
>   - 불타는 모습이나 화재진압 광경을 보고 충만감 느낌
>   - 자책감, 방화 후 노이로제 증세, 발기 부진
>   - 성 생활 미숙, 관음증, 노출증, 성도착증
> - 잠복기 방화범(5~6세 때 애정결핍)
>   - 직접적 동기가 불투명하고 쾌감이나 호기심에서 방화
>   - 대상 : 무차별적, 짜증이나 자기비하 시 화풀이로 방화
>   - 관심을 끌거나 도움을 요청하는 심리 내재
>   - 주의집중 시간이 짧고 과격, 파괴적, 반사회적임
>   - 재산이득 목적 방화, 범죄은폐, 화기를 갖고 놀다 방화
>   - 방화행위가 목적달성을 위한 또 다른 수단
>   - 표면으로 매력적으로 보이기도 함(반항아적 성격)
>   - 방화 후에 전혀 후회를 하거나 죄책감을 갖지 않음 – 가장 심각한 부류
> - 외음부기 방화
>   - 불을 붙인 다음 다시 꺼보겠다는 도전의식으로 방화
>   - 소방관을 돕는다는 흥분감을 느낀다는 방화
>   - 자기 동네 등 잘 아는 장소
>   - 부상이나 재산상 피해 초래를 원하지 않고 스스로 생각하는 진화능력 범위 안 방화
>   - 소방관이 되고 싶지만 지적, 신체적 능력 부족
>   - 화재진압을 위해 방화(젊고 미성숙, 사화생활 불만족)
>   - 의용소방대원 또는 소방훈련과정을 이수한 자

39 국내 임야 화재 조사과정에서 발견된 방향지표와 증거물의 표시를 위한 깃발의 색상에 따른 연결로 옳은 것은?

① 적색 – 횡진화재 방향지표
② 황색 – 증거물
③ 백색 – 전진화재 방향지표
④ 청색 – 후진화재 방향지표

40 순수한 분자확산에 의해 지배를 받는 전형적인 층류 확산 불꽃에 해당하는 것은?

① 성냥불의 불꽃
② 양초의 불꽃
③ 나이트로셀룰로오스의 불꽃
④ 목재화재의 불꽃

42 화재현장에서 관계자에 대한 질문 및 녹음에 관한 설명으로 틀린 것은?

① 진술하는 사람을 배려하여 충분히 안정된 상태에서 진술할 수 있는 장소를 선택한다.
② 화재현장에서 질문할 경우에는 이해관계인들을 모두 참석시킨 후에 진행해야 한다.
③ 진술하는 사람의 이해관계에 의하여 허위진술을 하는 경우가 있음을 인지한다.
④ 녹음된 진술내용은 진술조서에 첨부하여 입증자료로 사용할 수 있다.

> **해설**
> 화재현장에서 질문할 경우에는 이해관계인들이 모두 참석하지 않은 상황에서 진행해야 한다.

제3과목 증거물관리 및 법과학

41 액체 촉진제의 물리적 특성에 대한 설명 중 가장 옳은 것은?

① 액체 촉진제는 액체상태로만 발견될 수 있다.
② 액체 촉진제는 대부분의 구조부, 내부 마감재 및 기타 화재 잔해에 쉽게 흡수된다.
③ 에틸알코올은 물과 접촉했을 때 물 위에 뜬다.
④ 액체 촉진제가 다공성 물질에 흡수되었을 때는 잔존 가능성이 매우 낮다.

> **해설**
> **촉진제 실험을 위한 증거 수집**
> • 액체 촉진제는 대부분의 건축물의 구성요소, 내부 마감재와 다른 화재 잔류물에 의해 쉽게 흡수된다.
> • 일반적으로 액체 촉진제는 물과 접촉했을 때 물위에 뜬 상태로 감식되는 경우가 많다(수용성인 알코올 제외).
> • 액체 촉진제는 다공성 물질 내에 고여 있을 때 놀랄 만한 지속성(잔류성)을 지닌다.

43 열에 의한 재성형이 불가능한 합성고분자화합물의 종류로 옳은 것은?

① 테프론
② 멜라민수지
③ 폴리에틸렌
④ 폴리아크릴로니트릴

> **해설**
> **열경화성수지**
> 열을 가하여 경화 성형하면 다시 열을 가해도 형태가 변하지 않는 수지로 일반적으로 내열성, 내용제성, 내약품성, 기계적 성질, 전기절연성이 좋다. 페놀수지·요소수지·멜라민수지, 첨가중합형에는 에폭시수지·폴리에스터수지 등이 있다. 멜라민수지는 멜라민과 폼알데하이드를 반응시켜 만드는 열경화성 수지로서 식기·잡화·전기기기 등의 성형재료로 쓰인다.

44 사후에 혈액이 중력의 작용으로 몸의 저부에 있는 부분의 모세혈관 내로 침강하여 그 부분의 외표피층에 착색이 되어 나타나는 현상은?

① 매(煤)   ② 시반(屍斑)

③ 부종(浮腫)   ④ 울혈(鬱血)

해설

시반(屍斑)

혈액침하로 시체 아래에 모세혈관에 적혈구가 모여 나타나는 암적색의 반점으로 혈액이 부풀어 오를 수 있는 혈관에만 생긴다(딱딱한 표면에 누워 있는 시체나 누워있을 때 양어깨, 엉덩이, 장딴지 등은 바닥부분에 눌려져 있어 시반이 생기지 않음).

45 화상의 위험도에 큰 영향을 미치는 인자는?

① 심도(深度)   ② 범위(範圍)

③ 온도(溫度)   ④ 질병(疾病)

해설

화상의 위험도는 심도(深度)와 범위(範圍)에 의하여 결정되며, 범위가 심도보다 더 큰 영향을 미친다.

46 수집된 화재증거물을 직접 건네는 경우 장점이 아닌 것은?

① 간접적 오염 감소

② 잘못된 전달 방지

③ 분실 최소화

④ 잠재적 손상 증가

해설

물적 증거를 실험하기 위해 운송하는 방법으로 직접 건네는 것을 권장한다. 직접 건넬 경우 물적 증거를 잠재적인 손상이나 잘못 건네주거나 또는 분실되는 것을 최소화할 수 있다.

47 증거물을 수집한 경우 수집용기에 표시하는 내용에 해당하지 않는 것은?

① 증거수집 날짜 및 시간

② 증거물의 이름

③ 증거물이 발견된 위치

④ 날씨 및 기상상황

해설

표시방법으로는 물적 증거를 수집한 화재조사자의 이름, 수거날짜와 시간, 증거물 확인 이름이나 번호, 사건번호, 항목 명칭, 물적 증거에 대한 설명, 물적 증거가 발견된 장소 등이 있다. 이러한 것들은 용기 라벨에 직접 써넣거나 미리 꼬리표나 라벨로 인쇄하여 용기에 확실히 붙여놓는다.

48 화상성 쇼크라고도 하며, 화상을 입고 나서 상당시간 경과한 후에 증상이 발현되어 2~3일 후에 사망하게 되는 경우를 무엇이라 하는가?

① 속발성 쇼크   ② 자극성 쇼크

③ 원발성 쇼크   ④ 저체액성 쇼크

해설

• 원발성 쇼크 : 고열이 광범위하게 작용하여 일어나는 격렬한 자극에 의하여 반사적으로 심정지가 초래되는 것을 말한다.

• 속발성 쇼크 : 화상성 쇼크라고도 하며, 화상을 입고 나서 상당시간이 경과한 후에 증상이 발현되어 2~3일 후에 사망하게 되는 경우이다.

49 화재현장 증거물 중 합성고분자 화합물의 특징으로 틀린 것은?

① 분자량이 10,000 이상이다.
② 가열하면 기화되기 전에 분해된다.
③ 녹는점이 일정하고 용매에 녹기 쉽다.
④ 비교적 간단한 단위체가 중합하여 이루어진 물질이다.

해설

고분자 화합물의 특징

- 단위체라고 불리는 분자량이 작고 구조가 간단한 작은 분자들이 연속적으로 화학결합하여 생성된다.
- 분자량이나 끓는점, 녹는점이 일정하지 않고 분리와 정제가 어렵다.
- 분자량이 10,000 이상이고 평균 분자량에 따라 녹는점이 달라진다.
- 가열하면 기화되기 전에 열분해 되며, 고체 또는 액체로만 존재하고 결정이 되기 어렵다.
- 열, 전기가 통하지 않으며, 화학적으로 안정하여 반응성이 작고 용매에 잘 용해되지 않는다.

50 화재현장 증거물 수집방법으로 가장 옳은 것은?

① 유리병은 고체 촉진제 증거물을 수집하는 데 적당하지 않다.
② 같은 액체증거물은 가능한 하나의 용기에 가득 담아야 한다.
③ 휘발성 증거물은 일반 비닐봉지(폴리에틸렌)를 사용하여 포장한다.
④ 액체증거물을 보관하는 보관용기는 완전히 밀봉된 것을 사용해야 한다.

해설

① 유리병은 액체와 고체 촉진제 증거물을 수집하는 데 이용된다.
② 같은 액체증거물은 $\frac{2}{3}$ 이상 채워져서는 안 된다.
③ 휘발성 증거물에 수집에 추천할 만한 용기는 사용되지 않은 빈 금속 캔이다.

51 가솔린을 GC-MS로 분석할 경우 검출성분이 아닌 것은?

① 톨루엔
② 크실렌
③ 멜라민
④ 알킬벤젠

해설

멜라민은 헤테로고리 모양 아민(아미노기)으로서 유기염기로는 분석이 어려운 물질이다.

GC-MS로 분석이 어렵거나 불가능한 물질

- 분자량이 적지만 휘발되지 않는 물질 : 무기금속, 금속, 소금
- 재반응성이 크거나 불안정한 물질 : 불산, 오존, 질소산화물(NO_x)
- 흡착력이 매우 큰 물질 : 분석 시 흡착이나 재반응이 잘 일어나는 물질들로 주로 카르복실기, 하이드록실기, 아미노기, 유황 등을 함유한 물질
- 표준물질을 구하기 어려운 물질

52 냉온수기의 자동온도조절장치에서 절연체의 오염에 의한 트래킹 화재가 발생한 경우 수거해야 할 증거물로 가장 옳은 것은?

① 응축기
② 압축기
③ 서모스탯
④ 과부하 계전기

해설

자동온도조절은 어떤 특정장소의 온도를 필요한 만큼 일정하게 유지하도록(낮은 온도는 높게, 높은 온도는 낮게) 조절하는 일로 자동온도조절장치인 서모스탯(Thermostat)으로 온도를 자체로 감지하여 가열, 냉각을 할 수 있다.

53 화상에 대한 설명으로 틀린 것은?

① 화염에 의한 손상은 화상으로 볼 수 있으나 복사열에 의한 손상은 화상으로 볼 수 없다.
② 넓은 의미로 볼 때 고열이 피부에 작용하여 일어나는 국소적 및 전신적 장애를 화상이라 한다.
③ 뜨거운 기체나 액체에 의한 손상을 탕상이라 하며, 이 또한 화상으로 볼 수 있다.
④ 화상이나 탕상으로 인한 사망을 일반적으로 화상사라고 한다.

해설
고열이 피부에 작용하여 일어나는 국소적 및 전신적 장애는 모두 화상(Burns)에 해당되며, 복사열에 의한 손상도 화상으로 볼 수 있다.

55 화재 관련자들로부터의 정보수집에 대한 방법으로 틀린 것은?

① 목격자로부터 목격경위, 목격위치, 목격상황에 대하여 청취하여야 한다.
② 부상을 입은 피해자에게는 정보를 수집하지 않아야 한다.
③ 소방관계자로부터 출동당시의 화세 및 확산경로에 대한 정보를 수집하여야 한다.
④ 관리자로부터 건물의 구조, 발화범위 내의 물건, 화기시설 등에 대하여 질문하여야 한다.

해설
화재현장에 도착하여 피해상황조사를 위한 효과적인 화재관계자 확보요령으로 화상을 입거나 머리카락이 그을리거나 코에 검게 그을음이 묻은 사람을 확보하여 질문한다.

54 화재현장에서 질문 내용의 녹음방법으로 옳은 것은?

① 질문은 길게 하고 간결한 답변을 요구한다.
② 사전에 녹음사실을 알리고 임의적 진술을 확보한다.
③ 진술거부시 유도심문을 한다.
④ 관계자의 심리적 상태를 고려하여 2~3일 후 면담을 한다.

해설
질문은 짧게 하고 유도심문은 삼가며, 신속하게 질문하고 기록한다.

56 화면의 일부만을 측광하는 방식으로 주 피사체의 정확한 노출을 측광할 수 있는 측광방식은?

① 평균 측광
② 중앙부 중점 측광
③ 스팟 측광
④ 다분할 측광

해설
스팟(Spot) 측광
피사체가 어두울 경우 아주 작은 범위(중앙부의 2.5~4%)를 측광하는 방식으로, 쉽게 말하면 좀 더 세밀하게 부분의 노출을 찾는 방법이다. 역광사진이나 촛불사진 등에 적합하다.

53 ① 54 ② 55 ② 56 ③ **정답**

57 사후강직에 대한 설명으로 가장 옳은 것은?

① 사후강직은 주변 온도에 영향을 받지 않는다.

② 사후강직은 사망 후 혈액이 침하되는 현상이다.

③ 사후강직은 형성 이후 계속 변화가 없다.

④ 사망 직전의 급격한 근육활동은 사후강직의 시작을 빠르게 한다.

해설
사후강직은 주변 온도에 영향을 받는다. 사망 후 혈액이 침하되는 현상은 시반이고, 사후 12시간을 전후해서 최고에 달하고 1~2일 이 상태가 이어져 발현순서에 따라서 완화(緩和)되며, 2~7일에 완전히 풀린다.

58 화재현장 사진 촬영 시 일반적인 주의사항으로 틀린 것은?

① 발화부로부터 외부 방향순으로 촬영한다.

② 오래 보존할 수 없는 물질·물건·사망자 등을 먼저 촬영한다.

③ 접사촬영 시 미세한 흔들림도 방지할 수 있도록 삼각대를 사용한다.

④ 촬영된 일자와 시간은 카메라 장치의 기억기능을 이용하여 사진을 기록한다.

해설
발화부 주변현장은 구조물의 외부에서 내부로 촬영

59 화재조사서류에 대한 설명으로 옳은 것은?

① 화재조사 결과에 대한 소방기관으로서의 최종의사결정을 기록한 문서이다.

② 화재조사서류는 화재현장을 기록한 자료로서 반영구적으로 보존한다.

③ 화재조사서류는 비밀문서로 정보공개 대상에 해당하지 않는다.

④ 화재조사서류는 단순히 참고자료로 법정에서는 증거자료로 사용하지 않는다.

해설
화재발생종합보고서는 영구적으로 보관하여야 하고, 비공개 대상에 해당되지 않으며 법정에서 증거자료로 활용되고 있다.

60 화재로 발생한 열에 의해 유리창이 파손되는 과정을 설명한 것으로 옳은 것은?

① 열을 받은 유리가 녹으면서 부서진다.

② 화재가 발생한 실내의 높아진 압력에 의해 부서진다.

③ 유리면의 온도차에 의한 응력으로 부서진다.

④ 유리를 구성하는 규소의 열분해에 의해 부서진다.

해설
유리의 잔금은 급격한 열에 의하여 발생한 것이 아니라 유리가 냉각되면서 발생할 수 있다. 그 예로는 고열을 받은 유리에 소화수를 뿌리면 지속적으로 잔금이 발생한다.

61 화재피해액 산정에 관한 설명으로 옳은 것은?

① 최종잔가율은 건물, 부대설비, 구축물, 가재도구의 경우 20%, 기타의 경우 10%로 한다.
② 화재로 인한 건물의 피해액은 화재피해 대상건물과 동일한 구조, 용도, 질, 규모의 건물 재건축비에서 손해율을 곱한 금액이 된다.
③ 건물의 소실면적 산정은 소실 연면적으로 산정한다.
④ 간이평가방식에 의한 부대설비의 피해액 산정에 있어 전등 및 전열설비 등 기본적 전기설비만 설치되어 있어도 별도로 부대시설 피해액을 산정한다.

해설
② 화재로 인한 건물의 피해액은 화재피해 대상건물과 동일한 구조, 용도, 질, 규모의 건물을 재건축하는 데 소요되는 금액(이하 '재건축비'라 함)에서 사용손모 및 경과연수에 대응한 감가공제를 한 다음 손해율을 곱한 금액이 된다.
③ 건물의 소실면적 산정은 소실 바닥면적으로 산정한다.
④ 간이평가방식에 의한 부대설비의 피해액 산정은 공식에 의하되, 전등 및 전열설비 등 기본적 전기설비만 되어 있는 경우에는 해당 기본 전기설비는 건물신축단가표의 표준단가에 포함되어 있으므로, 별도로 부대시설 피해액을 산정하지 아니한다.

62 화재현황조사서 작성 시 화재원인에 반드시 기재해야할 사항이 아닌 것은?

① 연소확대 사유 ② 발화열원
③ 발화요인 ④ 최초착화물

해설
화재현황조사서 중 화재원인은 발화열원, 발화요인, 최초착화물, 발화개요로 구성된다.

63 예술품 및 귀중품의 피해액 산정을 위한 기준으로 옳은 것은?

① 시중매매가격
② 감정서의 감정가액
③ 회계장부상의 구입가액
④ 수리비에 의한 방식

해설
예술품 및 귀중품에 대해서는 공인감정기관에서 인정하는 금액을 화재로 인한 피해액으로 산정한다. 그러므로 복수의 전문가(전문점, 학자, 감정인 등)의 감정을 받거나 감정서 등의 금액을 피해액으로 인정하며, 감가공제는 하지 아니한다.

64 화재조사 보고서식인 질문기록서 작성을 생략할 수 있는 화재는?

① 건물·구조물 화재
② 자동차·철도차량 화재
③ 선박·항공기 화재
④ 임야 화재

해설
기타 화재 중 쓰레기, 모닥불, 가로등, 전봇대 화재 및 임야 화재의 경우 질문기록서 작성을 생략할 수 있다.

65 화재현황조사서에 기재된 발화요인 분류에 해당하지 않는 것은?

① 전기적 요인 ② 기계적 요인
③ 부주의 ④ 담뱃불

해설
담배꽁초는 부주의에 해당한다.

66 목조 지붕틀 대골슬레이트잇기 건물로 사용 연수가 15년 경과된 일반공장의 잔가율은? (단, 일반공장의 내용연수는 30년이다)

① 20%　　　　　② 40%

③ 60%　　　　　④ 80%

$$잔가율 = [1 - (1 - 0.8 \times \frac{경과연수}{내용연수})]$$

$$= 1 - (0.8 \times \frac{15}{30}) = 0.6$$

67 건축·구조물 화재의 화재유형별 조사서 작성에 대한 설명으로 옳은 것은?

① 특정소방대상물의 분류 중 교정시설은 제외한다.

② 건물상태는 사용 중, 철거 중, 공가, 공사 중으로 나눈다.

③ 장소의 시설용도 분류 중 단독주택은 제외한다.

④ 연소확대 범위는 발화층으로 한정한다.

〈별지 제3-3호 서식〉의 2번 건물상태는 사용 중, 철거 중, 공가, 공사 중(신축, 증축, 개축, 기타)으로 구분한다.

68 선박을 3년 전 1,000만원에 구입하였다. 현재는 1,100만원에 재구입이 가능하고, 3년간 사용한 감가액을 300만원이라고 할 경우 현재의 시가는 얼마인가?

① 700만원　　　　② 800만원

③ 1,000만원　　　④ 1,100만원

대상별 현재시가를 정하는 방법

• 구입 시의 가격 : 재고자산(원재료, 부재료, 제품, 반제품, 저장품, 부산물 등)

• 구입 시의 가격에서 사용기간 감가액을 뺀 가격 : 항공기 및 선박 등

• 재구입 가격 : 상품 등

• 재구입 가격에서 사용기간 감가액을 뺀 가격 : 건물, 구축물, 시설, 기계장치, 공구 및 기구, 차량 및 운반구, 집기비품, 가재도구 등

69 화재조사서류 중 작성자가 다른 것은?

① 화재현장조사서

② 화재피해조사서

③ 화재현장출동보고서

④ 질문기록서

화재현장출동보고서는 화재현장에 출동한 소방공무원이 실제로 관찰·확인한 연소상황이나 관계자로부터 얻은 정보를 직접 기재한다. 화재현장조사서, 화재피해조사서, 질문기록서는 화재조사관이 작성한다.

70 화재발생종합보고서 작성 시 유의사항으로 틀린 것은?

① 동일범이 아닌 각기 다른 사람에 의한 방화는 동일 대상물에서 발생했더라도 각각 별건의 화재로 보아 각각 보고서를 작성한다.

② 관할구역이 2개소 이상 걸쳐 발생한 화재는 별건의 화재로 보아 해당 관할구역에서 각각 보고서를 작성한다.

③ 동일 소방대상물의 발화점이 2개소 이상 있는 지진, 낙뢰 등 자연현상에 의한 다발화재는 1건의 화재로 보아 보고서를 1건만 작성한다.

④ 동일 소방대상물의 발화점이 2개소 이상 있는 누전점이 동일한 누전에 의한 화재는 1건의 화재로 보아 보고서를 1건만 작성한다.

해설

화재건수 결정

1건의 화재란 1개의 발화지점에서 확대된 것으로 발화부터 진화까지를 말한다. 다만, 다음 경우는 각 호에 따른다.

• 동일범이 아닌 각기 다른 사람에 의한 방화, 불장난은 동일 대상물에서 발화했더라도 각각 별건의 화재로 한다.

• 동일 소방대상물의 발화점이 2개소 이상 있는 다음의 화재는 1건의 화재로 한다.
  – 누전점이 동일한 누전에 의한 화재
  – 지진, 낙뢰 등 자연현상에 의한 다발화재

• 발화지점이 한 곳인 화재현장이 둘 이상의 관할구역에 걸친 화재는 발화지점이 속한 소방서에서 1건의 화재로 산정한다. 다만, 발화지점 확인이 어려운 경우에는 화재피해금액이 큰 관할구역 소방서의 화재 건수로 산정한다.

71 화재피해내역 산정 시 필요한 재구입비에 대한 설명으로 가장 거리가 먼 것은?

① 화재당시 피해물과 같거나 비슷한 것을 재건축하는 데 필요한 금액

② 화재당시 피해물과 같거나 비슷한 것을 재취득하는 데 필요한 금액

③ 재건축 시 설계·감리비를 포함한 금액

④ 화재당시 피해물과 같거나 비슷한 물건의 현재가 비율의 금액

해설

"재구입비"란 화재당시의 피해물과 같거나 비슷한 것을 재건축(설계·감리비를 포함한다) 또는 재취득하는 데 필요한 금액을 말한다.

72 「소방의 화재조사에 관한 법률」상 소방공무원과 경찰공무원의 협력해야 할 사항으로 틀린 것은?

① 제조물책임 등 방화·실화 수사에 관한 사항

② 화재조사에 필요한 증거물의 수집 및 보존에 관한 사항

③ 관계인등에 대한 진술 확보에 관한 사항

④ 화재현장의 출입·보존 및 통제에 관한 사항

해설

소방공무원과 경찰공무원의 협력 등(법 제12조)

소방공무원과 경찰공무원(제주특별자치도의 자치경찰공무원을 포함한다)은 다음의 사항에 대하여 서로 협력하여야 한다.

• 화재현장의 출입·보존 및 통제에 관한 사항

• 화재조사에 필요한 증거물의 수집 및 보존에 관한 사항

• 관계인등에 대한 진술 확보에 관한 사항

• 그 밖에 화재조사에 필요한 사항

73 철근콘크리트조 슬래브지붕 지상 3층 연면적 300m²의 건물 전체가 화재로 전소되어 구조체의 재사용이 불가능한 피해 발생 시 피해액은? (단, 신축단가 1,400천원, 내용연수 50년, 경과연수 25년, 손해율은 100%로 한다)

① 126,000천원
② 252,000천원
③ 320,000천원
④ 420,000천원

해설

1,400천원/m²×300m²

$\times [1-(0.8 \times \frac{25}{50})] \times 1 = 252,000천원$

74 화재현장출동보고서 작성 시 기재사항이 아닌 것은?

① 동원인력
② 현장도착 시 발견사항
③ 소방대 이외의 강제적인 진입흔적
④ 도착하여 처음 일을 실행한 일의 지점 및 유형

75 화재발생종합보고서의 보존기간은?

① 3년　　　　② 5년
③ 10년　　　　④ 영 구

76 화재피해액 산정에 있어서 원칙으로 사용하고 있는 방법은?

① 수익환원법
② 복성식평가법
③ 매매사례비교법
④ 간이평가방식에 의한 산정법

해설

화재조사 실무에서 손해액 또는 피해액을 산정하는 방법은 복성식평가법을 원칙으로 하되 이 방법이 불합리하거나 매매사례비교법 또는 수익환원법이 오히려 합리적이고 타당하다고 판단된 경우에 한하여 예외적으로 사용한다.

• 복성식평가법 : 재건축 또는 재취득하는 데 소요되는 비용에서 사용기간의 감가수정액을 공제하는 방법으로 대부분의 물적 피해액 산정에 사용한다.
• 매매사례비교법 : 당해 피해물의 시중 매매사례가 충분하여 유사 매매사례를 비교하여 산정하는 방법으로 차량, 예술품, 귀중품, 귀금속 등이 피해액 산정에 사용한다.
• 수익환원법 : 피해물로 인해 장래에 얻을 수익액에서 당해 수익을 얻기 위해 지출되는 제반비용을 공제하는 방법에 의하는 방법으로 유실수 등에 있어 수확기간에 있을 때 사용한다.

77 화재유형별조사 서식의 종류가 아닌 것은?

① 임야 화재
② 특수 화재
③ 자동차 · 철도차량화재
④ 선박 · 항공기화재

해설

화재유형별조사서의 구분

• 화재유형별조사서(건축 · 구조물화재) : 별지 제6호 서식
• 화재유형별조사서(자동차 · 철도차량화재) : 별지 제6호의2 서식
• 화재유형별조사서(위험물 · 가스제조소등 화재) : 별지 제6호의3 서식
• 화재유형별조사서(선박 · 항공기화재) : 별지 제6호의4 서식
• 화재유형별조사서(임야화재) : 별지 제6호의5 서식

78 소방·방화시설 활용조사서의 분류에 해당하지 않는 것은?

① 소화시설
② 경보설비
③ 피난설비
④ 전기설비

79 치외법권지역 등 조사권을 행사할 수 없는 경우에 대한 조사서류 작성에 대한 설명으로 옳은 것은?

① 화재현장출동보고서만 작성한다.
② 화재현장출동보고서, 질문기록서, 화재발생종합보고서를 작성한다.
③ 치외법권지역은 조사권을 행사할 수 없으므로 보고서를 작성하지 않아도 된다.
④ 조사 가능한 내용만 조사하여 화재발생종합보고서 내지 화재현장조사서 중 해당 서류를 작성한다.

80 화재조사의 방법 및 사상자에 대한 설명으로 옳은 것은?

① 화재조사관은 화재출동과 동시에 조사활동을 개시하여야 한다.
② 화재조사관은 화재발생 사실을 인지하는 즉시 화재조사를 시작해야 한다.
③ 경상이란 입원치료를 필요로 하지 않는 것은 제외한다.
④ 중상이란 72시간 이내 입원치료를 요하는 부상을 말한다.

81 「소방의 화재조사에 관한 법률」상 관계 기관 등의 협조에 관한 사항으로 옳지 않은 것은?

① 소방관서장, 중앙행정기관의 장, 지방자 치단체의 장은 화재조사에 필요한 사항 에 대하여 서로 협력하여야 한다.

② 소방관서장, 보험회사, 그 밖의 관련 기관·단체의 장은 화재조사에 필요한 사항에 대하여 서로 협력하여야 한다.

③ 개인정보를 포함한 보험가입 정보 제공을 요청받은 기관은 정당한 사유가 없어도 이를 거부할 수 있다.

④ 소방관서장은 화재원인 규명 및 피해액 산출 등을 위하여 필요한 경우에는 금융감독원, 관계 보험회사 등에 개인정보를 포함한 보험가입 정보 등을 요청할 수 있다.

해설
개인정보를 포함한 보험가입 정보 제공을 요청받은 기관은 정당한 사유가 없으면 이를 거부할 수 없다.

82 「소방의 화재조사에 관한 법률 시행령」에 따른 국가화재정보시스템 운영에 관한 사항에서 수집·관리해야 할 내용으로 옳지 않은 것은?

① 관계인의 보험가입 정보 등에 관한 사항

② 화재예방 관계 법령 등의 이행 및 위반 등에 관한 사항

③ 소방시설 등의 설치·관리 및 작동 여부에 관한 사항

④ 복구활동에 관한 사항

해설
국가화재정보시스템의 운영(제14조)
소방청장은 국가화재정보시스템을 활용하여 다음 각 호의 화재정보를 수집·관리해야 한다.

1. 화재원인
2. 화재피해상황
3. 대응활동에 관한 사항
4. 소방시설 등의 설치·관리 및 작동 여부에 관한 사항
5. 화재발생건축물과 구조물, 화재유형별 화재위험성 등에 관한 사항
6. 화재예방 관계 법령 등의 이행 및 위반 등에 관한 사항
7. 법 제13조 제2항에 따른 관계인의 보험가입 정보 등에 관한 사항
8. 그 밖에 화재예방과 소방활동에 활용할 수 있는 정보

83 「형법」상 과실로 인하여 사람이 주거로 사용하거나 사람이 현존하는 건조물, 기차, 전차, 자동차 등을 불태운 자에 대한 벌금은?

① 1,000만원 이하의 벌금

② 1,500만원 이하의 벌금

③ 2,000만원 이하의 벌금

④ 3,000만원 이하의 벌금

해설
실화(형법 제170조)
과실로 인하여 제164조(현주건물 등에의 방화) 또는 제165조(공용건조물 등에의 방화)에 기재한 물건 또는 타인의 소유에 속하는 제166조(일반건조물 등에의 방화)에 기재한 물건을 불태운 자는 1천 500만원 이하의 벌금에 처한다.

84 화재현장에서의 증거물이 법정에 제출되는 경우 증거로서의 가치를 상실하지 않도록 준수해야 하는 적법한 절차에 관한 사항으로 옳은 것은?

① 관련 법규 및 지침에 규정된 일반적인 원칙과 절차를 준수한다.
② 화재조사에 필요한 증거수집은 화재피해자의 피해를 최대화하도록 하여야 한다.
③ 화재증거물은 과학적, 형식적인 수단을 통해 진정성, 무결성이 보존되어야 한다.
④ 최종적으로 법정에 제출되는 화재증거물은 증거의 훼손 방지를 위하여 사본을 제출한다.

해설
증거물에 대한 유의사항
• 화재조사에 필요한 증거수집은 화재피해자의 피해를 최소화하도록 하여야 한다.
• 화재증거물은 과학적, 절차적인 수단을 통해 진정성, 무결성이 보존되어야 한다.
• 최종적으로 법정에 제출되는 화재증거물의 원본성이 보장되어야 한다.
• 화재증거물을 획득할 때에는 증거물이 오염, 훼손, 변형되지 않도록 적절한 장비를 사용하여야 하며, 방법의 신뢰성이 유지되어야 한다.

85 「실화책임에 관한 법률」에 관한 설명 중 틀린 것은?

① 실화자에게 중대한 과실이 없는 경우 그 손해배상액의 경감에 관한 「민법」 제765조의 특례를 정함을 목적으로 한다.
② 적용범위는 실화로 인하여 화재가 발생한 경우 연소로 인한 부분에 관한 손해배상 청구에 한하여 적용한다.
③ 실화가 중대한 과실로 인한 피해액수가 많은 경우 배상의무자는 법원에 손해배상액 경감을 청구할 수 있다.
④ 손해배상액을 경감하는 고려 대상에는 피해확대를 방지하기 위한 실화자의 노력, 피해자의 경제상태 등이 있다.

해설
이 법은 실화로 인하여 화재가 발생한 경우 연소(延燒)로 인한 부분에 대한 손해배상청구에 한하여 적용한다(제2조).

86 시청을 방화한 경우, 방화 시 민원인들이 시청 내에 있었다면 어떤 범죄가 성립하는가?

① 공용건조물 등에의 방화죄
② 현주건조물 등에의 방화죄
③ 일반건조물 등에의 방화죄
④ 일반물건에의 방화죄

해설
현주건조물 등에의 방화죄(형법 제164조)
불을 놓아 사람이 주거로 사용하거나 사람이 현존하는 건조물, 기차, 전차, 자동차, 선박, 항공기 또는 지하채굴시설을 불태운 자

87 특수건물 소유자가 가입하는 보험의 보험금액에 대한 설명으로 틀린 것은?

① 화재보험 : 특수건물의 시가에 해당하는 금액
② 특수건물의 시가 결정에 관한 기준 : 대통령령
③ 손해배상책임보험 중 사망의 경우 : 피해자 1명당 5천만원 이상으로서 대통령령으로 정하는 금액
④ 손해배상책임보험 중 부상의 경우 : 피해자 1명당 사망자에 대한 보험금액의 범위에서 대통령령으로 정하는 금액

해설
보험금액의 시가의 결정기준 : 총리령으로 정함

88 「화재로 인한 재해보상과 보험가입에 관한 법률」에 따른 특수건물의 기준으로 틀린 것은?

① 종합병원 또는 병원으로 사용하는 건물로서 연면적의 합계가 3,000m² 이상인 건물
② 일반음식점영업으로 사용하는 부분의 바닥면적의 합계가 2,000m² 이상인 건물
③ 목욕장업으로 사용하는 부분의 바닥면적의 합계가 2,000m² 이상인 건물
④ 영화상영관으로 사용하는 부분의 바닥면적의 합계가 1,000m² 이상인 건물

해설

특약부화재보험 가입의무 특수건물

연면적이 1,000m² 이상	바닥면적의 합계가 2,000m² 이상	바닥면적의 합계가 3,000m² 이상	연면적이 3,000m² 이상	16층 이상	11층 이상 실내 사격장
국·공유재산 중 건물 및 부속건물	• 다중이용업소(학원, 목욕장업, 영화상영관, 게임제공업, 인터넷게임시설제공업, 노래연습장업, 일반·휴게음식점영업, 단란주점영업, 유흥주점영업으로 사용하는 건물) • 실내사격장 : 면적제한 없이 의무가입 대상	숙박업, 대규모 점포로 사용하는 건물, 도시철도역사 및 역무시설로 사용하는 건물	종합병원 및 병원, 관광숙박업, 공연장, 방송사업 목적건물, 농수산물도매시장 및 민영농수산물도매시장, 학교, 공장	아파트 및 부속건물	모든 건물

• 옥상부분으로서 그 용도가 명백한 계단실 또는 물탱크실인 경우에는 층수로 산입하지 아니하며, 지하층은 이를 층으로 보지 아니한다.
• 16층 이상의 아파트 단지 내에 관리주체에 의하여 관리되는 동일한 아파트 단지 안에 있는 15층 이하의 아파트를 포함한다.
• 11층 이상의 건물 중 아파트, 창고, 모든 층을 주차용도로 사용하는 건물, 공제에 가입한 지방자치단체건물 및 지방공기업소유 건물 제외한다.

89 「소방의 화재조사에 관한 법령」상 명시된 화재현장 보존 등을 위하여 소방관서장이 설정한 통제구역을 허가 없이 화재현장에 있는 물건 등을 이동시키거나 변경·훼손한 사람의 벌칙기준은?

① 500만원 이하의 벌금
② 300만원 이하의 벌금
③ 700만원 이하의 벌금
④ 1천만원 이하의 벌금

해설

벌칙(법 제21조)
화재현장 보존 등을 위하여 소방관서장이 설정한 통제구역을 허가 없이 화재현장에 있는 물건 등을 이동시키거나 변경·훼손한 사람은 300만원 이하의 벌금에 처한다.

90 「소방의 화재조사에 관한 법률」상 소방공무원과 경찰공무원의 협력에 관한 사항으로 (   )에 알맞은 내용은?

> 소방관서장은 방화 또는 실화의 혐의가 있다고 인정되면 지체 없이 (   )에게 그 사실을 알리고 필요한 증거를 수집·보존하는 등 그 범죄수사에 협력하여야 한다.

① 시·도지사
② 관할 구청장
③ 관할 경찰청장
④ 경찰서장

해설

소방공무원과 경찰공무원의 협력 등(법 제12조)
소방관서장은 방화 또는 실화의 혐의가 있다고 인정되면 지체 없이 경찰서장에게 그 사실을 알리고 필요한 증거를 수집·보존하는 등 그 범죄수사에 협력하여야 한다.

91 다음 중 범칙행위를 한 사람으로서 경범죄 처벌법상 범칙자에 해당하는 사람은?

① 나이가 18세 이상인 사람
② 피해자가 있는 행위를 한 사람
③ 범칙행위를 상습적으로 하는 사람
④ 죄를 지은 동기나 수단 및 결과를 헤아려 볼 때 구류처분을 하는 것이 적절하다고 인정되는 사람

해설
"범칙자"란 범칙행위를 한 사람으로서 다음 하나에 해당하지 아니하는 사람을 말한다.
• 범칙행위를 상습적으로 하는 사람
• 죄를 지은 동기나 수단 및 결과를 헤아려볼 때 구류 처분을 하는 것이 적절하다고 인정되는 사람
• 피해자가 있는 행위를 한 사람
• 18세 미만인 사람

92 건축·구조물 화재의 소실 정도에 따른 분류 중 반소에 해당되는 것은?

① 건물의 70% 미만 소실되었으나 잔존부분을 보수하여도 재사용이 불가능한 것
② 건물의 30% 이상 70% 미만이 소실된 것
③ 건물의 70% 이상 소실된 것
④ 건물의 70% 이상 소실되었으나 보수하여 재사용할 수 있는 것

해설
소실 정도

구 분	전소화재	반소화재	부분소화재
소실률	• 건물의 70% 이상 (입체면적에 대한 비율)이 소실된 화재 • 그 미만이라도 잔존 부분이 보수를 하여도 재사용 불가능한 것	건물의 30% 이상 70% 미만이 소실된 화재	전소·반소 이외의 화재

93 「화재로 인한 재해보상과 보험가입에 관한 법률」상 특수건물 화재발생 시 소유자의 손해배상 책임의 한계로 옳은 것은?

① 배상은 과실이 있는 경우에만 해당한다.
② 그 건물의 화재로 인하여 다른 사람이 사망하거나 부상을 입었을 때에는 과실이 없는 경우에도 그 손해를 배상할 책임이 있다.
③ 특약부화재보험에 부가하여 화재 이외에 풍재·수재 또는 건물의 무너짐 등으로 인한 손해를 담보하는 보험에 가입할 수 없다.
④ 특수건물 소유자의 손해배상책임에 관하여는 「화재로 인한 재해보상과 보험가입에 관한 법률」에 규정하는 것 이외에는 「상법」에 따른다.

해설
특수건물의 소유자는 그 건물의 화재로 인하여 다른 사람이 사망하거나 부상을 입었을 때에는 과실이 없는 경우에도 제8조에 따른 보험금액의 범위에서 그 손해를 배상할 책임이 있다. 「실화책임에 관한 법률」에도 불구하고, 특수건물 소유자에게 경과실(輕過失)이 있는 경우에도 또한 같다.

94 증거물 수집에 관한 설명으로 틀린 것은?

① 증거물의 소손 또는 소실 정도가 심하여 증거물의 일부분 또는 전체가 유실될 우려가 있는 경우는 증거물을 밀봉해야 한다.
② 증거물이 파손될 우려가 있는 경우에 충격금지 및 취급방법에 대한 주의사항을 증거물의 포장 외측에 적절하게 표기해야 한다.
③ 증거물 수집과정에서는 증거물의 수집자, 수집 일자, 상황 등에 대하여 기록을 남겨야 하며, 기록은 가능한 법과학자용 표지 또는 태그를 사용하는 것을 원칙으로 한다.
④ 증거물을 수집할 때는 휘발성이 낮은 것에서 높은 순서로 진행해야 한다.

증거물을 수집할 때는 휘발성이 높은 것에서 낮은 순서로 진행해야 한다.

95 「국가배상법」상 배상신청에 관한 설명 중 틀린 것은?

① 손해배상의 소송은 배상심의회에 배상신청을 거친 후 제기할 수 있다.
② 지방자치단체에 대한 배상신청사건을 심의하기 위하여 법무부에 본부심의회를 둔다.
③ 배상금을 지급받으려는 자는 그 주소지·소재지 또는 배상원인 발생지를 관할하는 지구심의회에 배상신청을 해야 한다.
④ 대통령령으로 정하는 일정액 이상의 배상액을 배상신청을 하고자 하는 때에도 지구심의회에 신청해야 한다.

현행법상 임의적 결정전치주의를 채택하고 있어 손해배상 소송은 배상심의회에 배상신청을 하지 않고도 법원에 소송을 제기할 수 있다(국가배상법 제9조).

96 「소방의 화재조사에 관한 법률 시행령」에 따른 화재합동조사단의 구성·운영할 수 있는 대형화재를 모두 고르시오.

> 가. 사망자가 5명 이상 발생한 화재
> 나. 화재로 인한 사회적·경제적 영향이 광범위하다고 소방관서장이 인정하는 화재
> 다. 이재민 100명 이상 발생 화재
> 라. 재산피해 50억원 이상 추정되는 화재

① 가, 라
② 가, 나
③ 가, 나, 라
④ 가, 나, 다, 라

화재합동조사단의 구성·운영(시행령 제7조)

소방관서장이 화재합동조사단의 구성·운영할 수 있는 대통령령으로 정하는 "대형화재"란 다음의 화재를 말한다.
• 사망자가 5명 이상 발생한 화재
• 화재로 인한 사회적·경제적 영향이 광범위하다고 소방관서장이 인정하는 화재

97 화재조사 전담부서에 갖추어야 할 장비와 시설 중 발굴용구에 해당하지 않은 것은?

① 공구세트
② 정밀 저울
③ 휴대용 열풍기
④ 이동용 진공청소기

발굴용구(8종)

공구세트, 전동 드릴, 전동 그라인더(절삭·연마기), 전동 드라이버, 이동용 진공청소기, 휴대용 열풍기, 에어컴프레서(공기압축기), 전동 절단기

98 「형법」상 현주건조물 등에의 방화죄에 대한 처분으로 옳은 것은? (단, 사람을 상해 및 사망에 이르게 한 경우는 제외한다)

① 무기 또는 3년 이상의 징역
② 무기 또는 5년 이상의 징역
③ 무기 또는 7년 이상의 징역
④ 무기 또는 10년 이상의 징역

현주건조물 등에의 방화(치사상)죄

구체적 범죄내용		형 량
불을 놓아 사람이 주거로 사용하거나 사람이 현존하는 건조물, 기차, 전차, 자동차, 선박, 공기 또는 지하채굴시설	불태운 자	무기 또는 3년 이상의 징역
	상해에 이르게 한 자	무기 또는 5년 이상의 징역
	사망에 이르게 한 자	사형, 무기 또는 7년 이상의 징역

99 「특수건물 중 화재로 인한 재해보상과 보험 가입에 관한 법률」에 따른 특수건물 소유자의 손해 배상책임과 보험가입의 의무를 적용하지 아니하는 기준으로 틀린 것은?

① 대한민국에 파견된 국제연합의 기관 및 그 직원(외국인만 해당한다)이 소유하는 건물

② 대한민국에 파견된 외국의 대사·공사 또는 그 밖에 이에 준하는 사절이 소유하는 건물

③ 대한민국에 주둔하는 외국 군대가 소유하는 건물

④ 군사용 건물과 외국인 소유건물로서 행정안전부령으로 정하는 건물

해설
손해배상 책임과 보험가입의 의무를 적용제외 특수건물
- 대한민국에 파견된 외국의 대사·공사(公使) 또는 그 밖에 이에 준하는 사절(使節)이 소유하는 건물
- 대한민국에 파견된 국제연합의 기관 및 그 직원(외국인만 해당한다)이 소유하는 건물
- 대한민국에 주둔하는 외국 군대가 소유하는 건물
- 군사용 건물과 외국인 소유건물로서 대통령령으로 정하는 건물
  - 국방부장관이 지정하는 3층 이상의 건물
  - 국군통합병원의 진료부와 병동건물
  - 군인공동주택

100 미성년자가 타인에게 손해를 가한 경우에 그 행위의 책임을 변식할 지능이 없는 때에는 배상의 책임이 없다. 이 경우 「민법」상 미성년자임을 판단하는 연령과 그 산정방법으로 옳은 것은?

① 14세 미만, 출생일 산입

② 18세 미만, 출생일 불산입

③ 19세 미만, 출생일 산입

④ 20세 미만, 출생일 불산입

해설
- 「민법」 제4조(성년) 사람은 19세로 성년에 이르게 된다.
- 「민법」 제158조(연령의 기산점) 연령계산에는 출생일을 산입한다.

03 | 과년도 산업기사 기출변형문제 1회

화재조사론

01 연소범위에 영향을 미치는 요소에 대한 설명으로 틀린 것은?

① 온도가 높아질수록 연소범위는 넓어진다.
② 압력이 높아지면 하한값은 크게 변하지 않으나 상한값은 높아진다.
③ 고온·고압의 경우 연소범위는 넓어진다.
④ 혼합기를 이루는 공기의 산소농도가 높아질수록 연소범위는 좁아진다.

해설
산소농도가 높아질수록 연소범위는 넓어진다.

02 화재에 대한 설명으로 옳은 것은?

① 최성기 단계의 화재는 연료지배형이다.
② 플래시오버 단계는 환기지배형 연소단계에서 연료지배형 화재로 전환되는 단계이다.
③ 쇠퇴기 단계의 화재는 연료지배형이다.
④ 가연물 양과 환기량은 열방출률과 무관하다.

해설
③ 화재초기 단계와 쇠퇴기 단계에서 화재는 연료지배형이다.
① 최성기 단계의 화재는 환기지배형이다.
② 플래시오버 단계는 연료지배형 연소에서 환기지배형 연소가 되는 화재의 급격한 전이이다.
④ 건물 내의 구획된 부분과 밀폐된 장소에서의 연소속도를 결정하는 큰 요인은 가연물 양(화재하중)과 환기량이다.

03 25℃에서의 에탄의 위험도는 약 얼마인가?

① 3.1   ② 4.1
③ 5.1   ④ 6.1

해설
에탄의 연소범위는 3.0~12.5이므로 대입하면 다음과 같다.

$$H = \frac{U-L}{L} = \frac{12.5-3}{3} = 3.1$$

• H : 위험도
• U : 연소범위 상한계
• L : 연소범위 하한계

04 다음은 소방의 화재조사에 관한 법률에서 정한 화재조사의 실시에 관한 내용이다. 괄호 안에 적합한 용어는?

> 화재조사의 대상 및 절차 등에 필요한 사항은 (   )으로 정한다.

① 행정안전부령   ② 국무총리령
③ 대통령령   ④ 소방청 훈령

해설
화재조사의 실시(법 제5조)
① 소방청장, 소방본부장 또는 소방서장(이하 "소방관서장"이라 한다)은 화재발생 사실을 알게 된 때에는 지체 없이 화재조사를 하여야 한다. 이 경우 수사기관의 범죄수사에 지장을 주어서는 아니 된다.
② 소방관서장은 제1항에 따라 화재조사를 하는 경우 다음 각 호의 사항에 대하여 조사하여야 한다.
  1. 화재원인에 관한 사항
  2. 화재로 인한 인명·재산피해상황

3. 대응활동에 관한 사항
4. 소방시설 등의 설치·관리 및 작동 여부에 관한 사항
5. 화재발생건축물과 구조물, 화재유형별 화재위험성 등에 관한 사항
6. 그 밖에 대통령령으로 정하는 사항
③ 제1항 및 제2항에 따른 화재조사의 대상 및 절차 등에 필요한 사항은 대통령령으로 정한다.

05 화재 시 발생되는 연기에 대한 설명으로 틀린 것은?

① 가연물 연소 시 발생되는 열분해 생성물이다.
② 불완전 연소에 의해 많이 발생한다.
③ 연소 시의 발생가스로서 산소공급이 부족할 때 적은 양이 발생한다.
④ 화재 시 발생되어 시야장애 및 질식을 유발할 수 있다.

해설
연소 시의 발생가스로서 산소공급이 부족할 때 많은 양이 발생한다.

06 다음 화재 시 발생하는 연소가스 중 독성이 가장 큰 것은?

① 일산화탄소
② 포스겐
③ 이산화탄소
④ 염화수소

해설
각종 연소생성가스의 허용농도

가 스	허용농도	가 스	허용농도
이산화탄소	500ppm	이산화황	5ppm
일산화탄소	100ppm	염화수소	5ppm
황화수소	20ppm	포스겐	0.1ppm
시안화수소	10ppm	아크롤레인	0.1ppm

07 열전도율의 단위로 옳은 것은?

① kW/m^2
② $W/m^2 \cdot K$
③ $W/m \cdot K$
④ MJ/kg

08 화재조사 진행순서로서 옳은 것은?

① 현장관찰 → 관계자질문 → 발굴 → 감정
② 관계자질문 → 감정 → 발굴 → 현장관찰
③ 관계자질문 → 현장관찰 → 발굴 → 감정
④ 현장관찰 → 발굴 → 관계자질문 → 감정

09 화재현장 복원요령으로 가장 옳은 것은?

① 형체가 소실되어 배치가 불가능한 것은 끈이나 로프 또는 대용품을 사용하되 대용품이라는 것이 인식되도록 한다.
② 복원은 현장식별이 가능하지 않는 것도 복원한다.
③ 주로 예측에 의존하여 복원한다.
④ 관계인은 복원현장에 입회시키지 않는다.

해설
복원방법
• 복원은 발굴된 낙하물이나 도괴된 부분을 화재발생 전 상태로 재구성하는 것이다.
• 화재 특성상 유실물이 많아 100% 복원은 불가능하므로 식별이 확실한 것만 복원시킨다.
• 발굴된 물건의 위치를 명확히 한다.
• 복원에 필요시 동일한 대용재료를 사용하되 대용물임을 표시한다.
• 수직, 수평관통부의 부재인 목재나 알루미늄 등은 타거나 녹아서 남은 것, 가늘어진 것 등을 관찰하여 일치되는 곳을 맞춘다.
• 관계인을 입회시켜 복원상황을 확인한다.

10 수직평면과 수평평면 모두에서 나타나는 3차원 화재패턴은?

① V 패턴
② U 패턴
③ 포어 패턴(Pour Pattern)
④ 원추 패턴

> **해설**
> ①, ②는 벽면에 나타나는 수직패턴, ③은 가연성 액체에 의한 연소패턴으로 인화성 액체가연물이 바닥에 쏟아졌을 때 액체가연물이 쏟아진 부분과 쏟아지지 않은 부분의 탄화경계 흔적을 말하고 ④는 끝이 잘린 원추형태이다.
> • 다른 형태와는 달리 수직면과 수평면 모두에 나타나는 3차원의 화재형태
> • 천장이나 다른 수평면에 원 형태와 벽과 같은 수직면에 2차원 형태인 V자 형태가 나타남

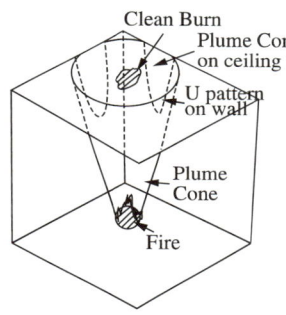

Clean Burn
Plume Cone on ceiling
U pattern on wall
Plume Cone
Fire

11 그림은 연소가 종료된 상황이다. 화재가 진행된 방향은?

① A → B
② B → A
③ C → A, B
④ D → A, B

> **해설**
> **수평면의 화재확산패턴**
>
>
>
> 화재예방   숯, 탄화

12 완전연소와 불완전연소에 대한 설명으로 옳은 것은?

① 완전연소일 때 화염의 온도가 높다.
② 불완전연소일 때 연기의 색은 무색이다.
③ 화염의 색은 공기유입량과 상관관계가 없다.
④ 일산화탄소로 인해 연기의 색은 검은색이다.

> **해설**
> ② 불완전연소일 때 연기의 색은 검은색이다.
> ③ 화염의 색은 공기유입량과 상관관계가 있다.
> ④ 탄소로 인해 연기의 색은 검은색이다.

13 사람의 체내에 있는 헤모글로빈의 일산화탄소 친화력은 산소에 비해 몇 배인가?

① 40~50배   ② 140~150배
③ 240~250배   ④ 340~350배

> **해설**
> **일산화탄소(CO)**
> • 무색·무취·무미의 가스로서 모든 종류의 유기 화합물이 연소할 때 발생하며, 특히 산소공급이 원활하지 못할 때 불완전연소에 의해 다량으로 발생한다.
> • 다량으로 발생하여 화재에서 가장 영향을 많이 끼치는 가스로 취급되며, 허용농도는 50ppm이다.
> • 혈액 내의 헤모글로빈(Hb)과 결합하여 일산화헤모글로빈(CO-Hb)을 생성함으로써 산소의 운반기능을 차단해 질식(화학적 질식)을 유발한다.
> • 헤모글로빈과의 친화력은 산소의 헤모글로빈과의 친화력보다 약 210배나 크므로 호흡하는 대기 중에 존재하면 헤모글로빈이 선택적으로 반응하여 질식 위험이 높다.
> • 상온에서 염소와 작용하여 유독성 가스인 포스겐($COCl_2$)을 생성하기도 한다.
> • 일산화탄소의 인체반응
>
> | 공기 중의 농도(%) | 경과시간 | 인체반응 |
> |---|---|---|
> | 0.07 | 1시간 | 중독증세 나타남 |
> | 0.2 | 1시간 | 위 험 |
> | 0.4 | 1시간 | 사 망 |
> | 1.0 | 1분 | 사 망 |

14 「화재조사 및 보고규정」에서 정한 용어 중 내용연수의 정의로 옳은 것은?

① 고정자산을 경제적으로 사용할 수 있는 연수
② 유동자산을 경제적으로 사용할 수 있는 연수
③ 고정자산을 최대한 사용할 수 있는 연수
④ 유동자산을 최대한 사용할 수 있는 연수

15 다음 금속 중 용융점이 가장 낮은 것은?

① 알루미늄
② 납
③ 구 리
④ 스테인리스

16 수소 10%, 메탄 50%, 에탄 40%의 부피비로 혼합된 혼합기체가 있다. 이 혼합기체의 공기 중 폭발하한계는 몇 vol%인가? (단, 폭발범위는 수소 4~75vol%, 메탄 5~15vol%, 에탄 3.0~12vol%이다)

① 2.87vol%
② 3.87vol%
③ 4.87vol%
④ 5.87vol%

17 출화개소 판단 시 유의사항으로 틀린 것은?

① 발화지점과 연소확산된 경계구역을 구분한다.
② 건물 내·외부 연소상태를 비교 판단하여 화염의 이동 경로를 파악한다.
③ 출입구의 방향과 창문, 환기구 등 개구부는 변동요인이 많으므로 제외한다.
④ 붕괴되거나 도괴된 경우 해당 원인을 확인한다.

18 유류에 의해 만들어진 패턴으로 가장 거리가 먼 것은?

① 포어 패턴(Pour Pattern)

② 스플래시 패턴(Splash Pattern)

③ 도넛 패턴(Doughnut Pattern)

④ 버터플라이 패턴(Butterfly Pattern)

해설
가연성 액체에 의한 패턴

퍼붓기 패턴(포어 패턴), 스플래시 패턴, 고스트마크, 틈새연소 패턴, 도넛 패턴, 트레일러 패턴, 역원추 형태, 낮은 연소패턴, 불규칙 패턴, 무지개 효과가 있다.

19 다음 중 화염의 색에 따른 온도가 가장 높은 것은?

① 암적색   ② 황적색

③ 휘적색   ④ 백적색

해설
화염의 온도와 색

색 상	온도(℃)
담암적색	520
암적색	700
적 색	850
휘적색	950
황적색	1,100
백적색	1,300
휘백색	1,500 이상

20 기상폭발에 해당하지 않는 것은?

① 가스폭발   ② 증기폭발

③ 분진폭발   ④ 분해폭발

해설
기상폭발은 가스폭발(혼합가스폭발), 가스의 분해폭발, 분무폭발 및 분진폭발로, 응상폭발은 혼합위험성 물질에 의한 폭발, 폭발성 화합물의 폭발, 증기폭발로 분류할 수 있다.

제2과목   **화재감식론**

21 양초의 연소형태에 해당하는 것은?

① 확산연소   ② 작열연소

③ 액면연소   ④ 승화연소

해설
고체인 양초는 증발연소를 한다.
- 증발연소 : 고체 가연물이 열분해를 일으키지 않고 증발하여 증기가 연소되거나 먼저 융해된 액체가 기화하여 증기가 된 다음 연소하는 현상 예 황(S), 나프탈렌($C_{10}H_8$), 파라핀(양초)
- 확산연소는 기체의 연소형태이다.

22 발화온도가 낮은 것에서 높은 순서로 옳게 나타낸 것은?

① 셀룰로이드 < 명주 < 나무(목재)

② 나무(목재) < 셀룰로이드 < 명주

③ 나무(목재) < 명주 < 셀룰로이드

④ 셀룰로이드 < 나무(목재) < 명주

해설
셀룰로이드(180℃) < 나무(400~450℃) < 명주(650℃)

23 가공 송전로에 사용되는 전선의 구비조건으로 틀린 것은?

① 비중이 클 것

② 기계적 강도가 클 것

③ 내구성이 있을 것

④ 도전율이 높을 것

해설
가공송전선로는 발전소와 변전소 상호간 연결하는 전선으로서 전선의 구비조건은 다음과 같다.
- 도전률이 크고 기계적 강도가 강할 것
- 가요성 있고 내구성이 있을 것
- 가격이 저렴하고 대량생산이 가능할 것
- 비중(중량)이 적고 신장률은 클 것

24 선박의 추진기가 아닌 것은?

① 물분사 추진(Water Jet Propulsion)
② 상반회전 프로펠러(Counter-Rotating Propeller)
③ 포드 프로펠러(Pod Propeller)
④ 수중익(Hydrofoil)

해설

수중익

선체의 흘수선 아래에 장치된 날개. 항행(航行) 중에 날개가 돌아갈 때 발생하는 양력(揚力)에 의하여 선체를 부상시키고 물의 저항을 감소시키는 구실을 하며, 순항속도에 이르렀을 때 선체를 물 위로 들어올려 선체를 지탱해 준다.

25 가연물의 착화성에 대한 설명으로 틀린 것은?

① 종이, 섬유류보다는 기체상태의 가연성 증기가 착화가 쉽다.
② 초기 가연물이 전기배선인 경우 전선피복에 착화할 수 있다.
③ 전선의 단락 시 발생하는 열은 목재, 플라스틱 등 단면적이 큰 물질을 착화시키기 어렵다.
④ 플라스틱은 일반적으로 저온상태에서도 작은 점화원에 의해 쉽게 착화된다.

해설

플라스틱은 200~400℃에서 열분해되고 수열에 따라 변색 → 변형 → 용융 → 소실 순으로 진행된다.

26 산(Acid)에 대한 설명으로 틀린 것은?

① 다른 물질에 양성자를 줄 수 있는 물질
② 물속에서 수소이온(H^+)을 내놓은 물질
③ 비공유 전자쌍을 받아들이는 물질
④ 붉은 리트머스를 푸르게 변색시키는 물질

해설

④ 염기에 대한 설명이다.

27 메탄가스가 0℃에서 체적이 300mL이고 압력이 1기압으로 일정하다면, 100℃에서 체적은 몇 mL인가?

① 100.2
② 219.6
③ 409.8
④ 22,400

해설

보일 - 샤를의 법칙

$\dfrac{PV}{T_1} = K$ (일정), 압력이 일정하므로 정리하면 다음과 같다.

$$\frac{300}{(273+0)} = \frac{V_2}{(273+100)}$$

$V_2 = 409.8$

28 폭발범위가 6~13.2vol%인 가스의 위험도는?

① 0.45
② 0.55
③ 1.2
④ 2.2

해설

위험도 구하는 공식

$$H = \frac{U-L}{L} = \frac{13.2-6}{6} = 1.2$$

- H : 위험도
- U : 연소범위 상한계
- L : 연소범위 하한계

29 주택에 설치되는 보호장치 중 누전에 의한 화재예방기능이 있는 것은?

① 배선용 차단기
② 누전차단기
③ 퓨 즈
④ 커버나이프스위치(CKS)

해설

누전차단기의 누전트립장치는 누설(지락)전류를 검출해서 차단동작을 시행하는 장치이다.

30 다음 식은 어떤 화학반응에 속하는가?

$$Zn + CuO \rightarrow ZnO + Cu$$

① 치환반응   ② 분해반응
③ 중화반응   ④ 복분해반응

해설
단일 - 치환반응
A 원소는 BC 화합물과 반응하여 그 화합물 중 한
성분을 치환한다.
- $A + BC \rightarrow AC + B$(A는 금속일 때)
- $A + BC \rightarrow BA + C$(A는 비금속일 때)

31 수관화가 바람을 타고 번져갈 때 연소의 형
태로 옳은 것은?

① O형   ② D형
③ V형   ④ Z형

해설
수관화(樹冠火, Crown Fire)는 나무의 윗부분에 불이
붙어서 연속해서 수관에서 수관으로 태워 나가는 화재
를 말하며, 산 정상을 향해 바람을 타고 올라가며 바람
이 부는 방향으로 V자형 모양으로 번져나간다.

32 방화의 일반적인 특징에 대한 설명으로 옳
은 것은?

① 계절이나 일정한 주기로 발생하며 인명
피해를 동반하는 경우가 많다.
② 단독범행이 많고 피해범위가 넓다.
③ 우발적으로 실행하기보다는 계획적으로
실행하며 주간에 많이 발생한다.
④ 남성에 비해 여성에 의해 실행되는 빈도
가 높고 아파트에서 많이 발생한다.

해설
방화의 특징
- 단독범행이 많고 검거가 어렵다. 예외로 보험사기
방화는 공범에 의한 경우가 많다.
- 주로 인적이 드문 야간이나 심야에 많이 발생하며
조기 발견이 어렵다.
- 착화가 용이한 인화성 물질(휘발유, 석유류, 시너
등)을 방화수단촉진제로 사용한다.
- 피해범위가 넓고 인명을 대상으로 한 범죄가 많다.
- 계절이나 주기와 상관없이 발생한다.
- 음주를 하거나 약물복용을 한 후 비이성적 상태에
서 실행에 옮기는 경향이 늘고 있다.
- 현장에서 발견된 용의자들은 극도의 흥분과 자제
력을 상실한 상태로 폭력성을 보인다.
- 계획적이기보다는 우발적으로 발생하는 경우가 높다.
- 여성에 비해 남성이 실행하는 빈도가 상대적으로
높다.
- 옥내외 구분없이 발생하고 있으나 주택 및 차량에
서 발생하는 비율이 가장 높고 개방된 건물계단과
방치된 쓰레기더미, 주택가 골목 등 남의 시선이
닿지 않는 곳에서 발생한다.
- 방화는 일반 화재사고에 은폐되어 초기대응과 지
속적 대응이 어렵고 소화활동상 특수성으로 증거
수집이 어렵다.

33 산불의 연소상태 및 연소부위에 따른 산불의 종류에 해당하지 않는 것은?

① 지표화   ② 비산화

③ 수관화   ④ 지중화

해설
산불의 종류 : 지표화, 수관화, 수간화, 지중화

34 「형법」상 방화에 대한 설명으로 옳은 것은?

① "현주건조물 등에의 방화"란 불을 놓아 사람이 주거로 사용하거나 사람이 현존하는 건조물, 기차, 전차, 자동차, 선박, 항공기 또는 지하채굴시설을 불태운 것을 말한다.

② "일반건조물 등에의 방화"란 불을 놓아 공용 또는 공익에 공하는 건조물, 기차, 전차, 자동차, 선박, 항공기 또는 지하채굴시설을 불태운 것을 말한다.

③ "공용건조물 등에의 방화"란 건조물, 기차, 전차, 자동차, 선박, 항공기, 임야 또는 지하채굴시설을 불태운 것을 말한다.

④ "일반물건에의 방화"란 불을 놓아 건조물, 기차, 전차, 자동차, 선박, 항공기, 임야 또는 지하채굴시설을 불태운 것을 말한다.

해설
② 공용건조물 등에의 방화
③ 일반건조물 등에의 방화 : 현주・공용에 기재한 이외의 건조물
④ 일반물건에의 방화 : 현주・공용・일반 이외의 물건을 소훼하여 공공의 위험을 발생시키는 것

35 자동차의 기본구조에 대한 설명으로 옳은 것은?

① 디젤엔진 자동차 : 연료와 공기의 혼합가스를 압축하여 놓은 전압의 전기적인 불꽃으로 연소시켜 동력을 발생하는 기관

② LPG 엔진 자동차 : 압축 천연가스와 공기의 혼합가스를 전기적인 불꽃으로 연소시켜 동력을 발생하는 기관

③ 가스 터빈 기관자동차 : 폭발적인 연소에 따른 진동이 없고 소형・경량이면서 고출력을 얻을 수 있는 기관

④ 하이브리드 자동차 : 전기로 물을 분해하여 수소만 따로 모아서 저장하였다가 다시 공기 중의 산소와 반응시켜 물과 열을 만들어 에너지를 만드는 기관

해설
①은 가솔린기관, ②는 왕복기관, ④는 수소연료전지자동차에 대한 설명이다.

36 양초 외염부의 불꽃 최고온도에 가장 가까운 것은?

① 1,800℃   ② 1,400℃

③ 900℃   ④ 700℃

해설
양초의 온도 분포
• 겉불꽃(약 1,400℃)
 − 금색 : 가장 바깥쪽의 거의 빛이 나지 않는 부분으로, 산소의 공급이 잘 되므로 완전연소되어 온도가 가장 높다.
• 속불꽃(약 1,100℃)
 − 주황색 : 겉불꽃 안쪽 부분으로 양초의 성분인 탄소 알갱이가 가열되어 밝게 빛나 보인다.
• 불꽃심(약 400~900℃) : 심지 부근의 어두운 부분으로, 양초의 기체가 아직 타지 않은 상태로 있는 것이다.

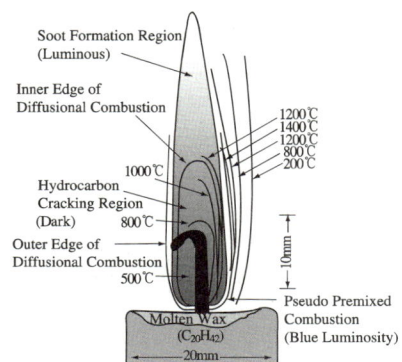

해설

선박기관의 회전속도에 의한 구분
- 저속기관 : 120rpm
- 중속기관 : 400~1,000rpm
- 고속기관 : 1,200~2,400rpm

39 PVC의 연소 시 특징적으로 발생하는 연소 가스는?

① 이산화황 ② 포스겐
③ 황화수소 ④ 암모니아

해설

염소계 재료

PVC 등 염소(Cl)를 포함한 재료가 연소될 경우에는 독성이 강한 염화수소(HCl), 염소가스(Cl_2), 포스겐 가스($COCl_2$)가 발생된다.

37 발화원과 가연물과의 관련성을 설명한 것으로 틀린 것은?

① 발화원의 잔해는 항상 그 주변에 남아 있다.
② 발화지점에서 주변으로 연소확대가 이루어진 경로의 존재를 입증한다.
③ 발화원은 발화에 직접 관계하거나 그 자체로부터 발화할 수 있다.
④ 발화원이 가연물을 착화시킬 수 있었는지를 입증한다.

해설

발화원은 완전연소되거나 소화작업으로 인해 그 잔해가 항상 그 주변에 남아있는 것은 아니다.

38 선박용 기관을 회전속도로 구분하는 방법은?

① 고속기관, 중속기관, 저속기관
② 2행정기관, 4행정기관
③ 터빈기관, 디젤기관, 가솔린기관
④ 과부하출력, 연속최대출력, 상용출력

40 자동차 냉각장치의 기능에 대한 설명으로 옳지 않은 것은?

① 워터재킷은 엔진에서 발생한 열을 식히기 위해서 실린더 블록이나 실린더 헤드에 있는 냉각수의 통로이다.
② 워터펌프는 냉각수를 순환시키는 펌프로 V벨트에 연결되어 구동된다.
③ 서모스탯은 엔진으로부터 라디에이터로 들어온 냉각수를 팬이나 차량의 주행에 의해 들어오는 공기에 의해 냉각시키기 위한 장치이다.
④ 팬은 라디에이터를 지나는 공기의 흐름을 빨리하여 라디에이터의 냉각을 증대하는 작용을 한다.

해설

서모스탯은 엔진이 정상온도에 도달하기 전까지 냉각수가 라디에이터로 들어가지 못하게 하는 역할을 하고 정상온도에 도달하면 냉각수를 라디에이터로 배출하고 낮은 온도의 냉각수를 유입, 순환시키는 엔진을 냉각시킨다.

41 다음 중 화재조사자가 작성하는 서식이 아닌 것은?

① 방화·방화의심조사서
② 소방·방화시설 활용조사서
③ 화재사후조사의뢰서
④ 화재·구조·구급상황보고서

해설
③ 관계자가 작성하는 서류양식이다.

42 유리의 연소형태를 설명한 것 중 옳은 것은?

① 화재열로 생긴 균열은 방사형 형태를 띤다.
② 급격하게 열과 접촉하면 잔금이 발생하며 변색된다.
③ 일반적으로 화재로 인한 압력은 유리창을 파괴할 정도로 강하지 않다.
④ 유리에 그을음의 부착은 인화성 촉진제가 사용된 증거이다.

해설
① 불규칙하고 완만한 곡선형태
③ 화재로 인한 압력이 약 0.014~0.028kPa인데 비해 보통의 창유리를 파괴하는 데 필요한 압력은 2.07~6.90kPa이다.

43 타임라인에 관한 설명으로 틀린 것은?

① 프로그램 평가 및 재검토 기술로서 시간 관리를 분석하거나 주어진 완성 프로젝트를 포함한 일을 묘사하는 데 쓰이는 모델이다.
② 화재발생의 시간정보는 범죄사실을 규명하기 위해 매우 중요한 정보를 제공한다.
③ 화재발생 시간정보, 화재진행 사항별 시간대별로 일목요연하게 볼 수 있다.
④ 화재정보 등 다양한 시간정보를 이용, 타임라인을 구성함으로써 화재발생현황, 활동 사항, 문제점 등을 분석할 수 있다.

해설
타임라인은 사건을 각 순서에 맞게 배열하고 시간의 흐름에 맞게 배열하는 작업이다.

44 화재현장 증거물의 비교표본에 관한 설명으로 틀린 것은?

① 비교표본의 수집의 주된 목적은 증거물로 남겨 놓기 위한 것이다.
② 비교표본은 같은 유형으로 오염되지 않은 것이다.
③ 비교표본은 원래의 표본과 같은 방식으로 포장하여 비교표본으로 표시한다.
④ 가급적 발화기기로 추정되는 장치와 동일한 것을 수집한다.

해설
비교표본의 수집목적은 감정을 통해 촉진제가 묻어 있는 물적 증거물과 상대적인 비교가 가능하기 때문이다.

45 화재현장에서 발견한 물적 증거물 중 열 충격에 의한 유리의 파손패턴에 대한 설명으로 틀린 것은?

① 유리의 파단선이 곡선을 나타낸다.
② 파손된 유리는 바닥으로 떨어져 2차 파괴가 일어날 수 있다.
③ 조사할 때는 최소 조각을 수거하여 파괴 기점을 파악한다.
④ 내부응력의 차이로 파손 형태가 달라진다.

해설

화재열에 의한 유리의 파손

유리의 수열영향 형태	감식내용
낙하방향	유리는 수열측이 보다 많이 낙하한다.
표면의 조개껍질 모양 박리	조개껍질모양 박리는 고온일수록 많고 깊다.
금이 가는 상태	유리는 수열정도가 클수록 작게 금이 간다.
용융상태	수열정도가 클수록 용융범위가 많아진다.
깨진 모양	약간 둥글고 매끄러운 반면 폭발은 날카롭다.

※ 화재로 인한 압력이 약 0.014kpa~0.028kpa인데 비해 보통 창유리를 파괴하는 데 필요한 압력은 약 2.07kpa~6.90kpa이다.

46 건축, 자동차, 임야, 항공기 화재 등과 같이 각기 다른 성격의 화재에 대하여 작성하여야 하는 화재조사서류 서식은?

① 화재유형별조사서
② 화재감식·감정보고서
③ 방화·방화의심조사서
④ 질문기록서

해설

화재유형별로 건축·구조물, 자동차·철도, 위험물·가스, 선박·항공기, 임야 화재조사서를 작성한다.

47 다음 중 법의학적 물리적 증거물로 가장 거리가 먼 것은?

① 지 문
② 혈 액
③ 신발자국
④ 촉진제

해설

물적 증거는 특정한 사실이나 결과에 대해 입증 또는 반증을 가능하게 하는 손으로 만질 수 있는 물적인 품목을 말한다.

48 화재현장에서의 물적 증거물에 관한 설명으로 틀린 것은?

① 화재현장의 환경에 따라 물증은 변하지 않는다.
② 화재원인의 추론에 따라 화재책임이 관련된다.
③ 특정사실이나 결과에 대하여 입증 또는 반증을 가능하게 한다.
④ 발화지점, 발화기기, 최초 착화물, 화재이동경로를 통하여 화재원인을 추론한다.

해설

화재의 물적 증거는 연소환경에 따라 달라지고 연소 후의 잔해형태도 달라진다.

49 증거물 관리에 대한 설명으로 틀린 것은?

① 어떠한 종류의 증거물이 발견되거나 조심스럽게 보존되었다고 할지라도 만약 완벽하게 관리되거나 문서로서 기록되지 않는다면 증거로서 가치는 없다.

② 증거목록의 전달에 있어서 관련된 인수자와 인계자의 서명과 전달일자와 시간이 반드시 기록되어야 한다.

③ 증거물의 파손을 최소화하거나 법정에서 입증해야 할 사람 수를 줄이기 위해서는 증거물을 취급하는 사람의 수를 최소화해야 한다.

④ 여러 사람이 같은 범죄현장에서 증거를 찾고 있다면 각각 증거기록을 유지하는 것이 바람직하다.

해설

최종적으로 법정에 제출되는 화재 증거물의 원본성이 보장되어야 하므로 각각 증거기록을 유지하는 것은 바람직하지 않다.

50 증거를 보호하기 위한 방법으로 틀린 것은?

① 현장이 기록되고 증거가 수집된 후라 할지라도 현장을 보존한다.

② 해당 지역의 정밀조사를 위하여 방수포로 덮어 놓는다.

③ 관계 지역을 폴리스라인 테이프로 격리한다.

④ 화재현장의 접근을 제한한다.

해설

증거물 보호

• 소방(경찰)을 배치 근무로 화재건물, 방 등 일정영역을 접근하지 못하도록 한다.
• 원뿔형 도로표지나 숫자 표시기로 정밀 조사 중임을 표시한다.
• 분해검사하기 전에 방수포로 그 영역을 덮어야 한다.
• 일정구역을 소방(경찰)활동구역으로 설정하여 출입을 통제한다.
• 화재현장에서 발견된 증거물은 빈 상자나 바구니 같은 것에 담는다.

51 액체 또는 고체 물질의 잔류물 증거 이동과정에서 발생할 위험성이 있는 것은?

① 표본오염 ② 분해오염
③ 비교오염 ④ 교차오염

해설

일반 플라스틱 용기에 담아 이동할 경우 교차오염이 발생할 위험이 있다.

52 화재조사서류 서식 중 질문기록서에 기재되어야 하는 사항이 아닌 것은?

① 쓰레기, 모닥불, 가로등과 같은 화재의 경우 질문기록서 작성을 생략할 수 있다.
② 출입문 상태 및 소방대 건물 진입방법을 기재한다.
③ 화재대상과의 관계를 기재한다.
④ 화재를 어떻게 해서 알게 되었는지를 기재한다.

② 출입문 상태 및 소방대 건물 진입방법은 선착대가 화재현장출동보고서에 기재할 내용이다.

53 구획실 내 수평면 화재확산패턴 증거에서 상향 또는 하향 확산패턴 여부를 규명하기 위한 조사의 핵심은?

① 복사열과 직접적인 화염접촉
② 수평면 소실부분 구멍의 경사면
③ 국부적인 훈소
④ 액체 위험물의 사용

수평면의 소실부분에 나타난 구멍은 상향일수록 넓고 하향부분에서는 좁게 나타나므로 경사면의 크기와 기울기를 통해 확산패턴의 증거가 될 수 있다.

54 화재로 인한 사체에 대한 설명 중 틀린 것은?

① 인체는 70% 이상의 수분으로 이루어져 있어 화재 시 연소되지 않는다.
② 화재로 인한 사체에서는 시반이 발견된다.
③ 사체에 수포, 홍반이 발생한 것은 화재 시 생존해 있었음을 나타내는 것이다.
④ 사체의 호흡기 계통에서 그을음이 발견되는 것은 화재 시 생존해 있었다는 것이다.

② 연소가스 중독 사망 시 깨끗한 선홍색 시반이 나타난다.
③ 화열에 의한 국부적인 피부충혈과 부어오르는 발적현상은 살아 있는 사람에게 나타나고 사체에는 화열을 작용시켜도 이와 같은 현상은 나타나지 않는다.
④ 화재 시 발생하는 연기를 흡입하여 매가 접액과 혼합되어 기도 내에 부착된다. 이는 화재 당시 살아있었다는 것이다.

55 표피 및 진피까지 손상되며 수포가 형성되는 화상으로 옳은 것은?

① 1도 화상
② 2도 화상
③ 3도 화상
④ 4도 화상

2도 화상(수포성) : 국부적인 화상으로 표피와 진피까지 손상된 화상을 말하며 수포를 형성한다.

56 화재현장 및 물적 증거 보존을 위한 고려사항 중 옳지 않은 것은?

① 화재현장 보존은 관계자의 피해를 최소화하도록 하여야 한다.
② 화재현장 출입통제 해제는 화재조사관이 임의로 결정할 수 있다.
③ 증거물 수집 및 저장, 이동 시 방법이 적절하지 못할 때 물리적 증거물이 오염될 수 있다.
④ 화재현장에서 부적절한 보존으로 물리적 증거물이 오염되면 증거물로서 가치가 떨어진다.

> **해설**
> 화재현장 출입통제 해제는 화재조사관이 임의로 결정할 수 없다.

57 사진 촬영 시 증거물의 크기를 명확하게 할 필요가 있을 때 사용되는 표식으로 옳은 것은?

① 번호표
② 눈금자
③ 통제선
④ 스트로보

> **해설**
> 크기가 작은 부품 등은 눈금자를 같이 촬영하거나 동일제품과 비교촬영한다.

58 가스레인지 화재 증거물 수집방법으로 적절하지 않은 것은?

① 초기연소상태를 변형시키지 않고 수집한다.
② 현장에서 스위치를 조작하지 않는다.
③ 표면의 그을음은 그대로 보존시켜 수집한다.
④ 중간밸브는 별도 증거물로 수집하지 않는다.

> **해설**
> 중간밸브의 개폐 여부는 증거물로써 매우 중요하므로 필히 수집하여야 한다.

59 콘크리트, 시멘트 바닥에 비닐타일 등이 접착제로 부착되어 있을 때 그 위로 석유류의 액체가연물이 쏟아져 화재 시 타일 등 바닥재의 틈새모양으로 변색되고 박리되기도 하는 흔적을 무엇이라고 하는가?

① 드롭다운 패턴
② 포어 패턴
③ 스플래시 패턴
④ 고스트마크

> **해설**
> 이 패턴의 특징은 플래시오버 직전과 같은 강력한 화재열기 속에서 발생하는 것이다.

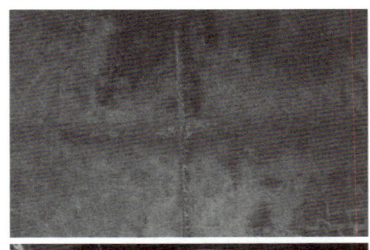

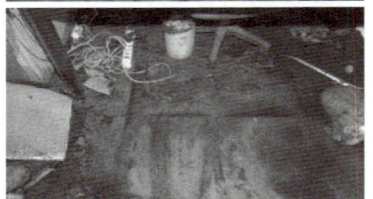

60 화재현장을 목격한 관계자에게 질문을 하고자 할 때 다음 설명 중 옳은 것은?

① 관계자에게 질문할 경우에는 이해관계가 있는 제3자가 참석하여야 한다.
② 관계자가 최초에 연소하였다고 진술한 부분이 바로 발화지점이다.
③ 정확한 화재원인을 파악하기 위해서는 유도질문도 인정된다.
④ 관계자에 대한 질문은 발화건물 및 화재발생의 원인 등을 추정하는 데 필요한 정보로 활용한다.

해설
① 이해관계가 있는 제3자가 있으면 진실을 말하는 경우가 적다.
② 관계자가 최초에 연소하였다고 진술한 부분이 꼭 발화지점인 것은 아니다.
③ 정확한 화재원인을 파악하기 위해서는 유도심문을 피하여 진술에 임의성을 확보하여야 한다.

제4과목 화재조사 관계법규 및 피해평가

61 화재조사서류 작성상의 유의사항으로 틀린 것은?

① 간결·명료하게 알기 쉬운 문장으로 작성
② 오자·탈자 등이 없는 문서로 작성
③ 기재항목이 빠지지 않도록 필요한 서류의 첨부
④ 차량과 선박 조사서류는 동일 양식으로 작성

해설
화재유형별조사서 중 자동차·철도차량 화재와 선박·항공기 화재양식은 각각 다르게 구성됨

62 「소방의 화재조사에 관한 법률」에 따른 화재조사 기법에 필요한 연구개발사업을 지원하는 시책을 누가 수립해야 하는가?

① 행정안전부장관
② 소방청장
③ 소방본부장
④ 소방서장

해설
연구개발사업의 지원(제20조)
소방청장은 화재조사 기법에 필요한 연구·실험·조사·기술개발 등(이하 이 조에서 "연구개발사업"이라 한다)을 지원하는 시책을 수립할 수 있다.

63 「소방의 화재조사에 관한 법률」상 전담부서에 배치된 화재조사관에게 보수교육을 실시하여야 하는 자는?

① 소방관서장
② 한국소방안전원장
③ 시·도지사
④ 화재조사전담부서장

해설
화재조사에 관한 교육훈련(법 제6조)
소방관서장은 다음 각 호의 구분에 따라 화재조사관에 대한 교육훈련을 실시한다.
1. 화재조사관 양성을 위한 전문교육
2. 화재조사관의 전문능력 향상을 위한 전문교육
3. 전담부서에 배치된 화재조사관을 위한 의무 보수교육

64 「화재조사 및 보고규정」의 내용으로 옳은 것은?

① 중상은 2주 이상의 입원치료가 필요한 부상을 말한다.

② 부상의 정도에서 경상의 분류는 의사의 진단을 필요로 하지 않는다.

③ 경상은 중상 이외의 부상을 말한다.

④ 화재현장에서 부상을 당한 후 72시간을 초과하여 사망한 경우도 화재로 인한 사망으로 본다.

65 「소방의 화재조사에 관한 법률」에 따른 화재현장 보존 등에 관한 내용에서 (   )에 들어갈 내용으로 옳은 것은?

> 소방관서장은 화재조사를 위하여 필요한 범위에서 화재현장 보존조치를 하거나 화재현장과 그 인근 지역을 (   )으로 설정할 수 있다.

① 소방활동구역

② 화재예방강화구역

③ 제한구역

④ 통제구역

66 「화재조사 및 보고규정」상 화재조사 개시 시점은?

① 화재가 완진된 시점

② 화재발생 사실을 인지한 즉시

③ 화재현장에 도착한 시점

④ 화재출동 시점

67 화재발생종합보고서 작성 시 건물의 동수 산정에 관한 설명으로 틀린 것은?

① 주요구조부가 하나로 연결되어 있는 것은 같은 동으로 한다. 다만, 건널 복도 등으로 2 이상의 동으로 연결되어 있는 것은 그 부분을 절반으로 분리하여 각 동으로 한다.

② 구조와 관계없이 지붕 및 실이 하나로 연결되어 있는 것은 같은 동으로 본다.

③ 목조 또는 내화조 건물의 경우 격벽으로 방화구획이 되어 있는 경우는 다른 동으로 한다.

④ 독립된 건물과 건물 사이에 차광막, 비막이 등의 덮개를 설치하고 그 밑을 통로 등으로 사용하는 경우는 다른 동으로 한다.

해설
• 주요구조부가 하나로 연결되어 있는 것은 1동으로 한다. 다만, 건널 복도 등으로 2 이상의 동에 연결되어 있는 것은 그 부분을 절반으로 분리하여 각 동으로 본다.
• 건물의 외벽을 이용하여 실을 만들어 헛간, 목욕탕, 작업실, 사무실 및 기타 건물 용도로 사용하고 있는 것은 주건물과 같은 동으로 본다. ()
• 구조에 관계없이 지붕 및 실이 하나로 연결되어 있는 것은 같은 동으로 본다. ()
• 목조 또는 내화조 건물의 경우 격벽으로 방화구획이 되어 있는 경우도 같은 동으로 한다.

(⬡)

• 독립된 건물과 건물 사이에 차광막, 비막이 등의 덮개를 설치하고 그 밑을 통로 등으로 사용하는 경우는 다른 동으로 한다. 예 작업장과 작업장 사이에 조명유리 등으로 비막이를 설치하여 지붕과 지붕이 연결되어 있는 경우

(⛰)

• 내화조 건물의 옥상에 목조 또는 방화구조 건물이 별도 설치되어 있는 경우는 다른 동으로 한다. 다만, 이들 건물의 기능상 하나인 경우(옥내 계단이 있는 경우)는 같은 동으로 한다.

• 내화조 건물의 외벽을 이용하여 목조 또는 방화구조 건물이 별도 설치되어 있고 건물 내부와 구획되어 있는 경우 다른 동으로 한다. 다만, 주된 건물에 부착된 건물이 옥내로 출입구가 연결되어 있는 경우와 기계설비 등이 쌍방에 연결되어 있는 경우 등 건물 기능상 하나인 경우는 동일동으로 한다.

68 소방서장이 화재조사를 하기 위하여 관계장소에 출입할 수 있는 횟수로 옳은 것은?

① 1~2회
② 3~5회
③ 6~8회
④ 별도제한 규정 없음

해설
권한을 표시하는 증표를 지니고 관계인에게 보여주고 관계장소에 출입하여 원인 및 피해상황을 조사하는 경우에는 횟수 제한은 없다.

69 공구·기구, 집기비품, 가재도구를 일괄하여 피해액을 산정할 경우 재구입비의 몇 %를 피해액으로 하는가?

① 10
② 30
③ 50
④ 80

해설
공구 및 기구, 집기비품, 가재도구를 일괄하여 피해액을 산정할 경우 재구입비의 50%를 피해액으로 한다.

70 화재조사를 하는 화재조사관이 화재조사를 수행하면서 알게 된 비밀을 다른 사람에게 누설할 때 처벌되는 형벌은?

① 200만원 이하의 벌금
② 300만원 이하의 벌금
③ 500만원 이하의 벌금
④ 1,000만원 이하의 벌금

해설
관계인의 정당한 업무를 방해하거나 화재조사를 수행하면서 알게 된 비밀을 다른 용도로 사용하거나 다른 사람에게 누설한 사람의 벌칙 → 300만원 이하의 벌금

71 화재현장조사서 작성 시 화재원인 검토와 관련된 내용 중 필수 검토항목이 아닌 것은?

① 전기적 요인
② 화학적 요인
③ 방 화
④ 관련 조치사항

해설
화재원인 검토
• 방화 가능성(연소상황, 원인추적 등에 관한 사진, 설명)
• 전기적 요인
• 기계적 요인
• 가스누출
• 인적 부주의 등
• 연소확대 사유

72 다음 괄호 안에 알맞은 용어는?

내화조 건물의 외벽을 이용하여 목조 또는 방화구조 건물이 별도 설치되어 있고 건물 내부와 구획되어 있는 경우 (   )으로 하고, 주된 건물에 부착된 건물이 옥내로 출입구가 연결되어 있는 경우와 기계설비 등이 쌍방에 연결되어 있는 경우 등 건물 기능상 하나인 경우는 (   )으로 한다.

① 같은 동, 같은 동
② 다른 동, 다른 동
③ 같은 동, 다른 동
④ 다른 동, 같은 동

해설
내화조 건물의 외벽을 이용하여 목조 또는 방화구조 건물이 별도 설치되어 있고 건물 내부와 구획되어 있는 경우 다른 동으로 하고, 주된 건물에 부착된 건물이 옥내로 출입구가 연결되어 있는 경우와 기계설비 등이 쌍방에 연결되어 있는 경우 등 건물 기능상 하나인 경우는 같은 동으로 한다.

73 화재현장 출동보고서의 기재사항이 아닌 것은?

① 출동 도중의 관찰·확인 상황
② 현장도착 시의 관찰·확인 상황
③ 소방활동 중의 관찰·확인 상황
④ 귀소 도중의 관찰·확인 상황

70 ② 71 ④ 72 ④ 73 ④ **정답**

74 화재원인에 관한 사항과 화재의 인명·재산피해 조사에 관한 사항에서 화재의 인명·재산피해조사 범위에 해당하는 것은?

① 소방활동 중 발생한 사망자 및 부상자조사
② 화재의 발견·통보 및 초기소화 등의 상황조사
③ 화재의 연소경로 및 확대요인 등의 연소상황조사
④ 피난경로, 피난상의 장애요인 등의 피난상황조사

해설
②, ③, ④ 모두 화재원인에 관한 조사 내용이다.

75 건물과 분리하여 별도로 피해액을 산정하는 것은?

① 건물에 부속된 칸막이
② 건물에 부속된 담
③ 건물에 부속된 네온사인
④ 건물의 소화설비

해설
①, ② 건물의 부속물 : 칸막이, 대문, 담, 곳간 및 이와 비슷한 것은 건물의 부속물로 보아 건물에 포함하여 피해액을 산정한다.
③ 건물의 부착물 : 간판, 네온사인, 안테나, 선전탑, 차양 및 이와 비슷한 것은 건물의 부착물로 보아 건물에 포함하여 피해액을 산정한다.
④ 부대설비 : 건물의 전기설비, 통신설비, 소화설비, 급배수위생설비 또는 가스설비, 냉방, 난방, 통풍 또는 보일러설비, 승강기설비, 제어설비 및 이와 비슷한 것은 건물과 분리하여 별도로 피해액을 산정한다.

76 화재발생종합보고서의 보존기간은?

① 영구보존   ② 10년
③ 5년   ④ 3년

해설
조사서류의 보존(제51조)
서장은 작성된 화재조사서류(사진포함)를 문서로 기록하고 전자기록 등 영구보존방법에 따라 보존하여야 한다.

77 화재피해액 산정에서 대상별 현재시가를 정하는 방법으로 틀린 것은?

① 상품은 재구입 가격
② 원재료, 반제품은 구입 시의 가격
③ 차량은 출고 시의 가격에서 사용기간 감가액을 뺀 가격
④ 선박은 구입 시의 가격에서 사용기간 감가액을 뺀 가격

해설
차량 및 운반구
시중매매가, 회계장부 확인

78 화재현장조사서 작성 시 유의사항으로 틀린 것은?

① 보험가입 현황 기재
② 필요시 시간대별 조치사항 및 녹취록 작성
③ 화재발생 이후 상황만 정확히 기재
④ 필요시 인명구조 활동내역 작성

해설
화재발생 전 상황부터 발굴/복원단계, 화재발생 이후 상황까지 모두 기재한다.

79 건물의 내용연수를 경과하여 현재 사용 중에 있는 화재피해 건물의 잔가율(%)은?

① 10
② 20
③ 30
④ 40

해설
건물의 최종잔가율은 20%이다.

80 화재건수에 대한 설명으로 틀린 것은?

① 동일범이 아닌 각기 다른 사람에 의한 방화, 불장난이 동일 대상물에서 발화하였다면 1건의 화재로 한다.
② 누전점이 동일한 누전에 의한 화재는 동일 소방대상물의 발화점이 2개소 이상 있더라도 1건의 화재로 한다.
③ 지진, 낙뢰 등 자연현상에 의한 다발 화재는 동일 소방대상물의 발화점이 2개소 이상 있더라도 1건의 화재로 한다.
④ 발화지점이 한 곳인 화재현장이 둘 이상의 관할구역에 걸친 화재는 발화지점이 속한 소방서에서 1건의 화재로 산정한다.

해설
① 동일범이 아닌 각기 다른 사람에 의한 방화, 불장난은 동일 대상물에서 발화했더라도 각각 별건의 화재로 한다.

제1과목 화재조사론

01 화재현장에서 구리배선의 1차흔에 대한 설명으로 옳은 것은?

① 화재를 발생시킨 합선의 흔적을 말한다.
② 외부 화염의 온도가 구리의 융점을 초과하였을 때 발생한다.
③ 화재로 배선피복의 절연이 파괴되어 발생한 합선흔적을 말한다.
④ 1차흔과 2차흔은 명백히 구분할 수 있다.

해설

전기 단락흔 감식

구 분	전 압	내 용	외관의 특징
1차흔	통전	화재의 원인이 된 단락흔	• 형상이 구형이고 광택이 있으며 매끄러움 • 일반적으로 탄소는 검출되지 않음 • 금속조직은 초기결정 성상은 없음 • 일반적으로 미세한 보이드가 많이 생김
2차흔	통전	화재의 열로 전기기기 코드 등이 타서 2차적으로 생긴 단락흔	• 형상이 구형이 아니거나 광택이 없고 매끄럽지 않음 • 탄소가 검출되는 경우가 많음 • 초기결정 성상이 보이지만, 이외의 매트릭스가 금속결정으로 변형됨 • 커다랗고 둥근 보이드가 용융흔의 중앙에 생기는 경우가 많음
열흔	비통전	화재열로 용융된 것	눈물 모양으로 처져있고 광택이 없음

02 소방의 화재조사에 관한 법률 시행령에 따른 화재조사전담부서에 갖추어야 할 장비와 시설 중 "발굴용구"에 해당하지 않는 것은?

① 이동용 진공청소기
② 에어컴프레서
③ 휴대용 열풍기
④ 버니어캘리퍼스

해설

발굴용구(8종)

공구세트, 전동 드릴, 전동 그라인더(절삭·연마기), 전동 드라이버, 이동용 진공청소기, 휴대용 열풍기, 에어컴프레서(공기압축기), 전동 절단기

※ 버니어캘리퍼스 : 기록용 기기에 해당한다.

03 유리의 파괴특성에 대한 설명으로 옳은 것은?

① 크래이즈드 글라스(Crazed Glass)는 한쪽 면이 급격하게 가열되었을 때 만들어진다.
② 열에 의한 파괴는 방사형으로 파괴된다.
③ 폭발에 의한 파괴는 단면에서 리플마크가 관찰되지 않는다.
④ 방사형 파괴선의 파단면에서 월러라인을 관찰하면 충격방향을 알 수 있다.

해설

• 유리표면에 작은 금(Crack)에 의한 복잡한 형태의 흔적으로, 화재현장에서 소화수 등에 의해 한쪽 면이 급격히 냉각되면서 대부분 발생되는 흔적을 크래이즈드 글라스(Crazed Glass)라고 한다.
• 열에 의한 파괴는 약간 둥글고 매끄러운 형태로 파괴된다.
• 폭발에 의한 파괴에서도 단면에서 리플마크가 관찰된다.

- 리플마크(Ripple Mark) : 유리의 동심원 파단면 및 방사형 파단면에는 물결 같은 일련의 곡선이 연속해서 만들어지는 것을 말하며, 패각상 파손흔 이라고도 한다.
- 월러라인은 방사형 파단면에 나타난 것으로 다음 그림의 점선부분이다.

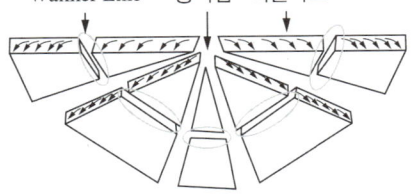

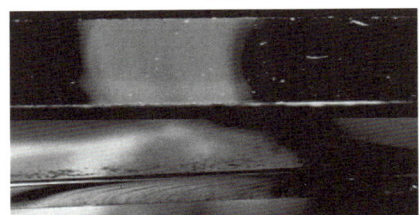

04 박리현상에 대한 설명으로 옳은 것은?

① 수포나 기포가 팽창하여 박리가 발생하 는 경우에는 소음이 발생할 수 있다.

② 혼합재료의 서로 다른 열팽창률 때문에 발생하는 현상으로 자연석에서는 발생하 지 않는다.

③ 열팽창에 의해서 만들어지며 냉각되는 경우에는 발생하지 않는다.

④ 바닥면에서 박리흔적이 식별되는 경우에 는 액체가연물 사용의 명백한 근거가 된다.

05 「소방의 화재조사에 관한 법률」에서 제시 한 화재조사의 실시 시점으로 옳은 것은?

① 화재발생 징후 포착과 동시에 실시

② 화재발생과 동시에 실시

③ 화재발생 사실을 알게 된 때

④ 화재진압 후에 실시

해설

화재조사의 실시(법 제5조)

소방청장, 소방본부장 또는 소방서장(이하 "소방관 서장"이라 한다)은 화재발생 사실을 알게 된 때에는 지체 없이 화재조사를 하여야 한다. 이 경우 수사기관 의 범죄수사에 지장을 주어서는 아니 된다.

06 구획실 화재현상에서 단일 환기구가 있는 구획실 내부로의 공기흐름에 관한 설명으로 옳은 것은? (단, A는 개구부 면적, H는 개구 부 높이이다)

① 공기흐름은 AH에 비례한다.

② 공기흐름은 $AH^{\frac{1}{2}}$에 비례한다.

③ 공기흐름은 $(AH)^{\frac{1}{2}}$에 비례한다.

④ 공기흐름은 $(AH)^2$에 비례한다.

해설

구획실 환기지배형 화재현상에서 환기인자(공기흐름)는 $A\sqrt{H}$ 이므로 $AH^{\frac{1}{2}}$ 이다.

07 벽의 두께 0.05m, 벽 양면의 온도는 각각 40℃와 20℃일 때 폴리우레탄 폼 벽체를 관통하는 단위면적당 열 유속(Heat Flux)은? (단, 열전도율 K는 0.034W/m·k이다)

① 0.136W/m^2

② 1.36W/m^2

③ 13.6W/m^2

④ 136W/m^2

> **해설**
>
> 푸리에의 법칙에 의해 전도되는 열전달량은 다음과 같다
>
> $$q = k\frac{T_1 - T_2}{L} = 0.034 \times \frac{(40-20)}{0.05}$$
>
> $$= 13.6\text{W/m}^2$$
>
> q : 단면적당 열유속(W/m^2)
> k : 열전도율$(\text{W/m}\cdot\text{K})$
> $T_1 - T_2$: 각 벽면의 온도(℃ 또는 K)
> L : 벽두께(m)

08 화재현장 발굴요령 중 가장 옳은 것은?

① 무너지거나 붕괴된 벽체, 기둥, 금속재 등 하층부에 있는 물체 등을 상층부보다 먼저 제거한다.

② 가급적 삽과 같은 큰 장비를 사용하여 발굴시간을 단축한다.

③ 장롱이나 소파, 침대 등 단면적이 큰 물건을 가능한 이동시킨다.

④ 발굴된 물건은 위치가 어긋나지 않도록 가급적 옮기지 않는다.

> **해설**
>
> 화재 초기에 낙하된 물건은 가능한 이동하지 않고 현장보존 하도록 한다.

09 유류탱크화재에서 발생하는 현상이 아닌 것은?

① 보일오버   ② 슬롭오버

③ 프로스오버   ④ 플래시오버

> **해설**
>
> **유류화재 연소현상**
> • 보일오버 : 중질유 화재 시 위험물 저장탱크 저층의 물이 상층부의 화염에 의한 열전달로 물이 끓어 화염 및 고온의 연료가 흘러넘치는 현상
> • 슬롭오버 : 점성이 큰 중질유와 같은 유류에 화재가 발생하연 유류의 액표면 온도가 물의 비점 이상으로 상승하게 되는데, 이때 소화용수가 연소유의 뜨거운 액표면에 유입되면 급비등으로 부피팽창을 일으켜 탱크 외부로 유류를 분출시키는 현상
> • 프로스오버 : 물이 점성의 뜨거운 기름표면 아래에서 끓을 때 화재를 수반하지 않고 Over Flow 되는 현상으로, 뜨거운 아스팔트를 물 중탕할 때 발생할 수 있는 현상
> • 링파이어 : FRT탱크화재 시 측판과 부판사이의 환상부분의 화재
> • 오일오버 : 유류탱크 내에 저장된 액체위험물의 양이 1/2 이하로 충전되어 있을 때 화재로 가열되어 분출력에 의하여 탱크가 파열되어 내부의 유류가 외부로 분출하는 현상

10 「소방의 화재조사에 관한 법률」에서 화재조사자의 안전장비로 옳지 않은 것은?

① 보호용 작업복   ② 보호용 장갑

③ 안전화   ④ 검전기

> **해설**
>
> **안전장비(8종)**
> 보호용 작업복, 보호용 장갑, 안전화, 안전모(무전송수신기 내장), 마스크(방진마스크, 방독마스크), 보안경, 안전고리, 화재조사 조끼
> ※ 검전기 : 감식기기에 해당한다.

11 화재현장 관계자에 대한 질문내용으로 가장 거리가 먼 것은?

① 어디에 있을 때, 어떻게 하여 화재를 알았나?
② 어느 위치에서 보아 무엇이 타고 있었는가, 그때 다른 사람은 없었는가?
③ 통보, 초기 소화하려고 했는가?
④ 성명, 연락처, 부부 또는 이성 관계는 어떠한가?

해설
화재와 상관없는 질문은 하지 않는다.

12 화재조사자가 관계자의 진술을 통해 정보를 얻는 방법에 관한 설명으로 옳지 않은 것은?

① 조사자는 진술자의 신원을 확인해야 한다.
② 조사자는 진술에 앞서 철저하게 준비하여야 한다.
③ 조사자는 진술할 장소와 시간을 주의 깊게 계획해야 한다.
④ 조사자는 화재를 처음 목격한 목격자의 진술은 완전히 신뢰해야 한다.

해설
최초 목격자의 진술을 참고할 수는 있지만, 객관적이지 못한 진술일 경우 화재원인을 그르칠 수 있는 요인이 되므로 주의해야 한다.

13 폭발 예방을 위한 비활성화 방법이 아닌 것은?

① 진공퍼지   ② 플레어퍼지
③ 스위프퍼지   ④ 사이펀퍼지

해설
• 비활성화 : 불활성가스(N_2, CO_2, 수증기)의 주입으로 산소농도를 MOC 이하로 낮추는 것
• 일반적인 MOC는 가스(Gas)인 경우 10% 정도이고 분진의 경우는 8% 정도
• 일반적으로 산소농도의 제어점은 MOC보다 4% 정도 낮은 농도, 즉, MOC가 10%인 경우 비활성화는 산소농도가 6%로 되게 하는 것임
• 불활성화를 위한 퍼지방법으로는 진공퍼지, 압력퍼지, 스위프퍼지, 사이펀퍼지의 4종류가 있음

퍼지방법의 종류 및 특징
• 진공퍼지(Vacuum Purging) : 저압퍼지
  – 용기에 대한 가장 통상적인 Inerting 방법이다.
  – 큰 용기는 일반적으로 진공에 견디도록 설계되지 않았으므로 대개 큰 저장용기는 사용할 수 없다.
  – 반응기의 퍼지(Purge)에 일반적으로 쓰인다.
• 압력퍼지(Pressure Purging)
  – 압력퍼지는 진공퍼지에 비해 퍼지시간이 매우 짧다. 이는 진공을 유도하기 위한 공정에 비해 가압(압력)공정이 대단히 빠르기 때문이다.
  – 압력퍼지는 진공퍼지보다 많은 양의 비활성가스(Inert Gas)를 소모한다.
• 스위프퍼지(Sweep Through Purging)
  – 이 퍼지공정은 보통 용기나 장치가 압력을 가하거나 진공으로 할 수 없을 때 사용한다.
  – 스위프퍼지는 큰 저장용기를 퍼지할 때 적합하나 많은 양의 비활성가스(Inert Gas)를 필요로 하므로 많은 경비가 소요된다.
• 사이펀퍼지(Siphon Purging)
  – 스위프퍼지는 큰 저장용기를 퍼지할 때 많은 양의 비활성가스(Inert Gas)를 필요로 하므로 많은 경비가 소요되나 사이펀퍼지는 큰 저장용기를 퍼지할 때 경비를 최소화하는 데 이용한다.
  – 사이펀 공정을 이용할 때는 첫째로 액체를 용기에 채운 다음 용기의 상부에 잔류해 있는 산소를 제거하기 위하여 스위프퍼지 공정을 사용하는 것이 바람직하나 이 방법은 추가의 사이펀퍼지 공정에 따른 약간의 부가 비용이 추가되지만, 산소의 농도를 매우 낮은 수준으로 줄일 수 있는 이점이 있다.

14 다음 그림의 단락흔(X 표시)을 고려할 때 최초 발화부에 가장 가까운 곳은?

① Ⓐ   ② Ⓑ

③ Ⓒ   ④ Ⓓ

해설

최초 발화지점은 전원측에서 가장 멀고 부하측(전기기기)에서 가장 가까운 곳이다.

15 건물화재 시 플래시오버(Flash Over) 발생에 영향을 미치는 요인으로 가장 거리가 먼 것은?

① 개구부의 크기

② 내장재료

③ 화원의 크기

④ 건물의 높이

해설

플래시오버(Flash Over) 발생에 영향을 미치는 요인
화원의 크기, 가연물의 양 및 성질, 개구부의 크기(개구율), 가연 내장재료, 실의 넓이와 모양, 화재 실의 온도

16 폭발의 성립조건으로 적합하지 않은 것은?

① 가연성 가스, 증기 및 분진이 공기 또는 산소와 접촉, 혼합되어 있을 때

② 혼합되어 있는 가스 및 분진이 구획되고 있는 실이나 용기와 같은 공간에 존재하고 있을 때

③ 혼합된 물질에 발화온도 이상의 온도 또는 최소 점화에너지가 존재할 때

④ 가연성 가스, 증기 등이 공기 또는 산소와 혼합되어 연소범위 이상에 있을 때

해설

폭발의 성립조건
- 밀폐된 공간이 존재하여야 된다.
- 가연성 가스, 증기 또는 분진이 폭발 범위 내에 있어야 한다.
- 점화원(Energy)이 있어야 한다. 즉, 간략하게 정리하면 '연소의 3요소 + 밀폐된 공간'이다.

17 다음 중 목재의 탄화율에 대한 변수로 가장 거리가 먼 것은?

① 가열속도와 가열시간

② 목재의 밀도

③ 점화원의 온도

④ 산소농도

해설

목재의 탄화속도는 다음과 같은 변수에 의존한다.
- 가열속도와 가열시간
- 환기효과
- 표면적과 질량 비율
- 나무결의 방향, 위치, 크기
- 목재의 종류(소나무, 참나무, 전나무 등)
- 수분 함량
- 코팅 표면 특성
- 목재의 밀도
- 고온가스의 산소농도

18 내부크기가 가로 5m, 세로 4m, 높이 3m인 어느 건물 내부에 단위발열량이 9,000kcal /kg인 가연물 2,000kg이 있을 때 화재하중은 몇 kg/m²인가?

① 100
② 200
③ 300
④ 400

해설

$$q = \frac{\sum Q_i}{4,500A} = \frac{2,000[\text{kg}] \times 9,000[\text{kcal/kg}]}{4,500 \times 5[\text{m}] \times 4[\text{m}]}$$
$$= 200\text{kg/m}^2$$

q : 화재하중(kg/m)
A : 화재구획의 바닥면적(m³)
$\sum Q_i$: 화재구획 내의 가연물의 전발열량(kcal)

19 그림에서 진행되고 있는 연소단계에 가장 가까운 것은?

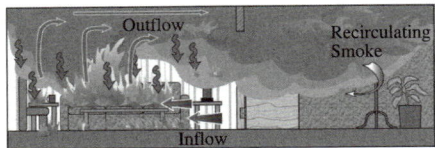

① 초기단계
② 성장단계
③ 플래시오버단계
④ 감쇄단계

해설

실내에서 화재가 발생하였을 때 발화로부터 출화를 거쳐 화염이 천장 전면으로 확산되면 화염에서 발생한 복사열에 의해 내장재나 가구 등이 일시에 인화점에 이르러 가연성 가스가 축적되면서 일순간에 폭발적으로 전체가 화염에 휩싸이는 현상이다.

20 염화비닐 단량체가 폴리염화비닐로 되는 반응과정에서 폭발하는 현상은?

① 산화폭발
② 분진폭발
③ 중합폭발
④ 전선폭발

해설

중합폭발

• 중합해서 발생하는 반응열을 이용해서 폭발하는 것
• 초산비닐, 염화비닐 등의 원료인 모노머가 폭발적으로 중합되면 격렬하게 발열하여 압력이 급상승되고 용기가 파괴되어 폭발한다.
• 중합반응은 고분자 물질의 원료인 단량제(모노머)에 촉매를 넣어 일정온도, 압력하에서 반응시키면 분자량이 큰 고분자를 생성하는 반응을 말한다.
• 시안화수소(HCN), 산화에틸렌(C_2H_4O) 등

제2과목 **화재감식론**

21 마그네슘, 티타늄과 같은 금속의 화재 분류 (Class)?

① Class A
② Class B
③ Class C
④ Class D

해설

화재의 분류

구 분 급 수	종 류	표시색상
A급	일반가연물 (목재·종이·섬유 등)	백 색
B급	유류 및 가스 (가연성 액체 포함)	황 색
C급	전 기	청 색
D급	금 속	무 색
E급	–	황 색
K급	주방(식용유)	–

22 차량화재에 대한 설명으로 옳지 않은 것은?

① 고체 가연물에는 ABS, 폴리스티렌 등이 있다.

② 전선의 과부하는 점화원으로 작용할 수 있다.

③ 건축물 화재보다 화염성장속도가 느린 특징이 있다.

④ 마찰열이 점화원으로 가능한 것에는 브레이크 드럼 등이 있다.

해설

화염이 급속하게 성장하여 손상이 광범위한 경우와 같이 오늘날 자동차에 사용되는 재질은 가연성 물질이 많다.

23 선박의 연돌(Funnel)에 대한 설명으로 옳은 것은?

① 유조선의 경우 기름유출방지를 목적으로 한다.

② 기관구역을 전후방의 화물구역 및 거주구역으로부터 분리시킨다.

③ 주로 기관구역 상부에 배치되며 선미부에 위치한다.

④ 선등, 기적 및 레이더 등을 설치한다.

해설

연돌(Funnel)
기관실의 각종기기들의 배기가스를 배출하기 위한 연돌(메인 엔진, 발전기, 보일러 등)

24 밀폐공간에서의 폭발성상에 대한 설명으로 틀린 것은?

① 폭발에 의해 주위 벽면에 압력 상승이 일어난다.

② 압력이 벽면의 강도 이상이 되면 파괴가 일어난다.

③ 가연성 가스의 농도는 누설되는 부근에서 가장 낮다.

④ 구조적으로 약한 부분이 파괴되어 개구부가 생긴다.

해설

가연성 가스의 농도는 가스가 누설 또는 발생하는 장소 부근에서는 높고 거기서 떨어진 곳에서는 그보다 낮다. 밀폐공간에서의 폭발은 다음과 같다.

• 폭발에 의해 주위 벽면에 압력 상승이 일어난다.
• 압력이 벽면의 강도 이상이 되면 파괴가 일어난다.
• 구조적으로 약한 부분이 파괴되어 개구부가 생긴다(보통 유리는 0.04kg/cm² 정도에서 파손).
• 미연소가스가 개구부로 유출되기 때문에 화염도 가스의 흐름에 따라 전파하고 압력도 대기로 방산된다.

25 60Hz, 20H 코일의 유도성 리액턴스는 약 몇 Ω 인가?

① 5,540

② 6,540

③ 7,540

④ 8,540

해설

유도성 리액턴스
$X_L = 2\pi f L = 2\pi \times 60 \times 20 = 7,539.82$

26 누전화재의 3요소가 아닌 것은?

① 누전점
② 출화점
③ 접지점
④ 인입점

> **해설**
> 누전의 3요소
> 누전점, 출화점, 접지점

27 누전화재조사 포인트로 가장 거리가 먼 것은?

① 누전점 형성
② 금속제 함석 지붕
③ 콘크리트 재질 외벽
④ 접지점 및 출화점 형성

> **해설**
> 누전화재 건물의 구조
> 외벽이나 지붕이 금속제 함석, 벽이 라스(모르타르를 바르기 위하여 밑바탕에 그물처럼 만든 철망)를 사용하고 있는가를 확인한다.

28 성냥의 두약 부위에 사용되는 산화제 물질은 무엇인가?

① 염소산칼륨   ② 유리분
③ 아 교   ④ 송 진

> **해설**
> 성냥이 발화하는 구조는 성냥개비와 성냥갑의 마찰면(유리가루·규조토 등의 마찰제)이 서로 마찰 시 먼저 성냥개비의 적린·염소산칼륨 등이 발화하고, 그 발화에너지에 의해 폭발적으로 연소하는 구조이다.

29 산불의 연소작용에 영향을 주는 바람에 대한 설명으로 옳지 않은 것은?

① 바람은 연료의 수분을 증발, 건조시킨다.
② 바람은 낮에는 계곡부에서 산정으로, 밤에는 산정에서 계곡부로 분다.
③ 일반적인 바람의 이동방향은 저기압에서 고기압 쪽으로 분다.
④ 바람은 산소량을 증가시켜 연소를 강렬하게 한다.

> **해설**
> 일반적인 바람의 이동방향은 고기압에서 저기압 쪽으로 분다.

30 산화와 환원에 관한 설명으로 옳은 것은?

① 전자를 얻는 현상을 산화라 한다.
② 산화수가 감소되는 현상을 환원이라 한다.
③ 산화제는 다른 물질을 환원시키고 자신은 산화되는 물질이다.
④ 수소를 잃는 현상을 환원이라 한다.

> **해설**
> 산화와 환원
>
> | 구 분 | 산 소 | 산화수 | 전 자 | 수 소 |
> |---|---|---|---|---|
> | 산 화 | (+) | (+) 증가 | (−) | (−) |
> | 환 원 | (−) | (−) 감소 | (+) | (+) |

31 황린에 대한 설명으로 옳지 않은 것은?

① 고체상의 물질이다.

② 공기 중에서는 발화의 위험이 크므로 물 속에 저장한다.

③ 발화점이 아주 낮아 자연발화의 위험이 크다.

④ 화학적으로 활성이 적고 독성이 없으며, 어두운 곳에서 푸른 인광을 발한다.

해설

황 린

담황색의 반투명 결정성 덩어리로 활성이 아주 강하다. 산소와 화합력이 강해서 건조된 공기에서는 통상 34℃에 자연발화한다. 경우에 따라서 이 온도 아래에서도 자연발화한다. 34℃ 이하의 온도로 내려 갈수록 많은 시간이 소요되면서 발화한다. 황린은 발화점 자체가 낮으며 공기와의 산화력이 크기 때문에 자연발화가 용이하다.

32 가스충전용기의 종류에 해당하지 않는 것은?

① 용접용기   ② 초저압용기

③ 접합용기   ④ 초저온용기

해설

용기의 종류

• 이음매 없는 용기 : 고압에 견딜 수 있는 크롬 – 몰리브덴강을 주로 사용

• 용접용기 : 저탄소강, 알루미늄합금 사용

• 초저온용기 : 내조 – 스테인리스강, 외조 – 저탄소강 또는 스테인리스강 사용

• 납붙임 및 접합용기 : 저탄소강 또는 알루미늄합금을 사용

33 화학물질 폭발에서 다수의 발화원이 존재하는 경우 고려해야 할 요소가 아닌 것은?

① 연료의 발화온도

② 연료의 최고 발화에너지

③ 연료와 관련된 발화원의 위치

④ 발화 당시 연료와 발화원의 동시 존재여부

해설

다수의 발화원이 존재하는 경우 고려해야 할 요소

• 연료의 최소 발화에너지

• 가능한 발화원의 발화에너지

• 연료의 발화온도

• 발화원의 온도

• 연료와 관련된 발화원의 위치

• 발화 당시 연료와 발화원의 동시 존재여부

• 폭발 직전 그 당시의 조치 상황에 대한 관계자의 진술 등

34 담뱃불 점화원의 특징이 아닌 것은?

① 이동이 가능한 점화원이다.

② 자기 자신은 무염발화하지 않는다.

③ 필터(합성섬유, 펄프)와 몸체(종이, 연초)로 구성되어 있다.

④ 흡연자는 화인을 제공할 수 있는 개연성이 존재한다.

해설

담뱃불 발화 메커니즘

무염연소 → 열축적 → 발화온도 도달 → 유염발화

35 화재현장에서 방화로 의심되는 특징에 대한 설명으로 가장 거리가 먼 것은?

① 발화부에서 발화하였다고 볼만한 시설 및 기구, 조건이 발견된다.
② 촉진제(가솔린, 시너 등)의 사용 흔적이 발견된다.
③ 2개 이상의 독립된 발화개소가 식별된다.
④ 화재 발생 전후의 상황이나 관계자의 환경이 의심스러운 경우가 있다.

해설
①은 실화의 특징이다.

36 그림에서 a – b 간의 전압은 몇 V인가?

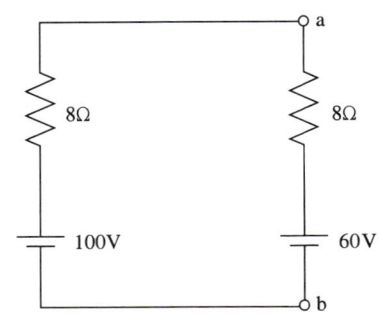

① 40
② 60
③ 80
④ 120

해설
$$V_{ab} = \dfrac{\left(\dfrac{V_1}{R_1} + \dfrac{V_2}{R_2}\right)}{\left(\dfrac{1}{R_1} + \dfrac{1}{R_2}\right)} = \dfrac{\left(\dfrac{100}{8} + \dfrac{60}{8}\right)}{\left(\dfrac{1}{8} + \dfrac{1}{8}\right)} = 80[\text{V}]$$

37 다음에서 설명하는 이론에 해당하는 자동차 엔진은?

RC 엔진 또는 방켈 엔진이라고도 하며, 압축비에 제한을 받지 않으며 저옥탄가 연료의 사용이 가능하고 최고 회전속도가 높은 엔진

① 로터리 자동차 엔진
② LPG 자동차 엔진
③ 디젤 자동차 엔진
④ 알코올 자동차 엔진

해설
로터리 엔진은 독일의 방켈이 발명했고, 로터리 피스톤 엔진이라고도 불리며, 리시프로 엔진이 크랭크 기구를 사용하여 직선운동에 의해 발생된 동력을 회전운동으로 변환시키는 데 비하여 회전운동만으로 출력을 얻는다는 것이 특징이다. 그러나 일반적인 전동(電動)모터와는 달라 회전을 얻는 방법이 단순하지 않고 누에고치 형태를 한 케이스 속을 주먹밥 형태의 로터가 회전하여 그 회전을 로터 속에 설계된 기어에 의해 얻어내는 구조로 되어 있다.

38 화학물질에 대한 화재조사요령으로 옳지 않은 것은?

① 동식물유 : 섬유 등에 배여 있었는지, 열 축적은 가능했는지 등을 조사하여 자연발화의 여부를 판단한다.
② 석탄 : 탄의 형태와 종류, 채탄시기, 건조 상태, 황화철의 존재 등을 조사하여 자연발화 여부를 판단한다.
③ 생석회 : 출화개소 부근에 남아있는 물이 알칼리성을 나타내는지 조사한다.
④ 셀룰로이드 : 새 것일수록 불안정하여 분해가 일어나기 쉬우므로 제조일자, 저장기간 등을 파악한다.

해설
셀룰로이드나 질화면과 같은 원래 불안정한 것은 오래된 것일수록 분해를 일으키기 쉽고 자연발화 위험성이 있다.

39 화재현장에서 유류의 존재를 입증하는 주된 분석방법인 가스크로마토그래피 분석의 장점으로 옳은 것은?

① 각 성분을 검출하여 그 양을 전기적인 신호로 기록계에 저장하고 도식적인 가스크로마토그래피 기록으로 분석결과가 객관적으로 보존된다.
② 화재현장에서 채취한 액체상태로 분석을 행하기 때문에 조작도 간단하고 시간도 빠르다.
③ 경량·소형으로 휴대가 편리하다.
④ 현장조사 시에 즉시 판별이 가능하고 출화원인 판정에 있어서 이를 전적으로 반영할 수 있다.

해설
전처리한 시료를 운반가스(Carrier Gas)에 의하여 분리관(Column) 내에 전개시켜 분리되는 각 성분의 크로마토그램을 이용하여 목적 성분을 분석하는 방법으로 일반적으로 유기화합물에 대한 정성(定注) 및 정량(定量)분석에 이용한다.

40 다음 중 한국의 산불발생 빈도가 가장 많은 달은?

① 1월
② 4월
③ 8월
④ 12월

해설
봄철에 산불발생이 가장 많다.

제3과목 **증거물관리 및 법과학**

41 다음 중 화상사의 사망기전으로 가장 거리가 먼 것은?

① 합병증
② 속발성 쇼크
③ 기계적 폐색
④ 원발성 쇼크

해설
기계적 폐색은 기도폐쇄성 질식사에 나타나는 사망기전이다.

화상사의 사망기전
• 합병증 : 쇼크시기를 넘긴 후에는 독성물질에 의한 응혈, 성인호흡장애증후군, 급성신부전, 소화관위 궤양의 출혈, 폐렴 및 패혈증 등 합병증으로 사망할 수 있다.
• 원발성 쇼크 : 고열이 광범위하게 작용하여 일어나는 격렬한 자극에 의하여 반사적으로 심정지가 초래되는 것을 말한다.
• 속발성 쇼크 : 화상성 쇼크라고도 하며, 화상을 입고 나서 상당시간이 경과한 후에 증상이 발현되어 2~3일 후에 사망하게 되는 경우이다.

42 다음 중 물적증거의 종류에 해당되지 않는 것은?

① 화재현장에서 화재 수열형태
② 방화에 대한 심증
③ 범죄의 배경이 될 만한 법의학적 증거
④ 방화와 관련한 인화성 액체 및 용기

해설
심증은 물적증거가 될 수 없다.

43 다음 중 유류가 흡수된 증거물 수집 시 화학 흡착제법이 적절한 것은?

① 모 래
② 흙
③ 비닐장판
④ 콘크리트

콘크리트 표면 등과 같은 다공성 물질에 갇힌 액체촉진제의 채취방법으로 석회와 같은 흡수제나 규조토 또는 밀가루를 사용한다. 이러한 수집방법은 콘크리트 표면에 흡수제를 흡입시키는 것이 필요한데, 그때는 20~30분 정도의 시간을 유지해야 하며, 밀폐된 용기 내부를 깨끗이 해야 할 필요가 있다.

44 입수한 증거물을 포장하고 상세정보를 작성할 때 기록하지 않는 것은?

① 수집장소   ② 수집자
③ 봉인자   ④ 이송자

제5조(증거물의 포장)
입수한 증거물을 이송할 때에는 포장을 하고 상세정보를 다음과 같이 기록하여 부착한다.
• 수집일시, 증거물번호, 수집장소, 화재조사번호, 수집자, 소방서명, 증거물내용, 봉인자, 봉인일시 등 상세정보를 〈별지 제2호 서식〉에 따라 작성한다.
• 증거물의 포장은 보호상자를 사용하여 개별 포장함을 원칙으로 한다.

45 화재현장을 촬영하는 위치에 대한 설명으로 옳은 것은?

① 피사체가 냉장고일 경우 전후좌우의 4면을 각각 촬영한다.
② 촬영방향은 발화부로 추정되는 곳의 앞부분만을 집중적으로 촬영한다.
③ 카메라는 반드시 수직으로만 촬영한다.
④ 촬영된 사진은 화재조사자만을 위한 자료이므로 촬영여부 및 촬영위치는 화재조사자의 재량에 달려있다.

피사체는 각 방면별로 소손형태를 알 수 있도록 촬영한다.

46 화재증거물 오염(훼손)의 원인이 될 수 있는 것을 모두 나열한 것은?

> 가. 진압대원의 화재진압 활동과정에서의 오염
> 나. 증거물수집과정에서의 오염
> 다. 증거물의 보관·이송과정에서의 오염

① 가, 나
② 가, 다
③ 나, 다
④ 가, 나, 다

물적 증거의 오염 사례
• 증거물 보관용기 오염
• 증거수집과정에서의 오염
• 소방관에 의한 오염

47 화재현장 및 물리적 증거물의 보존에 대한 책임이 있는 자로 다음 중 가장 거리가 먼 것은?

① 화재조사관
② 소방관
③ 경찰관
④ 관계인

해설
관계인은 증거물 보존에 대한 책임과 관련이 없다.

48 소방의 화재조사에 관한 법률 상 전담부서에 갖추어야 할 장비와 시설 중 감정용 기기 21종에 해당하지 않는 것은?

① 고속카메라세트
② 발화점측정기
③ 적외선열상카메라
④ 온도기록계

해설
적외선열상카메라는 감식기기에 해당한다.
감정용 기기(21종)
가스크로마토그래피, 고속카메라세트, 화재시뮬레이션시스템, X선 촬영기, 금속현미경, 시편(試片)절단기, 시편성형기, 시편연마기, 접점저항계, 직류전압전류계, 교류전압전류계, 오실로스코프(변화가 심한 전기 현상의 파형을 눈으로 관찰하는 장치), 주사전자현미경, 인화점측정기, 발화점측정기, 미량융점측정기, 온도기록계, 폭발압력측정기세트, 전압조정기(직류, 교류), 적외선 분광광도계, 전기단락흔실험장치[1차 용융흔(鎔融痕), 2차 용융흔(鎔融痕), 3차 용융흔(鎔融痕) 측정 가능]

49 화재조사 시 증인 및 관계자에게 질문을 하고자 할 때 다음 중 옳은 것은?

① 어린이에 대한 질문은 가급적이면 편안하고 조용한 장소에서 1대1로 진행한다.
② 허위진술과 같은 불가피한 상황은 어느 정도 인정하고 받아들여야 한다.
③ 진술내용은 객관적 사실에 기인하여 녹음하고, 진술조서에도 첨부한다.
④ 가장 경험이 많은 화재조사자의 직감에 의존하여 질문을 한다.

해설
화재현장에 도착하여 관계자에 대한 질문 시 유의사항
• 신분을 밝히고 상대방의 감정을 자극하는 언동 삼가
• 질문시기, 장소 등을 고려하여 진술을 하는 사람으로부터 임의 진술을 얻도록 함
• 질문할 때는 일문일답식으로 진행하며, 암시적 질문을 하여서는 안 됨
• 질문내용을 준비하여 체계적으로 실시
• 짧고 간결하게 요점만 질문
• 말을 너무 많이 하지 않을 것
• '예, 아니요'라고 대답할 수 있는 질문은 피할 것(목격 당시 상황 등을 질문)
• 발화원인에 대한 조사자의 견해를 말하지 않을 것
• 진술내용을 신속하게 기록할 것
• 꼭 알고 싶은 사항은 그 사실을 직접 경험한 사람의 진술을 얻도록 노력할 것

50 목재 증거물의 회화과정으로 옳은 것은?

① 열분해 가연성 가스 발생 → 가열탈수 → 탄화 → 불꽃연소 → 표면연소 → 회화
② 열분해 가연성 가스 발생 → 가열탈수 → 불꽃연소 → 표면연소 → 탄화 → 회화
③ 가열탈수 → 열분해 가연성 가스 발생 → 표면연소 → 불꽃연소 → 탄화 → 회화
④ 가열탈수 → 열분해 가연성 가스 발생 → 불꽃연소 → 탄화 → 표면연소 → 회화

51 화재조사자는 분석된 자료들을 이용하여 만든 화재발생 가설을 잘 알려진 사실·이론과 비교하여 가설을 검증하여야 한다. 이때 사용하는 검증방법은 무엇인가?

① 연역적 추론　　② 귀납적 추론

③ 유추추론　　　④ 빈칸추론

해설

가설검증(연역적 추리)
- 화재조사관은 개발된 가설의 시험을 위해 연역법을 활용해야 한다.
- 연역법을 통해서 최종적인 결론이 논리적인 근거를 주거나 줄 수 없을 수도 있고 증거나 자료에 의해서 반박할 논리가 개발된다.

52 사진 촬영을 위해 현장 전체를 파악할 수 있는 선정 위치로 옳은 것은?

① 발화가 개시된 건물 정면
② 발화지점 내부
③ 발화지역 주변의 높은 곳
④ 화염이 강하게 출화한 곳

해설

주변의 높은 건물 옥상이나 고가사다리 등 발화지역 주변의 높은 곳에서 촬영한다.

53 화재현장에서 발견한 물적증거물 중 압력에 의한 유리의 파손패턴에 대한 설명으로 옳지 않은 것은?

① 각 파괴기점으로 평행선 모양의 파괴형태가 나타난다.
② 각 파괴기점을 중심으로 방사상 파손형태를 나타낸다.
③ 파손형태는 사각창문 모서리 부분을 중심으로 4개의 기점이 존재하게 된다.
④ 백 드래프트와 같은 급격한 확산연소로 인해서 형성된다.

해설

충격에 의한 파손형태
충격지점을 중심으로 방사상 파괴형태를 나타낸다.

54 국소적 생활반응에 해당하는 것은?

① 출혈 및 응혈
② 속발성 염증
③ 색전증
④ 외래물질의 분포

해설

국소적 생활반응
- 출혈(Hemorrhage)
- 응혈(Coagulation)
- 피하출혈
- 창구의 개대, 창연의 외번
- 발적종창
- 수 포
- 미세포말
- 치유기전 및 감염(사전의 변화)
- 압박성 울혈
- 흡인 및 연하

55 건강한 성인이 기절, 급격한 심장박동, 실신, 일부 심신이 약한 자가 사망하는 혈중 일산화탄소 최저농도에 가장 가까운 범위는?

① 5~10% ② 10~20%
③ 40~50% ④ 80~90%

해설

일산화탄소의 포화도에 따른 증상

COHb 농도%	중독증상
10 이하	증상 없음
10~20	두부 전면 압박, 가벼운 두통 증상
20~30	정서불안, 흥분, 머리 측면부 맥동, 욱신거리는 두통
30~40	심한 두통, 권태, 현기증, 시력약화, 구토, 허탈
40~50	심한 의식장애, 보행장애, 호흡곤란
50~60	호흡 및 맥박 증가, 혼수, 경련
60~70	혼수, 호흡미약, 혈압저하
60~80	심한 혼수, 경련, 맥박미약, 반사저하
80~100	수분 내 사망

56 액체 촉진제가 콘크리트 바닥과 같은 다공성 물질에 갇혀있는 경우 채취방법으로 틀린 것은?

① 물을 부어 액체 촉진제를 떠오르게 하여 채취한다.
② 베이킹파우더가 들어있지 않은 밀가루를 붙여 채취한다.
③ 석회를 표면에 발라 채취한다.
④ 규조토를 약 20~30분 동안 표면에 발라 채취한다.

해설

유지류는 담체로서 섬유류와 톱날, 금속분, 활성백토 등의 분체 이외에 다공성 물질의 표면에 부착하여서 공기와의 단위체적당 표면적을 증가시킨다.

57 카메라의 노출 및 초점에 대한 설명으로 틀린 것은?

① 화재가 발생한 구조물에 대하여 노출설정이 잘못되면 현장설명이 달라질 수도 있다.
② 조사자가 보유하고 있는 카메라의 셔터속도 한계를 파악하고 셔터속도를 적합하게 설정하여 떨림을 방지할 수 있다.
③ 조리개와 셔터속도의 범위에 대한 관계를 이해하고 반복적인 연습을 통하여 노출조절의 문제를 극복할 수 있다.
④ 화재현장은 기본적으로 자연적 광량이 충분하여 초점을 맞추기가 쉽다.

해설

화재감식현장은 전원이 차단되어 조명이 없는 어두운 상태에서 촬영하는 경우가 많다.

58 경찰관이 위법수집 증거배제의 원칙에 따라 구속수사 이전에 알려주어야 하는 사항으로 옳지 않은 것은?

① 묵비권이 있다는 것
② 변호사가 배석할 권리를 갖는다는 것
③ 변호사를 선임할 돈이 없으면 질문 후에 국가에 의해 변호사가 지명될 것이라는 것
④ 모든 진술은 자신에게 불리한 증거로 사용될 수 있다는 것

해설

구속수사 시 먼저 알려주어야 할 사항
• 그가 묵비권이 있다는 것
• 그의 모든 진술은 자신에게 불리한 증거로 사용될 수 있다는 것
• 변호사가 배석할 권리를 갖는다는 것
• 만일 변호사를 살 돈이 없고 그가 원한다면 모든 질문이 있기 전에 그를 위해 변호사가 지명될 것이라는 것
• 만약 그가 묵비권을 포기한다면 그는 심문 도중에 어느 때나 그의 마음을 바꾸고 심문을 중단하고 변호사를 요구할 수 있다는 것

59 화재현장을 효과적으로 촬영하기 위하여 렌즈를 선택하고자 할 때 다음 중 틀린 것은?

① 줌렌즈는 물고기 눈처럼 둥글게 튀어나와서 피쉬 아이(Fish Eye)라고 불린다.
② 좁은 공간에서 넓은 화각을 원할 때는 광각렌즈를 사용한다.
③ 망원렌즈는 멀리 있는 피사체 촬영 시 편리하다.
④ 표준렌즈는 50도 안팎의 화각으로 원근감, 화상의 크기 등이 육안에 가장 가깝다.

해설
어안렌즈는 물고기 눈처럼 둥글게 튀어나와서 피쉬 아이(Fish Eye)라고 불린다.

60 강화유리가 폭발로 깨졌을 때 나타나는 형태로 옳은 것은?

① 곡선모양
② 입방체모양
③ 원형모양
④ 격자모양

해설
강화유리는 화재나 폭발로 깨지면 작은 입방체모양으로 부서지며, 유리의 잔금보다 통일된 모양이다.

제4과목 화재조사 관계법규 및 피해평가

61 「화재피해액 산정기준」에서의 화재피해액 산정대상이 아닌 것은?

① 애완동물
② 영업이익
③ 원재료
④ 식 물

해설
영업이익이나 영업손실 등 무형의 피해는 재산피해의 범위에 해당하지 않는다.

62 「화재조사 및 보고규정」에 따른 화재조사 서류가 아닌 것은?

① 화재현장조사서
② 화재현황조사서
③ 범죄사실확인서
④ 질문기록서

해설
제21조(조사서류의 서식)
조사에 필요한 서류의 서식은 다음 각호에 따른다.
1. 화재・구조・구급상황보고서 : 별지 제1호 서식
2. 화재현장출동보고서 : 별지 제2호 서식
3. 화재발생종합보고서 : 별지 제3호 서식
4. 화재현황조사서 : 별지 제4호 서식
5. 화재현장조사서 : 별지 제5호 서식
6. 화재현장조사서(임야화재, 기타화재) : 별지 제5호의2 서식
7. 화재유형별조사서(건축・구조물화재) : 별지 제6호 서식
8. 화재유형별조사서(자동차・철도차량화재) : 별지 제6호의2 서식
9. 화재유형별조사서(위험물・가스제조소등 화재) : 별지 제6호의3 서식
10. 화재유형별조사서(선박・항공기화재) : 별지 제6호의4 서식
11. 화재유형별조사서(임야화재) : 별지 제6호의5 서식
12. 화재피해조사서(인명피해) : 별지 제7호 서식
13. 화재피해조사서(재산피해) : 별지 제7호의2 서식
14. 방화・방화의심 조사서 : 별지 제8호 서식
15. 소방시설등 활용조사서 : 별지 제9호 서식
16. 질문기록서 : 별지 제10호 서식
17. 화재감식・감정 결과보고서 : 별지 제11호 서식
18. 재산피해신고서 : 별지 제12호 서식
19. 재산피해신고서(자동차, 철도, 선박, 항공기) : 별지 제12호의2 서식
20. 사후조사 의뢰서 : 별지 제13호 서식

59 ① 60 ② 61 ② 62 ③ **정답**

63 소방서장이 관할 경찰서장에게 알리는 화재 사건에 대한 설명으로 옳은 것은?

① 방화에 의한 화재만 알린다.
② 실화에 의한 화재만 알린다.
③ 방화 또는 실화에 의한 화재를 알린다.
④ 모든 화재를 알린다.

해설

소방공무원과 경찰공무원의 협력 등(법 제12조)
소방관서장은 방화 또는 실화의 혐의가 있다고 인정되면 지체 없이 경찰서장에게 그 사실을 알리고 필요한 증거를 수집·보존하는 등 그 범죄수사에 협력하여야 한다.

64 벽걸이용 난방기구의 과열로 화재가 발생하여 바닥 $4m^2$, 천장 $3m^2$, 1면의 벽 $3m^2$가 소실 피해가 발생했다. 소실면적(m^2)은 얼마인가?

① 2 　　　　② 4
③ 6 　　　　④ 10

해설

제17조(소실면적 산정)
• 건물의 소실면적 산정은 소실 바닥면적으로 산정한다.
• 수손 및 기타 파손의 경우에도 제1항의 규정을 준용한다.

65 구축물의 화재피해액 산정에서 옳은 것은?

① 내용연수는 30년으로 일괄 적용한다.
② 최종잔가율은 5%를 적용한다.
③ 손해율을 고려하지 않는다.
④ 이동식 화장실은 구축물로 분류된다.

해설

구축물이라 함은 「건축법」으로 규정하고 있는 건축물 외의 제반 건조물 전반을 말하며, 인공으로 축조된 건조물 중 건물로 분류할 수 없는 것으로서 이동식 화장실, 버스정류장, 농업용 비닐하우스, 다리, 철도 및 궤도, 사업용 건조물, 발전 및 송배전용 건조물, 방송 및 무선통신용 건조물, 경기장 및 유원지용 건조물, 정원, 도로(고가도로 포함), 선전탑 등 기타 이와 비슷한 것을 말한다.

66 화재조사 보고 및 규정에서 중상자에 해당하는 경우는?

① 3일 이상의 입원치료를 필요로 하는 부상자
② 1주 이상의 입원치료를 필요로 하는 부상자
③ 2주 이상의 입원치료를 필요로 하는 부상자
④ 3주 이상의 입원치료를 필요로 하는 부상자

해설

부상자 분류(화재조사 및 보고규정 제14조)
부상의 정도는 의사의 진단을 기초로 하여 다음 각 호와 같이 분류한다.
1. 중상 : 3주 이상의 입원치료를 필요로 하는 부상을 말한다.
2. 경상 : 중상 이외의 부상(입원치료를 필요로 하지 않는 것도 포함한다)을 말한다. 다만, 병원 치료를 필요로 하지 않고 단순하게 연기를 흡입한 사람은 제외한다.

정답 63 ③　64 ②　65 ④　66 ④

67 2년 전 260만원에 구입한 냉장고가 현재는 200만원에 재구입이 가능하고 2년간 사용한 감가액을 30만원이라고 할 경우 현재의 시가를 정하는 방법 중 복성식평가법에 의한 현재 냉장고의 가격은?

① 260만원 ② 230만원
③ 200만원 ④ 170만원

해설

복성식평가법

재건축 또는 재취득하는 데 소요되는 비용에서 사용기간의 감가수정액을 공제하는 방법으로 대부분의 물적 피해액 산정에 널리 사용되고 있다.
즉, 재취득비 200만원 – 감가수정액 30만원 = 170만원이다.

68 화재현장조사서의 화재발생 개요항목에 기재하는 내용이 아닌 것은?

① 일시 및 장소
② 대상물 구조
③ 재산피해
④ 소방시설 및 위험물 현황

해설

④ 소방시설 및 위험물 현황은 화재건물현황 항목 기재 내용이다.

화재현장조사서의 화재발생 개요항목 기재사항
• 일시 : 20 . 00. 00. 00:00분경(완진 00:00)
• 장소 :
• 대상물 구조 :
• 인명피해 : 명(사망   , 부상   )
  ※ 인명구조 명
• 재산피해 : 천원(부동산   , 동산   )

69 화재현장조사서 작성 시 도면작성요령으로 가장 거리가 먼 것은?

① 인접건물을 중심으로 한 건물배치도
② 증거물건의 위치 등 발화지점의 평면도
③ 실 배치를 중심으로 소손건물의 각 층 평면도
④ 수용물의 개요를 중심으로 소손건물의 각 층 평면도

해설

도면작성요령
• 현장의 위치
• 건물의 배치(발화건물을 중심으로 한 건물배치)
• 소손건물의 각층 평면도(실배치를 중심으로)
• 발화실의 평면도(수용물의 개요를 중심으로)
• 발화지점의 평면도(증거물건의 위치 등, 실측거리 기재)
• 발화지점의 입면도
• 사진촬영위치도(다른 도면과 병용하는 것도 가능)

70 「화재증거물수집관리규칙」의 내용으로 틀린 것은?

① 증거물을 수집할 때는 휘발성이 낮은 것에서 높은 순서로 진행해야 한다.
② 증거물 수집 목적이 인화성 액체성분 분석인 경우에는 인화성 액체성분의 증발을 막기 위한 조치를 행하여야 한다.
③ 증거물이 파손될 우려가 있는 경우에 충격금지 및 취급방법에 대한 주의사항을 증거물의 포장 외측에 적절하게 표기하여야 한다.
④ 증거물의 소손 또는 소실 정도가 심하여 증거물의 일부분 또는 전체가 유실될 우려가 있는 경우는 증거물을 밀봉하여야 한다.

물리적 증거물의 수집방법

- 현장수거(채취)물은 그 목록(별지 제1호 서식)을 작성하여야 한다.
- 증거물의 수집장비는 증거물의 종류 및 형태에 따라 적절한 구조의 것이어야 한다.
- 증거물을 수집할 때는 휘발성이 높은 것에서 낮은 순서로 진행해야 한다.
- 증거물의 소손 또는 소실 정도가 심하여 증거물의 일부분 또는 전체가 유실될 우려가 있는 경우는 증거물을 밀봉하여야 한다.
- 증거물이 파손될 우려가 있는 경우에 충격금지 및 취급방법에 대한 주의사항을 증거물의 포장 외측에 적절하게 표기하여야 한다.
- 증거물 수집 목적이 인화성 액체성분 분석인 경우에는 인화성 액체 성분의 증발을 막기 위한 조치를 행하여야 한다.
- 증거물 수집과정에서는 증거물의 수집자, 수집 일자, 상황 등에 대하여 기록을 남겨야 하며, 기록은 가능한 법과학용 표지 또는 태그를 사용하는 것을 원칙으로 한다.
- 화재조사에 필요한 증거물 수집을 위하여 관계장소를 통제구역으로 설정하고 화재현장 보존에 필요한 조치를 할 수 있다.

71 인명피해조사에서 화재로 인한 사망자를 산정하는 방법으로 옳지 않은 것은?

① 화재진압을 하던 소방관이 부상을 당한 후 75시간이 지나서 사망하였다.
② 화재건물에 있던 거주자가 화재로 부상을 당한 후 48시간이 지나서 사망하였다.
③ 화재를 인지하고 피난하던 사람이 피난하다가 추락하여 그 자리에서 사망하였다.
④ 화재현장에서 화재를 발견한 사람이 유독가스를 흡입한 후 의식을 잃고 48시간이 되어서 사망하였다.

해설

사상자(화재조사 및 보고규정 제13조)
사상자는 화재현장에서 사망한 사람 또는 부상당한 사람을 말한다. 단, 화재현장에서 부상을 당한 후 72시간 이내에 사망한 경우에는 당해 화재로 인한 사망으로 본다.

72 화재피해액이 특수한 경우의 피해액 산정 시 우선 적용사항으로 틀린 것은?

① 모델하우스의 경우 별도의 피해액 산정기준에 의한다.
② 건물에 있어 문화재의 경우 별도의 피해액 산정기준에 의한다.
③ 재고자산의 상품 중 진열품에 대해서는 현재가의 피해액으로 산정한다.
④ 중고기계장치의 시장거래가격이 신품가액에서 감가수정을 한 금액보다 낮을 경우 중고기계장치의 시장거래가격을 재구입비로 하여 피해액을 산정한다.

해설

재고자산의 상품 중 견본품, 전시품, 진열품에 대해서는 구입가의 50~80%를 피해액으로 한다.

73 화재원인 판정을 위하여 전문적인 지식, 기술 및 경험을 활용하여 주로 시각에 의한 종합적인 판단으로 구체적인 사실관계를 명확하게 규명하는 것을 무엇이라고 하는가?

① 조 사   ② 감 식
③ 분 석   ④ 감 정

해설

화재조사 및 보고규정에서 용어의 정의
- "감식"이란 화재원인의 판정을 위하여 전문적인 지식, 기술 및 경험을 활용하여 주로 시각에 의한 종합적인 판단으로 구체적인 사실관계를 명확하게 규명하는 것을 말한다.
- "감정"이란 화재와 관계되는 물건의 형상, 구조, 재질, 성분, 성질 등 이와 관련된 모든 현상에 대하여 과학적 방법에 의한 필요한 실험을 행하고 그 결과를 근거로 화재원인을 밝히는 자료를 얻는 것을 말한다.

74 「소방의 화재조사에 관한 법률」상 정당한 사유 없이 화재조사를 하는 화재조사관의 출입 또는 조사를 거부·방해 또는 기피 했을 때 처벌되는 형벌은?

① 100만원 이하의 벌금
② 300만원 이하의 벌금
③ 200만원 이하의 벌금
④ 500만원 이하의 벌금

해설

벌칙(제21조)
다음 각 호의 어느 하나에 해당하는 사람은 300만원 이하의 벌금에 처한다.
1. 허가 없이 화재현장에 있는 물건 등을 이동시키거나 변경·훼손한 사람
2. 정당한 사유 없이 화재조사관의 출입 또는 조사를 거부·방해 또는 기피한 사람
3. 화재조사 중 관계인의 정당한 업무를 방해하거나 화재조사를 수행하면서 알게 된 비밀을 다른 용도로 사용하거나 다른 사람에게 누설한 사람
4. 정당한 사유 없이 화재조사에 따른 증거물 수집을 거부·방해 또는 기피한 사람

75 화재피해액 산정에서 가재도구의 소손정도에 따른 손해율 50%에 해당하는 것은?

① 50% 이상 소손되고 수침오염 정도가 심한 경우
② 손해 정도가 다소 심한 경우
③ 손해 정도가 보통인 경우
④ 오염·수침손의 경우

해설

가재도구의 소손 정도에 따른 손해율

화재로 인한 피해 정도	손해율(%)
가재도구가 50% 이상 소손되고 그을음 및 수침오염 정도가 심한 경우	100
손해 정도가 다소 심한 경우	50
손해 정도가 보통인 경우	30
오염·수침손의 경우	10

76 「화재조사 및 보고규정」에 따른 화재조사 서류 보존기간으로 맞는 것은?

① 영 구
② 준영구
③ 5년
④ 10년

해설

조사보고(화재조사 및 보고규정 제22조)
소방본부장 및 소방서장은 화재조사결과 서류를 국가화재정보시스템에 입력·관리해야 하며 영구보존방법에 따라 보존해야 한다.

77 방화·방화의심조사서 작성 시 기재항목이 아닌 것은?

① 방화연료 및 용기
② 방화의심 사유
③ 방화자 인적사항 및 주소
④ 소방시설 현황

해설

위 ①·②·③ 외에 방화동기, 방화도구, 도착 시 초기상황 등이 있으며, 소방시설 현황은 소방시설 등 활용조사서에 기재항목이다.

78 증거물 보관 이동에 관한 설명으로 옳은 것은?

① 증거물의 보존기간은 10년으로 한다.
② 화재증거 수집의 목적달성 후에는 관계인에게 반환하여야 한다.
③ 조사가 완료된 증거물의 보관은 소방본부장이 보관하여야 한다.
④ 보존기간이 만료된 증거물은 증거물 전용실 또는 전용함에 보관한다.

해설

증거물은 화재증거 수집의 목적달성 후에는 관계인에게 반환하여야 한다. 다만 관계인의 승낙이 있을 때에는 폐기할 수 있다.

79 다음 괄호 안에 알맞은 것은?

> 소방관서장은 방화 또는 실화의 혐의가 있다고 인정되면 (　　　) 경찰서장에게 그 사실을 알리고 필요한 증거를 수집·보존하는 등 그 범죄수사에 협력하여야 한다.

① 지체 없이
② 24시간 이내에
③ 7일 이내에
④ 방화자를 조사한 후

해설

소방공무원과 경찰공무원의 협력 등(법 제12조)
• 소방공무원과 국가경찰공무원은 화재조사를 할 때에 서로 협력하여야 한다.
• 소방본부장이나 소방서장은 화재조사 결과 방화 또는 실화의 혐의가 있다고 인정하면 지체 없이 관할 경찰서장에게 그 사실을 알리고 필요한 증거를 수집·보존하여 그 범죄수사에 협력하여야 한다.

80 「화재조사 및 보고규정」에 정한 화재 유형에 해당하지 않은 것은?

① 건축·구조물화재
② 중요화재
③ 선박·항공기화재
④ 임야화재

해설

화재의 유형(제9조)
• 건축·구조물화재 : 건축물, 구조물 또는 그 수용물이 소손된 것
• 자동차·철도차량화재 : 자동차, 철도차량 및 피견인 차량 또는 그 적재물이 소손된 것
• 위험물·가스제조소등 화재 : 위험물제조소등, 가스제조·저장·취급시설 등이 소손된 것
• 선박·항공기화재 : 선박, 항공기 또는 그 적재물이 소손된 것
• 임야화재 : 산림, 야산, 들판의 수목, 잡초, 경작물 등이 소손된 것
• 기타화재 : 위의 각 호에 해당되지 않는 화재

참고문헌

1. 국가화재분류체계 매뉴얼 – 소방방재청, 2006
2. 화재피해액산정 매뉴얼 – 소방방재청, 2008
3. NFPA 921, 2008
4. 화재조사요원 양성과정 전문교육 기본교재 – 중앙소방학교, 2011
5. 화재조사(감식) 알고리즘 – 강원소방본부
6. 화재조사교재(총5권) – 동경소방청
7. 신 화재조사총론 – 최진만 – 성안당, 2010
8. 화재조사감식실무 – 이정일 – 정훈사, 2009
9. 전기화재감식공학 – 김만건, 김진표 – 성안당, 2006
10. 화재조사 – 김만우 – 신광문화사, 2008
11. 화재조사 이론과 실무 – 이승훈 – 동화기술, 2009
12. 화재조사 길잡이 – 김태식 외 3 – 기문당, 2009
13. 유류에 의한 바닥재 연소패턴 – 강원삼척소방서 – 강원화재조사연구회
14. Kirk's Fire Investigation – KIRK, Paul Leland 저
15. 담뱃불 온도변화 연구와 발화실험 – 인천소방안전본부
16. 방화원인 감식에 관한 연구 – 권현석 – 한국화재소방학회
17. 전선의 도체조직 분석에 의한 전기화재감식 – 박오철 – 서울산업대 산업대학원, 2005
18. 전기히터의 화재위험성에 관한 실험연구, 홍성호, 2007
19. 가전제품 화재원인조사 기법 연구, 중앙소방학교, 2011
20. 민법강의 – 김준호 – 법문사, 2009
21. 특사경 수사실무 – 인천지방검찰청
22. 법무부, 국가법률정보센터 http://www.law.go.kr
23. 네이버 백과사전 http://www.naver.com

2026 시대에듀 화재감식평가기사 · 산업기사 필기 기출문제집

개정10판1쇄 발행	2026년 01월 15일(인쇄 2025년 09월 19일)
초 판 발 행	2014년 09월 10일(인쇄 2014년 07월 25일)
발 행 인	박영일
책 임 편 집	이해욱
편 저	문옥섭 · 박정주
편 집 진 행	윤승일 · 유형곤
표지디자인	조혜령
편집디자인	김기화 · 장성복
발 행 처	(주)시대고시기획
출 판 등 록	제10-1521호
주 소	서울시 마포구 큰우물로 75 [도화동 538 성지 B/D] 9F
전 화	1600-3600
팩 스	02-701-8823
홈 페 이 지	www.sdedu.co.kr

I S B N	979-11-434-0077-2
정 가	32,000원

더 이상의
소방 시리즈는
없다!

▶ **현장실무**와 오랜 시간 동안 쌓은 **저자의 노하우**를 바탕으로
  최단기간 합격의 기회를 제공합니다.

▶ 2026년 시험대비를 위해 **최신개정법 및 이론**을 반영하였습니다.

▶ **빨간키(빨리보는 간단한 키워드)**를 수록하여
  가장 기본적인 이론을 시험 전에 확인할 수 있도록 하였습니다.

**시대에듀의
소방 도서는...**

알차다!
꼭 알아야 할 내용

친절하다!
쉽게 요약한 핵심

**핵심을
뚫는다!**
시험 유형에 적합한 문제

명쾌하다!
상세하고 친절한 풀이

시대에듀 소방 도서 *LINE UP*

소방승진
위험물안전관리법

소방승진
위험물안전관리법 최종모의고사

소방승진
소방전술 최종모의고사

화재감식평가기사 · 산업기사
필기 한권으로 끝내기

화재감식평가기사 · 산업기사
실기 필답형

화재감식평가기사 · 산업기사
필기 기출문제집

※ 상기 도서의 이미지 및 세부구성은 변경될 수 있습니다.

나는 이렇게 합격했다

자격명: 위험물산업기사
구분: 합격수기
작성자: 배*상

나는 할수있다
69년생 50중반 직장인 입니다. 요즘
자격증을 2개정도는 가지고 입사하는 젊은친구들에게
일을 시키고 지시하는 역할이지만 정작 제자신에게 부족한점
이 많다는것을 느꼈기 때문에 자격증을 따야겠다고
결심했습니다. 처음 시작할때는 과연 되겠
냐? 하는 의문과 걱정 이 한가득이었지만
시대에듀 인강 을 우연히 접하게
되었고 잘 차려 진 밥상과 같은 커
리큘럼은 뒤늦게 시 작한 늦깎이 수험 생이었던 저를
합격의 길 로 인도해주었습니다. 직장생활을
하면서 취득했기에 더욱 기뻤습니다.

합격은 시대에듀

감사합니다!

♥

당신의 합격 스토리를 들려주세요.
추첨을 통해 선물을 드립니다.